Gmelin Handbuch der anorganischen Chemie

Ergänzungswerk zur achten Auflage

Vom Ergänzungswerk zur 8. Auflage des Gmelin-Handbuchs sind bisher erschienen:

1	Edelgasverbindungen
2/3	Vanadium-Organische Verbindungen Chrom-Organische Verbindungen
4	Transurane C (Verbindungen)
5	Kobalt-Organische Verbindungen Teil 1
6	Kobalt-Organische Verbindungen Teil 2
7a	Transurane A 1, I (Elemente)
8	Transurane A 2 (Elemente)
9	Perfluorhalogenorgano-Verbindungen der Hauptgruppenelemente, Teil 1
10/11	Zirkonium-Organische Verbindungen Hafnium-Organische Verbindungen
12	Perfluorhalogenorgano-Verbindungen der Hauptgruppenelemente, Teil 2
13	Borverbindungen 1 (vorliegender Band)

Gmelin Handbuch der anorganischen Chemie

BEGRÜNDET VON Leopold Gmelin

Ergänzungswerk zur achten Auflage

ACHTE AUFLAGE BEGONNEN im Auftrage der Deutschen Chemischen Gesellschaft von R. J. Meyer

FORTGEFÜHRT VON E. H. E. Pietsch und A. Kotowski
Margot Becke-Goehring und Karl-Christian Buschbeck

HERAUSGEGEBEN VOM **Gmelin-Institut**
für anorganische Chemie und Grenzgebiete der Max-Planck-Gesellschaft zur Förderung der Wissenschaften

Springer-Verlag
Berlin · Heidelberg · New York 1974

Gmelin Handbuch der anorganischen Chemie

Ergänzungswerk zur achten Auflage

Band 13

Borverbindungen

Teil 1

Binäre Bor–Stickstoff-Verbindungen. B–N-C–Heterocyclen.
Polymere Bor–Stickstoff-Verbindungen

mit 48 Figuren

BEARBEITER DIESES BANDES Ulrich W. Gerwarth, Hilde List, Bernd Mathiasch, Klaus Dieter Müller

REDAKTEURE DIESES BANDES Klaus Sommer, Benckiser-Knapsack GmbH, Ladenburg, Karl-Christian Buschbeck, Gmelin-Institut, Frankfurt am Main

Springer-Verlag
Berlin · Heidelberg · New York 1974

MITARBEITER DIESES BANDES

Kap. 1 H. List
Kap. 2.1 bis 2.6 U. W. Gerwarth
Kap. 2.7 B. Mathiasch
Kap. 2.8 U. W. Gerwarth
Kap. 2.9 U. W. Gerwarth, K. D. Müller
Kap. 2.10 B. Mathiasch
Kapitel 3 U. W. Gerwarth
Spektren zu Kap. 3 B. Mathiasch

ENGLISCHE FASSUNG DER STICHWÖRTER NEBEN DEM TEXT:
H. J. KANDINER, SUMMIT, N.J.

Die Literatur ist bis 1972 ausgewertet, in Einzelfällen darüber hinaus

Die vierte bis siebente Auflage dieses Werkes erschien im Verlag von Carl Winter's Universitätsbuchhandlung in Heidelberg

Library of Congress Catalog Card Number: Agr 25-1383

ISBN 3-540-93274-7 Springer-Verlag, Berlin · Heidelberg · New York
ISBN 0-387-93274-7 Springer-Verlag, New York · Heidelberg · Berlin

LN-Druck Lübeck

Vorwort

Der hier vorgelegte Band „Borverbindungen 1“ des Ergänzungswerks zur 8. Auflage des Gmelin Handbuchs ist der erste einer Serie von Bänden über Borverbindungen vorzugsweise mit Hauptgruppenelementen, von denen zunächst B-N-, B-C- und B-H-Verbindungen in Angriff genommen wurden, während Verbindungen mit B-O-Bindungen noch ausgenommen werden müssen. Von den B-N-Verbindungen bringt der vorliegende Band die drei Kapitel

1 Binäre Bor-Stickstoff-Verbindungen (vorzugsweise Bornitrid)
2 B-N-C-Heterocyclen
und 3 Polymere Bor-Stickstoff-Verbindungen.

Die weiteren großen B-N-Kapitel, über Aminborane, Aminoborane und Borazine, werden in späteren Lieferungen erscheinen. Von den B-C-Verbindungen werden anschließend an diesen Band die Carborane in zwei Lieferungen mit einem ausführlichen Kapitel über Struktur und Nomenklatur erscheinen, während die mit Alkyl-Gruppen oder anderem substituierten Borane im Zuge der in Arbeit befindlichen Gesamtbearbeitung der Borane, d. h. der B-H-Verbindungen, behandelt werden.

Das erste Kapitel des vorliegenden Bandes behandelt die in vielem dem elementaren Kohlenstoff ähnelnde Verbindung Bornitrid, die in mehreren Modifikationen existiert und an der, besonders im Hinblick auf eine Verwendung, aber auch aus bindungstheoretischen Gründen, eine große Anzahl von Bildungsmöglichkeiten und Darstellungsverfahren erarbeitet, ein reiches Programm an physikalischen Daten gemessen und eine Vielfalt von chemischen Reaktionen untersucht wurde.

Ganz verschieden hiervon sind die Kapitel über die B-N-C-Heterocyclen und die polymeren Bor-Stickstoff-Verbindungen, in denen chemische Reaktionen einer Vielzahl von Verbindungen und die Strukturermittlung vorzugsweise durch IR- und NMR-Spektroskopie im Vordergrund stehen.

Besonders hingewiesen sei auf die Kapitel 2.3 (Nomenklatur der cyclischen B-N-C-Verbindungen, ab S. 89) und 3.3 (Nomenklatur der polymeren B-N-Verbindungen, ab S. 246) von U. W. Gerwarth. In diesen Kapiteln wird eine auf der IUPAC-Nomenklatur der Borverbindungen aufbauende Nomenklatur der im vorliegenden Band beschriebenen Verbindungen vorgelegt.

Während Kapitel 1 im Gmelin-Institut bearbeitet wurde, konnte für die Kapitel 2 und 3 Dr. U. Gerwarth vom Institut für Anorganische und Analytische Chemie der Universität Mainz gewonnen werden, der für spezielle Kapitel die Herren Dr. B. Mathiasch und Dipl.-Chem. K. D. Müller heranzog. Die Anfertigung der Figuren, insbesondere der Strukturformeln, verdanken wir Herrn A. Kunz, ebenfalls Universität Mainz.

Karl-Christian Buschbeck

Frankfurt (M), im Dezember 1973

Preface

The present volume, "Boron Compounds 1", is part of the New Supplement Series to the 8th Edition of the Gmelin Handbook, and is the first of a series of volumes covering the compounds of boron, chiefly with the main group elements. Within this series compounds of boron with nitrogen, carbon, and hydrogen will be considered first, those with oxygen being still excluded. The three chapters in the present volume cover the following boron-nitrogen compounds:

1. Binary boron-nitrogen compounds (chiefly boron nitride),
2. B-N-C heterocycles, and
3. Polymeric boron-nitrogen compounds.

Other large chapters dealing with amine boranes, aminoboranes, and borazines will appear in sections to be published later. The carboranes will be covered in the next volume, to be published in two sections, with extensive treatment of structure and nomenclature. Boranes containing alkyl groups or other substituents will be covered among the boron-hydrogen compounds.

The first chapter of the present volume deals with boron nitride, a material similar in many ways to elemental carbon. It exists in many modifications, and a wealth of papers is available on its physical properties as well as an abundance of studies of its chemical reactions. Many of these studies were associated with the development of uses for the material, but a large number were performed in connection with bonding considerations. As a result, very many formation and preparation methods have been explored and reported.

The chapters on the B-N-C heterocycles, and on polymeric boron-nitrogen compounds, are quite different; here the chemical reactions of a large number of compounds are emphasized, while the structural interpretations are largely based on IR and NMR spectroscopy.

Special reference be made to chapters 2.3 (Nomenclature of cyclic B-N-C-compounds, page 89 and following) and 3.3 (Nomenclature of polymeric B-N-compounds, page 246 and following), by U. W. Gerwarth. In these chapters, based on the IUPAC-Nomenclature for boron compounds, the nomenclature for all the compounds described in this volume has been developed and submitted to further discussion.

Whereas Chapter 1 was prepared at the Gmelin Institute, Dr. U. Gerwarth of the Institute for Inorganic and Analytic Chemistry of the University of Mainz has agreed to prepare Chapters 2 and 3, with the collaboration of Dr. B. Mathiasch and Dipl.-Chem. K. D. Müller in special areas. We are indebted to Mr. A. Kunz, also of the University of Mainz, for the drawings.

Karl-Christian Buschbeck

Frankfurt/Main, December 1973.

Inhaltsverzeichnis

(Table of Contents see page VI)

Table of Contents

(Inhaltsverzeichnis s. S. I)

1 Binäre Bor-Stickstoff-Verbindungen

Binary Boron-Nitrogen Compounds

Hilde List
Gmelin-Institut
Frankfurt am Main, Bundesrepublik Deutschland

Außer dem Bornitrid BN (Kapitel 1.1, S. 1/85) sind Einlagerungsverbindungen von Stickstoff ins Borgitter mit der Zusammensetzung $(B_{12})_4B_2N_x$ bekannt (Kapitel 1.2, S. 86). Das Bortriazid $B(N_3)_3$, die azidärmeren Verbindungen $BH_n(N_3)_{3-n}$ sowie die vom Azid abgeleiteten Verbindungen $M[B(N_3)_4]$ mit M = H, Li, Na und die Trimethylaminverbindung $B(N_3)_3 \cdot N(CH_3)_3$ werden in Kapitel 1.3 ab S. 86 behandelt. Über die vermutete Existenz eines B_3N s. „Bor" S. 104. Für die Existenz eines gelegentlich in Tabellen o.ä. aufgenommenen B_3N_2, vgl. F. de Carli (Met. Ital. **45** [1954] 317/22, 322), liegt keine Bestätigung vor.

1.1 Bornitrid BN

Boron Nitride

BN tritt in 4 Modifikationen auf, der gewöhnlichen hexagonalen, die wegen ihrer vielfachen Ähnlichkeit mit Graphit auch „weißer Graphit" genannt wird, der rhomboedrischen, die nur gemischt mit der hexagonalen hergestellt werden kann, und den beiden diamantähnlichen Hochdruckmodifikationen, nämlich der kubischen mit Zinkblendenstruktur und der dichteren hexagonalen mit Wurtzitstruktur.

1.1.1 Bildung und Darstellung

Formation. Preparation

1.1.1.1 Hexagonales BN

Hexagonal BN

Siehe hierzu „Bor" S. 104/7 (Literatur bis einschließlich 1925) und „Bor" Erg.-Bd., S. 159 (Literatur bis einschließlich 1949). Ausführlicher Überblick über die Literatur bis einschließlich 1952 s. auch bei A. A. Gardini (U.S. Bur. Mines Inform. Circ. Nr. 7664 [1953]).

Über die Herstellung von BN existieren zahlreiche Patente, von denen die wesentlicheren hier jedoch nur dann berücksichtigt wurden, wenn von dem betreffenden Autor keine andere Publikation über seine Arbeit vorlag.

1.1.1.1.1 Aus Bor und N_2 oder NH_3

From Boron and N_2 or NH_3

Beim Einspeisen von pulverförmigem amorphem Bor in einen Stickstoffplasmastrahl mit Durchschnittsplasmatemperatur von 5600 bis 6100°K entsteht weißes 70%iges BN, vermutlich mit einer dem pyrolytischen BN (s. S. 6/7) ähnlichen Kristallstruktur. Im Endprodukt enthaltenes Bor kann mit salpetersaurem H_2O_2 ausgewaschen werden [1]. — Amorphes Bor als Aerosol in H_2-Ar-Mischung reagiert mit NH_3-Plasma im Plasmabrenner zu dunkelgrauem BN-Pulver mit geringer Ausbeute [2]. — Das sich beim Einleiten von BCl_3 und überschüssigem N_2 in geschmolzenes Al bildende Bor reagiert sofort mit dem Stickstoff zu BN, das sich im geheizten Abscheider absetzt [3].

Der Verlauf der Azotierung von Borpulver (99.98%ig, Teilchengröße <1 μm) mit N_2 kann zwischen 600 und 1200°C wiedergegeben werden durch die Beziehung $(\Delta P)^2 = kt$. Hierin ist ΔP = Stickstoffmenge, die während der Zeit t je cm^3 Bor absorbiert wird, k = Geschwindigkeitskonstante. Aktivierungsenergie $E_A = 61.3$ kcal/mol. Bei Temperaturen >1300°C verläuft die Azotierung zu Beginn nach $\Delta P = kt$ und im Endstadium nach $\Delta P = \ln(kt)$; $E_A \approx 4$ kcal/mol [4].

Literatur zu 1.1.1.1.1

[1] A. A. Zhdanovskii, V. J. Lakomskii (Poroshkovaya Met. Akad. Nauk Ukr.SSR **10** Nr. 3 [1970] 16/22; Soviet Powder Met. **1970** 189/93, 192/3). — [2] F. M. Bosch, J. A. de Vynck (Silicates Ind. **27** [1962] 587/90, 590). — [3] United International Res. Inc., A. R. Globus (U.S.P. 2812240 [1957] nach C.A. **1958** 2351). — [4] G. V. Samsonov, V. M. Sleptsov (Kinetika i Kataliz Akad. Nauk SSSR Sb. Statei **1960** 129/32; C.A. **57** [1962] 10562).

From H_3BO_3, B_2O_3, or Borates

1.1.1.1.2 Aus H_3BO_3, B_2O_3 oder Boraten

With NH_3 or NH_4Cl

1.1.1.1.2.1 Mit NH_3 oder NH_4Cl

Bei kontinuierlicher Verdampfung von B_2O_3 im elektrischen Lichtbogen und Reaktion in dessen Wirkungsbereich mit überschüssigem NH_3 wird zunächst etwa 50%iges, sehr feindisperses BN erhalten, das in 2. Reaktionsstufe bei 850 oder 1000°C im NH_3-Strom nachnitriert wird, wobei das bereits gebildete BN ein Agglomerieren der Reaktionsmasse verhindert. Je nach Nitrierungstemperatur wird 90- bis 99%iges BN erhalten [1]. — Beim Erhitzen einer Mischung aus Boraten und NH_4Cl im NH_3-Strom auf 850°C erhält man, nach Auskochen mit H_2O, kristallines BN [2].

With N_2, NH_3, (NH_4Cl), and Carrier Substances

1.1.1.1.2.2 Mit N_2, NH_3, (NH_4Cl) und Trägersubstanzen

Trägersubstanzen verhindern ein Zusammenschmelzen der bei Reaktionstemperatur ≥700°C flüssigen, Bor enthaltenden Komponenten, wodurch eine einigermaßen vollständige Reaktion mit NH_3 erst möglich wird, ebenso auch das ungehinderte Entweichen des nach $B_2O_3 + 2NH_3 \rightarrow 2BN + 3H_2O$ gebildeten Wasserdampfs. Der Träger kann an der Reaktion unbeteiligt sein oder an ihr als Reduktionsmittel teilnehmen. Falls der Träger nicht BN ist oder während der Reaktion zu flüchtigen Verbindungen reagiert, muß er nach Beendigung der Reaktion ausgelaugt werden, s. beispielsweise [3]. Vergleichende Laboruntersuchungen über Reaktionen von H_3BO_3 bzw. B_2O_3 mit NH_3 bei 1200°C mit und ohne NH_4Cl und mit und ohne Trägersubstanzen wie $CaCO_3$ und C, s. bei [4].

BN als Trägersubstanz: Feingemahlene und zuvor bei 300 bis 400°C entwässerte Gemische aus rohem 75%igem BN und H_3BO_3(B_2O_3) oder Borat im Gewichtsverhältnis 1.1:1 bei H_3BO_3 oder 0.5:1 bei Boraten werden im NH_3-Strom bei 750°C (H_3BO_3) oder 1000°C (Borate) nitriert; ein Teil des entstandenen rohen BN wird in den Kreislauf zurückgeführt, der Rest wird, jeweils nach Zerkleinern, in N_2 bei ca. 1300°C, in NH_3 bei ca. 750°C nachnitriert. War ein Borat Ausgangsmaterial, wird mit H_2O ausgewaschen. Endgültige Reinigung bei 1800°C im N_2-Strom ergibt 99%iges BN, s. beispielsweise [5].

$CaCO_3$, CaO, Ca-Borat als Trägersubstanz: H_3BO_3 und $CaCO_3$ werden im Gewichtsverhältnis 1:0.5 gemischt und geglüht, wobei durch Entweichen von H_2O und CO_2 und teilweise Bildung von Ca-Borat eine schwammige Masse entsteht (Zusammensetzung: 66% B_2O_3, 34% CaO), die im NH_3-Strom während 4 h auf 1200°C gebracht wird und bei dieser Temperatur weitere 8 h mit NH_3 reagiert. Nach Auslaugen mit 6%igem HCl ist die Ausbeute an BN ca. 50%. Wird nach Glühen von 1 Tl. H_3BO_3 mit 0.25 Tl. $CaCO_3$ jedoch noch 1 Tl. NH_4Cl zugesetzt, so ist die Ausbeute >90% nach 4stündigem Erhitzen bei 1200°C in NH_3 [4]. Ein genauso vorbehandeltes Ausgangsgemisch aus 1 Tl. H_3BO_3, 0.25 Tl. $CaCO_3$ und 1.2 Tl. NH_4Cl reagiert bei 900 bis 1700°C in N_2 unter 96 kN/m^2 (740 Torr) zu etwa 98%igem BN [6]. — Durch eine Lösung von B_2O_3 in eutektischer NaCl-KCl-Schmelze wird bei Gegenwart von CaO während 6 h bei 900°C NH_3 geleitet. Nach Auswaschen mit H_2O und verdünnten Säuren ist die Ausbeute an BN etwa 65% [7]. — Aus $CaCl_2$- und Boraxlösungen hergestelltes $2CaO \cdot 3B_2O_3 \cdot 8H_2O$ reagiert im NH_3-Strom nach $2CaO \cdot 3B_2O_3 + 4^2/_3 NH_3 \rightarrow {}^2/_3 (7BN + 3CaO \cdot B_2O_3) + 7H_2O$. Die Reaktion beginnt bei >600°C und ist vollständig bei etwa 1000°C. Bei Temperaturen >1000°C beginnen die BN-Kristalle merklich zu wachsen. Kalzinieren der Ausgangssubstanz verschiebt den Reaktionsbeginn zu höheren Temperaturen [8].

$Ca_3(PO_4)_2$ als Trägersubstanz: 5 Tl. H_3BO_3, gemischt mit 3 Tl. $Ca_3(PO_4)_2$, werden mit H_2O angeteigt, getrocknet und bei ca. 900°C mit überschüssigem NH_3 nitriert. Auslaugen des gemahlenen Reaktionsproduktes mit Salzsäure ergibt 85%iges BN, das, nach Waschen mit H_2O, im NH_3-Strom zu 97%igem BN raffiniert werden kann [9]. Nach [3] erhöhen sich die Ausbeuten bei Einsatz von B_2O_3 an Stelle von H_3BO_3, da anscheinend die Hydratation und nachfolgende Dehydratation des B_2O_3 im Gemisch mit $Ca_3(PO_4)_2$ beim Anteigen mit H_2O und anschließendem Trocknen zu einem besonders reaktionsfähigen Ausgangsmaterial führt. Die bei ca. 350°C im NH_3-Strom beginnende Nitrierung ist bei etwa 800°C nahezu vollständig und führt bei 900°C zu 75 bis 85% Ausbeute an 80- bis 90%igem BN, nach Auslaugen mit Salzsäure und Waschen mit H_2O. Laboruntersuchungen über Einzelheiten dieser BN-Herstellungsart s. bei [10].

Zn-Borat als Trägersubstanz: Um den Auswaschvorgang zu umgehen, wird als Trägersubstanz eine solche Metallverbindung, vorzugsweise Zn-Borat, eingesetzt, die zwar während der Hauptreaktion zwischen B_2O_3 und NH_3 bei Temperaturen bis 900°C chemisch beständig ist, anschließend jedoch zum Metall reduziert werden kann, das abgedampft wird. Die Reduktion erfolgt entweder in NH_3 durch langsame Temperaturerhöhung auf etwa 1350°C oder durch Zusatz von Ruß zum abgekühlten Reaktionsprodukt und Erhitzen in N_2 auf 1100 bis 1800°C, wobei gleichzeitig restliches B_2O_3 nitriert wird. So erhaltenes BN ist 99%ig [11].

Zusatz von Reduktionsmitteln: Kohlenstoff wirkt bei 1000 bis 1200°C noch nicht reduzierend auf B_2O_3 [4]. H_3BO_3 mit 15% Ruß gemischt, wird entwässert, pulverisiert und im N_2-Strom 3 h bei 1700°C erhitzt. Entsprechend $B_2O_3 + 3C + N_2 \rightarrow 2BN + 3CO$ wird BN von nahezu stöchiometrischer Zusammensetzung mit 60 bis 70% Ausbeute erhalten. Wird bei 1500 bis 1700°C nachnitriert, so ist der C-Gehalt ≤ 0.1%. Größere C-Mengen führen zu Carbidbildung [12]. Nach [13] werden B_2O_3-C-Gemischen vor dem Erhitzen auf 1200 bis 1600°C im N_2- oder NH_3-Strom 1 bis 10 Gew.-% an Metallkatalysatoren zugesetzt, vorzugsweise $CaCO_3$ oder MnO_2.

Si oder Al als reduzierende Substanzen reagieren mit Alkaliboraten bei 200 bis 1200°C bei Gegenwart von N_2 oder NH_3 nach $Na_6B_4O_9 + 3Si + 2N_2 \rightarrow 4BN + 3Na_2SiO_3$ bzw. $Na_6B_4O_9 + 3Si + 4NH_3 \rightarrow 4BN + 3Na_2SiO_3 + 6H_2$ und $NaBO_2 + Al + {}^1/_2 N_2 \rightarrow BN + 2NaAlO_2$. Si, Al oder deren Legierungen werden in 80 bis 98% der stöchiometrischen Mengen zugesetzt. Na-Silikate bzw. -Aluminate werden ausgewaschen. Mit Si ist die Ausbeute >90% [14]. — Nitrierung eines mit Mg reduzierten Boraxproduktes bei 850°C im NH_3-Strom s. [15].

Literatur zu 1.1.1.1.2.1 und 1.1.1.1.2.2

[1] W. E. Kuhn (Electrochem. Technol. **4** [1966] 166/72). — [2] Hitachi Ltd., A. Masuda (Japan.P. 11822 [1960/62] nach C.A. **56** [1962] 4367). — [3] T. A. Ingles, P. Popper (in: P. Popper, Special Ceramics, New York 1960, S. 144/67). — [4] G. A. Meerson, G. V. Samsonov, N. Ya. Tseitina (Ogneupory **20** [1955] 72/9; C.A. **1956** 4690). — [5] Montecatini Societa Generale per l'Industria Mineraria e Chimica (B.P. 1071870 [1965/67]; C.A. **67** [1967] Nr. 75001).

[6] K. N. Repenko, I. A. Getman (Sb. Nauchn. Tr. Ukr. Nauchn. Issled. Inst. Ogneuporov Nr. 10 [1967] 118/28; C.A. **70** [1969] Nr. 50101). — [7] Union Carbide Corp., L. M. Litz (U.S.P. 2974013 [1961] nach C.A. **1961** 26385). — [8] S. Nakamura (Kogyo Kagaku Zasshi **72** [1969] 1469/73; J. Chem. Soc. Japan Ind. Chem. Soc. **72** [1969] A 80; C.A. **72** [1970] Nr. 128269). — [9] J. W. Gilpin (Chem. Eng. **70** Nr. 22 [1963] 110/2). — [10] C. R. Schmitt, R. K. Edwards (U.S. At. Energy Comm. Y-1688 [1969]; C.A. **72** [1970] Nr. 74264).

[11] United States Borax and Chemical Corp., S. G. Arber, O. W. J. Young (Deut. Offenlegungsschrift 1905424 [1969]; C.A. **72** [1970] Nr. 45622). — [12] V. W. Sleptsov, G. V. Samsonov (Zh. Prikl. Khim. **34** [1961] 501/5; J. Appl. Chem. USSR **34** [1961] 484/7). — [13] United States Borax and Chemical Corp., A. A. R. Wood, E. C. Shears (U.S.P. 3189412 [1959/65]; C.A. **63** [1965] 5277). — [14] Deutsche Gold- und Silberscheideanstalt vorm. Rössler, H. Knorre, G. Kuhner (U.S.P. 3411882 [1966/68]; C.A. **70** [1969] Nr. 21430). — [15] American Potash and Chemical Corp., F. H. May, C. C. Cook (U.S.P. 2959469 [1960] nach C.A. **1961** 7777).

1.1.1.1.2.3 Mit Amiden, Cyaniden, Cyanamiden und Thiocyanaten

With Amides, Cyanides, Cyanamides, and Thiocyanates

$NaNH_2$, am günstigsten im Überschuß von 50% (bezogen auf die stöchiometrische Menge) eingesetzt, beginnt bei seinem Schmelzpunkt (210°C) mit Na-Boraten oder B_2O_3 zu reagieren. Die Reaktion wird bei 300 bis 500°C in NH_3-Atmosphäre durchgeführt, gegen Ende wird auf 1000°C erhitzt. Das nach Auswaschen mit H_2O sehr feindisperse BN wird bei 1800 bis 2200°C in inerter Atmosphäre stabilisiert. Ausbeute 60 bis 70% [1], s. auch [2].

2 mol NaCN oder KCN reagieren bei 800 bis 1500°C mit 2 bis 5 mol B_2O_3 unter CO-Entwicklung zu BN. Die Ausbeute beträgt nach Reinigen und Stabilisieren wie bei [1] 40 bis 55% [3].

$HBO_2(H_3BO_3)$ und CaNCN werden vorzugsweise im Gewichtsverhältnis 1:1 auf 1400 bis 1750°C in einer Atmosphäre aus 93% N_2 und 7% H_2 erhitzt. Nach Waschen mit verdünntem HCl wird durch ca. 15minütiges Glühen bei 1000°C in Luft der während der Reaktion entstandene Kohlenstoff herausgebrannt. Ausbeute ≈82%. Statt CaNCN kann auch CaC_2 verwendet werden, das sich in N_2 bei Reaktionstemperatur zum CaNCN umsetzt [4]. Zusatz von SiO_2 bei Reaktionen nach [3] und [4] verhindert, daß B_2O_3 zum Binden der metallischen Komponente verbraucht wird. Entsprechend $B_2O_3 + 2NaCN + SiO_2 \rightarrow Na_2SiO_3 + 2BN + 2CO$ bzw. $B_2O_3 + CaNCN + SiO_2 \rightarrow CaSiO_3 + 2BN + CO_2$ wird 1 mol B_2O_3 oder die äquivalente Menge eines Na- oder Ca-Borates mit 1 bis 4 mol Alkali- oder Erdalkalicyanid oder -cyanamid unter Zusatz von 0.9 bis 4 mol SiO_2 unter Ausschluß von Sauerstoff auf 800 bis 1300°C erhitzt. Nach Auskochen mit H_2O erhält man BN-Ausbeuten von 75 bis 100% [5]. Mischungen von H_3BO_3 und NH_4SCN werden im N_2- oder NH_3-Strom auf 800°C erhitzt, nach Abkühlen wird mit heißem H_2O und Äthanol gewaschen. Für ein Mischungsverhältnis $NH_4SCN:H_3BO_3=1$ ist die Ausbeute in N_2 ≈25%, in NH_3 83%. Für $NH_4SCN:H_3BO_3=2$ sind die entsprechenden Ausbeuten 57 bzw. 96% [6].

With Organic Nitrogen Compounds

1.1.1.1.2.4 Mit organischen Stickstoffverbindungen

1 mol H_3BO_3 und 2 mol Harnstoff reagieren bei Temperaturen >165°C (am günstigsten im N_2-Strom oder unter vermindertem Druck) zu BNO, das im Gegensatz zu älteren Angaben, s. „Bor" S. 106, bei weiterem Erhitzen bis 1300°C im wesentlichen kein BN ergibt. BNO reagiert dagegen im NH_3-Strom zwischen 500 und 900°C mit zunehmender Geschwindigkeit zu relativ reinem BN mit turbostratischer Struktur (s. S. 26/7). Letzte Sauerstoffverunreinigungen können durch Reaktion mit NH_3 bei höheren Temperaturen oder im N_2-Strom bei 1650°C entfernt werden. Ähnlich verlaufen die Reaktionen mit Biuret, Guanidin, Cyanamid, Dicyandiamid, Thioharnstoff, Ammelid, Melamin [7].

Beispielsweise nach [8] entsteht BN mit Ausbeuten >90% aus Mischungen von 0.5 bis 3 mol $H_3BO_3(B_2O_3)$ und 1 mol Melamin bei Temperaturen >600°C in N_2-Atmosphäre. — Nach Erhitzen eines Gemisches aus 1 mol $H_3BO_3(B_2O_3)$ und 4 bis 5 Grammatom N aus einer N-enthaltenden Verbindung wie Dicyandiamid, Melamin, Harnstoff werden 0.2 bis 10% Mg_3N_2 oder Ca_3N_2 als Katalysator zugemischt, und die unter Drucken von ≧100 kg/cm^2 zu Zylindern gepreßte Masse wird im N_2-Strom auf 1700 bis 2000°C für 90 bis 5 min je nach Temperatur erhitzt. Nach Auslaugen mit H_2O ist die Ausbeute an gut kristallisiertem BN >80% [9]. Wird die Reaktion einige Male im gleichen Reaktionsgefäß ausgeführt, dann haben sich dessen Wände mit BN überzogen, das katalytisch so wirksam ist, daß Katalysatorzusatz entfallen kann. Keine katalytische Wirkung hat BN, das dem Reaktionsgemisch zugefügt wird [10]. In die unter N_2 auf 300 bis ≧1000°C erhitzte Schmelze aus 1 mol Dicyandiamid und 2 mol NH_4Cl werden 2 bis 4 mol $H_3BO_3(B_2O_3)$ eingetragen. Ausbeute an BN ≈65% [11].

Literatur zu 1.1.1.1.2.3 und 1.1.1.1.2.4

[1] National Distillers and Chemical Corp., J. Kamlet (U.S.P. 2865715 [1955/58]; C.A. **1959** 7527). — [2] H. Tagawa, O. Itouji (Bull. Chem. Soc. Japan **35** [1962] 1536/40). — [3] National Distillers and Chemical Corp., J. Kamlet (U.S.P. 2839366 [1953/58]; C.A. **1958** 15854). — [4] Union Carbide Corp., L. A. Conant, E. F. Hittle (U.S.P. 2834650 [1955/58]; C.A. **1958** 14996). — [5] Stauffer Chemical Corp., B. J. Luberoff, R. N. Rickles, R. W. Stuchell (U.S.P. 3216666 [1962/66]; C.A. **65** [1966] 14900).

[6] H. Saito, M. Ushio (Yogyo Kyokai Shi **77** [1969] 1/11; C.A. **70** [1969] Nr. 83820). — [7] T. E. O'Connor (J. Am. Chem. Soc. **84** [1962] 1753/4). — [8] Union Carbide Corp., E. M. King (D.P. 1087578 [1957/61]; C.A. **56** [1962] 1147). — [9] Lonza-Werke G.m.b.H., A. Babl, H. J. Geng (U.S.P. 3473894 [1966/69]; C.A. **72** [1970] Nr. 4792). — [10] Lonza-Werke G.m.b.H., A. Babl, H. J. Geng (U.S.P. 3415625 [1967/68]; C.A. **70** [1969] Nr. 49126).

[11] Union Carbide Corp., W. R. Lauzau (U.S.P. 2922 699 [1960]; C.A. **1961** 12520).

From Boron Halides

1.1.1.1.3 Aus Borhalogeniden

Wichtigster Reaktionspartner ist NH_3. Entweder werden die bei Zimmertemperatur erhaltenen Additionsverbindungen in inerter Atmosphäre thermisch zersetzt, oder die gasförmigen Komponenten werden bei hohen Temperaturen direkt zu BN umgesetzt.

Das aus BF_3 mit gasförmigem, flüssigem oder wäßrigem NH_3 gebildete $BF_3 \cdot NH_3$ gibt mit wäßrigem NaOH einen gelatinösen Niederschlag, der nach Trocknen in inerter Atmosphäre (N_2, H_2, NH_3) auf 750 bis 850°C erhitzt wird. Nach Auswaschen mit kochendem H_2O erhält man BN. Die Additionsverbindung aus BCl_3 und NH_3 ist in wäßrigem NaOH löslich, fällt aber nach NaF-Zugabe aus. Weitere Behandlung wie oben [1].

Das bei der Reaktion der gasfömigen Komponenten BCl_3 und NH_3 (letzteres im 2- bis 3fachen Überschuß angewandt) bei gewöhnlicher Temperatur unter N_2 oder H_2 entstehende Reaktionsgemisch aus im wesentlichen NH_4Cl, $B(NH_2)_3$, $B_2(NH)_3$ wird unter H_2 auf 1200°C erhitzt. Das anfallende BN ist noch durch NH_4Cl verunreinigt. Dieses wird durch 5stündiges Rösten des Reaktionsproduktes bei 1000°C im H_2-Strom oder unter vermindertem Druck [2] oder bei 1000°C in NH_3 und bis 2000°C in N_2 [5] entfernt. Ausbeute ≈80% [2], s. auch [3]. Im Gegensatz zu Zaborski und Turski [2] nehmen Nakamura und Arai [4] an, daß sich BN schon bei gewöhnlicher Temperatur bildet und nur seine Stabilität gegen H_2O mit steigender Rösttemperatur zunimmt. Jedoch kann auf Grund von IR-Spektren und Röntgenbeugungsaufnahmen gezeigt werden, daß sich BN erst bei >600°C bildet [5].

BCl_3, gebildet durch Reaktion zwischen B_4C und Cl_2 bei Temperaturen >300°C, reagiert in getrennter Reaktionskammer mit NH_3 bei Aufheizen von 500°C auf 1600°C zu BN, s. beispielsweise [6]. BCl_3 und NH_3 werden durch schnellströmende, zuvor im elektrischen Lichtbogen hocherhitzte Gase (N_2, H_2, Argon oder Mischungen), die gleichzeitig als Wärmeüberträger dienen, innerhalb 10^{-2} bis 10^{-4} s vermischt und reagieren bei Temperaturen >1500°C, wobei die Wände der Mischzone auf 200 bis 500°C gekühlt werden. 95% Ausbeute an 100%igem, feinkristallinem, teilweise amorphem BN bei einer Reaktionstemperatur von 2800°C [7].

Mg_3N_2 reagiert bei 700 bis 1000°C mit durch N_2 verdünntem BCl_3 in heftiger Reaktion zu BN, das durch $MgCl_2$, amorphes Bor, eventuell Mg_3B_2 verunreinigt ist. Nach Auslaugen mit HCl ist die Ausbeute an BN bei 1000°C beispielsweise 34% [8].

Literatur zu 1.1.1.1.3

[1] F. J. Sowa (U.S.P. 2606815 [1946/52]; C.A. **1952** 11090). — [2] B. Zaborski, A. Turski (Silicates Ind. **28** [1963] 463/6). — [3] T. Niemyski, B. Zaborski, A. Turski (Przeglad Elektron. **7** [1966] 324/8 nach C.A. **67** [1967] Nr. 96357). — [4] S. Nakamura, Z. Arai (Nagoya Kogyo Gijutsu Shikensho Hokoku **15** [1966] 205/9 nach C.A. **65** [1966] 13196). — [5] H. Tagawa, K. Ishii (Kogyo Kagaku Zasshi **70** [1967] 617/21; C.A. **67** [1967] Nr. 104733).

[6] Norton Grinding Wheel Co. Ltd. (B.P. 711254 [1954] nach C.A. **1955** 2695). — [7] Knapsack A.-G., G. Heymer, H. Harnisch (D.P. 1193485 [1963/66]; C.A. **63** [1965] 7933). — [8] J. Cueilleron, F. Thevenot (Bull. Soc. Chim. France **1966** 2763/4).

1.1.1.1.4 Weitere Darstellungsmöglichkeiten

Other Ways of Preparation

Ein unter mindestens 1 atm stehendes Borazol-H_2-Gemisch wird elektrischen Gasentladungen ausgesetzt, wobei sich BN an BN-Elektroden niederschlägt und beim Auseinanderziehen der Elektroden zu einem stabförmigen Kristall wächst [1].

Um bei der Reaktion von Diboran mit Hydrazin die Bildung eines festen Addukts zu vermeiden, wird einer Hydrazinzersetzungsflamme Diboran getrennt zugeführt, wobei in exothermer Reaktion nach $B_2H_6 + N_2H_4 \rightarrow 2BN + 5H_2$ Bornitrid entsteht, das nach IR-Untersuchungen nur wenig durch gebundenen Wasserstoff verunreinigt ist [2]. Bei der Dampfphasenreaktion zwischen Borsäureestern und NH_3 entsteht bei >850°C eine feindisperse feste Substanz, die sich in NH_3-Atmosphäre bei ≥850°C in BN umwandelt, das um so reiner ist, je höher die Temperatur und je länger die Reaktionsdauer ist [3]. — Beim 2stufigen Erhitzen in NH_3 (500 bis 600°C und 600 bis 800°C) von Alkylpolyborat-Ammoniakkomplexen der ungefähren Zusammensetzung $(RO)_3B_{25}O_{34} \cdot 8NH_3$, hergestellt aus NH_3 und Trialkoxyborazin $(ROBO)_3$, wird 97%iges turbostratisches BN (s. S. 26/7) erhalten [4].

Literatur zu 1.1.1.1.4

[1] Siemens & Halske A.-G., E. Wiberg (Schwz.P. 362061 [1954/62] nach C. **1965** Nr. 15-2049). — [2] W. G. Berl, W. E. Wilson (Nature **191** [1961] 380). — [3] American Potash and Chemical Corp., F. H. May, V. V. Levasheff (U.S.P. 2824787 [1958] nach C.A. **1958** 9538). — [4] J. Economy, R. Anderson (Inorg. Chem. **5** [1966] 989/92).

1.1.1.1.5 Weitere Bildungsmöglichkeiten

Other Ways of Formation

Hexagonales BN entsteht beim Erhitzen von kubischem BN. Im Vakuum beginnt die Umwandlung bei >1650°C, sie ist vollständig bei 1800°C [1]. Bei 50000 atm verläuft sie bei 2500°C [2] (p,T-Diagramm s. S. 16).

Über Bildung von BN aus dem zwischen 950 bis 1150°C in Eisen-Bor-Legierungen mit etwa 0.001 bis 0.91% Bor gelösten Stickstoff mit dem gelösten Bor und Fe_2B s. [3]. — Bei Zugabe von Bor zu stickstoffgesättigten Gußeisenschmelzen fällt BN bei höherer Temperatur als eutektischer Graphit aus. Enthält die eutektische Schmelze beispielsweise 0.02 Gew.-% N_2, so genügen 0.005 Gew.-% B, um BN auszufällen [4], s. auch [5]. Es entsteht in Form zusammenhängender Körner bei 1000 bis 1200°C, wenn ein NH_3-Strom über Reinsteisen mit 2 bis 5% Bor geleitet wird und das Fe elektrolytisch weggelöst wird [6], s. auch [7].

Bei der Oxydation von Borpulver an Luft bei >1100°C läßt sich neben B_2O_3 und B_7O auch BN nachweisen [8]. — BN entsteht beim Erhitzen von $NH_3 \cdot BH_3$ im Vakuum oder in H_2 bei Temperaturen >500°C [9].

BN bildet sich aus den Boriden des Cr, W, Fe bei erhöhter Temperatur bei Reaktion mit NH_3. Die Stabilität gegen NH_3 steigt bei Cr- und Fe-Boriden mit wachsendem Borgehalt. Niedrigste Reaktionstemperatur für Chromboride: δ-Phase („Cr_2B") ca. 735°C, ε-Phase (Cr_3B_2) ca. 800°C, ξ-Phase (CrB) ca. 900°C, η-Phase (Cr_3B_4) zwischen 900 und 1000°C, Θ-Phase (CrB_2) ca. 1000°C. Nach 10stündiger Reaktion mit NH_3 bei 1180°C sind alle Chromboride zu Cr_2N und BN umgesetzt. — Der Beginn der Reaktion von NH_3 mit den Wolframboriden W_2B, „WB" und WB_2 liegt zwischen 800 und 900°C, vollständige Umsetzung zu BN und W findet bei 1100°C statt. — Die niedrigste Temperatur für die Reaktion von Fe_2B mit NH_3 liegt bei ca. 400°C; für FeB liegt sie etwas höher [10].

Bei 18stündigem Erhitzen von B-Triamino-N-triphenyl-borazin auf 300°C unter Vakuum ist die Zersetzung entsprechend $(NH_2)_3[BN]_3(C_6H_5)_3 \rightarrow 3\,BN + 3\,H_2NC_6H_5$ nahezu vollständig [11].

Literatur zu 1.1.1.1.5

[1] H. J. Milledge, E. Nave, F. H. Weller (Nature **184** [1959] 715). — [2] R. H. Wentorf (J. Chem. Phys. **26** [1957] 956). — [3] R. W. Fountain, J. Chipman (Trans. AIME **224** [1962] 599/606).— [4] D. L. Ball (Mod. Castings **54** [1968] 59). — [5] D. L. Ball (Trans. Am. Foundrymen's Soc. **75** [1967] 428/32).

[6] W. Koch, K. H. Sauer (Arch. Eisenhüttenw. **36** [1965] 591/6, 594). — [7] W. Koch, K. H. Sauer, J. Dittmann (Z. Anal. Chem. **209** [1965] 119/31, 128/31). — [8] H. F. Rizzo (Boron Syn. Struct. Properties Proc. Conf., Asbury Park, N.J., 1959 [1960], S. 175/89 nach C.A. **1961** 15196). — [9] V. P. Sorokin, B. J. Vesnina, N. S. Klimova (Zh. Neorgan. Khim. **8** [1963] 66/8; Russ. J. Inorg. Chem. **8** [1963] 32/3). — [10] R. Kiessling, Y. H. Liu (J. Metals **3** [1951] Trans. **191** 639/42).

[11] R. H. Toeniskoetter, F. R. Hall (Inorg. Chem. **2** [1963] 29/36, 30).

Purification

1.1.1.1.6 Reinigung

Bei 900°C aus B_2O_3 und NH_3 mit $Ca_3(PO_4)_2$ als Träger erhaltenes „900°C-BN" ist 80- bis 90%ig, s. S. 2. Reinigung mit Alkohol ist nicht möglich, weil extrahiertes, also B_2O_3-freies „900°C-BN" nach Aufheizen in inerter Atmosphäre auf über 1200°C wieder alkohollösliche Substanz, vermutlich B_2O_3, enthält. Es wird angenommen, daß „900°C-BN" durch eine Verbindung oder Verbindungen aus Bor, Sauerstoff und möglicherweise Wasserstoff verunreinigt ist, die beim Erhitzen auf hohe Temperaturen zu B_2O_3 zerfallen. Reinigung erfolgt entweder im NH_3-Strom bei ≥1200°C, wobei beispielsweise nach 24stündigem Erhitzen bei 1400°C der B_2O_3-Gehalt, vermutlich teils durch Renitrierung, teils durch Verdampfen einer Borverbindung (s. oben) von anfänglich 16.4 auf 3% gesunken ist, oder bei 1800°C im N_2- oder Ar-Strom, wobei die Verunreinigungen während 15 min praktisch vollständig verdampfen [1]. — Der bis 15% betragende B_2O_3-Gehalt in käuflichem BN kann durch Behandlung mit Wasserdampf oder einem wasserdampfhaltigen Gasstrom bei vorzugsweise 300°C auf weniger als $^1/_3$ herabgesetzt werden [2]. Gepreßtes amorphes BN-Pulver, das unter 4 atm N_2 auf ca. 2700°C erhitzt wird, schlägt sich an der Innenseite eines umgebenden Graphitrohres bei ca. 2500°C in Form laminarer, spektralreiner Kristalle von 3 bis 8 mm Größe nieder [3].

Literatur zu 1.1.1.1.6

[1] T. A. Ingles, P. Popper (in: P. Popper, Special Ceramics, New York 1960, S. 144/67). — [2] Union Carbide Corp., R. A. Mercuri, L. M. Litz (U.S.P. 3240563 [1963/66]; C.A. **64** [1966] 15549). — [3] Wacker-Chemie G.m.b.H. (B.P. 968590 [1959/64]; C.A. **61** [1964] 14029).

Preparation of Special Forms

1.1.1.1.7 Darstellung besonderer Formen

Pyrolytic BN

1.1.1.1.7.1 Pyrolytisches BN

Allgemeines

Pyrolytisches BN entsteht bei der thermischen Zersetzung jeder einfachen Verbindung mit einer Bor–Stickstoff-Bindung an heißen Oberflächen. Wegen des hohen Orientierungsgrades seiner Kristallite ist es, wie pyrolytischer Graphit, in seinen physikalischen Eigenschaften stark anisotrop, s. beispielsweise [1].

Aus BCl_3 und NH_3

Nach dem „Aufwachsverfahren" bilden sich aus vorgeheiztem und bis nahe an einen 800 bis 1500°C heißen Graphitstempel getrennt herangeführtem NH_3 und mit N_2 verdünntem BCl_3 verhältnismäßig dicke weiße Schichten von BN, das bei Abscheidungstemperaturen bis 1200°C noch chlorhaltig ist. NH_3 kann durch mit H_2 verdünntes Phosphornitrilchlorid $(NPCl_2)_x$ ersetzt werden [2]. Am 900 bis 1500°C heißen SiC-Widerstand geht die Ausbeute gegen 100%, wenn das Molverhältnis $NH_3:BCl_3>2$ ist [3]. Zur Darstellung s. auch [7].

Hochorientiertes pyrolytisches BN (Gesamtverunreinigungen etwa 100 ppm, Dichte etwa 98% der Röntgendichte) scheidet sich an 1900°C heißer Graphitunterlage ab, wenn ein Druck der Ausgangskomponenten von etwa 1 Torr im Reaktionsraum aufrechterhalten wird [4]. Die Strömungsgeschwindigkeit der Gase und damit ihre Konzentration an der Abscheidungsfläche bestimmen im wesentlichen den Grad der Kristallorientierung [5].

Aus B-Trichlor-borazin

Pyrolytisches BN schlägt sich an hocherhitzten Oberflächen nieder, wenn B-Trichlor-borazin ins Vakuum verdampft wird; keine Abscheidungen erhält man mit N_2 als Trägergas, mit Ar sind die Ausbeuten schlecht. Ungefähre Abscheidungsgeschwindigkeiten in μm/h an verschieden heißen Graphitoberflächen und bei Dampfdrucken von 0.1, 1 und 5 Torr, entsprechend einer Temperatur der verdampfenden Flüssigkeit von 25, 45 und 60°C:

Substrattemperatur in °C		1300	1500	1700
Dampfdruck in Torr	0.1	25	25	—*)
	1	125	125	300 bis 380
	5	250	250	750 bis 1000

*) Bei >1700°C werden keine Abscheidungen erhalten.

Bei etwas höheren Dampfdrucken läßt sich die Abscheidungsgeschwindigkeit auf 2.5 bis 3.75 mm/h steigern [1], besonders hoch orientierte Abscheidungen werden jedoch bei Drucken <5 Torr erhalten [6]. Die Farbe der Abscheidungen, die von elfenbein über gelb zu braun und schwarz reicht, scheint bedingt durch Spuren von Verunreinigungen und wird begleitet durch erhebliche Abweichungen in der Dichte, s. S. 33/4. Pyrolytisches BN haftet fest an Graphitunterlagen, wesentlich schwächer an solchen aus Wolfram. Dort ist seine konische Struktur, s. S. 19, auch weniger gut ausgebildet, obgleich weder Wolframboride noch Nitride nachweisbar sind [1].

Literatur zu 1.1.1.1.7.1

[1] R. Francis, E. P. Flint, A. D. Little (WAL-766/41-1 [1961] 28/38). — [2] T. Renner (Z. Anorg. Allgem. Chem. **298** [1959] 22/33, 30/2). — [3] H. Tagawa, K. Ishii (Denki Kagaku Kyokai **35** [1967] 50/4; J. Electrochem. Soc. Japan **35** [1967] 43/4). — [4] M. Basche, D. Schiff (Mater. Design Eng. **59** Nr. 2 [1964] 78/81). — [5] C. E. Frahme (Diss. Rutgers State Univ. 1967, S. 1/115 nach Diss. Abstr. **28** [1967] 885).

[6] R. Francis, D. G. Burgess, E. P. Flint, A. D. Little (Abstr. Papers 139th Meeting Am. Chem. Soc., St. Louis 1961, S. 77). — [7] R. L. Heestand, D. W. Short, W. C. Robinson (Proc. Conf. Chem. Vapor Deposition Refract. Metals Alloys Compounds, Gatlinburg, Tenn., 1967, S. 175/91 nach C.A. **68** [1968] Nr. 52775).

1.1.1.1.7.2 Filme und Folien

Films and Foils

Hochreines, in eine BN-Scheibe eingebettetes und bei 10^{-9} Torr ausgeheiztes Bor wird in Ar von 80×10^{-3} Torr durch Anlegen einer Spannung von −2750 V versprüht. Beim Einleiten von soviel N_2, daß ein Gesamtdruck von 85×10^{-3} Torr erhalten bleibt, scheidet sich ein BN-Film auf Si oder SiO_2-Unterlagen ab, die über einer Öffnung in der Anode angebracht waren. Die Kristallitgröße der 3000 bis 6000 Å dicken Filme beträgt ca. 100 Å, gleichgültig, ob die Unterlagen vorgeheizt waren oder nicht. Auch nach Ausheizen in N_2 weichen die Gitterparameter von denen des massiven hexagonalen BN ab, was durch strukturelle Fehlordnung oder Nichtstöchiometrie oder Ar-Einschlüsse erklärt werden könnte [1]. — B_2H_6 und NH_3 reagieren in H_2-(N_2, He)Atmosphäre an 600 bis 800°C heißen Flächen aus Si (Ta, Mo, Ge, Quarzglas) zu 1000 bis 6000 Å dicken, klaren, glasartigen BN-Filmen. Die Reaktionspartner werden getrennt ins Reaktionsgefäß eingeführt, dessen Wände auf Temperaturen ≥200°C erhitzt sind, um Abscheidung fester Borhydridverbindungen zu vermeiden. NH_3 wird mindestens in 10fachem Überschuß angewandt. Über die Abhängigkeit der Abscheidungsgeschwindigkeit von zahlreichen Faktoren s. Original [2]. — Durch Tieftemperatur-Radiofrequenz-Glimmentladung wird aus BBr_3 und NH_3 an über 500°C heißer Si-Unterlage ein porenfreier, gut haftender 1000 bis 3000 Å dicker BN-Film abgeschieden, wenn der BBr_3-Dampf (70 Torr) mit H_2 als Trägergas unmittelbar über der Abscheidungsfläche in das NH_3-enthaltende Reaktionsgefäß eingebracht wird [3].

Aus B-Trichlor-borazin-Dampf mit Drucken bis 2.5 Torr lassen sich an Mo, W, Ta, Legierungen auf Fe-Basis oder Graphit bei Temperaturen >700°C dichte, etwa 0.5 bis 10 μm dicke, gut haftende BN-Filme abscheiden, die eine gewisse Flexibilität besitzen [4]. Diffusion von etwas Mn in die Cu-Oberfläche ermöglicht gute Haftung des BN-Films an Cu [5]. Ein besseres Haften der bei 700 bis 1700°C aus B-Trichlor-borazin-Dampf mit Drucken bis 20 Torr abzuscheidenden BN-Filme an Mo, Legierungen auf Fe-Basis oder anderen hitzebeständigen Metallen wird durch vorherige Behandlung mit BCl_3 zwecks Bildung einer Boridzwischenschicht erreicht [6]. Beschichten von Reaktionsgefäßen aus Mo oder Ta mit BN aus B-Trichlor-borazin-Dampf bei 1300°C s. [7], vgl. [8].

Folien aus pyrolytischem BN werden durch abwechselnde Pyrolyse von BF_3-NH_3-Mischungen und CH_4 an Graphit hergestellt. Jeweils nach Erreichen von Filmdicken von 0.07 mm wird mit konzentriertem H_2SO_4, versetzt mit etwas HNO_3, behandelt, bis sich die Schichten trennen [9].

Literatur zu 1.1.1.1.7.2

[1] A. J. Noreika, M. H. Francombe (J. Vacuum Sci. Technol. **6** [1969] 722/6, 723/4, 194/7, 195). — [2] M. J. Rand, J. F. Roberts (J. Electrochem. Soc. **115** [1968] 423/9). — [3] H. F. Sterling, J. H. Alexander, R. J. Joyce (Spec. Ceram. Proc. Symp. Brit. Ceram. Res. Assoc., Manchester 1967 [1968], Bd. 4, S. 139/51, 149; C. A. **70** [1969] Nr. 82031). — [4] R. J. Patterson, R. D. Humphries, R. R. Haberecht (Papers Natl. Electrochem. Soc. Meetings, Tl. 1: Thin Films of Boron Nitride, Pittsburgh 1963 nach: C. F. Powell, J. H. Oxley, J. M. Blocher, Vapor Deposition, New York – London – Sydney 1966, S. 382). — [5] R. R. Haberecht, R. J. Patterson, R. D. Humphries (Natl. Acad. Sci. Natl. Res. Council Publ. Nr. 1238 [1964/65] 50/2; C.A. **63** [1965] 9566).

[6] Texas Instruments Inc. (B.P. 1083522 [1964/67]; C.A. **69** [1968] Nr. 47342). — [7] Texas Instruments Inc., J. F. Clarke (U.S.P. 3476080 [1965/69] nach C.A. **72** [1970] Nr. 15215). — [8] National Research Development Corp., P. Popper, T. A. Ingles (D.P. 1227756 [1959/66] nach C.A. **66** [1967] Nr. 31764). — [9] General Electric Co., R. J. Diefendorf (F.P. 1440917 [1964/66] nach C.A. **66** [1967] Nr. 68625).

BN Fibers

1.1.1.1.7.3 BN-Fasern

Diese werden durch Erhitzen von B_2O_3-Fasern [1, 2] oder von Borax-, Ca-Borat-, Borsilicat-Fasern im NH_3-Strom bei Temperaturen zwischen 800 und 1500°C hergestellt. NH_3 kann durch Harnstoff, Hydrazin oder NH_4Cl ersetzt werden [1]. Bei >200°C reagiert B_2O_3 zu Anlagerungsverbindungen $(B_2O_3)_x \cdot NH_3$ mit etwas höherem Schmelzpunkt als B_2O_3, so daß die Faserform erhalten bleibt. Die Nitrierungsgeschwindigkeit fällt bei einem B_2O_3-Faserdurchmesser >20 μm stark ab, wegen behinderter NH_3-Diffusion ins Faserinnere bei Bildung einer relativ undurchlässigen BN-Schicht auf der Faseroberfläche. Durch diese wandert der flüssige B_2O_3-Kern, so daß hohle Fasern mit geringer mechanischer Festigkeit entstehen, weshalb B_2O_3-Faserdurchmesser <9 μm bevorzugt werden. Durch Steuerung der „Graphitierung" der BN-Fasern, die bei >1000°C verläuft, können Fasern mit BN-Kristalliten von 20 bis 30 Å hergestellt werden, die chemisch wenig widerstandsfähig sind, oder solche mit Kristalliten von einigen 1000 Å, die geringe mechanische Festigkeit besitzen. Die günstigste Kristallitgröße liegt zwischen 60 und 160 Å [2].

Beim Tränken von Kunstseidenfäden mit Ammoniumboratlösung, Pyrolyse an Luft bei 350°C und Erhitzen im NH_3-Strom auf 1000°C werden flexible, amorphe gelbbraune BN-Fasern erhalten (Durchmesser <30 μm), die durch halbstündiges Tempern bei 1300°C im Vakuum weiß werden und schwache Kristallinität aufweisen [3].

Literatur zu 1.1.1.1.7.3

[1] Carborundum Co. (Neth. Appl. 6609699 [1965/67] nach C.A. **66** [1967] Nr. 118479). — [2] J. Economy, R. V. Anderson, V. J. Matkovich (Polym. Prepr. Am. Chem. Soc. Div. Polym. Chem. **9** Nr. 2 [1968] 1392/3). — [3] Union Carbide Corp., B. H. Hamling (U.S.P. 3399979 [1965/68]; C.A. **69** [1968] Nr. 97670).

Rhombohedral BN

1.1.1.2 Rhomboedrisches BN

Beim Schmelzen von B_2O_3 oder $Na_2B_4O_7$ mit KCN bei 1100°C entsteht eine Mischung von hexagonalem und rhomboedrischem BN, A. Hérold, B. Marzluf, P. Pério (Compt. Rend. **246** [1958] 1866/8).

1.1.1.3 Diamantartige BN-Modifikationen

Diamond-like BN Modifications

Allgemeines

Wegen der weitgehenden Ähnlichkeit zwischen Graphit und normalem hexagonalem BN hatte man schon seit den 20er Jahren auf die Möglichkeit der Herstellung diamantartiger Hochdruckmodifikationen hingewiesen und entweder eine kubische Modifikation mit Zinkblendenstruktur oder eine dichtere hexagonale Modifikation mit Wurtzitstruktur vorausgesagt, s. beispielsweise [1]. Tatsächlich gelang die erste Synthese von diamantartigem BN mit Zinkblendenstruktur 1957, die das BN mit Wurtzitstruktur 1963. Mischungen der beiden dichteren Modifikationen entstehen bei Schockwellenkompression von hexagonalem BN.

1.1.1.3.1 Kubisches BN mit Zinkblendenstruktur

Cubic BN with Sphalerite Structure

Aus den Elementen

Kubisches BN („Borazon") entsteht beim Erhitzen eines Bor-Stickstoff-Gemisches in einer Metallkapsel unter hohem Druck, z. B. bei 1800°C und 85 kbar. Untere Grenzbedingungen sind 1350°C und 62 kbar. Die Farbe der winzigen, teilweise verkitteten Kristallbruchstücke ist schwarz, braun oder dunkelrot, wahrscheinlich durch Verunreinigung mit Bor; es werden aber auch weiße, graue und gelbe Kristalle erhalten. Unter besonderen Bedingungen können sich bis 300 μm große oktaedrische Kristallite bilden [2].

Aus hexagonalem BN ohne Katalysatoren

In einer Hochdruck-Belt-Apparatur mit Probenvolumen von 1 mm^3 entsteht aus hexagonalem BN (98%ig) in einigen Minuten neben der dichteren hexagonalen Modifikation mit Wurtzitstruktur (s. S. 11) kubisches BN mit einer Kristallitgröße von ≤ 1 μm. Der niedrigste Druck für Umwandlung in die dichteren Formen scheint bei ≥ 2000°C bei 110 bis 120 kbar zu liegen. Mit zunehmender Temperatur scheint sich kubisches BN gegenüber der Wurtzitform bevorzugt zu bilden. Im untersuchten Druck- und Temperaturbereich bis 140 kbar und bis 4000°K wird jedoch keine Gleichgewichtslinie zwischen den beiden Hochdruckmodifikationen im p,T-Diagramm, s. S. 16, angenommen [3].

Kubische BN-Einkristalle entstehen beim Abkühlen, wenn elektrisch vorgeheiztes hexagonales BN bei Drucken von etwa 100 t/cm^2 durch Kondensatorentladung kurzzeitig verdampft wird, wobei Energie von ca. 50000 Ws während ca. 10^{-6} s zugeführt wird [4].

Aus hexagonalem BN mit Katalysatoren

Alkali- und Erdalkalimetalle, Sb, Sn, Pb, dagegen nicht die die Diamantbildung fördernden Katalysatoren wie Fe, Ni, Mn, katalysieren die Umwandlung von hexagonalem BN in kubisches bei Drucken zwischen 50 und 90 kbar und Temperaturen zwischen 1500 und 2000°C, je nach Katalysator. Je höher dessen Atomgewicht ist, desto höher ist der nötige Druck, beispielsweise 70 kbar für K und Ba. Verunreinigungen von einigen Prozent B_2O_3 oder H_2O im hexagonalen BN setzen die katalytische Wirksamkeit stark herab [5]. Nach Filonenko u. a. [6] reagiert beispielsweise Mg bei 1000°C entsprechend $4Mg + 2BN \rightarrow MgB_2 + Mg_3N_2$. Wird hexagonales BN im Überschuß angewandt (75% hexagonales BN, 25% Mg), so fällt kubisches BN bei geeigneten Drucken (63 bis 67 kbar) und Temperaturen (1730 bis 1930°C) als erste kristalline Phase aus. Nach Matecha und Kvapil [7] verläuft die Umwandlung mit Mg bei Temperaturen zwischen 1500 bis 1800°C bei Drukken zwischen 60 und 75 kbar. Es werden 0.3 bis 0.5 mm große Einkristalle erhalten. Wegen der offenbar durch Bor verursachten Schwarzfärbung der Hauptmenge der mit Metallkatalysatoren erhaltenen kubischen BN-Kristalle nimmt Wentorf [5] dagegen eine Reaktion beispielsweise nach $Li + 3BN \rightarrow Li_3N + 3B$ an und verwendet an Stelle der Metalle bevorzugt die Nitride von Li, Mg, Ca, die sich als die wirksamsten Katalysatoren erweisen und bei etwa 50 kbar und 1700°C hohe Ausbeuten an gelben und bei 65 kbar und 1900°C an weißen kubischen BN-Kristalliten liefern. Der Druck, bei dem sich die beiden Modifikationen, s. S. 16, ineinander umwandeln, steigt mit wachsender Reaktionstemperatur. Die Kristalle sind umso größer, je näher die Reaktion am Gleichgewicht verläuft: bei 1700°C ca. 0.5 mm bei 50 kbar, dagegen 0.02 mm bei 70 kbar. Eine genauere Untersuchung der Synthese mit Li_3N läßt vermuten, daß sich ein lose gebundener Komplex der ungefähren Zusammensetzung $Li_3N \cdot 3BN$ bildet, der als Schmelze hexagonales BN löst, das als kubisches wieder ausfällt.

Keimbildungs- und Wachstumsgeschwindigkeit des kubischen BN sind da am größten, wo die örtliche Konzentration von $Li_3N \cdot 3BN$ am höchsten ist [5]. Das Reaktionsgemisch wird bei gewöhnlicher Temperatur komprimiert und anschließend auf Reaktionstemperatur erhitzt. Wenn nach einigen Minuten die Reaktion beendet ist, wird zunächst gekühlt, dann dilatiert [8]. Vollkommene Umwandlung von hexagonalem in kubisches BN soll innerhalb von 10 min mit gepulvertem Li_3N bei 60 kbar und 1530°C gelingen [9]. Nach Wentorf [5] erhaltene kubische BN-Kristalle können vergrößert werden, wenn man oktaedrische oder tetraedrische Kristalle mit reinstem, gut kristallisiertem hexagonalem BN und Katalysatoren, vorzugsweise Li_3N, umgibt und das Gemisch Drucken von ca. 50 kbar und Temperaturen von ca. 1800°C aussetzt. Nach Erniedrigung von Druck und Temperatur sind die dunkler gefärbten Keime gleichmäßig von gelbem kubischem BN umhüllt, wobei die Ausgangskristallform erhalten bleibt. Bei 6facher Wiederholung des Prozesses hat sich z. B. ein Keimkristall von 0.005 Karat (≈0.001 g) auf 0.2 Karat (≈0.04 g) vergrößert [10].

Im Diamantgitter kristallisierendes AlN oder BP kann bei hohen Temperaturen und Drucken erhebliche Mengen hexagonales BN lösen, das sich nach Übersättigung bei sehr langsamem Abkühlen teilweise als kubisches BN auf den AlN-BN- oder BP-BN-Mischkristallen abscheidet [11], s. auch [12]. 4 Teile hexagonales BN, vermischt mit 1 Teil eines Legierungskatalysators der Zusammensetzung Fe_3Al, $Ag_{18}Cd_{82}$ oder $Ag_{58}Cd_{42}$, reagieren in einer modifizierten Hochdruck-Belt-Apparatur während 30 min bei etwa 2200°C und 80 kbar. Mit Fe_3Al wird kubisches BN mit einer Kristallitgröße von etwa 80 μm schon bei ca. 1550°C und Drucken < 45 kbar erhalten. Mit $Ag_{18}Cd_{82}$ bzw. $Ag_{58}Cd_{24}$ beginnt die Bildung von kubischem BN bei < 1000°C und 32 kbar. Als Kristallitgröße werden etwa 150 μm bzw. 80 μm erreicht. Hohe Ausbeuten werden durch Steigerung von Druck und Temperatur erzielt [13]. — Als Katalysator für die Bildung des kubischen BN können auch Lanthanide oder Actinide als Metalle (0.1 bis 100 Gew.-%) oder deren Nitride zwischen 1300 und 2200°C und Drucken von 50 bis 100 kbar gewählt werden. Nach Reaktion während 3 bis 8 min wird die Matrix in HCl oder Königswasser gelöst und hexagonales BN durch Flotation abgetrennt. Im Falle der Actiniden erhält man durchgehend radioaktive kubische BN-Kristallite [14].

Wird hexagonales BN mit Sb als Katalysator bei gewöhnlicher Temperatur hohen Drucken und Schubspannungen unterworfen, so erfolgt bei Drucken von etwa 120 kbar und Schubspannungen von etwa 19×10^3 kg/cm^2 fast simultane Transformation in die beiden dichteren Modifikationen (kubisches BN und BN mit Wurtzitstruktur), die sich nach Auswaschen des Sb mit konzentriertem HNO_3 röntgenographisch neben hexagonalem BN nachweisen lassen [15].

Weitere Darstellungsmöglichkeiten

Kubisches BN entsteht auch bei Umsetzung von Bor mit Li_3N oder Mg_3N_2 bei hohen Drucken und Temperaturen, aber mit schlechterer Ausbeute und Kristallqualität als aus hexagonalem BN [5]. So werden mit Mg_3N_2 bei 65 kbar und 1860 bis 2000°K neben hexagonalem BN schwarze tetraedrische Kristallite (≤20 μm) erhalten. Reaktion bei 38 bis 40 kbar und 1100 bis 1450°K führt nur zu hexagonalem BN [6].

Borphosphide der Zusammensetzung BP und B_5P_3 reagieren mit durch N_2 verdünntem NH_3 bei 800°C zu kubischem BN [16], s. auch [17].

Literatur zu 1.1.1.3.1

[1] A. A. Gardini (U.S. Bur. Mines Inform. Circ. Nr. 7664 [1953]). — [2] R. H. Wentorf (J. Chem. Phys. **26** [1957] 956). — [3] F. P. Bundy, R. H. Wentorf (J. Chem. Phys. **38** [1963] 1144/9). — [4] Intermetall Gesellschaft für Metallurgie und Elektronik m.b.H., R. Dahlberg (D.P. 1198322 [1961/65]; C.A. **63** [1965] 14170). — [5] R. H. Wentorf (J. Chem. Phys. **34** [1961] 809/12).

[6] N. E. Filonenko, V. I. Ivanov, M. I. Sokhor, L. I. Fel'dgun (Tr. Vses. Nauchn. Issled. Inst. Abrazivov Shlifovaniya Nr. 2 [1966] 5/11; C.A. **69** [1968] Nr. 39313). — [7] J. Matecha, J. Kvapil (J. Cryst. Growth **6** [1970] 199/202). — [8] R. H. Wentorf (Chem. Eng. **68** Nr. 4 [1961] 177/86, 185). — [9] H. Konno, K. Kudaka (Kogyo Kagaku Zasshi **68** [1965] 1016/7 nach C.A. **63** [1965] 15841). — [10] General Electric Co., R. H. Wentorf (U.S.P. 3192015 [1963/65]; C.A. **64** [1966] 96).

[11] A. Fischer (D.P. 1131645 [1957/62]; C.A. **57** [1962] 8193). — [12] A. Fischer (D.P. 1057581 [1957/59]; C.A. **1961** 6960). — [13] H. Saito, M. Ushio, S. Nagao (Yogyo Kyokai Shi **78** [1970] 1/8 nach C.A. **72** [1970] Nr. 139166). — [14] General Electric Co., R. H. Wentorf

(U.S.P. 3150929 [1963/64]; C.A. **61** [1964] 15703). — [15] L. F. Vereshchagin, E. V. Zubova, L. N. Burenkova, N. I. Revin (Dokl. Akad. Nauk SSSR **178** [1968] 72/3; Soviet Phys.-Dokl. **13** [1968] 25/6).

[16] R. C. Vickery (Nature **184** [1959] 268). — [17] Chih Chun Wang (Diss. Colorado State Univ. 1962, S. 1/115 nach Diss. Abstr. **23** [1963] 3154).

1.1.1.3.2 Dichteres hexagonales BN mit Wurtzitstruktur

Denser Hexagonal BN with Wurtzite Structure

Die Umwandlung von hexagonalem BN (98%ig) in einer Hochdruck-Belt-Apparatur mit Probenvolumen 1 mm³ beginnt bei gewöhnlicher Temperatur bei Drucken >125 kbar. Nach 3 Minuten bei 140 kbar erhält man nahezu 50% des Ausgangsmaterials in Wurtzitform, Kristallitgröße ≤1 μm. Enthält das ursprüngliche BN bis 2.5% B_2O_3, so bildet sich ungefähr die gleiche Menge der dichteren Modifikation, jedoch gibt die Röntgenanalyse wegen Überlappung mit B_2O_3-Linien keinen eindeutigen Aufschluß, ob Zinkblenden- oder Wurtzitform vorliegt. Wahrscheinlich ist, daß Bildung der Wurtzitform durch B_2O_3 bei gewöhnlicher Temperatur nicht beeinflußt wird. Im gleichen Druckbereich, aber bei Temperaturen ≥2000°K entsteht neben der Wurtzitform die Zinkblendenform, s. S. 9, F. P. Bundy, R. H. Wentorf (J. Chem. Phys. **38** [1963] 1144/9).

1.1.1.3.3 Mischungen der dichteren Modifikationen

Mixtures of Denser Modifications

Die bei der adiabatischen Schockwellenkompression entstehende dichtere Phase ist fast immer ein Gemisch aus kubischem BN und BN mit Wurtzitstruktur, unabhängig von der Dichte des als Ausgangsmaterial benutzten hexagonalen BN und unabhängig davon, ob das Material vorgeheizt wird oder nicht.

Der Schwellenwert für den Umwandlungsdruck liegt bei Drucken >100 kbar [1] oder <150 kbar [2]; er beträgt nach [3] 120 kbar (Ausgangsdichte des hexagonalen BN 1.95 g/cm³), nach [4] 122 kbar (Ausgangsdichte 2.2 g/cm³) und nach [5] 128 kbar (Ausgangsdichte ≈2.0 g/cm³). Drucke zwischen 200 und 700 kbar haben nach [2] keinen Einfluß auf die Ausbeute an dichterer Phase; nach [1] wird die Ausbeute für Drucke >120 kbar bis 500 kbar nur wenig vom Druck beeinflußt. Für Drucke >200 kbar wird vollständige Umwandlung in die dichtere Phase angenommen; das im Endprodukt gefundene hexagonale BN wird vermutlich durch Rücktransformation der dichteren Modifikationen während des Abkühlens gebildet [1]. Die Ausbeute ist um so größer, je ausgeprägter die hexagonale Struktur des Ausgangs-BN ist [6]. So konnte an turbostratischem BN (s. S. 26/7) erst nach dessen Rekristallisation im Vakuum eine Phasenumwandlung erzielt werden, wobei bei Schockwellenkompression auf ca. 300 kbar maximal 70% an dichterem Material erhalten wurde [7]. Nach [2] steigt die Ausbeute von 1% auf über 50% nach Rekristallisation des Ausgangs-BN.

Vorheizen des Ausgangs-BN senkt die Ausbeute an dichterer Phase. So wird mit Ausgangs-BN von Raumtemperatur (Dichte 1.98 g/cm³) eine Ausbeute von ca. 72% erzielt, nach Vorheizen auf 800°K liegt sie bei nur ca. 49%. Von geringerem Einfluß ist die Dichte. Die Ausbeute sinkt auf ca. 68%, wenn das Ausgangs-BN (bei Raumtemperatur) eine Dichte von 0.8 g/cm³ hat. Höhere Temperatur und geringere Dichte verursachen höhere Schockkompressionstemperatur und damit längere Abkühlungszeiten, in denen eine Rücktransformation in normales hexagonales BN verstärkt auftritt [1].

Die Bestimmung des Anteils an kubischem BN in der dichteren Phase ist schwierig und wenig genau wegen der Überlappung der Interferenzmaxima mit den Linien des normalen und dichteren hexagonalen BN [1, 7]. Der Anteil an kubischer Modifikation liegt bei etwa 10%, bezogen auf das Ausgangs-BN [1], bzw. bei 10 bis 15%, bezogen auf die dichtere Phase [7]. Dagegen beobachten Adadurov u. a. [5] bei Schockwellenkompression auf Drucke >128 kbar ein ausschließliches Auftreten der Wurtzitform, was sie mit größerer Reinheit ihres Ausgangs-BN erklären. — Fast ausschließlich kubisches BN neben hexagonalem BN und Spuren der Wurtzitform finden [4], wenn zylinderförmige hexagonale BN-Proben (Dichte 2.2 g/cm³) konvergierenden Schockwellen ausgesetzt werden, so daß das Probeninnere von etwa 300 kbar, die äußeren Zonen von etwa 140 kbar getroffen werden. Möglicherweise erzeugen die konvergierenden Schockwellen Temperaturen >3000°C, bei denen die kubische Form bevorzugt auftritt, s. S. 9.

Literatur zu 1.1.1.3.3

[1] I. N. Dulin, L. V. Al'tshuler, V. Ya. Vashchenko, V. N. Zubarev (Fiz. Tverd. Tela **11** [1969] 1252/7; Soviet Phys.–Solid State **11** [1969] 1016/20). — [2] P. S. de Carli (Bull. Am. Phys. Soc. [2] **12** [1967] 1127). — [3] L. V. Al'tshuler, M. N. Pavlovskii, V. P. Drakin (Zh. Eksperim. i Teor. Fiz. **52** [1967] 400/8; Soviet Phys.–JETP **25** [1967] 260/5, 263/5). — [4] N. L. Coleburn, J. W. Forbes (J. Chem. Phys. **48** [1968] 555/9). — [5] G. A. Adadurov, Z. G. Aliev, L. O. Atovmyan, T. V. Bavina, Yu. G. Borod'ko, O. N. Breusov, A. N. Dremin, A. Kh. Muranevich, S. V. Pershin (Dokl. Akad. Nauk SSSR **172** [1967] 1066/8; Soviet Phys.–Dokl. **12** [1967] 173/5).

[6] S. S. Batsanov, E. M. Moroz, V. P. Kuzyutin (Zh. Strukt. Khim. **11** [1970] 156/8; J. Struct. Chem. [USSR] **11** [1970] 147/9). — [7] S. S. Batsanov, L. R. Batsanova, G. S. Doronin, S. S. Kutateladze, E. M. Moroz, R. S. Erenburg (Zh. Strukt. Khim. **9** [1968] 1024/8; J. Struct. Chem. [USSR] **9** [1968] 913/6).

Thermodynamic Data of Formation

1.1.2 Thermodynamische Daten der Bildung

Daten stehen nur für das hexagonale BN zur Verfügung.

Bildungsenthalpie ΔH°, freie Bildungsenthalpie ΔG°, beide in kcal/mol und Bildungsentropie ΔS° in $cal \cdot mol^{-1} \cdot {}^\circ K^{-1}$ für die Reaktion: B (kristallin) + $^1/_2 N_2$ (gasförmig) → BN (kristallin, hexagonal), bei 25°C, falls keine anderen Angaben gemacht werden. Die Werte in „Bor" Erg.-Bd., S. 159, sind überholt.

$-\Delta H^\circ_{298.15}$	Anmerkungen	Lit.
	Aus Gleichgewichtsmessungen:	
ca. 60	Massenspektrometrisch, Knudsen-Effusion	[1]
≤ 60 ± 2	Langmuir „free evaporation"	[2]
59.8 ± 0.6	Torsions-Effusionsmethode	[3]
59.5	N_2-Druckbestimmung (?)	[4]
	Aus kalorimetrischen Messungen:	
60.3 (60.7) ± 0.34	Verbrennung von Bor in N_2	[5] 1)
59.7 (60.7) ± 0.7	Verbrennung von BN in O_2	[6] 2)
59.9 (60.6) ± 1.5	Verbrennung von BN in O_2-H_2O	[7] 3)
60.2 ± 0.5	Verbrennung von BN in F_2	[8]
59.97 ± 0.37	Verbrennung von BN in F_2	[9]
60.1 ± 2.0	Verbrennung von BN in NF_3	[10]

Die in Klammern angegebenen Werte sind die ursprünglichen Angaben der Autoren. Die Fußnoten beziehen sich auf die jeweilige Art der Neuberechnung:

1) Neu berechnet von [11] mit verbessertem ΔH° für die Umwandlung B (amorph) → B (kristallin). — 2) bzw. 3) Neu berechnet von [9] mit verbesserten Werten für ΔH° (B_2O_3, amorph) bzw. ΔH° (H_3BO_3, kristallin).

Weitere Angaben: $\Delta H^\circ = -60.8$ [12], $\Delta H^\circ = -60.5$ [13].

ΔG° wird nach der Gibbs-Helmholtzschen Gleichung berechnet und beträgt beispielsweise -54.5 mit $\Delta S^\circ = -20.77$, erhalten aus Literaturdaten [6]. Ebenfalls aus Literaturdaten berechnetes $\Delta S^\circ = -20.62 \pm 0.02$ [14]. Für die Berechnung von ΔG° benutzen die Autoren von [15] falsch berechnetes ΔS° von -16.96.

Temperaturabhängigkeit: Von [11] berechnete Werte für ΔH°, ΔG° sowie lg Kp zwischen 0 und 3500°K gehen von $\Delta H^\circ_{298.16} = -59.51 \pm 0.72$ (nach [14]) aus. Dieser Wert ist jedoch durch eigene Messungen [9] überholt. — Mit $\Delta H^\circ_{298.16} = -60.3$ (neu berechnet nach Messungen von [6]) berechnete Werte für ΔH°, ΔG° sowie lg Kp zwischen 0 und 1200°K s. [16], zwischen 0 und 300°K s. [17] und für ΔH° sowie lg Kp zwischen 0 und 6000°K s. [8]. Ausgehend vom unkorrigierten $\Delta H^\circ_{298.16} = -60.7$ nach [6] geben [15] die Temperaturabhängigkeit der Bildungsenthalpie zwischen 298 und 1200°K zu $\Delta H_T = -60950 - 1.23\,T + 1.16 \times 10^{-3}\,T^2$ cal/mol an, die der freien Bildungsenthalpie zu $\Delta G_T = -60950 + 1.23\,T \lg T - 1.16 \times 10^{-3}\,T^2 + 9.94\,T$ cal/mol.

Die Bildungsenthalpie für Bildung von gasförmigem BN aus den Elementen, berechnet mit der Dissoziationsenergie $D_0(BN) = 92$ kcal/mol, s. S. 14, D_0 (N_2) sowie der Sublimationsenergie des Bors ergibt sich zu $\Delta H^\circ_0 = 154 \pm 13$ [19], 150.9 [11], $\Delta H^\circ_{298.16} = 154.75$ [12], 152 ± 12

[11], 154.81 [18]. Hiervon abweichende, erheblich niedrigere Werte werden bei Auswertung der Arbeiten von Fesenko [21] und Akishin [22] sowie aus eigenen Abschätzungen erhalten, s. JANAF Thermochemical Tables [20]. Offensichtlich beruht der nach den Angaben von Fesenko [21] berechnete Wert $\Delta H^{\circ}_{298.16} = 101$ auf der Verwendung des überholten Wertes von 102 kcal/mol für die Sublimationsenthalpie des Bors. In den Wert $\Delta H^{\circ}_{298.16} = 85$ nach Akishin [22] gehen anscheinend überholte Angaben für den N_2-Partialdruck bei der BN-Dissoziation ein. Mit dem eigenen Wert für D_0(BN) von 5.7 eV (≙131 kcal/mol) ergibt sich nach [20] $\Delta H^{\circ}_0 = 113$ und $\Delta H^{\circ}_{298.15} = 114 \pm 30$. — Die freie Bildungsenthalpie $\Delta G^{\circ}_{298.16}$ für gasförmiges BN wird nach der Gibbs-Helmholtzschen Gleichung mit $\Delta S^{\circ} = 24.38$ zu 144.72 berechnet [11], mit $\Delta S^{\circ} = 26.4$ zu 146.87 [12]. Temperaturabhängigkeit zwischen 0 und 6000°K für ΔH°, ΔG° sowie lg Kp s. [11, 20], für ΔH° sowie lg Kp s. [18].

Literatur zu 1.1.2

[1] P. Schissel, W. Williams (Bull. Am. Phys. Soc. [2] **4** [1959] 139). — [2] L. H. Dreger, V. V. Dadape, J. L. Margrave (J. Phys. Chem. **66** [1962] 1556/9, 1558). — [3] D. L. Hildenbrand, W. F. Hall (J. Phys. Chem. **67** [1963] 888/93, 891). — [4] L. A. McClaine, C. P. Coppel, A. D. Little (AFML-TR-66-299 [1966] nach C.A. **67** [1967] Nr. 56902). — [5] G. L. Gal'chenko, A. N. Kornilov, S. M. Skuratov (Zh. Neorgan. Khim. **5** [1960] 2651/4; Russ. J. Inorg. Chem. **5** [1960] 1282/3).

[6] A. S. Dworkin, D. J. Sasmor, E. R. van Artsdalen (J. Chem. Phys. **22** [1954] 837/42, 840/2). — [7] J. J. Keavney, Stamford Res. Lab., American Cyanamid Co., Stamford, Conn. (private Mitteilung) nach Lit. [9, S. 9]. — [8] P. Gross, C. Hayman, M. C. Stuart (Proc. Brit. Ceram. Soc. **8** [1967] 39/50, 48). — [9] S. S. Wise, J. L. Margrave, H. M. Feder, W. N. Hubbard (J. Phys. Chem. **70** [1966] 7/10). — [10] C. J. Thompson, G. C. Sinke (JANAF Thermochemical Tables, Midland, Mich., 1964) nach [9, S. 9].

[11] National Bureau of Standards (JANAF Thermochemical Tables PB 168370 [1965]). — [12] D. D. Wagman, W. H. Evans, V. B. Parker, I. Halow, S. M. Bailey, R. H. Schumm (Natl. Bur. Std. [U.S.] Tech. Note 270-3 [1968] 201). — [13] O. Kubaschewski, E. L. Evans, C. B. Alcock (Metallurgical Thermochemistry, 4. Aufl., London 1967). — [14] S. S. Wise (U.S. At. Energy Comm. ANL-6472 [1962] 1/71; C.A. **56** [1962] 10998). — [15] C. E. Wicks, F. E. Block (U.S. Bur. Mines Bull. Nr. 605 [1963] 23/4).

[16] W. H. Evans, D. D. Wagman, E. J. Prosen (Natl. Bur. Std. Tech. Rept. Nr. 4943 [1956]). — [17] C. R. Fuget, J. F. Masi (U.S. At. Energy Comm. CCC-1024-TR-263 [1957] 1/23, 6). — [18] B. J. McBride, S. Heimel, J. G. Ehlers, S. Gordon (NASA Doc. N 63-23715 [1963] 1/332, 120/1). — [19] W. H. Evans, D. D. Wagman, E. J. Prosen (Natl. Bur. Std. [U.S.] Tech. Rept. Nr. 6252 [1958] 16). — [20] D. R. Stull, H. Prophet (JANAF Thermochemical Tables, 2nd Edition, NSRDS-NBS 37 [1971]).

[21] V. V. Fesenko (Poroshkovaya Met. Akad. Nauk Ukr.SSR **1** [1961] 80/5). — [22] P. A. Akishin, Yu. S. Klodeev (Zh. Neorgan. Khim. **7** [1962] 941/2; Russ. J. Inorg. Chem. **7** [1962] 486).

1.1.3 Molekel

The Molecule

1.1.3.1 Bildung

Formation

Über die Bildung der BN-Molekel bei elektrischen Entladungen in He, das geringe Mengen BCl_3 und N_2 enthält, s. „Bor" Erg.-Bd., S. 159/60. — Wahrscheinlich bildet sich die BN-Molekel im Stoßrohr, wenn B-Pulver mit 10% N_2 und H_2 als Treibgas mit Stoßwellen behandelt wird (Machzahl 6.0) [1]. Dagegen sollen sich nach McGregor [2] im Stoßrohr keine BN-Molekeln bilden, wenn BN-Pulver mit He als Treibgas Stoßwellen (Machzahlen 4 bis 6) ausgesetzt wird: BN-Spektren in Absorption oder Emission werden nicht beobachtet [1].

Literatur zu 1.1.3.1

[1] R. W. Nicholls, W. H. Parkinson, E. M. Reeves (Appl. Opt. **2** [1963] 919/30, 923). — [2] A. T. McGregor (Diss. Univ. of Western Ontario 1962).

1.1.3.2 Elektronenkonfiguration, Terme

Electron Configuration. Terms

Die Elektronenkonfiguration des niedrigsten beobachteten Grundzustandes $^3\Pi$ ist wahrscheinlich $(2s\sigma)^2\,(2s\sigma)^2\,(2p\Pi)^3\,(2p\sigma)$, die Konfiguration $(2s\sigma)^2\,(2s\sigma)^2\,(2p\Pi)^4\,(^1\Sigma^+)$ ist jedoch nicht vollkommen auszuschließen. In beiden Fällen ist eines der vier äußersten Elektronenpaare antibindend [1]. Nach [2] ist $^3\Pi$ der Grundzustand, da die im Grundzustand befindlichen Atome B(^{2}P) und N(^{4}S) nur Triplett- oder Quintettzustände ergeben können. Ebenso zeigen Berechnungen nach der LCAO-MO-SCF-Methode, daß der Grundzustand ein $^3\Pi$-Zustand ist mit dicht darüber liegenden $^3\Sigma^+$-, $^1\Sigma^+$- und $^1\Pi$-Zuständen [3].

Literatur zu 1.1.3.2

[1] G. Herzberg (Spectra of Diatomic Molecules, 2. Aufl., New York – Toronto – London 1950, S. 343, 347). — [2] B. A. Trush (Nature **186** [1960] 1044). — [3] G. Verhaegen, W. G. Richards, C. M. Moser (J. Chem. Phys. **46** [1967] 160/4).

Term Energy

1.1.3.3 Termenergie T_e

Aus Meßergebnissen von A. E. Douglas, G. Herzberg (Can. J. Res. A **18** [1940] 179/85) wird die Termenenergie für den Zustand $^3\Pi$ zu T_e = 27877.0 cm^{-1} berechnet, G. Herzberg (Spectra of Diatomic Molecules, 2. Aufl., New York – Toronto – London 1950, S. 512).

Total Energy

1.1.3.4 Gesamtenergie E

Für den $^1\Sigma^+$-Zustand wird die Hartree-Fock-Energie zu $-E$ = 78.936 [1] bzw. 78.90600 [2] atomaren Einheiten abgeschätzt. Nach der OVC-Methode (Optimized Valence Configuration) ist $-E$ = 79.05365 [2]. Nach der LCAO-MO-SCF-Methode ergibt sich $-E$ = 78.902 [1], nach der LCAO-MO- und einer quadratisch-konvergenten „self-consistent"-Methode ist $-E$ = 78.679 [3].

Die Berechnung für den niedrigsten $^3\Pi$-Zustand ergibt nach [3] mit den gleichen Orbitalen wie oben $-E$ = 78.717 und für den niedrigsten $^1\Pi$-Zustand $-E$ = 78.677 [3].

Literatur zu 1.1.3.4

[1] G. Verhaegen, W. G. Richards, C. M. Moser (J. Chem. Phys. **46** [1967] 160/4, 161). — [2] P. Sutton, P. Bertoncini, G. Das, T. L. Gilbert, A. C. Wahl, O. Sinanoğlu (Intern. J. Quantum Chem. **3** [1969] 479/97, 486). — [3] J. L. Masse, M. Baerlocher (Helv. Chim. Acta **47** [1964] 314/8, 317).

Dipole Moment

1.1.3.5 Dipolmoment

Mit einem minimalen Satz Slaterscher Orbitale mit gewöhnlichen Exponenten berechnen J. L. Masse, M. Baerlocher (Helv. Chim. Acta **47** [1964] 314/8, 317) für den niedrigsten $^3\Pi$-Zustand μ = 1.430 D(B^-N^+), für den niedrigsten $^1\Sigma^4$-Zustand μ = 2.327 D(B^+N^-).

Force Constant

1.1.3.6 Kraftkonstante k_e

Für den X $^3\Pi$-Zustand ist k_e = 8.328 mdyn/Å, T. L. Cottrell (The Strengths of Chemical Bonds, 2. Aufl., London 1958, S. 273).

Band Spectrum

1.1.3.7 Bandenspektrum

Siehe „Bor" Erg.-Bd., S. 159/60.

Franck-Condon Factors

1.1.3.8 Franck-Condon-Faktoren

Für den Übergang $A^3\Pi$–$X^3\Pi$ werden die Franck-Condon-Faktoren für ^{11}BN unter Zugrundelegung eines Morse-Modells aus Messungen von A. E. Douglas, G. Herzberg (Can. J. Res. A **18** [1940] 179/85) abgeschätzt, R. W. Nicholls, P. A. Fraser, W. R. Jarmin (Combust. Flame **3** [1959] 13/38, 19).

Energy of Dissociation

1.1.3.9 Dissoziationsenergie D

D_0 ist hier die Dissoziationsenergie, gemessen über dem niedrigsten realen Energieniveau der Molekel; D_e ist die auf das Minimum der Potentialkurve bezogene Dissoziationsenergie. D_0 = 4.0 ± 0.5 eV (≙ 92 kcal/mol) ergibt die nach Messungen von [1] durchgeführte graphische Birge-Sponer-Extrapolation für den Grundzustand $X^3\Pi$. Nach dem gleichen Verfahren wird ein etwa gleich großer Wert für die Dissoziation aus dem angeregten Zustand $A^3\Pi$ erhalten, wenn Dissoziation in B(^{3}P) + N(^{2}D) angenommen wird [2]. Aus eigenen Meßwerten [1] berechnet Herzberg [3] D_0 = 5.0 eV (≙115 kcal/mol). Neben D_0 = 4.0 nach [2] werden in JANAF Thermochemical Tables [6] durchweg höhere Werte für D_0 angegeben: D_0 = 5.7 eV nach eigener Birge-Sponer-Extrapolation, D_0 = 6.2 eV, berechnet aus den in C.A. **56** [1962] 10997 wiedergegebenen N_2-Druckangaben zwischen 2500 und 3000°C von Fesenko [7]. Laut Original werden die N_2-Drucke für die Reaktion BN (fest) → B (gas) $+{}^1/_2N_2$ unter Verwendung einer Reaktionsenthalpie von 163 kcal/mol berechnet, die sich aus der Bildungsenthalpie des festen BN (61 kcal/mol) und einem überholten Wert für die Sublimationsenthalpie des Bors (102 kcal/mol anstatt 132.8 kcal/mol) ergibt. Demnach ist die obige Angabe für D_0 unzutreffend. Nach entsprechenden Angaben von Akishin, Klodeev [8] ergibt sich $D_0 = 7.0$. In diesen Wert gehen anscheinend überhöhte Angaben für den N_2-Druck bei der BN-Dissoziation bei etwa 1600°C ein. Weitere Abschätzungen in JANAF Thermochemical Tables [6] nach verschiedenen Ansätzen ergeben D_0-Werte zwischen 5.4 und 6.4 eV, s. Original. Weitere Abschätzungsversuche s. [4], [9]. Über die mit D_0 berechnete Bildungsenthalpie des gasförmigen BN aus den Komponenten s. S. 12/3.

Theoretische Berechnung von D_e nach Formeln mit 3 bzw. 5 Parametern ergibt für den Grundzustand $X^3\Pi$ bei Dissoziation in die Komponenten $B(^2P) + N(^4S)$ den Wert $D_e = 4.57$ eV bzw. eine komplexe Lösung. Bei Dissoziation aus dem angeregten Zustand $A^3\Pi$ in die Komponenten $B(^2P) + N(^2D)$ ergibt sich $D_e = 2.82$ bzw. 2.14 eV [5].

Literatur zu 1.1.3.9

[1] A. E. Douglas, G. Herzberg (Can. J. Ress. A **18** [1940] 179/85). — [2] A. G. Gaydon (Dissociation Energies and Spectra of Diatomic Molecules, 3. Aufl., London 1968, S. 263). — [3] G. Herzberg (Spectra of Diatomic Molecules, 2. Aufl., New York – Toronto – London 1950, S. 512). — [4] P. G. Silkinson (Astrophys. J. **138** [1963] 778/800, 793). — [5] E. R. Lippincott, D. Steele, P. Caldwell (J. Chem. Phys. **35** [1961] 123/41, 128).

[6] D. R. Stull, H. Prophet (JANAF Thermochemical Tables, 2nd Edition, NSRDS-NBS 37 [1971]). — [7] V. V. Fesenko (Poroshkovaya Met. Akad. Nauk Ukr.SSR **1** [1961] 80/5). — [8] P. A. Akishin, Yu. S. Klodeev (Zh. Neorgan. Khim. **7** [1962] 941/2; Russ. J. Inorg. Chem. **7** [1962] 486). — [9] J. Margrave, P. Sthapitanonda (J. Phys. Chem. **59** [1955] 1231/2).

1.1.3.10 Thermodynamische Funktionen

Thermodynamic Functions

Enthalpie H, freie Enthalpie G in cal/mol, molare Wärmekapazität C_p in $cal \cdot mol^{-1} \cdot grd^{-1}$, Entropie S in $cal \cdot mol^{-1} \cdot {}^\circ K^{-1}$.

Die angegebenen Werte sind aus den spektroskopischen Daten von Douglas, Herzberg [1] berechnet; Grundzustand $^3\Pi$, s. auch „Bor" Erg.-Bd., S. 159. Werte in Auswahl nach JANAF Thermochemical Tables [2]:

T in °K	100	298	500	1000	2000	3000	4000
C_p°	6.957	7.039	7.489	8.390	8.978	9.339	9.604
S°	43.114	50.728	54.463	59.976	66.007	69.719	72.444
$-(G^\circ-H_{298}^\circ)/T$	56.935	50.728	51.539	54.511	58.908	61.930	64.233
$H^\circ-H_{298}^\circ$	−1382	0.0	1462	5466	14199	23365	32844

$S_{298.15}^\circ = 50.69 \pm 0.10$ nach [3] setzt sich zusammen aus $S_t^\circ = 35.566$, $S_r^\circ = 11.554$, $S_v^\circ = 0.011$, $S_e^\circ = 3.561$ (t = translatorischer, r = rotatorischer, v = Schwingungs-, e = elektronischer Anteil). — Angaben für C_p°, S°, $-(G^\circ-H_0^\circ)$, $H^\circ-H_0^\circ$ und H° zwischen 0 und 6000°K s. bei [4]. Die entsprechenden Werte für T = 298.15°K sind $C_p^\circ = 7.0369$, $S^\circ = 50.7093$, $-(G^\circ-H_0^\circ) = 13042.9$, $H^\circ-H_0^\circ = 2076.0$ und $H^\circ = 154808.4$ [4]. Bei der gleichen Temperatur ist $C_p^\circ = 7.04$, $S^\circ = 50.71$ [5]. Zwischen 50 und 6000°K berechnen [6] Werte für C_p°, S°, $H^\circ-H_0^\circ$, $-(G^\circ-H_0^\circ)/T$ und $(H^\circ-H_0^\circ)/T$.

Literatur zu 1.1.3.10

[1] A. E. Douglas, G. Herzberg (Can. J. Res. A **18** [1940] 179/85). — [2] D. R. Stull, H. Prophet (JANAF Thermochemical Tables, 2nd Edition, NSRDS-NBS 37 [1971]). — [3] K. K. Kelley, E. G. King (U.S. Bur. Mines Bull. Nr. 592 [1961]). — [4] B. J. McBride, S. Heimel, J. G. Ehlers, S. Gordon (NASA Doc. N 63-23715 [1963] 1/332, 120). — [5] D. D. Wagman, W. H. Evans, V. B. Parker, I. Halow, S. M. Bailey, R. H. Schumm (Natl. Bur. Std. [U.S.] Tech. Note 270-3 [1968]).

[6] W. H. Evans, D. D. Wagman, E. J. Prosen (Natl. Bur. Std. [U.S.] Rept. Nr. 6252 [1958]).

1.1.4 Strukturelle und kristallographische Eigenschaften

Structural and Crystallographic Properties

1.1.4.1 Polymorphie

Polymorphism

Hexagonales BN läßt sich bei hohen Drucken partiell irreversibel in 2 dichtere Modifikationen überführen, eine dichtere hexagonale mit Wurtzitstruktur und eine kubische mit Zinkblendenstruktur, die sowohl getrennt als auch in Mischungen erhalten werden, s. hierzu unter Darstellung auf S. 9/12.

Bei der Druck-Transformation in kubisches BN vergrößert sich der B–N-Abstand um 8.3% bei gleichzeitigem Wechsel der Koordinationszahl von 3 auf 4 und Erhöhung der Dichte um 50% [5]. Kubisches BN als „Hochdruckmodifikation" zu bezeichnen, was vielfach geschieht, ist nach Rodewald [1] unzutreffend, da es beispielsweise von Vickery [2] auch ohne Druckanwendung hergestellt worden ist, s. S. 10.

Bei Anwendung statischer Drucke bis etwa 140 kbar geht die unvollständige Umwandlung während einiger Sekunden bis Minuten vor sich, bei der adiabatischen Schockkompression liegt die Umwandlungszeit in der Größenordnung von μs und führt im allgemeinen zur Bildung einer Mischphase aus den beiden dichteren Modifikationen, gewöhnlich mit einem Überschuß an Wurtzitmodifikation. Wahrscheinlich ist die Umwandlung bei Drucken >200 kbar vollständig, beim Abkühlen wird jedoch ein gewisser Anteil der dichteren Modifikationen wieder in die hexagonale Form zurücktransformiert, s. beispielsweise [3]. — Über eine rhomboedrische Modifikation s. bei den Angaben zu deren Darstellung und Gitterdaten auf S. 8 und 28. — Eine rhomboedrische Zwischenstruktur bei der Umwandlung von hexagonalem in kubisches BN, s. S. 18, wird von Nikol'skaya u. a. [4] diskutiert, aber als wenig wahrscheinlich angesehen.

Literatur zur Einleitung von 1.1.4.1

[1] H. J. Rodewald (Chimia [Aarau] **14** [1960] 162/5). — [2] R. C. Vickery (Nature **184** [1959] 268). — [3] I. N. Dulin, L. V. Al'tschuler, V. Ya. Vashchenko, V. N. Zubarev (Fiz. Tverd. Tela **11** [1969] 1252/7; Soviet Phys.–Solid State **11** [1969] 1016/20). — [4] I. V. Nikol'skaya, L. M. Prezman, P. M. Zorkii, L. B. Nepomnyashchii, C. F. Vereshchagin, Ya. A. Kalashnikov, E. M. Fenklichev (Zh. Fiz. Khim. **43** [1969] 2614/6; Russ. J. Phys. Chem. **43** [1969] 1466/7). — [5] W. Kleber (Krist. Tech. **2** [1967] 13/4).

Phase Diagram

1.1.4.1.1 Zustandsdiagramm

Isotherme Kompression. Wie **Fig. 1–1**, nach Wentorf [1], zeigt, liegt bei gewöhnlicher Temperatur und Abwesenheit von Katalysatoren der Schwellenwert für den Umwandlungsdruck bei etwa 125 bis 130 kbar. Es scheint sich ausschließlich hexagonales BN vom Wurtzittyp zu bilden.

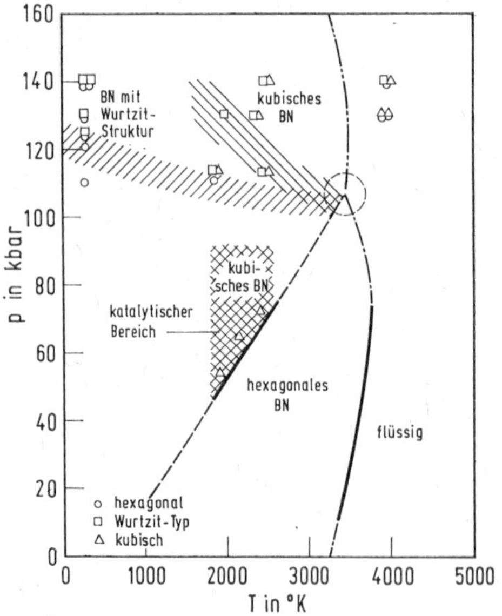

Fig. 1–1

Zustandsdiagramm von BN.

Bei Temperaturen $\gtrapprox$1900°K und Drucken zwischen 113 und 140 kbar bilden sich Mischungen aus den beiden dichteren Modifikationen; bei den höchsten angewendeten Temperaturen von 3000 bis 4000°K scheint vorzugsweise kubisches BN zu entstehen. Offensichtlich existiert jedoch im p, T-Diagramm bei erhöhten Temperaturen keine scharfe Grenzlinie zwischen den Bereichen, in denen sich vorzugsweise kubisches BN oder die Wurtzitform bildet. Bei Temperaturen $\gtrapprox$2000°K und Gegenwart von Katalysatoren wie Li_3N liegt der Schwellenwert für den Umwandlungsdruck bei etwa 50 kbar; es bildet sich ausschließlich kubisches BN.

Die Gleichgewichtslinie zwischen hexagonalem und kubischem BN im sogenannten katalytischen Bereich ist von Wentorf [2] gemessen, die Schmelzpunktkurve des hexagonalen BN ebenfalls von Wentorf [3]. Im p,T-Diagramm, Fig. 1–1, sind diese Kurventeile ausgezogen. Ihre Verlängerung, die ungefähre Lage des Tripelpunktes und die Schmelzpunktkurve des kubischen BN folgen aus Extrapolationen unter Verwendung der experimentellen Daten für BN und derjenigen des Kohlenstoffs, dem BN weitgehend ähnelt.

Adiabatische Schockkompression. Wie das p, V-Diagramm nach Al'tschuler [4], s. **Fig. 1–2**, für die Umwandlung von hexagonalem BN durch adiabatische Schockkompression in die beiden dichteren Modifikationen zeigt, beginnt die Umwandlung bei einem spezifischen Volumen V = 0.365 cm³/g und p = 120 kbar. Bis 190 kbar ist die Schockwellengeschwindigkeit konstant,

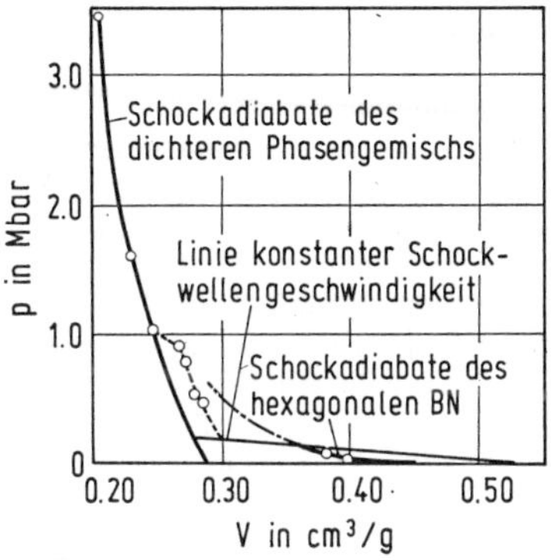

Fig. 1–2
p, V–Diagramm von BN.

d.h. bei 190 kbar ist die Umwandlung in die dichteren Modifikationen beendet. Nach Coleburn, Forbes [5] liegt der Umwandlungsbereich mit konstanter Schockwellengeschwindigkeit zwischen 122 kbar (V ≈ 0.362 cm³/g) und 210 kbar (die Volumenabnahme beträgt ca. 19%), nach Adadurov u.a. [6] zwischen 128 kbar (V = 0.352 cm³/g) und 192 kbar; p, V-Diagramme nach [5] und [6] s. Originale. Im anschließenden Druckbereich zwischen 190 und 900 kbar wird nach [4], s. auch Fig. 1–2, durch Relaxationserscheinungen, bedingt durch die endliche Zeit der Phasenumwandlung, eine zweite Phasentransformation derart vorgetäuscht, daß die spezifischen Volumina nicht auf der Adiabate für das dichtere Phasengemisch liegen, sondern zu höheren Werten verschoben sind. Bei p $\gtrapprox$1 Mbar wird keine Relaxation mehr beobachtet, vermutlich weil die durch die Schockwelle komprimierte und erhitzte Probe schmilzt und die thermische Energie vergleichbar wird mit der Aktivierungsenergie der Phasenumwandlung.

Literatur zu 1.1.4.1.1

[1] F. P. Bundy, R. H. Wentorf (J. Chem. Phys. **38** [1963] 1144/9, 1148). — [2] R. H. Wentorf (Chem. Eng. **68** Nr. 21 [1961] 177/86, 185/6). — [3] R. H. Wentorf (J. Phys. Chem. **63** [1959] 1934/40). — [4] L. V. Al'tschuler, M. N. Pavlovskii, V. P. Drakin (Zh. Eksperim. i Teor. Fiz. **52** [1967] 400/8; Soviet Phys.–JETP **25** [1967] 260/5, 263/5). — [5] N. L. Coleburn, J. W. Forbes (J. Chem. Phys. **48** [1968] 555/9).

[6] G. A. Adadurov, Z. G. Aliev, L. O. Atovmyan, T. V. Bavina, Yu. G. Borod'ko, O. N. Breusov, A. N. Dremin, A. Kh. Muranevich, S. V. Pershin (Dokl. Akad. Nauk SSSR **172** [1967] 1066/8; Soviet Phys.–Dokl. **12** [1967] 173/5).

1.1.4.1.2 Umwandlungswärme

Heat of Transformation

Nach adiabatischen Schockkompressionsmessungen von Coleburn, Forbes [1] beginnt die Umwandlung von hexagonalem BN in die dichteren Phasen bei 122 kbar. Die bei diesem Druck auftretende Temperatur wird von [1] nach einer von Wackerle [2] entwickelten Gleichung zu 230°C abgeschätzt. Die Neigung der Phasenlinie dp/dt beim Umwandlungsbeginn (p = 122 kbar, t = 230°C) berechnen Coleburn, Forbes [1] nach einer von Duff, Minshall [3] vorgeschlagenen Gleichung zu -3.6×10^{-2} kbar/grd mit einem möglichen Fehler bis etwa 20%. Die Umwandlungswärme ΔH bei 300°K wird nach $\Delta H/\Delta V = T \cdot dp/dt$ zu $\Delta H = 32.6$ cal/g ($\mathrel{\widehat{\approx}}$ 0.81 kcal/mol) berechnet, wobei sich

ΔV aus dem spezifischen Volumen beim Umwandlungsbeginn (0.362 cm^3/g) und der von Bundy, Wentorf [4] angegebenen Dichte der Wurtzitphase von 3.49 g/cm^3 zu ΔV = 0.075 cm^3/g ergibt [1].

Literatur zu 1.1.4.1.2

[1] N. L. Coleburn, J. W. Forbes (J. Chem. Phys. **48** [1968] 555/9). — [2] J. Wackerle (J. Appl. Phys. **33** [1962] 922/37, 936). — [3] R. E. Duff, F. S. Minshall (Phys. Rev. [2] **108** [1957] 1207/12, 1208). — [4] F. P. Bundy, R. H. Wentorf (J. Chem. Phys. **38** [1963] 1144/9).

Mechanism of Transformation

1.1.4.1.3 Umwandlungsmechanismus

Hexagonales BN → kubisches BN (Katalytische Reaktion). Es liegt nahe, bei der Umwandlung von hexagonalem BN mit $P\bar{6}m2$-Symmetrie (vgl. hierzu jedoch S. 19) in kubisches BN mit $F\bar{4}3m$-Symmetrie als Zwischenglied eine hypothetische rhomboedrische Struktur mit R3m-Symmetrie anzunehmen, denn die Faltung der Schichten dieser Struktur führt direkt zur Zinkblendenstruktur. Da für die (hypothetische) Umwandlung hexagonal → rhomboedrisch neben einer Verschiebung der hexagonalen Ebenen auch ihre Drehung um 60° nötig ist, kann diese Umwandlung nicht ohne die Zerstörung der kovalenten B–N-Bindungen in der Schicht vor sich gehen. Theoretisch könnte die hierfür aufzuwendende Energie durch die Synthesebedingungen (Katalysatoren, hohe Temperaturen) geliefert werden. Das Fehlen eines orientierten Kristallwachstums von kubischen BN-Kristallen, die mit Mg oder Mg_3N_2 aus pyrolytischem BN hergestellt wurden, wobei die [0001]-Richtung im pyrolytischen BN mit der Kompressionsrichtung übereinstimmte, legt jedoch nahe, daß eine rhomboedrische Zwischenstruktur nicht auftritt [1, 2]. Dies wird unterstützt durch eine Abschätzung der Wechselwirkungskräfte zwischen den Ebenen in hexagonalem und rhomboedrischen BN mit Hilfe des Lennard-Jonesschen „6-12-Potentials" für die van der Waalsschen Wechselwirkungskräfte und einem zusätzlichen elektrostatischen Anteil, der sich aus einer angenommenen effektiven Ladung von 0.05 esE am B- und N-Atom ergibt, die zeigt, daß die rhomboedrische Kristallstruktur energetisch ungünstiger ist als die hexagonale [2].

Hexagonales BN → kubisches BN + BN der Wurtzitform (Schockkompression). Nach De Carli [3] zeigen die Hochdruckmodifikationen in ihrer Kristallographie eine einfache Beziehung zu den idealen rhomboedrischen und hexagonalen Niederdruckmodifikationen. Es wird vermutet, daß die B–N-Koordination während der Schockwellenkompression von 3:3 auf 4:4 wechselt. Beim Nachlassen des Druckes bleiben größere Bereiche erhalten, während kleinere die 3:3 Koordination zurückgewinnen.

Literatur zu 1.1.4.1.3

[1] I. V. Nikol'skaya, L. M. Prezman, P. N. Zorkii, L. B. Nepomnyashchii, C. F. Vereshchagin, Ya. A. Kalashnikov, E. M. Fenklichev (Zh. Fiz. Khim. **43** [1969] 2614/6; Russ. J. Phys. Chem. **43** [1969] 1466/7). — [2] I. V. Nikol'skaya, L. M. Prezman, P. M. Zorkii, L. B. Nepomnyashchii, C. F. Vereshchagin, Ya. A. Kalashnikov, E. M. Fenklichev (Zh. Fiz. Khim. **43** [1969] 2948/50; Russ. J. Phys. Chem. **43** [1969] 1658/60). — [3] De Carli (Bull. Am. Phys. Soc. [2] **12** [1967] 1127).

Hexagonal BN

1.1.4.2 Hexagonales BN

State

1.1.4.2.1 Erscheinungsform

Hexagonales BN fällt normalerweise als weißes, sich fettig anfühlendes feinkristallines Pulver an. Es besteht aus schuppenförmigen Kristalliten mit einem durchschnittlichen Durchmesser von 1 μm. Gelegentlich werden sowohl flache Plättchen mit einem Durchmesser bis zu 20 μm beobachtet als auch stäbchenförmige Kristallite mit einem Durchmesser von 0.5 μm und einer Länge bis zu 20 μm. Das von Pease [2] für seine Strukturuntersuchungen bei 2050°C rekristallisierte BN zeigt in seiner äußeren Erscheinung ausgezeichnete Übereinstimmung mit der von Goldschmidt [3] gegebenen Beschreibung, s. hierüber „Bor" Erg.-Bd., S. 160.

Weiße, durchscheinende Schuppen mit einem Durchmesser von 1 mm oder mehr und einer geschätzten Dicke von etwa 0.05 mm werden erhalten, wenn eine Mischung aus normalem hexagonalem BN und Li_3N solchen hohen Drucken und Temperaturen ausgesetzt wird, bei denen hexagonales BN noch stabil ist [4]. Weiche, transparente, leicht spaltbare Schuppen von hoher Reflexionsfähigkeit aus hochorientiertem hexagonalem BN mit theoretischer Dichte können nach [5] hergestellt werden, wenn Scheiben aus pyrolytischem BN einem uniaxialen Druck von 300 bis 1000 kg/cm^2 parallel zur c-Achse bei Temperaturen von 2275 bis 2450°C ausgesetzt werden. Es wird angenommen, daß diese Kristalle in vielfacher Hinsicht die Eigenschaften von hexagonalen BN-Einkristallen haben, die bisher noch nicht dargestellt werden konnten. — Plättchenförmige

Kristalle von 3 bis 8 mm Größe können durch Sublimation erhalten werden, s. hierzu unter „Reinigung" auf S. 6.

Pyrolytisches BN. Bei der Dampfphasenpyrolyse von beispielsweise B-Trichlor-borazin scheidet sich BN an der heißen Oberfläche in einem dichten, feinkörnigen, zusammenhängenden Stück ab. Die Mikrostruktur weist säulenförmige Konusse auf, deren Ursprung an oder nahe der Abscheidungsfläche liegt, wie es auch für pyrolytischen Graphit charakteristisch ist, s. beispielsweise [6, 7].

BN-Fasern. Diese haben einen runden Querschnitt. Fasern mit einem Durchmesser von etwa 5 bis 7 μm zeigen weder an der Oberfläche noch im Innern Defekte. Dagegen wird an dickeren Fasern häufig ein Durchmesserwechsel beobachtet; auch Risse treten auf. Elektronenmikroskopische Aufnahmen der Faserquerschnitte bei Kristallitgrößen von <50 Å bis zu einigen 1000 Å (s. Original) zeigen bei einer vergleichsweise groben Kornstruktur von einigen 1000 Å einzelne, gut ausgeprägte hexagonale Kristalle [8].

Literatur zu 1.1.4.2.1

[1] G. R. Finlay, G. H. Fetterley (Am. Ceram. Soc. Bull. **31** [1952] 141/3). — [2] R. S. Pease (Acta Cryst. **5** [1952] 356/61). — [3] V. M. Goldschmidt (Norsk Geol. Tidsskr. **9** [1926/27] 258/65). — [4] R. H. Wentorf (J. Chem. Phys. **34** [1961] 809/12). — [5] A. W. Moore (Nature **221** [1969] 1133/4).

[6] D. Belforti, S. Blum, B. Bovarnick (Nature **190** [1961] 901). — [7] R. Francis, E. P. Flint, A. D. Little (WAL-766/41/1 [1961] 32). — [8] J. Economy, R. V. Anderson (J. Polymer Sci. C **19** [1967] 283/97, 287/91).

1.1.4.2.2 Gitterstruktur

Lattice Structure

1.1.4.2.2.1 Strukturanalyse

Structural Analysis

Raumgruppe D_{6h}^4–$P6_3/mmc$; Z = 2, s. beispielsweise bei Koch u.a. [1] und in Structure Reports [2]. Eine hiervon abweichende Angabe mit D_{3h}^1–$P\bar{6}m2$ wird von Nikol'skaya u.a. [3] zitiert.

Allgemein anerkannt wird die Strukturanalyse von Pease [4], nach der ältere Angaben von Hassel [5] (s. auch „Bor" Erg.-Bd., S. 160) als überholt gelten können. Die Untersuchungen von Pease [4] sind an käuflichem BN durchgeführt, das während etwa 2 h im N_2-Strom bei 2050°C rekristallisiert wurde. Aus den Werten für F_{00l} und der Beobachtung, daß alle Reflexionen mit $h+2k = 3n$ und ungeradem l fehlen, ergibt sich, daß eine einfache Schichtstruktur vorliegt mit Zwischenebenenabständen der Länge c/2. Jede Schicht besteht aus einem ebenen oder nahezu ebenen Netzwerk von B_3N_3-Sechsecken, die direkt übereinander gestapelt sind, wobei sich B- und N-Atome in benachbarten Schichten abwechseln, s. **Fig. 1–3**. Die Atomlagen sind N (0,0,0) ($^1/_3$,$^2/_3$,$^1/_2$) und B (0,0,$^1/_2$) ($^1/_3$,$^2/_3$,0). Für diese Struktur berechnete Intensitäten stimmen gut mit den (bei

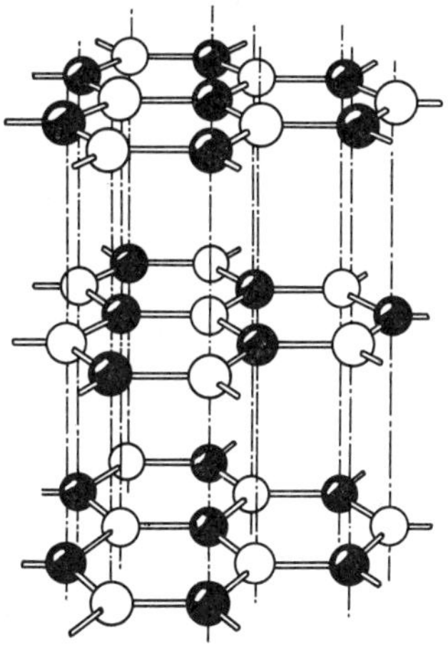

Fig. 1–3

Struktur von hexagonalem BN.

35.5°C) beobachteten überein. (R = 0.16 für Linien mit $h+2k \neq 3n$). Die BN-Struktur, die für keine andere Substanz gefunden wurde, ist zwar der des Graphits sehr ähnlich, weicht jedoch von dieser durch die Art der Stapelung der Schichtebenen ab.

Literatur zu 1.1.4.2.2.1

[1] W. Koch, K. H. Sauer, J. Dittmann (Z. Anal. Chem. **209** [1965] 119/31, 129). — [2] Structure Reports, Bd. 29, 1964, S. 156. — [3] G. B. Bokii (Introduction to Crystal Chemistry, Moskov 1954 nach I. V. Nikol'skaya, L. M. Prezman, P. M. Zorkii, L. B. Nepomnyashchii, L. F. Vereshchagin, Ya. A. Kalashnikov, E. M. Fenklichev, Zh. Fiz. Khim. **43** [1969] 2614/6; Russ. J. Phys. Chem. **43** [1969] 1466/7). — [4] R. S. Pease (Acta Cryst. **5** [1952] 356/61). — [5] O. Hassel (Norsk Geol. Tidsskr. **9** [1926/27] 266/70).

Lattice Constants

1.1.4.2.2.2 **Gitterkonstanten** a und c in Å

Pulveraufnahmen bei 35.5°C zur Bestimmung von a werden mit CuKα- und CuKβ-Strahlung durchgeführt, diejenigen zur Bestimmung von c mit MnKα-Strahlung. Die beobachteten Linien, entsprechend 28 Beugungsebenen, können alle auf Grund der Annahme einer hexagonalen Elementarzelle indiziert werden mit $a = 2.50399 \pm 5 \times 10^{-5}$ und $c = 6.6612 \pm 5 \times 10^{-4}$; $c/a = 2.6602$. Die Schichten sind innerhalb von 0.01c eben. Der Abstand eines Atoms von seinen 3 nächsten Nachbarn in der hexagonalen Ebene, also die B–N-Bindungslänge, ist $a/\sqrt{3} = 1.446$. Die Untersuchungen sind an käuflichem BN durchgeführt, das bei 2050°C während etwa 2 h im N_2-Strom rekristallisiert wurde [1], s. auch [2]. $a = 2.504 \pm 0.02$, $c = 6.674 \pm 0.05$, $c/a = 2.6653$ nach Pulveraufnahmen von Hérold u.a. [3]. Aus Fe-B-Legierungen durch Glühen bei 850 bis 1200°C im NH_3-Strom und elektrolytische Auflösung des Fe hergestelltes BN hat $a = 2.494$, $c = 6.646$ [4].

Temperaturabhängigkeit. Mit steigender Temperatur wird a kleiner, doch ist die Kontraktion nicht linear und verschwindet bei etwa 800°C, s. **Fig. 1–4**. Der parabolische Ausdruck $a = 2.50424 - 7.42 \times 10^{-6}\,t + 4.79 \times 10^{-9}\,t^2$ gibt die experimentellen Daten innerhalb 0.0001 Å wieder.

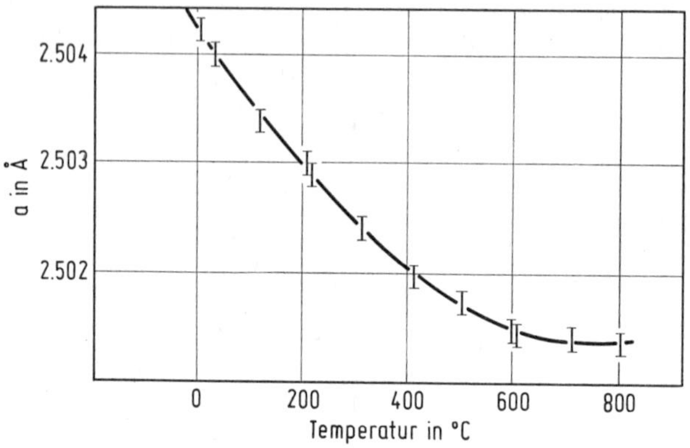

Fig. 1–4

Temperaturabhängigkeit der Gitterkonstanten a.

Der Expansionskoeffizient beträgt $-2.9 \times 10^{-6}\,grd^{-1}$ bei 20°C und fällt auf Null bei 770°C ab. c dehnt sich linear aus zwischen 0 und 800°C entsprechend $c = 6.6516 + 2.74 \times 10^{-4}\,t \pm 0.001$ Å. Der mittlere Temperaturkoeffizient beträgt $40.5 \times 10^{-6}\,grd^{-1}$ [1].

Druckabhängigkeit. Die durch Röntgenbeugungsuntersuchungen bei Drucken p bis 16000 kg/cm^2 beobachtete Abnahme von c verläuft entsprechend $\Delta c/c = 34 \times 10^{-7}\,p - 54 \times 10^{-12}\,p^2$, s. gestrichelte Kurve in Fig. 1–5. Im gleichen Druckbereich wird a zu 2.505 ± 0.001 bestimmt. Innerhalb dieser Fehlergrenze ist also ein Druckeinfluß nicht meßbar. $\Delta a/a \approx 0.05\%$, Kabalkina, Vereshchagin [5]. Entsprechende Messungen von Barnett, Hall [6] sind in **Fig. 1–5** wiedergegeben, ebenso diejenigen von [5] (gestrichelte Kurve). **Fig. 1–6** nach Lynch, Drickamer [7] zeigt die Abhängigkeit von c/c_o und a/a_o vom relativen Volumen V/V_o bei 20°C und **Fig. 1–7** nach [7] die Druckabhängigkeit von V/V_o. Wie Kabalkina, Vereshchagin [5] und Lynch, Drickamer [7] zeigen, ähnelt die Druckabhängigkeit der Gitterparameter von BN weitgehend derjenigen der Gitterparameter des Graphits. Sie ist jedoch sowohl für a als auch für c von BN etwas stärker ausgeprägt.

Fig. 1-5

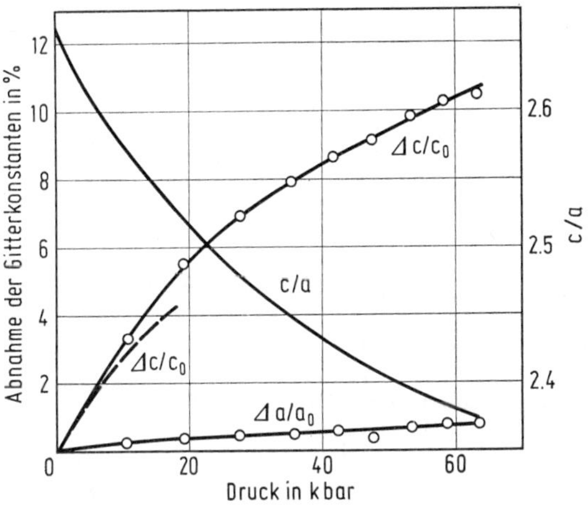

Abnahme der Gitterkonstanten mit dem Druck.

Fig. 1-6

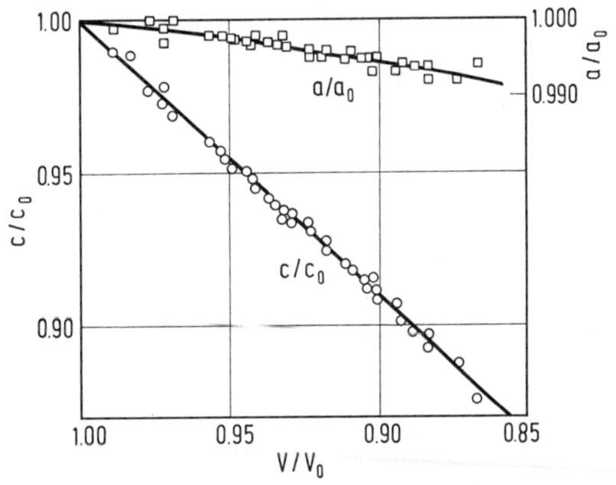

Abhängigkeit der relativen Gitterkonstanten vom relativen Volumen.

Fig. 1-7

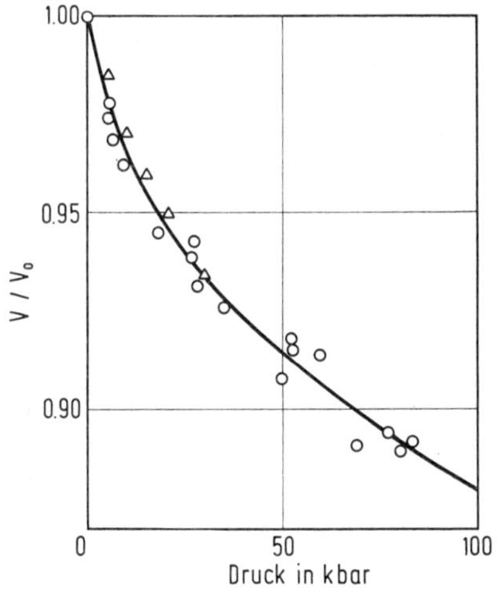

Abhängigkeit des relativen Volumens vom Druck nach [7]. Mit △ bezeichnete Werte sind aus den Kompressibilitätsdaten von [10] durch [7] umgerechnet.

Fig. 1-8

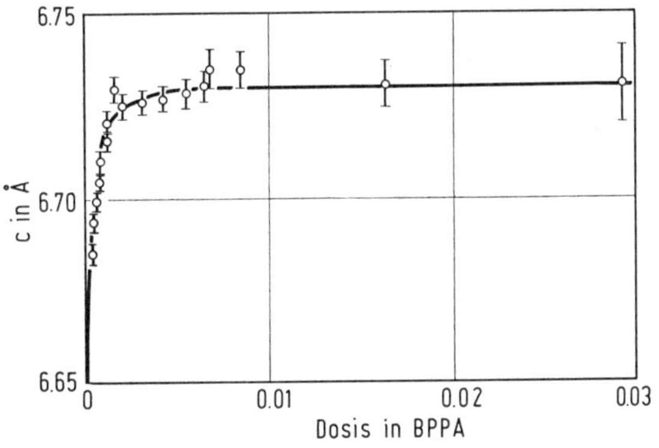

Änderung des Gitterparameters c durch Neutronenbeschuß. BPPA ist nach Dugdale [9] entsprechend einem Vorschlag von Pease die eingestrahlte Neutronenmenge als Gesamtzahl der bombardierenden Teilchen je Atom im Kristall (Bombarding Particles per Atom of the Crystal).

Einwirkung thermischer Neutronen. Infolge einer $^{10}B(n, \alpha)$-Reaktion verdrängte Atome bewirken eine Ausdehnung von c um etwa 1%, die durch Einlagerung von Atomen zwischen die hexagonalen Schichten zustandekommt. Die Änderung von c ist bei niedrigen eingestrahlten Dosen sehr ausgeprägt und hört auf oder verläuft sehr viel langsamer bei Dosen $>2 \times 10^{18}$ Neutronen je cm^2, s. auch Fig. 1-8. Letzteres wird darauf zurückgeführt, daß die Zwischenebenenatome eine Sättigungskonzentration erreichen, indem sie auf umliegende Gitterplätze zurückkehren, wenn diese frei werden, so daß die Hauptmerkmale der Kristallstruktur auch bei den höchsten eingestrahlten Dosen erhalten bleiben, Pease [8]. **Fig. 1-8** zeigt die Zunahme von c bei etwa 50°C in Abhängigkeit von der eingestrahlten Dosis in BPPA (Definition s. Legende). Die Angabe in BPPA ist identisch mit der Konzentration von gespaltenen ^{10}B-Atomen entsprechend $n + {}^{10}B \rightarrow {}^{4}He + {}^{7}Li$ .Es werden

Dosen bis 29 × 10^{-3} BPPA angewendet. Der Sättigungswert von c wird bei 1.5 × 10^{-3} BPPA erreicht. Bei wachsenden Dosen bleiben die hk0-Reflexionen scharf, während sich die hkl-Reflexionen mit großem l beachtlich verbreitern, wahrscheinlich wegen Verminderung der Periodizität in der c-Richtung. Für die relativ geringe Abnahme von a mit wachsender Dosis werden verschiedene Werte erhalten, je nachdem ob hkl-Reflexionen mit $l \neq 0$ oder $l = 0$ verwendet werden. Eine Begründung hierfür ist nicht bekannt. Die bei gewöhnlicher Temperatur im wesentlichen permanente Gitterparameteränderung kann durch Tempern bei 300 bis 800°C teilweise rückgängig gemacht werden. Eine um etwa das 4fache erhöhte Schädigung wird bei gewöhnlicher Temperatur beobachtet, wenn die Neutronenbestrahlung bei der Temperatur des flüssigen N_2 erfolgte [9].

Literatur zu 1.1.4.2.2.2

[1] R. S. Pease (Acta Cryst. **5** [1952] 356/61). — [2] R. S. Pease (Nature **165** [1950] 722/3). — [3] A. Hérold, B. Marzluf, P. Pério (Compt. Rend. **246** [1958] 1866/8). — [4] W. Koch, K. H. Sauer, J. Dittmann (Z. Anal. Chem. **209** [1965] 119/31). — [5] S. S. Kabalkina, L. F. Vereshchagin (Dokl. Akad. Nauk SSSR **134** [1960] 330/2; Soviet Phys.–Dokl. **5** [1960] 1065/7).

[6] J. D. Barnett, H. T. Hall (Rev. Sci. Instr. **35** [1964] 175/82, 182). — [7] R. W. Lynch, H. G. Drickamer (J. Chem. Phys. **44** [1966] 181/4). — [8] R. S. Pease (Acta Cryst. **7** [1954] 663). — [9] R. A. Dugdale (Rept. Conf. Defects Crystalline Solids, Bristol 1954 [1955], S. 246/51, 246/8). — [10] Yu. S. Genshaft, L. D. Livshits, Yu. N. Ryabinin (Zh. Prikl. Mekhan. i Tekhn. Fiz. **1962** Nr. 5, S. 107/16).

Stacking Height. Crystallite Size. Stacking Faults

1.1.4.2.3 Stapeldicke. Kristallitgröße. Packungsfehler

Die beachtliche Verbreiterung der hkl-Linien wird von Pease [1] durch eine Verschiebung der Schichtebenen ⊥ zur c-Achse gedeutet. Unter der Annahme plättchenförmiger Kristallite unendlicher Ausdehnung mit einer Stapeldicke t in c-Richtung stimmen die Breiten der hkl-Linien alle mit t = 300 ± 50 Å überein. Aus den 00l-Linien ergibt sich L_c, die Kristallitgröße in c-Richtung, zu 1200 ± 300 Å. Der Kristallitdurchmesser wird aus den maximal möglichen Breiten der hk0-Linien und aus optischen Beobachtungen zu 5000 Å abgeschätzt. Die Verhältnisse sind in **Fig. 1–9** nach [1] wiedergegeben.

Fig. 1–10 nach Tagawa u. a. [2] zeigt die Beziehung zwischen L_a, der Kristallitgröße in a-Richtung, und L_c für BN aus BCl_3 und NH_3 einerseits und aus B_2O_3 und NH_3 bei Gegenwart von $Ca_3(PO_4)_2$ andererseits, beide bei 800°C hergestellt (entsprechend jeweils den tiefsten der den beiden Dar-

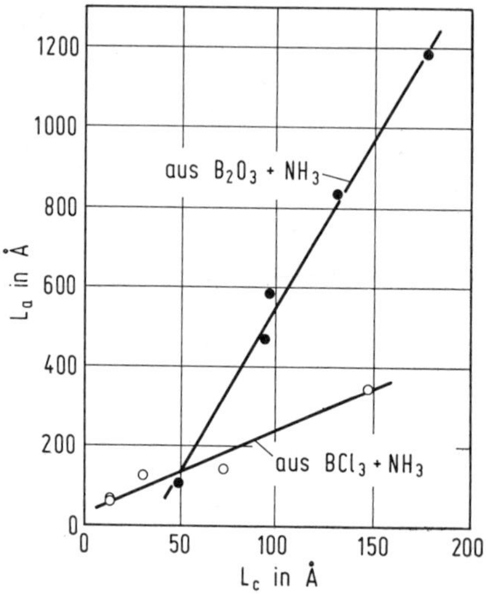

Fig. 1–9 ▼

Aufbau eines typischen BN-Kristallits.

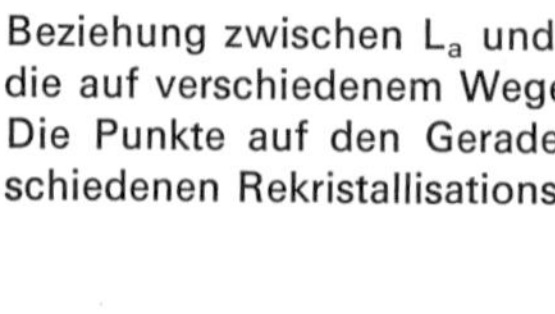

◀ Fig. 1–10

Beziehung zwischen L_a und L_c für BN-Präparate, die auf verschiedenem Wege hergestellt wurden. Die Punkte auf den Geraden entsprechen verschiedenen Rekristallisationstemperaturen (s. Text).

stellungsverfahren zugeordneten Punkte der Fig. 1–10) und in N_2 (200 Torr) bei 1400, 1600, 1800 und 2000°C rekristallisiert (siehe die folgenden Kurvenpunkte). L_c wird aus der Verbreiterung der (002)-Linie entsprechend einem Vorschlag von Klug, Alexander [3] berechnet, s. Tagawa u.a.

[4, 2]; L_a wird aus dem (10)-Band oder der (100)-Linie erhalten [2]. Die beobachteten Beugungsmaxima sind in bezug auf Polarisation und Absorption nicht korrigiert, so daß die wahren Größen etwas kleiner sein könnten [2].

Bei elektronenmikroskopischen Untersuchungen von Goodman [5] an plättchenförmigen Kristalliten werden häufig Streifen von verschiedenem Abstand beobachtet, die Moirémuster bilden, wie sie bei sich überlappenden Kristallen gefunden werden, obgleich offensichtlich keine Überlappung von 2 getrennten Kristallen vorliegt. Diese Erscheinung wird durch Packfehler gedeutet, die vorkommen, wenn bei der Verschiebung von Schichtebenen kleine Winkelverdrehungen um die c-Achse auftreten. — Bei Röntgenbeugungsuntersuchungen von Sato [6] an relativ gut kristallisiertem BN, die im Einklang mit dem Modell von Pease (s. bei [1]) stehen, wird beobachtet, daß hkl-Reflexionen allgemein breiter sind für $h-k \neq 0 \bmod 3$ als für $h-k = 0 \bmod 3$. Hieraus wird auf eine noch unbekannte Art von Verschiebungsstapelfehlern geschlossen, die zusätzlich zu turbostratischen Stapelfehlern (s. S. 26) auftreten.

Literatur zu 1.1.4.2.3

[1] R. S. Pease (Acta Cryst. **5** [1952] 356/61). — [2] H. Tagawa, K. Ishii (Bull. Chem. Soc. Japan **35** [1962] 1425/6). — [3] H. P. Klug, L. E. Alexander (X-Ray Diffraction Procedures, New York 1954, S. 491). — [4] H. Tagawa, O. Itouji (Bull. Chem. Soc. Japan **35** [1962] 1536/40). — [5] J. F. Goodman (Nature **180** [1957] 425/7).

[6] R. Sato (J. Phys. Soc. Japan **21** [1966] 1623).

1.1.4.2.4 Gitterenergie. Sublimationsenthalpie

Lattice Energy. Enthalpy of Sublimation

Alle Energieangaben in kcal/mol.

Die Gitterenergie E_G setzt sich zusammen aus der Bildungswärme von festem BN, der Dissoziationsenergie des N_2 und der Sublimationsenthalpie des Bors, $E_G = 301$, nach Literaturangaben berechnet von [1]. $E_G = 314.6$ nach [2] und [3]. Die beiden letzten Werte wurden mit einem überholten Wert für die Sublimationsenthalpie des Bors von 140.9 anstatt 132.8 erhalten, s. JANAF Thermochemical Tables [4].

In die Sublimationsenthalpie $\Delta H^\circ_{S,298.15} = E_G - D_0$ geht die Dissoziationsenergie D_0 des BN ein, deren Wert strittig ist, s. S. 14. Mit $D_0 = 92$ ergibt sich $\Delta H^\circ_{S,298.15} = 213$, mit $D_0 = 131$ resultiert $\Delta H^\circ_{S,298.15} = 174$ [4]. Für den von JANAF Thermochemical Tables [4] angegebenen Wert für die Sublimationsenthalpie des BN nach Fesenko [5] ist E_G von [5] mit einem überholten Wert für die Sublimationsenthalpie des Bors von 102 berechnet worden. D_0 wird von Fesenko [5] nach einer Abschätzung von Margrave, Sthapitanonda [6] mit 115 angesetzt. Damit ergibt sich der offensichtlich zu kleine Wert von $\Delta H^\circ_{S,298.15} = 161$. Der Wert $D_0 = 161$, berechnet aus Druckangaben von Akishin, Klodeev [7], führt zu einem noch kleineren Wert für die Sublimationsenthalpie, weitere Abschätzungen s. in [4].

Literatur zu 1.1.4.2.4

[1] P. Goldfinger (in: R. K. Willardson, H. L. Goering, Compound Semiconductors, Bd. 1, New York 1962, S. 483/97, 494/5). — [2] D. Smith, A. S. Dworkin, E. R. van Artsdalen (J. Am. Chem. Soc. **77** [1955] 2654/6). — [3] B. F. Ormont (Zh. Neorgan. Khim. **5** [1960] 255/63; Russ. J. Inorg. Chem. **5** [1960] 123/7). — [4] D. R. Stull, H. Prophet (JANAF Thermochemical Tables, 2nd Edition, NSRDS-NBS 37 [1971]). — [5] V. V. Fesenko (Poroshkovaya Met. Akad. Nauk Ukr.SSR **1** [1961] 80/5).

[6] J. Margrave, P. Sthapitanonda (J. Phys. Chem. **59** [1955] 1231/2). — [7] P. A. Akishin, Yu. S. Klodeev (Zh. Neorgan. Khim. **7** [1962] 941/2; Russ. J. Inorg. Chem. **7** [1962] 486).

1.1.4.2.5 Art der Bindung

Type of Bond

Die Natur der B–N-Bindung ist umstritten. Einerseits ähnelt die BN-Struktur weitgehend der Graphitstruktur, die Bindungslängen C–C und B–N sind nur wenig voneinander verschieden, und die zwischenatomaren Kräfte beider Substanzen liegen in der gleichen Größenordnung. Es liegt also nahe, für BN eine Resonanzstruktur wie im Graphit anzunehmen. Andererseits weichen gewisse Eigenschaften des BN stark von denen des Graphits ab. So hat BN eine geringe elektrische Leitfähigkeit, s. S. 48, ist farblos, und seine diamagnetische Suszeptibilität ist gering (s. S. 43), während die des Graphits abnorm groß ist. Diese Eigenschaften des BN lassen sich durch das Vorhandensein von Einfachbindungen erklären, s. hierzu Pease [1].

Wie im Graphit ist die ebene Verteilung der 3 Bindungen um jedes B- und N-Atom eine Folge der sp^2-Hybridbildung. Während C-Atome nach der sp^2-Hybridbildung p_z-Orbitale mit je einem Elektron senkrecht zur Schichtebene besitzen, wobei durch Überlappung delokalisierte π-Bindungen entstehen, ist nach Evans [2] eine entsprechende π-Bindung im BN nicht gegeben, da das p_z-Orbital im B vakant ist und von 2 Elektronen des N-Atoms besetzt wird. Coulson [3] nimmt dagegen an, daß π-Elektronen wie im Graphit über die Schichtebenen delokalisiert sind. Die σ-Bindungen haben teils ionischen, teils kovalenten Charakter. Nach Jolly [4] sollte man annehmen, daß die π-Elektronen überwiegend beim N lokalisiert sind, s. auch Krebs [5]. Eine gewisse Delokalisierung der π-Elektronen ist jedoch ebenfalls vorhanden, wodurch die B–N-Bindung teilweise polar wird. Diese Polarität bedingt nach [4] die grundsätzlichen Unterschiede in den Gitterstrukturen von BN (s. S. 19) und Graphit. Siehe hierzu Berechnung der elektrostatischen Energie, S. 25. Die wirkliche Lage des p_z-Elektronenpaares ist experimentell schwer zu beweisen, Begründung s. bei Pease [1]. Die B–N-Bindungslänge in der Schichtebene beträgt 1.446 Å und ist damit sehr viel kürzer als die Summe der kovalenten Radien bei Einfachbindung (1.57 Å). Aus der Bindungslänge einen eindeutigen Schluß auf den Anteil an Doppelbindungscharakter zu ziehen, ist jedoch beim BN nicht möglich, da bei Bindungssystemen, an denen das Bor teilnimmt, nicht unbedingt die Oktettregel erfüllt sein muß, das B-Atom also kleineren effektiven Radius haben kann, Pease [1]. Bei Annahme einer Resonanzstruktur zwischen Einfach- und Doppelbindung ergibt sich nach Pauling [6] aus der Bindungslänge ein Betrag von 22% Doppelbindungscharakter für jede B–N-Bindung in der Schichtebene. Nach Pauling [6] werden etwa 50% des nichtanteiligen Elektronenpaars (im wesentlichen $2s^2$) am N-Atom zurückgehalten, d.h. das Maximum der Elektronendichte liegt nicht in der Mitte der B–N-Bindung, sondern ist zum N hin verschoben. Die gemessene Abnahme der Bindungslänge um 0.03 Å bei Druckanwendung, s. S. 20/1, wird mit einer Zunahme des Doppelbindungscharakters von 22 auf $33^1/_3$% gedeutet. — Die bei 7.177 MHz von Silver, Bray [7] gemessene Quadrupol-Kopplungskonstante von ^{11}B in BN ist $eqQ = 2.96 \pm 0.10$ MHz. Würden die Elektronen des Bors ausschließlich 3 ebene trigonale σ-Bindungen zu den benachbarten N-Atomen bilden, s. **Fig. 1–11** a, so betrüge die Kopplungskonstante für ein überschüssiges p-Elektron $-(eqQ)_p = -5.39$ MHz. Bei der Bildung einer Resonanzdoppelbindung, bei der jedes N-Atom ein Elektron an das B-Atom

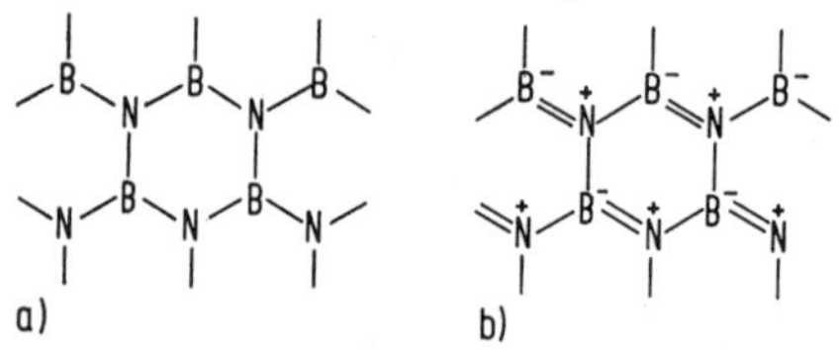

Fig. 1–11

Vorgeschlagene Resonanzstrukturen für hexagonales BN.

a) Trigonale σ-Bindungen.

b) Ionische Doppelbindungen.

abgibt, s. Fig. 1–11b, ist die Quadrupolkopplungskonstante Null. Betrachtet man nur die in den beiden Figuren angegebenen Strukturen, so ergibt sich ein Anteil von 55% für Einfachbindung und von 45% für Doppelbindung. Die ebenfalls mögliche Resonanzstruktur mit einem positiv geladenen B-Atom, das an zwei N-Atome und N^- gebunden ist, hat die gleiche Kopplungskonstante wie die Struktur der Fig. 1–11a (Begründung s. Original), d.h. die Annahme von 45% Doppelbindungscharakter wird dadurch nicht beeinträchtigt. Es ergibt sich eine durchschnittliche Nettoladung von 0.45 Elektronenladungen am B-Atom, also $Q_B = -0.45$. — Eine grobe Abschätzung der Ladungsverteilung im hexagonalen BN, von Neshpor, Khusidman [8] analog durchgeführt wie die von Coulson u.a. und von Levin u.a. entwickelten halbempirischen Berechnungen zur Ladungsverteilung in kubischem BN (LCAO-Methode) (s. S. 31/2), ergibt für das B-Atom eine positive Durchschnittsladung $Q_B \approx 0.8$. Die für σ- und π-Ladungen getrennt durchgeführten Berechnungen von Khusidman, Neshpor [9] führen unter der Annahme, daß die Polaritätsparameter λ für σ-Bindungen (s. S. 31) im hexagonalen und kubischen BN identisch sind, zu $Q_B(\sigma) \approx +1.4$ (ähnliche Berechnung wie bei [8]). Berechnung der π-Elektronenverteilung nach der Hückelschen Theorie ergibt $Q_B(\pi) \approx -0.4$, so daß insgesamt $Q_B \approx +1$ sein sollte.

Die fast identische Form der Röntgenemissionsbanden im hexagonalen und kubischen BN legt nahe, daß sich die Energiezustände der Valenzelektronen in beiden Modifikationen weitgehend ähneln, obgleich im hexagonalen BN sp^2-, im kubischen sp^3-Hybridisierung vorliegt, Fomichev, Rumsh [10].

Die elektrostatische Energiedifferenz zwischen dem tatsächlichen BN-Gitter und einem solchen, in dem die Schichten wie im Graphit gestapelt sind, ergibt sich zu 0.077 kcal/mol, wenn angenommen wird, daß $Q_{N,B} \approx \pm 1$ ist, und zu etwa 0.02 kcal/mol, wenn $Q_{N,B} \approx \pm 0.5$ ist. Wahrscheinlich bestehen zwischen den Schichtebenen neben den elektrostatischen noch andere Wechselwirkungskräfte, so daß eine größere Energiedifferenz resultiert, Lomer, Morton [11].

Literatur zu 1.1.4.2.5

[1] R. S. Pease (Acta Cryst. **5** [1952] 356/61). — [2] R. C. Evans (Introduction to Crystal Chemistry, 2. Aufl., Cambridge 1964, S. 143/4). — [3] C. A. Coulson (Chemische Bindung, Stuttgart 1969, S. 292). — [4] W. L. Jolly (The Inorganic Chemistry of Nitrogen, New York – Amsterdam 1964, S. 110). — [5] H. Krebs (Fundamentals of Inorganic Crystal Chemistry, London 1968, S. 1/405, 203).

[6] L. Pauling (Proc. Natl. Acad. Sci. U.S. **56** [1966] 1646/52). — [7] A. H. Silver, P. J. Bray (J. Chem. Phys. **32** [1960] 288/92). — [8] N. S. Neshpor, M. B. Khusidman (Izv. Akad. Nauk SSSR Neorgan. Materialy **5** [1969] 600/1; Inorg. Materials [USSR] **5** [1969] 509/10). — [9] M. B. Khusidman, V. S. Neshpor (Poroshkovaya Met. Akad. Nauk Ukr.SSR **10** [1970] 72/7; Soviet Powder Met. **1970** 672/5). — [10] V. A. Fomichev, M. A. Rumsh (J. Phys. Chem. Solids **29** [1968] 1015/24).

[11] W. M. Lomer, K. W. Morton (Proc. Phys. Soc. [London] A **66** [1953] 772/3).

1.1.4.2.6 Gitterschwingungen

Lattice Vibrations

Für das 3dimensionale Schwingungsspektrum des BN werden von G. F. Newell (J. Chem. Phys. **27** [1957] 240/50) nach der Born-von Kármán-Methode analytische Ausdrücke innerhalb gut definierter Genauigkeitsgrenzen gefunden. Von besonderem Interesse ist dabei das niederfrequente Ende des Spektrums, das bei genügend tiefen Temperaturen durch die Wechselwirkung zwischen den Schichtebenen bestimmt wird. Andererseits ist für mittlere und höhere Temperaturen die Berechnung des zweidimensionalen Schwingungsspektrums für BN ausreichend, s. G. F. Newell (J. Chem. Phys. **24** [1956] 1049/60).

1.1.4.2.7 ESR-Spektrum

ESR Spectrum

Wechselwirkung eines ungepaarten Elektrons mit 3 B-Atomkernen. Bei 1850°C unter N_2 rekristallisiertes BN liefert bei der paramagnetischen Elektronenresonanz (ESR) ein 10-Linien-Spektrum, bedingt durch die hexagonale Struktur des BN, Römelt [2]. Wie vorläufige Messungen von Khusidman, Neshpor [1] zeigen, tritt an kubischem BN keine ESR auf.

Die äquidistanten Linien des bei gewöhnlicher Temperatur gemessenen 10-Linienspektrums sind symmetrisch zu $g = 2.0027 \pm 0.0003$ und haben einen Linienabstand a von 7.8 ± 0.1 Oe, Römelt [2], s. auch Geist, Römelt [5]. $g = 2.0029 \pm 0.0002$, $a = 7.1$ Oe nach Messungen von Khusidman u.a. [3, 4].

Die Linienbreite der Einzellinien wächst mit fallender Temperatur und hat bei 77°K ein Maximum, so daß die Aufspaltung nur noch angedeutet oder völlig verwischt ist, Römelt [2]. Nach Khusidman, Neshpor [6] ist die bei 77°K gemessene Einzellinie identisch mit dem 1-Linienspektrum, das bei gewöhnlicher Temperatur dem 10-Linienspektrum überlagert ist und dessen berechnetes Amplitudenverhältnis (s. weiter unten) verzerrt.

Das ESR-Spektrum kann gedeutet werden mit der Hyperfeinaufspaltung durch Kontaktwechselwirkung eines ungepaarten Elektrons mit den Kernspins von drei ^{11}B-Atomkernen, wie sie wegen der natürlichen Isotopenhäufigkeit von 81.17% ^{11}B und 18.83% ^{10}B in 53.5% der B_3N_3-Ringe des BN vorliegen [2, 5]. Als Platz für das ungepaarte Elektron im hexagonalen Gitter kommt entweder das Zentrum eines B_3N_3-Ringes in Frage oder der Ort einer N-Vakanz. In beiden Fällen verursacht der Kernspin der jeweils benachbarten ^{14}N-Atome eine weitere unterschiedliche Aufspaltung der 10 Einzellinien. Eine Entscheidung darüber, welche der beiden Möglichkeiten zutrifft, kann jedoch nach Römelt [2] wegen der großen Linienbreite nicht getroffen werden. Nach Ansicht von Khusidman u.a. dagegen wird das ungepaarte Elektron an einem vakanten N-Platz eingefangen, da nach Berechnungen dieser Autoren das N-Atom als der elektronegativere Bestandteil der BN-Verbindung Träger einer negativen Ladung ist, die N-Vakanzen also Anionenlücken sind, vergleichbar mit F-Zentren in Alkalihalogeniden. Siehe hierüber [1, 6, 3, 4].

Mit einem Spin von I = 2/3 für ^{11}B ist zwar ein 10-Linien-Spektrum zu erwarten, das berechnete Amplitudenverhältnis von 1:3:6:10:12:12:10:6:3:1 wird jedoch an einem gut aufgelösten Spektrum, gemessen von Römelt [2], nicht beobachtet, da einerseits die Linienbreite so groß ist, daß sich die Linien gegenseitig überlappen, andererseits tragen die 18.83% ^{10}B-Atome mit I = 3 ebenfalls zur ESR bei. Die Spektren, die durch Hyperfeinwechselwirkung eines einsamen Elektrons mit drei B-Atomen entstehen, die teilweise oder insgesamt ^{10}B-Atome sind, sind wesentlich linienreicher und haben wegen des kleineren Kernmoments von ^{10}B auch kleinere Linienabstände. Das Gesamtspektrum (Einzelheiten zur Berechnung s. [2]) kann durch Addition der Teilspektren gewonnen werden, wenn geeignete Kombinationen der Anteile von ^{11}B und ^{10}B benutzt werden; es wird gute Übereinstimmung mit dem gemessenen Spektrum erzielt.

Bei angereichertem ^{10}BN mit 91% ^{10}B und einer statistischen Häufigkeit von 0.754 für das Auftreten dreier ^{10}B-Atome im B_3N_3-Ring hat das stärkste Teilspektrum 19 Linien mit einem Abstand von nur 2.6 Oe. Die Berechnung des Gesamtspektrums ergibt deshalb in guter Übereinstimmung mit dem gemessenen Spektrum nur eine einzelne Linie, die 20 Oe breit ist, Römelt [2]. Die Breite der Einzellinie von BN mit 95% ^{10}B wird von Khusidman, Neshpor [3] mit 18.3 ± 0.5 Oe angegeben.

Durch Bestrahlung mit Röntgenstrahlen kann die Spindichte, die das 10-Linien-Spektrum erzeugt und die bei längerer Bestrahlung einem Grenzwert zustrebt, abgeschätzt werden zu 8×10^{17} Spins je g [2]. Bei Bestrahlung mit γ-Strahlen von etwa 1.5×10^8 Röntgen ist die Spindichte $\leq 10^{18}$ Spins je g [7]. Eine stark orange gefärbte Probe enthält etwa 10^{19} Spins je g [3].

Bei Bestrahlung mit Reaktorneutronen während 6 h wird ein ESR-Spektrum erhalten, bei dem das 10-Linien-Spektrum durch eine einzelne intensive Linie überlagert ist [7]. Die bei Neutronenbestrahlung entstehenden zusätzlichen Zentren konnten bisher noch nicht gedeutet werden [2].

Wechselwirkung eines ungepaarten Elektrons mit einem Bor-Kern. Durch Bestrahlung rekristallisierter BN-Proben mit UV-Licht, Röntgenstrahlen oder γ-Strahlen bei gewöhnlicher Temperatur wird in BN zusätzlich eine 2. Art von ESR-wirksamen Zentren erzeugt, die im Spektrum 4 Linien für BN und 7 Linien für ^{10}BN liefert, d. h. ein ungepaartes Elektron tritt mit nur einem Bor-Kern in Wechselwirkung. Diese Zentren sind nicht stabil und verschwinden um so schneller wieder, je höher die Temperatur ist. Die ESR dieser Zentren tritt zwischen 150 und 450°K auf, das 4-Linien-Spektrum wird auch bei 1.5°K gefunden. Die erzeugten Zentren und die daraus resultierenden ESR-Linien sind bei den 3 genannten Bestrahlungsarten dieselben, obgleich die Photonenenergie von 1 bis 10^6 eV differiert. Die Sättigungsspindichte beträgt 10^{17} Spins je g, Römelt [8].

Literatur zu 1.1.4.2.7

[1] M. B. Khusidman, V. S. Neshpor (Poroshkovaya Met. Akad. Nauk Ukr.SSR **10** [1970] 72/7; Soviet Powder Met. **1970** 672/5). — [2] G. Römelt (Z. Naturforsch. **21 a** [1966] 1970/5). — [3] M. B. Khusidman, V. S. Neshpor (Fiz. Tverd. Tela **10** [1968] 1229/31; Soviet Phys.–Solid State **10** [1968] 975/6). — [4] M. B. Khusidman, V. S. Neshpor, V. M. Smirnov (Radiokhimiya **11** [1969] 477/8; Soviet Radiochem. **11** [1969] 467/8). — [5] D. Geist, R. Römelt (Solid State Commun. **2** [1964] 149).

[6] M. B. Khusidman, V. S. Neshpor (Teor. i Eksperim. Khim. **3** [1967] 270/2; Theor. Exptl. Chem. **3** [1967] 152/3). — [7] M. B. Khusidman, B. N. Sharupin (Radiokhimiya **9** [1967] 279/80; Soviet Radiochem. **9** [1967] 277/8). — [8] G. Römelt (Lattice Defects Semicond. Intern. Symp., Tokyo 1966 [1968], S. 407/17).

Special Forms

1.1.4.2.8 Besondere Formen

Turbostratisches BN, im folgenden als $(BN)_t$ bezeichnet, das weitgehend aus parallel zueinander angeordneten, perfekten Schichtebenen besteht (Gitterkonstante a bleibt unverändert), zeigt im Gegensatz zu kristallisiertem BN keine geordnete Schichtstapelung. Wegen der 3-dimensionalen Unordnung erscheinen in den Röntgenbeugungsaufnahmen keine 3-dimensionalen Reflexionen, sondern nur die diffusen Beugungsmaxima von (00l) und (hk). Der bei $(BN)_t$ im Gegensatz zu rekristallisiertem BN vergrößerte Schichtebenenabstand d = c/2 ergibt sich aus der (fast symmetrischen) (002)-Reflexion. Die (hk)-Reflexionen sind asymmetrisch gekrümmt mit einem ausgesprochenen „tailing-Effekt" zu höheren Braggschen Winkeln hin, Thomas u.a. [1], s. auch Francis u.a. [2], Belforti u.a. [3].

Bei dem durch NH_3-Behandlung von BNO (aus Harnstoff und Borsäure hergestellt) erhaltenen $(BN)_t$ (s. S. 4) ist d = 3.56 Å (im geordneten Gitter ist d = 3.33 Å). Die nach der Scherrergleichung bestimmte mittlere Stapeldicke L_c und der mittlere Schichtdurchmesser L_a sind $L_c = 14$ Å, $L_a = 46$ Å, d.h. 4 bis 5 Schichtebenen liegen übereinander, sind aber gegeneinander verschoben, da $L_a > L_c$. Die turbostratische Struktur bleibt beim Erhitzen auf 2000°C im offenen Graphitbehälter unter N_2 erhalten. Dagegen kann $(BN)_t$ in gut kristallisiertes BN in Form fettiger, kristalliner Plättchen umgewandelt werden durch Tempern unter N_2 oder He bei Gegenwart von etwa 10% B_2O_3 in geschlossenen Graphitkapseln, durch die die Verdampfung des B_2O_3 gehemmt wird. Die Umwandlung beginnt bei etwa 1450°C und ist bei etwa 1850°C beendet. Am günstigsten verläuft sie bei der Zusammensetzung 89% $(BN)_t$ + 9% B_2O_3 + 2% $(BN)_{krist}$. Die „Graphitisierung" wird an Hand der Röntgenbeugungsaufnahmen verfolgt: Beim Einsetzen von 3dimensionaler Ordnung löst sich das breite (10)-Band in (100)- und (101)-Reflexionen auf, bei gleichzeitigem Schärferwerden von (002)- und Erscheinen von (004)-Reflexionen. Weiter zunehmende Ordnung wird durch das Auftreten von (102)- und schließlich (103)-Reflexionen angezeigt. Der „Graphitisierungsindex" = Fläche [(100) + (101)]: Fläche (102) beträgt 50 bis 60 beim Auftreten der (102)-Reflexion und 1.60 bei völlig geordnetem BN, Thomas u.a. [1].

Pyrolytisches BN ist eine spezielle Form des turbostratischen BN, bei dem die Schichtebenen weitgehend parallel zur Abscheidungsfläche liegen, s. beispielsweise [2] und [3]. Über bevorzugte Orientierung s. unten. Je nach Abscheidungsbedingungen beträgt d bei dem von Francis u.a. [2] aus B-Trichlor-borazin hergestellten pyrolytischen BN 3.45 bis 3.47 Å und L_a und L_c gewöhnlich 50 bis 100 Å. Das aus BCl_3 und NH_3 mit N_2 als Trägergas bei 2000°C abgeschiedene BN hat nach Li u.a. [4] d-Werte, die innerhalb von 3% demjenigen eines BN-Einkristalls entsprechen. Dagegen zeigt das bei 1200°C abgeschiedene BN im Röntgenbeugungsdiagramm keine klar definierten Peaks. Diese erscheinen erst nach Tempern bei 1900°C in N_2 während 2 h. Die (002)-Reflexion wird dabei zu höheren Braggschen Winkeln verschoben, wobei sie enger und schärfer wird, d.h. d wird kleiner, die Kristallitgröße wächst, und die Spannungen im kristallinen Material nehmen ab.

Um zu prüfen, bis zu welchem Grad sich die Schichtebenen tatsächlich parallel zur Abscheidungsfläche orientieren, wie Belforti u.a. [3] im wesentlichen annehmen, wird aus einem pyrolytischen Niederschlag ein Stab herausgeschnitten, dessen Achse parallel zur Abscheidungsfläche ist. Die Intensitäten der (002)-Reflexionen I(002) des mit seiner Achse senkrecht zur Beugungsebene montierten Stabs werden als Funktion des Rotationswinkels um die Stabachse gemessen. Das Verhältnis $I(002)_{max}:I(002)_{min}$, das die bevorzugte Orientierung angibt, ist von der Abscheidungstemperatur abhängig. Bei einer solchen von 1400°C ist es etwa wie 3:1, bei 1800°C wie 20:1 und für >2000°C wie 33:1, Guentert, Mozzi [5]. Die bevorzugte Orientierung kann nach [6] Werte bis zu 1900:1 annehmen, nach [7] bis zu 1000:1. Nach [4] ist $I(002)_{min}$ praktisch Null, $I(002)_{max}$ etwa 9.5.

BN-Fasern. Röntgenbeugungsaufnahmen zeigen, daß BN-Fasern im wesentlichen turbostratische Struktur haben. Elektronenbeugungsaufnahmen sowie Röntgenbeugungsaufnahmen bei verlängerten Belichtungszeiten legen jedoch nahe, daß neben der turbostratischen noch eine 3-dimensionale Struktur vorliegt, jedoch fehlt eine Reihe von Linien, die bei normalem hexagonalen BN auftreten, insbesondere die wichtige (102)-Linie [8]. BN-Fasern mit relativ grobem Korn enthalten neben turbostratischem BN eine weitere BN-Form, in der die hexagonalen Schichten zwar existieren, jedoch weisen die Röntgenbeugungslinien wegen der Unordnung in der Stapelabfolge auf eine kleine statistische (primitive) Elementarzelle hin [9]. Die Kristallitgröße kann Werte von 15 bis 40 Å, aber auch bis zu einigen 1000 Å annehmen, d kann bis auf 3.33 Å abnehmen [8]. — Elektronenbeugungsaufnahmen von [10] zeigen 3 auflösbare diffuse Beugungsringe, die bei Annahme einer hexagonalen Struktur als (002), (100) und (110) indiziert werden können. Dann ergibt sich a = 2.58 Å und c = 7.28 Å. Aus dem Grad der Diffusheit der Elektronenbeugungsringe und dem stark vergrößerten Wert von c wird auf eine atomare Unordnung geschlossen, die mit dem Einfrieren der bei hohen Temperaturen thermisch induzierten Schwingungen gedeutet wird.

BN-Filme. Röntgenbeugungsmessungen an Filmen, die aus elektrisch versprühtem Bor und N_2 auf Si oder SiO_2 abgeschieden sind, sind wegen der beträchtlichen Linienverbreiterung wertlos. Elektronenbeugungsdaten (indiziert entsprechend einer hexagonalen Zelle) geben die Durchschnittsparameter $a = 2.45 \pm 0.08$ Å, $c = 6.88 \pm 0.40$ Å, s. auch S. 7 [11]. Glasartige BN-Filme, aus B_2H_6 und NH_3 in H_2-, N_2- oder He-Atmosphäre an 600 bis 950°C heißen Si-Oberflächen abgeschieden, zeigen bei Streifwinkel-Elektronenbeugungsaufnahmen breite, diffuse Ringe, deren Lage mit denjenigen von hexagonalem BN übereinstimmt. Aus der Linienbreite wird die Kristallitgröße nahe der Oberfläche bei verschiedenen Abscheidungstemperaturen in H_2-Atmosphäre abgeschätzt:

Temperatur in °C	600	800	900	950
Kristallitgröße in Å (±15%)	10	20	30	65

Die Kristallitgröße der in N_2-Atmosphäre abgeschiedenen Filme ist etwas größer, bleibt aber unter 80 Å [12].

Literatur zu 1.1.4.2.8

[1] J. Thomas, N. E. Weston, T. E. O'Connor (J. Am. Chem. Soc. **84** [1963] 4619/22). — [2] R. Francis, E. P. Flint, A. D. Little (WAL-766/41/1 [1961]). — [3] D. Belforti, S. Blum, B. Bovarnick (Nature **190** [1961] 901). — [4] P. C. Li, A. J. Capriulo, M. P. Lepie (A 65 – 10372 [1964] 1/21; C.A. **63** [1965] 1367). — [5] O. J. Guentert, R. L. Mozzi (Nature **193** [1962] 570/1).

[6] R. G. Bourdeau (Mater. Design Eng. **56** Nr. 2 [1962] 106/9). — [7] M. Basche, D. Schiff (Mater. Design Eng. **59** Nr. 2 [1964] 78/81). — [8] J. Economy, R. V. Anderson (J. Polymer Sci. C **19** [1967] 283/97). — [9] J. Economy, R. V. Anderson, V. I. Matkovich (Am. Chem. Soc. Div. Polym. Chem. Reprints **9** Nr. 2 [1968] 1392/3). — [10] L. I. van Thorne (Phys. Status Solidi **13** [1966] 395/400).

[11] A. J. Noreika, M. H. Francombe (J. Vacuum Sci. Technol. **6** [1969] 722/6). — [12] M. J. Rand, J. F. Roberts (J. Electrochem. Soc. **115** [1968] 423/9).

Rhombohedral BN

1.1.4.3 Rhomboedrisches BN

Für die nur im Gemisch mit hexagonalem BN erhaltene Modifikation (s. S. 8) werden die Gitterkonstanten $a = 2.504 \pm 0.002$ und $c = 10.01 \pm 0.007$ Å angegeben. Es wird vermutet, daß eine dem β-Graphit ähnelnde Struktur vorliegt, A. Hérold, B. Marzluf, P. Pério (Compt. Rend. **246** [1958] 1866/8).

Cubic BN

1.1.4.4 Kubisches BN

Crystal Morphology

1.1.4.4.1 Kristallmorphologie

Aus optischen Beobachtungen. Bei der Hochdrucksynthese aus N_2 und B (s. S. 9) entstehen bis 300 μm große oktaedrische Kristallbruchstücke. Sie sind schwarz, braun oder dunkelrot, wahrscheinlich durch Boreinschlüsse; es kommen auch weiße, gelbe und graue Kristalle vor [1]. Wachstumsspiralen treten nicht auf, Stufen oder Terrassen sind dagegen häufig [2]. Die Kristalle neigen zur Zwillingsbildung [3]. — Mit beispielsweise Li_3N hergestellte Kristalle, s. S. 9, sind bis 0.5 mm groß und gelb (50 kbar, 1700°C). Bei höheren Drucken entstehen kleinere und heller gefärbte Kristalle. Gewöhnlich werden Tetraeder und Oktaeder beobachtet, gelegentlich Dreiecke [4]. Das Vorkommen tetraedrischer Kristalle im BN (im Gegensatz zu Diamant) kann vermutlich durch die niedrigere Symmetrie im BN begründet werden, bei dem die (111)- und ($\bar{1}\bar{1}\bar{1}$)-Flächen nicht äquivalent sind und unterschiedliche physikalisch-chemische Eigenschaften besitzen, weshalb ein gleichmäßig gut entwickeltes Kristallwachstum nicht zu erwarten ist [10].

Kristalle, die aus hexagonalem BN mit Li oder Mg hergestellt sind (s. S. 9), zeigen (111) als stabilste Fläche. (100)-Flächen werden sehr viel seltener beobachtet als (110)-Flächen (im Gegensatz zu Diamant). Die (111)-Flächen sind nicht immer als gleichseitige Dreiecke oder (hieraus durch Abstumpfen entstandene) Polygone ausgebildet, sondern haben gelegentlich gekrümmte Seiten. Daß es sich trotzdem um (111)-Flächen handelt, wird durch Ätzen mit geschmolzenem $NaNO_3$ bei 550 bis 600°C gezeigt, wobei gleichseitige dreieckige Ätzgruben entstehen. Auf den (111)-Flächen sind dreieckige Wachstumsschichten erkennbar [5]. (Weiteres über die Struktur geätzter Oberflächen s. S. 29).

Die dreieckigen, hexagonalen und trapezoiden Flächen der von [6] hergestellten BN-Kristalle (im Original keine Angabe über die Art der Herstellung), die sowohl an Einkristallen als auch an Zwillingen beobachtet werden, enthalten Vicinalflächen, durch Einschlüsse bedingte Wachstumsspiralen und Wachstumsschichten, die zu Stufen angeordnet sind [6], s. auch [5]. Mit steigender Wachstumsgeschwindigkeit rücken die Stufen enger zusammen, so daß bei schnellem Wachstum die Stufenhöhe etwa gleich ist der Stufenbreite (etwa 10 μm) [4].

Untersuchungen von [6] an über 100 Kristallen zeigen, daß die Kristalle zur Klasse der Hexakistetraeder gehören. Die hauptsächliche kristallographische Form entsteht durch Kombination von {111} (positiv)- und {1$\bar{1}$1} (negativ)-Tetraedern. Oktaedrische Kristalle herrschen vor; diese haben einen charakteristischen Kamm (crest), der durch Kombination von 2 hexagonalen mit 2 dreieckigen Flächen entsteht, die zu den positiven bzw. negativen Tetraedern gehören. Durch Kombination zweier Tetraeder mit entgegengesetztem Vorzeichen treten auch sehr charakteristische Kristalle von abgeflachter dreieckiger oder pseudo-hexagonaler Form auf, die einfache oder Wiederholungszwillinge sind. Wiederholungszwillinge entstehen durch Verwachsungen unter verschiedenen Winkeln und enthalten gewöhnlich zahlreiche Verunreinigungseinschlüsse [6].

Durch 2stündiges Ätzen mit geschmolzenem $NaNO_3$ bei 520 bis 530°C entstehen Ätzgruben in Form trigonaler Pyramiden, die auf {111} positiv und auf {1$\bar{1}$1} negativ orientiert sind [7], s. auch bei [5] und S. 28. Gelegentlich werden auf {111} auch Ätzgruben in Form ditrigonaler abgestumpfter Pyramiden beobachtet. Ätzgruben auf {100} haben die Form von Pyramiden mit rechteckiger Grundfläche. Beim Ätzen erscheinen auf {111} und {1$\bar{1}$1} auch Wachstumsformen in Gestalt trigonaler Pyramiden. Die Ätzgruben und erhabene Ätzfiguren sind entweder gleichmäßig über die Oberfläche verteilt oder treten in Gruppen oder Ketten auf, deren Anordnung der Kristallsymmetrie entspricht. Sie weisen auf die duale Struktur und den Mosaikcharakter der Kristalle hin, auf Verwachsungen in den Kristallen und auf zweidimensionales Dendritenwachstum an der Kristalloberfläche [7].

Tafelförmige 0.1 bis 0.4 mm breite Kristalle (aus der Hochdrucksynthese mit einer beweglichen Gasphase über der Schmelze) haben tetraedrischen Habitus und bestehen aus Kombinationen von Tetraedern mit verschiedenem Vorzeichen [8]. Die Kristalle sind von niedriger 3m- oder m-Symmetrie und stellen abgeflachte Zwillinge mit vollständiger Flächenausbildung von nahezu vollkommener Struktur dar [9]. Im Gegensatz zu den zuvor beschriebenen BN-Kristallen scheinen sie sich aus der gesättigten Gasphase zu bilden und sind vollkommen idiomorph. Wie Ätzversuche mit geschmolzenem KOH bei 380°C zeigen, wachsen die braunen Kristalle in Sektoren auf. Einzelheiten über Beobachtung an einigen hundert Kristallen s. bei [8] und [9].

Aus Laue-Diagrammen. Laue-Aufnahmen von isometrischen, 200 bis 300 μm großen Kristallen in ⟨111⟩-Richtung erweisen einige davon als perfekte Einkristalle, die meisten als Zwillinge nach dem Spinellgesetz. Untersuchungen an fast planparallelen, plättchenförmigen Kristallen ergeben folgende Beobachtungen: Jeder 111-Laue-Punkt ist in radialer Richtung in eine Anzahl individueller Reflexionen aufgeteilt, was auf innere Streckung (lamination) des Kristalls in der [111]-Zwillingsrichtung hinweist. Der Winkel zwischen den {111}-Ebenen beträgt bis zu 2°, derjenige zwischen benachbarten Plättchen ist etwa 0.5°. Intensive 111-Laue-Punkte anderer Kristalle werden von Beugungsbögen der CuKα- und CuKβ-Strahlung begleitet, die auf die Anwesenheit von feinkristallinem BN zurückzuführen sind, wobei die unbedeutende azimutale Verbreiterung des Beugungsbogens von etwa 10° auf einen hohen Grad an Textur des feinkristallinen BN in Bezug auf die Matrix des Einkristalls hinweist. Außerdem werden die Laue-Punkte dieser Kristalle von kontinuierlichen Bändern in radialer Richtung durchschnitten, deren Beschränkung auf die Laue-Punkte auf Spannungen im Kristall entlang ⟨111⟩ (vermutlich infolge von Verwachsungen) hinweist. Bei einer Anzahl von 300 bis 500 μm großen Kristallen sind die 111-Reflexe in radialer Richtung ausgedehnt und in azimutaler Richtung um 2 bis 3° verbreitert, verursacht durch gegenseitige Desorientierung der den Kristall bildenden Blöcke. Der Asterismus zeigt, daß die {111}-Ebenen wegen innerer Defekte und Spannungen nicht parallel sind. Diese Mikromosaikstruktur ist typisch für Dendritenwachstum und einen hohen Temperaturgradienten während der Synthese. — Bei einigen Kristallen treten schwache Reflexionen 2. Ordnung auf, die von hexagonalem BN herrühren. Die Bögen (azimutale Verbreiterung von ca. 25°) sind symmetrisch in Bezug auf die Lage der Laue-Punkte eines der den Kristall bildenden Zwillinge. Dies kann entweder durch orientiertes Kristallwachstum von hexagonalem BN aus der Dampfphase gedeutet werden oder durch einen geordneten Phasenübergang kubisches BN→hexagonales BN. Es ist anzunehmen, daß bei kubischem BN Schichtenwachstum in ⟨111⟩-Richtungen stattfindet, da alle Verzerrungen und Defekte auf die tetraedrischen Ebenen dieser Kristalle konzentriert sind [11].

Literatur zu 1.1.4.4.1

[1] R. H. Wentorf (J. Chem. Phys. **26** [1957] 956). — [2] R. H. Wentorf (16th Intern. Congr. Pure Appl. Chem., Paris 1957 [1958], Sect. Inorg. Chem., S. 535/7). — [3] H. J. Milledge, E. Nave F. H. Weller (Nature **184** [1959] 715). — [4] R. H. Wentorf (J. Chem. Phys. **34** [1961] 809/12). — [5] K. Kudaka, H. Konno, T. Matoba (Japan. J. Appl. Phys. **4** [1965] 767/71).

[6] N. E. Filonenko, V. I. Ivanov, L. I. Fel'dgun (Dokl. Akad. Nauk SSSR **164** [1965] 1286/7; Soviet Phys.–Dokl. **10** [1966] 899/900). — [7] N. E. Filonenko, G. M. Zaretskaya, N. M. Kamentseva, L. I. Fel'dgun (Dokl. Akad. Nauk SSSR **179** [1968] 88/9; Soviet Phys.–Dokl. **13** [1968] 196/7). — [8] N. E. Filonenko, T. P. Nikitina, N. M. Kamentseva (Dokl. Akad. Nauk SSSR **187** [1969] 569/70; Soviet Phys.–Dokl. **14** [1970] 633/4). — [9] N. E. Filonenko, L. I. Mishina (Dokl. Akad. Nauk SSSR **195** [1970] 1088/9; Soviet Phys.–Dokl. **15** [1971] 1085/7). — [10] R. W. Keyes (Diskussionsbemerkung in: R. H. Wentorf, Progress in Very High Pressure Research, New York 1961, S. 82/9). — [11] M. I. Sokhor, S. I. Futergendler (Dokl. Akad. Nauk SSSR **182** [1968] 1071/3; Soviet Phys.–Dokl. **13** [1968] 982/4).

Lattice Structure

1.1.4.4.2 Gitterstruktur

Kubisches BN hat Zinkblendenstruktur [1]. Raumgruppe T_d^2–$F\bar{4}3m$; Z = 4 s. beispielsweise [2]. Pulveraufnahmen bei 25°C ergeben für die Gitterkonstante a = 3.615 ± 0.001 Å [1]. a = 3.620 Å für kubisches BN in Form eines dünnen Films, hergestellt aus NH_3 und BP [3]. Die B–N-Bindungslänge beträgt 1.57 Å, s. beispielsweise [2].

Literatur zu 1.1.4.4.2

[1] R. H. Wentorf (J. Chem. Phys. **26** [1957] 956). — [2] M. Neuberger (Handbook of Electronic Materials, Semiconducting III–V Compounds, Bd. 2, New York – Washington – London 1971, S. 26). — [3] Chih Chun Wang (Diss. Colorado State Univ. 1962, S. 1/115 nach Diss. Abstr. **23** [1963] 3154).

Lattice Energy Data

1.1.4.4.3 Gitterenergetische Daten

Oberflächenenergie. Totale Oberflächenenergie $\varepsilon_{111} = M_{111} E_G/a^2$, von Ormont [1] berechnet mit a = Gitterkonstante, M_{111} = Strukturkonstante für die (111)-Fläche von Kristallen mit Zinkblendenstruktur, die von Ormont [2] zu 200.66 bestimmt wurde. E_G ist hierin die Gitterenergie von kubischem BN und identisch mit derjenigen des hexagonalen BN, s. S. 23, da nach Ansicht von Ormont [1] die Umwandlungswärme für den Modifikationswechsel hexagonales BN → kubisches BN 1 kcal/mol nicht überschreiten sollte (s. auch Coleburn, Forbes [3]). Damit ergibt sich ε_{111} = 4820 erg/cm². Die spezifische freie Oberflächenenergie $\sigma_{111} = \varepsilon_{111} + \left(\frac{\partial \sigma_{111}}{\partial T}\right)_p$ wird als 2% kleiner als ε_{111} angenommen und zu σ_{111} = 4720 erg/cm² abgeschätzt.

Gitterenergie. Die von Coleburn, Forbes aus der Neigung der Phasenlinie beim Umwandlungsbeginn abgeschätzte Umwandlungswärme für den Modifikationswechsel hexagonales BN → kubisches BN beläuft sich auf nur etwa 0.8 kcal/mol, s. S. 17, so daß die Gitterenergien beider Modifikationen als praktisch gleich angenommen werden können. Die von Geller [4] durch den Vergleich der B–N-Bindungslängen (1.57 Å) in kubischem BN und in der Donor-Akzeptor-Verbindung $CH_3NH_2 \cdot BF_3$ vorausgesagte Gitterenergie von 35 kcal/mol, die häufig in der Literatur zitiert wird, ist sicher bei weitem zu klein.

Über den Zusammenhang zwischen der freien Gitterbildungsenthalpie und der Ionizität f_i (s. hierzu im Abschnitt „Art der Bindung" S. 32) s. Phillips, van Vechten [5]; für ΔG wird −293 kcal/mol angegeben, Phillips [7], vgl. die graphische Darstellung bei [5] und [6].

Totale Kohäsionsenergie. Die mit dem IR-Spektrum nach einer eigenen Definition verknüpfte totale Kohäsionsenergie U wird aus der Frequenz des „center of gravity" berechnet, durch die das Gitterschwingungsspektrum charakterisiert werden kann. Mit λ_{ctr} = 7.0 μm ergibt sich U = 5400 kcal/mol [8].

Literatur zu 1.1.4.4.3

[1] B. F. Ormont (Izv. Neorgan. Materialy **4** [1968] 611/2; Inorg. Materials [USSR] **4** [1968] 529/31). — [2] B. F. Ormont (Dokl. Akad. Nauk SSSR **106** [1956] 687/90). — [3] N. L. Coleburn, J. N. Forbes (J. Chem. Phys. **48** [1968] 555/9). — [4] S. Geller (Phys. Chem. Solids **10** [1959] 340/1). — [5] J. C. Phillips, J. A. van Vechten (Phys. Rev. B [3] **2** [1970] 2147/60).
[6] J. C. Phillips (Phys. Rev. Letters **22** [1969] 645/7). — [7] J. C. Phillips (Phys. Rev. Letters **23** [1969] 482/4). — [8] J. N. Plendl (Phys. Rev. [2] **123** [1961] 1172/80).

1.1.4.4.4 Art der Bindung

Type of Bond

Im kubischen BN liegt jedes B- bzw. N-Atom im Mittelpunkt eines regulären Tetraeders, der von 4 N-Atomen bzw. 4 B-Atomen gebildet wird. Die Valenzelektronen befinden sich in sp^3-Hybridzuständen, Coulson u. a. [1]. Wegen der unterschiedlichen Kernladungen zieht sich die Hybridfunktion des N-Atoms zusammen, die des B-Atoms dehnt sich aus. Die Valenzelektronenwolke wandert vom B- zum N-Atom und wird dort konzentriert. Da das B-Atom nur 3, das N-Atom aber 5 Valenzelektronen hat, sind die 4 Hybridfunktionen am B-Atom schwächer besetzt, am N-Atom stärker, Krebs [2]. Die relative Stärke der im Diamant mit seinen gleichartigen Atomen nicht auftretenden (200)-Röntgenbeugungslinie kann nach Wentorf [3] dadurch gedeutet werden, daß das N-Atom im Durchschnitt kein ganzes Elektron an das B-Atom abgibt, so daß dieses kein vollkommen komplettes Elektronenoktett besitzt, wie es für die C-Atome im Diamant charakteristisch ist.

Nach der MO- bzw. VB-Methode ergibt sich nach Coulson u. a. [1] für die effektive Ladung Q in Bruchteilen einer Elektronenladung bei verschiedenen numerischen Abschätzungen ein mittlerer Wert $Q_N \approx -0.3$. Bei der Berechnung der Ladungsverteilung nach der LCAO-Methode von Coulson u. a. [1] wird der teilweise heteropolare Charakter des BN durch den Polaritätsparameter λ insofern berücksichtigt, als das bindende Orbital $\Psi = \Phi_N + \lambda\Phi_B$ ist (Φ_N,Φ_B sind die Atomorbitale vom N- und B-Atom). Näherungsweise wird der Bruchteil $1/(1+\lambda^2)$ einer Elektronenladung dem elektronegativeren N und der Bruchteil $\lambda^2/(1+\lambda^2)$ dem B zugeordnet. Da 2 Elektronen das bindende Orbital bilden und da 4 Bindungen von jedem N- und B-Atom ausgehen, da ferner N fünf Valenzelektronen besitzt, berechnet sich die Überschußladung am N zu $Q_N = (5\lambda^2 - 3)/(1+\lambda^2)$. Ist ε die Energie des Orbitals, α_N und α_B die Coulombterme von N und B, β das Resonanzintegral (das demjenigen des Diamant gleichgesetzt wird), so gilt unter Vernachlässigung der Überlappungsintegrale $\alpha_N - \varepsilon + \lambda\beta = 0$ und $\beta + \lambda(\alpha_B - \varepsilon) = 0$, s. auch Coulson [4]. Die von den Nettoladungen abhängenden Coulombterme werden unter der Annahme, daß N negativ geladen ist, aus den Ionisationspotentialen der neutralen und positiv geladenen Atome bzw. der Elektronenaffinität bestimmt. Da Q_N und Q_B durch λ bestimmt sind und α_N und α_B bedingen und diese wieder um ε und λ, läßt sich eine Gleichung für λ aufstellen, deren einzige Lösung $\lambda = 0.69$ ergibt und damit $Q_N = -0.43$ bzw. $Q_B = 0.43$ [1]. Eine gleichartige Berechnung mit identischer Quelle für die numerischen Werte ergibt nach Levin u. a. [5] $Q_N = -0.16$. Einführung einer Madelungkorrektur bei der Berechnung der Coulombterme führt zur Abschätzung $Q_N \approx -0.46$ [5]. Da im BN die Valenzorbitale verschieden von den Atomorbitalen sind, wird für die Berechnung der Coulombterme vorgeschlagen, die „atomaren" Ionisationspotentiale durch die Energien für das Entfernen eines Elektrons vom sp^3-Hybridorbital zu ersetzen (korrigierte Coulombterme); Abschätzung s. Levin u. a. [6]. Mit einer Madelungkorrektur wie in [5] wird $Q_N \approx -0.6$ bis -0.8; Diskussion über Größe und Einfluß des von [1] übernommenen Resonanzintegrals β s. Original [6]. Eine Neuberechnung der Coulombterme aus spektroskopischen Daten unter Berücksichtigung des Valenzzustandes von B und N, wobei die Annahme, daß das N-Atom Träger einer negativen Ladung ist, fallengelassen wird, führt nach Doggett [7] für α_N und α_B zu von [1] und [6] wesentlich abweichenden Ergebnissen. Bei Vernachlässigung einer Madelungkorrektur werden hiermit von Coulson, Doggett [8] $\lambda = 0.71$ und $Q_N = -0.32$ neu berechnet. Berücksichtigung der Madelungkorrektur ergibt jedoch $\lambda = 0.84$ und $Q_N = +0.32$. Dies Ergebnis ist jedoch physikalisch nicht real, da die Orbitalenergie ε bei $\lambda = 0.84$ ein Maximum hat. Auch genauere Berechnungen des Resonanzintegrals β führen zu keinem anderen Ergebnis, Coulson, Doggett [8]. Bei einer vollständigen Neuberechnung des Ansatzes von Coulson u. a. [1] durch Coulson, Doggett [8] unter Berücksichtigung der Madelungenergie und Verzicht auf gewisse in [1] gemachte Vereinfachungen (Näheres s. Original) werden ε und λ für B^0N^0 und B^-N^+ berechnet, sowohl bei symmetrischer als auch bei asymmetrischer Aufteilung der Überlappungsladung für den Fall, daß die 1s-Elektronen an ihren jeweiligen Kernen absorbiert sind, ebenso auch für den Fall der Orthogonalität der Slaterschen 2s-Funktionen zu ihren jeweiligen 1s-Rumpffunktionen. An Hand der Berechnungen wird angenommen, daß Ladung vom N zum B übergeht, wobei der Ladungsbetrag offen bleibt. Die Ergebnisse der Berechnung der elektronischen Ladungsverteilung bleiben also unbefriedigend, wenn von der Vorstellung der effektiven Atomladungen ausgegangen wird, Doggett [9]. Über die Fragwürdigkeit dieses Begriffs im kovalent gebundenen BN s. auch bei Hilsum, Rose-Innes [10]. Bei der sicher adäquateren Darstellung der Ladungsverteilung durch Einelektronendichte-Funktionen in der (110)-Ebene für B^0N^0 und B^-N^+ nach Doggett [9] mit Slaterschen 2s-Atomorbitalen orthogonal zu den jeweiligen 1s-Rumpforbitalen zeigt sich bei Aufzeichnung der Linien gleicher Ladungsdichte um ein N- und ein B-Atom eine merkliche Anhäufung der Ladungsdichte um das N-Atom mit deutlicher Polarisierung in Richtung der B–N-Bindung. Dagegen weisen die Linien gleicher Ladungsdichte der Einelektronendifferenzdichte-Funktion, erhalten durch Abziehen der Dichtefunktionen der an ihren Gitterplätzen befindlichen neutralen N- und B-Atome von der Elektronendichtefunktion im Kristall, darauf hin, daß eine Ladungsverdichtung eher im Zentrum der B–N-Bindung zu erwarten ist als etwa am N- oder B-Atom. Über die Berechnung einer Anzahl von Strukturamplituden für jede „Bindungsorbitalwellenfunktion" s. Original [9].

Aus dem geringfügigen Unterschied der selbstberechneten Valenzbandbreiten in BN und Diamant schließen Kleinman, Phillips [11] auf einen überwiegend kovalenten Bindungscharakter. — Aus der nach einem Ansatz von Szigeti [12] mit der statischen und optischen DK (ε_0 und ε_∞) und der transversal optischen Schwingungsfrequenz des BN berechneten effektiven Ladung im BN von 1.14 ergibt sich nach Gielisse u. a. [13], daß der Ionencharakter von BN, verglichen mit allen anderen bekannten III-V-Verbindungen, am ausgeprägtesten ist. — Nach der Überlappungsintegral-Methode wird der Grad der Ionizität f_i zu 0.28 abgeschätzt [14]. Mit dem von Coulson u. a. [1] nach der (unkorrigierten) LCAO-Methode bestimmten Polaritätsparameter $\lambda = 0.69$ ergibt sich nach Phillips [15] mit $f_i = (\lambda^2 - 1)/(\lambda^2 + 1)$ der Wert $f_i = 0.35$. Aus dem Unterschied der Elektronegativitäten von N und B ergibt sich nach der Vorschrift von Pauling $f_i = 0.22$, s. beispielsweise [15]. Eine alternative Definition der Elektronegativitätsdifferenz basiert nach Phillips [15] auf der statischen, elektronischen Dielektrizitätskonstante ε_0. Die durchschnittliche Anregungsenergie im BN, die als E_g bezeichnet wird (Abhängigkeit des E_g von ε_0 s. S. 52), kann in einen homopolaren Anteil E_h und einen heteropolaren Anteil C aufgespalten werden, die durch die Resonanzbeziehung $E_g^2 = E_h^2 + C^2$ miteinander verknüpft sind. f_i wird definiert als $f_i = C^2/E_h + C^2$. Mit den von Phillips [16] angegebenen Werten $E_h = 13.1$ eV und $C = 7.71$ eV ergibt sich $f_i = 0.256$ [15].

Literatur zu 1.1.4.4.4

[1] C. A. Coulson, L. B. Rèdei, D. Stocker (Proc. Roy. Soc. [London] A **270** [1962] 357/72). — [2] H. Krebs (Grundzüge der anorganischen Kristallchemie, Suttgart 1968, S. 1/368, 180). — [3] R. H. Wentorf (16th Intern. Congr. Pure Appl. Chem., Paris 1957 [1958], Sect. Inorg. Chem., S. 535/7). — [4] C. A. Coulson (Valence, 2. Aufl., London 1961, S. 75). — [5] A. A. Levin, Ya. K. Syrkin, M. E. Dyatkina (Zh. Strukt. Khim. **7** [1966] 583/8; J. Struct. Chem. [USSR] **7** [1966] 547/50).

[6] A. A. Levin, Ya. K. Syrkin, M. E. Dyatkina (Zh. Strukt. Khim. **7** [1966] 769/73; J. Struct. Chem. [USSR] **7** [1966] 714/7). — [7] G. Doggett (Theoret. Chim. Acta **15** [1969] 344/52). — [8] C. A. Coulson, G. Doggett (Intern. J. Quantum Chem. **2** [1968] 825/43). — [9] G. Doggett (Intern J. Quantum Chem. **3** [1969] 753/62). — [10] C. Hilsum, A. C. Rose-Innes (Handbook of Electronic Materials, Semiconducting III-V Compounds, Bd. 1, Oxford – London – New York – Paris 1961, S. 1/239, 11/2).

[11] L. Kleinman, J. C. Phillips (Phys. Rev. [2] **117** [1960] 460/4). — [12] B. Szigeti (Trans. Faraday Soc. **45** [1949] 155/66). — [13] P. J. Gielisse, S. S. Mitra, J. N. Plendl, R. D. Griffis, L. C. Mansur, R. Marshall, E. A. Pascoe (Phys. Rev. [2] **155** [1967] 1039/46, 1044). — [14] S. S. Batsanov, L. I. Kozhevina (Teor. i Eksperim. Khim. **3** [1967] 840/2; Theor. Exptl. Chem. **3** [1967] 510/1). — [15] J. C. Phillips (Chem. Phys. Letters **3** [1969] 286/8).

[16] J. C. Phillips (Phys. Rev. [3] B **2** [1970] 2147/60, 2149).

BN of Wurtzite Type

1.1.4.5 BN vom Wurtzit-Typ

Raumgruppe C_{6v}^4–$P6_3mc$, nach Nikol'skaya u. a. [1]. — Das durch Anwendung hoher statischer Drucke bei Raumtemperatur aus hexagonalem BN erhaltene BN vom Wurtzit-Typ hat Kristallitgrößen ≤ 1 µm, was zur Verbreiterung der Röntgenbeugungslinien führt. Da es außerdem durch hexagonales BN verunreinigt ist, können die Gitterparameter nur innerhalb ± 0.01 Å genau bestimmt werden. a = 2.55 Å, c = 4.20 Å. Theoretische Dichte $D_x = 3.49 \pm 0.03$ g/cm³, Bundy, Wentorf [2]. Das ebenfalls durch hexagonales BN verunreinigte, neben kubischem BN bei hohen statischen Drucken und Schubspannungen aus der hexagonalen Form mit Sb als Katalysator erhaltene BN hat die Gitterparameter a = 2.54 Å, c = 4.18 Å; $D_x = 3.52$ g/cm³, Vereshchagin u. a. [3]. Es besteht gute Übereinstimmung mit den Röntgenbeugungsuntersuchungen von Adadurov u. a. [4], die BN vom Wurtzit-Typ durch Schockkompression erhalten.

Literatur zu 1.1.4.5

[1] I. V. Nikol'skaya, L. M. Prezman, P. M. Zorkii, L. B. Nepomnyashchii, L. F. Vereshchagin, Ya. A. Kalashnikov, E. M. Fenklichev (Zh. Fiz. Khim. **43** [1969] 2614/6; Russ. J. Phys. Chem. **43** [1969] 1466/7). — [2] F. P. Bundy, R. H. Wentorf (J. Chem. Phys. **38** [1963] 1144/9). — [3] L. F.

Vereshchagin, E. V. Zubova, L. N. Burenkova, N. I. Revin (Dokl. Akad. Nauk SSSR **178** [1968] 72/3; Soviet Phys.–Dokl. **13** [1968] 25/6). — [4] G. A. Adadurov, Z. G. Aliev, L. O. Atovmyan, T. V. Bavina, Yu. G. Borod'ko (Dokl. Akad. Nauk SSSR **172** [1967] 1066/8; Soviet Phys.–Dokl. **12** [1967] 173/5).

1.1.5 Mechanische und thermische Eigenschaften

Mechanical and Thermal Properties

1.1.5.1 Hexagonales BN

Hexagonal BN

1.1.5.1.1 Dichte D in g/cm³

Density

Die theoretische Dichte ergibt sich aus den Gitterparametern a = 2.504 Å und c = 6.661 Å nach Pease [1] zu $D_x = 2.27$. Die scheinbare Dichte liegt bei etwa 0.1 und ist abhängig von der Behandlung während der Herstellung [2]. D ≈ 1.1 bis 1.2, gemessen an kaltgepreßten BN-Körpern, hergestellt aus „900°C-BN" mit H_2O als Binder. Sie werden bei 110°C getrocknet und durch Tempern bei 1400°C in NH_3 oder bei 1800°C in N_2 gereinigt (s. S. 6), wobei keine Schrumpfung auftritt [3]. Eine maximale Dichte von 1.22 erhält man durch Heißpressen von zuvor renitriertem BN bei 1700 bis 1900°C unter 0.35 bis 0.7 kg/mm² [3]. Aus dem Anstieg der Schmelztemperatur mit dem Druck ergibt sich, daß geschmolzenes BN eine niedrigere Dichte hat als die festen Modifikationen [15].

Heißgepreßtes BN. So bezeichnet man heißgepreßte BN-Körper, die wechselnde Mengen B_2O_3 als Flußmittel enthalten. Wird nach [3] beispielsweise „900°C-BN" während etwa 10 min bei 1700 bis 1900°C und einem Druck von 0.35 bis 0.7 kg/mm² gepreßt, so entsteht heißgepreßtes BN mit D = 2.0 bis 2.1 (durch Zuschläge von einigen % Al, AlN oder CaO-Al_2O_3-Mischungen läßt sich die Dichte bis auf 2.17 steigern). Dichte von renitriertem BN, dem steigende Mengen B_2O_3 zugemischt werden und das anschließend bei 1800°C unter einem Druck von ca. 0.37 kg/mm² heißgepreßt wurde:

B_2O_3 in %	0	1	2.5	5.0	10.0	15.0
D	1.22	1.58	1.77	2.07	2.08	2.06

Beim vorsichtigen Erhitzen von heißgepreßtem „900°C-BN" mit anfänglichem D = 2.08 während beispielsweise 6 h bei 1800°C in N_2 (zur Herabsetzung des B_2O_3-Gehalts) fällt D auf 1.67; das Probenvolumen wächst um 9.1%. Dichte von bei 1650 bis 1700°C unter 0.37 bis 0.42 kg/mm² heißgepreßten Proben aus zuvor teilweise renitriertem „900°C-BN":

Renitrierungstemperatur in °C . . .	*	1200	1300	1400	1400	1400
Renitrierungszeit in h	*	4	6	2	5	24
B_2O_3-Gehalt in %	16.5	13.7	13.2	7.4	4.19	3.0
D	2.1	2.05	1.66	1.83	1.68	1.38

* nicht vorbehandelt

In der Literatur werden ganz allgemein für D Werte von 2.0 bis 2.1 angegeben, s. beispielsweise bei [4] und [5].

Pyrolytisches BN. Wie Untersuchungen von Francis u. a. [6] zeigen, s. **Fig. 1–12**, ist die Dichte von pyrolytischem BN (Herstellung s. S. 7) abhängig von der Abscheidungstemperatur und dem

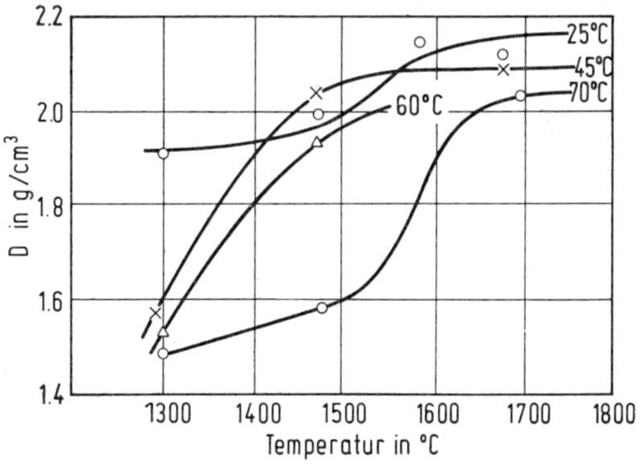

Fig. 1–12

Dichte von pyrolytischem BN, hergestellt bei verschiedenen Temperaturen und B-Trichlor-borazin-Dampfdrucken. Die Dampfdrucke sind durch die zugehörigen Gleichgewichtstemperaturen gegeben. Es entsprechen 25°C 0.1 Torr, 45°C 1 Torr und 60°C 5 Torr (vgl. S. 7).

Dampfdruck des in die Reaktionskammer strömenden B-Trichlor-borazins. Die erreichte maximale Dichte ist 2.14. Die in Toluol bestimmte Dichte von pyrolytischem BN, das aus BCl_3 und NH_3 mit N_2 als Trägergas hergestellt ist, nähert sich bei einer Abscheidungstemperatur von 1900°C der theoretischen Dichte von 2.27. Nicht so dichtes Material kann durch Tempern in N_2 bei 1900°C verdichtet werden [7]. Weitere Angaben: D = 2.1 [8]. D = 2.0 bis 2.2 [9, 10]. Die gemessene Dichte beträgt 98% der theoretischen Dichte, die je nach Größe des Schichtebenenabstands c/2 zwischen 2.2 und 2.25 liegt [11]. Das durch Drucktempern von pyrolytischem BN bei 2275 bis 2450°C und Drucken von 300 bis 1000 kg/cm^2 erhaltene hochorientierte Material erreicht die theoretische Dichte von 2.28 ± 0.01 [12].

Fasern. D liegt zwischen 1.4 und 2.24. Für Fasern aus der laufenden Produktion wurden Dichtewerte zwischen 1.8 bis 1.9 ermittelt [13]. D = 1.4 bis 2 [14].

Literatur zu 1.1.5.1.1

[1] R. S. Pease (Acta Cryst. **5** [1952] 356/61). — [2] G. R. Finlay, G. H. Fetterley (Am. Ceram. Soc. Bull. **31** [1952] 141/3). — [3] T. A. Ingles, P. Popper (in: P. Popper, Special Ceramics, London 1960, S. 144/67, 152/6). — [4] K. M. Taylor (Ind. Ing. Chem. **47** [1955] 2506/9). — [5] J. Fredrickson, W. H. Redanz (Metal Progr. **87** Nr. 2 [1965] 97/101).

[6] R. Francis, E. P. Flint, A. D. Little (WAL-766/41/1 [1961] 32). — [7] P. C. Li, A. J. Capriulo, M. P. Lepie (A 65-10372 [1964] 1/21; C.A. **63** [1965] 1367). — [8] W. V. Kotlensky, H. E. Marten (Nature **196** [1962] 1090/1). — [9] R. G. Bourdeau (Mater Design Eng. **56** Nr. 2 [1962] 106/9). — [10] D. Schiff (Mater Sci. Technol. Advan. Appl. **1962** 236/66, 264). — [11] M. Basche, D. Schiff (Mater. Design Eng. **59** Nr. 2 [1964] 78/81). — [12] A. W. Moore (Nature **221** [1969] 1133/4). — [13] J. Economy, R. V. Anderson (J. Polymer Sci. C Nr. 19 [1967] 283/97). — [14] C. Z. Carroll-Porczynskii (Advanced Materials Refractory Fibers, Fibrous Metals, Composites, 2. Aufl., New York 1969, S. 1/382, 288). — [15] R. H. Wentorf (J. Phys. Chem. **63** [1959] 1934/40, 1938).

Thermal Expansion. Coefficient of Linear Expansion

1.1.5.1.2 Thermische Ausdehnung. Linearer Ausdehnungskoeffizient α in 10^{-6} grd^{-1}

Heißgepreßtes BN. Die Angaben $\alpha_{\parallel}$ und $\alpha_{\perp}$ bezeichnen Meßwerte $\parallel$ und $\perp$ zur Preßrichtung. Werte nach Taylor [1], s. auch **Fig. 1–13** (Ausgangsdichte 2.12 g/cm^3):

Temperaturbereich in °C	25 bis 350	25 bis 700	25 bis 1000
$\alpha_{\parallel}$	10.15	8.06	7.51
$\alpha_{\perp}$	0.59	0.89	0.77

Vergleichbare Werte sind von [7] gemessen. Siehe Abbildung im Original. Beim 1. Erhitzen auf 800°C wird in beiden Richtungen ($\parallel$ und $\perp$ zur Preßrichtung) eine wesentlich höhere Gesamtausdehnung gemessen, die teilweise irreversibel ist. Nachfolgende Expansionen lassen die Werte im wesentlichen unverändert. Zwischen 300 und 400°C ist die Expansion in beiden Richtungen besonders ausgeprägt, beide α-Werte sind < 2, Abbildung s. Original, Ingles, Popper [2]. Nach Fredrickson, Redanz [3] führt erst ein Erhitzen auf > 1200°C zu einer bleibenden Ausdehnung nach dem Abkühlen, die beispielsweise nach Erhitzen auf 1800°C 80% der Gesamtausdehnung von 1.5% beträgt ($\parallel$ zur Preßrichtung). — Der Ausdehnungskoeffizient ist etwa konstant bis ca. 1250°C; $\alpha_{\parallel} \approx 7.4$ (Angabe im Original: $\alpha_{\parallel} = 4.10\,°F^{-1}$) [4]. Bis etwa 420°C ist $\alpha = -0.5$, von 420 bis 1400°C ist sein Wert + 0.5 (vermutlich $\alpha_{\perp}$) [5].

Pyrolytisches BN. Die Angaben α_c und α_a entsprechen den Angaben $\alpha_{\parallel}$ und $\alpha_{\perp}$. **Fig. 1–14** nach [6] gibt die Gesamtausdehnung $\Delta l/l$ $\perp$ zur Abscheidungsfläche (c-Richtung) und $\parallel$ zur Abscheidungsfläche (a-Richtung) zwischen Raumtemperatur und 1100°C (c-Richtung) bzw. 1500°C (a-Richtung) wieder. — Bei einer Abscheidungstemperatur von 1600°C ist zwischen 0 und 1075°C $\alpha_c = 24$ und $\alpha_a = 0.4$. Steigende Abscheidungstemperaturen (1900°C) bewirken ein Ansteigen von α_a auf 3.2. Bei niedrigen Abscheidungstemperaturen ist die Expansion unterhalb 500°C in a-Richtung negativ. Ausglühen verstärkt das anisotrope Verhalten [7]. $\alpha_c = 81$ und $\alpha_a = 3.24$ ($\triangleq$ 45 und $1.8 \times 10^{-6}\,°F^{-1}$) nach [8].

Literatur zu 1.1.5.1.2

[1] K. M. Taylor (Ind. Eng. Chem. **47** [1955] 2506/9). — [2] T. A. Ingles, P. Popper (in: P. Popper, Special Ceramics, London 1960, S. 144/67, 160/1). — [3] J. Frederickson, W. H. Redanz (Metal

Progr. **87** Nr. 2 [1965] 97/101). — [4] Southern Research Institute (ASD-TDR-62-765 [1963] 1/420, 92, 230). — [5] S. D. Fulkerson (ORNL-2856 [1960] 1/39, 26; N.S.A. **14** [1960] Nr. 4511).
[6] M. Basche, D. Schiff (Mater. Design Eng. **59** Nr. 2 [1964] 78/81). — [7] P. C. Li, A. J. Capriulo, M. P. Lepie (A 65-10372 [1964] 1/21; C.A. **63** [1965] 1367). — [8] S. Sklarew, M. J. Albom (Metal Progr. **87** Nr. 2 [1965] 102/4).

Fig. 1–13

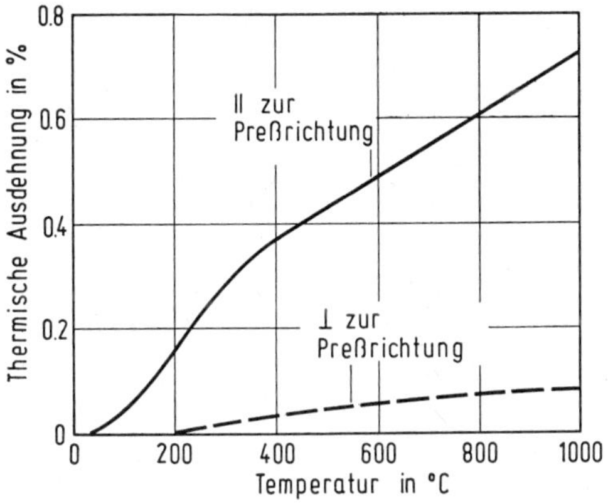

Thermische Ausdehnung von heißgepreßtem BN.

Fig. 1–14

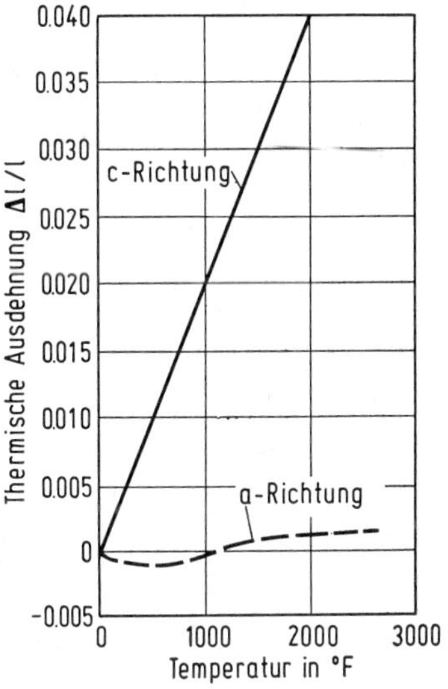

Thermische Ausdehnung von pyrolytischem BN.

1.1.5.1.3 Elastizitätsmodul E, Poissonsche Zahl μ

Young's Modulus. Poisson's Ratio

Die in den Originalen verwendete Einheit lb/in² wurde entsprechend 1 lb/in² ≈ 7.03×10^{-4} kg/mm² in kg/mm² umgerechnet. $E_{||}$ und $E_{\perp}$ bezeichnen Messungen || und ⊥ zur Preßrichtung. Angaben nach Taylor [1] für heißgepreßtes BN:

Temperatur in °C	25	350	700	1000
$E_{||}$ in 10^6 lb/in²	12.4	8.0	1.5	1.6
$E_{||}$ in 10^3 kg/mm²	8.7	5.6	1.05	1.12
$E_{\perp}$ in 10^6 lb/in²	4.9	3.2	0.5	—
$E_{\perp}$ in 10^3 kg/mm²	3.44	2.24	0.35	—

Die relativ niedrigen Werte von E stehen mit der guten thermischen Schockwiderstandsfähigkeit des heißgepreßten BN in Einklang [1]. Messungen nach der Ultraschallmethode bei gewöhnlicher Temperatur ergeben $E_{||} = 13.2 \times 10^6$ lb/in² (≙ 9.25×10^3 kg/mm²) $E_{\perp} = 7.2 \times 10^6$ lb/in² (≙ 5.05×10^3 kg/mm²). Aus statischen Biegeversuchen ergibt sich $E_{\perp} = 7.03 \times 10^6$ lb/in² (≙ 4.94×10^3 kg/mm²) [2]. Nach Ultraschallmessungen von [3] ist $E_{||} = 11 \times 10^6$ lb/in² (≙ 7.7×10^3 kg/mm²) und $E_{\perp} = 9 \times 10^6$ lb/in² (≙ 6.3×10^3 kg/mm²).

Pyrolytisches BN. Die Angaben für gewöhnliche Temperatur beziehen sich auf die Richtung || zur Abscheidungsfläche (a-Richtung) und entsprechen den Angaben $E_{\perp}$ für heißgepreßtes BN. $E = 4.4 \times 10^6$ lb/in² (≙ 3.1×10^3 kg/mm²) [4, 5]. $E = 3.6 \times 10^6$ lb/in² (≙ 2.5×10^3 kg/mm²) (statische Druckmessung) [6]. Die statischen Elastizitätsmoduli betragen 2.7×10^6 lb/in² (≙ 1.9×10^3 kg/mm²) unter Druckbelastung und 4.3×10^6 lb/in² (≙ 3.0 kg/mm²) unter Spannungsbelastung [7].

Die Poissonsche Zahl μ ist negativ und < 0.1 [7]. $\mu = -0.025$ nach [6].

BN-Fasern. $E = 13 \times 10^6$ lb/in² (≙ 9.1×10^3 kg/mm²) [8]. E liegt zwischen 4 und 12×10^6 lb/in² (≙ 2.8 bis 8.4×10^3 kg/mm²) [9].

Literatur zu 1.1.5.1.3

[1] K. M. Taylor (Ind. Eng. Chem. **47** [1955] 2506/9). — [2] T. A. Ingles, P. Popper (in: P. Popper, Special Ceramics, London 1960, S. 144/67, 157/8). — [3] J. Frederickson, W. H. Redanz (Metal Progr. **87** Nr. 2 [1965] 97/101). — [4] D. Schiff (Mater. Sci. Technol. Advan. Appl. **1962** 236/66, 264). — [5] R. G. Bourdeau (Mater. Design Eng. **56** Nr. 2 [1962] 106/9).

[6] M. Basche, D. Schiff (Mater. Design Eng. **59** Nr. 2 [1964] 78/81). — [7] P. C. Li, A. J. Capriulo, M. P. Lepie (A 65-10372 [1964] 1/21; C.A. **63** [1965] 1367). — [8] H. W. Rauch, W. H. Sutton, L. R. McGreight (Refractory Materials, Bd. 3, Ceramic Fibers and Fibrous Composite Materials, New York 1968, S. 24). — [9] J. Economy, R. V. Anderson (Textile Res. J. **36** [1966] 994/1003).

Compressibility

1.1.5.1.4 Kompressibilität

Bei 23 und 130°C ergeben sich nach der Bridgman-Methode folgende Werte für $(V_0-V)/V_0$:

p in 10^3 kg/cm²	5	10	15	20	25	30
$(V_0-V)/V_0$ in % bei 23°C	1.53	2.89	4.08	5.10	5.94	6.61
$(V_0-V)/V_0$ in % bei 130°C	1.68	3.16	4.42	5.47	6.31	6.93

Hieraus berechnete Werte für den Temperaturkoeffizienten der Volumenänderung mit dem Druck s. Original [1]. Entsprechende Angaben von [2] über die Druckabhängigkeit des relativen Volumens V/V_0, erhalten aus den Gitterparametern im Druckbereich bis etwa 100 kbar, und Angaben über die Druckabhängigkeit von $\Delta c/c$ (c = Gitterparameter nach [3]), wodurch $(V_0-V)/V_0$ im Druckbereich bis 16900 kg/cm² praktisch gegeben ist, s. S. 20/1). Siehe auch die Schockadiabate des hexagonalen BN für Drucke bis 122 kbar (Polymorphie S. 17).

Literatur zu 1.1.5.1.4

[1] Yu. S. Genshaft, L. D. Livshits, Yu. N. Ryabinin (Zh. Prikl. Mekhan. i Tekhn. Fiz. **1962** Nr. 5, S. 107/16). — [2] R. W. Lynch, H. G. Drickamer (J. Chem. Phys. **44** [1966] 181/4). — [3] S. S. Kabalkina, L. F. Vereshchagin (Dokl. Akad. Nauk SSSR **134** [1960] 330/2; Soviet. Phys.–Dokl. **5** [1960] 1065/7).

External Friction. Kinetic Friction Coefficient

1.1.5.1.5 Äußere Reibung. Kinetischer Reibungskoeffizient μ

Reines BN ist trotz seiner ausgeprägten Schichtstruktur und seiner guten Oxidationsbeständigkeit als Trockenschmiermittel wenig geeignet, da es schlecht an Metalloberflächen haftet und daher keinen ausgesprochen niedrigen Reibwert hat [1, 2]. Pyrolytisches BN hat im wesentlichen die gleichen Reibungs- und Abriebeigenschaften wie normales hexagonales BN, da dieses offensichtlich bei wiederholtem Gleiten eine ebenso geordnete Struktur annimmt [3].

Hexagonales BN, in wäßriger Suspension auf Pt aufgebracht, hat bei Raumtemperatur an Luft $\mu < 0.2$. μ steigt beim Erhitzen auf 150°C auf 0.4, nimmt bis etwa 500°C unregelmäßige Werte an und fällt zwischen 500 und 600°C auf $\mu = 0.1$ bei 600°C ab. BN behält seine Schmiereigenschaften bis etwa 850°C bei [4]. $\mu > 0.41$ nach 5 min bei 538°C. Nach dem Test wird schweres Fressen der Oberflächen (aus Inconel) beobachtet [5].

μ frisch geschnittener Oberflächen von heißgepreßtem BN liegt bei 0.03 bis 0.07 und steigt durch Abrieb auf 0.11 bis 0.23 nach wiederholtem Gebrauch [6]. BN-Gleiter aus gesintertem BN haben auf rostfreiem Stahl an Luft bei gewöhnlicher Temperatur μ-Werte von etwa 0.12. Bis 100°C steigt μ leicht an und liegt zwischen 100 und 700°C zwischen 0.2 und 0.3 [7]. Zwischen zwei sorgfältig geschliffenen und gereinigten Blöcken aus gesintertem BN hat μ im Vakuum bei gewöhnlicher Temperatur einen Wert bei 0.1. Bei Entgasen der BN-Blöcke bei 1060°C im Vakuum steigt μ bei gewöhnlicher Temperatur auf 0.52 und nimmt mit steigender Temperatur auf etwa 0.3 bei 1000°C ab. μ zwischen den entgasten BN-Blöcken sinkt bei gewöhnlicher Temperatur bei Einführung von Gasen oder Dämpfen mit Drucken ≤ 1 Torr im allgemeinen ab. Wasser-, Heptan-, Capronsäure- oder Äthanol-Dampf senken μ auf etwa 0.18, H_2 auf etwa 0.35, O_2 und N_2 dagegen haben keinen merklichen Effekt [7].

Der Reibungskoeffizient μ eines dünnen BN-Films, erzeugt durch Erhitzen von Borkristallen in N_2 auf 1200°C, liegt bei gewöhnlicher Temperatur im Vakuum bei 0.7. μ wird weder durch O_2 noch durch N_2 merklich verändert, es nimmt jedoch mit steigender Temperatur zunächst allmählich, von 500°C an rascher ab und beträgt bei 1000°C etwa 0.3 (siehe Kurve im Original) [7].

Literatur zu 1.1.5.1.5

[1] B. C. Stupp (Lubrication Eng. **14** [1958] 159/63, 159). — [2] H. Loebnitz (Mineralöl-Technik **12** [1967] 1/13, 6/7). — [3] E. Rabinowicz, M. Imai (WADC-TR-59-603 (Pt. III) [1962] 1/49). — [4] R. F. Deacon, J. F. Goodman (Proc. Roy. Soc. [London] A **243** [1957] 464/82, 470, 472/4). — [5] M. B. Peterson, R. L. Johnson (Lubrication Eng. **13** [1957] 203/7, 204).

[6] T. A. Ingles, P. Popper (in: P. Popper, Special Ceramics, London 1960, S. 144/67, 156/7). — [7] G. W. Rowe (Wear **3** [1960] 274/85).

1.1.5.1.6 Härte

Hardness

Die Ritzhärte nach der Mohsschen Skala liegt nach Goldschmidt [1] für normales hexagonales BN zwischen 1 und 2. Dieser Wert wird in der Literatur allgemein angegeben. — Für heißgepreßtes BN wird die Ritzhärte grob ermittelt, indem eine beschwerte Grammophonnadel mit konstanter Geschwindigkeit über die Probe gezogen wird. Bei heißgepreßtem BN, das aus bei 1400°C teilweise renitriertem „900°C-BN" erhalten wurde (s. S. 33), genügen 2 g, um die Oberfläche zu ritzen, dagegen sind für heißgepreßtes BN aus „900°C-BN", dem 2 bis 5% AlN zugemischt sind, 8 g nötig [2]. — Nach [3] können Härtewerte von pyrolytischem BN, wegen ihrer schlechten Reproduzierbarkeit nicht mitgeteilt werden. Sie sollten aber nach [4] erheblich höher liegen als die von heißgepreßtem BN.

Literatur zu 1.1.5.1.6

[1] V. M. Goldschmidt (Norsk. Geol. Tidsskr. **9** [1926/27] 258/65). — [2] T. A. Ingles, P. Popper (in: P. Popper, Special Ceramics, London 1960, S. 144/67, 159). — [3] R. Francis, E. P. Flint, A. D. Little (WAL-766/41/1 [1961] 32). — [4] P. C. Li, A. J. Capriulo, M. P. Lepie (A 65–10372 [1964] 1/21; C.A. **63** [1965] 1367).

1.1.5.1.7 Festigkeit

Strength

Heißgepreßtes BN. Die Druckfestigkeit bei Raumtemperatur beträgt 45×10^3 lb/in² (≙ 31.6 kg/mm²), wenn die Richtung der Kraft || zur Preßrichtung wirkt, und 34×10^3 lb/in² (≙ 23.9 kg/mm²), wenn sie ⊥ dazu wirkt, Taylor [1].

Abhängigkeit der Bruchfestigkeit σ_B von der Temperatur nach Taylor [1] ($\sigma_{B\parallel}$ und $\sigma_{B\perp}$ bedeuten, daß die wirkende Kraft || bzw. ⊥ zur Preßrichtung angreift):

Temp. in °C	25	350	700	1000
$\sigma_{B\parallel}$ in 10^3 lb/in²	15.88	14.80	3.84	2.18
$\sigma_{B\parallel}$ in kg/mm²	11.2	10.4	2.7	1.5
$\sigma_{B\perp}$ in 10^3 lb/in²	7.28	6.70	1.90	1.08
$\sigma_{B\perp}$ in kg/mm²	5.1	4.7	1.3	0.76

Wie die Werte der Tabelle zeigen, liegt der stärkste Abfall der Festigkeit zwischen etwa 350 bis 700°C. Bis 1000°C ändert sich die Festigkeit nur noch unwesentlich. Nach Messungen von Green [2] zwischen 1000 und 2400°C steigt die Festigkeit bei Temperaturen $\gtrsim$ 1500°C wieder an, um bei 2400°C Werte zu erreichen, die in der gleichen Größenordnung wie die Raumtemperaturwerte liegen. Im untersuchten Temperaturbereich wird keine Abhängigkeit der Festigkeit von der Kristallorientierung beobachtet. Die BN-Proben deformieren sich vor dem Brechen höchstens unwesentlich, also liegt kein Kriechmechanismus vor [2]. Den Einfluß des B_2O_3-Gehalts auf die Festigkeit von heißgepreßtem BN untersuchen Ingles, Popper [3], s. Original.

Pyrolytisches BN. Die Druckfestigkeit ⊥ zur a-Ebene beträgt 72.3×10^3 lb/in² (≙ 50.8 kg/mm²) [6]. Die Zerreißfestigkeit von bei 1900°C aus BCl_3 und NH_3 hergestelltem BN mit einer Dichte von 2.10 g/cm³ wird von Kotlensky, Martens [4] bei einer Dehnungsgeschwindigkeit von 2×10^{-4} s⁻¹ in Richtung der Basalebene (a-Richtung) gemessen. Die Bruchdehnung liegt zwischen 0.5 und 3.6%. Die Ergebnisse von [4] sind in **Fig. 1–15**, S. 38, nach Basche, Schiff [5] dargestellt. Die Festigkeit von pyrolytischem BN steigt im Gegensatz zu der des heißgepreßten B_2O_3-haltigen BN stetig mit der Temperaur an [4]. Die Bruchfestigkeit von pyrolytischem BN ⊥ zur Basalebene beträgt bei Raumtemperatur und einer Dehnungsgeschwindigkeit von 2×10^{-4} s⁻¹ etwa 15×10^3 lb/in² (≙ 10.5 kg/mm²) [5]. Nach [6] liegt sie zwischen 18 und 30×10^3 lb/in² (≙ 12.6 bis 21 kg/mm²) je nach Art der gasförmigen Komponenten bei der Darstellung und der Höhe der Abscheidungstemperatur. Die Bruchfestigkeit steigt im Temperaturbereich bis 2000°C etwas an [6].

BN-Fasern. Die Zerreißfestigkeit kann Werte bis zu 210×10^3 lb/in² (≙ 147 kg/mm²) annehmen. Sie liegt gewöhnlich zwischen 50×10^3 bis 125×10^3 lb/in² (≙ 35 bis 88 kg/mm²). Die Bruchdehnung beträgt 1 bis 2% [7].

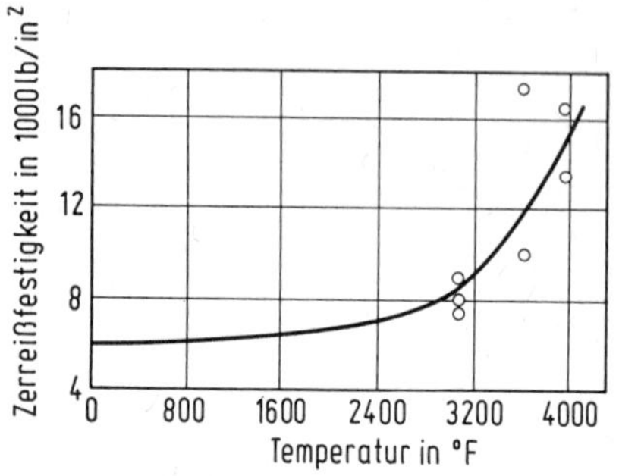

Fig. 1–15

Zerreißfestigkeit von pyrolytischem BN.

Literatur zu 1.1.5.1.7

[1] K. M. Taylor (Ind. Eng. Chem. **47** [1955] 2506/9). — [2] L. Green (Proc. 4th Conf. Carbon, Buffalo 1959 [1960], S. 497/509, 508/9). — [3] T. A. Ingles, P. Popper (in: P. Popper, Special Ceramics, London 1960, S. 144/67, 158/9). — [4] W. V. Kotlensky, H. E. Martens (Nature **196** [1962] 1090/1). — [5] M. Basche, D. Schiff (Mater. Design Eng. **59** Nr. 2 [1964] 78/81).

[6] P. C. Li, A. J. Capriulo, M. P. Lepie (A 65–10372 [1964] 1/21; C.A. **63** [1965] 1367). — [7] J. Economy, R. V. Anderson (J. Polymer Sci. C **19** [1967] 283/97, 294).

Melting Temperature

1.1.5.1.8 Schmelztemperatur

Die Literaturangaben über den Schmelzpunkt sind wenig genau. Nach Campbell u. a. [1], s. auch „Bor" Erg.-Bd., S. 160, schmelzen BN-Überzüge unter N_2-Druck bei etwa 3000°C. Diese Angabe findet man in der Literatur sehr häufig. Nach beispielsweise [2] soll BN zwischen 2730 und 3000°C sublimieren. Über die Zersetzung von BN bei hohen Temperaturen s. S. 69/70. Schmelzpunkt unter erhöhtem Druck nach Messungen von Wentorf [3] (s. auch Fig. 1–1, S. 16):

Druck in katm	30	65	80
Schmelzpunkt in °C . . .	3200	3400	3500

Die Fehlergrenze der Messungen beträgt möglicherweise ± 100°C. Lineare Extrapolation der gemessenen Werte ergibt für p = 1 atm etwa 3000°C.

Literatur zu 1.1.5.1.8

[1] I. E. Campbell, C. F. Powell, D. H. Nowicki, B. W. Gonser (J. Electrochem. Soc. **96** [1949] 318/33). — [2] S. Sklarew, M. J. Albom (Metal Progr. **87** Nr. 2 [1965] 106). — [3] R. H. Wentorf (J. Phys. Chem. **63** [1959] 1934/40, 1938/9).

Heat Capacity. Thermodynamic Functions

1.1.5.1.9 Wärmekapazität. Thermodynamische Funktionen

Molare Wärmekapazität C_p, C_v in cal · mol⁻¹ · grd⁻¹, Enthalpie H, freie Enthalpie G in cal/mol, Entropie S in cal · mol⁻¹ · °K⁻¹.

Die calorimetrischen Messungen von Dworkin u. a. [1], s. auch [2], zur Bestimmung von C_p zwischen 20 und 300°K sind an BN-Proben durchgeführt, die 0.00222 mol Fe_3O_4 je 0.9793 mol BN enthalten; die mitgeteilten Werte sind entsprechend korrigiert. C_p zwischen 0 und 20°K wird durch eine T^2-Extrapolation abgeschätzt, da die gemessenen C_p-Werte $\sim T^2$ sind für $20 \leqq T \leqq 65$°K. Da außerdem gezeigt werden kann, daß für $T < 80$°K innerhalb der experimentellen Fehlergrenzen $C_p = C_v$ ist, gilt auch $C_v \sim T^2$. Gemessene Werte für C_p s. Fig. 1–16, S. 40, daraus berechnete Werte für die thermodynamischen Funktionen s. die Tabelle auf S. 39. Zu abweichenden Ergebnissen gelangen Westrum, Beale, mitgeteilt bei Westrum [3], die C_p zwischen 5 und 300°K messen. Bei Temperaturen um 20°K beträgt die Abweichung von den Werten von [1] fast 100%, um 100°K ca. 10%, zwischen 200 und 300°K noch etwa 1%. Für $T \lesssim 12$°K ist $C_p \sim T^3$. Für höhere Temperaturen nimmt die Potenz von T allmählich ab. Es existiert jedoch kein endlicher Bereich, in dem Proportionalität mit T^2 besteht [3]. In folgender Tabelle sind die Werte von Dworkin u. a. [1] und die von Westrum zusammengestellt, letztere sind den JANAF Thermochemical Tables [4] und der Tabelle von Fuget, Masi [5] entnommen und beruhen auf einer privaten Mitteilung von Westrum. Werte nach [1], [4] und [5] in Auswahl:

T in °K	20	50	100	150	200	250	298.15	300	Lit.
C_p	0.065	0.396	1.280	2.096	2.994	3.904	4.783	4.815	[1]
C_p	—	0.3681	1.183	2.054	2.967	3.862	4.713	4.744	[4, 5]
S°	0.034	0.203	0.747	1.418	2.143	2.910	3.673	3.702	[1]
S°	—	0.1677	0.6673	1.310	2.025	2.784	3.537	3.566	[4, 5]
$-(G^\circ - H^\circ_0)/T$	0.012	0.071	0.264	0.535	0.846	1.182	1.523	1.536	[1]
$-(G^\circ - H^\circ_0)/T$	—	0.050	0.225	0.477	0.773	1.099	1.432	1.445	[5]
$(H^\circ - H^\circ_0)/T$	0.022	0.132	0.483	0.883	1.297	1.728	2.150	2.166	[1]
$(H^\circ - H^\circ_0)/T$	—	0.117	0.443	0.833	1.252	1.685	2.105	2.121	[5]

Anstelle von $-(G^\circ - H^\circ_0)/T$ und $(H^\circ - H^\circ_0)/T$ geben JANAF Thermochemical Tables [4] $-(G^\circ - H^\circ_{298.15})/T$ und $H^\circ - H^\circ_{298.15}$ an, s. Original.

Die Größen $H^\circ - H^\circ_{298.15}$ und C_p zwischen 300 und 1650°K sind von McDonald, Stull [6] im Tropfkalorimeter gemessen. In der folgenden Tabelle sind die in Auswahl angegebenen Meßwerte von [6] für C_p durch von [4] berechnete thermodynamische Größen ergänzt, die auf den erwähnten Messungen von Westrum für Temperaturen bis 300°K beruhen:

T in °K	400	800	1200	1600	Lit.
C_p	6.28	9.67	11.2	11.7	[4, 6]
S°	5.148	10.742	14.997	18.305	[4]
$H^\circ - H^\circ_{298.15}$	563	3868	8087	12691	[4]
$-(G^\circ - H^\circ_{298.15})/T$	3.741	5.907	8.258	10.373	[4]

Die von Magnus, Danz [7] gemessenen C_p-Werte zwischen 400 und 900°C, s. auch „Bor" Erg.-Bd., S. 160, stimmen mit denjenigen der Tabelle gut überein, wenn, wie Dworkin u. a. [1] angeben, beachtet wird, daß sich die Angaben von [7] auf 1/2 mol BN beziehen. Mit C_p-Werten von Dworkin u. a. [1] und Magnus, Danz [7] berechnete Daten für $-(G^\circ - H^\circ_0)/T$, $(H^\circ - H^\circ_0)/T$, S° und $H^\circ - H^\circ_0$ zwischen 50 und 1300°K s. bei [8]. Zwischen 298 und 1200°K lassen sich C_p und $H^\circ - H^\circ_{298.15}$ durch die Beziehungen $C_p = 3.64 + 7.24 \times 10^{-3}T$ und $H^\circ - H^\circ_{298.15} = -1380 + 3.64T + 3.62 \times 10^{-3}T^2$ darstellen [9].

Durch vergleichende Beobachtung der Abkühlungsgeschwindigkeit im „arc-imaging"-Ofen (Vergleichsmaterial ist National Carbon SPK Graphit) bestimmen Prophet, Stull [10] C_p zwischen 1300 und 2200°K. In der folgenden Tabelle nach [4] sind die C_p-Werte durch berechnete thermodynamische Daten ergänzt. Werte in Auswahl:

T in °K	1800	2000	2200
C_p	11.70	11.70	11.70
S°	19.683	20.915	22.031
$H^\circ - H^\circ_{298.15}$	15030	17370	19710
$-(G^\circ - H^\circ_{298.15})/T$	11.333	12.230	13.071

Weitere Angaben bis 3500°K (berechnet mit $C_p = 11.70$) s. Original. Aus C_p-Werten von Dworkin u. a. [1] und McDonald, Stull [6] berechnete Werte für $H^\circ - H^\circ_0$, S°, $-(G^\circ - H^\circ_0)$ und H° zwischen 0 und 6000°K s. bei [11]. **Fig. 1–16**, S. 40, zeigt die von [1, 6, 10] gemessenen C_p-Werte als Funktion der Temperatur, zusammengestellt nach McDonald u. a. [12].

C_p von heißgepreßtem BN, gemessen von [13] zwischen etwa 500 und 2500°K, beträgt beispielsweise bei 530°K 0.370 cal · g⁻¹ · grd⁻¹ (≙ 9.2 cal · mol⁻¹ · grd⁻¹), bei 1650°C 0.455 cal · g⁻¹ · grd⁻¹ (≙ 11.3 cal · mol⁻¹ · grd⁻¹). — C_p für pyrolytisches BN läßt sich zwischen Raumtemperatur und etwa 1200°K wiedergeben durch $C_p = 0.214 + 5.25 \times 10^{-4}T - 2.59 \times 10^{-7}T^2$ cal · g⁻¹ · grd⁻¹ [14].

Literatur zu 1.1.5.1.9

[1] A. S. Dworkin, D. J. Sasmor, E. R. van Artsdalen (J. Chem. Phys. **22** [1954] 837/42). — [2] A. S. Dworkin, D. J. Sasmor, E. R. van Artsdalen (J. Chem. Phys. **21** [1953] 954/5). — [3] E. F. Westrum (Thermodynamic and Transport Properties of Gases, Liquids, Solids, New York – Toronto – London 1959, S. 275/81). — [4] D. R. Stull, H. Prophet (JANAF Thermochemical Tables, 2nd Edition, NSRDS-NBS 37 [1971]). — [5] C. R. Fuget, J. F. Masi (U.S. At. Energy Comm. CCC-1024-TR-263 [1957] 1/23, 6).

[6] R. A. McDonald, D. R. Stull (J. Phys. Chem. **65** [1961] 1918). — [7] A. Magnus, H. Danz (Ann. Physik [4] **81** [1926] 407/24). — [8] W. H. Evans, D. D. Wagman, E. J. Prosen (Natl. Bur. Std. [U.S.] Rept. Nr. 6252 [1958]). — [9] C. E. Wicks, F. E. Block (U.S. Bur. Mines Bull. Nr. 605 [1963] 23). — [10] H. Prophet, D. R. Stull (J. Chem. Eng. Data **8** [1963] 78/81).

[11] B. J. McBride, S, Heimel, J. G. Ehlers, S. Gordon (NASA Doc. N 63-23715 [1963] 1/332, 121; C.A. **60** [1964] 8707). — [12] R. A. McDonald, F. L. Oetting, H. Prophet (Proc. 1st Meeting Interagency Chem. Rocket Propulsion Group Thermochem., New Yoek 1963, Bd. 1, S. 213/45; C.A. **62** [1965] 71). — [13] Southern Research Institute (ASD-TDR-62-765 [1963] 1/420, 116, 259). — [14] M. Basche, D. Schiff (Mater. Design Eng. **59** Nr. 2 [1964] 78/81).

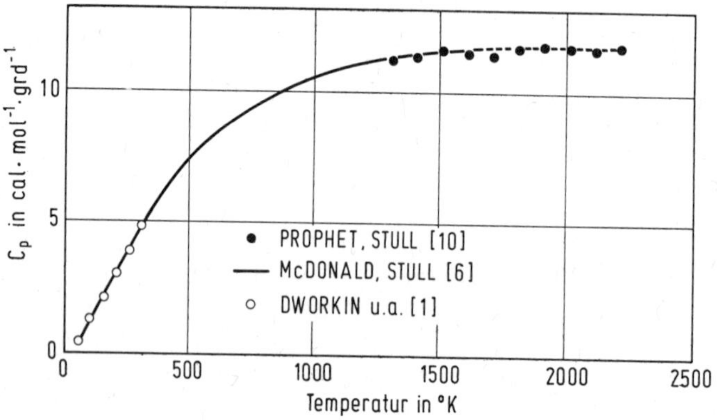

Fig. 1–16

Wärmekapazität von hexagonalem BN.

Debye Temperature

1.1.5.1.10 Charakteristische Temperatur Θ

Die Proportionalität von C_v mit T^2 (s. S. 38) ist nach Ansicht von Dworkin u.a. [1] bedingt durch die ausgeprägte Schichtstruktur, die hexagonales BN zu einem quasi-zweidimensionalen Kristall macht. In Anlehnung an Berechnungen von Krumhansl, Brooks [2], die sich auf die Analyse von Gitterschwingungen des Graphits stützen, läßt sich C_v bei niedrigen Temperaturen beschreiben durch $C_v = 14.4\ a R\ (T^2/\Theta_2^2)$. (a = Zahl der Atome je „Molekül" = 2 für BN, Θ_2 = zweidimensionale charakteristische Temperatur vom Debye-Typ). Θ_2 ist bis etwa 66°K konstant 598° ± 7°K [1]. Aus der Neigung der Kurve des logarithmischen Verhältnisses von gemessenen und berechneten Intensitäten für 00l-Reflexionen gegen l^2 ergibt sich nach Pease [3] Θ = 410°K für Gitterschwingungen längs der c-Achse in Analogie zu Untersuchungen von Bacon [4] an Graphit. Die Messung des Verhältnisses F_{006}/F_{004} bei 300°C bestätigt die obige Angabe [3]. Der Wert Θ = 2600 ± 100°K in JANAF Thermochemical Tables [5] dürfte sich auf Gitterschwingungen parallel zu den Schichtebenen beziehen.

Literatur zu 1.1.5.1.10

[1] A. S. Dworkin, D. J. Sasmor, E. R. van Artsdalen (J. Chem. Phys. **22** [1954] 837/42). — [2] J. Krumhansl, H. Brooks (J. Chem. Phys. **21** [1953] 1663/9). — [3] R. S. Pease (Acta Cryst. **5** [1952] 356/61). — [4] G. E. Bacon (Nature **166** [1950] 794). — [5] D. R. Stull, H. Prophet (JANAF Thermochemical Tables, 2nd Edition, NSRDS-NBS 37 [1971]).

Thermal Conductivity

1.1.5.1.11 Wärmeleitfähigkeit λ in $cal \cdot cm^{-1} \cdot s^{-1} \cdot grd^{-1}$

Einige der angegebenen Werte sind aus Angaben in $BTU \cdot h^{-1} \cdot ft^{-1} \cdot {}^{\circ}F^{-1}$ mit Umrechnungsfaktor 0.00413 umgerechnet.

BN-Pulver, hergestellt bei hohen Temperaturen aus BCl_3 und NH_3 ist wegen seines geringen Schüttvolumens von etwa 0.1 g/cm³ ein ausgezeichneter Wärmeisolator [1].

Heißgepreßtes BN ist dagegen ein guter Wärmeleiter. Seine Wärmeleitfähigkeit ⊥ zur Preßrichtung, $\lambda_\perp$, ist bei 1000°C höher als die irgendeines bekannten elektrischen Isolators [1]. Angaben nach Taylor [2]:

Temperatur in °C	300	500	700	900	1000
$\lambda_\parallel$	0.036	0.034	0.032	0.030	0.029
$\lambda_\perp$	0.069	0.067	0.065	0.063	0.064

Praktisch identische Werte für $\lambda_\perp$ bei 300, 700 und 1000°C s. bei [3]. $\lambda_\perp$ nach Fredrickson, Redanz [4]:

Temperatur in °C	538	815	1093	1371	1650
$\lambda_\perp$	0.077	0.048	0.042	0.034	0.026

Bei 50°C ist $\lambda_{\parallel}$ etwa 0.19 J · cm⁻¹ · s⁻¹ · grd⁻¹. $\lambda_\perp$ ist um etwa 75% größer, also ca. 0.33 J · cm^{-1} · s^{-1} · grd^{-1} (Werte aus Kurve abgelesen). $\lambda_{\parallel}$ und $\lambda_\perp$ steigen bis 250°C leicht mit der Temperatur an [5].

Pyrolytisches BN. Die Angaben λ_a und λ_c (Wärmeleitfähigkeit in der a- und c-Richtung) entsprechen den Angaben $\lambda_\perp$ und $\lambda_{\parallel}$ bei heißgepreßtem BN. λ_a ist nach [6, 7, 8] in einem größeren Temperaturbereich praktisch konstant:

Temperaturbereich in °C .	− 18 bis > 400	Raumtemperatur bis 760	Raumtemperatur bis 760
λ_a	0.15	0.25	0.5
Lit.	[6]	[7]	[8]

$\lambda_a = 1.8$ bei 100°C nach [9]. $\lambda_a = 0.19$ bei 200°C und 0.17 bei 845°C [10].

Angaben für λ_c bei verschiedenen Temperaturen:

Temperatur in °C	0	15	100	760	800
λ_c	0.0035	0.0017	0.0041	0.0025	0.007
Lit.	[6]	[7]	[9]	[7]	[6]

Bei tiefen Temperaturen (20 bis 50°K) ähnelt die thermische Leitfähigkeit derjenigen von Graphit. Für pyrolytisches Material ist sie (wie C_p) proportional T^2. Für polykristallines Material ist die Wärmeleitfähigkeit proportional einer höheren Potenz von T [11].

BN-Fasern haben eine Wärmeleitfähigkeit von 0.071 [12].

Literatur zu 1.1.5.1.11

[1] T. A. Ingles, P. Popper (in: P. Popper, Special Ceramics, London 1960, 144/67, 160). — [2] K. M. Taylor (Ind. Eng. Chem. **47** [1955] 2506/9). — [3] J. Economy, R. V. Anderson (J. Polymer Sci. **C 19** [1967] 283/97). — [4] J. Fredrickson, W. H. Redanz (Metal Progr. **87** Nr. 2 [1965] 97/101). — [5] R. W. Powell, R. P. Tye (in: P. Popper, Special Ceramics 1962, London – New York [1963] 261/80, 261/3).

[6] M. Basche, D. Schiff (Mater. Design Eng. **59** Nr. 2 [1964] 78/81). — [7] D. Schiff (Mater. Sci. Technol. Advan. Appl. **1962** 236/66, 264). — [8] R. G. Bourdeau (Mater. Design Eng. **56** Nr. 2 [1962] 106/9). — [9] S. Sklarew, M. J. Albom (Metal Progr. **87** Nr. 2 [1965] 102/4). — [10] P. C. Li, A. J. Capriulo, M. P. Lepie (A 65-10372 [1964] 1/21; C.A. **63** [1965] 1367).

[11] J. T. Meers, J. C. Bowman (Bull. Am. Phys. Soc. [2] **2** [1957] 137/8). — [12] C. Z. Carroll-Porczynski (Advanced Materials Refractory Fibers, Fibrous Metals, Composites, 2. Aufl., New York 1969, S. 1/382, 288).

1.1.5.2 Kubisches BN

Cubic BN

1.1.5.2.1 Dichte D in g/cm³

Density

Aus der Gitterkonstante a berechnete Dichte $D_x = 3.47$, die gemessene ist $D = 3.45$ [1]. Nach eigenen Messungen bestimmen Vereshchagin u.a. [2] D_x zu 3.50. $D_x = 3.48 \pm 0.03$ nach [3].

Literatur zu 1.1.5.2.1

[1] R. H. Wentorf (J. Chem. Phys. **26** [1957] 956). — [2] L. F. Vereshchagin, E. V. Zubova, L. N. Burenkova, N. I. Revin (Dokl. Akad. Nauk SSSR **178** [1968] 72/3). — [3] F. P. Bundy, R. H. Wentorf (J. Chem. Phys. **38** [1963] 1144/9).

1.1.5.2.2 Thermische Ausdehnung α

Thermal Expansion

$\alpha \approx 3.5 \times 10^{-6}$ grd^{-1} zwischen 0 und 400°C nach P. J. Gielisse, S. S. Mitra, J. N. Plendl, R. D. Griffis, L. C. Mansur, R. Marshall, E. A. Pascoe (Phys. Rev. [2] **155** [1967] 1039/46, 1045).

1.1.5.2.3 Elastischer Modul c_{11}

Elastic Modulus

Aus einer von Keyes [1] entwickelten Beziehung zwischen den elastischen Konstanten von Kristallen mit Zinkblendenstruktur und der Gitterkonstante ergibt sich $c_{11} = 7.12 \times 10^{12}$ dyn/cm² bei Raumtemperatur, Steigmeier [2].

Literatur zu 1.1.5.2.3

[1] R. W. Keyes (J. Appl. Phys. **33** [1962] 3371/2). — [2] E. F. Steigmeier (Appl. Phys. Letters **3** [1963] 6/8).

Compressibility

1.1.5.2.4 Kompressibilität ϰ in 10^{-12} cm^2/dyn

Experimentelle Daten für ϰ sind nicht vorhanden. Nach Gielisse u. a. [1] kann ϰ nach einer Beziehung von Szigeti [2] zu 0.235 berechnet werden. Aus der von Brout entwickelten Summenregel ergibt sich bei ihrer Anwendung auf Zinkblendenstruktur (vgl. auch [3]) ϰ = 0.204 [1]. Aus einer von [4] entwickelten Beziehung zwischen Θ_D (s. S. 43) und ϰ wird ϰ = 0.246 erhalten, aus einer Beziehung zwischen der Frequenz des „center of gravity" (ν_{ctr} = 1175 cm^{-1}) und den elastischen Konstanten von Festkörpern nach [5] ϰ = 0.24 und aus einem Ausdruck von [6], der ϰ mit der Kohäsionsenergie und dem Molvolumen verknüpft, ϰ = 0.37 [1].

Literatur zu 1.1.5.2.4

[1] P. J. Gielisse, S. S. Mitra, J. N. Plendl, R. D. Griffis, L. C. Mansur, R. Marshall, E. A. Pascoe (Phys. Rev. [2] **155** [1967] 1039/46, 1046). — [2] B. Szigeti (Proc. Roy. Soc. [London] A **204** [1951] 52/62). — [3] S. S. Mitra, R. Marshall (J. Chem. Phys. **41** [1964] 3158/64). — [4] S. S. Mitra, S. K. Joshi (Physica **27** [1961] 376/80). — [5] J. N. Plendl, P. J. Gielisse (Appl. Opt. **4** [1965] 853/6).

[6] J. N. Plendl, S. S. Mitra, P. J. Gielisse (Phys. Status Solidi **12** [1965] 367/74).

Hardness

1.1.5.2.5 Härte

Die Härte von BN sollte etwas geringer sein als diejenige des Diamanten, da das statistische Gewicht der nicht in sp^3-Hybridbindungen lokalisierten Elektronen, die zu einer Auflockerung des Gitters führen, etwas höher ist als im Diamant [1]. Diamant und BN haben etwa identische Härtewerte, da BN Diamant ritzt und von diesem geritzt wird [2]. Ein abgemessener Diamant wird von BN-Pulver mindestens so schnell weggemahlen wie von vergleichbarem Diamantpulver. Einige Diamantbruchstücke konnten von in Epoxidharz eingebetteten BN-Kristallen zerbrochen werden, ohne die BN-Oberfläche zu verändern, andere zerkratzten sie [3].

Bei logarithmischer Auftragung der Knoop-Mikrohärte H_E in kg/mm^2 von Elementen der IV. Gruppe bzw. von III-V-Verbindungen gegen die jeweiligen zwischenatomaren Abstände wird mit einem B–N-Abstand von 1.57 Å H_E zu etwa 7000 abgeschätzt [4]. An polierten Schnitten von Bereichen mit Wiederholungszwillingen, die zahlreiche Verunreinigungseinschlüsse zeigen, wurden bei Bestimmung mit einem Vickers-Indenter unter 100 g Belastung H_E-Werte zwischen 7300 bis 10000 gemessen. Der häufigste Wert liegt bei 8500 bis 8600 [5]. — Beim Vickersschen Pyramidentest hat BN fast die gleichen H_E-Werte wie Diamant, nämlich solche zwischen 7000 bis 10000 [6]. H_E liegt zwischen 8000 und 10000 [7]. H_E = 4700 [8].

Auf der kombinierten Mohs-Wooddell-Skala (näheres s. „Kohlenstoff" B 1, S. 283), auf der die Härte von Korund bei 9 und die des Diamanten bei 42.5 liegt, wird BN der Wert von etwa 19 zugeschrieben [9]. Nach [8] ist die Härte des BN auf dieser Skala 18.5.

Literatur zu 1.1.5.2.5

[1] G. V. Samsonov, V. V. Stasovskaya, V. K. Kazakov (Poroshkovaya Met. Akad. Nauk Ukr. SSR **8** [1968] 37/41; Soviet Powder Met. **1968** 189/92). — [2] R. H. Wentorf (J. Chem. Phys. **26** [1957] 956). — [3] R. H. Wentorf (16th Intern. Congr. Pure Appl. Chem., Paris 1957 [1958], Sect. Inorg. Chem., S. 535/7). — [4] S. N. Ruddlesden (in: P. Popper, Special Ceramics, London 1960, 3/25, 8). — [5] N. E. Filonenko, V. I. Ivanov, L. I. Fel'dgun (Dokl. Akad. Nauk SSSR **164** [1965] 1286/7; Soviet Phys.–Dokl. **10** [1965/66] 899/900).

[6] R. Thompson (Endeavour **29** [1970] 34/38, 37). — [7] Anonym (Finish **15** Nr. 10 [1968] 316). — [8] Anonym (Chem. Eng. News **47** Nr. 27 [1969] 10/1). — [9] J. N. Plendl, P. J. Gielisse (Phys. Rev. [2] **125** [1962] 828/32, 829).

Heat Capacity. Thermodynamic Functions

1.1.5.2.6 Wärmekapazität, Thermodynamische Funktionen

Molare Wärmekapazität C_p in cal · mol^{-1} · grd^{-1}, Enthalpie H in cal · mol^{-1}, Entropie S in cal · mol^{-1} · $°K^{-1}$.

Das zur Bestimmung von $H^\circ - H^\circ_{298.16}$ von Mezaki u. a. [1] benutzte kubische BN enthielt, wie Röntgenbeugungsuntersuchungen zeigen, einen gewissen Anteil hexagonales BN, so daß die Meßergebnisse mehr qualitativen Charakter haben. Ein Vergleich der Werte der folgenden Tabelle mit denjenigen von McDonald, Stull [2] für hexagonales BN, s. S. 39, zeigt, daß die thermischen Eigenschaften der beiden Modifikationen etwa gleich sind. Werte nach [1] in Auswahl:

Temperatur in °K	298.16	500	800	1200
$H^\circ - H^\circ_{298.16}$	0	1173	3877	8297
C_p	2.95	7.66	10.06	11.94
$S^\circ - S^\circ_{298.16}$	0	2.90	7.10	11.55

Aus Meßwerten von [1] wird von [3] der Ausdruck $C_p = 8.10 + 3.52 \times 10^{-3}T - 5.51 \times 10^5 T^{-2}$ für C_p zwischen 298 und 1200°K abgeleitet.

Literatur zu 1.1.5.2.6

[1] R. Mezaki, E. W. Tilleux, D. W. Barnes, J. L. Margrave (Thermodyn. Nucl. Mater. Proc. Symp., Vienna 1962 [1963], S. 775/88; C.A. **63** [1965] 332). — [2] R. A. McDonald, D. R. Stull (J. Phys. Chem. **65** [1961] 1918). — [3] O. Kubaschewski, E. L. Evans, C. B. Alcock (Metallurgical Thermochemistry, 4. Aufl., London 1967).

1.1.5.2.7 Charakteristische Temperatur Θ_D

Debye Temperature

Mit der elastischen Konstante c_{11}, s. S. 41, wird von Steigmeier [1] Θ_D nach einer Beziehung von Marcus, Kennedy [2] zu etwa 1900°K bei 0°K abgeschätzt. Wie von [3] gezeigt, läßt sich Θ_D aus der Frequenz des „center of gravity" (ν_{ctr}) nach $\nu_{ctr} = k/h \cdot \Theta_D$ berechnen. Mit $\nu_{ctr} = 1175\ cm^{-1}$ für BN ergibt sich Θ_D zu 1700°K [4].

Literatur zu 1.1.5.2.7

[1] E. F. Steigmeier (Appl. Phys. Letters **3** [1963] 6/8). — [2] P. M. Marcus, A. J. Kennedy (Phys. Rev. [2] **114** [1959] 459/67). — [3] J. N. Plendl (Phys. Rev. [2] **119** [1960] 1598/1603). — [4] P. J. Gielisse, S. S. Mitra, J. N. Plendl, R. D. Griffis, L. C. Mansur, R. Marshall, E. A. Pascoe (Phys. Rev. [2] **155** [1967] 1039/46, 1045/6).

1.1.5.2.8 Wärmeleitfähigkeit λ

Thermal Conductivity

Da kubisches BN nicht in genügend großen Kristallen erhalten werden kann, wird λ an BN-Pulvern verschiedener Porosität im Vakuum von 10^{-2} Torr und unter He gemessen. Extrapolation auf die Porosität Null führt unter der Annahme, daß λ_{He} und λ_{BN} sich additiv zusammensetzen, und unter Berücksichtigung des Wärmeübergangs zwischen den Partikeln zu $\lambda_{BN} \approx 90 - 0.1\,t$ (in $W \cdot m^{-1} \cdot grd^{-1}$) für $100 \leq t \leq 700$°C, F. F. Lezhenin, T. D. Ositinskaya, A. S. Vishnevskii (Poroshkovaya Met. Akad. Nauk Ukr.SSR **11** Nr. 9 [1969] 57/60; Soviet Powder Met. **1969** 911/3).

1.1.6 Magnetische und elektrische Eigenschaften

Magnetic and Electrical Properties

1.1.6.1 Hexagonales BN

Hexagonal BN

1.1.6.1.1 Spezifische magnetische Suszeptibilität χ in $10^{-6}\ cm^3/g$

Specific Magnetic Suscepti- bility

Für rekristallisiertes BN ist $\chi = -0.4 \pm 0.1$ [1]. $\chi = -0.35 \pm 0.05$, gemessen an pulverförmigem BN (in der Übersetzung fälschlich −3.35). Bestimmung der magnetischen Anisotropie führt zu $\chi_{\parallel} = -0.3 \pm 0.05$ und $\chi_{\perp} = -0.50 \pm 0.1$ (gemessen $\parallel$ bzw. $\perp$ zur BN-Schichtebene) [2].

Literatur zu 1.1.6.1.1

[1] J. K. Dawson, private Mitteilung an R. S. Pease (Acta Cryst. **5** [1952] 356/61, 361). — [2] M. B. Khusidman, V. S. Neshpor (Poroshkovaya Met. Akad. Nauk Ukr.SSR **10** Nr. 8 [1970] 72/7; Soviet Powder Met. **1970** 672/5, 675).

1.1.6.1.2 Dielektrizitätskonstante ε

Dielectric Constant

Heißgepreßtes BN. Bei gewöhnlicher Temperatur wird $\varepsilon = 4.15$ gemessen bei Frequenzen von 10^2 bis 10^8 Hz [1, 2], wobei das elektrische Feld parallel zur Preßrichtung liegt [2]. $\varepsilon = 4.15$ bei 10°C und 10^2 Hz [3]. An zwei Proben wird in guter Übereinstimmung hiermit $\varepsilon = 4.00$ und 4.30 bestimmt [4]. $\varepsilon = 4.78$ bei 5×10^9 Hz (Wert aus Kurve der Temperaturabhängigkeit abgelesen) [5]. Nach vorläufigen Messungen ist ε etwa 4.7 bei 10^3 Hz und 4.6 bei 10^7 Hz (Werte aus Kurve abgelesen) [6]. Mit dem elektrischen Feld $\perp$ zur Preßrichtung wird $\varepsilon = 4.80$ bei 10^{10} Hz gemessen [2].

Temperaturabhängigkeit. Bei niedrigen Frequenzen steigt die DK steil an bei Temperaturen >450°C [7]. Nachfolgende Tabelle gibt Messungen für 400 und 500°C und Frequenzen von 10^2 bis 10^7 Hz wieder, ausgehend vom Raumtemperaturwert $\varepsilon = 4.15$:

Temperatur in °C	Frequenz in Hz 10^2	10^3	10^4	10^6	10^7
400	4.8 [2]	4.4 [2]	—	—	4.3 [2]
500	9.0 [1, 2]	4.8 [2]	4.5 [1]	4.25 [1]	4.3 [2]

Die Werte von [2] sind mit dem elektrischen Feld || zur Preßrichtung gemessen und aus Kurven abgelesen. Bei 10^2 Hz ist $\varepsilon = 4.4$ bei 300°C [3] bzw. 350°C [1], $\varepsilon = 9.0$ bei 500°C [3]. Weitere aus Kurven abgelesene Werte: $\varepsilon = 6.67$ und 4.72, bei 480°C und 10^3 bzw. 10^7 Hz [6], $\varepsilon = 4.88$ bei 1100°C und 5×10^9 Hz [5].

Pyrolytisches BN. Bei Raumtemperatur ergibt sich die optische DK aus IR-Reflexionsmessungen mit linear polarisiertem Licht zu $\varepsilon_\infty = 4.10$ für $\mathfrak{E} \parallel c$ und zu $\varepsilon_\infty = 4.95$ für $\mathfrak{E} \perp c$. Die statische DK wird zu $\varepsilon_0 = 5.09$ ($\mathfrak{E} \parallel c$) und $\varepsilon_0 = 7.04$ ($\mathfrak{E} \perp c$) aus der zugrundegelegten Dispersionsformel für ε unter Benutzung der Werte für ε_∞ berechnet. Aus Kapazitätsmessungen bei 10^6 Hz werden in recht befriedigender Übereinstimmung mit ε_0 die Werte 5.06 ($\mathfrak{E} \parallel c$) und 6.85 ($\mathfrak{E} \perp c$) erhalten [8]. Nach [9] ist für $\mathfrak{E} \parallel c$ dagegen $\varepsilon = 3.4$ bei Raumtemperatur und 10^2 bis 10^{12} Hz. Für $\mathfrak{E} \perp c$ ist bei 4×10^9 Hz [9] bzw. 4.8×10^9 Hz [5] $\varepsilon = 5.12$ zwischen Raumtemperatur und 500°C konstant [9, 5] und steigt dann linear auf 5.215 [5] bzw. 5.24 [9] bei 1300 bzw. 1375°C an.

BN-Filme. Filme von einer Dicke <10 µm, abgeschieden auf Si aus BBr_3 und NH_3 durch Tieftemperaturglimmentladung haben $\varepsilon \approx 4$. Die Meßgenauigkeit ist wegen der Unebenheit der Filme gering [10]. — Bei 10^6 Hz und gewöhnlicher Temperatur ist $\varepsilon = 3.7 \pm 0.3$, gemessen an glasartigen, 800 bis 1800 Å dicken BN-Filmen, aus B_2H_6 und NH_3 bei 800°C auf Si abgeschieden [11]. — Bei 10^5 Hz und gewöhnlicher Temperatur ist $\varepsilon = 3.8 \pm 0.5$, gemessen an einem 3000 bis 6000 Å starken BN-Film aus elektrisch versprühtem B und N_2, abgeschieden auf Si oder SiO_2 [12]. — Aus B-Trichlor-borazin auf Cu bei 900 bis 1000°C abgeschiedene 0.5 µm starke BN-Filme haben bei 10^3 Hz folgende ε-Werte:

t in °C	25	125	175	250
ε	5.7	4.5	4.4	4.4

Für einen auf Mo bei 1400°C abgeschiedenen gleich starken Film ist $\varepsilon = 4.4$ zwischen 25 und 250°C [13].

Literatur zu 1.1.6.1.2

[1] L. Mitchell (Ind. Eng. Chem. **47** [1955] 1956/62, 1959). — [2] K. M. Taylor (Ind. Eng. Chem. **47** [1955] 2506/9, 2508). — [3] G. V. Samsonov (Metallokeram. Mater. Metody Ikh Issled. **1959** 36/9). — [4] T. A. Ingles, P. Popper (in: P. Popper, Special Ceramics, New York 1960, S. 144/67, 162). — [5] W. B. Westphal nach P. C. Li, A. J. Capriulo, M. P. Lepie (A-65-10372 [1964] 1/21; C.A. **63** [1965] 1367).

[6] A. H. Scott, P. Ehrlich, J. F. Richardson (Am. Soc. Testing Mater. Spec. Tech. Publ. Nr. 161 [1954] 3/13, 9). — [7] Anonym (Eng. Mater. Design **2** [1959] 442/4, 444). — [8] R. Geick, C. H. Perry, G. Rupprecht (Phys. Rev. [2] **146** [1966] 543/7, 545/6). — [9] M. Basche, D. Schiff (Mater. Design Eng. **59** Nr. 2 [1964] 78/81). — [10] H. F. Sterling, J. H. Alexander, R. J. Joyce (Proc. 4th Symp. Spec. Ceram. Brit. Ceram. Res. Assoc., Manchester 1967 [1968], S. 139/51, 149; C.A. **70** [1969] Nr. 82031).

[11] M. J. Rand, J. F. Roberts (J. Electrochem. Soc. **115** [1968] 423/9, 427). — [12] A. J. Noreika, M. H. Francombe (J. Vacuum Sci. Technol. **6** [1969] 722/6). — [13] R. R. Haberecht, P. J. Patterson, R. D. Humphries (Natl. Acad. Sci. Natl. Res. Council Publ. Nr. 1238 [1964/65] 50/2).

Dielectric Loss Factor

1.1.6.1.3 Dielektrischer Verlustfaktor tan δ

Allgemeines. Die Abhängigkeit von tan δ von Temperatur und Frequenz ist bei heißgepreßtem BN sehr viel ausgeprägter als bei pyrolytischem BN. Werte von tan δ in der Nähe von 10^{-4} bei Raumtemperatur, die bei pyrolytischem BN schon bei niedrigen Frequenzen (50 Hz) gemessen werden, werden bei heißgepreßtem BN erst bei höheren Frequenzen (etwa 10^4 Hz) erreicht. Bei hohen Frequenzen (etwa 10^8 bis 10^{10} Hz) ist auch bei heißgepreßtem BN die Temperaturabhängigkeit von tan δ bis etwa 600°C nur noch unwesentlich.

Heißgepreßtes BN. Wegen des beachtlichen B_2O_3-Gehalts muß sorgfältig auf Feuchtigkeitsausschluß geachtet werden, s. beispielsweise [1, 4]. — Wie Untersuchungen von Tierney u.a. [2] zeigen, hängt die Größe von tan δ (gemessen bei 60 Hz) entscheidend davon ab, nach welcher Methode käufliches BN heiß (oder auch kalt) gepreßt wird. Werte von tan δ nach [3] s. Tabelle:

Frequenz in Hz	t in °C 25	 350	 500
10^2	0.00103	0.032	1.0
10^4	0.00042	0.0043	0.1
10^6	0.00020	0.0012	0.0056
10^8	0.000095	—	—
10^{10}	0.0003	0.0004	0.0005

Der Wert tanδ = 0.0002 bei Raumtemperatur und 10^6 Hz stimmt mit der Angabe bei [4] überein, ebenso befinden sich die bei [5] berichteten Werte für tanδ, gemessen mit dem elektrischen Feld || zur Preßrichtung, in guter Übereinstimmung mit den Daten der Tabelle. Zwischen Raumtemperatur und 600°C ist tanδ, bei 5×10^9 Hz gemessen, etwa konstant 0.0004 und steigt dann auf 0.01 bei 1160°C an (Werte aus Kurve abgelesen) [6]. — Nach einer Graphik bei [7] (vorläufige Messungen) hat tanδ, gemessen als Funktion der Frequenz zwischen 10^3 und 10^7 Hz, für Temperaturen zwischen 23 und < 290°C ein schwach ausgeprägtes Minimum bei 10^4 bis 10^5 Hz, ist bei 290°C fast frequenzunabhängig etwa 0.01 und fällt bei Temperaturen > 290°C gleichförmig mit wachsender Frequenz.

Gemessen mit dem elektrischen Feld ⊥ zur Preßrichtung ist tanδ bei 10^{10} Hz etwa 0.0003 bei Raumtemperatur und 0.0005 bei 500°C (Werte aus Kurve abgelesen) [5].

Pyrolytisches BN. Werte von tan δ s. Tabelle:

Frequenz in Hz	t in °C 25	 400	 600	 1200	 1375
50	0.00013 [7]	—	0.0018 [7]	—	—
10^4	0.00045 [7]	0.00045 [7]	0.0009 bis 0.0024 [7]	—	—
5×10^4	—	—	0.007 [7]	—	—
4×10^9	—	—	—	—	0.00039 [8]
4.8×10^9	0.00014 [6]	—	—	0.00005 [6]	0.0004 [6]

Die Werte von [6] und [8] wurden mit dem elektrischen Feld ⊥ zur c-Richtung erhalten. Mit dem elektrischen Feld || zur c-Richtung liegt tanδ bei Raumtemperatur und Frequenzen von 10^2 bis 10^{12} Hz bei 0.0001 und darunter [8].

BN-Filme. < 10 μm starke Filme, abgeschieden auf Si aus BBr_3 und NH_3 durch Tieftemperaturglimmentladung haben bei Raumtemperatur und 10^3 Hz tanδ = 0.01 [9]. — Aus B-Trichlor-borazin auf Cu bei 900 bis 1000°C abgeschiedene 0.5 μm starke BN-Filme haben bei 10^3 Hz folgende tanδ-Werte:

t in °C	25	125	175	250
tanδ	0.011	0.0045	0.0056	0.011

Für gleich starke auf Mo bei 1400°C abgeschiedene Filme ist tanδ = 0.003 (25°C, 10^3 Hz) [10].

Literatur zu 1.1.6.1.3

[1] Anonym (Eng. Mater. Design **2** [1959] 442/4, 444). — [2] P. Tierney, D. Lewis, W. Divens, R. N. Wenzel, T. W. Dakin (Natl. Acad. Sci. Natl. Res. Council Publ. Nr. 756 [1959] 57/60). — [3] L. Mitchell (Ind. Eng. Chem. **47** [1955] 1956/62, 1959). — [4] T. A. Ingles, P. Popper (in: P. Popper, Special Ceramics, New York 1960, S. 144/67, 162/3). — [5] K. M. Taylor (Ind. Eng. Chem. **47** [1955] 2506/9).

[6] W. B. Westphal nach P. C. Li, A. J. Capriulo, M. P. Lepie (A-65-10372 [1964] 1/21). — [7] R. E. Stapleton (N-69-14400 [1968] 1/129, V, 33, 61). — [8] M. Basche, D. Schiff (Mater. Design Eng. **59** Nr. 2 [1964] 78/81). — [9] H. F. Sterling, J. H. Alexander, R. J. Joyce (Proc. 4th Symp. Spec. Ceram. Brit. Ceram. Res. Assoc., Manchester 1967 [1968], S. 139/51, 149). — [10] R. R. Haberecht, P. J. Patterson, R. D. Humphries (Natl. Acad. Sci. Natl. Res. Council Publ. Nr. 1238 [1964/65] 50/2).

Breakdown Strength

1.1.6.1.4 Durchschlagsfestigkeit U_d in kV/cm oder V/mil

An pyrolytischem BN wird $U_d = 4000$ V/mil (≙1570 kV/cm) bei Raumtemperatur in c-Richtung gemessen [1]. — $U_d = 10400$ V/mil (≙4100 kV/cm) bei Raumtemperatur und 7000 V/mil (≙2750 kV/cm) bei 600°C, gemessen bei Drucken $< 10^{-6}$ Torr [2].

Glasartige, 800 bis 1800 Å starke BN-Filme, aus B_2H_6 und NH_3 abgeschieden auf Si bei 800 bzw. 600°C, haben $U_d = 6000$ kV/cm bzw. 4000 kV/cm bei „Raumtemperatur". Diese „Raumtemperaturwerte" sind wahrscheinlich wegen der Widerstandserhitzung der Filme durch eine bei diesen auftretende Hochfeldleitfähigkeit (s. S. 49) zu niedrig [3]. — 0.5 μm starke BN-Filme, aus B-Trichlor-borazin auf Cu bei 900 bis 1000°C bzw. auf Mo bei 1400°C abgeschieden, haben bei 25°C U_d-Werte von 3900 V/mil (≙1540 kV/cm) bzw. 5000 V/mil (≙1970 kV/cm). Bei 175°C ist $U_d = 1500$ V/mil (≙590 kV/cm) bzw. 3400 V/mil (≙1340 kV/cm) [4].

Literatur zu 1.1.6.1.4

[1] M. Basche, D. Schiff (Mater. Design Eng. **59** Nr. 2 [1964] 78/81). — [2] R. E. Stapleton (N-69-14400 [1968] 1/129, 36). — [3] M. J. Rand, J. F. Roberts (J. Electrochem. Soc. **115** [1968] 423/9, 427). — [4] R. R. Haberecht, P. J. Patterson, R. D. Humphries (Natl. Acad. Sci. Natl. Res. Council Publ. Nr. 1238 [1964/65] 50/2).

Energy Band Structure

1.1.6.1.5 Energiebandstruktur

Theoretical

1.1.6.1.5.1 Theoretisches

Zweidimensionales BN. Die Hauptmerkmale der Bandstruktur können durch die Betrachtung von zweidimensionalem BN abgeleitet werden, da der Abstand zwischen benachbarten Schichten (3.30 Å) viel größer ist als derjenige zwischen benachbarten B- und N-Atomen innerhalb einer hexagonalen Schicht (1.45 Å), so daß der Einfluß benachbarter Ebenen im Ausweiten jedes Energieniveaus in ein dünnes Band besteht (s. **Fig. 1–17**), was nur geringen Einfluß auf die Form des gesamten Bandes hat. Bei einer analog zu Graphit durchgeführten Berechnung nach der Blochschen Näherung bei fester Bindung (tight-binding approximation) muß im Gegensatz zu Graphit die ungleichmäßige Verteilung der Elektronen wegen der höheren Elektronegativität von N im Vergleich mit B beachtet werden, wodurch das BN-Gitter teilweise ionischen Charakter erhält. Außerdem liegen aufeinander folgende Schichten mit ihren Sechsecken direkt übereinander. Wird die Bindung in BN aufgefaßt als Kombination von lokalisierten σ-Bindungen, die benachbarte B- und N-Atome verbinden, und von π-Orbitalen, die sich über die ganze Folge von B- und N-Atomen verteilen, so sollte ein σ- und ein π-Band vorhanden sein. Die Abschätzung des π-Bandsystems bei Berücksichtigung der Überlappungs- und Resonanzintegrale nur für nächste Nachbarn zeigt, daß das vollständige π-Elektronenband in 2 Unterbänder geteilt ist, deren Abstand (Energielücke E_g) ausschließlich durch die Differenz der Coulomb-Integrale von B und N bestimmt ist und der praktisch nicht verändert wird bei Berücksichtigung zweitnächster Nachbarn oder mehr als einer Schichtebene oder der Verteilung der σ-Bindungen. (Da das niedrigere Unterband vollständig mit π-Elektronen gefüllt ist, ist BN ein Isolator im Gegensatz zu Graphit, bei dem die Differenz der Coulomb-Integrale Null ist und die zwei Unterbänder sich gerade berühren.) Die numerische Abschätzung mit von Roothaan, Mulliken [5] übernommenen Werten für die halbe Differenz der Coulomb-Integrale $\delta = 2.3$ eV und das „reduzierte" Resonanzintegral $\gamma = -2.3$ eV führt zu $E_g = 4.6$ eV und einer Valenzbandbreite von 2.4 eV. Der Einfluß der Energie der σ-Elektronen muß unberücksichtigt bleiben, da mangelhafte Kenntnis über diese Bindungen detaillierte Berechnungen nicht erlaubt. Berechnung der Zustandsdichte der Elektronen für eine einzelne Schichtebene und Abschätzung derselben im dreidimensionalen Kristall s. Original [1]. Ebenfalls nach der tight-binding approximation berechnen Doni, Parravicini [2] $E_g = 5.4$ eV und für die Valenzbandbreite 1.2 eV. Diese Größen werden fast genau auch dann erhalten, wenn die numerische Abschätzung nach [1] mit den von Roothaan, Mulliken [5] alternativ vorgeschlagenen Werten $\delta = 2.7$ eV und $\gamma = -1.8$ eV durchgeführt wird [2].

Dreidimensionales BN. Nach der OPW-Methode (orthogonalized plane waves) wird die Energiebandstruktur entlang der Richtungen Σ, T und Δ der Brillouinschen Zone berechnet, die für hexagonales BN ein reguläres hexagonales Prisma ist, s. **Fig. 1–18**. Da die Elementarzelle aus zwei N- und zwei B-Atomen besteht, sind die Bänder verdoppelt, s. Fig. 1–17. Oberes Valenzband und niedrigstes Leitungsband sind π-Bänder, die Oberkante des Valenzbandes und die Unterkante des Leitungsbandes liegen am Rande der Zone an den Punkten K_6, getrennt durch eine Energielücke von 3.8 eV. Das Valenzband besteht aus 6 Unterbändern, die Breite des p-Valenzbandes beträgt 15.6 eV [3]. Berechnungen von Doni, Parravicini [2] für dreidimensionales BN s. Original.

Eine Abschätzung von E_g aus der Atomisierungswärme (314.6 kcal/mol), der Differenz der Elektronegativitäten ($\Delta X = 1$), der Valenzelektronen und der Gesamtzahl der Elektronen führt mit zwei etwas unterschiedlichen Gleichungen zu Werten von 4.7 bzw. 5.6 eV [4].

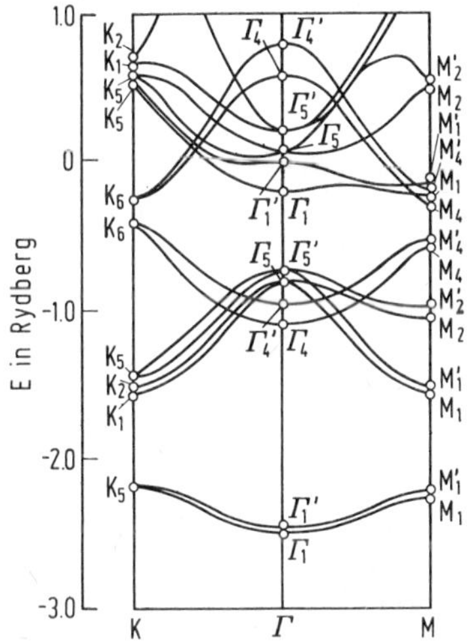

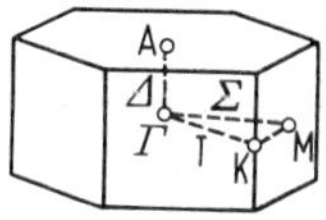

Fig. 1–18

Brillouin-Zone von hexagonalem BN.

Fig. 1–17

Energieband-Struktur von hexagonalem BN.

Zusammenstellung der berechneten E_g-Werte in eV

E_g	4.6	5.4	3.8	4.7 bzw. 5.6
Lit.	[1]	[2]	[3]	[4]

Literatur zu 1.1.6.1.5.1

[1] R. Taylor, C. A. Coulson (Proc. Phys. Soc. [London] A **65** [1952] 834/8). — [2] E. Doni, G. P. Parravicini (Nuovo Cimento [10] B **64** [1969] 117/44, 134). — [3] M. S. Nakhmanson, V. P. Smirnov (Fiz. Tverd. Tela **13** [1971] 905/6; Soviet Phys.–Solid State **13** [1971] 752/3). — [4] B. F. Ormont (Zh. Neorgan. Khim. **5** [1960] 255/63; Russ. J. Inorg. Chem. **5** [1960] 123/7). — [5] C. C. J. Roothaan, R. S. Mulliken (J. Chem. Phys. **16** [1948] 118/22).

1.1.6.1.5.2 Experimentelles *Experimental*

Aus Röntgenspektren. Aus den Messungen der K-Emissions- und Absorptionsröntgenspektren von B und N in hexagonalem BN [1, 2] kann die Energielücke E_g und die Valenzbandbreite bestimmt werden, wenn die relative Lage der jeweiligen Spektren von B und N zueinander bekannt ist [2, 3]. Ausgehend von den K-Emissions- und Absorptionsröntgenspektren von B und N in kubischem BN, bei dem die Energielücke zwischen Emissions- und Absorptionskante für beide Komponenten nahezu gleich ist (s. S. 53), und unter der Annahme, daß sich die Ionogenität der Bindung beim Übergang von der kubischen zur hexagonalen Modifikation nur unwesentlich ändert, werden die Spektren des hexagonalen BN mit ihren Emissionskanten relativ zu denen des kubischen BN angeordnet. Dann ergibt sich $E_g = 4.5 \pm 0.5$ eV und die Valenzbandbreite zu 15.4 ± 0.5 eV [2]. Korrekter kann die relative Lage der K-Emissions- und Absorptionsspektren von B und N zueinander bestimmt werden, nachdem durch Röntgenphotoelektronenspektroskopie (ESCA = Electron Spectroscopy for Chemical Analysis) die Bindungsenergien K (1s) des B (190.6 eV) und des N (398.3 eV) im hexagonalen BN relativ zum Fermi-Niveau von [4] bestimmt worden sind. Die K-Emissions- und Absorptionsröntgenspektren von B und N in BN werden so übereinander gelegt, daß die oben genannten Energien an der Stelle des Fermi-Niveaus des hexagonalen BN zusammenfallen, das im Zentrum der Energielücke liegt und dessen Abstand zur Absorptionskante des Stickstoffs 1.8 eV beträgt. E_g ist danach 3.6 eV, die Breite des Valenzbandes (Abstand von der Spitze des Valenzbandes zur langwelligen Emissionskante des Bor) ergibt sich zu 14.0 eV [3].

Aus der Absorptionskante im UV. Die Absorptionskante eines 0.6 μm starken glasartigen, im wesentlichen amorphen BN-Films, an Quarz bei 800°C in H_2-Atmosphäre aus B_2H_6 und NH_3 abgeschieden, liegt bei etwa 340 μm. Hieraus ergibt sich E_g nach dem Verfahren von Macfarlane-Roberts zu etwa 3.8 eV. Wegen mangelnder Präzision der Absorptionsmessung ist die Angabe jedoch nicht sehr genau [5].

Aus Leitfähigkeitsmessungen. Die Aktivierungsenergie der Leitfähigkeit von pyrolytischem BN (Verunreinigungen 113 ppm) beträgt für T < 1500°K bei 1 und 10 kHz etwa 2.20 eV, für T > 1500°K und 100 kHz etwa 3.79 eV, s. S. 49. Unter der Annahme, daß im letzteren Fall Eigenleitfähigkeit vorliegt, ergäbe sich somit ein E_g-Wert von 7.58 eV [6].

Zusammenstellung der aus Meßdaten berechneten E_g-Werte in eV:

E_g	4.5	3.6	3.8	7.58
Lit.	[2]	[3]	[5]	[6]

Literatur zu 1.1.6.1.5.2

[1] V. A. Fomichev (Izv. Akad. Nauk SSSR Ser. Fiz. **31** [1967] 957/65; Bull. Acad. Sci. USSR Phys. Ser. **31** [1967] 972/9). — [2] V. A. Fomichev, M. A. Rumsh (J. Phys. Chem. Solids **29** [1968] 1015/24). — [3] V. A. Fomichev (Fiz. Tverd. Tela **13** [1971] 907/9; Soviet Phys.–Solid State **13** [1971] 754/6). — [4] K. Hamring, G. Johansson, U. Gelius, C. Nordling, K. Siegbahn (Phys. Scr. **1** [1970] 277/80). — [5] M. J. Rand, J. F. Roberts (J. Electrochem. Soc. **115** [1968] 423/9, 424).

[6] P. S. Schaffer, H. A. Hobbs, R. C. Folweiler (AD-610496 [1964] 1/62, 41/2, 53; C.A. **67** [1967] Nr. 15944).

Electrical Conductivity

1.1.6.1.6 Elektrische Leitfähigkeit

Spezifischer Widerstand ρ in Ω·cm, spezifische Leitfähigkeit ϰ in $\Omega^{-1}\cdot cm^{-1}$.

Die Angabe $\rho_{\parallel press}$ bei heißgepreßtem BN bedeutet, daß der spezifische elektrische Widerstand gemessen wird mit dem elektrischen Feld || zur Preßrichtung. Da sich beim Heißpressen eine gewisse Orientierung der Schichtebenen || zur Oberfläche des Preßkörpers einstellt, ist $\rho_{\parallel press}$ vergleichbar mit ρ_c bei pyrolytischem BN, dem in Richtung der c-Achse gemessenen Widerstand. Der Widerstand in der Richtung ⊥ dazu wird als ρ_a bezeichnet.

Fig. 1–19 gibt eine Übersicht über die Temperaturabhängigkeit des spezifischen elektrischen Widerstandes von verschieden hergestellten BN-Körpern. Reines BN (Kurve A) ist durch 4stündiges Tempern bei 1800°C in N_2 von heißgepreßtem „900°C-BN" (s. S. 33) hergestellt. Das heißgepreßte „900°C-BN" (Kurve B) enthält noch etwa 12% B_2O_3. Sein spezifischer Widerstand ist $\rho = 1.8\times10^{10}$ bei 500°C (s. Fig. 19). Er steigt auf 2.0×10^{11} nach halbstündigem Tempern bei 1400°C im Vakuum [1]. Das heißgepreßte BN der Kurve C enthält etwa 2.4% B_2O_3 neben 0.25% SiO_2, 0.15% Al_2O_3, 0.08% C [2]. Mit denen von [2] identische Werte für 25, 500 und 1000°C werden bei [3] angegeben. Um Kurve C streuende Werte s. bei [4]. Bei [3, 4] wird keine Angabe über die Richtung des elektrischen Feldes gemacht. Bei 0, 20, 50 bzw. 90% relativer Feuchtigkeit sinkt $\rho_{\parallel press}$ bei Raumtemperatur von 1.7×10^{13} auf 1×10^{12}, 7×10^{10} bzw. 5×10^{9} [2]. — Für heißgepreßtes BN mit maximal 3.9% Sauerstoff, maximal 0.4% C und maximal 0.05% anderen Verunreinigungen ist bei Raumtemperatur $\rho > 10^{13}$, bei 2000°C $\rho = 10^{2}$ [5]. Das heißgepreßte BN der Kurve D ist nicht näher definiert. Bei 2260°C wurde bei 2 Messungen ein spezifischer Widerstand von 0.652 bzw. 1.74 gemessen. Danach zeigte die blasig gewordene Probe Sprünge [6].

Die Messungen an pyrolytischem BN (Kurve E) wurden bei Drucken $<10^{-6}$ Torr durchgeführt [7]. Messung von ρ_c bzw. ρ_a (Kurve F bzw. G) an pyrolytischem BN s. [8, 9]. ρ_c beträgt nach [10] bei Raumtemperatur etwa 10^{15} bei 1100°C etwa 10^{8}.

Die BN-Filme (0.5 μm stark) auf Cu (Kurve H) und Mo (Kurve I) sind hergestellt durch thermische Zersetzung von B-Trichlor-borazin bei 900 bis 1000°C (Cu) bzw. 1400°C (Mo). Die Temperaturabhängigkeit des Widerstandes liefert für jeden Film eine Aktivierungsenergie, nämlich 1.26 eV für BN auf Cu und 2.44 eV für BN auf Mo. Verursacht wird die Leitfähigkeit wahrscheinlich durch „Verunreinigungsionen" [11]. $\rho \geqq 10^{14}$ bei Raumtemperatur und etwa 10^{12} bei 200°C, gemessen an 500 bis 4000 Å starken glasartigen BN-Filmen, aus B_2H_6 und NH_3 abgeschieden bei 600 oder 800°C auf Si. Über die nicht-Ohmsche Hochfeldleitfähigkeit dieser Filme siehe weiter unten [12].

Über den Widerstand von BN-Fasern (Kurve K) siehe [13].

Die spezifische Leitfähigkeit, gemessen an käuflichem BN bei 65°C, liegt bei 5×10^{-15} und ändert sich nicht bei Elektronenbeschuß mit 2 bis 4×10^4 rad/h [14]. — Die Leitfähigkeit von pyrolytischem BN (Verunreinigungen 113 ppm) senkrecht zur c-Achse unter 1 atm Ar wird mit Hilfe eines „Bogenbildofensystems" zwischen 1200 und 1900°K bei 1, 10 und 100 kHz gemessen. Werte in Auswahl nach [15]:

Frequenz in kHz	T in °K 1200	1400	1600	1800	1900
1	9.80×10^{-9}	9.66×10^{-8}	1.70×10^{-6}	—	—
10	—	1.17×10^{-8}	1.93×10^{-6}	3.38×10^{-5}	—
100	—	—	1.88×10^{-6}	4.46×10^{-5}	1.40×10^{-4}

Die Aktivierungsenergien ergeben sich für T < 1500°K zu etwa 2.20 eV, für T > 1500°K zu etwa 3.79 eV. Es wird vermutet, daß für T > 1500°K Eigenleitfähigkeit vorliegt. — Geschmolzenes BN leitet die Elektrizität etwa ebenso gut wie Graphit [16]. — BN ist bei Temperaturen ≧ 1.28°K nicht supraleitend [17].

Bei Feldstärken $\gtrapprox 10^5$ V/cm wird an 500 bis 4000 Å starken BN-Filmen auf Si (s. S. 46) die Ohmsche Leitfähigkeit stufenweise durch eine nicht-Ohmsche Hochfeldleitfähigkeit ersetzt, die zu beschreiben ist durch $J \sim E^n$, wobei J = Stromdichte, E = Feldstärke, n = 13 bis 15. Der Übergang ist

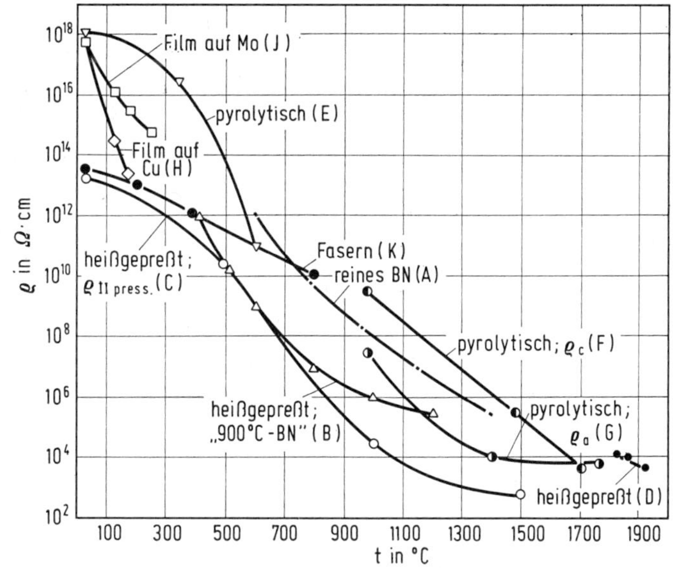

Fig. 1–19

Temperaturabhängigkeit des spezifischen elektrischen Widerstands verschiedener BN-Formen.

für Filme, die bei 600°C abgeschieden sind (600°C-Filme), allmählicher und erfolgt bei niedrigeren Feldstärken als bei 800°C-Filmen. Bei einer gegebenen Feldstärke ist die Hochfeldleitfähigkeit von 600°C-Filmen etwa 10^4mal größer als die von 800°C-Filmen. Von den Autoren wird ein Frenkel-Poole-Leitungsmechanismus für wahrscheinlich angesehen, Diskussion s. Original [12].

Literatur zu 1.1.6.1.6

[1] T. A. Ingles, P. Popper (in: P. Popper, Special Ceramics, New York 1960, S. 144/67, 161/3). — [2] K. M. Taylor (Ind. Eng. Chem. **47** [1955] 2506/9, 2508). — [3] L. Mitchell (Ind. Eng. Chem. **47** [1955] 1956/62, 1959). — [4] Anonym (Eng. Mater. Design **2** [1959] 442/4). — [5] J. Fredrickson, W. H. Redanz (Metal Progr. **87** Nr. 2 [1965] 97/101).

[6] Southern Research Institute (ASD-TDR-62-765 [1963] 420 S., 369). — [7] R. E. Stapleton (N-69-14400 [1968] 1/129, 60). — [8] M. Basche, D. Schiff (Mater. Design Eng. **59** Nr. 2 [1964] 78/81). — [9] Union Carbide Corporation (Tech. Inform. Bull. Nr. 713-2041a [1972] 1/12, 3, 9). — [10] P. C. Li, A. J. Capriulo, M. P. Lepie (A-65-10372 [1964] 1/21; C.A. **63** [1965] 1337).

[11] R. R. Haberecht, P. J. Patterson, R. D. Humphries (Natl. Acad. Sci. Natl. Res. Council Publ. Nr. 1238 [1964/65] 50/2). — [12] M. J. Rand, J. F. Roberts (J. Electrochem. Soc. **115** [1968] 423/9, 427). — [13] J. Economy, R. V. Anderson (Textile Res. J. **36** [1966] 994/1003, 997). — [14] H. Bradley, A. P. Pinkerton, S. Grand (NP-9333 (Vol. 1) (Paper 3) [1959] 1/24; N.S.A. **15** [1961] Nr. 5423). — [15] P. S. Schaffer, H. A. Hobbs, R. C. Folweiler (AD-610496 [1964] 1/62, 41/2; C.A. **67** [1967] Nr. 15944). — [16] R. H. Wentorf (J. Phys. Chem. **63** [1959] 1934/40, 1938). — [17] B. T. Matthias, J. K. Hulm (Phys. Rev. [2] **87** [1952] 799/806, 804).

Thermo-electric Force

1.1.6.1.7 Thermokraft

Differentielle Thermokraft dE/dt in mV/grd. Integrale Thermokraft E in mV.

In **Fig. 1–20** ist die differentielle Thermokraft von heißgepreßtem BN zwischen ATJ-Graphit (feinkörniger Graphit von besonderer Festigkeit, Hersteller Union Carbide) wiedergegeben, wobei die gemessene Spannungsdifferenz ΔV in mV, dividiert durch die Temperaturdifferenz zwischen den Berührungsstellen BN/ATJ-Graphit, aufgetragen ist gegen die mittlere Probentemperatur in °C. Durch

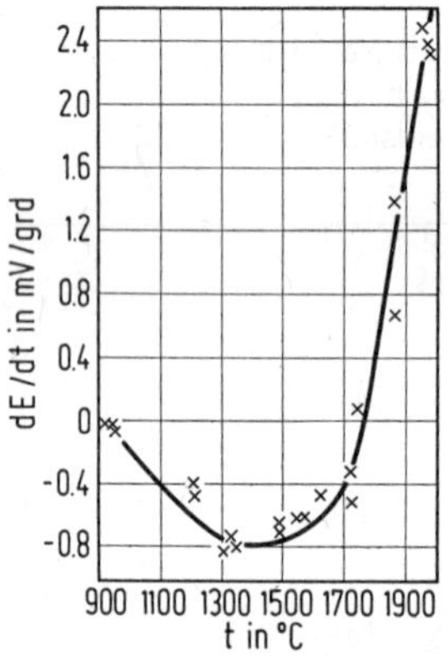

Fig. 1–20

Differentielle Thermokraft von hexagonalem BN gegen ATJ-Graphit.

Integration dieser Kurve (Nullspannung wird bei 1650°C angenommen) wird die Temperaturabhängigkeit der integralen Thermokraft E erhalten. Folgende Tabelle enthält einige aus der Kurve abgelesene Werte für E:

t in °C	815	1100	1370	1650	1760	1830	1930
E	340	310	190	0	−40	0	100

Southern Research Institute (ASD-TDR-62-765 [1963] 420 S., 199, 405).

Thermal Electron Emission

1.1.6.1.8 Thermische Elektronenemission

Elektrophoretisch auf einen W-Draht aufgebrachtes BN verdampft bereits bei Temperaturen, die niedrige Emission zeigen. Bei 1700°C wird eine Emission von etwa 50 mA/cm² gemessen, D. L. Goldwater, R. E. Haddad (J. Appl. Phys. **22** [1951] 70/3).

Cubic BN

1.1.6.2 Kubisches BN

Specific Magnetic Susceptibility

1.1.6.2.1 Spezifische magnetische Suszeptibilität χ in 10^{-6} cm³/g

$\chi = -0.3 \pm 0.1$, M. B. Khusidman, V. S. Neshpor (Poroshkovaya Met. Akad. Nauk Ukr.SSR **10** Nr. 8 [1970] 72/7; Soviet Powder Met. **1970** 672/5, 675).

Dielectric Constant

1.1.6.2.2 Dielektrizitätskonstante ε

Durch Analyse nach der klassischen Oszillatortheorie des bei gewöhnlicher Temperatur gemessenen Infrarotreflexionsspektrums an BN-Proben, die durch Zusammenpressen vieler Kristallite bei hohen Temperaturen und Drucken erhalten werden, s. S. 64, ergibt sich die optische DK zu $\varepsilon_\infty = 4.5$, die statische DK nach $\varepsilon_0 = \varepsilon_\infty + 4\pi\rho$ mit $4\pi\rho = 2.6$ (Resonanzstärke) zu $\varepsilon_0 = 7.1$. Aus der Brechungszahl $n = 2.117$ bei $\lambda = 0.5893$ µm ergibt sich nach $\varepsilon_\infty = n^2$ der Wert $\varepsilon_\infty \approx 4.48$, P. J. Gielisse, S. S. Mitra, J. N. Plendl, R. D. Griffis, L. C. Mansur, R. Marshall, E. A. Pascoe (Phys. Rev. [2] **155** [1967] 1039/46, 1041/2).

1.1.6.2.3 Piezoelektrizität

Piezo-electricity

Piezoelektrische Konstante $e_{14} = 0.843$ C/m². Elektromechanischer Kopplungskoeffizient $k_{14} = 0.14$ [1]. — Abschätzung des Wertes $e_{pol} = 3^{1/2} e_{14}$ (e_{pol} ist der Beitrag zum gesamtpiezoelektrischen Effekt, der längs der polaren [111]-Achse verursacht wird) mit Hilfe des von Phillips, Van Vechten definierten ionischen Bindungsanteils $f_i^{BN} = 0.256$ (s. beispielsweise [2] und S. 32) führt unter der Annahme, daß das Boratom in der Gleichgewichtslage positiv geladen ist, zum abgeschätzten Wert $e_{pol} = -2.35$ C/m², wenn experimentelle Ergebnisse an anderen III-V-Verbindungen zur Extrapolation herangezogen werden [3].

Literatur zu 1.1.6.2.3

[1] F. Hickernell, M. Medina, nach: M. Neuberger (Handbook of Electronic Materials, Bd. 2, New York – Washington – London 1971, S. 27). — [2] J. C. Phillips, J. A. Van Vechten (Phys. Rev. Letters **22** [1969] 705/8). — [3] J. C. Phillips, J. A. Van Vechten (Phys. Rev. Letters **23** [1969] 1115/7).

1.1.6.2.4 Energiebändermodell und Breite der verbotenen Zone

Energy Band Model and Width of Forbidden Zone

1.1.6.2.4.1 Theoretische Herleitung der Valenz- und Leitungsbänder

Theoretical Derivation of Valence and Conduction Bands

Ausgehend von der Energiebandstruktur des Diamanten, berechnet nach der „effective potential"-Methode, einer abgeänderten OPW-Methode, vgl. „Kohlenstoff" B 1, S. 293/4, wird die des kubischen BN durch Störungsrechnung 1. Ordnung erhalten. Dabei wird das effektive Kristallpotential im BN in einen symmetrischen, mit dem effektiven Kristallpotential im Diamant identischen Anteil und einen antisymmetrischen aufgespalten, der den Einfluß des heteropolaren Charakters von BN auf das Potential berücksichtigt und der in einer „self-consistent"-Behandlung der Ladungsdichte der Valenzelektronen zum Ausdruck kommt. In **Fig. 1–21** sind die Energiebänder in [100]- und [111]-Richtung (Δ und Λ) als Funktion des reduzierten Wellenvektors dargestellt. (Symmetrieanalyse der

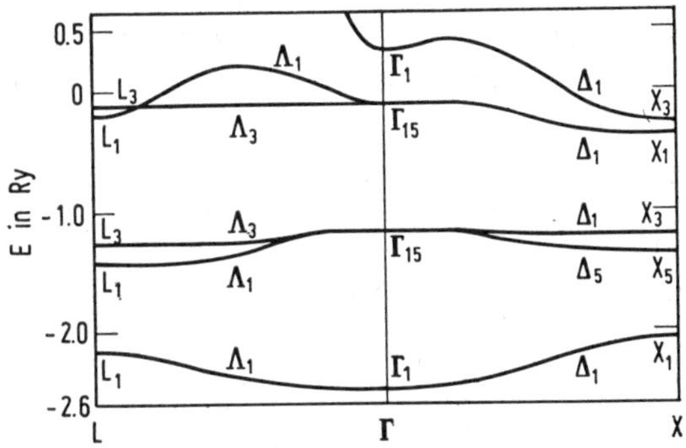

Fig. 1–21

Energiebänder von kubischem BN.

Brillouin-Zone siehe beispielsweise [10]). Das Maximum des Valenzbandes bzw. das Minimum des Leitungsbandes liegt im Zentrum ($\Gamma_{15}^{(1)}$) bzw. an der Kante der Brillouin-Zone ($X_1^{(2)}$). Unter dem Einfluß des heteropolaren Potentials spalten die im Diamant 2–fach entarteten Zustände X_1 in nicht-entartete Zustände auf, wobei die Aufspaltung im Leitungsband sehr viel geringer ist als im Valenzband. Die Breite des Valenzbandes ($\Gamma_1^{(1)} \rightarrow \Gamma_{15}^{(1)}$) ist 18.0 eV. Die Energielücke im Valenzband ist ≈ 10 eV breit [1]. Der niedrigste angeregte Zustand liegt nach [2] ebenfalls bei X.

Alle im folgenden aufgeführten Berechnungen ergeben qualitativ das gleiche Bild wie in Fig. 1–21. Quantitativ ergeben sich jedoch zum Teil größere Abweichungen, s. auch die Tabelle auf S. 52, die die Breite der verbotenen Zone angibt.

Berechnung nach der Methode der „Störung des leeren Gitters", wobei die gemeinsame Wirkung von Kristallpotential und Abstoßungsterm als Störung des Eigenzustandes eines einheitlichen Potentials angesehen wird, führt mit von [1] übernommenen numerischen Daten zu stärkerer Aufspaltung des Leitungsbandes (3.8 eV) bzw. Breite des Valenzbandes (21.4 eV) [3]. Beide Werte betragen 4.75 eV bzw. 23.2 eV bei Berechnung nach der OPW-Methode durch Konstruktion symmetrisierter Kombinationen ebener Wellen (symmetrized combinations of plane waves = SCPW). Ausgegangen wird von Hartree-Fock-Atomrumpfzuständen und einem Kristallpotential, das sich aus den Atompotentialen zusammensetzt, in denen der Wechselwirkungsbeitrag durch die Slatersche Approximation berechnet wird. Die nachträgliche Berücksichtigung des teilweise ionischen Charakters von BN, die zur Änderung des Kristallpotentials und zur Verschiebung der Rumpfatomeigenwerte führt, ergibt keine wesentliche Änderung der Energiebänderstruktur. Berechnungen für B^-N^+ und B^+N^- im Vergleich mit denjenigen für B^0N^0 s. Original [4]. Ebenso sind relativistische Korrekturen an den nach [4] berechneten Symmetriepunkten Γ, X und L unerheblich [5].

Berechnung nach der OPW-Methode ergibt nach [6] für die Breite der zwei Valenzunterbänder 12.2 bzw. 5.2 eV.

Nach der erweiterten Methode der ebenen Wellen (augmented plane wave = APW) berechnen [7] die Energiebänder auch entlang anderer Symmetrierichtungen. Das konstante Durchschnittspotential zwischen den APW-Kugeln wird so gewählt, daß sich für die direkte Bandlücke ($\Gamma_{15}^{(1)} \rightarrow \Gamma_{15}^{(2)}$) ein Wert von ≈ 8.8 eV ergibt. Wegen der vermuteten Ladungsverschiebung in kubischem BN (s. S. 31) wird eine Madelung-Korrektur des Kristallpotentials so gewählt, daß die Zustände $\Gamma_1^{(2)}$ und $\Gamma_{15}^{(2)}$ etwa die von den Autoren [1] und [3] berechneten Größen haben. Für die Aufspaltung des Leitungsbandes ergeben sich dann beispielsweise 3.7 eV, für die Breite des Valenzbandes 17.8 eV. Über den Verlauf der Energiebänder entlang anderer Symmetrieachsen s. Original. Die Valenzbandberechnung nach der Methode der linearen Kombination von Bindungsorbitalen (linear combination of bond orbitals = LCBO), die eine Form der Näherung bei fester Bindung ist (tight-binding approximation) und bei der der Unterschied der Elektronegativitäten von B und N berücksichtigt wird, ergibt eine Valenzbandbreite von nur 12.6 eV [8]. Kritische Gegenüberstellung der von [1, 4, 7] benutzten Methoden s. [9].

Breite der verbotenen Zone E_g in eV. Von den vorgenannten Autoren berechnete Werte für den direkten Übergang $\Gamma_{15}^{(1)} \rightarrow \Gamma_{15}^{(2)}$ (E_{gd}) und für den indirekten $\Gamma_{15}^{(1)} \rightarrow X_1^{(2)}$ (E_{gi}).

E_{gd} in eV	14.3	8.5	7.6	—	8.9
E_{gi} in eV	10.4	6.7	3.4	3.4	7.2
Lit.	[1]	[3]	[4]	[6]	[7]

Literatur zu 1.1.6.2.4.1

[1] L. Kleinman, J. C. Phillips (Phys. Rev. [2] **117** [1960] 460/4). — [2] L. B. Rèdei (Proc. Roy. Soc. [London] A **270** [1962] 383/96, 393/5). — [3] F. Bassani, V. Celli (Phys. Chem. Solids **20** [1961] 64/75, 71). — [4] F. Bassani, M. Yoshimine (Phys. Rev. [2] **130** [1963] 20/33, 27/30). — [5] P. C. Chow, L. Liu (Phys. Rev. [2] **140** [1965] A 1817/26).

[6] V. G. Aleshin, V. P. Smirnov, B. V. Gantsevich (Fiz. Tverd. Tela **10** [1968] 2884/5; Soviet Phys.–Solid State **10** [1968/69] 2282/3). — [7] D. R. Wiff, R. Keown (J. Chem. Phys. **47** [1967] 3113/9). — [8] D. Stocker (Proc. Roy. Soc. [London] A **270** [1962] 397/410). — [9] R. Keown (J. Chem. Phys. **48** [1968] 5741). — [10] R. H. Parmenter (Phys. Rev. [2] **100** [1955] 573/9).

Semi-empirical Derivation

1.1.6.2.4.2 Halbempirische Herleitung

Nach dem dielektrischen Zwei-Band-Modell. Die von Penn [1] für homopolare Kristalle eingeführte durchschnittliche Energielücke E_g, die mit der statischen elektronischen DK verbunden ist durch $\varepsilon_o = 1 + (\hbar\omega_p/E_g)^2 \cdot A$, wobei $\hbar\omega_p$ = Energie des freien Elektronenplasmas und A in der Größenordnung von 1 liegt, kann nach einem von Phillips [2] entwickelten Modell in tetraedrisch gebundenen heteropolaren Kristallen in einen homopolaren Anteil E_h und einen heteropolaren Anteil C gemäß $E_g^2 = E_h^2 + C^2$ aufgespalten werden. E_h entspricht dem symmetrischen Potential in der Elementarzelle, C dem antisymmetrischen Potential. Empirische Bestimmung von E_h und C s. bei Van Vechten [3]. Mit $C^{BN} = 7.71$ eV können die Energien für alle Übergänge zwischen Bändern (E_g^{BN}) aus den entsprechenden Werten für Diamant (E_h^{Dia}) berechnet werden nach $E_g^{BN} = E_h^{Dia} [1 + (C^{BN}/E_h^{Dia})^2]^{1/2}$, wobei E_h^{Dia} aus den für Si angenommenen Werten nach $E_h^{Dia} = E_h^{Si} (d^{Dia}/d^{Si})^s$ (d = Abstand zwischen nächsten Nachbarn, s = empirischer Parameter) erhalten wird. Der absolute Wert für $\Gamma_{15}^{(1)}$, der Spitze des Valenzbandes im Zentrum der Brillouin-Zone, wird durch das Ionisationspotential I festgelegt, das für Diamant (I^{Dia}) durch Extrapolation aus Meßdaten für Si und Ge bestimmt und für BN nach $I^{BN} = I^{Dia} [1 + (C^{BN}/I^{Dia})^2]^{1/2}$ zu $I^{BN} = 11.70$ eV berechnet wird. Die Spitze des Valenzbandes an der Zonenkante in [100]-Richtung X_5 wird unabhängig von C angenommen. Es ergibt sich für $E_{gd} = 10.71$ eV und $E_{gi} = 9.57$ eV. Angaben über weitere Energiegrößen s. Original [4].

Nach der Methode der äquivalenten Orbitale (EO). Die bindenden und antibindenden äquivalenten Orbitale φ^+ und φ^- werden aus den Hybrid-sp^3-Funktionen für B und N (χ_B, χ_N) mit Hilfe des Polaritätsfaktors λ (s. S. 31) berechnet nach $\varphi^+ = (\chi_N + \lambda\chi_B)/(1 + \lambda^2)$ und $\varphi^- = (\lambda\chi_N - \chi_B)/(1 + \lambda^2)$. Die Resonanzintegrale für alle möglichen Arten der Wechselwirkung zwischen den s- und p-Funktionen der B- und N-Atome werden aus den Spektren des Diamanten übernommen. Mit diesen Resonanzintegralen, den korrigierten Coulombtermen (s. S. 31) und einem λ-Wert, der erhalten wird unter der Voraussetzung, daß die effektive Ionenladung (in Bruchteilen einer Elektronenladung) am B- und N-Atom 0.5 beträgt, wird die Valenzbandbreite zu 23.2 eV berechnet [5]. Nach Formeln von [6] wird in [7] $E_{gd} = 9.4$ eV und $E_{gi} = 7.3$ eV erhalten. Über Berechnungen nach der EO-Methode s. auch [8]. Über die Berechnung weiterer Energiebandgrößen s. bei [6], entsprechende Zahlenangaben s. bei [7]. Die Valenzbandbreite der Wurtzitform des BN soll, wie Levin u.a. [9] zeigen, mit der des kubischen BN identisch sein.

Literatur zu 1.1.6.2.4.2

[1] D. R. Penn (Phys. Rev. [2] **128** [1962] 2093/7). — [2] J. C. Phillips (Phys. Rev. Letters **20** [1968] 550/3). — [3] J. A. Van Vechten (Phys. Rev. [2] **182** [1969] 891/905). — [4] J. A. Van Vechten (Phys. Rev. [2] **187** [1969] 1007/20). — [5] A. A. Levin, N. M. Énden, A. A. Dyatkina (Zh. Strukt. Khim. **10** [1969] 1091/7; J. Struct. Chem. [USSR] **10** [1969] 968/73).

[6] A. A. Levin (Zh. Strukt. Khim. **11** [1970] 520/6; J. Struct. Chem. [USSR] **11** [1970] 473/8). — [7] A. A. Levin, A. A. Dyatkina (Zh. Strukt. Khim. **11** [1970] 740/5; J. Struct. Chem. [USSR] **11** [1970] 682/6). — [8] A. A. Levin (Phys. Status Solid **36** [1969] 511/3). — [9] A. A. Levin, Ya. K. Syrkin, M. E. Dyatkina, N. V. Chezhina (Zh. Strukt. Khim. **8** [1967] 1064/74; J. Struct. Chem. [USSR] **8** [1967] 941/9).

1.1.6.2.4.3 Experimentelle Herleitung und Ergebnisse

Experimental Derivation and Results

Aus Röntgenspektren. In den K-Emissions- und Absorptions-Röntgenspektren von B und N in kubischem BN ist der Abstand zwischen Emissions- und Absorptionskante für die beiden Komponenten nahezu gleich, nämlich 6.8 ± 0.5 eV für B und 6.0 ± 0.5 eV für N. Um die Spektren in einem einzigen Energiediagramm zu vereinigen, werden die Zentrallinien der Energielücken zur Deckung gebracht. Dann ergibt sich $E_{gi} = 6.0 \pm 0.5$ eV, die Valenzbandbreite beträgt entweder 15.4 ± 0.5 eV oder etwa 22 eV, je nachdem der langwellige Peak im Emissionsspektrum des B (bei 170.5 eV) als Satellit angesehen oder dem niedrigeren Unterband des Valenzbandes zugeordnet wird [1].

Aus optischen Messungen. Aus IR-Reflexionsmessungen von Gielisse u. a. [2] ergibt sich $E_{gi} = 8.0$ eV [3]. Der bei vorläufigen Reflexionsmessungen auftretende ausgeprägte Peak bei 14.5 eV [4] wurde zunächst dem Übergang $X_5^{(1)} \rightarrow X_1^{(2)}$ zugeordnet, der nach Berechnungen von Kleinmann, Phillips [5] einem Energiewert von 13.3 eV entspricht. Die optischen Spektren anderer III-V-Halbleiter legen jedoch nahe, daß der Peak bei 14.5 eV der Energiedifferenz $K_2^{(1)} \rightarrow K_1^{(2)}$ zuzuordnen ist, die nach [3] um etwa 1 eV größer ist als die Energiedifferenz $X_5^{(1)} \rightarrow X_1^{(2)}$, womit die Berechnungen von Kleinmann, Phillips [5] bestätigt werden [6].

Literatur zu 1.1.6.2.4.3

[1] V. A. Fomichev, M. A. Rumsh (J. Phys. Chem. Solids **29** [1968] 1015/24). — [2] P. J. Gielisse, S. S. Mitra, J. N. Plendl, R. D. Griffis, L. C. Mansur, R. Marshall, E. A. Pascoe (Phys. Rev. [2] **155** [1967] 1039/46). — [3] D. R. Wiff, R. Keown (J. Chem. Phys. **47** [1967] 3113/9). — [4] H. R. Philipp, E. A. Taft (Phys. Rev. [2] **127** [1962] 159/61, 161). — [5] L. Kleinman, J. C. Phillips (Phys. Rev. [2] **117** [1960] 460/4).

[6] J. C. Phillips (J. Chem. Phys. **48** [1968] 5740/1).

1.1.6.2.4.4 Empirische Abschätzung

Empirical Evaluation

Für das kovalent mit ionischen Anteilen gebundene BN wird E_{gi} nach einer empirischen Gleichung aus dem kovalenten Radius von N und dem Ionenradius von B zu 7.25 eV bestimmt. Graphische Ableitung der empirischen Gleichung mit Hilfe bekannter E_{gi}-Werte anderer III-V-Halbleiter s. Original [1]. Die graphische Auftragung bekannter E_{gi}-Werte für III-V-Verbindungen nach der Stellung der die Verbindung bildenden Elemente im periodischen System führt durch Extrapolation zu $E_{gi} \approx 10$ eV für BN [2]. E_{gi} kann aus der totalen Oberflächenenergie ($\varepsilon_{111} = 4820$ erg/cm^2), der Differenz der Elektronegativitäten und der Anzahl der an der Bindung beteiligten Elektronen nach 2 etwas verschiedenen Gleichungen zu 10.6 bzw. 10.7 eV abgeschätzt werden [3]. — Mit $\Delta G^S = 195$ kcal/mol für die Enthalpie der Sublimation des BN in die Atome ergibt sich nach der empirischen Beziehung $E_{gd} = A(\Delta G^S - B)$ der Wert für $E_{gd} = 4.6$ eV [4]. — Die Abschätzung der Energielücke aus den Elektronegativitäten mit $X_B = 2.0$ und $X_N = 3.0$ entsprechend $E_g = (|10X_B - 17.5|)^{1/2} + (|10X_N - 17.5|)^{1/2}$ ergibt 5.1 eV [5].

Literatur zu 1.1.6.2.4.4

[1] N. Sclar (J. Appl. Phys. **33** [1962] 2999/3002). — [2] S. D. Gromakov, Z. M. Latypov, P. S. Kirilyuk (Zh. Fiz. Khim. **40** [1966] 1262/5; Russ. J. Phys. Chem. **40** [1966] 677/9). — [3] B. F. Ormont (Izv. Akad. Nauk SSSR Neorgan. Materialy **4** [1968] 611/2; Inorg. Materials [USSR] **4** [1968] 529/31). — [4] F. Bailly, P. Manca (J. Phys. Chem. Solids **27** [1966] 783/93). — [5] F. N. Hoodge (Z. Physik. Chem. [Frankfurt] **24** [1960] 275/82).

Electrical Conductivity

1.1.6.2.5 Elektrische Leitfähigkeit. Spezifischer Widerstand ρ in $\Omega \cdot$cm

An plättchenförmigen BN-Einkristallen etwa der Abmessungen $400 \times 600 \times 30\ (\mu m)^3$, hergestellt aus hexagonalem BN unter Zusatz von Li_3N bei hohen Drucken und Temperaturen, s. S. 9, wird $\rho \approx 10^{10}$ gemessen. Für mit Be dotierte Einkristalle ist $\rho \approx 10^4$ [1].

Werden 0.01 bis 1 Gewichts-% Be als Metall oder Salz zur Ausgangsmischung (hexagonales $BN + Li_3N$) gegeben, so entstehen Halbleiterkristalle vom p-Typ, wie sich durch Messung ihrer Thermokraft feststellen läßt. (Diese Be-dotierten Kristalle sind bei den höheren Be-Konzentrationen tiefblau). Typische Werte für ρ liegen bei 10^3, es werden jedoch auch ρ-Werte von 2×10^2 gemessen (25°C). Aus Widerstandsmessungen zwischen 25 und 400°C wird die Aktivierungsenergie der Leitfähigkeit zu 0.19 bis 0.23 eV abgeschätzt. Vermutlich ersetzen Be-Atome B oder N-Atome im Gitter und fungieren als Elektronenakzeptoren. Welche Atomart (B oder N) durch Be ersetzt wird, ist nicht bekannt. Mit Mg- und Zn-Zusätzen werden keine Halbleiter vom p-Typ gewonnen.

Halbleiterkristalle vom n-Typ werden gelegentlich aus zusatzfreien Ausgangsmischungen (hexagonales BN und Li_3N oder Mg_3N_2) erhalten, wofür wahrscheinlich Sauerstoffverunreinigungen verantwortlich sind. Der Widerstand solcher Kristalle liegt bei 10^6 bis 10^9 (25°C). Die mit Mg_3N_2 hergestellten Kristalle haben gewöhnlich die höchsten Widerstände, da Mg_3N_2 das wirksamere Desoxydationsmittel ist. Die gezielte Herstellung von Halbleiterkristallen des n-Typs gelingt am besten durch Zusatz von 0.3 bis 3 Gew.-% elementarem Schwefel zur hexagonalen BN-Li_3N-Ausgangsmischung. ρ liegt gewöhnlich bei 10^4 und kann gelegentlich bis 10^3 abnehmen (25°C). Vermutlich werden N-Atome durch S-Atome ersetzt. Aus der Temperaturabhängigkeit der Leitfähigkeit zwischen 25 und 250°C wird die Aktivierungsenergie der Leitfähigkeit abgeschätzt zu etwa 0.05 eV. Halbleiterkristalle vom n-Typ können auch durch Dotierung mit B, Si, KCN, Melamin, 2-Methyl-pyrazin usw. hergestellt werden, sie haben jedoch einen höheren spezifischen Widerstand, der bei Zusatz verschiedener C und N enthaltenden Verbindungen beispielsweise zwischen 10^5 und 10^7 (25°C) liegt. Die entsprechenden Aktivierungsenergien der Leitfähigkeit liegen zwischen 0.28 und 0.41 eV. — Läßt man auf BN-Kristalle bei hohen Drucken (60 kbar) und Temperaturen (1500°C) Mischungen einwirken, die B, Be, CN^-, Si usw. enthalten, so ändert sich ihr Widerstand während 30 min oder länger nicht, d. h., Verunreinigungen diffundieren in BN-Kristalle sehr viel langsamer ein als in Diamantkristalle [2].

Literatur zu 1.1.6.2.5

[1] P. J. Gielisse, S. S. Mitra, J. N. Plendl, R. D. Griffis, L. C. Mansur, R. Marshall, E. A. Pascoe (Phys. Rev. [2] **155** [1967] 1039/46, 1039). — [2] R. H. Wentorf (J. Chem. Phys. **36** [1962] 1990/1).

Optical Properties

1.1.7 Optische Eigenschaften

Hexagonal Modification

1.1.7.1 Hexagonale Modifikation

Refractive Index. Molar Refraction

1.1.7.1.1 Brechungsindex n, **Molrefraktion** R_{mol} in cm³

Hexagonales BN ist optisch einachsig negativ, d. h. $n_0 > n_e$. Messungen von n_0 und n_e nach der Immersionsmethode in weißem Licht bei Benutzung von Flüssigkeiten mit bekannten Brechungszahlen, u. a. Schwefel-Selen-Schmelzen, sind wenig genau wegen der Feinkörnigkeit des hexagonalen BN (untersucht wurden Kristallite $< 10\mu m$), sowie wegen der extrem hohen Doppelbrechung und der ausgeprägten basalen Spaltbarkeit der BN-Kristallite. $n_0 = 2.20 \pm 0.05$, $n_e = 1.66 \pm 0.02$

(keine Wellenlängenangabe). Aus dem Mittelwert $n = (n_o^2 \cdot n_e)^{1/3} = 2.00$ ergibt sich $R_{mol} = 5.47$ [1]. — An glasartigen BN-Filmen, hergestellt aus B_2H_6 und NH_3 mit H_2 als Umgebungsgas, abgeschieden bei verschiedenen Substrattemperaturen (s. S. 7), werden folgende Werte für n (λ = 541 nm) gemessen:

Substrattemperatur in °C. . . .	950	900	800	600
n (± 0.03)	1.70	1.73	1.75	1.80

In N_2 bei 800°C abgeschiedene Filme haben etwa die gleiche Kristallitgröße wie in H_2 bei 950°C abgeschiedene, also ist $n \approx 1.70$ [2].

Literatur zu 1.1.7.1.1

[1] C. B. Sclar, C. M. Schwartz (Z. Krist. **121** [1965] 463/6). — [2] M. J. Rand, J. F. Roberts (J. Electrochem. Soc. **115** [1968] 423/9, 424/5).

1.1.7.1.2 Reflexionsvermögen R *Reflectivity*

Fig. 1–22 zeigt die an pyrolytischem BN mit linear polarisiertem Licht gemessene spektrale Abhängigkeit des Reflexionsvermögens bei Raumtemperatur. Die Reflexionsspektren haben 2 Reststrahlenbanden für jede Polarisationsrichtung, eine stärkere und eine schwächere, und einen 2-Phononenpeak bei 1540 cm^{-1} für beide Polarisationsrichtungen. Durch Anwendung der Kramers-Kronig-Analyse aus diesen Reflexionsdaten gewonnene Abhängigkeiten der Real- und Imaginärteile der jeweiligen

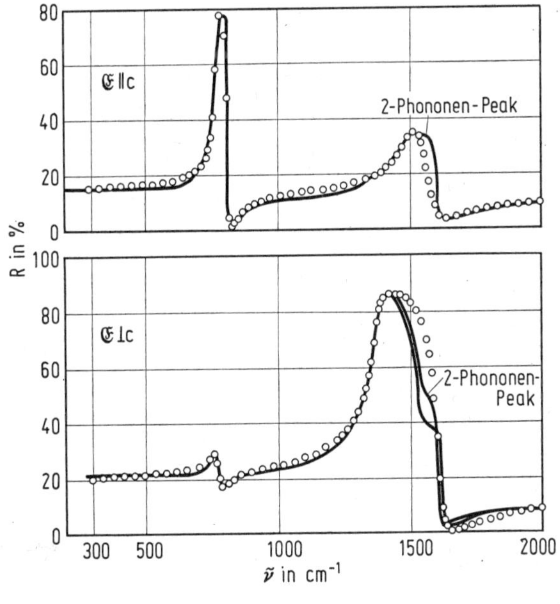

Fig. 1–22

Reflexionsvermögen R von pyrolytischem BN in beiden Polarisationsrichtungen. Die ausgezogenen Kurven betreffen experimentelle Werte, die durch Kreise bezeichneten Punkte sind nach der klasischen Dispersionsformel berechnet.

Dielektrizitätskonstanten (ε_1 und ε_2) von der Wellenzahl s. **Fig. 1–23**, S. 56. Optische und statische Dielektrizitätskonstanten s. S. 44. Optimale Anpassung an die gemessenen Spektren mit klassischen Dispersionsformeln ergibt sich mit folgenden Eigenfrequenzen in cm^{-1} (Indizes t = transversal, l = longitudinal): Für $\mathfrak{E}\|c$ sind $\omega_{t_1} = 783$, $\omega_{l_1} = 828$ und $\omega_{t_2} = 1510$, $\omega_{l_2} = 1595$ mit Oszillatorstärke $S_1^2 = 3.26 \times 10^5$ cm^{-2}, $S_2^2 = 1.04 \times 10^6$ cm^{-2} und den Dämpfungskonstanten der Normalschwingungen $\gamma_1 = 8.0$ cm^{-1}, $\gamma_2 = 80.0$ cm^{-1}. Für $\mathfrak{E}\perp c$ sind $\omega_{t_1} = 767$, $\omega_{l_1} = 778$ und $\omega_{t_2} = 1367$, $\omega_{l_2} = 1610$, mit $S_1^2 = 1.23 \times 10^5$ cm^{-2}, $S_2^2 = 3.49 \times 10^6$ cm^{-2} und $\gamma_1 = 35.0$ cm^{-1}, $\gamma_2 = 29.0$ cm^{-1}. Die Schwingungen mit nur wenig verschiedenen Frequenzen, nämlich ω_{t_1} ($\mathfrak{E}\|c$) = 783 cm^{-1} und ω_{t_1} ($\mathfrak{E}\perp c$) = 767 cm^{-1} und ω_{t_2} ($\mathfrak{E}\perp c$) = 1367 cm^{-1} und ω_{t_2} ($\mathfrak{E}\|c$) = 1510 cm^{-1} sollten als eine normale Gitterschwingung betrachtet werden, wobei die schwächeren Schwingungen (ω_{t_1} = 767 cm^{-1} für $\mathfrak{E}\perp c$ und ω_{t_2} = 1510 cm^{-1} für $\mathfrak{E}\|c$) wahrscheinlich durch Mißorientierung in der polykristallinen Probe verursacht werden. Unter der Annahme, daß die wahren Eigenfrequenzen die mit den Reststrahlenbändern verbundenen sind, kann für die IR-aktiven Normalschwingungen nahe k = 0 folgende Zuordnung erfolgen: in-plane (in der Ebene) sind $\omega_t = 1367\ cm^{-1}$, $\omega_l = 1610\ cm^{-1}$, out-of-plane (aus der

Fig. 1–23

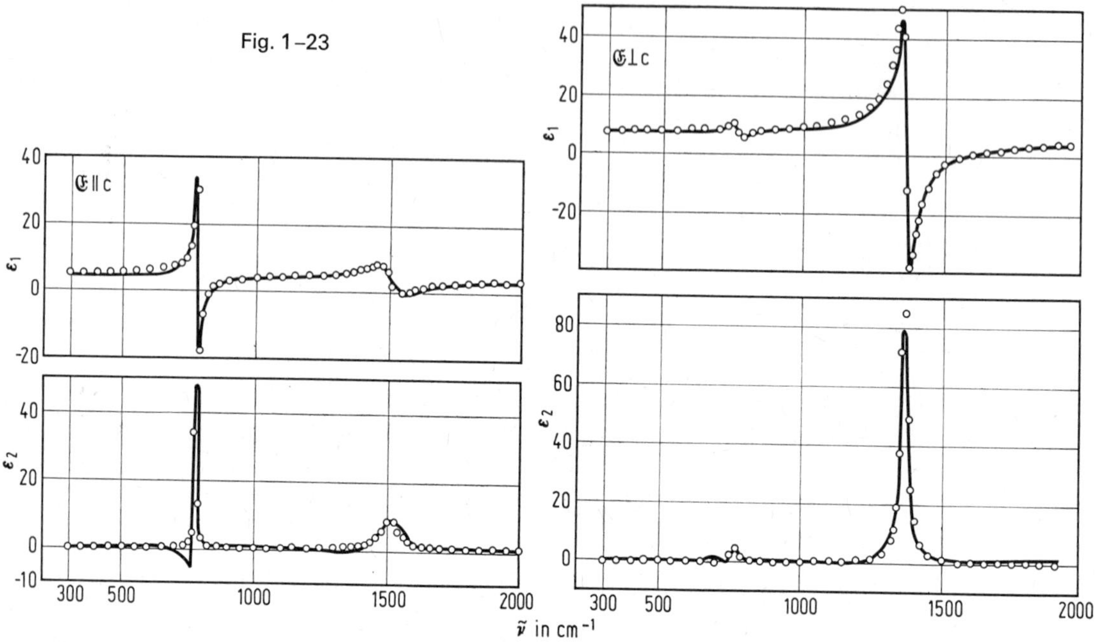

Real- und Imaginärteil ε_1 bzw. ε_2 der Dielektrizitätskonstanten von pyrolytischem BN in beiden Polarisationsrichtungen.
Die durch Kreise bezeichneten Punkte sind nach der klassischen Dispersionsformel berechnet.

Ebene heraus) sind $\omega_t = 783\ cm^{-1}$, $\omega_l = 828\ cm^{-1}$, R. Geick, C. H. Perry, G. Rupprecht (Phys. Rev. [2] **146** [1966] 543/7).

IR Absorption and Raman Spectra

1.1.7.1.3 IR-Absorptions- und Raman-Spektrum

Das zwischen 2 und 16 μm an pulverförmigem, in Fluorolube suspendiertem BN bei Raumtemperatur gemessene Absorptionsspektrum zeigt eine schwache Bande bei 810 cm^{-1} (≙ 12.35 μm) und eine starke Bande bei 1390 cm^{-1} (≙ 7.2 μm). Die Durchlässigkeit ist für Wellenlängen von etwa 3.5 μm an aufwärts > 80% mit Ausnahme der Bande bei 7.2 μm [1]. In guter Übereinstimmung damit stehen Messungen von Brame u. a. [2], die eine mittelstarke Bande bei 814 cm^{-1} (≙ 12.3 μm) und eine starke Bande bei 1374 cm^{-1} (≙ 7.28 μm) angeben. Die Durchlässigkeit liegt für Wellenlängen von etwa 6 μm an aufwärts im wesentlichen unter 80%.

Fig. 1–24 zeigt die Absorptionsspektren von pyrolytischem BN zwischen 3 und 35 μm für 𝔈∥c und 𝔈⊥c bei Raumtemperatur. Der Absorptionskoeffizient α (𝔈⊥c) beträgt zwischen 1 und 2.85 μm etwa 136 cm^{-1} [3]. Ebenfalls an pyrolytischem BN (𝔈⊥c) wird im Gegensatz zu [3] und [5] bei 33.0, 33.2 und 34.6 μm keine Absorption festgestellt [4].

Neben den oben aufgeführten Hauptpeaks nahe den IR-aktiven Eigenfrequenzen beobachten Geick u. a. [5] an pyrolytischem BN zwischen 100 und 3000 cm^{-1} für 𝔈∥c und 𝔈⊥c einige weniger ausgeprägte Peaks bei 210, 500, 820, 920 und 2600 cm^{-1}, wahrscheinlich verursacht durch eine hohe Dichte von 2-Phononen-Prozessen. Sie sind für 𝔈⊥c ausgeprägter als für 𝔈∥c. Ein zusätzlicher Peak tritt für 𝔈∥c bei der Raman-Frequenz (1370 cm^{-1}) auf, wahrscheinlich durch die Wechselwirkung zwischen der Raman-Schwingung und der nahegelegenen IR-aktiven Schwingung. Absorptionsspektren für die beiden Polarisationsrichtungen sowie mögliche Zuordnung der 2-Phononen-Peaks s. Original [5].

An BN-Filmen, aus BBr_3 und NH_3 auf Si unter Anwendung von Tieftemperatur-Glimmentladungen (s. S. 7/8) abgeschieden, wird IR-Absorption bei 12.7 und 7.25 μm beobachtet [6], ebenso an glasartigen BN-Filmen, abgeschieden aus B_2H_6 und NH_3 (s. S. 7) [7].

Bei Messung des Raman-Spektrums wird die pyrolytische BN-Probe so gelagert, daß ihre c-Achse || zur Ausbreitungsrichtung des Streulichtes ist. Es wird nur eine Raman-Linie bei ω_R=1370 cm^{-1} gefunden; die Halbwertsbreite der Linie, die "in plane"-Schwingungen zugeschrieben wird, beträgt 30 cm^{-1}. Wegen der nur schwachen Anziehungskräfte zwischen benachbarten Ebenen im BN sollte die 2. Raman-Linie für "out of plane"-Schwingung bei sehr niedrigen Frequenzen liegen (<150 cm^{-1}), die bei den vorliegenden Messungen nicht erfaßt wurden [5].

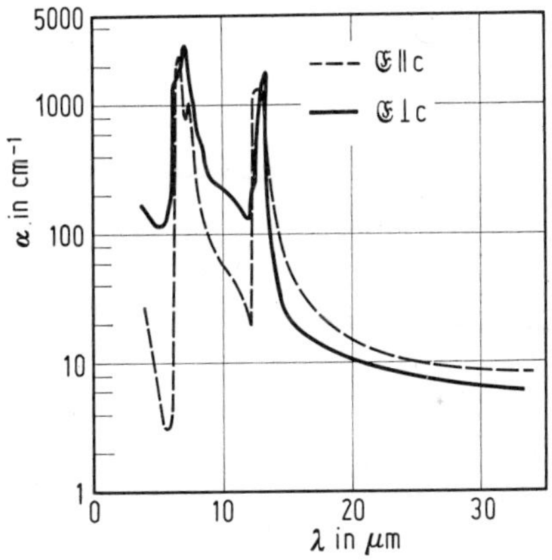

Fig. 1–24

Absorptionskoeffizient α von pyrolytischem BN für beide Polarisationsrichtungen.

Literatur zu 1.1.7.1.3

[1] F. A. Miller, C. H. Wilkins (Anal. Chem. **24** [1952] 1253/94, 1255, 1261). — [2] E. G. Brame, J. L. Margrave, V. W. Meloche (J. Inorg. Nucl. Chem. **5** [1958] 48/52). — [3] M. Basche, D. Schiff (Mater. Design Eng. **59** Nr. 2 [1964] 78/81). — [4] P. C. Li, M. P. Lepie (J. Am. Ceramic Soc. **48** [1965] 277/8). — [5] R. Geick, C. H. Perry, G. Rupprecht (Phys. Rev. [2] **146** [1966] 543/7).

[6] H. F. Sterling, J. H. Alexander, R. J. Joyce (in: P. Popper, Spec. Ceram. Proc. Symp. Brit. Ceram. Res. Ass., Manchester 1967 [1968], Bd. 4, S. 139/51, 149). — [7] M. J. Rand, J. F. Roberts (J. Electrochem. Soc. **115** [1968] 423/9, 424).

1.1.7.1.4 Absorption im Sichtbaren und UV

Absorption in Visible and UV Region

An einer etwa 50 μm dicken pyrolytischen BN-Probe (𝔈 ⊥ c) wird mit einem nicht sehr empfindlichen Spektrophotometer zwischen 220 und 340 nm keine meßbare Durchlässigkeit beobachtet. Von 340 bis 1000 nm ändert sich der Absorptionskoeffizient α von 201 auf 152 cm^{-1} [1]. — Messung der Durchlässigkeit eines 0.6 μm dicken glasartigen BN-Films (hergestellt aus B_2H_6 und NH_3 durch Abscheidung an Quarz bei 800°C in H_2-Atmosphäre) zwischen 185 und 750 nm ergibt keine Banden im Sichtbaren. Absorption beginnt bei etwa 340 nm, jedoch ist die Absorptionskante nicht so scharf definiert wie bei kristallinen Substanzen [2]. — Die Absorptionskante eines 0.3 μm dicken BN-Films auf Quarz, aus elektrisch versprühtem Bor und Stickstoff hergestellt (s. S. 7), liegt zwischen 4.9 und 5.2 eV. Sie verschiebt sich nach zweistündigem Ausheizen des Films bei 1000°C in N_2 zu kürzeren Wellenlängen (etwa 5.6 eV) [3].

Literatur zu 1.1.7.1.4

[1] M. Basche, D. Schiff (Mater. Design Eng. **59** Nr. 2 [1964] 78/81). — [2] M. J. Rand, J. F. Roberts (J. Electrochem. Soc. **115** [1968] 423/9, 424). — [3] A. J. Noreika, M. H. Francombe (J. Vacuum Sci. Technol. **6** [1969] 722/6, 724).

1.1.7.1.5 Temperaturstrahlung

Thermal Radiation

Spektrales Emissionsvermögen ε_λ. Integrales Emissionsvermögen ε_i.

Bei λ = 650 nm ist ε_λ von BN-Pulver zwischen 800 und 1500°C (bei 10^{-3} bis 10^{-4} Torr gemessen) konstant und beträgt 0.62 [1]. — ε_i von heißgepreßtem BN, in inerter Atmosphäre gemessen, beträgt bei 537°C etwa 0.9 und nimmt linear auf etwa 0.47 bei 2200°C ab. Die Angaben gehen von der Annahme aus, daß BN ein Graustrahler ist, und machen deshalb keinen Anspruch auf große Genauigkeit [2], siehe auch [3]. — ε_λ für pyrolytisches BN steigt von 0.445 bei 1050°C linear auf 0.525 bei 1450°C an (Werte aus Kurve abgeschätzt) [4] und ist etwa 10 bis 15% geringer als ε_λ von pyrolytischem Graphit [5].

Fig. 1–25 zeigt das spektrale Emissionsvermögen von pyrolytischem BN (Dichte etwa 2.2 g/cm³) und von heißgepreßtem 97.0%igem BN (Dichte etwa 2.1 g/cm³), gemessen an sorgfältig polierten Oberflächen zwischen 820 und 830°C in H_2-Atmosphäre. ε_λ ist für Oberflächen ⊥ zur c-Achse (C-Flächen) kleiner als für Oberflächen || zur c-Achse (A-Flächen). Für $\lambda \lesssim 2.5$ µm nimmt die Anisotropie stark ab. Heißgepreßtes BN zeigt eine spektrale Dispersion ähnlich der der A-Flächen von pyrolytischem BN, d.h., die Mehrzahl der BN-Kristalle orientiert sich mit ihren c-Achsen fast parallel zur Oberfläche des polykristallinen Materials. Bei $\lambda \approx 7$ µm zeigen alle Proben ein Minimum für ε_λ, das am ausgeprägtesten für die C-Flächen ist und der Reststrahlenbande für "in plane"-Gitterschwingungen entspricht. Das weniger ausgeprägte Minimum für A-Flächen entsteht wahrscheinlich durch Überlagerung von "in plane"-Reststrahlen und einem "out of plane"-2-Phononenpeak [6, 7]. Eine geringe Polarisation von ε_λ wird zwischen 1.13 und 2.60 µm beobachtet. Sie ist für A-Flächen ausgeprägter als für C-Flächen [7]. In genereller Übereinstimmung mit Fig. 1–25 stehen die Messungen von [8], die aber keine Angaben über die Art des verwendeten BN machen. $\varepsilon_\lambda > 0.8$ zwischen 4 bis 14 µm, gemessen an Luft bei 600, 810 und 1080°C. ε_λ sinkt im Bereich unterhalb 4 µm auf etwa 0.35 bei 2 µm. Nahe $\lambda = 7$ µm erscheint ein ausgeprägtes Minimum, das sich mit steigender Temperatur abflacht. Bei 600°C ist am Minimum ε_λ ca. 0.55, bei 1080°C ca. 0.8. Bis 15µm erscheint kein weiteres Minimum, s. auch [9].

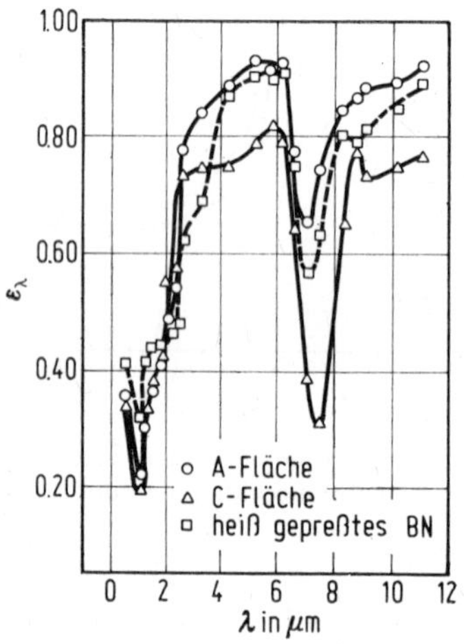

Fig. 1–25

Spektrales Emissionsvermögen ε_λ von pyrolytischem und heißgepreßtem BN.

Literatur zu 1.1.7.1.5

[1] G. V. Samsonov, I. A. Podchernyaeva, V. S. Fomenko (Poroshkovaya Met. Akad. Nauk Ukr. SSR **1969** 43/50; Soviet Powder Met. **1969** 374/9, 376). — [2] C. D. Pears (Progress in International Research on Thermodynamic and Transport Properties, New York 1962, S. 588/98, 597). — [3] Southern Research Institute (AD 298061 [1963] 1/420, 325, 161; N.S.A. **17** [1963] Nr. 16636). — [4] M. Basche, D. Schiff (Mater. Design Eng. **59** Nr. 2 [1964] 78/81, 80). — [5] D. Schiff (Mater. Sci. Technol. Advan. Appl. **1962** 236/66, 264).

[6] G. W. Autio, E. Scala (Carbon **6** [1968] 41/54, 51/2). — [7] G. W. Autio, E. Scala (Anisotropy Single-Cryst. Refract. Compounds Proc. Intern. Symp., Dayton, Ohio, 1967 [1968], Bd. 1, S. 357/81, 375/7; C.A. **70** [1969] Nr. 7817). — [8] H. H. Blau, J. R. Jasperse (Appl. Opt. **3** [1964] 281/6). — [9] H. H. Blau, J. B. Marsh, W. S. Martin, J. R. Jasperse, E. Chaffée (PB 171515 [1960] 1/78, 20/5).

1.1.7.1.6 Lumineszenz

Luminescence

Während nach Auffassung von E. Tiede, F. Büscher (Ber. Deut. Chem. Ges. **53** [1920] 2206/14) die Emission von BN auf darin enthaltene Kohlenstoffspuren zurückzuführen ist, konnten S. Larach, R. E. Schrader (Phys. Rev. [2] **104** [1956] 68/73) zeigen, daß die von ihnen gemessenen Emissionsspektren der Photo-, Kathodo- und Elektrolumineszenz nach Tempern des BN bei 1400°C in O_2 oder in einer anderen Gasatmosphäre in praktisch unveränderter Form wiedererhalten werden; die Lumineszenzemission dürfte somit eine Eigenschaft des hexagonalen BN sein.

1.1.7.1.6.1 Photolumineszenz

Photoluminescence

Fig. 1–26 zeigt die spektrale Verteilung der Photolumineszenzemission, die sich über einen Wellenlängenbereich von etwa 295 bis 650 nm erstreckt; sie zeigt außerdem den Einfluß der unterschiedlichen Energien der eingestrahlten Photonen mit Wellenlängen von 365.0, 312.5 und 265.2 nm. [1]. In Übereinstimmung mit [1] finden [2] bei Anregung mit UV-Licht von 365 nm ebenfalls ein Maximum im Emissionsspektrum bei 410 nm, weitere Maxima werden bei 440 und 470 nm beobachtet. Über den Einfluß der bei der Darstellung des BN verwendeten Trägersubstanzen $CaCO_3$, $MgCO_3$, $CaHPO_4$ auf die Emissionsfähigkeit s. Original. Die Maxima sind um so ausgeprägter, je besser die kristallinen Eigenschaften des BN sind [2]. Heißgepreßtes BN emittiert bei UV-Anregung (253 nm) unabhängig

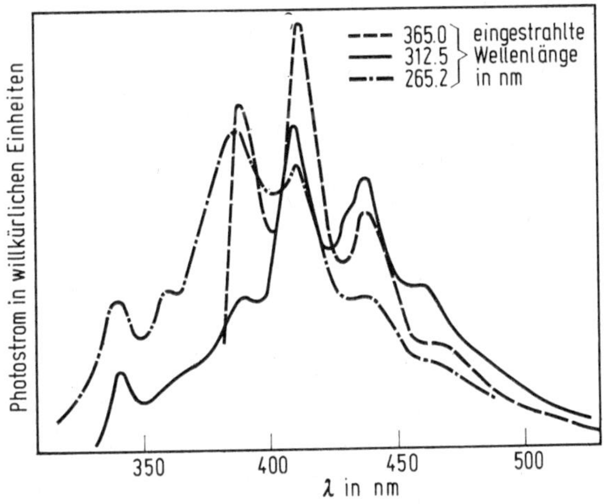

Fig. 1–26

Spektrale Verteilung der Photolumineszenzemission von BN bei UV-Anregung.

vom B_2O_3-Gehalt zwischen 360 und 450 nm mit Maxima bei etwa 380 und 400 nm [3]. — BN, hergestellt aus H_3BO_3 und Harnstoff, das zwischen 0.15 bis 0.40% C enthält, emittiert bei Anregung mit 365 nm zwischen etwa 375 und 600 nm, das Spektrum ist nicht komplex und hat ein Maximum bei 460 nm [4].

Zusatz von Aktivatoren. Wird das nach [2] hergestellte BN mit Kohlenstoff getempert, so erscheint im Emissionsspektrum in einigen Fällen neben den oben genannten Maxima noch ein ausgeprägtes Maximum bei 530 nm [2]. — BN in einer 58%igen SiO_2-Matrix zeigt bei Anregung mit 253 nm sehr viel stärkere und komplexere Emission als heißgepreßtes BN, mit reproduzierbaren Peaks bei 355, 362, 386 und 410 nm (reines SiO_2 ist nicht photolumineszent) [3]. — Nach Lehmann [5] wird keine Aktivierung durch verschiedene anorganischen Verunreinigungen festgestellt, dagegen durch Zusatz organischer Substanzen, beispielsweise Saccharose. Da eine ähnliche Aktivierung durch Tempern in H_2 oder noch besser in NH_3 beobachtet wird, scheint nicht Kohlenstoff, sondern naszierender Wasserstoff die aktivierende Komponente zu sein. Mit Saccharose aktivierte Proben sollen um so stärker lumineszieren, je schlechter ihre Kristallqualität ist [5]. — Mit Weinsäure, Brenzcatechin, Fluorescein oder einer Hydroxynaphtoesäure durch 1stündiges Rösten bei 1400°C mit B_2O_3 als Flußmittel aktiviertes BN zeigt im Gegensatz zum nicht aktivierten BN nach Anregung mit UV-Licht (365 nm) ein für alle aktivierten Proben etwa gleiches, strukturiertes Emissionsspektrum mit Maxima bei 405, 430, 475, 505 und 525 nm. Bei niedriger Aktivatorkonzentration sind die Maxima besser aufgelöst [4].

Temperaturabhängigkeit. Die Intensität der Photolumineszenzemission von gereinigtem BN steigt zwischen Raumtemperatur und etwa 875°K um 20% an und fällt auf 50% des maximalen Wertes bei etwa 1375°K [1], was im wesentlichen durch Messungen von Lubyanskii u. a. [4] bestätigt wird. — Sie ist bei mit Saccharose aktiviertem BN bis mindestens 700°C praktisch von der Temperatur unabhängig [5]. Für ein BN-C-Gemisch (im Original keine weitere Angabe zur Zusammensetzung) fällt sie dagegen oberhalb 180°C und erreicht bei ≈ 450°C etwa 50% der maximalen Intensität [6].

Nachleuchten. Die Intensität des Nachleuchtens von mit Saccharose aktiviertem BN fällt exponentiell mit der Zeit ab und ist über einen weiten Bereich von der Temperatur unabhängig. Die Abklingzeiten setzen sich zusammen aus einem sehr kurzen Term ($\tau < 10^{-4}$s) und manchmal aus einem oder mehreren längeren Termen ($\tau \approx 0.1$ bis 10s) [5]. Die Abklingzeiten nach UV-Blitz-Anregung (10^{-6}s) von nicht näher charakterisiertem BN betragen für das spontane Nachleuchten $\tau_S = 1.5 \times 10^{-4}$ s, für die Phosphoreszenz $\tau_P = 2.0 \times 10^{-2}$ s. Sie verlängern sich nach H_2^+-Ionenbeschuß ($N_{H_2^+} = 10^{13}$ cm^{-2}) auf $\tau_S = 2.4 \times 10^{-4}$ s bzw. $\tau_P = 2.4 \times 10^{-2}$ s und gehen nach Regeneration durch Elektronenbestrahlung ($N_{e-} = 10^{14}$ cm^{-2}) wieder zurück auf $\tau_S = 1.6 \times 10^{-4}$ s bzw. $\tau_P = 2.1 \times 10^{-2}$ s [7]. Nach kräftiger UV-Anregung von BN in einer 58%igen SiO_2-Matrix wird Phosphoreszenz während einiger Minuten beobachtet. Der Intensitätsabfall ist nicht exponentiell [3].

Literatur zu 1.1.7.1.6.1

[1] S. Larach, R. E. Shrader (Phys. Rev. [2] **104** [1956] 68/73). — [2] V. A. Krasnoperov, N. V. Vekshina, M. B. Khusidman, V. S. Neshpor (Zh. Prikl. Spektroskopii **11** [1969] 299/303; C.A. **71** [1969] Nr. 130455). — [3] D. N. Bose, H. K. Henisch (J. Am. Ceram. Soc. **53** [1970] 281/2). — [4] G. A. Lubyanskii, V. V. Styrov, V. A. Sokolov (Fiz. Tverd. Tela **10** [1968] 3359/63; Soviet Phys.-Solid State **10** [1968] 2653/6). — [5] W. Lehmann (Electron. Div. Abstr. **10** Nr. 1 [1961] 16/7).

[6] W. Hanle, H. Niermann (Z. Naturforsch. **11a** [1956] 395/7). — [7] W. Martin (Z. Physik **147** [1957] 582/92, 587).

Thermoluminescence

1.1.7.1.6.2 Thermolumineszenz

Anregung durch Sonnenlicht. Wird BN (Verunreinigungen in Gew.-%: Ca < 10, Si < 10^{-3}, Al, Mg, Ag < 10^{-4}, hergestellt nach [1], s. S. 2) 5 bzw. 20 h lang dem Sonnenlicht ausgesetzt so hat die Glow-Kurve (Erhitzungsgeschwindigkeit 9.1 grd/s) einen Thermopeak bei 150°C, der einer absorbierten γ-Strahlendosis (s. S. 61) von 3 bzw. 7 rad äquivalent ist. Die Glow-Kurven von mit 1 Mol-% Mn aktiviertem BN haben nach 5stündiger Sonneneinstrahlung einen Thermopeak bei 110°C, äquivalent einer Dosis von 4.5 rad; nach 20 Stunden Bestrahlung erscheint zusätzlich ein 2. Peak bei 260°C, äquivalent einer Dosis von 12 rad [2].

UV-Anregung. Für die Bestimmung der Thermolumineszenzeigenschaften von BN, das aus H_3BO_3 und NH_3 mit verschiedenen Trägersubstanzen ($CaCO_3$, $MgCO_3$, $CaHPO_4$) hergestellt wird, ist die Höhe der Synthese- bzw. Nachbehandlungstemperatur entscheidend wichtig. Bei einer Synthesetemperatur von 1100°C konnten nach UV-Anregung beispielsweise keine oder nur sehr schwache Glow-Kurven beobachtet werden. Für die folgenden Untersuchungen wurde deshalb bei 1200°C azotiertes BN bei 1600°C nachbehandelt. Einfluß der verschiedenen Trägersubstanzen s. Original. Die Thermolumineszenz bei Temperaturen > 25°C ist ausgeprägter bei Anregung mit UV-Licht von 313 nm als mit solchem von 365 nm. Die Glow-Kurven haben Maxima bei 80 bis 110°C und 360 bis 420°C (Erhitzungsgeschwindigkeit 20 grd/min). Wird bei der BN-Synthese (Synthesetemperatur 1700°C) C als Reduktionsmittel verwandt, so erhöht sich die Intensität der Emission des 2. Thermopeaks um 2 Zehnerpotenzen. Die bei 380 bis 400°C emittierte Strahlung liegt im Wellenlängenbereich von 330 bis 550 nm [3]. Die Glow-Kurve (Erhitzungsgeschwindigkeit 0.3 grd/s) von heißgepreßtem BN hat nach UV-Anregung (253 oder 365 nnm) einen Peak bei 152°C, diejenige von BN in einer 58%igen SiO_2-Matrix hat zusätzlich einen 2. Thermopeak bei 270°C, die Emission ist sehr viel kräftiger [4].

Anregung durch Röntgenstrahlen. Nach Anregung mit 40 kV werden an heißgepreßtem BN und BN in SiO_2-Matrix die gleichen Glow-Kurven wie nach UV-Anregung (253 und 365 nm) erhalten [4]. Bei einer Dosis von 1000 Röntgen sind nach Krasnoperov u. a. [3] die Glow-Kurven weniger intensiv als nach UV-Anregung. Merkliche Emission wird zwischen 250 und 400°C beobachtet, vor allem an den mit C hergestellten Proben; einige Proben emittieren außerdem zwischen 120 bis 140°C. Die Glow-Kurve einer bei 2000°C getemperten BN-Probe hat nach Röntgenbestrahlung (keine Angabe der Dosis) ein starkes Maximum bei 200°C [5]. — Nach Bestrahlung mit 10 rad zeigen die Glow-Kurven (Erhitzungsgeschwindigkeit 9.1 grd/s) von BN (Verunreinigungen in Gew.-%: Ca < 10, Si < 10^{-3}, Al, Mg, Ag < 10^{-4}), hergestellt nach [1], einen Peak bei 125°C. Von 5×10^2 rad an erscheint der 2. Peak bei 425°C. Für verschiedene BN-Proben, auch solche, die nicht nach [1] hergestellt wurden, liegt der 1. Thermopeak zwischen 110 bis 150°C, der 2. zwischen 425 bis 490°C. Der 2. Peak wird mit wachsender Dosis zu höheren Temperaturen verschoben und liegt bei 510°C für 2.4×10^8 rad. Durch 20stündiges Tempern von BN an Luft bei 1300°C wird der 1. Peak von 120 auf 140°C verschoben, der 2. von 480 auf 400°C. Die Intensitäten verschieben sich zu Gunsten des Niedrigtemperaturpeaks. **Fig. 1–27** zeigt die Werte der Speicherlichtsumme S für den 1. und 2. Thermopeak als Funktion der eingestrahlten Dosis D (die Einheiten von S sind für die beiden Kurven verschieden gewählt). Mit steigender Dosis überwiegt der 2. Peak und enthält 95% der Speicherlichtsumme. Davon verliert BN bei Raumtemperatur während 10 h nur 3%, bei 50 bzw. 68°C sind es 8 bzw. 17%. Die Speicherlichtsumme des Niedrigtemperaturthermopeaks bleibt bei Raumtemperatur nach 90 Tagen zu etwa 30% erhalten (Angaben beziehen sich auf eine absorbierte Strahlendosis von 10^5 rad). Nach Abgabe der gespeicherten Lichtsumme sind die Thermolumineszenzeigenschaften des BN vollständig wiederhergestellt [2].

Das Emissionsspektrum liegt für beide Peaks im blaugrünen Bereich mit Wellenlängen zwischen 380 und 520 nm [2].

Nach der Methode von Urbach und Lushchik wird die Tiefe der Speicherniveaus (traps) für den 1. Thermopeak zu 0.7 bis 0.8 eV bestimmt, die für den 2. zu 1.4 bis 1.6 eV [2].

Mit Mn (1 Mol-%) aktivierte Proben (Kalzinieren im NH_3-Strom für 1 h bei 750°C, für 0.5 h bei 1400°C; B_2O_3 dient als Flußmittel) haben 3 Thermopeaks, bei 110 bis 150°C, bei 250 bis 270°C und bei 375 bis 440°C. Der Aktivatorpeak zwischen 250 bis 270°C beginnt bei 5×10^2 rad zu er-

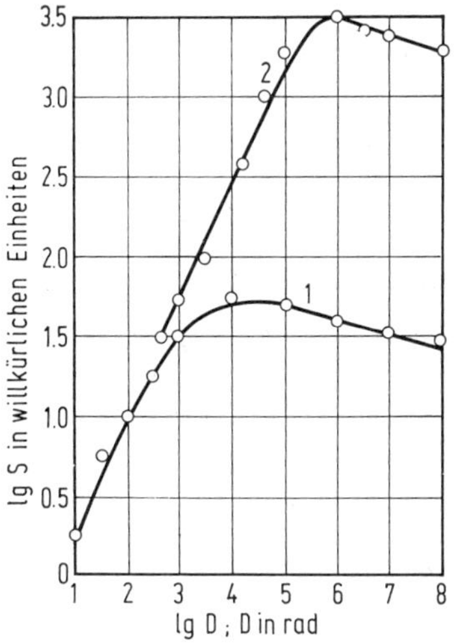

Fig. 1–27

Speicherlichtsumme S des 1. und 2. Thermopeaks (1 bzw. 2) in Abhängigkeit von der eingestrahlten Röntgendosis.

scheinen und verschwindet bei sehr hohen Dosen (2.4×10^8 rad) wieder. Die ihm entsprechende Speicherlichtsumme ist der eingestrahlten Dosis bis 10^6 rad etwa proportional, seine Intensität ist etwas geringer als die des Hochtemperaturpeaks des nicht aktivierten BN. Das Emissionsspektrum des Aktivatorpeaks hat ein Maximum bei Wellenlängen zwischen 497 bis 518 nm [2].

Aktivierung mit Eu (0.1 Mol-%) und Sm (0.5 Mol-%) führt zu keinem Aktivatorpeak, der Hochtemperaturpeak liegt bei niedrigeren Temperaturen (60 bis 70°C) als der des nicht aktivierten BN [2].

Anregung durch thermische Neutronen. Die Glow-Kurven nach Beschuß mit 10^{10} bis 10^{15} Neutronen je cm^2 (Aufheizungsgeschwindigkeit 9.1 grd/s) zeigen 2 Maxima bei 150 bis 155°C und 500 bis 525°C. 16 Tage nach Neutronenbeschuß beträgt die Speicherlichtsumme noch 80% der ursprünglichen. Bei Dosen > 10^{14} Neutronen je cm^2 entstehen zusätzlich F-Zentren, erkennbar durch bräunliche Verfärbung des BN, jedoch treten keine weiteren Thermopeaks auf, sondern die Intensität der vorhandenen nimmt ab. Sie verschwinden vollständig bei etwa 10^{17} Neutronen je cm^2 [2].

Die Glow-Kurven von mit Mn (1 Mol-%) und Eu (0.1 Mol-%) aktiviertem BN haben ebenfalls 2 Thermopeaks, die von denen des nicht aktivierten BN abweichen. Der Hochtemperaturpeak erscheint bei gleichen Dosen bei erheblich tieferen Temperaturen [2].

Literatur zu 1.1.7.1.6.2

[1] G. A. Meerson, G. V. Samsonov, N. Ya. Tseitina (Ogneupory **20** [1955] 72/9). — [2] G. A. Lubyanskii, V. V. Styrov, V. A. Sokolov (At. Energ. [USSR] **31** [1971] 119/22; Soviet At. Energy **31** [1971] 826/30, 828/9). — [3] V. A. Krasnoperov, N. V. Vekshina, M. B. Khusidman, V. S. Neshpor (Zh. Prikl. Spektroskopii **11** [1969] 299/303; C.A. **71** [1969] Nr. 130455). — [4] D. N. Bose, H. K. Henisch (J. Am. Ceram. Soc. **53** [1970] 281/2). — [5] W. Hanle, H. Peter (Ber. Oberhess. Ges. Natur-Heilk. Gießen Naturw. Abt. **29** [1958] 105/10, 110).

Cathodoluminescence

1.1.7.1.6.3 Kathodolumineszenz

Über einen weiten Bereich von Strom und Spannung der Kathodenstrahlröhre (bis 200 μA und bis 15 kV) ändert sich die spektrale Verteilung der Emission an gereinigtem käuflichem BN (s. **Fig. 1–28**) nicht wesentlich. Kurve a) wurde aufgenommen mit einem scharf fokussierten Elektronenstrahl, Kurve b) mit einem nicht fokussierten. Der unterschiedliche Verlauf der Spektren wird wahrscheinlich durch die hohe Stromdichte (Kurve a) verursacht und nicht durch die beachtliche Erwärmung des BN im Brennpunkt. Das Spektrum unterscheidet sich vom Photolumineszenz- und Elektrolumineszenzspektrum vor allem durch die Höhe der Emission bei Wellenlängen <350 nm [1]. Heißgepreßtes BN emittiert bei Beschuß mit Elektronen von 30 kV in Form breiter Banden mit Maxima bei 495 und 655 nm. Die ebenfalls breiten Emissionsbanden von BN in 58%iger SiO_2-Matrix haben bei gleichen Bedingungen Maxima bei etwa 480 und 655 nm [2].

Literatur zu 1.1.7.1.6.3

[1] S. Larach, R. E. Shrader (Phys. Rev. [2] **104** [1956] 68/73). — [2] D. N. Bose, H. K. Henisch (J. Am. Ceram. Soc. **53** [1970] 281/2).

Electroluminescence

1.1.7.1.6.4 Elektrolumineszenz

Fig. 1–29 zeigt die spektrale Verteilung der durch sinusförmige elektrische Wechselfelder (400 V, 20 kHz) angeregten Elektrolumineszenzemission von in Castoröl suspendiertem, gereinigten käuflichen BN, das sich zwischen einer durchsichtigen Quarzelektrode und einer Al-Elektrode

Fig. 1–29

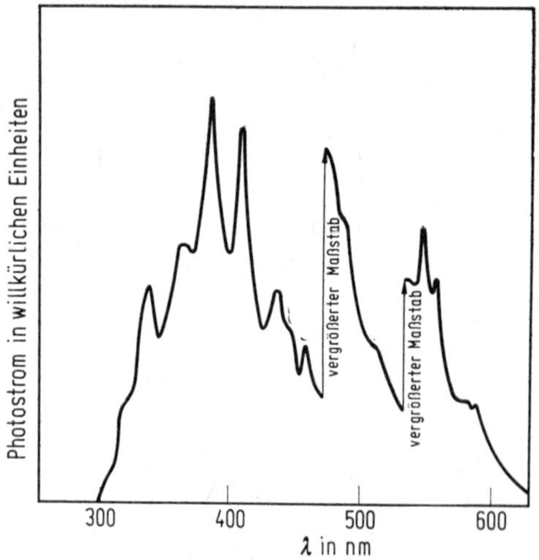

Spektrale Verteilung der Elektrolumineszenzemission von BN.

Fig. 1–28

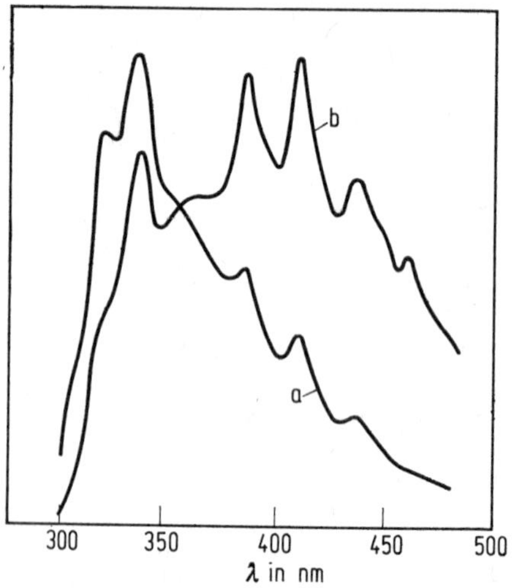

Spektrale Verteilung der Kathodolumineszenzemission von BN bei hoher (a) und niedriger (b) Stromdichte.

befindet, von der es durch eine Lage Glimmer getrennt ist. Niedrigste Wellenlänge des emittierten Lichts etwa 295 nm. Bei 650 nm ist der Photometerstrom noch nicht ganz Null [1]. Die Emissionsintensität wächst zwischen 80 und 200 V für Frequenzen von 10 Hz bis 1 kHz mit der 6.5ten Potenz der Spannung, bei 10 kHz ist die Potenz >6.5 [2]. Über die Spannungsabhängigkeit der integralen Helligkeit bei verschiedenen Frequenzen s. auch [3]. — In jeder Periode des anregenden elektrischen Feldes (beobachtet bei 1 kHz) treten zwei Helligkeitswellen mit gleicher Amplitude auf, deren Peaks Feinstruktur haben [2]. Nach [3] sind die Amplituden verschieden.

Literatur zu 1.1.7.1.6.4

[1] S. Larach, R. E. Shrader (Phys. Rev. [2] **102** [1956] 582). — [2] S. Larach, R. E. Shrader (Phys. Rev. [2] **104** [1956] 68/73). — [3] U. D. Dzhuzeev, P. E. Ramazanov (Izv. Vysshikh Uchebn. Zavedenii Fiz. **11** Nr. 7 [1968] 74/5 nach C.A. **69** [1968] Nr. 91170).

1.1.7.1.6.5 Radikal-Rekombinations-Lumineszenz (RRL)

Radical Recombination Luminescence

Das Emissionsspektrum bei Raumtemperatur von BN (hergestellt aus H_3BO_3 und Harnstoff; enthält 0.15 bis 0.4% C) besteht bei Anregung mit atomarem Wasserstoff (erhalten durch elektrodenlose Hochfrequenzentladung) aus einer einzigen Bande zwischen 450 und 575 nm mit Maximum bei etwa 530 nm. Aktivatoren wie Weinsäure, Brenzcatechin, Fluorescein oder eine Hydroxynaphthoesäure haben auf die Emission keinerlei Einfluß. Die RRL-Intensität fällt zwischen Raumtemperatur und etwa 350 bis 400°K um etwa 70%, danach ist der Intensitätsabfall (gemessen bis 575°C) weniger steil. Sowohl die spektrale Verteilung der RRL-Emission als auch die Temperaturabhängigkeit der Emissionsintensität zeigen, daß die hier wirksamen aktiven Zentren von den für die Photolumineszenz wirksamen verschieden sind; Diskussion s. Original. Für verschiedene BN-Proben liegt die Quantenausbeute bei einigen ppm [1]. — Die Intensität der durch aktiven Stickstoff an einer BN-C-Probe (keine Angabe über Zusammensetzung) angeregten RRL nimmt zwischen 170 bis >650°C ständig zu und erreicht beträchtliche Werte [2].

Literatur zu 1.1.7.1.6.5

[1] G. A. Lubyanskii, V. V. Styrov, V. A. Sokolov (Fiz. Tverd. Tela **10** [1968] 3359/63; Soviet Phys.-Solid State **10** [1968] 2653/6). — [2] W. Hanle, H. Niermann (Z. Naturforsch. **11a** [1956] 395/7).

1.1.7.2 Kubische Modifikation

Cubic Modification

1.1.7.2.1 Brechungsindex n

Refractive Index

n = 2.22 im Sichtbaren, abgeschätzt nach der Beckeschen Linienmethode [1]. Neubestimmung nach der gleichen Methode ergibt n = 2.117 für λ = 589.3 nm. Aus 5 zwischen 540 und 690 nm

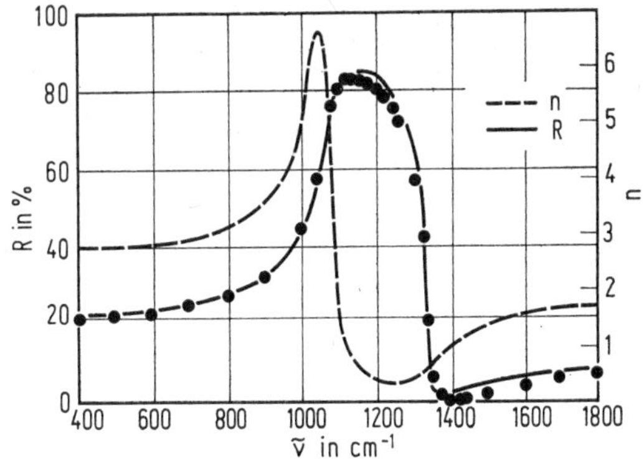

Fig. 1–30

Dispersion des Reflexionsvermögens R und der Brechungszahl n von polykristallinem kubischem BN. Die ausgezogene Kurve betrifft experimentelle Werte für R; die Punkte sind nach der klassischen Oszillatormethode berechnet.

gemessenen n-Werten ergibt sich die relative Dispersion zur 0.0377. **Fig. 1–30** zeigt die aus dem Reflexionsvermögen erhaltene Dispersionskurve von n zwischen 400 und 1800 cm^{-1} [2].

Literatur zu 1.1.7.2.1

[1] R. H. Wentorf (J. Chem. Phys. **36** [1962] 1990/1). — [2] P. J. Gielisse, S. S. Mitra, J. N. Plendl, R. D. Griffis, L. C. Mansur, R. Marshall, E. A. Pascoe (Phys. Rev. [2] **155** [1967] 1039/46, 1040/2).

Reflectivity

1.1.7.2.2 Reflexionsvermögen R

Nicht sehr eingehende Messungen an kleiner BN-Probe zeigen Struktur der Kurve zwischen 9 und 10 eV und einen Peak nahe 14.5 eV [1]. — Das Infrarotreflexionsspektrum bei Raumtemperatur (s. Fig. 1–30, S. 63) ist an undurchsichtigen, sorgfältig polierten BN-Proben gemessen, die hergestellt sind durch Zusammenpressen vieler Kristalle bei Drucken und Temperaturen wenig unterhalb derjenigen, bei denen die Umwandlung BN (kub.) → BN (hex.) stattfindet. R ist für Wellenzahlen < 400 cm^{-1} fast konstant 22%, es wächst auf 25% bei 700 cm^{-1} und erreicht ein Maximum von 84% bei 1150 cm^{-1}. Ein scharfes Minimum mit R = 0.6% liegt bei 1370 cm^{-1}, danach steigt R auf 10.5% für Wellenzahlen > 1600 cm^{-1} an. Eine angedeutete Strukturierung im Bereich des Maximums löst sich bei Messung in flüssigem N_2 nicht auf (R wächst um ca. 2%), sie verschwindet dagegen völlig nach 15minütigem Tempern an Luft bei 350°C, ist also wohl auf Oberflächenphänomene zurückzuführen. Im Bereich des Maximums wächst R um 4%, an den Extremitäten um etwa 1%, das Spektrum verschiebt sich um 12 cm^{-1} zu niedrigeren Wellenzahlen, wenn die Messung bei 550°K erfolgt. Die Analyse des Reflexionsspektrums nach der klassischen Oszillatortheorie ergibt mit der Dämpfungskonstante γ = 0.038 für ω_{TO} = 1065 cm^{-1} und für ω_{LO} = 1370 cm^{-1} (ω_{TO} bzw. ω_{LO} bedeutet transversal-optische und longitudinal-optische Schwingungsfrequenz im Zentrum der Brillouin-Zone) [2].

Literatur zu 1.1.7.2.2

[1] H. R. Philipp, E. A. Taft (Phys. Rev. [2] **127** [1962] 159/61, 61). — [2] P. J. Gielisse, S. S. Mitra, J. N. Plendl, R. D. Griffis, L. C. Mansur, R. Marshall, E. A. Pascoe (Phys. Rev. [2] **155** [1967] 1039/46).

IR Absorption and Raman Spectra

1.1.7.2.3 IR-Absorptions- und Raman-Spektrum

Messung der Durchlässigkeit zwischen 600 und 1900 cm^{-1} von BN-Pulver, erhalten durch Zerreiben eines BN-Kristalliten zwischen 2 Diamanten, in einer Mikrozelle mit Diamantfenster, ergibt bis etwa 700 cm^{-1} völlige Undurchlässigkeit. Die Durchlässigkeit steigt dann steil auf etwa 75% an, fällt bei 1100 cm^{-1} auf fast 0 zurück und erreicht bei etwa 1550 cm^{-1} wieder ca. 75%. Kleinere Minima erscheinen bei 810 und 1400 cm^{-1}; sie werden auf Verunreinigungen durch hexagonales BN zurückgeführt [1]. — Die Absorptionsspektren zwischen >700 und 1700 cm^{-1} von in Aceton dispergierten Pulverproben haben ein Maximum bei 1075 cm^{-1} und ein scharfes Minimum bei 1365 cm^{-1}, in Übereinstimmung mit den Reflexionsmessungen. Für höhere Wellenzahlen steigt die Absorption wieder an, vermutlich vor allem wegen Streuung an den Kristalliten [2].

Das an plättchenförmigen Einkristallen zwischen 600 und 3700 cm^{-1} gemessene Absorptionsspektrum ist in **Fig. 1–31** wiedergegeben. Der Bereich zwischen 1000 und 1260 cm^{-1} ist wegen Reststrahlenabsorption vollkommen undurchsichtig. Die übrigen 10 Peaks werden Multiphononen-

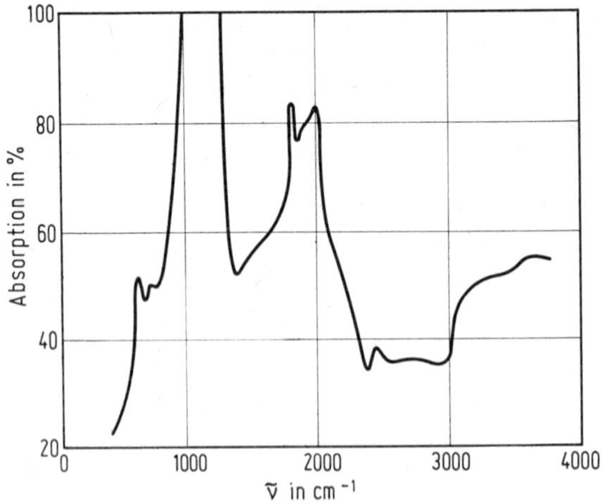

Fig. 1–31

Absorptionsspektrum von kubischen BN-Einkristallen.

absorption zugeschrieben, die entsteht durch Kombination von Schwingungen an den 4 Kanten der Brillouin-Zone mit ω_{LO} = 1232 cm^{-1}, ω_{TO} = 1000 cm^{-1}, ω_{LA} = 685 cm^{-1}, ω_{TA} = 348 cm^{-1} (LA = longitudinal-akustisch, TA = transversal-akustisch) [2]. Zuordnung s. Tabelle:

$\bar{\nu}$ in cm^{-1}. . . .	650	700	1370	1580	1830
Zuordnung . . .	$\omega_{TO}-\omega_{TA}$	$2\omega_{TA}$	$2\omega_{LA}(\omega_{TO}+\omega_{TA})$	$\omega_{LO}+\omega_{TA}$	?
$\bar{\nu}$ in cm^{-1}. . . .	1920	2000	2230	2465	2700
Zuordnung . . .	$\omega_{LO}+\omega_{LA}$	$2\omega_{TO}$	$\omega_{LO}+\omega_{TO}$	$2\omega_{LO}$	$2\omega_{TO}+\omega_{LA}$

Die scharfe Absorption bei 1830 cm^{-1} ist wahrscheinlich auf Verunreinigungen zurückzuführen. Absorptionsspektrum von dotiertem BN s. Original [2].

Das durch He-Ne-Laser (6328 Å) an kleinen, durchscheinenden Polykristallen bei 300°K angeregte Raman-Spektrum hat 2 Peaks, nämlich ω_{TO} = 1056 cm^{-1} und ω_{LO} = 1304 cm^{-1}. Die Raman-Intensität der TO-Schwingung ist größer als die der LO-Schwingung [3].

Literatur zu 1.1.7.2.3

[1] E. R. Lippincott, F. E. Welsh, C. E. Weir (Anal. Chem. **33** [1961] 137/43, 139). — [2] P. J. Gielisse, S. S. Mitra, J. N. Plendl, R. D. Griffis, L. C. Mansur, R. Marshall, E. A. Pascoe (Phys. Rev. [2] **155** [1967] 1039/46, 1042/3). — [3] O. Brafman, G. Lengyel, S. S. Mitra, P. J. Gielisse, J. N. Plendl, L. C. Mansur (Solid State Commun. **6** [1968] 523/6).

1.1.7.2.4 Temperaturstrahlung

Thermal Radiation

Zwischen 350 und 550°K ist das Emissionsspektrum qualitativ das Inverse des Reflexionsspektrums und zeigt die erwartete Temperaturabhängigkeit des Reststrahlenspektrums, P. J. Gielisse, S. S. Mitra, J. N. Plendl, R. D. Griffis, L. C. Mansur, R. Marshall, E. A. Pascoe (Phys. Rev. [2] **155** [1967] 1039/46, 1042).

1.1.7.2.5 Lumineszenz

Luminescence

Thermolumineszenz. Die Glow-Kurven (Erhitzungsgeschwindigkeit 9.1 grd/s) nach Neutronenbeschuß mit 10^{10} bis 10^{15} Neutronen je cm^2 haben einen Thermopeak, dessen Intensität nicht linear mit dem Neutronenfluß ansteigt. Das Peakmaximum verschiebt sich von 120°C bei 10^{10} Neutronen je cm^2 zu 165°C bei 10^{14} und 10^{15} Neutronen je cm^2, G. A. Lubyanskii, V. V. Styrov, V. A. Sokolov (At. Energ. [USSR] **31** [1971] 119/22; Soviet At. Energy **31** [1971] 826/30, 829).

1.1.7.3 BN mit Wurtzitstruktur

BN with Wurtzite Structure

Bei der nach Schockkompression von hexagonalem BN erhaltenen Hochdruckmodifikation, bei der es sich nach Ansicht der Verfasser ausschließlich um die Wurtzitform handelt, treten im IR-Absorptionsspektrum im Bereich von 100 bis 5000 cm^{-1} neben den verschwindenden Banden bei 810 und 1390 cm^{-1} (hexagonales BN) neue Banden bei 470, 510 und 1102 cm^{-1} auf. Die stärkste Bande 1102 cm^{-1} hat Feinstruktur (1091, 1122, 1225 cm^{-1}), die vermutlich durch Übergangsstrukturen verursacht wird, da sie besonders deutlich hervortritt, wenn nach Schockkompression mit H_2O abgeschreckt wird, G. A. Adadurov, Z. G. Aliev, L. O. Atovmyan, T. V. Bavina, Yu. G. Borod'ko, O. N. Brensov, A. N. Dremin, A. Kh. Muranevich, S. V. Pershin (Dokl. Akad. Nauk SSSR **172** [1967] 1066/8; Soviet Phys.–Dokl. **12** [1967] 173/5).

1.1.8 Physikalische Adsorption an hexagonalem BN

Physical Adsorption on Hexagonal BN

1.1.8.1 Isothermen

Isotherms

Die bei 77.8 und 90.1°K gemessenen Adsorptionsisothermen von Ar und N_2 an BN (Oberfläche ca. 18 m^2/g) im Druckbereich von 2×10^{-3} bis 14 Torr lassen sich modellunabhängig durch die Interpolationsformel $\lg p = a + bV + cV^2 + \ldots fV^5$ darstellen. Tabellierte Koeffizienten für 0.05 bis 14 Torr s. Original [1]. Für Belegungsdichten Θ zwischen 0.05 und 0.4 können die Isothermen recht genau durch eine zweidimensionale van der Waalssche Gleichung beschrieben werden nach

$$p = k\frac{\Theta}{1-\Theta}\exp\left[\frac{\Theta}{1-\Theta} - \frac{2a_2\Theta}{b_2RT}\right],$$

bei deren Ableitung von einer homogenen Oberfläche ausgegangen wird. a_2 und b_2 sind die zweidimensionalen van der Waalsschen Konstanten, k ist mit der Adsorptionswärme verknüpft [1, 2]. Die abgeschätzten zweidimensionalen kritischen Temperaturen für Ar (ca. 56°K) und N_2 (ca. 40°K) entsprechen größenordnungsmäßig denjenigen von Ar und N_2 an bei 1800°C graphitisiertem Ruß, was auf eine vergleichbare Heterogenität der Oberflächen der beiden Substanzen schließen läßt [1].

Computerberechnung der von Ross, Pultz [1] gemessenen Ar- und N_2-Isothermen unter der Annahme zweidimensionaler van der Waalsscher Zustandsgleichungen bei freier Beweglichkeit der Adsorbatmoleküle auf einer heterogenen Oberfläche und einer Gaußschen Verteilung der Adsorptionsenergie führt, wenn durch graphischen Vergleich diejenige Modellisotherme gefunden ist, die mit der gemessenen am besten übereinstimmt, zu Volumina bei monomolekularer Bedeckung V_m, die um etwa 15 bis 30% höher liegen als die von [1] nach Langmuir berechneten [3]:

	Ar		N_2		Lit.
T in °K	77.8	90.1	77.8	90.1	
V_m in mol/g	5.06	4.26	4.23	3.70	[1]
	5.86	5.11	4.85	4.70	[3]

Die von Ross, Pultz [1] mit Ar und N_2 gemessenen und auf absolute Dampfdrucke umgerechneten Absorptionsisothermen verlaufen bis etwa 0.6 Torr sehr nahe beieinander, oberhalb 0.6 Torr übersteigt die Ar-Adsorption diejenige des N_2, was auf eine dichtere Packung des Ar auf der BN-Oberfläche zurückzuführen ist [4].

Ein Vergleich der auf Absolutwerte (in μmol/m^2) umgerechneten Adsorptionsisothermen für 78°K von Ar und N_2 an BN als nichtpolarem Adsorbens mit solchen von Ar und N_2 an polaren (hydroxyliertes SiO_2) und ionischen Adsorbentien ($BaSO_4$) zeigt eine wesentlich größere Adsorptionsfähigkeit des BN für Ar, für N_2 dagegen ist sie geringer als die des $BaSO_4$ [5].

Mehrschicht-Adsorptionsisothermen für Ar weisen bei 66.0, 68.9 und 75.9°K deutliche Stufen in der Nähe ganzzahliger Θ-Werte auf und Überschneidungen der Isothermen nahe den ganzzahligen und halbzahligen Θ-Werten. Mit N_2 treten bei 63.30 und 65.79°K ebenfalls deutliche Stufen nahe den ganzzahligen Θ-Werten auf [6].

Die 20°C-Isotherme für Br_2 zeigt bei niedrigen Partialdrucken Hysteresis, was vermutlich auf Kapillarkondensation zwischen den BN-Ebenen zurückzuführen ist. Die Sättigungsadsorption beträgt 0.3 ml/g, beim Druck 0 verbleibt kein Br_2-Rest. Mit JCl beginnt merkliche Adsorption bei 20°C erst für $p/p_s \gtrapprox 0.6$. Hysteresis tritt nur bei der 1. Desorption auf oder wenn nach erfolgter Desorption das BN-Pulver einige Male gerüttelt wird, d. h., Desorption von JCl bewirkt eine die Hysteresis ausschließende Stapelung des BN-Pulvers. Auch beim Auftreten von Hysteresis verbleibt kein JCl-Rest beim Druck 0. Sättigungsadsorption 0.14 ml/g [7].

Die reversible Adsorption von B_2H_6 an BN bei Drucken von 180 bis 750 Torr und Temperaturen von 180 bis 315°K verläuft, jedenfalls bei den niedrigeren Temperaturen, annähernd nach dem Langmuir-Typ. Die Isobaren sind stufenlos [8].

Bei $p/p_s < 0.6$ ist die Adsorption von CrO_2Cl_2 bei 20°C vernachlässigbar. Kapillarkondensation mit Hysteresis tritt bei $p/p_s > 0.6$ auf. Sättigungsadsorption 0.34 ml/g [7].

Die auf Absolutwerte (μmol/m^2) umgerechnete n-Hexan-Isotherme (30°C) liegt über derjenigen für Benzol (BN-Oberfläche 8.1 und 7.3 m^2/g, $p/p_s \leqq 0.01$). n-Hexan wird von BN wesentlich stärker adsorbiert als von polaren oder ionogenen Adsorbentien, dagegen unterscheiden sich die an verschiedenen Adsorbentien adsorbierten Benzolmengen nur wenig und sind am ionogenen $BaSO_4$ etwas größer als am BN [5].

Literatur zu 1.1.8.1

[1] S. Ross, W. W. Pultz (J. Colloid Sci. **13** [1958] 397/406). — [2] S. Ross, W. Winkler (J. Colloid Sci. **10** [1955] 319/29). — [3] S. Ross, J. P. Olivier (J. Phys. Chem. **65** [1961] 608/15). — [4] L. D. Belyakova, A. V. Kiselev (Izv. Akad. Nauk SSSR Otd. Khim. Nauk **1962** 1185/9; Bull. Acad. Sci. USSR Div. Chem. Sci. **1962** 1111/5). — [5] L. D. Belyakova, A. V. Kiselev (Izv. Akad. Nauk SSSR Ser. Khim. **1966** 638/42; Bull. Acad. Sci. USSR Div. Chem. Sci. **1966** 606/9).

[6] R. A. Pierotti (J. Phys. Chem. **66** [1962] 1810/5). — [7] J. G. Hooley (Can. J. Chem. **40** [1962] 745/64). — [8] H. C. Beachell, H. S. Veloric (J. Phys. Chem. **60** [1956] 102/3).

Heat of Adsorption

1.1.8.2 Adsorptionswärme

Theoretical Calculation of Interaction Energy

1.1.8.2.1 Theoretische Berechnung der Wechselwirkungsenergie

Diese kann erfolgen unter der Annahme eines Lennard-Jones(6-12)-Potentials zwischen BN als kovalentem, unpolarem Festkörper und einem Ar-Atom [1] bzw. einem Ne-, Ar-, Kr-, Xe-Atom oder einem N_2 oder CH_4-Molekül [2] und Summation über alle paarweise auftretenden Wechselwirkungskräfte des betreffenden Atoms oder Moleküls mit den B- und N-Atomen des BN entsprechend $\Phi = -C\Sigma(r^{-6} - \frac{1}{2}r_0^6 r^{-12})$. Über spezielle Annahmen zur Berechnung der Dispersionskraftkonstante C, der Abstoßungskonstante r_0 und des Gleichgewichtsabstands r zwischen Adsorbens und Adsorbat s. die jeweiligen Originale [1, 2]. Die von Pierotti, Petricciani [1] durchgeführten Summationen für die 4 möglichen Positionen des Ar auf der BN-Oberfläche, nämlich über einem B_3N_3-Hexagon (energetisch günstigste Stellung) oder über einem B-Atom oder über einem N-Atom oder über der Mitte zwischen einem B- und N-Atom, liefern nur geringfügig verschiedene Werte für die Adsorptionsenergie ΔH_0°. Bei den üblichen Meßtemperaturen (77.8°K) werden die Unterschiede vernachlässigbar, was auf eine Mobilität des adsorbierten Films hinweist.

Ein von Kiselev für die Berechnung der Wechselwirkungsenergie bei der Adsorption von Atomen oder einfachen Molekülen an Graphit vorgeschlagener Ansatz, der Dipol–Dipol-, Dipol–Quadrupol- und Quadrupol–Quadrupol-Wechselwirkungen berücksichtigt, wird von Curthoys, Elkington [3] auf die Adsorption von Ne, Ar, Kr, der Gruppen CH_3 und CH_2 und der aromatischen CH-Gruppe an BN übertragen. Der Ausdruck für die Wechselwirkungsenergie lautet $\Phi = -C_1\Sigma r^{-6} - C_2\Sigma r^{-8} - C_3\Sigma r^{-10} + B\Sigma r^{-12}$. Bestimmung der Konstanten C_n und B s. Original. Im Gegensatz zu Pierotti, Petricciani [1] wird der Gleichgewichtsabstand zwischen dem Adsorbat und den B- bzw. N-Atomen verschieden angenommen. Wie bei [1] ergibt sich als energetisch am günstigsten die Position über dem B_3N_3-Hexagon, der Unterschied von ΔH_0° für die verschiedenen Positionen ist nach [3] jedoch ausgeprägter als bei [1]. Bei der Berechnung der Gesamtwechselwirkungsenergie werden die Positionen entsprechend ihren Energiebeiträgen verschieden berücksichtigt [3]. Die Dispersionsenergie von Ar an BN setzt sich wie folgt zusammen: Dipol–Dipol-Anteil etwa 92.7%, Dipol–Quadrupol-Anteil etwa 6.6%, Quadrupol–Quadrupol-Anteil etwa 0.7%. Die Abstoßungsenergie beträgt etwa 40% der Attraktionsenergie. Ähnliche Werte werden auch für die anderen Adsorbate erhalten [3]. — Für geradkettige Kohlenwasserstoffe berechnet sich Φ nach $\Phi_n = 2\Phi_{CH_3} + (n-2)\ \Phi_{CH_2}$ aus Inkrementen für die Kettenglieder, für Benzol wird der Wert $6\Phi_{CH}$ angegeben, s. Tabelle auf S. 68. Wechselwirkungsenergien ΔH_0° nach [1 bis 3] in kcal/mol:

Adsorbat	Ne	Ar	Kr	Xe	N_2	Lit.
$-\Delta H_0^\circ$	—	1.960	—	—	—	[1]
	0.940	2.161	2.554	3.494	1.887	[2]
	0.86	2.08	2.80	—	—	[3]

Adsorbat-Inkrement .	CH_4	CH_3	CH_2	CH (aromatisch)
$-\Delta H_0^\circ$	2.590 [2]	2.11 [3]	1.69 [3]	1.72 [3]

Die Integration der Lennard-Jonesschen Potentialgleichung führt zur Attraktionsenergie zwischen Adsorbat und Adsorbens gemäß $E_{attr} = \frac{1}{6}\pi NC(\frac{1}{Z})^3$ (N = Anzahl Atome/ml Feststoff, Z = senkrechter Abstand Adsorbat–Atom ↔ Oberfläche, C = Kirkwood-Müllersche Dispersionsenergiekonstante). Dieses kubische Gesetz kann bestätigt werden durch die Kombination modellunabhängiger Gleichungen der Isothermen von Ar an Graphit und von Ar an BN für gleiche experimentell bestimmte Belegungsdichten (0.5, 1.5, 2.5) [4].

Literatur zu 1.1.8.2.1

[1] R. A. Pierotti, J. C. Petricciani (J. Phys. Chem. **64** [1960] 1596/7). — [2] A. D. Crowell, C. O. Chang (J. Chem. Phys. **43** [1965] 4364/7). — [3] G. Curthoys, P. A. Elkington (J. Phys. Chem. **71** [1967] 1477/83). — [4] R. A. Pierotti (J. Chem. Phys. **36** [1962] 2515/6).

1.1.8.2.2 Gemessene Adsorptionswärmen

Measured Heats of Adsorption

In der folgenden Tabelle sind die differentiellen Adsorptionswärmen in kcal/mol von Ar und N_2 an BN (Oberfläche 18 m^2/g) für verschiedene Belegungsdichten Θ bei 84°K nach [1] aufgeführt, berechnet aus den bei 77.8 und 90.1°K gemessenen Isothermen:

Θ	0.1	0.2	0.3	0.4	0.5	0.6
$-\Delta H^\circ$ (Ar)	2.220	2.280	2.330	2.390	2.490	2.510
$-\Delta H^\circ$ (N_2)	2.290	2.330	2.390	2.390	2.380	2.350

$-\Delta H^\circ$ ist für Ar und Belegungsdichten $\Theta < 0.4$ kleiner als die entsprechenden Werte für N_2; für $\Theta > 0.4$ ist $-\Delta H^\circ$ jedoch größer, was auf eine dichtere Packung von Ar auf der BN-Oberfäche zurückzuführen ist [2]. Die aus den Mehrschichten-Adsorptionsisothermen von Ar (66.0, 68.9, 75.9°K) und N_2 (63.30, 65.79°K) nach einer modifizierten Hill-Isothermengleichung berechneten Wechselwirkungsenergien betragen für Ar bzw. N_2 bei 0°K 1.95 bzw. 1.80 kcal/mol [3]. Die aus den gleichen Isothermen erhaltenen isosteren Adsorptionswärmen Q_{st} zeigen als Funktion der Belegungsdichte Θ für $\Theta > 1$ Maxima in der Nähe ganzzahliger und Minima in der Nähe halbzahliger Θ-Werte. Für Ar nähert sich Q_{st} in der 2. und zunehmend in der 3. Schicht der Sublimationswärme von Ar. Beispielsweise liegt Q_{st} für $\Theta = 3$ noch etwa 10 cal/mol über dieser. Bei N_2 ist Q_{st} während der Ausbildung der 3. Schicht schon kleiner als die Sublimationswärme von N_2 und liegt für $\Theta = 2.8$ noch beispielsweise 100 cal/mol über der Verdampfungswärme von N_2 [3].

Aus den im Druckbereich von 180 bis 750 Torr bei Temperaturen von 210 bis 315°K praktisch gradlinig verlaufenden Adsorptionsisosteren von B_2H_6 an BN ergibt sich die isostere Adsorptionswärme für adsorbierte Mengen von 2 bis 10 cm^3/g zu 10 kcal/mol [4].

Die differentiellen Adsorptionswärmen einiger Kohlenwasserstoffe werden gaschromatographisch an BN (Oberfläche 94 m^2/g) bestimmt. Obgleich die BN-Probe 3 h bei 2100°C in N_2 rekristallisiert worden war, werden asymmetrische Peaks erhalten, was auf eine immer noch heterogene BN-Oberfläche zurückzuführen ist und zu gemessenen Adsorptionswärmen führt, die um ca. 1 kcal/mol höher liegen als die berechneten [5]. Ergebnisse s. die zusammenfassende Tabelle, in der auf 0°K umgerechnete Meßwerte mit berechneten Wechselwirkungsenergien verglichen werden. Angaben in kcal/mol.

Adsorbat	berechnete Werte	Lit.	gemessene Werte	Lit.
Ne	0.940	[6]		
Ne	0.86	[5]		
Ar	1.960	[7]	1.95	[3]
Ar	2.161	[6]	1.85+)	[1]
Ar	2.08	[5]		
Kr	2.554	[6]		
Kr	2.80	[5]		
Xe	3.494	[6]		
N_2	1.887	[6]	1.800	[3]
N_2			1.84+)	[1]
CH_4	2.590	[6]		
iso-C_5H_{12}			9.4	[5]
n-C_5H_{12}	9.3	[5]	10.5	[5]
C_6H_{14}	11.0	[5]	12.4	[5]
C_7H_{16}	12.7	[5]	13.7	[5]
C_8H_{18}	14.4	[5]	15.6	[5]
C_6H_{12}			10.2	[5]
C_6H_6	10.1	[5]	11.3	[5]

+) Die von [1] bei 84°K gemessenen Werte sind von [6] auf 0°K umgerechnet.

Aus experimentellen Daten unter der Annahme eines mobilen oder eines fixierten adsorbierten Films berechnete $\Delta S°$-Werte zeigen beim Vergleich mit theoretisch berechneten, daß sowohl N_2 als auch Ar auf der BN-Oberfläche im wesentlichen mobil sein müssen [1].

Literatur zu 1.1.8.2.2

[1] S. Ross, W. W. Pultz (J. Colloid Sci. **13** [1958] 397/406). — [2] L. D. Belyakova, A. V. Kiselev (Izv. Akad. Nauk SSSR Otd. Khim. Nauk **1962** 1185/9; Bull. Acad. Sci. USSR Div. Chem. Sci. **1962** 1111/5). — [3] R. A. Pierotti (J. Phys. Chem. **66** [1962] 1810/5). — [4] H. C. Beachell, H. S. Veloric (J. Phys. Chem. **60** [1956] 102/3). — [5] G. Curthoys, P. A. Elkington (J. Phys. Chem. **71** [1967] 1477/83).

[6] A. D. Crowell, C. O. Chang (J. Chem. Phys. **43** [1965] 4364/7). — [7] R. A. Pierotti, J. C. Petricciani (J. Phys. Chem. **64** [1960] 1596/7).

Chemical Reactions
Hexagonal BN
On Irradiation and with Elemental Particles

1.1.9 Chemisches Verhalten

1.1.9.1 Hexagonales BN

1.1.9.1.1 Bei Bestrahlung und gegen Elementarteilchen

Wird pulverförmiges BN von einem fokussierten Laserstrahl getroffen (Impulsdauer 500 μs, Energiedichte an der Oberfläche etwa 3 $MW \cdot cm^{-2}$), so zeigt das an Luft gemessene Molekülspektrum der „Flamme“ keine BN-Banden, sondern Banden von BO und Fluktuationsbanden von BO_2 [1]. — Nach Bestrahlung mit etwa 5×10^8 Röntgen verfärbt sich bei 1700°C in Ar getempertes und rasch abgekühltes BN gelb und zeigt intensive paramagnetische Absorption. Beide Erscheinungen, die durch Erhitzen auf 1000°C wieder rückgängig gemacht werden können, werden auf die Bildung von Stickstoffvakanzen zurückgeführt, die nach Auffassung der Autoren positiv geladene Vakanzen sind, dazu befähigt, Elektronen einzufangen, d. h. F-Zentren zu bilden. Aus der Konzentration der F-Zentren, bestimmt durch ESR-Messungen (s. S. 26) ergibt sich eine maximale Abweichung von der stöchiometrischen Zusammensetzung in der Größenordnung von 0.001% [2]. Bei einer dunkelorange gefärbten Probe beträgt sie sogar 0.01% [3]. Massenspektrometrische Messungen an feingepulverten Proben, die während einer Woche bei 5×10^{-7} Torr und etwa 400°C entgast und anschließend mit etwa 5×10^8 Röntgen bestrahlt worden waren (Dosisleistung etwa 450 Röntgen/s) zeigen, daß ausschließlich molekularer Stickstoff entweicht in einer Menge, die einer Abweichung von ca. 0.0001% von der stöchiometrischen Zusammensetzung entspricht. Die Differenz zu den aus ESR-Messungen bestimmten Prozentsätzen wird durch Adsorption von N_2 im BN erklärt. Ein bei 1200°C hergestelltes, nicht bei 1700°C getempertes BN ist nach Röntgenbestrahlung weder verfärbt noch zeigt es paramagnetische Absorption. Die massenspektrometrisch gemessene N_2-Menge ist um den Faktor 4 bis 5 kleiner als die beim getemperten BN [2].

Durch Bestrahlung mit Reaktorneutronen wird BN orangefarben [4]. Über die Art der gebildeten F-Zentren siehe bei ESR-Spektren, S. 26. — Beim Beschuß von BN mit thermischen Neutronen läuft die Reaktion $n + {}^{10}B \rightarrow {}^4He + {}^7Li$ ab. Über die Veränderung der Gitterparameter durch Einlagerung von Atomen zwischen die hexagonalen Ebenen s. S. 21 [5, 6].

Bei der Wechselwirkung mit Positronen läßt sich das Zeitspektrum der Vernichtungsstrahlung in 2 Komponenten auflösen, die verschiedenen Lebensdauern τ_1 und τ_2 entsprechen. τ_1 wird der Vernichtung der freien Positronen durch die Elektronen des Valenzbandes zugeschrieben und beträgt 0.264 ± 0.008 ns. Die Interpretation von $\tau_2 = 0.58 \pm 0.06$ ns ist zweifelhaft. Die Intensität der langsameren Zerfallskomponente beträgt $29 \pm 3\%$ [7].

Literatur zu 1.1.9.1.1

[1] H. I. S. Ferguson, J. E. Mentall, R. W. Nicholls (Nature **204** [1964] 1295). — [2] M. B. Khusidman, V. S. Neshpor, V. M. Smirnov (Radiokhimiya **11** [1969] 477/8; Soviet Radiochem. **11** [1969] 467/8). — [3] M. B. Khusidman, V. S. Neshpor (Fiz. Tverd. Tela **10** [1968] 1229/31; Soviet Phys.–Solid State **10** [1968] 975/6). — [4] M. B. Khusidman, B. N. Sharupin (Radiokhimiya **9** [1967] 279/80; Soviet Radiochem. **9** [1967] 277/8). — [5] R. S. Pease (Acta Cryst. **7** [1954] 663).

[6] R. A. Dugdale (Rept. Conf. Defects Crystalline Solids, Bristol 1954 [1955], S. 246/51). — [7] A. Gainotti, C. Ghezzi (Lettere Nuovo Cimento **2** [1969] 734/7; C.A. **72** [1970] Nr. 73344).

1.1.9.1.2 Bei Wärmeeinwirkung

On Heating

Als Sublimationstemperatur im Vakuum wird 3000°C angegeben [1]. — Bei 3stündigem Erhitzen auf 1000°C und 1stündigem Erhitzen auf 1200°C wird keine Gewichtsabnahme beobachtet [2]. Bei einem käuflichen BN mit ca. 7% B_2O_3 beträgt der Gewichtsverlust nach 16 h bei 1500 bzw. 1750°C etwa 3.5 bzw. 5%, nach 8 h bei 2000°C ca. 25% [3]. Die rasche Zersetzung von heißgepreßtem BN beginnt bei 1800°C (4×10^{-3} Torr) [4]. Der Gewichtsverlust von heißgepreßtem BN mit 2.7% B_2O_3 beträgt nach 4 h bei 1600, 1700 bzw. 1800°C 5.4, 12.0 bzw. 14.6% und nach 1 h bei 1900°C 27.0% [5]. Über den Gewichtsverlust von BN-Fasern mit verschiedener Kristallitgröße bei 2100, 2400 und 2500°C s. [6].

Bei der massenspektrometrischen Untersuchung einer BN-Probe wird bei 1450°C ein Peak für B^+ gefunden, dessen Intensität mit der Temperatur steigt, bei konstanter Temperatur jedoch monoton fällt. Dieser Peak rührt offensichtlich von der Dissoziation einer relativ flüchtigen Verunreinigung her. Bei > 1600°C beginnt sich BN unter Entwicklung von N_2 zu zersetzen [7], das sich in dem aus einer Hochtemperatur-Knudsenzelle effundierenden Molekularstrahl massenspektrometrisch als einzige Komponente nachweisen läßt [8]. Der Befund, daß sich bei raschem Erhitzen von BN auf > 2500°K an den Gefäßwänden kein merklicher BN-Niederschlag bildet, weist ebenfalls auf die alleinige Anwesenheit von N_2 im Gasraum hin. Die Zersetzungsgeschwindigkeit fällt bei längerem Erhitzen auf 2000°K stark ab, da die BN-Probe von Bor umhüllt wird [9].

Als Zersetzungstemperatur unter 1 atm Gesamtdruck wird 2600 ± 100°K angegeben [18]. Aus den in JANAF Thermochemical Tables tabellierten thermodynamischen Größen wird dagegen

2832°K berechnet. Der Unterschied ist wahrscheinlich auf die Ungenauigkeit der Hochtemperaturenthalpien von BN(krist.), B(krist.) und B(fl.) sowie der Schmelzenthalpie von B(krist.) zurückzuführen [19].

Die Angaben über den N_2-Gleichgewichtsdruck in „Bor" Erg.-Bd., S. 160 sind überholt. Die nach der Torsions-Effusionsmethode gemessenen N_2-Drucke zwischen 1860 und 2160°K sind von der Größe der Effusionsöffnung abhängig und werden durch Extrapolation auf eine Öffnungsfläche → 0 in Gleichgewichtsdrucke p in atm · 10^{-5} umgerechnet. Werte in Auswahl nach [10]:

Temperatur in °K . . .	1860	1893	1912	1936	1984
p	1.27	1.74	2.43	3.61	8.74
Temperatur in °K . . .	2001	2043	2076	2114	2162
p	10.1	19.6	29.6	51.8	91.0

Die nach der Langmuirschen „free evaporation" Methode mit einer Vakuummikrowaage experimentell bestimmten N_2-Drucke p_{N_2} sind durch den Sublimationskoeffizienten $\alpha_s < 1$ mit dem Gleichgewichtsdruck p nach $p_{N_2} = \alpha_s \cdot p$ verbunden. α_s wird zwischen 1400 und 2000°K abgeschätzt nach $-RT\lg\alpha_s = \Delta H^*_{298} - \Delta H_{298}$ (ΔH^*_{298} ist die aus p_{N_2} und thermodynamischen Daten berechnete scheinbare Reaktionsenthalpie, ΔH_{298} ist die Gleichgewichtsreaktionsenthalpie). Bei 1400 bzw. 2000°K ist $\alpha_s \approx 6.6 \times 10^{-3}$ bzw. $\approx 10 \times 10^{-3}$ [9]. $\alpha_s = 2.5 \times 10^{-3}$ bei 2050°K [17]. Aus der Abhängigkeit der von [10] gemessenen N_2-Drucke von der Größe der Effusionsöffnung wird in guter Übereinstimmung hiermit $\alpha_s < 6 \times 10^{-3}$ abgeschätzt. Aus thermodynamischen Daten von [11] berechnete N_2-Gleichgewichtsdrucke sollen nach [12] gut mit den Werten nach [10] (s. Tabelle) und mit den durch Einsetzen der entsprechenden α_s-Werte umgerechneten Meßdaten von [9] übereinstimmen. Etwas niedriger, aber in der gleichen Größenordnung wie bei [10] liegen die von [13] aus Literaturdaten zwischen 1500 und 2300°K berechneten N_2-Gleichgewichtsdrucke p. Beispielsweise ergibt sich p zu 2.62×10^{-9}, 6.17×10^{-5} bzw. 3.76×10^{-3} atm für T = 1500, 2000 bzw. 2300°K. Ebenfalls von [13] berechnete Werte für die Gleichgewichtsdrucke von N_2 und BN zwischen 2500 und 3000°K gehen von unrichtigen thermodynamischen Daten aus.

Wird $-RT\lg\alpha_s = \Delta H^*_{298} - \Delta H_{298}$ (s. oben) als freie Enthalpie der Aktivierung definiert, so ergibt sich unter der Voraussetzung, daß $\alpha_s = \exp(-\Delta H^{act}/RT) \cdot \exp(\Delta S^{act}/R)$, die Aktivierungsenthalpie zu $\Delta H^{act} = 3.9 \pm 2$ kcal/mol und die Aktivierungsentropie zu $\Delta S^{act} = -7.3 \pm 1$ cal · $mol^{-1} \cdot grd^{-1}$ für Temperaturen zwischen 1400 und 2000°K [9].

Unter Helium ist pulverförmiges BN bis 3000°C stabil, festes, wahrscheinlich heißgepreßtes BN dagegen nur bis 1670°C [14]. — In NH_3-Atmosphäre kann BN ohne Zersetzung auf 3000°C erhitzt werden [1]. Es schmilzt unzersetzt unter N_2-Druck, Schmelzpunktkurve s. S. 16/7 [15].

Über die Erosion von BN durch 3300 bis 3900°K heißen, schnell strömenden Stickstoff von 1 atm, s. [16], über kinetische Berechnungen der BN-Zersetzung in einem Strom eines 2atomigen inerten Gases bei 1500 bis 3500°K und 1 und 40 atm, s. [12].

Literatur zu 1.1.9.1.2

[1] J. M. Blocher (in: I. E. Campbell, High Temperature Technology, London 1956, S. 173/5). — [2] I. L. Zagyansky, G. V. Samsonov (Zh. Prikl. Khim. **25** [1952] 557/8; J. Appl. Chem. USSR **25** [1952] 629/30). — [3] J. D. Buckley (Am. Ceram. Soc. Bull. **48** [1969] 711/5). — [4] T. A. Ingles, P. Popper (in: P. Popper, Special Ceramics, London 1960, S. 144/67, 159). — [5] G. Arthur (Intern. Symp. Magnetohydrodyn. Elec. Power Generation Papers, Paris 1964, Bd. 3, S. 1063/75, 1068; C.A. **63** [1965] 5064).

[6] J. Economy, R. V. Anderson (J. Polymer Sci. C **19** [1967] 283/97). — [7] P. A. Akishin, Yu. S. Klodeev (Zh. Neorgan. Khim. **7** [1962] 941/2; Russ. J. Inorg. Chem. **7** [1962] 486). — [8] P. Schissel, W. Williams (Bull. Am. Phys. Soc. [2] **4** [1959] 139). — [9] L. H. Dreger, V. V. Dadape, J. L. Margrave (J. Phys. Chem. **66** [1962] 1556/9). — [10] D. L. Hildenbrand, W. F. Hall (J. Phys. Chem. **67** [1963] 888/93).

[11] V. P. Glushko (Thermodynamic Properties of Individual Substances, Bd. 2, Moscow 1962). — [12] Yu. A. Dushin, A. V. Dmitriev (Izv. Akad. Nauk SSSR Neorgan. Materialy **4** [1968] 1596/8; Inorg. Materials [USSR] **4** [1968] 1392/4). — [13] V. V. Fesenko (Proshkovaya Met. Akad. Nauk Ukr. SSR **1** Nr. 4 [1961] 80/5). — [14] W. G. Bradshaw, C. O. Mathews (LMSD-2466 [1958] 59). — [15] R. H. Wentorf (J. Phys. Chem. **63** [1959] 1934/40).

[16] P. Bro, S. Steinberg (Am. Rocket Soc. J. **31** [1961] 1460/2). — [17] A. S. Bolgar, S. P. Gordienko, E. A. Ryklis, V. V. Fesenko (Chemistry and Physics of the Nitrides, Naukova Dumka, Kiev 1968, S. 151/6; C.A. **71** [1969] Nr. 34003). — [18] Dow Chemical Comp. (AF 33(616)-6149 nach [19]). — [19] D. R. Stull, H. Prophet (JANAF Thermochemical Tables, 2nd Edition, NSRDS-NBS 37 [1971]).

1.1.9.1.3 Gegen Elemente

With Elements

1.1.9.1.3.1 Gegen Sauerstoff

With Oxygen

Die Oxydation zu B_2O_3 und Stickoxiden, die als HNO_3 bestimmt werden, beginnt bei 15minütigem Überleiten von O_2 bei 900°C, und zwar sowohl für unvorbehandeltes BN als auch für bei 1600 bis 2200°C in N_2 getempertes BN; für das bei 2200 bis 2400°C getemperte BN beginnt die Oxydation jedoch erst bei 1000°C. Die 1. Probengruppe wird bei 1000°C merklich oxydiert, die 2. bei 1100°C. In allen Fällen verläuft die Oxydation in den ersten 15 Minuten am heftigsten, danach hemmt geschmolzenes B_2O_3 die weitere Oxydation [1].

Bei Anwendung von Luftsauerstoff zeigen Thermodiagramme für ein aus H_3BO_3 und NH_3 mit C als Reduktionsmittel bei Nitrierungstemperaturen von 1500 bis 1800°C hergestelltes BN einen Oxydationsbeginn bei 990°C [2]. Für das nach [3] hergestellte „900°C-BN" und das hieraus gewonnene, bei 1800°C im N_2- oder Ar-Strom gereinigte BN (s. S. 6) beginnt die Oxydation dagegen bereits bei etwa 770°C. Dabei sind Geschwindigkeit und Grad der Oxydation des „900°C-BN" wegen des hohen anfänglichen B_2O_3-Gehaltes (ca. 14%) im untersuchten Temperaturbereich bis 1100°C wesentlich geringer als im gereinigten BN [3]. Nach [4] hergestelltes BN wird bei 800 bis 900°C merklich oxydiert und enthält nach 2 h bei 1000 bis 1100°C nur noch 3 bis 4% BN [5]. Nach [6] (s. S. 2) bei 950 bis 1100°C synthetisiertes BN wird bei ca. 850°C merklich oxydiert, das bei 1500°C synthetisierte dagegen erst bei 950°C [6]. Bei einem käuflichen BN mit ca. 7% B_2O_3 beträgt der Gewichtsverlust bei 1000°C 11 bzw. 40% nach 4 bzw. 16 h, bei 1500°C 25 bzw. 41% nach 1 bzw. 4 h [8]. Bei 2stündigem Erhitzen auf 950°C im offenen Muffelofen werden ca. 40% des BN zu B_2O_3 oxydiert, das als schützendeSchmelze weitere Oxydation beträchtlich hemmt. Bei Zusatz von CaO oder $BaCO_3$, die B_2O_3 unter Bildung von Boraten abfangen, ist die Oxydation bei 950 bis 1000°C nach 1 bis 1.5 h vollständig [7]. Gewichtsverlust von heißgepreßtem BN in mg/cm² bei 700 und 1000°C nach [9]:

		2	10	30	60
Oxydationszeit in h		2	10	30	60
Gewichtsverlust bei	700°C	0.014	0.062	0.138	0.235
	1000°C	0.35	0.85	4.8	10.0

Die Oxydation von pyrolytischem BN (s. S. 6) beginnt bei etwa 1200°C [10]; nach [11] bildet sich zwischen 800 und 1000°C eine oxidische Schutzschicht, so daß merkliche Oxydation erst ab 1200°C auftritt; die Oxydation wird bei 1400°C rascher und führt bei noch höheren Temperaturen wegen der Flüchtigkeit von B_2O_3 zum schnellen Materialverfall. — Bis ca. 2000°C ist die Oxydationsgeschwindigkeit von pyrolytischem BN deutlich kleiner als die von pyrolytischem Graphit [12, 13]; sie steigt schnell an bei >2000°C, beträgt jedoch bei 2000°C erst 0.008 $g \cdot cm^{-2} \cdot min^{-1}$ [13].

Berechnung von Wärme- und Massentransportgleichungen für die Verbrennung von pyrolytischem BN zwischen 1500 und 5000°K bei Drucken von 0.01 bis 100 atm unter Annahme einer festen laminaren Grenzfläche und Zuhilfenahme thermodynamischer Literaturdaten, s. bei [14]. Danach wird die Bildung von N_2, B_2O_3, B_2O_2, BO_2, BO und B neben- oder nacheinander angenommen.

Literatur zu 1.1.9.1.3.1

[1] L. E. Pechentkovskaya, T. V. Dubovik, T. N. Nazarchuk (Izv. Akad. Nauk SSSR Neorgan. Materialy **3** [1967] 963/6; Inorg. Materials [USSR] **3** [1967] 862/4). — [2] M. D. Lyutaya, I. G. Chernysh, O. A. Frenkel (Poroshkovaya Met. Akad. Nauk Ukr.SSR **10** Nr. 6 [1970] 86/92; Soviet Powder Met. **1970** 503/8). — [3] T. A. Ingles, P. Popper (in: P. Popper, Special Ceramics, London 1960, S. 144/67, 163/4). — [4] I. G. Shafran (Zh. Prikl. Khim. **13** [1940] 1885/90). — [5] I. L. Zagyansky, G. V. Samsonov (Zh. Prikl. Khim. **25** [1952] 557/8; J. Appl. Chem. USSR **25** [1952] 629/30).

[6] K. N. Repenko, I. A. Getman (Sb. Nauchn. Tr. Ukr. Nauchn. Issled. Inst. Ogneuporov **1967** Nr. 10, S. 118/28). — [7] K. D. Modylevskaya, M. D. Lyutaya, T. N. Nazarchuk (Zavodsk. Lab. **27** [1961] 1345/6; Ind. Lab. [USSR] **27** [1961] 1350/1). — [8] J. D. Buckley (Am. Ceram. Soc. Bull.

48 [1969] 711/5). — [9] K. M. Taylor (Ind. Eng. Chem. **47** [1955] 2506/9). — [10] T. Renner (Z. Anorg. Allgem. Chem. **298** [1959] 22/33, 30/3).

[11] R. Francis, E. P. Flint, A. D. Little (WAL-766/41/1 [1961] 31). — [12] M. Basche, D. Schiff (Mater. Design Eng. **59** Nr. 2 [1964] 78/81). — [13] R. G. Bourdeau (Mater. Design Eng. **56** Nr. 2 [1962] 106/9). — [14] M. D. Bowen, C. W. Gorton (Progr. Astronaut. Aeron. **15** [1964] 251/78; C.A. **62** [1965] 15743).

With Halogens

1.1.9.1.3.2 Gegen Halogene (und Interhalogenverbindungen)

Fluor. BN reagiert quantitativ mit trocknem, HF-freiem F_2 bei Temperaturen um und oberhalb Zimmertemperatur in exothermer Reaktion unter blauer Chemolumineszenz nach $2BN + 3F_2 \rightarrow 2BF_3 + N_2$ [1]. Die blaue Chemolumineszenz tritt nach [2] nur bei F_2-Drucken um etwa 100 Torr auf und wird wahrscheinlich durch angeregte N-Atome verursacht. Von diesem Druck an verläuft die Verbrennung spontan [3]. Bei höheren Drucken verbrennt BN in Fluor mit weißer Flamme [2]. Bei starker Kühlung oder Verdünnung des F_2 mit N_2 bleibt die Reaktion aus [1]. Spuren von NF_3 lassen sich weder chemisch noch durch spektroskopische Untersuchung der Chemolumineszenz nachweisen [1], auch nicht bei massenspektroskopischer Analyse der gebildeten Gase [3]. Dagegen identifizieren Schumb und O'Malley [4] 0.01% NF_3 durch IR-Spektroskopie (Reaktion bei gewöhnlicher Temperatur).

Chlor. Die Bildung einer Einschlußverbindung bei 10stündigem Einwirken von Cl_2 auf BN im verschlossenen Glasrohr bei −35°C wird nicht beobachtet [5]. Gewichtsverlust in mg/cm² von heißgepreßtem BN bei der Reaktion mit Cl_2 zu BCl_3 für 700 und 1000°C nach [6]:

Reaktionszeit in h		3	20	40
Gewichtsverlust bei	700°C	—	0.25	0.55
	1000°C	2.7	17.0	—

Brom. Keine Reaktion mit Br_2 bei −80, 25 und 60°C während 48 h [5] und bei 75 bis 80°C während 24 h [7].

Das Auftreten einer Hysteresis bei der 20°C-Adsorptionsisotherme von Br_2 an BN könnte durch Bildung einer kleinen Menge einer Einlagerungsverbindung erklärt werden; näher liegt jedoch, Kombination von Oberflächenadsorption und Kapillarkondensation anzunehmen, vor allem da beim Druck 0 alles Br_2 desorbiert ist [8].

Jod. Zwischen Jod und BN wird bei 25 und 180°C während 48 Stunden keine Reaktion beobachtet [5].

Jodchlorid. Keine Reaktion während 24 h bei 75 bis 80°C [7] und während 48 h bei 25 und 90°C [5]. Ebenso gibt die 20°C-Adsorptionsisotherme keinen Hinweis auf Bildung einer Einschlußverbindung [8].

Literatur zu 1.1.9.1.3.2

[1] O. Glemser, H. Haeseler (Z. Anorg. Allgem. Chem. **279** [1955] 141/5). — [2] S. S. Wise, J. L. Margrave, H. M. Feder, W. N. Hubbard (J. Phys. Chem. **70** [1966] 7/10). — [3] S. S. Wise (ANL-6472 [1962]). — [4] W. C. Schumb, R. F. O'Malley (Inorg. Chem. **3** [1964] 922/3). — [5] A. G. Freeman, J. P. Larkindale (J. Chem. Soc. A **1969** 1307/8).

[6] K. M. Taylor (Ind. Eng. Chem. **47** [1955] 2506/9). — [7] R. C. Croft (Australian J. Chem. **9** [1956] 206/11). — [8] J. G. Hooley (Can. J. Chem. **40** [1962] 745/64, 752/3).

With Other Nonmetals

1.1.9.1.3.3 Gegen weitere Nichtmetalle

Bor. BN-Tiegel sind vollkommen resistent gegen flüssiges Bor [1].

Kohlenstoff. BN reagiert mit C bei Temperaturen >2000°C unter Bildung von B_4C und N_2 [2]. Die Reaktion zwischen BN und Graphitpulver beginnt im Ar-Strom bei 1720°C [3]. Geringe Reaktion mit JTA-Graphit (feinkörniger Graphit von besonderer Festigkeit, Hersteller Union Carbide Corp.) bei 1750°C im Vakuum nach 24 h [4]. Im Graphittiegel im Vakuum auf 2200°C erhitztes BN setzt sich vollständig zu B_4C um [5]. Graphittiegel, überzogen mit BN (aus BCl_3 und NH_3 aus der Gasphase abgeschieden) sind bis etwa 2100°C verwendungsfähig [6]. Heißpressen von BN in Graphitformen hinterläßt bei 1900 bis 2000°C einen B_4C-Überzug. Die Umsetzung ist bei 2200°C vollständig [7].

Pyrolytisches BN reagiert bei 2200°C nicht mit Graphit [8].

Silicium. Silicium schmilzt in inerter Atmosphäre im BN-Tiegel, ohne ihn zu benetzen [3], siehe auch [9]; ebenso wird ein BN-Tiegel von bei reduziertem Druck (ca. 0.5 Torr) siedendem Si (1500 bis 1600°C) nicht verändert [10]. Wird die Reaktion von Si und B zu SiB_6 im BN-Tiegel unter Ar bei 1630°C durchgeführt, so wird das Tiegelmaterial nicht angegriffen, bei 1860°C dagegen wird es von dem leichtflüssigen Si benetzt und muß von der abgekühlten Schmelze weggebrochen werden [11].

Literatur zu 1.1.9.1.3.3

[1] B. Zaborski, A. Turski (Silicates Ind. **28** [1963] 463/6). — [2] G. R. Finlay, G. H. Fetterley (Am. Ceram. Soc. Bull. **31** [1952] 141/3). — [3] T. A. Ingles, P. Popper (in: P. Popper, Special Ceramics, London 1960, S. 144/67, 164). — [4] J. D. Buckley (Am. Ceram. Soc. Bull. **48** [1969] 711/5). — [5] H. J. Milledge, E. Nave, F. H. Weller (Nature **184** [1959] 715).

[6] T. Renner (Z. Anorg. Allgem. Chem. **298** [1959] 22/30, 32). — [7] G. A. Meerson, G. V. Samsonov, N. Ya. Tseitina (Ogneupory **20** [1955] 72/9). — [8] M. Basche, D. Schiff (Mater. Design Eng. **59** Nr. 2 [1964] 78/81). — [9] G. A. Yasinskaya (Ogneupory **30** [1965] 20/3; C.A. **62** [1965] 12849). — [10] P. Popper (in: P. Popper, Special Ceramics, London 1960, S. 209/19, 213).

[11] R. S. Feigelson, W. D. Kingery (in: P. Popper, Special Ceramics 1962, London – New York 1963, S. 27/48, 33).

1.1.9.1.3.4 Gegen Metalle

With Metals

Wismut. Keine Reaktion mit BN-Tiegelmaterial bei 10stündigem Erhitzen der Bi-Schmelze auf 800°C in Inertgasatmosphäre oder bei 10^{-2} Torr [1].

Lithium. Keine Reaktion mit Li im evakuierten Glasrohr bis 500°C [2] und mit Li-Dampf bei 1400 bis 1500°C [3]. Unter den Druck- und Temperaturbedingungen der Umwandlung von hexagonalem BN in kubisches BN in Gegenwart von Li, s. S. 9, läuft mit großer Wahrscheinlichkeit die Reaktion $Li + 3\,BN \rightarrow Li_3N + 3\,B$ ab [4].

Natrium. Feinkristallines, käufliches BN reagiert mit Na bei 24stündigem Erhitzen auf 400°C im evakuierten Glasrohr zu einer dunkelgrauen Einlagerungsverbindung; Näheres über Einlagerungsverbindungen s. S. 81. Überschüssiges Na wird mit absolutem Äthanol und anschließend mit destilliertem Wasser entfernt. Die im Röntgendiffraktionsdiagramm zusätzlich auftretenden Peaks verschwinden bei Cl_2-Gas-Behandlung, und NaCl-Peaks erscheinen [2]. 2- bis 3tägiges Erhitzen von BN mit Na im Vakuum bei 200°C führt nach [5] zwar zur Addition von Na, ein Wechsel in der Kristallstruktur des BN-Präparats kann jedoch nicht festgestellt werden. — Wird amorphes BN bei 925 bis 955°C einige Zeit Na-Dampf unter einem Druck von 26.48 psia (≙1.8 atm) ausgesetzt, so tritt Korrosion an den Korngrenzen auf, jedoch keine Änderung der BN-Gitterparameter [6].

Kalium, Rubidium, Caesium. Nach Rüdorff und Stumpp [7] bildet sich mit K keine Einlagerungsverbindung, siehe hierzu die Bemerkung über Einlagerungsverbindungen auf S. 81. Dagegen erhalten Freeman und Larkindale [2] beim Erhitzen von feinkristallinem käuflichem BN und K im Vakuum auf 300°C ein nach Waschen mit Isopropanol und destilliertem Wasser lederfarbenes Produkt der Zusammensetzung $(BN)_{13}K$. Wie bei der entsprechenden Verbindung mit Na legen Röntgendiffraktionsuntersuchungen und das Ergebnis der Behandlung mit Cl_2-Gas die Bildung einer Einlagerungsverbindung nahe. — K wie auch Rb und Cs reagieren mit BN im Vakuum bei 200°C während 2 bis 3 Tagen zu Additionsverbindungen, ohne daß ein Wechsel der Kristallstruktur des BN-Präparats beobachtet wird. Im Gegensatz zu reinem BN katalysieren diese Verbindungen die para-ortho-Wasserstoffumwandlung und die Einstellung des Wasserstoff-Deuteriumgleichgewichts. Der Cs-BN-Komplex ist tief blau [5]. Wird BN bei 1100, 1250 und 1500°C während ca. 10 Minuten einem Cs-Dampfdruck von 20 Torr ausgesetzt, kann nach Abkühlen und anschließendem Ausheizen bei 800°C im Vakuum zur Entfernung von anhaftendem Cs ebenfalls keine Veränderung der Gitterparameter festgestellt werden. Eine merkliche Reaktion, z. B. unter Bildung einer Einlagerungsverbindung, wird deshalb von den Autoren ausgeschlossen [8]. — Wird heißgepreßtes BN mit 2.7 % B_2O_3 bei 375 bis 1800°C jeweils 4 h Cs-Dampf von 1.9 bzw. 10 Torr ausgesetzt, so ist der Gewichtsverlust der Probe geringer als im Vakuum, vermutlich wegen Unterdrückung der Verdampfung durch den Cs-Dampfdruck einerseits und die Aufnahme von Cs durch das heißgepreßte BN andererseits, wobei möglicherweise das B_2O_3 mit Cs zu Boratglas reagiert. Im untersuchten Temperaturintervall bildet sich keine Einlagerungsverbindung, die Gitterparameter ändern sich nicht [9].

Beryllium. Be reagiert beim Schmelzen mit dem BN-Tiegelmaterial [10].

Magnesium. Keine Reaktion mit BN-Tiegelmaterial bei 2stündigem Erhitzen der Mg-Schmelze auf 800°C in Inertgasatmosphäre oder bei 10^{-2} Torr [1]. — Unter den Druck- und Temperaturbedingungen der Umwandlung von hexagonalem in kubisches BN bei Gegenwart von Mg, s. S. 9, ist nach [4] mit großer Wahrscheinlichkeit die Reaktion $3Mg + 2BN \rightarrow Mg_3N_2 + 2B$ anzunehmen. Nach [11] verläuft die Reaktion bei 1000°K entsprechend $4Mg + 2BN \rightarrow Mg_3N_2 + MgB_2$. Wird die Synthese bei 40 bis 70 kbar und 1500 bis 2200°K durchgeführt, lassen sich aus dem Syntheseprodukt MgB_2 und MgB_6 isolieren [12].

Zink. Keine Reaktion während 168 h bei 940°C unter Schutzgas oder 10^{-2} Torr [1].

Cadmium. Keine Reaktion während 10 h bei 550°C unter Schutzgas oder 10^{-2} Torr [1].

Aluminium. Al läßt sich unter Inertgas im BN-Tiegel schmelzen, ohne diesen zu benetzen [13]. Nach 4 h bei 1600°K beträgt der Stickstoffgehalt der abgekühlten Schmelze weniger als 0.01% (keine Angabe über Gasatmosphäre) [14]. Nach [1] (Bedingungen s. Cd) ist die Schmelze nach 1 h bei 1000°C geringfügig verunreinigt. Gesintertes BN wird in 1010°C heißem Al unter Ar mit einer Geschwindigkeit von 0.03 mg $BN \cdot cm^{-2} \cdot h^{-1}$, gemessen während 48 h, korrodiert entsprechend $BN + Al \rightarrow AlN + B$. Die freie Enthalpie der Reaktion wird aus Literaturdaten zu $\Delta G^\circ = -10.3$ kcal/mol bei 1010°C berechnet. Die relativ niedrige Korrosionsgeschwindigkeit wird wahrscheinlich verursacht durch einen Oxidfilm auf der Al-Oberfläche, der den Kontakt mit der BN-Probe mindert [15]. BN-Fasern werden während 5 h in einer 800°C heißen Al-Schmelze nicht angegriffen [16]. — Erhitzen von Al im BN-Tiegel mit Elektronenstrahlen auf Verdampfungstemperaturen bei 10^{-5} Torr führt zur Bildung dünner Spieße und Blättchen aus AlB_2 im Innern der abgekühlten Schmelze und an deren Oberfläche, während an der Grenzfläche Al/BN vermutlich AlB_{12} entsteht [17], s. auch [18].

Cer. Reagiert beim Schmelzen mit BN-Tiegelmaterial [10].

Titan. Merkliche Reaktion mit BN-Tiegelmaterial nach 5 Minuten bei 1460°C unter Schutzgas oder bei 10^{-2} Torr [1]. Eine BN-Probe (mit 3.3% O_2 und 0.3% C), eingeklemmt zwischen 2 Proben einer Ti-Legierung (89.6% Ti, 1% Mo, 8% Al, 1% V, 0.3% Fe), zeigt an Luft nach 4 h bei 500°C Grenzflächenreaktion. Im Vakuum ist die Reaktion bei 1500°C während der gleichen Zeit geringfügig, wird nach 8 h merklich und führt nach 16 h zur vollständigen Zersetzung, ebenso wie nach 4 h bei 1800°C [19]. — Beim Heißpressen von Ti-BN-Pulvermischungen im Molverhältnis 1:2 beginnt die BN-Zersetzung unter N_2-Entwicklung und Bildung von TiB_2 bei etwa 1500°C; günstigste Reaktionstemperatur ist 2400 ± 50°C [20]. — Beim Erhitzen einer Pulvermischung aus molaren Mengen BN, Ti und B unter 0.5 atm N_2 auf 2270°K wird nach ca. 50 Minuten eine Endphase erhalten, deren röntgenographische Analyse nur noch schwache BN-Linien aufweist, dagegen starke von TiB_2 und TiN [21].

Zirkonium. Merkliche Reaktion mit BN-Tiegelmaterial bei 5 min. Erhitzen einer Zr-Schmelze auf 1930°C unter Schutzgas oder bei 10^{-2} Torr [1]. — Beim Heißpressen von Zr-BN-Pulvermischungen im Molverhältnis 1:2 beginnt die BN-Zersetzung unter N_2-Entwicklung und Bildung von ZrB_2 bei ca. 1500°C; günstigste Reaktionstemperatur ist 2600 ± 50°C [20]. — Beim Erhitzen einer Pulvermischung aus BN, B und Zr im Molverhältnis 0.25:1:1 unter 0.5 atm N_2 auf 1820°K wird nach ca. 50 Minuten eine Endphase erhalten, deren Debye-Scherrer-Aufnahme nur noch sehr schwache BN-Linien aufweist neben sehr starken von ZrB_2 und schwachen von ZrN. Werden molare Mengen BN, B und Zr unter gleichen Bedingungen auf 2270°K erhitzt, so ist BN röntgenographisch nicht mehr nachzuweisen, während starke Linien von ZrB_2 und sehr starke von ZrN auftreten [21].

Zinn und Blei. Beide Metalle reagieren nicht mit BN-Tiegelmaterial während 10 h bei 800°C in Schutzgas oder bei 10^{-2} Torr [1].

Vanadium. Reaktion mit BN-Tiegelmaterial innerhalb von 5 Minuten bei 1730°C unter Schutzgas oder 10^{-2} Torr [1]. — Beim Heißpressen von V-BN-Pulvermischungen im Molverhältnis 1:2 beginnt die BN-Zersetzung zu VB_2 und N_2 bei etwa 1500°C; günstigste Reaktionstemperatur ist 2000 ± 50°C [20].

Niob. Eine BN-Probe (mit 3.3% O_2 und 0.3% C), eingeklemmt zwischen 2 Proben einer Nb-Legierung (87% Nb, 3% Zr, 10% W), zeigt nach 4 h an Luft bei 500°C geringfügige Reaktion. Im Vakuum keine Reaktion bei 1500°C während 24 h und bei 1800°C während 8 h. Danach geringe Reaktion, die nach 12 h ausgeprägter wird [19]. — Beim Heißpressen von Nb-BN-Pulvermischungen

(Molverhältnis 1:2) beginnt die BN-Zersetzung zu NbB_2 und N_2 bei ca. 1500°C. Günstigste Reaktionstemperatur ist 2250 ± 50°C [20].

Tantal. Eine BN-Probe (mit 3.3% O_2 und 0.3% C), eingeklemmt zwischen 2 Ta-Proben (99.82%ig), zeigt nach 4 h merkliche Reaktion an Luft bei 500°C. Im Vakuum bei 1500°C beginnt geringe Reaktion dagegen erst nach 16 h und bei 1800°C nach 4 h [19]. — Unter Ar reagiert Ta im untersuchten Temperaturbereich bis 2100°C zu TaB und TaB_2 [22]. — Beim Heißpressen von Ta-BN-Pulvermischungen (Molverhältnis 1:2) beginnt die Zersetzung von BN zu TaB_2 und N_2 bei ca. 1500°C; günstigste Reaktionstemperatur ist 2400 ± 50°C [20].

Chrom. Erhitzen einer Cr-Schmelze auf 1830°C im BN-Tiegel führt innerhalb von 5 Minuten zur Reaktion (Schutzgasatmosphäre oder 10^{-2} Torr) [1]. — Beim Heißpressen von Cr-BN-Pulvermischungen (Molverhältnis 1:2) wird BN bei 1650°C unter teilweiser Bildung von Cr_2N zersetzt [20]. Nach [23] verläuft die Reaktion bei derselben Temperatur in Ar-Atmosphäre dagegen unter Bildung von Cr_2B und N_2. Das beim Erhitzen einer Pulvermischung von BN, B und Cr im molaren Verhältnis 0.25:3:1 unter 0.5 atm N_2 auf 1820°K nach etwa 50 Minuten erhaltene Endprodukt weist bei röntgenographischer Untersuchung nur noch die stärksten BN-Linien auf, neben mittelstarken Cr_2N- und mittleren CrB_2-Linien [21].

Molybdän. Eine BN-Probe (mit 3.3% O_2 und 0.3% C), eingeklemmt zwischen 2 Mo-Proben (99.44% Mo), zeigt nach 4 h an Luft bei 500°C Grenzflächenreaktion. Im Vakuum ist keine Reaktion bei 1500°C während 24 h zu beobachten, danach leichte Reaktion, ebenso wie während der ersten 20 h bei 1800°C. Anschließend wird die Reaktion merklich und führt nach 24 h zur Zersetzung des BN [19]. — Beim Heißpressen von Mo-BN-Pulvermischungen (Molverhältnis 1:2) beginnt die BN-Zersetzung zu MoB und N_2 nach [20] bei ca. 1500°C. Günstigste Reaktionstemperatur 2300 ± 50°C. Versuche mit einer registrierenden Thermowaage zeigen, daß die Reaktion in einer zu Tabletten gepreßten molaren BN-Mo-Pulvermischung im Vakuum oder unter Ar von 300 Torr bei 1150°C beginnt. Wie röntgenographische Untersuchungen nach verschiedenen Umsätzen zeigen, verläuft die Reaktion nicht unmittelbar entsprechend $Mo + BN \rightarrow MoB + {}^1/_2 N_2$, sondern über die Teilreaktionen $Mo + BN \rightarrow {}^1/_2 Mo_2B + {}^1/_2 BN + {}^1/_4 N_2$ und ${}^1/_2 Mo_2B + {}^1/_2 BN \rightarrow MoB + {}^1/_4 N_2$. Aus drei Umsatz–Temperatur-Kurven mit verschiedenen konstanten Aufheizgeschwindigkeiten (gemessen unter 300 Torr Argon) wird die von der Konzentration unabhängige Aktivierungsenergie zu 135 ± 9 kcal/mol bestimmt. Bei einer Aufheizgeschwindigkeit von 3.5 grd/min ist der Umsatz bei 1500°C beispielsweise ca. 87% [24]. — Temperatur für den Beginn der Reaktion $2Mo + BN \rightarrow Mo_2B + {}^1/_2 N_2$ in Abhängigkeit vom vorgegebenen N_2-Druck p_{N_2}:

p_{N_2} in Torr	100	200	300	400	600
T in °K.	1358	1393	1415	1427	1448

Die hieraus berechnete Reaktionsenthalpie bei 1400°K beträgt $\Delta H^\circ = 38.9 \pm 1.6$ kcal/mol und die freie Reaktionsenthalpie $\Delta G_T^\circ = (38.3 \pm 1.4) - (26.2 \pm 1.0) \cdot T \times 10^{-3}$ [25].

Wolfram. Eine BN-Probe (mit 3.3% O_2 und 0.3% C), eingeklemmt zwischen 2 W-Proben (99.99%ig), zeigt nach 4 h merkliche Reaktion an Luft bei 500°C. Im Vakuum keine Reaktion während 24 h bei 1500°C. Leichte Reaktion bei 1800°C während der ersten 16 h, anschließend wird die Reaktion merklich [19]. Beim Heißpressen von W-BN-Pulvermischungen (Molverhältnis 1:2) beginnt die BN-Zersetzung zu W_2B_5 und N_2 bei ca. 1500°C; günstigste Reaktionstemperatur ist 2450 ± 50°C [20]. Nach [24] beginnt die Reaktion der zu Tabletten gepreßten Pulvermischungen von BN und W (Molverhältnis 1:1) im Vakuum oder unter Ar (300 Torr) bei 1350°C und verläuft, wie Röntgenstrukturanalysen zeigen, bis etwa 1700°C über die voneinander getrennten Stufen $W + BN \rightarrow {}^1/_2 W_2B + {}^1/_2 BN + {}^1/_4 N_2$ und ${}^1/_2 W_2B + {}^1/_2 BN \rightarrow WB + {}^1/_4 N_2$. Aktivierungsenergie der 1. Teilreaktion 149.5 ± 2.4 kcal/mol, bezogen auf 1 mol W_2B, Aktivierungsenergie der 2. Teilreaktion 165.5 ± 5.7 kcal/mol, bezogen auf 2 mol WB (Näheres s. unter Molybdän). Nach [22] beginnt die Reaktion unter Ar zu W_2B schon bei Temperaturen >1100°C. Im untersuchten Temperaturbereich bis 2100°C entstehen dabei nacheinander WB, W_2B_5 und WB_4. — Temperatur für den Beginn der Reaktion $2W + BN \rightarrow W_2B + {}^1/_2 N_2$ in Abhängigkeit vom vorgegebenen N_2-Druck p_{N_2}:

P_{N_2} in Torr	100	200	300	400	600
T in °K.	1558	1618	1629	1648	1688

Hieraus wird die Reaktionsenthalpie bei 1600°K zu $\Delta H^\circ = 38.0 \pm 2.6$ kcal/mol bestimmt, die freie Reaktionsenthalpie zu $\Delta G_T^\circ = (36.6 \pm 2.4) - (21.5 \pm 1.5) \cdot T \times 10^{-3}$ [25]. Nach Erhitzen einer Pulvermischung aus BN, B und W im Molverhältnis 0.25:3:1 unter 0.5 atm N_2 auf 1820°K zeigt die Röntgenstrukturanalyse der nach ca. 50 Minuten erhaltenen Endphase keine BN-Linien bei starken W_2B_5- und mittleren WB-Linien [21].

Pyrolytisches BN reagiert mit W bei 2000°C nur schwach [26].

Mangan. Reaktion mit BN-Tiegelmaterial nach 5 Minuten bei 1270°C in Schutzgasatmosphäre oder unter 10^{-2} Torr [1]. Nach [14] dagegen reagiert flüssiges Mn bei 1700°K nicht mit dem BN-Tiegelmaterial, noch benetzt es dieses. Die Schmelze enthält < 0.8% Stickstoff.

Nickel. Reaktion nach 5 Minuten bei 1460°C (Bedingungen s. oben unter Mangan) [1].

Kobalt. Reaktion nach 5 Minuten bei 1500°C (Bedingungen s. oben unter Mangan) [1].

Eisen. Nach [10] und [27] werden BN-Oberflächen von geschmolzenem Fe nicht benetzt. Eine Reaktion mit dem BN-Tiegelmaterial stellt dagegen Yasinskaya [1] nach 1 h bei 1560°C fest (Inertgas oder 10^{-2} Torr). Durch die Messung der in Fe-B-Legierungen gelösten N_2-Mengen bei konstantem Gasvolumen nach der Sievertschen Technik läßt sich die Gleichgewichtskonstante und die freie Energie der Zersetzung von BN in festem und flüssigem Fe bestimmen. Aus der Löslichkeit von N_2 in festen Fe-B-Legierungen mit 0.001 bis 0.9% B bei Temperaturen zwischen 950 und 1150°C erhalten Fountain und Chipman [28] aus dem N_2-Druck des ersten Knicks in einer Kurve, in der gelöstes N in % gegen $p_{N_2}^{1/2}$ aufgetragen ist, die Gleichgewichtskonstante K der Reaktion $2\,Fe + BN \rightleftharpoons Fe_2B + {}^1/_2\,N_2$ mit $K = p_{N_2}^{1/2}$ für den Fall, daß die Borkonzentration höher ist als die Sättigungskonzentration des festen Fe_2B. Für p_{N_2} in atm ist $\lg K = -5700/T + 2.89$. Freie Energie der Reaktion $\Delta F° = 26000 - 13.2\,T$ cal/mol. Die Gleichgewichtskonstante der Reaktion $BN \rightleftharpoons \underline{B} + {}^1/_2\,N_2$ mit $K = [\%\,\underline{B}]\,p_{N_2}^{1/2}$ wird aus dem Stickstoffdruck p_{N_2} in atm des Knicks der Sievertschen Kurve erhalten, gemessen an Fe-B-Legierungen mit Borgehalten, die kleiner sind als die Sättigungskonzentration des Fe_2B. $\lg K = -14400/T + 7.20$ und $\Delta F° = 65900 - 32.9\,T$ cal/mol. Mit Literaturdaten für die freie Energie der Lösung von N in γ-Fe wird das Löslichkeitsprodukt $K = ([\%\,\underline{B}]\,[\%\,\underline{N}])_\gamma$ zu $\lg K = -13970/T + 5.24$ berechnet. $\Delta F° = 63930 - 24.0\,T$ cal/mol. Das entsprechende Löslichkeitsprodukt in α-Fe wird mit Literaturdaten für die freie Energie des Übergangs von B und N in γ-Fe zu B und N in α-Fe zu $\lg K = -13680/T + 4.63$ bestimmt. $\Delta F° = 62610 - 21.20\,T$ cal/mol [28]. Ebenfalls nach der Sievertschen Technik bestimmen Evans und Pehlke [29] die Gleichgewichtskonstante der Reaktion $BN(s) \rightleftharpoons \underline{B} + \underline{N}$ in flüssigem Fe mit bis zu 7% B zwischen 1550 und 1750°C, wobei K durch Wagnersche Wechselwirkungsparameter e ausgedrückt wird entsprechend $\lg K = \lg\%\underline{B} + e_B^B\,\%B + e_B^N\,\%N + \lg\%N + e_N^N\,\%\underline{N} + e_N^B\,\%\,\underline{B}$. Berechnung der Wechselwirkungsparameter s. Original. $\underline{B}$ und $\underline{N}$ usf. sind die in der Schmelze gelösten Elemente. Gemittelte Angaben für die Gleichgewichtskonstante K:

Temperatur in °C. . .	1550	1600	1650	1700	1750
K.	0.141	0.186	0.276	0.346	0.498

Die freie Energie der Zersetzung in die in flüssigem Fe gelösten Elemente ergibt sich hieraus zu $\Delta F° = 45900 - 21.25\,T$ cal/mol. Gute Übereinstimmung mit obigen Ergebnissen wird erhalten, wenn flüssiges Fe unter N_2 bis zur Erreichung des Gleichgewichts in einem BN-Tiegel gehalten wird, worauf die abgeschreckte Schmelze auf B und N hin analysiert wird [29]. Gemittelte Werte für die Gleichgewichtskonstante $K = f_B\,[\%\underline{B}]\,p_{N_2}^{1/2}$ (f_B = Aktivitätskoeffizient des B) mit $\lg f_B = e_B^B\,[\%\,\underline{B}] + e_B^C[\%\,\underline{C}] + e_B^{Si}\,[\%\,\underline{Si}]$, bestimmt nach der Sievertschen Technik in Fe-B-, Fe-B-C- und Fe-B-Si-Schmelzen:

Temperatur in °C. . .	1400	1500	1600
K in $(atm)^{1/2}$	1.47	2.86	5.11

Berechnung der Wechselwirkungsparameter s. Original. Die hieraus berechnete freie Energie der Zersetzung in gelöstes B und gasförmiges N_2 beträgt im angegebenen Temperaturintervall $\Delta F° = 38000 - 23.5\,T$ cal/mol [30]. — Wenn BN-Tiegel beispielsweise bei 1600°C mit flüssigem Fe unter 1 atm N_2 im Gleichgewicht stehen, sollte die Schmelze mehr als 3% B enthalten; bei einem geringeren N_2-Druck ist die gelöste Menge Bor in % noch höher [29]. — BN-Fasern werden von geschmolzenem Gußeisen bei 1380°C während 1 Minute nicht angegriffen [16].

Kupfer. Keine Reaktion mit BN-Tiegelmaterial während 300 Minuten bei 1100°C unter Schutzgas oder bei 10^{-2} Torr [1].

Platin. Pt-Elektroden werden bei Berührung mit heißgepreßtem BN bei etwa 1000°C brüchig, das BN wird erodiert. Nach längerem Kontakt bleiben die Pt-Elektroden am heißgepreßten BN haften [31].

Rhenium. Die Reaktion der zu Tabletten gepreßten molaren Pulvermischungen beginnt bei 1350°C. Wie röntgenographisch belegt, verläuft die Reaktion $Re + 2BN \rightarrow ReB_2 + N_2$ über die Teilreaktionen $Re + 2BN \rightarrow {}^1/_3 Re_3B + {}^5/_3 BN + {}^1/_6 N_2$ und ${}^1/_3 Re_3B + {}^5/_3 BN \rightarrow {}^1/_7 Re_7B_3 + {}^{11}/_7 BN + {}^1/_{21} N_2$ und ${}^1/_7 Re_7B_3 + {}^{11}/_7 BN \rightarrow ReB_2 + {}^{11}/_{14} N_2$. Aktivierungsenergie der 1. Teilstufe: 107.3 ± 1.5 kcal/mol (bezogen auf die Bildung von 1 mol Re_3B), Aktivierungsenergie der 2. Teilstufe: 133.5 ± 1.1 kcal/mol (bezogen auf die Bildung von 3 mol Re_7B_3), Aktivierungsenergie der 3. Teilstufe 182.5 ± 3.7 kcal/mol (bezogen auf die Bildung von 7 mol ReB_2). Näheres s. S. 75 unter Molybdän [24]. Temperatur des Reaktionsbeginns für $3Re + BN \rightarrow Re_3B + {}^1/_2 N_2$ bei verschiedenen vorgegebenen N_2-Drucken p_{N_2}:

p_{N_2} in Torr	100	200	300	400	600
T in °K	1785	1875	1926	1965	1999

Hieraus bestimmt sich die Reaktionsenthalpie bei 1900°K zu 28.6 ± 1.7 kcal/mol, die freie Reaktionsenthalpie ΔG_T° zu $(28.7 \pm 2.4) - (14.1 \pm 1.3) \cdot T \cdot 10^{-3}$ [25].

Literatur zu 1.1.9.1.3.4

[1] G. A. Yasinskaya (Ogneupory **30** [1965] 20/3; C.A. **62** [1965] 12849). — [2] A. G. Freeman, J. P. Larkindale (Inorg. Nucl. Chem. Letters **5** [1969] 937/9). — [3] V. M. Belkov, L. A. Bernova, V. S. Gnuchev, I. G. Kuznetsova, D. N. Poluboyarinov, E. P. Sadkovskii (Tr. Mosk. Khim. Tekhnol. Inst. Nr. 63 [1969] 86/7 nach C.A. **73** [1970] Nr. 90758). — [4] R. H. Wentorf (J. Chem. Phys. **34** [1961] 809/12, 810). — [5] C. Mugiya, N. Ohigashi, Y. Mori, H. Inokuchi (Bull. Chem. Soc. Japan **43** [1970] 287/8).

[6] M. E. Ihnat (AFOSR-TN-60-871 [1962] 1/30; N.S.A. **16** [1962] Nr. 25318). — [7] W. Rüdorff, E. Stumpp (Z. Naturforsch. **13b** [1958] 459). — [8] P. Wagner, S. R. Coriell (Rev. Sci. Instr. **30** [1959] 937/8). — [9] G. Arthur (Intern. Symp. Magnetohydrodyn. Elec. Power Generation Papers, Paris 1964, Bd. 3, S. 1063/75, 1068). — [10] J. M. Blocher (in: Campbell, High Temperature Technology, New York 1956, S. 175).

[11] N. E. Filonenko, V. I. Ivanov, M. I. Sokhor, L. I. Fel'dgun (Tr. Vses. Nauchn. Issled. Inst. Abrazivov Shlifovaniya Nr. 2 [1966] 5/11 nach C.A. **69** [1968] Nr. 39313). — [12] N. E. Filonenko, V. I. Ivanov, L. I. Fel'dgun, M. I. Sokhor, L. F. Vereshchagin (Dokl. Akad. Nauk SSSR **175** [1967] 1266/9; Soviet Phys.-Dokl. **12** [1967/68] 833/5). — [13] T. A. Ingles, P. Popper (in: P. Popper, Special Ceramics, London 1960, S. 144/67, 164). — [14] J. A. Cahill, A. V. Grosse (TID-20951 [1964] nach N.S.A. **18** [1964] Nr. 41373). — [15] J. Thonstad (Electrochem. Technol. **6** [1968] 346/9).

[16] J. Economy, R. V. Anderson (J. Polymer Sci. **C 19** [1967] 283/97, 293). — [17] K. Kirner (Chem. Anlagen Verfahren **1970** Nr. 7, S. 64/6). — [18] M. Lütkemeyer, K. Kirner (Prakt. Metallog. **4** [1967] 83/9). — [19] J. D. Buckley (Am. Ceram. Soc. Bull. **48** [1969] 711/5). — [20] P. Schwarzkopf, F. Glaser (Z. Metallk. **44** [1953] 353/8).

[21] L. Brewer, H. Haraldsen (J. Electrochem. Soc. **102** [1955] 399/406). — [22] T. Sata, T. Urano (Yogyo Kyokai Shi **78** [1970] 21/9 nach C.A. **72** [1970] Nr. 135863). — [23] A. I. Avgustinik, V. S. Vigdergauz, N. G. Kalinina, S. S. Ordan'yan (Zh. Prikl. Khim. **38** [1965] 665/7; J. Appl. Chem. USSR **38** [1965] 664/6). — [24] F. D. Baehren, F. Thümmler, D. Vollath (J. Less-Common Metals **18** [1969] 295/303). — [25] F. D. Baehren, D. Vollath (Planseeber. Pulvermet. **17** [1969] 180/3).

[26] M. Basche, D. Schiff (Mater. Design Eng. **59** Nr. 2 [1964] 78/81, 81). — [27] J. W. Gilpin (Chem. Eng. **70** Nr. 22 [1963] 110/2). — [28] R. W. Fountain, J. Chipman (Trans. AIME **224** [1962] 599/606). — [29] D. B. Evans, R. D. Pehlke (Trans. AIME **230** [1964] 1657/62). — [30] D. L. Ball (Trans. AIME **239** [1967] 31/6).

[31] E. W. Yim, M. Feinleib (J. Electrochem. Soc. **104** [1957] 622/6, 623).

1.1.9.1.4 Gegen Verbindungen

With Compounds

1.1.9.1.4.1 Gegen Wasser

With Water

Die Hydrolyse von BN in kochendem H_2O zu H_3BO_3 und NH_3 untersuchen Lyutaya u. a. [1] an 3 verschieden hergestellten BN-Proben. Probe 1 ist bei Nitrierungstemperaturen von 1500 bis 1800°C aus H_3BO_3 mit C als Reduktionsmittel synthetisiert, Probe 2 bzw. 3 aus BCl_3 und NH_3 bei 1200 bzw. 1800°C. Ungelöster BN-Rest in % nach einstündigem Sieden, Zersetzungsgeschwindigkeit W in g/h:

Nr. der Probe	1	2	3
BN-Rest	70.2	82.8	99.7
W in g/h	0.0596	0.0344	0.0006

In Nr. 1 enthaltene Verunreinigungen haben wahrscheinlich katalytischen Effekt, während für die Zersetzung von Nr. 2 und Nr. 3 der Grad der Kristallinität entscheidend ist [1]. — Nach 7stündigem Kontakt eines von Repenko und Getman [2] bei 950 bzw. 1500°C (s. S. 2) hergestellten BN-Präparats mit kochendem H_2O beträgt der unlösliche BN-Rest 98.76 bzw. 98.84% [2].

Den Borgehalt und den pH-Wert der Lösung nach Sieden von käuflichem BN mit 2.4% B_2O_3 mit Wasser während der angegebenen Zeiten am Rückflußkühler gibt die folgende Tabelle nach [3] an:

Siededauer in h	1	25	116	236	569
B-Gehalt in ppm	3.1	9.3	17.6	34	47
pH-Wert	6.3	7.3	7.6	7.7	7.7

Ein Körper aus heißgepreßtem BN bleibt bei 7tägigem Kontakt mit kochendem H_2O äußerlich unverändert, büßt jedoch 70% seiner anfänglichen Biegefestigkeit ein [4]. Pyrolytisches BN ist beständig gegen kaltes und heißes H_2O [5] und erleidet keinen nachweisbaren Gewichtsverlust bei längerem Aufenthalt in kochendem H_2O [6].

An BN-Fasern mit Zwischenebenenabständen von 3.33 bis 3.36 Å wird nach 16stündigem Sieden am Rückflußkühler kein Gewichtsverlust beobachtet. Bei Fasern mit einem Zwischenebenenabstand von 3.37 bis 3.41 Å beträgt der Gewichtsverlust einige Prozent, in Dampf von 600, 700 bzw. 775°C beträgt er nach 1 h 0, 0.8 bzw. 5.0% [7].

Literatur zu 1.1.9.1.4.1

[1] M. D. Lyutaya, I. G. Chernysh, O. A. Frenkel (Poroshkovaya Met. Akad. Nauk Ukr.SSR **10** Nr. 6 [1970] 86/92; Soviet Powder Met. **1970** 503/8). — [2] K. N. Repenko, I. A. Getman (Sb. Nauchn. Tr. Ukr. Nauchn. Issled. Inst. Ogneuporov Nr. 10 [1967] 118/28). — [3] E. W. Hoyt, J. Chorne, W. V. Cummings (GEAP-3548 [1960]). — [4] K. M. Taylor (Ind. Eng. Chem. **47** [1955] 2506/9). — [5] T. Renner (Z. Anorg. Allgem. Chem. **298** [1959] 22/33, 31/32).

[6] M. Basche, D. Schiff (Mater. Design Eng. **59** Nr. 2 [1964] 78/81, 81). — [7] J. Economy, R. V. Anderson (J. Polymer Sci. **C 19** [1967] 283/97, 291, 293).

With NH_3 and N_2H_4

1.1.9.1.4.2 Gegen NH_3 und N_2H_4

Mit flüssigem NH_3 bei −77.7°C während 10 Minuten und mit gasförmigem NH_3 bei gewöhnlicher Temperatur während 24 h bildet sich keine Einlagerungsverbindung (Näheres hierüber s. S. 81). Eine solche bildet sich dagegen unter Ausdehnung der BN-Probe mit wasserfreiem N_2H_4 im evakuierten Glasrohr bei 98°C während 12 h. Die 2 Gew.-% N_2H_4 enthaltende Einlagerungsverbindung gibt beim Erhitzen unter Aufblähen eingelagertes N_2H_4 wieder ab, R. C. Croft (Australian J. Chem. **9** [1956] 206/11).

With Hydrogen Halides

1.1.9.1.4.3 Gegen Halogenwasserstoffe

Angefeuchtetes BN reagiert mit flüssigem, etwas wasserhaltigem HF (94%ig) bei gewöhnlicher Temperatur unter schwacher Erwärmung quantitativ entsprechend $BN + 4HF \rightarrow NH_4[BF_4]$, O. Glemser, H. Haeseler (Z. Anorg. Allgem. Chem. **279** [1955] 141/5).

With Oxides and Hydroxides

1.1.9.1.4.4 Gegen Oxide und Hydroxide

BN scheint auch bei hohen Temperaturen vollkommen inert gegen CO zu sein [1]. — Es wird bei 600°C von CO_2 unter ca. 14 atm während 394 h nicht angegriffen [2].

Eine BN-Probe (mit 3.3% O_2 und 0.3% C), eingeklemmt zwischen 2 SiO_2-Proben, zeigt keine Reaktion an Luft bei 500°C und im Vakuum bei 1000 und 1500°C, dagegen merkliche Reaktion an Luft bei 1000°C und Zersetzung nach 4 h durch geschmolzenes SiO_2 bei 1750°C im Vakuum [3].

Die vollständige Zersetzung von BN durch geschmolzene Alkalihydroxide ist seit langem bekannt (s. beispielsweise „Bor" S. 110) und findet in der Analyse Anwendung, s. S. 84. Durch heiße, konzentrierte Laugen wird BN zersetzt entsprechend $3BN + 3H_2O + 3OH^- \rightarrow (BO_2)_3^{3-} + 3NH_3$ [8]. — Angaben über den unzersetzten Anteil in % (BN-Rest) nach Sieden verschieden synthetisierter BN-

Proben in Natronlauge s. in folgenden Tabellen nach [4] für Proben 1 und 2 und nach [5] für Proben 3 und 4. Die Angaben von [5] beziehen sich auf eine Reaktionszeit von 1 h, W ist die Lösungsgeschwindigkeit in g/h.

Nr. der Probe		1			2	
NaOH-Konzentration in %	20	40	40	20	40	40
Zeit in h	1	1	3	1	1	3
BN-Rest	96.24	92.20	88.96	98.12	98.30	97.72

Nr. der Probe		3			4	
NaOH-Konzentration in %	10	20	40	10	20	40
BN-Rest	97.4	97.6	97.9	99.5	99.3	99.1
W in 10^{-2} g/h	0.52	0.48	0.42	0.10	0.14	0.18

Die Proben 1 bzw. 2 sind nach [4] bei 950 bzw. 1500°C hergestellt, s. S. 2, die Probe 3 ist bei Nitrierungstemperaturen von 1500 bis 1800°C aus H_3BO_3 mit C als Reduktionsmittel synthetisiert, Probe 4 aus BCl_3 und NH_3 bei 1800°C [5]. — Nach einstündigem Kochen in 50%iger NaOH sind nach [6] weniger als 3% des Stickstoffs in der Lösung nachweisbar. Der Gewichtsverlust von heißgepreßtem BN beträgt nach 7tägigem Aufenthalt in 20%iger NaOH bei gewöhnlicher Temperatur 8.9 mg/cm², der Verlust an Biegefestigkeit 82% [7]. — Pyrolytisches BN zersetzt sich in heißer konzentrierter Lauge (keine Angaben über Laugenkonzentration und Zersetzungszeit) [8].

Eine BN-Probe (mit 3.3% O_2 und 0.3% C), eingeklemmt zwischen 2 MgO-Proben, reagiert weder an Luft bei 500°C noch im Vakuum bei 1000°C. Nach 16 h an Luft bei 1000°C und nach 8 bzw. 4 h im Vakuum bei 1500 bzw. 1750°C wird nur geringe Reaktion beobachtet [3]. — CaO reagiert mit BN an Luft bei 950 bis 1000°C zu $Ca_2B_6O_{11}$ [9]. BN-Fasern reagieren mit CaO bei 1850°C zu CaB_6-Whiskers [10]. — Eine BN-Probe (mit 3.3% O_2 und 0.3% C), eingeklemmt zwischen 2 Al_2O_3-Proben, reagiert weder an Luft bei 500°C noch im Vakuum bei 1000 bzw. 1500°C. Merkliche Reaktion zeigt sich nach 24 h bei 1000°C an Luft, ebenso nach 4 h bei 1750°C im Vakuum, wobei nach 8 h Zersetzung des BN eintritt [3]. — Mit ZrO_2 wird bei gleicher Reaktionsführung (s. oben) keine Reaktion bei 500°C an Luft und 1000 und 1500°C im Vakuum beobachtet. Geringe Reaktion nach 24 h bei 1000°C an Luft, ebenso nach 16 h bei 1750°C im Vakuum [3].

Literatur zu 1.1.9.1.4.4

[1] G. R. Finlay, G. H. Fetterley (Am. Ceram. Soc. Bull. **31** [1952] 141/3). — [2] M. W. Davies, P. J. Phennah (J. Appl. Chem. [London] **9** [1959] 213/9). — [3] J. D. Buckley (Am. Ceram. Soc. Bull. **48** [1969] 711/5). — [4] K. N. Repenko, I. A. Getman (Sb. Nauchn. Tr. Ukr. Nauchn. Issled. Inst. Ogneuporov Nr. 10 [1967] 118/28). — [5] M. D. Lyutaya, I. G. Chernysh, O. A. Frenkel (Poroshkovaya Met. Akad. Nauk Ukr.SSR **10** Nr. 6 [1970] 86/92; Soviet Powder Met. **1970** 503/8).

[6] W. Koch, K. H. Sauer, J. Dittmann (Z. Anal. Chem. **209** [1965] 119/31, 129). — [7] K. M. Taylor (Ind. Eng. Chem. **47** [1955] 2506/9). — [8] T. Renner (Z. Anorg. Allgem. Chem. **298** [1959] 22/33, 31). — [9] K. D. Modylevskaya, M. D. Lyutaya, T. N. Nazarchuk (Zavodsk. Lab. **27** [1961] 1345/6; Ind. Lab. [USSR] **27** [1961] 1350/1). — [10] H. W. Rauch, W. H. Sutton, L. R. McGreight (Refractory Materials, Bd. 3, New York 1968, S. 253).

1.1.9.1.4.5 Gegen Nitride

With Nitrides

Beim Erhitzen von BN mit Li_3N im Molverhältnis 1:1, am günstigsten auf Temperaturen zwischen 650 und 700°C, bildet sich Li_3BN_2 [1]. Unter den Druck- und Temperaturbedingungen der Umwandlung von hexagonalem in kubisches BN unter Zusatz von Li_3N (s. S. 10) bildet sich $Li_3N \cdot 3BN$ als feste, weiße Substanz, die bei gewöhnlicher Temperatur in verdünntem HCl vollkommen löslich ist [5]. — Mg_3N_2 reagiert mit BN bei Temperaturen bis 1200°C nicht [1]. — Mit Ca_3N_2 reagiert BN bei 800 bis 1150°C entsprechend $Ca_3N_2 + 2BN \rightarrow Ca_3B_2N_4$. Bei 800°C ist die Reaktion nach 3 h noch nicht vollständig [1]. — Ba_3N_2 reagiert mit BN beim Erhitzen während 15 h auf 1000°C und anschließend während 5 h auf 900°C zu $Ba_3B_2N_4$ [1]. — GaN und LaN reagieren mit BN bei Temperaturen bis 1200°C nicht [1]. — Bei 1400°C liegt das Gleichgewicht $TiN + 2BN \rightleftharpoons TiB_2 + 1.5\,N_2$ noch ganz auf der Seite der Ausgangsstoffe und wird erst bei ca. 1550°C zur Seite der Endprodukte TiB_2 und N_2 (1 atm) hin verschoben [2, 3]. — Ebenso sind ZrN-BN-Mischungen bei 1400°C noch stabil, die N_2-Entwicklung (1 atm) setzt bei 1600°C ein [4]; nach [3] verlagert sich das Gleichgewicht $ZrN + 2BN \rightleftharpoons ZrB_2 + 1.5\,N_2$ bei ca. 1400 bis 1500°C auf die rechte Seite. — Werden kaltgepreßte Pulvermischungen von HfN und BN langsam bei ca. 1000°C unter N_2 aufgeheizt, so beginnt bei

1100°C die Reaktion, die bei 1250°C unter kräftiger N_2-Entwicklung zur Bildung von reinem HfB_2 führt. Die freie Enthalpie der Bildung von HfB_2 aus HfN und BN wird bei 1400°C aus Literaturdaten zu < -80 kcal/mol abgeschätzt [3].

Literatur zu 1.1.9.1.4.5

[1] J. Goubeau, W. Anselment (Z. Anorg. Allgem. Chem. **310** [1961] 248/60, 249/51). — [2] H. Nowotny, F. Benesovsky, C. Brukl, O. Schob (Monatsh. Chem. **92** [1961] 403/14). — [3] E. Rudy, F. Benesovsky (Monatsh. Chem. **92** [1961] 415/41, 426/7). — [4] H. Nowotny, E. Rudy, F. Benesovsky (Monatsh. Chem. **91** [1960] 963/74, 972/4). — [5] R. H. Wentorf (J. Chem. Phys. **34** [1961] 809/12, 810).

With Acids

1.1.9.1.4.6 Gegen Säuren

Fluorwasserstoffsäure. Der Gewichtsverlust von heißgepreßtem BN in konzentrierter Flußsäure beträgt bei gewöhnlicher Temperatur nach 7 Tagen 17.5 mg/cm^2; die Biegefestigkeit nimmt um 55% ab [1]. — Pyrolytisches BN wird in der Kälte von 40%iger Flußsäure angegriffen [2]. Aus BBr_3 und NH_3 auf Si durch Tieftemperatur-Glimmentladungen abgeschiedene BN-Filme werden bei gewöhnlicher Temperatur von 40%iger Flußsäure während 24 h nicht angegriffen [3].

Salzsäure. Unzersetzter Anteil in % (BN-Rest) von nach Repenko, Getman [4] bei 950 (Probe 1) bzw. 1500°C (Probe 2) synthetisiertem BN in konzentrierter HCl, im Verhältnis 1:1 mit H_2O verdünnt, bei gewöhnlicher Temperatur nach [4]:

Nr. der Probe		1			2	
Reaktionsdauer in h . . .	1	3	7	1	3	7
BN-Rest	97.36	92.68	85.06	99.12	99.06	98.68

Ein bei Nitrierungstemperaturen von 1500 bis 1800°C aus H_3BO_3 mit C als Reduktionsmittel, bzw. bei 1800°C aus BCl_3 und NH_3 hergestelltes BN hat nach einstündigem Sieden in Salzsäure der gleichen Konzentration wie bei [4] einen ungelösten Rest von 94.9 bzw. 99.5%, nach einstündigem Sieden in Salzsäure mit D = 1.19 (Siedepunkt 105°C) beträgt er 98.5 bzw. 99.0%. Die zugehörigen Zersetzungsgeschwindigkeiten in 10^{-2} g/h sind 0.49 bzw. 0.10 und 0.30 bzw. 0.20 [5]. Nach einstündigem Sieden in 20%iger Salzsäure ist < 1% des Stickstoffs in der Lösung nachzuweisen [6]. — Pyrolytisches BN wird in der Hitze weder von verdünnter noch von konzentrierter Salzsäure angegriffen [2].

Schwefelsäure. Ungelöster BN-Rest in % von nach Repenko, Getman [4] bei 950 (Probe 1) bzw. 1500°C (Probe 2) synthetisiertem BN in halbkonzentriertem H_2SO_4 bei gewöhnlicher Temperatur, nach [4]:

Nr. der Probe		1			2	
Reaktionsdauer in h . . .	1	3	7	1	3	7
BN-Rest	91.12	48.38	16.16	98.40	96.24	82.36

Ein bei Nitrierungstemperaturen von 1500 bis 1800°C aus H_3BO_3 mit C als Reduktionsmittel bzw. bei 1800°C aus BCl_3 und NH_3 hergestelltes BN hat nach einstündigem Sieden in halbkonzentrierter Schwefelsäure (wie unter [4], Siedepunkt 140°C) einen ungelösten Rest von 96.6 bzw. 98.2%; nach einstündigem Sieden in Schwefelsäure mit D = 1.84 (Siedepunkt 280°C) beträgt er 61.7 bzw. 68.0%. Die entsprechenden Zersetzungsgeschwindigkeiten in 10^{-2} g/h sind 0.68 bzw. 0.36 und 7.64 bzw. 6.40. BN wird zu H_3BO_3 und $(NH_4)_2SO_4$ zersetzt [5]. In stark verdünntem H_2SO_4 (1:100) ist BN bei 80°C während 1 h stabil [7]. — Nach einstündigem Kochen in 50%igem H_2SO_4 ist nach Koch u.a. [6] weniger als 1% des Stickstoffs in der Lösung nachzuweisen. — Heißgepreßtes BN verliert während 7 Tagen in konzentriertem H_2SO_4 bei gewöhnlicher Temperatur nicht an Gewicht; auch die Biegefestigkeit bleibt erhalten. In 20%igem H_2SO_4 beträgt unter den gleichen Bedingungen der Gewichtsverlust 10.7 mg/cm^2; der Verlust an Biegefestigkeit beträgt 60% [1]. — Pyrolytisches BN wird in der Hitze weder von verdünntem noch von konzentriertem H_2SO_4 angegriffen [2].

Durch einen Schwefelsäure-Hydrogensulfat-Aufschluß wird BN zersetzt. Der Stickstoff ist nach 3 h quantitativ in $(NH_4)_2SO_4$ übergeführt, s. beispielsweise [6, 8] und unter „Analytisches" S. 84.

Salpetersäure. Ungelöster BN-Rest in % von nach [4] bei 950 (Probe 1) bzw. 1500°C (Probe 2) synthetisiertem BN in halbkonzentriertem HNO_3 bei gewöhnlicher Temperatur nach [4]:

Nr. der Probe		1			2	
Reaktionsdauer in h . . .	1	3	7	1	3	7
BN-Rest	98.32	95.68	92.28	99.32	99.60	99.36

Ein bei Nitrierungstemperaturen von 1500 bis 1800°C aus H_3BO_3 mit C als Reduktionsmittel bzw. bei 1800°C aus BCl_3 und NH_3 hergestelltes BN hat nach einstündigem Sieden in Salpetersäure (wie bei [4]; Siedepunkt 105°C) einen ungelösten Rest von 98.2 bzw. 99.4%, nach einstündigem Sieden in Salpetersäure mit D = 1.4 (Siedepunkt 120°C) beträgt er 83.7 bzw. 99.5%. Die entsprechenden Zersetzungsgeschwindigkeiten in 10^{-2} g/h sind 0.33 bzw. 0.12 und 3.46 bzw. 0.10 [5]. — Der Gewichtsverlust von heißgepreßtem BN in rauchender Salpetersäure beträgt bei gewöhnlicher Temperatur nach 7 Tagen 8.9 mg/cm²; die Biegefestigkeit nimmt um 70% ab [1]. — Pyrolytisches BN wird in der Hitze weder von verdünntem noch von konzentriertem HNO_3 angegriffen, auch nicht von Königswasser [2].

BN zersetzt sich in überschüssigem konzentrierten HNO_3 bei Zusatz von KBr quantitativ im Carius-Rohr bei 250°C [9].

Phosphorsäure. Konzentrierte Phosphorsäure reagiert mit BN zu $BO(PO_3)$. Nach 7 h bei gewöhnlicher Temperatur enthält der Bodenkörper nur noch 4.12% Stickstoff. Mit verdünntem H_3PO_4 erfolgt nur geringe $BO(PO_3)$-Bildung [4]. — Bei heißgepreßtem BN in konzentriertem H_3PO_4 tritt dagegen nach Taylor [1] ein Gewichtsverlust von 1.3 mg/cm² nach 7 Tagen bei gewöhnlicher Temperatur auf. Die Biegefestigkeit nimmt um 23% ab.

Am geeignetsten für die Zersetzung von BN mit Säuren wie HCl, H_2SO_4, H_3PO_4 im geschlossenen Glasrohr bei Gegenwart von Zersetzungsbeschleunigern wie $KMnO_4$, $K_2Cr_2O_7$, $KClO_4$ erweisen sich 5 molares H_2SO_4 und $KClO_4$ bei 280°C [10].

Literatur zu 1.1.9.1.4.6

[1] K. M. Taylor (Ind. Eng. Chem. **47** [1955] 2506/9). — [2] T. Renner (Z. Anorg. Allgem. Chem. **298** [1959] 22/33, 30/3). — [3] H. F. Sterling, J. H. Alexander, R. J. Joyce (Spec. Ceram. Proc. Symp. Brit. Ceram. Res. Assoc., Manchester 1967 [1968], Bd. 4, S. 139/51, 149). — [4] K. N. Repenko, I. A. Getman (Sb. Nauchn. Tr. Ukr. Nauchn. Issled. Inst. Ogneuporov Nr. 10 [1967] 118/28; C. A. **70** [1969] Nr. 50101). — [5] M. D. Lyutaya, I. G. Chernysh, O. A. Frenkel (Poroshkovaya Met. Akad. Nauk Ukr.SSR **10** Nr. 6 [1970] 86/92; Soviet Powder Met. **1970** 503/8).

[6] W. Koch, K. H. Sauer, J. Dittmann (Z. Anal. Chem. **209** [1965] 119/31, 129). — [7] M. D. Lyutaya, I. G. Chernysh, T. I. Serebryakova (Zavodsk. Lab. **34** [1968] 275/6; Ind. Lab. [USSR] **34** [1968] 323/4). — [8] W. Koch, K. H. Sauer (Arch. Eisenhüttenw. **36** [1965] 591/6, 594). — [9] J. M. Donaldson, F. Trowell (Anal. Chem. **36** [1964] 2202). — [10] S. Nakamura, N. Azuma, Z. Arai (Kogyo Kagaku Zasshi **63** [1960] 903/6 nach C. A. **56** [1962] 9693).

1.1.9.1.4.7 Gegen Halogenide (Einlagerungsverbindungen)

With Halides

Über die Reaktionen mit Na_3AlF_6 und AgF_2 s. S. 82.

Allgemeines. Bei erhöhten Temperaturen kann BN, ähnlich wie Graphit, mit einigen Nichtmetall- und Metallhalogeniden Einlagerungsverbindungen bilden, wobei die Kristallqualität des BN sowohl für die Bildung als solche als auch für die eingelagerte Halogenidmenge eine entscheidende Rolle spielt. (Über Einlagerungsverbindungen mit Alkalimetallen s. S. 73.) Das bei ersten erfolgreichen Untersuchungen von Croft [1] verwendete BN ist bei 2000°C in Graphittiegeln nachbehandelt, wird als kristallin und zum Teil lamellar beschrieben und ist schwarz und glänzend. Rüdorff, Stumpp [2], die mit weißem, sehr schwach kristallinem BN keinerlei Einlagerungsverbindungen erhalten, bezweifeln, daß bei [1] überhaupt BN vorlag. In neueren Untersuchungen von Freeman, Larkindale [3] konnte jedoch die Existenz von Einlagerungsverbindungen bewiesen werden, am entschiedensten bei BN-$FeCl_3$-Verbindungen.

Die zu untersuchenden Substanzen werden mit BN gemischt und im Glasrohr erhitzt, das zuvor nach Evakuieren [1] oder unter trockner Luft oder N_2 verschlossen wurde [3]. Überschüssiges Halogenid wird mit verdünntem HCl und H_2O ausgewaschen [1, 3], wobei auch ein Teil der eingelagerten Substanz wegen der geringen Teilchengröße des verwendeten BN mit entfernt wird [3]. Die durch chemische Analyse gefundenen Gewichtsprozente stellen daher nur ungefähre Werte dar.

Rasches Erhitzen führt unter Abgabe der eingelagerten Substanz zum Aufblähen und Blättrigwerden der Proben [1].

Wie Röntgenbeugungsuntersuchungen zeigen, treten bei allen Einlagerungsverbindungen, verglichen mit reinem BN, neue, vor allem niedrigwinklige Reflexionen auf, am ausgeprägtesten bei BN-$FeCl_3$, die entweder eine Aufweitung der Zwischenebenenabstände anzeigen oder den Abständen zwischen den eingelagerten Molekülen innerhalb der BN-Schichten zuzuordnen sind [3]. (Für die Alkalimetall-Einlagerungsverbindungen trifft dies nicht in allen Fällen zu, s. S. 73.) Die Messung des Mößbauer-Spektrums an BN-$FeCl_3$ (mit ^{57}Co in Cu als Quelle) ergibt für die isomeren Verschiebungswerte der von Freeman, Larkindale [3] und Croft [1] hergestellten Verbindungen etwas kleinere Werte als für reines $FeCl_3$ (0.55 ± 0.02 bzw. 0.53 ± 0.03 mm/s gegenüber 0.64 ± 0.02 mm/s für $FeCl_3$), d. h., das Fe^{3+} verbleibt zwar in einem hohen Spinzustand, es tritt jedoch eine Reduktion seiner d-Elektronendichte auf, es findet also ein Ladungsübergang vom $FeCl_3$ zur BN-Schicht statt. Der ausgeprägte quadrupole Split des Spektrums zeigt den Verlust der oktaedrischen Symmetrie der Cl^- um den Fe^{3+}-Kern an, d. h., die eingebauten $FeCl_3$-Moleküle sind voneinander isoliert.

Versuchsergebnisse mit Nichtmetallhalogeniden. Keine Reaktion mit SCl_2 (25°C, 16 h) [3], BF_3 (101°C, 15 min) [1], BCl_3 (57°C, 21 h) [1], PCl_3 (95°C, 16 h) [3].

Reaktion mit $AsCl_3$ (120°C, 24 h). Die eingelagerte Menge ist nicht bestimmt [3]. Sie beträgt 4 Gew.-% $AsCl_3$ (118°C, 12 h) nach [1]. — Einlagerung von 2 Gew.-% $SbCl_3$ (250°C, 12 h) [1], was von [3] (250°C, 24 h) nicht bestätigt wird. Keine Reaktion mit $SbCl_5$ (118°C, 12 h) [1].

Versuchsergebnisse mit Metallhalogeniden. Keine Reaktion mit $BiCl_3$ (500°C, 120 h), BiOCl (530°C, 120 h), Hg_2Cl_2 (450°C, 65 h), $HgCl_2$ (320°C, 120 h) [3].

Reaktion mit Hg_2J_2 (280°C, 2 h). Die eingelagerte Menge wurde nicht bestimmt [3]. — Keine Reaktion mit $AlCl_3$ (200 bis 250°C, bis zu 5 Tagen) nach [3], dagegen werden nach [1] 13% $AlCl_3$ (250°C, 12 h) eingelagert. — Keine Reaktion mit $SnCl_4$ (168°C, 48 h) [3].

Einlagerung von 10.6 Gew.-% $FeCl_3$ (400°C, 12 h) [1] bzw. 7 Gew.-% $FeCl_3$ (280 bis 450°C, bis zu 5 Tagen) [3]. — Einlagerung von 5 Gew.-% CuCl (400°C, 12 h) [1] bzw. 2 Gew.-% CuCl (450°C, 22 h) [3]. — Keine Reaktion nach [1] mit $CuCl_2$ (400°C, 12 h), dagegen werden nach [3] 2 Gew.-% $CuCl_2$ (400°C, 20 h) eingelagert.

Literatur zu 1.1.9.1.4.7

[1] R. C. Croft (Australian J. Chem. **9** [1956] 206/11). — [2] W. Rüdorff, E. Stumpp (Z. Naturforsch. **13b** [1958] 459). — [3] A. G. Freeman, J. P. Larkindale (J. Chem. Soc. A **1969** 1307/8).

With Other Inorganic Compounds

1.1.9.1.4.8 Gegen weitere anorganische Verbindungen

Gesintertes BN wird unter Ar in einer 1010°C heißen Kryolithschmelze, die 13.5 Gew.-% Al_2O_3 enthält, in den ersten 24 h mit einer Geschwindigkeit von 0.50 mg $BN/cm^2 \cdot h$ korrodiert [1]. Nach [2] beträgt die Korrosionsgeschwindigkeit in den ersten 24 h 0.75 mg $BN/cm^2 \cdot h$ bei 1050°C. In einer Kryolithschmelze mit einem Molverhältnis NaF:AlF_3 von 2.7 bis 2.8, die außerdem 5 Gew.-% $MgCl_2$ und 7 bis 8 Gew.-% Al_2O_3 enthält, soll die durchschnittliche Korrosionsgeschwindigkeit bei 960 bis 980°C während 160 bis 180 h 2.1 mg $BN/cm^2 \cdot h$ betragen. Die Versuche wurden in einem Graphittiegel durchgeführt, der sich zum Schutz gegen Luftzufuhr in einem bedeckten Porzellantiegel befand [3]. In der durch Zusatz von Al völlig entwässerten Kryolith-Al_2O_3-Schmelze beträgt die Korrosionsgeschwindigkeit (nach Entfernung des Al bestimmt) für gesintertes bzw. pyrolytisches BN 0.31 bzw. 0.23 mg $BN/cm^2 \cdot h$. Ein Zusatz von Al zur Schmelze erhöht die Korrosionsgeschwindigkeit auf 0.40 mg $BN/cm^2 \cdot h$ wegen der Reaktion von BN mit Al (s. S. 74). Der Korrosionsmechanismus ist ungeklärt, jedoch können die Reaktionen $BN + AlF_3 \rightleftharpoons AlN + BF_3(gas)$ bzw. $2BN + Al_2O_3 \rightleftharpoons 2AlN + B_2O_3(fl)$ ausgeschlossen werden, da die freien Energien dieser Reaktionen bei 1010°C 17.9 bzw. 61.5 kcal/mol betragen würden [1].

BN reagiert bei geringem AgF_2-Zusatz (10%) unvollständig zu BF_3 und N_2. Mit viel AgF_2 bleibt die Reaktion aus, auch wenn auf 400 bis 500°C erhitzt wird [4].

BN wird auch in der Hitze nicht durch saure KJO_3- oder KJO_4-Lösungen angegriffen [5]. — Mit $Al(H_2PO_4)_3$ reagiert BN beim Erhitzen entsprechend $Al(H_2PO_4)_3 + 2BN \rightarrow AlPO_4 + 2BPO_4 + 2NH_3$ [6]. — BN zersetzt sich quantitativ beim Schmelzen mit Na_2CO_3, s. beispielsweise [7], und beim Erhitzen mit $BaCO_3$ im O_2-Strom bei 820°C nach $4BN + 4BaCO_3 + 3O_2 \rightarrow 2Ba_2B_2O_5 + 2N_2 + 4CO_2$ [8].

Beim Heißpressen der Pulvermischungen aus BN und den Carbiden von Ti, Zr, V, Nb, Ta, Mo und W im molaren Verhältnis 2:1 beginnt die Reaktion unter N_2-Entwicklung und Metallboridbildung bei ca. 1500°C. Günstigste ungefähre Reaktionstemperaturen und vorherrschende Boridphase nach [9]:

Eingesetztes Carbid . . .	TiC	ZrC	VC	NbC	TaC	Mo_2C	WC
Reaktionstemperatur in °C .	2400	2600	2000	2250	2400	2300	2450
Boridphase	TiB_2	ZrB_2	VB_2	NbB_2	TaB_2	MoB	W_2B_5

Cr_3C_2 zersetzt BN bei 1650°C unter teilweiser Bildung von Cr_2N. Ähnlich wie die Carbide reagieren die entsprechenden Hydride [9]. Über die gleichartige Reaktion mit den entsprechenden Metallen s. dort.

Literatur zu 1.1.9.1.4.8

[1] J. Thonstad (Electrochem. Technol. **6** [1968] 346/9). — [2] M. Ferber (Atti Simp. Elettrolisi Sali Fusi Prod. Metal. Spec. Italia, Milano 1960, S. 52) nach Zitat [1]. — [3] V. I. Lakh, R. A. Portak, L. C. Terebukh (Poroshkovaya Met. Akad. Nauk Ukr.SSR **5** Nr. 1 [1965] 96/7; Soviet Powder Met. **1965** 73/4). — [4] O. Glemser, H. Haeseler (Z. Anorg. Allgem. Chem. **279** [1955] 141/5, 142). — [5] L. Ya. Markovskii, G. V. Kaputovskaya (Zh. Neorgan. Khim. **3** [1958] 328/32; Russ. J. Inorg. Chem. **3** Nr. 2 [1958] 123/9, 126).

[6] L. I. Prikhod'ko, L. I. Sobolevskii (Poroshkovaya Met. Akad. Nauk Ukr.SSR **8** Nr. 12 [1968] 22/5; Soviet Powder Met. **1968** 949/51). — [7] J. W. Tereshko (Anal. Chem. **35** [1963] 157/8). — [8] M. D. Lyutaya, T. N. Nazarchuk, K. D. Modylevskaya (Zh. Neorgan. Khim. **6** [1961] 2738/43; Russ. J. Inorg. Chem. **6** [1961] 1384/7). — [9] P. Schwarzkopf, F. Glaser (Z. Metallk. **44** [1953] 353/8).

1.1.9.1.4.9 Gegen organische Verbindungen

With Organic Compounds

Gewichtsverlust von heißgepreßtem BN in organischen Lösungsmitteln nach 7 Tagen bei gewöhnlicher Temperatur:

Lösungsmittel	CCl_4	Benzin	C_6H_6	C_2H_5OH (95%ig)	$(CH_3)_2CO$
Gewichtsverlust in mg/cm^2 . .	1.3	1.6	0.4	14.6	13.0

K. M. Taylor (Ind. Eng. Chem. **47** [1955] 2506/9).

1.1.9.2 Kubisches BN

Cubic BN

G e g e n L a s e r s t r a h l e n. Beim Bestrahlen eines undurchsichtigen weißen BN-Einkristalls mit einem 50-MW-Rubinlaser tritt bei einer Energiedichte von 13 J/mm^2 eine Schädigung des Kristalls unter Kraterbildung und Dunkelfärbung auf. Bei mehrfacher Bestrahlung mit einer Energie, die wesentlich unterhalb dieses Schwellenwertes liegt, wird der Kristall dann sichtbar geschädigt, wenn sich die Strahlenimpulse zum Schwellenwert addiert haben. In der bei erhöhten Intensitäten (Q-switch) auftretenden Kraterstrahlung werden scharfe und diffuse Linien beobachtet, deren Zahl, Intensität und Halbwertsbreite im wesentlichen von der eingestrahlten Laserenergie abhängen. Die Form des Spektrums zeigt, daß die Kraterstrahlung offensichtlich durch ein Hochtemperaturplasma (T = 6000°K) verursacht wird [1].

T h e r m i s c h e Z e r s e t z u n g. Ein BN-Kristallfragment wird durch zweimaliges Aufheizen im Vakuum auf >2000°C anscheinend nicht verändert [2]. Ein Modifikationswechsel wird von Milledge u.a. [3] nach fünfminütigem Aufheizen im Vakuum auf 1500°C nicht beobachtet, dagegen beginnt die Umwandlung nach 3 min bei 1650°C. Sie ist vollständig nach 1 min bei 1800°C. Die Laue-Diagramme der so erhaltenen hexagonalen Modifikation zeigen, daß diese nicht in der „normalen" Form vorliegt, sondern in einer solchen, die dem nach Erhitzen von Diamant im Vakuum gebildeten Graphit entspricht, der seinerseits meteoritischem Graphit ähnelt. Die Gitterparameter sind identisch mit denen des „normalen" hexagonalen BN [3]. — Bei 50000 atm verläuft die Umwandlung in die hexagonale Modifikation bei etwa 2500°C [2].

G e g e n L u f t s a u e r s t o f f. BN wird bei 2000°C langsam oxydiert [2]. Nach [4] überziehen sich die Kristalloberflächen bereits bei 1000°C mit einer dünnen B_2O_3-Schicht, die vor weiterer Oxydation bis etwa 1400°C schützt, wo die Umwandlung in hexagonales BN beginnt [4].

G e g e n V e r b i n d u n g e n. BN verbrennt bei ca. 2000°C langsam in der Knallgasflamme [5]. — Es wird bei Rotglut von NaOH unter NH_3-Entwicklung vollständig zersetzt, s. beispielsweise [2]. In geschmolzenem Al_2O_3 löst es sich unter N_2-Entwicklung [5]. Es zersetzt sich vollständig in geschmolzenem Na_2CO_3. Keine der üblichen Säuren greift es an, s. beispielsweise [2].

Literatur zu 1.1.9.2

[1] I. L. Babich, P. A. Korotkov (Phys. Status Solidi A **1** [1970] K83/K86). — [2] R. H. Wentorf (J. Chem. Phys. **26** [1957] 956). — [3] H. J. Milledge, E. Nave, F. H. Weller (Nature **184** [1959] 715). — [4] Anonyme Veröffentlichung (Chem. Eng. News **47** [1969] 10/1). — [5] R. H. Wentorf (16th Intern. Congr. Pure Appl. Chem., Paris 1957 [1958], Sect. Inorg. Chem. S. 535/7).

Analytical

1.1.9.3 Analytisches

N-Bestimmung. Die Zersetzung von hexagonalem BN nach Kjeldahl mit konzentriertem H_2SO_4 unter Zusatz von K_2SO_4 ist bei einigen Proben nicht vollständig [1]. Ebenso stellen Finlay, Fetterley [2] fest, daß sich nach Kjeldahl mit Se als Katalysator BN-Proben, die bei Temperaturen $>2000°C$ getempert sind, auch nach 6 bis 8 h und zusätzlichen H_2SO_4-Gaben nicht vollständig lösen, jedoch wird diese Methode für praktische Zwecke empfohlen, da auch nach stark verlängerten Lösungszeiten nur wenig mehr N festgestellt werden kann. Eine vollständige Auflösung wird in einem — in einer Bombe befindlichen — zugeschmolzenen Glasrohr erzielt [2]. Das beispielsweise durch Überleiten von NH_3 über Reinsteisen mit 2 bis 5% Bor zwischen 1000 und 1200°C gebildete BN löst sich dagegen vollständig in einem Schwefelsäure-Hydrogensulfat-Aufschluß [3]. Eine bei 350°C siedende Lösung aus 7 g K_2SO_4 in 10 cm^3 konzentriertem H_2SO_4 zersetzt hexagonales BN vollständig. Unter Umständen ist nach 10 bis 12 h ein Zusatz von 2 cm^3 H_2SO_4 erforderlich. Kubisches BN wird dabei nicht angegriffen [4].

Bei der BN-Zersetzung durch Schmelzen mit Alkalihydroxiden unter Bildung von NH_3 (und Alkaliboraten), muß bei den nötigen hohen Temperaturen bis etwa 800°C darauf geachtet werden, daß das NH_3 nicht teilweise zersetzt bzw. oxydiert wird, weshalb im allgemeinen in inerter Atmosphäre gearbeitet wird [1]. Kubisches BN zersetzt sich ebenfalls in geschmolzenem NaOH [13]. Optimale Bedingungen für die quantitative Zersetzung von hexagonalem BN unter NH_3-Entwicklung sind: Erhitzen im Luftstrom mit überschüssigem LiOH auf 750 bis 800°C [5], im N_2-Strom mit überschüssigem NaOH auf 600 bis 700°C [6], im Ar-Strom mit KOH oder NaOH auf etwa 700°C [1], Sintern im Ar-Strom bei 800°C mit einer 2:1-Mischung aus NaOH und CaO. Diese Methode soll sich auch gut für kubisches BN eignen [7]. Nicht empfohlen wird Schmelzen mit KOH im Luftstrom, da durch Aufschäumen NH_3-Verluste auftreten können [5].

Bei der gasvolumetrischen Mikrobestimmung nach Dumas läßt man einige mg BN mit der 20fachen Menge einer oxydierenden Mischung aus Na_2CO_3, K_2CO_3 und NiO im Gewichtsverhältnis 1.2:0.8:3 bei 1000°C reagieren. Genauigkeit ±0.45% [8]. Die oxydierende Mischung nach [1] (keine Mikrobestimmung) enthält an Stelle des NiO 1 Gewichtsteil K_2CrO_4. Es wird bis auf 1100°C erhitzt. Genauigkeit ±0.4%.

B-Bestimmung. Die quantitative Bestimmung der Borkomponente läuft auf diejenige von Borsäure hinaus, da hexagonales BN entweder durch Schmelzen mit überschüssigem $BaCO_3$ [9] oder mit überschüssigem Na_2CO_3 [10] in B_2O_3 übergeführt wird, wobei nach [6, 11] der zwischenzeitlich abgekühlten Schmelze noch $NaNO_3$ hinzugefügt wird. Hexagonales BN kann auch im Carius-Rohr mit konzentriertem HNO_3 unter Zusatz von KBr bei 250°C zu Borsäure hydrolysiert werden [12]. Kubisches BN wird ebenfalls von geschmolzenem Na_2CO_3 zersetzt [13].

Literatur zu 1.1.9.3

[1] H. Bennett (in: P. Popper, Special Ceramics, London 1960, S. 339/47). — [2] G. R. Finlay, G. H. Fetterley (Bull. Am. Ceram. Soc. **31** [1952] 141/3). — [3] W. Koch, K. H. Sauer (Arch. Eisenhüttenw. **36** [1965] 591/6). — [4] M. V. Kharitonova, I. Ya. Rivlin (Abrazivy i Almazy **1967** Nr. 5, S. 3/7). — [5] S. V. Syavtsillo, A. M. Nikol'skaya, T. E. Mashko (Zavodsk. Lab. **29** [1963] 806; Ind. Lab. [USSR] **29** [1963] 863).

[6] O. H. Kriege (LA-2306 [1959] 38/40). — [7] M. V. Kharitonova (Tr. Vses. Nauchn. Issled. Inst. Abrazivov Shlifovaniya Nr. 4 [1967] 58/62 nach C.A. **69** [1968] Nr. 24252). — [8] A. S. Lapteva, E. A. Bondarevskaya, E. N. Merkulova (Zavodsk. Lab. **34** [1968] 1310/1; Ind. Lab. [USSR] **34** [1968] 1579/80). — [9] K. D. Modylevskaya, M. D. Lyutaya, T. N. Nazarchuk (Zavodsk. Lab. **27** [1961] 1345/6; Ind. Lab. [USSR] **27** [1961] 1350/1). — [10] J. W. Tereshko (Anal. Chem. **35** [1963] 157/8).

[11] H. Blumenthal (Anal. Chem. **23** [1951] 992/4). — [12] J. M. Donaldson, F. Trowell (Anal. Chem. **36** [1964] 2202). — [13] R. H. Wentorf (J. Chem. Phys. **26** [1957] 956).

1.1.10 Anwendung

Use

Aus den ungewöhnlichen chemischen und physikalischen Eigenschaften von hexagonalem und kubischem BN ergibt sich eine Vielzahl von technischen Anwendungsmöglichkeiten, die allerdings sicher noch nicht alle in die Praxis umgesetzt worden sind, da die beiden BN-Modifikationen noch nicht allzu lange in ausreichenden Mengen im Handel sind.

Hexagonales BN in Pulverform. Da BN-Pulver auch bei hohen Temperaturen durch Hochfrequenz-Induktion nicht aufgeheizt wird, kann es als Wärmeisolator in Hochfrequenz-Induktions-Vakuumöfen benutzt werden. Es eignet sich als Material zum Pudern von Gußformen, ist ein üblicher Bestandteil der Spitze des Zündstabs von Ignotrons und wird benutzt zur Beschichtung hitzebeständiger Supports beim Maschinenschweißen und als Einbettungsmaterial beim Sintern von Bor [1]. Wegen seiner schichtförmigen Struktur ist es als hitzebeständiges Schmiermittel geeignet. Da reines BN bei hohen Drucken und Temperaturen nicht sintert, kann es als Druckübertragungsmittel benutzt werden [2].

Heißgepreßtes BN. Wegen ihrer chemischen Widerstandsfähigkeit können Formteile aus heißgepreßtem BN als Tiegel zum Schmelzen von Metallen, Si und Gläsern benutzt werden, ebenso als Pumpenteile, die mit geschmolzenen Metallen in Berührung kommen [2]. Es eignet sich zum Ausfüttern von Verbrennungskammern [3, 4] und zur Herstellung von Hochtemperaturbuchsen- und -dichtungen sowie von Raketendüsen [4]. Wegen seiner außergewöhnlichen dielektrischen Eigenschaften (kleine Dielektrizitätskonstante, kleiner Verlustwinkel und hoher elektrischer Widerstand, s. S. 43/5 und 48/50) eignet sich heißgepreßtes BN als Hochtemperaturwiderstand, besonders im Kontakt mit Graphit [2]. Als elektrisch isolierender Abstandshalter wird es für Widerstandsheizungen aus Wolfram benutzt und zur Vermeidung von Streubogenbildung zwischen den Elektroden in 3-Phasen-Wechselstrom-Lichtbogenerhitzern. Dielektrisch isolierende Zylinder aus BN, die die Ferritstäbe in Faradayschen Gyratoren umgeben, gestatten, bei einem höheren Leistungspegel zu arbeiten, da die gute Wärmeleitfähigkeit des BN eine zu starke Erhitzung verhindert. BN ist als dielektrisches Medium in Radarantennen geeignet [3]. Wegen seiner hohen Neutronenabsorption könnte BN im Kernreaktor Verwendung finden [2].

Pyrolytisches BN. Der Anwendungsbereich von pyrolytischem BN überschneidet sich teilweise mit dem des heißgepreßten BN. So kann es zu Tiegeln und Ofenteilen verarbeitet werden. Es eignet sich zum Beschichten von Preßformen und Behältern verschiedenster Art und zur Herstellung von Düsen. Aus pyrolytischem BN können außerdem Hitzeschilde hergestellt werden, Durchführungsschutz für Elektrokabel, Träger für Induktionsheizungsspulen, elektrische Widerstände und Hochtemperaturkapazitäten, IR-Fenster und IR-Polarisatoren [5].

BN-Fasern. Aus den Eigenschaften von BN-Fasern könnten sich folgende Anwendungsmöglichkeiten ergeben: Kleidung aus BN-Filz als Schutz gegen hohe Hitzegrade, Neutronenbestrahlung, korrodierende Flüssigkeiten und flüssige Metalle. Behälter aus BN-Filz oder -Tuch zum Abscheiden von Industriestaub. BN-Tuch für Fallschirme und Sonnensegel (widerstandsfähig gegen UV-Strahlung) bei der Raumfahrt. Filtermaterial aus BN-Fasern zum Filtern von korrodierenden Flüssigkeiten und flüssigen Metallen. Elektrisches Isoliermaterial für hochenergetische Stromquellen. Wärmeisolation unter korrodierenden Bedingungen und unter inerten oder reduzierenden Bedingungen bei extrem hohen Temperaturen. Isoliermaterial in Beschleunigern, da es gegen Neutronen- und Elektronenbestrahlung relativ stabil ist [6].

BN-Filme eignen sich als Material für nicht-Ohmsche Widerstände (Varistoren) [7].

Kubisches BN. Unter dem Firmennamen Borazon findet es breite Anwendung als Schleifmittel [8]. Dotiertes BN kann wegen seiner p- und n-Typ Halbleitereigenschaften für Transistoren verwendet werden [9].

Literatur zu 1.1.10

[1] G. R. Finlay, G. H. Fetterley (Am. Ceram. Soc. Bull. **31** [1952] 141/3). — [2] T. A. Ingles, P. Popper (in: P. Popper, Special Ceramics, London 1960, S. 144/67, 164). — [3] J. E. Fredrickson, W. H. Redanz (Materials Science Research Bd. 2, New York 1965, S. 1/319, 245/60). — [4] K. M. Taylor (Ind. Eng. Chem. **47** [1955] 2506/9). — [5] M. Basche, D. Schiff (Mater. Design Eng. **59** Nr. 2 [1964] 78/81).

[6] J. Economy, R. V. Anderson (Textile Res. J. **36** [1966] 994/1003, 1001). — [7] M. J. Rand, J. F. Roberts (J. Electrochem. Soc. **115** [1968] 423/9). — [8] H. Lach (Fachber. Oberflächentech. **10** [1972] 25/29). — [9] R. H. Wentorf (J. Chem. Phys. **36** [1962] 1990/1).

Boron Nitride Poor in Nitrogen

1.2 Stickstoffarmes Bornitrid $(B_{12})_4B_2N_x$ mit x = 1 bis 2

Entsteht bei der Pyrolyse von gasförmigem BCl_3 oder BBr_3 bei 1150 bis 1600°C in H_2-Atmosphäre in Gegenwart von Stickstoff, wobei BN als Träger (Substrat) verwendet wird, als blauschwarze, glänzende Schicht, zumeist grobkristallin, bei höheren Temperaturen mit Einkristallen.

Bei Anwesenheit von 20 bis 55 Mol-% N_2 im Synthesegas bildet sich bei 1200°C ausschließlich das tetragonale $(B_{12})_4B_2N_x$, während bei tieferen Temperaturen und N_2-Gehalten α- und β-rhomboedrisches sowie tetragonales Bor entstehen. Bei 1500°C beginnt die ausschließliche Bildung der N-haltigen Verbindung bei einem N_2-Gehalt von 5% in der Gasphase.

Bei Anwesenheit von 55 Mol-% N_2 ist die untere Bildungsgrenze 1150 bis 1200°C, oberhalb 1400°C bildet sich auch noch BN.

Mit steigender Bildungstemperatur nimmt der N-Gehalt zu, so von 2.40 auf 4.5 Gew.-% N bei Steigerung von 1150 auf 1400°C. Die Dichte steigt von 2.407 bei der Bildungstemperatur 1000°C auf 2.460 g/mol für die Bildungstemperatur 1400°C. Entsprechend nimmt die Gitterkonstante a von 8.78 auf 9.02 und c von 5.08 auf 5.26 Å zu, E. Amberger, H. Schmidt (Z. Naturforsch. **26b** [1971] 641/6).

Boron Triazide

1.3 Bortriazid $B(N_3)_3$ und N_3-ärmere Azide $BH_{3-n}(N_3)_n$

$B(N_3)_3$ entsteht aus einer mit flüssigem N_2 eingefrorenen ätherischen Lösung von überschüssiger Stickstoffwasserstoffsäure bei Zugabe von Diboran. Beim Auftauen unter Rühren bei −20 bis −10°C findet H_2-Entwicklung statt, die sich beim Abpumpen von H_2 fortsetzt. Bei mehrfacher Wiederholung des Abpumpens gelingt es, eine Wasserstoffentwicklung von etwa 95% der durch die Reaktionsgleichung $BH_3 + 3HN_3 \rightarrow B(N_3)_3 + 3H_2$ gegebenen zu erreichen. Wahrscheinlich entstehen gleichzeitig $B(N_3)_3$, $BH(N_3)_2$ und $BH_2(N_3)$. Ein Versuch der Isolierung des $B(N_3)_3$ durch Abdestillieren des Äthers bei −65 bis −45°C führt zu einem weißen, explosiven Rückstand der Zusammensetzung $BH_{0.25}(N_3)_{2.75}$. Bei Abdestillieren des Äthers bei 8 Torr erhält man zumeist gut ausgebildete, wahrscheinlich hexagonale Kristalle. Bei Einwirkung von Äther oder Wasserdampf bei −35°C oder Zimmertemperatur tritt sehr heftige Zersetzung mit Detonation ein. Bei Aufkondensation von ätherischer Trimethylaminlösung auf das $BH_{0.25}(N_3)_{2.75}$ bei der Temperatur des flüssigen Stickstoffs und anschließendem Abdestillieren von Äther und Trimethylamin bei Zimmertemperatur werden nadelige, zu Büscheln verwachsene Kristalle der Zusammensetzung $BH_{3-n}(N_3)_n \cdot N(CH_3)_3$ erhalten, wobei die azidärmeren Verbindungen mit n = 1.5 oder n = 1.6 vorherrschen, während $B(N_3)_3 \cdot N(CH_3)_3$ offenbar wenig beständig ist und in Form seiner Spaltprodukte $B(N_3)_3$ und $N(CH_3)_3$ mit dem Äther übergeht.

Destilliert man aus der Reaktionslösung bei −70 bis −60°C den Äther und nichtumgesetztes NH_3 ab, so erhält man eine farblose Flüssigkeit mit Verhältnis $B:N_3 = 1:4$, die bei Temperaturerhöhung in die Komponenten zerfällt und wahrscheinlich das $H[B(N_3)_4]$ darstellt.

Bei Einwirkung von ätherischer $B(N_3)_3$-Lösung auf eine ätherische Lösung von NaN_3 wird das komplexe Na-Salz $Na[B(N_3)_4]$ erhalten, das sich z.B. herstellen läßt, indem man auf feinstgepulvertes NaN_3 überschüssige ätherische HN_3-Lösung und überschüssiges Diboran aufdestilliert, die Mischung auftaut und unter kräftigem Rühren bis auf Zimmertemperatur erwärmt. Der entstehende Wasserstoff wird abgepumpt, und die Vorgänge Einfrieren, H_2-Abpumpen und Auftauen werden so oft wiederholt, bis die H_2-Menge ca. 90% der nach der Umsatzgleichung zu erwartenden entspricht. Der nach Abdestillieren von Äther, $BH_{3-n}(N_3)_3$, HN_3 und B_2H_6 verbleibende weiße Rückstand entspricht der erwarteten Zusammensetzung, ist in Äther unlöslich, in Tetrahydrofuran löslich und wird durch Wasser zersetzt [1].

Die analoge Lithiumverbindung $LiB(N_3)_4$ wird erhalten, indem man eine ätherische HN_3-Lösung auf eine mit flüssigem Stickstoff eingefrorene ätherische Lösung von $LiBH_4$ aufkondensiert. Der beim Auftauen des Reaktionsgemisches bis kurz oberhalb des Ätherschmelzpunktes unter H_2-Entwicklung auftretende Niederschlag löst sich bei allmählichem Erwärmen unter Rühren wieder auf, wobei sich weiteres H_2 entwickelt. Wahrscheinlich folgen auf die primäre Reaktion $LiH \cdot BH_3 + NH_3 \rightarrow LiN_3 + BH_3 + H_2$ die Reaktionen $BH_3 + 3HN_3 \rightarrow B(N_3)_3 + 3H_2$ und $B(N_3)_3 + LiN_3 \rightarrow LiB(N_3)_4$. Das Salz läßt sich durch Eindampfen der Lösung als fester weißer Rückstand isolieren. Ausbeute 90% des angewandten $LiBH_4$. Explodiert bei Druck- oder Schlageinwirkung mit äußerster Brisanz. Die gut getrocknete Substanz explodiert in der Flamme mit scharfem Knall. Wird von Wasser sofort unter Freisetzung von HN_3 hydrolysiert, unzersetzt löslich in Äther [2].

Literatur zu 1.3

[1] E. Wiberg, H. Michaud (Z. Naturforsch. **9b** [1954] 497/9). — [2] E. Wiberg, H. Michaud (Z. Naturforsch. **9b** [1954] 499).

B–N–C Heterocycles

2 B–N–C-Heterocyclen

Ulrich W. Gerwarth, Bernd Mathiasch, Klaus Dieter Müller
Universität Mainz, Institut für Anorganische Chemie und Analytische Chemie
Mainz, Bundesrepublik Deutschland

Introduction. Definition

2.1 Einleitung, Begriffsabgrenzung

In diesem Kapitel werden nur cyclische Verbindungen mit einer direkten B–N–C- oder C–B–N-Verknüpfung behandelt, Verbindungen also, bei denen eine C–C-Gruppe durch eine B–N-Gruppe ersetzt ist. Dabei wird zwischen den formal gesättigten Ringen (= Azaboracycloalkane) und den formal ungesättigten Ringen (= benzoide Systeme) unterschieden. Ein zusätzliches Zwischenkapitel faßt alle die Verbindungen zusammen, die weder als gesättigt noch als ungesättigt anzusprechen sind (= teilweise gesättigte Ringsysteme). Die Abgrenzung der jeweiligen Zugehörigkeit ist dem Abschnitt 2.5.2.1, S. 129, zu entnehmen. Außerdem wird dieses Problem jeweils vor der Behandlung einer neuen Stoffklasse erörtert, falls sich die Abgrenzung nicht aus der Nomenklatur bereits ergibt. Nicht in diesen Bereich gehören die Verbindungen mit tetravalenten Bor- und/oder Stickstoffatomen. Sie sind von ihrer Bindung und Nomenklatur her Koordinationsverbindungen, auch wenn sie cyclischer Natur sind. Deswegen werden sie hier nur erwähnt und behandelt, wenn sie als isolierte und/oder definierte, wichtige Zwischen- oder Umsetzungsprodukte auftreten.

Aus den angeführten Gründen ergibt sich die folgende Gliederung für das Kapitel B–N–C-Heterocyclen:

2.1	Einleitung, Begriffsabgrenzung	
2.2	Geschichtliches, Übersichtsarbeiten	
2.3	Nomenklatur	
2.4	1,2-Azabora-cycloalkane	formal gesättigte Systeme
2.5	1,3,2-Diazabora-cycloalkane	
2.6	Weitere Azabora-cycloalkane	
2.7	Spektren und Molekülstruktur der gesättigten B–N–C-Heterocyclen	
2.8	Benzo-azabora-cycloalkane	formal teilgesättigte Systeme
2.9	Ungesättigte Ringsysteme	
2.10	Spektren und Molekülstruktur der teil- und ungesättigten B–N–C-Heterocyclen	

Die Untergliederung der so entstandenen Abschnitte erfolgt im allgemeinen nach steigender Zahl der annularen Bor- und Stickstoffatome.

Historical. Review Literature

2.2 Geschichtliches, Übersichtsarbeiten

Den ersten B–N–C-Heterocyclus beschrieben 1955 Goubeau und Zappel [1]. Die durch diese Veröffentlichung angeregten Untersuchungen ergaben sehr bald zwei Hauptgruppen von Verbindungen. Bei der einen Gruppe hat eine B–N-Einheit zwei C-Atome in einem ungesättigten Kohlenstoffring verdrängt. Es liegen „heteroaromatische" B–N–C-Verbindungen vor. Bei der anderen Gruppe ist dieser Austausch in einem gesättigten Kohlenstoffring erfolgt, so daß jetzt Azaboracycloalkane vorhanden sind. Typische Vertreter dieser beiden Klassen sind einmal das 1,2-Dihydro-2,1-azabora-naphthalin (= 1,2-Dihydro[5,6-a]benzo-2,1-azaborin) I und das 1,3,2-Diazaboracycloalkan II.

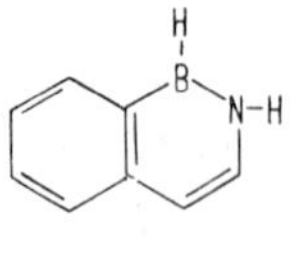

I

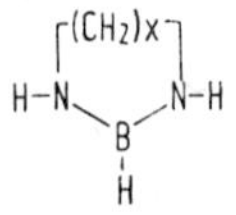

II

Wegen ihres heteroaromatischen Charakters und ihrer chemischen Stabilität fanden die sogenannten „Borazaromaten" stärkere Beachtung [2 bis 4]. Sie ließen sich mit den entsprechenden organischen Verbindungen vergleichen und als neue Klasse in das organische System einreihen. Kritik an diesem Verfahren wurde erst in den letzten Jahren geübt, weswegen die IUPAC-Nomenklaturkommission den Begriff „Borazaroverbindung" als irreführend verwarf [5].

In den letzten Jahren stieg das Interesse an der B–N-Bindung, die man lange als einer C–C-Bindung gleichwertig betrachtet hatte [2, 3, 6, 7]. Um nähere Aussagen über die Natur der B–N-Bindung machen zu können, untersuchte man vor allem die Chemie der Azaboracycloalkane, weil sie Einfachbindungen zu enthalten schienen [4]. Weiterhin wurden alle B–N–C-Heterocyclen auf ihre mögliche Anwendbarkeit in der Krebstherapie [8, 9], als Insektizide, Fungizide und Antiseptika [10 bis 12] geprüft. Auch zeichnen sich viele dieser Verbindungen durch große thermische Stabilität aus, was vor allem bei Polymerisationen sehr nützlich ist (vgl. 3.6.2.1, S. 312) [13, 14]. Ihre häufig vorhandene hydrolytische Empfindlichkeit läßt sich durch exocyclische Substitutionen herabsetzen und womöglich verhindern [15], was das Interesse an ihnen weiter fördern könnte [4].

Trotz dieses regen Interesses und der wachsenden Zahl an Verbindungen sind bis heute nur wenige Übersichtsarbeiten erschienen, die aber immer nur Teilgebiete herausgreifen. So beschreibt Dewar [2, 3] die Chemie der ungesättigten B–N–C-Heterocyclen, Niedenzu die der Azaboracycloalkane [16] und Niedenzu und Miller die der 1,3,2-Diazaboracycloalkane [4]. Sonst wurden die B–N–C-Heterocyclen immer mehr als Teilgebiet eines anderen, größeren Gebietes angesehen. Diese Einstellung beeinflußte die entsprechenden Monographien und Übersichtsartikel. Niedenzu und Dawson beschrieben B–N–C-Heterocyclen als Teil der Bor-Stickstoff-Verbindungen [17, 18], Lappert als Teil der Bor-Kohlenstoff-Verbindungen [19] und Maitlis als Teil der gesamten heterocyclischen Borverbindungen [20]. Auch in den Jahresübersichtsartikeln der Organometallic Chemistry Reviews wurden immer wieder B–N–C-Heterocyclen mitbehandelt.

Literatur zu 2.2

[1] J. Goubeau, A. Zappel (Z. Anorg. Allgem. Chem. **279** [1955] 38/58). — [2] M. J. S. Dewar (Advan. Chem. Ser. **42** [1964] 227/50). — [3] M. J. S. Dewar (in: H. Steinberg, A. L. McCloskey, Progr. Boron Chem. **1** [1964] 235/63). — [4] K. Niedenzu, C. D. Miller (Fortschr. Chem. Forsch. **15** [2] [1970] 191/205). — [5] IUPAC-Commission on Nomenclature of Organic Chemistry (Nomenclature of Organoboron Compounds, Final Draft 1970), IUPAC (Nomenclature of Organic Chemistry Section D (tentative), London 1973, S. 125).

[6] E. Wiberg (Naturwissenschaften **35** [1948] 182/8, 212/8). — [7] Gmelin Handbuch, Ergänzungswerk „Borverbindungen" Tl. 5 (B–N-Verbindungen, Abschnitt: Die B–N-Bindung). — [8] A. H. Soloway (in: H. Steinberg, A. L. McCloskey, Progr. Boron Chem. **1** [1964] 203/34). — [9] Shionogi & Co. Ltd., T. Nakagawa, H. Watanabe, K. Nagasawa, T. Yoshizaki (Japan.P. 25341 und 26426 [1965]; C.A. **64** [1966] 8235). — [10] U.S. Borax & Chemical Corp., J. L. Boone (U.S.P. 3060324 [1962]; C.A. **58** [1963] 5704).

[11] Süddeutsche Kalkstickstoff-Werke A.G., A. Joos, H. Prietzel, L. Strassberger (D.P. 1233875 [1967]; C.A. **67** [1967] Nr. 64451). — [12] Süddeutsche Kalkstickstoff-Werke A.G., A. Joos, L. Strassberger (D.P. 1243202 [1967]; C.A **68** [1968] Nr. 69053). — [13] U.S. Borax & Chemical Corp., J. L. Boone (U.S.P. 3062880 [1962]; C.A. **58** [1963] 5705). — [14] U.S. Borax & Chemical Corp., J. L. Boone (U.S.P. 3317596 [1967]; C.A. **67** [1967] Nr. 64514). — [15] W. Weber, J. W. Dawson, K. Niedenzu (Inorg. Chem. **5** [1966] 726/8).

[16] K. Niedenzu (Allgem. Prakt. Chem. **17** [1966] 596/9). — [17] K. Niedenzu, J. W. Dawson (Boron-Nitrogen Compounds in: M. Becke-Goehring, Anorganische und Allgemeine Chemie in Einzeldarstellungen, Bd. VI, Berlin – Heidelberg – New York 1965). — [18] K. Niedenzu, J. W. Dawson (in: E. L. Muetterties, The Chemistry of Boron and its Compounds, New York – London – Sidney 1967, S. 377/442). — [19] M. F. Lappert (in: E. L. Muetterties, The Chemistry of Boron and its Compounds, New York – London – Sidney 1967, S. 443/616). — [20] P. M. Maitlis (Chem. Rev. **62** [1962] 223/45).

2.3 Nomenklatur der cyclischen B–N–C-Verbindungen

Nomenclature of Cyclic B–N–C Compounds

Bereits 1958 versuchte die American Chemical Society eine rationelle Nomenklatur für Borverbindungen einzuführen [1]. Bis heute aber haben sich die einzelnen auf diesem Gebiet tätigen Arbeitskreise nicht auf eine allgemeine Bezeichnungsweise einigen können. Vor allem gilt das für das Präfix „Borazaro" [2 bis 4] und die Namen von Hydroxyboranderivaten, die häufig aus den alten

Bezeichnungen „Borinsäure" für R_2BOH und „Boronsäure" für $RB(OH)_2$ abgeleitet wurden. Inzwischen aber empfiehlt die IUPAC-Nomenklaturkommission beide Benennungsmethoden nicht mehr [5], wobei zwar die Ablehnung der Bezeichnung „Borazaro" begründet wurde, nicht aber die der Namen „Borin-" und „Boronsäure".

Die vorhandene Unsicherheit und mangelnde Übereinstimmung in der Nomenkaltur ist durch die Eigenart der B–N-Bindung gegeben [6], deren Natur sich bis heute nur unvollkommen beschreiben läßt [7]. Deswegen wird hier der Versuch unternommen, die für organische Heterocyclen geschaffenen Nomenklaturregeln der IUPAC [8] sinnvoll auf die ringförmigen Bor–Stickstoff–Kohlenstoff-Verbindungen anzuwenden. Warum der von der IUPAC selbst unternommene Versuch [9] nicht ausreichend ist, soll im Folgenden ausgeführt werden.

Die relevanten IUPAC-Regeln [9] sind:

Regel 2.1: Enthalten heterocyclische Verbindungen ungeladene Boratome, so werden sie vorzugsweise nach der „a-Nomenklatur" [10] benannt.
Beispiele:

1,2,3,4-Tetrahydro-2,3-dimethyl-1,4-diaza-2,3-diboranaphthalin I

1,4a,8-Triaza-8a-boranaphthalin II

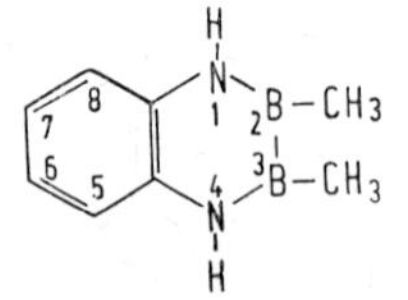

I

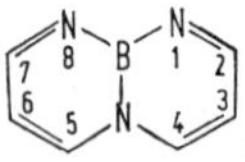

II

Regel 2.2 (teilweise alternativ zu Regel 2.1): Drei- bis zehngliedrige monocyclische Systeme, die ungeladene Boratome enthalten, können nach dem Hantzsch-Widman-System [11] benannt werden.
Beispiele:

1 H-1,3,2-Diazaborol III

Δ^4-1,3,2-Diazaborolin IV

1,3,2-Diazaborolidin V

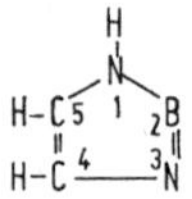

III

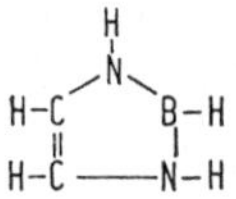

IV

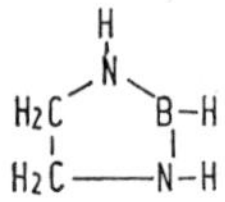

V

Regel 2.3 (teilweise alternativ zu Regel 2.1): Sind in mehrkernigen heterocyclischen Ringsystemen ungeladene Boratome enthalten, so können diese Verbindungen nach dem Fusionsprinzip [12] benannt werden.
Beispiele:

1,2,3,4-Tetrahydro-2,3-dimethyl-1,4,2,3-benzodiazadiborin VI

[1,3,2]Diazaborino[1,2-a][1,3,2]-diazaborin VII

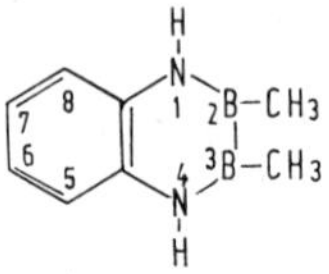

VI

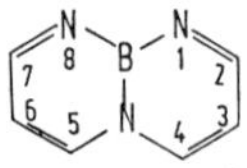

VII

Regel 2.4.3: Das Präfix „Borazaro" [2 bis 4] ist nicht empfehlenswert. Die mesomere Struktur der isoelektronischen (isokonjugierten) Gruppe $-\overset{-}{B}H{=}\overset{+}{N}H-$ ist äquivalent zu –BH–NH–, und der Name bezieht sich auf eine ungeladene Struktur [13].
Beispiel:
1,2-Dihydro-1-aza-2-boranaphthalin
oder
1,2-Dihydro-2-borachinolin
nicht aber:
2,1-Borazaronaphthalin

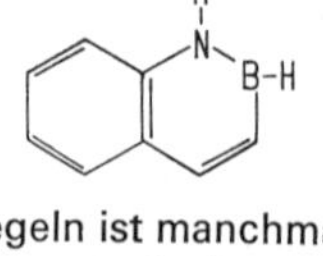

Die konsequente Anwendung dieser Regeln ist manchmal weder sinnvoll noch einfach. So weckt die „a-Nomenklatur" Assoziationen an die „entsprechenden" organischen Heterocyclen und kann die Forschung in nicht immer vernünftige Richtung abdrängen [6, 7]. Deswegen scheint das Hantzsch–Widman-System [11] prinzipiell besser zur Benennung der ringförmigen B–N–C-Verbindungen geeignet:

Anzahl der Ringglieder	stickstoffhaltige Ringe ungesättigt	gesättigt	stickstofffreie Ringe ungesättigt	gesättigt
3	-irin(e)	-iridin(e)	iren(e)	-iran(e)
4	-et(e)	-etidin(e)	-et(e)	-etan(e)
5	-ol(e)	-olidin(e)	-ol(e)	-olan(e)
6	-in(e)	(x)	-in	-an(e)
7	-epin(e)	(x)	-epin	-epan(e)
8	-ocin(e)	(x)	-ocin	-ocan(e)
9	-onin(e)	(x)	-onin	-onan(e)
10	-ecin(e)	(x)	-ecin	-ecan(e)

Das in der englischen Schreibweise (im Gegensatz zur deutschen) vorhandene End-e steht in Klammern. (x) bedeutet, daß die Namen aus denen der entsprechenden ungesättigten Verbindungen durch das Präfix „Perhydro" gebildet werden.

Dieses Nomenklatursystem hat folgende Nachteile: 1) Nach der Intention dieses Systems soll zwischen N-haltigen und N-freien Ringen unterschieden werden. Die Bezeichnungen sowohl für die ungesättigten Vier- als auch für die ungesättigten Fünfringe lassen aber keine Unterscheidung zwischen den N-haltigen und den N-freien Verbindungen zu. — 2) Vom Sechsring an aufwärts ist in der englischen Schreibweise ein Endungs-e bei den Namen der stickstoffhaltigen Ringe vorhanden, um diese von den N-freien Ringen zu unterscheiden. In der deutschen Nomenklatur verschwindet dieses Endungs-e ersatzlos und mit ihm das Unterscheidungsmerkmal. — 3) Die Endung -an(e) für gesättigte N-freie Sechsringe ist nach [14] nicht auf Silicium, Germanium, Zinn und Blei anwendbar. Für Bor gilt aber der gleiche Vorbehalt, weil der Name „Bor-an" den Bor–Wasserstoff-Verbindungen

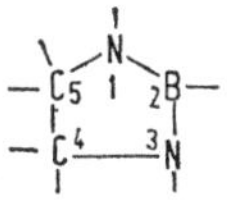

vorbehalten ist. [15, 16]. — 4) Die übliche Benutzungsweise des Hantzsch–Widman-Systems ist streckenweise nicht eindeutig genug. So wird das obenstehende Ringsystem in der Literatur fast immer als 1,3,2-Diazaborolidin bezeichnet. Nun besagt die Endung -olidin aber bereits, daß ein stickstoffhaltiger Ring vorliegt. Zusammen mit dem „Diaza" könnten somit drei N-Atome errechnet werden. Die Bezeichnung 1,3,2-Diazaborolidin ist somit ähnlich verwirrend wie 1,3-Diaza-pyrrol für das Imidazol oder 1,2-Diaza-pyridin für das Pyridazin. — 5) Ein Name wie 2-Bora-1,3-olidin bietet keinen Ausweg, weil in ihm Bor vor Stickstoff steht. Dadurch werden entweder die IUPAC-Regeln [11] verletzt, oder die Hantzsch–Widman-Namen müssen durch eine noch einzuführende Regel den angenommenen Trivialnamen wie Pyridin gleichgesetzt werden. Außerdem sind Präfixe der a-Nomenklatur wie „bora" nur vor Namen vollständiger Systeme erlaubt. — 6) Die Endungen -etin(e), -olin(e), -eten(e) und -olen(e) [17] für teilgesättigte Ringe sind zumindest für B–N-Systeme überflüssig. Erstens läßt sich eine isolierte Doppelbindung in einem cyclischen B–N-System schlecht angeben [7]. Zweitens steht das Zeichen Δ zur Verfügung, das zusammen mit dem Namen der gesättigten Verbindung die Positionen der Atome mit zuwenig Substituenten genau festlegen kann.

Allen diesen Schwierigkeiten kann man entgehen, wenn man die Namen der stickstofffreien Ringe auch für die Benennung der stickstoffhaltigen benutzt und zusätzlich für die gesättigten Sechsringe die Endung -inan statt -an einführt. Eine solche Abänderung ist für Phosphor- und Arsenverbindungen bereits üblich (vgl. Fußnoten zu Tabelle I in [11]). Das Endungs-e der englischen Namen wird damit überflüssig. In der organischen Chemie mögen vielleicht historische und didaktische Gesichtspunkte für die namentliche Abtrennung der N-haltigen Heterocyclen von allen übrigen Ringverbindungen vorhanden sein. In der anorganischen Chemie ist eine solche Abtrennung grundsätzlich nicht nötig. Eine zweispurige Nomenklatur beinhaltet sogar die Gefahr der Bildung von semi-trivialen Namen, wodurch Mehrdeutigkeiten entstehen könnten. Außerdem sprechen die Verhältnisse in der B–N-Bindung eines cyclischen B–N–C-Systems nicht für einen Vergleich mit N-haltigen organischen Heterocyclen [7]. Der Unterschied zwischen gesättigten und ungesättigten Verbindungen ist nämlich nur formal, weil die B–N-Bindung in den B–N–C-Heterocyclen eine Bindungsordnung von etwa 1.4 hat [18, 19]. Auch deshalb ist es nicht sinnvoll bei der Benennung der gesättigten B–N–C-Verbindungen das unspezifische Präfix „Perhydro" in Kombination mit der Endung für ungesättigte Ringe zu verwenden.

Bei Abänderung der bisherigen Hantzsch-Widman-Nomenklatur nach den hier gemachten Vorschlägen ergibt sich für den vorstehend als Beispiel angeführten Ring der Name 1,3,2-Diazaborolan. Dadurch werden folgende Aussagen gemacht: 1) Es liegt ein formal gesättigter Fünfring vor. — 2) In den Positionen 1 und 3 befindet sich je ein Stickstoffatom. — 3) In der 2-Stellung ist ein Boratom vorhanden. — 4) Da es sich um einen Heterocyclus handelt, in dem die Kohlenstoffatome nicht genannt werden, müssen die Positionen 4 und 5 von C-Atomen besetzt sein. Damit sind alle Charakteristika dieses Moleküls im Namen erwähnt; die absolute Affinität zwischen dem Namen und der Formelstruktur ist hergestellt.

Die Verdrängungs- oder a-Nomenklatur [10] ist auf die hier vorliegenden Ringsysteme ebenfalls anwendbar. Allerdings muß der Benutzer sich stets vergegenwärtigen, daß diese Benennungsweise zwar aus der Nomenklatur für reine Kohlenwasserstoffverbindungen entwickelt, aber bei ihrer Erweiterung auf Verbindungen allgemeiner Art vom Verhalten des Kohlenstoffs losgelöst und abstrahiert wurde. Assoziationen an „entsprechende" organische Verbindungen sind abzulehnen. Die Endungen dieses Nomenklatursystems besagen heute nicht mehr, daß es sich um eine Kohlenstoffverbindung handeln muß. So müßte die untenstehende Verbindung eigentlich Hexacarba-cyclohexan

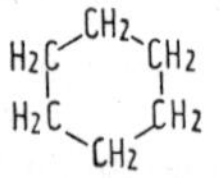

heißen. Wegen der Häufigkeit der Kohlenstoffverbindungen wird nur das Präfix „Hexacarba" als gleichsam überflüssig weggelassen [20]. Damit entsteht eine sinnvolle Abkürzung, die auch unter den hier angeführten Voraussetzungen gut angewendet werden kann. Selbst völlig kohlenstofffreie Ringe lassen sich dann nach der a-Nomenklatur einwandfrei benennen:

Beispiel:

Heptamethyl-1,3-diaza-4,5-disila-2-bora-cyclopentan
oder
Heptamethyl-1,3-diaza-4,5-disila-2-borolan

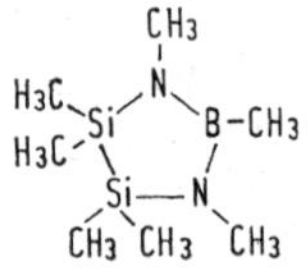

Eine genaue Stellungsangabe für die Methylgruppen erübrigt sich, weil in diesem formal gesättigten Fünfring sieben gleichartige einbindige Substituenten nicht anders anzuordnen sind. Die Zuordnung von Namen und Formelstruktur ist somit eindeutig.

Sowohl die Verdrängungs- oder a-Nomenklatur als auch die abgeänderte Hantzsch-Widman-Methode kommen zu eindeutigen Benennungen. Beide Systeme sind deswegen a priori gleichberechtigt. Nur sind die a-Namen bei den Molekülen, die aus einem einzelnen Ring bestehen, etwas länger und somit häufig ungünstiger. Bei den verschmolzenen Ringsystemen können die a-Namen kürzer und günstiger sein. Alles in allem ist die Bezeichnung somit von Fall zu Fall dem Ermessen des Chemikers überlassen, der mit solchen Verbindungen arbeitet.

Für verschmolzene, formalgesättigte Ringsysteme ist allein die strikte Anwendung des Baeyer-Systems [21] in Verbindung mit der Verdrängungs-Nomenklatur zu empfehlen.

Beispiel:

1,5,7-Triaza-6-bora-bicyclo[4,4,0]decan,
nicht
1,4a, 8-Triaza-8a-bora-decalin

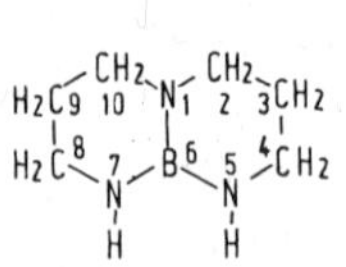

Begründung: 1) Bei Verbindungen wie dem Decalin sind die Positionen der Atome festgelegt. Bei Substitutionen durch Heteroatome entstehen Unklarheiten darüber, ob die Brückenkopfatome direkt als Positionen 5 und 10 [22] oder indirekt als 4a und 8a [23] gezählt werden. Es ist also fraglich und für den Folgebenutzer nicht klar, welche Zählweise zur Anwendung kam. Darunter leidet nicht nur die Klarheit eines Textes, es ist auch höchst lästig, sich jedem Autor einzeln anzupassen. Bei der Benutzung des Baeyer-Systems [21] treten solche Unklarheiten erst gar nicht auf, weil die Zählung der Atompositionen sich nicht an irgendwelchen Bezugsmolekülen orientieren kann. Zur Benennung wird das Molekülmodell so gedreht, daß die Position 1 dem höchstrangigen Atom zukommt und eine Folge möglichst niedriger Zahlen entsteht [24]. — 2) Vom Decalin sind eine E- und eine Z-Form [25] bekannt; das Triazaborabicyclo[4,4,0]decan ist aber nahezu eben [26]. Es ähnelt dem Kohlenstoffdoppelring des Naphthalins weit mehr als dem des Decalins [18]. Einem Decan wird von vornherein keine spezielle Struktur, sondern höchstens eine Konformation zugeordnet. Unfruchtbare Analogieschlüsse rein aus der Nomenklatur sind also nach dem Baeyer-System [21] nicht möglich.

Nach den im Abschnitt 2.1, S. 88, gegebenen Definitionen gehören cyclische B–N–C-Verbindungen mit tetravalenten Bor- und/oder Stickstoffatomen nicht in das vorliegende Kapitel. Da sie aber des öfteren als wichtige Zwischen- und/oder Endprodukte genannt werden, soll auch ihre Nomenklatur kurz besprochen werden.

Komplexe aus Boranen und Aminen sind nach der Lewis-Theorie Additionsverbindungen. Auf dieser Vorstellung beruht die Nomenklatur bzw. die Vorschläge zur Nomenklatur der Aminborane [27 bis 30]. Der IUPAC-Vorschlag [28 bis 30] besagt, daß die durch einen Bindestrich getrennten Koordinationsatome in Klammern zwischen die unveränderten Namen der beiden Verbindungspartner gesetzt werden. Beispiel: Der Komplex aus Aminoboran und Trialkylamin heißt Trialkylamin(N-B)-aminoboran. Die Reihenfolge der Atomsymbole in der Klammer richtet sich danach, welches Atom als Donor und welches als Akzeptor auftritt. Bei der Anwendung dieser Methode auf doppelt koordinierte Verbindungen muß notwendigerweise das zweite Paar von koordinierenden Atomen ebenfalls in der Klammer erscheinen. Dabei setzen Mikhailov u.a. [31] jeweils das Atom vor den Bindestrich, das vor der Komplexbildung dem vor der Klammer stehenden Partner gehörte. Sie durchbrechen so die von der IUPAC geforderte Donor-Akzeptor-Reihenfolge [27 bis 30]. Dafür erzielen sie eine eindeutige, gegenseitige Zuordnung der Koordinationsatome der Ausgangsverbindung zum fertigen Ringsystem. Nach dieser Diktion heißt die Verbindung I Aminodialkylboran (N-B,B-O) acetamidodialkylboran und die Verbindung II 2-Butyl-1,2-azaborolan(N-B,B-O)acetamidodibutylboran. Für den Fall, daß es notwendig wird, die Koordinationsstellung festzuhalten, schlagen Mikhailov u.a. [31] vor, das entsprechende Zahlenpaar (1,2 oder 1,4) in Klammern vor den Namen des Komplexes zu setzen.

Diese Nomenklatur ist noch nicht ausreichend, weil sie den Ringschluß nicht kennzeichnet. Die IUPAC [6] schlägt für intramolekulare „Additionsverbindungen" vor, das Paar der Atomsymbole in Klammern vor den gesamten Namen zu setzen und dabei die Donor-Akzeptor-Reihenfolge beizubehalten. Bei der 1,2-Koordination reicht diese Methode sicher aus, nicht aber bei der von Mikhailov u.a. [31] untersuchten 1,4-Koordination. Um doppelte Klammern für die Atomsymbole und für die Koordination vor dem eigentlichen Verbindungsnamen zu vermeiden, erscheint die Anwendung der Vorsilbe „Cyclo" aus folgenden Gründen sinnvoll: 1) Die Symbole für die Koordinationsatome können in jedem Fall zwischen den Namen der Ausgangsverbindungen angeführt werden. Die Benennung der 1,2- und der 1,4-Komplexe unterscheidet sich nicht mehr grundlegend. 2) Im Sinne von Mikhailov u.a. [31] ist die Reihenfolge der Koordinationsatome in der Klammer nicht von schematischen Forderungen, sondern von der Natur der Ausgangsverbindungen abhängig. 3) Die Übereinstimmung mit der organischen Nomenklatur bleibt gewahrt. 4) Jeder Benutzer erkennt sofort die Ringstruktur der Verbindung. Das cyclische Aminboran III (vgl. 2.6.2.1, S. 141), erhält somit den Namen Cyclo{bis[alkylmethin-arylamino(N-B,C-B)dialkylboran]}. Nach dem Vorhergegangenen bezeichnet dieser Name einen Heterocyclus, der aus zwei Molekülen eines Aminoborans (d.h. Einfachbindung zwischen B und N) aufgebaut ist. Die Boratome sind mit zwei Alkylgruppen und die Stickstoffatome mit jeweils einer Aryl- und einer Alkylmethin-Gruppe substituiert. Daraus folgt die Doppelbindung zwischen C und N. Zum Ringschluß kommt es nach Bildung der beiden Moleküle Aminoboran über eine Koordination der C- und B-Atome.

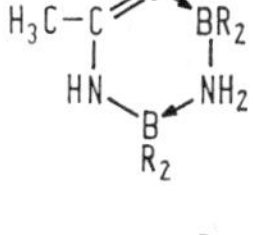

I

R = Alkyl
Aminodialkylboran(N-B,B-O)acetamidodialkylboran

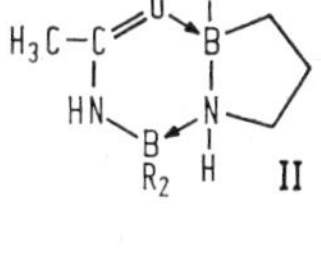

II

R = n-C_4H_9
2-Butyl-1,2-azaborolan(N-B,B-O)acetamidodibutylboran

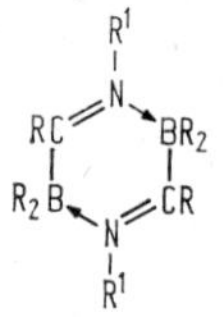

III

R = Alkyl, R^1 = Aryl
Cyclo{bis[alkylmethin-arylamino(N-B,C-B)dialkylboran]}

Im vorliegenden Kapitel „B–N–C-Heterocyclen" wird die im vorhergehenden erläuterte Nomenklatur benutzt. Bei Einzelringen erfolgt also die Benennung nach dem abgeänderten Hantzsch–Widman-System [11]; verschmolzene formal gesättigte Ringe werden nach dem Baeyer-System [20] in Verbindung mit der a-Nomenklatur [10] und verschmolzene ungesättigte Ringe nach der a-Nomenklatur benannt. Im Text steht häufig ein zweiter möglicher Name in Klammern hinter dem bevorzugten Nomenklaturnamen, um der prinzipiellen Gleichwertigkeit der verschiedenen Methoden Ausdruck zu geben. Zusammenfassend ist festzustellen, daß die Nomenklatur der cyclischen B–N–C-Verbindungen so lange unvollkommen bleiben wird, wie noch keine hinreichenden Informationen über die B–N-Bindung und die Molekülstrukturen vorliegen.

Literatur zu 2.3

[1] Advisory Committe of the Nomenclature of Boron, American Chemical Society, Preliminary Report, Jan. 1958. — [2] M. J. S. Dewar, R. Dietz (J. Chem. Soc. **1959** 2728/30). — [3] M. J. S. Dewar (in: H. Steinberg, A. L. McCloskey, Progr. Boron Chem. **1** [1964] 235/63). — [4] M. J. S. Dewar (Advan. Chem. Ser. **42** [1964] 227/50). — [5] IUPAC (Nomenclature of Organoboron Compounds, Final Draft, Nov. 1970; hier Regel 1.1 und 2.4).

[6] H. K. Zimmerman (AD 264472 [1963]). — [7] Gmelin Handbuch, Ergänzungswerk „Borverbindungen" Tl. 5 (B–N-Verbindungen, Abschnitt: Die B–N-Bindung). — [8] IUPAC (Nomenclature of Organic Chemistry, Section B, Fundamental Heterocyclic Systems, London 1971). — [9] IUPAC (Nomenclature of Organoboron Compounds, Final Draft, Nov. 1970). — [10] Regel B-4 in [8].

[11] Regel B-1.1 in [8]. — [12] Regel B-3 in [8]. — [13] Regel B-4.1 in [8]. — [14] Fußnote (d) der Tabelle II in [11]. — [15] IUPAC (Pure Appl. Chem. **30** [1972] 683/710).

[16] IUPAC (Nomenclature of Inorganic Chemistry, London 1970, Regel 11.1). — [17] Regel B-1.2 in [8]. — [18] G. J. Bullen, N. H. Clark (J. Chem. Soc. **1969** 404/10). — [19] G. J. Bullen, N. H. Clark (J. Chem. Soc. A **1970** 992/6). — [20] Private Mitteilung O. Weisbach, Beilstein-Institut, Frankfurt/Main 1973.

[21] IUPAC (Nomenclature of Organic Chemistry A, Hydrocarbons, London 1971, Regel A-31 und A-32). — [22] K. Niedenzu, P. Fritz, J. W. Dawson (Inorg. Chem. **3** [1964] 1077/9). — [23] K. Niedenzu, P. Fritz, J. W. Dawson (Angew. Chem. **77** [1965] 464). — [24] Regel B-1.5 in [8]. — [25] J. E. Blackwood, C. L. Gladyr, K. L. Loenig, A. E. Petrarca, J. E. Rush (J. Am. Chem. Soc. **90** [1968] 509/10).

[26] G. J. Bullen, N. H. Clark (Chem. Commun. **1967** 670/1). — [27] Council of the American Chemistry Society (Inorg. Chem. **7** [1968] 1945/64). — [28] IUPAC (Nomenclature of Inorganic Boron Compounds, London 1970, Regel 8.1 bis 8.3). — [29] Regel 8.1 bis 8.3 in [15]. — [30] IUPAC (Nomenclature of Organic Chemistry Section D (tentative), London 1973, Regel 7.71 bis 7.73).

[31] B. M. Mikhailov, V. A. Dorokhov, V. S. Bogdanov, I. P. Iakovlev, A. D. Naumov (Dokl. Akad. Nauk SSSR **194** [1970] 595/8; Dokl. Chem. Proc. Acad. Sci. USSR **194** [1970] 690/3). — [32] Regel 7.74 in [30].

1,2-Azabora-cyclo-alkanes

2.4 1,2-Azabora-cycloalkane

Bis jetzt sind nur die fünf- und sechsgliedrigen Ringe bekannt, d.h. die 1,2-Azaboraborolane I und die 1,2-Azaborinane II. Beide lassen sich zu mehrkernigen Systemen verschmelzen, deren Grundtypen III, IV und V sind.

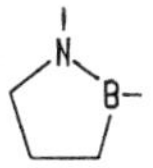
I

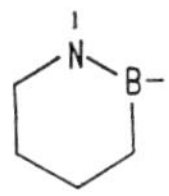
II

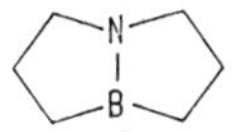
III

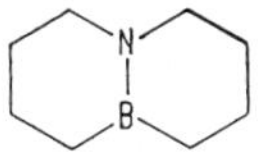
IV

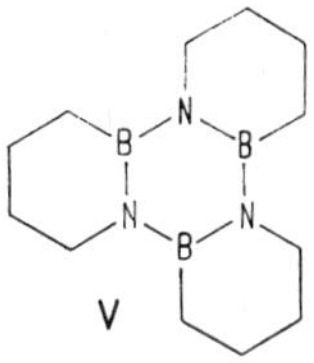
V

2.4.1 Einfache Ringsysteme

Single Ring Systems

2.4.1.1 Synthesen

Syntheses

Die Umsetzung von ω-Alkenyl-aminen I mit Amin-boranen II verläuft als Hydroborierungsreaktion nach Brown [1]. Gemäß Schema (1) entstehen je nach eingesetztem Amin 1,2-Azaborolane [2 bis 4] oder 1,2-Azaborinane [2, 5, 6].

(1)

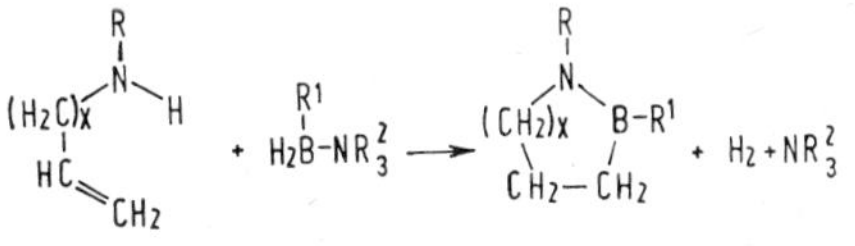

I II

Wille und Goubeau [5] überprüften die allgemeine Anwendbarkeit dieser Reaktion und gingen davon aus, daß bei der Hydroborierung von Buten-3-ylamin (= 4-Amino-1-buten) mit Diboran über das Addukt III ein Cyclo[aminobutyl(N-B)boran] IV entsteht. Letzteres wiederum sollte sich unter Abspaltung eines mol H_2 in das gesuchte 1,2-Azaborinan V umwandeln. Die Hydroborierung bei −78°C in Dimethyläther ergibt auch wirklich ein instabiles Produkt der ungefähren Zusammensetzung III, das sich bereits bei Raumtemperatur unter H_2-Entwicklung zu zersetzen beginnt. Bei der Aufarbeitung durch Vakuumdestillation entstehen gelbe Harze unterschiedlicher Viskosität

(2)

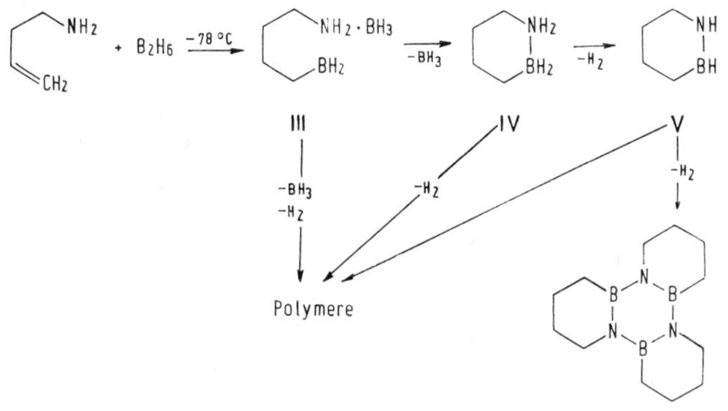

VI

und ein fester Rückstand. Dieser liefert nach mehrmaligem Umkristallisieren aus Aceton und Sublimieren im Vakuum bei 150°C in geringer Ausbeute das Tris(1,2-azaborinano)-borazin VI. Da die sehr ähnliche Umsetzung von Buten-3-ylamin-hydrogenchlorid mit $LiBH_4$ ebenfalls VI in sehr geringer Ausbeute liefert [7], ist zu schließen, daß die Reaktion weder bei III noch bei IV anhält, sondern daß neben verschmolzenen Systemen auch Polymere unbekannter Struktur entstehen [5].

Aus dieser Reaktion des Buten-3-ylamins mit Diboran und den Reaktionen mit anderen Boranen (Monochlor-, Dichlor-, Trichlor-, Phenyl-dichlor-, Methyl-dibrom-, Dimethyl-brom- und Trimethyl-boran) ergab sich stets, daß bei 2 H-Atomen am Stickstoff und 2 H- bzw. 2 Halogen-Atomen am Bor die Reaktion nicht beim Azaborinan (V oder ein Homologes) angehalten werden kann [5]. Statt dessen führt die Abspaltung von 2 val H_2 bzw. HX immer zur Bildung von Borazinderivaten und/oder Polymeren. Auch bei tiefen Temperaturen tritt keine Cyclisierung ein, sondern Bildung von Boroniumsalzen $[R_2BH_2]^+Cl^-$, die sich nicht weiter zu den gewünschten Ringverbindungen umsetzen lassen [5].

Bei Aminen mit nur einem H-Atom verläuft die Reaktion in der gewünschten Weise unter Ringbildung. Dazu werden die Aminborane in einem inerten Lösungsmittel (Benzol, Toluol, Xylol oder Diäthylenglykol-dimethyläther) gelöst, erwärmt und langsam mit dem Alkenylamin versetzt (Ruggli-Zieglersches Verdünnungsprinzip). Die Reaktion setzt bei 70°C ein, aber noch bei 130 bis 135°C ist die Wasserstoff- und Trialkylamin-Entwicklung langsam [2, 5]. Deshalb muß die Reaktionsmischung einige Zeit bei dieser Temperatur belassen werden. Nach Beendigung der Gasentwicklung lassen sich die Reaktionsprodukte durch fraktionierte Destillation trennen und reinigen. Für den Ablauf der Reaktion zwischen Trimethylamin-boran und N-Methylbuten-3-ylamin gaben Wille und Goubeau [5] das Gleichungsschema (3) an.

(3)

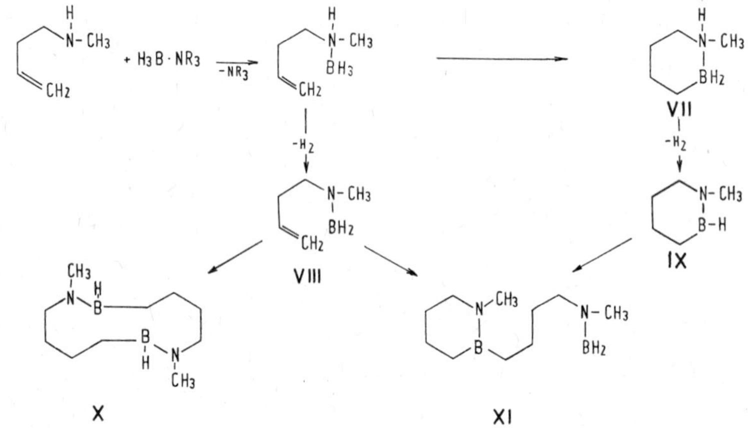

Das bereits von White [2] als Zwischenstufe geforderte Cyclo-[aminoalkyl(N-B)boran] VII läßt sich nur isolieren, wenn ein tertiäres Amin mit dem Trimethylamin-boran umgesetzt wird. So ergibt die Umsetzung von N,N-Dimethyl-buten-3-ylamin in siedendem Benzol in guter Ausbeute das Cyclo-[dimethylaminobutyl(N-B)boran] [5]. Diese Ergebnisse decken sich mit denen von Ferles und Polívka [8 bis 12] und anderen [13], die auf diese Weise cyclische Aminborane der allgemeinen Formel XII darstellten und charakterisierten.

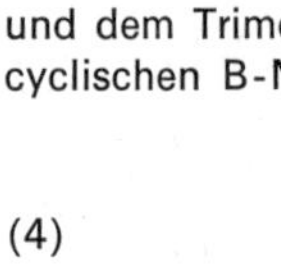

XII

Die Zwischenstufe VIII ist hingegen nicht nachweisbar. Aus dem Destillationsrückstand läßt sich durch Umkristallisieren ein Dimeres von IX erhalten, für das sowohl Formelstruktur X als auch XI denkbar ist [5].

(Allylmethylamino)-phenyl-chlorboran setzt sich beim Kochen mit einer verdünnten ätherischen Lösung von $LiAlH_4$ zum 1-Methyl-2-phenyl-1,2-azaborolan um. Das Borolan kann nach dem Zersetzen des überschüssigen $LiAlH_4$ mit Trimethylammoniumchlorid und Abziehen des Lösungsmittels durch Destillation erhalten werden. Die Reaktion kann auch vom N-Methyl-allylamin und dem Trimethylamin-phenylboran ausgehen. In beiden Fällen soll die Reaktion (4) über einen cyclischen B-N-Komplex als Zwischenstufe laufen [2].

(4)

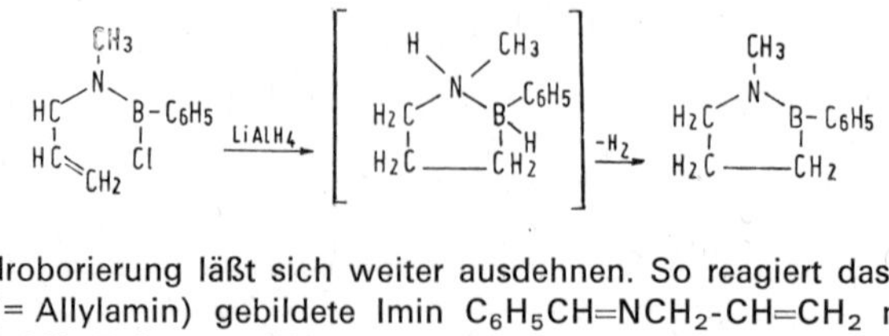

Das Prinzip der Hydroborierung läßt sich weiter ausdehnen. So reagiert das aus Benzaldehyd und Propen-2-ylamin (= Allylamin) gebildete Imin $C_6H_5CH{=}NCH_2{-}CH{=}CH_2$ mit Amin-boranen zu 1,2-Azaborolanen [4, 14]. Bei etwas höheren Temperaturen setzen sich die Imine mit Trialkylboranen direkt zu 1,2-Azaborolanen um, wobei Alkenylreste R′ (R′ = R−H) abgespalten werden, die weiterreagieren [14].

$BR_3 + C_6H_5CH{=}NCH_2CH{=}CH_2 \xrightarrow{150\ \text{bis}\ 180°C} 2\,R' +$ 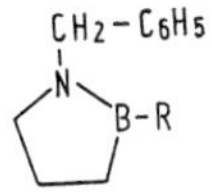

Auch ein Gemisch von Trialkylboran und Triäthylamin-boran reagiert bei 100 bis 130°C mit Propen-3-ylamin (= Allylamin) [15] bzw. N-Äthyl-propen-3-ylamin [14] zu 1,2-Azaborolanen.

(5) $BR_3 + 2(C_2H_5)_3NBH_3 + 3\,CH_2{=}CHCH_2NHR^1 \xrightarrow{100\ \text{bis}\ 130°C} 3$ 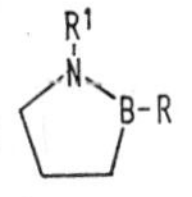 $+ 2(C_2H_5)_3N + 3\,H_2$

Wird eine verdünnte Lösung von tertiären Diallylamin und Triäthylamin-phenylboran in Toluol unter Rückfluß gekocht, so bilden sich 1,2-Azaborolane und 1-Aza-5-bora-bicyclo [3,3,0]octane XIII nebeneinander [3].

(6) $(C_2H_5)_3NBH_2(C_6H_5) + (CH_2{=}CHCH_2)_2NR \longrightarrow N(C_2H_5)_3 +$ 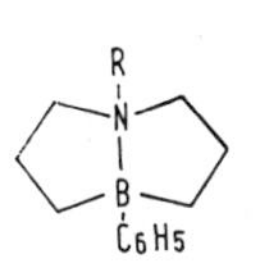 + 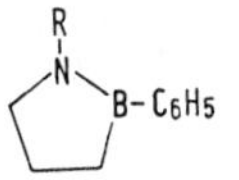

XIII

Außer durch Hydroborierung lassen sich 1,2-Azabora-cycloalkane auch durch die Einwirkung primärer Amine auf geeignete ω-Brom-alkyl-borane herstellen (7).

(7) $Br\text{-}CH_2\text{-}(CH_2)_x\text{-}BR^1R^2 + RNH_2 \longrightarrow HBr + R^2H +$ 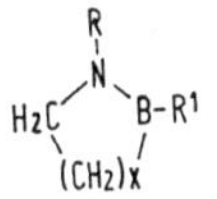

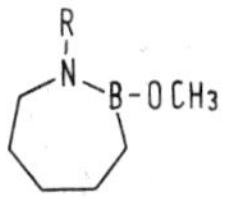

XIV

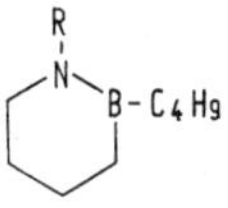

XV

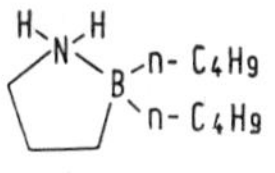

XVI

Mit x = 4 und $R^1 = R^2 = CH_3O$ erhält man das 1,2-Azaborepan XIV [16]; mit x = 3, $R^1 = C_4H_9$ und R^2 = NHR bzw. CH_3O das 1,2-Azaborinan XV [17].

Das Cyclo[aminopropyl(N-B)di-n-butylboran] XVI [18] spaltet oberhalb von 200°C Buten und Wasserstoff ab unter Bildung des 2-n-Butyl-1,2-azaborolans [15]. Wegen der katalytischen Wirkung von Butanthiol kann bei dessen Anwesenheit die Reaktionstemperatur auf etwa 180°C gesenkt werden, weil nach Ansicht der Autoren [19] der Austausch einer Butyl- gegen eine Butylthio-Gruppe am B-Atom ein leichter weiterreagierendes Zwischenprodukt ergibt.

Literatur zu 2.4.1.1

[1] H. C. Brown (Hydroboration, New York 1962). — [2] D. G. White (J. Am. Chem. Soc. **85** [1963] 3634/6). — [3] G. B. Butler, G. L. Statton, W. S. Brey (J. Org. Chem. **30** [1965] 4194/8). — [4] V. A. Dorokhov, O. G. Boldyreva, B. M. Mikhailov (Zh. Obshch. Khim. **40** [1970] 1528/33; J. Gen. Chem. USSR **40** [1970] 1515/8). — [5] H. Wille, J. Goubeau (Chem. Ber. **105** [1972] 2156/68).

[6] K. M. Davies, M. J. S. Dewar, P. Rona (J. Am. Chem. Soc. **89** [1967] 6294/7). — [7] M. J. S. Dewar, P. A. Marr (J. Am. Chem. Soc. **84** [1962] 3782). — [8] M. Ferles, V. Vošicky, Z. Polívka (Z. Chem. [Leipzig] **8** [1968] 380/1). — [9] M. Ferles, Z. Polívka (Collection Czech. Chem. Commun. **33** [1968] 2121/9). — [10] Z. Polívka, M. Ferles (Collection Czech. Chem. Commun. **34** [1969] 3009/16).

[11] Z. Polívka, V. Kubelka, N. Holubová, M. Ferles (Collection Czech. Chem. Commun. **35** [1970] 1131/46). — [12] Z. Polívka, M. Ferles (Collection Czech. Chem. Commun. **35** [1970] 1147/53). — [13] S. Åkerfeldt, M. Hellstrom (Acta Chem. Scand. **20** [1966] 1418/9). — [14] B. M. Mikhailov, V. A. Dorokhov, N. V. Mostovoi, O. G. Boldyreva, M. N. Bochkareva (Zh. Obshch. Khim. **40** [1970] 1817/23; J. Gen. Chem. USSR **40** [1970] 1801/6). — [15] B. M. Mikhailov, V. A. Dorokhov, N. V. Mostovoi (Izv. Akad. Nauk SSSR Ser. Khim. **1964** 201/2; Bull. Acad. Sci. USSR Div. Chem. Sci. **1964** 189/90).

[16] L. S. Vasil'ev, M. M. Vartanyan, B. M. Mikhailov (Izv. Akad. Nauk SSSR Ser. Khim. **1972** 1678/9; Bull. Acad. Sci. USSR Div. Chem. Sci. **1972** 1632). — [17] B. M. Mikhailov, L. S. Vasil'ev, V. P. Dmitrikov (Izv. Akad. Nauk SSSR Ser. Khim. **1968** 2164; Bull. Acad. Sci. USSR Div. Chem. Sci. **1968** 2059). — [18] B. M. Mikhailov, V. A. Dorokhov, N. V. Mostovoi (Izv. Akad. Nauk SSSR Ser. Khim. **1964** 199/201; Bull. Acad. Sci. USSR Div. Chem. Sci. **1964** 186/8). — [19] N. V. Mostovoi, V. A. Dorokhov, B. M. Mikhailov (Izv. Akad. Nauk SSSR Ser. Khim. **1966** 90/6; Bull. Acad. Sci. USSR Div. Chem. Sci. **1966** 70/5).

Preparation Methods

2.4.1.2 Präparative Methodik

Alle bisher bekannten 1,2-Azaborolane wurden nach einer der im Abschnitt 2.4.1.1, S. 95, beschriebenen Methoden synthetisiert. Die Darstellungsbedingungen änderten sich dabei innerhalb der einzelnen Verfahren nur geringfügig (z. B. Wahl des Lösungsmittels, Versuchsdauer und -temperatur). Deshalb ist es unnötig, auf die Darstellung jeder einzelnen Verbindung einzugehen. Statt dessen werden typische Versuchsvorschriften angegeben. Weiteres kann den Tabellen 2/1 bis 2/4, S. 100/6, entnommen werden.

Hydroboration of N-Methylbutene-3-ylamine by Trimethylamine-borane

Hydroborierung von N-Methyl-buten-3-ylamin mit Trimethylamin-boran

Die Umsetzung erfolgt in einem Dreihalskolben mit N_2-Einleitung, Magnetrührer, Feindosiertrichter und einer Gasableitung, die über einen Rückflußkühler und ein Hg-Ventil in eine Waschflasche mit 1 N HCl und in eine Gasbürette mit Niveaugefäß führt [1].

Im Reaktionskolben 0.248 mol Trimethylamin-boran in 500 ml Diäthylenglykol-dimethyläther vorlegen und unter Rühren bei 150°C eine Lösung des Amins (0.207 mol in 300 ml Diäthylenglykoldimethyläther) während 48 h zugeben. 83% des gebildeten H_2 und 99% des gebildeten Trimethylamins sind nachweisbar. Das Reaktionsgemisch über eine 100 cm-Ringspaltkolonne destillieren, die erhaltene farblose Flüssigkeit mehrmals umkondensieren und dadurch in einen Feststoff und eine Flüssigkeit zerlegen. Die Flüssigkeit ist das 1-Methyl-1,2-azaborinan (IX in 2.4.1.1; t_s = 106.5°C, Ausbeute 61%) und der Feststoff sein Dimeres (X oder XI in 2.5.1.1; t_f = 83°C, Ausbeute 15%) [2].

Hydroboration by Action of $LiAlH_4$

Hydroborierung unter Einfluß von $LiAlH_4$

9.6 g (= 50 mmol) (Allylmethylamino)-phenyl-chlorboran langsam zu einer unter Rückfluß kochenden Lösung von 1 g (= 26.4 mmol) $LiAlH_4$ in 500 ml Äther geben, über Nacht kochen, 15.9 g (= 166 mmol) trockenes Trimethylammoniumchlorid und anschließend 300 ml trockenes Benzol zum Reaktionsgemisch hinzugeben. Destillation bis zur t_s = 76°C, Filtration des Rückstandes und Abziehen des Lösungsmittels im Vakuum ergibt das 1-Methyl-2-phenyl-1,2-azaborolan (t_s = 74 bis 75°C bei 2.35 Torr, Ausbeute 36%) [3].

Thermal Decomposition of a Cyclic B-N Complex

Thermische Zersetzung eines cyclischen B-N-Komplexes

In einem Zweihalskolben, der mit einem Thermometer und einem Rückflußkühler versehen ist, 14,7 g Cyclo[aminopropyl-(N-B)di-n-butylboran] auf 230°C erhitzen. Die einsetzende Gasentwicklung zeigt den Reaktionsbeginn an. Die Reaktionstemperatur fällt langsam, bei 200°C ist die Gasentwicklung beendet. Das Gasgemisch besteht aus Buten, Wasserstoff und etwas Butan (insgesamt 1600 ml). Die fraktionierte Destillation des Reaktionsgemisches ergibt 2-n-Butyl-1,2-azaborolan (t_s = 108 bis 114°C bei 2.5 Torr, Ausbeute 28.1%) [4].

Thermally Catalytic Decomposition of a Cyclic B-N Complex

Thermisch-katalytische Zersetzung eines cyclischen B-N-Komplexes

In einem Dreihalskolben, der mit einem Thermometer, Rückflußkühler und Tropftrichter versehen ist, 20 g Cyclo[aminopropyl(N-B)di-n-butylboran] auf 185°C erhitzen und 2 ml Butan-1-thiol langsam zutropfen. Die Mischungstemperatur fällt auf 170°C, die Gasentwicklung hört auf, das Reaktionsgemisch ergibt durch fraktionierte Destillation das 2-n-Butyl-1,2-azaborolan (t_s = 38 bis 44°C bei 7 Torr, Ausbeute 42%) [5].

Die präparative Methodik für die Einwirkung von primären Aminen auf ω-Brom-alkyl-borane ist nicht beschrieben [6, 7].

Literatur zu 2.4.1.2

[1] H. Wille (Diss. Stuttgart 1969). — [2] H. Wille, J. Goubeau (Chem. Ber. **105** [1972] 2156/68). — [3] D. G. White (J. Am. Chem. Soc. **85** [1963] 3634/6). — [4] B. M. Mikhailov, V. A. Dorokhov, N. V. Mostovoi (Izv. Akad. Nauk SSSR Ser. Khim. **1964** 201/2; Bull. Acad. Sci. USSR Div Chem. Sci. **1964** 189/90). — [5] N. V. Mostovoi, V. A. Dorokhov, B. M. Mikhailov (Izv. Akad. Nauk SSSR Ser. Khim. **1966** 90/6; Bull. Acad. Sci. USSR Div. Chem. Sci. **1966** 70/5).

[6] B. M. Mikhailov, L. S. Vasil'ev, V. P. Dmitrikov (Izv. Akad. Nauk SSSR Ser. Khim. **1968** 2164; Bull. Acad. Sci. USSR Div. Chem. Sci. **1968** 2059). — [7] L. S. Vasil'ev, M. M. Vartanyan, B. M. Mikhailov (Izv. Akad. Nauk SSSR Ser. Khim. **1972** 1678/9; Bull. Acad. Sci. USSR Div. Chem. Sci. **1972** 1632).

2.4.1.3 Kenngrößen

Numerical Data

Die bisher angegebenen Kenngrößen der 1,2-Azabora-cycloalkane (einfache Systeme) sind in den Tabellen 2/1 bis 2/4, S. 100/6 zusammengestellt. Zwar sind zahlreiche 1,2-Azabora-cycloalkane hergestellt worden, aber noch sind ihre chemischen und physikalischen Eigenschaften sehr wenig bekannt.

Literatur zu 2.4.1.3

[1] B. M. Mikhailov, V. A. Dorokhov, N. V. Mostovoi (Izv. Akad. Nauk SSSR Ser. Khim. **1964** 201/2; Bull. Acad. Sci. USSR Div. Chem. Sci. **1964** 189/90). — [2] N. V. Mostovoi, V. A. Dorokhov, B. M. Mikhailov (Izv. Akad. Nauk SSSR Ser. Khim. **1966** 90/6; Bull. Acad. Sci. USSR Div. Chem. Sci. **1966** 70/5). — [3] B. M. Mikhailov, V. A. Dorokhov, N. V. Mostovoi, O. G. Boldyreva, M. N. Bochkareva (Zh. Obshch. Khim. **40** [1970] 1817/23; J. Gen. Chem. USSR **40** [1970] 1801/6). — [4] D. G. White (J. Am. Chem. Soc. **85** [1963] 3634/6). — [5] G. B. Butler, G. L. Statten, W. S. Brey (J. Org. Chem. **30** [1965] 4194/8).

[6] V. A. Dorokhov, O. G. Boldyreva, B. M. Mikhailov (Zh. Obshch. Khim. **40** [1970] 1528/33; J. Gen. Chem. USSR **40** [1970] 1515/8). — [7] B. M. Mikhailov, V. A. Dorokhov, N. V. Mostovoi (Probl. Org. Sin. **1965** 228). — [8] H. Wille, J. Goubeau (Chem. Ber. **105** [1972] 2156/68). — [9] B. M. Mikhailov, L. S. Vasil'ev, V. P. Dmitrikov (Izv. Akad. Nauk SSSR Ser. Khim. **1968** 2164; Bull. Acad. Sci. USSR Div. Chem. Sci. **1968** 2059). — [10] K. M. Davies, M. J. S. Dewar, P. Rona (J. Am. Chem. Soc. **89** [1967] 6294/7).

[11] V. A. Dorokhov, B. M. Mikhailov (Izv. Akad. Nauk SSSR Ser. Khim. **1970** 1804/10; Bull. Acad. Sci. USSR Div. Chem. Sci. **1970** 1698/703). — [12] B. M. Mikhailov, V. A. Dorokhov, V. S. Bogdanov, I. P. Jakovlev, A. D. Naumov (Dokl. Akad. Nauk SSSR **194** [1970] 595/8; Dokl. Chem. Proc. Acad. Sci. USSR **194** [1970] 690/3). — [13] L. S. Vasil'ev, M. M. Vartanyan, B. M. Mikhailov (Izv. Akad. Nauk SSSR Ser. Khim. **1972** 1678/9; Bull. Acad. Sci. USSR Div. Chem. Sci. **1972** 1632).

2.4.1.4 Eigenschaften, Verhalten

Properties. Reactions

2.4.1.4.1 1,2-Azaborolane

1,2-Azaborolanes

Die Stammsubstanz, das unsubstituierte 1,2-Azaborolan selbst, ist bis heute nicht bekannt.

Alle mit organischen Resten 1,2-disubstitutierten 1,2-Azaborolane I sind luftempfindliche, charakteristisch riechende Flüssigkeiten. Nach der Molmassenbestimmung (kryoskopisch in Benzol) und den ^{11}B-NMR-Spektren weisen sie keine Dimerisierungsmerkmale auf [1, 2]. Mit BCl_3 setzen sie sich exotherm zu den entsprechenden 2-Chlor-derivaten II um (1). Diese Verdrängungsreaktion

(1) 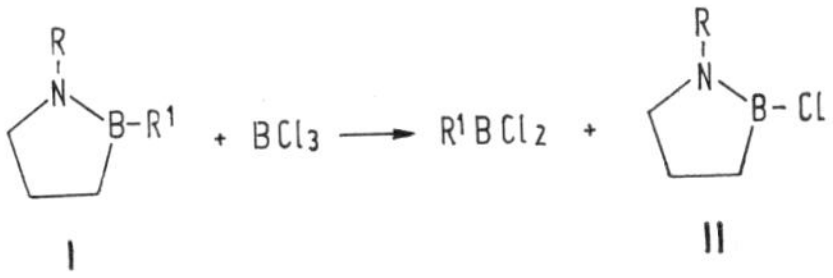

ist recht ungewöhnlich, weil Borhalogenide im Normalfall eine B–N-Bindung nach folgendem Schema (s. S. 107) spalten [3, 4]:

Tabelle 2/1

Kenngrößen der 1,2-Azaborolane

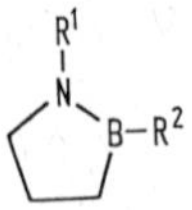

Nr.	R^1	R^2	t_s in °C[1)]	n_D^{20}	D_4^{20}	Ausbeute in % d. Th.	M_r (ber.)	M_r (gef.)
1a	H	n-C_4H_9	69/71 (28)	1.4722	0.8853		125	193.206
			60/63 (20)					
			36/37 (2)					
1b	H	n-C_4H_9		1.4727				
1c	H	n-C_4H_9	38/44 (7)			42		
2	H	C_6H_5				21.4	145	278.290
3a	CH_3	C_6H_5	74/75 (2.35)			36		
3b	CH_3	C_6H_5	78.5/81.5 (2.55)			39		
4	C_2H_5	C_4H_9	55/56 (6)	1.4433	0.8065	53.5	153	152.156
5a	C_2H_5	C_6H_5	72.5/74 (1.3)			22.8		
5b	C_2H_5	C_6H_5	68/70 (1.0)			8.7		
6	C_2H_5	Cl	56/57 (41)	1.4510		61		
7	C_3H_7	H				39	222	233.236
8a	C_3H_7	i-C_5H_{11}	83/85 (7)	1.4482		38		
8b	C_3H_7	i-C_5H_{11}	78/81 (5)	1.4478				
9a	C_3H_7	C_6H_5	87.5/90 (2)			31	187	187
9b	C_3H_7	C_6H_5	71 (0.3)			14		
9c	C_3H_7	C_6H_5	78/79 (0.5)			47		
10	n-C_3H_7	Cl	66/70 (28)	1.4462		94		
11	n-C_4H_9	H				35	250	241.228
12	n-C_4H_9	C_3H_7	74/80 (8)	1.4459				
13	sec-C_4H_9	C_6H_5	81/82 (0.8)			21	201	201
14	n-C_4H_9	C_4H_9S	168/169 (3)	1.4831		59		
15	C_6H_5	H				21.4	145	278.290
16 a	C_6H_5	C_6H_5	126/127 (1.1)			30		
16 b	C_6H_5	C_6H_5	122/123 (0.65)			58		
17	$C_6H_5CH_2$	H				42		
18	$C_6H_5CH_2$	n-C_3H_7	131/133 (12)	1.5122	0.9247			
19	$C_6H_5CH_2$	i-C_4H_9	115/117 (5)	1.5080	0.9143	47	215.1	211.217
20	$C_6H_5CH_2$	C_4H_9O	131/135 (19)	1.4826		78		
21	$C_6H_5CH_2$	Cl	95/97 (3)	1.5325	1.076	94		

1) In Klammern werden die Siededrucke in Torr angegeben.

Ausgangssubstanzen	Lit.	Bemerkungen
$3\,CH_2{=}CH\text{-}CH_2NH_2 + (n\text{-}C_4H_9)_3B + 2\,(C_2H_5)_3N\text{-}BH_3$	[1]	n_D^{20} gilt für frisches Destillat; nach 2 bis 3d ist n_D^{20} = 1.4732; M_r kryoskopisch in Benzol
	[1]	
	[1]	
Cyclo(propylamin-di-n-butylboran)	[1]	
Cyclo(propylamin-di-n-butylboran) + C_4H_9SH	[2]	
$^1/_2(C_6H_5BH_2)_2 + CH_2{=}CHCH_2NH_2$	[3]	t_f = 111 bis 113°C
$CH_2{=}CHCH_2N(CH_3)BCl(C_6H_5) + LiAlH_4$	[4]	Die IR-Spektren von 3a und 3b
$CH_2{=}CHCH_2NH(CH_3) + (CH_3)_3N\text{-}BH_2(C_6H_5)$	[4]	sind identisch
$3\,CH_2{=}CHCH_2NH(C_2H_5) + (n\text{-}C_4H_9)_3B + 2\,(C_2H_5)_3N\text{-}BH_3$	[3]	IR-Banden angegeben
$(CH_2{=}CHCH_2)_2NC_2H_5 + (C_2H_5)_3N\text{-}BH_2(C_6H_5)$	[5]	
$(CH_2{=}CHCH_2)_2NC_2H_5 + (C_2H_5)_2O\text{-}BH_2(C_6H_5)$	[5]	
Verbindung Nr. 4 dieser Tabelle + BCl_3	[3]	Beim Stehen Bildung eines kristallinen Dimeren mit t_f = 112 bis 116°C; M_r(gef.) = 263.249 (massenspektrometrisch)
$CH_2{=}CHCH_2NH(C_3H_7) + (C_2H_5)_3N\text{-}BH_3$	[6]	t_f = 77 bis 80°C; aus der Fraktion mit t_s = 25 bis 115°C (34 Torr) isoliert
$3\,CH_2{=}CHCH_2NH(C_3H_7) + (i\text{-}C_5H_{11})_3B + 2\,(C_2H_5)_3N\text{-}BH_3$	[3]	
	[7]	
$(CH_2{=}CHCH_2)_2NC_3H_7 + (C_2H_5)_3N\text{-}BH_2(C_6H_5)$	[5]	
$(CH_2{=}CHCH_2)_2NC_3H_7 + (C_2H_5)_2O\text{-}BH_2(C_6H_5)$	[5]	
$CH_2{=}CHCH_2NH(C_3H_7) + (C_2H_5)_3N\text{-}BH_2(C_6H_5)$	[5]	
Verbindung Nr. 8 dieser Tabelle + BCl_3	[3]	Beim Stehen Bildung eines teilweise kristallinen Dimeren
$CH_2{=}CHCH_2NH(n\text{-}C_4H_9) + (C_2H_5)_3N\text{-}BH_3$	[6]	t_f = 52 bis 56°C; aus der Fraktion mit t_s = 45 bis 145°C (22 Torr) isoliert
Verbindung Nr. 11 dieser Tabelle + $CH_2{=}CHCH_3$	[6]	Vermutlich mit 1-Butyl-2-isopropyl-1,2-azaborolan verunreinigt
$(CH_2{=}CHCH_2)_2N(sec\text{-}C_4H_9) + (C_2H_5)_3N\text{-}BH_2(C_6H_5)$	[5]	
Verbindung Nr. 11 dieser Tabelle + C_4H_9SH	[6]	t_f = 111 bis 113°C
$^1/_2(C_6H_5BH_2)_2 + CH_2{=}CHCH_2NH_2$	[3]	
$(CH_2{=}CHCH_2)_2NC_6H_5 + (C_2H_5)_3N\text{-}BH_2(C_6H_5)$	[5]	
$CH_2{=}CHCH_2NH(C_6H_5) + (C_2H_5)_3N\text{-}BH_2(C_6H_5)$	[5]	
$C_6H_5CH{=}NCH_2CH{=}CH_2 + (C_2H_5)_3N\text{-}BH_3$	[6]	t_f = 102 bis 104°C; aus der Fraktion mit t_s = 80 bis 105°C (6 bis 10 Torr) isoliert; monomer im Dampf bei 175°C
$3\,C_6H_5CH{=}NCH_2CH{=}CH_2 + (n\text{-}C_3H_7)_3B + 2\,(C_2H_5)_3N\text{-}BH_3$	[3]	
$3\,C_6H_5CH{=}NCH_2CH{=}CH_2 + (i\text{-}C_4H_9)_3B + 2\,(C_2H_5)_3N\text{-}BH_3$	[3]	
Verbindung Nr. 17 dieser Tabelle + C_4H_9OH	[6]	
Verbindung Nr. 18 dieser Tabelle + BCl_3	[3]	Beim langen Stehen teilweise Bildung eines kristallinen Dimeren mit t_s = 117 bis 119°C; M_r(ber.) = 386, M_r(gef.) = 348

Tabelle 2/2

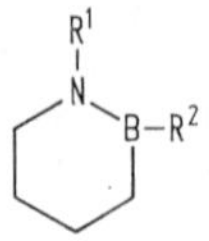

Kenngrößen der 1,2-Azaborinane

Nr.	R^1	R^2	t_s in °C[1)]	n_D[2)]	Ausbeute in % d. Th.	M_r (ber.)	M_r (gef.)
1	H	C_6H_5	64/68 (0.4)		≈ 50		
2	CH_3	H	106.5		61		97
3	CH_3	OH			20		
4	CH_3	OCH_3			50		
5	CH_3	C_2H_5	154		51		
6	CH_3	n-C_4H_9	179;107 (27)		59	152.8	150
7	CH_3	n-C_6H_{13}	70/73 (0.01)		78	180.8	189
8	C_2H_5	n-C_4H_9	70/70.5 (4)	1.4548 (20)		167	166
9	n-C_3H_7	n-C_4H_9	60.5 (2.5)	1.4560 (20)		181	179
10	n-C_4H_9	n-C_4H_9	60 (2)	1.4568 (20)		195	196
11	C_6H_5	H	141 (12)		46		
12	$C_6H_5CH_2$	H	52 (0.02)	1.5229 (27)		173	173
13	$C_6H_5CH_2$	OH				189	189
14	$C_6H_5CH_2$	OCH_3	99 (0.5)	1.5188 (25)		203	203
15	$C_6H_5CH_2$	C_6H_5	136 (0.4)	1.5745 (25)		249	249

1) Die Siededrucke in Torr werden in Klammern angegeben. — 2) Die in Klammern angegebenen Zahlen beziehen sich auf die Meßtemperatur in °C. — 3) Bei der Darstellung wurde gleichzeitig eine dimere Verbindung der Molekülstruktur A oder B isoliert (große quadratische Tafeln, t_f = 83°C, M_r(gef.) = 190 (kryoskopisch in Benzol), Ausbeute 12 bis 15%).

Ausgangssubstanzen	Lit.	Bemerkungen
$CH_2{=}CHCH_2CH_2NH_2 + (CH_3)_3N\text{-}BH_2(C_6H_5)$	[4]	beim Rückflußkochen unter N_2 bis 230°C keine Zersetzung
$CH_2{=}CHCH_2CH_2NH(CH_3) + (CH_3)_3N\text{-}BH_3$	[8]	(massenspektrometrisch); leicht bewegliche Flüssigkeit[3)]
Verbindung Nr. 2 dieser Tabelle + O_2	[8]	sirupöse Substanz
Verbindung Nr. 2 dieser Tabelle + CH_3OH	[8]	farbloses Öl
$CH_2{=}CHCH_2CH_2NH(CH_3) + (CH_3)_3N\text{-}BH_2(C_2H_5)$	[8]	nur durch IR-Spektren charakterisiert
$CH_2{=}CHCH_2CH_2NH(CH_3) + (CH_3)_3N\text{-}BH_2(n\text{-}C_4H_9)$	[8]	(kryoskopisch in Benzol)
Verbindung Nr. 2 dieser Tabelle + n-Hexen-(1)	[8]	(kryoskopisch in Benzol)
$(RHN)(BrH_8C_4)B\text{-}C_4H_9 + C_2H_5NH_2$	[9]	$D_4^{20} = 0.8833$
$(RHN)(BrH_8C_4)B\text{-}C_4H_9 + C_3H_7NH_2$	[9]	$D_4^{20} = 0.8320$
$(RHN)(BrH_8C_4)B\text{-}C_4H_9 + n\text{-}C_4H_9NH_2$	[9]	$D_4^{20} = 0.8315$
$CH_2{=}CHCH_2CH_2NH(C_6H_5) + (CH_3)_3N\text{-}BH_3$	[8]	
$CH_2{=}CHCH_2CH_2NH(CH_2C_6H_5) + (CH_3)_3N\text{-}BH_3$	[10]	wird an Luft sofort zu Verbindung Nr. 13 oxydiert
Verbindung Nr. 12 dieser Tabelle an Luft	[10]	(massenspektrometrisch); farblose Kristalle aus Hexan; t_f = 107 bis 109°C; M_r(gef.) = 185 (Rast)
Verbindung Nr. 12 dieser Tabelle + CH_3OH	[10]	(massenspektrometrisch)
Verbindung Nr. 12 dieser Tabelle + C_6H_5MgBr	[10]	(massenspektrometrisch); farbloses Öl

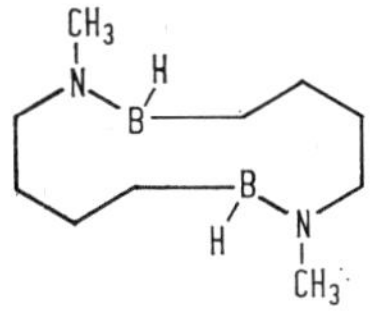

A

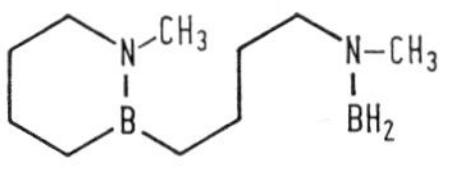

B

Tabelle 2/3

Kenngrößen der 1,2-Azaborepane

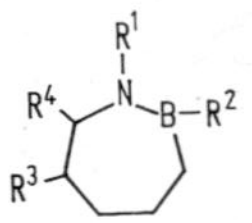

Nr.	R^1	R^2	R^3	R^4	t_s in °C[1)]	n_D^{20}	D_4^{20}	Ausgangssubstanzen
1	n-C_3H_7	OCH_3	OC_2H_5	H	86/87 (1.5)	1.4510	0.9453	$BrCH_2CH(OC_2H_5)(CH_2)_3B(OCH_3)_2$ + n-$C_3H_7NH_2$
2	-$CH_2CH{=}CH_2$	OCH_3	OC_2H_5	H	75/76 (1.0)	1.4615	0.9657	$BrCH_2CH(OC_2H_5)(CH_2)_3B(OCH_3)_2$ + $CH_2{=}CHCH_2NH_2$
3	n-C_3H_7	H	OC_2H_5	H	91/92 (2)	1.4550		Verbindung Nr. 1 dieser Tabelle + $LiAlH_4$
4	n-C_3H_7	n-C_4H_9	OC_2H_5	H	94/96 (1)	1.4580	0.8725	Verbindung Nr. 1 dieser Tabelle + n-C_4H_9MgBr
5	n-C_3H_7	n-C_6H_{13}	H	CH_3	87/88 (0.05)	1.4580	0.8523	$CH_3CH(Br)(CH_2)_4B(OCH_3)$-n-$C_6H_{13}$ + n-$C_3H_7NH_2$

1) In Klammern werden die Siededrucke in Torr angegeben.

Tabelle 2/4

Kenngrößen von Komplexen der 2-Alkyl-1,2-azaborolane.

Nr.	Molekülstruktur	R	R[1]	Ausgangssubstanzen	t_s in °C[1)]	n_D^{20}	Ausbeute in % d. Th.	Lit.	Bemerkungen
1a		n-C_4H_9	Cl	2-n-Butyl-1,2-azaborolan + ätherisches HCl	93/95 (2.5)	1.4898	65.5	[2]	
1b		n-C_4H_9	Cl	2-n-Butyl-1,2-azaborolan + Acetylchlorid	95/97 (2)	1.4886	76	[11]	Die IR-Spektren von 1a und 1b sind identisch
2a	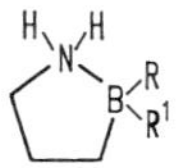	n-C_4H_9	CH_3COO	2-n-Butyl-1,2-azaborolan + Eisessig	76/80 (0.2)	1.4601	74	[2, 11]	
2b		n-C_4H_9	CH_3COO	2-n-Butyl-1,2-azaborolan + Essigsäureanhydrid (3:1)	98/100 (2.5)	1.4607	73	[11]	Die IR-Spektren von 2a und 2b sind identisch
3		n-C_4H_9	CH_3CH_2COO	2-n-Butyl-1,2-azaborolan + Propionsäure	87/89 (1.5)	1.4596	80 bis 90	[11]	
4		i-C_5H_{11}	CH_3COO	2-iso-Pentyl-1,2-azaborolan + Eisessig	95/96 (2.5)		80 bis 90	[11]	
5a		n-C_4H_9	CH_3	2-n-Butyl-1,2-azaborolan + Essigsäureanhydrid	131/133 (2.5)	1.4888	93	[11]	$D_4^{20} = 0.948$
5b	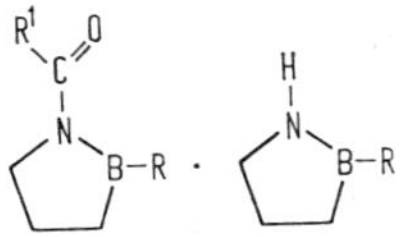	n-C_4H_9	CH_3	2-n-Butyl-1,2-azaborolan + Acetylchlorid	120/125 (1)	1.4895	61	[11]	
6		n-C_4H_9	C_2H_5	2-n-Butyl-1,2-azaborolan + Propionsäure	122/124 (2)	1.4860	88	[11]	$D_4^{20} = 0.943$
7		i-C_5H_{11}	CH_3	2-iso-Pentyl-1,2-azaborolan + Essigsäure	123/126 (2)	1.4868	70	[11]	

Tabelle 2/4 [Fortsetzung]

Kenngrößen von Komplexen der 2-Alkyl-1,2-azaborolane.

Nr.	Molekülstruktur	R	R^1	Ausgangssubstanzen	t_s in °C[1)]	n_D^{20}	Ausbeute in % d. Th.	Lit.	Bemerkungen
8	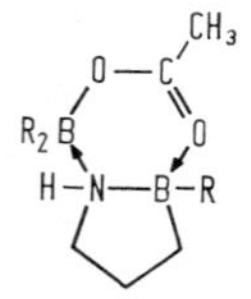	n-C_4H_9		2-n-Butyl-1,2-azaborolan + (n-$C_4H_9)_2BOOCCH_3$	97/99 (1)	1.4595	80	[11]	
9	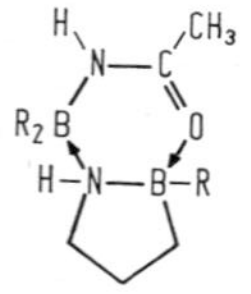	n-C_4H_9		2-n-Butyl-1,2-azaborolan + $^1/_2[(n\text{-}C_4H_9)_2BNHCOCH_3]_2$	111/112 (0.4)	1.4758	64	[12]	

1) In Klammern werden die Siededrucke in Torr angegeben.

(2) $\rangle B{-}N\langle + BX_3 \longrightarrow B{-}X + X_2BN.$

Daher erscheint es Mikhailov u.a. [1] sehr wahrscheinlich, daß die Reaktion zunächst wirklich über die Aufspaltung der B–N-Bindung zu Substanzen der Art III führt, die sich gemäß (3) unter Disproportionierung zu fünfgliedrigen Ringen umlagern können [5].

(3) 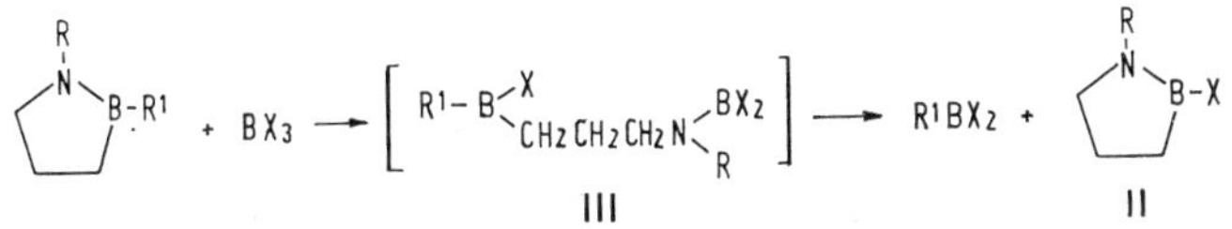

III II

Die 2-Chlor-1,2-azaborolane II sind flüssig, extrem feuchtigkeitsempfindlich und im frisch destillierten Zustand monomer, wie aus den ^{11}B-NMR-Spektrum folgt. Nach einiger Zeit wandeln sie sich aber in stabilere, kristalline Substanzen um. Bei diesen handelt es sich nach den Molmassenbestimmungen (kryoskopisch in Benzol) und den ^{11}B-NMR-Untersuchungen um die Dimeren. Beim Erhitzen dissoziieren die Dimeren wieder [1].

Alle 1-Alkyl- und 1-Aryl-1,2-azaborolane IV sind kristallin und zersetzen sich an der Luft praktisch nicht. Frisch destilliertes IV, das noch nicht kristallisieren konnte, besteht nach den IR- und ^{11}B-NMR-Spektren aus einer Gleichgewichtsmischung von monomerer und dimerer Form (4). Im Laufe der Zeit verschiebt sich das Gleichgewicht (4) selbst bei Raumtemperatur immer stärker zum

(4) 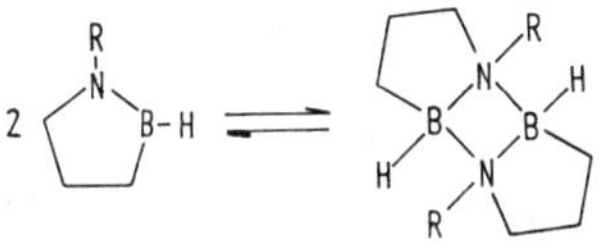 R = Alkyl, Aryl

IV IV′

Dimeren [6]. Die Dimerisierung ist durch IR-, ^{11}B-NMR- und Massenspektren sowie durch die kryoskopische Molmassenbestimmung in Benzol nachgewiesen. Selbst im Dampfzustand bei 55°C ist das 1-Butyl-1,2-azaborolan noch dimer. Allerdings haben alle Verbindungen IV keine scharfen Siedetemperaturen, vermutlich weil die erhöhte Temperatur das Gleichgewicht (4) nach links verlagert und das im frischen Destillat vorhandene Gemisch entstehen läßt [6].

Die für Verbindungen mit B–H-Bindungen typischen Reaktionen mit Wasser, Alkohol, Mercaptanen und Aminen sowie die Hydroborierung anderer ungesättigter Verbindungen verlaufen folgendermaßen: Gegen Wasser und Alkohol sind die Dimeren IV bei Raumtemperatur beständig, leichte Temperaturerhöhung bedingt aber sofortige Wasserstoffentwicklung. Bei nur 80 bis 120°C ist die Gasentwicklung und die Umsetzung vollständig. Mercaptane und Amine reagieren erst oberhalb von 100°C mit IV: Es sind Reaktionstemperaturen von 130 bis 150° C erforderlich. Die Anlagerung der 1-Alkyl-1,2-azaborolane an Olefine und Acetylene verläuft ebenfalls erst bei 130 bis 150°C mit hinreichender Geschwindigkeit [6].

Diese ungewöhnliche Stabilität erklären Dorokhov, Boldyreva und Mikhailov [6] mit folgenden Überlegungen: 1) Das Dimere muß dissoziieren. 2) Die mit dem Bor verbundene Aminogruppe setzt die Reaktivität der B–H-Bindung herab. So reagieren Dialkylaminoborane $R_2N{-}BH_2$ mit Mercaptanen und Olefinen erst unter weit härteren Bedingungen als Alkylborane [7 bis 9], während die B–H-Bindung der Bis(dialkylamino)-borane $(R_2N)_2BH$ solche Reaktionen überhaupt nicht mehr eingeht [9, 10]. 3) Im fünfgliedrigen Ring muß der CBN-Winkel naturgemäß kleiner als 120° sein, was eine Zunahme der s-Natur des Bororbitals in der B–H-Bindung bewirkt. Deshalb spaltet sich das H-Atom dieser Bindung dann natürlich schlechter in Form eines Hydrid-Ions H^- ab [6]. Die leichtere Reaktion der 1-Alkyl-1,2-azaborolane mit Alkoholen als mit Aminen ist so zu erklären, daß als erster Teilschritt der Reaktion eine Alkoholyse der B–N-Bindung stattfindet [6], wie sie von den Bis(dialkylamino)-boranen bekannt ist [10].

Alle diese Reaktionen können zur Darstellung einer Reihe von B-substituierten Derivaten der 1,2-Azaborolane genutzt werden. Die Synthesen des 1-Benzyl-2-butoxy- und des 1-n-Butyl-2-n-butylmercapto-1,2-azaborolans sollen als Beispiel dienen.

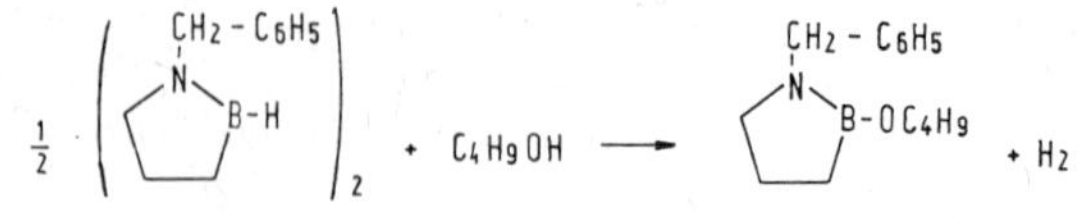

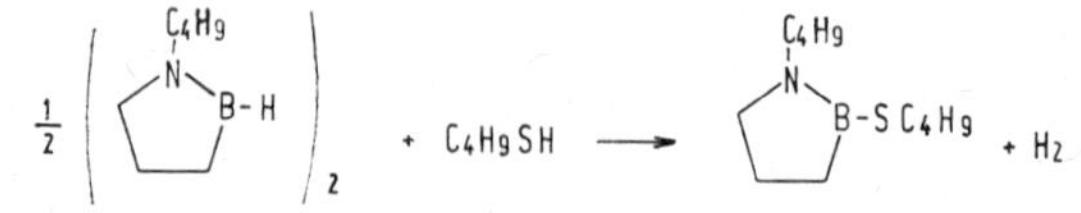

Die 2-Alkyl- oder 2-Aryl-substituierten 1,2-Azaborolane V zeigen ebenfalls Dimerisationsneigung. Schon bei dem ersten beschriebenen Vertreter dieser Stoffklasse, dem 2-n-Butylderivat, nahmen die Autoren [11] an, daß die Substanz eine Gleichgewichtsmischung aus dem Monomeren und dem Di- oder Trimeren sei. Als Gründe für diese Meinung führten sie [11] an: 1) Die beiden Absorptionsbanden im IR-Spektrum bei 3450 und 3350 cm^{-1}, die sie den NH-Streckschwingungen des Monomeren und Dimeren zuordneten, 2) die zu hohe relative Molmasse, 3) das Ansteigen der Brechungsindizes beim Stehen, und 4) die Selbsterwärmung des frischen Destillates. Diese Vorstellungen fanden bei weiteren Untersuchungen [1, 12] ihre Bestätigung. Die Gleichgewichtsreaktion (5) ist der der 1-substituierten Homologen (4) sehr ähnlich.

(5) 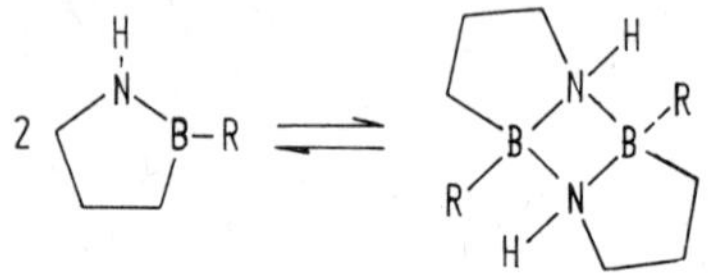 R = Alkyl, Aryl

V V′

Wie mit Wasser und Alkoholen [32] reagieren die Verbindungen V zu 65 bis 75% auch mit ätherischem HCl oder mit Eisessig bei leicht erhöhter Temperatur in einigen Stunden unter Bildung (6) innerer Amin-boran-Komplexe VI [13].

(6) 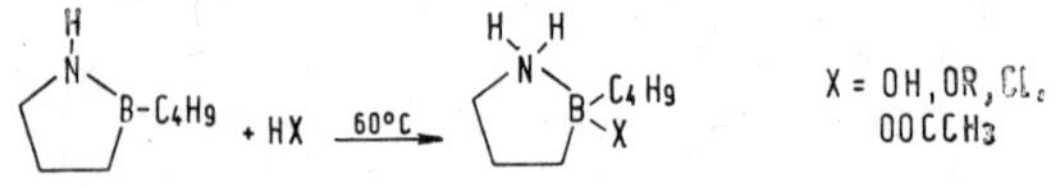

V VI

Für die Reaktion mit Essigsäureanhydrid muß die Temperatur noch etwas gesteigert werden (80 bis 100°C), wobei dann aber das Molverhältnis 1:3 anstelle von 1:1 erforderlich ist [14]. Bei der Reaktion (7) werden nämlich zwei Verbindungen gebildet: Einmal der innere Amin-boran-

(7) 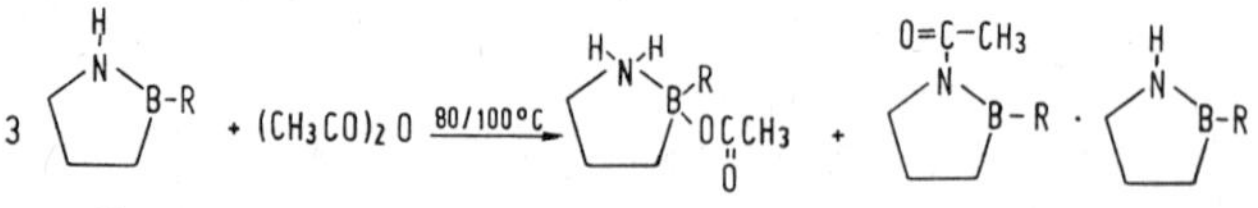

V VI Komplex VII

Komplex VI = Cyclo[propylamino(N-B)acetoxy-alkyl-boran], der auch durch die Reaktion von V mit Essigsäure gemäß (6) hergestellt werden kann. Die Bildung von VI deutet auf das intermediäre Auftreten von Essigsäure, von der man annehmen sollte, daß sie unter den gegebenen Bedingungen am 2-Alkyl-1,2-azaborolan V eine N-Acylierung bewirkt. Das zweite Reaktionsprodukt ist nicht das 1-Acetyl-2-alkyl-1,2-azaborolan allein, sondern ein Komplex von diesem mit der Ausgangssubstanz 2-Alkyl-1,2-azaborolan. Das Vorhandensein dieses 1:1-Komplexes folgt aus der Elementaranalyse, der kryoskopischen Molmassenbestimmung und den IR-, ^{11}B-NMR- und Massenspektren. Ein Molekül des 2-Alkyl-1,2-azaborolans wird also in (7) durch das Essigsäureanhydrid acyliert, ein zweites Molekül bildet mit der acylierten Verbindung einen Komplex, und ein drittes Molekül wird für die Bindung der Essigsäure und Bildung von VI benötigt. An die Stelle des Anhydrids der Essigsäure kann auch das der Propionsäure treten. Die Acylierung mit Acetylchlorid (8) verläuft ähnlich [14].

(8)

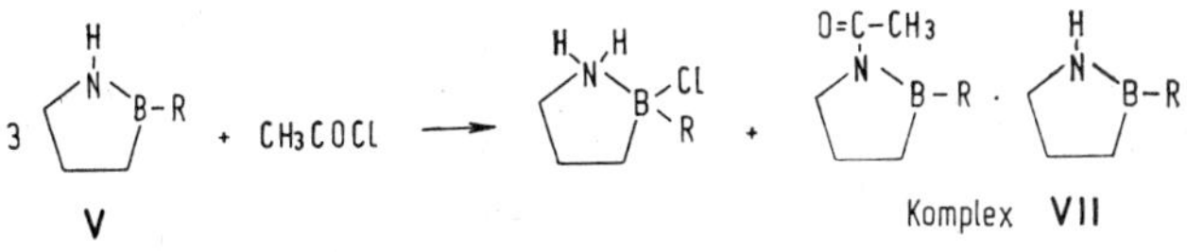

Die Komplexe VII lassen sich bei 120 bis 130°C im Vakuum unzersetzt destillieren. Im Gegensatz zu den 2-Alkyl-1,2-azaborolanen verändern sie sich an der Luft nur sehr langsam. Wird VII (R = n-C_4H_9) mit überschüssiger Essigsäure behandelt und das Gemisch sofort destilliert, so tritt eine Spaltung des Komplexes ein, und die Ausgangssubstanz V wird zurückerhalten [14]. Dieses Verhalten veranlaßt zu der Annahme, daß die Komplexe VII nicht nach Art der Aminoboran- oder der normalen 1,2-Azaborolan-Dimeren IV und V aus viergliedrigen BNBN-Ringen aufgebaut sind. Alle bekannten Dimeren dieser Art dissoziieren nämlich beim Erhitzen in die Monomeren (vgl. Reaktion (4) und (5), s. S. 107 bzw. 108 und [15]). Hinzu kommt, daß die 2-Alkyl-1,2-azaborolane V bei 20°C nur teilweise dimerisiert sind (vgl. Reaktion (5)). Die Einführung der Acetylgruppe am B-Atom muß aber die Donoreigenschaften des benachbarten N-Atoms herabsetzen und die Dimerisierungsfähigkeit verringern. Deswegen sehen sich Dorokhov, Mikhailov [14] zur Annahme einer sechsgliedrigen Ringstruktur veranlaßt, für die man die Formulierungen VIIIa oder VIIIb einführen kann.

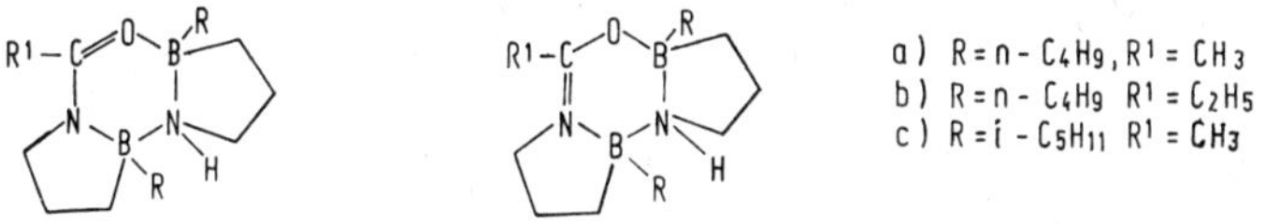

VIIIa VIII b

Aus zwei Gründen ist die Struktur VIIIa wahrscheinlicher: 1) Amide bilden mit Borhalogeniden Komplexe über die Carbonylgruppe [16] und 2) ist in den flüssigen Komplexen keine H-Brückenbindung vorhanden, während die Struktur VIIIb die besten Voraussetzungen dafür bietet [13, 17, 18]. Demnach stellen die Verbindungen eine neue Art der Koordination von Organoborverbindungen dar. Deswegen bezeichnen Dorokhov, Mikhailov [14] diesen Vorgang als 1,4-Koordination, um den Gegensatz zu der doppelten Donor-Akzeptor-Reaktion bei der normalen Dimerisierung von Organoborverbindungen (1,2-Koordination) zu betonen. Sie nehmen nämlich die allgemeine Gültigkeit dieser Reaktion an und abstrahieren sie in folgender Weise:

(9)

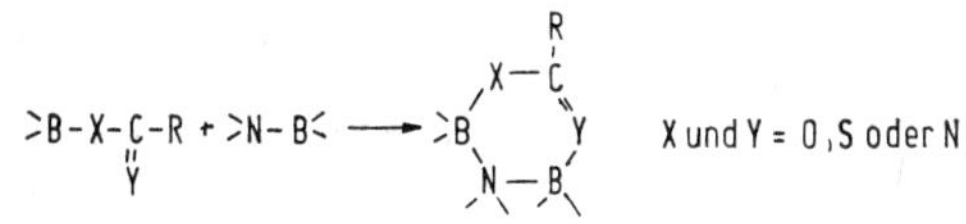

Um ihre Annahme zu belegen, erhitzten Dorokhov und Mikhailov [14] Acetoxy-di-n-butylboran mit den Aminoboranen 2-n-Butyl-1,2-azaborolan bzw. Amino-di-n-butylboran und konnten nach (10) bzw. (11) die erwarteten Komplexe IX und X erhalten.

(10)

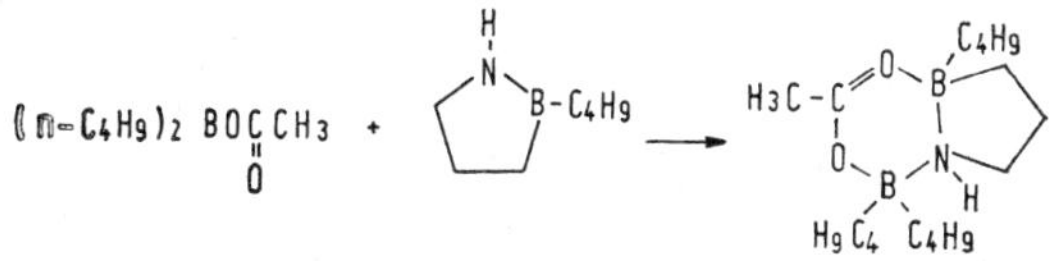

IX

(11) 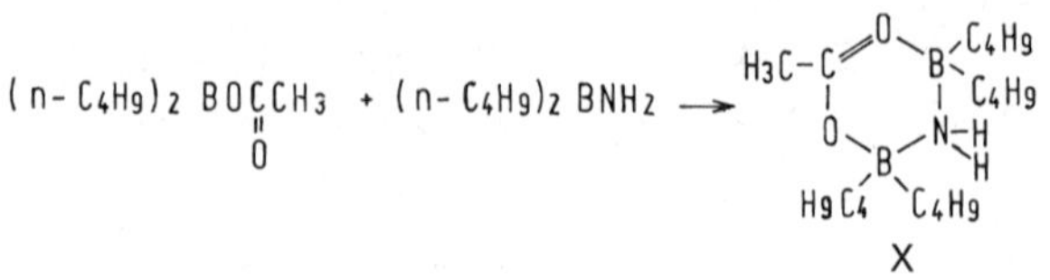

Diese Komplexe IX und X haben viel höhere Siedepunkte als die entsprechenden Ausgangsmaterialien. Im Gegensatz zu VIII sind sie extrem instabil gegen Luftsauerstoff und -feuchtigkeit. Ihre IR- und ^{11}B-NMR-Spektren weisen ebenfalls auf die Beteiligung der Carbonylgruppe (C–O–B-Brücke) und des Stickstoffs vom Aminoboran an der Koordinationsbindung hin [14].

Frisch hergestelltes Acetamido-dibutylboran (aus Acetamid und Butylmercapto-dialkylboran) reagiert ebenfalls sehr leicht mit den 2-Alkyl-1,2-azaborolanen zu 1,4-Komplexen (12). Dazu müssen die Reaktanden nur solange auf 60 bis 90°C erwärmt werden, bis sie sich vollständig gemischt haben. Die Trennung erfolgt dann durch Destillation [19].

(12) 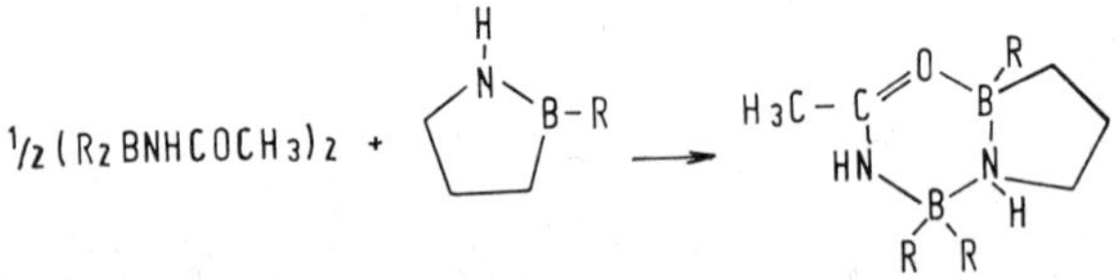

Die Tendenz zur Assoziation (Dimerisierung, Trimerisierung, Polymerisation) ist bei einigen Aminoboranen stark ausgeprägt, bei anderen hingegen nicht vorhanden. Die verbreitetste Form der Assoziation bei den Aminoboranen ist die Dimerisierung (= 1,2-Koordination) [20, 21]. Die Struktur dieser Dimeren als viergliedrige, planare Ringe ergab sich aus den Röntgenstrukturanalysen (z. B. beim Dimeren des Dichlor-dimethylamino-borans $[(CH_3)_2NBCl_2]_2$ [22], beim Dimeren des Dimethylamino-difluor-borans $[(CH_3)_2NBF_2]_2$ [23] oder beim Dimeren des Dimethylamino-borans $[(CH_3)_2NBH_2]_2$ [24]).

Des öfteren wurden als Leitfaktoren für die Dimerisation der Aminoborane [16] das elektrophile Verhalten des Boratoms (induktiver Effekt der B-Substituenten) [5, 21, 22, 25 bis 27] und der sterische Faktor (räumliche Größe der Substituenten sowohl am B- als auch am N-Atom [5, 21, 25 bis 28] genannt. Wegen der hohen Spannung des viergliedrigen Dimerenringes und der relativ geringen Koordinationsenergie der N→B-Bindung ist der sterische Faktor recht bedeutsam.

Die 1,2-Azaborolane kann man nach ihrer Dimerisierungstendenz in folgender Reihe ordnen [1]:

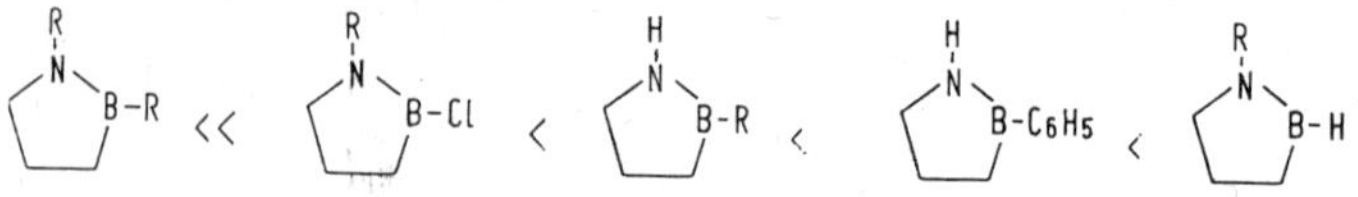

I II V IV

Offensichtlich sind die Verbindungen I sterisch an der Dimerisierung gehindert. Die höhere Dimerisierungstendenz der 1-Alkyl-2-chlor-1,2-azaborolane II gegenüber den 1.2-Dialkyl-1,2-azaborolanen I kann mit der stärkeren Komplexbildungsaktivität der Trihalogenborane gegenüber den Alkylboranen verglichen werden. Die gleiche Analogie läßt sich auch auf die 2-Alkylderivate V und ihr 2-Phenylhomologes anwenden [1]. Weiterhin scheint die Dimerisierungstendenz der 1,2-Azaborolane von ihrer Fünfring-Struktur abzuhängen, denn bei ihren sechsgliedrigen Verwandten, den 1,2-Azaborinanen, ist die Assoziation unbekannt [29].

Diese Dimerisierungstendenz findet die gleiche Erklärung wie die starke Komplexbildungsaktivität anderer fünfgliedriger Bor-Heterocyclen z. B. der 1,2-Thiaborolane oder der 1,2-Oxaborolane [17, 29]. Verglichen mit acyclischen Verbindungen haben diese Ringsysteme nämlich alle eine geringere Reorganisationsenergie beim Übergang des Boratoms von der trigonalen zur tetraedrischen Koordination [30, 31].

Literatur zu 2.4.1.4.1

[1] B. M. Mikhailov, V. A. Dorokhov, N. V. Mostovoi, O. G. Boldyreva, M. N. Bochkareva (Zh. Obshch. Khim. **40** [1970] 1817/23; J. Gen. Chem. USSR **40** [1970] 1801/6). — [2] G. B. Butler, G. L. Statton, W. S. Brey (J. Org. Chem. **30** [1965] 4194/8). — [3] J. Goubeau, M. Rahtz, H. J.

Becher (Z. Anorg. Allgem. Chem. **275** [1954] 161/75). — [4] J. Goubeau, A. Zappel (Z. Anorg. Allgem. Chem. **279** [1955] 38/58). — [5] B. M. Mikhailov, V. A. Dorokhov, N. V. Mostovoi (Probl. Org. Sin. **1965** 228).

[6] V. A. Dorokhov, O. G. Boldyreva, B. M. Mikhailov (Zh. Obshch. Khim. **40** [1970] 1528/33; J. Gen. Chem. USSR **40** [1970] 1515/8). — [7] B. M. Mikhailov, V. A. Dorokhov (Dokl. Akad. Nauk SSSR **136** [1961] 356/9; Proc. Acad. Sci. USSR Chem. Sect. **136** [1961] 51/4). — [8] B. M. Mikhailov, V. A. Dorokhov (Zh. Obshch. Khim. **31** [1961] 3750/6; J. Gen. Chem. USSR **31** [1961] 3504/9). — [9] B. M. Mikhailov (Chemie der Borhydride, Moskau 1967). — [10] B. M. Mikhailov, V. A. Dorokhov (Zh. Obshch. Khim. **32** [1962] 1511/4; J. Gen. Chem. USSR **32** [1962] 1497/500).

[11] B. M. Mikhailov, V. A. Dorokhov, N. V. Mostovoi (Izv. Akad. Nauk SSSR Ser. Khim. **1964** 201/2; Bull. Acad. Sci. USSR Div. Chem. Sci. **1964** 189/90). — [12] B. M. Mikhailov, V. A. Dorokhov, N. V. Mostovoi, I. P. Yakovlev (Probl. Org. Sin. **1965** 223). — [13] N. V. Mostovoi, V. A. Dorokhov, B. M. Mikhailov (Izv. Akad. Nauk SSSR Ser. Khim. **1966** 90/6; Bull. Acad. Sci. USSR Div. Chem. Sci. **1966** 70/5). — [14] V. A. Dorokhov, B. M. Mikhailov (Izv. Akad. Nauk SSSR Ser. Khim. **1970** 1804/10; Bull. Acad. Sci. USSR Div. Chem. Sci. **1970** 1698/703). — [15] Gmelin Handbuch, Ergänzungswerk, „Borverbindungen" Tl. 5 (B-N-Verbindungen, Abschnitt „Aminoborane").

[16] W. Gerrard, M. F. Lappert, H. Pyszora, J. W. Wallis (J. Chem. Soc. **1960** 2144/51). — [17] B. M. Mikhailov, V. A. Dorokhov, N. V. Mostovoi (Dokl. Akad. Nauk SSSR **166** [1966] 1114/7; Proc. Acad. Sci. USSR Chem. Sect. **166** [1966] 202/5). — [18] N. V. Mostovoi (Diss. Moskau 1966). — [19] B. M. Mikhailov, V. A. Dorokhov, V. S. Bogdanov, I. P. Yakovlev, A. D. Naumov (Dokl. Akad. Nauk SSSR **194** [1970] 595/8; Proc. Acad. Sci. USSR Chem. Sect. **194** [1970] 690/3). — [20] H. Nöth, H. Vahrenkamp (Chem. Ber. **100** [1967] 3353/62).

[21] M. F. Lappert, M. K. Majumdar, B. P. Tilley (J. Chem. Soc. A **1966** 1590/5). — [22] H. Hess (Z. Krist. **118** [1963] 361/77). — [23] A. C. Hazell (J. Chem. Soc. A **1966** 1392/4). — [24] H. Nöth (Progr. Boron Chem. **3** [1970] 211/311). — [25] H. Nöth, V. A. Dorokhov, P. Fritz, F. Pfab (Z. Anorg. Allgem. Chem. **318** [1962] 294/303).

[26] V. A. Dorokhov (Diss. Moskau 1962). — [27] O. C. Musgrave (J. Chem. Soc. **1956** 4305/7). — [28] Vgl. Abschnitt 2.5.1.4.2 dieses Bandes. — [29] B. M. Mikhailov, V. A. Dorokhov (Izv. Akad. Nauk SSSR Ser. Khim. **1965** 1661/3; Bull. Acad. Sci. USSR Div. Chem. Sci. **1965** 1618/20). — [30] J. Hinze, H. H. Jaffe (J. Am. Chem. Soc. **84** [1962] 540).

[31] Gmelin Handbuch, Ergänzungswerk „Borverbindungen" Tl. 5 (B-N-Verbindungen, Abschnitt „Die B-N-Bindung"). — [32] B. M. Mikhailov, V. A. Dorokhov, N. V. Mostovoi (Probl. Org. Sin. **1965** 233).

2.4.1.4.2 1,2-Azaborinane und größere Ringe

1,2-Azaborinanes and Larger Rings

Das 2-Phenyl-1,2-azaborinan I ist sehr unbeständig gegen Oxydation und Solvolyse, kann jedoch unter Stickstoff ohne augenscheinliche Zersetzung auf 230°C erhitzt werden. Mit Palladium-Aktivkohle wird es unter diesen Bedingungen in ruhiger und glatter Reaktion zum 1-H-2-Phenyl-1,2-azaborin II reduziert [1], vgl. Abschnitt 2.9.5.1, S. 199.

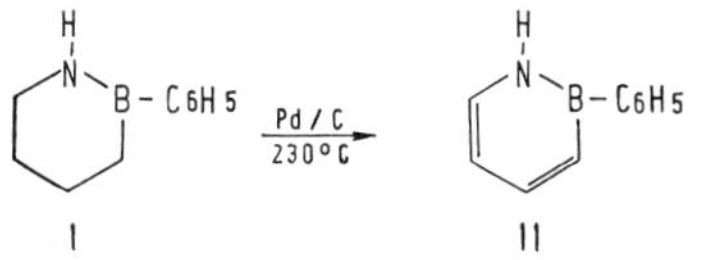

I II

Das Reaktionsverhalten des 1-Benzyl-1,2-azaborinans III kann durch folgendes Schema wiedergegeben werden [2]:

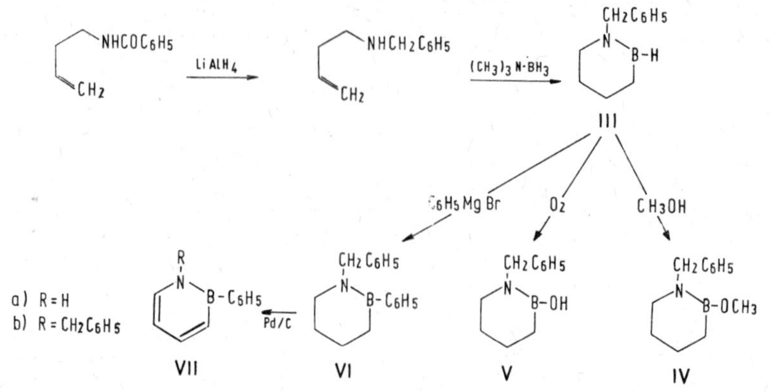

An der Luft wird III sofort zur B-Hydroxyverbindung V oxydiert, und mit Methanol reagiert es exotherm zum B-Methoxyderivat IV. Beide Umsetzungen zeigen einen bemerkenswerten Unterschied zum Reaktionsverhalten der entsprechenden ungesättigten Verbindung, denn bei diesem 1,2-Azaborin ist das borständige H-Atom recht inert, vgl. Abschnitt 2.9.5.1, S. 199. Alle Versuche, III zu dehydrieren, schlugen fehl. Mit Phenylmagnesiumbromid läßt es sich aber in das 1-Benzyl-2-phenyl-1,2-azaborinan VI überführen, aus dem durch Dehydrierung über Palladium-Aktivkohle die beiden 1,2-Azaborine VIIa und VIIb nebeneinander gewonnen werden können [2], vgl. Abschnitt 2.9.5.1, S. 199.

Alle 1,2-Azaborinane sind farblose Flüssigkeiten, Öle oder Feststoffe. Dimerisierungsneigung ist nirgends nachweisbar [2, 3].

Siebengliedrige B–N-Ringe können durch die Reaktion eines geeigneten ω-Bromalkyl-borans mit primären Alkylaminen erhalten werden. Das Dimethoxy-(4-äthoxy-5-brom-pent-1-yl)-boran VIII ist durch Hydroborierung von 4-Äthoxy-5-brom-1-penten mit Tetra-n-butyl-diboran und anschließende Behandlung mit Trimethoxyboran erhältlich. Mit n-Propyl- oder Allylamin reagiert es ruhig zum 6-Äthoxy-1-alkyl-2-methoxy-1,2-azaborepan IX, das mit $LiAlH_4$ am B hydriert und mit n-Butylmagnesiumbromid am Bor alkyliert wird [4].

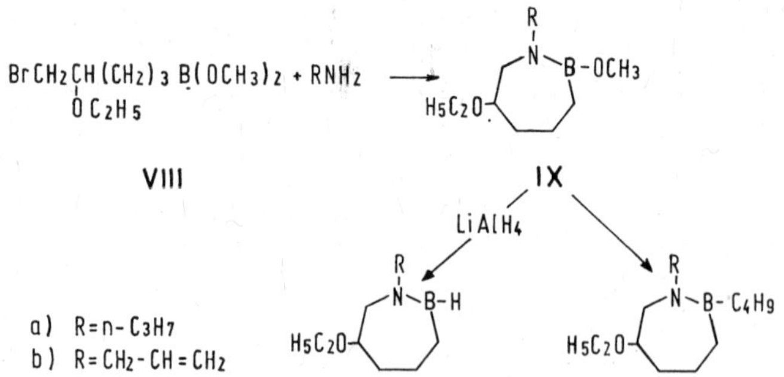

Literatur zu 2.4.1.4.2

[1] D. G. White (J. Am. Chem. Soc. **85** [1963] 3634/6). — [2] K. M. Davies, M. J. S. Dewar, P. Rona (J. Am. Chem. Soc. **89** [1967] 6294/7). — [3] B. M. Mikhailov, L. S. Vasil'ev, V. P. Dimitrikov (Izv. Akad. Nauk SSSR Ser. Khim. **1968** 2164; Bull. Acad. Sci. USSR Div. Chem. Sci. **1968** 2059). — [4] L. S. Vasil'ev, M. M. Vartanyan, B. M. Mikhailov (Izv. Akad. Nauk SSSR Ser. Khim. **1972** 1678/9; Bull. Acad. Sci. USSR Div. Chem. Sci. **1972** 1632).

2.4.2 Verschmolzene Ringsysteme

Fused Ring Systems

2.4.2.1 Synthesen, Präparative Methodik

Syntheses. Preparation Methods

Alle bekannten verschmolzenen Ringsysteme sind durch Hydroborierung von geeigneten ungesättigten Aminen hergestellt worden.

(1)

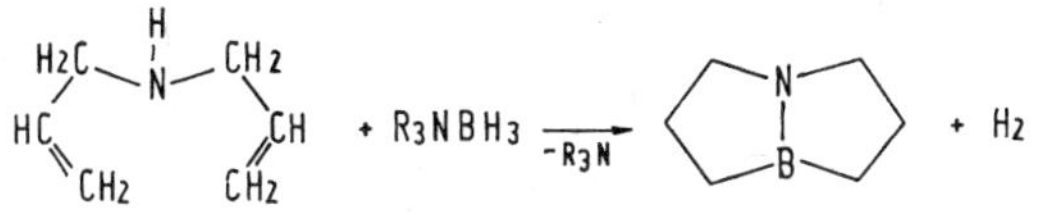

(2)

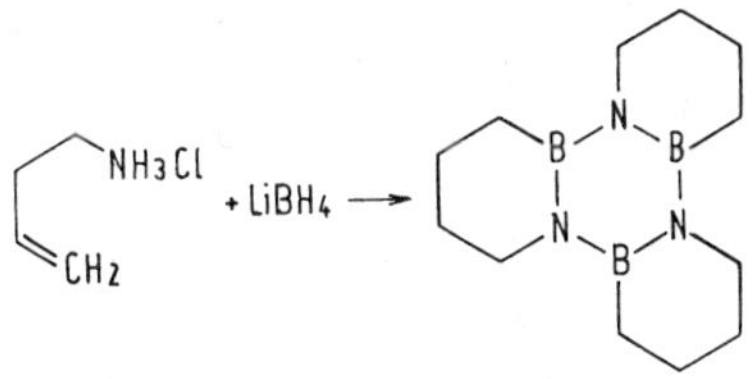

I

Die Reaktion von Dipropen-2-ylamin (= Diallylamin) mit Triäthylaminboran in stöchiometrischen Mengen verläuft nach (1) bei 100 bis 110°C ohne Lösungsmittel mit einer Ausbeute von 80% an 1,5-Azabora-bicyclo[3,3,0]octan [1]. Die Ausbeute an 1,6-Azabora-bicyclo[4,4,0]decan bei der analogen Umsetzung von Dibuten-3-ylamin mit Trimethylaminboran ist geringer [2]. Bessere Ergebnisse lassen sich mit Diboran als Hydroborierungsmittel erzielen [3]. Hierzu werden 12.5 g Dibuten-3-ylamin in 800 ml trockenem Toluol gelöst, auf −10°C abgekühlt, gut gerührt und Diboran in 25%igem Überschuß eingeleitet. Das Reaktionsgemisch bleibt über Nacht bei Raumtemperatur stehen, wird dann 24 h unter Rückfluß gekocht und destilliert. Alle Operationen sind unter Argon auszuführen [3].

Bei der Hydroborierung (2) von 4-Amino-1-buten (= Buten-3-ylamin) mit Lithiumtetrahydroborat und anschließendem Erhitzen im Autoklaven entsteht in mäßiger Ausbeute das aus vier miteinander verschmolzenen Ringen bestehende Tris(azaborinano)-borazin I [4, 5]. Als Reaktionsgefäß dient der Glaseinsatz eines Autoklaven (1000 ml), gearbeitet wird unter Stickstoff in einem Handschuhkasten: 100 g 4-Amino-1-buten-hydrogenchlorid langsam und vorsichtig zu einer gerührten Suspension von 27 g $LiBH_4$ in 200 ml trockenem Äther im Verlauf von etwa 2 h geben, die Flüssigkeitsmenge durch Ätherzugaben möglichst konstant halten, nochmals 200 ml Äther zufügen und 60 h stehen lassen. Den verschlossenen Einsatz in den Autoklaven überführen, unter N_2 auf 150°C erwärmen und 2 h bei dieser Temperatur belassen. Anschließend so schnell wie möglich auf 300°C aufheizen, diese Temperatur 20 min einhalten, den Autoklaven wieder abkühlen lassen, entlüften und den Inhalt 1 h mit Äther und Wasser verreiben. Nach Abtrennen der Ätherschicht die wäßrige Phase nochmals extrahieren, die Ätherauszüge vereinigen, der Reihe nach mit 10%iger NaOH-Lösung, Wasser, 10%iger Salzsäure und Wasser waschen und mit $MgSO_4$ trocknen. Nach Abziehen des Äthers den gelben Rückstand (23g) zuerst bei 50 bis 60°C und 5×10^{-3} Torr von flüchtigen Produkten befreien und dann bei 120°C und 5×10^{-3} Torr sublimieren. Das Sublimat kann noch aus Aceton umkristallisiert werden [4]. Durch Hydroborierung von Buten-3-ylamin (= 4-Amino-1-buten) mit Trimethylamin-boran in Diäthylenhlykol-dimethyläther kann ein gelber, harziger Stoff erhalten werden, der analog aufgearbeitet die Verbindung I in 65%iger Ausbeute ergibt [6].

2.4.2.2 Eigenschaften, Kenngrößen, Verhalten

Properties. Numerical Data. Reaktions

Vom 1,5-Azabora-bicyclo[3,3,0]octan sind nur einige physikalische Daten bekannt [1, 7], vgl. Tabelle 2/5, S. 114/5.

Das frisch destillierte 1,6-Azabora-bicyclo[4,4,0]decan ist ein farbloses, monomolekulares Öl, dessen Struktur durch die Elementaranalyse, das ^{1}H-NMR- und das Massenspektrum belegt ist [3].

Tabelle 2/5

Darstellung und Kenngrößen der mehrkernigen Azaboracycloalkane.

Nr.	Molekülstruktur		Ausgangssubstanzen	t_s in °C[1]	t_f in °C
1	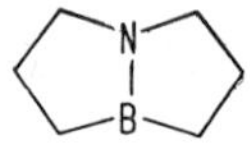		$(CH_2{=}CHCH_2)_2NH$ + $(C_2H_5)_3N\text{-}BH_3$	145/155 (760)	138/139
2a	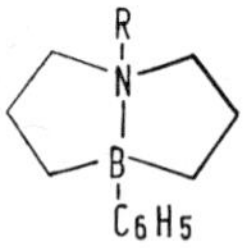	$R{=}C_2H_5$	$(CH_2{=}CHCH_2)_2NR$ + $(C_6H_5)BH_2N(C_2H_5)_3$		58.3/59.3
2b		$R{=}n\text{-}C_3H_7$			61.9/63
2c		$R{=}s\text{-}C_4H_9$			59.9/61.4
2d		$R{=}C_6H_5$			81.6/82.6
3a	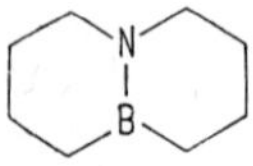		$(CH_2{=}CHCH_2CH_2)_2NH$ + $(CH_3)_3N\text{-}BH_3$	73/75 (20)	
3b			$(CH_2{=}CHCH_2CH_2)_2NH$ + B_2H_6	81/84 (27)	
4	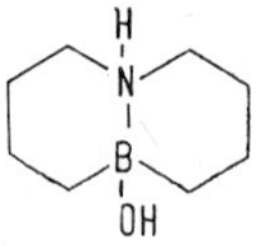		Verbindung Nr. 3 + H_2O		115/120 bzw 119/121[2]
5a	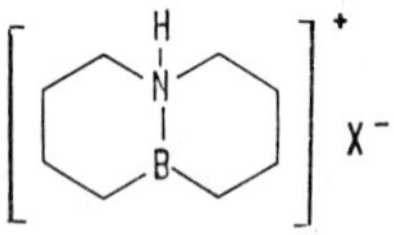	X=Cl	Verbindung Nr. 3 + HCl		
5b		X=Br	Verbindung Nr. 3 + HBr		
6a	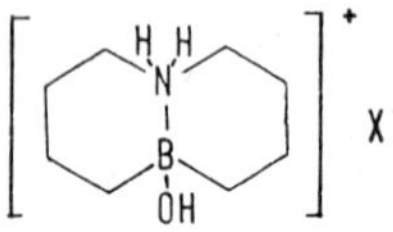	X=Cl	Verbindung Nr. 5a + H_2O		187.5/189.5
6b		X=Br	Verbindung Nr. 5b + H_2O		165/167
7a	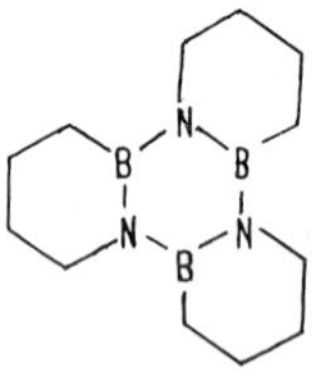		$CH_2{=}CHCH_2CH_2NH_2$ + $(CH_3)_3N\text{-}BH_3$		184/185
7b			$CH_2{=}CHCH_2CH_2NH_2$ + B_2H_6		184
7c			$CH_2{=}CHCH_2CH_2NH_2 \cdot HCL$ + $LiBH_4$		184/186

[1] In Klammern stehen die Siededrucke in Torr. — [2] Nach dem Umkristallisieren aus Nitromethan

Ausbeute in % d. Th.	M_r(ber.)	M_r(gef.)	Lit.	Bemerkungen
80			[1]	
7			[9]	aus Aceton umkristallisiert
8	229	239	[9]	(kryoskopisch in Cyclohexan)
9.5	243	244	[9]	(kryoskopisch in Cyclohexan)
22	263	264	[9]	(dampfdruckosmometrisch)
			[2]	farbloses Öl; an Luft leicht oxydierbar
	137	137	[3]	farbloses Öl; an Luft leicht oxydierbar; (massenspektrometrisch)
			[3]	farblose Prismen
			[3]	farbloser, zerfließlicher Feststoff
			[3]	
			[3]	farblose Rhomben, aus Nitromethan umkristallisiert
			[3]	farblose Kristalle, aus Nitromethan umkristallisiert
64		252	[6]	(kryoskopisch in Benzol); Reinigung durch mehrmaliges Umkristallisieren aus Aceton und Vakuumsublimation bei 160°C
5 bis 9			[6]	Reinigung wie oben; keine Depression beim Mischschmelzpunkt der beiden Verbindungen nach [6]
26	243	266	[4,5]	(Rast); Reinigung durch Sublimation bei 120°C (0.005 Torr) und Umkristallisieren aus Aceton; farblose Platten

An der Luft erstarrt dieses Öl zu einem Feststoff mit der analytischen Zusammensetzung eines Monohydrats III. Das Hydratwasser läßt sich auch IR- und massenspektroskopisch nachweisen. Trockenes HCl oder HBr reagiert mit 1,6-Azabora-bicyclo[4,4,0]decan in trockenem Äther leicht zu farblosen, zerfließlichen Addukten IV. Die Verbindungen IVa und IVb lassen sich aus Nitromethan umkristallisieren, beide bilden beim Stehen an der Luft stabile Verbindungen der analytischen Zusammensetzung 1,6-Azabora-bicyclo[4,4,0]decan: Halogenwasserstoff: Wasser = 1:1:1, denen die Salzstruktur V mit fünffach koordiniertem Stickstoff zugeschrieben wird. Für diese Verhaltensweisen des 1,6-Azabora-bicyclo[4,4,0]decans formulierten Dewar, Jones [3] folgende Reaktionsgleichungen:

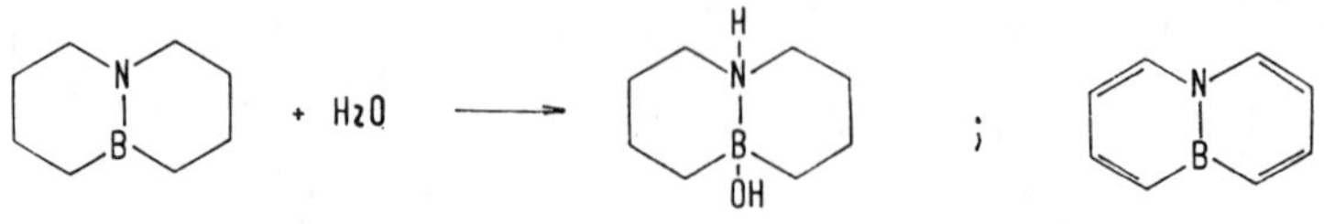

II III VI

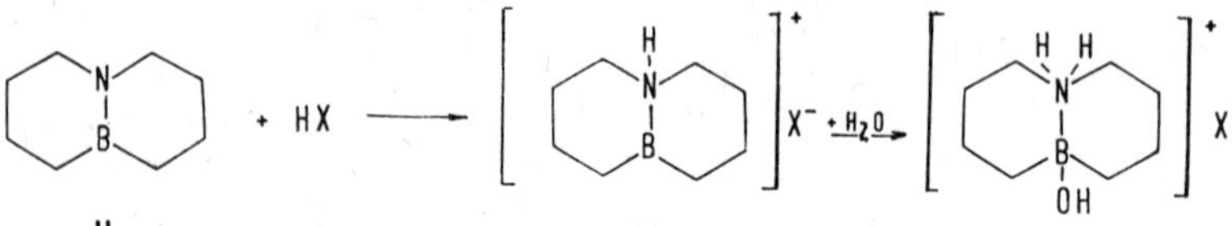

II IV V

a) X = Cl
b) X = Br

Mit palladinierter Aktivkohle läßt sich II im Autoklaven bei 300°C zum 1,2-Azaborino[1,2-a]-1,2-diazaborin VI dehydrieren [3], vgl. Abschnitt 2.9.8, S. 231.

Die Molekülstruktur des Tris(azaborinano)-borazins I (S. 113) folgt aus der Elementaranalyse, der Molmassenbestimmung, dem IR-, UV- und ^{1}H-NMR-Spektrum. I läßt sich ebenfalls dehydrieren, s. Abschnitt 2.9.8, S. 231.

Literatur zu 2.4.2

[1] H. Bock, W. Fuß (Chem. Ber. **104** [1971] 1687/96). — [2] M. J. S. Dewar, G. J. Gleicher, B. P. Robinson (J. Am. Chem. Soc. **86** [1964] 5698/9). — [3] M. J. S. Dewar, R. Jones (J. Am. Chem. Soc. **90** [1968] 2137/44). — [4] G. C. Culling, M. J. S. Dewar, P. A. Marr (J. Am. Chem. Soc. **86** [1964] 1125/7). — [5] M. J. S. Dewar, P. A. Marr (J. Am. Chem. Soc. **84** [1962] 3782).

[6] H. Wille, J. Goubeau (Chem. Ber. **105** [1972] 2156/68). — [7] Gmelin Handbuch, Ergänzungswerk „Borverbindungen" Tl. 5 (B–N-Verbindungen, Abschnitt „Die B-N-Bindung"). — [8] G. B. Butler, G. L. Statton, W. S. Brey (J. Org. Chem. **30** [1965] 4194/8).

Diazabora-cycloalkanes

2.5 1,3,2-Diazabora-cycloalkane

Single Ring Systems

2.5.1 Einfache Ringsysteme

Syntheses

2.5.1.1 Synthesen

Pyrolysis

2.5.1.1.1 Pyrolyse

Zur Darstellung der 1,3,2-Diazabora-cycloalkane bedient man sich dreier verschiedener Methoden. Die Originalmethode von Goubeau und Zappel [1] ist die Pyrolyse der α,ω-Diamin-trialkylborane, die sich ohne weiteres aus ihren Komponenten bilden. Die über mehrere Zwischenstufen verlaufende Reaktion kann durch die Bruttogleichung (1) wiedergegeben werden.

(1) $B(CH_3)_3 + H_2N(CH_2)_2NH_2 \xrightarrow{20°C} H_2N(CH_2)_2NH_2 \cdot B(CH_3)_3 \xrightarrow[\text{ca. 250°C/6 h}]{\text{Bombenrohr}}$

$CH_4 + H_2N(CH_2)_2NHB(CH_3)_2 \xrightarrow[\text{475°C/6 h}]{\text{Bombenrohr}} CH_4 +$ 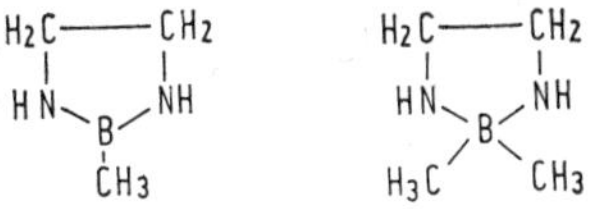

Ia II Ib

Das Übergangsprodukt muß nicht unbedingt die lineare Struktur Ia besitzen. Die koordinative Ringstruktur Ib ist ebenfalls möglich; sie ist zur Deutung der Schwingungsspektren sogar besser geeignet. Auch würde Ib zur Abspaltung von Methan und somit zur Bildung des Endprodukts II neigen. Weiterhin deuten die Eigenschaften des Übergangsproduktes ebenfalls auf eine Ringstruktur.

Vor der weiteren Umsetzung zu II muß das Übergangsprodukt durch fraktionierte Destillation gereinigt werden, wobei die Vorlage auf −180°C zu kühlen ist. Unterbleibt diese Destillation, d. h. werden die Ausgangskomponenten direkt bei 475°C pyrolysiert, dann ist die Ausbeute an II sehr gering [2].

Literatur zu 2.5.1.1.1

[1] J. Goubeau, A. Zappel (Z. Anorg. Allgem. Chem. **279** [1955] 38/58). — [2] D. Ulmschneider, J. Goubeau (Chem. Ber. **90** [1957] 2733/8).

2.5.1.1.2 Kondensation von α, ω-Diaminen mit Boranen

Condensation of α, ω-Diamines with Boranes

2.5.1.1.2.1 Kondensation mit Monoboran

Condensation with Monoborane

1,2-Äthandiamin bzw. sein Hydrogenchlorid reagiert mit $NaBH_4$ [1] oder mit B_2H_6 [2, 3] zu 1:1- und 1:2-Addukten. Aus diesen Addukten entstehen bei der thermischen Zersetzung keine Ringe, sondern Polymere. Mit den Hydrogenchloriden aromatischer Diamine entstehen dagegen gemäß (2) die gewünschten Ringsysteme [4] (THF = Tetrahydrofuran).

(2) 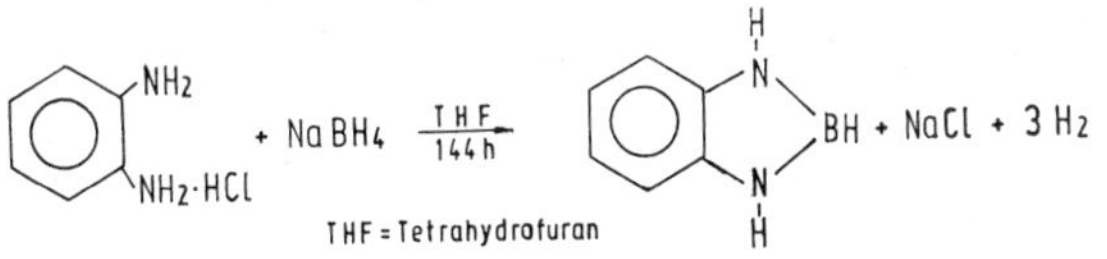

Die Darstellungsmethode von Nainan und Ryschkewitsch [5] für Boranaddukte ermöglicht nach einer leichten Variation auch die Synthese monocyclischer 1,3,2-Diazabora-cyclohexane [6, 7]; vgl.

(3) 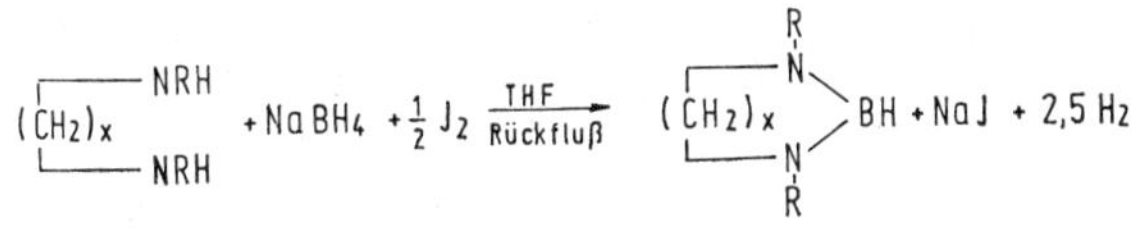

Gleichung (3). Aus $NaBH_4$ wird dabei das BH_3 in der Lösung in Freiheit gesetzt. Es ist möglich, daß die Stabilität des gebildeten Heteroringes die Reaktionsfähigkeit des Borans erhöht [8]. Diese Annahme wird dadurch gestützt, daß Aminoalkohole, Glykole [9] und Dithiole [10] analog (3) reagieren. Das dritte Wasserstoffatom des Borans ist jedoch relativ reaktionsträge und geht erst oberhalb 150°C eine Kondensationsreaktion ein [6]. Das bei der Reaktion (3) entstehende Natriumjodid kann sehr fein anfallen, so daß es schlecht zu filtrieren ist. Wird vom ausgefallenen NaJ einfach herunterdestilliert, so sind die Ausbeuten nicht sehr hoch, weil der Feststoff das 1,3,2-Diazaborinan zurückhält. Mit Trimethylamin-boran als BH_3-Quelle entfällt diese Schwierigkeit, weil das abgespaltene Trimethylamin den Reaktionsraum von allein verläßt. Um reine Produkte zu erhalten, müssen alle Umsetzungen in trockner Stickstoff- oder Argon-Atmosphäre durchgeführt werden; die Verwendung einer Vakuumapparatur erübrigt sich jedoch [7, 8].

Condensation with Substitued Boranes

2.5.1.1.2.2 Kondensation mit substituierten Boranen

(4) 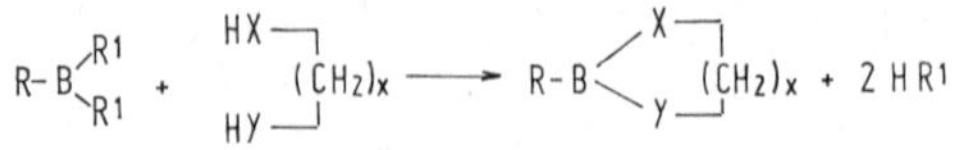

X = O, S, NR; Y = O, S, NR; R = Alkyl, Aryl; R^1 = H, OH, Cl

Die in (4) wiedergegebene Kondensationsreaktion findet beim Kochen der Ausgangskomponenten in einem inerten Lösungsmittel unter reinem N_2 statt [11]. Dabei reagieren aliphatische Aminoalkohole (X = O, Y = NR) meist schlechter als aromatische. Fünfringstrukturen bilden sich rascher als Sechsringe. Für HX oder HY = Cl sind die Unterschiede der Reaktionsgeschwindigkeiten bei allen angebotenen Partnern wesentlich geringer als mit X oder Y = O.

N,N'-Dialkyl-alkandiamine (x = 2,3) und Bortrichlorid reagieren im äquimolekularen Verhältnis in Petroläther zu 2-Chlorderivaten des 1,3,2-Diaza-borolans und -borinans (= Diazabora-cyclopentans und -hexans), wenn die entsprechende Menge Triäthylamin zum Abfangen des gebildeten HCl vorhanden ist [12]. Ist kein Trialkylamin als HCl-Fänger vorhanden, so kann Anlagerung des Chlorwasserstoffs an eine B–N-Bindung [13, 14] und in der Folge Ringspaltung eintreten [15].

Diese langsame Kondensation läßt sich merklich beschleunigen und allgemeiner benutzen, wenn das Bortrihalogenid von vornherein als Triäthylamin-trihalogenboran eingesetzt wird [12], vgl. (5).

(5) $(C_2H_5)_3N \cdot BX_3 + (C_2H_5)_3N + HRN(CH_2)_xNRH \rightarrow$ 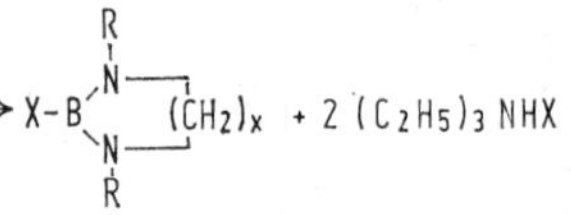

III

Die Chlorderivate bilden sich nach dieser Methode so gut, daß die Reaktionsmischung nicht unbedingt gekocht werden muß. Bei der Darstellung der Brom- und Jodderivate aber ist Kochen unter Rückfluß zur Erzielung merklicher Ausbeuten notwendig. Um Nebenreaktionen zu vermeiden, müssen beide N-Atome des Diamins in (5) sekundär sein. Mit R = H würde III sonst nämlich unter intermolekularer HX-Abspaltung trimerisieren und ein Borazinderivat oder noch höher aggregierte Spezies bilden. Die schlechtesten Ausbeuten liefert (5) mit X = F [11].

Alkyl-bis-(thioalkyl)-borane reagieren glatt mit 1,2-Äthandiamin unter Abspaltung von Alkanthiol zu Diazaborolanen [16]:

(6) 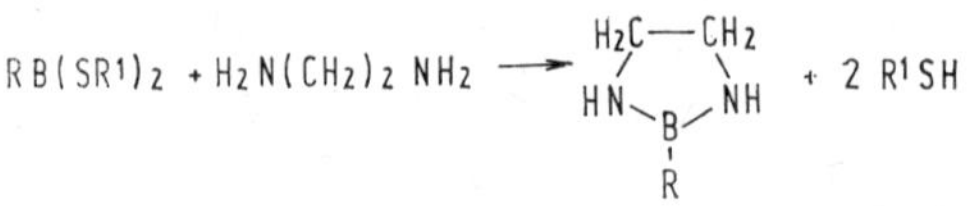

Literatur zu 2.5.1.1.2

[1] J. Goubeau, H. Schneider (Chem. Ber. **94** [1961] 816/21). — [2] A. K. Holliday, W. Jeffers (Angew. Chem. **69** [1957] 682). — [3] H. C. Kelly, J. O. Edwards (J. Am. Chem. Soc. **82** [1960] 4842/6). — [4] J. Goubeau, H. Schneider (Liebigs Ann. Chem. **675** [1964] 1/9). — [5] K. C. Nainan, G. E. Ryschkewitsch (Inorg. Chem. **8** [1969] 2671/4).

[6] E. F. Rothgery, K. Niedenzu (Syn. Inorg. Metal-Org. Chem. **1** [1971] 159/61). — [7] E. F. Rothgery, P. J. Busse, K. Niedenzu (Inorg. Chem. **10** [1971] 2343/5). — [8] K. Niedenzu, I. A. Boenig, E. F. Rothgery (Chem. Ber. **195** [1972] 2258/63). — [9] S. H. Rose, S. G. Shore (Inorg. Chem. **1** [1962] 744/8). — [10] B. Z. Egan, S. G. Shore, J. E. Bonnell (Inorg. Chem. **3** [1964] 1024/7).

[11] M. Pailer, W. Fenzl (Monatsh. Chem. **92** [1961] 1294/9). — [12] M. P. Brown, A. E. Dann, D. W. Hunt, H. B. Silver (J. Chem. Soc. **1962** 4648/52). — [13] K. Niedenzu, H. Beyer, J. W. Dawson (Inorg. Chem. **1** [1962] 738/42). — [14] J. Goubeau, A. Zappel (Z. Anorg. Allgem. Chem. **279** [1955] 38/58). — [15] A. Meller, H. Marecek (Monatsh. Chem. **98** [1967] 2336/47).

[16] B. M. Mikhailov, T. K. Kosminskaya, N. S. Fedotov, V. A. Dorokhov (Dokl. Akad. Nauk SSSR **127** [1959] 1023/6; Proc. Acad. Sci. USSR Chem. Sect. **127** [1959] 643/6).

2.5.1.1.3 Umaminierung

Trans-amination

Allgemein sind Bor–Stickstoff-Verbindungen leicht durch Umaminierung erhältlich. Diese folgt dem allgemeinen Schema:

$$(7) \qquad >B{-}NR_2 + HNR^1_2 \rightleftarrows >B{-}NR^1_2 + HNR_2$$

Die Gleichgewichtslage von (7) ist durch geeignete Maßnahmen leicht verschiebbar. Ist z. B. HNR_2 flüchtiger als HNR^1_2, so kann es aus dem Reaktionsraum herausdestilliert werden, wodurch das Gleichgewicht in (7) nach rechts verschoben wird [1]. Alle anderen zur Darstellung von cyclischen oder kettenförmigen Aminoboranen benutzten Methoden haben gewisse Nachteile. Bei der Umaminierung dagegen können primäre und sekundäre Mono-, Di- und Triamine mit normalen, verzweigten, aromatischen und heterocyclischen Resten am Aminstickstoff als Agentien eingesetzt werden [2].

Ist in (7) $R = CH_3$, so spalten sich bereits beim Mischen der Ausgangskomponenten in einem Lösungsmittel bei 20 bis 25°C bereits 60 bis 80% des Dimethylamins ab. Demnach verläuft die gesamte Umaminierung vermutlich in zwei Hauptschritten [3, 4]. Zuerst soll gemäß (8) eine Dimethylaminogruppe abgespalten werden (R in (7) ist CH_3):

$$(8) \quad RB[N(CH_3)_2]_2 + HR^1N{-}(CH_2)_x{-}NR^2H \longrightarrow (CH_3)_2NH + \underset{\text{IVa}}{(CH_3)_2N{-}BR{-}NR^1{-}(CH_2)_x{-}NR^2H}$$

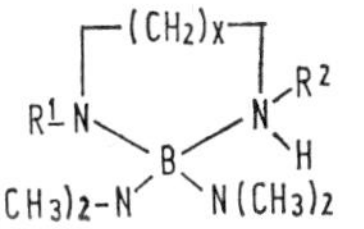

IVb

Ob die Verbindung IV in der linearen Struktur IVa oder in der cyclischen IVb vorliegt, ist bis heute ungeklärt. Eine Isolierung von IV durch Destillation ist nicht möglich. Es besteht die Vermutung, daß sich im zweiten Schritt der Gesamtreaktion das σ–System des Heteroringes ausbildet. Die Kondensationstemperatur aber dürfte weit unter den Siedetemperaturen von IVa und IVb liegen, wodurch eine Trennung verhindert würde. Gestützt wird diese Vorstellung durch die Existenz von Aminoboranen des Typs $R_2B{-}NR^1{-}(CH_2)_x{-}NR^2H$ mit R, R^1 und R^2 = Alkyl [5, 6].

Der zweite Reaktionsschritt wird möglicherweise durch sterische Faktoren beeinflußt. Darauf deutet folgendes: Bei einem Molekülmodell von IVa mit x = 2,3 oder 4 können die beiden endständigen Gruppen NR^2H und $B{-}N(CH_3)_2$ ohne weiteres auf einen Wechselwirkungsabstand gebracht werden. Wenn die Kohlenstoffkette in IVa aber eine Doppelbindung enthält, ist das nicht mehr möglich. Experimentell erweist sich in einem solchen Fall die Polymerisationsreaktion gegenüber der Ringbildungsreaktion als stark bevorzugt. Die ausgeprägte Polymerisationsfähigkeit ist nicht durch die C=C-Doppelbindung erklärbar. Bei der Hydrolyse der Polymerisate entstehen nämlich wieder die Ausgangsolefine [3].

Literatur zu 2.5.1.1.3

[1] H. Nöth (Z. Naturforsch. **16b** [1961] 470/1). — [2] R. A. Geanangel, S. G. Shore (in: W. L Jolly, Preparative Inorg. Reactions **3** [1966] 123/238). — [3] W. Weber, J. W. Dawson, K. Niedenzu (Inorg. Chem. **5** [1966] 726/8). — [4] K. Niedenzu, P. Fritz (Z. Anorg. Allgem. Chem. **340** [1965] 329/36). — [5] K. Niedenzu, J. W. Dawson (Boron-Nitrogen Compounds, Berlin – Heidelberg – New York 1965).

[6] Gmelin Handbuch, Ergänzungswerk „Borverbindungen" Tl. 5 (B–N-Verbindungen, Abschnitt „Aminoborane").

2.5.1.1.4 Weitere Verfahren

Other Methods

Verbindungen, die Si–N-Bindungen enthalten, reagieren mit vielen kovalenten Halogeniden unter Abspaltung von Halogensilan. Diese allgemeine Reaktion kann gemäß (9) zur Darstellung von Diazaboracycloalkanen genutzt werden [1].

(9)

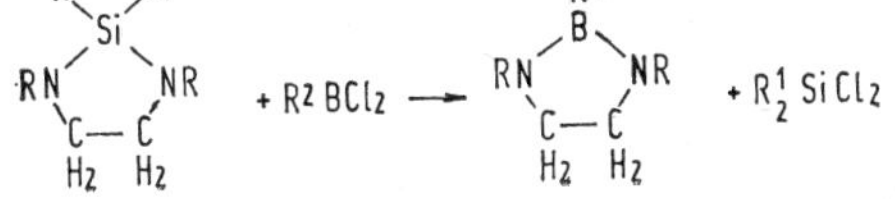

1,2,3-Trimethyl-1,3,2-diazaphospholan reagiert mit Phenyldichlorboran analog zu (9) unter exothermer Bildung von Methyldichlorphosphan und 1,3-Dimethyl-2-phenyl-1,3,2-diazaborolan [8].

Alkylborane reagieren unter Stickstoff bei längerem Erhitzen in Toluol mit Bis(1,3-diphenylimidazolidinyliden-2) V [2] im Molverhältnis 2:1 in sehr guten Ausbeuten zu 1,3-Diphenyl-2-alkyl-1,3,2-diaza-borolan VI nach Gleichung (10) [3]:

(10)

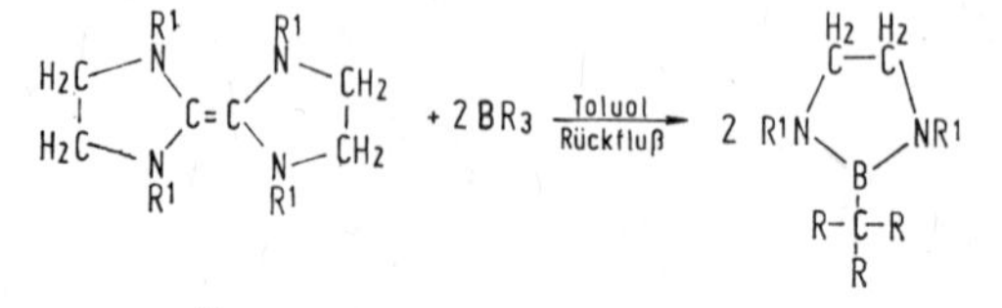

V VI

Zur Erklärung dieser Reaktion wird folgender Mechanismus angenommen [3]:

1) Anlagerung der Lewis-Säure BR_3 an V, Spaltung in „Bor-ylid" VII und nucleophiles Carben VIII (vgl. [4]), Reaktion eines weiteren BR_3-Moleküls mit dem Carben VIII zu VII.

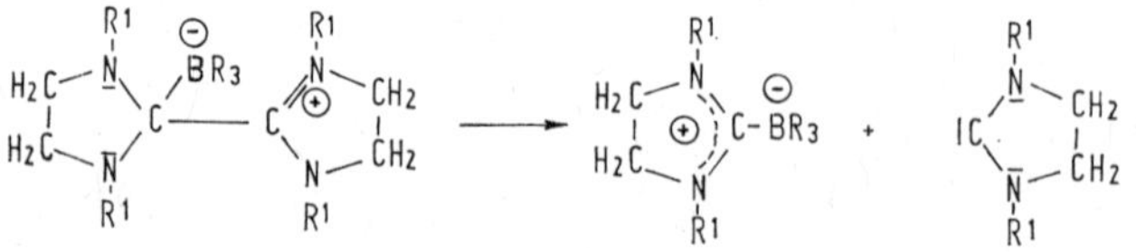

VII VIII

2) Intramolekulare Umlagerung des „Bor-ylids" VII, beginnend mit der anionotropen Wanderung eines Alkylrestes vom tetravalenten Bor zum positiven Kohlenstoff [5] unter Bildung der Zwischenstufe IX. Daran schließt sich die Ausbildung einer B–N-Bindung an, die einen Dreiringzustand und darauf eine Ringerweiterung bedingt. Eine erneute Wanderung eines Alkylrestes vom B zum C in X und eine Wiederholung dieser Folge ergibt unter Ringerweiterung die Verbindung VI:

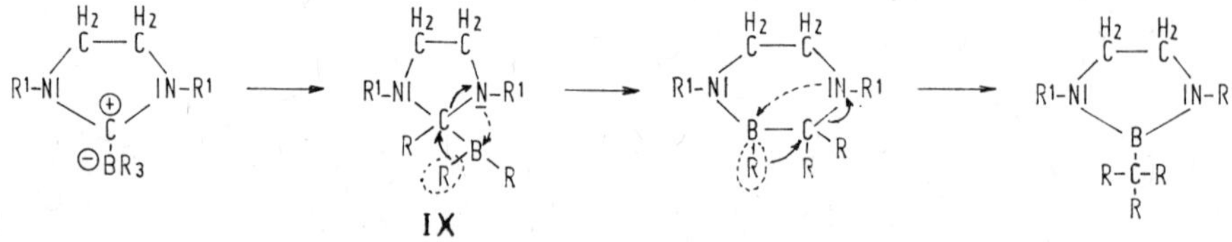

IX X VI

Analoge Reaktionsschritte wurden für die Reaktion von Alkylboranen mit Kohlenmonoxid [6] und für die Ringverengung von 1,4,2,5-Diazadiborinan durch $AlCl_3$ zum 1,3,2,4-Diazadiborolan formuliert [7] (vgl. 2.6.2.4, S. 147).

Weitere Darstellungsmethoden für einzelne Diazaboracycloalkanderivate ergeben sich aus der Substituierbarkeit der Liganden. Diese Reaktionen sind im Abschnitt 2.5.1.4, S. 126 beschrieben.

Literatur zu 2.5.1.1.4

[1] E. W. Abel, R. P. Bush (J. Organometal. Chem. **3** [1965] 245/52). — [2] H. W. Wanzlick (Angew. Chem. **74** [1962] 129/31). — [3] G. Hesse, A. Haag (Tetrahedron Letters **16** [1965] 1123/5). — [4] D. M. Lemal, R. A. Lovald, K. I. Kawano (J. Am. Chem. Soc. **86** [1964] 2518/9). — [5] H. Jäger, G. Hesse (Chem. Ber. **95** [1962] 345/9).

[6] M. E. D. Hillman (J. Am. Chem. Soc. **84** [1962] 4715/20). — [7] H. Witte (Tetrahedron Letters **16** [1965] 1127/9). — [8] M. K. Das, J. J. Zuckermann (Inorg. Chem. **10** [1971] 1028/30).

Preparation Methods

2.5.1.2 Präparative Methodik

Alle bisher bekannten 1,3,2-Diazabora-cycloalkane wurden nach einer der im Abschnitt 2.5.1.1. S. 116/20 beschriebenen Methoden synthetisiert. Die Darstellungsbedingungen änderten sich dabei innerhalb der einzelnen Verfahren nur geringfügig (z. B. Wahl des Lösungsmittels, Versuchsdauer),

Deshalb erübrigt sich ein Eingehen auf die Darstellung jeder einzelnen Verbindung. Statt dessen werden typische Versuchsvorschriften angegeben. Weiteres kann den Tabellen 2/6 bis 2/10, S. 122/6, entnommen werden.

Pyrolyse

Pyrolysis

Eine quantitative Erfassung der Reaktionsprodukte ist nur in einer geschlossenen Apparatur unter Ausschluß von Luft und Feuchtigkeit möglich. Für die Pyrolyse kommen deswegen Einschlußrohre mit seitlich angesetztem Kapillarrohr mit ausgezogener Spitze zur Anwendung. Nach dem Abkühlen dieses Bombenrohres auf Raumtemperatur wird über die seitliche, leicht angeritzte Kapillare ein geöffneter Hahn geschoben, der vakuumdicht mittels Picein mit der Kapillare verkittet wird. Ein leichtes Drehen des Hahnes bewirkt jetzt das Abbrechen der Kapillare und damit eine gasdichte Verbindung zwischen dem Bombenrohr und der Vakuumapparatur. Alle Pyrolyseprodukte können so durch fraktionierte Destillation bei verschiedenen tiefen Temperaturen von einander getrennt werden.

Entsprechend Gleichung (1) im Abschnitt 2.5.1.1.1, S. 117 wird ein äquimolekulares Gemisch aus Trimethylboran und dem Diamin im Bombenrohr ca. 6 h bei 250°C gehalten. Es bildet sich eine hellbraune Flüssigkeit, die bei etwa −180°C glasig erstarrt. Bei der Fraktionierung sammelt sich ein Teil von I (Abschnitt 2.5.1.1.1, S. 117) in der auf −20°C gekühlten Falle als klare Flüssigkeit, die Hauptmenge aber in der zweiten Falle (−40°C) als klares Glas. Die gut gereinigte Substanz beginnt bei weiterem Erhitzen bei 370°C erneut mit der Methanabspaltung, die bei 475°C in 6 h (vorher 4.5 h aufgeheizt) ihr Maximum erreicht. Die Aufarbeitung des dabei entstehenden 1,3,2-Diazabora-cycloalkans entspricht völlig der von I [1].

Kondensation mit Monoboran

Condensation with Monoborane

0.1 mol $NaBH_4$ und 0.1 mol des α, ω-Diamino-alkans mit der gewünschten Kettenlänge werden unter N_2 in einem Kolben mit 75 ml trockenem Tetrahydrofuran versetzt. Unter intensivem Rühren tropft man langsam eine Lösung von 0.1 mol J_2 in 75 ml trocknem Tetrahydrofuran zu. Anschließend wird 4 h unter Rückfluß gekocht, abfiltriert, das Lösungsmittel abgezogen und über eine 15-cm-Vigreux-Kolonne fraktioniert [2 bis 4].

Kondensation mit substituierten Boranen

Condensation with Substitued Boranes

Charakteristisch für diese Art der Kondensation sind die Reaktionen, die unter H_2O- oder HCl-Abspaltung verlaufen. Die Technik der zweiten Kondensationsart hängt vom Zeitpunkt der Zugabe des Triäthylamins ab, weswegen zwei verschiedene Arbeitsvorschriften wiedergegeben werden.

Die Kondensation eines Borans mit einem Diamin erfolgt unter N_2 in siedendem Toluol. An die Stelle des Diamins kann auch sein Hydrogenchlorid treten, wenn die äquivalente Menge Na_2CO_3 zugegen ist. Das gebildete Wasser destilliert als Azeotrop mit Toluol über eine kleine Kolonne ab. Bei langsamen Reaktionen muß mehrmals Toluol zugegeben werden, bis kein Wasser mehr übergeht. Die Kontrolle erfolgt über die Siedetemperatur. Danach wird eingeengt (eventuell vorher vom NaCl abtrennen), das gebildete 1,3,2-Diazabora-cycloalkan abfiltriert und umkristallisiert oder bei $\leqq 0.1$ Torr sublimiert. Zum Umkristallisieren eignen sich Benzol, Chloroform, Petroläther ($t_s = 30$ bis 50°C), n-Hexan (alle absolut) sowie Gemische dieser Lösungsmittel mit Toluol oder Benzol [5].

Zu einer Lösung von 0.17 mol Diamin (z. B. N,N'-Diisopropyl-diaminoäthan) in 200 ml Petroläther ($t_s = 40$ bis 60°C) werden unter Rühren langsam 0.17 mol BCl_3 zugesetzt (Dauer 1.5 h). Dann gibt man 0.34 mol Triäthylamin zu. Die Mischung bleibt 15 h bei Raumtemperatur stehen, wird dann 1 h unter Rückfluß gekocht, filtriert; das Lösungsmittel wird abgezogen und der Rückstand fraktioniert [6].

Eine Lösung von 1.5 mol Triäthylamin in 500 ml trockenem n-Hexan wird in einem Eisbad abgekühlt und langsam mit einer Lösung von 0.75 mol BCl_3 in 100 ml trockenem n-Hexan zusammengerührt, wobei ein weißer Niederschlag ausfällt. Bei Raumtemperatur wird zu dieser Mischung eine Lösung von 0.75 mol Diamin (z. B. N,N'-Dimethyl-diaminoäthan) in 300 ml n-Hexan langsam zugegeben; das resultierende Gemisch wird 3 h unter Rückfluß gekocht und filtriert. Nach Waschen des Niederschlags mit n-Hexan werden Filtrat und Waschlösung miteinander vereinigt, das Lösungsmittel abgezogen und unter vermindertem Druck destilliert. Bei der Darstellung von Jodderivaten dient Benzol als Lösungsmittel für das Bortrijodid [7].

Transamination

Umaminierung

In einer inerten Atmosphäre wird das Diamin zu einer Lösung des Borans in einem inerten Lösungsmittel gegeben und gekocht, z. B. 0.2 mol 1,3-Diamino-propan und 0.2 mol Bis(dimethylamino)-äthylboran in 150 ml trockenem n-Hexan. Die Amin-Entwicklung ist nach 2 bis 6 h beendet. Nach dem Abziehen des Lösungsmittels kann das Produkt durch Fraktionieren gereinigt werden [8].

Substitution of Silicon or Phosphorus by Boron

Substitution von Silicium oder Phosphor durch Bor

Eine äquimolekulare Menge Phenyldichlorboran wird bei 0°C zum 1,3,2-Diazasilolan bzw. 1,3,2-Diazaphospholan zugetropft, die Mischung 30 min gerührt und erwärmt. Dichlor-dimethylsilan bzw. Methyldichlorphosphan destillieren zuerst über. Die Rektifikation des Rückstandes ergibt das reine 1,3,2-Diazaborolan [9, 11].

Decomposition of Bis(1,3-diphenyl-imidazolidinylidene-2)

Spaltung des Bis(1,3-diphenyl-imidazolidinyliden-2)

In eine schwach siedende toluolische Suspension des Ylidens wird unter reinem N_2 entweder gasförmiges Trimethylboran eingeleitet oder benzolische Lösungen von Tri-n-butyl- bzw. Tribenzylboran eingetropft. Innerhalb von 2 bis 3 h bilden sich klare, orange bis rot gefärbte Lösungen, die sich bei weiterem Erhitzen aufhellen. Nach dem Abziehen des Lösungsmittels verbleiben die 1,3,2-Diazaborolane (= Diazabora-cyclopentane) als zähe Öle, die nur schwer aus absolutem Methanol zu kristallisieren sind [10].

Literatur zu 2.5.1.2

[1] J. Goubeau, A. Zappel (Z. Anorg. Allgem. Chem. **279** [1955] 38/58). — [2] J. Goubeau, H. Schneider (Liebigs Ann. Chem. **675** [1964] 1/9). — [3] E. F. Rothgery, K. Niedenzu (Syn. Inorg. Metal-Org. Chem. **1** [1971] 159/61). — [4] E. F. Rothgery, P. J. Busse, K. Niedenzu (Inorg. Chem. **10** [1971] 2343/5). — [5] M. Pailer, W. Fenzl (Monatsh. Chem. **92** [1961] 1294/9).

[6] M. P. Brown, A. E. Dann, D. W. Hunt, H. B. Silver (J. Chem. Soc. **1962** 4648/52). — [7] T.-T. Wang, P. J. Busse, K. Niedenzu (Inorg. Chem. **9** [1970] 2150/2). — [8] K. Niedenzu, P. Fritz, J. W. Dawson (Inorg. Chem. **3** [1964] 1077/9). — [9] E. W. Abel, R. P. Bush (J. Organometal. Chem. **3** [1965] 245/52). — [10] G. Hesse, A. Haag (Tetrahedron Letters **16** [1965] 329/32).

[11] M. K. Das, J. J. Zuckermann (Inorg. Chem. **10** [1971] 1028/30).

Numerical Data

2.5.1.3 Kenngrößen

Die bisher beschriebenen Kenngrößen sind in den Tabellen 2/6 bis 2/10, S. 122/6, zusammengestellt. Zu den spektroskopischen Untersuchungen vgl. Abschnitt 2.7, S. 152/63. Das chemische und thermochemische Verhalten der 1,3,2-Diazabora-cycloalkane ist noch sehr wenig erforscht [1]. Eine gewisse Ausnahme bilden nur die 2-Methylderivate des 1,3,2-Diazaborolans und -borinans und deren koordinative Vorgänger (I in Abschnitt 2.5.1.1.1, S. 117) bei der pyrolytischen Darstellung [2]. Vgl. hierzu Tabelle 2/6 und 2/7, in denen folgende Zuordnung gilt:

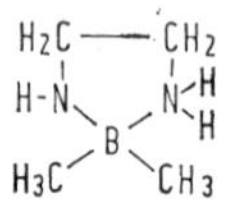
I

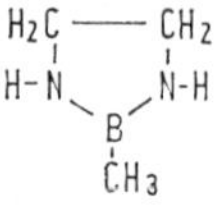
II

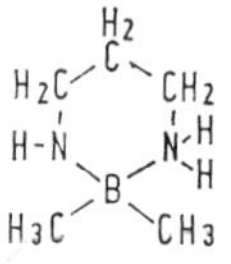
III

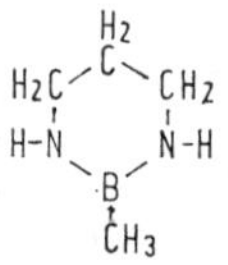
IV

Tabelle 2/6

Kenngrößen der Diazaboracycloalkane I bis IV.

	I	II	III	IV
t_f in °C	−30 bis −35¹)	43.5		
t_s in °C ²)	125	106	153	132
L_v ³) in kcal · mol⁻¹		9.3	8.6	8.97
Trouton-Konstante	25.0	24.5	20.2	22.1
M_r gefunden	99.6	85.3	113.5	101.5
M_r berechnet	99.8	83.8	115.5	99.0

¹) Dieser Wert ist geschätzt, da die Substanz meist glasartig erstarrt. — ²) Werte aus der Dampfdruckkurve extrapoliert. — ³) Molare Verdampfungswärme.

Tabelle 2/7

Dampfdrucke p in Torr der Diazaboracycloalkane I bis IV, in Abhängigkeit von der Temperatur T in °K.

I		II		III		IV	
T	p	T	p	T	p	T	p
295	23	293	9	295	7		
304	24	316	34	312	18.5	315.5	39
312	29	332	74.5	318	23	331.5	74.5
320	33	337	92.5	337	50.5	341.5	108.5
326	40	345	128	347	71.5	351	156
330	51	348	145.5	356	92	357	191
337	66	352	167	360	97	363	227.5
341	79	354	178.5			367	260
345	93						
350	120						
357	166						

Außerdem ist von der Verbindung II noch die Dichte im festen und flüssigen Zustand mit D (19,8°C) $= 0.9466\ g \cdot ml^{-1}$ und D (49.5°C) $= 0.8717\ g \cdot ml^{-1}$ und die Molrefraktion bei 20.0°C mit $R = 27.2 \pm 0.5\ cm^3$ bekannt [2].

Die Einordnung der einzelnen Verbindungen in die Tabellen 2/8 bis 2/10, S. 123/6, erfolgt zunächst nach den Substituenten R am B-Atom und dann nach den Substituenten R^1 und R^2 an den beiden N-Atomen. Bei den Substituenten selbst stehen anorganische Radikale vor den organischen. Letztere wiederum sind nach zunehmender Größe bzw. Verzweigung geordnet.

Tabelle 2/8

Kenngrößen der 1,3,2-Diazaborolane (=1,3,2-Diazabora-cyclopentane), Erläuterungen der Fußnoten s. Tabelle 2/10, S. 125/6.

Nr.	R	R^1	R^2	t_s in °C 1)	Ausbeute 2)	Darstellung 3)	Lit.	Bemerkungen
1	H	CH_3	CH_3	67/8		3	[3]	
2	Cl	CH_3	CH_3	43/5 (12)	80	3	[4]	
				72 (45)	71	3	[5]	M_r(ber.) = 132.4; M_r(gef.) = 134 4)
3	Cl	C_2H_5	C_2H_5	65/6 (10)	11	3	[6]	M_r(ber.) = 161; M_r(gef.) = 170
4	Cl	i-C_3H_7	i-C_3H_7	64 (3.5)	62	3	[6]	M_r(ber.) = 189; M_r(gef.) = 193
5	Br	CH_3	CH_3	81 (44)	32	6	[5]	M_r(ber.) = 176.9; M_r(gef.) = 178
6	J	CH_3	CH_3	86 (24)	45	6	[5]	M_r(ber.) = 223.9; M_r(gef.) = 224
7	CH_3	H	H	106 5)	45	1	[2]	M_r(ber.) = 83.8; M_r(gef.) = 85.3; t_f = 43.5°C
				102 (718)	22	4	[7]	
8	CH_3	CH_3	CH_3	122/5 (738)	32	6	[5]	M_r(ber.) = 112; M_r(gef.) = 114
9	CH_3	C_2H_5	C_2H_5	33/4 (2)	44	4	[8]	
10	$CH{=}CH_2$	CH_3	CH_3	35/6 (11)		4	[9]	
11	OCH_3	CH_3	CH_3	49/51 (12)	50	6	[4]	
12	OCD_3	CH_3	CH_3	44 (10)	50	6	[4]	
13	n-C_3H_7	H	H	67/8 (25)	83.6	5	[10]	$D_4^{20} = 0.9406\ g \cdot cm^{-3}$; $n_D^{20} = 1.4941$

Tabelle 2/8 [Fortsetzung]

Nr.	R	R^1	R^2	t_s in °C[1])	Ausbeute [2])	Darstellung[3])	Lit.	Bemerkungen
14	n-C_4H_9	H	CH_3	33/5 (2)	54	4	[8]	
15	n-C_4H_9	H	C_2H_5	40/3 (2)	56	4	[8]	
16	n-C_4H_9	CH_3	CH_3	31/3 (2)	66	4	[8]	
17	n-C_4H_9	C_2H_5	C_2H_5	45/7 (2)	44	4	[8]	
18	t-C_4H_9	C_6H_5	C_6H_5		86	5	[11]	$t_f = 35$ bis 37°C
19	i-C_5H_{11}	H	H	80/1 (12)	85.5	5	[10]	$D_4^{20} = 0.9165\ g\cdot cm^{-3}$; $n_D^{20} = 1.4872$; M_r(ber.) = 140;
				80/1 (12)	77.4	3	[10]	M_r(gef.) = 146
20	C_6H_5	H	H		68	3	[12]	$t_f = 157$°C
21	C_6H_5	H	CH_3	66/8 (2)	64	4	[8]	
22	C_6H_5	H	C_2H_5	70/2 (2)	62	4	[8]	
23	C_6H_5	CH_3	CH_3	73 (3)	83	4	[13]	
				72/4 (5)		6	[5]	
24	C_6H_5	C_2H_5	C_2H_5	95 (8)	53	4	[13]	
				115 (8)	65	5	[14]	$n_D^{19} = 1.5229$
25	C_6H_5	n-C_4H_9	n-C_4H_9	100/5 (0.2)	88	4	[15]	$D_4^{20} = 0.9289\ g\cdot cm^{-3}$; $n_D^{20} = 1.5047$
26	$N(CH_3)_2$	CH_3	CH_3	33/4 (2)	52	4	[16]	M_r(ber.) = M_r(gef.) = 141
27	$C(n\text{-}C_4H_9)_3$	C_6H_5	C_6H_5		95	5	[11]	$t_f = 64$ bis 65°C
28	$C(CH_2\text{-}C_6H_5)_3$	C_6H_5	C_6H_5		90	5	[11]	$t_f = 97$ bis 99°C

Tabelle 2/9

Kenngrößen der 1,3,2-Diazaborinane (=1,3,2-Diazabora-cyclohexane), Erläuterungen der Fußnoten s. Tabelle 2/10, S. 126.

Nr.	R	R^1	R^2	t_s in °C[1])	Ausbeute [2])	Darstellung[3])	Lit.	Bemerkungen
1	H	H	H	97/9	54	4	[17]	Die Substanz ist teilweise dimerisiert
				102/4 (764)	61	2	[3]	
2	H	H	$-(CH_2)_2NH_2$	74 (2)	82	2	[3]	M_r(ber.) = M_r(gef.) = 127.13[4])
3	H	H	$-(CH_2)_3NH_2$	66/8 (0.5)	90	2	[18]	M_r(ber.) = M_r(gef.) = 141.15
4	H	CH_3	CH_3	116/8 (758)	51	2	[3]	
				85 (128)	54	2	[3]	$-CH_2CH(CH_3)CH_2-$ Brücke zwischen den N-Atomen
5	H	C_2H_5	C_2H_5	105 (155)	72	2	[3]	
6	F	CH_3	CH_3	46 (22)	50	6	[5]	Parallelexperiment ergab nur 8% Ausbeute; keine weitere Untersuchung
				55 (11)	70	6	[5]	$-CH_2CH(CH_3)CH_2-$ Brücke zwischen den N-Atomen

Tabelle 2/9 [Fortsetzung]

Nr.	R	R^1	R^2	t_s in °C1)	Ausbeute 2)	Darstellung3)	Lit.	Bemerkungen
7	F	C_2H_5	C_2H_5	49 (16)	47	6	[5]	
8	Cl	CH_3	CH_3	100 (40)	57	3	[5]	M_r (ber.) = 146;
				64 (10)	15	3	[6]	M_r (gef.) = 155 4)
9	Cl	C_2H_5	C_2H_5	66 (10)	74	3	[5]	
10	Br	CH_3	CH_3	80 (10)	36 bzw. 11	3 bzw. 6	[5]	Ausbeute nicht näher untersucht
11	J	CH_3	CH_3	59 (3)	25	3	[5]	
12	CH_3	H	H	36/8 (20)	65	4	[17]	M_r (ber.) = 99.0;
				132°)	43	1	[2]	M_r (gef.) = 101.5
13	CH_3	H	C_2H_5	39/41 (1.5)	30	4	[8]	
14	CH_3	CH_3	CH_3	30/1 (2)	41	4	[8]	
				82/4 (45)		6	[5]	
15	$-CH{=}CH_2$	H	H	41 (7)	47	4	[17]	
16	C_2H_5	H	H	44/5 (13)	72	4	[17]	
17	C_2H_5	H	$-(CH_2)_3NHB(C_2H_5)_2$	95/7 (1)		4	[19]	M_r (ber.) = 237; M_r (gef.) = 240.1
18	$n-C_4H_9$	H	CH_3	44/6 (2)	77	4	[8]	
19	$n-C_4H_9$	H	C_2H_5	48/50 (2)	72	4	[8]	
20	$n-C_4H_9$	CH_3	CH_3	48/51 (2)	72	4	[8]	
21	C_6H_5	H	H	94/5 (1)	85	4	[17]	t_f = 50 bis 52°C
22	C_6H_5	H	CH_3	74/6 (2)	49	4	[8]	
23	C_6H_5	H	C_2H_5	81/3 (2)	66	4	[8]	
				71/4 (2)	68	4	[8]	
24	C_6H_5	CH_3	CH_3	71/2 (2)		6	[5]	M_r (ber.) = 202.1;
				60 (3)		6	[5]	M_r (gef.) = 204 $-CH_2CH(CH_3)CH_2$-Brücke
25	$N(CH_3)_2$	CH_3	CH_3	50 (2)	73	4	[16]	M_r (ber.) = M_r (gef.)
				81 (14)	77 bzw. 18	4	[16]	= 155 $-CH_2CH(CH_3)CH_2$-Brücke: Ausbeute nicht näher untersucht
26	$N(CH_3)_2$	C_2H_5	C_2H_5	68 (6)	37	4	[16]	

Tabelle 2/10

Kenngrößen der 1,3,2-Diazaborepane (=1,3,2-Diazabora-cycloheptane) und Diazaboracycloheptene

Nr.	R	R^1	R^2	t_s in °C1)	Ausbeute2)	Darstellung3)	Lit.	Bemerkungen
1	CH_3	H	H	39/42 (6)	59	4	[17]	
2	CH_3	CH_3	CH_3	34/5 (2)	36	4	[8]	
				43/4 (2)	3	4	[8]	$-CH_2CH{=}CHCH_2$-Brücke
3	CH_3	C_2H_5	C_2H_5	43/5 (2)	30	4	[8]	
4	$n-C_4H_9$	H	H	61 (1)	83	4	[17]	

Tabelle 2/10 [Fortsetzung]

Nr.	R	R[1]	R[2]	t_s in °C[1])	Ausbeute[2])	Darstellung[3])	Lit.	Bemerkungen
5	n-C_4H_9	CH_3	CH_3	52/4 (2)	54	4	[8]	
				59/61 (2)	3	4	[8]	M_r(ber.) = 180.1; M_r(gef.) = 186[4]); $-CH_2CH{=}CHCH_2$-Brücke
6	n-C_4H_9	C_2H_5	C_2H_5	65/8 (2)	53	4	[8]	
7	C_6H_5	H	H	102/4 (1)	76	4	[17]	t_f = 27 bis 29°C
8	C_6H_5	CH_3	CH_3	85/6 (2)	67	4	[8]	
9	C_6H_5	C_2H_5	C_2H_5	112/4 (3)	55	4	[8]	

[1]) Das erste Zahlenpaar gibt den Siedebereich an. Die eingeklammerte Zahl ist der zugehörige Druck in Torr. — [2]) Angabe in % der Theorie. — [3]) Die Darstellungsmethoden haben folgende Schlüsselzahlen: 1 = Pyrolyse (Abschnitt 2.5.1.1.1, S. 116), 2 = Kondensation mit Monoboran (Abschnitt 2.5.1.1.2.1, S. 117), 3 = Kondensation mit einem substituierten Boran (Abschnitt 2.5.1.1.2.2, S. 118), 4 = Umaminierung (Abschnitt 2.5.1.1.3, S. 119), 5 = weitere Verfahren (Abschnitt 2.5.1.1.4, S. 119), 6 = Substitution einer analogen Verbindung (Abschnitt 2.5.1.4). — [4]) Berechnete und gefundene relative Molmasse. — [5]) Aus der Dampfdruckkurve extrapoliert.

Literatur zu 2.5.1.3

[1] K. Niedenzu, C. D. Miller (Fortschr. Chem. Forsch. **15** [1970] 191/205). — [2] J. Goubeau, A. Zappel (Z. Anorg. Allgem. Chem. **279** [1955] 38/58). — [3] E. F. Rothgery, P. J. Busse, K. Niedenzu (Inorg. Chem. **10** [1971] 2343/5). — [4] A. Meller, H. Marecek (Monatsh. Chem. **98** [1967] 2336/47). — [5] T.-T. Wang, P. J. Busse, K. Niedenzu (Inorg. Chem. **9** [1970] 2150/2).

[6] M. P. Brown, A. E. Dann, D. W. Hunt, H. B. Silver (J. Chem. Soc. **1962** 4648/52). — [7] H. Nöth (Z. Naturforsch. **16b** [1961] 470/1). — [8] W. Weber, J. W. Dawson, K. Niedenzu (Inorg. Chem. **5** [1966] 726/8). — [9] P. Fritz, K. Niedenzu, J. W. Dawson (Inorg. Chem. **3** [1964] 626/7). — [10] B. M. Mikhailov, T. K. Kosminskaya, N. S. Fedotov, V. A. Dorokhov (Dokl. Akad. Nauk SSSR **127** [1959] 1023/6; Proc. Acad. Sci. USSR Chem. Sect. **127** [1959] 643/6).

[11] G. Hesse, A. Haag (Tetrahedron Letters **16** [1965] 1123/5). — [12] M. Pailer, W. Fenzl (Monatsh. Chem. **92** [1961] 1294/9). — [13] K. Niedenzu, H. Beyer, J. W. Dawson (Inorg. Chem. **1** [1962] 738/42). — [14] E. W. Abel, R. P. Bush (J. Organometal. Chem. **3** [1965] 245/52). — [15] R. H. Cragg, M. F. Lappert, B. T. Tilley (J. Chem. Soc. **1964** 2108/15).

[16] K. Niedenzu, P. J. Busse, C. D. Miller (Inorg. Chem. **9** [1970] 977/8). — [17] K. Niedenzu, P. Fritz, J. W. Dawson (Inorg. Chem. **3** [1964] 1077/9). — [18] E. F. Rothgery, K. Niedenzu (Syn. Inorg. Metal-Org. Chem. **1** [1971] 117/21). — [19] K. Niedenzu, P. Fritz (Z. Anorg. Allgem. Chem. **340** [1965] 329/36).

Properties. Reactions

2.5.1.4 Eigenschaften, Verhalten

Fast alle 1,3,2-Diazabora-cycloalkane sind farblose, bewegliche bis viskose Flüsssigkeiten. Verfestigung zu farblosen Kristallen tritt nur ein, wenn entweder die Substituenten R, R[1] und R[2] (vgl. Abschnitt 2.5.1.3, S. 122) relativ groß sind oder wenn zwischenmolekulare Kräfte auftreten. So ist z. B. das unangenehm faulig, piperidinähnlich riechende 2-Methyl-1,3,2-diazaborolan (= -diazaboracyclopentan) unter Normalbedingungen fest. An der Luft färbt es sich braun und verharzt, mit Wasser hydrolysiert es. Bei ihm und dem entsprechenden Borinan (Diazaboracyclohexan) weisen die relativ hohen Schmelz- und Siedepunkte sowie die molare Verdampfungswärme und die Trouton-Konstante (vgl. Abschnitt 2.5.1.3, S. 122) auf Assoziationen hin, die durch starke zwischenmolekulare Kräfte bedingt sind [1].

Diese zwischenmolekularen Kräfte machen sich besonders bemerkbar, wenn die 1,3,2-Diazabora-cycloalkane auch in der 2-Stellung eine reaktive Gruppe wie $-N(CH_3)_2$ besitzen. So geartete Sechsringe sollten bei der Umaminierung von Tris(dimethylamino)-boran mit 1,3-Diaminopropan gemäß (1) entstehen. Beim Erhitzen stöchiometrischer Mengen der Ausgangsprodukte in ätherischer

(1) 

I

Lösung entweicht auch die nach (1) zu erwartende Menge an Dimethylamin. Nach Entfernen des Äthers läßt sich das Reaktionsprodukt I jedoch nicht durch eine Destillation reinigen, weil sofort weiteres Dimethylamin entsteht und eine Kondensation (2) zum Borazinderivat II, Dodecahydrotris[1,3,2]-diazoborino[1,2-a; 1',2'-c; 1'',2''-e]-s-triazaborinan, eintritt [2, 3].

(2) 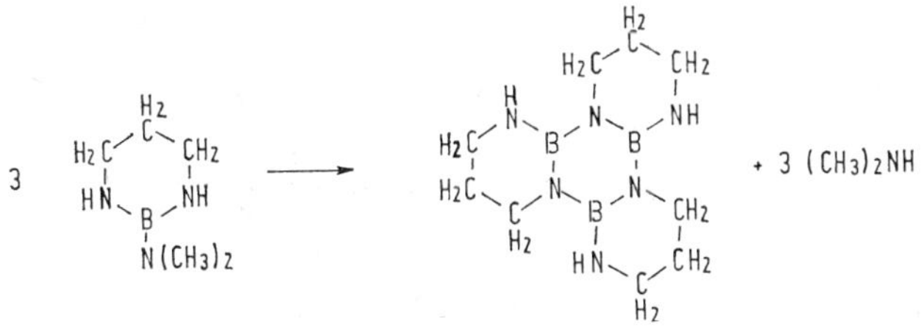

I II

1,3-Diorganyl-2-dimethylamino-1,3,2-diazabora-cycloalkane zeigen keine derartigen Kondensationseffekte. Sie lassen sich sehr einfach z. B. durch Umaminierung von Tris(dimethylamino)-boran $B[N(CH_3)_2]_3$ mit α, ω-Diorgano-alkandiaminen herstellen [3].

Bei Raumtemperatur lagern die koordinativen Übergangsverbindungen I und III aus Abschnitt 2.5.1.3, S. 122, rasch je 1 mol HCl, die entsprechenden Diazaboracycloalkane II und IV aus Abschnitt 2.5.1.3, S. 122, dagegen je 2 mol HCl an. Eine weitere HCl-Aufnahme erfolgt bei den Komplexen nicht mehr und bei den Diazaboracycloalkanen erst bei ≧300°C. Ringförmige Formelstrukturen erlauben die zwangfreie Deutung dieser Reaktionen, nicht aber kettenförmige. Bei kettenförmigen Formelstrukturen müßten I und III mit je 2 mol und II und IV mit je 3 mol HCl die entsprechenden Ammoniumsalze bilden [1].

Eine Lösung von 2-Phenyl-1,3,2-diazaborolan in trocknem Hexan reagiert bei −78°C mit überschüssigem BCl_3 in sehr ähnlicher Weise. Das feste, weiße 1:2-Addukt zersetzt sich kurz unterhalb Raumtemperatur unter Spaltung der ursprünglichen B–N-Bindung [4], wobei vermutlich lineare Produkte entstehen [5].

(3) 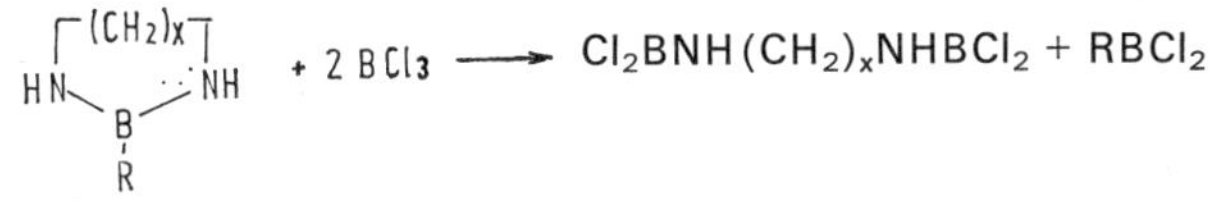

Borständige Dimethylaminogruppen lassen sich leicht durch Halogen ersetzen, vorausgesetzt, die annularen N-Atome sind durch exocyclische, organische Liganden geschützt [3]. Dieser Substituentenaustausch (4) gelingt gut mit den Halogeniden BCl_3 und BBr_3 und dem Äther-bortrifluorid (1/1)

(4) 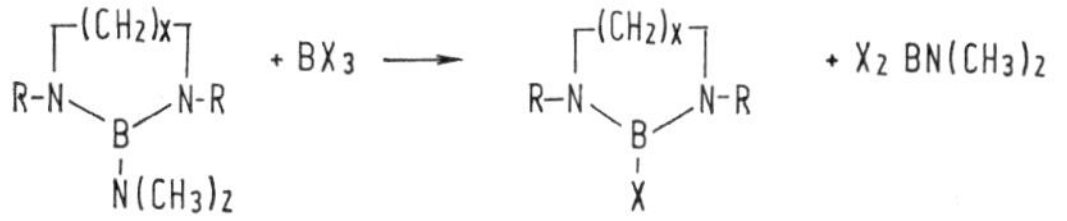

$(C_2H_5)_2O \cdot BF_3$, mit dem Bortrijodid hingegen sehr schlecht. Ein BX_3-Überschuß ist zu vermeiden, da sonst die annulare B–N-Bindung angegriffen wird.

Eine Umhalogenierung der 2-Chlorderivate gelingt nur mit TiF_4. Andere Halogenide wie BX_3, PX_5, PX_3, POX_3 oder SO_2X_2 (X = Halogen) reagieren nicht in der gewünschten Weise. Sie greifen vielmehr den Ring selbst an [6].

Eine Wurtz-Fittig-Reaktion führt bei den 2-Chlor-1,3,2-diazabora-cycloalkanen zur reduktiven Kupplung [7] (Näheres im Abschnitt 2.5.2.2, S. 130).

(5) 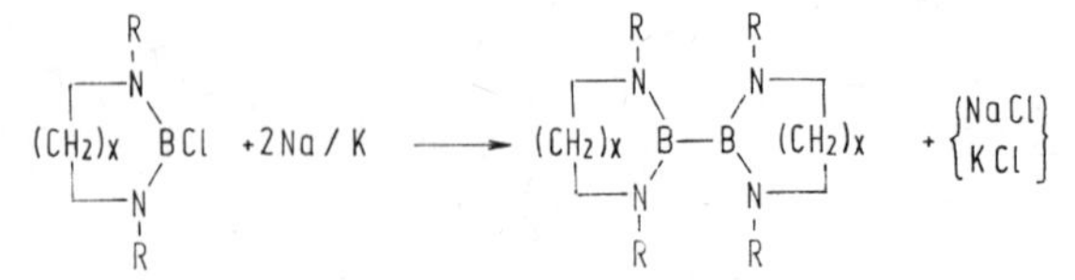

Frisch destillierte 2-Halogen-1,3,2-diazabora-cycloalkane sind bewegliche, thermisch recht stabile Flüssigkeiten. Sie müssen aber in inerter Atmosphäre gehandhabt werden, weil sie schon mit Spuren von Feuchtigkeit reagieren und sich bei Anwesenheit von Sauerstoff zu braunen Massen zersetzen. In evakuierten, abgeschmolzenen Ampullen zeigen alle 2-Halogen-Derivate auch nach Monaten noch keine Zersetzungserscheinungen. Selbst die Jodderivate sind nicht besonders lichtempfindlich. Das 1,3-Dimethyl-2-fluor-1,3,2-diazaborolan dimerisiert so schnell, daß die reine Substanz nicht erhalten und der Existenznachweis nur durch die Massenspektrometrie erbracht werden konnte [6].

Eine sorgfältige Alkoholyse des 1,3-Dimethyl-2-chlor-1,3,2-diazaborolans mit CH_3ONa bzw. CD_3ONa in Benzol liefert die entsprechenden 2-Alkoxy-Derivate [8]. Grignard-Reagenzien tauschen borständiges Halogen schnell gegen eine organische Gruppe aus. Dadurch sind auch solche Derivate zugänglich, die bei einer direkten Reaktion nicht entstehen, wie z. B. 1,3,2-Trimethyl-1,3,2-diazaborolan [9].

Die 2-Hydrido-Derivate sind bewegliche, hydrolytisch empfindliche Flüssigkeiten, die so stark nach Moschus riechen, daß sie schwere Kopfschmerzen verursachen können. Im Vergleich zu den 2-Halogen-Derivaten ist aber bei den 2-Hydrido-Derivaten die bei allen 1,3,2-Diazabora-cycloalkanen vorhandene Hydrolyseneigung weniger stark ausgeprägt [10].

Sind die 1,3,2-Diazaborolane in der 1- und 3-Stellung mit Phenylgruppen und in der 2-Stellung mit stark verzweigten Alkylgruppen wie $-C(CH_3)_3$, $-C(n\text{-}C_4H_9)_3$ oder $-C(CH_2C_6H_5)_3$ substituiert, so bilden sie farblose, luftempfindliche, zähe Öle, die sich nur zögernd in relativ niedrig schmelzende, kristalline Feststoffe umwandeln lassen. Sie sind gut löslich in Benzol, Toluol, Chloroform und Äther, mäßig löslich in Petroläther und schwer in kaltem Methanol. Die Hydrolyse mit verdünnter Schwefel-, Salz- oder Essigsäure ergibt in quantitativer Ausbeute 1,2-Dianilino-äthan und t-Alkyl-bis(hydroxyboran) (= t-Alkylboronsäure). Bei der Oxydation mit H_2O_2/NaOH in Tetrahydrofuran [11] entstehen die tertiären Alkohole t-Butanol, Tri-n-butylcarbinol bzw. Tribenzylcarbinol zu 55, 85 bzw. 82% der Theorie (bezogen auf eingesetztes 1,3,2-Diazaborolan) [12].

Möglicherweise können die Diazaboracycloalkane dehydriert werden, so daß in der Kohlenwasserstoffbrücke des Ringes eine C=C-Doppelbindung entsteht [9].

Mit Isocyanaten bzw. Isothiocyanaten sollen die 1,3,2-Diazaborolane unter Ringerweiterung zu neungliedrigen [14] bzw. siebengliedrigen [15] Heterocyclen reagieren (vgl. auch (6) in 2.5.2.3.1, S. 134, und XI in 2.6.3.2, S. 150).

Die Anwendung der Diazaboracycloalkane in der Krebstherapie wurde erwogen [13]. Dem steht ihre hydrolytische Empfindlichkeit entgegen. Vermutlich läßt sich diese durch exocyclische Substitution verringern. Qualitative Versuche zeigen, daß 1,3-Dimethyl-Derivate rund 10mal stabiler als ihre nicht oder unsymmetrisch substituierten Analoga [9] sind.

Literatur zu 2.5.1.4

[1] J. Goubeau, A. Zappel (Z. Anorg. Allgem. Chem. **279** [1955] 38/58). — [2] K. Niedenzu, P. Fritz (Z. Anorg. Allgem. Chem. **340** [1965] 329/36). — [3] K. Niedenzu, P. J. Busse, C. D. Miller (Inorg. Chem. **9** [1970] 977/8). — [4] K. Niedenzu, H. Beyer, J. W. Dawson (Inorg. Chem. **1** [1962] 738/42). — [5] K. Niedenzu, C. D. Miller (Fortschr. Chem. Forsch. **15** [1970] 191/205).

[6] T.-T. Wang, P. J. Busse, K. Niedenzu (Inorg. Chem. **9** [1970] 2150/2). — [7] M. P. Brown, A. E. Dann, D. W. Hunt, H. B. Silver (J. Chem. Soc. **1962** 4648/52). — [8] A. Meller, H. Marecek (Monatsh. Chem. **98** [1967] 2336/47). — [9] W. Weber, J. W. Dawson, K. Niedenzu (Inorg. Chem. **5** [1966] 726/8). — [10] E. F. Rothgery, P. J. Busse, K. Niedenzu (Inorg. Chem. **10** [1971] 2343/5).

[11] J. R. Johnson, M. G. van Campen (J. Am. Chem. Soc. **60** [1938] 121/4). — [12] G. Hesse, A. Haag (Tetrahedron Letters **16** [1965] 1123/5). — [13] A. H. Soloway (in: H. Steinberg, A. L. McCloskey, Progr. Boron Chem. **1** [1964] 203/34). — [14] M. K. Das, P. G. Harrison, J. J. Zuckerman (Inorg. Chem. **10** [1971] 1092/3). — [15] R. H. Cragg, M. F. Lappert, B. P. Tilley (J. Chem. Soc. **1964** 2108/15).

2.5.1.5 Diazaboracycloalkene

Diazabora-cycloalkenes

Mit Hilfe der Umaminierungsmethode wurde auch die Darstellung von Diazaboracycloalkenen (mit ungesättigter Kohlenwasserstoffbrücke) untersucht. Die Umsetzung von Bis[(dimethylamino)-boranen] mit ungesättigten α, ω-Diaminen ergibt aber nur geringe Ausbeuten. Als Grund wird die durch die Doppelbindung bewirkte geringe Beweglichkeit der Kohlenstoffkette angegeben [1].

Darstellung: In 50 ml trocknem Hexan gelöstes N,N'-Dimethyl-1,4-diamino-buten-2 (0.1 mol) reagiert mit einer zugetropften Lösung von Bis(dimethylamino)-n-butylboran (0.1 mol in 100 ml Hexan) beim Kochen unter Rückfluß (2 h). Nach dem Abziehen des Lösungsmittels verbleibt ein halbflüssiger Rückstand, aus dem sich bei ca. 200°C im Hochvakuum eine kleine Menge einer schwach gelben Flüssigkeit herausdestillieren läßt. Die Rektifikation im Vakuum schmälert die Ausbeute an 2-n-Butyl-1,3-dimethyl-1,3,2-diazabora-cyclohepten-5 weiter auf rund 3% der Theorie. Auf ganz ähnliche Art gelang die Darstellung von 1,2,3-Trimethyl-1,3,2-diazabora-cyclohepten-5 aus Methyl-bis-(dimethylamino)-boran und N,N'-Dimethyl-1,4-diamino-buten-2 [1].

Literatur zu 2.5.1.5

[1] W. Weber, J. W. Dawson, K. Niedenzu (Inorg. Chem. **5** [1966] 726/8).

2.5.2 Mehrkernige Diazaboracycloalkane

Polynuclear Diazabora-cycloalkanes

2.5.2.1 Abgrenzung der Zugehörigkeit

Structures Included

Hierher gehören alle Systeme, die aus zwei oder mehr Diazaboracycloalkanen aufgebaut sind. Die Verknüpfungsart der Ringe ist ohne Belang. Die Verbindungen I und II sind dafür Beispiele.

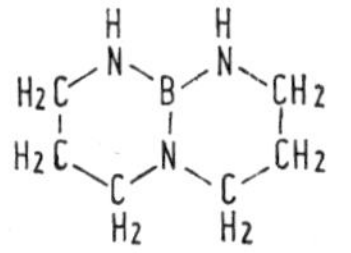

I

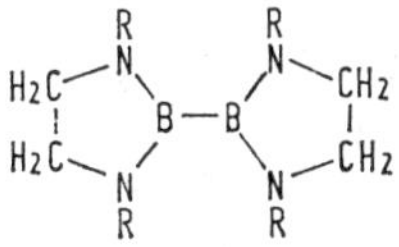

II

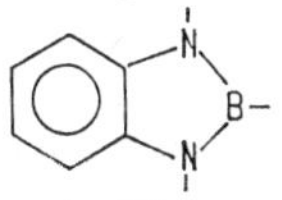

III

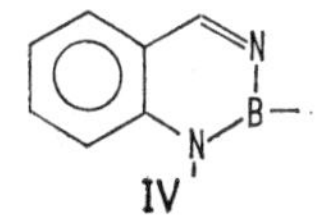

IV

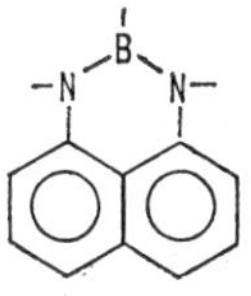

V

Nicht in diese Gruppe gehören z. B. Verbindungen der Grundstrukturen III, IV oder V. Solche Verbindungen werden zu eigenen Gruppen zusammengefaßt und in den Abschnitten 2.8 bzw. 2.9 behandelt. Dieses Vorgehen steht nicht im Einklang mit der bislang auf diesem Gebiet geübten Praxis. Einmal wird III als nicht- oder als pseudoaromatisch bezeichnet und gemeinsam mit Verbindungen des Typs I und II abgehandelt [1]. Ein anderes Mal gilt III als aromatisches System und wird mit den sogenannten heteroaromatischen Borverbindungen wie IV oder V zusammengefaßt [2]. Der Unterschied dieser Auffassungen beruht ganz offensichtlich auf der Betrachtungsweise der B–N-Bindung. Da die Problematik der B–N-Bindung aber erst aufgezeigt und noch lange nicht gelöst ist [3], erscheinen auf dem Bindungsverhalten aufgebaute Schlußfolgerungen nicht besonders fundiert. Da außerdem in der letzten Zeit der Begriff der Aromatizität sehr starker Kritik ausgesetzt war [4 bis 7], soll hier nicht in die Diskussion eingegriffen werden. Es erfolgt vielmehr eine formale Einteilung in der Art, daß Verbindungen vom Typ III als selbständige Gruppe zwischen den Azaboracycloalkanen und den „benzoiden" Systemen vom Typ IV oder V stehen.

Literatur zu 2.5.2.1

[1] K. Niedenzu, J. W. Dawson (in: E. L. Muetterties, The Chemistry of Boron and Its Compounds, New York 1967, S. 377/442). — [2] M. J. S. Dewar (in: H. Steinberg, A. L. McCloskey, Progr. Boron Chem. **1** [1964] 235/63). — [3] Gmelin Handbuch, Ergänzungswerk „Borverbindungen" Tl. 5 (B–N-Verbindungen, Abschnitt: Die B–N-Bindung). — [4] K. Bauer, H. Eberhardt, H. Falk, G. Haller, H. Lehner (Monatsh. Chem. **101** [1970] 469/76). — [5] D. Lloyd, D. R. Marshall (Angew. Chem **84** [1972] 447/51).

[6] B. A. Hess, L. J. Schaad (J. Am. Chem. Soc. **93** [1971] 305/10, 2413/6, 3068/74, 3418/23). — [7] The Israel Academy of Sciences and Humanities (Intern. Symp. on Aromaticity, Pseudo-Aromaticity, Anti-Aromaticity, Jerusalem, 1971).

Coupled Systems

2.5.2.2 Gekoppelte Systeme

Syntheses

2.5.2.2.1 Synthesen

Tetrakis(dimethylamino)-diboran läßt sich mit aliphatischen Diaminen umaminieren, wobei nahezu quantitativ Dimethylamin frei wird [1]. Mit 1,2-Diamino-äthan und -propan bilden sich undefinierte, womöglich polymere Produkte. Dagegen entstehen mit 1,3-Diamino-propan sowie mit sekundären Diaminen wie N,N'-Dimethyl-, N,N'-Diäthyl-, N,N'-Diisopropyl-äthandiamin und N,N'-Dimethyl-1,2-diamino-propan monomere Diborverbindungen.

(1)

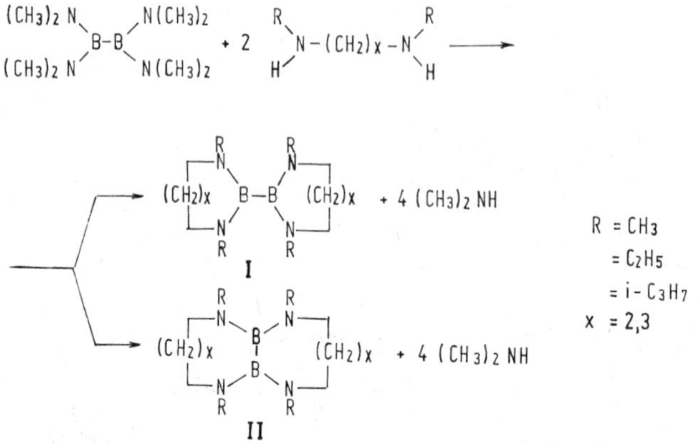

Theoretisch können bei der Reaktion (1) die beiden verschiedenen Molekülstrukturen I und II entstehen. Zur Unterscheidung wurde die reduktive Kopplung der entsprechenden 2-Chlor-1,3,2-diazaborolane herangezogen [1], die nach (2) verlaufen soll. Die Autoren benutzen eine Na-K-Legierung, weil diese reaktionsfähiger als reines Natrium ist und die Kopplung der Chlorborolane

(2)

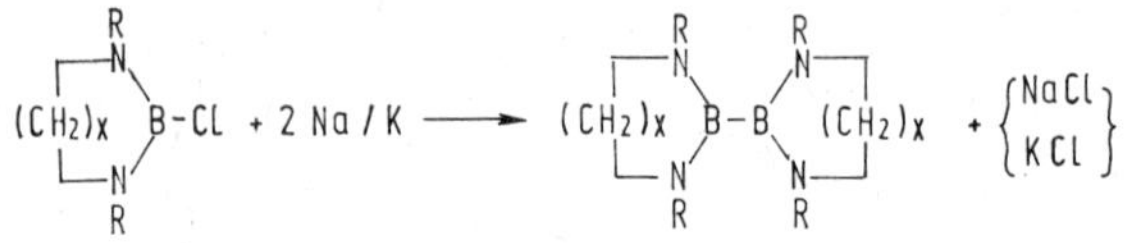

bereits bei Raumtemperatur einleitet. Dadurch verringert sich das Risiko einer Umlagerung. Drei der nach (1) hergestellten Verbindungen stimmen in einigen Kenngrößen und im IR-Spektrum mit den nach (2) synthetisierten Kontrollprodukten überein (vgl. Tabelle 2/11). Die Autoren [1] sind wegen dieser Übereinstimmungen der Meinung, daß die Umaminierung die Kopplungsprodukte I liefert. Die Bildung des verschmolzenen Systems II wollen sie nicht ausschließen, nur mißlang ihnen die Isolierung.

Die Reaktion (3) von B_2Cl_4 mit N,N'-Dimethyl-äthandiamin im Molverhältnis 1:4 ergibt ebenfalls ein Produkt, das im Fließpunkt und im Debyeogramm mit der Substanz Nr. 1 der Tabelle 2/11 übereinstimmt [2].

(3) $B_2Cl_4 + 4\,CH_3NHC_2H_4NHCH_3 \rightarrow B_2[CH_3NC_2H_4NCH_3]_2 + ClH_2N(CH_3)C_2H_4(CH_3)NH_2Cl$

o-Phenylendiamin dagegen reagiert mit B_2Cl_4 in diesem Molverhältnis zu einem amorphen Material, das nicht dem entspricht, das bei der Umaminierung von $B_2[N(CH_3)_2]_4$ entsteht Bei einem Molverhältnis von 1:6 jedoch bildet sich nach (4) ein kristallines Produkt, das zwar nach dem Debyeogramm $B_2[(NH)_2C_6H_4]_2$ enthält, aber nicht gereinigt werden konnte [2].

(4) $B_2Cl_4 + 6\,(NH_2)_2C_6H_4 \rightarrow B_2[(NH)_2C_6H_4]_2 + 4NH_2C_6H_4NH_3Cl$

Die Ergebnisse der massenspektrometrischen Untersuchungen (s. auch Abschnitt 2.7.3, S. 163) deuten bei diesen Verbindungen nicht auf gekoppelte, sondern auf verschmolzene Ringe. Das Hauptargument für die gekoppelte Molekülstruktur ist die Kopplungsreaktion (2). Brubaker und Shore [3] glauben auch hier eine Struktur-Umlagerung zum verschmolzenen System in Betracht ziehen zu müssen. Ihrer Meinung nach ist trivalentes Bor in Anwesenkeit von potentiellen Nukleophilen wie N und Cl im nicht umgesetzten Chlorboran durchaus dazu in der Lage [3].

2.5.2.2.2 Präparative Methodik

Preparation Methods

Die Umaminierung erfolgt durch Kochen eines Gemisches der Ausgangsstoffe unter Rückfluß ohne Lösungsmittel. Nach Beendigung der Dimethylaminabspaltung werden die erhaltenen Heterocyclen entweder durch fraktionierte Destillation oder durch Umkristallisieren aus trocknem Petroläther (t_s = 40 bis 60°C) gereinigt [1].

Zur Kopplung der Chlorderivate ist eine geschlossene Glasapparatur nötig; man arbeitet im Hochvakuum und unter reinem N_2. Typisches Experiment: Eine Mischung aus 2.18 g Na und 8.35 g K wird in einem Seitenarm der Apparatur unter Vakuum geschmolzen, über eine Glasfritte in das Reaktionsgefäß gesaugt; der Seitenarm mit den zurückgehaltenen festen Verunreinigungen wird abgeschmolzen, danach werden 10 ml Petroläther (t_s = 40 bis 60°C, über $LiAlH_4$ getrocknet) einkondensiert und dann unter Rühren 2-Chlor-1,3-diisopropyl-1,3,2-diazaborolan (10 g = 0.053 mol) zugetropft. Die langsame Bildung eines blauen Feststoffes zeigt das Einsetzen der trägen Reaktion an. Über Nacht erstarrt die gesamte Mischung. Sie wird zweimal mit wenig trocknem Petroläther ausgezogen. Nach Einengen des Filtrats im Vakuum bleiben farblose, ziemlich reine Kristalle zurück, die aus Petroläther umkristallisiert werden [1].

Für die Reaktion von Tetrachlordiboran mit dem symmetrischen Dimethyläthandiamin werden 5.38 mmol B_2Cl_4 und 25 ml CH_2Cl_2 bei −196°C in ein Reaktionsgefäß destilliert, das 21.6 mmol Diamin enthält. Die Reaktion findet beim Erwärmen von −78 auf +25°C statt und ist nach 17 h beendet. Nach dem Abziehen des Lösungsmittels wird der gebildete Niederschlag mit Benzol extrahiert und im Vakuum getrocknet [2].

2.5.2.2.3 Eigenschaften, Kenngrößen, Verhalten

Properties. Numerical Data. Reactions

Die bekannten Diazaborolan-2-yle und Diazaborinan-2-yle sind in den gebräuchlichen organischen Lösungsmitteln löslich. Durch feuchte Luft werden die farblosen Substanzen hydrolysiert. Nur das Isopropyl-Derivat zersetzt sich in kaltem Wasser selbst in mehreren Tagen nicht, erst verdünnte heiße Säuren greifen es an. Diese erhöhte Stabilität wird darauf zurückgeführt, daß die relativ voluminösen Isopropylgruppen die Boratome abschirmen. Die Ringbildung allein bewirkt bei den Diazaboracycloalkanen noch keine hydrolytische Stabilität [1, 2, 4].

Tabelle 2/11

Kenngrößen dimerer Diazaborolane und Diazaborinane [1]
Reaktionsbedingungen bei der Umaminierung.

Nr.	Ausgangsamin	t in °C	Dauer in h	Ausbeute an Dimethylamin in % der Theorie
1	N,N'-Dimethyl-äthandiamin	120	5	91
2	N,N'-Diäthyl-äthandiamin[1,2)]	zuerst 120, dann 135	2.5 10	87
3	N,N'-Diisopropyl-äthandiamin	160 bis 170	40	103
4	1,3-Diamino-propan	zuerst 70 bis 125, dann 125	6 7	96
5	N,N'-Dimethyl-1,2-diamino-propan[2,3)]	zuerst 120, dann 140	4 6	86

Tabelle 2/11 [Fortsetzung]
Eigenschaften der Dimeren.

Nr.	Ausbeute in % d. Th.	t_f in °C	t_s in °C 5)	M_r 6) ber.	M_r 6) gef.
1	86	43 bis 44	85 (5)	194	190
2	92		80 (0.01)	250	242 255 4)
3	57	130 bis 134 131 bis 134 4)		306	307
4	54	60 bis 60.5		166	177
5	81		74 bis 75 (0.6) 75 (0.6) 4)	222 222 4)	224

1) $n_D^{25} = 1.4800$ (1.4805 4)). — 2) Die IR-Spektren des Umaminierungs- und des Kupplungsproduktes sind identisch. — 3) $n_D^{25} = 1.4939$ (1. 4948 4)). — 4) Kenngröße des entsprechenden Kupplungsproduktes. — 5) Die erste Zahl gibt die Siedetemperatur an. Die eingeklammerte Zahl ist der zugehörige Druck in Torr. — 6) Berechnete und gefundene relative Molmasse.

Literatur zu 2.5.2.2

[1] M. P. Brown, A. E. Dann, D. W. Hunt, H. B. Silver (J. Chem. Soc. **1962** 4648/52). — [2] C. N. Welch, S. G. Shore (Inorg. Chem. **7** [1968] 225/30). — [3] G. L. Brubaker, S. G. Shore (Inorg. Chem. **8** [1969] 2804/6). — [4] K. Niedenzu, C. D. Miller (Fortschr. Chem. Forsch. **15** [1970] 191/205).

Fused Systems

2.5.2.3 Verschmolzene Systeme

Syntheses

2.5.2.3.1 Synthesen

Die erste Darstellung eines polycyclischen Diazaboraalkans gelang Niedenzu, Fritz, Dawson [1 bis 3] durch die Umaminierung von Tris(dimethylamino)-boran mit Bis(3-aminopropan)-amin gemäß (1):

(1) $B[N(CH_3)_2]_3 + HN(CH_2CH_2CH_2NH_2)_2 \xrightarrow[\text{1 h Rückfluß}]{\text{Benzol}} 3(CH_3)_2NH +$

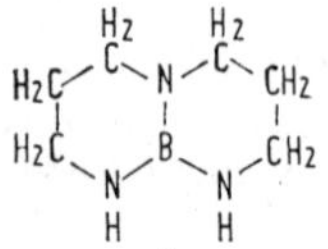

I

Mit Lithiumalkyl lassen sich die NH-Gruppen des 1,5,7-Triaza-6-bora-bicyclo[4,4,0]decans I metallieren [4]. Das gebildete Dilithiumsalz II kann jedoch nicht isoliert werden, weil es zu hygroskopisch ist. Es läßt sich aber mit Chlor-dimethylamino-phenylboran abfangen (2).

(2)

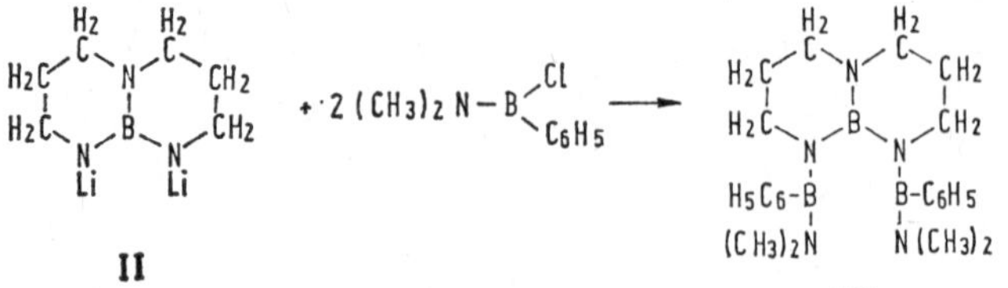

II III

Verbindung III wiederum reagiert in ähnlicher Weise mit Anilin in einer Umaminierung zu dem unsymmetrisch substituierten Borazinderivat IV mit $R = R^1 = C_6H_5$ (= Perhydro-1,2,3-triphenyl-2,3a, 6a, 9a-tetraaza-1,3,9b-tribora-phenalen). Die Molekülstruktur von IV ist durch die quantitative Analyse, die M_r-Bestimmung und das IR-Spektrum belegt. Die Umaminierung von I mit Bis(dimethylamino-phenyl-boryl)-amin [5] ergibt IV mit $R = H$ und $R^1 = C_6H_5$ [4].

(3)

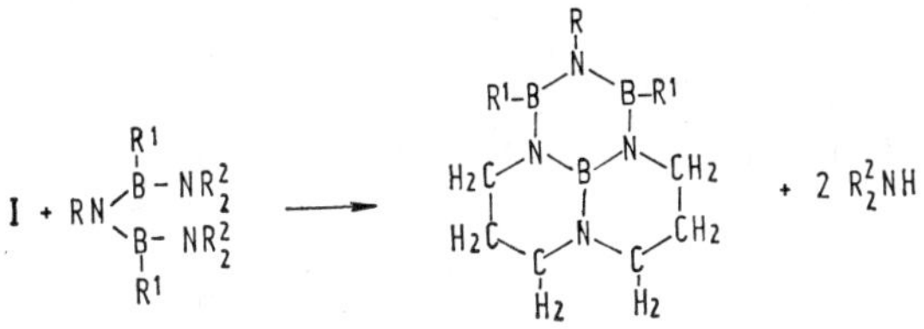

IV

Bei der Umaminierung von III mit sym-Dimethylhydrazin entsteht ein 1,2,4,6-Tetraaza-3,5,7-triborepan-Derivat des Triazabora-bicyclo[4,4,0]decans V [4].

(4)

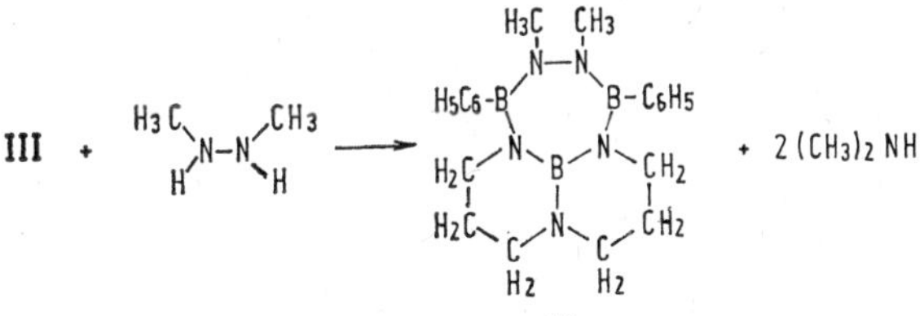

V

Das reaktive Dilithium-derivat II bildet mit Bis(dichlormethylsilyl)-amin gemäß (5) das Disilaborazinderivat VI [6], mit sym-Dichlortetramethylsilan das 1,3-Diaza-4,5-disila-2-borolan VII und mit Chlormethyldimethylchlorsilan das 1,3-Diaza-4-sila-2-borolan VIII [7]. Mit Bis(dimethylamino)-dichlor-diborsilan reagiert es zu IX. Die Molekülstruktur von IX ist durch Analyse, M_r-Bestimmung, IR- und NMR-Spektren belegt [8].

(5)

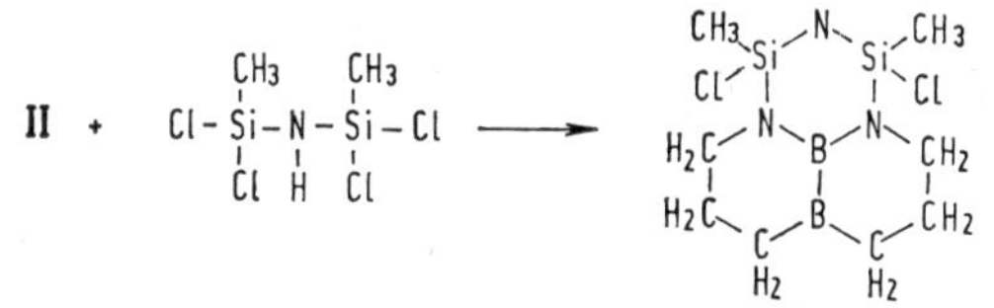

VI

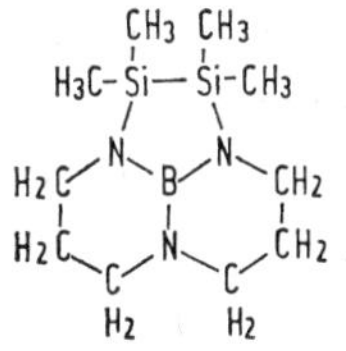

VII

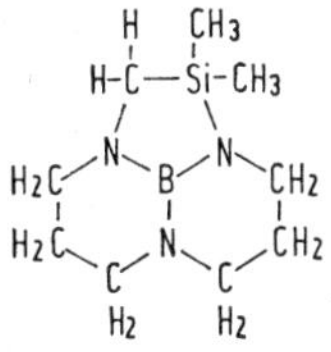

VIII

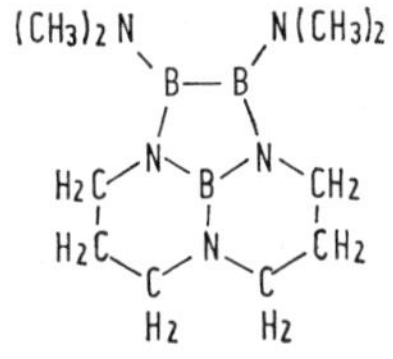

IX

Ungewöhnliche bicyclische B–N-Alkane entstehen bei der Einwirkung von Isocyanaten und Isothiocyanaten auf Verbindung I. Diese Reaktion scheint nach dem gleichen Schema zu verlaufen [4] wie die Umsetzung von Isocyanaten mit einfachen acyclischen Amin-boranen [9, 10], d.h., eine B–N-Bindung wird quer zu einer C=N-Doppelbindung addiert. Im Prinzip stehen in I drei B–N-Bindungen für eine solche Reaktion zur Verfügung. Da 2 mol Phenylisocyanat mit 1 mol der Verbindung I reagieren, sollten in dieser die Bindungen zwischen den Atomen der Positionen 5 und 6 bzw. 6 und 7 angegriffen werden. Dann wäre die Ringerweiterung folgendermaßen (6) zu formulieren [4]:

(6)

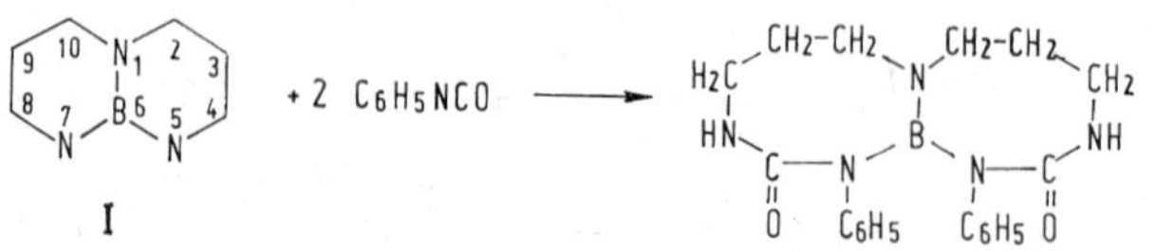

I

X

Die Molekülstruktur von 7,9-Diphenyl-1,5,7,9,11-pentaaza-8-bora-bicyclo[6,6,0]tetradecan-6,10-dion X scheint durch das IR-Spektrum bewiesen zu sein. Mit Phenylisothiocyanat reagiert I nur im Molverhältnis von 1:1. Das Reaktionsprodukt kann entweder als XI oder als XII formuliert werden. Die Autoren [4] bevorzugen wegen des IR-Spektrums die Schreibweise XII. Auch reagiert diese Verbindung mit Phenylisocyanat weiter — aber nur mit einem Mol — wobei XIII entsteht.

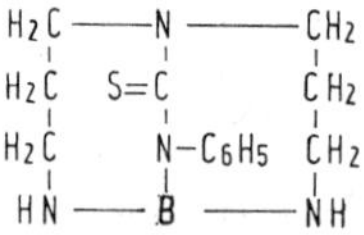

XI

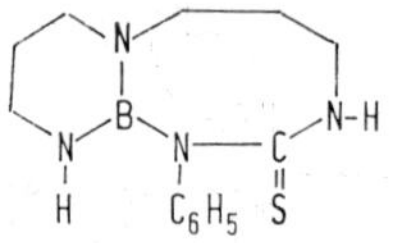

XII

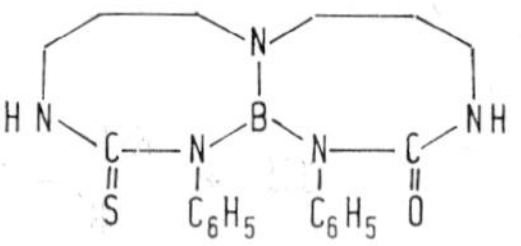

XIII

Mit Trinitrobenzol ergibt I ein 1:1-Addukt, das nur als unreines, rotes bis dunkelbraunes Produkt anfiel. Bei dem Versuch, es durch Sublimation zu reinigen, explodierte es. Nach dem ESR-Spektrum enthält dieses Addukt ungepaarte Elektronen [4].

Die Kondensation von Diaminen mit Monoboran (vgl. Abschnitt 2.5.1.1.2.1, S. 117) läßt sich ebenfalls zur Darstellung von verschmolzenen Diazaboracycloalkanen benutzen. Aus Bis(3-amino-propan)-amin $HN(CH_2CH_2CH_2NH_2)_2$ entsteht so das 1,3,2-Diazaborinan XIVa [11], und aus N-(2-Aminoäthyl)-1,3-diaminopropan $H_2N(CH_2)_2NH(CH_2)_3NH_2$ bildet sich XIVb [12]. Beim Er-

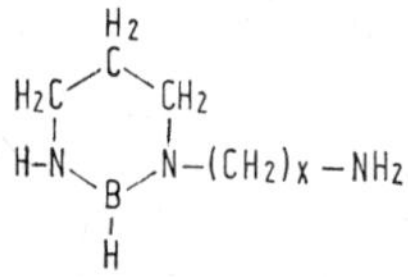

XIV

a) X = 3 b) X = 2

(7) XIV b

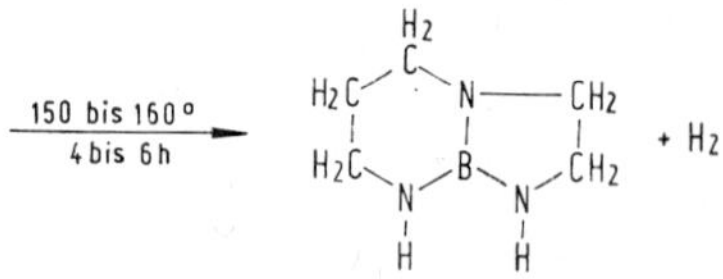

XV

hitzen auf 150 bis 160°C spaltet XIV Wasserstoff ab und wandelt sich nahezu quantitativ in I bzw. XV um (7). Das 1,5,7-Triaza-6-bora-bicyclo[4,3,0]nonan XV (= 1,7,8,9-Triazabora-hydrindan) bildet sich auch bei der Umaminierung von Tris(dimethylamino)-boran mit 2-Amino-äthyl-1,3-diamino-propan in verdünnter Lösung und bei relativ niedriger Temperatur [13]:

$$(8) \qquad B[N(CH_3)_2]_3 + HN\left\langle\begin{matrix}(CH_2)_3NH_2\\(CH_2)_2NH_2\end{matrix}\right. \rightarrow XV + 3(CH_3)_2NH.$$

Analog entsteht aus Bis(3-amino-propan)-amin die Verbindung I. Ein 1,4,6-Triazo-5-bora-bicyclo-[3,3,0]octan konnte bei der Reaktion von Tris(dimethylamino)-boran mit Bis(aminoäthan)-amin nicht erhalten werden [13]. Das 1,3,2-Diazaborinan XIV entspricht den von Niedenzu und Fritz [3] geforderten intermediären Verbindungen, die für die leichte Bildung der verschmolzenen Ringsysteme verantwortlich sein sollen.

Preparation Methods

2.5.2.3.2 Präparative Methodik

Die zur Darstellung von 1,5,7-Triaza-6-bora-bicyclo[4,4,0]decan I führende Umaminierung, s. Gleichung (1) im Abschnitt 2.5.2.3.1, S. 132, weist keine Besonderheiten auf, vgl. Abschnitt 2.5.1.1.3, S. 119. Zur Darstellung des Dilithiumderivates II und seiner direkten Umsetzung zum 5,7-Bis(dimethylamino-phenyl-boryl)-derivat III werden 0.26 mol 1,5,7-Triaza-6-bora-bicyclo[4,4,0]-decan I in 200 ml trockenem, thiophenfreien Benzol unter Argon gelöst, mit 236.5 ml einer 2.2 molaren Lösung von Lithiumbutyl in Hexan unter kräftigem Rühren versetzt, 8 h unter Rückfluß gekocht, eine Lösung von 0.52 mol Boran in 100 ml trockenem Benzol zugefügt und nochmals 1 h gekocht. Nachdem die Mischung über Nacht gestanden hat, wird filtriert, das Lösungsmittel abgezogen und im Vakuum rektifiziert [4].

Zur Erzielung einer glatten Reaktion soll die Metallierung bei möglichst tiefen Temperaturen (0°C und niedriger) ausgeführt werden [6, 7].

Wird eine Lösung äquivalenter Mengen (ca. 70 mmol) von Verbindung I und Anilin in einem Gemisch aus 200 ml trockenem Äther und 100 ml Benzol in einer inerten Atmosphäre gekocht, so bildet sich in 10 h die Verbindung IVa. Nach dem Abziehen des Lösungsmittels und dem Ausheizen im Vakuum (15 min bei 200°C) wird IVa durch mehrmalige Sublimation gereinigt [4]. Das durch Umaminierung entstandene Rohprodukt IVb muß zur vollständigen Entfernung von Dimethylamin solange auf 250°C erhitzt werden, bis die ersten Zersetzungserscheinungen (Rauchbildung) eintreten. Die nachfolgende Destillation im Vakuum ergibt eine von 200 bis 230°C bei 3 Torr siedende Fraktion. Die weitere Reinigung erfolgt wieder durch Fraktionierung [4].

Die zu V führende Umaminierung weist keine Besonderheiten auf. Die Substanz fällt beim Einengen der Mutterlauge aus. Gereinigt wird durch Waschen mit mehreren kleinen Portionen Äther [4]. Zur Darstellung von VII und VIII existieren keine näheren Angaben [7].

Das 7,9-Diphenyl-1,5,7,9,11-pentaaza-8-bora-bicyclo[6,6,0]tetradecan-6,10-dion X entsteht in exothermer Reaktion beim Eintropfen einer Lösung von 6.9 g Phenylisocyanat in 10 ml Benzol in eine gerührte Lösung von 5.1 g der Verbindung I (s. S. 132, 134) in 40 ml Benzol. Der weiße Niederschlag wird abfiltriert, mit Pentan gewaschen und im Vakuum getrocknet. Das analog hergestellte XII fällt aus der benzolischen Lösung erst nach Zusatz von Pentan aus [4]. Das 7,9-Diphenyl-1,5,7,9,11-pentaaza-8-bora-bicyclo[6,6,0]tetradecan-6-on-10-thion XIII kann direkt aus I hergestellt werden, ohne XII zu isolieren. Dazu wird eine Lösung von 5 ml Phenylisothiocyanat in 10 ml Benzol zu einer Lösung von 5.12 g der Verbindung I in 30 ml Benzol gegeben, gerührt und 3 ml Phenylisocyanat zugetropft. Nach Zusatz von 75 ml Pentan fällt XIII als weißer Niederschlag, der wie die Verbindungen X und XII gereinigt wird [4].

Bei der Darstellung von XV nach (8) wird zweckmäßig in 0.1 bis 0.15 molarer Aminlösung in Äther oder Hexan mit überschüssigem Boran gearbeitet, weil sonst undefinierte, hydrolyseempfindliche Polymere entstehen. Die Komponenten werden bei Raumtemperatur unter kräftigem Rühren zusammengegeben, die Mischung im Verlauf von 4 h langsam zum Sieden erhitzt und 2 h unter Rückfluß gekocht; schließlich wird das Lösungsmittel abgezogen und der Rückstand fraktioniert [13]. Bei der thermischen Umwandlung von XIVb zu XV färbt sich das Material leicht gelb und wird sirupös. Die Reinigungsdestillation ist nahezu verlustfrei [12].

2.5.2.3.3 Eigenschaften, Kenngrößen

Properties. Numerical Data

Die farblosen Flüssigkeiten und Feststoffe sind alle relativ stabil gegen Oxydation und thermische Zersetzung [1, 7]. Dagegen hydrolysieren sie sehr schnell. M_r-Bestimmungen (kryoskopisch in Benzol, massenspektrometrisch) zeigen nur die Existenz der Monomeren an. Hinweise auf eine Assoziation lassen sich nicht finden [1, 7]. Die bekannten Kenngrößen sind in der nachstehenden Tabelle 2/12 zusammengestellt. Die Kristallstrukturdaten von 1,5,7-Triaza-6-bora-bicyclo[4,4,0]decan I sind im Abschnitt 2.5.3 erfaßt.

Tabelle 2/12

Kenngrößen der verschmolzenen Diazaboracycloalkane.

Substanz	t_f in °C	t_s in °C[1])	Ausbeute in % d. Th.	M_r[2]) ber.	M_r[2]) gef.	Lit.
I	38 bis 41	62(1)	75	139	142	[1, 3]
			100			[11]
III	100 bis 102[3])	205 bis 208(1)	26.7	401	406	[4]
IVa	259 bis 260		30	404	394	[4]
IVb	93 bis 96	228 bis 230(3)	38	327.9	328	[4]
V	106 bis 108		70	370.9	369	[4]
VI	116 bis 118		46	309.1		[6]
VII	58	70(0.8)	30 bis 70			[7]

Tabelle 2/12 [Fortsetzung]

Substanz	t_f in °C	t_s in °C[1])	Ausbeute in % d. Th.	Lit.
VIII		96 bis 97 (8)	36 bis 70	[7]
IX		105 (Hochvakuum)	30	[8]
X	175[4])		92	[4]
XII	110 bis 112			[4]
XIII	115 (Zersetzung)			[4]
XV		69 bis 71 (2)	fast 100	[12]
		70 (2)	60	[13]

[1]) In Klammern steht der Druck in Torr für diese Siedetemperatur. — [2]) Berechnete und gefundene relative Molmasse. — [3]) Erweichungsbeginn bei ungefähr 95°C. — [4]) Erweichungsbeginn bei ungefähr 165°C.

Literatur zu 2.5.2.3

[1] K. Niedenzu, P. Fritz, J. W. Dawson (Inorg. Chem. **3** [1964] 1077/9). — [2] K. Niedenzu, P. Fritz, J. W. Dawson (Angew. Chem. **77** [1965] 464). — [3] K. Niedenzu, P. Fritz (Z. Anorg. Allgem. Chem. **340** [1965] 329/36). — [4] P. Fritz, K. Niedenzu, J. W. Dawson (Inorg. Chem. **4** [1965] 886/9). — [5] H. Jenne, K. Niedenzu (Inorg. Chem. **3** [1964] 68/70).

[6] I. Geisler, H. Nöth (Chem. Ber. **103** [1970] 2234/9). — [7] I. Geisler, H. Nöth (Chem. Commun. **1969** 775/6). — [8] H. Nöth, G. Abeler (Angew. Chem. **77** [1965] 506). — [9] R. H. Cragg, M. F. Lappert, B. T. Tilley (J. Chem. Soc. **1964** 2108/15). — [10] H. Beyer, J. W. Dawson, H. Jenne, K. Niedenzu (J. Chem. Soc. **1964** 2115/8).

[11] E. F. Rothgery, K. Niedenzu (Syn. Inorg. Metal-Org. Chem. **1** [1971] 159/61). — [12] E. F. Rothgery, P. J. Busse, K. Niedenzu (Inorg. Chem. **10** [1971] 2343/5). — [13] K. Niedenzu, W. Weber (Z. Naturforsch. **21b** [1966] 811).

1,3,2-Diazaboracycloalkane Structures

2.5.3 Die Struktur der 1,3,2-Diazabora-cycloalkane

Goubeau und Zappel [1] fanden im Ramanspektrum des 2-Methyl-1,3,2-diazaborinans keine für Aminoborane charakteristischen Banden. Statt dessen fiel ihnen die starke Ähnlichkeit mit dem Spektrum des Borazins auf. Daraus schlossen sie auf eine Resonanzstruktur, die eine hohe Bindungsordnung der B–N-Bindung bedingt:

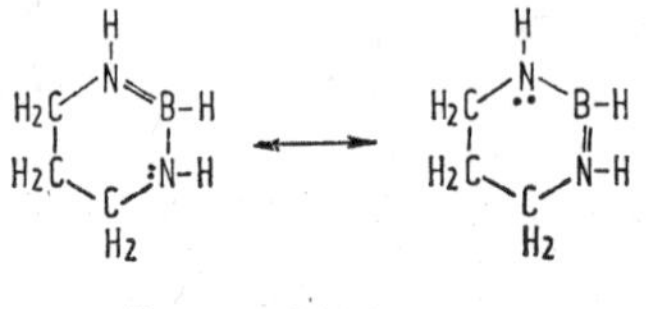

Bei acyclischen Aminboranen war dieser π-Bindungsanteil schon lange nachgewiesen [2, 3]. Weitere detaillierte IR-spektroskopische Untersuchungen an 1,3,2-Diazabora-cycloalkanen bestätigen die Vorstellung einer relativ hohen Bindungsordnung zwischen B und N [4 bis 6].

Eine über den Wert 1.0 hinausgehende Bindungsordnung ist nur möglich, wenn das freie Elektronenpaar am Stickstoff mit in die Bindung einbezogen wird, etwa: $\rangle\ddot{N}{-}B\langle \leftrightarrow \rangle N{\dot{=}}B\langle$. Das ist aber nur bei einer planaren oder nahezu planaren Koordination des Stickstoffs denkbar, wobei sich die Elektronenzustände durch eine sp^2-Hybridisierung [7] oder durch eine sp^3-Hybridisierung, kombiniert mit einer π-Überlappung [8] beschreiben ließen. Daraus ist zu folgern: Das Molekülfragment I

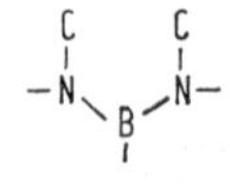

I

der 1,3,2-Diazabora-cycloalkane ist planar, weil die ersten Substituenten am N ebenfalls über ein sp^2-Hybrid bzw. ein sp^3-Hybrid mit π-Überlappung gebunden sind. I bestimmt deswegen auch die Geometrie des gesamten Moleküls. Ein Cyclopentanderivat muß demnach völlig eben sein, während bei einem Cyclohexanderivat nur das mittlere C-Atom außerhalb der Ringebene liegen darf. Erst bei noch größeren Ringen sind kompliziertere Ergebnisse zu erwarten, da sich die Methylengruppen der Kohlenwasserstoffbrücke dann gegeneinander verdrehen können [7, 9].

Bei der Reaktion von Bisaminoboranen mit α,ω-Diaminen $H_2N(CH_2)_xNH_2$ mit $x > 4$ entstehen keine Ringe, sondern Polymere, die durch die Formel $[NH(CH_2)_xNHBR]$ beschreibbar sind [10]. Aus diesem Reaktionsverhalten wurde ebenfalls auf ebenen Bau der N–B–N-Gruppierung geschlossen. Außerdem läßt sich ein Molekülmodell eines 1,3,2-Diazaborocans (=1,3,2-Diazabora-cyclooctans) mit planarer N–B–N-Anordnung nur mit großer Schwierigkeit bauen. Ein entsprechender Neunring erscheint ausgeschlossen. Erst ausgehend von Diaminen mit $x \geqq 9$ lassen sich wieder spannungsarme Modelle der Diazaboracycloalkane bauen [10]. Experimentelle Daten und berechnetes Kernresonanzspektrum stimmen gut überein, wenn man den Rechnungen eine ebene N-B-N-Gruppierung zugrunde legt [9].

Den Beweis für die Richtigkeit dieser Vorstellung lieferten Bullen und Mitarbeiter [11 bis 14] durch Röntgenstrukturanalysen. So hat das 1,5,7-Triaza-6-bora-bicyclo[4,4,0]decan II (=1,8,10,9- oder 1,4a,8,8a-Triazabora-decalin III) eine dem E-Decalin [15] ähnliche Konformation, bei der das

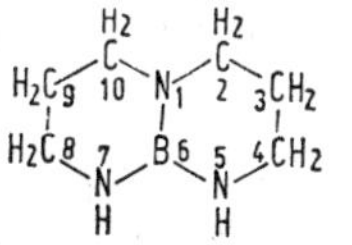

II

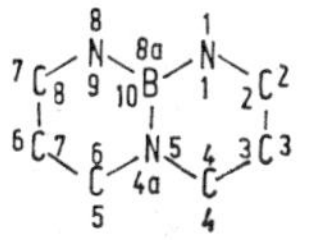

III

Mittelteil flachgedrückt ist. Die mittleren 6 Atome des Moleküls liegen nahezu in einer Ebene. Bezogen auf die kartesischen Koordinaten a, b und c' (monokline Substanz) ist diese Ebene gegeben durch $0.6334\,x - 0.7470\,y + 0.2021\,z' = 0.1921$. Die Entfernung der 6 Innenatome von der Mittelebene ist somit (Numerierung in III, außen):

Atom	N(1)	C(4)	C(5)	N(8)	B(9)	N(10)
Abstand in Å	0.009	0.014	0.023	0.000	0.006	−0.052

Von den übrigen 4 C-Atomen liegen je 2 auf einer Seite der Mittelebene. C (2) und C (7) liegen 0.21 bzw. 0.18 Å oberhalb und C (3) und C (6) 0.46 bzw. 0.48 Å unterhalb dieser Ebene. Die Molekülsymmetrie ist fast exakt C_s–m, wobei die Symmetrieebene in der B(9)–N(10)-Bindung liegt. Die durch die Symmetrie einander wechselseitig zugeordneten Bindungslängen und -winkel stimmen innerhalb der Meßgenauigkeit überein (**Fig. 2–1**) [11, 12]. Nach den obigen Vorstellungen müßten

Fig. 2–1

Molekülstruktur von 1,5,7-Triaza-6-bora-bicyclo [4,4,0]-decan II

a) Bindungslängen in Å.

b) Bindungswinkel in grd.

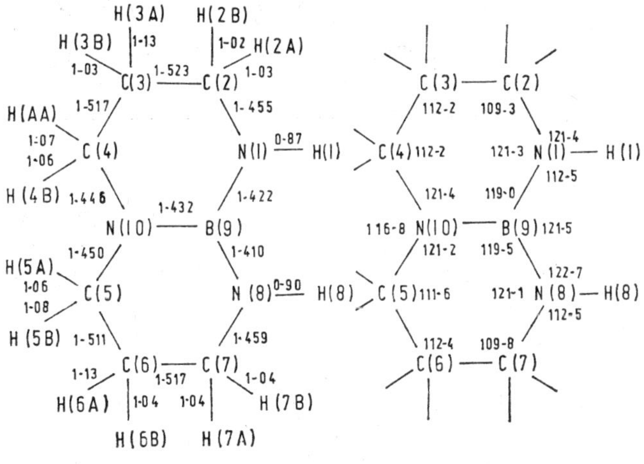

die Atome C (2) und C (7) ebenfalls in der Mittelebene liegen, weil die p_z-Orbitale der drei N-Atome mit dem p_z-Orbital des Bors maximal überlappt sind. Die Abweichung von 0.2 Å ist als Kompromiß zwischen der langen C–C-Bindung, dem Tetraederwinkel an den C-Atomen und der Planaritätsforderung anzusehen [12].

Das B-Atom ist nahezu exakt trigonal planar von den 3 N-Atomen umgeben, während das N(10)-Atom ganz leicht pyramidal koordiniert ist. Die dadurch bedingte Abweichung vom ebenen Bau ist zwar gering, aber deutlich (−0.052 Å). Die Positionen der H-Atome lassen sich nicht so genau angeben, aber innerhalb der Meßgenauigkeit bilden sie für N (1) und N (8) ebenfalls eine trigonal-planare Umgebung. Damit steht fest, daß keine intermolekularen N–H···· N-Wasserstoffbrücken vorhanden sind, die am N (1) und N (8) eine tetraedrische Konfiguration hervorrufen würden. Der intermolekulare Abstand ist mit 3.44 bzw. 3.41 Å auch zu groß. Damit ist diese Verbindung stereochemisch dem Naphthalin viel enger verwandt als dem Decalin [12] (vgl. Abschnitt 2.3, S. 92).

Die kürzesten Abstände zwischen den Atomen zweier verschiedener Moleküle sind NH···· NH = 3.41 und 3.44 Å, NH···· B = 3.67 und 3.73 Å, NH···· CH_2 = 3.77 und 3.79 Å, CH_2···· CH_2 = 3.77 und 3.78 Å und H···· H = 2.38 Å. Sie haben also die bei van der Waals-Bindungen übliche Größenordnung. Wenn die Mittelebene der 6 Zentralatome als Molekülebene gedacht wird, läßt sich die Kristallstruktur wie folgt beschreiben: Zwei durch ein Symmetriezentrum verknüpfte Nachbarmoleküle haben koplanare Molekülebenen. Den kürzesten intermolekularen Abstand stellen die CH_2-Gruppen in den Positionen 4 und 5 her. Die Ebenen zweier durch die Schraubenachse verknüpfter Nachbarmoleküle bilden einen Zwischenwinkel von 83°, so daß die NH-Gruppen in den Positionen 1 und 8 den kürzesten intermolekularen Abstand besitzen. Die durch die kurze b-Translation einander zugeordneten Moleküle haben die geringsten Abstände zwischen den CH_2-Gruppen in den Positionen 2 und 3 oder 6 und 7 mit nur etwas längeren Abständen zwischen NH- und CH_2-Gruppen (vgl. **Fig. 2–2**) [12].

Fig. 2–2

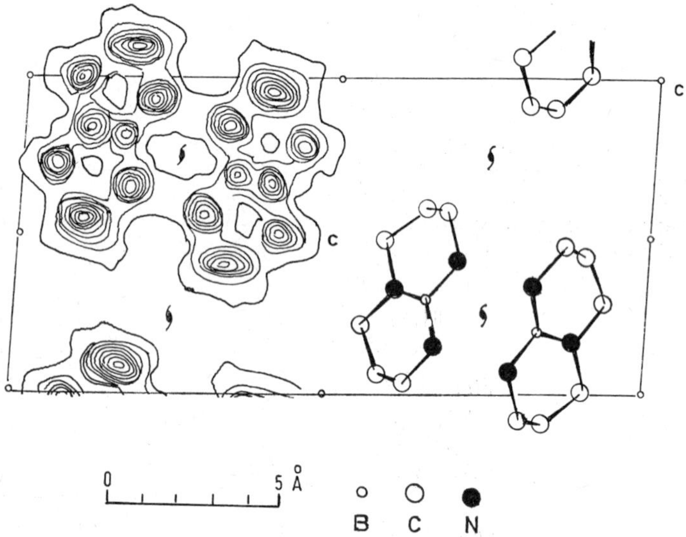

Elektronendichte im 1,5,7-Triaza-6-bora-bicyclo[4,4,0]decan II, Projektion auf (010). Intervall zwischen zwei Linien 1 $eÅ^{-2}$. Niedrigste Konturlinie bei 1 $eÅ^{-2}$.

Das 1,5,7-Triaza-6-bora-bicyclo[4,4,0]decan II (=1,8,10,9-Triazabora-decalin III) kristallisiert mit b als Nadelachse. Seine Strukturdaten sind: M_r = 139.01, monoklin, a = 18.009 ± 0.009 Å, b = 5.134 ± 0.009 Å, c = 8.655 ± 0.009 Å; β = 93.57° ± 0.08°, Volumen der Elementarzelle V_m = 798.7 $Å^3$; Z = 4, röntgenographische Dichte D_x = 1.156 $g \cdot cm^{-3}$, linearer Absorptionskoeffizient μ = 0.84 cm^{-1} für MoK_α-Strahlung. Die Raumgruppe ist $P2_1/c-C_{2h}^5$ mit den systematischen Auslöschungsbedingungen: (h0l) nur mit h+l=2n, (0k0) nur mit k=2n. Die Laue-Symmetrie ist 2/m [11, 12].

Zur Bestimmung der Röntgenstruktur wurden die Nadelkristalle in dünnwandigen Glaskapillaren eingeschmolzen und 8 Schichtlinien, hnl mit n = 0 bis 7, mit einem automatischen Diffraktometer in

Äquiinklinationstechnik ausgemessen. Alle Reflexe mit sin $\Theta/\lambda \leqq 0.7$ Å^{-1} und einige mit 0.7 Å^{-1} $\leqq$ sin $\Theta/\lambda \leqq 0.85$ Å^{-1} wurden erfaßt. 1358 Reflexe ergaben verwertbare Intensitäten mit einem relativen Zählfehler $\sigma(I)/I < 0.5$, 1609 Reflexe waren unmeßbar schwach. Korrigiert wurden die Intensitäten mit dem Lp-Faktor, nicht aber nach der Absorption, weil der lineare Absorptionskoeffizient zu klein ist. Die Struktur wurde aus einer zugespitzten Patterson-Funktion entwickelt und nach der Methode der kleinsten Quadrate mit isotropen Temperaturfaktoren verbessert. Dadurch ergaben sich die korrekten Lagen der Bor-, Kohlenstoff- und Stickstoffatome. Die Lagen der 14 Wasserstoffatome konnten mit einer dreidimensionalen Differenz-Fourier-Synthese berechnet werden. Die Verfeinerung erfolgte durch die Anwendung anisotroper Temperaturfaktoren für Bor, Kohlenstoff und Stickstoff und eine Gewichtssetzung bei der Methode der kleinsten Quadrate. Der endgültige R-Faktor für 1358 Reflexe war 0.089 [12].

Die hier gewonnenen Vorstellungen vom Bindungsverhalten und den Strukturen der Diazabora-cycloalkane lassen sich zwanglos auf andere gesättigte Bor–Stickstoff-Verbindungen übertragen. So sind planare Anordnungen im Dimethylamino-dimethylboran [13] und im Tris(1,3,2-benzodioxaborol-2-yl)-amin [14] ebenfalls wieder gefunden worden.

Literatur zu 2.5.3

[1] J. Goubeau, A. Zappel (Z. Anorg. Allgem. Chem. **279** [1955] 38/58). — [2] J. Goubeau, H. J. Becher (Z. Anorg. Allgem. Chem. **268** [1952] 133/44). — [3] J. Goubeau, M. Rahtz, H. J. Becher (Z. Anorg. Allgem. Chem. **275** [1954] 161/75). — [4] J. W. Dawson, P. Fritz, K. Niedenzu (J. Organometal. Chem. **5** [1966] 211/7). — [5] K. Niedenzu, P. Fritz, J. W. Dawson (Inorg. Chem. **3** [1964] 1077/9).

[6] J. Goubeau, H. Schneider (Liebigs Ann. Chem. **675** [1964] 1/9). — [7] K. Niedenzu, C. D. Miller (Fortschr. Chem. Forsch. **15** [1970] 191/205). — [8] F. A. Davis, I. J. Turchi, B. E. Maryanoff, R. O. Hutchins (J. Org. Chem. **37** [1972] 1583/7). — [9] K. Niedenzu, C. D. Miller, S. L. Smith (Z. Anorg. Allgem. Chem. **372** [1970] 337/44). — [10] K. Niedenzu, P. Fritz (Z. Anorg. Allgem. Chem. **340** [1965] 329/36).

[11] G. J. Bullen, N. H. Clark (Chem. Commun. **1967** 670/1). — [12] G. J. Bullen, N. H. Clark (J. Chem. Soc. A **1969** 404/10). — [13] G. J. Bullen, N. H. Clark (J. Chem. Soc. A **1970** 992/6). — [14] G. J. Bullen, P. R. Mallinson (J. Chem. Soc. A **1970** 2213/21). — [15] J. E. Blackwood, C. L. Gladyr, K. L. Loenig, A. E. Petrarca, J. E. Rush (J. Am. Chem. Soc. **90** [1968] 509/10).

2.6 Weitere Aza-bora-cycloalkane

Other Azabora-cycloalkanes

2.6.1 1,2,5-Azadiborolane (= 1-Aza-2,5-dibora-cyclopentane)

1,2,5-Azadiborolanes

Wird eine Mischung aus Tetraalkyldiboran und Alkylamino-dialkylboran auf 160 bis 170°C erhitzt, so entsteht unter Wasserstoffentwicklung ein 1,2,5-Azadiborolan [1]. Der Wasserstoff wird dabei nicht nur aus den BH- und NH-Gruppen, sondern auch aus den CH_2- und CH_3-Gruppen der

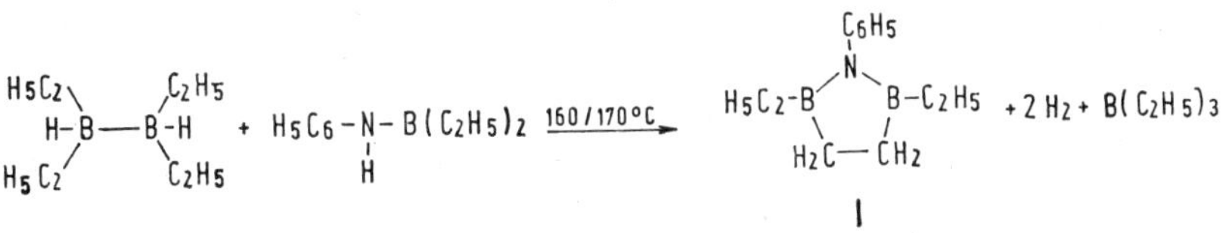

I

Alkylradikale abgespalten [2]. Bei Anwesenheit von tertiären Aminen verläuft die obige Reaktion unter Bildung von N-Phenyl-B-äthyl-borazin und nicht von 1,2,5-Azadiborolan I, weil vermutlich die Disproportionierungsreaktion Vorrang hat. I reagiert beim Mischen mit Triäthylaluminium unter Ligandenaustausch zwischen B und Al, wobei neben Triäthylboran auch höher siedende Alkylborane entstehen. Von dem aluminiumhaltigen Rückstand können die Borane abdestilliert und anschließend gaschromatographisch getrennt werden. Die Autoren [1] schreiben den höheren Alkylboranen die Strukturen II und III zu. Die Isomeren IV und V scheinen bei der Reaktion nur in geringem Maße zu entstehen, weil die Deuterolyse nur Monodeuteroäthan (aus den Äthylgruppen) und 1,2-Dideuteroäthan (aus den Äthylengruppen) liefert. 1,1-Dideuteroäthan war nicht nachweisbar. Der Ligandenaustausch und die Deuterolyse verlaufen demnach nach dem Schema:

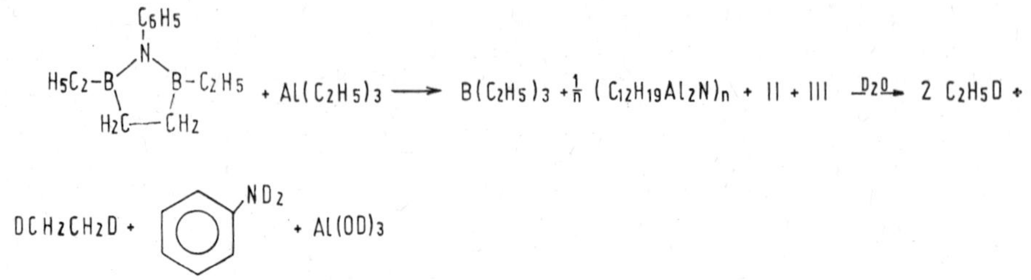

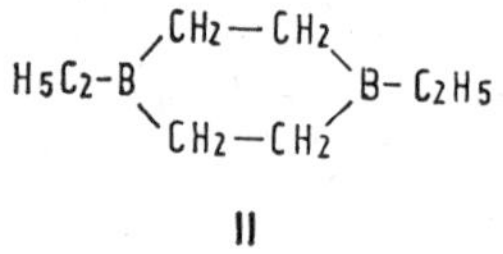

II

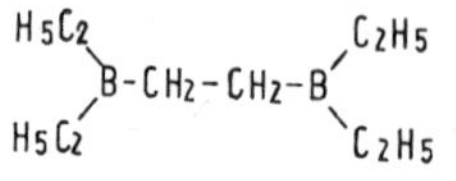

III

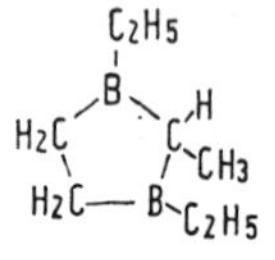

IV

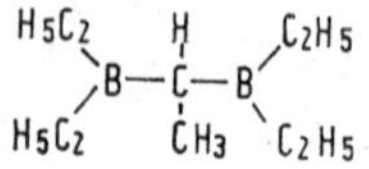

V

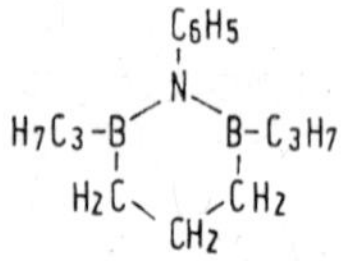

VI

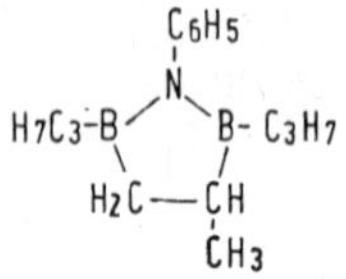

VII

Propyldiboran reagiert mit (Phenylamino)-dipropylboran genauso wie die Äthylborane. Für das erhaltene Produkt mit der relativen Molmasse 241 sind theoretisch die beiden Formelstrukturen VI und VII denkbar, zwischen denen aber nicht unterschieden werden konnte [1].

Die Ausbeute an 1,2,5-Azadiborolan kann erhöht werden, wenn bei etwa 200°C unter Druck und in Gegenwart des entsprechenden Trialkylborans gearbeitet wird. Hierzu erhitzt man eine Mischung aus 33.4 g (= 0.201 mol) (Phenylamino)-diäthylboran, 29.1 g (= 0.297 mol) Triäthylboran und 6.4 g (= 0.086 mol) Tetraäthyldiboran in einem 200 cm^3-Autoklaven 16 h auf 180°C und weitere 9 h auf 200°C unter Schütteln, wobei ein Druck von rund 50 atm auftritt. Nach dem Abkühlen auf Raumtemperatur wird das Gas abgeblasen und nochmals 2 h auf 210 bis 225°C erhitzt. Der Druck steigt erneut auf rund 30 atm. Nach dem Abkühlen, Abblasen und Destillieren der gelbgrünen Flüssigkeit (53 g) besteht die bei 65 bis 73°C und 0.2 Torr siedende Fraktion (7.4 g) zu 97.6% aus 1-Phenyl-2,5-diäthyl-1,2,5-azadiborolan I (M_r (ber.) = 198.9, M_r (gef.) = 199, 198, 197) [1]. Zur 2. Fraktion vgl. im Abschnitt 2.8.5.1.1, S. 186, die präparative Methodik zu I.

Ein Grund für die verschwindend geringe Anzahl an monocyclischen B–N–B-Cycloalkanen könnte die Instabilität der B–N–B-Bindung gegen Aminolysen und Austauschreaktionen sein [3].

Literatur zu 2.6.1

[1] R. Köster, K. Iwasaki (Advan. Chem. Ser. **42** [1964] 148/65). — [2] R. Köster, G. Rotermund (Angew. Chem. **72** [1960] 138). — [3] H. Nöth (Z. Naturforsch. **16b** [1961] 470/1).

Diazadibora-cycloalkanes

2.6.2 Diaza-dibora-cycloalkane

Synthesis

2.6.2.1 Synthese

Trialkyl- und Triaryl-borane reagieren mit organischen Isocyaniden in ätherischer Lösung bei Raumtemperatur zum Cyclo{bis[methinamino(N-B, C-B)boran]} III, das sich oberhalb von 200°C in ein 1,4-Diaza-2,5-diborinan IV umlagert [1 bis 5]. Es wird angenommen, daß die Reaktion (1) über Addukte vom Typ I und über Iminmethin-borane II verläuft [5, 6, 7]. Arbeitet man nämlich bei 0°C oder noch tieferen Temperaturen, so sind die verschiedensten Addukte I erhältlich, die durch eine Temperaturbehandlung cyclisiert werden können [8, 9]. Das ^{1}H-NMR-Spektrum stimmt mit der Formelstruktur von I überein [8].

(1)

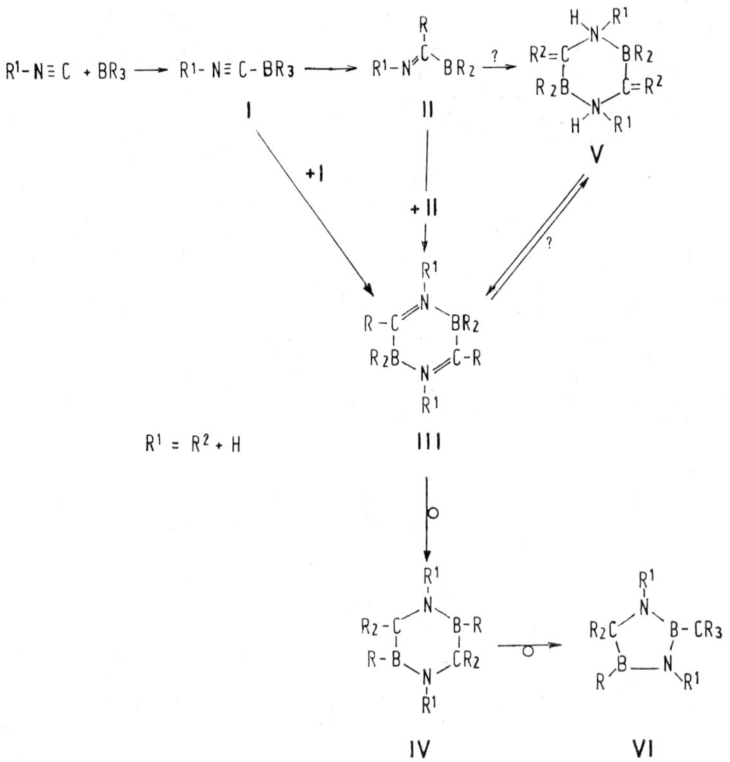

Ein Vertreter der Iminomethin-borane II ist noch nicht bekannt. Wohl aber läßt sich das einem 1,3-Dipol ähnliche Bor–Stickstoffsystem mit polaren Mehrfachbindungen abfangen. Bei der Einwirkung von ätherischem Phenylisocyanid auf eine Mischung aus Tri-n-butylboran und Benzalanilin in Äther (Molverhältnis 1:1:1) entsteht so ein 1-Aza-3,4-azaborolan [7, 10] (vgl. 2.6.3.2, S. 149).

Die Geschwindigkeit der Isomerisierung scheint vor allem von der Art der Liganden R und R^1 abzuhängen. So wandelt sich Ia mit $R = CH_3$ und $R^1 = (CH_3)_3C$ erst nach langem Stehen bei Raumtemperatur in das entsprechende Cycloaminboran IIIa um [8]. Mit $R = C_2H_5$ und $R_1 = C_6H_5$ kann Ib dagegen nur kurzzeitig durch sein Tieftemperaturprotonenresonanz-Spektrum erfaßt werden [5].

Auf welchem Wege I zu IV isomerisiert wird, hängt wohl von der Temperatur ab. Verbindung IIIa ($R = CH_3$, $R^1 = (CH_3)_3C$) zersetzt sich schnell im Temperaturintervall 100 bis 150°C und bildet dabei mindestens sechs verschiedene Produkte, die sich mit Hilfe der Dünnschichtchromatographie nachweisen lassen [5]. IIIb ($R = C_2H_5$, $R^1 = C_6H_5$) wandelt sich dagegen in kurzer Zeit bei 180°C quantitativ in IVb um [1]. Dieses erweist sich in der Dünnschichtchromatographie als homogen [5].

Bresadola u. a. [2] setzten Triäthylboran mit Äthylisocyanid um und erhielten zwei verschiedene Substanzen. Der bei < 200°C schmelzenden ordneten sie die Molekülstruktur IIIc ($R = R^1 = C_2H_5$) und der bei 95 bis 97°C schmelzenden die Struktur V ($R = R^1 = C_2H_5$, $R^2 = CH_3-CH=$) zu. Casanova u. a. [5] fanden bei Wiederholung dieses Versuchs zwar höhere Schmelzpunkte, aber identische ^{1}H-NMR-Spektren. Das erwartete Gleichgewicht zwischen den beiden Tautomeren III und V konnten sie jedoch weder katalytisch noch thermisch einstellen. Deswegen vermuten sie, daß II entweder direkt zu III dimerisieren oder aber erst tautomerisieren und dann zu V dimerisieren kann [5].

Bei der Reaktion von Phenyl- oder Alkylisocyanid mit Diboran sollen sowohl die cyclischen Aminborane vom Typ III [11, 12] als auch die 1,4-Diaza-2,5-diborinane IV selbst entstehen können [13]. Tanaka und Carter [13] glaubten, diese Reaktion in ihrem Verlauf von der Umsetzung eines Alkylisocyanids mit Alkylboranen scharf unterscheiden zu müssen. Auch hier können die Verbindungen III thermisch (wiederholte Vakuumsublimation) zu den entsprechenden 1,4-Diaza-2,5-diborinanen isomerisiert werden. Die Umwandlung läßt sich mit Hilfe der IR-Spektrokopie gut verfolgen [12].

Die Umsetzung von gasförmigem HCN mit Trialkylboranen ergab mit dem Äthyl- und n-Butylderivat ebenfalls das gewünschte 1,4-Diaza-2,5-diborinan [14].

Durch Ringverengung in Gegenwart von $AlCl_3$ entstehen aus den sechsgliedrigen 1,4-Diaza-2,5-diborinanen IV die fünfgliedrigen 1,3-Diaza-2,4-diborolane VI [15, 16]. Bei 300 bis 310°C verläuft diese Reaktion bei einer Reihe von Verbindungen IV auch ohne Katalysator in wenigen Minuten mit guten bis sehr guten Ausbeuten an VI ab. Andere 1,4-Diaza-2,5-diborinane IV wiederum ergeben nur komplizierte Zersetzungsprodukte, die im Dünnschichtchromatogramm 5 bis 15 Flecken aufweisen [16, 17].

p-Methoxyphenyl-imino-pentafluorphenylboran VII reagiert bei Raumtemperatur mit Diazomethan in Äther unter N_2-Abspaltung, wobei ein kristalliner Feststoff der Zusammensetzung $(CH_3OC_6H_4NBC_6F_5CH_2)_n$ entsteht. Da er nur in protonenaktiven Stoffen löslich ist und eine Sublimationstemperatur von 192°C im Vakuum hat, nehmen die Autoren [18] den Wert n = 2 an und vermuten eine Sechsringstruktur mit einer NBCNBC-Folge.

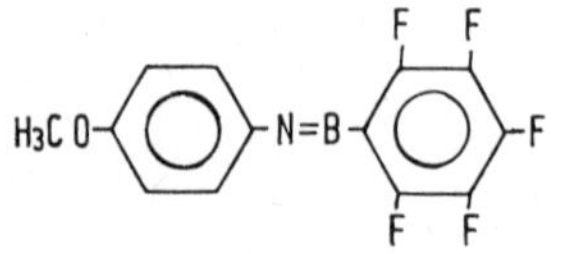

VII

Literatur zu 2.6.2.1

[1] G. Hesse, H. Witte (Angew. Chem. **75** [1963] 791/2). — [2] S. Bresadola, G. Carraro, C. Pecile, A. Turco (Tetrahedron Letters **1964** 3185/8). — [3] G. Hesse, H. Witte (Liebigs Ann. Chem. **687** [1965] 1/9). — [4] A. Grote, A. Haag, G. Hesse (Liebigs Ann. Chem. **755** [1972] 67/85). — [5] J. Casanova, H. R. Kiefer, D. Kuwada, A. H. Boulton (Tetrahedron Letters **1965** 703/14).

[6] G. Hesse, H. Witte, W. Gulden (Tetrahedron Letters **1966** 2707/10). — [7] H. Witte, W. Gulden, G. Hesse (Liebigs Ann. Chem. **716** [1968] 1/10). — [8] J. Casanova, R. E. Schuster (Tetrahedron Letters **1964** 405/9). — [9] G. Hesse, H. Witte, G. Bittner (Liebigs Ann. Chem. **687** [1965] 9/14). — [10] Gmelin Handbuch, Ergänzungswerk „Borverbindungen" Tl. 5 (B-N-Verbindungen, Abschnitt „Aminoborane").

[11] S. Bresadola, F. Rosetto, G. Puosi (Tetrahedron Letters **1965** 4775/8). — [12] A. Meller, H. Batka (Monatsh. Chem. **101** [1970] 648/54). — [13] J. Tanaka, J. C. Carter (Tetrahedron Letters **1965** 329/32). — [14] G. Hesse, H. Witte, H. Haußleiter (Angew. Chem. **78** [1966] 748). — [15] H. Witte (Tetrahedron Letters **1965** 1127/9).

[16] Vgl. Abschnitt 2.6.2.3. — [17] J. Casanova, H. R. Kiefer (J. Org. Chem. **34** [1969] 2579/83). — [18] P. I. Paetzold, G. Stohr (Chem. Ber. **101** [1968] 2874/80).

Preparation Methods

2.6.2.2 Präparative Methodik

Alle bisher bekannten Diaza-dibora-cycloalkane sind nach einer der im Abschnitt 2.6.2.1, S. 140, beschriebenen Methoden synthetisiert worden. Die Darstellungsbedingungen änderten sich dabei innerhalb der einzelnen Verfahren nur geringfügig. Deswegen werden nur typische Versuchsvorschriften mit Ergänzungen für spezielle Fälle gegeben. Weiteres kann der Tabelle 2/13, S. 144/6, entnommen werden.

Reaction of Phenyl Isocyanide with Trialkylborane

Reaktion von Phenylisocyanid mit Trialkylboran

Zur Darstellung 0.25 mol Alkylboran in 100 ml Äther lösen, rühren und bei Raumtemperatur innerhalb von 15 min 0.25 mol Phenylisocyanid zutropfen. Der Äther gerät ins Sieden, das Gemisch färbt sich braun. Nach Beendigung der Zugabe 1 h unter Rückfluß kochen, 12 h stehen lassen, den größten Teil des Lösungsmittels bei leicht erhöhter Temperatur im Vakuum abziehen, zum teilweise kristallinen Rückstand 50 ml Methanol geben; kurze Zeit stehen lassen, absaugen und aus Aceton umkristallisieren. Das erhaltene, reine Cyclo-amin-boran III lagert sich im verschlossenen Kolben bei 200°C in 0.5 bis 1.5 h in die Verbindung IV um. Das mit geringen Mengen brauner Flüssigkeit verunreinigte

Reaktionsprodukt in Methanol suspendieren, absaugen, aus Aceton umkristallisieren. Alle Arbeiten müssen unter nachgereinigtem Stickstoff ausgeführt werden [1, 2].

Reaktion von Äthylisocyanid mit Triäthylboran

Reaction of Ethyl Isocyanide with Triethylborane

Triäthylboran bis 20°C langsam zu einer Lösung von Äthylisocyanid in wasserfreiem Äther geben, die Lösung bei 20°C insgesamt 24 h stehen lassen und durch Destillieren im Stickstoffstrom einengen. Dabei fällt V aus. Bei weiterem Eindampfen der filtrierten Lösung bildet sich III, das aus Benzol umkristallisiert wird [3, 4].

Reaktion von Isocyaniden mit Diboran (Hydroborierung)

Reaction of Isocyanides with Diborane (Hydroboration)

In reiner Stickstoffatmosphäre 0.1 mol Isocyanid in 250 ml Äther lösen, auf −80°C abkühlen, rühren, 0.05 mol B_2H_6 (mit N_2 1:6 verdünnt) einleiten. Nach 1 h die klare Lösung auf Raumtemperatur bringen, den Äther im Vakuum abziehen, den verbleibenden farblosen Rückstand im Hochvakuum destillieren. Nur III mit R = H und R^1 = Cyclohexyl lagert sich bei wiederholter Sublimation in IV um [5].

Beim Einleiten von B_2H_6 in eine Lösung von Phenylisocyanid in Dimethyl- oder Diäthyläther bei −110°C entsteht ein weißer Festkörper, dem die Struktur IV mit R = H und $R^1 = C_6H_5$ zugeordnet wird [6].

Wird dagegen die stöchiometrische Menge Diboran langsam bei −68°C und unter Rühren in eine 5%ige Lösung von Phenylisocyanid in Petroläther (t_s = 30 bis 50°C) gegeben, 3 h gerührt und die Lösung bei −68°C im Vakuum eingeengt, so kann ausgefallenes III mit R = H und $R^1 = C_6H_5$ abfiltriert werden [7].

Reaktion von Cyanwasserstoff mit Trialkylboran

Reaction of Hydrogen Cyanide with Trialkylborane

Gasförmiges HCN bei Raumtemperatur in Triäthyl- oder Tri-n-butylboran (Molverhältnis 6:1) einleiten. Es entsteht ein farbloses Öl, das sich nur teilweise destillieren läßt. Aus der niedrigst siedenden Fraktion (90 bis 100°C/0.01 Torr beim Äthyl- und 120 bis 135°C/0.01 Torr beim n-Butylderivat) kristallisiert das entsprechende 1,4-Diaza-2,5-diborinan IV aus [8].

Reaktion von Diazomethan mit Iminoboran

Reaction of Diazomethane with Iminoborane

Zu 5.11 mmol Diazomethan in 50 ml Äther eine Lösung von 1.28 g (4.27 mmol) VIII in 50 ml Äther zutropfen, 20 min bei Raumtemperatur rühren, 1 h unter Rückfluß kochen, filtrieren, den Niederschlag mit Pentan waschen, trocknen [9].

Literatur zu 2.6.2.2:

[1] G. Hesse, H. Witte (Angew. Chem. **75** [1963] 791/2). — [2] G. Hesse, H. Witte (Liebigs Ann. Chem. **687** [1965] 1/9). — [3] S. Bresadola, G. Carraro, C. Pecile, A. Turco (Tetrahedron Letters **1964** 3185/8). — [4] J. Casanova, H. R. Kiefer, D. Kuwada, A. H. Boulton (Tetrahedron Letters **1965** 703/14). — [5] A. Meller, H. Batka (Monatsh. Chem. **101** [1970] 648/54).

[6] J. Tanaka, J. C. Carter (Tetrahedron Letters **1965** 329/32). — [7] S. Bresadola, F. Rosetto, G. Puosi (Tetrahedron Letters **1965** 4775/8). — [8] G. Hesse, H. Witte, H. Haußleiter (Angew. Chem. **78** [1966] 748). — [9] P. I. Paetzold, G. Stohr (Chem. Ber. **101** [1968] 2874/80).

2.6.2.3 Kenngrößen

Numerical Data

Die Kenngrößen sind in Tabelle 2/13, S. 144/6, zusammengefaßt.

Literatur zu 2.6.2.3:

[1] S. Bresadola, F. Rosetto, G. Puosi (Tetrahedron Letters **1965** 4775/8). — [2] A. Meller, H. Batka (Monatsh. Chem. **100** [1969] 1823/28). — [3] I. Casanova, R. E. Schuster (Tetrahedron Letters **1964** 405/9). — [4] G. Hesse, H. Witte (Liebigs Ann. Chem. **687** [1965] 1/9). — [5] S. Bresadola, G. Carraro, C. Pecile, A. Turco (Tetrahedron Letters **1964** 3185/8).

[6] J. Casanova, H. R. Kiefer, D. Kuwada, A. H. Boulton (Tetrahedron Letters **1965** 703/14). — [7] G. Hesse, H. Witte (Angew. Chem. **75** [1963] 791/2). — [8] A. Meller, H. Batka (Monatsh. Chem. **101** [1970] 648/54). — [9] G. Hesse, H. Witte, G. Bittner (Liebigs Ann. Chem. **687** [1965] 9/14). — [10] J. Tanaka, J. C. Carter (Tetrahedron Letters **1965** 329/32).

[11] J. Casanova, H. R. Kiefer (J. Org. Chem. **34** [1969] 2579/83). — [12] G. Hesse, H. Witte, H. Haußleiter (Angew. Chem. **78** [1966] 748). — [13] H. Witte (Tetrahedron Letters **1965** 1127/9).

Tabelle 2/13
Kenngrößen der Diaza-dibora-cycloalkane (Formelstrukturen vgl. Reaktionsschema, S. 141).

Nr.	R	R^1	t_f in °C	Ausbeute in % d. Th.	Darstellung¹)	Lit.	M_r ber.	M_r gef.²)	Bemerkungen
III_1	H	C_6H_5	135 (Zers.)		2	[1]		232 (osm)	luftempfindliches, kristallines Produkt
III_2	Cl	CH_3	58 (Zers.)		4	[2]			$t_{subl.} = 25°C$ (10^{-3} Torr)
III_3	Cl	C_2H_5	78 (Zers.)		4	[2]			$t_{subl.} = 65°C$ (12 Torr)
III_4	Cl	cyclo-C_6H_{11}	77 (Zers.)		4	[2]			$t_{subl.} = 90°C$ (10^{-3} Torr) } farblos, kristallin; Gelbfärbung durch allmähliche Zersetzung
III_5	Cl	C_6H_5	103 (Zers.)		4	[2]			$t_{subl.} = 85°C$ (10^{-3} Torr)
III_6	Br	CH_3	32 (Zers.)		4	[2]			$t_{subl.} = 42°C$ (10^{-3} Torr)
III_7	Br	C_2H_5	92 (Zers.)		4	[2]			$t_{subl.} = 86°C$ (10^{-3} Torr)
III_8	CH_3	i-C_4H_9	119/120.5 (Zers.)		1	[3]			große, farblose Platten aus Benzol
III_9	CH_3	C_6H_5	199	16	1	[4]	318.1	325.6 (th)	
III_{10}	C_2H_5	C_2H_5	> 200 (Zers.)		1	[5]	306	306	
			231/2		1	[6]			
III_{11}	C_2H_5	C_6H_5	144	39	1	[7]			
			143/4	39	1	[4]	402.3	390.8 (kry, m)	
III_{12}	n-C_4H_9	C_6H_5	125	71	1	[4]	570.6	556.5 (kry, m) 556.2 (th, m)	
			125	58	1	[7]			
III_{13}	n-C_4H_9	cyclo-C_6H_{11}	129/31	3	1	[4]	582.7		
III_{14}	$-CH(CH_3)-CH(CH_3)-CH_3$	CH_3			2	[8]			$t_B = 80°C$ } ölige Flüssigkeiten; t_B ist die Temperatur des Luftbades bei der Reinigungsdestillation bei 10^{-3} Torr
III_{15}	$-CH(CH_3)-CH(CH_3)-CH_3$	C_6H_{11}			2	[8]			$t_B = 120°C$

Tabelle 2/13 [Fortsetzung]

Kenngrößen der Diaza-dibora-cycloalkane (Formelstrukturen vgl. Reaktionsschema (1), S. 141).

Nr.	R	R^1	t_f in °C	Ausbeute in % d. Th.	Darstellung[1])	Lit.	M_r ber.	M_r gef.[2])	Bemerkungen
III_{16}	C_6H_5	C_6H_5	285/8 (Zers.)	72	1	[9]	690.3	678 (th) 684 (eb)	
III_{17}	C_6H_5	cyclo-C_6H_{11}	339/4 (Zers.)	22	2	[9]	702.6	713 (th, m)	
III_{18}	C_6H_5	p-$(C_2H_5)_2N$-C_6H_4	275/80 (Zers.)	89	1	[9]	824.8	818 (th, m)	
IV_1	H	C_6H_5	80/120 (Zers.)		2	[10]			
IV_2	H	cyclo-C_6H_{11}	117/9 (Zers.)		2	[8]			
IV_3	CH_3	C_6H_5	171 170.5/171	ca. 50	1	[4] [11]	318.1	316.1 (th)	
IV_4	C_2H_5	H	65	5	3	[12]			
IV_5	C_2H_5	C_6H_5	204 204	ca. 90	1 1	[4] [7]	402.3	395.0 (kry)	Substanz ist sublimierbar; t_f in abgeschmolzener Kapillare bestimmt
			203/4 203/5		1 1	[6] [11]			aus Acetonitril umkristallisiert
IV_6	C_2H_5	p-ClC_6H_4	210/2	92	1	[11]			aus Benzol-Methanol umkristallisiert
IV_7	C_2H_5	p-$NO_2C_6H_4$	250/60 (Zers.)	10	1	[11]			aus Chloroform; Nitrierung von IV_5 liefert IV_7 zu 48%
IV_8	C_2H_5	p-$H_2NC_6H_4$	226/8			[11]			durch Reduktion von IV_7 hergestellt; Analysenwerte sind unbefriedigend, da Verbindung instabil; aus Methanol umkristallisiert
IV_9	C_2H_5	p-ClH_3N-C_6H_4	336/40 (Zers.)		aus IV_8	[11]			aus Methanol-Äthanol
IV_{10}	C_2H_5	p-CH_3CONH-C_6H_4	350 (Zers.)		aus IV_8	[11]			

Tabelle 2/13 [Fortsetzung]
Kenngrößen der Diaza-dibora-cycloalkane (Formelstrukturen vgl. Reaktionsschema (1), S. 141).

Nr.	R	R^1	t_f in °C	Ausbeute in % d. Th.	Darstellung¹)	Lit.	M_r ber.	M_r gef.²)	Bemerkungen
IV_{11}	n-C_4H_9	H	71	14	3	[12]			
IV_{12}	n-C_4H_9	C_6H_5	168/9	ca. 90	1	[4]	570.6	545.2 (kry) 567.3 (th)	Substanz sublimierbar; t_f in abgeschmolzener Kapillare bestimmt
			168/9		1	[7]			
IV_{13}	n-C_4H_9	cyclo-C_6H_{11}	144 142/4	ca. 90	1	[4] [11]	582.7	569.7 (th)	
V	C_2H_5	C_2H_5	95/7		1	[5]			
			101/3		1	[6]			aus Benzol-Äther umkristallisiert
VI_1	C_2H_5	C_6H_5	140/1	96	5	[11]	402.2	390 ± 8 (osm) 395 (isp)	aus Methanol umkristallisiert; M_r-Bestimmung in Benzol
VI_2	C_2H_5	p-ClC_6H_4	158/60	84	5	[11]			aus Aceton umkristallisiert
VI_3	C_2H_5	p-NO_2-C_6H_4	230	33	Nitrierung von VI_1	[11]			aus Äthanol umkristallisiert
				75	5	[11]			
VI_4	n-C_4H_9	C_6H_5	132/3	50	4	[13]			aus Aceton umkristallisiert
VI_5	n-C_4H_9	p-$H_2NC_6H_4$	131	92	5	[11]			aus Aceton umkristallisiert

¹) Die Darstellungsmethoden sind entsprechend der Reihenfolge im Abschnitt 2.6.2.2 geordnet. Es bedeuten: 1 = Reaktion von Phenylisocyanid mit Trialkylboran, 2 = Isocyanid mit Diboran, 3 = HCN mit Trialkylboran, 4 = Alkylisocyanid mit Halogenboran, 5 = katalytische und 6 = thermische Umlagerung von IV. — ²) Die in Klammern gesetzten Abkürzungen bezeichnen die Bestimmungsmethode; eb = ebullioskopisch, isp = isopiestisch, kry = kryoskopisch, m = Mittelwert aus mehreren Messungen, osm = osmometrisch, th = thermoelektrisch.

2.6.2.4 Eigenschaften, Verhalten

Properties. Reactions

Für die einzelnen Verbindungen gelten die im Abschnitt 2.6.2.1, S. 141, in der Reaktionsgleichung (1) verwendeten Numerierungen. Die Indizes an diesen römischen Ziffern entsprechen den Nummern, die den jeweiligen Verbindungen in der Tabelle 2/13, S. 144/6 (Abschnitt 2.6.2.3) gegeben wurden.

Ähnlich den cyclischen Amin-boranen III sind alle 1,4-Diaza-2,5-diborinane IV farblose, luftbeständige Festkörper, die teilweise gut kristallisieren und/oder sich sublimieren lassen [1, 2]. In unpolaren Lösungsmitteln sind fast alle Verbindungen III und IV gut, in polaren dagegen schwer löslich. Die 1,4-Diaza-2,5-diborinane lösen sich dabei meist schwerer als die zugehörigen Cycloamin-borane III [2]. Außer ihrer starken Bildungstendenz ist bei den Verbindungen III, IV und VI vor allem ihre Beständigkeit gegen Hydrolyse und Oxydation überraschend. Nur unter härteren Bedingungen (z. B. Oxydation mit Chromtrioxid oder Perjodsäure in Eisessig) lassen sie sich abbauen [1 bis 3]. Diese Abbaureaktionen dienten zum Beweis der Molekülstrukturen. So liefert das 1,4-Diphenyl-2,3,3',4,5,5'-hexa-n-butyl-1,4-diaza-2,5-diborinan IV_{12} mit Chromyltrichloracetat [4] bereits unterhalb Raumtemperatur Di-n-butylketon, Anilin und etwas Trichloressigsäure-n-butylester [2]. Mit Perjodsäure bildet sich in Eisessig n-Butylacetat [5]. Bei der entsprechenden Verbindung des Typs III entsteht mit CrO_3 in Essigsäure Di-n-butylketon und etwas Trichloressigsäure-n-butylester. Deswegen läßt sich eine dem Abbau vorhergehende Umlagerung von III nach IV vermuten [2].

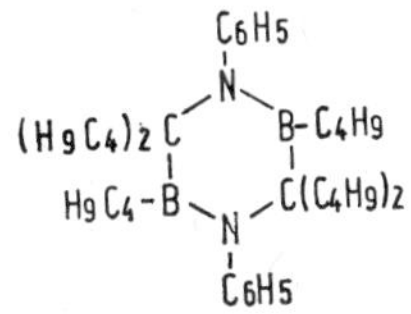

IV_{12}

Eine ähnliche Umlagerung wird bei der Ringverengung eines 1,4-Diaza-2,5-diborinans IV zum entsprechenden 1,3-Diaza-2,4-diborolan VI in Gegenwart von $AlCl_3$ angenommen [6]. Läßt man eine Lösung von IV_{12} in Petroläther mit einem 25fachen Überschuß an wasserfreiem Aluminiumchlorid stehen, so tritt intensive Blaufärbung ein. Nach vorsichtigem Zersetzen mit Natronlauge liefert die Aufarbeitung der Petrolätherphase die Verbindung VI_4 zu 50% der Theorie. Nach dem Umkristallisieren aus Aceton bildet VI_4 farblose, an der Luft unbeschränkt haltbare Kristalle, die in Petroläther, Benzol, Chloroform und Äther leicht, in Methanol dagegen schwer löslich sind. Ätherisches HCl greift die Verbindung nicht an; mit alkalischem H_2O_2 dagegen läßt sich VI_4, im Unterschied zu IV_{12}, in Tetrahydrofuran [7] glatt zu Bruchstücken abbauen, die seine Struktur beweisen (5-n-Butylnonanol-5, Anilin, Di-n-butylketon, n-Butanol). Die Bildung von VI soll über einen $AlCl_3$-Komplex

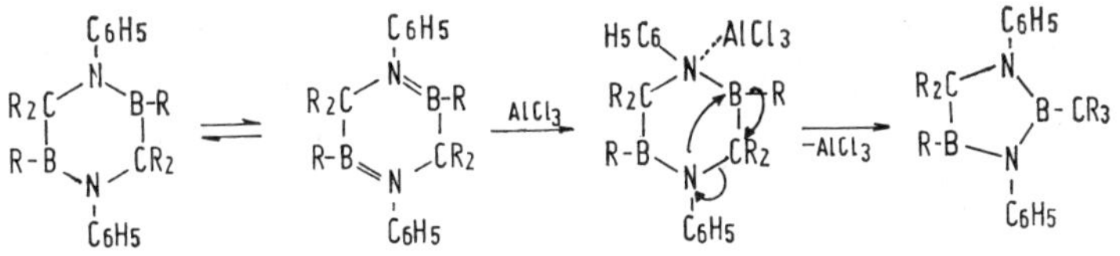

IV_{12} VI_4

verlaufen [6]. Ein solcher Reaktionsverlauf weist Ähnlichkeit mit der Umsetzung von Alkylboranen mit Bis(1,3-diphenyl-imidazolidinyliden-2) zu 2-Alkyl-1,3-diphenyl-1,3,2-diazaborolanen [8] auf (vgl. Abschnitt 2.5.1.1.4, S. 119).

Bei 300 bis 310°C wandeln sich die Diaza-diborinane IV entweder schnell und mit guten bis sehr guten Ausbeuten in die entsprechenden Diaza-diborolane VI um, oder sie zersetzen sich. Bei einer solchen thermischen Zersetzung wird kein Hauptprodukt gebildet, und durch Umkristallisieren läßt sich kein Einzelbestandteil abtrennen [9]. Dies bedeutet, daß das Ringsystem VI in solchen Fällen nicht gebildet wird. Denn vorhandenes VI ließ sich aus anderen untersuchten Reaktionsmischungen ohne Schwierigkeiten isolieren. Besonders auffällig ist der Unterschied im Reaktionsverhalten der 1,4-Diaza-2,5-diborinane IV_3 ($R = CH_3$, $R^1 = C_6H_5$) und IV_5 ($R = C_2H_5$, $R^1 = C_6H_5$). Die Äthylverbindung IV_5 läßt sich nämlich zu 96% umwandeln, während sich die Methylverbindung IV_3 völlig zersetzt. Welche Faktoren für das Eintreten der Umlagerung verantwortlich zu machen sind, ist unbekannt. Fest steht nur, daß eine N-Arylsubstitution vorliegen und die B-Alkylsubstituenten größer als CH_3 sein müssen. Casanova und Kiefer [9] diskutierten den Einfluß der Konformation des

1,4-Diaza-2,5-diborinans (Wannen- oder Sesselform) auf die Ringverengung und sind der Ansicht, den Vorgang als Elektronenmangel-Umlagerung vom Wagner-Meerwein-Typ klassifizieren zu können.

Einen Überblick über die chemischen Reaktionen der Äthylverbindung VI_1 gibt folgendes Reaktionsschema [9]:

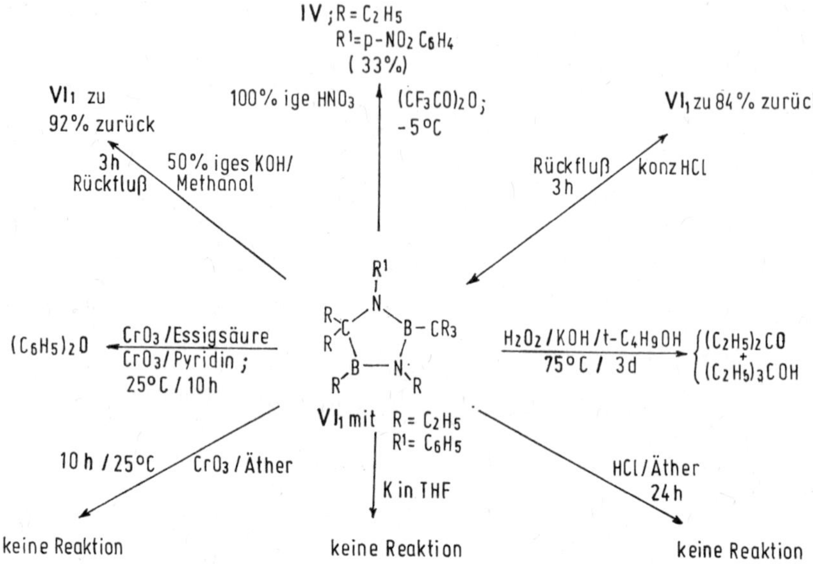

Die chemische und thermische Stabilität dieser Heterocyclen ist ungewöhnlich. Im Gegensatz zu anderen offenkettigen oder cyclischen B–N-Verbindungen [10] reagieren sie nicht mit Hydroxiden (vgl. Abschnitt 2.8.2.3, S. 180/1). Selbst metallisches Kalium in Tetrahydrofuran (THF) bewirkt keine Reaktion. Andererseits zeigt sich die große Stabilität dieses Fünfringes darin, daß sich VI_1 mit 100%igem HNO_3 in Trifluoressigsäureanhydrid zu VI_3 nitrieren läßt. Wegen dieser chemischen Inertheit ließen sich keine gezielten Abbaureaktionen durchführen. Für den Nachweis der Formelstruktur wurden herangezogen: Elementaranalyse, osmometrische Molmassenbestimmung, IR-, UV-, ^1H-NMR-, ^{11}B-NMR- und Massenspektren [9].

Die Formelstrukturen der anderen Diaza-dibora-heterocyclen und Diaza-dibora-aminborane wurden durch ähnliche Untersuchungen belegt [1, 2, 11, 12] (vgl. Abschnitt 2.6.2.1, S. 140).

Eine Strukturbestimmung durch dreidimensionale Röntgenanalyse wurde am 1,3-Di-p-chlorphenyl-2-triäthyl-carbinyl-4-äthyl-5,5-diäthyl-1,3-diaza-2,4-diborolan durchgeführt [13, 14]. Die tetragonale Raumgruppe ist $P4_2/m–C^2_{4h}$; die Elementarzelle hat die Kantenlängen $a = 16.943 \pm 0.008$ und $c = 9.599 \pm 0.005$ Å. Bei ca. -125°C sind 4 Formeleinheiten in der Elementarzelle enthalten. Bei 1819 unabhängigen Reflexen ergibt sich die Struktur sowohl nach der direkten wie nach der Patterson-Methode mit einem R-Wert von 0.084. Dem Fünfring ist danach die m(Cs)-Symmetrie (Pseudosymmetrie) zuzuordnen. Die Bindungslängen sind N(1)–B(2) = 1.433 ± 0.010, B(2)–N(3) = 1.489 ± 0.009, N(3)–B(4) = 1.421 ± 0.010, B(4)–C(5) = 1.576 ± 0.011 und C(5)–N(1) = 1.492 ± 0.010 Å. Verglichen mit der Standardlänge von 1.58 Å für die B–N-Einzelbindung [15] und von 1.35 Å für die B–N-Doppelbindung [16, 17] lassen die erhaltenen Bindungslängen auf einen geringen Konjugationsanteil und eine extensiv delokalisierte π-Bindung am dreifach koordinierten Bor und Stickstoff schließen. Reihenfolge und Anordnung der Orbitale lassen sich deuten, wenn die IR-Spektren mit herangezogen werden [13 bis 15].

Literatur zu 2.6.2.4

[1] G. Hesse, H. Witte, H. Haußleiter (Angew. Chem. **78** [1966] 748). — [2] G. Hesse, H. Witte (Liebigs Ann. Chem. **687** [1965] 1/9). — [3] A. Grote, A. Haag, G. Hesse (Liebigs Ann. Chem. **755** [1972] 67/85). — [4] H. Schildknecht, W. Föttinger (Liebigs Ann. Chem. **659** [1962] 20/6). — [5] G. Hesse, H. Witte (Angew. Chem. **75** [1963] 791/2).

[6] H. Witte (Tetrahedron Letters **1965** 1127/9). — [7] H. C. Brown, Subba Rao (J. Am. Chem. Soc. **78** [1956] 5694/5). — [8] G. Hesse, A. Haag (Tetrahedron Letters **1965** 1123/5). — [9] J. Casanova, H. R. Kiefer (J. Org. Chem. **34** [1969] 2579/83). — [10] R. J. Brotherton, A. L. McCloskey (Advan. Chem. Ser. **42** [1964] 131/8).

[11] A. Meller, H. Batka (Monatsh. Chem. **100** [1969] 1823/8). — [12] A. Meller, H. Batka (Monatsh. Chem. **101** [1970] 648/54). — [13] C. C. Tsai, W. E. Streib (Tetrahedron Letters **1968** 669/72). — [14] C. C. Tsai, W. E. Streib (Acta Cryst. B **26** [1970] 835/46). — [15] W. N. Lipscomb, R. Lewin (Advan. Chem. Ser. **42** [1964] 312/22).

[16] J. Watanabe, K. Ito, M. Kubo (J. Am. Chem. Soc. **82** [1960] 3294/7). — [17] E. Cartmell, G. W. A. Fowles (Valency and Molecular Structure, New York 1961, S. 154). — [18] Gmelin Handbuch, Ergänzungswerk „Borverbindungen" Tl. 5 (B-N-Verbindungen, Abschnitt „Die B–N-Bindung").

2.6.3 Systeme mit unabhängigem Ringstickstoff

Systems with Independent Ring Nitrogen

2.6.3.1 Allgemeines, Nomenklatur

General. Nomenclature

In diesem Abschnitt sind die Heterocyclen mit B–N-Gruppierung (vgl. Abschnitt 2.1, S. 88) zusammengestellt, bei denen noch zusätzlich ein oder mehrere C-Atome durch ein oder mehrere N-Atome ersetzt sind. Nach den im Abschnitt 2.3, S. 89 gegebenen Nomenklaturvorschriften kann das nebenstehende Ringsystem streng als 1,3-Diaza-4-borolan (= 1,3,4-Diazaborolan) oder anschaulicher als 4-Aza-1,2-azaborolan bezeichnet werden.

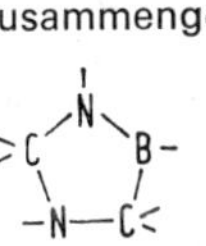

Da die hier beschriebenen Verbindungen eng mit den im Abschnitt 2.6.2, S. 140 beschriebenen verwandt sind, wird die dort benutzte Bezifferung der Verbindungen beibehalten und fortgeführt.

2.6.3.2 Darstellung

Preparation

Die bei der Bildung von 1,4-Diaza-2,5-diborinanen geforderte Zwischenstufe der Iminomethinborane II (vgl. Abschnitt 2.6.2.1, S. 140) läßt sich in einer 1,3-Cycloaddition mit Verbindungen abfangen, die eine polare Mehrfachbindung enthalten [1].

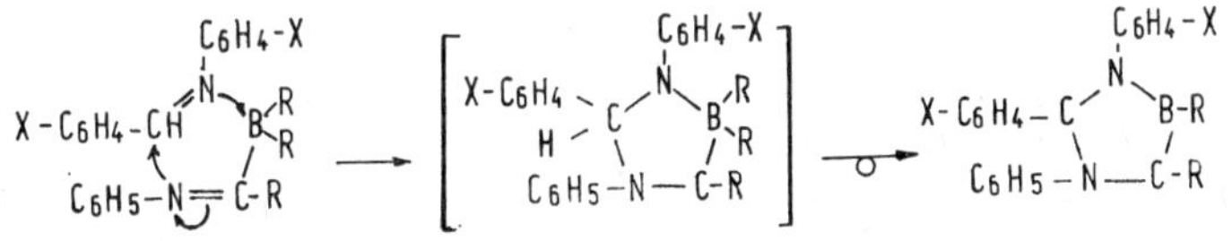

II IX X

a) $R = C_2H_5$, $X = H$
b) $R = C_3H_7$, $X = H$
c) $R = C_4H_9$, $X = H$
d) $R = C_4H_9$, $X = Cl$

Bei der Einwirkung von Phenylisocyanid auf eine Mischung aus Tri-n-butylboran und Benzalanilin (Molverhältnis 1:1:1) in Äther bei Raumtemperatur entsteht Xc. Die Bildung dieses 2,3,3-Tri-n-butyl-1,4,5-triphenyl-4-aza-1,2-azaborolans (= 3,5,5-Tri-n-butyl-1,2,3-triphenyl-1,3,4-diazaborolans) soll entweder direkt oder über die Additionsverbindung IXc erfolgen (1). Die Umlagerung von IX in X würde dann der thermischen Isomerisierung der Cyclo{bis-[methinamino(N-B, C-B)-borane]} III in die 1,4-Diaza-2,5-diborolane IV entsprechen (vgl. Abschnitt 2.6.2.1, S. 140) [1, 2].

Ebenso wie Xc werden Xb und Xd (mit p,p'-Dichlorbenzalanilin) dargestellt. Die Umsetzung von Phenylisocyanid, Benzalanilin und Triäthylboran liefert unter den üblichen Bedingungen nur das entsprechende Cyclo-amin-boran III. Xa mit $R = C_2H_5$ und $X = H$ läßt sich gewinnen, wenn das Isocyanid mit dem Trialkylboran zum Addukt I bei −80°C umgesetzt und nach Zugabe von Benzalanilin auf Raumtemperatur erwärmt wird [1].

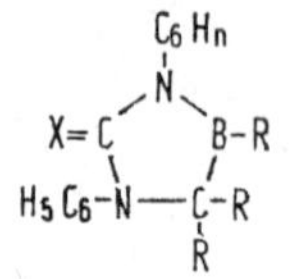

XI a) n = 5, X = O, R = C_4H_9
b) n = 5, X = S, R = C_4H_9
c) n = 5, X = S, R = C_2H_5
XII n = 11, X = $C_6H_{11}N$, R = C_4H_9

Dieselbe Maßnahme führt zur Bildung von XIc. Alle drei 1,3,4-Diazaborolane XI lassen sich mit Phenylisocyanat oder Phenylsenföl als Abfangreagenz erhalten. XII entsteht aus N,N'-Dicyclohexylcarbodiimid, das sich mit nur einer C=N-Doppelbindung an das Iminoboran aus Phenylisocyanid und Tri-n-butylboran anlagert [1].

Organische Isocyanide setzen sich mit Trialkylboranen und Phenylisocyanid im Molverhältnis 1:2:2 um. Den Reaktionsprodukten wird die Molekülstruktur von Derivaten des 1,4,7-Triaza-2,5-dibora-bicyclo[3,3,0]octans XIV zugeschrieben. Als Primärschritt der Reaktion kann die Addition des Isocyanids an das Iminoboran unter Bildung von XIII angenommen werden. Die Anlagerung eines weiteren Iminoboran-Moleküls an die BN-Gruppe in XIII führt zum Bicyclus XIV. Das Reaktionsschema (2) enthält auch die Reaktionen von XIV [1].

(2)

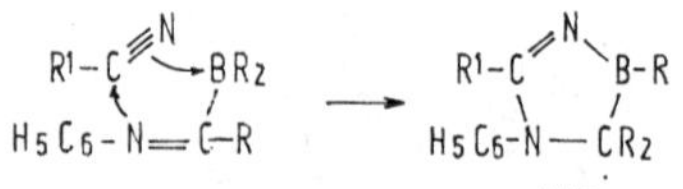

	R	R^1
a	CH_3	C_6H_5
b	C_2H_5	C_6H_5
c	C_4H_9	C_6H_5
d	C_4H_9	p-ClC_6H_4
e	C_4H_9	$ClCH_2$

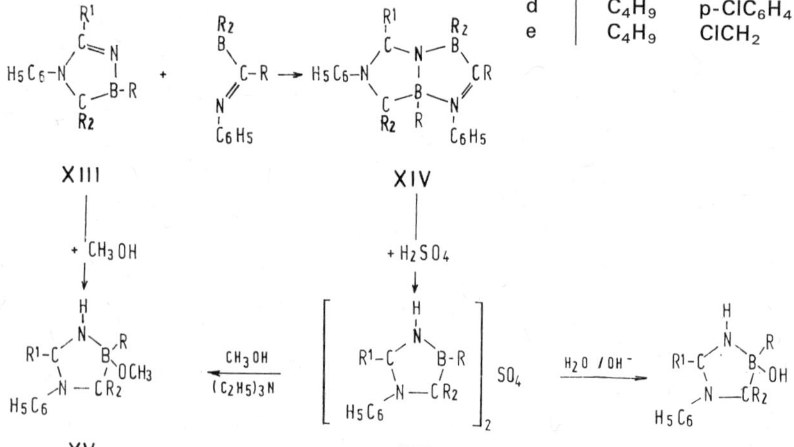

Im Gegensatz zu den vorher beschriebenen Reaktionen ergeben aromatische Aldehyde als Abfangreagenzien keine Borheterocyclen, sondern Oxazolane (= Oxazolidine nach der Hantzsch-Widman-Nomenklatur) [1].

Preparation Methods

Präparative Methodik

Drei untereinander sehr ähnliche Darstellungsmethoden können angewandt werden.

1) Zu 50 mmol Trialkylboran und 50 mmol Abfangreagenz (s. oben) in 70 ml absolutem Äther unter N_2 in 20 min 50 mmol (= 5.2 g) Phenylisocyanid (in 50 ml Äther gelöst) tropfen, 3 h unter Rückfluß kochen, im Vakuum einengen, mit Methanol ausfällen, absaugen und umkristallisieren.

2) Zu 50 mmol Trialkylboran in 40 ml Äther ein Gemisch aus je 50 mmol Abfangreagenz und Phenylisocyanid in 40 ml Äther tropfen. Weiterführung wie unter 1).

3) 50 mmol Trialkylboran in 30 ml Äther lösen, auf −80°C abkühlen, zuerst das Phenylisocyanid in 10 ml Äther dann das Abfangreagenz in 30 ml Äther zutropfen, langsam auf Raumtemperatur

erwärmen (die Reaktion kann sehr heftig werden), mehrere Stunden stehen lassen und wie unter 1) aufarbeiten [1].

Literatur zu 2.6.3.2

[1] H. Witte, W. Gulden, G. Hesse (Liebigs Ann. Chem. **716** [1968] 1/10). — [2] G. Hesse, H. Witte, W. Gulden (Tetrahedron Letters **1966** 2707/10).

2.6.3.3 Kenngrößen

Numerical Data

Die Tabelle 2/14 enthält die Angaben zur Darstellung und die Kenngrößen der B–N–C-Heterocyclen X bis XVII [1].

Tabelle 2/14

Darstellung und Kenngrößen von B–N–C-Heterocyclen mit unabhängigem Ringstickstoff¹).

Verbindung	R	X bzw. R^1	Präparative Methode	Ausbeute in % d. Th.	t_f in °C²)	M_r ber.	M_r gef.³)
Xa	C_2H_5	H	3	58	85/7 (Äthanol)		
Xb	C_3H_7	H	1	41	85/6 (Isopropanol)		
Xc	C_4H_9	H	1	73	102/3 (Methanol-Äthanol)	466.5	465
Xd	C_4H_9	Cl	1	65	89 (Isopropanol)		
XIa	C_4H_9	O	2	61	54	404.4	416
XIb	C_4H_9	S	2	63	101 (Methanol)	420.4	411
XIc	C_2H_5	S	3	75	98 (Methanol)		
XII	C_4H_9	$C_6H_{11}N$	1	79	88/9	491.6	489
XIVa	CH_3	C_6H_5	3	13	122/3 (Äthanol)		
XIVb	C_2H_5	C_6H_5	3	62	127 (Äthanol-Aceton)	505.4	506
XIVc	C_4H_9	C_6H_5	2	75	98/9 (Methanol-Aceton)	673.7	674
XIVd	C_3H_9	p-ClC_6H_4	2	75	108/10 (Äthanol)	708.2	704
XIVe	C_4H_9	$ClCH_2$	2	61	75/6 (Äthanol-Aceton-Essigester = 2:2:1)		
XVb	C_2H_5	C_6H_5		77	118/20 (Cyclohexan)	336.3	336⁴)
XVIb	C_2H_5	C_6H_5		93			
XVIIb	C_2H_5	C_6H_5		67	136/7 (Petroläther)	322.3	306³), 322⁴)

¹) Die Bezeichnungen der Verbindungen sind identisch mit denen des Abschnitts 2.6.3.1, S. 149. — ²) Zum Umkristallisieren benutztes Lösungsmittel in Klammern. — ³) Thermoelektrisch bestimmt. — ⁴) Aus dem Massenspektrum entnommener Wert.

Literatur zu 2.6.3.3

[1] H. Witte, W. Gulden, G. Hesse (Liebigs Ann. Chem. **716** [1968] 1/10).

2.6.3.4 Eigenschaften, Verhalten

Properties. Reactions.

Die Strukturvorschläge für die B–N–C-Heterocyclen X bis XVII ergeben sich aus den Elementaranalysen, den Molmassenbestimmungen, den IR-, ¹H-NMR-Spektren (vgl. Abschnitt 2.7, S. 152) und aus Abbaureaktionen.

Mit Ausnahme der schwach grünlichen Bicyclen XIVc, d und e sind alle Verbindungen farblos und kristallin. Nur XIa und XIVe fallen bei der Darstellung nicht sofort als Kristalle, sondern als ölige Flüssigkeiten an. Das luftempfindliche Öl XIa kristallisiert nach einigen Tagen von allein, während das grüne Öl XIVe zunächst in Benzol an einer Al_2O_3-Säule (basisch, Aktivitätsstufe 1) gereinigt und dann mit wenig Äthanol zur Kristallisation gebracht werden muß. XII löst sich gut in allen organischen Solventien. X, XI und XIV sind in polaren Lösungsmitteln schlecht, in unpolaren dagegen gut löslich.

Die Luftbeständigkeit ist unterschiedlich. Bei den Verbindungen X nimmt sie mit der Größe des Restes R zu. Xa zersetzt sich bereits nach wenigen Tagen, Xc ist einige Wochen und Xd unbegrenzt haltbar. Einstündiges Erhitzen unter N_2 bis 240°C zersetzt Xc nicht. Die beiden Thioverbindungen XIb und c sind ebenso wie XII und XIVa bis e luftbeständig. Die Oxoverbindung XIa dagegen wird an der Luft ziemlich schnell zersetzt. Aus einer ca. 10%igen methanolischen Lösung von XII scheiden sich nach einiger Zeit Kristalle eines Addukts mit 2 mol CH_3OH ab (t_s = 60 bis 61°C) [1].

Decomposition Reactions

Abbaureaktionen

Verbindung Xc ergibt beim Erhitzen unter N_2 in einem Gemisch aus Dioxan und wäßriger Salzsäure Anilin (91%) und Benzaldehyd (23%). Nach Abtrennen des Anilin-hydrogenchlorids erhält man durch Oxydation mit alkalischem H_2O_2 Di-n-butylketon (79%) [2].

Aus XIa entsteht mit konzentrierter Salzsäure und Dioxan an der Luft N,N'-Diphenyl-harnstoff (61%) und Di-n-butyl-keton (22%). XIc wird von alkalischem H_2O_2 zu Diäthylketon (31%) und unter Austausch des Schwefels gegen Sauerstoff [3] zu N,N'-Diphenyl-harnstoff abgebaut.

Bei XII führt der Abbau mit alkalischem H_2O_2 zu Di-n-butyl-keton (43%) und N,N'-Dicyclohexyl-N''-phenyl-guanidin (90%).

XIVb ist gegen alkalisches H_2O_2 beständig. Der Abbau mit konzentrierter Salzsäure und H_2O_2 in Gegenwart von Tetrahydrofuran liefert N-Phenyl-benzamidin (91%).

Das Methanol-Addukt XVb und das Wasser-Addukt XVIIb reagieren mit Salzsäure-Wasserstoffperoxid zum Phenylbenzamidin (75% bzw. 96%). Die Reduktion von XVIIb mit $LiAlH_4$ in Äther und anschließende Oxydation mit H_2O_2 in neutraler Lösung liefert Diäthylketon (49%) [1].

Decomposition to Sulfate XVI and to Adducts XV and XVII

Umsetzung zum Sulfat XVI und den Addukten XV und XVII

Sulfat XVIb: 10 g (= 198 mmol) XIVb in 25 ml Dioxan lösen, mit 50 ml 50%iger Schwefelsäure versetzen, 6 h bei 90°C rühren, abkühlen, ausäthern, die wäßrige Phase auf das Dreifache verdünnen, den abgeschiedenen Kristallbrei abfiltrieren und trocknen. Die Aufarbeitung des Filtrats liefert Anilin.

Methanol-Addukt XVb: 0.75 g (= 1.1 mmol) Sulfat XVIb in 15 ml absolutem Methanol suspendieren, langsam mit 3 ml absolutem Triäthylamin versetzen, 30 min rühren, im Vakuum eindampfen, den Rückstand in absolutem Äther aufnehmen, wobei sich Triäthylammoniumsulfat als Öl abscheidet. Die Ätherphase eindampfen und den Rückstand unter N_2 aus Cyclohexan umkristallisieren.

Wasser-Addukt XVIIb: 1 g (= 1.42 mmol) Sulfat XVIb in 20 ml Äther suspendieren, bis zur klaren Lösung mit verdünntem NaOH versetzen, die Ätherschicht abtrennen, mit Na_2SO_4 trocknen, im Vakuum eindampfen, den hellbraunen, festen Rückstand solange aus Petroläther umkristallisieren, bis das Addukt farblos ist.

Wird die methanolische Mutterlauge der Darstellung von XIVb im Vakuum eingedampft und der Rückstand aus Cyclohexan umkristallisiert, so ist dieser Rückstand nach IR-Untersuchungen identisch mit dem Methanol-Addukt XVb [1].

Literatur zu 2.6.3.4

[1] H. Witte, W. Gulden, G. Hesse (Liebigs Ann. Chem. **716** [1968] 1/10). — [2] G. Hesse, H. Witte, W. Gulden (Tetrahedron Letters **1966** 2707/10). — [3] W. Walter, J. Voss, J. Curts (Liebigs Ann. Chem. **695** [1966] 77/86).

Spectra and Molecular Structure of Saturated B–N–C Heterocycles

2.7 Spektren und Molekülstruktur der gesättigten B–N–C-Heterocyclen

Vibrational Spectra

2.7.1 Schwingungsspektren

Die Schwingungsspektroskopie (IR und Raman) kann über die Fragen der Hybridisierung, Bindungsordnung, Kraftkonstanten und Symmetrie Aufschluß geben.

Die am häufigsten gestellte Frage ist die nach der Hybridisierung des Bors in der Bor–Stickstoffbindung. In Diazaboracycloalkanen mit dem Molekülteil I wird eine sp^2-Hybridisierung sowohl des Bors als auch des Stickstoffs erwartet, so daß I planar sein sollte.

I 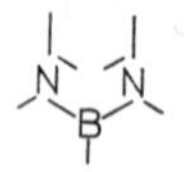

Ob eine zusätzliche π-Rückbindung vom Stickstoff zum Bor erfolgt, kann die Größe der Kraftkonstanten für die B–N-Bindung entscheiden. Aus dem Vergleich der Frequenzen für die Valenzschwingung ν_{BN} in Aminboranen, Aminoboranen und Iminoboranen läßt sich die Bindungsordnung abschätzen. In Tabelle 2/15 sind die Werte der Kraftkonstanten und Schwingungsfrequenzen von B–N- und C–C-Bindungen zusammengestellt [1].

Tabelle 2/15
Kraftkonstanten und Frequenzen von B–N- und C–C-Bindungen.

Verbindungs-klasse	Bindung	Kraftkonstante in 10^5 dyn/cm	Wellenzahl in cm^{-1}
Aminborane	B ← N	3.7	950 bis 1050
Iminoborane	B ⩦ N	6.3	1450
Aminoborane	B ⇇ N	7.5	1530
Alkane	C — C	4.5	1100 bis 1300
Aromaten	C ⩦ C	7.6	1500, 1600
Alkene	C = C	9.4	1650 bis 1670

In 2-Methyl-1,3-diaza-2-boracyclohexan II und in 1,8,10,9-Triazaboradekalin III, liegen die Werte für die B–N-Valenzschwingung im Bereich von 1360 bis 1500 cm^{-1}.

II 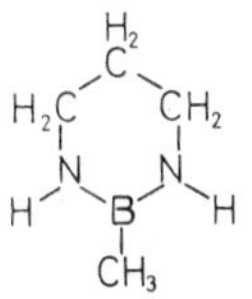 III 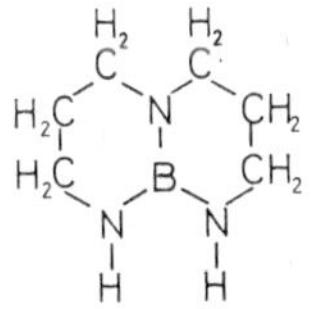

In Tabelle 2/16 sind diese Werte nach den Schwingungsklassen ν_s (symmetrisch), ν_{as} (antisymmetrisch) und nach den Bor-Isotopen 10 und 11 aufgeschlüsselt [2, 3].

Tabelle 2/16
Valenzschwingung der B–N-Bindung in cm^{-1} in den Azaboracycloalkanen II und III.

Art	II	III
$\nu_{as}(^{11}BN_2)$	1492	1506
$\nu_{as}(^{10}BN_2)$	1502	1516
$\nu_s(^{11}BN_2)$	1360	1435
$\nu_s(^{10}BN_2)$	1372	1445

Nach dem Vergleich mit Tabelle 2/15 muß die Kraftkonstante der B–N-Bindung in den Verbindungen II und III ähnlich der von Iminoboranen und die Bindungsordnung >1 sein. Die hohen Frequenzen sprechen für die Überlappung der freien p_z-Orbitale von Stickstoff und Bor. Die NH-Valenzschwingung (ν_{NH}) und die Deformationsschwingung (δ_{NH}) erscheinen bei 3474 und 1310 cm^{-1} für II, bei 3465 und 1328 cm^{-1} für III und entsprechen damit den Werten von heterocyclischen sekundären Aminen wie Pyrrol und Indol [4].

Das Vorliegen sechsgliedriger Ringe wird durch die Ramanfrequenzen 769 cm^{-1} in II [5], 888 cm^{-1} (Ringpulsation) und 860 cm^{-1} (Ringdeformation) in III gesichert.

Der alicyclische Teil unterscheidet sich nicht von den analogen Kohlenwasserstoffen im Ramanspektrum:

$$\nu_{as}(CH_2) = 2905\ cm^{-1} \text{ und } \nu_s(CH_2) = 2850\ cm^{-1}.$$

Hexahydro-1,2,3-triphenyl-4H,7H-2,3a,6a,9a-tetraaza-1,3,9b-triboraphenalen IVa zeigt natürlich keine N–H-Valenzschwingung, deren Abwesenheit aber für die Richtigkeit der vorgeschlagenen Struktur spricht [6].

Die ν_{BN}-Frequenz äußert sich in einer sehr starken Bande bei 1408 cm^{-1} mit einer Schulter auf der hochfrequenten Seite. Für die BN-Ringbindung charakteristisch ist die Deformationsschwingung $\delta_{BN} = 710\ cm^{-1}$, die auch in IVb auftritt.

Für IVb wird eine ν_{NH}-Frequenz von 3480 cm^{-1} ermittelt. Die stärkste Bande im Spektrum ist die B–N-Valenzschwingung mit $\nu = 1451\ cm^{-1}$. Bemerkenswert ist die Verschiebung in den kurzwelligen Bereich. Die B–N-Bindung scheint also bei Substitution am Stickstoffatom durch eine Gruppe mit negativem mesomeren Effekt schwächer zu werden. Ein ähnlicher Sachverhalt wird von Becher [7] beobachtet. Er erhält für die ν_{BN}-Schwingung in B-Triphenyl-borazin eine Frequenz von 1472 cm^{-1}, während in N-Triphenyl-B-triphenyl-borazin sich die B–N-Valenzschwingung nach 1369 cm^{-1} verschiebt.

Niedenzu berichtet über einen Biheterocyclus, dessen zwei NH-Gruppen auch zwei verschiedene Frequenzen ergeben (3380 cm^{-1} und 3270 cm^{-1}). Deswegen und aus Gründen des Reaktionsablaufs erscheint Struktur Vb plausibel.

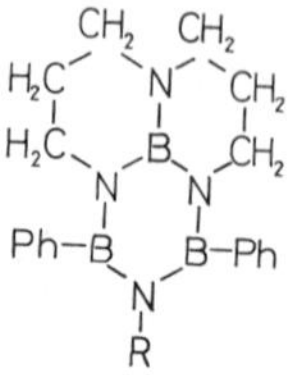

IVa: R = Phenyl
IVb R = H

Im Biheterocyclus mit der vorgeschlagenen Formel Va liegen die beiden NH-Gruppen zwischen einem Boratom und einer alicyclischen Kette. Es besteht kein Anlaß für einen Unterschied in den ν_{NH}-Frequenzen, wogegen im Biheterocyclus Vb (Strukturvorschlag) die beiden NH-Gruppen verschiedene Nachbarn haben.

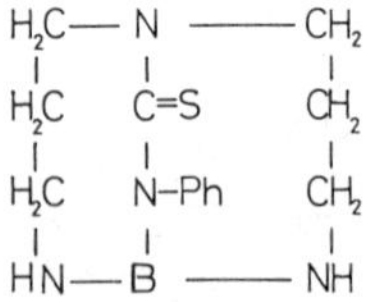

Va

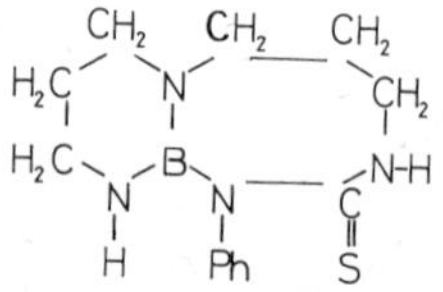

Vb

Die IR-Spektren der 2-Hydrido-1,3,2-diazaboracyclohexane VI und VII zeigen die ν_{BH}-Schwingungen im Bereich von 2500 cm^{-1}. Die B–N-Valenzschwingung erscheint zwischen 1510 und 1530 cm^{-1} und weist damit auf eine Bindungsordnung > 1.0 hin [8].

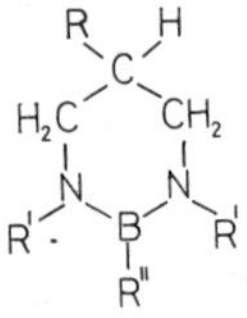

R = H, CH_3
R' = CH_3, C_2H_5
R'' = H

VI

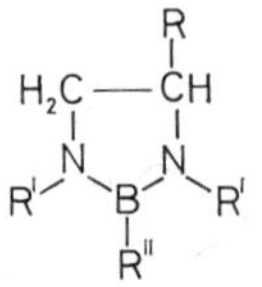

VII

Die Ramanspektren des Diazaboracyclohexans mit R = H, R = CH_3 und R' = H (VI) und des homologen Diazaboracyclopentans (VII) sind in Tabelle 2/17 wiedergegeben [9].

Tabelle 2/17

Ramanspektren der Verbindungen VI und VII.

VI	VII	Zuordnung	VI	VII	Zuordnung
3465	3492	A1		1092	A1
3394	3452	B1 ν_{NH}	1045	1042	B1 γ_{CH_2}
2950	2961	B1	955	980	A2 γ_{NH}
2905	2911	A1	900	910	A1 δ_{NH}
2858	2857	A2 ν_{CH}	858	858	A1 ν_{BC}
1488	1583	A1	813	814	B2
	1543	B1 ν_{BN}	765	755	A2 ρ_{CH_2}
	1456	B1	695	712	B1
1435	1427	A1 δ_{CH_2}	536	576	A1 δ(Ring)
	1340	A1	380	367	B2 γ(Ring)
1329		? ν(Ring)	325	333	B1 δ_{BC}
1275			288	282	A2 γ(Ring)
	1235	A2 τ_{CH_2}?	222	236	B2 γ_{BC}
1190	1192	B1			
1110	1125	A1 ν(Ring)			

Die Valenzschwingung ν_{NH} in VI und VII weist mit ihrer hohen Frequenz (3458 cm^{-1}) auf einen hohen Anteil N–B-Rückbindung hin. Beim Übergang zum 5-Ring erhöht sich diese Frequenz, was auf Auftreten von Ringspannung zurückgeführt werden kann. Die B–N-Valenzschwingung ist erwartungsgemäß hoch mit 1488 cm^{-1} in VI. In VII erreicht sie nach [5] den unwahrscheinlichen Wert von 1583 cm^{-1}, was die Autoren mit Ringspannung und Methylsubstitution erklären. Allerdings scheint die Zuordnung wegen der CH-Deformationsschwingungen im Gebiet um 1500 cm^{-1} problematisch.

In 1,3,2-Diazabora-2-phenyl-1,3-dimethyl-cyclopentan (1,3-Dimethyl-2-phenyl-1,3,2-diazaborolan) sind die Banden bei 1503 und 1408 cm^{-1} die stärksten im Spektrum und verschwinden beide nach der Hydrolyse [10]. Da bei der Hydrolyse B–N-Bindungen getrennt werden, ist anzunehmen, daß die erwähnten Banden B–N-Schwingungen darstellen.

Meller und Marecek [9] bestätigen die relativ hohe Frequenz ν_{BN} in 1,3,2-Diazabora-1,3-dimethylcyclopentanen. Mit Substitution am Boratom durch Cl, OCH_3 und OCD_3 liegt die asymmetrische Valenzschwingung ν_{as}(NBN) um 1520 cm^{-1}. Auch hier tritt Überlagerung mit der δ_{as}-Schwingung der N-CH_3-Gruppe auf. Die symmetrische BN-Valenzschwingung ist mit Frequenzen um 1300 cm^{-1} bedeutend energieärmer.

Die Kopplung der ν_{as}(NBN)- mit der $\delta_{as}(CH_3)$-Schwingung führt zum Ausfall der Isotopenaufspaltung, die an sich eine Zuordnungshilfe abgibt.

Daneben kompliziert die Kopplung das Spektrum recht erheblich, da die Mischung der Gruppenfrequenzen zu einer Erhöhung der Bandenzahl führt. So zweigt sich die Schwingung ν_{as}(NBN) in eine Bande bei ungefähr 1520 cm^{-1} und eine bei 1412 cm^{-1} auf, die sich mit der Deformationsschwingung $\delta(NCH_3)$ mischt, die ihrerseits mit der ν_{as}(NBN)-Bande bei 1520 cm^{-1} koppelt und eine Zusatzbande bei 1513 cm^{-1} erzeugt.

Niedenzu und Mitarbeiter synthetisieren aus 3,3'-Bis(aminopropyl)-amin mit Bis(dimethylamino)-phenylboran ein Ringsystem VIII mit den Strukturmöglichkeiten VIIIa und VIIIb [11].

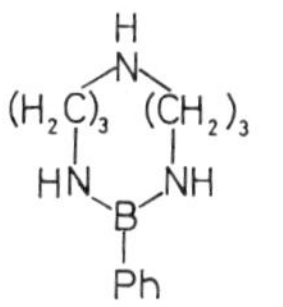

VIIIa

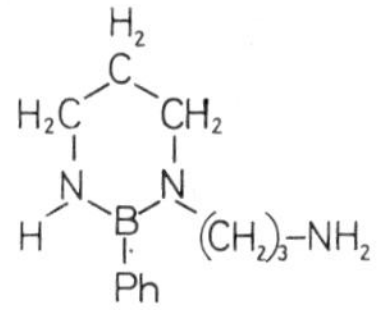

VIIIb

In der Struktur VIIIa gibt es nur eine Schwingungsrasse ν_{NH}. Es sollten aber wegen des chemischen Unterschieds zwei Banden unterschiedlicher Intensität erwartet werden. Tatsächlich lassen sich in der Verbindung VIII drei Banden beobachten: $\nu_{as}(NH_2)$ = 3480 cm^{-1}, $\nu_s(NH_2)$ = 3400 cm^{-1} und ν_{NH} = 3340 cm^{-1}. Deshalb liegt für VIII die Struktur VIIIb nahe. In der Verbindung IX, die zwei verschiedene B–N-Bindungen enthält, liegen die entsprechenden Frequenzen wie folgt: ν_{as}(NBN) = 1492 cm^{-1}, ν_s(NBN) = 1350 cm^{-1} und ν(BN, exocycl.) = 1459 cm^{-1}.

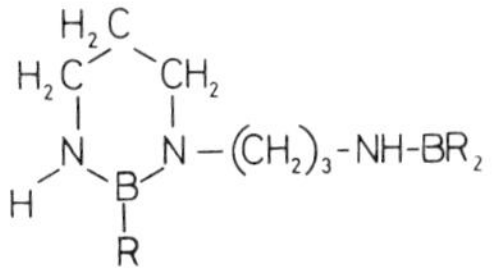

IX

Das 1-(ω-Aminopropyl)-2-hydrido-1,3,2-diazaboracyclohexan IX mit R=H und BR_2=H) [12] ergibt erwartungsgemäß drei NH-Valenzschwingungen bei 3478, 3464 und 3390 cm^{-1} entsprechend $\nu_{as}(NH_2)$, $\nu_s(NH_2)$ und ν(NH).

Die Valenzschwingung ν_{as}(NBN) erscheint hochfrequent bei 1505 cm^{-1} und stellt eine sehr starke Bande dar. Um 1450 cm^{-1} finden sich die Schwingungen $\delta_{as}(CH_2)$ und $\delta_{as}(NCH_2)$, für die zweite BN-Frequenz ν_s(NBN) findet man eine Bande bei 1360 cm^{-1}.

Die ν_{BH}-Schwingung zeigt die Isotopenaufspaltung mit den Banden 2524 cm^{-1} (m, sh) für ^{10}B und 2490 cm^{-1} (m bis s) für ^{11}B.

Die B–H-Valenzschwingung koppelt kaum mit anderen Schwingungen, da die Massenunterschiede zwischen den beteiligten Atomen zu groß sind [4, S. 200].

Im Gegensatz zu Goubeau, Zappel [5] beobachten Wang, Busse, Niedenzu [13] eine niedrigere Frequenz $\nu_{as}(NBN)$. Allerdings befinden sich die Werte in den 2-Halogen-1,3,2-diazabora-cycloalkanen des Typs X im Gebiet von 1510 bis 1540 cm^{-1}.

X 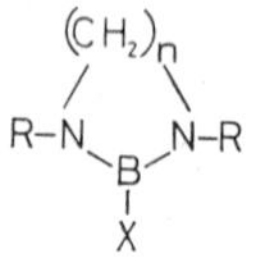 mit $R = CH_3$ und $R = C_2H_5$; X = F, Cl, Br

Aus diesem Frequenzwert erhielt man die unrealistisch hohe Bindungsordnung von ≈2. Es wird also wie bei Goubeau, Zappel in [5] eine Kopplung mit der Schwingung $\delta_{as}(CH_2)$ angenommen.

Die B–N-Frequenz $\nu_{as}(NBN)$ wird durch Substitution an den Atomen 1,2,3 des Heterocyclus nicht beeinflußt. So bleibt sie in 1,3,2-Diazaboracycloalkanen mit n = 2,3 und 4, X = CH_3, C_6H_5 und n-C_4H_9, R' = H, CH_3 und C_2H_5 und R'' = CH_3 und C_2H_5 im Bereich von 1500 ± 15 cm^{-1} [14]. Selbst die Ringspannung, die bei n = 2 von [5] als mögliche Erklärung für die außerordentliche Höhe der $\nu_{as}(NBN)$-Frequenz verwandt wird, wirkt sich nicht merklich aus. Diese Ansicht wird von Niedenzu, Fritz in einer früheren Mitteilung bereits ausgesprochen [11].

Im Fall R' oder R'' = H deutet die relativ niedrige Frequenz $\nu_{NH} = 3400\ cm^{-1}$ nur untergeordnete Assoziation der Moleküle an, was mit kryoskopischen Messungen [14] bestätigt wird.

Die Ringgröße hat aber einen deutlichen Einfluß auf die C–C-Valenzschwingung, deren Frequenzwert mit der Ringgröße in Tabelle 2/18 korreliert ist.

Tabelle 2/18

Frequenz der Valenzschwingung ν_{CC} in Abhängigkeit von der Ringgröße in 1,3,2-Diazabora-cycloalkanen [14].

n	ν_{CC} (cm^{-1})
2	870 ± 20
3	760
4	700 ± 25

Im zweikernigen 1,8,10,9-Triazaboradecalin III erscheinen starke Banden im Bereich um 1510, 1434 und 1320 cm^{-1} [15], die wahrscheinlich den Schwingungen $\nu_{as}(NBN)$, ν_{BN} und $\nu_s(NBN)$ angehören. Eine endgültige Zuordnung ist nach Isotopenanreicherung zu erwarten.

Die NH-Schwingung bei 3400 cm^{-1} läßt nur untergeordnete Assoziation erwarten.

In einer späteren Mitteilung über die gleiche Verbindung beobachten Rothgery und Niedenzu [12] im Bereich 1510 bis 1320 cm^{-1} nur zwei starke Banden bei 1507 und 1359 cm^{-1}, die möglicherweise B–N-Schwingungen zuzuordnen sind. Die ν_{NH}-Bande erscheint bei 3462 cm^{-1}.

Literatur zu 2.7.1

[1] V. I. Spitsyn, I. D. Kolli, R. A. Rodionov, A. I. Grigor'ev, T. G. Sevast'yana, V. M. Perfil'ev (Russ. J. Inorg. Chem. **12** [1967] 613/6). — [2] J. W. Dawson, P. Fritz, K. Niedenzu (J. Organometal. Chem. **5** [1966] 211/7). — [3] K. Niedenzu, J. W. Dawson, P. Fritz (Z. Anorg. Allgem. Chem. **342** [1966] 297/306). — [4] C. N. R. Rao (in: Chemical Applications of Infrared Spectroscopy, New York 1963, S. 247). — [5] J. Goubeau, A. Zappel (Z. Anorg. Allgem. Chem. **279** [1955] 38/58).

[6] P. Fritz, K. Niedenzu, J. W. Dawson (Inorg. Chem. **4** [1965] 886/9). — [7] H. J. Becher, S. Frick (Z. Anorg. Allgem. Chem. **295** [1958] 83/92). — [8] E. F. Rothgery, P. J. Busse, K. Niedenzu (Inorg. Chem. **10** [1971] 2343/5). — [9] A. Meller, H. Marecek (Monatsh. Chem. **98** [1971] 2336/47). — [10] K. Niedenzu, H. Beyer, J. W. Dawson (Inorg. Chem. **1** [1962] 738/42).

[11] K. Niedenzu, P. Fritz (Z. Anorg. Allgem. Chem. **340** [1965] 329/36). — [12] E. F. Rothgery,

K. Niedenzu (Syn. Inorg. Metal-Org. Chem. **1** [1971] 117/21). — [13] T. Wang, P. J. Busse, K. Niedenzu (Inorg. Chem. **9** [1970] 2150/2). — [14] W. Weber, J. W. Dawson, K. Niedenzu (Inorg. Chem. **5** [1966] 726/8). — [15] K. Niedenzu, P. Fritz, J. W. Dawson (Inorg. Chem. **3** [1964] 1077/9).

2.7.2 NMR-Spektren

NMR Spectra

In 1,3,2-Diazaboracycloalkanen

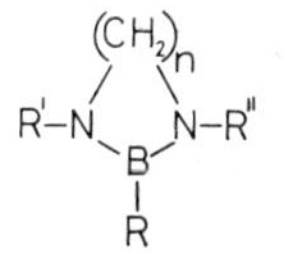

kann das Kernresonanzspektrum der Wasserstoffatome an den zum Stickstoff α-ständigen Kohlenstoffatomen über die Planarität der N-B-N-Gruppierung Aufschluß geben. Auf Grund der sp^2-Hybridisierung und der sich daraus ermöglichenden p_π–p_π-Überlappung zwischen Stickstoff und Bor sollte im Fall n = 1 C_{2v}-Symmetrie vorliegen. Das ^{1}H-NMR-Spektrum entspräche dem einfachen Muster $[A]_2$ (Nomenklatur nach Haigh [1]).

Im Fall mit n = 2 läßt sich unter obigen Voraussetzungen das Spinsystem $[[A]_2]_2$ annehmen, das ebenfalls wie im Fall mit n = 1 eine NMR-Linie ergibt. Der Schluß, daß beim Auftreten einer Linie für die Methylenprotonen ebene Konfiguration vorliegt, ist nicht ganz berechtigt, da durch schnelle Inversion eine magnetische Äquivalenz vorgetäuscht werden kann.

Das Spektrum von 1,3-Dimethyl-2-phenyl-diazaboracyclopentan (n = 2, R' = R'' = Methyl, R = Phenyl) zeigt für die chemische Verschiebung der Phenylprotonen ein komplexes Muster $[AB]_2C$ mit dem Zentrum bei δ = 7.4 ppm. Die Methylgruppen kommen bei δ = 2.69 ppm in Resonanz, während die beiden Methylengruppen ein scharfes Singulett bei δ = 3.25 ppm ergeben [2]. Abel u. a. [3] erhielten für die Phenylgruppe in 1,3-Diäthyl-2-phenyldiazaboracyclopentan ein Singulett bei δ = 7.75 ppm, was wegen des Unterschieds in der Elektronegativität zwischen B und C überraschend ist, und für die Methylenprotonen ebenfalls ein Singulett bei δ = 3.30 ppm.

Die Beobachtung des scharfen Singuletts legt ebenen Bau des Moleküls oder schnelle Inversion nahe. Eine gewinkelte Cyclopentanstruktur ist aber wegen der 120°-Winkel an Stickstoff und Bor aus Spannungsgründen unwahrscheinlich.

Im Spektrum des 1,3,2-Diazaboracyclohexans (n = 3, R' = R'' = D, R = C_6H_5) [2] erwartet man für den alicyclischen Teil das Spinsystem $[A_2B]_2$, falls ebener Bau vorausgesetzt wird, also 5 Linien für B im Grenzfall schwacher Kopplung. Eine Verdrillung der mittleren CH_2-Gruppe aus der Ringebene ist jedoch wahrscheinlich.

Das Experiment zeigt für die mittlere Methylengruppe ein Quintett mit der Kopplungskonstanten J = 6 Hz bei δ = 1.77 ppm. Die zum Stickstoff α-ständigen Methylenprotonen erscheinen als Triplett bei δ = 3.06 ppm mit J = 6 Hz. Wird die Phenylgruppe am Bor durch eine Methylgruppe ersetzt, so verschieben sich die Signale der Methylenprotonen um etwa 0.2 ppm nach tieferem Feld. Die B-Methylgruppe selbst zeigt eine Chemische Verschiebung von δ = 0.33 ppm. Tauscht man die beiden Deuteriumatome am Stickstoff durch Wasserstoff aus, so tritt zusätzliche Kopplung in den ursprünglichen Tripletts der CH_2-N-Gruppen auf. Die Kopplungskonstante J_{HNCH} beträgt ungefähr 3 Hz.

J_{HNCH} hat für Stickstoff im Hybridisierungszustand sp^3 einen Wert von 5.0 bis 5.5 Hz, während sie für sp^2-Stickstoff nur etwa 3 Hz beträgt [4].

Dies ist eine weitere Stütze für die planare Anordnung der –N–B–N-Bindungen, welche die Teilnahme von π-Bindungen ermöglicht.

Das Spektrum des 1,3,2-Diazaboracycloheptans (n = 4) läßt wegen der Vielzahl der möglichen Kopplungen ein komplexes Muster erwarten.

Eine Zusammenfassung der ^{1}H-NMR-Daten aus den Untersuchungen von Niedenzu u. a. [2] ist in Tabelle 2/19, S. 158, gegeben (Kopplungskonstanten in Hz, chemische Verschiebung in ppm relativ zu Tetramethylsilan extern, Meßfrequenz 60 MHz und Meßtemperatur +38°C).

Tabelle 2/19

^{1}H-NMR-Parameter von 1,3,2-Diazaboracycloalkanen.

				Chemische Verschiebung in ppm			Kopplungskonstante in Hz	
n	R	R′	R″	**R**-B	N-$\mathbf{CH_2}$	C-$\mathbf{CH_2}$-C	J_{HNCH}	J_{HCCH}
2	C_6H_5	CH_3	H	7.25	3.30	—	—	—
2	C_6H_5	CH_3	CH_3	7.4	3.25	—	—	—
2	C_6H_5	C_2H_5	C_2H_5	7.25	3.30	—	—	—
3	H	H	H	?	2.95	1.72	3	6
3	CH_3	H	H	0.33	3.25	1.99	3	5
3	CH_3	D	D	0.21	3.39	2.00	—	6
3	CH_3	CH_3	CH_3	0.45	3.22	2.22	—	6
3	C_2H_5	H	H	0.56*)	2.97	1.71	3	6
3	C_6H_5	H	H	7.23	2.92	1.63	1	6
3	C_6H_5	D	D	7.29	3.06	1.77	—	6
3	C_6H_5	CH_3	CH_3	7.38	2.99	1.97	—	6

*) Dieser Wert gilt für die CH_2-Gruppe, die CH_3-Gruppe hat eine chemische Verschiebung von 0.78 ppm.

Die Möglichkeit einer chemischen Äquivalenz der Methylenprotonen in 1,3,2-Diazaboracycloalkanen wurde von Niedenzu u. a. [2] durch Tieftemperaturmessungen bis zu −70°C untersucht. Bei Abkühlung zeigte sich keine Aufspaltung in Konformerensignale, nicht einmel eine Linienverbreiterung. Daraus kann geschlossen werden, daß magnetische Äquivalenz vorliegt, die einen ebenen Bau der (–C–N–B–N–C–)-Gruppierung voraussetzt, der wiederum eine Bindungsordnung >1 ermöglicht.

Das ^{1}H-NMR-Spektrum von 1,8,10,9-Triazaboradekalin I enthält 2 Multipletts mit dem Flächenverhältnis 4:3 [5].

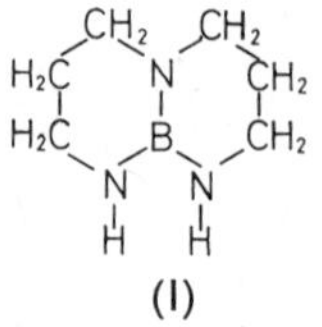

(I)

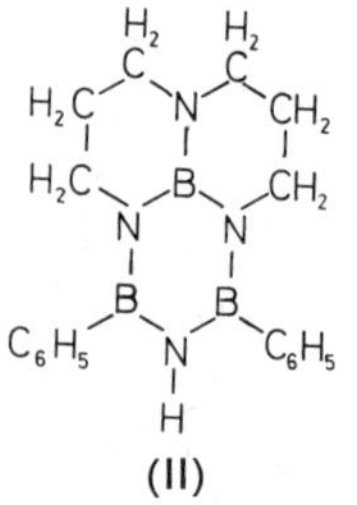

(II)

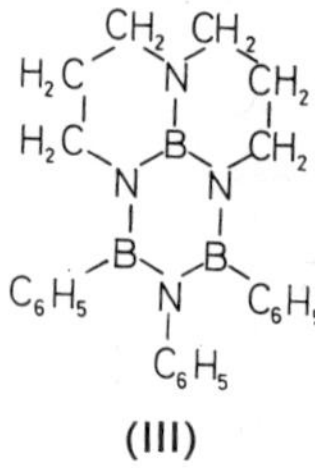

(III)

Das Sextett bei ungefähr 3,4 pmm besteht aus 2 Tripletts der Methylenprotonen an C_2/C_7 und C_4/C_5. Die chemischen Verschiebungen betragen $\delta = 3.36$ ppm für die Protonen an C_2 und C_7 und $\delta = 3.42$ ppm für die Protonen an C_4 und C_5. Die Kopplung mit den 2 Protonen am C_3 und C_6 führt zur Aufspaltung in Tripletts mit J = 6 Hz.

Das Quintett ($\delta = 2.25$ ppm) wird von den Methylengruppen am C_3 und C_6 durch Kopplung mit den Protonen an den C-Atomen 5 und 7 bzw. 2 und 4 erzeugt.

Außerdem liegt unter dem Quintett das relativ breite Signal der NH-Protonen, wodurch das Intensitätsverhältnis von 4:3 erklärt wird. Bei N-Deuterierung ändert sich das Intensitätsverhältnis nach 4:2. Das Quintett bleibt im wesentlichen erhalten.

Die Protonenresonanzspektren der Heterocycloalkane des Typs

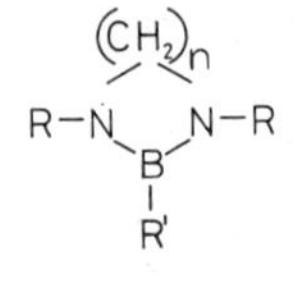

können, wenn n nicht größer als 3 ist, als Muster erster Ordnung behandelt werden. In Tabelle 2/20 sind die Werte der chemischen Verschiebung für die Verbindungsgruppe mit n = 3; R = H, CH_3, C_2H_5 und R' = H aus den Messungen von Rothgery u. a. [6] zusammengestellt (chemische Verschiebung δ in ppm, relativ zu externem Tetramethylsilan, relative Intensität I_{rel} und Multiplizität n:

Tabelle 2/20

Chemische Verschiebungen im ^{1}H-NMR-Spektrum von 1,3,2-Diazabora-cyclohexanen [6].

Verbindung	Gruppe	δ	n	I_{rel}
R = H	N–H	3.6	1	2
	N–CH_2–	3.27	6	4
	–CH_2–	2.00	5	2
R = CH_3	N–CH_3	2.67	1	6
	N–CH_2–	2.76	3	4
	–CH_2–	1.88	5	2
R = CH_2CH_3	CH_3–	1.15	3	6
	CH_3–**CH_2**–	3.09	4	4
	N–CH_2–	2.89	3	4
	–CH_2–	1.95	5	2

Im Vergleich zu den entsprechenden B-Halogen-1,3-diazaboraheterocyclen (R' = F, Cl, Br, I) [7] liegen bei den B-Hydridoverbindungen die entsprechenden Signale bei etwas höherem Feld. Daraus läßt sich entnehmen, daß die Gruppe >B–H einen geringeren Elektronenzug auf das übrige Ringskelett ausübt als > B–X, das eine stärkere Lewis-Säure darstellt. Der Einfluß der Ringgröße in der Verbindungsklasse der 1,3,2-Diazabora-cycloalkane mit 1,3-Dimethyl-Substitution macht sich im ^{11}B-NMR-Spektrum durch eine Verschiebung nach tieferem Feld bemerkbar, vgl. Tabelle 2/21 (chemische Verschiebung δ relativ zu externem Bortrifluoridätherat in ppm bei 19.3 MHz).

Tabelle 2/21

Chemische Verschiebung δ von ^{11}B in 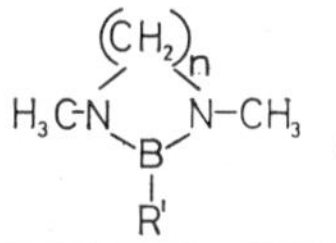 nach [6].

R'	n = 2	n = 3
J	−21.3	−21.4
Br	−26.0	−24.8
Cl	−27.0	−25.1
H	−28.3	−26.0
CH_3	−31.6	−29.2
$N(CH_3)_2$	−26.1	−25.2

Der Einfluß des B-Substituenten ist in den Cyclopentanen und -hexanen gleichartig.

Ändern sich die N-Substituenten in 1,3,2-Diazabora-cyclohexanen, so beeinflußt dies die Lage der ^{11}B-Resonanz-Signale wenig, vgl. Tabelle 2/22 [6].

Tabelle 2/22

^{11}B-chemische Verschiebung δ und Kopplungskonstante J_{B-H} in 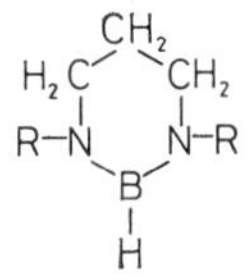

R	δ in ppm	J_{B-H} in Hz
H	−25.1	131
CH_3	−26.6	132
C_2H_5	−25.5	128

Obgleich mehrere Beobachtungen für die Planarität der BN_2-Gruppierung sprechen [2, 8 bis 10], untersuchen Davis u. a. [11] 1-Methyl-1,3-diaza-2-bora-2-phenyl-cyclohexane auf axiale und äquatoriale Konformation (A, B und C).

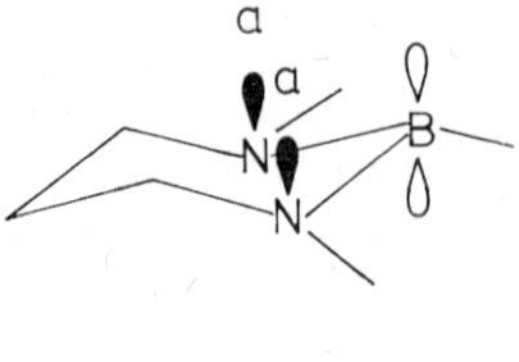

A

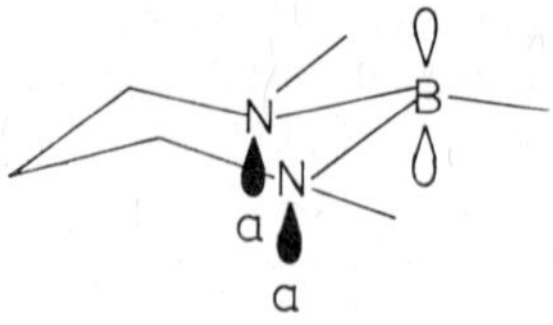

B

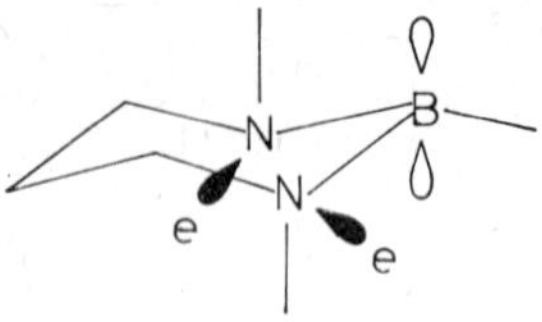

C

In den Konformeren A und B stehen die freien Orbitale der Stickstoffatome koplanar zu den nicht besetzten des Boratoms, so daß hier größte Wahrscheinlichkeit für eine Überlappung besteht. Die Beobachtung des Konformeren C widerspräche der Theorie der sp^2-Hybridisierung. Aus den ^1H-NMR-Daten [11], vgl. Tabelle 2/23, läßt sich kein schlüssiger Beweis für die Existenz von C ziehen.

Tabelle 2/23

Protonenresonanzspektren von 1,3,2-Diazabora-1,3-dimethyl-2-phenyl-cyclohexanen.

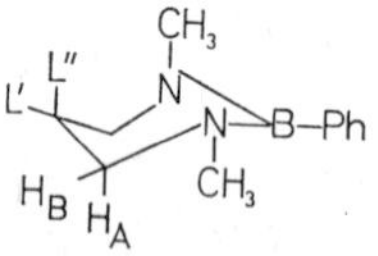

s = Singulett
d = Dublett
t = Triplett
q = Quintett

Verbindung	δ_A	δ_B	$\delta_{L''}$	$\delta_{L'}$	J_{AB}	$J_{L'L''}$	$J_{AL''}$	$J_{BL''}$	J_{AN}	δ_{NCH_3}
L'' = N=H	2.92 t	2.92 t	1.92 q	—	—	—	(7)	(7)	—	2.45 s
L'' = CH_3 L' = H	2.98 d	2.78 d	—	(0.96)	—	—	(7)	(7)	—	2.45 s
L'' = CH_3 L' = CH_3	2.71 s	2.71 s	(1.0)	(1.00)	—	—	—	—	—	2.48 s

Die eingeklammerten Werte der Kopplungskonstanten J bedeuten den Mittelwert $(J_{AL''} + J_{BL''})/2 = 7$ Hz, die das Dublett der Protonen an C_4 und C_6 erzeugt. Der Mittelwert entsteht durch schnelle Ringinversion bei Raumtemperatur, so daß A und B ein täuschend einfaches Spektrum („deceptively simple") [12] ergeben. Bei Abkühlung auf −80°C beobachten Davis u. a. [11] eine leichte Linienverbreiterung, im Gegensatz zu Niedenzu u. a. [2].

Daraus läßt sich schließen, daß, wenn überhaupt die Verbreiterung von verlangsamter Inversion herrührt, die Energieschwelle sehr tief liegt. Andererseits kann aber die sich bei tiefer Temperatur erhöhende Viskosität der Lösung schuld daran sein.

Da die chemische Verschiebung des ^{11}B-Kerns auf die Elektronenbesetzung des freien p-Orbitals des Boratoms empfindlich reagiert, sollte die Abschirmung die verschiedenen Konformationen der N-Methylgruppen widerspiegeln.

In Tabelle 2/24 sind die Meßwerte der ^{11}B-chemischen Verschiebung einiger B–N–C-Heterocyclen zusammengestellt.

Tabelle 2/24

^{11}B-chemische Verschiebung δ in ppm (relativ zu $BF_3 \cdot 2\,C_2H_5OC_2H_5$) von 1,3,2-Diazabora-cyclohexanen in verschiedenen Lösungsmitteln.

Nr.	Verbindung	Lit.	Lösungsmittel	δ	Linienbreite in Hz
IV	2-Phenyl-	[10]		−27.2	
V	2-Phenyl-1,3-dimethyl	[13]	ohne	−30.6	359
			Benzol	−29.5	144
VI	1,3,5-Trimethyl-2-phenyl-	[11]	ohne	−29.0	520
			Benzol	−29.4	136
VII	1,3,5,5-Tetramethyl-2-phenyl-	[11]	ohne	−28.8	306
			Benzol	−29.0	126

Ersatz der H-Atome in Stellung 1 oder/und 3 durch Methyl erzeugt eine Verschiebung nach tiefem Feld um ungefähr 2 ppm. Dieser unerwartete Umstand kann durch Wechselwirkung zwischen N-Methylgruppen und ortho-Wasserstoffatomen des Phenylrings gedeutet werden, die ein gewisses Abklappen des Phenylrings zur Folge hat. Dadurch ist die Koplanarität des unbesetzten Bor-Orbitals mit dem freien Stickstoff-Orbital nicht mehr gewährleistet, die Elektronendichte am Bor wird kleiner und damit auch die Resonanzfeldstärke.

Die sterische Anordnung der Verbindungen V und VI ist gleich, somit sollte auch die Überlappung im gleichen Ausmaß erfolgen, was an Hand der Werte für die chemische Verschiebung des ^{11}B-Kerns auch ersichtlich ist, vgl. Tabelle 2/24.

Die Einführung einer zweiten, notwendigerweise axialen Methylgruppe in Position 5 sollte eine weitere axiale Anordnung der Methylgruppen behindern. Die wenig unterschiedlichen Werte der chemischen Verschiebung in V, VI und VII (alle ≈ -29 ppm) lassen vermuten, daß in allen drei Verbindungen die diäquatoriale Orientierung vorliegt.

Im 1,3,2-Diazabora-1,3-dimethyl-2-phenylcyclopentan (VIII) [14] liegt die chemische Verschiebung des ^{11}B-Kerns bei -31.1 ppm um 2 ppm tiefer als in den Verbindungen V bis VII. Wenn in diesen beiden Gruppen die Hybridisierung des Stickstoffatoms sp^2 wäre, sollte der Unterschied in der ^{11}B-Resonanzlage geringer sein. Unter der Annahme, daß in beiden Gruppen (V bis VII und VIII) sp^3-Hybridisierung vorliegt, zeigen Dreiring-Modelle, daß im Fünfring Koplanarität der freien Elektronenpaare der Stickstoffatome und des unbesetzten p-Orbitals am Boratom nur unter starker Spannung möglich ist, wogegen sie sich beim Sechsring zwanglos ergibt. Dies ist eine Stütze für die sp^3-Hybridisierungsthese, jedoch nur unter der Annahme, daß die Elektronendichte am Bor der einzige Faktor ist, der die chemische Verschiebung beeinflußt (ähnlich der ^{31}P-Resonanz [15]).

Niedenzu u. a. [10] vergleichen die Lage der ^{11}B-Resonanzen in sechs- und siebengliedrigen 1,3,2-Diazabora-cycloalkanen ($n=3$: R = H, CH_3, $CH{=}CH_2$, C_2H_5, C_6H_5 und $n=4$: R = CH_3, n-C_4H_9, C_6H_5), s. unten, mit den Werten in Borazinen.

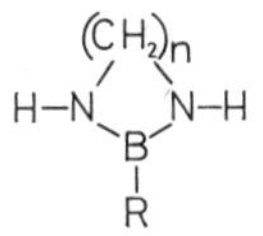

Die Autoren beobachten in allen Verbindungen des obigen Typs Werte der chemischen Verschiebung von -28.5 bis -30.1 ppm, relativ zu Bortrifluoridätherat. Da die Werte für Borazine sich im Bereich von -27 bis -32 ppm befinden, kommen sie zum Schluß, daß ähnliche Bindungsverhältnisse vorliegen.

Im 1,8,10,9-Triazaboradecalin erscheinen die Protonenresonanzsignale wie in Tabelle 2/25 angegeben.

Rothgery u. a. geben eine etwas genauere Beschreibung des ^{1}H-NMR-Spektrums [6]. Ihre Werte sind in Tabelle 2/25 in Klammern eingefügt (chemische Verschiebung δ in ppm, Multiplizität n, Kopplungskonstante J in Hz):

Tabelle 2/25
^{1}H-NMR-Spektrum von 1,8,10,9-Triazabora-decalin.

Gruppe	δ	Multiplizität n	J
N–CH_2–	3.0 (3.43)	2×3	5 (6.3)
–CH_2–	1.75 (2.31)	5	? (5.5)
NH	? (?)		

Diesen Daten ist nur zu entnehmen, daß planare Konfiguration der BN_3-Gruppierung vorliegt, die aber genausogut durch schnelle Inversion vorgetäuscht werden kann.

Die ^{11}B-Resonanz zeigt eine chemische Verschiebung von -22 ppm mit einer Halbwertsbreite von 100 Hz (Standard Trifluorboran-Diäthyläther-Komplex). Die relativ hohe Feldstärke im Vergleich mit der bei 1,3,2-Diazabora-cyclohexanen wird durch die zusätzliche Abschirmung des dritten Stickstoffatoms bewirkt, die kleine Halbwertsbeite der Resonanzlinie deutet auf die trigonale sp^2-Hybridisierung des B-Atoms hin.

Nöth und Abeler [16] stellen aus Triazaboradecalin durch N-Metallierung und Umsetzung mit Bis(dimethylamino)-dibordichlorid einen tricyclischen Abkömmling (IX) des 2,5-Diaza-1,3,4-triborolans dar.

IX

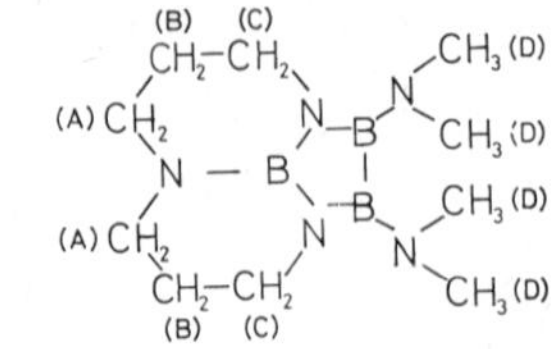

Das ^{1}H-NMR-Spektrum der Substanz IX in Benzol weist ein Triplett bei 3.85 ppm, ein Triplett plus ein Singulett bei 4.35 ppm, sowie ein Quintett bei 5.57 ppm auf. Die Flächen der Signale verhalten sich wie 1:4:1 und gehören den Protonen C, A + D und B an (Reihenfolge wie die der chemischen Verschiebungen).

Das ^{11}B-NMR-Signal der Gruppe B–B, durch die die zweizählige Spiegelachse geht, erscheint bei −35 ppm, das der BN_3-Gruppe bei −28.4 ppm.

Das Protonenresonanzspektrum des 1,7,9,8-Triazaborahydrindans X zeigt nur 3 Signale [6].

X

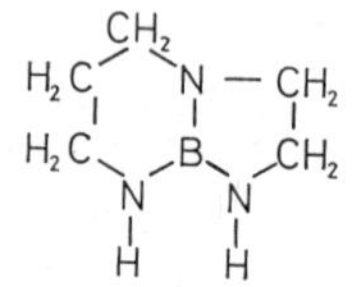

Ein Multiplett bei 3.4 ppm mit der relativen Intensität 8 wird von den Gruppen $-N-CH_2-$ verursacht, ein Quintett bei 2.55 ppm mit relativer Intensität 2 wird von der $C-CH_2-C$-Gruppe erzeugt, und ein breites Singulett bei 1.34 ppm, relative Intensität 2, gehört den NH-Protonen an. Die Verbreiterung beruht auf Quadrupolrelaxation des ^{14}N-Kerns in unsymmetrischer Bindung.

Literatur zu 2.7.2:

[1] E. F. Mooney, C. W. Haigh (in: E. F. Mooney, Annual Reports on NMR Spectroscopy, Bd. 4, London 1971, S. 311/62). — [2] K. Niedenzu, C. D. Miller, S. L. Smith (Z. Anorg. Allgem. Chem. **372** [1970] 337/44). — [3] E. W. Abel, R. P. Bush (J. Organometal Chem. **3** [1965] 245/52). — [4] A. A. Bothner-By (in: J. S. Wangh, Advances in Magnetic Resonance, Bd. 1, New York 1965, S. 308). — [5] K. Niedenzu, J. W. Dawson, P. Fritz (Z. Anorg. Allgem. Chem. **342** [1966] 297/306).

[6] E. F. Rothgery, P. J. Busse, K. Niedenzu (Inorg. Chem. **10** [1971] 2343/5). — [7] T. Wang, P. J. Busse, K. Niedenzu (Inorg. Chem. **9** [1970] 2150/2). — [8] F. A. Davis, I. J. Turchi, D. N. Greenley (J. Org. Chem. **36** [1971] 1300/2). — [9] K. Niedenzu, J. W. Dawson (in: E. L. Muetterties, The Chemistry of Boron and Its Compounds, New York 1967, S. 392). — [10] K. Niedenzu, P. Fritz, J. W. Dawson (Inorg. Chem. **3** [1964] 1077/9).

[11] F. A. Davis, I. J. Turchi, B .E. Maryanoff, K. O. Hutchins (J. Org. Chem. **37** [1972] 1583/7). — [12] J. W. Emsley, J. Feeney, L. H. Sutcliffe (in: High Resolution Nuclear Magnetic Resonance Spectroscopy, Bd. 1, New York 1965, S. 363). — [13] W. Weber, J. W. Dawson, K. Niedenzu (Inorg. Chem. **5** [1966] 726/28). — [14] K. Niedenzu, H. Beyer, J. W. Dawson (Inorg. Chem. **1** [1962] 738/42). — [15] J. M. Letcher, J. R. Van Wazer (J. Chem. Phys. **44** [1966] 815).

[16] H. Nöth, G. Abeler (Angew. Chem. **77** [1965] 506).

Mass Spectra

2.7.3 Massenspektren

Die Stabilität von cyclischen Boreniumionen des Typs I scheint gering zu sein, wie aus massenspektrometrischen Untersuchungen von Kotz und Mitarbeitern [1] hervorgeht.

I

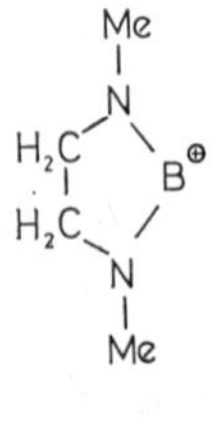

Beim Zerfall, der durch eine Elektronenenergie von 70 eV ausgelöst wird, zeigt 1,3-Dimethyl-2-phenyl-1,3,2-diazabora-cyclopentan einen Peak, der dem Ion I entspricht, mit einer Höhe von 1% des Basispeaks.

Das Fragment mit der größten Bildungswahrscheinlichkeit ist das Ion $Me_2N\text{-}\overset{+}{B}\text{-}C_6H_5$ mit 97% relativer Häufigkeit, während in der offenkettigen Verbindung Bis(-dimethylamino)-phenylboran die relative Wahrscheinlichkeit für den Verlust der Phenylgruppe immerhin 25% beträgt. Bei den Sechsringen scheint das Verhalten im Massenspektrum anders zu sein. Die 2-Hydrido-1,3,2-diazaboracyclohexane [2] bleiben im wesentlichen intakt, was das Ringskelett anbelangt. Dies ergibt sich aus der Tatsache, daß die Peaks nahe unterhalb des Molekülpeaks relativ hoch und die kleinen Massen weniger intensiv sind. Der Basispeak ist in allen Verbindungen der $(M-1)^+$-Peak, außer bei Äthylsubstitution in 1- und 3-Stellung, wo der Basispeak vom Ion $(M-15)^+$ gebildet wird. Daraus läßt sich entnehmen, daß nicht die Abspaltung des am Bor gebundenen Wasserstoffatoms den Basispeak erzeugt.

Die Massenspektren der analogen 2-Halogenverbindungen ergeben ähnliche Sachverhalte [3] (der $(M-1)^+$-Peak ist meistens der Basispeak), eine weitere Stütze für die Annahme, daß bei den 2-Hydridoverbindungen der Verlust einer Masseneinheit nicht von der Abspaltung des B-Wasserstoffatoms verursacht wird.

Im mehrkernigen Ringsystem II läßt sich mit Hilfe der Massenspektrometrie eine Entscheidung über die Strukturisomerie IIa und IIb treffen [4].

IIa 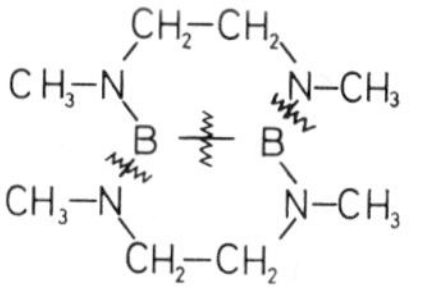

IIb 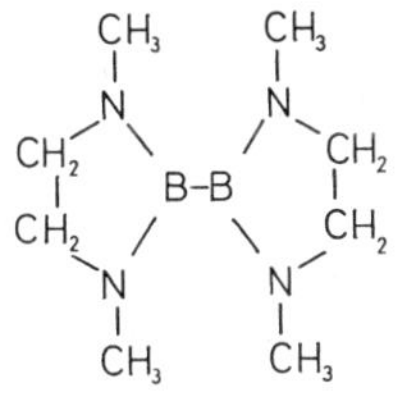

Wenn die Struktur bicyclisch ist (IIb), sollte das Massenspektrum mehr dem acyclischen Analogon entsprechen als im Fall kondensierter Ringe (IIa). Aus Analogmessungen an Bis(dimethylaminoboran) geht hervor, daß die höchsten Peaks etwas unterhalb der Molekülmasse erscheinen. Bei kondensierten Ringen wie IIa müßten drei Bindungen dissoziiert werden, um Massen mit etwa halber Molekülmasse zu erhalten. Dies erscheint nach statistischen und energetischen Betrachtungen unwahrscheinlich. In Tabelle 2/26 werden Fragmente der Analogverbindung Bis(dimethylaminoboran) und Verbindung II an Hand der Peaks mit einer Häufigkeit über 90% des Basispeaks verglichen.

Tabelle 2/26
Vergleich der Massenspektren von Bis(dimethylaminoboran) $[(CH_3)_2N]_2B\text{–}B[N(CH_3)_2]_2$ und Ringsystem II nach [4]. Theoretische und gefundene Molmasse M_{th} und M_{gef}, halbe Molmassen $^1/_2\,M_{th}$ und $^1/_2\,M_{gef}$ sowie relative Intensität I_{rel}.

Verbindung	M_{th}	M_{gef}	$^1/_2\,M_{th}$	$^1/_2\,M_{gef}$	I_{rel}	weitere Peaks > 90%
$B_2[N(CH_3)_2]_4$	198.218710	198.218419	99.109355	99.10924	100	99 (100)
$B_2(N_2(CH_3)_2C_2H_4)_2$	194.187410	194.189236	97.093705	97.094337	19.2	193 (100), 114 (95.5)

Im Spektrum des Ringsystems II sind die höchtsen Peaks nicht bei halber Molekülmasse zu finden wie bei der Vergleichssubstanz, sondern bei (M–1). Daraus geht hervor, daß kondensierte Ringe (IIa) vorliegen.

Literatur zu 2.7.3:

[1] J. C. Kotz, R. J. Vander Zanden, R. G. Cooks (Chem. Commun. **1970** 932/4). — [2] E. F. Rothgery, P. J. Busse, K. Niedenzu (Inorg. Chem. **10** [1971] 2343/5). — [3] T. Wang, P. J. Busse, K. Niedenzu (Inorg. Chem. **9** [1970] 2150/2). — [4] G. L. Brubaker, S. G. Share (Inorg. Chem. **8** [1968] 2804/6).

Benzo-azabora-cycloalkanes
General

2.8 Benzo-azabora-cycloalkane

2.8.1 Allgemeines

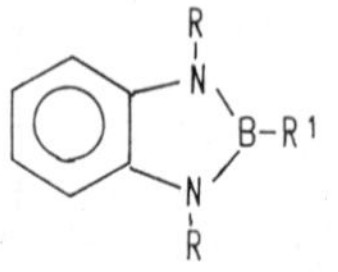

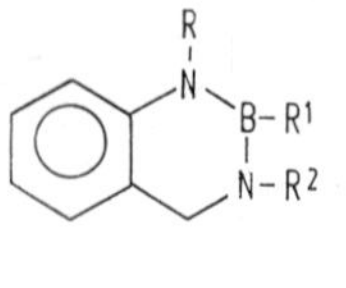

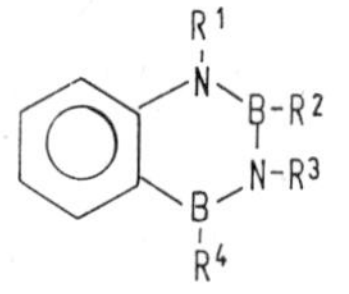

I II III

Verbindungen der Art I bis III lassen sich weder den gesättigten B–N-Heterocyclen (= Azaboracycloalkane; vgl. Abschnitte 2.4 bis 2.6) noch den benzoiden Systemen (vgl. Abschnitt 2.9) zurechnen. Für die Beurteilung der Bindungsverhältnisse sind bis heute keine einheitlichen Kriterien vorhanden. Die Abtrennung obiger Verbindungen von den übrigen B–N-Heterocyclen ist daher in gewisser Weise formal und willkürlich (vgl. Abschnitt 2.5.2.1, S. 129).

Die Bezeichnung der Verbindungen erfolgt nach der im Abschnitt 2.3, S. 89, eingeführten Nomenklatur, die aus der alten „Hantzsch-Widman-Nomenklatur" entwickelt wurde. Für obige Verbindungen ergeben sich unter der Voraussetzung, daß der Heteroring als gesättigt betrachtet wird, folgende Namen: I = Benzo-1,3,2-diazaborolan, II = Benzo-1,3,2-diazaborinan, III = Benzo-1,3,2,4-diazadiborinan.

Aus dieser Benennungsweise ist bereits zu ersehen, daß sich die Benzo-azaboracycloalkane in verschiedene Klassen einteilen lassen, wenn man Größe und Beschaffenheit des Heteroringes als Ordnungsprinzipien verwendet. Bislang sind nur die Benzo-1,3,2-diazaborolane I eingehend untersucht worden. Verbindungen vom Typ II oder III sind nur durch einzelne Arbeiten bekannt. Sie werden deswegen als individuelle Einzelvertreter zusammengefaßt und gegen die Benzo-1,3,2-diazaborolane I abgegrenzt. Eine weitergehende Gliederung ist erst dann sinnvoll, wenn sich die Anzahl dieser Verbindungen um einiges erhöht hat.

Benzo-1,3,2-diazaborolanes
Single Ring Systems
Syntheses

2.8.2 Benzo-1,3,2-diazaborolane

2.8.2.1 Einfache Ringsysteme

2.8.2.1.1 Synthesen

Ohne Ausnahme gehen alle bisherigen Darstellungsverfahren von o-Arylen-diaminen aus, die mit Boranderivaten kondensiert werden. Wie bei den 1,3,2-Diazabora-cycloalkanen gilt auch hier die Arbeit von Goubeau und Ulmschneider [1] als richtungsweisend. Es handelt sich um die gemeinsame Pyrolyse von o-Phenylen-diamin und Trialkylboranen (1). Die Autoren [1] betrachteten

(1)

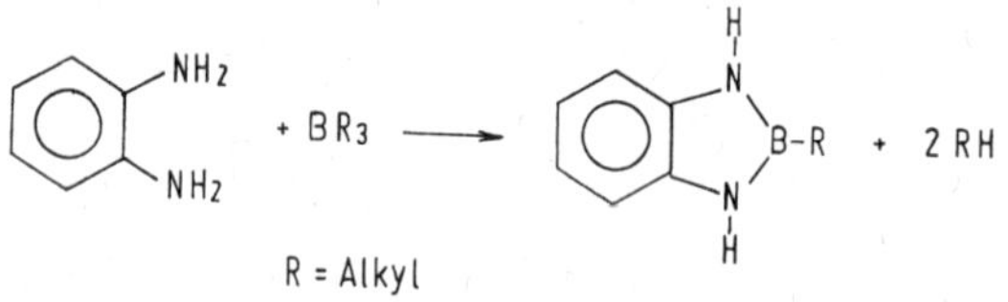

diese Reaktion nicht als Einzelfall, sondern als zur Pyrolyse der α,ω-Diamin-trialkylborane gehörend (vgl. Abschnitt 2.5.1.1.1, S. 116). Die Ausbeute der Gesamtreaktion wird durch eine Nebenreaktion herabgesetzt, die über Ammoniak und Amino-dimethyl-boran zum B-Trimethyl-borazin führt. Alle Nebenprodukte lassen sich spektroskopisch nachweisen. Das NH_3 stammt wahrscheinlich von einer Kondensationsreaktion des o-Phenylendiamins selbst, die schwer flüchtige Produkte (Sublimationsrückstand) ergibt. Die Ausbeute an Benzo-2-methyl-1,3,2-diazaborolan ist dennoch höher als bei der entsprechenden Reaktion mit 1,2-Diamino-äthan. Dieser Umstand deutet auf eine stärkere Ringbildungstendenz der aromatischen Diamine hin [1].

Die Kondensation von o-Phenylendiamin mit Bortrichlorid kann ein 1:1-Addukt ergeben, das sich zu einem kristallinen Feststoff der Summenformel $C_6H_5N_2B$ dehydrohalogenieren läßt [2]. Im allgemeinen aber ergibt diese Reaktion nur Produkte wechselnder stöchiometrischer Zusammensetzung [3]. Ähnliche Verhältnisse liegen bei der Reaktion von Methylamin und Trichlorboran zu

N-Trimethyl-B-trichlor-borazin vor [4 bis 6]. In beiden Fällen jedoch entstehen die gewünschten Produkte, wenn an die Stelle der freien Base deren Hydrogenchloride treten. Beim o-Phenylendiamin ergeben sowohl das Mono- wie das Dihydrogenchlorid bei der Reaktion mit BCl_3 ein weißes, kristallines, extrem hygroskopisches und in organischen Lösungsmitteln unlösliches Produkt, dessen HCl-Gehalt nach der Darstellung ständig geringer wird. Analysen frisch bereiteter Produkte lassen die Summenformel I zu [3, 7]. Wird dieser Feststoff in Chlorbenzol unter Rühren erwärmt, so spaltet er HCl ab und löst sich auf. Die entstandene schwach gelbe, klare Lösung färbt sich bei weiterem Erhitzen grün, wobei das rohe Benzo-1,3,2-diazaborolan als graues Pulver ausfällt. Das durch diesen Farbumschlag angezeigte Zwischenprodukt läßt sich durch starkes Abkühlen der Lösung isolieren. Dabei fällt ein weißes, hygroskopisches Pulver aus, dessen Analysenwerte nahe bei der Summenformel II liegen. Die experimentell bestimmte relative Molmasse liegt allerdings um 13% unter dem berechneten Wert [3]. Beim weiteren Erwärmen spalten beide Zwischenprodukte wiederum HCl ab und wandeln sich in III um. Die Existenz von III ließ sich durch Vergleiche mit authentischen Proben belegen. Für die Gesamtreaktion ist das Schema (2) vorgeschlagen worden [3, 8].

$$C_6H_4(NH_2)_2\cdot HCl + BCl_3 \longrightarrow \underset{\text{I}}{C_6H_4(NH_2)_2\cdot BCl_3\cdot HCl} \xrightarrow[-2HCl]{} \underset{\text{II}}{C_6H_4(NH)_2BCl\cdot HCl}$$

(2)

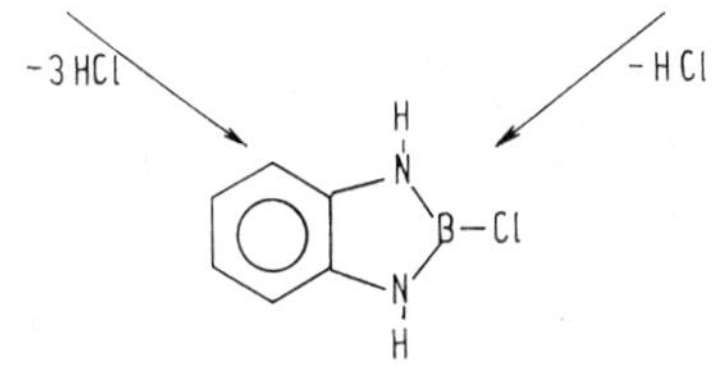

III

Phenyldichlorboran kann an die Stelle des Bortrichlorids treten [2]. Beim Kochen der Ausgangssubstanzen in Benzol bildet sich der Heteroring nach dem allgemeinen Reaktionsschema (3), wobei

(3)

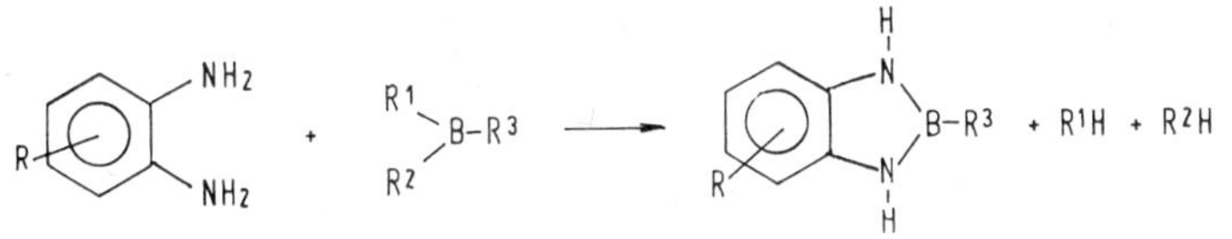

IV

in diesem Fall $R = H$, $R^1 = R^2 = Cl$ und $R^3 = C_6H_5$ ist [2, 9]. Die Ausbeute an IV wird bei diesem Verfahren durch die Bildung undefinierter, polymerer Produkte herabgemindert. Diese Schwierigkeiten treten nicht auf, wenn andere o-disubstituierte Benzolderivate eingesetzt werden. Es läßt sich so eine Reihe von B-haltigen Heterocyclen herstellen, bei denen ein oder beide N-Atome durch O- oder S-Atome ersetzt sind [9].

Dihydroxyborane (Boronsäuren) ($R^1 = R^2 = OH$) und deren Anhydride sowie Dialkoxyborane ($R^1 = R^2 = OR$) lassen sich ebenfalls gut gemäß Schema (3) zu Benzodiazaborolanen kondensieren. Um hohe Ausbeuten zu erzielen, muß das bei der Reaktion entstehende Wasser bzw. der Alkohol aus dem Reaktionsgefäß entfernt werden. Meist gelingt das sehr gut, wenn die Ausgangskomponenten in Toluol so unter Rückfluß gekocht werden, daß eine dauernde Entfernung des gebildeten Azeotrops Toluol-Wasser bzw. Toluol-Alkohol möglich ist [10 bis 13]. Als Zwischenstufe wird bei dieser Reaktion ein innerer Komplex zwischen dem Diamin und dem Boran angenommen [11]. Werden z. B. 2.44 g o-Phenylen-diamin und 2.44 g Phenyl-dihydroxy-boran in 25 ml 90%igem Methanol 1 h bei 60°C gehalten, so bildet sich ein bei 70 bis 72°C schmelzendes Produkt, das durch Einengen der Mutterlauge im Vakuum bis fast zur Trockne gewonnen werden kann. Die Temperatur darf dabei nie 60°C überschreiten. Kurz oberhalb seiner Schmelztemperatur verfestigt sich diese Substanz wieder, um dann bei 206 bis 207°C zu schmelzen. Das IR-Spektrum der so gewonnenen Substanz entspricht dem des Benzo-2-phenyl-1,3,2-diazaborolans [11].

Die gesamte Umsetzung verläuft so schonend, daß selbst Br-Atome in α-Stellung ($R^3 = -CHBr-CH_2-CCl_3$) nicht angegriffen werden [12]. Da auch die Ausbeuten gut bis sehr gut sind, stellt dieses Verfahren den Hauptzugang zu den Benzo-1,3,2-diazaborolanen dar. Bemerkenswert ist, daß sich Triphenyl-boroxin in dieser Reaktion wie ein offenkettiges Boran verhält. Trotz der sanften Reaktionsbedingungen muß also der Bor-Sauerstoff-Ring gespalten worden sein. Das Reaktionsschema (3) geht dann in Schema (4) über, [14]:

(4)

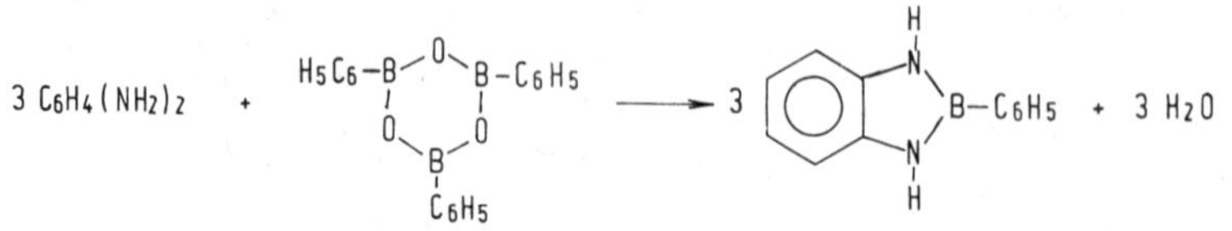

Selbst der Äthyltartratester der Phenylboronsäure (= 2-Phenyl-4,5-bis(carboxyäthyl)-1,3,2-dioxa-borolan) reagiert mit o-Phenylendiamin gemäß dem allgemeinen Schema (3) in siedendem Toluol nach (5):

(5)

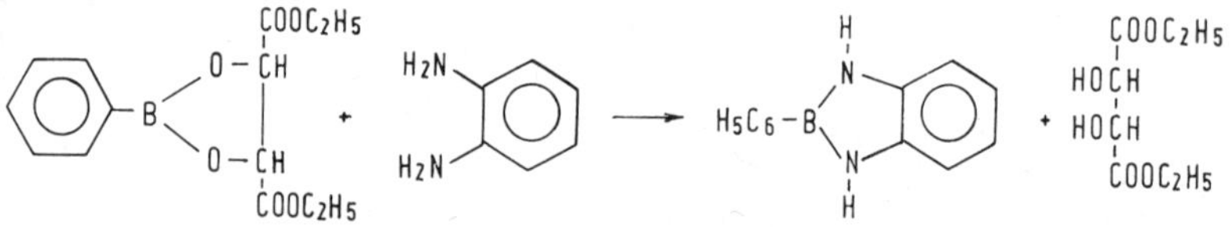

Es entstehen B–N-Bindungen auf Kosten der B–O-Bindungen; o-Phenylendiamin weist somit hier eine ungewöhnliche Reaktivität auf. Letztere führen Letsinger, Hamilton [10] auf die besondere Geometrie und Stabilität des gebildeten Ringsystems zurück.

Mit Trialkylamin-alkylboranen als Ausgangssubstanz können 2-Alkyl-derivate der Benzo-1,3,2-diazaborolane erhalten werden [15, 16]. Auch Natrium-tetrahydroborat und -tetraphenylborat reagieren mit o-Arylendiamin unter Ausbildung des Diazaborolanringes [17, 18]. Die Reaktion mit $NaBH_4$ verläuft in Tetrahydrofuran bereits bei 25°C unter Abspaltung von drei Äquivalenten H_2. Die H_2-Entwicklung gehorcht dabei einem Zeitgesetz 1. Ordnung. Es entsteht die Stammverbindung selbst, das unsubstituierte Benzo-1,3,2-diazaborolan [18].

Die Umaminierung von Alkylaminoboranen mit o-Phenylendiamin verläuft ebenfalls nach dem Schema (3). Mit Bis(dialkylamino)-alkylboranen entstehen dabei 2-Alkyl-derivate [19] und mit Tris(dialkylamino)boranen die 2-Dialkylamino-derivate des Benzo-1,3,2-diazaborolans, die durch eine Aminolyse anderer Derivate nicht darstellbar sind [20].

Literatur zu 2.8.2.1.1

[1] D. Ulmschneider, J. Goubeau (Chem. Ber. **90** [1957] 2733/8). — [2] L. J. Schupp, C. A. Brown (Abstr. Papers 128th Meeting Am. Chem. Soc. Minneapolis, Minn., 1955, 48-R). — [3] A. M. Pellicciotto (Diss. St. Louis Univ. 1962). — [4] D. T. Haworth (Diss. St. Louis Univ. 1959). — [5] G. E. Ryschkewitsch, J. J. Harris, H. H. Sisler (J. Am. Chem. Soc. **80** [1958] 4515/7).

[6] I. A. Boenig, K. Niedenzu (Syn. Inorg. Metal-Org. Chem. **1** [1971] 159/61). — [7] L. F. Hohnstedt, A. M. Pellicciotto (Office of Naval Research, Contr. No. 2793 (00), Final Report, **1961**). — [8] L. F. Hohnstedt, A. M. Pellicciotto (U.S. Dept. Com. Office Tech. Serv. AD 256420 [1962] 185). — [9] M. J. S. Dewar, V. P. Kubba, R. Pettit (J. Chem. Soc. **1958** 3073/6). — [10] R. L. Letsinger S. B. Hamilton (J. Am. Chem. Soc. **80** [1958] 5411/3).

[11] N. Nyilas, A. H. Soloway (J. Am. Chem. Soc. **81** [1959] 2681/3). — [12] D. S. Matteson (J. Am. Chem. Soc. **82** [1960] 4228/33). — [13] D. S. Matteson, J. O. Waldbillig (J. Org. Chem. **28** [1963] 366/9). — [14] R. J. Brotherton, H. Steinberg (J. Org. Chem. **26** [1961] 4632/4). — [15] M. F. Hawthorne (J. Am. Chem. Soc. **81** [1959] 5836/7).

[16] M. F. Hawthorne (J. Am. Chem. Soc. **83** [1961] 831/3). — [17] R. Neu (Tetrahedron Letters **1962** 917/9). — [18] J. Goubeau, H. Schneider (Liebigs Ann. Chem. **675** [1964] 1/9). — [19] P. Fritz, K. Niedenzu, J.W. Dawson (Inorg. Chem. **3** [1964] 626/7). — [20] H. Beyer, K. Niedenzu, J. W. Dawson (J. Org. Chem. **27** [1962] 4701/2).

Preparation Methods

2.8.2.1.2 Präparative Methodik

Alle bis jetzt beschriebenen Benzo-1,3,2-diazaborolane wurden nach einer der im vorigen Abschnitt beschriebenen Varianten des Kondensationsverfahrens von o-Arylendiaminen mit Boranen synthetisiert. Die Darstellungsbedingungen änderten sich dabei innerhalb der einzelnen Verfahrensvarianten nur geringfügig (z. B. Wahl des Lösungsmittels, Versuchsdauer). Deshalb erübrigt sich ein Eingehen auf die Darstellung jeder einzelnen Verbindung. Statt dessen werden typische Versuchsvorschriften angegeben. Weiteres kann den Tabellen 2/27 bis 2/29, S. 169/75 entnommen werden.

Pyrolysis

Pyrolyse. Je 50 bis 60 mmol Trimethylboran und o-Phenylendiamin im Einschlußrohr von ca. 200 ml Inhalt etwa 10 h auf 280 bis 310°C erhitzen, wobei 1.5 bis 2.0 Äquivalent Methan abgespalten werden. Aus dem gelb bis braun gefärbten Reaktionsprodukt erhält man durch fraktionierte Sublimation das 2-Methyl-derivat in reiner Form [1].

Condensation with Boron Trichloride

Kondensation mit Bortrichlorid. Zur Darstellung wird eine Apparatur benutzt, die aus einem Mehrhalskolben mit einer Rührvorrichtung, einem Tieftemperaturkühler und einer gut kühlbaren Gaseinleitung besteht. Als Tieftemperaturkühler kann eine Kombination aus Rückfluß- und Trockeneiskühler dienen. Ein Trockeneiskühler kann auch als Gaseinleitung verwendet werden.

9.1 g (0.05 mol) o-Phenylendiamin-dihydrogenchlorid in 100 ml trockenem Chlorbenzol unter N_2 bei 0°C aufschlämmen; 8.3 g (0.07 mol) BCl_3 in 1 h so durch die gekühlte Gaseinleitung strömen lassen, daß es dort kondensiert und in die gerührte Lösung tropft. Der Reaktionsbeginn ist an der HCl-Entwicklung und dem Ausfallen eines feinen, weißen Niederschlages erkennbar. Zur vollständigen Umsetzung bei Raumtemperatur 24 h rühren (Ende der HCl-Entwicklung), rasch filtrieren, den Niederschlag mit Chlorbenzol waschen und im Vakuum trocknen. 13.1 g (0.05 mol) dieses Niederschlages in 125 ml trockenem Chlorbenzol 24 h unter Rückfluß kochen (bereits nach etwa 0.5 h ist die Lösung klar), das Lösungsmittel abziehen und den Rückstand trocknen [2].

Condensation with Dichloroborane

Kondensation mit Dichlorboran. 4 g Phenyl-dichlor-boran in trockenem Benzol lösen und unter Rühren zu einer Lösung von 3.0 g o-Phenylendiamin in 350 ml trockenem Benzol bei Raumtemperatur unter Feuchtigkeitsausschluß tropfen, unter Rückfluß und Rühren kochen, bis die HCl-Entwicklung aufhört (ca. 8 h), abkühlen, filtrieren, das Lösungsmittel im Vakuum abziehen, den braunen Kristallbrei (1.8 g) aus Benzol oder Petroläther ($t_s = 60$ bis 80°C) umkristallisieren [3].

Condensation with Dihydroxy- or Dialkoxyboranes

Kondensation mit Dihydroxy- oder Dialkoxy-boranen. Im allgemeinen wird diese Kondensation in Toluol oder Xylol durchgeführt. Lösen sich die Reaktanden darin nicht, so kann auch ein 1:1-Gemisch von Xylol und Diäthylenglykol-dimethyläther (diglyme) oder gar nur der Äther benutzt werden.

Die Reagentien (je etwa 0.02 mol) unter leichtem Erwärmen in 100 ml Xylol lösen, den Reaktionskolben an eine Kolonne anschließen und in 2 h die Hälfte des Lösungsmittels bei Normaldruck abdestillieren. Um alles Wasser restlos zu entfernen, nochmals 50 ml Xylol zugeben und erneut destillieren, bis nur noch 25 bis 30 ml übrig sind. Scharf abkühlen, entstandene Kristalle abfiltrieren, mit Petroläther waschen und aus wenig Toluol umkristallisieren.

Bei Verwendung des Äther-Xylol-Gemisches oder des Äthers muß das Lösungsmittel im Vakuum völlig entfernt, der Rückstand in 5 bis 10 ml kaltem Toluol aufgenommen und wie vorher behandelt werden [4, 5].

Statt einer Kolonne wird des öfteren ein Wasserabscheider verwendet, der dem siedenden Gemisch das Wasser entzieht [6, 7]. In einigen Fällen ist das Entfernen des Wassers nicht nötig, weil das gebildete Produkt im Reaktionsmedium unlöslich und gegen Wasser so beständig ist, daß das Gleichgewicht der Bildungsreaktion ohnehin nach rechts verlagert wird [8].

Condensation with Trimethylaminealkylborane

Kondensation mit Trimethylamin-alkylboran. Je etwa 0.02 mol der Ausgangskomponenten in 10 ml trocknem Benzol lösen, unter Rückfluß kochen, bis H_2- und Amin-Entwicklung beendet sind, auf 3 bis 4 ml einengen, abkühlen, 10 ml trockenes Pentan hinzugeben, ausgefallene Kristalle abfiltrieren und aus Benzol/Pentan umkristallisieren [9].

Condensation with Sodium Tetrahydroborate

Kondensation mit Natriumtetrahydroborat. 0.3 mol $NaBH_4$ in 1000 ml trocknem Tetrahydrofuran aufschlämmen, 0.18 mol o-Phenylendiamin-monohydrogenchlorid zufügen, 6 d bei Raumtemperatur stehen lassen, filtrieren, das Lösungsmittel abziehen, das leicht gelb gefärbte Rohprodukt bei Zimmertemperatur an eine auf −78°C gekühlte Fläche sublimieren [10].

Condensation by Trans-amination

Kondensation durch Umaminierung. Je etwa 0.1 mol der Ausgangskomponenten in 30 bis 40 ml Benzol lösen oder mit einer größeren Menge trocknem Äther überschichten, 2 bis 15 h unter Rückfluß kochen (Ende der Aminentwicklung abwarten), heiß filtrieren, abkühlen, ausgefallene Kristalle aus Benzol/Hexan umkristallisieren oder im Vakuum sublimieren. Einengen der Mutterlauge ergibt eine zweite, aber unreinere Kristallfraktion [11, 12].

Literatur zu 2.8.2.1.2

[1] D. Ulmschneider, J. Goubeau (Chem. Ber. **90** [1957] 2733/8). — [2] A. M. Pellicciotto (Diss. St. Louis Univ. 1962). — [3] M. J. S. Dewar, V. P. Kubba, R. Pettit (J. Chem. Soc. **1958** 3073/6). — [4] N. Nyilas, A. H. Soloway (J. Am. Chem. Soc. **81** [1959] 2681/3). — [5] D. S. Matteson, J. O. Waldbillig (J. Org. Chem. **28** [1963] 366/9).

[6] R. L. Letsinger, S. B. Hamilton (J. Am. Chem. Soc. **80** [1958] 5411/3). — [7] R. J. Brotherton, H. Steinberg (J. Org. Chem. **26** [1961] 4632/4). — [8] A. H. Soloway (J. Am. Chem. Soc. **82** [1960] 2442/4). — [9] M. F. Hawthorne (J. Am. Chem. Soc. **83** [1961] 831/3). — [10] J. Goubeau, H. Schneider (Liebigs Ann. Chem. **675** [1964] 1/9).

[11] H. Beyer, K. Niedenzu, J. W. Dawson (J. Org. Chem. **27** [1962] 4701/2). — [12] P. Fritz, K. Niedenzu, J. W. Dawson (Inorg. Chem. **3** [1964] 1077/9).

Numerical Data

2.8.2.1.3 Kenngrößen

Die bisher angegebenen Kenngrößen sind in den Tabellen 2/27 bis 2/29, S. 169/175, zusammengestellt. Zwar sind eine Anzahl von Benzo-1,3,2-diazaborolanen hergestellt worden, aber noch sind die chemischen und physikalischen Eigenschaften nur sehr wenig bekannt. Deshalb sind in den Tabellen 2/27 bis 2/29 auch nur spärliche Daten enthalten. Eine Ausnahme bilden nur die spektroskopischen Untersuchungen (vgl. Abschnitt 2.10, S. 235/43). Stellenweise differieren die Angaben der einzelnen Autoren so stark, daß die Reinheit der von ihnen beschriebenen Substanzen bezweifelt werden muß. Beispiele: in Tabelle 2/27 die Verbindungen 2a und 2b; 4a und 4b; 6a, 6b und 6c; 12a bis 12k; 15a, 15b und 15c; in Tabelle 2/29 die Verbindungen 1a und 1c.

Literatur zu 2.8.2.1.3

[1] J. Goubeau, H. Schneider (Liebigs Ann. Chem. **675** [1964] 1/9). — [2] L. F. Hohnstedt, A. M. Pellicciotto (U.S. Dept. Comm. Office Tech. Serv. AD 230544 [1959]). — [3] L. F. Hohnstedt, A. M. Pellicciotto (U.S. Dept. Comm. Office Tech. Serv. AD 256420 [1961]). — [4] A. M. Pellicciotto (Diss. St. Louis Univ. 1962). — [5] D. Ulmschneider, J. Goubeau (Chem. Ber. **90** [1957] 2733/8).

[6] M. F. Hawthorne (J. Am. Chem. Soc. **81** [1959] 5836/7). — [7] M. F. Hawthorne (J. Am. Chem. Soc. **83** [1961] 831/3). — [8] N. Nyilas, A. H. Soloway (J. Am. Chem. Soc. **81** [1959] 2681/3). — [9] R. L. Letsinger, S. B. Hamilton (J. Am. Chem. Soc. **80** [1958] 5411/3). — [10] M. J. S. Dewar, V. P. Kubba, R. Pettit (J. Chem. Soc. **1958** 3073/6).

[11] H. Beyer, K. Niedenzu, J. W. Dawson (J. Org. Chem. **27** [1962] 4701/2). — [12] R. Neu (Tetrahedron Letters **1962** 917/9). — [13] J. M. Sugihara, C. M. Bowman (J. Am. Chem. Soc. **80** [1958] 2443/6). — [14] R. J. Brotherton, H. Steinberg (J. Org. Chem. **26** [1961] 4632/4). — [15] M. Pailer, W. Fenzl (Monatsh. Chem. **92** [1961] 1294/9).

[16] P. Fritz, K. Niedenzu, J. W. Dawson (Inorg. Chem. **3** [1964] 626/7). — [17] D. S. Matteson (J. Am. Chem. Soc. **82** [1960] 4228/33). — [18] R. L. Letsinger, S. H. Dandegaonker (J. Am. Chem. Soc. **81** [1959] 498/501). — [19] R. T. Hawkins, W. J. Lennarz, H. R. Snyder (J. Am. Chem. Soc. **82** [1960] 3053/9). — [20] D. S. Matteson, J. O. Waldbillig (J. Org. Chem. **28** [1963] 366/9).

[21] H. Zimmer, E. R. Andrews, A. D. Sill (Arzneimittel-Forsch. **17** [1967] 607/9). — [22] J. A. Settepani, J. B. Stokes, A. B. Borkovec (J. Med. Chem. **13** [1970] 128/31). — [23] H. Zimmer, A. D. Sill, E. R. Andrews (Naturwissenschaften **47** [1960] 378). — [24] S. G. Fridman (Zh. Obshch. Khim. **33** [1963] 207/13; J. Gen. Chem. USSR **33** [1963] 201/5). — [25] A. H. Soloway (J. Am. Chem. Soc. **82** [1960] 2442/4).

[26] B. M. Mikhailov, P. M. Aronovich (Izv. Akad. Nauk SSSR Ser. Khim. **1963** 1233/9; Bull. Acad. Sci. USSR Ser. Chem. **1963** 1125/9).

Tabelle 2/27

Benzo-1,3,2-diazaborolan und seine 2-Derivate

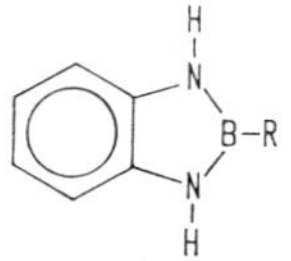

Nr.	R	Darstellung[1)]	t_f in °C	Reinigung[2)]	Ausbeute in % d. Th.	Lit.	Bemerkungen
1a	H	6	80.5	Subl.	77	[1]	Reinigungssublimation bei 25°C an eine auf −78°C gekühlte Fläche
1b		8	79/80	C_6H_6	100	[2, 4]	Beim Umkristallisieren entsteht ein farbloses, glasiges oder leicht bräunliches Produkt
2a	Cl	2	≥320 (Zers.)		≥90	[2, 3]	grauweiße bis weiße Substanz; kein Lösungsmittel zum Umkristallisieren angegeben; M_r(ber.) = 152.4, M_r(gef.) = 146 (Rast)
2b		2	346 (Zers.)		≥90	[4]	
3a	CH_3	1	94	Subl.	60	[5]	Reinigungssublimation bei 30 bis 40°C im Hochvakuum
3b		8	98/9		77	[2, 4]	
4a	1-C_3H_7	5	102/3	C_6H_6/C_5H_{12}	95	[6, 7]	Ausbeuteangaben beziehen sich auf nicht umkristallisierte Substanz
4b		4	92/4	$C_6H_5CH_3$	53	[8]	t_f unkorrigiert (Kapillare)
5	2-C_3H_7	5	124/6	C_6H_6/C_5H_{12}	91	[6, 7]	vgl. 4a
6a	1-C_4H_9	5	66/7	C_6H_6/C_5H_{12}	85	[6, 7]	vgl. 4a
6b		4	86/86.5	C_6H_6 oder CCl_4	75	[9]	
6c		8	85/6		76.5	[2, 4]	
7	2-C_4H_9	5	61/2	C_6H_6/C_5H_{12}	92	[7]	vgl. 4a
8	i-C_4H_9	5	90/2	C_6H_6/C_5H_{12}	95	[7]	vgl. 4a
9	t-C_4H_9	5	93/5	C_6H_6/C_5H_{12}	72	[7]	vgl. 4a
10	1-C_5H_{11}	5	69/71	C_6H_6/C_5H_{12}	51	[7]	vgl. 4a
11	1-C_6H_{13}	5	96/7	C_6H_6/C_5H_{12}	79	[7]	vgl. 4a
12a	C_6H_5	3	204/6	C_6H_6 oder Petroläther (t_s = 60 bis 80°)		[10]	M_r(ber.) = 194, M_r(gef.) = 188

Tabelle 2/27

Benzo-1,3,2-diazaborolan und seine 2-Derivate [Fortsetzung]

Nr.	R	Darstellung[1)]	t_f in °C	Reinigung[2)]	Ausbeute in % d. Th.	Lit.	Bemerkungen
12b		4	215/6	C_6H_6 oder CCl_4	89	[9]	M_r(ber.) = 194, M_r(gef.) = 192 (Rast)
12c		4	212/4	$C_6H_5CH_3$	91	[8]	vgl. 4b
12d		7	212/4	Vakuumsubl.	88	[11]	Identische IR-Spektren und keine Schmelzpunktsdepression mit einer Probe nach 12c
12e		6	211/2	Heptan mit Aktivkohle		[12]	IR-Spektren sind identisch mit denen von Substanzen, die nach den Methoden von [9] bzw. [13] hergestellt wurden
12f		4			82.5	[14]	Identische IR-Spektren und keine Schmelzpunktsdepression mit Proben nach [8] oder [9]
12g		4			81	[14]	Variante mit Triphenylboroxin; vgl. Bemerkung zu 12f
12h		3	214	C_6H_6 oder Vakuumsubl.	79	[15]	t_s = 155°C bei 0.001 bis 0.003 Torr
12i		4	209/10		52	[21]	
12k		8	205/6		71	[2, 4]	
13a	$-CH{=}CH_2$	7	119/21	C_6H_6-C_6H_{12}		[16]	
13b		4	122/4	Vakuumsubl.	60	[17]	Reinigungssublimation 2 mal bei 50°C und 0.07 Torr
14	$-CHBr-CH_2-CCl_3$	4	117/21 (Zers.)	Vakuumsubl.	70	[17]	Reinigungssublimation 2 mal bei 75 bis 100°C und 0.05 Torr
15a	p-CH_3O-C_6H_4-	4	242/3	$C_6H_5CH_3$	85	[8]	vgl. 4b
15b		4	258/58.5	C_6H_6 oder CCl_4	83	[9]	
15c		4	257/60			[22]	A_{st} = 0[4)]
16a	p-ClC_6H_4-	4	219/21	$C_6H_5CH_3$	92	[8]	vgl. 4b
16b		4	223/6			[22]	A_{st} = 3[4)]

Tabelle 2/27

Benzo-1,3,2-diazaborolan und seine 2-Derivate [Fortsetzung]

Nr.	R	Darstellung[1)]	t_f in °C	Reinigung[2)]	Ausbeute in % d. Th.	Lit.	Bemerkungen
17a	m-$NO_2C_6H_4$-	4	218/9	$C_6H_5CH_3$	84	[8]	vgl. 4b
17b		4	209/11			[22]	$A_{st} = 3$[4)]
18	p-HOOC-C_6H_4-	4	281/2	$C_6H_5CH_3$	79	[8]	vgl. 4b
19	$C_6H_5CH_2$-	5	54/6	$C_6H_6C_5H_{12}$	92	[7]	
20	p-C_2H_5-C_6H_4	4	237/8	C_6H_6 oder CCl_4	91	[9]	Nach dem Original sind auch andere Formelstrukturen denkbar
21	p-BrC_6H_4-	4	232/3	C_6H_6 oder CCl_4	91	[9]	
22	α-$C_{10}H_7$	4	149/50	C_6H_6 oder CCl_4	93	[9]	
23	8-Chinolinyl	4	188/9	CCl_4	96	[18]	
24	Cyclohexyl	5	78/80	$C_6H_6C_5H_{12}$	89	[7]	
25	–$N(CH_3)_2$	7	158/62	Vakuumsubl.	83	[11]	Reinigungssublimation bei 120 bis 130°C; Zersetzung nahe bei 220°C
26	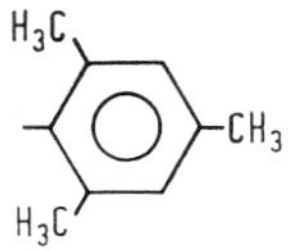	4	141	C_6H_6 (unter N_2)	46.4	[19]	nicht umgesetztes o-Phenylendiamin durch Vakuumsublimation (100°C/0.5 Torr/5 h) aus dem Rohprodukt entfernen
27a	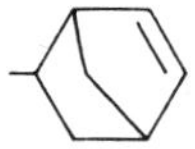	4	138/41 (Zers.)	CCl_4 und Subl.		[20]	Exo-Derivat
27b		4	94/8	Petroläther (t_s = 30 bis 60°C) und Subl.		[20]	Endo-Derivat

[1)] Die Varianten der Darstellungsmethode sind dem Abschnitt 2.8.2.1.2, S. 166, entsprechend durchnumeriert. Die Kondensation erfolgt durch Pyrolyse = 1, mit BCl_3 = 2, mit $Cl_2BC_6H_5$ = 3, mit $(OH)_2BR$ oder $(RO)_2BR^1$ = 4, mit $(CH_3)_3N$-BH_2R^1 = 5, mit $NaBX_4$ = 6, durch Umaminierung = 7, durch chemische Reaktion eines anderen Benzol-1,3,2-diazaborolans = 8 (vgl. Abschnitt 2.8.2.1.4, S. 176). — [2)] Die Reinigung kann durch Sublimation oder durch Umkristallisieren erfolgen. Im letzteren Fall sind das oder die Lösungsmittel angegeben, sonst steht Subl. oder Vakuumsubl. unter Normaldruck oder im Vakuum. — [3)] Die zweite Ausgangskomponente ergibt sich aus der Darstellungsmethode und aus dem Formelbild. — [4)] Die sterilisierende Aktivität A_{st} ist folgendermaßen abgestuft: 0 = keine Sterilität bei einem Behandlungsniveau von 1%, 1 = teilweise Sterilität bei einem Niveau von 1%, 2 = keine Larven bei einem Niveau von 1%, 3 = keine Larven bei einem Niveau von 0.25 bis 0.5%, 4 = keine Larven bei einem Niveau von 0.05 bis 0.1% [22], vgl. 2.8.2.1.4, S. 177.

Tabelle 2/28

Höher substituierte Benzo-1,3,2-diazaborolane

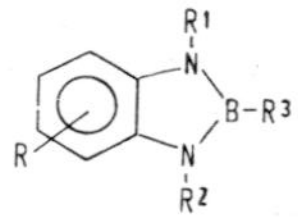

Nr.	R	R^1	R^2	R^3	Darstellung[1)]	t_f in °C	Reinigung[2)]	Ausbeute in % d. Th.	A_{st}[4)]	Lit.	Bemerkungen
1	4-Cl	H	H	C_6H_5	3	182	C_6H_6 oder Vakuumsubl.	75		[15]	$t_s = 165°C$ bei 0.001 bis 0.003 Torr
2a	5-Cl	H	H	C_6H_5	4	183/4	$C_6H_5CH_3$	79		[8]	t_s unkorrigiert
2b				C_6H_5	6	186/8				[12]	IR-Spektren sind identisch mit denen von Proben, die nach [9] bzw. [13] hergestellt wurden
3	4-NO_2	H	H	C_6H_5	3	204	C_6H_6 oder Vakuumsubl.	91		[15]	$t_s = 175°C$ bei 0.001 bis 0.003 Torr
4a	5-NO_2	H	H	C_6H_5	4	203/4	$C_6H_5CH_3$	53		[8]	vgl. 2a
4b				C_6H_5	4	202/3			3	[22]	
5	CH_3	H	H	n-C_3H_7	4	99/101	$C_6H_5CH_3$	72		[8]	vgl. 2a
6a	CH_3	H	H	C_6H_5	4	224/5	$C_6H_5CH_3$	89		[8]	vgl. 2a
6b				C_6H_5	4	228/31			3	[22]	
7a	CH_3O	H	H	C_6H_5	4	138/40	$C_6H_5CH_3$	95		[8]	vgl. 2a
7b				C_6H_5	4	139/41			3	[22]	
8	HOOC	H	H	C_6H_5	4	209/10	$C_6H_5CH_3$	95		[8]	vgl. 2a
9	H	H	C_6H_5	C_6H_5	4	132/3	C_6H_6/C_5H_{12}	73	3	[22]	
10	H	H	CH_3	C_6H_5	4	78	$C_6H_5CH_3/C_5H_{12}$	68	3	[22]	
11	H	H	4-$CH_3OC_6H_4$-	C_6H_5	4	161/2	$C_6H_5CH_3/C_5H_{12}$	70	2	[22]	
12	H	H	C_6H_5	p-Cl-C_6H_4	4	124/5	$C_6H_5CH_3/C_5H_{12}$	90	3	[22]	
13	H	H	CH_3	m-NO_2-C_6H_4	4	125	$C_6H_5CH_3/C_5H_{12}$	71	3	[22]	
14	H	CH_3	CH_3	m-NO_2-C_6H_4	4	105	$C_6H_5CH_3/C_5H_{12}$	68	2	[22]	
15	H	H	4-$CH_3OC_6H_4$-	m-NO_2-C_6H_4	4	175/6	$C_6H_5CH_3/C_5H_{12}$	91	3	[22]	
16	H	H	4-$CH_3OC_6H_4$-	2-CH_3-3,5-$(NO_2)_2$-C_6H_2-	4	198	$C_6H_5CH_3$	60	4	[22]	
17	CH_3O	H	CH_3	2-CH_3-3,5-$(NO_2)_2$-C_6H_2-	4	179	$C_6H_5CH_3$	62	3	[22]	

Fußnoten vgl. Tabelle 2/27, S. 171.

Tabelle 2/29

Höher verschmolzene 1,3,2-Diazaborolane und gekoppelte Benzo-1,3,2-diazaborolane.

Nr.	Benzo-1,3,2-diazaborolan	Ausgangs-substanz[3)]	Dar-stel-lung[1)]	t_f in °C	Reinigung[2)]	Ausbeute in % d. Th.	Lit.	Bemerkungen
1a	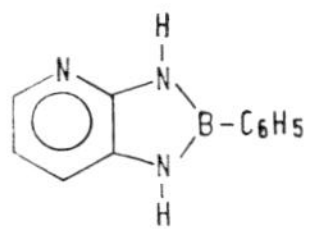		4	221.5/222.5	$C_6H_5CH_3$	93	[23]	$A_{st} = 2$[4)]
1b		2,3-Diamino-pyridin	4	221.5/222.5		36	[21]	Elementaranalyse ergab zu geringen C-Gehalt
1c			3	248	C_6H_6 oder Vakuumsubl.	87	[15]	$t_s = 165$°C bei 0.005 bis 0.01 Torr
2	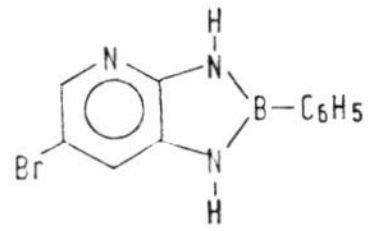	5-Brom-2,3-diamino-pyridin	3	257	C_6H_6 oder Vakuumsubl.	91	[15]	$t_s = 180$°C bei 0.005 bis 0.01 Torr
3	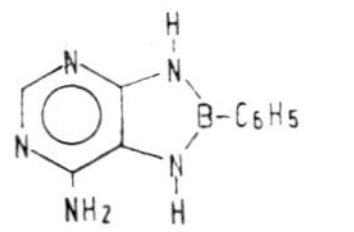	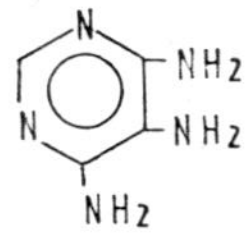	4	310/2	$C_6H_5CH_3/C_5H_{12}$	74	[22]	Elementaranalyse gibt keine reproduzierbaren Werte $A_{st} = 3$[4)]
4	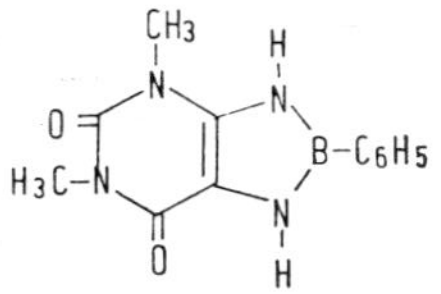	1,3-Dimethyl-5,6-diamino-uracil	4	268/75		90	[23]	Zum Umkristallisieren konnte kein geeignetes Lösungsmittel gefunden werden
			4	268/75 (Zers.)		90	[21]	
5	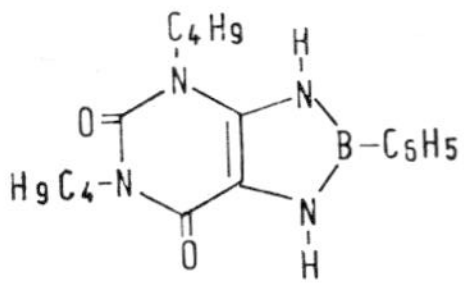	1,3-Di-n-butyl-5,6-diamino-uracil	4	169/70		51	[21]	t_f in evakuierter Kapillare

Tabelle 2/29

Höher verschmolzene 1,3,2-Diazaborolane und gekoppelte Benzo-1,3,2-diazaborolane [Fortsetzung]

Nr.	Benzo-1,3,2-diazaborolan	Ausgangs-substanz[3]	Dar-stel-lung[1]	t_f in °C	Reinigung[2]	Ausbeute in % d. Th.	Lit.	Bemerkungen
6	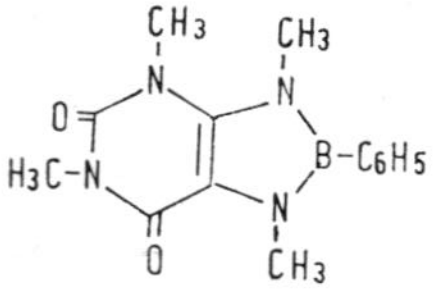	1,3-Dimethyl-5,6-bis(methyl-aminouracil)	4	224/7	Vakuumsubl.		[21]	Reinigungssublimation im Vakuum bei t> 230°C
7	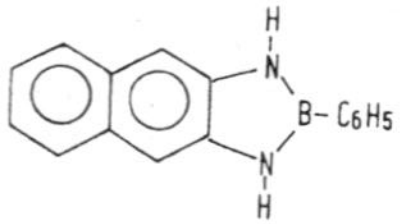	2,3-Diamino-naphthalin	4	327/8	$C_6H_5CH_3$	95	[8]	t_f unkorrigiert (Kapillare)
8	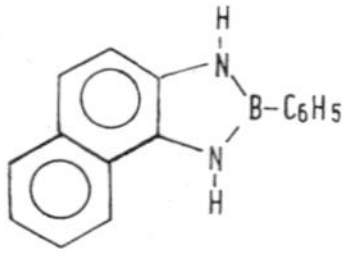	1,2-Diamino-naphthalin	3	217	C_6H_6 oder Vakuumsubl.	80	[15]	t_s = 215°C bei 0.001 bis 0.003 Torr
9	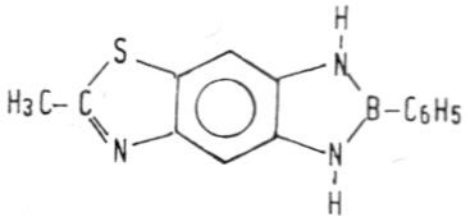	5,6-Diamino-derivat des 2-Methyl-benzol-thiazols	4	228	absolutes C_6H_6	62	[24]	
10	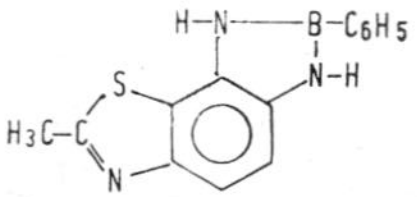	6,7-Diamino-derivat des 2-Methyl-benzol-thiazols	4	221	absolutes C_6H_6	85	[24]	Ausbeute an Rohprodukt 94% d. Th.; t_f = 218°C

Tabelle 2/29

Höher verschmolzene 1,3,2-Diazaborolane und gekoppelte Benzo-1,3,2-diazaborolane [Fortsetzung]

Nr.	Benzo-1,3,2-diazaborolan	Ausgangs-substanz[3)]	Dar-stel-lung[1)]	t_f in °C	Ausbeute in % d. Th.	Lit.	Bemerkungen
11	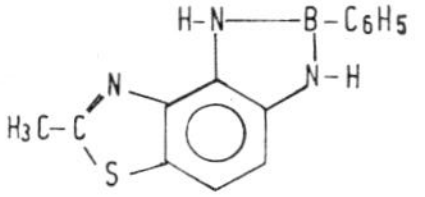	4,5-Diamino-derivat des 2-Methyl-benzol-thiazols	4	202	83	[24]	Umkristallisieren aus absolutem C_6H_6
12	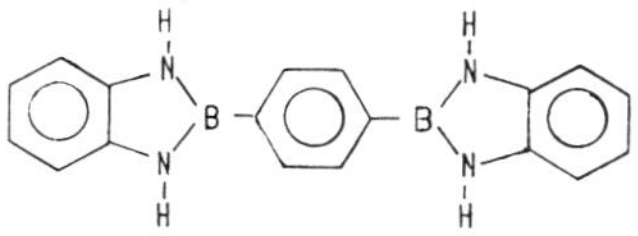	$(HO)_2B-C_6H_4-B(OH)_2$	4	> 350		[25]	In üblichen Lösungsmitteln unlöslich. Formelstruktur stützt sich nur auf den Reaktionsweg
13	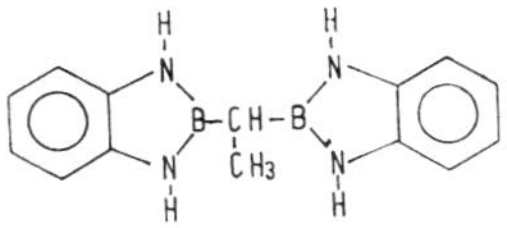	$(HO)_2B-CH(CH_3)-B(OH)_2$	4	147/8		[26]	M_r(ber.) = 261.9, M_r(gef.) = 237
14	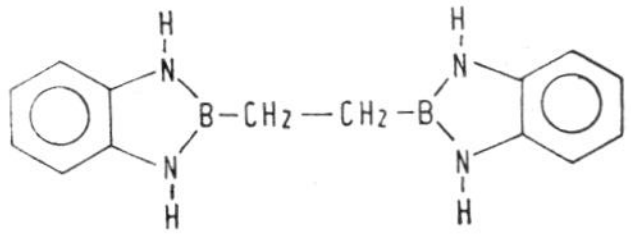	$(HO)_2B-CH_2-CH_2-B(OH)_2$	4	264/8	32 bis 37	[26]	M_r(ber.) = 261.9, M_r(gef.) = 235

Fußnoten vgl. Tabelle 2/27, S. 171.

Properties. Reactions

2.8.2.1.4 Eigenschaften, Verhalten

Die Reihenfolge der Verbindungen in den Tabellen 2/27 bis 2/29, S. 169/75, und die dort benutzten Bezeichnungsweisen werden auch in diesem Abschnitt beibehalten.

Alle bekannten Benzo-1,3,2-diazaborolane sind weiße oder farblose, kristalline Feststoffe, die von Wasser unterschiedlich stark angegriffen werden. Die hydrolytische Beständigkeit hängt offensichtlich in erster Linie von den Substituenten ab. In unpolaren Lösungsmitteln sind die Benzo-1,3,2-diazaborolane häufig besser löslich als in polaren und lassen sich daraus meist ohne Veränderung umkristallisieren [1]. Keine dieser Verbindungen läßt sich durch Aminolyse in ein 2-Aminoderivat überführen. Die Darstellung dieser Derivate ist nur durch Umaminierung möglich [2, 3].

Die Stammverbindung I, das unsubstituierte Benzo-1,3,2-diazaborolan, bildet bei der Sublimation große, farblose Kristalle von naphthalinartigem Geruch [4]. Wird es aus dem 2-Chlorderivat II durch Reduktion mit $NaBH_4$ gewonnen (1) und aus Benzol „umkristallisiert“, so bildet es einen farblosen,

(1)

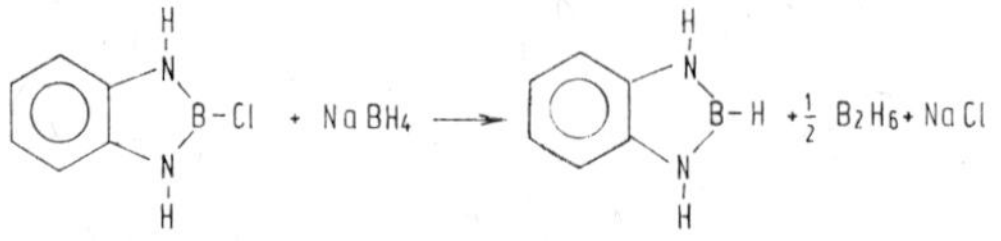

II I

glasigen Feststoff, der bei Raumtemperatur keinen meßbaren Dampfdruck hat [5]. Oberhalb von 200°C spaltet I Wasserstoff ab. In Wasser beginnt diese H_2-Abspaltung bereits bei 0°C. Die hydrolytische Zersetzung ist zwar bei 25°C noch nicht vollständig [5, 6], ist aber dafür verantwortlich, daß I an der Luft gelb bis braun wird [4]. Eine vollständige Hydrolyse läßt sich bei Raumtemperatur in kurzer Zeit durch ein $H_2O/CH_3OH/HCl$-Gemisch erreichen [5, 6]. Als Endpunkte der Hydrolyse sind o-Phenylendiamin, Borsäure und Wasserstoff nachweisbar [4]. Nach den Molmassebestimmungen liegt I monomer vor. In Benzol, Tetrachlormethan, Dioxan und anderen Äthern ist es gut löslich [4 bis 6]. Pellicciotto [5] und Hohnstedt [6] folgerten die Formelstruktur I für ihr Produkt nur aus der Darstellungsmethode und dem Ergebnis der Elementaranalyse. Goubeau, Schneider [4] stützen diese Formulierung durch die Interpretation der IR- und Raman-Spektren sowie durch kinetische Untersuchungen der Bildungsreaktion.

Das einzige Benzo-1,3,2-diazaborolan mit einem rein anorganischen Substituenten ist das 2-Chlorderivat II, das zwar in Äthern (Tetrahydrofuran, Diäthyläther, Polyäthylenglykol-dimethyläther) unzersetzt löslich ist, für das aber keine Umkristallisation oder sonstige Reinigung genannt wird [5, 6]. Die Formelstruktur schlossen die Autoren [5, 6] aus der Reaktion der Ausgangsstoffe, der Elementaranalyse und der Umwandlung in die bereits vorher bekannt gewesenen 2-Phenyl- und 2-Butylderivate [7, 8]. Diese Umwandlung gelingt mittels einer Grignard-Reaktion (2) in Tetrahydrofuran

(2)

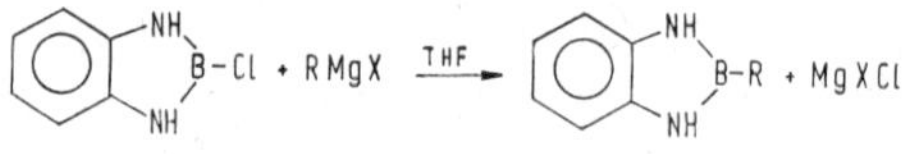

II III

a) $R = CH_3$; b) $R = C_4H_9$; c) $R = C_6H_5$

(=THF) oder Diäthyläther selbst ohne äußere Erwärmung. Hohe Ausbeuten (>70%) lassen sich erzielen, wenn die Lösungen der Ausgangsstoffe über Nacht gerührt, überschüssiges Grignard-Reagenz mit Wasser zerstört und das Endprodukt III mit kleinen Mengen Benzol extrahiert wird [5, 6]. Bei 200 bis 225°C verändert sich II in 36 h im Vakuum nicht. Mit Wasser tritt dagegen sofort eine Zersetzung ein, bei der sich anfangs die 2-Hydroxyverbindung IV bilden soll (3). Diese Vermutung

(3)

X = Cl, H, R IV

ergibt sich aus folgenden Sachverhalten [5, 6]: Beim Ansäuern von II mit verdünntem HNO_3 entsteht eine tiefrote Lösung, die im basischen Bereich reversibel nach blaßgelb umschlägt. Verbindung I zeigt das gleiche Verhalten. Da außerdem Dewar u. a. [7] das 2-Phenylderivat 6 h in verdünnter Säure kochen mußten, um eine vollständige Spaltung der B–N-Bindung zu erzielen und II so leicht zu grignardieren ist, erhält (3) einige Wahrscheinlichkeit.

Die Herstellung des 2-Methylderivats gelingt entweder durch Grignardierung [5, 6] von II nach Gleichung (2) oder durch eine Pyrolyse (Darstellungsmethode 1 [9]). Von der weißen, kristallinen Verbindung ist nur bekannt, daß sie an der Luft einige Zeit beständig ist, sich aber allmählich braun färbt [9]. Ähnlich unbekannt ist auch das Verhalten der höheren 2-Alkylderivate. Sie sollen recht stabile Verbindungen sein, die sich aus einer Reihe von Lösungsmitteln umkristallisieren lassen (vgl. Nr. 4a bis Nr. 11 in Tabelle 2/27, S. 169) Gleiches trifft auf Verbindung 15 in Tabelle 2/27, S. 170, zu [1], wogegen sich die Verbindung 14 an der Luft binnen eines Tages zersetzt [10]. Von dem 2-Vinylderivat (Nr. 13 in Tabelle 2/27, S. 170) und den Verbindungen 16 bis 22 werden keinerlei Eigenschaften beschrieben.

Am bekanntesten von allen Benzo-1,3,2-diazaborolanen ist das 2-Phenylderivat IIIc (Nr. 12 in Tabelle 2/27, S. 169/70). Aus unpolaren Lösungsmitteln sowie aus $CHCl_3$ und Diäthyläther ist es ohne Zersetzung in Form weißer Platten [1, 11] oder feiner, farbloser Kristalle [12] umkristallisierbar. In verdünnten Säuren oder Laugen hydrolysiert IIIc zu Phenyl-dihydroxy-boran (Phenylboronsäure) und o-Phenylendiamin [1, 11]. In Wasser verläuft die Hydrolyse sehr viel langsamer [8]. In wäßrigem Alkohol kann IIIc sogar kurzzeitig ohne Zersetzung gekocht werden. Erst bei längerem Stehen zersetzt sich eine solche Lösung [1]. In absolutem Alkohol treten erst nach 4 Tagen Zersetzungserscheinungen auf [13]. Mit wasserfreiem HCl bildet IIIc in siedendem Toluol ein Dihydrogenchlorid. Die B–N-Bindung wird dabei selbst in 8 h nicht angegriffen [8]. Es liegt somit ein Gegensatz zu dem Verhalten der Amino-borane [14] und dem der normalen 1,3,2-Diazabora-cycloalkane [15] vor, die durch Halogenwasserstoff in Chlorborane und Aminhydrogenchloride gespalten werden.

Das Benzo-2-mesityl-1,3,2-diazaborolan (Verbindung 26 in Tabelle 2/27, S. 171) wird leicht oxydiert. Gegen Salzsäure ist es beständiger als das homologe 2-Phenylderivat. So können aus verdünnter Salzsäure nach 10 min bei Raumtemperatur noch 90% der eingesetzten Verbindung (Nr. 26 in Tabelle 2/27, S. 171) unverändert zurückgewonnen werden. Höhere Temperaturen, längere Einwirkungszeit oder stärker konzentrierte Säuren fördern die Zersetzung. Als einziges Reaktionsprodukt konnte dabei bislang o-Phenylendiamin isoliert werden. Alle Versuche, dieses 2-Mesitylderivat in Eisessig mit diazotierter p-Amino-benzoesäure zu kuppeln, schlugen fehl. Die isolierten Substanzen enthielten kein Bor. Wahrscheinlich handelt es sich bei ihnen um Diazoverbindungen des durch Hydrolyse gebildeten o-Phenylendiamins [16].

Exo- und Endo-norbornane lassen sich durch Umwandlung in 5-Norbornan-2-boronsäure (5-Norbornan-2-yl-dihydroxyboran) und anschließende Reaktion mit o-Phenylendiamin voneinander trennen. Da das Exo-Derivat schlechter löslich ist als die Endo-Verbindung, können aus 1:1-Mischungen durch mehrmaliges Umkristallisieren Präparate erhalten werden, die weniger als 1% Endo- bzw. weniger als 3% Exo-borolan enthalten. Die Hydrolyse dieser Produkte mit 5%iger wäßriger NaOH-Lösung bei 50°C ermöglicht dann wiederum die Isolierung der nahezu isomeren-reinen Norbornanboronsäuren [17].

Die scharf schmelzenden Benzo-1,3,2-diazaborolane sind allgemein leicht und in hohen Ausbeuten herzustellen und gut zu reinigen. Die meisten Hydroxyborane (Boronsäuren) aber unterliegen bei ihrer Isolierung oder Schmelzpunktsbestimmung einer partiellen Dehydratation. Die dabei gebildeten Gemische von Hydroxiden, Oxiden, Oxidhydraten usw. schmelzen über weite Bereiche und sind in der Regel schwer zu charakterisieren. Deswegen sind die Benzo-1,3,2-diazaborolane zur Charakterisierung von Hydroxyboranen sehr gut geeignet [8].

Benzo-1,3,2-diazaborolane können bei Insekten eine chemische Sterilisation herbeiführen, wobei die Wirkungsweise völlig unklar ist. Phenyl-dihydroxy-borane (Phenylboronsäuren) reagieren ähnlich [20, 21]. Die Vermutung, daß die sterilisierende Aktivität der Benzo-1,3,2-diazaborolane auf die Wirkung der durch Hydrolyse gebildeten Phenyl-dihydroxy-borane zurückzuführen sei, erwies sich als falsch. Denn im Gegensatz zu dieser Vermutung zeigen die hydrolytisch stabilsten Diazaborolane auch die größte Zunahme der Sterilisierungsaktivität gegenüber den entsprechenden Boranen [22]. Die Einwirkung der Benzo-1,3,2-diazaborolane auf Musca domestica L., Cochliomyia hominivorax (Coquerel), Anastrepha ludens (Loew) und Anthonomus grandis (Boheman) ist recht unterschiedlich. Wegen der voneinander abweichenden Nahrungsgewohnheiten dieser Insektenarten lassen sich auch keine quantitativen Aussagen machen. Wohl aber scheint Cochliomyia hominivorax (Coquerel) empfindlicher als Musca domestica L. zu sein. Die Empfindlichkeiten von Anastrepha ludens (Loew) und

Anthonomus grandis (Boheman) hängen in erster Linie von der Toxizität der Verbindungen ab. Liegen die verfütterten Mengen unter dem toxischen Niveau, so tritt auch keine Herabminderung der Fertilität dieser beiden Insektenarten ein [22] (vgl. Bemerkungen in Tabelle 2/27 und 2/29, S. 169, 173).

Die gegen Wasser und Methanol instabile Verbindung 1 der Tabelle 2/29, S. 173, [23] weist eine entzündungshemmende und mäßig analgetische Wirkung auf. Ebenso wie die Verbindungen 4, 5 und 6 der Tabelle 2/29, S. 173/4, wird sie von Acetonitril-Wasser-Gemischen in wenigen Stunden vollständig hydrolysiert. Auch durch Oxydation werden alle vier Verbindungen leicht zerstört; keine von ihnen weist antitumorale, bakterizide oder fungizide Eigenschaften auf [13].

Direkt aus der Reaktionsmischung abfiltriert stellt Verbindung 4 (Tabelle 2/29, S. 173) ein fahlgelbes Pulver dar. Durch Umkristallisieren läßt sich die Substanz nicht reinigen. Entsprechende Versuche in Butanon, Acetonitril und Dimethylformamid erbrachten nur eine merkliche Zersetzung. Gegen Wasser und Methanol ist dieses Diazaborolan ebenfalls instabil. An der Luft färbt es sich rosa, wobei allerdings IR-Spektrum und Schmelztemperatur unverändert bleiben [23].

Die farblosen, kristallinen Phenylthiazolo-1,3,2-diazaborolane sind gut löslich in Benzol, Äther, Chloroform und Alkohol, weniger gut in Toluol und Xylol. Als Beleg für ihre Molekülstrukturen läßt sich die saure Hydrolyse zu den Ausgangsprodukten anführen [24]. Ihre UV-Absorptionsspektren in alkoholischer Lösung ähneln nämlich denen der entsprechenden 2-Methyl-phenylbenzimidazole und unterscheiden sich merklich von denen ihrer Ausgangsprodukte. Diese Beobachtungen harmonieren völlig mit den Ergebnissen an den Benzooxa-, Benzoaza- und Benzothia-borolanen [7, 8]. Die alkoholischen Lösungen der Phenylthiazolo-1,3,2-diazaborolane haben allerdings nur eine gewisse Beständigkeit. Nach fünf Tagen sind die UV-Spektren solcher Lösungen mit denen der Ausgangsprodukte identisch. Damit verhalten sich diese Verbindungen ganz ähnlich wie die Verbindungen 1 und 4 der Tabelle 2/29, S. 173. Sie unterscheiden sich aber grundlegend vom Benzo-2-phenyl-1.3.2-diazaborolan (Verbindung 12 in Tabelle 2/27, S. 169/70) [24].

Die gelb-grüne Verbindung 12 der Tabelle 2/29, S. 175, ist so schwer löslich, daß als einzige Analyse nur eine Stickstoffbestimmung durchgeführt wurde. Dazu benutzte Soloway [25] Kristalle, die mit Diäthylenglykol-dimethyläther zur Entfernung der Ausgangssubstanzen extrahiert worden waren. Die Molekülstruktur stützt sich somit nur auf die chemische Reaktion der bekannten Ausgangsstoffe. Das gegenüber Benzo-2-phenyl-1,3,2-diazaborolan nach längeren Wellenlängen verschobene UV-Absorptionsmaximum gibt Anlaß zu der Vermutung, daß eine Resonanzüberlappung im Gesamtmolekül mit B–N-Doppelbindungsanteilen vorliegt [25].

$$(HO)_2B{-}\underset{\displaystyle CH_3}{\underset{|}{C}H}{-}B(OH)_2 \qquad (OH)_2B{-}CH_2{-}CH_2{-}B(OH)_2$$

V VI

Eine ähnliche Umsetzung diente zur Trennung der beiden isomeren Bis(dihydroxyborane) V und VI [26]. Die Kondensation des Isomerengemisches mit o-Phenylendiamin ergibt neben dem 2,2'-Äthyliden-bis(benzo-1,3,2-diazaborolan) VII das entsprechende 2,2'-Äthylenderivat VIII (Nr. 13 und 14 in Tabelle 2/29, S. 175). VII und VIII besitzen sehr unterschiedliche Löslichkeiten. So ist VII in

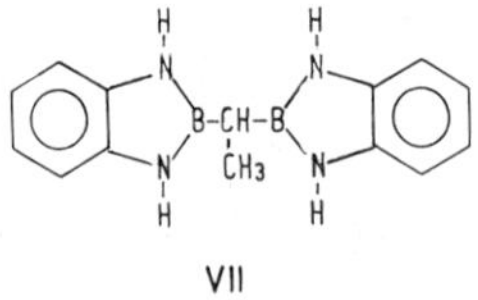

VII

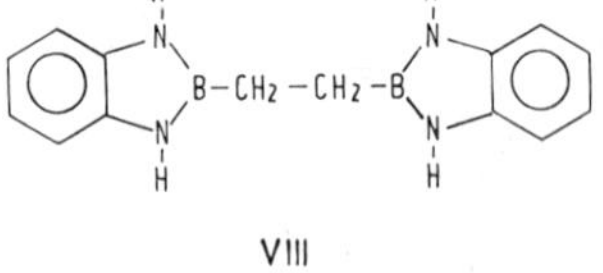

VIII

allen aromatischen Kohlenwasserstoffen gut und in Hexan und Tetrachlormethan schwer löslich, während VIII in Toluol und Xylol schwer, in Tetrachlormethan, Chloroform und Benzol sogar sehr schwer löslich ist. Deswegen bewirkt die gemeinsame Darstellung von VII und VIII in Toluol auch gleichzeitig eine fast quantitative Trennung. VIII ist nach dem azeotropen Abdestillieren des Wassers als Niederschlag im Reaktionsgefäß vorhanden und kann allein durch Waschen mit Toluol von allen anhaftenden Beimengungen befreit werden. VII ist dagegen in Toluol gelöst. Nach dem Abziehen des Lösungsmittels läßt es sich sehr einfach durch Umkristallisieren reinigen. Beide Verbindungen werden von Wasser nur sehr langsam angegriffen, verändern sich aber an der Luft vermutlich auf Grund einer Oxydation. Beim Erhitzen mit Butanol tritt schnell Alkoholyse zu den Tetrabutoxyderivaten von V und VI ein. Die Hydrolyse dieser Derivate im alkalischen Medium ergibt dann die formelreinen Bis(dihydroxyborane) selbst [26].

Literatur zu 2.8.2.1.4

[1] N. Nyilas, A. H. Soloway (J. Am. Chem. Soc. **81** [1959] 2681/3). — [2] H. Beyer, K. Niedenzu, J. W. Dawson (J. Org. Chem. **27** [1962] 4701/2). — [3] P. Fritz, K. Niedenzu, J. W. Dawson (Inorg. Chem. **3** [1964] 626/7). — [4] J. Goubeau, H. Schneider (Liebigs Ann. Chem. **675** [1964] 1/9). — [5] A. M. Pellicciotto (Diss. St. Louis Univ. 1962).

[6] L. F. Hohnstedt, A. M. Pellicciotto (U.S. Dept. Comm. Office Tech. Serv. AD 230544 [1959]). — [7] M. J. S. Dewar, V. P. Kubba, R. Pettit (J. Chem. Soc. **1958** 3076/9). — [8] R. L. Letsinger, S. B. Hamilton (J. Am. Chem. Soc. **80** [1958] 5411/3). — [9] D. Ulmschneider, J. Goubeau (Chem. Ber. **90** [1957] 2733/8). — [10] D. S. Matteson (J. Am. Chem. Soc. **82** [1960] 4228/33).

[11] M. J. S. Dewar, V. P. Kubba, R. Pettit (J. Chem. Soc. **1958** 3073/6). — [12] R. J. Brotherton, H. Steinberg (J. Org. Chem. **26** [1961] 4632/4). — [13] H. Zimmer, E. R. Andrews, A. D. Sill (Arzneimittel-Forsch. **17** [1967] 607/9). — [14] Gmelin Handbuch Ergänzungswerk „Borverbindungen", Tl. 5 (B-N-Verbindungen, Abschnitt „Aminoborane"). — [15] Vgl. Abschnitt 2.1.4, S. 126/8.

[16] R. T. Hawkins, W. J. Lennarz, H. R. Snyder (J. Am. Chem. Soc. **82** [1960] 3053/9). — [17] D. S. Matteson, J. O. Waldbillig (J. Org. Chem. **28** [1963] 366/9). — [18] H. R. Snyder, A. J. Reedy, W. J. Lennarz (J. Am. Chem. Soc. **80** [1958] 835/8). — [19] L. Santucci, H. Gilman (J. Am. Chem. Soc. **80** [1958] 193/6). — [20] A. B. Bořkovec, J. A. Settepani (U.S.P. 3463851 [1969]).

[21] J. A. Settepani, M. M. Crystal, A. B. Bořkovec (J. Econ. Entomol. **62** [1969] 375/83). — [22] J. A. Settepani, J. B. Stokes, A. B. Bořkovec (J. Med. Chem. **13** [1970] 128/31). — [23] H. Zimmer, A. D. Sill, E. R. Andrews (Naturwissenschaften **47** [1960] 378). — [24] S. G. Fridman (Zh. Obshch. Khim. **33** [1963] 207/13; J. Gen. Chem. USSR **33** [1963] 201/5). — [25] A. H. Soloway (J. Am. Chem. Soc. **82** [1960] 2442/4).

[26] B. M. Mikhailov, P. M. Aronovich (Izv. Akad. Nauk SSSR Ser. Khim. **1963** 1233/9; Bull. Acad. Sci. USSR Ser. Chem. **1963** 1125/9).

2.8.2.2 Verschmolzene Systeme

Fused Systems

Wie die einfachen 1,3,2-Diazabora-cycloalkane lassen sich auch die Benzo-1,3,2-diazaborolane zu einem polycyclischen System umsetzen. Während aber bei den 1,3,2-Diazabora-cycloalkanen bereits eine größere Anzahl verschmolzener Systeme bekannt sind (vgl. Abschnitt 2.5.2.3, S. 132/6), wurde bei den Benzo-1,3,2-diazaborolanen nur eine Kondensation beschrieben, die nach Gleichung (1) ablaufen soll [1]. Das Tris(benzo-1,3,2-diazaborolano)-borazin I ist das Endprodukt der Reaktion

(1)

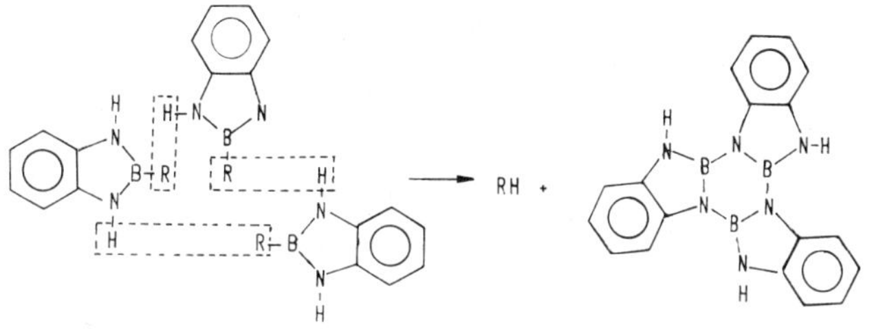

$R = Cl, NR^1_2, OR^1$ I

von Bortrichlorid mit o-Phenylendiamin [2, 3]. Ebenso kann es durch die Kondensationsreaktionen des o-Phenylendiamins mit Aminen (Umaminierung) [2] oder mit Alkoxyboranen [4] erhalten werden. I entsteht anstatt des einfachen Benzo-1,3,2-diazaborolans in nahezu quantitativer Ausbeute, wenn ein höher siedendes Lösungsmittel (Xylol) als sonst benutzt wird [1, 4]. Aus der Tabelle 2/27 in Abschnitt 2.8.2.1.3, S. 269/71, ist zu ersehen, daß Benzo-1,3,2-diazaborolane mit anderen Substituenten in 2-Stellung als Alkyl- oder Arylgruppen zur verschwindenden Minderheit gehören. Beyer, Niedenzu und Dawson [1] führen diesen Umstand auf das Übergewicht der intermolekularen Kondensationsreaktion (1) gegenüber den normalen Substitutionsreaktionen am Boratom zurück. Ihre Vorstellung sehen sie [1] durch folgende experimentellen Befunde gestützt: 1) Beim Kochen des Benzo-2-dimethylamino-1,3,2-diazaborolans in Xylol unter Rückfluß entsteht in 30 min das Borazin I in quantitativer Ausbeute. 2) Die Einwirkung von Triäthylamin auf das Benzo-2-chlor-1,3,2-diazaborolan in siedendem Benzol ergibt ebenfalls I. 3) Obwohl die Umaminierung sich als sehr erfolgreich bei der Darstellung von B–N-Verbindungen erwiesen hat [5] (vgl. Abschnitt 2.5.1.1.3, S. 119), gelingt der Austausch einer NR_2-Gruppe am Boratom der Benzo-1,3,2-diazaborolane selbst unter milden Bedingungen nicht. Bei höheren Temperaturen tritt dafür wieder die intermolekulare Kondensation (1) ein.

Charakterisiert wurde I durch die Elementaranalyse, einen IR-Spektrenvergleich und die kryoskopische Molmassenbestimmung in Dioxan, die M_r(ber.) = 347 und M_r(gef.) = 321 ergab [4]. Bei 350 bis 355°C erweicht I, und bei 380 bis 390°C schmilzt es im abgeschlossenen Rohr (unter Zersetzung?). Unlöslich ist es in Hexan, Benzol und Diäthyläther, löslich dagegen in Aceton, Dioxan, Cyclohexan, Bis-2-äthoxyäthyläther und in warmem Dimethylformamid. Mit Methanol reagiert es in der Wärme. Gegen neutrale Wasser-Aceton-Gemische scheint I bei Raumtemperatur sehr stabil zu zu sein. In saurer oder basischer Lösung hydrolysiert es dagegen sehr schnell [1, 4].

Literatur zu 2.8.2.2

[1] H. Beyer, K. Niedenzu, J. W. Dawson (J. Org. Chem. **27** [1962] 4701/2). — [2] C. A. Brown (Final Report, Office of Naval Research, Contract Nr. 1439 (02) [1956]). — [3] B. Rudner, J. J. Harris (Abstr. Papers 138th Meeting Am. Chem. Soc., New York 1960, 61-P). — [4] R. J. Brotherton, H. Steinberg (J. Org. Chem. **26** [1961] 4632/4). — [5] K. Niedenzu, C. D. Miller (Fortschr. Chem. Forsch. **15** [1970] 191/205).

Hydrolysis

2.8.2.3 Hydrolyse

Die Hydrolysebeständigkeit der B–N–C-Ringsysteme wurde noch nie systematisch untersucht. Es liegt nur eine Arbeit von Brotherton, McCloskey [1] vor, in der das Verhalten einiger Benzo-1,3,2-diazaborolane neben dem von Triaminoboranen, Tetraaminodiboranen und Borazinen in homogenen Lösungsmittel–Wasser-Gemischen beschrieben ist. Bei einem großen Überschuß an Wasser verläuft in allen Fällen die Hydrolyse nach einem Zeitgesetz pseudoerster Ordnung. Der häufig vermutete starke Einfluß sterischer Effekte [2, 3] ist bei den untersuchten Verbindungen vorhanden.

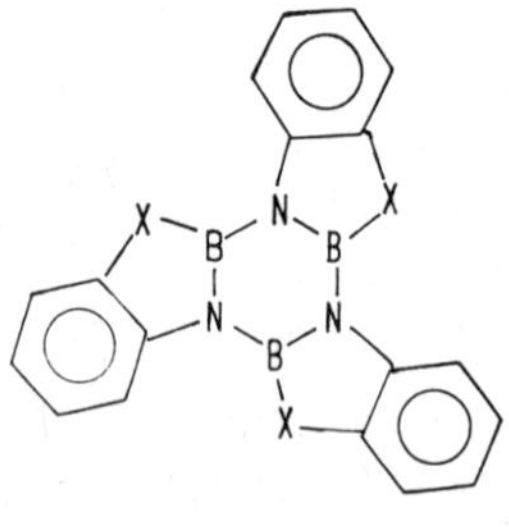

I

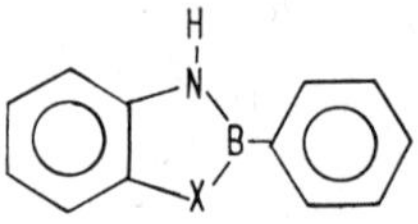

II

a) X = NH
b) X = O

Das Tris(benzo-1,3,2-diazaborolano)-borazin Ia ist in 82%igem, neutralen Aceton bei Zimmertemperatur hydrolytisch noch recht stabil. Bei Zusatz von Basen steigt die Hydrolysegeschwindigkeit stark an. Im sauren Medium ist diese Geschwindigkeitsänderung sogar noch größer. Die entsprechende Sauerstoffverbindung Ib ist unter den gleichen Bedingungen noch um einiges unbeständiger. Das Benzo-2-phenyl-1,3,2-diazaborolan IIa und sein Sauerstoffanaloges IIb verhalten sich ganz analog, nur daß bereits die Lösung von IIa in 82%igem Aceton nicht stabil ist [1].

In der Tabelle 2/30, S. 181, sind die Hydrolysedaten dieser Verbindungen und zusätzlich zum Vergleich die Daten des Diborazinylamins III, des Aminoborans IV und des cyclischen Komplexes V aufgeführt.

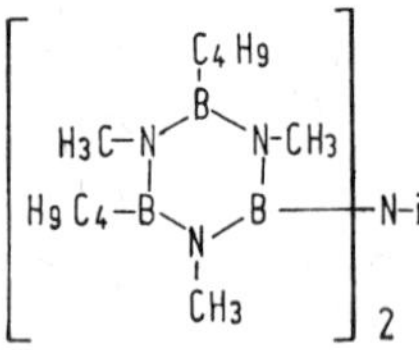

III

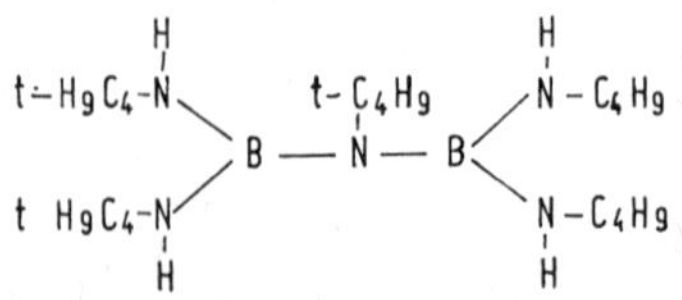

IV

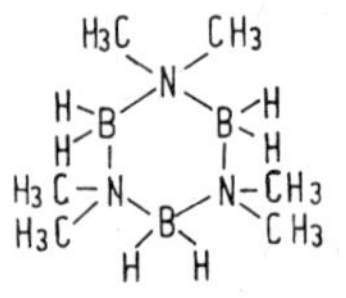

V

Tabelle 2/30
Hydrolyse einiger B-N-Verbindungen [1].

Verbindung	Lösungsmittel	Temperatur in °C	Halbwertszeit	Geschwindigkeitskonstante in s^{-1}
Ia	82% Aceton	23	4.3 bis 6d	1.34 bis 1.87×10^{-6}
Ib	82% Aceton + NaOH¹)	23	3.4 min	3.34×10^{-3}
Ib	82% Aceton + HCl	23	< 30 s	
Ib	82% Aceton	23	9 h	2.14×10^{-5}
IIa	82% Aceton	23	47 h	4.10×10^{-5}
IIa	82% Aceton + NaOH²)	23	3.7 min	3.12×10^{-3}
IIb	Wasser	23	5 min	2.31×10^{-3}
III	90% Tetrahydrofuran	0	2.2 min	5.25×10^{-3}
IV	90% Aceton	25	5 h	3.85×10^{-5}
V	90% Tetrahydrofuran	25	> 35 d³)	

¹) Zusatz von 3 Äquivalenten NaOH bzw. HCl. — ²) Zusatz von 1.25 Äquivalenten NaOH. — ³) Selbst nach 5 Wochen konnte noch keine Hydrolyse beobachtet werden.

Das Diborazinylamin III hydrolysiert bereits in 90%igem Tetrahydrofuran bei 0°C sehr rasch, während das Aminoboran IV durch die voluminösen tert-Butylgruppen gegen solche Reaktionen abgeschirmt ist. Von allen untersuchten [1] B–N-Verbindungen war das Cyclo-tris(dimethylamino-boran) V [4] am stabilsten. Dadurch werden die qualitativen Beobachtungen [5 bis 7] belegt, daß vor allem die tetraedrische Koordination für die hydrolytische Stabilität verantwortlich ist.

Literatur zu 2.8.2.3

[1] R. J. Brotherton, A. L. McCloskey (Advan. Chem. Ser. **42** [1964] 131/8). — [2] M. J. S. Dewar (Progr. Boron Chem. **1** [1964] 235/63). — [3] K. Niedenzu, C. D. Miller (Fortschr. Chem. Forsch. **15** [1970] 191/205). — [4] L. M. Trefonas, W. N. Lipscomb (J. Am. Chem. Soc. **81** [1959] 4435). — [5] T. C. Bissot, R. W. Parry (J. Am. Chem. Soc. **77** [1955] 3481/2).

[6] G. W. Campbell, L. Johnson (J. Am. Chem. Soc. **81** [1959] 3800/1). — [7] G. H. Dahl, R. Schaeffer (J. Am. Chem. Soc. **83** [1961] 3032/4).

2.8.3 Benzo-1,3,2-diazaborinane und höhere Homologe

Benzo-1,3,2-diazaborinanes and Higher Homologs

2.8.3.1 Synthesen

Syntheses

Anfang der 60er Jahre erregten Borverbindungen beträchtliches Interesse im Hinblick auf ihre antimetabolische Wirkung auf neoplastische Zellen. Der Einsatz solcher Verbindungen schien große Vorteile zu bieten, weil sie von den wuchernden Zellen spezifisch aufgenommen werden. Eine spezielle Bestrahlungstherapie durch Neutroneneinfang scheiterte jedoch an der hydrolytischen Empfindlichkeit dieser Verbindungen [1, 2]. Solche und ähnliche Erfahrungen bewirkten ein merkliches Nachlassen des Interesses an den B–N-Analoga organischer Heterocyclen.

Davor jedoch versprach man sich von den purinanalogen Bor-Verbindungen einiges. Als Modellsubstanz für die Synthese von B-Purinen wie I stellten Chissick, Dewar und Maitlis [3] zunächst das Benzo-2-phenyl-1,3,2-diazaborinan-4-on II nach Gleichung (1) dar. Die Ähnlichkeit mit dem Reaktionsschema zur Darstellung der Benzo-1,3,2-diazaborolane ist augenfällig (vgl. Abschnitt 2.8.2.1.1, S. 164). Hier wie dort läßt sich außerdem die Reaktion mit Phenyl-dichlor-boran schlechter handhaben als die mit Dibutoxy- oder mit Dihydroxy-phenylboran. Diese beiden Borane lassen sich

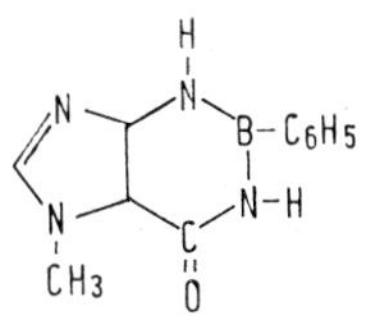

I

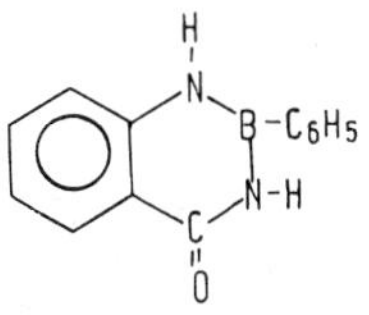

II

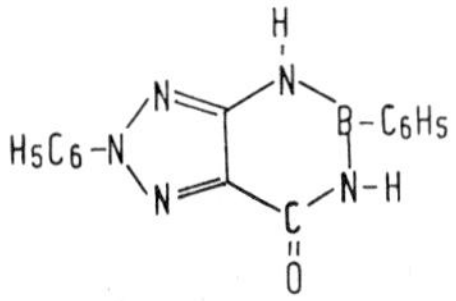

III

(1) 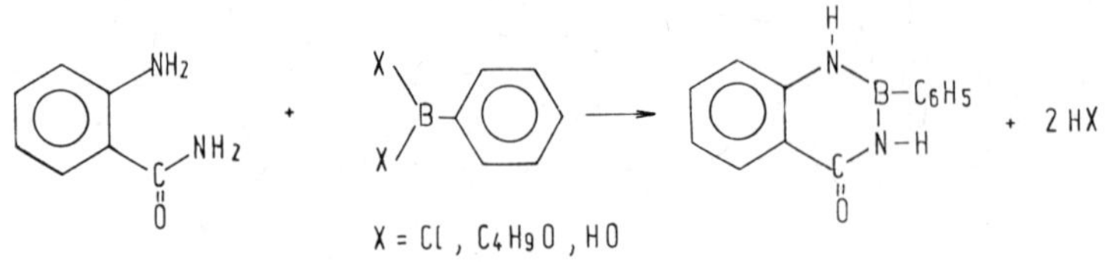

auch mit 4-Amino-1-methyl-5-imidazol-carboxamid [4] zum 5-Methyl-imidazol-2-phenyl-1,3,2-diazaborinan-4-on I umsetzen, wobei gute bis sehr gute Ausbeuten erzielt werden [3]. In nur mäßiger Ausbeute fällt dagegen das Purinderivat III bei der Reaktion von 3-Amino-1-phenyl-1,2,5-triazol-4-carboxamid mit Dibutoxy-phenyl-boran an [3].

Bei dem o-Amino-benzaloxim führt die cyclische Dehydratation gemäß (2) zu einem Heterocyclus, dem entweder Formelstruktur IVa oder IVb zugeordnet werden kann [5]. Im Anschluß

(2) 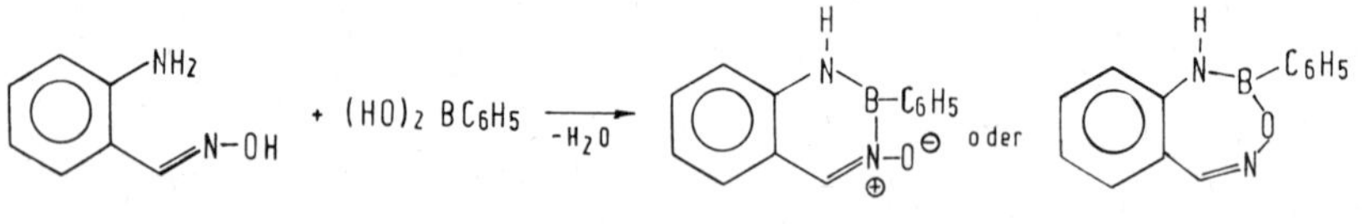

IVa IVb

an bereits vorher formulierte Strukturen eines 1,2,3-Benzotriazin-3-oxids [6, 7] entschied sich Yale [5] für IVa. Eine Stütze für diese Vorstellung ist das Massenspektrum von IV. Dadurch wurde ein leichtabspaltbares Ion nachgewiesen, das 16/17/18 Masseneinheiten weniger als das Molekülion hat. Dieser Umstand läßt ebenfalls Vergleiche mit organischen N-Oxiden zu [8]. Bezeichnend ist auch, daß bei dem isomeren Δ^4-2,4-Diphenyl-1-oxa-3,5-diaza-2-borolan ein solcher Massendefekt nicht eintritt [5].

Mit 2-Amino-3-carboxamido-4H-6,7-dihydro-1,4-dithiepino[6,5-b]thiophen [9] ergibt die cyclische Dehydratation das aus drei Einzelringen verschmolzene System V, dessen Formelstruktur durch die Elementaranalyse, durch IR- und Massenspektren belegt ist [10].

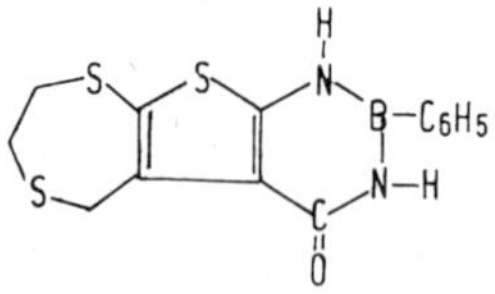

V

Die präparative Methodik entspricht derjenigen, die bei der Darstellung der Benzo-1,3,2-diazaborolane Anwendung findet (vgl. Abschnitt 2.8.2.1.2, S. 164)

Properties. Numerical Data. Reactions

2.8.3.2 Eigenschaften, Kenngrößen, Verhalten

Verbindung II (Formel s. S. 181) ist ein farbloser, kristalliner Feststoff mit $t_f = 210$ bis 211°C. Gegen Luftfeuchtigkeit ist II zwar unempfindlich, in 95%igem Alkohol zersetzt es sich aber. Das UV-Spektrum der so erhaltenen Lösung entspricht nach 24 h dem einer Lösung von o-Amino-benzamid und Phenyldihydroxy-boran (Phenyl-boronsäure). Ebenfalls aus dem UV-Spektrum läßt sich der Schluß ziehen, daß II bei der Zugabe von Alkalien zu VI deprotoniert wird [3]. Eine o-Alkylierung von II mittels Dimethylsulfat und Alkali oder mittels Diazomethan gelingt nicht. Es besteht hier also Übereinstimmung mit den Hydroxypyrimidinen [11]. Mit Dimethylsulfat entstand im alkalischen Medium nur o-Dimethyl-amino-benzamid, mit Diazomethan trat langsame Zersetzung zu unbekannten Polymeren ein. Mit $POCl_3$ ließ sich II weder allein noch in Gegenwart von Dimethylanilin [12] chlorieren. Auch der Versuch, durch azeotrope Destillation von II mit Pyrrolidin [13] ein Enamin herzustellen schlug fehl [3]. Damit unterscheidet sich II vom entsprechenden Diazin.

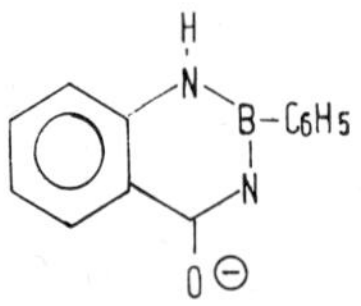

VI

Verbindung I dagegen ist eine hochschmelzende, luftstabile Substanz, die oberhalb von 300°C langsam sublimiert. Lösen läßt I sich nur bei längerem Kochen in überschüssigem Alkohol, aus dem es sich beim Abkühlen nicht wieder abscheidet. Deswegen wird vermutet [3], daß in der Lösung eine Dissoziation in die Ausgangsstoffe Imidazolcarboxamid und Dihydroxy-boran stattfindet. Erst beim Entfernen des Lösungsmittels können dann wieder die Kristalle von I entstehen, weil die Dissoziation zurückgeht und statt dessen die cyclische Dehydratation abläuft. II soll sich analog verhalten [3]. Verbindung III fällt bei der Darstellung in Form schwachbrauner Nadeln an, die sich nur aus Äthanol umkristallisieren lassen. In allen anderen Lösungsmitteln ist III unlöslich. Farblose Nadeln mit $t_f = 300°C$ werden durch Sublimation bei 240°C und 2 Torr erhalten. III ist ebenso wie I und II nicht so stabil wie die entsprechenden benzoiden Verbindungen [3]. Verbindung IVa ist so instabil, daß es sich selbst aus aprotischen Lösungsmitteln nicht umkristallisieren läßt. Zur Reinigung kann das Rohprodukt nur mehrmals mit absolutem Äther gewaschen werden. Dabei steigt die Schmelztemperatur um rund 5°C auf 249 bis 251°C [5]. Von der Verbindung V ist bislang nur bekannt, daß sie bei 340°C unter Zersetzung schmilzt und daß die berechnete relative Molmasse der spektroskopisch gefundenen entspricht [10].

Literatur zu 2.8.3

[1] A. H. Soloway (J. Am. Chem. Soc. **81** [1959] 3017/9). — [2] A. H. Soloway (Progr. Boron Chem. **1** [1964] 203/34). — [3] S. S. Chissick, M. J. S. Dewar, P. M. Maitlis (J. Am. Chem. Soc. **83** [1961] 2708/11). — [4] J. Sarasin, E. Wegmann (Helv. Chim. Acta **7** [1924] 713/9). — [5] H. L. Yale (J. Heterocycl. Chem. **8** [1971] 205/8).

[6] J. Meisenheimer, O. Senn, P. Zimmermann (Ber. Deut. Chem. Ges. **60** [1927] 1736/48). — [7] Dumex A/S (Nd.P. 6817508 [1969]). — [8] H. Budzikiewicz, C. Djerassi, D. H. Williams (Mass Spectrometry of Organic Compounds, San Francisco 1967, S. 328/9). — [9] V. P. Arya, S. P. Ghate (Indian J. Chem. **9** [1971] 904). — [10] V. P. Arya (Indian J. Chem. **9** [1971] 1167).

[11] D. Davidson, O. Baudisch (J. Am. Chem. Soc. **48** [1926] 2379/83). — [12] G. W. Kenner, A. R. Todd, F. J. Weymouth (J. Chem. Soc. **1952** 3675/81). — [13] M. E. Kuehne (J. Am. Chem. Soc. **81** [1959] 5400/4).

2.8.4 Benzo-1,2-azaborolane und -azaborinane

Benzo-1,2-azaborolanes and -azaborinanes

Ein Gemisch von N-Methyl-benzylamin und Triäthylaminboran spaltet bei ca. 200°C Wasserstoff und Amin ab. Rund 65% des Pyrolyseproduktes können bei vermindertem Druck abdestilliert werden, wobei ein unbekanntes Polymer zurückbleibt. Die erste Fraktion ($t_s = 102$ bis 106°C bei 16 Torr) besteht in der Hauptsache aus den beiden Verbindungen I und II, die nach dem IR-Spektrum als gemischtes Dimeres kristallisieren. Entsprechend Gleichung (1) soll sich aus diesem Gemisch das

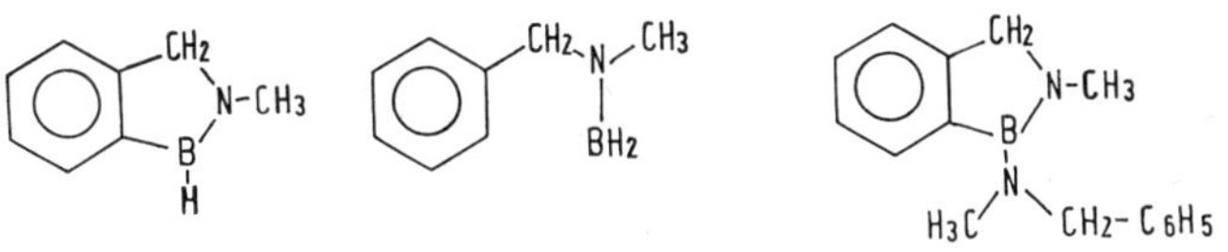

I II IV

(1)

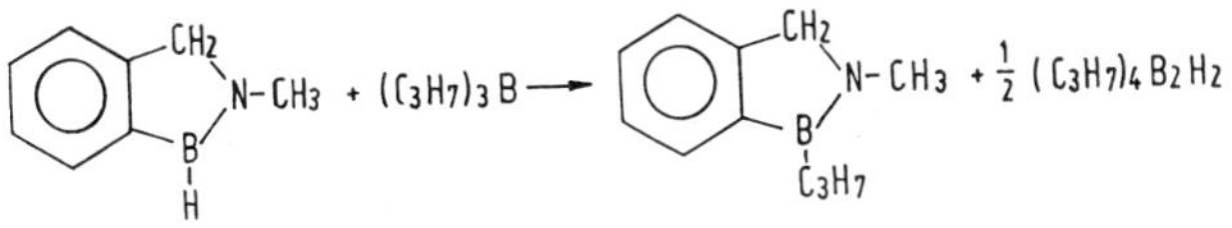

I III

1-Methyl-2-propyl-benzo[1,2-c]-1,2-azaborolan III isolieren lassen. Als Nebenprodukt dieser Reaktion wurde das schwerer flüchtige 2-(N-Methylbenzylamino)-Derivat IV beschrieben [1].

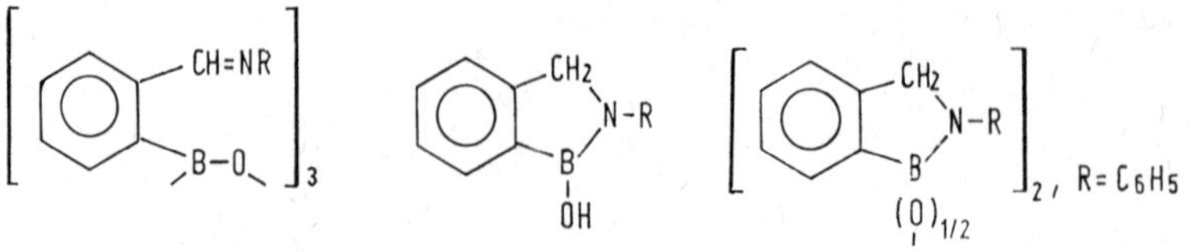

V VI VII

Bei der Reduktion des Boroxinderivats V mit $LiAlH_4$ in Tetrahydrofuran entsteht eine feste Substanz, der die Formelstruktur VI zugeschrieben wird. Die Zuordnung ist deshalb ungenau, weil das vorgefundene Produkt mit der Ausgangssubstanz V bzw. mit o-Anilino-dihydroxyboran (o-Anilinoboronsäure) verunreinigt war. Weitere Dehydratation durch Erhitzen in Cyclohexan (azeotrope Wasserdestillation) ergab ein Produkt, das als Gemisch von VI und seinem dimeren „Anhydrid" VII bezeichnet wurde, weil im Massenspektrum ein Peak mit m/e = 400 erschien [2].

Die Hydrolyse (2) des o-Cyanomethylphenyl-dihydroxyborans (o-Cyanomethylbenzolboronsäure) VIII in verdünnten Basen verläuft über die Zwischenstufe des Benzo-azaborinans IX zu der Benzo-oxa-boraverbindung X [3].

(2)

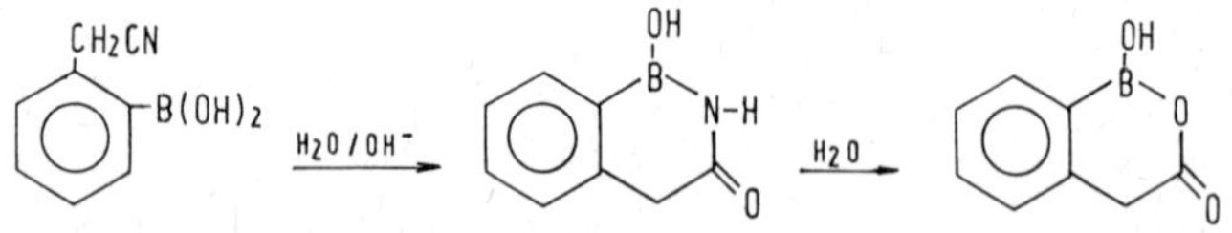

VIII IX X

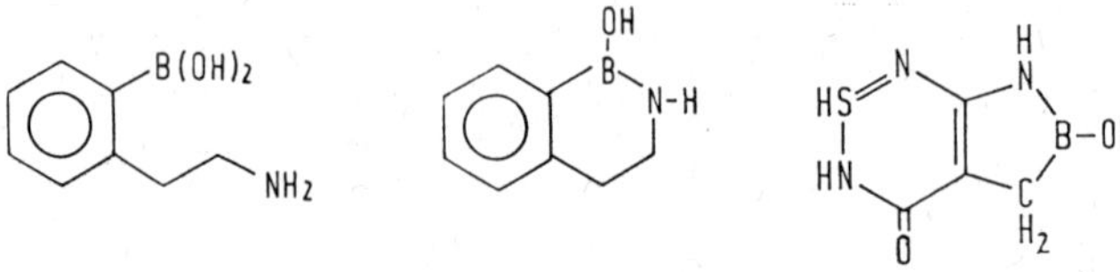

XI XII XIII

Im Massenspektrum des Dihydroxyborans XI läßt sich der Peak bei m/e = 147 dem Molekül-Ion des Benzo-azaborinans XII zuordnen [3].

(3) $$(H_9C_4O)_2BCH_2CH\begin{matrix}\diagup COOCH_3\\ \diagdown CN\end{matrix} + \begin{matrix}H_2N\diagdown\\ H_2N\diagup\end{matrix}C{=}S \xrightarrow[H_2O]{t\text{-}C_4H_9OK} XIII$$

Nicht mit einem Benzol-, sondern mit einem Pyrimidin-Ring ist das Azaborolan XIII verschmolzen, das bei der Reaktion von Thioharnstoff und Kalium-tert-butoxid mit Methyl-α-cyano-β-dibutoxyborylpropionat entstehen soll (Schema (3)). Eine genaue Untersuchung fand nicht statt, weil XIII nicht rein zu erhalten war. Offensichtlich fällt diese Verbindung in Form eines Chelatkomplexes mit Borsäure aus. Letztere läßt sich auch als Trimethoxyboran nicht azeotrop abdestillieren [4].

Preparation Methods

Präparative Methodik

I, II: 0.2 mol (26.4 g) N-Methylbenzylamin auf 130°C erhitzen, unter Rühren 0.2 mol (24.4 g) Triäthylaminboran in 30 min zufügen, wobei 8900 ml H_2 und 17 g Triäthylamin entstehen. Die Temperatur langsam auf 200 bis 210°C steigern, die nahezu farblose Reaktionsmischung destillieren und die Fraktion mit t_s = 102 bis 103°C bei 16 Torr durch Abkühlen erstarren lassen. Nach dem Waschen mit wenig Cyclohexan hat die Substanz einen Schmelzbereich von 66 bis 96°C [1].

III, IV: 7.5 g des Gemisches aus I und II mit 18 g Tripropylboran bei 110°C 1 h verrühren, bei reduziertem Druck Tripropylboran, Tetrapropyldiboran und etwas N-Methylbenzylamino-boran abdestillieren, eine weitere Stunde auf 200°C erhitzen, wobei H_2, C_3H_6 und C_3H_8 entweichen. Den Rückstand destillieren und die Fraktion mit t_s = 86 bis 140°C bei 0.3 Torr rektifizieren. Es entstehen 2 g der Verbindung III mit t_s = 115 bis 116°C bei 11 Torr und 3 g der Verbindung IV mit t_s = 120 bis 122°C bei 0.2 Torr [1].

VI: Eine Lösung von 1.04 g des Boroxins V in Tetrahydrofuran langsam zu einer gerührten Suspension von 0.38 g $LiAlH_4$ in Tetrahydrofuran geben, 1 h unter Rückfluß kochen, überschüssiges

$LiAlH_4$ mit Wasser zersetzen, filtrieren, Niederschlag mit Tetrahydrofuran waschen, Filtrat und Waschlösung vereinigen, das Lösungsmittel abziehen, den festen Rückstand dreimal mit je 50 ml Äther extrahieren, die Extrakte eindampfen und den Rückstand aus Benzol/Hexan umkristallisieren [2].

IX: 6.4 g o-Cyanomethylphenyl-dihydroxyboran mit 80 ml 5%igem wäßrigen KOH auf dem Dampfbad 2 h erwärmen, schnell abkühlen, mit Darco behandeln, mit konzentrierter Salzsäure ansäuern, filtrieren und den Niederschlag mit heißem Aceton waschen. IX entsteht zu 63% der Theorie mit $t_f = 202$ bis 204°C. Die berechnete Molmasse entspricht der spektrometrisch gefundenen [3].

XIII: 0.85 g Thioharnstoff, die äquivalente Menge Kalium-tert-butoxid und 3 g Methyl-α-cyano-β-dibutoxyboryl-propionat in 40 ml tert-Butanol lösen, 2 h bei 70°C halten, mit Eisessig neutralisieren und mit 40 ml H_2O verdünnen. Das ausgefallene, unreine XIII schmilzt bei 350°C nicht, beginnt sich aber oberhalb von 250°C zu zersetzen [4].

Literatur zu 2.8.4

[1] R. Köster, K. Iwasaki (Advan. Chem. Ser. **42** [1964] 148/65). — [2] H. E. Dunn, J. C. Catlin, H. R. Snyder (J. Org. Chem. **33** [1968] 4483/6). — [3] J. C. Catlin, H. R. Snyder (J. Org. Chem. **34** [1969] 1660/3). — [4] D. S. Matteson, T.-C. Cheng (J. Org. Chem. **33** [1968] 3055/60).

2.8.5 Benzo-diaza-diborinane

Benzodiazadiborinanes

2.8.5.1 Benzo-1,3-diaza-2,4-diborinane

Benzo-1,3-diaza-2,4-diborinanes

2.8.5.1.1 Synthese und präparative Methodik

Synthesis and Preparation Methods

Werden Tetraalkyldiborane und (Alkylamino)-dialkylborane in Anwesenheit von Trialkalboranen auf ca. 200°C erhitzt, so entstehen neben leichter flüchtigen auch höher siedende B–N–C-Heterocyclen. Tetraäthyldiboran, Triäthylboran und (Phenylamino)-diäthylboran ergeben auf diese Art das 2,4-Diäthyl-3-phenyl-benzo-1,3-diaza-2,4-diborinan I und sein flüssiges Isomeres 2-Äthyl-4-anilino-3-methyl-benzo-1,2-azabora-4-borinan II. Es hat den Anschein, als wäre diese Ringbildungsreaktion

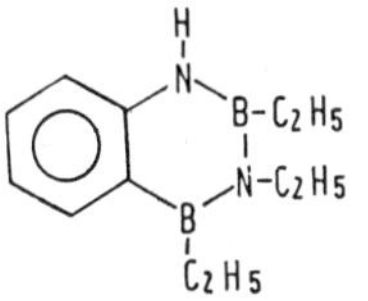

I

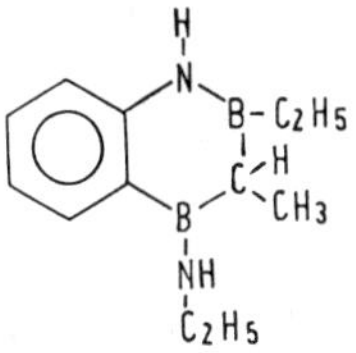

II

auch mit anderen Alkyl- und Aminoalkyl-boranen möglich. Einige Borhydride können ebenfalls an die Stelle der Alkylborane treten [1], vgl. Abschnitt 2.8.4, S. 183.

Das o-Toluidin-trichlorboran reagiert mit Triäthylamin zu einem Gemisch, das zu 80% aus dem Benzo-1,3-diaza-2,4-borinan III und zu 20% aus 1,3,5-Tri-o-tolyl-2,4,6-trichlor-borazin besteht. Die Trennung gelang nicht [2].

α-Naphthylamin reagiert nach (1) mit BCl_3 bei −78°C in einem inerten Lösungsmittel (Chlorbenzol, Toluol, Benzol) zu α-Naphthylamin-trichlorboran A und zu α-Naphthylaminodichlorboran B. Das Boran A läßt sich abfiltrieren, während B nach dem Entfernen des Lösungsmittels im Vakuum in unreiner Form zurückbleibt [2, 3]. A spaltet beim Erhitzen 2 mol HCl ab und cyclisiert zu IVa [4, 5].

(1) $2\,\alpha\text{-}C_{10}H_7NH_2 + 2\,BCl_3 \rightarrow \underset{A}{\alpha\text{-}C_{10}H_7NH_2BCl_3} + \underset{B}{\alpha\text{-}C_{10}H_7NHBCl_2} + HCl$

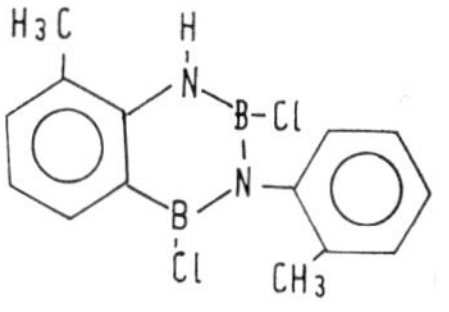

III

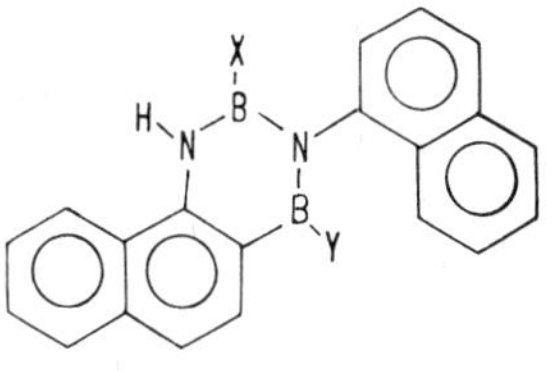

IV

a) X = Cl, Y = Cl
b) X = α-$C_{10}H_7NH$, Y = Cl
c) X = Cl, Y = α-$C_{10}H_7NH$
d) X = α-$C_{10}H_7NH$, Y = α-$C_{10}H_7NH$
e) X = OH, Y = OH
f) X = Br, Y = Br

Präparativ läßt sich dieser Umstand dadurch nutzen, daß primär hergestelltes A in Toluol mehrere Stunden unter Rückfluß gekocht wird und sich dabei in IVa umwandelt [4]. Die thermogravimetrische

Analyse (Aufheizgeschwindigkeit 150°C/h) ergab bei 155 ± 5°C eine Stufe in der Zersetzungskurve, die der Abgabe von 2 mol HCl entsprechen soll. Die Differentialthermoanalyse zeigte bei einer Aufheizgeschwindigkeit von 100°C/h zwei endotherme Peaks. Der erste setzt bei 125°C ein und kann ebenfalls der HCl-Abspaltung zugeordnet werden. Der zweite beginnt bei 187°C und dürfte dem Schmelzpunkt der Mischung entsprechen. Die Untersuchung der thermischen Zersetzung von A in Abhängigkeit von der Zeit ergab, daß die Reaktion vom Lösungsmittel (Benzol, Toluol, Chlorbenzol) unabhängig ist und die Abspaltung des ersten HCl-Moleküls nach einem Zeitgesetz 2. Ordnung verläuft [5].

Schnelles Abschrecken des Produkts nach Abgabe von 1 mol HCl ergibt einen Stoff mit der Summenformel $C_{10}H_7NHBCl$, dessen Molmassenbestimmung aber mißlang. Schreckt man das nach Abgabe von 2 mol HCl erhaltene Produkt schnell ab, so ist die erhaltene Substanz nach IR-Spektren identisch mit dem nach [4] hergestelltem IVa [5].

Die Verbindung B läßt sich nicht reinigen und liegt wohl teilweise polymer vor. Einmal hergestellt löst es sich nicht wieder auf und ist stabil gegen Luftfeuchtigkeit, während A sehr schnell hydrolysiert. Beim Erhitzen spaltet aber auch B HCl ab und wandelt sich in IVa um [5].

Preparation Methods

Präparative Methodik

I: Das Verfahren ist identisch mit der in Abschnitt 2.6.1, S. 139, beschriebenen Methode zur Darstellung von 1,2,5-Azadiborolan. Die bei der Destillation erhaltene zweite Fraktion (t_s = 140 bis 145°C bei 0.2 Torr) erstarrt beim Abkühlen. Aus Cyclohexan umkristallisiert hat I einen Schmelzpunkt von 62 bis 63.5°C. Kleine Mengen des flüssigen Isomeren II lassen sich aus der Mutterlauge gewinnen [1].

IVa: Eine Lösung von 0.106 mol (15.1 g) α-Naphthylamin in 40 ml Chlorbenzol auf −80°C abkühlen, unter kräftigem Rühren 0.122 mol (14.3 g) BCl_3 einleiten, erwärmen lassen, 4 h unter Rückfluß kochen. Beim Abkühlen scheiden sich 14.8 g IVa (= 75% der Theorie) kristallin ab [4].

IVb: Wie unter IVa, aber mit 0.09 mol α-Naphthylamin und 0.06 mol BCl_3 [5].

IVf: Wie unter IVa, jedoch das BCl_3 durch BBr_3 ersetzen.

Zur Darstellung weiterer Derivate vgl. Abschnitt 2.8.5.1.2.

Literatur zu 2.8.5.1.1

[1] R. Köster, K. Iwasaki (Advan. Chem. Ser. **42** [1964] 148/65). — [2] R. K. Bartlett, H. S. Turner, R. J. Warne, M. A. Young, I. J. Lawrenson (J. Chem. Soc. A **1966** 479/500). — [3] W. Gerrard, E. F. Mooney, H. A. Willis (J. Chem. Soc. **1961** 3153/5). — [4] J. Cueilleron, B. Frange (Bull. Soc. Chim. France **1972** 107/10). — [5] J. Cueilleron, B. Frange (Bull. Soc. Chim. France **1972** 584/7).

Properties. Numerical Data. Reactions

2.8.5.1.2 Eigenschaften, Kenngrößen, Verhalten

I läßt sich gut aus Cyclohexan umkristallisieren. Es hat dann die Kenngrößen t_f = 62 bis 63.5°C, t_s = 143°C bei 0.2 Torr und die spektroskopisch bestimmte relative Molmasse 262/261/260 (M_r(ber.) = 261.9). Gegen Luftfeuchtigkeit ist I recht stabil, hydrolysiert aber leicht in Lösung [1].

IVa bildet weiße Kristalle, die leicht aus Chlorbenzol umkristallisiert werden können. Spektroskopisch ergibt sich die relative Molmasse zu 374 (M_r(ber.) = 374). Aus dem Massenspektrum folgt auch, daß IVa nicht mit dem Borazin $(\alpha\text{-}C_{10}H_7NBCl)_3$ verunreinigt ist. An der Luft ist die bei 180 bis 185°C schmelzende Verbindung IVa stabil, wird jedoch, wie das IR-Spektrum zeigt, in Lösung (CCl_4) langsam hydrolysiert [2]. Eiswasser greift ebenfalls nur sehr langsam an. In wäßriger Salzsäure dagegen wird IVa beim Kochen vollständig zu α-Naphthylamin-hydrogenchlorid und Borsäure abgebaut. Dauert das Kochen in wäßriger Lösung nur 10 min, so bildet sich das Hydroxyderivat IVe, dessen Struktur durch die Elementaranalyse und das IR-Spektrum belegt ist. Mit 1 mol α-Naphthylamin reagiert IVa zu IVb weiter. Letztere Verbindung ist auch durch direkte Darstellung mit einem entsprechenden Aminüberschuß zugänglich [3]. Bei der Behandlung von IVa mit 2 mol α-Naphthylamin bildet sich IVd. Bei allen diesen Reaktionen entsteht niemals ein Gemisch aus IVb, IVc oder IVd, wie sich aus der Untersuchung der N–H-Valenzschwingung im IR-Spektrum ergibt. Die unterschiedliche Reaktivität der beiden Chloratome in IVa zeigt sich auch, wenn man den Verlauf der Reaktion mit 2 mol α-Naphthylamin durch Titration des gebildeten Chlorwasserstoffs verfolgt. Deutlich sind zwei Reaktionsstufen auszumachen, von denen die erste sehr viel schneller verläuft [3].

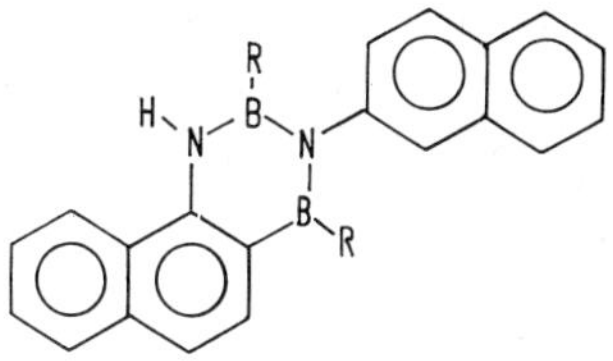

a) $R = CH_3$
b) $R = C_2H_5$
c) $R = n\text{-}C_3H_7$

V

Mit Grignard-Verbindungen reagiert IVa zu den Boralkylderivaten Va in 48.5%iger, zu Vb in 56%iger und zu Vc in 67%iger Ausbeute. Va schmilzt bei 160°C, Vb bei 140°C und Vc bei 112°C. Bei der Grignardierung muß das Reagenz im 50%igen Überschuß vorhanden sein, weil sonst nicht identifizierte Polymere die Ausbeute verringern. Überschüssiges RMgX wird nach der Reaktion mit gesättigter, wäßriger NH_4Cl-Lösung zersetzt. Die Verwendung von Methanol ist nicht angebracht, weil sonst teilweise Methoxyderivate nach (2) entstehen. Die Molekülstrukturen der Verbindungen V folgten aus

(2) $> B\text{-}CH_3 + CH_3OH \rightarrow > BOCH_3 + CH_4$,

den ^1H-NMR-, IR- und Massenspektren sowie aus der Untersuchung der Produkte der Deuterolyse mit $D_2O/NaOD$ [2].

Literatur zu 2.8.5.1.2

[1] R. Köster, K. Iwasaki (Advan. Chem. Ser. **42** [1964] 148/65). — [2] J. Cueilleron, B. Frange (Bull. Soc. Chim. France **1972** 107/10). — [3] J. Cueilleron, B. Frange (Bull. Soc. Chim. France **1972** 584/7).

2.8.5.2 Benzo-1,4-diaza-2,3-diborinane

Benzo-1,4-diaza-2,3-diborinanes

Synthesen

Syntheses

Die Umaminierung von Dialkyl-bis(dialkylamino)-boranen mit aromatischen 1,2-Diaminen macht die Verbindungsklasse der Benzo-1,2-diaza-2,3-diborinane grundsätzlich zugänglich. Aus 1,2-Dimethyl- bzw. 1,2-Di-n-butyl-1,2-bis(dimethylamino)-diboran entstehen so mit 1,2-Diaminobenzol beim Kochen in Benzol die Verbindungen Ia und Ic [1, 2]. Auch das 1,2-Diäthyl-1,2-bis-

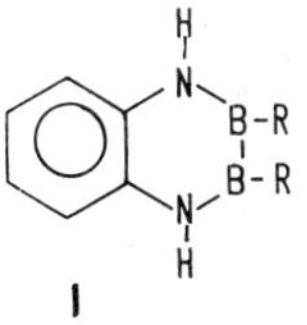

a) $R = CH_3$
b) $R = C_2H_5$
c) $R = n\text{-}C_4H_9$
d) $R = C_6H_5$

I

(dimethylamino)-diboran ergibt hohe Ausbeuten an einem Feststoff, der Ib zu sein scheint [3]. Die analoge Reaktion mit dem 1,2-Diphenyl-diboran ist unübersichtlicher. Wird o-Phenylendiamin bei 80°C zu diesem Diboran gegeben, so werden beträchtliche Mengen Wasserstoff frei. Das Reaktionsprodukt besteht aus zwei Feststoffen, von denen der eine als Id und der andere als 2-Phenyl-benzo-1,3,2-diazaborolan angesehen wurde. Demnach ist es bei dieser Reaktion zu einem Bindungsbruch im Diboran gekommen, weswegen die Bildung von Id nur Nebenreaktion sein kann [3]. Schematisch läßt sich dieser Vorgang durch (1) und (2) wiedergeben.

(1)

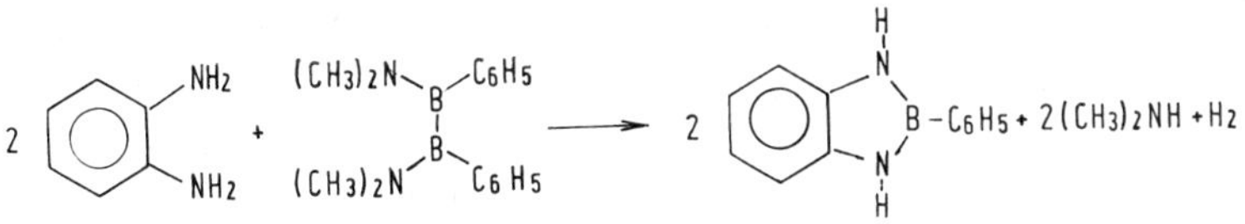

(2)

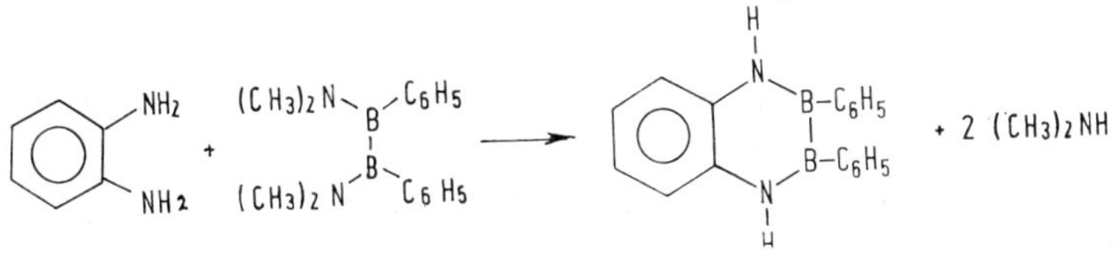

Entsprechende Umaminierungen mit 1,2-Diamino- und 2,3-Diamino-naphthalin führten zu II und III [2].

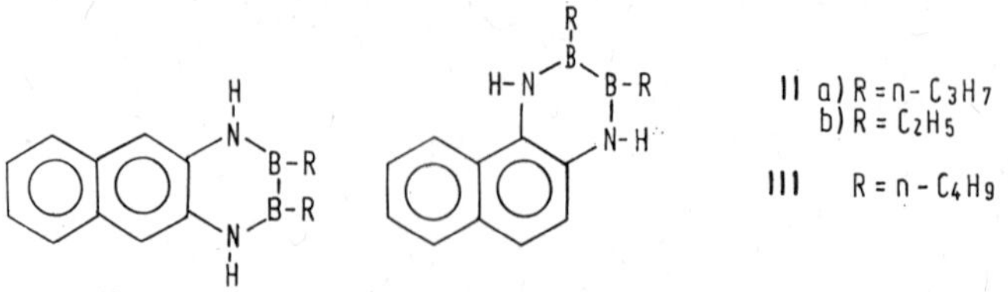

II III

Die im Abschnitt 2.5.2.2.1, S. 130, beschriebene Kopplungsreaktion des Tetrakis(dimethylamino)-diborans [4] ist auch auf 1,2-Diamino-benzol anwendbar. Ob dem dabei gebildeten Stoff die Formelstruktur IV oder V zukommt, konnte bislang nicht entschieden werden.

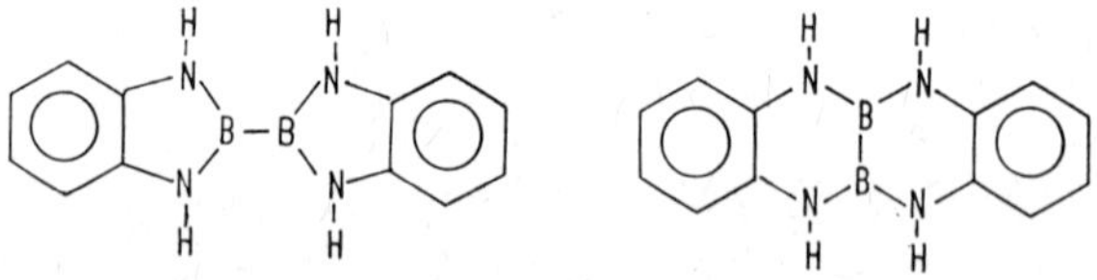

IV V

Preparation Methods

Präparative Methodik

I a: 28.6 mmol (4 g) $(CH_3)_2B_2[N(CH_3)_2]_2$ und 28.6 mmol (3.1 g) o-Phenylendiamin in 10 ml Benzol lösen, rühren, auf 60 bis 70°C erwärmen. Die Dimethylaminentwicklung beginnt bei etwa 60°C. Nach deren Beendigung das Benzol unter vermindertem Druck abziehen, den bräunlichen Rückstand in Äther aufnehmen, filtrieren, im Vakuum bis zur beginnenden Kristallisation einengen [2].

Die Verbindungen I b, I c, I d, II a, II b und III werden analog dargestellt. III fällt dabei meist als schwach bräunlich gefärbte, zähe Flüssigkeit an. Überschüssiges Diboran wird im Ölpumpenvakuum abdestilliert und die Substanz durch Abschrecken mit flüssigem Stickstoff verfestigt (vgl. Eigenschaften von I c) [2].

Properties

Eigenschaften

Verbindung I a wirkt stark reduzierend und entwickelt im basischen Medium Wasserstoff. Die Molekülstruktur ergibt sich aus der Elementaranalyse, der kryoskopischen Molmassenbestimmung in Benzol und aus dem Fehlen der B–H-Banden im IR-Spektrum. I c entsteht als bräunlich gefärbte, zähe Flüssigkeit, die nicht zur Kristallisation gebracht werden konnte. Unter teilweiser Zersetzung läßt sie sich destillieren (Badtemperatur 200°C). Für die Analyse und Molmassenbestimmung wurde nicht destillierte Substanz benutzt (vgl. Darstellung von III). II ($R = n\text{-}C_3H_7$) fällt beim Umkristallisieren aus Äther in Form farbloser Schuppen an; mit $R = n\text{-}C_4H_9$ ist II in Benzol gut löslich und entwickelt im basischen Medium Wasserstoff. Bei III kann wegen der Unsauberkeit der Substanz kein exakter Schmelzpunkt ermittelt werden [2].

Die wenigen bekannten Kenngrößen sind in folgender Übersicht zusammengestellt [2]:

I a: 78% Ausbeute, $t_f = 135$°C (aus Äther), M_r(ber.) = 157.8; M_r(gef.) = 156.6
I c: $t_s = 120$ bis 125°C, M_r(ber.) = 242.0, M_r(gef.) = 236.8
II a: 62.8% Ausbeute, $t_f = 184$°C (Sintern ab 173°C), M_r(ber.) = 264.0, M_r(gef.) = 260.0
II b: M_r(ber.) = 235.9, M_r(gef.) = 235.3
III: 92.5% Rohausbeute, M_r(ber.) = 292.1, M_r(gef.) = 287.

Literatur zu 2.8.5.2

[1] H. Nöth, P. Fritz, W. Meister (Angew. Chem. **73** [1961] 762). — [2] H. Nöth, P. Fritz (Z. Anorg. Allgem. Chem. **324** [1963] 129/45). — [3] R. J. Brotherton (Progr. Boron Chem. **1** [1964] 1/31). — [4] M. P. Brown, A. E. Dann, D. W. Hunt, H. B. Silver (J. Chem. Soc. **1962** 4648/52).

2.8.6 Nicht systematisierbare Einzelfälle

Non-systemizable Special Cases

Die bei der Pyrolyse von Amin-halogenboranen zu Borazinen nach (1) postulierten Iminoborane lassen sich durch eine 1,3-dipolare Cycloaddition abfangen. Die Abspaltung des Halogenwasserstoffs

$$(1)\quad RH_2N{-}BX_3 \xrightarrow[-HX]{} RHN{-}BX_2 \xrightarrow[-HX]{} RN{=}BX \xrightarrow[o]{} \tfrac{1}{3}(RN{-}BX)_3$$

wird durch die Anwesenheit tertiärer Basen begünstigt. 3,4-Dihydro-isochinolin-N-phenylimin I bildet sich bei Anwesenheit tertiärer Basen aus seinem Hydrogenbromid und steht im Gleichgewicht mit seinem Dimeren. Bei erhöhter Temperatur verschiebt sich dieses Gleichgewicht zugunsten des Monomeren. I bietet somit alle Voraussetzungen für das hier benötigte 1,3-dipolare Agens. Beim Zutropfen einer Suspension des Aminborans in Chlorbenzol zu einer Lösung von überschüssigem Triäthylamin und dem Phenylimin-hydrogenbromid treten bei 90°C auch Cyclisierungsreaktionen nach dem Schema (2) auf [1].

(2)

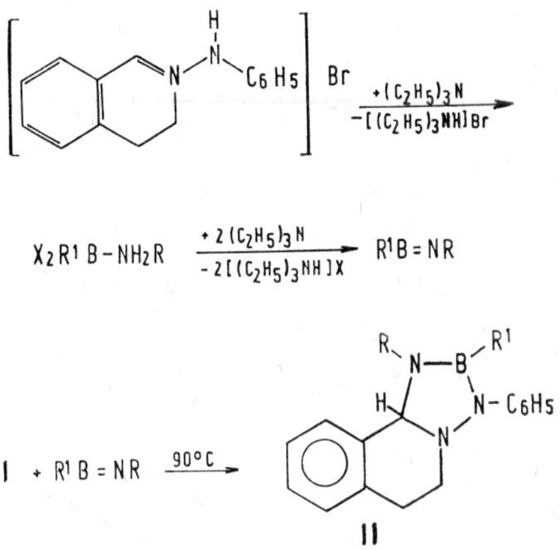

Zur Darstellung werden 25 mmol (7.58 g) N-Anilino-3,4-dihydro-isochinoliniumbromid und 100 mmol (10.1 g) Triäthylamin in 350 ml Chlorbenzol gelöst, auf 90 bis 100°C erwärmt und unter starkem Rühren im Verlauf von 2 h mit einer Suspension des Aminborans versetzt (hergestellt durch Zusammengeben von 17 mmol Methyldibromboran bzw. Phenyldichlorboran und 17 mmol 1-Amino-butan bzw. 2,6-Xylidin bzw. Mesidin bei −80°C in 50 ml Chlorbenzol). Nach dem Abkühlen auf Raumtemperatur wird vom überschüssigen Hexahydrotetrazin (aus dem 1,3-Dipol) und von den entstandenen Triäthylamin-Salzen abfiltriert, das Filtrat eingeengt und dreimal im Vakuum bei 10^{-3} Torr destilliert. Unterbleibt diese verlustreiche Hochvakuumdestillation, sind die Produkte nicht spektralrein. IIa bis IId sind gelbe, hochsiedende Öle und gegen Sauerstoff und protonenaktive Stoffe empfindlich [1].

Tabelle 2/31

Darstellung und Kenngrößen der Heterocyclen II [1].

Verbindung	R	R^1	X	Ausbeute¹) in % d. Th.	t_s in °C²)	M_r(ber.)	M_r(gef.)³)
IIa	n-C_4H_9	CH_3	Br	39	140/5	319.3	309
IIb	n-C_4H_9	C_6H_5	Cl	30	165/70	381.3	389
IIc	2,6-$(CH_3)_2C_6H_3$	CH_3	Br	38	165/70	367.3	349
IId	2,4,6-$(CH_3)_3C_6H_2$	C_6H_5	Cl	41	160/5	443.4	440

¹) Nach der dreimaligen Hochvakuumdestillation. — ²) Die Siedetemperaturen gelten für einen Druck von 10^{-3} Torr. — ³) Kryoskopisch in Benzol.

Das Boroxin III reagiert mit 1,2-Diamino-äthan zu einem Gemisch mehrerer Produkte. Aus diesem Gemisch lassen sich die Heterocyclen IV durch Vakuumsublimation und V in Form des Methanoladduktes seines Sulfats durch Säulenchromatographie isolieren [2].

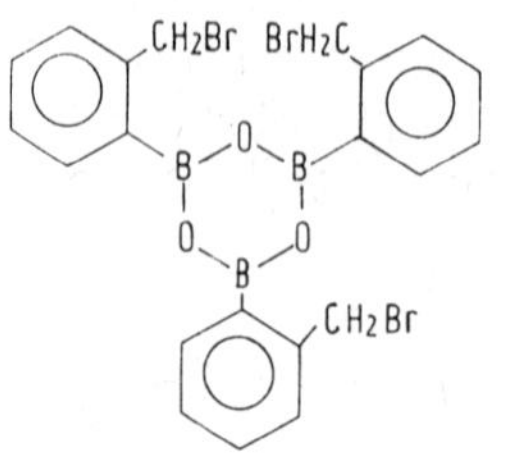

III

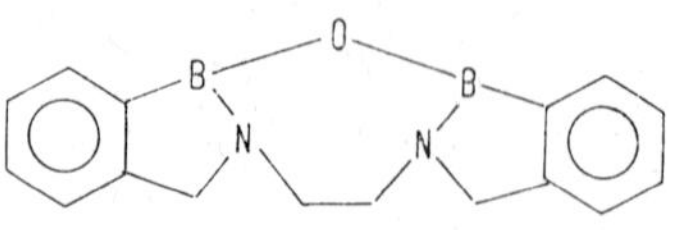

IV

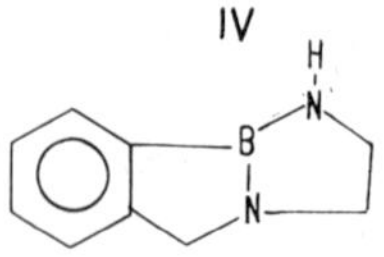

V

Darstellung: Eine Lösung von 48.7 mval (9.6 g) I in 30 ml Methanol innerhalb von 45 min zu einer gerührten Lösung von 293 mmol (20 ml) 1,2-Diamino-äthan in 5 ml Methanol geben, durch Steuerung der Zugabegeschwindigkeit die Temperatur zwischen 35 und 50°C halten, weitere 15 min rühren, Lösungsmittel und überschüssiges Diamin abziehen, den sirupösen, dunkelorange gefärbten Rückstand mit $NaHCO_3$-Lösung versetzten, das gesamte wäßrige Gemisch mit $CHCl_3$ 14 h extrahieren (Raab-Extraktor), den Chloroformextrakt falls nötig filtrieren, zur Trockne einengen und unter Erwärmen im Vakuum trocknen. Das erhaltene Rohprodukt ist ein bernsteinfarbenes Pulver.

Für die Chromatographie wird eine Säule mit 25 g Al_2O_3 beschickt, das durch Waschen mit Schwefelsäure 0.27% freies H_2SO_4 enthält. 500 ml des rohen Reaktionsproduktes auf die Säule bringen, mit Benzol befeuchten und einige Schnitte mit Benzol, Chloroform oder Gemischen dieser beiden Lösungsmittel eluieren. Das Sulfat selbst langsam mit H_2O eluieren (Methanol ist schlechter geeignet), das Wasser vom Eluat abziehen, den Rückstand in viel heißem Methanol aufnehmen, durch Einengen auf wenige ml ausfällen, die erhaltenen farblosen Kristalle abfiltrieren, gut waschen und im Vakuumexsikkator trocknen. Bezogen auf das Boroxin III entsteht V auf diese Art mit einer Ausbeute von 20%. Auch nach mehrmaligem Umkristallisieren hat die Substanz V keinen scharfen Schmelzpunkt, sondern einen Schmelzbereich von 190 bis 202°C (unter Zersetzung). Nach den Ergebnissen der Elementaranalyse, der ^{1}H-NMR- und IR-spektroskopischen Untersuchungen kristallisiert das Salz mit 2 Methanol-Molekülen und einem halben Sulfat-Ion pro Molekül V. Das Salz ist nicht hygroskopisch, in Wasser sehr gut löslich und ändert sein Aussehen in mehreren Monaten an der Luft nicht [2].

Auch die Spiroverbindung eines Azaborinans mit einem Cyclohexanmolekül ist bekannt [3]. Wird die aus Cyclohexylisocyanid(N,B)triphenylboran VI mit Lithiumorganylen in Tetrahydrofuran erhaltene, gelbgraue Lösung mit ätherischem HCl versetzt, so verschwindet die Färbung. Nach Zusatz von Methanol scheidet sich das Dimere von VI ab, dem auf Grund der Elementaranalyse, der Molmassenbestimmung und der IR- und ^{1}H-NMR-Spektren die Molekülstruktur VII zugeordnet wird. VII läßt sich thermisch zu der Spiroverbindung VIII eines Azaborinans isomerisieren [3].

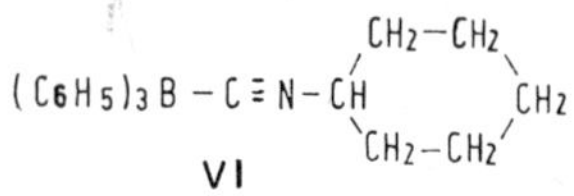

VI

VII VIII

Zur Darstellung werden 3.5 g VII in Dimethylformamid gelöst, 10 min auf 140°C erhitzt, abgekühlt und mit einem Methanol–Wasser-Gemisch versetzt, bis VIII beim Anreiben auskristallisiert. Die Ausbeute beträgt 41%. Nach dem Umkristallisieren aus Benzol/Methanol schmilzt VIII bei 190 bis 192°C unter Zersetzung [3].

Literatur zu 2.8.6

[1] P. I. Paetzold, H. Maisch (Chem. Ber. **101** [1968] 2870/3). — [2] R. T. Hawkins, A. U. Blackham (J. Org. Chem. **32** [1967] 597/600). — [3] G. Bittner, H. Witte, G. Hesse (Liebigs Ann. Chem. **713** [1968] 1/11).

2.9 Ungesättigte Ringsysteme

Unsaturated Ring Systems

2.9.1 Abgrenzung der Zugehörigkeit

Structures Included

Im Rahmen dieses Kapitels werden nur heterocyclische B–N–C-Ringsysteme behandelt, die mindestens eine Doppelbindung enthalten. Für einkernige Verbindungen ist diese Definition eindeutig. Werden jedoch mehrkernige Ringsysteme betrachtet, so ist zu beachten, daß z. B. bei der Verschmelzung eines Benzolkerns mit einem gesättigten B–N–C-Ring eine Verbindung I entsteht, die nur eine, vom Benzolkern stammende, Doppelbindung im heterocyclischen Ring enthält:

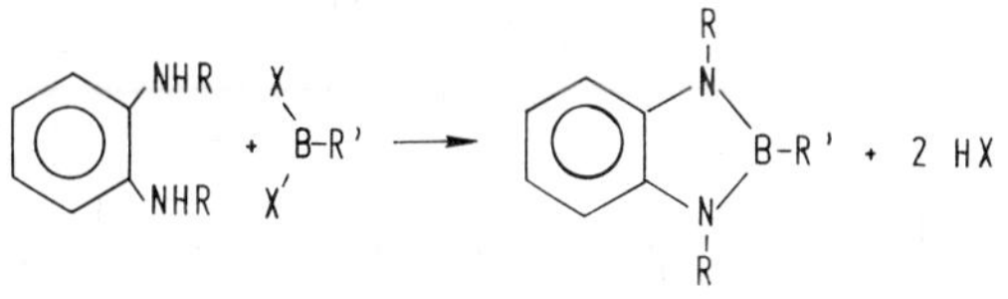

I

Verbindungen dieser Art werden nicht in diesem Kapitel, sondern unter Kapitel 2.8, S. 164/91, betrachtet.

Bei der Verschmelzung eines Naphthalinringsystems mit einem gesättigten Heterocyclus sind jedoch Verbindungstypen II denkbar, die mehr als eine, von dem verschmolzenen aromatischen Ringsystem stammende, Doppelbindung im eigentlichen Heterocyclus enthalten:

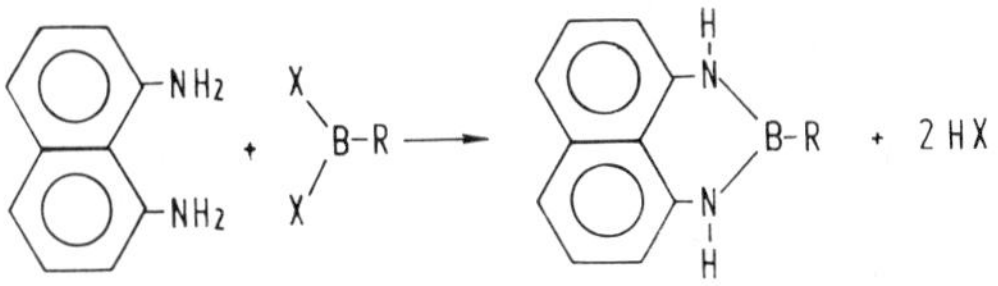

II

Verbindungen vom Typ II werden hier zu den ungesättigten Ringen gezählt. Die Einteilung in der oben beschriebenen Weise ist also rein systematisch und daher oft willkürlich. Die Problematik dieser Abgrenzung wird im Abschnitt 2.5.2.1, S. 129, näher behandelt.

2.9.2 Darstellungsverfahren

Preparation Methods

Im folgenden Abschnitt wird eine Übersicht der verschiedenen Verfahren zur Darstellung von B–N-Heterocyclen gegeben. Der Abschnitt 2.9.3, S. 194/7, befaßt sich dann mit der präparativen Methodik, die an Hand einiger typischer Arbeitsvorschriften erläutert wird.

2.9.2.1 Kondensationsreaktionen

Condensation Reactions

Borane und Boranderivate reagieren mit geeigneten Aminoverbindungen unter Kondensation zu B–N-Heterocyclen. Hierbei ist zwischen inter- und intramolekularen Reaktionen zu unterscheiden. Bei der intermolekularen Kondensation werden Borane wie Trichlorboran, Dihydroxy-phenylboran (Phenylboronsäure) oder Dimethoxy-phenylboran mit Verbindungen, die zwei Amino-Stickstoffatome enthalten (z. B. 1,8-Diaminonaphthalin I [1], 2-Amino-benzamid II [2], Säureamidrazone III [3]) nach der allgemeinen Reaktionsgleichung (1) verknüpft. Die Kondensation (1) ergibt gute Ausbeuten, wenn die Ausgangskomponenten in der Kälte in einem inerten Lösungsmittel gelöst und dann einige Zeit unter Rückfluß gekocht werden.

(1) 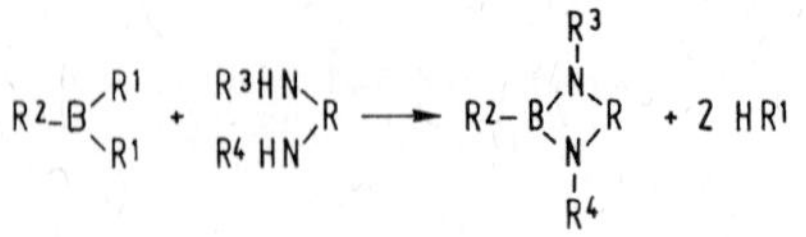

I R = 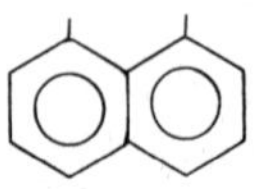 , $R^3 = R^4 = H$ II R = 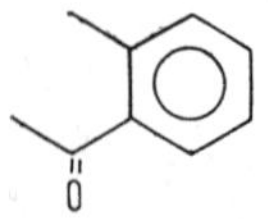 , $R^3 = R^4 = H$ III R = 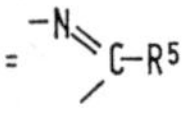

Intramolekulare Kondensationen erfolgen in fast quantitativer Ausbeute beim Erhitzen von aromatischen oder heteroaromatischen Aldehyden wie IV, V, VI, die in Nachbarstellung zur Carbonylgruppe eine $B(OH)_2$-Gruppe tragen, mit Hydrazin oder monosubstituierten Hydrazinen in Äthanol oder Äthanol/Äther als Lösungsmittel. Dabei bildet sich zunächst ein Hydrazon VII, das dann nach (2) zu cyclischen Verbindungen VIII weiterreagiert [4 bis 6]. Die Hydroxygruppe am Bor kann ent-

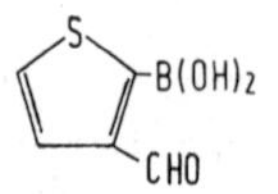

IVa

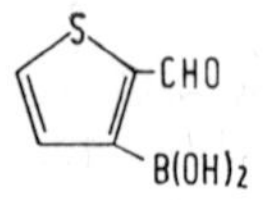

IVb

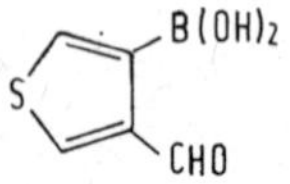

IVc

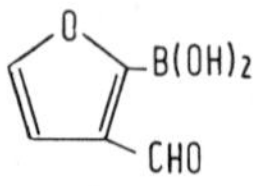

Va

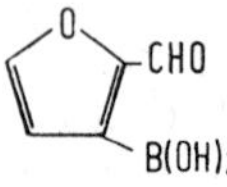

Vb

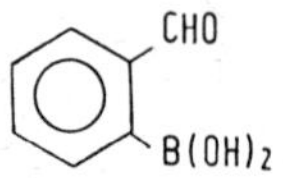

VI

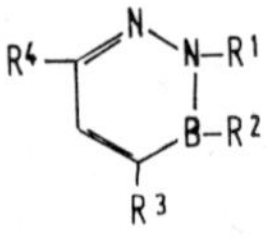

IX

(2) 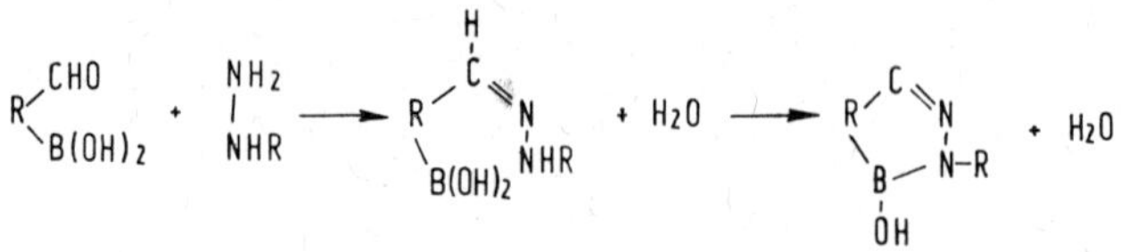

VII VIII

weder direkt durch Behandeln des Derivats VIII mit Methylmagnesiumbromid [6] oder nach Veresterung mit Butanol und anschließender Umsetzung mit dem Grignard-Reagens [4] gegen die Methylgruppe ausgetauscht werden.

B–N-Heterocyclen, die sich von den Thiophenderivaten IVa, b, c ableiten, lassen sich mit Raney-Nickel in Methanol als Lösungsmittel zu Azaborapyridinen IX desulfurieren [7]. Siehe Schema in Abschnitt 2.9.5.2, S. 200.

Literatur zu 2.9.2.1

[1] F. F. Caserio, J. J. Cavallo, R. J. Wagner (J. Org. Chem. **26** [1961] 2157/8). — [2] H. L. Yale (J. Heterocycl. Chem. **8** [1971] 193/204). — [3] M. J. S. Dewar, R. Golden, P. A. Spanninger (J. Am. Chem. Soc. **93** [1971] 3298/9). — [4] S. Gronowitz, J. Namtvedt (Acta Chem. Scand. **21** [1967] 2151/66). — [5] S. Gronowitz, U. Michael (Arkiv Kemi **32** [1971] 283/94).

[6] M. J. S. Dewar, R. C. Dougherty (J. Am. Chem. Soc. **84** [1962] 2648/9, **86** [1964] 433/6). — [7] S. Gronowitz, A. Maltesson (Acta Chem. Scand. **25** [1971] 2435/46).

2.9.2.2 Cyclisierung durch Addition an Doppelbindungen

Cyclization by Addition to Double Bonds

Trichlorborane und Dichlor-phenylborane bilden mit den Aminogruppen von Verbindungen wie 2-Amino-styrol I oder 2-Amino-biphenyl II Addukte:

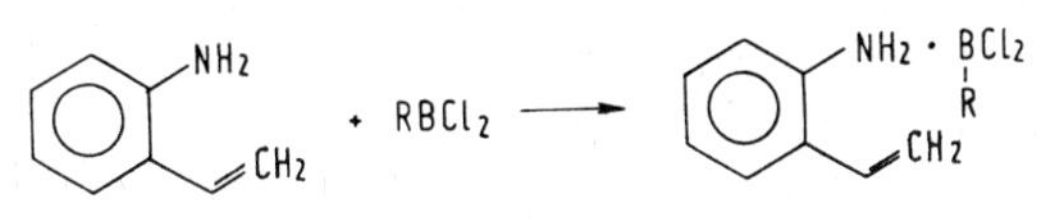

I

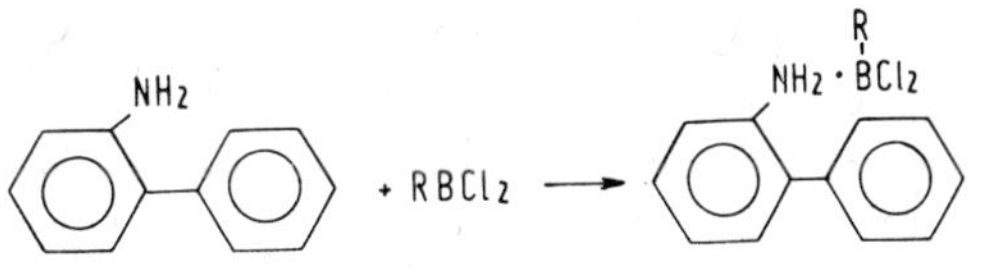

II R= Cl, C_6H_5

Bei Addukten von Aminen des Typs I erfolgt die Addition an die konjugierte Doppelbindung und die anschließende Eliminierung des HCl beim Erhitzen in Benzol [1, 4].

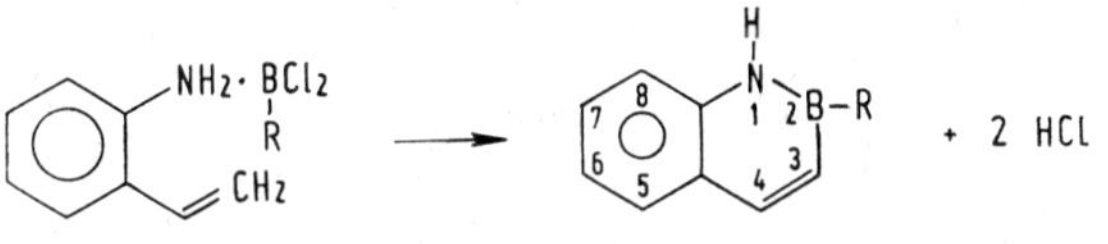

III a R = Cl
b R = C_6H_5

Die Amin-Addukte vom Typ II lassen sich ähnlich einer Friedel-Crafts-Reaktion durch katalytische Einwirkung von $AlCl_3$ in siedendem Benzol cyclisieren [2 bis 6].

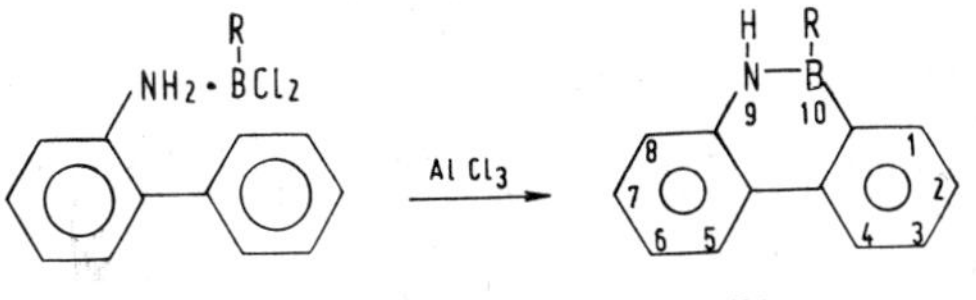

a R = Cl
b R = C_6H_5
c R = CH_3

IV

Die Chlor-substituierten Verbindungen IIIa und IVa lassen sich durch Behandeln mit Grignard-Reagenzien in die entsprechenden B-Alkylderivate überführen.

Das B-Methylderivat IVc geht mit Methyl- oder Phenyllithium in 9-Lithium-10-methyl-9,10-aza-bora-phenanthren V über [10]. Die Kondensation von V mit 1,4-Dibrom-butan führt zu 9-(4-Brom-butyl)-10-methyl-9,10-azabora-phenanthren VI, das bei Einwirken von Magnesium zu VII cyclisiert und mit Schwefel zum 13,14-Azabora-triphenylen VIII dehydriert wird [7]. Der intramolekulare Austausch des B-Methylrestes in V wird also durch die intermediär gebildete Grignard-Verbindung (aus VI und Magnesium) bewirkt.

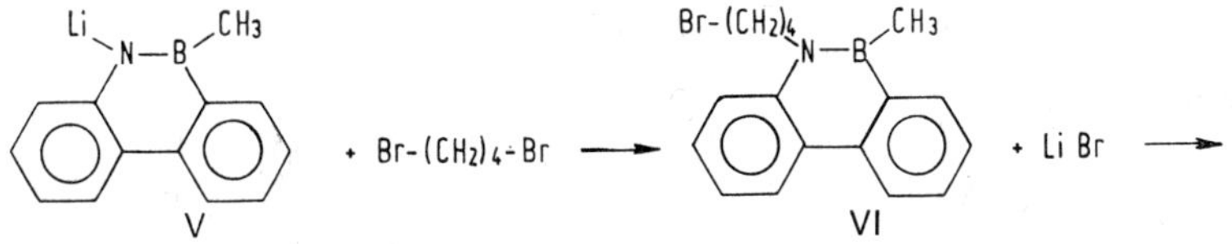

V VI

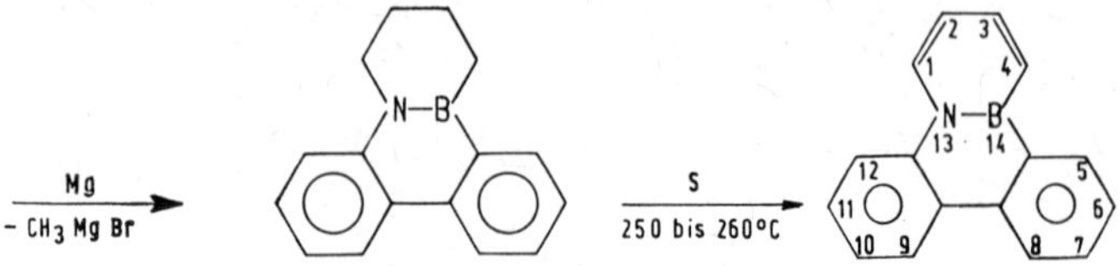

VII VIII

Eine dritte Variante dieses Reaktionstyps ist die Umsetzung von 4-Amino-1-buten IX mit $LiBH_4$ [7] bzw. dem Trimethylamin-phenylboran [8].

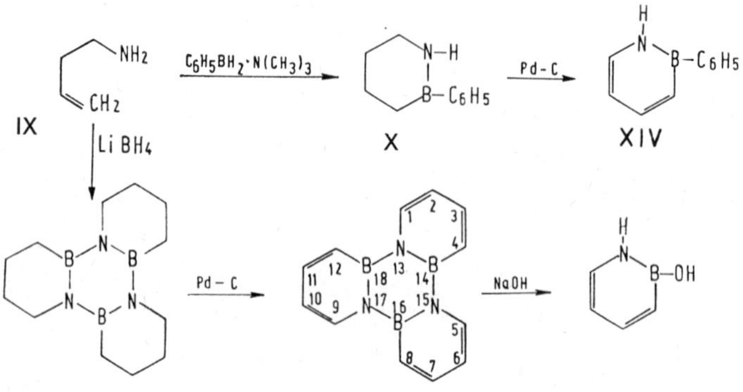

IX X XIV

XI XII XIII

Mit $LiBH_4$ bildet sich zunächst das vollständig hydrierte Triphenylenderivat XI, das dann mit Palladium-Aktivkohle zu XII dehydriert werden kann. XII wird interessanterweise durch alkalische Hydrolyse zu XIII umgesetzt, so daß auf diese Art ein 1,2-Azaborinderivat zugänglich ist, aus dem durch Austausch der Substituenten am Bor weitere Azaborine dargestellt werden können [9].

Das Trimethylamin-phenylboran reagiert beim Erhitzen mit 4-Amino-1-buten in Diglykoldimethyläther zum 2-Phenyl-1,2-azabora-cyclohexan X, das mit Palladium-Aktivkohle zum 1-H-2-Phenyl-1,2-azaborin XIV dehydriert wird [8].

Weitere Darstellungsmethoden für einzelne Derivate dieser Verbindungsklasse ergeben sich aus der Substituierbarkeit der Liganden. Die Beschreibung dieser Reaktion ist jeweils in den Abschnitten zusammengestellt, die das chemische Verhalten beschreiben.

Literatur zu 2.9.2.2

[1] M. J. S. Dewar, R. Dietz (J. Chem. Soc. **1959** 2728/30). — [2] M. J. S. Dewar, V. P. Kubba, R. Pettit (J. Chem. Soc. **1958** 3076/9). — [3] M. J. S. Dewar, W. H. Poesche (J. Org. Chem. **29** [1964] 1757/62). — [4] S. S. Chissick, M. J. S. Dewar, P. M. Maitlis (Tetrahedron Letters Nr. 23 **1960** 5, 8/10). — [5] M. J. S. Dewar, C. Kaneko (unveröffentlicht, laut H. Steinberg, A. L. McCloskey, Progr. Boron Chem. **1** [1964] 248).

[6] M. J. S. Dewar, W. Poesche (unveröffentlicht, laut H. Steinberg, A. L. McCloskey, Progr. Boron Chem. **1** [1964] 249). — [7] G. C. Culling, M. J. S. Dewar, P. A. Marr (J. Am. Chem. Soc. **86** [1964] 1125/7). — [8] D. G. White (J. Am. Chem. Soc. **85** [1963] 3634/6). — [9] K. M. Davies, M. J. S. Dewar, P. Rona (J. Am. Chem. Soc. **89** [1967] 6294/7). — [10] M. J. S. Dewar, P. M. Maitlis (J. Am. Chem. Soc. **83** [1961] 187/93).

Preparation Methods

2.9.3 Präparative Methodik

Alle bisher bekannten ungesättigten B–N–C-Heterocyclen wurden nach einer der im Abschnitt 2.9.2, S. 191/4, beschriebenen Methoden synthetisiert. Die Darstellungsbedingungen änderten sich dabei innerhalb der jeweiligen Verfahren nur geringfügig (z. B. Wahl des Lösungsmittels, der Reaktionstemperatur oder -dauer). Ein Eingehen auf die Darstellung jeder einzelnen Verbindung erübrigt sich daher. Statt dessen werden typische Versuchsvorschriften wiedergegeben. Weiteres kann den entsprechenden Tabellen entnommen werden.

Intermolekulare Kondensation von 1,8-Diamino-naphthalin mit Trichlorboran

Intermolecular Condensation of Diaminonaphthalene with Trichloroborane

Eine Lösung von Trichlorboran in Benzol (17 mmol in 25 ml) bei Raumtemperatur zu einer Lösung von 1,8-Diamino-naphthalin in Benzol (17.7 mmol in 65 ml) unter N_2 zutropfen, zwischendurch die Lösung mit 50 ml Benzol verdünnen, über Nacht unter Rückfluß kochen, ca. $^2/_3$ des Benzols im Wasserstrahlvakuum abziehen und 25 ml Äther zugeben. Dann langsam 80 ml einer 0.39 molaren Lösung von $LiAlH_4$ (31 mmol) in Äther zutropfen, die Mischung eine Stunde unter Rückfluß erhitzen und bei Raumtemperatur über Nacht stehen lassen. Überschüssiges $LiAlH_4$ mit 6 N HCl zersetzen, die ätherische Schicht schnell abtrennen, trocknen und das Lösungsmittel entfernen. Den Rückstand im Hochvakuum (10^{-6} Torr) bei 90 bis 100°C sublimieren und aus n-Hexan umkristallisieren. Man erhält das schwach rosa gefärbte 1,2,3-Trihydro-1,3,2-diazaborino[d,e]naphthalin I mit dem Schmelzpunkt 97 bis 99°C (korr., unter N_2) [1].

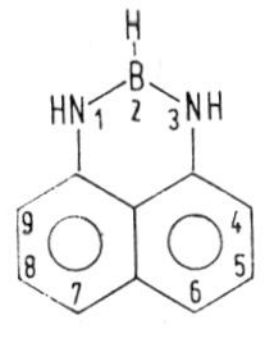

I

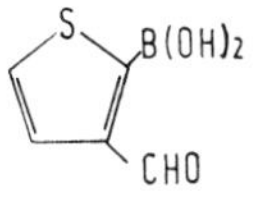

II

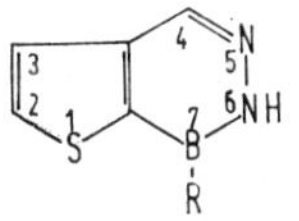

III a R = OH
b R = CH_3

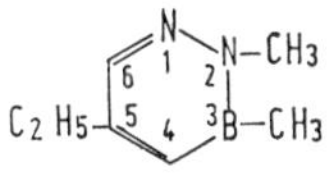

IV

Intramolekulare Kondensation von (3-Formyl-2-thienyl)-dihydroxyboran II mit Hydrazin

Intramolecular Condensation of (Formylthienyl)-dihydroxyborane II with Hydrazine

Eine Lösung von 99%igem Hydrazin in Äthanol (2 ml in 10 ml) zu 0.02 mol II in 10 ml Äthanol und 100 ml Äther unter Rühren zutropfen, die Mischung auf dem Wasserbad zur Trockne eindampfen. In quantitativer Ausbeute ergibt sich ein kristalliner Rückstand, der nach Umkristallisieren aus wäßrigem Äthanol das 7-Hydroxy-6,7-azabora-thieno[3,2-c]pyridin IIIa in 89%iger Ausbeute mit einem Schmelzpunkt von 140 bis 143°C ergibt. Der Schmelzpunkt steigt nach Abkühlen und nochmaligem Erhitzen der Probe auf 184 bis 185°C.

Die Verbindung IIIa 6 h mit Butanol (0.04 mol mit 150 ml) unter Rückfluß erhitzen, überschüssiges Butanol im Vakuum abziehen, das verbleibende Öl in wasserfreiem Äther (200 ml) aufnehmen, auf 0°C abkühlen und unter Stickstoff 100 ml einer 1 N ätherischen Lösung von Methylmagnesiumjodid zugeben. Die Mischung 1 h unter Rückfluß kochen, in kaltes 1 N HCl (200 ml) gießen, die Ätherphase abtrennen, die wäßrige Phase zweimal bei pH 7 mit Äther extrahieren und die vereinigten ätherischen Phasen im Vakuum destillieren. Den kristallinen Rückstand aus wäßrigem Äthanol umkristallisieren. Man erhält IIIb in 70%iger Ausbeute in farblosen Nadeln mit dem Schmelzpunkt zwischen 80.5 und 82.5°C [2].

Desulfurierung der Verbindung IIIb

Desulfurization of Compound IIIb

Zu IIIb in Methanol (0.061 mol in 500 ml) unter Rühren 100 g Raney-Nickel (LS-S-35) geben, die Mischung 3 h unter Rückfluß kochen, weitere 100 g Raney-Nickel zugeben und unter Rückfluß erhitzen. Das Nickel abfiltrieren, mit Methanol waschen, das Filtrat destillieren und das verbleibende Öl in Äther aufnehmen, mit 1 N HCl (100 ml) und Wasser waschen und anschließend die ätherische Phase über $MgSO_4$ trocknen. Nach Entfernen des Lösungsmittels und Umkristallisieren des Produkts aus Hexan erhält man 2,3-Dimethyl-5-äthyl-2,3-azabora-pyridin IV in 44%iger Ausbeute mit dem Siedepunkt 177 bis 180°C bei 760 Torr [3].

Cyclisierung durch Addition an Doppelbindungen ohne Zusatz eines Friedel-Crafts-Katalysators

Cyclization by Addition to Double Bonds without Addition of a Friedel-Crafts Catalyst

2-Amino-styrol in Benzol (8.4 mmol in 40 ml) bei Raumtemperatur zu Trichlorboran in Benzol (17 mmol in 10 ml) geben, die Mischung 3 h unter Rückfluß erhitzen und das Lösungsmittel abdestillieren. Wird der Rückstand aus Ligroin kristallisiert, erhält man in 45%iger Ausbeute das Bis(1,2-azabora-2-naphthyl)-oxid VI (Platten, t_f = 198 bis 200°C). Wird der Rückstand jedoch bei

60 bis 65°C und 0.3 Torr sublimiert, erhält man das 2-Chlor-1,2-azabora-naphthalin V (t_f = 72 bis 74°C). Das Chlor in der Verbindung V läßt sich mit Alkalihydroxid titrieren, mit $LiAlH_4$ gegen Wasserstoff und mit Phenylmagnesiumbromid gegen den Phenylrest austauschen [4].

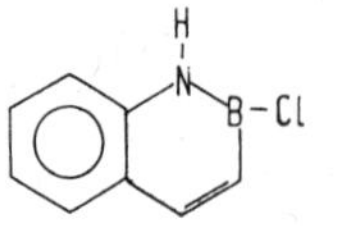

V

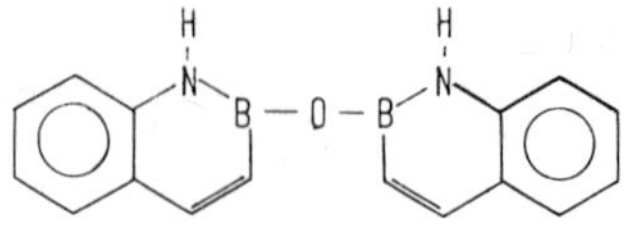

VI

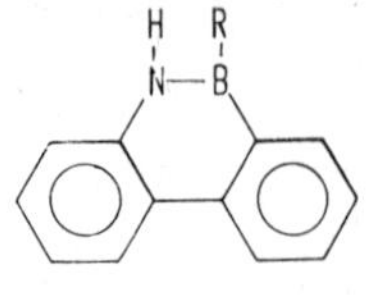

VII

a R = Cl
b R = H, OH, CH_3, C_2H_5, C_6H_5

Friedel-Crafts Cyclization of Amino-biphenyl with Trichloroborane

Friedel-Crafts-Cyclisierung von 2-Amino-biphenyl mit Trichlorboran

Trichlorboran in Benzol (0.102 mol in 50 ml) langsam zu 2-Amino-biphenyl in Benzol (0.103 mol in 350 ml) geben, die Mischung 10 h unter Rückfluß kochen und das Lösungsmittel im Vakuum abdestillieren. In 60%iger Ausbeute entsteht das (2-Biphenyl)amino-dichlorboran als kristalliner Rückstand. Einen Teil ohne weitere Reinigung mit $AlCl_3$ (ca. 24 mmol mit 3.8 mmol) 7 h auf 175°C erhitzen. Durch Sublimation bei 160 bis 170°C und 0.05 Torr lassen sich 2.8 g (55%) 10-Chlor-9,10-azabora-phenanthren VIIa in Form von Nadeln mit t_f = 93 bis 94°C isolieren.

Die Derivate VIIb erhält man aus VIIa durch Einwirkung von $LiAlH_4$, Wasser oder den jeweiligen Grignard-Verbindungen.

$LiAlH_4$ in trocknem Äther (0.8 g in 100 ml) unter Rühren und Eiskühlung zu rohem VIIa in Äther (12 g in 200 ml) tropfen, 1 h unter Rückfluß erhitzen, die Lösung filtrieren und zur Trockne einengen, umkristallisieren aus Petroläther (t_s = 40 bis 60°C). In 70%iger Ausbeute entsteht VIIb mit R = H in farblosen Platten mit t_f = 69 bis 70°C.

Beim Umkristallisieren von VIIa aus feuchtem Petroläther (t_s = 60 bis 80°C) bildet sich nahezu quantitativ VIIb mit R = OH in farblosen Nadeln (t_f = 169 bis 170°C).

VIIa in trocknem Benzol (10 g in 75 ml) langsam mit Phenylmagnesiumbromid (aus 1.1 g Mg und 7 g Brombenzol) versetzen, die Mischung 0.75 h unter Rückfluß kochen, überschüssiges Phenylmagnesiumbromid mit Wasser zersetzen, die benzolische Schicht trocknen, einengen und den Rückstand aus Petroläther (tl_s = 40 bis 60°C) umkristallisieren. Man erhält 6.9 g (59%) VIIb mit R = C_6H_5 (hellbraune Prismen, t_f = 110°C) [5].

Reactions of Boranes with C=C Double Bonds

Reaktion von Boranen mit C=C-Doppelbindungen

4-Amino-1-buten in Diglykoldimethyläther (51.3 mmol in 250 ml) innerhalb 5 h zu einer gerührten Lösung des Trimethylamin-Phenylboran-(1:1)-Addukts im gleichen Lösungsmittel (51.3 mmol in 350 ml) bei 120 bis 133°C geben, die Mischung unter Rückfluß kochen und das Lösungsmittel im Vakuum abdestillieren. Der Rückstand ist rohes VIII in 58%iger Ausbeute, das durch Destillation bei 64 bis 68°C und 0.4 Torr gereinigt wird.

Das Produkt VIII (0.55 g, 3.5 mmol) mit etwa der gleichen Menge 30%iger Palladium-Aktivkohle 8 h in einer Apparatur nach Fieser [7] unter Rückfluß im leichten Stickstoffstrom erhitzen. Nach 5 h scheiden sich Kristalle am Kühlfinger ab. Das Produktgemisch in Äther aufnehmen und filtrieren. Das Filtrat zur Zersetzung von nicht umgesetztem VIII mit feuchtem Äther versetzen, das Lösungsmittel entfernen und das 1-H-2-Phenyl-1,2-azaborin IX mehrmals aus Petroläther umkristallisieren oder bei 60°C und 0.5 Torr sublimieren. Man erhält IX in weißen Kristallen in 16%iger Ausbeute (t_f = 117 bis 118°C) [6].

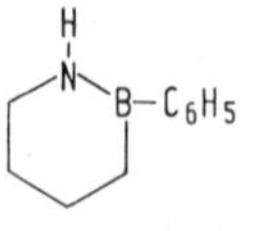

VIII

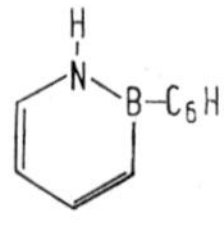

IX

Literatur zu 2.9.3

[1] F. F. Caserio, J. J. Cavallo, R. J. Wagner (J. Org. Chem. **26** [1961] 2157/8). — [2] S. Gronowitz, J. Namtvedt (Acta Chem. Scand. **21** [1967] 2151/66). — [3] S. Gronowitz, A. Maltesson (Acta Chem. Scand. **25** [1971] 2435/46). — [4] M. J. S. Dewar, R. Dietz (J. Chem. Soc. **1959** 2728/30). — [5] M. J. S. Dewar, V. P. Kubba, R. Pettit (J. Chem. Soc. **1958** 3076/9).

[6] D. G. White (J. Am. Chem. Soc. **85** [1963] 3634/6). — [7] L. F. Fieser (Experiments on Organic Chemistry, 2. Aufl., Boston, Mass., 1941, S. 461/2).

2.9.4 Fünfgliedrige, ungesättigte B–N–C-Ringsysteme

Five-membered Unsaturated B–N–C Ring Systems

Die Einordnung der ungesättigten B–N–C-Heterocyclen in verschiedene Klassen geschieht hier nach der Reihenfolge:

1. Ringgröße
2. Anzahl der Ringe
3. Zahl der Heteroatome im B–N–C-Ring

Drei- oder viergliedrige, ungesättigte Heterocyclen sind bisher noch nicht bekannt. Auch bei den fünfgliedrigen Azaborolanen ist die Stammverbindung Δ^3-1,2-Dihydrido-1,2-azaborolan I noch nicht dargestellt worden, was vermutlich auf ihre Unbeständigkeit gegen Hydrolyse zurückzuführen ist [3].

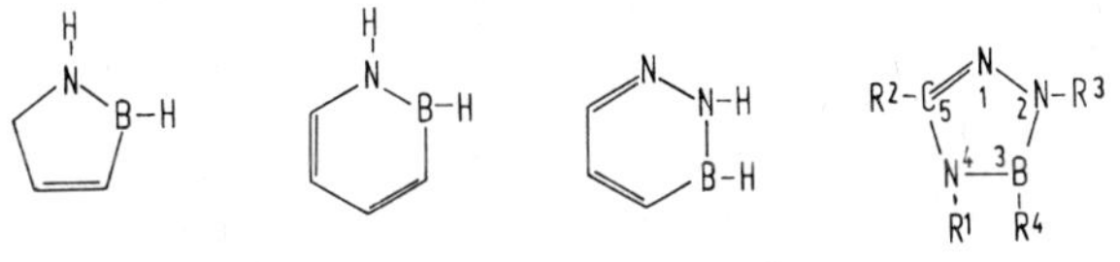

I II III IV

Die Stabilität der beschriebenen Verbindungen nimmt jedoch stark zu, wenn weitere Stickstoffatome in den Ring eingeführt werden. Das Azaborin II ist relativ instabil [1], das Azaborapyridin III [2] und das Δ^5-1,2,4,3-Triazaborolan IV [3, 4] sind chemisch recht beständig.

Theoretische Berechnungen der σ-Ladungen, der interatomaren Abstände und der π-Elektronenverteilung eines bis jetzt unbekannten Diazadiborins lassen erwarten, daß ein Diazadiborin stabiler als das Azaborin, aber instabiler als das Borazin sein sollte [5, 6].

Δ^5-1,2,4,3-Triazaborolan

Triazaborolane

Das Δ^5-1,2,4,3-Triazaborolan IV ist der einzige bisher in der Literatur beschriebene fünfgliedrige, ungesättigte Heterocyclus. Das Derivat IVh mit $R^1 = R^2 = R^3 = R^4 = C_6H_5$ wurde erstmals von Peatzold [4] durch Pyrolyse in 12%iger Ausbeute dargestellt. Ausgehend von dem Pyridin-Diphenylazidoboran (1:1)-Addukt V, das mit 2,5-Diphenyl-tetrazol VI im Bombenrohr 2 h auf 210°C erhitzt wurde, erhält man eine dunkelbraune Masse, aus der sich nach chromatographischer Reinigung (Benzol als Laufmittel) und mehrmaligem Umkristallisieren aus einem Cyclohexan–Benzol-Gemisch das Δ^5-2,3,4,5-Tetraphenyl-1,2,4,3-triazaborolan IVh in Form weißer Kristalle mit $t_f = 195$ bis 196°C isolieren läßt. Die Molekülstruktur der Verbindung ist durch die Elementaranalyse, das Molekulargewicht und IR-spektroskopische Untersuchungen belegt.

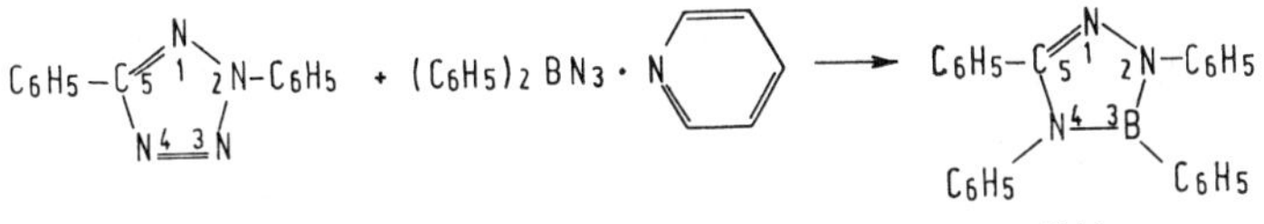

VI V IVh

Dewar [3] stellte Verbindungen vom Typ IV in guter Ausbeute durch eine intermolekulare Kondensationsreaktion eines Boranderivats R^4-BX_2 mit X = Cl, OH, OCH_3, OC_2H_5, $N(CH_3)_2$ mit einem Säureamidrazon in siedendem Benzol dar [3] (vgl. Abschnitt 2.9.2.1, S. 191/2). Die Molekülstrukturen der Verbindungen werden aus der Elementaranalyse, dem Syntheseweg und dem Massenspektrum gefolgert. Die bisher von Dewar [3] dargestellten Triazaborolane IV sind in Tabelle 2/32 angegeben.

Tabelle 2/32

Kenngrößen der Δ^5-1,2,4,3-Triazaborolane IV, VIII, IX und X [3,7].

Verbindung	R^1	R^2	R^3	R^4	t_f in °C [1)]	Ausbeute in % d. Th.
IVa	H	CH_3	H	C_6H_5	147 bis 149	63
b	H	2-Pyridyl	H	C_6H_5	166 bis 167	81
c	H	CH_3	CH_3	C_6H_5	130 bis 131	64
d	C_6H_5	H	H	C_6H_5	149 bis 150	59
e	C_6H_5	H	C_6H_5	C_6H_5	164 bis 165	35
f	C_6H_5	C_6H_5	H	C_6H_5	222 bis 223	95
g	C_6H_5	C_6H_5	H	n-C_4H_9	107	50
h	C_6H_5	C_6H_5	C_6H_5	C_6H_5	198 bis 200 194 bis 196 [3)]	65
VIIIa	H	[2)]	H	C_6H_5	293 bis 295	80
VIIIb	H		H	n-C_4H_9	127	82
VIIIc	H		C_6H_5	C_6H_5	236 bis 237	100
VIIId	C_6H_5		H	C_6H_5	224 bis 225	100
IX					223 bis 225	51
X					239 bis 241	63

1) In abgeschlossener Kapillare unter Stickstoff, unkorrigiert. — 2) Dimere Verbindung der allgemeinen Formel R–C–C–R. — 3) Nach [4].

Die Verbindungen IVa bis IVh sind unter milden Bedingungen (wäßriges Äthanol oder Luft) gegen Hydrolyse beständig, werden jedoch durch 10%ige Salzsäure oder Natronlauge zersetzt. Die Synthese eines Derivats von IV mit $R^2 = OH$ ist wegen der großen Hydrolyseempfindlichkeit der Reaktionsprodukte noch nicht gelungen [3].

Wird die Kondensation von Dihydroxyboranen $R^4B(OH)_2$ mit Bis(amidrazonen) wie VII durchgeführt, so entstehen die Bis(triazaborolane) VIII in sehr guten Ausbeuten [7]. Die Verbindungen sind wie die Δ^5-1,2,4,3-Triazaborolane IV recht hydrolysebeständig (siedendes wäßriges Äthanol).

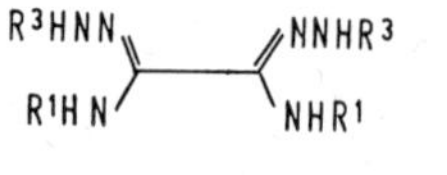

VII

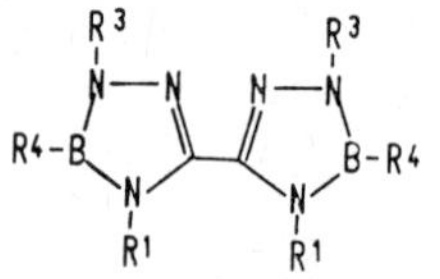

VIII

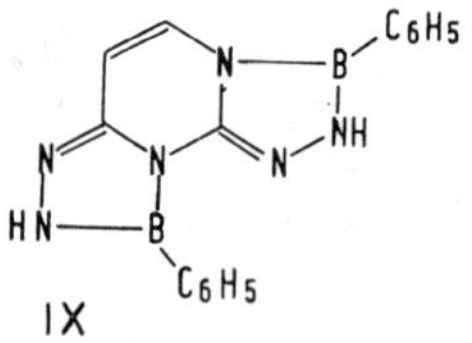

IX

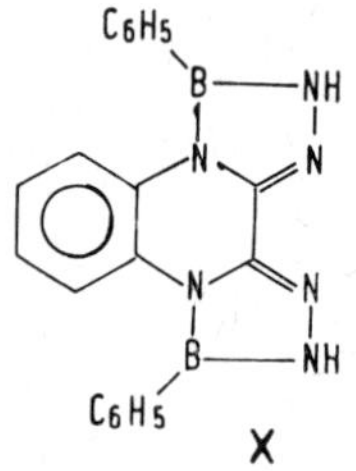

X

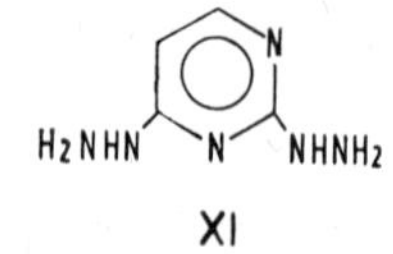

XI

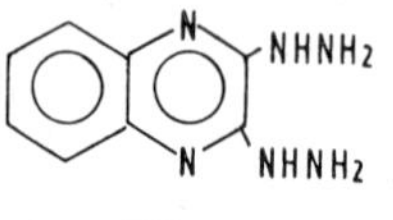

XII

Weitere Triazaborolanderivate IX bzw. X entstehen durch Reaktion von 2,4-Bis(hydrazino)-pyrimidin XI bzw. 2,3-Bis(hydrazino)-chinoxalin XII mit Phenyl-dihydroxy-boran (Phenylboronsäure) [7]. Die Kenngrößen der Verbindungen VIIIa bis VIIId, IX und X sind der Tabelle 1/32 zu entnehmen.

Literatur zu 2.9.4

[1] K. M. Davies, M. J. S. Dewar, P. Rona (J. Am. Chem. Soc. **89** [1967] 6294/7). — [2] J. Namtvedt, S. Gronowitz (Acta Chem. Scand. **22** [1968] 1373/4). — [3] M. J. S. Dewar, R. Golden, P. A. Spanninger (J. Am. Chem. Soc. **93** [1971] 3298/9). — [4] P. J. Paetzold (Z. Anorg. Allgem. Chem. **326** [1963] 64/9). — [5] M. Giambiagi, M. S. Giambiagi, R. Carbó (J. Chim. Phys. Physicochim. Biol. **69** [1972] 1298/1304).

[6] K. Niedenzu (J. Organometal. Chem. **53** [1973] 337/409). — [7] M. J. S. Dewar, P. A. Spanninger (Tetrahedron **28** [1972] 959/61).

2.9.5 Sechsgliedrige ungesättigte Ringsysteme

Six-membered Unsaturated Ring Systems

Von den zahlreichen, theoretisch denkbaren Verbindungen dieser Klasse sind bis jetzt nur die 1,2-Azaborine und die 2,3-Azabora-pyridine dargestellt und untersucht.

2.9.5.1 1,2-Azaborine

Azaborines

Erstmals gelang Dewar die Darstellung eines 1,2-Azaborinderivats II durch Desulfurierung der Verbindung I mit Raney-Nickel [1] (vgl. Abschnitt 2.9.3, S. 195).

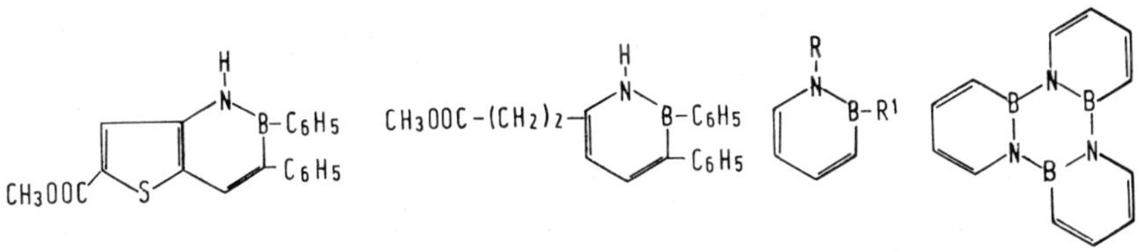

I II III IV

Verbindung III a) $R = R^1 = H$; b) $R = H$, $R^1 = OH$; c) $R = H$, $R^1 = {}^1/_2 O$; d) $R = H$, $R^1 = CH_3$; e) $R = H$, $R^1 = n\text{-}C_4H_9$; f) $R = H$, $R^1 = C_6H_5$; g) $R = CH_2\text{-}C_6H_5$, $R^1 = C_6H_5$.

White erhielt das 2-Phenyl-1,2-azaborin IIIf durch Reaktion von 4-Amino-1-buten mit dem Trimethylamin-Phenylboran-(1:1)-Addukt [2]. Zur Darstellung vergleiche Abschnitt 2.9.3, S. 196.

Durch Einwirkung von Alkalien oder Organometallverbindungen wie Methyllithium, Phenyllithium oder Grignard-Verbindungen auf das im Abschnitt 2.9.8, S. 232, beschriebene Tris(azaborino)-borazin IV [3, 4] stellte Dewar die 1,2-Azaborinderivate IIIa bis IIIg dar [4]. Von diesen Verbindungen konnte jedoch lediglich das 1-H-2-Phenyl-1,2-azaborin IIIf in reiner Form isoliert werden, da die übrigen Derivate ausgesprochen leicht verharzen [4]. Die Molekülstruktur wird allein aus massenspektroskopischen Untersuchungen der Rohprodukte gefolgert.

1,2-Azaborine sind sehr reaktiv und werden offensichtlich durch die Einführung einer Phenylgruppe am Bor stabilisiert. So können die Verbindungen II und IIIf als weiße kristalline Substanzen mit den Schmelzpunkten 110 bis 110.5°C [1] und 117 bis 118°C [2, 4] isoliert werden. Das 1-H-2-Phenyl-1,2-azaborin IIIf ist gegen Luft stabil. In siedendem Äthanol tritt nur eine leichte Verfärbung auf. In stark basischem oder saurem wäßrig-äthanolischem Medium wird IIIf in der Wärme zersetzt [2], während das UV-Spektrum der Verbindung II in absolutem Äthanol auch bei Zusatz von Säuren oder Alkalien unverändert bleibt [1].

Literatur zu 2.9.5.1

[1] M. J. S. Dewar, P. A. Marr (J. Am. Chem. Soc. **84** [1962] 3782). — [2] D. G. White (J. Am. Chem. Soc. **85** [1963] 3634/6). — [3] G. C. Culling, M. J. S. Dewar, P. A. Marr (J. Am. Chem. Soc. **86** [1964] 1125/7). — [4] K. M. Davies, M. J. S. Dewar, P. Ronna (J. Am. Chem. Soc. **89** [1967] 6294/7).

Azabora-pyridines

2.9.5.2 2,3-Azabora-pyridine

Im Gegensatz zu den im vorausgehenden Abschnitt beschriebenen 1,2-Azaborinen sind die 2,3-Azabora-pyridine außerordentlich beständig gegen Hydrolyse. Eine theroretische Begründung für die Instabilität der mit Benzol isoelektronischen 1,2-Azaborine ist bisher nicht möglich.

Die Darstellung von 2,3-Azabora-pyridinen IV gelang Gronowitz [1] auf folgendem Weg:

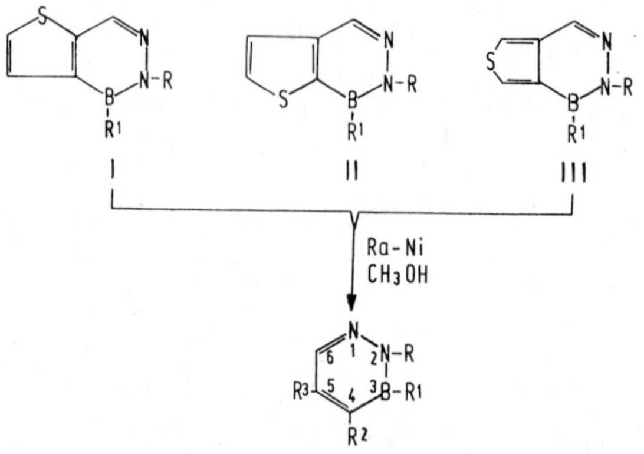

IV

Die Verbindungen I, II und III erhielt Gronowitz [2] durch eine intramolekulare Kondensationsreaktion. Sie wurden mit Raney-Nickel in Methanol zu den 2,3-Azabora-pyridinen IV desulfuriert [1]. Typische Versuchsvorschriften sind im Abschnitt 2.9.3, S. 195, angegeben.

Properties and Numerical Data

2.9.5.2.1 Eigenschaften und Kenngrößen

Die B-OH-Derivate IVa bis IVe der 2,3-Azabora-pyridine sind luftbeständige, kristalline Substanzen. Die B-CH_3-Derivate IVf und IVg sind bei Raumtemperatur flüssig und können bei Normaldruck ohne Zersetzung destilliert werden. An Luft wird die B-Methyl-Gruppe langsam zur Hydroxygruppe oxydiert. Die Reinigung der B-OH-Derivate ist wegen der leichten Bildung von Dimeren mit einer B–O–B-Bindung etwas problematisch. In der Tabelle 2/33 sind Kenngrößen der 2,3-Azabora-pyridine zusammengefaßt.

Tabelle 2/33

Kenngrößen der 2,3-Azabora-pyridine IV.

Verbindung	R	R^1	R^2	R^3	t_f in °C	t_s in °C ¹)	Ausbeute in % d. Th.
IVa	H	OH	H	C_2H_5	106 bis 110		27
IVb	H	OH	C_2H_5	H	109 bis 112		34
IVc	CH_3	OH	H	C_2H_5	65 bis 69		43
IVd	CH_3	OH	C_2H_5	H	63 bis 70		49
IVe	CH_3	OH	CH_3	CH_3	64 bis 70		41
IVf	CH_3	CH_3	H	C_2H_5		177 bis 180 (760)	44
IVg	CH_3	CH_3	C_2H_5	H		72 bis 73 [15]	49

¹) In Klammern werden die Drucke in Torr angegeben.

Die Struktur der 2,3-Azabora-pyridine IVa bis IVg ist durch die Elementaranalyse und umfassende ^1H-NMR-spektroskopische Untersuchungen belegt.

Um einen Vergleich der Azaborapyridine mit den isoelektronischen Pyridinen zu ermöglichen, wurden von Gronowitz [1] die den Derivaten IVf und IVg entsprechenden Verbindungen 2,3,5-Trimethyl-pyridin V und 2,3,4-Trimethyl-pyridin VI synthetisiert. Der Ersatz einer C_2H_5-Gruppe in 4- bzw. 5-Stellung durch eine CH_3-Gruppe dürfte die Eigenschaften der Pyridinderivate kaum stark beeinflussen [1].

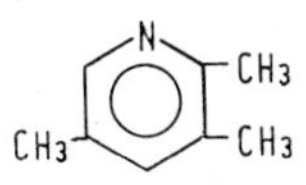

V

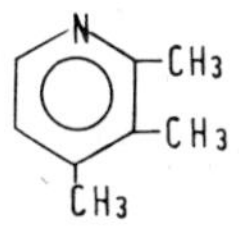

VI

Die Dipolmomente [3] von IVf bzw. IVg sind mit 1.3 bzw. 1.2 D nur etwa halb so groß wie die der Verbindungen V bzw. VI (2.5 bzw. 2.3 D). Diese geringere Polarität der Azaborapyridine kommt auch beim Vergleich der Siedepunkte zum Ausdruck. Obwohl die Derivate IVf und IVg höhere Molekulargewichte haben, sieden sie niedriger als die entsprechenden Pyridinverbindungen [1].

Die 2,3-Azabora-pyridine zeigen schwach basische Eigenschaften. So bilden die Derivate IVf und IVg kristalline Salze mit Brom- und Chlorwasserstoff in wasserfreiem Äther, die jedoch nicht so stabil wie die analogen Pyridiniumsalze sind [1]. Die Azaborapyridine IVf und IVg besitzen die pK_a-Werte 2.5 und 2.3, die Pyridine V und VI die pK_a-Werte 6.5 und 6.3 (potentiometrisch bestimmt). Die 2,3-Azabora-pyridine sind also etwa vier Zehnerpotenzen schwächer basisch als die Pyridine [1].

Die Ähnlichkeit der ^{1}H-NMR- und der UV-Spektren der Derivate IVf und IVg mit denen der Pyridine V und VI deutet auf den benzoiden Charakter der B–N–C-Heterocyclen hin. Dieser benzoide Charakter bestimmt auch das im nächsten Abschnitt beschriebene chemische Verhalten der 2,3-Azabora-pyridine.

2.9.5.2.2 Chemisches Verhalten

Chemical Reactions

Die 2,3-Azabora-pyridine sind gegen saure und basische Hydrolyse sehr stabil. Heiße, konzentrierte Schwefelsäure greift IVf und IVg nicht an (50 h bei 80°C). IVd wird durch kochende 1 N NaOH in 1 h nur zu 10% zersetzt. Diese Stabilität geht auch daraus hervor, daß sich die ^{1}H-NMR-Spektren der Verbindungen IVa und IVd in konzentrierter Schwefelsäure bei 50°C innerhalb von 5 h nicht änderten. Vermutlich erfolgt aber beim Lösen in konzentrierter Schwefelsäure sofort eine Ätherbildung [1].

Diese ungewöhnliche hydrolytische Beständigkeit zeigt sich auch in den vergleichenden Untersuchungen aromatischer Substitutionsreaktionen. Beim Erhitzen von IVf und IVg in 98.3%igem D_2SO_4 auf 80°C über 50 h erfolgt keine Deuterierung. Mit dem äußerst starken Bromierungsmittel N,N-Dibrom-isocyanursäure (in rauchender Schwefelsäure mit 15% SO_3 oder in Fluorschwefelsäure [4]) reagieren IVf und IVg in 24 h bei Raumtemperatur nicht. Dabei wird selbst 1,3-Dinitro-benzol unter gleichen Bedingungen bereits in 0.75 h zu 5-Brom-1,3-dinitro-benzol bromiert [5]. Das Pyridinderivat VI wird andererseits von N,N-Dibrom-isocyanursäure in 4 h bei Raumtemperatur zu 59% zum 5-Brom-2,3,4-trimethyl-pyridin bromiert und das Derivat V in 10 h zu 80% zum 6-Brom-2,3,5-trimethyl-pyridin.

Die Alkylpyridine V bzw. VI lassen sich mit KNO_3 in rauchender Schwefelsäure (32% SO_3) oder in Fluorschwefelsäure zu den Mononitroderivaten in 6- bzw. 5-Stellung nitrieren [6]. IVf und IVg jedoch wurden unter gleichen Bedingungen nicht nitriert, lediglich eine Oxydation der B-CH_3-Gruppe zur B-OH-Gruppe konnte beobachtet werden [1].

Verwendet man aber Salpetersäure in einem Essigsäure–Essigsäureanhydrid-Gemisch als Nitrierungsmittel, so können sowohl die Azaborathienopyridine I, II, III im B–N-Ring [7, 8] als auch die Azaborapyridine IVd, IVf und IVg in der Position 6 [1] nitriert werden. Die Alkylpyridine reagieren unter diesen Bedigungen nicht. Die Molekülstrukturen der Bromierungs- und Nitrierungsprodukte sind durch die Elementaranalyse und ^{1}H-NMR-spektroskopische Untersuchungen belegt.

Die Bromierung mit N,N-Dibrom-isocyanursäure und die Nitrierung mit KNO_3 in stark saurem Medium verlaufen nach Gronowitz [1] nach einem Mechanismus, der einer elektrophilen, aromatischen Substitution ähnlich ist. Die Nitrierung mit Salpetersäure in Essigsäure/Essigsäureanhydrid soll dagegen nach einem Additions-Substitutions-Eliminierungs-Mechanismus erfolgen. Im Gegensatz dazu interpretiert Dewar [9] die Nitrierung mit Salpetersäure in Essigsäure/Essigsäureanhydrid als elektrophile, aromatische Substitution.

Versuche zur Synthese von Derivaten des 3,4-Azabora-pyridins haben bisher zu keinen Ergebnissen geführt [10].

Literatur zu 2.9.5.2

[1] S. Gronowitz, A. Maltesson (Acta Chem. Scand. **25** [1971] 2435/46). — [2] S. Gronowitz, J. Namtvedt (Acta Chem. Scand. **21** [1967] 2151/66). — [3] G. Hedestrand (Z. Physik. Chem. B **2** [1929] 428/44). — [4] W. Gottardi (Monatsh. Chem. **98** [1967] 507/12, **99** [1968] 815/22). — [5] W. Gottardi (Monatsh. Chem. **100** [1969] 42/50).

[6] E. Placek (Ber. Deut. Chem. Ges. **72** [1939] 577/81). — [7] S. Gronowitz, J. Namtvedt (Tetrahedron Letters **1966** 2967/70). — [8] J. Namtvedt (Acta Chem. Scand. **22** [1968] 1611/22). — [9] M. J. S. Dewar, R. H. Logan (J. Am. Chem. Soc. **90** [1968] 1924/5). — [10] D. N. Butler, A. H. Soloway (J. Med. Chem. **9** [1966] 362/5).

Binuclear Unsaturated Ring Systems

2.9.6 Zweikernige ungesättigte Ringsysteme

Bekannt sind bis heute nur solche Systeme, die aus je einem Fünf- und Sechsring oder aus zwei Sechsringen gebildet sind. Die B–N-Gruppierung befindet sich bei diesen Verbindungen jeweils nur im sechsgliedrigen Ring.

Zur ersten Klasse gehören die Diazaborabenzothiophene I, die analogen Diazaborabenzofurane II und ein Derivat des 4,5-Azabora-benzo[b]thiophens III.

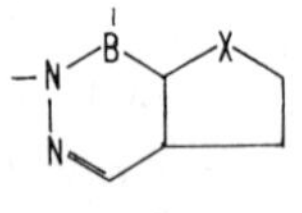

Ia X=S
IIa X=O

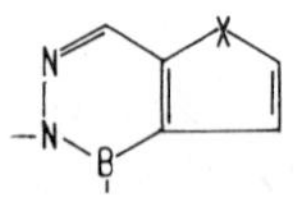

Ib X=S
IIb X=O

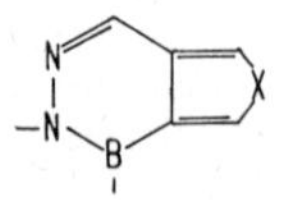

Ic X=S

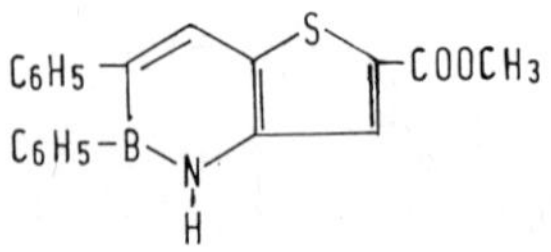

III

Die zweite Klasse setzt sich aus Ringsystemen mit nur einer B–N-Gruppe (Azaboranaphthaline IV, V) und aus Verbindungen mit einem weiteren Stickstoffatom im B–N-Ring zusammen (Azabora-isochinoline VI, VII, VIII).

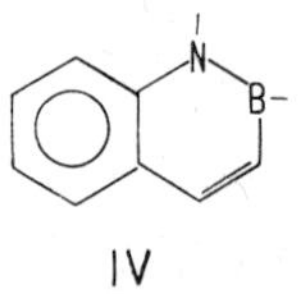

IV

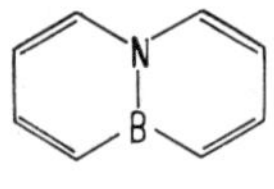

V

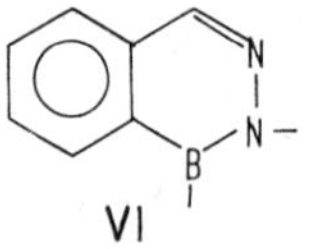

VI

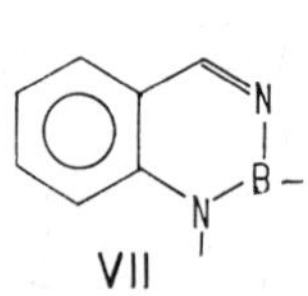

VII

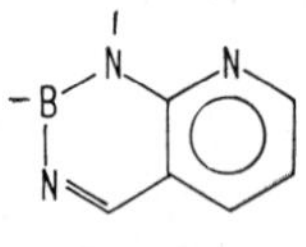

VIII

Binuclear Ring Systems Containing One Five- and One Six-membered Ring

2.9.6.1 Zweikernige Ringsysteme aus einem Fünf- und einem Sechsring

Preparation and Properties

2.9.6.1.1 Darstellung und Eigenschaften

Die erste Darstellung gelang Dewar [1] durch Cyclisierung des 2-Styryl-3-amino-5-carboxy-methyl-thiophens I mit Dichlor-phenylboran zum 2-Carboxymethyl-5,6-diphenyl-4,5-azabora-benzo[b]thiophen II (schwach gelbe Nadeln aus C_6H_6-CH_2Cl_2, t_f = 200 bis 201°C). II wird durch NaOH/CH_3OH zur freien Säure hydrolysiert. Mit Raney-Nickel wird II zu einem 1,2-Azaborin-Derivat desulfuriert (vgl. Abschnitt 2.9.5.1, S. 199). Die Produkte wurden durch Elementaranalyse und UV-Spektren identifiziert [1].

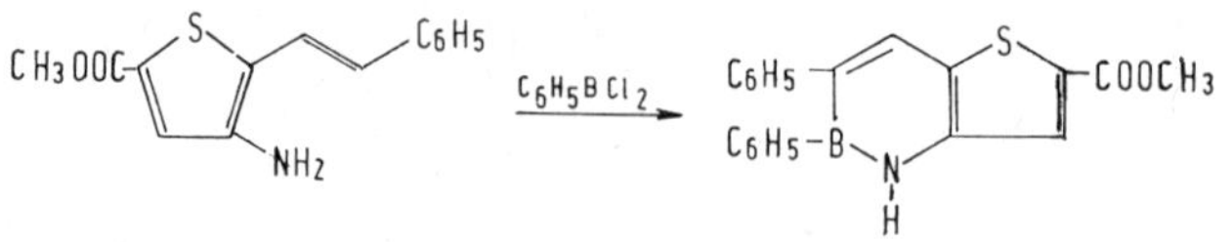

I II

Die Darstellung der Diazaborabenzothiophene und -furane IV, V, VI (IV = 6,7-Dihydro-5,6,7-diazabora-benzo[b]thiophen für X = S und 6,7-Dihydro-5,6,7-diazabora-benzo[b]furan für X = O; V = 4,5-Dihydro-5,6,4-diazabora-benzo[b]thiophen für X = S und -furan für X = O, VI = 3,4-Dihydro-4,5,3-diazabora-benzo[c]thiophen für X = S und -furan für X = O) erfolgt durch intramolekulare Kondensation eines geeigneten heteroaromatischen Aldehyds (z. B. III) mit Hydrazin oder mit monosubstituierten Hydrazinen in fast quantitativer Ausbeute [2,3,4] (vgl. Abschnitt 2.9.2.1, S. 192). Eine Hydroxygruppe am Bor (R^1 = OH) läßt sich durch Behandeln mit Grignard-Verbindungen gegen Alkylgruppen austauschen (zur präparativen Methodik vgl. Abschnitt 2.9.3, S. 195). Auf diese Weise wurden von Gronowitz [2, 3, 4] alle bekannten Derivate der Verbindungen IV, V, VI dargestellt; ihre Molekülstruktur wurde durch Elementaranalyse, ^{1}H-NMR- und massenspektroskopische Untersuchungen belegt.

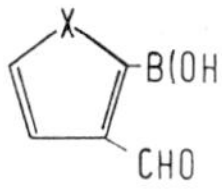

III

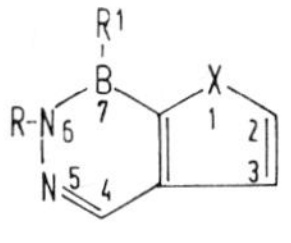

IV X = S, O

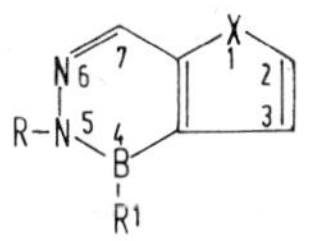

V

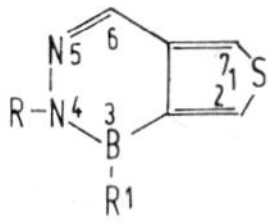

VI

Die Kenngrößen der Verbindungen IV, V und VI sind in der Tabelle 2/34 zusammengefaßt.

Tabelle 2/34

Kenngrößen der Diazaborabenzothiophene und -furane.

Verbindung	X	R^1	R	t_f in °C	Ausbeute in % d. Th.	Lit.	Bemerkungen[1])
IVa	S	OH	H	140 bis 143[2])	89	[2]	Kristalle (wäßriges Äthanol)
IVb	S	OH	CH_3	135 bis 143	85	[2]	farblose Nadeln (wäßriges Äthanol)
IVc	S	OH	C_6H_5	102 bis 120[3])	87	[2]	(wäßriges Äthanol)
IVd	S	OH	p-C_6H_4-COOH	235 bis 237	96	[2]	weiße Kristalle (Eisessig)
IVe	S	CH_3	H	80.5 bis 82.5	70	[2]	farblose Nadeln (wäßriges Äthanol)
IVf	O	OH	H	172.6 bis 173.4	91	[4]	(wäßriges Äthanol)
IVg	O	OH	CH_3	128.6 bis 129.8	58	[4]	
Va	S	OH	H	127 bis 146[3])	99	[3]	leicht gelbe Nadeln (Wasser)
Vb	S	OH	CH_3	115 bis 135	81	[2]	farblose Kristalle (Wasser-Äthanol)
Vc	S	OH	C_6H_5	147 bis 153	94	[3]	farblose feine Kristalle ($CHCl_3$/Petroläther; t_s = 40 bis 60°C)
Vd	S	OH	p-C_6H_4-COOH	258 bis 260	94	[2]	farblose Kristalle (Eisessig)
Ve	S	CH_3	H	62 bis 63	87	[2]	schwach gelbe Nadeln (Äthanol)
Vf	S	CH_3	CH_3		68	[2]	t_s = 59 bis 70°C bei 0.01 Torr; die Fraktion mit t_s = 62 bis 64°C bei 0.01 Torr hat n_D^{18} = 1.6008
Vg	S	C_4H_9	H	56.5 bis 57.5	33	[2]	schwach gelbe Nadeln (wäßriges Äthanol)
Vh	O	OH	H	152.8 bis 153.6	100	[4]	(Wasser, wenig Äthanol)
Vi	O	OH	CH_3	131.6 bis 132.8	72	[4]	lange Nadeln (Wasser)
Vj	O	OH	C_6H_5	177 bis 179	60 bis 70	[4]	(Petroläther t_s = 80 bis 120°C, wenig Äthanol)
VIa	S	OH	H	150 bis 164[3])	93	[3]	(Äthanol/Wasser)
VIb	S	OH	CH_3	110 bis 120	60	[2]	farblose Kristalle (wäßriges Äthanol)

[1]) Das zum Umkristallisieren benutzte Lösungsmittel steht in Klammern. — [2]) Nach Abkühlen und wiederholtem Aufheizen der Probe t_f = 184 bis 185°C. — [3]) Unter Zersetzung.

Bei der Reaktion von (3-Formyl-2-thienyl)-dihydroxy-boran bzw. (2-Formyl-3-thienyl)-dihydroxy-boran mit o-Carboxy-phenylhydrazin werden die Lactone VII bzw. VIII gebildet. Auf die Molekülstruktur der Lactone wird aus dem Fehlen der carboxylischen OH-Schwingung im IR-Spektrum der Substanzen und aus der Elementaranalyse geschlossen [2]. Mit 2,4-Dinitro-phenylhydrazin

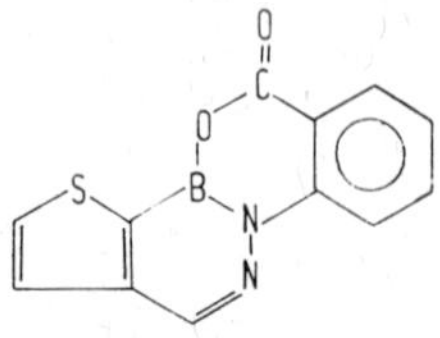

VII

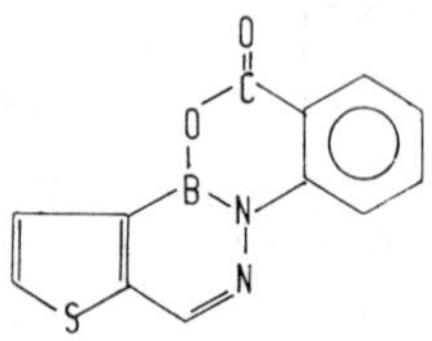

VIII

cyclisieren die obigen Borane dagegen nicht. Es entstehen die normalen 2,4-Dinitro-phenylhydrazone, die durch Elementaranalysen und ihre IR-Spektren nachgewiesen wurden.

(2-Formyl-phenyl)-dihydroxy-boran reagiert mit 2,4-Dinitro-phenylhydrazin auch nur zum Phenylhydrazon [5, 6]. Dies Verhalten ist nach Dewar [7, 8] auf eine Destabilisierung der cyclischen Form durch elektronenanziehende Substitutienten am Stickstoff (wie die 2,4-Dinitro-phenyl-Gruppe) zurückzuführen.

Chemical Reactions

Hydrolysis

2.9.6.1.2 Chemisches Verhalten

Hydrolyse

Gronowitz [2, 4] untersuchte die Hydrolysebeständigkeit der Diazaborabenzothiophene und -furane. Die Diazaborabenzothiophene sind im Vergleich zu den (Formyl-thienyl)-dihydroxyboranen sehr stabil gegen saure oder alkalische Hydrolyse. Die Diazaborabenzofurane werden relativ leicht zersetzt. Die Reaktivität der Diazaborabenzothiophene nimmt dabei in der Reihenfolge VI > IV > V ab. Zur Interpretation der Ergebnisse werden mögliche Reaktionswege diskutiert [2].

Zur Untersuchung der hydrolytischen Beständigkeit der einzelnen Verbindungen wurden sie in sauren oder basischen Medien unter Rückfluß gekocht und die jeweiligen Reaktionsprodukte durch Schmelzpunkte, Elementaranalysen, IR-Spektren und gelegentlich ^{1}H-NMR-Spektren identifiziert. Die Versuchsergebnisse sind in der Tabelle 2/35 zusammengefaßt.

Tabelle 2/35

Hydrolyse der Diazaborabenzothiophene und -furane.

Verbindung	Hydrolysebedingungen Medium	Dauer in h	Isoliertes Produkt Bezeichnung	Ausbeute in % d. Th.*)	Lit.	Bemerkungen
IVa	konz. HCl oder 2 N HCl	2	IVa	82 bis 84	[2]	
IVa	2 N NaOH	2	VII	71	[2]	t_f von VII 150 bis 154°C
IVa	2 N NaOH	24	IVa	87	[2]	bei Raumtemperatur
IVb	2 N NaOH	2	VII		[2]	
IVc	2 N NaOH	2	VIII	93	[2]	t_f von VIII 131 bis 135°C (138°C nach [9])
IVe	konz. HCl	2	IVe	85	[2]	
IVf	2 N NaOH	1.5	IX	21	[4]	
Va	konz. HCl oder 2 N HCl	2	Va	82 bis 84	[2]	
Va	2 N NaOH	2	Va	75	[2]	
Vb	2 N NaOH	2	Vb	75	[2]	
Vc	2 N NaOH	2	X	92	[2]	t_f von X 128 bis 135°C (134 bis 135°C nach [10])
Ve	konz. HCl	2	Ve	74	[2]	
Ve	2 N NaOH	2	Ve	70	[2]	mit wenig Va

Tabelle 2/35 [Fortsetzung]

Verbindung	Hydrolysebedingungen Medium	Dauer in h	Isoliertes Produkt Bezeichnung	Ausbeute in % d. Th.*)	Lit.	Bemerkungen
Vf	konz. HCl	2	Vb		[2]	
Vf	2 N NaOH	2	Vb	32	[2]	
Vh	2 N NaOH	1.5	XI bzw. Vh	40 bzw. 45	[4]	t_f von XI 110 bis 111°C (110 bis 111°C nach [11])
Vh	2 N NaOH	2	XI bzw. Vh	60 bis 22	[4]	
VIa	2 N HCl	2	XII	81	[2]	^{1}H-NMR-Spektrum aufgenommen
VIa	konz. HCl	2	VIa	84	[2]	
VIa	2 N NaOH	2	VII bzw. XII	28 bzw. 48	[2]	
VIa	2 N NaOH	10	VII		[2]	
VIb	2 N NaOH	10	XIII		[2]	

*) Nähere Angaben über die quantitative Zusammenstellung des Produktgemisches wurden nicht gemacht.

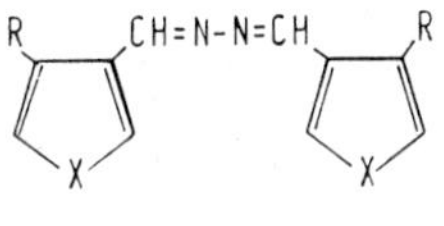

VII X = S, R = H
IX X = O, R = H
XII X = S, R = B(OH)$_2$

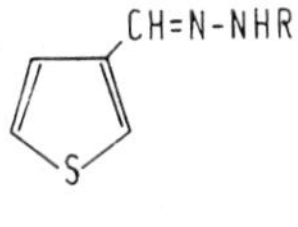

VIII R = C_6H_5
XIII R = CH_3

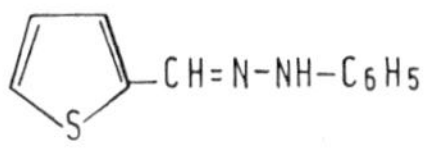

X

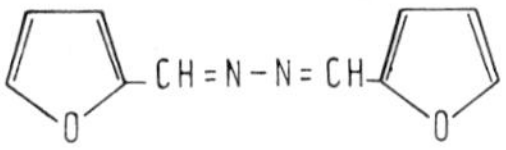

XI

Nitrierung der Diazaborabenzothiophene

Nitration of Diazaborabenzothiophenes

Die elektrophile Substitution der Diazaborabenzofurane ist bisher noch nicht gelungen [4]; dagegen lassen sich die Diazaborabenzothiophene sowohl nitrieren als auch bromieren [12, 13]. Die Stellung der Substituenten ist von den Reaktionsbedingungen abhängig. Wird die Nitrierung der Derivate IVa, IVb, IVe z. B. mit rauchender Salpetersäure ($D = 1.5\ g \cdot cm^{-3}$) in konzentrierter Schwefelsäure durchgeführt, so erfolgt Substitution in 3-Stellung, mit Salpetersäure in Essigsäure–Essigsäureanhydrid-Gemisch dagegen in 4-Stellung. Die Molekülstruktur wird aus Elementaranalysen, ^{1}H-NMR-spektroskopischen Untersuchungen und aus chemischen Reaktionen (Oxydation der Nitroprodukte mit alkalischer Kaliumpermanganatlösung zu Derivaten der Thiophencarbonsäure) abgeleitet. Befindet sich die Nitrogruppe am Thiophenring (3-Stellung), so bleibt sie demnach bei der Oxydation erhalten. Bei den 4-Nitroderivaten treten dagegen unsubstituierte Thiophencarbonsäuren als Abbauprodukte auf.

Nitrierung der Verbindungen Va, Vb, Ve mit Salpetersäure in Essigsäure/Essigsäureanhydrid ergibt ebenfalls Substitution am B–N-Ring (7-Stellung); Salpetersäure in konzentrierter Schwefelsäure nitriert am Thiophenring (3- und 2-Stellung). Das Isomerengemisch der 3- und 2-Nitroderivate läßt sich durch Dünnschichtchromatographie (Silicagel, $CHCl_3$) trennen. Als Hauptprodukt wird hierbei das 3-Nitroderivat isoliert.

Die 4- bzw. 7-Nitro-diazaborabenzothiophene IV bzw. V werden durch 2 N NaOH in 2 h (unter Rückfluß) vollständig zu den 3- bzw. 2-Thiophencarbonsäuren hydrolysiert.

Die Nitrierungsbedingungen und die Kenngrößen der Produkte sind der Tabelle 2/36, S. 206, zu entnehmen.

Tabelle 2/36

Nitrierung der Diazaborabenzothiophene.

Verbindung	Nitrierungsbedingungen Medium	Temperatur in °C	Dauer in h	Nitroderivate Stellung der Nitro-Gruppe	t_f in °C	Ausbeute in % d. Th.	Bemerkungen¹)
IVa	A²)	0	2	3	265 bis 270	71	braune Kristalle (Äthanol/Wasser)
IVb	A	−20	1	3	215 bis 228	62	braune Kristalle (Aceton/Wasser)
IVe	A	0	2	3	177 bis 179	70	braune Kristalle (Äthanol/Wasser)
IVa	B³)	20	6	4	225 bis 243	22	gelbe Kristalle (Äthanol/Wasser)
IVb	B		2	4	140 bis 155	62	(Äthanol/Wasser)
IVe	B	20	2	4	210 bis 214	21	(Aceton/Wasser)
Va	A	0	2	3 bzw. 2	200 bis 205 bzw. 298 bis 296	92⁴)	Trennung der Isomeren durch Dünnschichtchromatographie (Äthanol/Wasser)
Vb	A	−20	1	3 bzw. 2	155 bis 158 bzw. 232 bis 257	62⁴)	Trennung der Isomeren durch Dünnschichtchromatographie (Äthanol/Wasser)
Va	B	20	6	7	265 bis 288	30	(Äthanol/Wasser)
Vb	B		2	7	260 bis 265	43	(Äthanol/Wasser)
Ve	B	20		7	230 bis 234		gelbe Nadeln, mit etwas B-OH-Derivat verunreinigt, Trennung durch fraktionierte Kristallisation aus Äthanol nach [13]

¹) Das zum Umkristallisieren benutzte Lösungsmittel steht in Klammern. — ²) Rauchende Salpetersäure ($D = 1.5\ g \cdot cm^{-3}$) in konzentrierter Schwefelsäure. — ³) Essigsäure und rauchende Salpetersäure ($D = 1.5\ g \cdot cm^{-3}$) in Essigsäureanhydrid. — ⁴) Ausbeute an rohem Isomerengemisch.

Bei der Bromierung von Ve in Essigsäure bei Raumtemperatur erhielt Gronowitz [13] das 7-Brom-5,6,4-diazabora-benzo[b]thiophen (Ausbeute 47%) mit dem Schmelzpunkt 115 bis 122°C. Die Molekülstruktur folgerte er aus der Elementaranalyse und den ^{1}H-NMR-Spektren. Auch die Abbauprodukte weisen auf die Substitution in 7-Stellung hin.

Literatur zu 2.9.6.1

[1] M. J. S. Dewar, P. A. Marr (J. Am. Chem. Soc. **84** [1962] 3782). — [2] S. Gronowitz, J. Namtvedt (Acta Chem. Scand. **21** [1967] 2151/66). — [3] S. Gronowitz, A. Bugge (Acta Chem. Scand. **19** [1965] 1271/85). — [4] S. Gronowitz, U. Michael (Arkiv Kemi **32** [1971] 283/94). — [5] H. R. Snyder, A. J. Reedy, W. J. Lennarz (J. Am. Chem. Soc. **80** [1958] 835/38).

[6] P. Tschampel, H. R. Snyder (J. Org. Chem. **29** [1964] 2168/72). — [7] M. J. S. Dewar, R. C. Dougherty (J. Am. Chem. Soc. **84** [1962] 2648/9). — [8] M. J. S. Dewar, R. C. Dougherty (J. Am. Chem. Soc. **86** [1964] 433/6). — [9] W. Steinkopf, H. F. Schmitt (Liebigs Ann. Chem. **533** [1938] 264/9). — [10] A. Hantzsch (Ber. Deut. Chem. Ges. **22** [1889] 2827/40).

[11] S. A. Tebinov (Zh. Obshch. Khim. **6** [1936] 528). — [12] J. Namtvedt (Acta Chem. Scand. **22** [1968] 1611/22). — [13] S. Gronowitz, J. Namtvedt (Tetrahedron Letters **1966** 2967/70).

2.9.6.2 Zweikernige Ringsysteme aus 2 Sechsringen

Binuclear Ring Systems of Two Six-membered Rings

2.9.6.2.1 1,2-Azabora-naphthaline

1,2-Azabora-naphthalenes

2.9.6.2.1.1 Darstellung und Eigenschaften

Preparation and Properties

Erstmals gelang die Darstellung eines 1,2-Azabora-naphthalins durch Reaktion des o-Amino-styrols mit Trichlorboran oder Phenyl-dichlorboran [1]. Das auf diese Weise zugängliche 1-H-2-Chlor-1,2-azabora-naphthalin I läßt sich in die 2-Methyl- und 2-Phenyl-Derivate IIa, IIb und in die Stammverbindung III selbst durch Einwirkung von Grignard-Reagenzien oder von $LiAlH_4$ umwandeln (Abschnitte 2.9.2.2 und 2.9.3, S. 193 und 195). Die Hydrolyse von I ergibt das 2-Hydroxy-Derivat, das nur als Dimeres IV isoliert werden kann. Das 2-Hydroxy-Derivat reagiert in wäßriger Lösung infolge

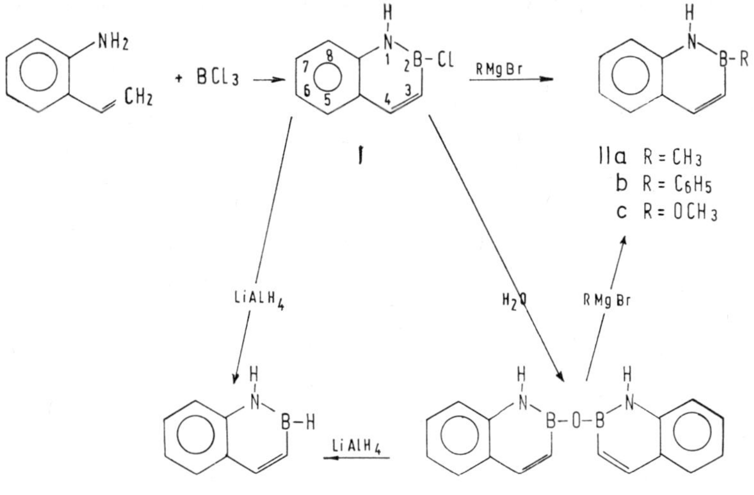

III IV

Protonenabspaltung aus der B-OH-Gruppe sauer. Das B-Atom selbst hat keinen Lewis-Säure-Charakter [6]. IV reagiert ebenfalls mit Grignard-Verbindungen oder $LiAlH_4$ zu II oder III; beim Umkristallisieren von IV aus absolutem Methanol entsteht das 1-H-2-Methoxy-1,2-azabora-naphthalin IIc [5].

3-Halogen-Derivate der 1,2-Azabora-naphthaline sind entweder durch Umsetzung von 2-Amino-ω-halogen-styrol mit Chlorboranen oder durch Halogenierung geeigneter 1,2-Azabora-naphthaline zugänglich [3] (vgl. Abschnitt 2.9.6.2.1.2, S. 210). N-Alkyl-Derivate lassen sich durch Umsetzen der N-Lithium-Verbindungen mit Halogenalkylen darstellen [4] (vgl. Abschnitt 2.9.6.2.1.2, S. 211).

Eine weitere Methode zur Darstellung von 1,2-Azabora-naphthalinen wie VI ist die Umsetzung von (4-Methoxy-phenyl)imino-(pentafluorphenyl)-boran V mit Phenylacetylen in Toluol. Dabei muß V nicht isoliert werden, denn das leichter zugängliche Va reagiert nach (1) unter gleichen Bedingungen direkt zu VI. Verschieden substituierte Derivate von Va entstehen unter HCl-Abspaltung bereits durch Erhitzen der Arylamin-aryldichlorborane. Auf diese Weise wurden die 1,2-Azabora-naphthaline VI und VIIa bis VIId dargestellt [2]. Die Molekülstruktur von VI und VIIa bis VIId (vgl. Tabelle 2/37, S. 208) wird aus IR-, ^{1}H-NMR-, ^{11}B-NMR- und massenspektroskopischen Untersuchungen gefolgert. Weiterhin deutet die Solvolyse des Derivats VI auf die angegebene Struktur [2] (vgl. Abschnitt 2.9.6.2.1.2, S. 209).

(1)

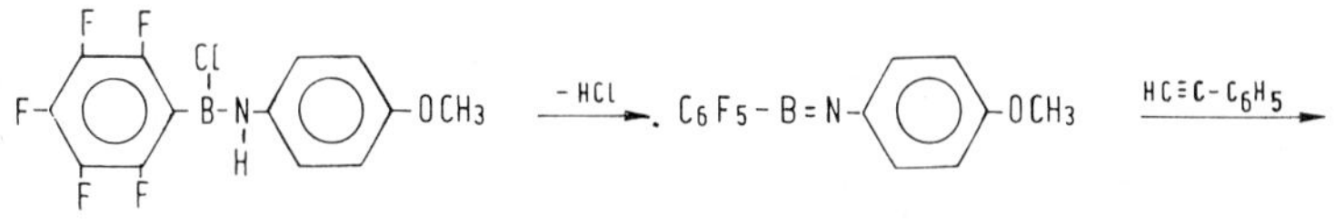

Va V

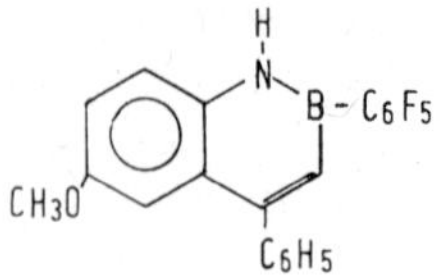

VI

Triäthylamin kann in (1) nicht als HCl-Fänger dienen. Bei seiner Anwesenheit unterbleibt die Cyclisierung. Stattdessen bildet sich das Acetylid VIII, dessen Molekülstruktur durch IR-, ^{1}H-NMR-, ^{19}F-NMR-, ^{11}B-NMR-Spektren und das Molekulargewicht (massenspektrometrisch) gesichert ist [2].

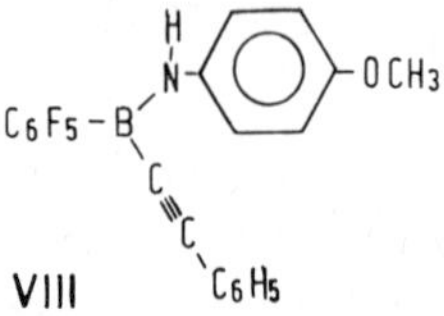

VIII

Preparation of Azabora-naphthalene

Darstellung des Azaboranaphthalins

Zu einer Lösung von Dichlor-pentafluorphenyl-boran in Toluol (15.6 mmol in 50 ml) eine Lösung von frisch destilliertem p-Anisidin in Toluol (15.6 mmol in 30 ml) zutropfen, 1 h unter Rückfluß kochen und das entstandene HCl mit trocknem N_2 austreiben. Die Lösung zu Phenylacetylen in Toluol (31.2 mmol in 50 ml) geben, 24 h unter Rückfluß kochen, dabei HCl im N_2-Strom entfernen. Die chloridfreie Lösung einengen, die ausgefallenen farblosen Kristalle aus CCl_4 umkristallisieren [2].

Die Derivate VIIa bis VIId wurden analog unter Verwendung der entsprechenden Boran- und Aminderivate dargestellt [2]. Tabelle 2/37 gibt die Kenngrößen der 1,2-Azabora-naphthaline wieder.

Tabelle 2/37

Kenngrößen der 1,2-Azabora-naphthaline

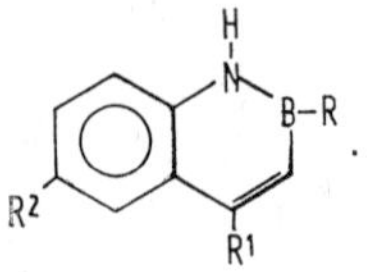

Verbindung	R	R¹	R²	t_f in °C	Ausbeute in % d. Th.	Lit.	Bemerkungen¹)
I	Cl	H	H	72 bis 74		[1]	Reinigung durch Sublimation bei 60 bis 65°C und 0.3 Torr
IIa	CH_3	H	H	73 bis 74	45	[1]	Platten (Ligroin); M_r (gef.) = 137, M_r (ber.) = 143²)
IIb	C_6H_5	H	H	137.5 bis 139	69	[1]	Platten (Ligroin); M_r (gef.) = 205, M_r (ber.) = 208
IIc	OCH_3	H	H	57 bis 58		[5]	farblose Platten, die an Luft zu IV oxydiert werden
III	H	H	H	100 bis 101	40	[1]	weiße Kristalle (Ligroin), sublimierbar bei 80°C und 0.6 Torr
IV	O³)	H	H	198 bis 200		[1]	Platten (Ligroin)
VI	C_6F_5	C_6H_5	CH_3O	161 bis 162	83	[2]	farblose Kristalle; M_r (gef.) = 401.2
VIIa	C_6F_5	C_6H_5	H	156 bis 157	89	[2]	M_r (gef.) = 371.1
VIIb	C_5F_5	C_6H_5	CH_3	173 bis 174	78	[2]	M_r (gef.) = 385.1
VIIc	C_6H_5	C_6H_5	CH_3		43	[2]	M_r (gef.) = 295.2
VIId	C_6H_5	C_6H_5	OCH_3	110 bis 111	77	[2]	M_r (gef.) = 311.2

¹) In Klammern steht das zum Umkristallisieren benutzte Lösungsmittel. — ²) M_r (gef.) = gefundene relative Molmasse; M_r (ber.) = berechnete relative Molmasse. — ³) IV entspricht der dimeren Verbindung RB-O-BR.

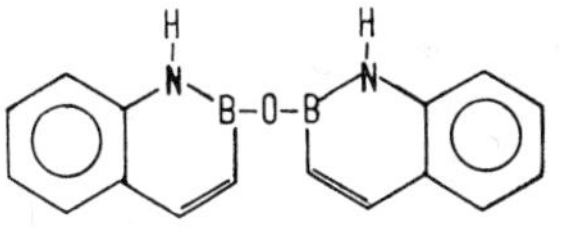

(= RB-O-BR).

Die 1,2-Azabora-naphthalinderivate IIa, IIb und IV sind inert gegen kochendes konzentriertes HCl und gegen 40%ige K_2CO_3-Lösung [1]. VI wird weder von verdünntem HCl noch von verdünntem H_2O_2 angegriffen; zur Zersetzung ist mehrtägiges Kochen in Eisessig oder wäßrigem KOH nötig [2].

2.9.6.2.1.2 Chemisches Verhalten

Chemical Reactions

Solvolysereaktionen des 1,2-Azabora-naphthalins

Solvolysis Reactions of 1,2-Azaboranaphthalene

Der solvolytische Abbau von 1-H-2-Pentafluorphenyl-4-phenyl-6-methoxy-1,2-azabora-naphthalin I wird durch Schema (2) wiedergegeben.

(2)

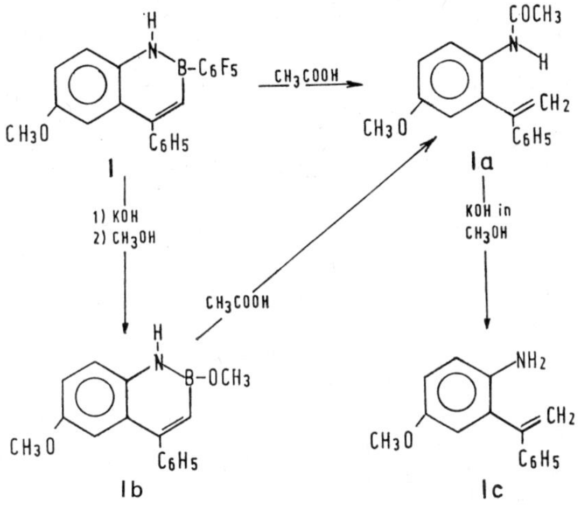

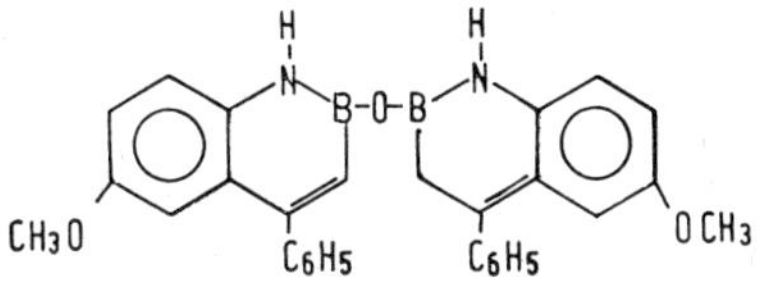

II

Durch Erhitzen von I in Eisessig (48 h, Rückfluß) bildet sich Ia zu 69% der Theorie. Die Methylengruppe in Ia läßt sich durch Protonenresonanz nachweisen [2]. Wird I in starker Kalilauge 28 h unter Rückfluß gekocht, so entsteht eine rötliche Masse, die beim Erhitzen auf dem Wasserbad im Vakuum Wasser abspaltet. Der intensivste Peak im Massenspektrum dieser Verbindung bei m/e = 484 entspricht dem Ion von II. Umfällen von II aus Methanol ergibt Ib. Durch Erhitzen von Ib in Eisessig (24 h) entsteht Ia. Der N-Acetylrest in Ia läßt sich durch 12stündiges Kochen unter Rückfluß mit methanolischer Kalilauge unter Bildung von Ic abspalten.

Die Molekülstrukturen der Solvolyseprodukte Ia, Ib, Ic sind durch IR-, ^{1}H-NMR- und/oder ^{11}B-NMR-Spektren und die Molekulargewichte (massenspektrometrisch) belegt [2].

Elektrophile Substitution des 1,2-Azabora-naphthalins

Electrophilic Substitution of 1,2-Azaboranaphthalene

Bei der Nitrierung des 1-H-2-Methyl-1,2-azabora-naphthalins I entstehen nur teerartige Substanzen [3], während sich bei der Chlorierung oder Bromierung Gemische der 3-Halogen-derivate II und der o-Amino-ω-halogen-styrole III bilden [3].

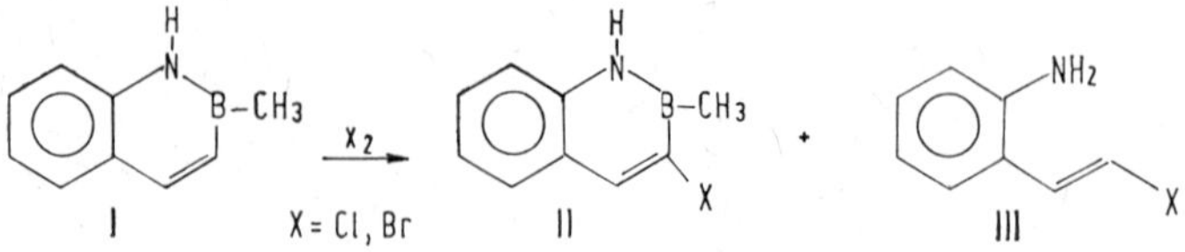

15 mmol Cl_2 in Eisessig (0.43 M) unter Rühren während 1 h zu I (14 mmol in 50 ml Eisessig) bei 18°C tropfen, die Mischung eine weitere Stunde rühren, 800 ml Wasser zugeben und das Gemisch filtrieren. Durch Extraktion des in Äther aufgenommenen Rückstandes mit Salzsäure (2 × 50 ml, 2 N) läßt sich das o-Amino-ω-chlor-styrol III isolieren (t_f = 49 bis 51°C; Ausbeute 67%). Aus der ätherischen Phase ergibt sich nach chromatographischer Reinigung das Produkt II mit X = Cl in 25%iger Ausbeute (t_f = 119 bis 120.5°C) [3].

Die analoge Bromierung des 1-H-2-Methyl-1,2-azabora-naphthalins liefert die Bromderivate II zu 60% mit t_f = 128 bis 129.5°C und III mit X = Br zu 29% (t_f = 78.5 bis 79.5°C). Variation der Reaktionsdauer und Molverhältnisse beeinflußt die Ausbeuten nur gering [3]. Die Chlorierung von I in CCl_4 liefert nur wenig II. Alle Halogenierungsprodukte wurden durch Elementaranalyse, IR- und UV-spektroskopische Untersuchungen nachgewiesen [3].

Das 3-Chlor-Derivat II entsteht auch folgendermaßen: Beim Erhitzen des 2-Amino-ω-chlor-styrol-Trichlorboran-(1:1)-Addukts in trocknem Benzol bildet sich in 97%iger Ausbeute die Verbindung IV in feinen Nadeln (t_f = 240 bis 241.5°C). Durch Umkristallisieren von IV aus Methanol entsteht das B-Methoxy-Derivat IVa (t_f = 88 bis 89.5°C). IVa wird beim Stehen an Luft wieder zu IV hydrolysiert. Mit Methylmagnesiumjodid läßt sich IVa zum 3-Chlor-Derivat II umsetzen (t_f = 119 bis 120.5°C; Ausbeute 90%) [3].

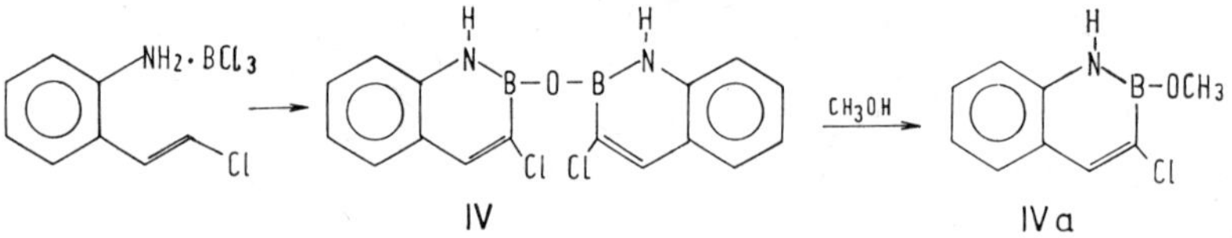

Der benzoide Charakter des 1,2-Azabora-naphthalins kommt nicht nur in den oben beschriebenen elektrophilen Substitutionsreaktionen, sondern auch beim Vergleich des 1,2-Dihydro-1,2-azabora-naphthalins mit dem 1,2,3,4-Tetrahydro-1,2-azabora-naphthalin zum Ausdruck. Das Bis(1,2,3,4-tetrahydro-1,2-azabora-2-naphthyl)-oxid VI (t_f = 87.5 bis 89°C) bildet sich durch Reduktion der ungesättigten Stammverbindung V mit Natrium in siedendem n-Butanol [6].

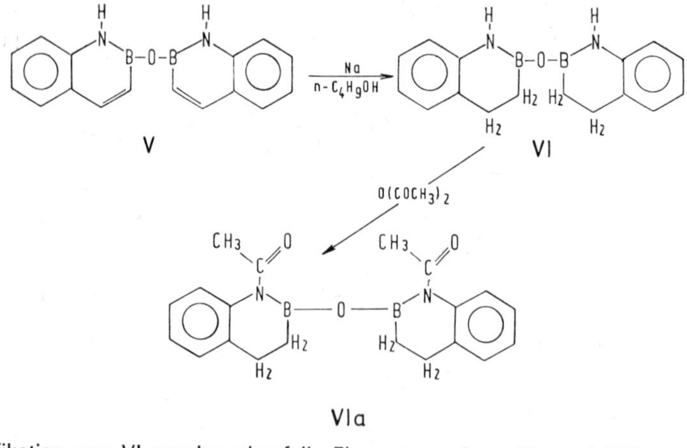

Zur Identifikation von VI wurden ebenfalls Elementaranalyse, IR- und UV-Spektren herangezogen. Wird VI in Essigsäureanhydrid erwärmt, überschüssiges Anhydrid abdestilliert, der Rückstand aus Petroläther (t_s = 60 bis 80°C) umkristallisiert, so entsteht ein Diacetylderivat VIa mit dem Schmelzpunkt 280 bis 282°C, dessen Struktur aus der Elementaranalyse und dem Fehlen der N–H-Valenzschwingung im IR-Spektrum gefolgert wurde. V läßt sich unter gleichen Bedingungen nicht acetylieren [6].

Während die B–N-Bindung im 1,2-Azabora-naphthalin außerordentlich stabil gegen saure oder alkalische Hydrolyse ist, wird VIa schon von heißem Wasser zu VII hydrolysiert. Beim Erhitzen im Vakuum cyclisiert VII wieder quantitativ zu VIa. Beim Kristallisieren von VI aus 2 N HCl soll sich das Hydrogenchlorid VIII in langen, farblosen Nadeln mit $t_f = 190$ bis 192°C bilden. Die Identifizierung von VII und VIII erfolgt durch die Elementaranalysen. IR-Spektren des Derivats VII deuten ebenfalls auf die angegebene Struktur hin (N–H-Valenzschwingung bei 3326 cm^{-1}) [6].

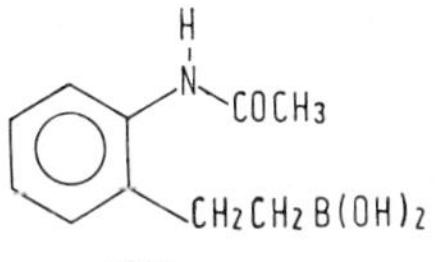

VII

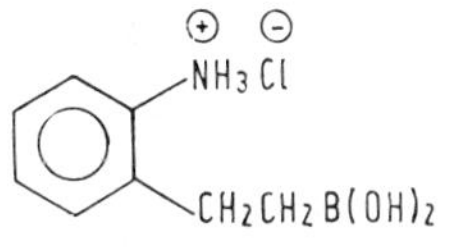

VIII

Alkylierung des 1,2-Azabora-naphthalins

Alkylation of 1,2-Azaboranaphthalene

Das 1-H-2-Methyl-1,2-azabora-naphthalin I und das 9-H-10-Methyl-9,10-azabora-phenanthren II lassen sich über das N-Lithiumderivat Ia bzw. IIa am Stickstoff alkylieren. Das N-Lithiumderivat Ia erhielt Dewar [4] durch Umsetzung von I mit Methyllithium. Ia reagiert mit Dimethylsulfat, Allylbromid oder 1-Brom-3-chlor-propan beim Erhitzen in Benzol unter Stickstoffatmosphäre zu den N-Methyl-, N-Allyl- oder N-(3-Chlor-1-propyl)-Derivaten Ib bis Id. Die Chlorpropylverbindung Id bildet mit sekundären Aminen die N-(3-Dialkylamino-1-propyl)-Derivate IIIa bis IIId. Das Cyanopropylderivat IIIe entsteht durch Einwirkung von KCN auf Id und das Urethan Ie aus Ia mit Chlorameisensäureäthylester. Verbindung Ie ist im Gegensatz zu dem analogen Urethan des 9,10-Azabora-phenanthrens recht stabil gegen Oxydation durch Luftsauerstoff. Versuche, die wasserlöslichen B–N-Verbindungen IIIa bis IIIe und IVa bis IVc für die Therapie von Karzinomen mittels Neutronenstrahlen zu verwenden, schlugen fehl, da die Verbindungen ausgesprochen giftig sind [8]. Die Derivate Ib und Ic zeigten auch keine speziellen antibakteriellen Eigenschaften [9].

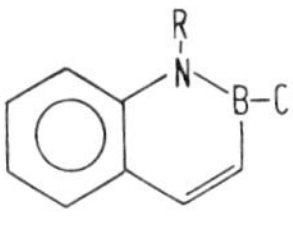

I R = H
Ia R = Li

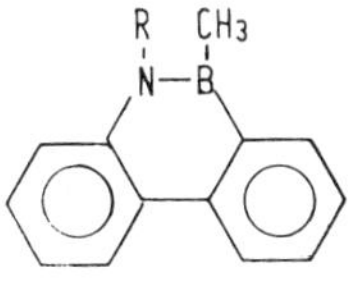

II R = H
IIa R = Li

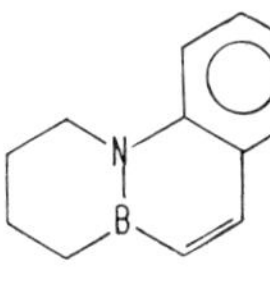

V

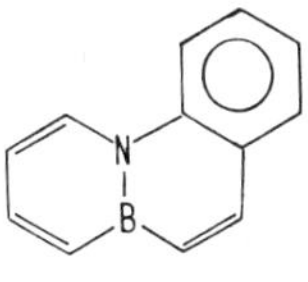

VI

Zu den Molekülstrukturen der 1-Alkyl-2-methyl-1,2-azabora-naphthaline Ib bis Ie, IIIa bis IIId sowie IVa und IVb vergleiche Tabelle 2/38.

Tabelle 2/38

Kenngrößen der 1-Alkyl-2-methyl-1,2-azabora-naphthaline

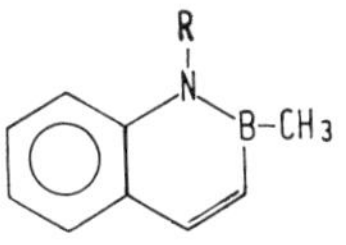

Verbindung	R	Ausbeute in % d. Th.	t_s in °C[1)]	Lit.	Bemerkungen[2)]
Ib	CH_3	80	76 bis 78 (0.5)	[4]	
Ic	$-CH_2CH{=}CH_2$	78	74 (0.04)	[4]	
Id	$-(CH_2)_3$-Cl		100 bis 102 (2.0)	[4]	$t_f = 70$°C
Ie	$-COOC_2H_5$	76	96 bis 98 (0.4)	[4]	
IIIa	$-(CH_2)_3$-$N(CH_3)_2$	72	110 (1.0)	[4]	$n_D^{28} = 1.5608$
IIIb	$-(CH_2)_3$-$N(C_2H_5)_2$	65	119 bis 121 (1.0)	[4]	$n_D^{29} = 1.5970$

Tabelle 2/38 [Fortsetzung]

Verbindung	R	Ausbeute in % d. Th.	t_s in °C[1)]	Lit.	Bemerkungen[2)]
IIIc	-(CH$_2$)$_3$-N 	70	122 bis 124 (0.2)	[4]	n_D^{29} = 1.5670
IIId	-(CH$_2$)$_3$-N  O	76	130 bis 132 (0.2)	[4]	n_D^{29} = 1.5755
IVa	-(CH$_2$)$_4$Br		190 bis 195 (0.7)	[7]	
IVb	-(CH$_2$)$_4$-N 		190 bis 195 (0.7)	[7]	schwach gelbes Öl, n_D^{26} = 1.5689
V	4)		150 bis 155 (0.5)	[7]	weiße Nadeln, t_f = 26 bis 28°C; M_r (gef.) = 207, M_r (ber.) = 207[3)]
VI	4)			[7]	lange Nadeln, t_f = 75 bis 77°C (Petroläther, t_s = 30 bis 35°C)

1) In Klammern werden die Siededrucke in Torr angegeben. — 2) Das zum Umkristallisieren verwendete Lösungsmittel steht in Klammern. — 3) M_r (gef.) = gefundene relative Molmasse, M_r (ber.) = berechnete relative Molmasse. — 4) s. Formeln auf S. 211.

Lediglich der Syntheseweg und die Elementaranalyse weisen auf die Molekülstruktur der N-Alkyl-Derivate hin [4].

Auf analoge Weise läßt sich die N-Lithium-Verbindung Ia mit 1,4-Dibrom-butan zu IVa umsetzen [7]. Als Nebenprodukt entsteht 1,4-Bis(2-methyl-1,2-azabora-naphthyl-1)-butan (weiße Nadeln aus Aceton, t_f = 157 bis 158°C). IVa cyclisiert bei Einwirkung von Magnesium zu dem 1,2,3,4-Tetrahydro-11,12-azabora-phenanthren V (= 5,6,7,8-Tetrahydro-9,10-azabora-benz[a]naphthalin). V wurde mit Pd-Aktivkohle bei 300°C mit Hexen als Wasserstoffakzeptor zu VI dehydriert. Die Molekülstrukturen von V bzw. VI folgen aus Elementaranalysen, Molekulargewichten (massenspektroskopisch) und UV-Spektren [7]. Die Kenngrößen der Derivate sind Tabelle 7 zu entnehmen.

Literatur zu 2.9.6.2.1

[1] M. J. S. Dewar, R. Dietz (J. Chem. Soc. **1959** 2728/30). — [2] P. J. Paetzold, G. Stohr, H. Maisch, H. Lenz (Chem. Ber. **101** [1968] 2881/8). — [3] M. J. S. Dewar, R. Dietz (J. Org. Chem. **26** [1961] 3253/6). — [4] M. J. S. Dewar, J. Hashmall, V. P. Kubba (J. Org. Chem. **29** [1964] 1757/62). — [5] M. J. S. Dewar, R. Dietz, V. P. Kubba, A. R. Lepley (J. Am. Chem. Soc. **83** [1961] 1754/6).

[6] M. J. S. Dewar, R. Dietz (Tetrahedron **15** [1961] 26/34). — [7] M. J. S. Dewar, C. Kaneko, M. K. Bhattachajee (J. Am. Chem. Soc. **84** [1962] 4884/7). — [8] A. H. Soloway (Progr. Boron Chem. **1** [1964] 203/34). — [9] Fußnote 7) in [4].

9,10-Azaboranaphthalene

2.9.6.2.2 9,10-Azabora-naphthalin

Die Synthese des 9,10-Azabora-naphthalins I ist ausgesprochen schwierig und verläuft mit einer Gesamtausbeute von 0.2% (bezogen auf das 1,3-Butan-diol II) [1, 2].

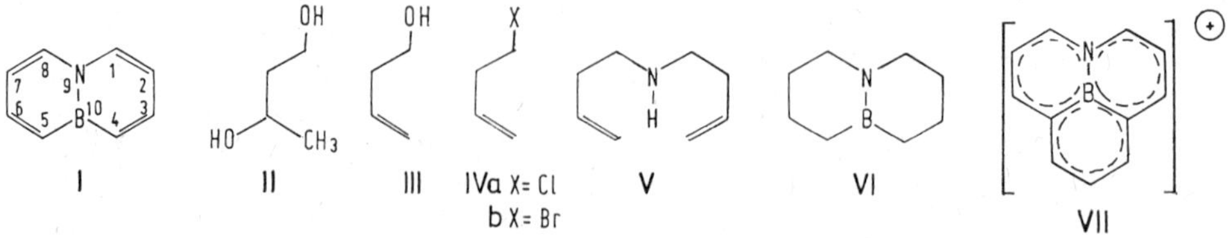

I II III IVa X = Cl, b X = Br V VI VII

Das 1,3-Butan-diol II wird mit p-Toluol-sulfonsäure als Katalysator zu 4-Hydroxy-1-buten III dehydriert und III über das Bromid IVb zum Bis(3-butenyl)-amin V umgesetzt. Durch Hydroborierung mit Diboran bei −10°C läßt sich das 9,10-Azabora-dekalin VI darstellen, das schließlich mit Pd-Aktivkohle und einem Wasserstoffakzeptor (1-Hexen oder 1-Octen) bei 300°C zu I dehydriert werden kann (t_f = 48 bis 49°C). Die Molekülstruktur von I folgt aus der Elementaranalyse, dem ^{1}H-NMR- und dem Massenspektrum der Verbindung [2]. Auch ^{11}B-NMR-spektroskopische Untersuchungen [3] bestätigen die angegebene Struktur. Die ausgesprochene Ähnlichkeit des 9,10-Azabora-naphthalins mit dem isoelektronischen Naphthalin kommt in den folgenden Eigenschaften zum Ausdruck [2]:

a) I und Naphthalin bilden niedrigschmelzende, farblose, flüchtige, flockige Kristalle, die sich im Geruch kaum voneinander unterscheiden und die beide in unpolaren Lösungsmitteln leicht löslich sind.

b) Die Debeyeogramme lassen auf isomorphe Kristallstrukturen schließen.

c) Das Phasendiagramm des binären Systems I-Naphthalin zeigt keine Mischungslücke.

d) Die Massenspektren sind ähnlich.

e) Auf den benzoiden Charakter des 9,10-Azabora-naphthalins deuten weiterhin die Stabilität gegen Oxydation durch Luft und gegen saure und alkalische Hydrolyse, die Bildung von π-Komplexen mit Tetracyanäthylen und das UV-Spektrum der Verbindung I hin.

f) I bildet ein stabiles Pikrat mit dem Schmelzpunkt 133.5 bis 134.5°C (Pikrat des Naphthalins t_f = 149°C [5]).

g) Die Analyse der ^{11}B-NMR-, Massen- und Photoelektronenspektren deutet auf ähnliche elektronische Strukturen von I und Naphthalin hin [3].

Aus ^{1}H-NMR-spektroskopischen Untersuchungen folgt, daß sich I mit Deuteroschwefelsäure in Dioxan in 4- und 5-Stellung leicht deuterieren und in Eisessig zum 4-Brom-Derivat (farblose Platten, t_f = 62.5 bis 64°C) bromieren läßt.

Dewar und Jones [4] erhielten durch Umsetzung von 9,10-Azabora-naphtalin in Trifluoressigsäure mit Malonaldehyd-bis(äthylacetal) eine intensiv violett gefärbte Lösung des 10,11-Azabora-phenaleniumkations VII (= 9,10-Azabora-benzo[d,e]naphthalin), das durch Massen- und ^{1}H-NMR-Spektren nachgewiesen wurde. Stabil war VII nur in Lösung bei −78°C.

Literatur zu 2.9.6.2.2

[1] M. J. S. Dewar, G. J. Gleicher, B. P. Robinson (J. Am. Chem. Soc. **86** [1964] 5688/99). — [2] M. J. S. Dewar, R. Jones (J. Am. Chem. Soc. **90** [1968] 2137/44). — [3] F. A. Davis, M. J. S. Dewar, R. Jones (J. Am. Chem. Soc. **91** [1969] 2094/7). — [4] M. J. S. Dewar, R. Jones (Tetrahedron Letters **1968** 2707/8). — [5] Z. Rappoport (Handbook of Tables for Organic Compound Identification, 3. Aufl., Cleveland 1967, S. 46).

2.9.6.2.3 3,4-Azabora-isochinoline

3,4-Azabora-isoquinolines

2.9.6.2.3.1 Darstellung und Eigenschaften

Preparation and Properties

Das (2-Formyl-phenyl)-dihydroxy-boran I setzt sich mit Hydrazinen II zu den Hydrazonen III um, die nach Schema (3) zu 3,4-Azabora-isochinolinen kondensieren [1,2] (vgl. Abschnitt 2.9.2.1, S. 192).

(3)

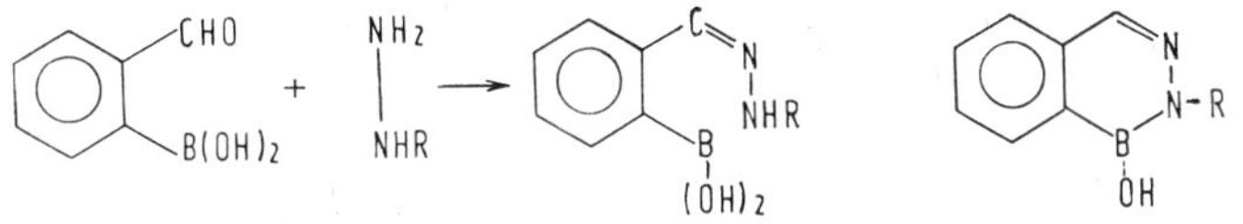

I II III IV

Verbindung IV mit R = H oder R = C_6H_5 nicht dagegen mit R = CH_3, soll im festen Zustand nach Molekulargewichtsbestimmungen als Dimeres V vorliegen. Die Hydroxygruppe am Bor läßt sich nukleophil durch Einwirkung von Grignard-Verbindungen bzw. $LiAlH_4$ durch die CH_3- oder C_6H_5-Gruppe bzw. Wasserstoff substituieren. Die Lage der N–H-Valenzschwingung (ν_{NH} = 3340 cm^{-1})

der N–H-Gruppe in 3-Stellung ist gegenüber den entsprechenden Werten für Amide bzw. Pyrrol ($\nu_{NH} = 3400$ bis 3420 bzw. $\nu_{NH} = 3410\ cm^{-1}$) so weit nach kleineren Wellenzahlen verschoben, daß dem Proton wegen seiner leichten Abspaltbarkeit saurer Charakter zuzuordnen ist. Die leichte Substituierbarkeit dieses Protons beim Behandeln mit Dimethylsulfat in Gegenwart von KOH deutet

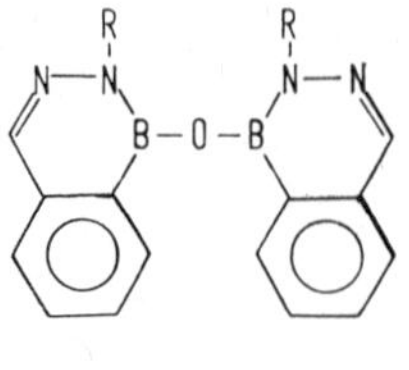

V

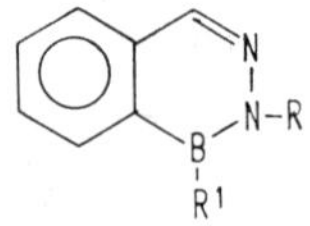

VI

ebenfalls auf die relativ schwache N–H-Bindung hin [2]. Die 3,4-Azabora-isochinoline können ähnlich den 1,2-Azabora-naphthalinen über die N-Lithium-Derivate am Stickstoff alkyliert werden.

Zur präparativen Methodik vergleiche Abschnitt 2.9.3, S. 194. Die Molekülstrukturen der 3,4-Azabora-isochinoline folgen aus Elementaranalysen, IR-Spektren und in einigen Fällen Molekulargewichtsbestimmungen und UV-Spektren [2]. Die Massenspektren der Verbindungen V, VIb, VId, VIe und VII wurden von Dougherty [5] analysiert und stimmen mit den angegebenen Strukturen überein.

Die Kenngrößen der 3,4-Azabora-isochinoline sind in der Tabelle 2/39 zusammengefaßt.

Tabelle 2/39

Kenngrößen der 3,4-Azabora-isochinoline

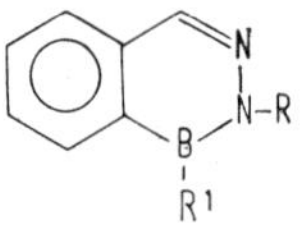

Verbindung	R	R[1]	t_f in °C	Ausbeute in % d. Th.	Lit.	Bemerkungen[1])
V	H	O[2])	243 bis 243.5	95	[2]	farblose Kristalle (Wasser); M_r (gef.) = 273, M_r (ber.) = 274[3]); aktiver Wasserstoff nach Zerewitinoff: 2.12 Atome
V	H	O[2])	234 bis 234.5	80	[1]	
VIb	H	CH_3	96.5 bis 97.5	84	[2]	(Petroläther); M_r (gef.) = 136, M_r (ber.) = 144
VIb	H	CH_3	97 bis 97.5	60	[1]	^{1}H-NMR-Spektrum wurde interpretiert
VIc	CH_3	CH_3	18 bis 20	78	[2]	sublimiert bei 50°C und 0.5 Torr. VIc aus VId mit CH_3MgBr oder aus VIb mit Dimethylsulfat sind identisch
VId	CH_3	OH	154 bis 156	100	[2]	(wäßriges Äthanol); nach Abkühlen und nochmaligem Aufheizen $t_f = 168$°C
VIe	C_6H_5	O[2])	185.5 bis 186.5	100	[2]	($CHCl_3$/Petroläther); M_r (gef.) = 422, M_r (ber.) = 399
VIe	C_6H_5	O[2])	196 bis 196.5	100	[1]	farblose Nadeln
VIf	H	H			[2]	
VIg	CH_3	H	8 bis 10	71	[2]	aus VId und $LiAlH_4$ dargestellt

[1]) In Klammern wird das zum Umkristallisieren benutzte Lösungsmittel angegeben. — [2]) Es handelt sich um die dimeren Verbindungen der allgemeinen Molekülstruktur V. — [3]) Die angegebenen Molekulargewichte wurden nach der Methode von Rast bestimmt.

Die dimere Verbindung V mit R = H ist beständig gegen kochendes konzentriertes HCl oder 15%iges KOH (2 h) [1, 2]. Desgleichen erfolgt auch keine Deborierung von V beim Erhitzen mit Br_2 in Essigsäure unter Rückfluß [1]. Kochendes HCl oder Kalilauge (10%) zersetzen das 3-H-4-Methyl-3,4-azabora-isochinolin VIb nicht [1]. Das Dimethylderivat VIc wird an Luft zu VId oxydiert, was Dewar und Dougherty [2] auf sterische Effekte zurückführen. VIg bildet beim Stehen in alkoholischer Lösung an Luft ebenfalls VId.

Die Reduktion von V mit $LiAlH_4$ zu VIf gelang nicht [2], im Unterschied zu der sehr gut verlaufenden Reduktion des Bis(1,2-azabora-2-naphthyl)-oxids zum 1,2-Dihydro-1,2-azabora-naphthalin [3, 4]. Partielle Reduktion konnte beim Behandeln von V mit dem fünffachen Überschuß von $LiAlH_4$ in 18 h erreicht werden. Laut Elementaranalyse und IR-Spektrum soll jedoch das Tetrahydroderivat VII entstanden sein (t_f = 132°C, unter Zersetzung) [2].

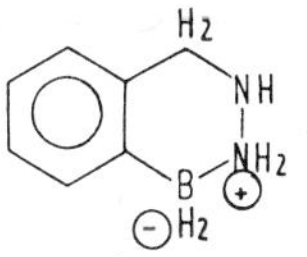

VII

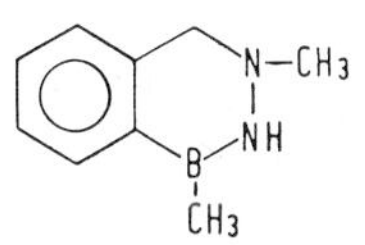

VIII

Die 3-H-4-Methyl- und 3-H-4-Hydroxy-3,4-azabora-isochinoline reagieren basisch. Sie lassen sich in Säuren lösen und werden beim Neutralisieren wieder ausgefällt. Mit Methyljodid soll VIb zu VIII reagieren (Ausbeute 93%; t_f = 223 bis 235°C unter Zersetzung) [2].

2.9.6.2.3.2 Chemisches Verhalten

Chemical Reactions

Dewar und v. Rosenberg [6] setzten I mit Br_2 in Eisessig um und erhielten weiße, nadelförmige Kristalle (t_f = 133 bis 134°C; Ausbeute 84%; M_r (gef.) = 223, M_r (ber.) = 222.9). Nach Analyse und Molekulargewicht (massenspektrometrisch) handelt es sich um ein Monobromderivat. Beim Abbau mit alkalischer $KMnO_4$-Lösung entsteht hieraus o-Brom-benzoesäure, was auf die Bildung eines 3-H-8-Brom-4-methyl-3,4-azabora-isochinolins II bei der Bromierung hindeuten würde. Auch läßt sich das ^1H-NMR-Spektrum von II dahingehend interpretieren [6]. Auf die bevorzugte Substitution des 3,4-H-3,4-Azabora-isochinolinmoleküls in 8-Stellung weisen auch Berechnungen der Ladungsdichten mit Hilfe eines MO-Modells hin [6].

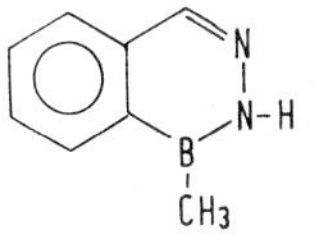

I

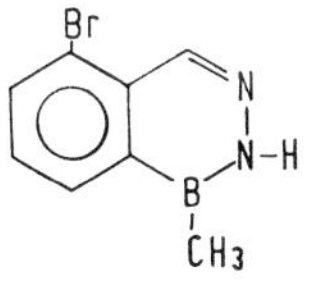

II

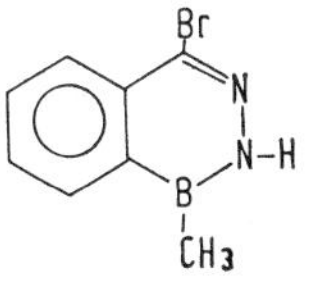

III

Namtvedt und Gronowitz [7] erhielten bei der Bromierung von I nach der gleichen Methode ein Monobromderivat III in 74%iger Ausbeute (t_f = 130 bis 131°C), auf dessen Molekülstruktur sie aus der Analyse der chemischen Abbauprodukte schlossen. Zwar erhielten Namtvedt und Gronowitz [7] nach der von Dewar und v. Rosenberg [6] beschriebenen Methode als Produkt des oxyativen Abbaus ebenfalls o-Brom-benzoesäure, wurde aber überschüssiges $KMnO_4$ mit Äthanol zerstört, das entstandene MnO_2 abfiltriert und zur vollständigen Deborierung noch alkalisch hydrolysiert, so entsteht als einziges Abbauprodukt Benzoesäure [7]. Damit wäre die Substitution in 1-Stellung und die Bildung des 3-H-1-Brom-4-methyl-azabora-isochinolins III belegt. Die zunächst gebildete Benzoesäure wird vermutlich durch in der Lösung vorhandenes Brom zur o-Brom-benzoesäure bromiert [7].

Die Nitrierung von I mit Salpetersäure in konzentrierter Schwefelsäure liefert ein nichtflüchtiges Material, das in polaren Lösungsmitteln wie Aceton, Trifluoressigsäure oder Dimethylsulfoxid löslich ist [6]. Durch Umkristallisieren aus Aceton/Wasser wurde ein Mononitroderivat in 30%iger Ausbeute erhalten (schwachgelbe Nadeln, t_f = 148 bis 151°C unter Zersetzung). Massenspektrum, ^1H-NMR-Spektrum und Elementaranalyse lassen sich unter Annahme eines in 8-Stellung substituierten Nitroderivats interpretieren [6]. Bei der Nitrierung in Essigsäureanhydrid oder mit Nitronium-tetrafluoroborat [8] konnten keine Produkte isoliert werden. Desgleichen verliefen die Acetylierung mit Acetylchlorid und die Deuterierung mit D_2SO_4 negativ [6].

Literatur zu 2.9.6.2.3

[1] M. J. S. Dewar, R. C. Dougherty (J. Am. Chem. Soc. **84** [1962] 4882/4). — [2] M. J. S. Dewar, R. C. Dougherty (J. Am. Chem. Soc. **86** [1964] 433/6). — [3] M. J. S. Dewar, R. Dietz (J. Chem. Soc. **1959** 2728/30). — [4] M. J. S. Dewar, R. Dietz, V. P. Kubba, A. R. Lepley (J. Am. Chem. Soc. **83** [1961] 1754/6). — [5] R. C. Dougherty (Tetrahedron **24** [1968] 6755/72).

[6] M. J. S. Dewar, J. K. v. Rosenberg (J. Am. Chem. Soc. **88** [1966] 358/61). — [7] J. Namtvedt, S. Gronowitz (Acta Chem. Scand. **20** [1966] 1448/9). — [8] G. A. Olah, S. J. Kuhn, S. H. Flood (J. Am. Chem. Soc. **83** [1961] 4571/80).

4,3-Azabora-isoquinolines

2.9.6.2.4 4,3-Azabora-isochinoline

Bei der intermolekularen Kondensation von 2-Amino-benzamid I mit Dihydroxy-phenylboran (Phenylboronsäure) entsteht II in 82%iger Ausbeute mit $t_f = 210$ bis 211°C (vgl. Abschnitt 2.9.2, S. 192) [1 bis 3]. II ist relativ instabil. In neutraler, äthanolischer Lösung wird es in seine Komponenten solvolysiert [1]. Nach Dewar [4] existiert II hauptsächlich in der tautomeren Amidform III. Die leichte Hydrolysierbarkeit ist vermutlich auf eine Verminderung des benzoiden Charakters dieser heterocyclischen Verbindung durch die elektronenanziehende Hydroxyl- (bei II) bzw. Carbonylgruppe (bei III) in Nachbarschaft zur B–N-Bindung zurückzuführen [4]. Tatsächlich läßt sich das Aminoderivat IV (=4-H-3-Phenyl-8-amino-4,3-azabora-isochinolin) aus kochendem Wasser umkristallisieren [2].

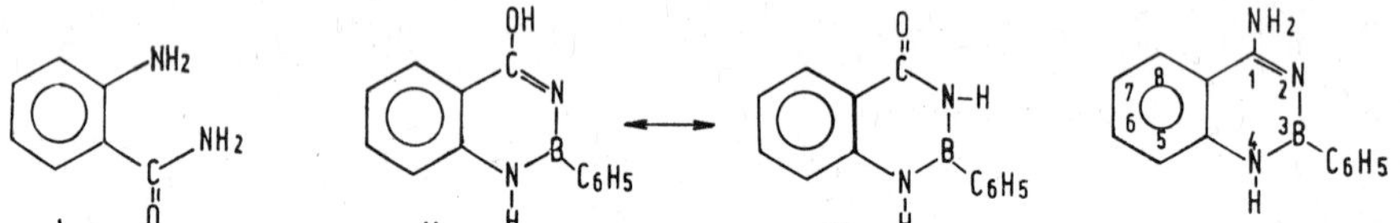

I II III IV

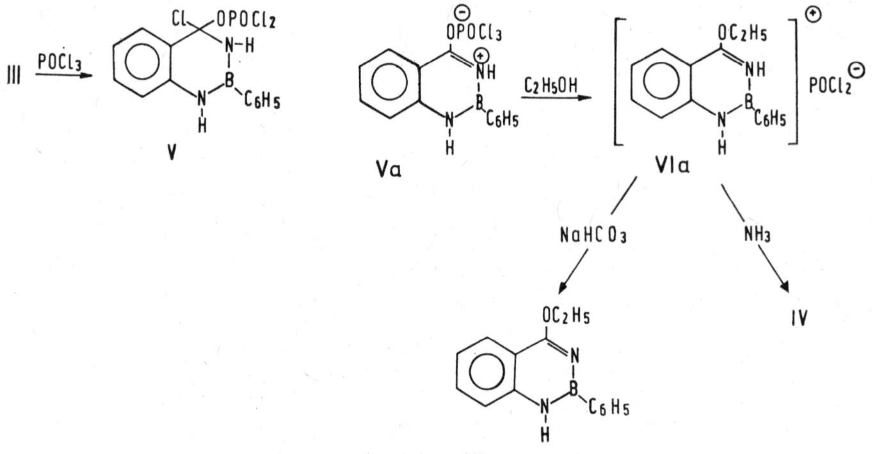

V Va VIa VI

Hergestellt wird IV (vgl. Reaktionsschema) durch Addition von $POCl_3$ an III zum Addukt V bzw. Va (tiefgelbe Kristalle, $t_f = 181$ bis 182°C, Ausbeute 85%). Nach Yale u.a. [2] ist das Addukt wie V zu formulieren, da kein ionogenes Chlor nachzuweisen ist. Dewar [4] hält die Formel Va für wahrscheinlicher, weil er die beobachtete tiefgelbe Farbe des Addukts für unvereinbar mit Formel V hält. Wird V bzw. Va aus einer größeren Menge von äthanolischem $CHCl_3$ (0.75%) umkristallisiert, so entsteht VIa in 75%iger Ausbeute mit $t_f = 138$ bis 140°C [2]. Yale u.a. [2] nehmen die ionische Struktur VIa an, weil sich das Produkt mit $HClO_4$ in Essigsäure/$Hg(OOCCH_3)_2$ als monofunktionelle Base titrieren lassen soll. Mit wäßrigem $NaHCO_3$ reagiert VIa zu VI ($t_f = 120$ bis 121°C) und mit konzentrierter wäßriger Ammoniaklösung zu IV ($t_f = 260$ bis 263°C unter Zersetzung, Ausbeute 50%). IV kristallisiert aus Wasser als Trihydrat, das im Vakuum bei 110°C wieder entwässert werden kann. IV läßt sich als monofunktionelle Base mit $HClO_4$ in Essigsäure titrieren [2].

Die Molekülstruktur von IV folgt aus der Elementaranalyse, dem Massenspektrum sowie UV- und IR-spektroskopischen Untersuchungen [2, 3].

Literatur zu 2.9.6.2.4

[1] S. S. Chissick, M. J. S. Dewar, P. M. Maitlis (J. Am. Chem. Soc. **83** [1961] 2708/11). — [2] H. L. Yale, F. H. Bergheim, F. A. Sowinsky, J. Bernstein, J. Fried (J. Am. Chem. Soc. **84** [1962] 688/90). — [3] H. L. Yale (J. Heterocycl. Chem. **8** [1971] 193/204). — [4] M. J. S. Dewar (Progr. Boron Chem. **1** [1964] 256).

2.9.6.2.5 6,8,7-Diazabora-chinoline

6,8,7-Diaza-boraquinolines

Kondensation von 2-Amino-nicotinsäureamiden mit Dihydroxy-phenylboran in absolutem Äthanol soll nach der Elementaranalyse 6,8,7-Diazabora-chinoline II ergeben, A. Dornow, D. Wille (Chem. Ber. **98** [1965] 1505/10). Die Kenngrößen der Derivate IIa bis IId sind in der Tabelle 2/40 zusammengefaßt.

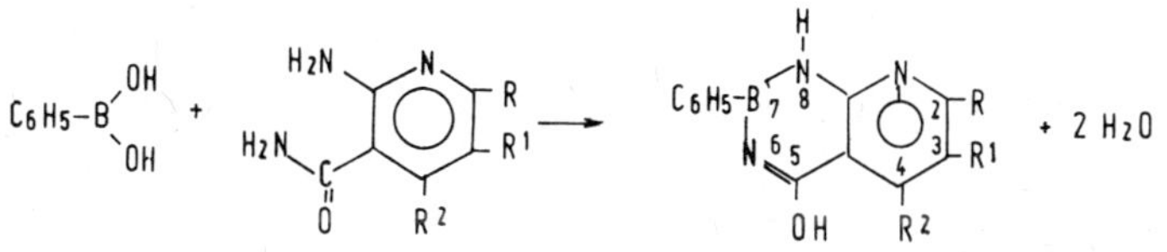

I II

Tabelle 2/40
Kenngrößen der 6,8,7-Diazabora-chinoline.

Verbindung	R	R[1]	R[2]	t_f in °C	Ausbeute in % d. Th.	Bemerkungen[1])
IIa	CH_3	H	CH_3	255	96	beständig gegen Erhitzen in Wasser und Äthanol
IIb	CH_3	CH_3	H	253	80	(Benzol)
IIc	C_6H_5	H	CH_3	310	63	
IId	H	NO_2	H	327	74	(Dimethylformamid)

[1]) In Klammern steht das zum Umkristallisieren verwendete Lösungsmittel.

2.9.7 Drei verschmolzene, ungesättigte Ringsysteme

Systems of Three Fused Unsaturated Rings

Die bis jetzt bekannten dreikernigen, ungesättigten Ringsysteme lassen sich in folgende Klassen einteilen:

Azaboraphenanthrene I, II
Diazaboraphenalene III und Azaboraphenalenium IV
Diazadiboraanthracene V und
Azaboraacenaphthalen VI.

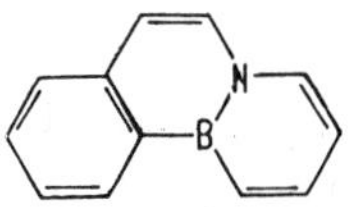

I

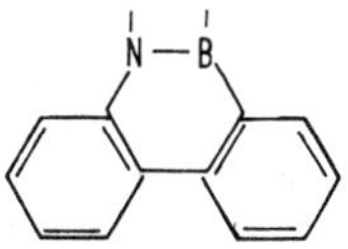

II

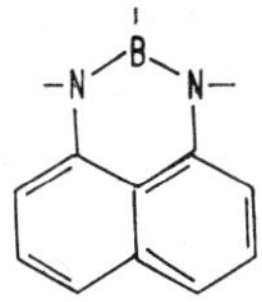

III

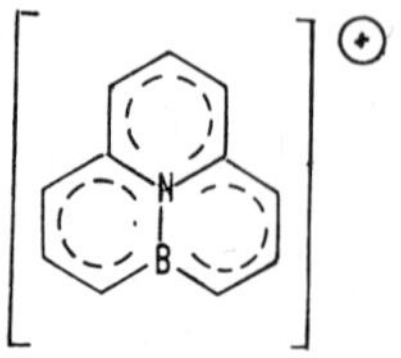

IV

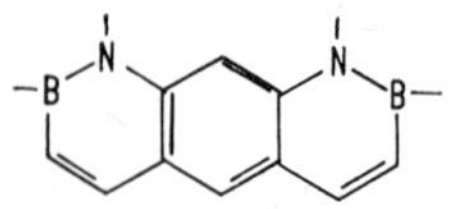

V

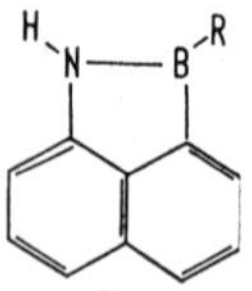

VI

Zu I vergleiche Abschnitt 2.9.6.2.1.2, S. 212, und zu IV Abschnitt 2.9.6.2.2, S. 213.

9,10-Azaboraphenanthrenes

2.9.7.1 9,10-Azabora-phenanthrene

2.9.7.1.1 Darstellung und Eigenschaften

Preparation and Properties

Dewar, Kubba und Pettit [1] stellten das 9-H-10-Chlor-9,10-azabora-phenanthren II nach Schema (1) durch Erhitzen des Addukts I aus 2-Amino-biphenyl und BCl_3 mit Aluminiumchlorid als Katalysator dar (Friedel-Crafts-Cyclisierung, vgl. Abschnitte 2.9.2.2, S. 193, und 2.9.3, S. 196). Die

(1)

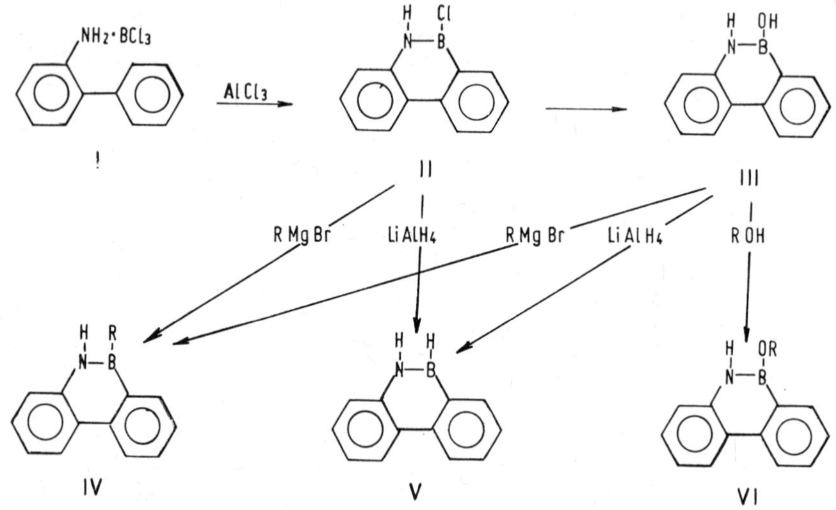

R = CH_3, C_2H_5, C_6H_5

Chlorverbindung hydrolysiert leicht zum 10-Hydroxy-derivat III. Die B-Alkyl-Derivate IV und die Stammverbindung V werden sowohl durch Umsetzung von II als auch der leichter zu reinigenden Hydroxyverbindung III [2] mit Grignard-Reagenzien oder $LiAlH_4$ erhalten. Die B-Alkoxy-Verbindung VI entsteht beim Umkristallisieren von III aus Alkohol [1].

Die Azaboraphenanthrene sind ausgesprochen stabile Verbindungen, die selbst von kochender konzentrierter Salzsäure und 40%igen Alkalien nicht zersetzt werden. Der benzoide Charakter der Azaboraphenanthrene zeigt sich einmal beim Vergleich der UV-Spektren von Azaboraphenanthren und Phenanthren [1], zum anderen bei der Analyse der Massenspektren [3] und schließlich auch im chemischen Verhalten der Azaboraphenanthrene. So bildet das Azaboraphenanthren III in alkalischer Lösung unter Abspaltung eines Protons aus der B-OH-Gruppe Salze, in denen die für eine Resonanzstabilisierung erforderliche planare Anordnung am Bor erhalten bleibt [2, 6]. Weiter lassen sich die Azaboraphenanthrene elektrophil zu den Nitro-, Halogen- und Acetylderivaten substituieren [4 bis 9]. Über die N-Lithium-Derivate sind zahlreiche N-Alkyl-azaboraphenanthrene zugänglich [10, 11]. Näheres zu den Substitutionen enthält Abschnitt 2.9.7.1.2, S. 221/5.

Weiterhin wurden zahlreiche Azaboraphenanthrene durch oxydative Photocyclisierung von Anilinoboranen wie VIIa gemäß (2) dargestellt [12, 13].

(2) 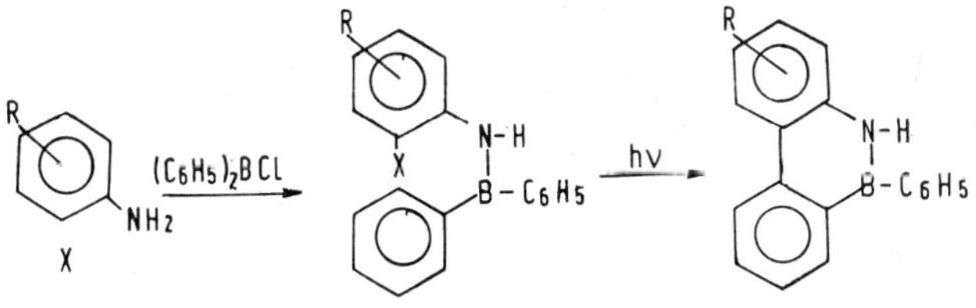

VII a) X = J ; b) X = H VIII

Die Anilinoborane VIIb cyclisieren bei Anwesenheit von elementarem Jod ebenfalls zu VIII. So kann die oft schwierige Trennung des bei der elektrophilen Substitution des Azaboraphenanthrens entstehenden 6- und 8-Isomerengemisches [4, 8, 10] vermieden werden [13]. Die Photoreaktion erfolgt sowohl mit elektronenanziehenden als auch mit elektronenspendenden Substituenten im Anilin. Lediglich mit m-Nitro- und p-Nitro-anilinen versagt sie völlig [13]. Im Falle m-substituierter Aniline sind zwei Azaboraphenanthrene denkbar (5- und 7-Stellung). Es wurde jedoch nur das 7-Isomere gefunden. Seine bevorzugte Bildung soll auf sterische Hinderung zurückzuführen sein [13]. Der Einfluß sterischer Hinderung zeigt sich auch bei den Cyclisierungsprodukten von Dimethylanilinen: Bei der Photocyclisierung des 2,5-Dimethyl-anilino-borans entstehen etwa im gleichen Verhältnis ein Mono- und ein Dimethylazaboraphenanthren. Die Cyclisierung erfolgt also einmal ausgehend von der Konfiguration IX unter Abspaltung einer Methylgruppe und zum anderen ausgehend von X unter Bildung des 9,10-H-5,8-Dimethyl-9,10-azabora-phenanthrens.

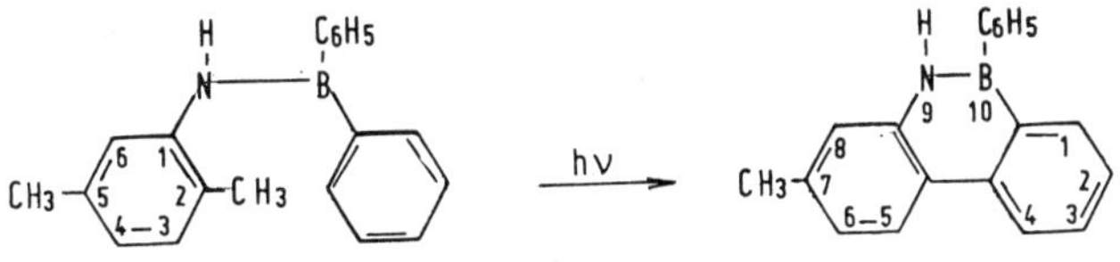

IX

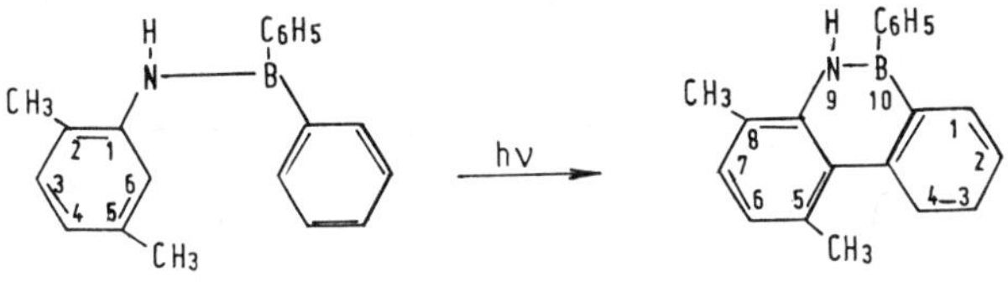

X

Das mit 3,5-Dimethyl-anilin entstehende Azaboraphenanthren konnte nur massenspektroskopisch nachgewiesen werden. Die Reaktion von 2,6-Dimethyl-anilin liefert unter Eliminirung einer Methylgruppe nur 9,10-H-8-Methyl-9,10-azabora-phenanthren und die Reaktion von 2-Brom-anilin eine Mischung von unsubstituiertem Azaboraphenanthren und 9,10-H-8-Brom-9,10-azabora-phenanthren [13]. Die Produkte werden durch Elementaranalysen, Massen- und ^{1}H-NMR-Spektren charakterisiert.

Preparation of 9,10-Azabora-phenanthrenes by Oxidative Photocyclization

Darstellung von 9,10-Azabora-phenanthrenen durch oxydative Photocyclisierung

Die Cyclisierung ergibt die besten Ausbeuten, wenn die Bestrahlung an dünnen Filmen [14] der in Cyclohexan gelösten Anilinoborane unter N_2-Atmosphäre vorgenommen wird [13]. Der Verlauf der Photoreaktionen kann durch UV-spektroskopische Untersuchungen von 100µl-Proben des Produktgemisches verfolgt werden. Nach Erreichen der maximalen Konzentration an Azaboraphenanthren wird die Lösung mehrmals mit Wasser, verdünnter Salzsäure, verdünnter Natriumsulfitlösung, verdünnter Natronlauge und wieder mit Wasser gewaschen, anschließend wird die organische Phase getrocknet und eingeengt. Das verbleibende Rohprodukt läßt sich entweder chromatographisch (Silicagel) oder durch Umkristallisieren aus Petroläther ($t_s = 63$ bis 70°C) reinigen [13].

Auch die den 9,10-Azabora-phenanthrenen analogen 9,10-Oxabora- bzw. 9,10-Thiabora-phenanthrene lassen sich so darstellen. Als Ausgangsprodukte dienen dann 2-Jod-phenol bzw. 2-Jod-thiophenol [12, 13]. Tabelle 2/41 gibt zusammenfassend die durch Friedel-Crafts-Cyclisierung [1] und Tabelle 2/42 die durch Photocyclisierung [12, 13] erhaltenen 9,10-Azabora-phenanthrene wieder.

Tabelle 2/41

Kenngrößen der 9,10-Azabora-phenanthrene 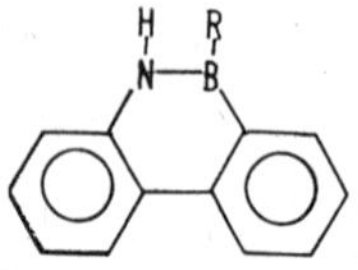 (Friedel-Crafts-Cyclisierung).

Verbindung	R	t_f in °C	Ausbeute in % d. Th.	Lit.	Bemerkungen[1])
II	Cl	93 bis 94	55	[1]	Nadeln; sublimiert bei 160 bis 170°C und 0.05 Torr
III	OH	169 bis 170	ca. 100	[1]	farblose Nadeln (Petroläther, $t_s = 60$ bis 80°C); orangefarbenes, kristallines Pikrat mit $t_f = 158$ bis 160°C
IVa	CH_3	103 bis 104	67	[1]	farblose Nadeln (Äthanol); $\mu = 0.16 \pm 0.02$ D [17]
IVb	C_2H_5	77 bis 78	72	[1]	farblose Nadeln (Äthanol)
IVc	C_6H_5	110 bis 111	66	[1]	Cyclisierung mit Dichlor-phenylboran; hellbraune Prismen (Benzol und Petroläther, $t_s = 40$ bis 60°C)
IVc	C_6H_5	110	59	[1]	aus rohem II mit Phenylmagnesiumbromid
V	H	69.5 bis 70	75[2])	[2]	Reinigung durch Sublimation bei 65 bis 70°C und 0.5 Torr
V	H	69 bis 70	70	[1]	farblose Platten (Petroläther $t_s = 40$ bis 60°C); M_r (gef.) = 180, M_r (ber.) = 179[3]); hydrolysiert zu III
VI	OC_2H_5	54 bis 55	100	[2]	$t_s = 168$ bis 170 bei 0.5 Torr

[1]) Das zum Umkristallisieren verwendete Lösungsmittel steht in Klammern. — [2]) Die Ausbeute ist stark abhängig vom Verhältnis III : $LiAlH_4$: $AlCl_3$. Die Angabe bezieht sich auf ein Verhältnis (in mmol) III : $LiAlH_4$: $AlCl_3$ = 56 : 26 : 4.5 [2]. — [3]) M_r (gem.) = gemessene relative Molmasse, M_r (ber.) = berechnete relative Molmasse.

Tabelle 2/42

Kenngrößen der 9,10-Azabora-phenanthrene (Photocyclisierung)

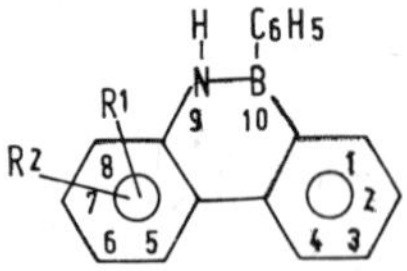

Verbindung	Substitution am Anilin	Substitution am Produkt	Ausbeute in % d. Th.[1])	t_f in °C	Bemerkungen[2])
1	keine	keine	30 (40)	107 bis 110	
2	2-Methyl	8-Methyl	33 (55)	94 bis 96	
3	3-Methyl	7-Methyl	33 (52)	114 bis 117	
4	4-Methyl	6-Methyl	30 (38)	117 bis 119	
5	2,4-Dimethyl	6,8-Dimethyl	27 (29)	136 bis 138	
6	2,3-Dimethyl	7,8-Dimethyl	18 (20)	130 bis 131	
7	2,5-Dimethyl	7-Methyl und 5,8-Dimethyl			M_r (gef.) = 269[2,3]) M_r (gef.) = 283
8	2,6-Dimethyl	8-Methyl	35	94 bis 96	M_r (gef.) = 269

Tabelle 2/42 [Fortsetzung]

Verbindung	Substitution am Anilin	Substitution am Produkt	Ausbeute in % d. Th.[1])	t_f in °C	Bemerkungen[2])
9	3,5-Dimethyl	5,7-Dimethyl			M_r (gef.) = 283
10	2-Methoxy	8-Methoxy	20 (21)	119 bis 120	
11	3-Methoxy	7-Methoxy	14 (20)	165 bis 166	
12	4-Methoxy	6-Methoxy	10 (18)	92 bis 94	
13	N-Methyl	N-Methyl	18 (20)	123 bis 125	
14	2-Chlor	8-Chlor	20 (29)	109 bis 111	
15	3-Chlor	7-Chlor	17 (26)	123 bis 126	
16	4-Chlor	6-Chlor	15 (29)	104 bis 106	
17	4-Brom	6-Brom	4	91 bis 93	
18	2-Brom	keine und			M_r (gef.) = 255[4])
		8-Brom			M_r (gef.) = 333
19	2-Carbäthoxy	8-Carbäthoxy	24	136 bis 138	
20	4-Cyan	6-Cyan	16 (18)	191 bis 192	
21	N-Acetyl	keine			M_r (gef.) = 255[4])

[1]) Ausbeute an isoliertem Produkt steht vor der Klammer, UV-spektroskopisch bestimmte Ausbeute in Klammern. — [2]) Siehe Fußnote 3) der Tabelle 2/41, S. 220. — [3]) UV-Spektrum und gaschromatographische Retentionszeit wie bei Verbindung 3. — [4]) UV-Spektrum und gaschromatographische Retentionszeit wie bei Verbindung 1.

2.9.7.1.2 Chemisches Verhalten

Chemical Reactions

2.9.7.1.2.1 Elektrophile Substitution des 9,10-Azabora-phenanthrens

Electrophilic Substitution of 9,10-Azabora-phenanthrene

Bei elektrophilen Angriffen bleibt das Ringsystem der Azaboraphenanthrene erhalten. Die Substitution erfolgt im allgemeinen in o- oder p-Stellung zur NH-Gruppe, d. h. in Position 6 oder/und 8. Nur unter extremen Bedingungen kann mit einem dritten Substituenten die 2-Stellung besetzt werden. Die nach einem einfachen MO-Modell berechneten Substitutionsenergien [4] zeigen in Übereinstimmung mit den Experimenten, daß 6- und 8-Stellung im 9,10-Azabora-phenanthren am reaktionsfähigsten sind. Die geringere Reaktivität der Stellung 2 gegenüber 6 und 8 ergibt sich ebenfalls aus der Rechnung [8, 15].

Nitrierung

Nitration

Die Nitrierung von 9-H-10-Hydroxy-9,10-azabora-phenanthren mit Salpetersäure ($D = 1.5\,g \cdot cm^{-3}$) in kaltem Essigsäureanhydrid ergab eine Mischung von 6- und 8-Nitro-Derivat Ia und IIa in etwa gleichem Verhältnis [4]. Die Nitrierung des 9-H-10-Methyl-9,10-azabora-phenanthrens dagegen ergab eine Mischung der 6- und 8-Nitro-Derivate Ib und IIb zusammen mit etwas IIa, das durch oxydativen Abbau aus 9-H-8-Nitro-10-Methyl-9,10-azabora-phenanthren gebildet worden war. Der Nachweis dieser Strukturen gelang durch Abbau der Nitroprodukte mit kalter konzentrierter Schwefelsäure zu den jeweiligen Biphenylenderivaten und Borsäure (3):

(3) 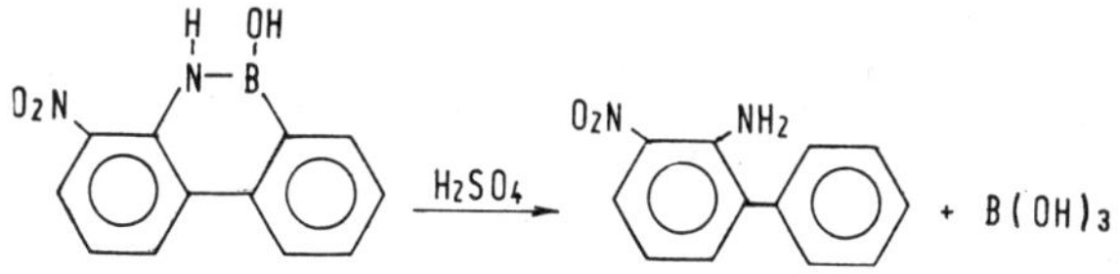

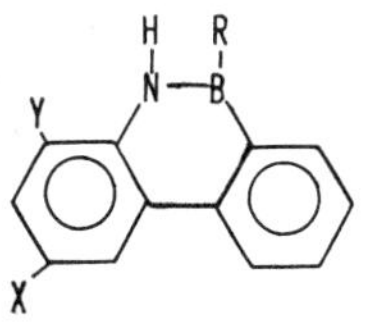

I, II, III, IV

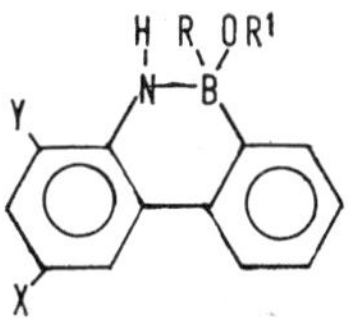

V

	R	X	Y
Ia	OH	NO_2	H
Ib	CH_3	NO_2	H
IIa	OH	H	NO_2
IIb	CH_3	H	NO_2
IIIa	OH	NH_2	H
IIIb	CH_3	NH_2	H
IVa	OH	H	NH_2
IVb	CH_3	H	NH_2

V : X = Y = NO_2 oder H
R = OH oder CH_3
R′ = H oder CH_3

Die Nitroderivate Ia, Ib, IIa und IIb lassen sich mit Hydrazin und Pd-Aktivkohle in Äthanol zu den jeweiligen Aminoderivaten IIIa, IIIb, IVa und IVb reduzieren [4]. Versuche, die Aminoderivate mit Hilfe einer Sandmeyer-Reaktion in die Chlorderivate zu überführen, mißlangen [4]. IR-, ^1H-NMR- und ^{11}B-NMR-spektroskopische Untersuchungen zeigten, daß der Angriff einer Base bei den Nitroverbindungen Ia, Ib, IIa, IIb am Bor erfolgt, das Bor demnach hier als Lewis-Säure zu V reagiert [6]. Das 9-H-10-Hydroxy-9,10-azabora-phenanthren dagegen spaltet beim Behandeln mit Basen ein Proton aus der B-OH-Gruppe ab. Die pK_a-Werte der Verbindungen Ia, Ib, IIa, IIb sind vergleichbar mit dem von Phenol [6]. Die Kenngrößen der obigen Derivate des 9,10-Azabora-phenanthrens sind der Tabelle 2/43 zu entnehmen.

Tabelle 2/43

Kenngrößen der Nitro- und Amino-Derivate [4]

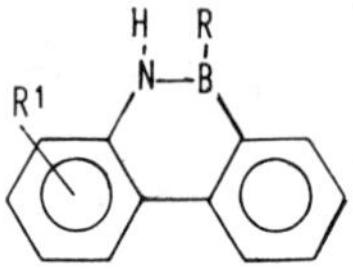

Verbindung	R	Substitution am Produkt (R^1)	t_f in °C	Ausbeute in % d. Th.	Bemerkungen¹)
Ia	OH	6-Nitro	360³)	33	aus Ic durch Hydrolyse an Luft; pK_a = 9.64 [6]
Ib⁴)	CH_3	6-Nitro	209 bis 210	33	leicht gelbe Nadeln (Benzol/Petroläther); Elutionsmittel Benzol/$CHCl_3$; pK_a = 9.65 [6]
Ic²)	OCH_3	6-Nitro	237 bis 238		aus Ia (Methanol)
Id²)	OC_2H_5	6-Nitro	172 bis 174	33	gelbe Nadeln; aus Ia (Äthanol)
IIa²)	OH	8-Nitro	266 bis 267	65	orangefarbene Prismen (CCl_4); pK_a = 9.01 [6]
IIb⁴)	CH_3	8-Nitro	165 bis 166	48	tiefgelbe Nadeln (Benzol/Petroläther); Elutionsmittel Benzol; pK_a = 9.80 [6]
IIc	OCH_3	8-Nitro	155 bis 156		gelbe Nadeln, aus IIa (Methanol)
IId	OC_2H_5	8-Nitro	125 bis 126		gelbe Nadeln, aus IIa (Äthanol)
IIIa	OH	6-Amino	218 bis 220	65	weiße Körner (Benzol)
IIIb	CH_3	6-Amino	125 bis 126	69	weiße Nadeln (Petroläther, t_s = 60 bis 80°C)
IVa	OH	8-Amino	195 bis 196	74	weiße Körner (Benzol)
IVb	CH_3	8-Amino	137 bis 138	76	weiße Nadeln (Petroläther, t_s = 60 bis 80°C)

¹) Das zum Umkristallisieren benutzte Lösungsmittel steht in Klammern. — ²) Aus Isomerengemisch wurde IIa mit CCl_4 extrahiert. Umkristallisieren des Rückstandes mit Äthanol bzw. Methanol ergab Id bzw. Ic. — ³) Unter Zersetzung. — ⁴) Trennung der Isomeren durch Chromatographie über Al_2O_3 aus Benzol.

Halogenation

Halogenierung

Die Chlorierung von 9-H-10-Methyl-9,10-azabora-phenanthren mit Chlor (molares Verhältnis 1:1) in Eisessig bei Raumtemperatur liefert als einziges Produkt das 9-H-8-Chlor-10-methyl-9,10-azabora-phenanthren VI [4]. Dies folgt aus der Analyse der Abbauprodukte mit konzentrierter

Schwefelsäure und dem UV-spektroskopischen Vergleich mit einer authentischen Probe, die aus 2-Amino-3-chlor-biphenyl und BCl_3 nach Gleichung (4) dargestellt wurde [4]:

(4) 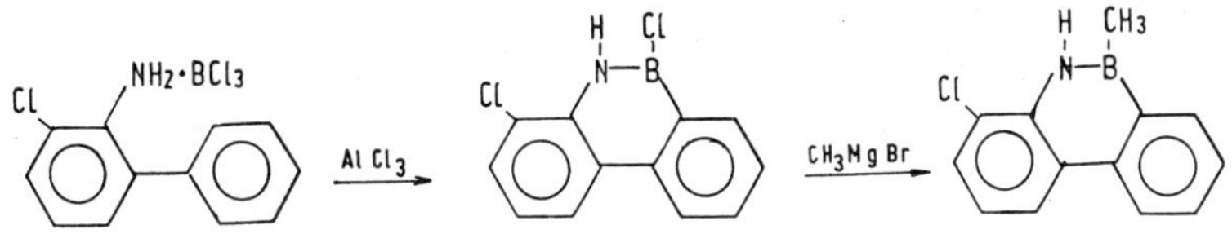

Im Gegensatz dazu entsteht weder bei der Chlorierung noch bei der Bromierung von 9-H-10-Hydroxy-9,10-azabora-phenanthren ein Monohalogenderivat, sondern nur das 9-H-6,8-Dichlor-(VII) und das 9-H-6,8-Dibrom-9,10-azabora-phenanthren VIIId. Sogar bei einem Unterschuß von Chlor (< 1 mol Chlor je mol Azaboraphenanthren) bildete sich das 6,8-Dichlor-Derivat VII [8]. Einen Versuch zur Erklärung des unterschiedlichen Verhaltens der B-Methyl- und B-Hydroxy-Derivate bei der Halogenierung unternahmen Dewar und Kubba [8]. Die Dimeren des 9-H-2-Chlor-(VIIIa) und des

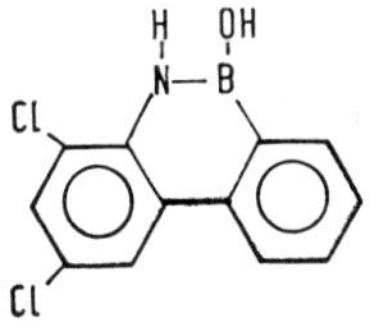

VII

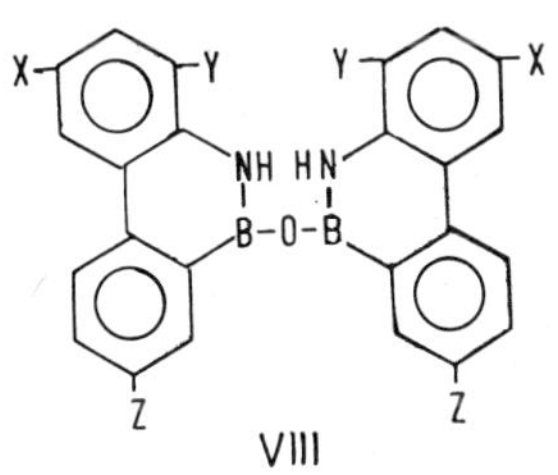

VIII

a X = Y = H, Z = Cl
b X = Cl, Y = Z = H
c X = Y = Z = Cl
d X = Y = Br, Z = H

9-H-6-Chlor-10-hydroxy-9,10-azabora-phenanthrens konnten durch Hydrolyse des 9-H-2,10- bzw. des 9-H-6,10-Dichlor-9,10-azabora-phenanthrens erhalten werden. Die 2,10- bzw. 6,10-Dichlor-Verbindungen wurden analog (4) aus den entsprechenden chlorsubstituierten 2-Amino-biphenylen synthetisiert [8]. Wird das 9-H-10-Hydroxy-9,10-azabora-phenanthren mit Chlor in Eisessig bei 90 bis 100°C chloriert, so bildet sich das 2,6,8-Trichlor-Derivat, das bei Raumtemperatur unter Abspaltung von Wasser in VIIIc übergeht [8]. Die Reaktivität der 6- und 8-Stellung bleibt auch in den Oxiden VIII erhalten. So entsteht VIIIc aus VIIIa und Chlor [8]. Die Molekülstrukturen wurden durch die Elementaranalysen und auf chemischem Wege (Analyse der Abbauprodukte, unabhängige Synthese der Halogenderivate) belegt [8].

Die Cyclisierung verschieden monofluorierter 2-Amino-biphenyle mit BCl_3 gemäß (4) liefert 9-H-2-Fluor-, 9-H-3-Fluor-, 9-H-6-Fluor- und 9-H-7-Fluor-10-methyl-9,10-azabora-phenanthren IXa bis IXd [7]. Die Fluorverbindungen sind im allgemeinen stabil, lediglich das 3-Fluor-Isomere verfärbte sich langsam an Luft. Tabelle 2/44, S. 224, gibt die Kenngrößen der bekannten Halogenderivate des 9,10-Azabora-phenanthrens wieder.

Friedel-Crafts-Acetylierung

Friedel-Crafts Acetylation

Die Friedel-Crafts-Acetylierung von 9-H-10-Hydroxy- und 9-H-10-Methyl-9,10-azabora-phenanthren in CS_2 mit Acetylchlorid und $AlCl_3$ verläuft recht ungewöhnlich [9]. Mit einem mol Acetylchlorid entsteht eine Mischung von 6-Acetyl-(X) und 6,8-Diacetyl-Derivat XI, wogegen das 8-Acetyl-Isomere nicht nachgeweisen werden konnte.

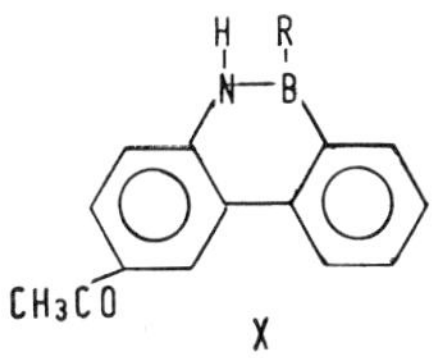

X

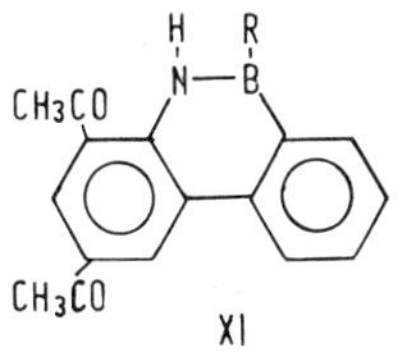

XI

R = OH, CH_3, OC_2H_5

Tabelle 2/44

Kenngrößen der Halogen- und Acetylverbindungen des 9,10-Azabora-phenanthrens

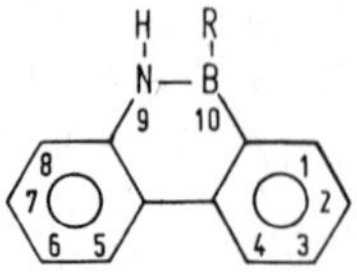

Verbindung	R	Substitution am Produkt	Methode[1])	t_f in °C	Ausbeute in % d. Th.	Lit.	Bemerkungen[2])
VI	CH_3	8-Chlor	A		66	[4]	farblose Flüssigkeit, $t_s = 170$ bis 175°C bei 0.5 bis 0.6 Torr; Reinigung chromatographisch über Al_2O_3 in Benzol
VI	CH_3	8-Chlor	B		52	[4]	identisch mit VI nach Methode A
VIa	CH_3	2-Chlor	B	98 bis 99	65	[4]	weiße Nadeln (Petroläther, $t_s = 40$ bis 60°C)
VIb	CH_3	6-Chlor	B	86 bis 87	70	[4]	weiße Nadeln (Petroläther, $t_s = 40$ bis 60°C)
VII	OH	6,8-Dichlor	A	263 bis 264	76	[8]	Nadeln (Benzol); Reinigung chromatographisch über Al_3O_3 aus Benzol/$CHCl_3$
VIIIa	O[3])	2-Chlor	B	192 bis 193	75	[8]	leicht braune Nadeln (Benzol)
VIIIb	O[3])	6-Chlor	B	205 bis 206	69	[8]	leicht braune Prismen (Benzol)
VIIIc	O[3])	2,6,8-Trichlor	A	285 bis 286	61	[8]	aus VIIIa durch Chlorierung bei Raumtemperatur (Benzol)
VIIId	OH	2,6,8-Trichlor	A	283 bis 284	80	[8]	weiße Nadeln (Benzol); Chlorierung mit 3 mol Cl_2 bei 90 bis 100°C; Luftoxydation während 8 Wochen ergab mit VIIIc identisches Produkt
VIIIe	O[3])	6,8-Dibrom	A	295 bis 296	80	[8]	(Eisessig), Reaktionstemperatur 80°C
VIIIe	O[3])	6,8-Dibrom	B	295	61	[8]	
IXa	CH_3	2-Fluor	B	80 bis 81	33	[7]	Reinigung durch Chromatographie (Al_2O_3, Petroläther, $t_s = 30$ bis 35°C, als Elulerungsmittel), Sublimation und mehrmaliges Umkristallisieren aus Petroläther, $t_s = 30$ bis 35°C
IXb	CH_3	3-Fluor	B	52 bis 55	12	[7]	
IXc	CH_3	6-Fluor	B	54 bis 55	28	[7]	
IXd	CH_3	7-Fluor	B	89 bis 90	52	[7]	
Xa[4])	CH_3	6-Acetyl	C	164 bis 165	42.4	[9]	hellgelbe Platten (Äthanol)
Xb[5])	OH	6-Acetyl	C	233 bis 235	47.6	[9]	farblose Nadeln (wäßriges Äthanol)
Xc	OC_2H_5	6-Acetyl		210 bis 211		[9]	weiße Nadeln, aus rohem Xb (Äthanol)
XIa	CH_3	6,8-Diacetyl	C	205 bis 207	17.4	[9]	weiße Nadeln
XIb	OH	6,8-Diacetyl	C	>350	17.8	[9]	kleine Nadeln (wäßriges Äthanol)
XIb	OH	6,8-Diacetyl	C		83.5	[9]	Acetylierung mit 2 mol Acetylchlorid je mol Azaboraphenanthren
XIc	OC_2H_5	6,8-Diacetyl		258 bis 260		[9]	farblose Nadeln, aus rohem XIb (Äthanol)

[1]) A = Darstellung durch Halogenierung des Azaboraphenanthrens; B = Darstellung durch Friedel-Crafts-Cyclisierung von Halogen-2-amino-biphenyl und BCl_3; C = Darstellung durch Friedel-Crafts-Acetylierung aus Azaboraphenanthren mit 1 mol Acetylchlorid. — [2]) Das zum Umkristallisieren be-

nutzte Lösungsmittel steht in Klammern. — [3]) Die Verbindungen liegen als Dimere der allgemeinen Formel RB-O-BR vor. — [4]) Trennung von X und XI und unsubstituiertem Ausgangsmaterial erfolgte chromatographisch (an Al_2O_3 in Benzol) oder durch Extraktion des rohen Produktgemisches mit Dichlormethan. — [5]) Die Hydroxyderivate Xb und XIb wurden aus den Äthern Xc und XIc durch Hydrolyse mit verdünnter Salzsäure erhalten.

Die Molekülstrukturen folgen aus den Elementaranalysen, IR-, UV-spektroskopischen Untersuchungen und aus der Analyse der chemischen Abbauprodukte [9]. Die Kenngrößen der Acetylderivate sind Tabelle 2/44, S. 224, zu entnehmen.

2.9.7.1.2.2 Weitere Reaktionen des 9,10-Azabora-phenanthrens

Other Reactions of 9,10-Azabora-phenanthrene

9-Lithium-Derivate des 9-H-10-Methyl- und 9-H-10-Phenyl-9,10-azabora-phenanthrens entstehen durch Umsetzung dieser Azaboraphenanthrene mit Methyllithium [10]. Die Reaktion des 9-Lithium-10-methyl-9,10-azabora-phenanthrens Ia mit Dimethyl- [10] oder Diäthylsulfat [20] bzw. geeigneten Alkylhalogeniden [11] liefert die N-Methyl-, N-Äthyl- bzw. weitere N-Alkyl-Derivate Ib bis Ie (vgl. Abschnitt 2.9.6.2.1.2 über 1,2-Azabora-naphthaline). If bildet sich bei Einwirkung von Chlorameisensäureäthylester auf Ia. Id ist sehr schwierig zu reinigen. Das rohe Produkt kann

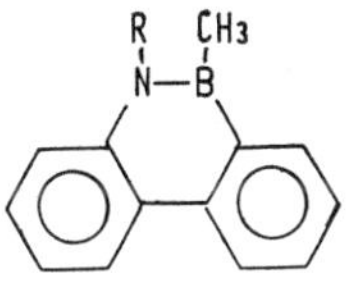

I,III

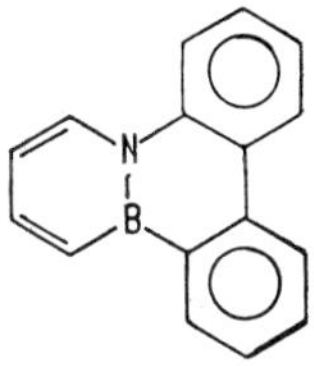

Ih

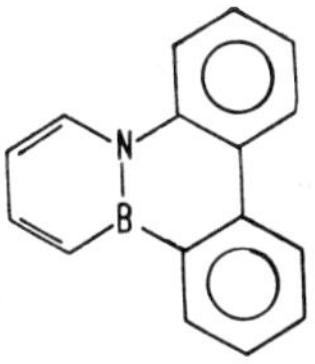

Ii

I a) R = Li; b) R = CH_3; c) R = C_2H_5; d) R = $-(CH_2)_3-Cl$; e) R = $-CH_2CH{=}CH_2$; f) R = $-COOC_2H_5$; g) R = $-(CH_2)_4-Br$

III a) R = $-(CH_2)_3-N(CH_3)_2$; b) R = $-(CH_2)_3-N(C_2H_5)_2$; c) R = $-(CH_2)_3-N(n\text{-}C_4H_9)_2$;

d) R = $-(CH_2)_3-N$ e) R = $-(CH_2)_3-N$O f) R = $-(CH_2)_4-N$O

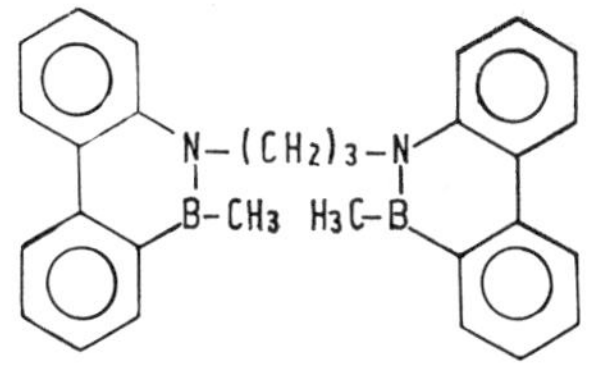

II

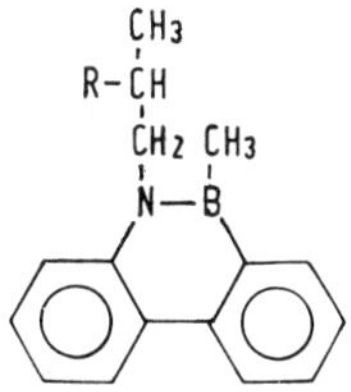

IV

IV a) R = Br; b) R = $-N(CH_3)_2$; c) R = $-N(C_2H_5)_2$; d) R = $-N(C_3H_7)_2$; e) R = $-N(C_4H_9)_2$;

f) R = $-N$ g) R = $-N$O h) R = CN

jedoch mit sekundären Aminen zu den 9-(3-Dialkylamino-1-propyl)-10-methyl-9,10-azabora-phenanthrenen IIIa bis IIIe umgesetzt werden [11]. Die Verwendung von 1,3-Dibrom-propan bei der Synthese eines N-Alkyl-Derivats liefert selbst bei einem Überschuß von 1,3-Dibrom-propan merkliche Mengen des Dimeren II. Wird an die Doppelbindung der N-Alkyl-Verbindung Ie zunächst HBr angelagert und dann das bromierte Produkt IVa mit sekundären Aminen umgesetzt, so werden die 9-(2-Dialkylamino-1-propyl)-10-methyl-9,10-azabora-phenanthrene IVb bis IVg erhalten. Das Nitril IVh wurde aus IVa mit KCN dargestellt [11]. Mit 1,4-Dibrom-butan reagiert Ia zu 9-(4-Brom-1-butyl)-10-methyl-9,10-azabora-phenanthren Ig, das mit Morpholin umgesetzt werden kann (IIIf) [23]. Unter Einwirkung von Magnesium cyclisiert Ig zu 9,10,11,12-Tetrahydro-13,14-azabora-triphenylen Ih, woraus durch Dehydrierung mit Schwefel das 13,14-Azabora-triphenylen Ii zugänglich ist [23]. Das UV-Spektrum von Ii ähnelt dem von Triphenylen sehr stark [23]. Die Kenngrößen der Verbindungen sind Tabelle 2/45 zu entnehmen.

Die Molekülstrukturen der beschriebenen N-Alkyl-Verbindungen wurden aus den Synthesewegen, Elementaranalysen und einigen IR-spektroskopischen Untersuchungen abgeleitet [11, 23].

Die N-Alkyl-9,10-azabora-phenanthrene sind wasserlösliche Verbindungen, deren Kenngrößen Tabelle 2/45 enthält. Sie zeigen wie die analogen N-Alkyl-1,2-azabora-naphthaline keine speziellen antibakteriellen Eigenschaften und können auch wegen ihrer Toxizität nicht in der Neutronenbestrahlungstherapie von Karzinomen verwendet werden (vgl. Abschnitt 2.9.6.2.1.2) [4, 21].

Bei der Behandlung des 9-H-10-Methyl- oder 9-H-10-Phenyl-9,10-azabora-phenanthrens mit einem Überschuß an Methyllithium [10] entsteht das Dilithiumderivat V. Versetzt man die ätherische Lösung von V mit CO_2 und anschließend mit verdünnter Salzsäure, so läßt sich das 10,10-Dimethyl-9,10-dihydrido-9,10-azabora-phenanthren VI isolieren. Mit Dimethylsulfat reagiert V zu VII [10].

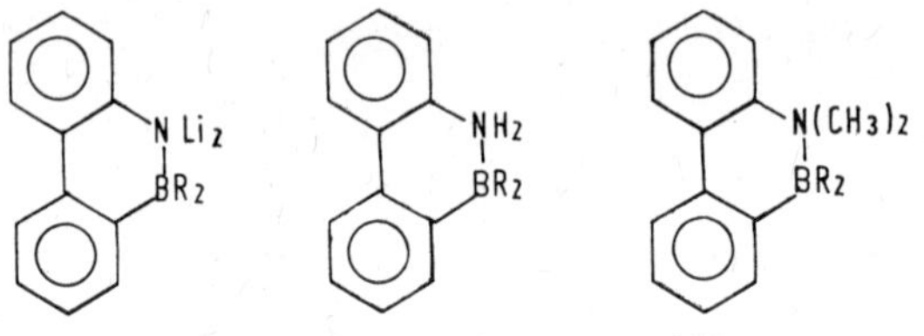

V VI VII

R = CH_3, C_6H_5

Tabelle 2/45

Kenngrößen der N-Alkyl-9,10-azabora-phenanthrene

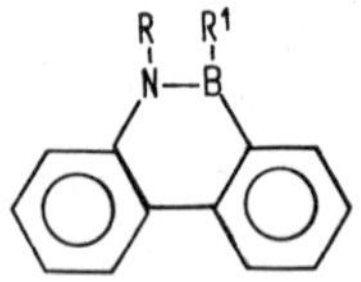

Verbindung	R	R^1	t_f in °C	Ausbeute in % d. Th.	Lit.	Bemerkungen¹)
Ib	CH_3	CH_3	117 bis 118	49	[10]	Reinigung chromatographisch; M_r (gef.) = 189, M_r (ber.) = 207²)
	CH_3	C_6H_5	122.5 bis 123.5		[10]	Reinigung chromatographisch; M_r (gef.) = 243, M_r (ber.) = 249
Ic	C_2H_5	CH_3	60 bis 62		[24]	Prismen (Petroläther, t_s = 30 bis 35°C), durch Cyclisierung von 2-(N-äthyl)amino-biphenyl mit BCl_3 und Umsetzung mit CH_3MgBr

Tabelle 2/45 [Fortsetzung]

Verbindung	R	R^1	t_f in °C	Ausbeute in % d. Th.	Lit.	Bemerkungen[1])
	C_2H_5	O [3])	183 bis 184		[24]	weiße Prismen (Aceton), aus 2-(N-äthyl)-aminobiphenyl und BCl_3
Id	$-(CH_2)_3Cl$	CH_3			[11]	keine Reinigung möglich, mit II verunreinigt [11]
Ie	$-CH_2CH{=}CH_2$	CH_3	73 bis 74	75	[11]	weiße Nadeln (Methanol)
If	$-COOC_2H_5$	CH_3		80	[16]	Öl, $t_s = 160°C$ bei 0.3 Torr; $n_D^{21.5} = 1.6188$; M_r (gef.) = 268, M_r (ber.) = 265
	$-COOC_2H_5$	C_6H_5	116 bis 117	51	[16]	(Petroläther, $t_s = 40$ bis 60°C); M_r(gef.) = 320.206, M_r(ber.) = 356
Ig	$-(CH_2)_4Br$	CH_3		88	[23]	ungereinigt; Dimeres analog II aus Rückstand von Ig in farblosen Prismen (Aceton) mit $t_f = 198$ bis 199°C isoliert
Ih			117	80	[23]	farblose Prismen (Petroläther, $t_s = 60$ bis 68°C), sublimiert bei 90°C und 0.1 Torr
Ii			185 bis 186	48	[23]	farbose Nadeln; Reinigung chromatographisch aus Petroläther ($t_s = 60$ bis 68°C) über Al_2O_3
IIIa	$-(CH_2)_3N(CH_3)_2$	CH_3	69 bis 71	58	[11]	blasse Nadeln (Petroläther, $t_s = 30$ bis 35°C)
IIIb	$-(CH_2)_3N(C_2H_5)_2$	CH_3		55	[11]	Öl, $t_s = 140$ bis 142°C bei 0.04 Torr; $n_D^{28} = 1.6013$
IIIc	$-(CH_2)_3N(n\text{-}C_4H_9)_2$	CH_3		66	[11]	Öl, $t_s = 154$ bis 156°C bei 0.04 Torr; $n_D^{26} = 1.5610$
IIId	$-(CH_2)_3$-N 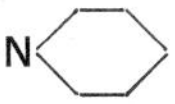	CH_3	99 bis 100	68	[11]	weiße Nadeln (Äthanol)
IIIe	$-(CH_2)_3$-N 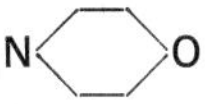 O	CH_3	129 bis 130	64	[11]	kleine Nadeln (Äthanol)
IIIf	$-(CH_2)_4$-N 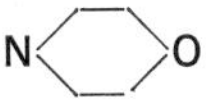 O	CH_3	111 bis 112	72	[23]	farblose Nadeln (Äthanol)
IVa	$-CH_2CHBrCH_3$	CH_3	124 bis 125	56	[11]	weiße Nadeln (Äthanol), durch Bromierung von Ic mit HBr bei 90 bis 150°C

Tabelle 2/45 [Fortsetzung]

Verbindung	R	R[1]	t_f in °C	Ausbeute in % d. Th.	Lit.	Bemerkungen[1])
IVb	$-CH_2CHN(CH_3)_2CH_3$	CH_3		58	[11]	Öl, $t_s = 160$ bis 162°C bei 0.04 Torr
IVc	$-CH_2CHN(C_2H_5)_2CH_3$	CH_3	104 bis 105	82	[11]	weiße Nadeln (Äthanol)
IVd	$-CH_2CHN(C_3H_7)_2CH_3$	CH_3		65	[11]	Öl, $t_s = 156$ bis 158°C bei 0.03 Torr
IVe	$-CH_2CHN(C_4H_9)_2CH_3$			62	[11]	Öl, $t_s = 168$ bis 170°C bei 0.04 Torr
IVf	$-CH_2CH$(piperidino)CH_3	CH_3	116 bis 117	72	[11]	kleine Platten (Äthanol)
IVg	$-CH_2CH$(morpholino)CH_3	CH_3	129 bis 130	76	[11]	kleine Platten (Äthanol)
IVh	$-CH_2CHCNCH_3$	CH_3	177 bis 178	80	[11]	kleine Prismen (Äthanol)

[1]) Das zum Umkristallisieren benutzte Lösungsmittel steht in Klammern. — [2]) M_r (gef.) = gefundene relative Molmasse, M_r (ber.) = berechnete relative Molmasse. — [3]) Dimere Verbindung der allgemeinen Formel R-B-O-B-R.

Die Methylgruppe im 9-H-10-Methyl-9,10-azabora-phenanthren kann durch Reaktion mit überschüssigem Phenyllithium gegen die Phenyl-Gruppe ausgetauscht werden [10].

Das Urethan If (=9-Äthoxycarbonyl-10-methyl-9,10-azabora-phenanthren) und das analoge 9-Äthoxy-10-phenyl-9,10-azabora-phenanthren ($t_f = 116$ bis 117°C) [16] werden an Luft unter Abspaltung der CH_3- bzw. der C_6H_5-Gruppe rasch oxydiert. IR- und UV-Spektren deuten auf die Bildung des Boroxins VIII hin und damit auf die Aufspaltung des B–N-Ringes [16].

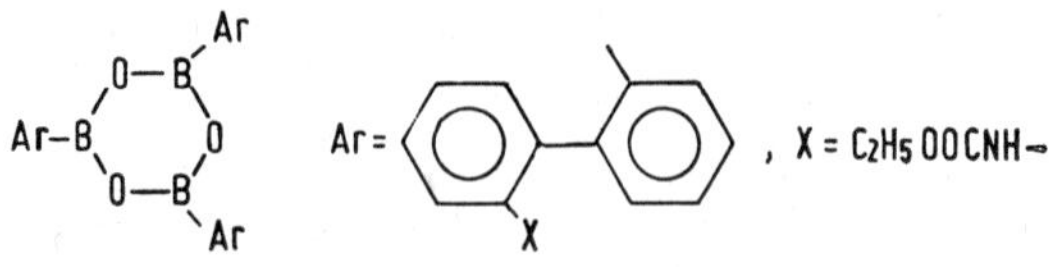

VIII

Die UV-Spektren der Urethane in alkoholischer Lösung werden durch Zugabe von wenig Säure oder Lauge nicht verändert. In stärker alkalischen Medien tritt jedoch Hydrolyse zu 9-H-10-Methyl- bzw. 9-H-10-Phenyl-9,10-azabora-phenanthren ein [16].

Das 9-H-10-Hydroxy-9,10-azabora-phenanthren kann mit Natriumnitrit in einer Mischung von gleichen Teilen konzentrierter Salzsäure und Eisessig diazotiert werden [18]. Die Isolierung des Diazoniumsalzes gelang nicht. Wird seine Lösung in kochendes Wasser gegossen, so bildet sich 10-Hydroxy-9,10-oxabora-phenanthren, das identisch ist mit dem Vergleichsprodukt aus 2-Hydroxybiphenyl und BCl_3 [22, 18]. Beim Versetzen der Diazoniumsalzlösung mit Natriumacetat erfolgt in der Kälte Ringschluß zum Cinnolinderivat IX in fast theoretischer Ausbeute. Auf die gleiche Weise entsteht aus den B-N-Derivaten X und XI das Cinnolin XII und aus XIII das Cinnolin XIV [19].

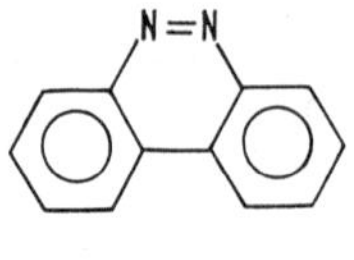

IX

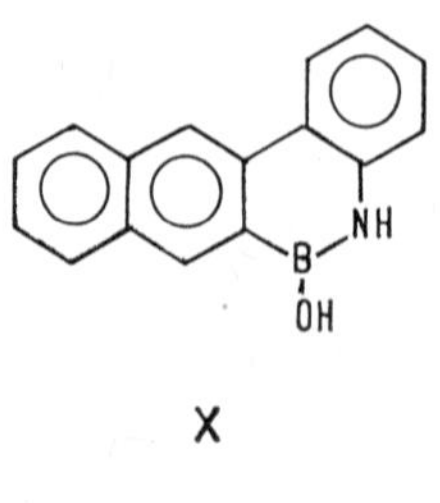

X

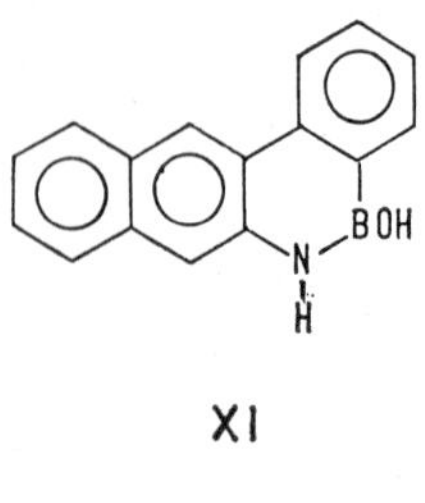

XI

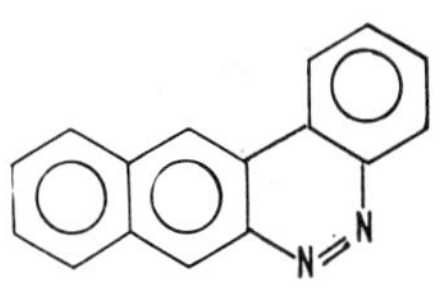

XII

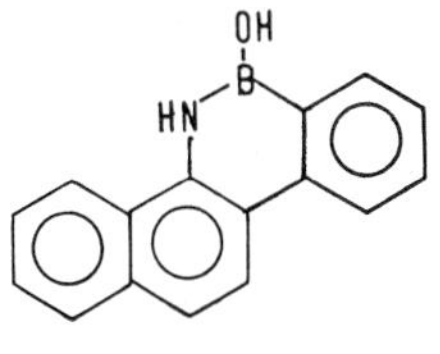

XIII

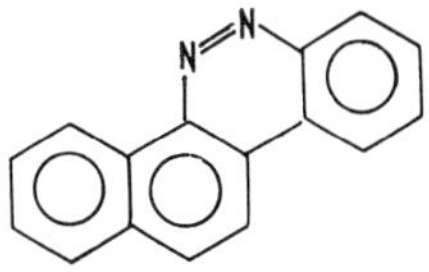

XIV

Wird 9-H-10-Hydroxy-9,10-azabora-phenanthren in einem Gemisch aus Äthanol und Wasser gelöst und das Lösungsmittel langsam bei Raumtemperatur verdampft, so bilden sich stärkere Kristallnadeln aus, als vorhanden waren. Da beide Kristallformen sich auch in weiteren Eigenschaften unterscheiden, wurden sie mit Form I und Form II bezeichnet [25]. Kristalle der Form I schmelzen bei 168°C ohne Zersetzung (vgl. auch [1]) und sublimieren dabei nur wenig. Kristalle der Form II dagegen sublimieren bereits bei ca. 80°C. Ihre Schmelztemperatur von 125°C läßt sich nur bestimmen, wenn sie auf einer auf 100°C vorgewärmten Platte weiter erhitzt werden. Oberhalb dieser Schmelztemperatur bilden sich in der Schmelze feine Kristalle aus, die langsam weiterwachsen und bei 168°C endgültig schmelzen. Wird eine gesättigte Lösung der Substanz in Nitrobenzol mit je einem Kristall beider Formen versetzt, so wächst bei 65°C die Form I, während die Form II in Lösung geht. Bei 32°C kehrt sich der Vorgang um; ein Kristall der Form II wächst auf Kosten eines Kristalles der Form I. Röntgenographische Untersuchungen bestätigen diese Enantiomorphie. Aus Drehkristall-, Weissenberg- und Präzessions-Aufnahmen ergeben sich für die beiden monoklinen Kristallarten die folgenden Daten [25]:

	Form I	Form II
Raumgruppe	Cc oder C2/c	$P2_1/a$
a in Å	49.6 ± 0.1	28.4 ± 0.1
b in Å	5.5 ± 0.1	5.2 ± 0.1
c in Å	13.2 ± 0.1	12.7 ± 0.1
β	93°	92.5°
Z	16	8
D_x in g/cm^3	1.44	1.38
D_{exp} in g/cm^3	1.43 ± 0.01¹)	1.35 ± 0.01²)

¹) pyknometrisch. — ²) flotiert.

Eine Berechnung der Elektronenstruktur des 9-H-10-Hydroxy-9,10-azabora-phenanthrens mit Hilfe der EHT-Methode von Hoffmann [26] liegt ebenfalls vor [27, 28].

Literatur zu 2.9.7.1

[1] M. J. S. Dewar, V. P. Kubba, R. Pettit (J. Chem. Soc. **1958** 3076/9). — [2] M. J. S. Dewar, R. Dietz, V. P. Kubba, A. R. Lepley (J. Am. Chem. Soc. **83** [1961] 1754/6). — [3] R. C. Dougherty (Tetrahedron **24** [1968] 6755/72). — [4] M. J. S. Dewar, V. P. Kubba (Tetrahedron **7** [1959] 213/22). — [5] M. J. S. Dewar, R. H. Logan (J. Am. Chem. Soc. **90** [1968] 1924/5).

[6] M. J. S. Dewar, R. Jones, R. H. Logan (J. Org. Chem. **33** [1968] 1353/5). — [7] M. J. S. Dewar, P. J. Grisdale (J. Org. Chem. **28** [1963] 1759/62). — [8] M. J. S. Dewar, V. P. Kubba (J. Org. Chem. **25** [1960] 1722/4). — [9] M. J. S. Dewar, V. P. Kubba (J. Am. Chem. Soc. **83** [1961] 1757/60). — [10] M. J. S. Dewar, P. M. Maitlis (J. Am. Chem. Soc. **83** [1961] 187/93).

[11] M. J. S. Dewar, J. Hashmall, V. P. Kubba (J. Org. Chem. **29** [1964] 1755/7). — [12] P. J. Grisdale, J. L. R. Williams (J. Org. Chem. **34** [1969] 1675/7). — [13] P. J. Grisdale, M. E. Glogowski, J. L. R. Williams (J. Org. Chem. **36** [1971] 3821/4). — [14] J. L. R. Williams, P. J. Grisdale (Chem. Ind. [London] **1968** 1477/9). — [15] M. J. S. Dewar, E. W. T. Warford (J. Chem. Soc. **1956** 3570/2).

[16] M. J. S. Dewar, P. M. Maitlis (Tetrahedron **15** [1961] 35/45). — [17] R. Huisgen, I. Ugi, I. Ziegler, H. Huber in [16]. — [18] M. J. S. Dewar, P. M. Maitlis (Chem. Ind. [London] **1960** 1626/7). — [19] M. J. S. Dewar, W. H. Poesche (J. Chem. Soc. **1963** 2201/3). — [20] M. J. S. Dewar (Progr. Boron Chem. **1** [1964] 244).

[21] A. H. Soloway (Progr. Boron Chem. **1** [1964] 203/34). — [22] M. J. S. Dewar, R. Dietz (J. Chem. Soc. **1960** 1344/6). — [23] G. C. Culling, M. J. S. Dewar, P. A. Marr (J. Am. Chem. Soc.

86 [1964] 1125/7). — [24] M. J. S. Dewar, C. Kaneko, M. K. Battacharjee (J. Am. Chem. Soc. **84** [1962] 4884/7). — [25] J. L. de Torriani, P. Diodati, M. A. R. de Benyacar, M. J. de Abeledo (Acta Cryst. **23** [1967] 176/7).

[26] R. Hoffmann (J. Chem. Phys. **40** [1964] 2474/80). — [27] R. Carbo, M. S. de Giambiagi, M. Giambiagi (Bull. Soc. Chim. France **1971** 2515/20). — [28] Gmelin Handbuch, Ergänzungswerk, „Borverbindungen", Tl. 5 (B–N-Verbindungen, Abschnitt „Die B–N-Bindung").

1,3,2-Diazaboraphenalene and 1,8,2,7-Diazadibora-anthracene

2.9.7.2 1,3,2-Diazabora-phenalen und 1,8,2,7-Diazadibora-anthracen

Das 1,2,3-Trihydro-1,3,2-diazabora-phenalen (= 1,2,3-Trihydro-1,3,2-diazaborino[d,e]naphthalin) I entsteht durch intermolekulare Kondensation von 1,8-Diamino-naphthalin mit BCl_3 und anschließende Reduktion mit $LiAlH_4$ in 54%iger Ausbeute mit $t_f = 97$ bis 99°C [1]. Eine andere Darstellungsmethode ist die Umsetzung von 1,8-Diamino-naphthalin-monohydrogenchlorid mit $NaBH_4$ in Tetrahydrofuran (Ausbeute 69%, $t_f = 100.5$°C) [2] (zur Darstellung vgl. Abschnitte 2.9.2.1, S. 191/3, und 2.9.3, S. 194/7). Wird bei der intermolekularen Kondensation anstelle von BCl_3 Dichlor-phenylboran eingesetzt, bildet sich III in 64%iger Ausbeute (rohes Produkt). II entsteht beim Umkristallisieren von I aus Methanol.

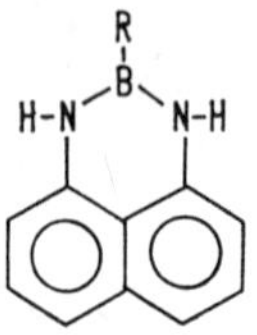

I R=H
II R=OCH_3
III R=C_6H_5

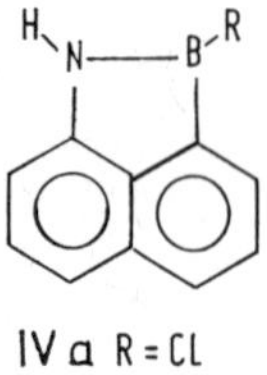

IVa R=Cl
b R=C_6H_5

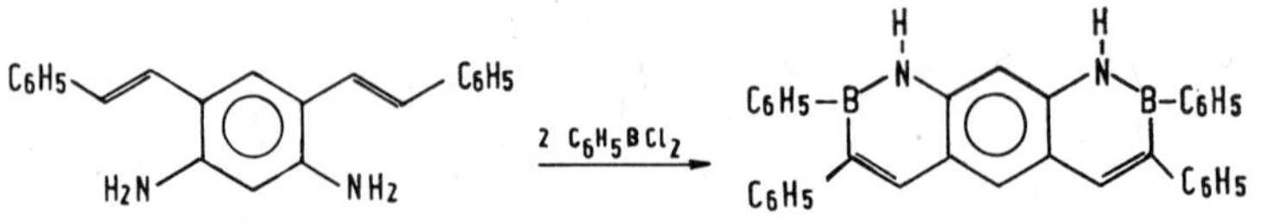

V VI

Die Derivate I und III sind schwierig zu reinigen, da sie an Luft leicht oxydiert werden. III läßt sich aus neutralem wäßrigem Äthanol umkristallisieren, wird jedoch von 2.7 M NaOH oder 1.9 M HCl in 50%igem wäßrigem Äthanol hydrolysiert [1]. Die Molekülstrukturen sind durch Elementaranalysen, den Syntheseweg sowie IR- und UV-spektroskopische Untersuchungen belegt [1, 2].

Wird anstelle von 1,8-Diamino-naphthalin 1-Amino-naphthalin mit BCl_3 bzw. Phenyl-dichlorboran kondensiert, so bildet sich das 1,2-Dihydro-2-chlor-1,2-azabora-acenaphthylen IVa bzw. das 1,2-Dihydro-2-phenyl-1,2-azabora-acenaphthylen IVb (IVa: $t_f = 190$ bis 192°C unter Zersetzung; $t_s = 155$ bis 165°C bei 0.001 Torr; Ausbeute 90% der Theorie. IVb: $t_f = 243$ bis 246°C unter Zersetzung; $t_s = 220$ bis 225°C bei 0.001 Torr; Ausbeute 85% der Theorie) [4]. IVa und IVb können im Hochvakuum durch Sublimation gereinigt werden [4].

Die 1,2-Azabora-naphthalin-Synthese aus o-Amino-styrol mit BCl_3 (vgl. Abschnitte 2.9.2.2, S. 193/4, und 2.9.3, S. 194/7), führt auch zu Azabora-anthracenen. Beim Erhitzen von 1,3-Diamino-4,6-di(ω-styryl)-benzol V mit Dichlor-phenylboran in Tetralin entsteht in 94%iger Ausbeute das 1,8-Dihydro-2,3,6,7-tetraphenyl-1,8,2,7-diazadibora-anthracen VI mit dem Schmelzpunkt 270°C [3]. Elementaranalyse, IR- und UV-Spektrum deuten auf die Bildung von VI hin.

Literatur zu 2.9.7.2

[1] F. F. Caserio, J. J. Cavallo, R. J. Wagner (J. Org. Chem. **26** [1961] 2157/8). — [2] J. Goubeau, H. Schneider (Liebigs Ann. Chem. **675** [1964] 1/9). — [3] S. S. Chissick, M. J. S. Dewar, P. M. Maitlis (Tetrahedron Letters **1960** Nr. 23, S. 8/10). — [4] M. Pailer, H. Huemer (Monatsh. Chem. **95** [1964] 373/8).

2.9.8 Vier verschmolzene ungesättigte Ringsysteme

Systems of Four Fused Unsaturated Rings

Das 13,14-Azabora-triphenylen wird schon im Abschnitt 2.9.7.1.2.2, S. 225/30, beschrieben. Weitere tetracyclische B–N–C-Ringsysteme sind durch Friedel-Crafts-Cyclisierung (vgl. Abschnitt 2.9.2.2, S. 193/4) aus geeigneten Amin-Boran-Addukten mit $AlCl_3$ als Katalysator erhältlich. Durch nukleophile Substitution am Bor lassen sich die B-Hydroxy-, B-Methoxy- bzw. B-Methyl-Derivate erhalten.

So entstehen durch Cyclisierung des 4-Amino-phenanthrens bzw. des 1-Amino-2-phenyl-naphthalins mit BCl_3 in Xylol Derivate des 4,5-Dihydro-4,5-azabora-pyrens II bzw. des 5,6-Dihydro-5,6-azabora-chrysens III [1]. Die Nitrierung des 9,10-Dihydro-phenanthrens und die anschließende Reduktion der Nitroprodukte liefert ein Gemisch verschieden substituierter Amino-9,10-dihydro-phenanthrene. Von diesen cyclisiert lediglich das 4-Amino-9,10-dihydro-phenanthren mit BCl_3 zu Derivaten des 4,5,9,10-Tetrahydro-4,5-azabora-pyrens [1]. 2,6-Diamino-biphenyl reagiert mit 2 mol Dichlor-phenylboran zu 4,10-Dihydro-5,9-diphenyl-4,10-diaza-5,9-dibora-pyren IV [2]. 2-(o-Amino-phenyl)-naphthalin V soll nur zu 5,6-Dihydro-5,6-azabora-benz[a]anthracen VI und nicht zu 5,6-Dihydro-6,5-azabora-chrysen VII cyclisieren, wie aus der Ähnlichkeit der UV-Spektren von VI mit denen des Benz[a]anthracens und aus der Elementaranalyse gefolgert wurde [3]. Somit würde V nur aus der abgebildeten Konformation heraus reagieren. Das 5,6-Dihydro-6,5-azabora-benz[a]anthracen VIII bildet sich aus 2-Amino-3-phenyl-naphtalin und BCl_3 [3].

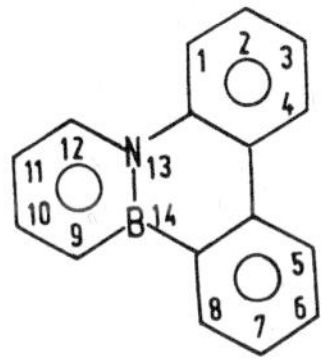

I

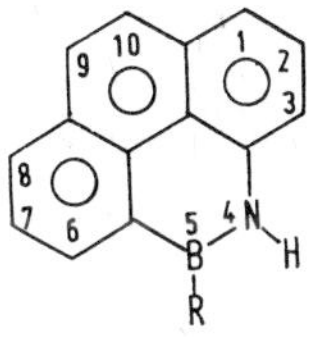

II

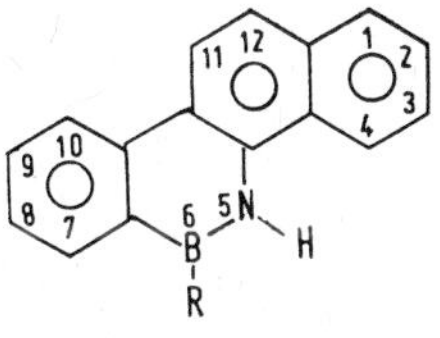

III

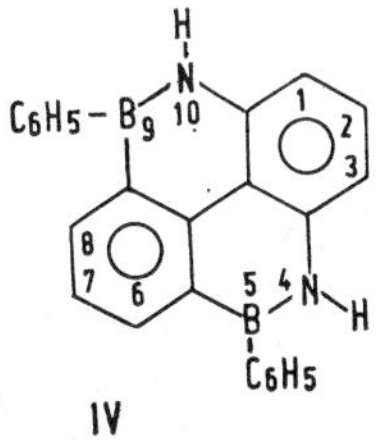

IV

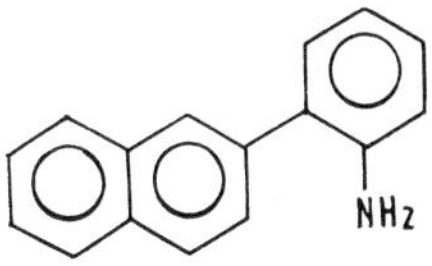

V

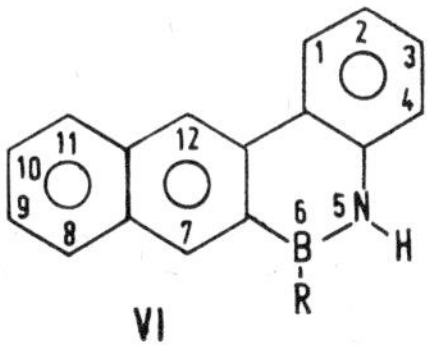

VI

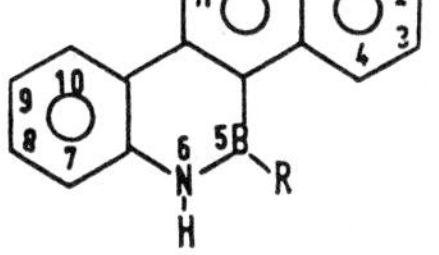

VII

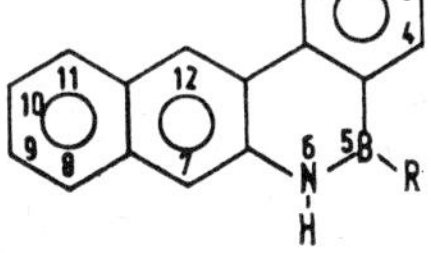

VIII

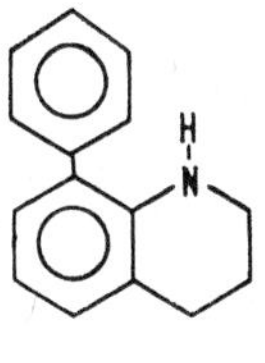

IX

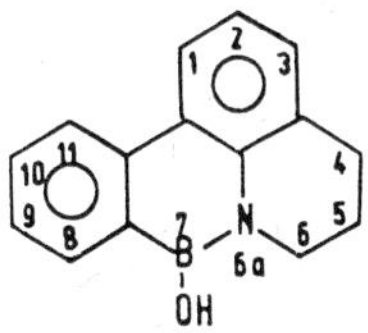

X

Die Reduktion von 8-Phenyl-chinolin mit Natrium zu 8-Phenyl-tetrahydrochinolin IX und Cyclisierung mit BCl_3 liefert 4,5,6,7-Tetrahydro-7-hydroxy-6a,7-azabora-benz[m,n]anthracen (=8,9-Trimethylen-10-hydroxy-9,10-azabora-phenanthren) X, das als Dimeres mit einer B-O-B-Brücke isoliert wurde [4]. Nach [4] soll die Hydroxygruppe in X nicht nukleophil substituierbar sein, während nach [5] auch die B-Methyl-Verbindung (aus X mit CH_3MgBr) existiert.

Wird das Addukt von 1-Benzyl-3,4-dihydro-isochinolin XI und BCl_3 bzw. Dichlor-phenylboran erhitzt, so bildet sich das 5,6,7-Trihydro-6a,7-azabora-benz[a]anthracen XIIa bzw. XIIb [4]. An feuchter Luft oder beim Umkristallisieren aus hydrophilen Lösungsmitteln reagiert XIIb zu unlöslichen, hochschmelzenden Feststoffen. XIIb konnte auch nicht dehydriert werden [4]. Nach [5] soll auch das Derivat XIIc durch Behandeln von XIIa mit Methylmagnesiumbromid zugänglich sein.

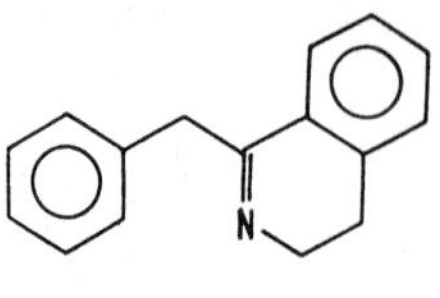

XI

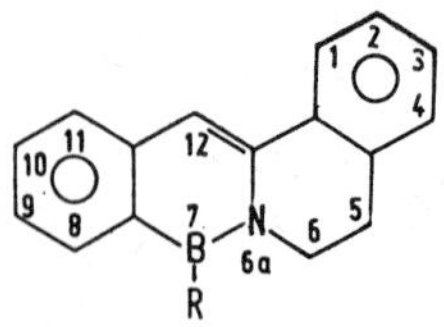

XII a R = OH
b R = C_6H_5
c R = CH_3

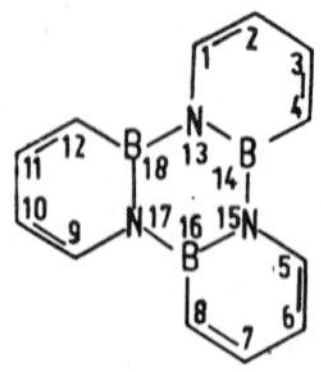

XIII

(1) 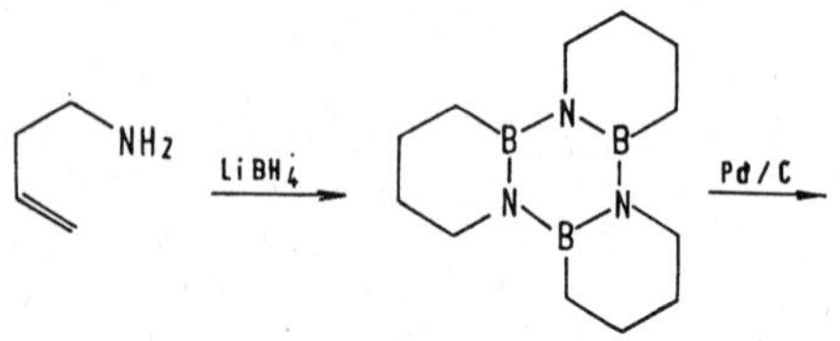

XIII

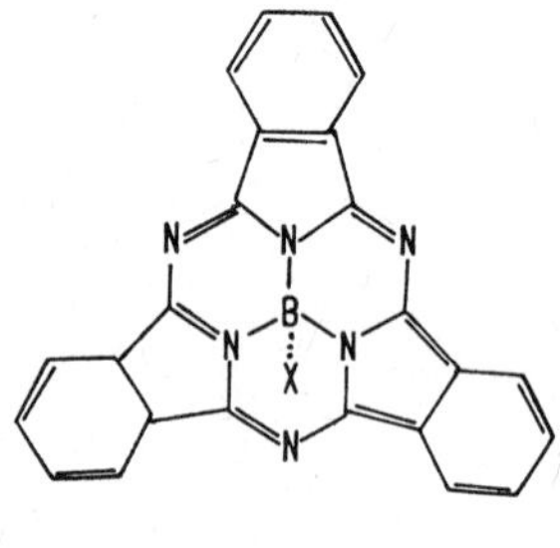

XIV X = Cl, F

Die Hydroborierung von 4-Amino-1-buten mit $LiBH_4$ im Autoklaven bei 300°C und anschließende Dehydrierung (1) mit Pd-Aktivkohle liefert das Tris(azaborino)borazin XIII (=13,15,17-Triaza-14,16,18-tribora-triphenylen) in mäßiger Ausbeute [6]. XIII wird von kalten verdünnten äthanolischen Alkalien zu 1,2-Azaborinen hydrolysiert [6, 7] (vgl. Abschnitt 2.9.5.1, S. 199).

Meller und Ossko [8] stellten durch Erhitzen von Phthalodinitril in 1-Chlor-naphthalin mit BCl_3, Dichlor-phenylboran oder Difluor-phenylboran phthalocyaninartige Borkomplexe dar, denen sie auf Grund von massen-, IR- und UV-spektroskopischen Untersuchungen und der Analysenergebnisse die Molekülstruktur XIV zuordnen, in der das B-Atom wahrscheinlich in einer Ebene mit dem Phthalocyanin liegt. Die Verbindungen sind chemisch und thermisch äußerst stabil. Sie lassen sich im Hochvakuum bei 350°C unzersetzt sublimieren und sind in kalter konzentrierter Schwefelsäure kurze Zeit beständig. Während Wasser, Aceton und Alkohol auch beim Siedepunkt nicht angreifen, werden die Verbindungen durch alkoholische Lösungen von Alkalihydroxiden zersetzt [8].

Die Kenngrößen der obigen B–N–C-Heterocyclen sind in Tabelle 2/46 zusammengefaßt.

Tabelle 2/46

Kenngrößen der tetracyclischen B–N–C-Heterocyclen.

Verbindung [1])	Substitution am Produkt	t_f in °C	Ausbeute in % d. Th.	Lit.	Bemerkungen [2])
IIa	5-Hydro	129 bis 130	64	[1]	sublimiert bei 120°C und 0.005 Torr
IIb	5-Methyl	155 bis 156.5	79	[1]	kleine weiße Platten (Petroläther, t_s = 90 bis 100°C); sublimiert bei 140°C und 0.001 Torr
IIc	5-Methoxy	143 bis 145	57	[1]	gelbliche Blättchen
IId	O [3])	246 bis 247	89 [4])	[1]	farblose Blättchen (Toluol); aus IIg durch Dehydrierung mit Pd-C
IIe	9,10-H-5-Methyl	99.5 bis 101.3	60	[1]	sublimiert bei 110°C und 0.005 Torr
IIf	9,10-H-5-Methoxy	135 bis 136		[1]	Blättchen (Methanol)
IIg	9,10-Dihydro [3])	223	11.4	[1]	(Petroläther, t_s = 90 bis 100°C)
IIIa	6-Hydro	193 bis 195 [5])	61	[1]	weißes Pulver; sublimiert bei 120°C und 0.005 Torr
IIIb	6-Methyl	150 [5])	45	[1]	weiße Mikrokristallite; sublimiert bei 145°C und 0.0005 Torr
IIIc	6-Methoxy	106 bis 108	50	[1]	(Methanol)
IIId	O [3])	288 bis 290.5		[1]	weißes Pulver (Toluol)
IV	5,9-Diphenyl	200 bis 202	21	[2]	Reinigung chromatographisch in Diäthyläther über Al_2O_3
VIa	6-Hydro	136 bis 137 [5])	65	[3]	sublimiert bei 120°C und 0.005 Torr
VIb	6-Methyl	141 bis 143	87 [4])	[3]	sublimiert bei 120°C und 0.1 Torr
VIc	6-Methoxy	183 bis 184	75	[3]	Nadeln (Methanol)
VId	O [3])	275.5		[3]	(Toluol)
VIIIa	5-Hydro	139 [5])		[3]	weißes Pulver; sublimiert bei 130°C und 0.005 Torr
VIIIb	5-Methyl	160 bis 161.3		[3]	kleine weiße Nadeln (Petroläther, t_s = 60 bis 68°C); sublimiert bei 150°C und 0.005 Torr
VIIIc	5-Methoxy	159	31	[3]	weißes Pulver (Methanol)
VIIId	O [3])	322		[3]	(Toluol); aus Filtrat von VIIIc isoliert; Gesamtausbeute (VIIIc, VIIId) = 38%
X	O [3])	237 bis 240		[4]	schwach gelbe Prismen (Aceton); M_r (gef.) = 400, M_r (ber.) = 446 [6])
XIIa	O [3])	196 bis 198		[4]	Prismen; Reinigung chromatographisch (Benzol, MgO) und durch Umkristallisieren (Aceton)
XIIb	8-Phenyl	178 bis 180		[4]	farblose Prismen; Reinigung chromatographisch (Benzol, Al_2O_3) und durch Umkristallisieren (Petroläther/Benzol)
XIII		193 bis 195	10	[6]	(Petroläther, t_s = 60 bis 68°C); sublimiert bei 85°C und 0.005 Torr
XIVa	X=Cl		ca. 40	[8]	bronzefarbene Kristalle (1-Cl-Naphthalin); M_r (gef.) = 430.66, M_r (ber.) = 430.67 [6])
XIVb	X=F		ca. 20	[8]	bronzefarbene Kristalle; M_r (gef.) = 414.2, M_r (ber.) = 414.2 [6])

[1]) Die Numerierung der Verbindungen ist aus dem Text übernommen. — [2]) Das zum Umkristallisieren benutzte Lösungsmittel steht in Klammern. — [3]) Dimere Verbindung der allgemeinen Formel R-B-O-B-R. — [4]) Rohausbeute. — [5]) Unter Zersetzung. — [6]) M_r (gef.) = gefundene relative Molmasse, M_r (ber.) = berechnete relative Molmasse.

Literatur zu 2.9.8

[1] M. J. S. Dewar, W. H. Poesche (J. Org. Chem. **29** [1964] 1757/62). — [2] S. S. Chissick, M. J. S. Dewar, P. M. Maitlis (Tetrahedron Letters **1960** Nr. 23, S. 8/10). — [3] M. J. S. Dewar, W. H. Poesche (J. Am. Chem. Soc. **85** [1963] 2253/6). — [4] M. J. S. Dewar, C. Kaneko, M. K. Battacharjee (J. Am. Chem. Soc. **84** [1962] 4884/7). — [5] M. J. S. Dewar (Progr. Boron Chem. **1** [1964] 248).

[6] G. C. Culling, M. J. S. Dewar, P. A. Marr (J. Am. Chem. Soc. **86** [1964] 1122/7). — [7] K. M. Davies, M. J. S. Dewar, P. Rona (J. Am. Chem. Soc. **89** [1967] 6294/7). — [8] A. Meller, A. Ossko (Monatsh. Chem. **103** [1972] 150/5).

Spectra and Molecular Structure of Partly and Unsaturated B–N–C Heterocycles

Vibrational Spectra

2.10 Spektren und Molekülstruktur der teil- und ungesättigten B–N–C-Heterocyclen

2.10.1 Schwingungsspektren

Die Infrarotspektroskopie wird zur Strukturaufklärung ungesättigter B–N–C-Heterocyclen wegen der intensiven und zahlreichen Gerüstschwingungen des C=C-Skeletts nur wenig eingesetzt.

Einzelne Gruppenfrequenzen jedoch können Strukturhinweise geben. So benutzen Cueilleron u. a. [1] den Bereich von 3400 bis 3600 cm^{-1}, um in B–N–C-Heterocyclen, deren sekundäre Aminogruppen N–H-Valenzschwingungen um 3400 cm^{-1} verursachen, die hydrolytische Anfälligkeit zu demonstrieren. Die Hydrolyse resultiert im Erscheinen der OH-Bande um 3600 cm^{-1}. Die NH- und OH-Valenzschwingungen der Verbindungen I [1, 2], II, III und IV [3], s. unten, sind in Tabelle 2/47 zusammengestellt.

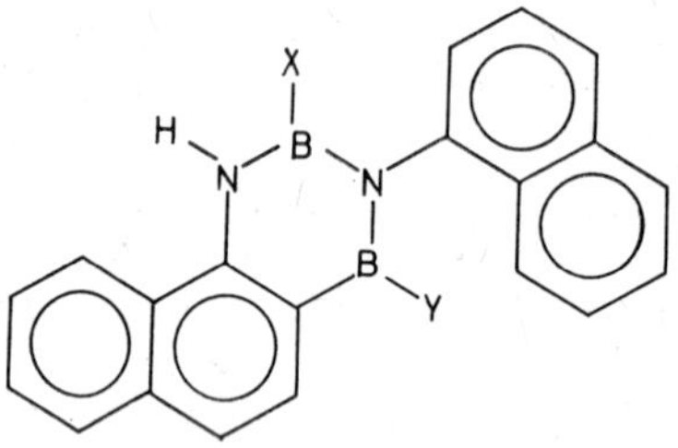

I

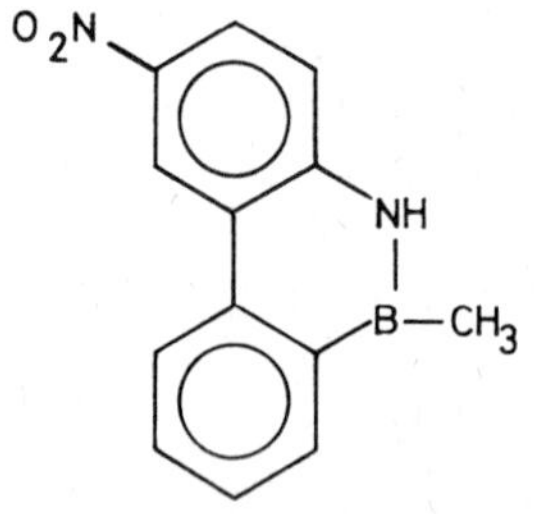

II

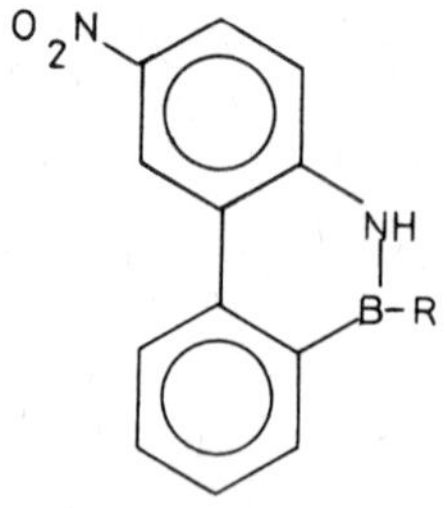

III

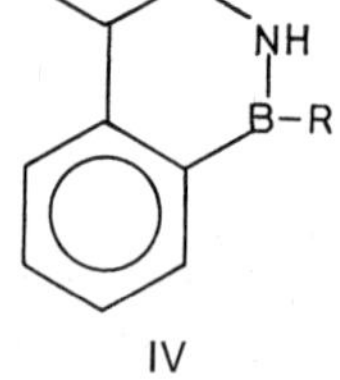

IV

mit I: a: $X=\alpha-C_{10}H_7NH$, Y = Cl
b: $X=Y=\alpha-C_{10}H_7NH$
c: X = Y = OH
d: X = Y = Cl
e: X = Y = Br

IIIa: R = OH
b: $R=CH_3$

IVa: R = OH
b: $R=CH_3$

Tabelle 2/47

Valenzschwingungen ν_{NH} und ν_{OH} in den Verbindungen I bis IV.

Verbindung	ν_{NH}	ν_{OH}	Bemerkungen
Ia	3440	—	acyclisches N
	3400	—	cyclisches N
Ib	3460	—	acyclisches N
	3400	—	cyclisches N
	3355	—	assoziiertes NH
Ic	3400	3585	cyclisches N/OH
	—	3515	assoziiertes OH
Id	3415	—	cyclisches N
Ie	3410	—	cyclisches N
II	3390	—	cyclisches N
IIIa	3320	3560	cyclisches N/OH
IIIb	3370	—	cyclisches N
IVa	3355	3540	cyclisches N/OH
IVb	3370	—	cyclisches N

Beim Übergang von zweifach kondensierten Ringen (Verbindungen I) zu dreifach kondensierten (Verbindungen II bis IV) erniedrigt sich die Valenzschwingungsfrequenz der im Heterocyclus enthaltenen sekundären Aminogruppe. Sie bleibt aber deutlich über dem Bereich von 2700 bis 2200 cm^{-1}, der für die Schwingung ν_{NH} in Oniumverbindungen zutrifft [4]. Die Schreibweise $-\underset{\displaystyle H}{\overset{\oplus}{N}}=\underset{\displaystyle H}{\overset{\ominus}{B}}-$ ist also in dieser Hinsicht nicht gerechtfertigt.

Literatur zu 2.10.1

[1] J. Cueilleron, B. Frange (Bull. Soc. Chim. France **1972** 107/10). — [2] J. Cueilleron, B. Frange (Bull. Soc. Chim. France **1972** 584/7). — [3] M. J. S. Dewar, R. Jones, R. H. Logan (J. Org. Chem. **33** [1968] 1353/5). — [4] H. Volkmann (in: Handbuch der Infrarot-Spektroskopie, Weinheim/ Bergstr. 1972, S. 351).

2.10.2 NMR-Spektren

NMR Spectra

Weil die chemische Verschiebung eines Kerns von der Dichte der abschirmenden Elektronen abhängt, sollten die Werte der chemischen Verschiebung des Borkerns in verschiedenen Verbindungen Aussagen über die Koordinationszahl des Boratoms zulassen.

Diarylborinsäuren (Diaryl-hydroxy-borane) R_2BOH beispielsweise können mit Basen auf zwei Weisen reagieren:

a) als Protonsäure $R_2BOH + OH^- \rightleftharpoons R_2BO^- + H_2O$,
b) als Lewis-Säure $R_2BOH + OH^- \rightleftharpoons [R_2B(OH)_2]^-$.

In a) ist die Koordinationszahl des Bors 3, in b) ist sie 4. Die ^{11}B-NMR-Spektroskopie sollte die Unterscheidung zwischen diesen beiden Arten der Salzbildung ermöglichen. Beim Übergang vom dreiwertigen planaren Bor zum vierwertigen tetraedrischen Bor sollte eine Änderung der chemischen Verschiebung nach höherem Feld erfolgen [1]. So liegen die Werte für die chemische Verschiebung von tetraedrischem Bor fast immer oberhalb von 7 ppm (relativ zu Trimethoxyboran), während die von planarem dreiwertigem Bor immer tiefer liegen [2].

In den Heterocyclen 10-Hydroxy-9,10-azabora-phenanthren (I), 2-Hydroxy-1,2-azaboranaphthalin (II), 4-Hydroxy-4,3-azabora-isochinolin (III) erfolgt die Salzbildung nach Schema a), wenn der Heterocyclus aromatischen Charakter besitzt.

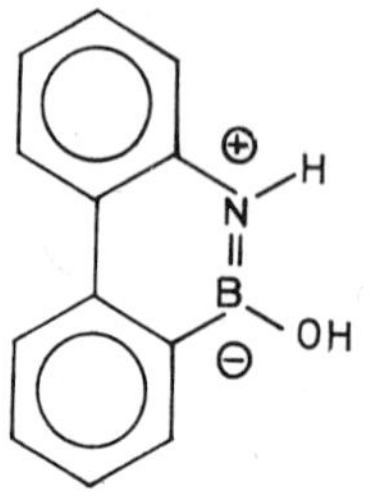

I

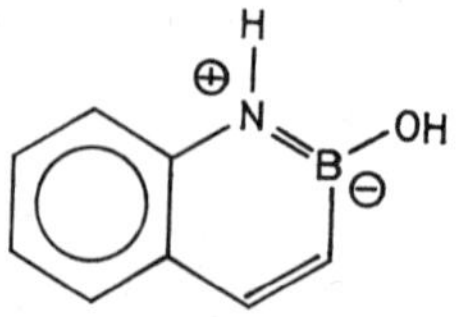

II

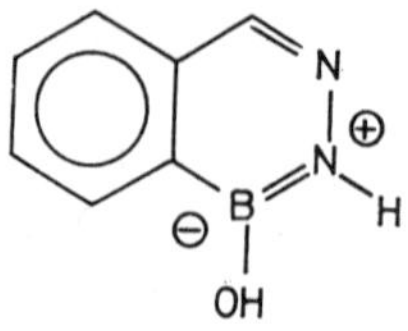

III

Die Werte für die chemische Verschiebung in den ^{11}B-NMR-Spektren von I, II und III sind in Tabelle 2/48 zusammen mit denen von Borsäure wiedergegeben [3]. Man erkennt, daß sich die Bor-Stickstoff-Heterocyclen anders verhalten als die Borsäure. Während beim Übergang von Borsäure zu Borat die chemische Verschiebung sich beträchtlich erhöht, verschieben sich die ^{11}B-Resonanzen von I, II und III in alkalischer Lösung nach tieferem Feld.

Tabelle 2/48

Werte für die chemische Verschiebung δ von I, II und III (relativ zu Bortrifluorid-Äthyläther-Komplex).

Verbindung	Lit.	Lösungsmittel	δ in ppm	Δδ in ppm	Halbwertsbreite in Hz
H_3BO_3	[3]	H_2O	−19.6	—	411
		10% $NaOH/H_2O$	−5.7	14.2	139
I	[4]	C_2H_5OH	−36.8	—	623
		20% KOH/H_2O	−43.9	−7.1	>2500
II	[5]	C_2H_5OH	−29.7	—	223
		20% KOH/C_2H_5OH	−33.0	−3.3	>2500
III	[6]	C_2H_5OH	−29.8	—	265
		20% KOH/H_2O	−33.2	−3.4	>1500

Im ersten Fall liegt das Verhalten einer Lewis-Säure vor, während im zweiten Fall sich der Charakter der Protonsäure bemerkbar macht.

Die Änderungen in der chemischen Verschiebung sind begleitet von einer Änderung der Linienbreite der Resonanzen. Gewöhnlich sind die Resonanzen des ^{11}B-Kerns breit wegen des hohen Anteils an Quadrupolrelaxation (Kernquadrupolmoment $= 3.6 \times 10^{-26}$ cm^2). In einem symmetrischen elektrischen Feld, wie es im tetraedrischen Bor vorliegt, sollte die Quadrupolrelaxation sich nicht so bemerkbar machen wie im unsymmetrischen elektrischen Feldgradienten. Ein typisches Beispiel sind die Linienbreiten der ^{15}N-Resonanzen in Aminen und Ammonium-Ionen [7].

Andererseits umgeben sich Ionen mit einer Solvathülle, die ihrerseits ein fluktuierendes elektrisches Feld erzeugt, das die Quadrupolrelaxation begünstigt. So lassen sich qualitative Voraussagen über die Linienbreite machen:

a) Die Hydroxysäure reagiert als Protonsäure, die planare trigonale Konfiguration des Bors bleibt erhalten, zusätzlich tritt aber eine negative Ladung auf; daher sollte die Linienbreite stark anwachsen.

b) Die Hydroxysäure reagiert durch Addition von Base als Lewis-Säure. Die beiden Effekte wirken gegensinnig. Der Aufbau der symmetrischen tetraedrischen Konfiguration reduziert die Linienbreite, die negative Ladung vergrößert sie. In der Summe sollte die Linienbreite nicht so stark anwachsen wie in a).

Aus Tabelle 2/48 ersieht man den Unterschied sehr deutlich. Während das Borat-Ion die Linienbreite von 139 Hz (Borsäure 411 Hz) besitzt, steigt die Linienbreite bei Salzbildung der Substanzen I, II und III um einige hundert Prozent. Daher läßt sich mit großer Wahrscheinlichkeit annehmen, daß das Boratom in I, II und III seine trigonale Konfiguration behält.

In Tabelle 2/49 sind die Werte für die chemische Verschiebung in den ^{11}B-Kernresonanzspektren der Substanzen IV, V, VI, VII, VIII, IX und X zusammengestellt [8]. Vermutete Strukturformeln der Bor-Stickstoff-Heterocyclen IV bis X:

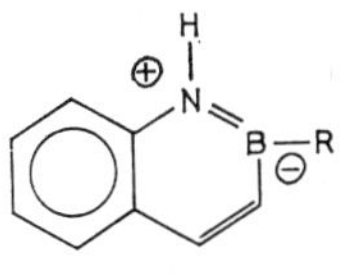

IV a: R=CH_3
b: R=OC_2H_5

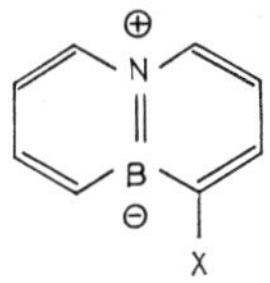

V a: X=H
b: X=Br

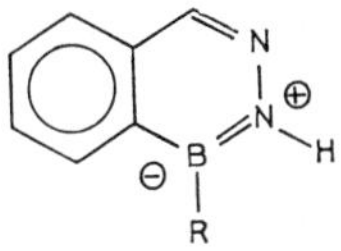

VI a: R=CH_3
b: R=OC_2H_5
c: R=CH_3; 7-Br

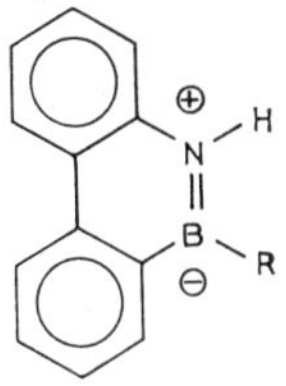

VII a: R=CH_3
b: R=OC_2H_5
c: R=C_6H_5
d: R=Cl
e: R=CH_3; 8-NO_2

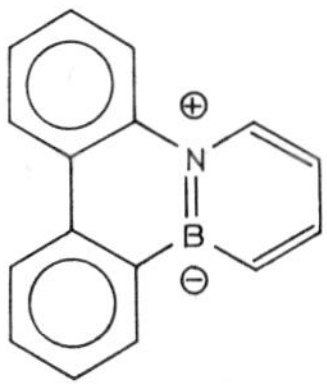

VIII

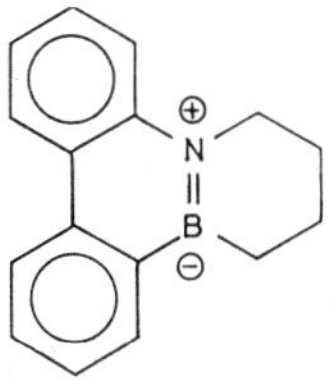

IX

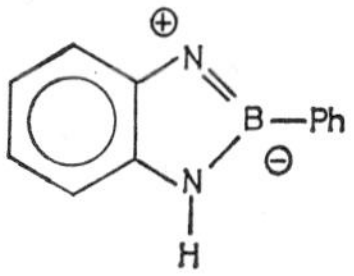

X

Tabelle 2/49

Chemische Verschiebung δ (relativ zu Bortrifluorid-Äther-Komplex) der ^{11}B-Resonanz von Bor-Stickstoff-Heterocyclen IV bis X [8].

Verbindung	Lit.	Lösungsmittel	δ in ppm	Linienbreite in Hz
IVa	[5]	CS_2	−37.5	97
IVb	[5]	C_2H_5OH	−29.7	223
Va	[9]	n-C_6H_{12}	−28.4	85
		CH_3COOH	−27.9	113
Vb	[8]	CH_3COOH	−27.5	175
VIa	[10]	C_6H_6	−36.5	140
		C_2H_5OH	−38.5	247
		CH_3COOH	−37.5	305
VIb	[10]	CH_3COOH	−30.0	290
VIc	[11]	CH_3COOH	−37.5	308
VIIa	[4]	C_6H_6	−39.0	250
VIIb	[8]	C_2H_5OH	−29.3	221
		CS_2	−29.5	236
VIIc	[4]	THF(= C_4H_8O)	−36.5	226
VIId	[4]	C_6H_6	−33.7	224
VIIe	[12]	CS_2	−41.9	350
VIII	[13]	CS_2	−38.1	181
IX	[13]	CS_2	−31.0	142
		C_6H_6	−30.4	150
X	[14]	CH_3CN	−27.7	115

Die chemischen Verschiebungen der ^{11}B-Resonanzen hängen in erster Näherung vom Grad der Besetzung des p_z-Orbitals ab. Bei verschiedenen Substituenten am Bor sollte die chemische Verschiebung von deren π-Donatorwirkung beeinflußt werden. Vergleicht man aber die Werte für Tris(dimethylamino)-boran (−27.1 ppm [15]) und für Trimethylborat (−18.1 ppm), so ist wider Erwarten die Abschirmung der Dimethylaminogruppe nicht so groß wie die der Methoxygruppe, obwohl $(CH_3)_2N$ einen stärkeren +M-Effekt besitzt als die Gruppe CH_3O. Eine ähnliche Situation ergibt sich bei den Trihalogenboranen. Die Resonanz von Bortrifluorid liegt mit −11.6 ppm

[16] relativ hoch, obwohl der + M-Effekt von Fluor bestimmt kleiner ist als der von CH_3O und $(CH_3)_2N$. Dasselbe gilt für Bortrichlorid (−47.4 ppm [16]) und Triphenylboran (−60.8 ppm [17]).

Eine mögliche Erklärung für diese Anomalie ist die These, daß freie Elektronenpaare am benachbarten Atom die chemische Verschiebung beeinflussen. Dieses Verhalten wird mit der Karplus-Goodman-Gleichung für die chemische Verschiebung in π-Systemen beschrieben [18]:

$$\delta_{ri} = Aq_i + \sum_{j \neq i} Bq_i / r_{ij}^3$$

wobei q_i die Elektronendichte am Atom i, r_{ij} der Zwischenkernabstand zwischen Atomen i und j und A und B Konstanten sind. Im Falle von π-gebundenen Systemen steht q_i für die Gesamtelektronendichte am Atom i. Unmittelbar benachbarte Atome j mit einsamen Elektronenpaaren und kleinem r_{ij} tragen stark zur chemischen Verschiebung bei.

In der Reihe $B((NCH_3)_2)_3$, $B(OCH_3)_3$, BF_3, BCl_3, BBr_3 und BJ_3 fällt die π-Bindungsneigung, dagegen steigt der Effekt des einsamen Elektronenpaares.

Die Einführung einer Nitrogruppe in die Position 8 von VIIa führt zu einer Änderung der chemischen Verschiebung um −2.9 ppm, da hier die Konjugation zwischen der Nitro- und Iminogruppe die π-Rückbindung zum Boratom beeinträchtigt. Also sollte VIIe weniger aromatisch sein als VIIa. Ersatz von Chlor durch die Äthoxygruppe bewirkt in VII eine Erhöhung um 4.7 ppm und Verstärkung der Aromatizität. — Gronowitz [19] und Namtvedt [20] stellen ausführliche Studien über die Protonenresonanzspektren von 2,3-Azaborapyridinen XI an.

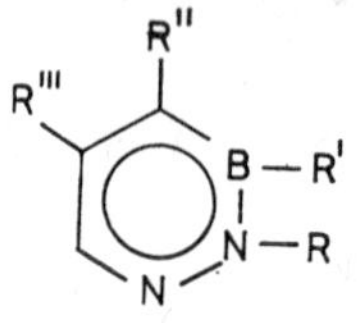

XI

	R	R'	R''	R'''
XIa	Me	OH	Et	H
XIb	Me	OH	H	Et
XIc	Me	OH	Me	Me
XId	H	OH	H	Et
XIe	H	OH	Et	H
XIf	Me	Me	Et	H
XIg	Me	Me	H	Et

Das ^{1}H-NMR-Spektrum der Verbindungen XIa bis XIg (außer XId) ist als Tabelle 2/50 gegeben.

Tabelle 2/50

Chemische Verschiebungen und Kopplungskonstanten der Verbindungen XIa bis XIg (außer XId) in ppm, relativ zu Tetramethylsilan (TMS) bzw. in Hz.

Nr.	δ_4	δ_5	δ_6	δ_{NR}	δ_{OH}	δ_{CH_2}	δ_{CH_3}	J_{46}	J_{56}	$J_{4\text{-}CH_2\text{-}5}$
XIa	—	6.95	7.65	3.60	4.83	2.62	1.13	—	4.4	?
XIb	6.33	—	7.48	3.60	5.75	2.45	1.15	2.3	—	1.0
XIc	(1.98)	(2.05)	7.42	3.57	4.98	—	—	—	—	0.8
XIe	—	6.92	7.42	10.10	7.42	2.42	1.03	—	4.3	—
XIf	—	6.91	7.76	3.73	0.70	2.55	1.12	—	4.6	?
XIg	6.85	—	7.73	3.68	(0.67)	2.48	1.18	2.4	—	1.0

Das Proton an Position 6 des Heteropyridinrings ist am stärksten abgeschirmt und benötigt zur Resonanz daher die geringste Feldstärke, während in Position 4 die höchste Elektronendichte herrscht. Die Protonen an Position 4 und 6 bilden somit ein AX-System mit einem Verhältnis $\Delta\,\delta/J = 25$. Dieses Spinsystem läßt sich also ohne starke Vergröberung als Muster erster Ordnung behandeln. Das Proton an Position 5 liegt mit seinem Wert der chemischen Verschiebung in der Nähe von 4,0 so daß im ganzen ein Spinsystem ABX vorliegt (A = 4, B = 5 und X = 6).

Steht in Position 5 eine Methylengruppe und in Position 4 ein Proton (XIb, XIg), so erfolgt allylische Kopplung mit ungefähr 1 Hz. Der umgekehrte Fall — in 5 ein Proton und in 4 eine Methylengruppe (XIa, XIf) — läßt die Aufspaltung nicht erkennen. Zwischen der Seitenkette an Position 5 und dem Proton bei Position 6 läßt sich keine long-range-Kopplung ausmachen.

Die Größe der Kopplungskonstanten der Seitenkette in ortho-Stellung zu einer aromatischen Bindung steht in Beziehung zu deren Bindungsordnung [21]. So erscheint also die Bindungsordnung zwischen den Atomen 4 und 5 größer als die zwischen 5 und 6.

Die Verbindungen XIf und XIg zeigen bezüglich der Protonen an Position 5 in verschiedenen Lösungsmitteln ähnliches Verhalten wie die analogen Pyridinderivate [19]. Dies deutet auf die Anwesenheit eines Ringstroms, wie er in Aromaten durch ein Magnetfeld induziert wird. Ersetzt man eine B–CH_3-Gruppe durch eine B–OH-Gruppe, so wird das Signal des ortho-Protons nach höherem Feld verschoben, ähnlich wie in Phenolen [22]. Die Wirkung des + M-Effekts überwiegt gegenüber dem – I-Effekt der OH-Gruppe, ein deutliches Anzeichen für eine Konjugation der freien Elektronenpaare des Sauerstoffatoms mit Doppelbindungen.

Eine long-range-Kopplung der Protonen 3 und 7 in der Art der Homoallylkopplung wird in 4,5-Dihydro-5,6,4-diazabora-benzo[b]furanen beobachtet, mit einer Größe $J_{37} = 0.7$ Hz [23].

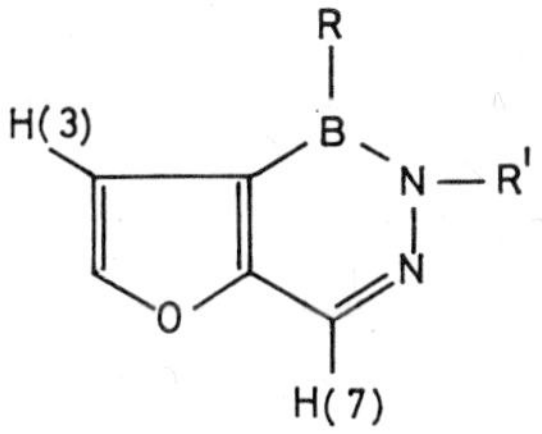

Das Auftreten dieser long-range-Kopplung ist ein Hinweis für eine Bindungsordnung > 1.0 im Borapyridazin-Heterocyclus.

Das Molekül von 9,10-Azabora-naphthalin besitzt eine Symmetrieebene senkrecht zur Ringebene und parallel zur B–N-Bindung (D_{2h}). Somit kann sein ^{1}H-Kernresonanzspektrum als 4-Protonen-Spektrum behandelt werden.

Das 100-MHz-Spektrum zeigt 4 getrennte Signalgruppen [24], vgl. **Fig. 2–3**.

Fig. 2–3

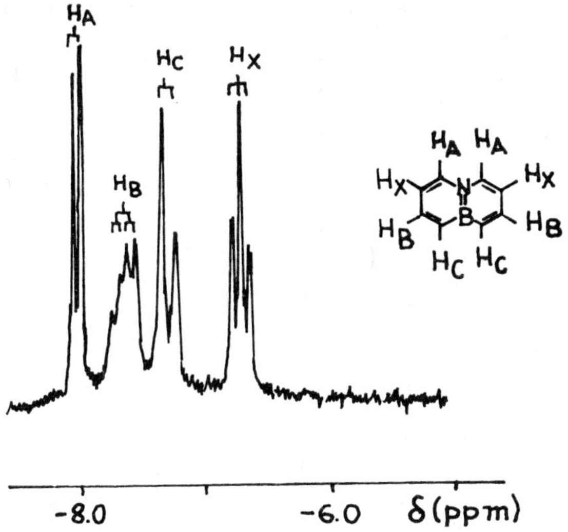

^{1}H-NMR-Spektrum und Strukturformel von 9,10-Azabora-naphthalin.

Das scheinbare Triplett bei höchstem Feld sollte dem Proton X oder B entsprechen, da es zwei große ortho-Kopplungen aufweist. Die Protonen A und C zeigen grob gesehen je ein Dublett. Die Frage ist, ob A und C sowie B und X vertauschbar sind. Einstrahlung im Signal bei höchstem Feld (X-Proton) verursacht einen Kollaps des Dubletts bei tiefstem Feld (A) und Vereinfachung des Signals, das B zugeordnet ist, zu einem Dublett. Also koppelt X mit A und B über ortho-Kopplung. Die Feinstruktur erklärt sich als long-range-meta-Kopplung.

HM- und SCF-MO-Berechnungen geben die Entscheidung über die relative Elektronendichte [24] und die Frage, ob A = C und B = X oder umgekehrt, so daß folgende Ergebnisse wahrscheinlich zutreffen, vgl. Tabelle 2/51. Die endgültigen Werte für die chemische Verschiebung und Kopplungskonstanten ergeben sich aus Spektrensimulation und iterative Anpassung an das experimentelle Spektrum.

Tabelle 2/51

Werte für die ^{1}H-chemische Verschiebung δ (in ppm) und Kopplungskonstante J (in Hz) in 9,10-Azaboranaphthalin [24].

Proton	Chemische Verschiebung δ ber.	beob.	Kopplung Proton/Proton	J
1 = A	9.11	8.03	1/2	6.6
2 = X	7.56	6.72	2/3	6.0
3 = B	7.56	7.66	3/4	11.2
4 = C	7.01	7.31	1/3; 1/4	0.0

Die ^{1}H-NMR-Spektren ungesättigter B–N–C-Heterocyclen mit ankondensierten Thiophenringen, 6,7-Dihydro-5,6,7-diazabora-benzo[b]thiophen (XII) und 4,5-Dihydro-5,6,4-diazabora-benzo[b]-thiophen (XIII), sind in Tabelle 2/52 zusammengestellt [25].

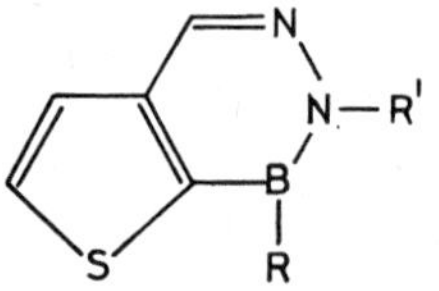

XII

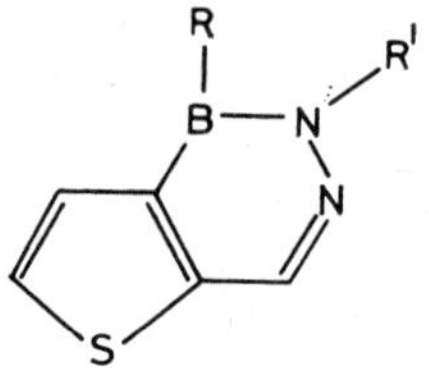

XIII

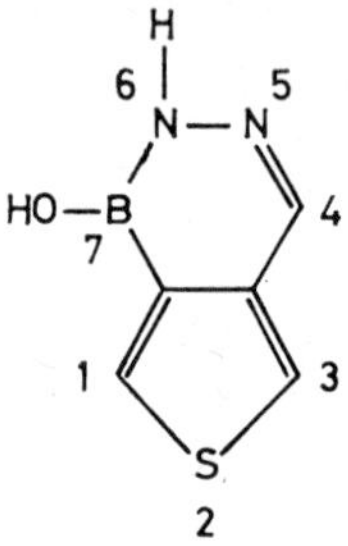

XIIIh

Tabelle 2/52

^{1}H-NMR-Daten der Verbindungen XII und XIII in Dimethylsulfoxid (δ in ppm, umgerechnet aus τ).

Verbindung	Substituenten	$\delta_{2\ oder\ 3}$	$\delta_{3\ oder\ 2}$	δ_R	$\delta_{R'}$	$\delta_{4/7}$	J_{23}	J_{37}
XIIa	R=OH/R'=H	8.12	7.61	8.28	10.25	8.40	5.0	
XIIb	R=OH/R'=CH_3	8.08	7.58	8.73	4.62	8.20	5.0	
XIIc	R=OH/R'=C_6H_5	8.20	7.60	9.17	7.60	8.43	4.8	
XIId	R=OH/R'=p-C_6H_4COOH	8.23	7.70	9.39*)	(7.87–8.13)	8.46	5.0	
XIIIa	R=OH/R'=H	7.72	7.79	8.19	10.29	8.19	5.3	
XIIIb	R=OH/R'=CH_3	7.82	7.82	8.58	3.60	8.25		
XIIIc	R=OH/R'=C_6H_5	7.92	7.92	8.95	7.50	8.43		
XIIId	R=OH/R'=p-C_6H_4COOH	7.94	8.01	9.34*)	(7.88–8.15)			
XIIIe	R=CH_3/R'=H	7.61	7.89	0.90	11.45	8.62	5.0	0.5
XIIIf	R=C_4H_9/R'=H	7.66	7.92	(1.00–1.53)	11.50	8.70	5.0	
XIIIg	R=CH_3/R'=CH_3	7.55	7.83	0.92	3.76	8.53	5.0	0.5

*) Enthält auch die Resonanz der COOH-Gruppe.

Die Lage der OH-Resonanzsignale läßt sich mittels Zugabe von Wasser durch die Wanderung der Bande lokalisieren.

Die Lage der Protonen 4 bzw. 7 zeigt eine Abschirmung, die für aromatische Protonen typisch ist; folglich sollte ein Ringstrom für die diamagnetische Verschiebung verantwortlich sein. Die long-range-Kopplung zwischen Protonen 3 und 7 spricht für eine erhöhte Bindungsordnung an der Kondensationsstelle der beiden Heterocyclen.

Die isomere Verbindung 3,4-Dihydro-4,5,3-diazabora-benzo[c]thiophen XIII h (mit R = OH und R' = H) zeigt die NH-Resonanz bei 9.35 ppm und OH bei 8.39 ppm. Das Quartett bei 8.27 ppm ist mit 0.7 und 2.6 Hz aufgespalten, wobei Proton 2 zu Proton 6 über 5 Bindungen gekoppelt ist, während die Kopplung von Proton 2 zu Proton 7 über 3 Bindungen erfolgt. Proton 7 kommt bei 8.00 ppm zur Resonanz, während 6 ein Dublett bei 7.91 ppm erzeugt mit J_{26} = 0.7 Hz [26].

Die Nitrierung einiger Derivate von XII und XIII liefert Nitroderivate mit Substitution im Thiophenring [27].

Die Nitrierung von XIIa, vgl. Tabelle 2/52 liefert zwei Produkte XIVa und XIVb, wobei im ^{1}H-NMR-Spektrum von XIVb die long-range-Kopplung der Protonen 3 und 7 von 0.5 Hz zu beobachten ist.

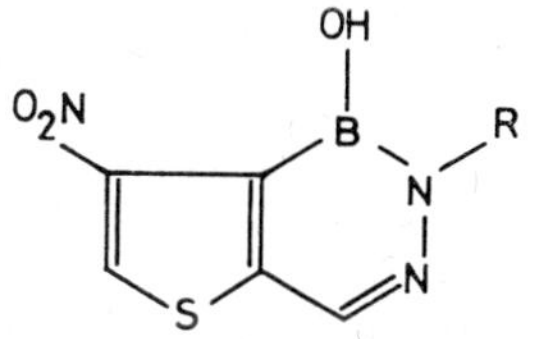

XIVa

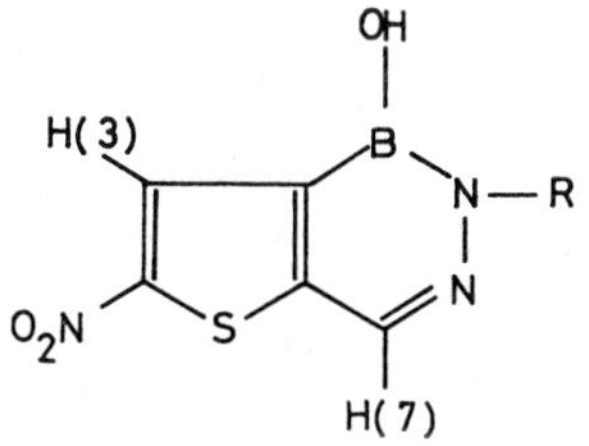

XIVb

Die Nitrierung von XIII liefert nur ein Produkt, dessen Protonensignale keine Aufspaltung zeigen. Daraus geht hervor, daß die Nitrierung wie bei XII am Thiophenring erfolgt ist.

Das ^{1}H-NMR-Spektrum von 6-Methoxy-2-pentafluorphenyl-4-phenyl-1,2-azabora-naphthalin

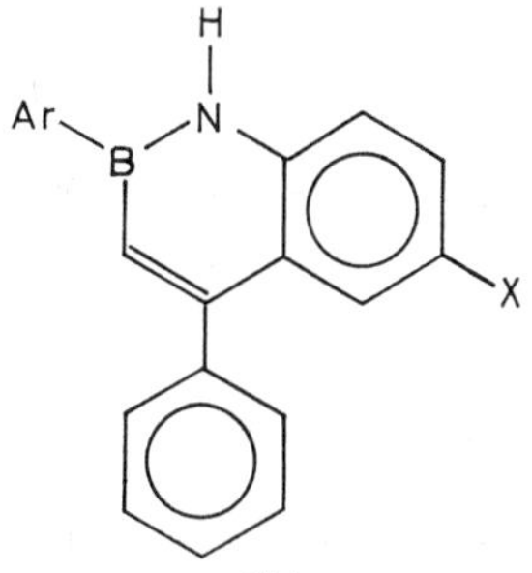

XV

(XVa) zeigt außer den Signalen der Methoxygruppen bei 3.5 ppm und der NH-Gruppe bei 8.35 ppm nur aromatische Protonen um 7 ppm. Somit ist auch Proton 3 aromatisch [28].

Die Protonenresonanzsignale der Verbindung XV a bis d sind in Tabelle 2/53 zusammen mit den ^{11}B-Resonanzwerten angegeben [28].

Tabelle 2/53

^{1}H- und ^{11}B-Resonanzen von 6-substituierten 2-Aryl-4-phenyl-1,2-azabora-naphthalinen (XV), X = Substituent in 6-Stellung, relative Intensitäten in Klammern.

Verbindung	Ar/X	$\delta_{CH\ arom.}$	δ_{NH}	δ_{CH_3}	$\delta_{^{11}B}$
XV a	C_6F_5/H	ca. 7.5 (10)	8.40 (1)	—	−29.8
b	C_6F_5/CH_3	ca. 7.0 (9)	8.44 (1)	2.25 (3)	−29.7
c	C_6H_5/CH_3	ca. 7.1 (15)	breit	2.15 (3)	−31.2
d	C_6H_5/OCH_3	ca. 6.7 (14)	6.1 (1)	3.20 (3)	−33.4

Aus der ^{11}B-Resonanz ist deutlich die Verminderung der Abschirmung des Boratoms unter dem Einfluß der stark elektronegativen Fluoratome zu erkennen. Die Resonanz erfolgt bei der fluorhaltigen Verbindung bei einem um 0.5 ppm schwächeren Feld als in dem phenylsubstituierten Analogen.

In der Verbindung 1,2,3,4-Tetrahydro-2,4-dimethyl-3-α-naphthyl-1,3-diaza-2,4-dibora-phenanthren erscheinen die Protonenresonanzsignale der beiden Methylgruppen getrennt bei 0.50 und 0.23 ppm [29].

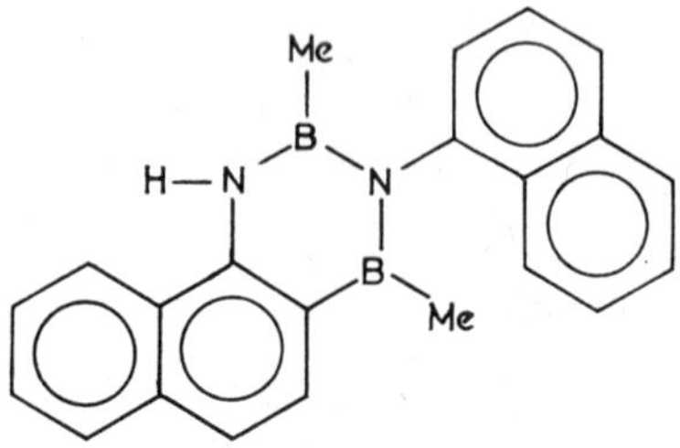

Das komplizierte Aromatenmuster ergibt eine Resonanz im Bereich von 7.0 bis 8.2 ppm. Die chemische Nichtäquivalenz der Methylgruppen deutet auf verschiedene Elektronenkonfiguration der Boratome hin. Unter der Annahme, daß π-Rückbindung vom Stickstoffatom zum Boratom existiert, sollte die Elektronendichte am Boratom 2, das von zwei Stickstoffatomen umgeben ist, höher sein als am B_4, somit erhalten die 2-Methylprotonen eine größere paramagnetische Abschirmung als die am B_4.

Der Mechanismus der Salzbildung von nitro-substituierten 10-Methyl-9,10-azaboraphen-anthrenen ist Gegenstand der Untersuchungen von Dewar u. a. [30].

Im Protonenresonanzspektrum von XVIa und XVIb verschiebt sich die B–CH_3-Resonanz bei Zugabe von Natriummethylat nach höherem Feld unter Bildung des Ions XVII, in dem das Boratom eine negative Ladung trägt (A = B = NO_2 oder H).

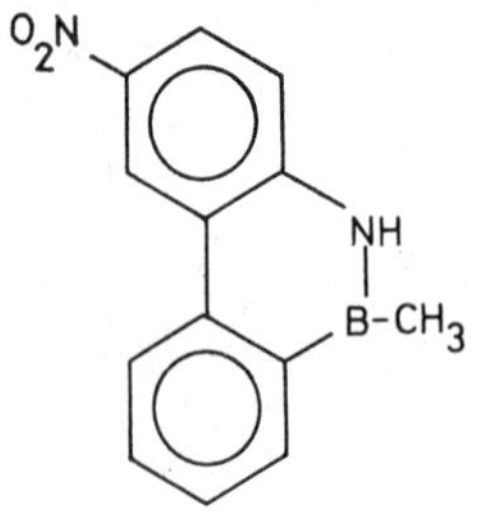

XVIa

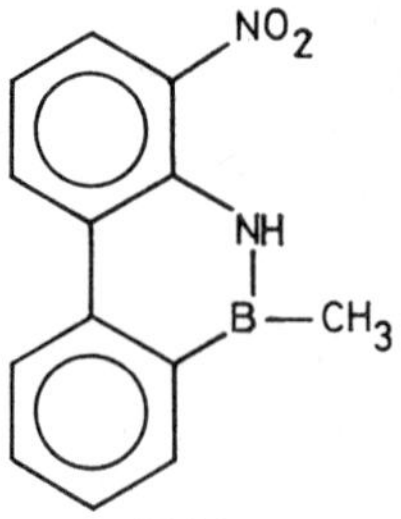

XVIb

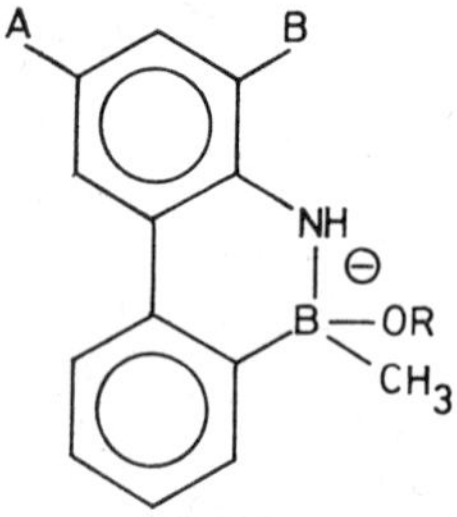

XVII

Die Verschiebung nach höherem Feld erreicht im Grenzwert 0.9 ppm für XVIa und 1.1 ppm für XVIb. Daraus läßt sich entnehmen, daß diese Verbindungen als Lewis-Säuren unter Addition von Base reagieren. Noch drastischer macht sich dieses Verhalten in der ^{11}B-Kernresonanz bemerkbar, wie aus Tabelle 2/54 hervorgeht [30].

Tabelle 2/54

^{11}B-chemische Verschiebungen δ (in ppm) und Linienbreiten ΔH (in Hz) der Verbindungen XVIa und XVIb [30].

Verbindung	Lösungsmittel	Base	δ	Δδ	ΔH
XVIa	Tetrahydrofuran	keine	−38.2	—	443
		OH^-	−20.0	18.2	394
		OCH_3^-	−11.3	26.9	283
XVIb	Tetrahydrofuran	keine	−41.0	—	380
		OH^-	−21.5	19.5	310
		OCH_3^-	−11.4	29.6	207

Literatur zu 2.10.2

[1] J. W. Emsley, J. Feeney, L. H. Sutcliffe (in: High Resolution NMR-Spectroscopy, Bd. 2, Oxford 1966, S. 971). — [2] P. C. Lauterbur (in: F. C. Nachod, W. D. Philips, Determination of Organic Structures by Physical Methods, Bd. 2, New York 1962, S. 476). — [3] M. J. S. Dewar, R. Jones (J. Am. Chem. Soc. **89** [1967] 2408/10). — [4] M. J. S. Dewar, V. P. Kubba, R. Pettit (J. Chem. Soc. **1958** 3073/5). — [5] M. J. S. Dewar, R. Dietz (J. Chem. Soc. **1959** 2728/30).

[6] H. R. Snyder, A. J. Reedy, W. J. Lennarz (J. Am. Chem. Soc. **80** [1958] 835/38). — [7] R. A. Ogg, J. D. Ray (J. Chem. Phys. **26** [1957] 1339/40). — [8] F. A. Davis, M. J. S. Dewar, R. Jones (J. Am. Chem. Soc. **90** [1968] 706/8). — [9] M. J. S. Dewar, G. J. Gleicher, B. P. Robinson (J. Am. Chem. Soc. **86** [1964] 5698/99). — [10] M. J. S. Dewar, R. C. Dougherty (J. Am. Chem. Soc. **86** [1964] 433/36).

[11] M. J. S. Dewar, J. L. v. Rosenberg (J. Am. Chem. Soc. **88** [1966] 358/61). — [12] M. J. S. Dewar, V. P. Kubba (Tetrahedron **7** [1959] 213/22). — [13] G. C. Culling, M. J. S. Dewar, P. A. Marr (J. Am. Chem. Soc. **86** [1964] 1125/27). — [14] M. J. S. Dewar, V. P. Kubba, R. Pettit (J. Chem. Soc. **1958** 3076/79). — [15] J. K. Ruff (J. Org. Chem. **27** [1962] 1020/23).

[16] W. D. Philips, H. C. Miller, E. L. Muetterties (J. Am. Chem. Soc. **81** [1959] 4496/500). — [17] C. D. Good, D. M. Ritter (J. Am. Chem. Soc. **84** [1962] 1162/66). — [18] M. Karplus, T. P. Das (J. Chem. Phys. **34** [1961] 1683/92). — [19] S. Gronowitz, A. Maltesson (Acta Chem. Scand. **25** [1971] 2435/46). — [20] J. Namtvedt, S. Gronowitz (Acta Chem. Scand. **22** [1968] 1373/4).

[21] L. Jackman, S. Sternhell (in: Applications of Nuclear Magnetic Resonance Spectroscopy in Organic Chemistry, Oxford 1969, S. 331). — [22] D. W. Mathieson (in: Nuclear Magnetic Resonance for Organic Chemists, London 1967, S. 184). — [23] S. Gronowitz, U. Michael (Arkiv Kemi **32** [1970] 283/93). — [24] M. J. S. Dewar, R. Jones (J. Am. Chem. Soc. **90** [1968] 2137/44). — [25] S. Gronowitz, J. Namtvedt (Acta Chem. Scand. **21** [1967] 2151/66).

[26] S. Gronowitz, A. Bugge (Acta Chem. Scand. **19** [1965] 1271/85). — [27] J. Namtvedt (Acta Chem. Scand. **22** [1968] 1611/22). — [28] P. I. Paetzold, G. Stohr, H. Maisch, H. Lenz (Chem. Ber. **101** [1968] 2881/8). — [29] J. Cueilleron, B. Frange (Bull. Soc. Chim. France **1972** 107/10). — [30] M. J. S. Dewar, R. Jones, R. H. Logan (J. Org. Chem. **33** [1968] 1353/55).

2.10.3 Massenspektren

Mass Spectra

In den einkernigen Verbindungen 1,2-Azaborin (Ia), 2,3-Azabora-pyridin (Ib) und Δ^5-1,2,4,3-Triazaborolan (II) stellt das Molekül-Ion 99% des Total-Ionenstroms [1].

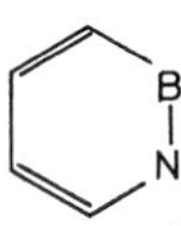

Ia

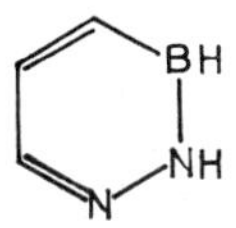

Ib

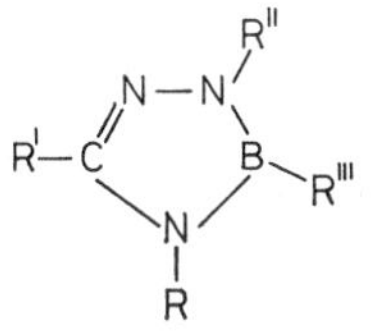

II

Zweifach geladene Molekül-Ionen sind relativ häufig vertreten. Diese Beobachtungen sprechen für ein Verhalten, wie es bei Aromaten vorliegt.

Ein ähnlicher Sachverhalt läßt sich aus den Massenspektren von 3,4-Dihydro-5-äthyl-4-hydroxy-3-methyl-1,2,3,4-triaza-borin entnehmen [2]. Die Molekülpeaks m/e = 138 und 139 (^{10}B und ^{11}B) stellen wie die Peaks 123/124 $(M-CH_3)^+$ und 111/112 $(M-HCN)^+$ die intensivsten im Spektrum dar. Die letzte Fragmentierung ist typisch für N-haltige Heterocyclen. Die Massenspektren der kondensierten Ringe, 4,5-Dihydro-5,6,4-diazabora-benzo[b]furan (III) und 6,7-Dihydro-5,6,7-diazabora-benzo[b]furan (IV), geben ebenfalls als Basispeak das Molekül-Ion.

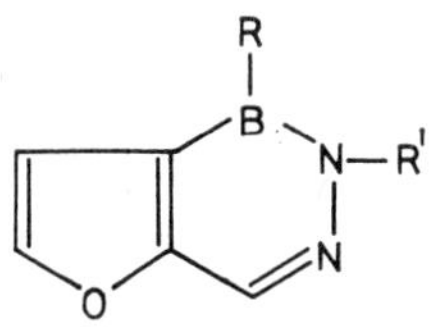

III

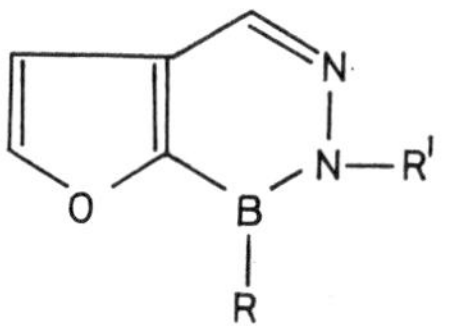

IV

Außerdem treten die Molekülpeaks $(2M-H_2O)^+$ auf, die höchstwahrscheinlich auf Anhydridbildung im Einlaßsystem des Massenspektrometers zurückzuführen sind. Die gleiche Beobachtung trifft auf die heteroanaloge Verbindung 4,5-Dihydro-4-hydroxy-5-phenyl-5,6,4-diazabora-benzo-[b]thiophen zu. Es bildet sich wahrscheinlich der dimere Äther V [3].

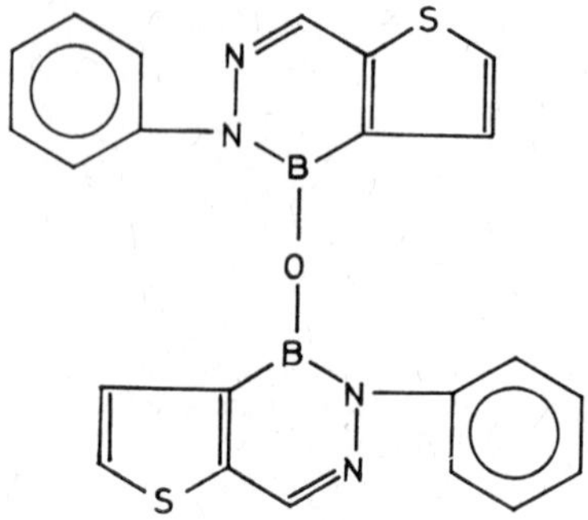

V

Der benzoide Charakter ungesättigter Heterocyclen, bei denen zwei aneinandergebundene C-Atome durch die B–N-Gruppe ersetzt sind, wird durch die Massenspektren bestätigt.

So stellen in der Verbindung VI die Molekülpeaks die stärksten Intensitäten im Spektrum dar.

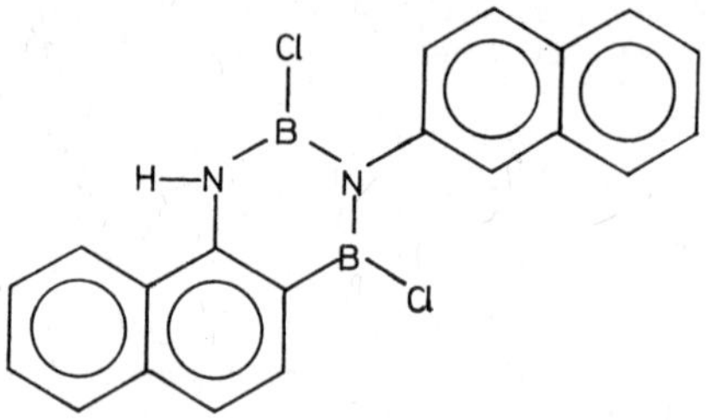

VI

Das Muster der Molekülpeakregion mit m/e = 372 bis 378 steht im Einklang mit der Anzahl von 2 Chlor- und 2 Boratomen im Molekül. Beim Zerfall der Verbindung VI werden die beiden Chloratome am Bor schrittweise abdissoziiert [4].

Literatur zu 2.10.3

[1] M. J. S. Dewar, R. Golden, Ph. A. Spanninger (J. Am. Chem. Soc. **93** [1971] 3298/9). — [2] J. Namtvedt, S. Gronowitz (Acta Chem. Scand. **22** [1968] 1373/4). — [3] S. Gronowitz, A. Bugge (Acta Chem. Scand. **19** [1965] 1271/85). — [4] J. Cueilleron, B. Frange (Bull. Soc. Chim. France **1972** 107/110).

3 Polymere Bor-Stickstoff-Verbindungen

Polymeric Boron-Nitrogen Compounds

Ulrich W. Gerwarth, Bernd Mathiasch
Universität Mainz, Institut für Anorganische Chemie und Analytische Chemie
Mainz, Bundesrepublik Deutschland

3.1 Einleitung

Introduction

In den letzten Jahren suchte die Industrie, insbesondere die Luft- und Raumfahrtindustrie, immer stärker nach temperaturfesten Kunststoffen. Solche Harze, Wachse und Elastomere sollten auch bei relativ hohen Temperaturen (> 500°C) und bei gleichzeitigem Luft- und Feuchtigkeitseinfluß nicht angegriffen werden [1 bis 3]. Der kovalente Charakter der B–N-Bindungen gab im Zusammenhang mit der hohen Bindungsenergie von 106.5 kcal/mol Anlaß zu der Vermutung, daß aus Bor- und Stickstoffatomen aufgebaute Ketten beweglich, biegsam und stabil sein würden [4]. Die Ansicht, daß auch die vernetzten B-N-Polymere den hier gestellten Anforderungen genügen würden, wurde gestützt durch den extrem hohen Schmelzpunkt des Bornitrids (ca. 3000°C), dessen Strukturähnlichkeit mit dem Graphit und durch die Existenz der kubischen BN-Modifikation („Borazon") [5 bis 7], die noch härter als Diamant und bei 2000°C gegen Luft noch beständig ist (s. S. 1). Auch wurde im B–N-System eine hohe Tendenz zur Kettenbildung erwartet, weil beide Elemente überwiegend kovalentes Verhalten zeigen und die beidseitigen Nachbarn des Kohlenstoffs im Periodensystem sind [8, 9].

Im vorliegenden Kapitel werden die Polymere, die eine B–N-Bindung in der Hauptkette haben, besprochen. Über die kleinen Ringoligomeren wird nur insoweit berichtet, wie ihre Reaktionen zur Bildung höhermolekularer Polymeren geführt haben. Die Grenzziehung ist dabei nicht völlig an die sonst übliche Nomenklatur angepaßt (vgl. Abschnitt 3.3). Ebenfalls sind in diesem Kapitel nicht die hochmolekularen Bornitridmodifikationen und deren Raumstrukturen aufgeführt, die im Kapitel 1 behandelt werden.

Literatur zu 3.1

[1] W. Gerrard, E. F. Mooney, R. A. Rothenbury (J. Appl. Chem. [London] **12** [1962] 373/81). — [2] G. C. Brown, B. E. Deuters, W. Gerrard (J. Appl. Chem. [London] **15** [1965] 372/8). — [3] W. Gerrard (Soc. Chem. Ind. [London] Monograph Nr. 20 [1966] 341/57). — [4] B. A. Akimov, N. I. Bekasova, A. F. Zhigach, V. A. Zamyatina, V. V. Korshak, I. G. Sarishvili, M. V. Sobolewski (Plasticheskie Massy **1965** 16/8; Soviet Plastics **1966** 22/3). — [5] R. H. Wentorf (J. Chem. Phys. **26** [1957] 956).

[6] A. Heidemann (Urania **21** [1958] 34). — [7] R. H. Wentorf (J. Chem. Phys. **34** [1961] 809/12). — [8] V. A. Zamyatina, N. I. Bekasova (Russ. Chem. Rev. **33** [1964] 524/32). — [9] I. B. Atkinson, B. R. Currell (Inorg. Macromol. Rev. **1** [1970] 203/33).

3.2 Übersichtsarbeiten und Literatur

Review Articles and Literature

Über B-N-Polymere sind erst zwei größere, zusammenfassende Artikel erschienen. Der erste stammt von Lappert [1] und erfaßt die Literatur bis zum Jahr 1962. Die neuere Literatur ist weitgehend in dem Aufsatz von Atkinson und Currell [2] verarbeitet. Der Artikel von Zamyatina und Bekasova [3] behandelt alle polymeren Borverbindungen, darunter auch die auf der Basis von B–N-Bindungen, und zitiert unter anderem mehrere größere Veröffentlichungen. Die von Lappert [1] bzw. Zamyatina und Bekasova [3] vorgenommene und von Atkinson und Currell [2] erweiterte Gliederung dieses Gebietes wird auch hier beibehalten und weiter fortgeführt.

Auf die Unzulänglichkeit der meisten bisher durchgeführten und veröffentlichten Arbeiten sei hingewiesen. So ist z. B. der größte Teil der Strukturformeln und Reaktionsgleichungen nur durch die Elementaranalyse, die eingesetzten Molverhältnisse, das Lösungsverhalten und die augenscheinlichen Beobachtungen belegt. Auch ist das gesamte Gebiet bisher so wenig und zum großen Teil nur mehr oder minder zufällig im Rahmen anderer Zielsetzungen (z. B. Darstellung von Borazinderivaten) bearbeitet worden, daß Paralleluntersuchungen nur in Ausnahmefällen existieren.

Die in der Literatur der Polymerchemie allgemein üblichen Bezeichnungen und Definitionen sind aus den entsprechenden Handbüchern und Monographien [4 bis 8] ohne Abänderungen übernommen worden. Die Literatur wurde bis einschließlich November 1972 erfaßt.

Literatur zu 3.2

[1] M. F. Lappert (in: M. F. Lappert, G. J. Leigh, Developments in Inorganic Polymer Chemistry, Amsterdam 1962, S. 20/49). — [2] I. B. Atkinson, B. R. Currell (Inorg. Macromol. Rev. **1** [1970] 203/33). — [3] V. A. Zamyatina, N. I. Bekasova (Russ. Chem. Rev. **33** [1964] 524/32). — [4] H. G. Elias (Makromoleküle, Basel – Heidelberg 1971). — [5] H. Mark, N. G. Gaylord, N. M. Bikales (Encyclopedia of Polymer Science and Technology, New York 1966/71).

[6] R. Vieweg (Kunststoff-Handbuch, München 1963). — [7] J. Brandrup, E. H. Immergut (Polymer Handbook, New York 1965). — [8] H. A. Stuart (Physik der Hochpolymeren, Berlin – Göttingen – Heidelberg 1952/56).

Nomenclature

3.3 Nomenklatur

General

3.3.1 Allgemeines

Für die Polymerenbenennung gibt es kein allgemein angenommenes System, vielmehr sind zahlreiche verschiedene Benennungsarten im Gebrauch [1].

Da die B-N-Polymeren bisher nur wenig technische Bedeutung gewonnen haben, entfallen die Verständnisschwierigkeiten zwischen Technikern und Wissenschaftlern. Es kann daher versucht werden, für dieses Sachgebiet eine möglichst wissenschaftliche Nomenklatur einzuführen.

Die ersten grundlegenden Regeln für die Nomenklatur der Makromoleküle legte die IUPAC (International Union of Pure and Applied Chemistry) im Jahre 1952 fest [2]. Zur Zeit bearbeitet eine IUPAC-Kommission eine Neuauflage dieser Regeln mit kritischen Stellungnahmen und Erweiterungen, die von den chemischen Gesellschaften in Amerika [3] und in Deutschland [4] und von einer Unterkommission der IUPAC selbst [5] erarbeitet worden sind. Im folgenden werden die Nomenklaturgrundsätze kurz erläutert.

Unipolymers

3.3.2 Unipolymere

Ein Unipolymer (früher: Homopolymer) ist ein Molekül, das durch die Wiederholung einer einzelnen chemischen Struktureinheit gekennzeichnet und dessen Molekulargewicht ein Vielfaches dieses Strukturelements ist. Endgruppen und geringere Unregelmäßigkeiten in der Kette werden vernachlässigt. Diese Vernachlässigung ist um so berechtigter, je höher das Molekulargewicht des Makromoleküls ist, da dann der mögliche Fehler sehr gering wird [1, 6].

Naming Based on Monomer

3.3.2.1 Benennung nach der Herkunft

Die weitaus gebräuchlichste Methode der Namensgebung besteht in der Benutzung der Vorsilbe „Poly-" in Verbindung mit der Bezeichnung des realen oder idealen Monomeren, das polymerisiert wurde. Der entstandene Name ist dann eine Abkürzung für „polymere Modifikation von . . .". Beispiele: Polystyrol, Polyborazin.

Besteht der Monomerenname aus mehreren Wörtern, so wird er in Klammern gesetzt. Beispiele: Poly(vinyl-acetat), Poly(triphenyl-borazin).

Klammern sollen dann gesetzt werden, wenn der Gebrauch des Monomerennamens zu Zwei- oder Mehrdeutigkeit Anlaß geben kann [1].

Beispiel: Poly(äthylen-oxid) entspricht Formel I, während Polyäthylen-oxid entweder die Bezeichnung für den Makroring II oder den Äther III sein kann.

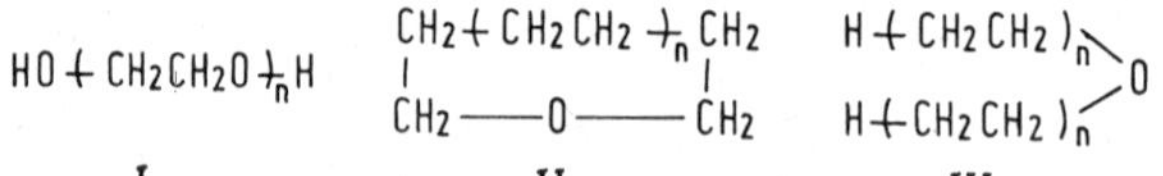

I II III

Für Poly(borazylen-oxid) bzw. Polyborazylen-oxid gilt diese Aussage analog.

Der prinzipielle Mangel dieser Benennungsmethode liegt darin begründet, daß bei einer Polymerisation der Ausgangsstoff nicht immer als Baueinheit erhalten bleibt. und daß von verschiedenen Ausgangsstoffen die gleichen Endprodukte erhalten werden können. Auch können von ein und derselben Ausgangssubstanz verschiedene Endprodukte hergestellt werden. Sind z. B. in einem Monomeren eine Aldehyd- und eine Vinylgruppe enthalten, so kann man je nach den angewandten Reaktionsbedingungen die eine oder die andere Gruppe zur Polymerisation nutzen. Die entstandenen Makromoleküle müssen deswegen unterschiedliche Strukturen haben. Selbst bei exakter Benennung nach der Herkunft würden dann zwei verschiedene chemische Spezies denselben Namen erhalten. Zur Beseitigung solcher Mehrdeutigkeiten geht man bei der Benennung von Polymeren häufig von nicht existenten, hypothetischen Monomeren aus. Namen wie „Poly(vinyl-alkohol)" verdeutlichen diese Maßnahme, die aber nicht hinreicht, um alle bekannten Polymeren bezeichnen zu können [1].

Selbst auf dem dürftig bearbeiteten Bor-Stickstoff-Polymer-Gebiet zeichnen sich jetzt schon solche Schwierigkeiten ab, insbesondere dort, wo die Polymerisation von einer Ringöffnung bzw. -fragmentierung ausgeht, die zu einer Ketten- oder Netzwerkbildung führt (vgl. 3.5.2.1.2, S. 251, 3.5.2.1.3, S. 252 und 3.6.2.11, S. 304).

3.3.2.2 Benennung nach der Struktur

Naming Based on Structure

Die im vorigen Abschnitt beschriebenen Unklarheiten treten nicht mehr auf, wenn der Name so gewählt wird, daß er die chemische Struktur der wiederholbaren Einheit („Strukturelement") in der gleichen Weise beschreibt, wie es nach den IUPAC-Regeln [7, 8] bei kleinen Molekülen üblich ist. Die Ausbildung des Makromoleküls wird wiederum durch das Präfix „Poly-" angezeigt.

Beispiele:

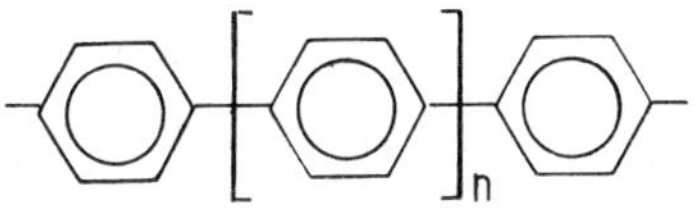

Poly(1,4-phenylen) oder Poly(p-phenylen)

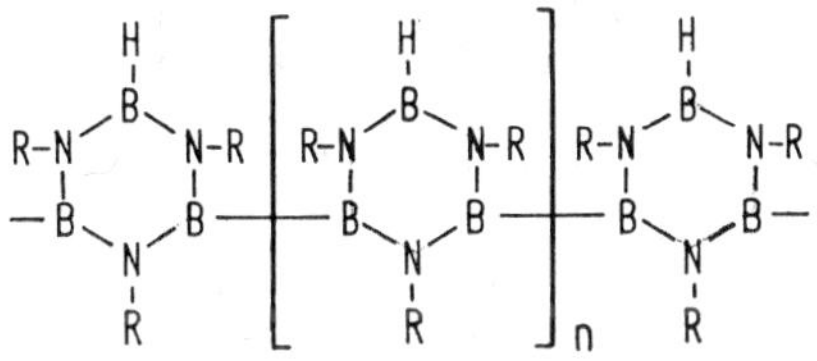

R = C_6H_5

Poly[N-triphenyl-(B.B')-borazylen]

Die Namensgebung für die B-N-Polymeren muß unter Beachtung der Nomenklaturregeln der IUPAC für anorganische [9] und organische [10] Borverbindungen erfolgen, wie es im obigen Beispiel der Fall ist.

Der Nachteil dieser Methode ist bei strenger Regelanwendung durch die zwar exakten aber gleichzeitig auch komplizierten und unhandlichen Namen gegeben. Deswegen hat sich diese Art der Polymerennomenklatur bei den Unipolymeren auch bis heute als nicht besonders gebrauchsfähig erwiesen und kaum Eingang in das chemische Schrifttum gefunden.

3.3.3 Copolymere

Copolymers

Sind in einem Makromolekül mehrere Typen von Strukturelementen vorhanden, so spricht man von Copolymeren. Diese werden je nach Anzahl der Bausteintypen pro Makromolekül in Bipolymere, Terpolymere, Quaterpolymere usw. eingeteilt.

Bei Bipolymeren (nur Copolymere aus zwei Struktureinheiten A und Z sind bis jetzt im Bor-Stickstoff-Gebiet bekannt) wird noch zwischen den Spezialfällen der alternierenden oder irregulären, den statistischen oder regellosen, den Block- und den Pfropf- oder Graftcopolymeren unterschieden, s. Tabelle 3/1.

Tabelle 3/1

Schema	Bezeichnung	Abkürzung
–A–Z–A–Z–A–Z–A–Z–A–Z–	alternierendes Copolymer	–alt–
–A–Z–A–A–A–Z–Z–Z–Z–A–	statistisches Copolymer	–co–
–A–A–. . .–A–A–Z–Z–. . .–Z–Z–	Blockcopolymer	–b–
–A–A–A–A–A–A–A–A–A–A– | | Z Z | | Z Z | | Z |	Pfropfcopolymer	–g–

Die auf der chemischen Struktur basierende Nomenklatur wird bei den Copolymeren naturgemäß noch komplizierter als es bei den Unipolymeren bereits der Fall ist. Copolymere haben deswegen sehr häufig Trivialnamen oder Herkunftsbezeichnungen. Um wenigstens das Strukturprinzip in der Namensgebung aufrechtzuerhalten, hat Ceresa [11] vorgeschlagen: Abkürzungen für die einzelnen Verknüpfungsarten werden als Affixe zwischen die Namen der tatsächlichen oder hypothetischen Ausgangssubstanzen der Copolymeren gesetzt und so eine Namensgebung nach den Ausgangssubstanzen wie auch nach der Verknüpfungsart ermöglicht.

Beispiele:

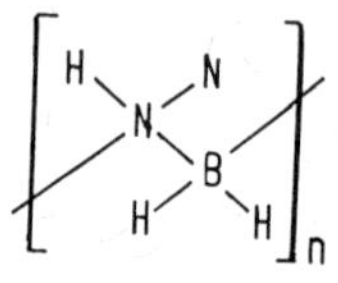

a) Poly[(N,B)-aminboran(4)ylen]
b) Poly(ammoniak-alt-boran)
c) Polyborazen
d) Poly(aminboran)

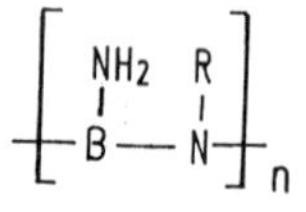

a) Poly[(N,B)-arylamino-aminoboran(3)ylen]
b) Poly(arylamin-co-aminoboran)

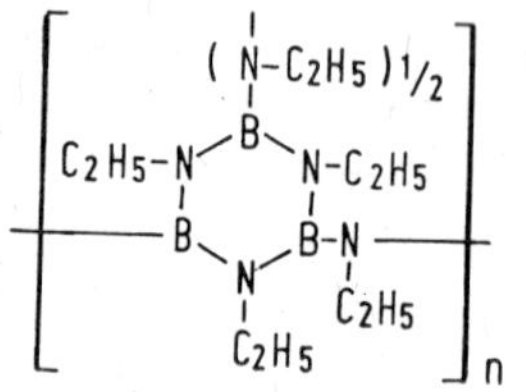

a) Poly[N-triäthyl-(N,B)-borazylen-äthylamid]
b) Poly(N-triäthylborazin-g-äthylamin)

Unter a) stehen hier jeweils die von der Struktur her nach den IUPAC-Regeln [9, 10] gebildeten, unter b) die nach dem Vorschlag von Ceresa [11] gebildeten Namen. Bei c) handelt es sich um eine früher und bei d) um eine heute übliche Abkürzung von a). Das Affix –co– zeigt im obigen Fall an, daß die Sequenz unbekannt ist. Für Blockpolymere gibt es im B-N-Gebiet kein Beispiel.

Literatur zu 3.3

[1] R. B. Fox (in: H. F. Mark, N. G. Gaylord, N. M. Bikales, Encyclopedia of Polymer Science and Technology, Bd. 9, New York – London 1968, S. 336/44). — [2] IUPAC (J. Polymer Sci. **8** [1952] 257/77). — [3] Comittee on Nomenclature, ACS-Division of Polymer Chemistry (Macromolecules **1** [1968] 193/8). — [4] Deutschsprachige Nomenklaturkomission (Makromol. Chem. **38** [1960] 1/12). — [5] M. L. Huggins, G. Natta, V. Desreux, H. Mark (Pure Appl. Chem. **12** [1966] 645/56).

[6] H. G. Elias (Makromoleküle, Basel – Heidelberg 1971, S. 3/13). — [7] IUPAC (Nomenclature of Inorganic Chemistry, 2nd Ed., Definitive Rules 1970, Pure Appl. Chem. **28** [1971] 1/110). — [8] IUPAC (Nomenclature of Organic Chemistry Sect. A, B, C, Definitive Rules 1969, 3. Aufl. Sect. A, B, 2. Aufl. Sect. C, London 1971). — [9] IUPAC (Nomenclature of Inorganic Boron Compounds, Inform. Bull. Nr. 8 [1970]). — [10] IUPAC (Nomenclature of Organoboron Compounds, Final Draft, Nov. 1970).

[11] R. J. Ceresa (Block and Graft Copolymers, Washington, D. C., 1962).

History

3.4 Geschichtliches

Nach der VB-Schreibweise sind die Aminoborane (Borazene) I, d. h. offenkettige Verbindungen, in denen sowohl die Bor- wie die Stickstoffatome dreifach koordiniert sind, den entsprechenden Olefinen isoster und isoelektronisch. Da die Olefine, insbesondere die α-Olefine, als Monomere in der organischen Polymerchemie von großer Bedeutung sind, hat diese „Analogie" auch die Darstellung und Erforschung der B-N-Polymeren beeinflußt [1, 2].

Auch die Ähnlichkeit des Borazins II mit dem Benzol (weshalb das Borazin anfangs Bor-az-ol genannt wurde) und die der Iminoborane (Borazyne) III mit dem Acetylen und seinen Homologen wirkte sich aus. Ganze Abhandlungen sind eigens zu dem Zwecke geschrieben worden, diese Bindungsanalogien hervorzuheben.

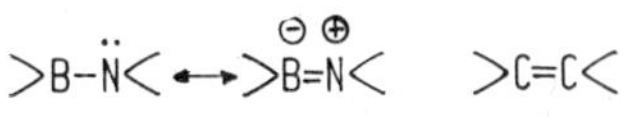

I

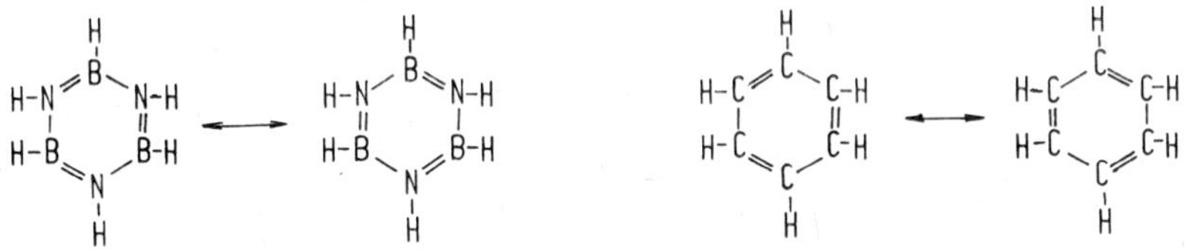

II

Im Laufe der weiteren Untersuchungen zeigte sich die Oberflächlichkeit dieser Anschauung immer deutlicher. So ist z. B. für die Aminoborane (Borazene) die Substitution und nicht wie bei den Olefinen die Addition charakteristisch.

Trotzdem ist insbesondere die B-N-Chemie der heteroaromatischen Verbindungen davon beeinflußt worden. Ganze Arbeitskreise, wie der von Dewar und Mitarbeitern [4], bauten auf dieser Ähnlichkeit ihre gesamten Arbeiten auf. Als Bestätigung für ihre Ansicht galt ihnen die Ähnlichkeit der UV-Spektren korrespondierender Verbindungen wie z. B. von 1.2-Dihydro-1-aza-2-bora-naphthalin und Naphthalin.

Erst in neuester Zeit konnte gezeigt werden, daß die Aufenthaltswahrscheinlichkeiten der Elektronen in der B–N-Bindung einerseits und in der C–C-Bindung andererseits recht unterschiedlich sind Deswegen ist der aus der VB-Theorie stammende Begriff „Isosterie" in diesem Fall nicht hinreichend. Eingehender mit der Problematik der B–N-Bindung befaßt sich ein Kapitel in einem späteren Band der Borverbindungen.

Literatur zu 3.4

[1] V. I. Spitsyn, I. D. Kolli, R. A. Rodionov, Yu. D. Ivakin (Izv. Akad. Nauk SSSR Ser. Khim. **1967** 487/91; Bull. Acad. Sci. USSR Div. Chem. Sci. **1967** 473/6). — [2] J. E. Mulvaney, J. J. Bloomfield, C. S. Marvel (J. Polymer Sci. **62** [1962] 59/72). — [3] E. Wiberg (Naturwissenschaften **35** [1948] 182/8, 212/8). — [4] M. J. S. Dewar (in: H. Steinberg, A. L. McCloskey, Progress in Boron Chemistry, Bd. 1, New York 1964, S. 235/88).

3.5 Kettenpolymere mit extraannularen B–N-Bindungen

Chain Polymers with Extraannular B–N Bonds

3.5.1 Allgemeines

General

Die Iminoborane (Borazyne) XB=NY und die Aminoborane (Borazene) $X_2B–NY_2$ zeigen eine sehr starke Ringbildungstendenz. Fast alle Versuche, aus ihnen lineare Polymere mit einer B=N-Gruppe als Strukturelement der Hauptkette herzustellen, scheiterten. Statt dessen bildeten sich Derivate des (cyclischen) Borazins. Nur wenn der Ringbildung durch die Versuchsbedingungen künstliche Barrieren entgegengestellt werden, lassen sich Kettenpolymere erhalten [1, 2].

Eine Variation der Substituenten X und Y kann zu sterischen und elektronischen Effekten führen, die die Ketten- gegenüber der Ringbildung begünstigen (vgl. 3.5.2.1.1, 3.5.2.1.2 und 3.5.3). Die Ringe selbst sind spaltbar und die dabei entstehenden Bruchstücke unter Umständen linear kombinierbar (vgl. 3.5.2.1.3). Auch die Änderung der alternierenden Sequenz B–N in B–B–N oder B–N–N liefert Kettenpolymere (vgl. 3.5.4.1 und 3.5.4.2). Ebenfalls tritt eine Sequenzänderung bei der Einführung weiterer Atome wie O und C ein, die wiederum die Kettenbildung begünstigt (vgl. 3.5.4.3 und 3.5.4.4).

Poly(iminoboranes)
Preparation. Chemical Reactions
Chain Formation by Variation of Substituents

3.5.2 Poly(iminoborane)

3.5.2.1 Darstellung, chemisches Verhalten

3.5.2.1.1 Kettenbildung durch Substituentenvariation (vgl. [3])

Die Iminoborane (Borazyne) $[YNBX]_n$ sind aus Aminen und Chlorboranen durch eine Dehydrohalogenierungsreaktion darstellbar. Die cyclischen Vertreter dieser Stoffklasse sind vom Dimeren bis zum Pentameren gut bekannt [4]. Durch Veränderung der Substituenten X und Y kann nun in einigen Fällen die Borazinbildung verhindert werden. Dafür entsteht dann entweder der Achtring des Azaborocins (Borazocins) oder eine relativ kurze Kette. Als Beispiele für die Ringbildung sind in Gleichung (1) die Dehydrohalogenierung von t-Butylamin-trichlorboran [5] und in Gleichung (2) die von Isobutylamin-phenyldichlorboran angegeben [6]. Kurzkettige Oligomere entstehen nach Gleichung (3) aus Arylamin-trichlorboranen bzw. aus Arylamin-boranen, wenn bei den Arylaminen beide Orthostellungen substituiert sind [7, 8].

$$(1)\quad (CH_3)_3CNH_2BCl_3 + 2\,(C_2H_5)_3N \longrightarrow \tfrac{1}{4}\,[(CH_3)_3CNBCl]_4 + 2\,(C_2H_5)_3NHCl$$

$$(2)\quad (CH_3)_2CHCH_2NH_2BCl_2C_6H_5 + 2\,(C_2H_5)_3N \longrightarrow \tfrac{1}{n}\,[(CH_3)_2CHCH_2NBC_6H_5]_n + 2\,(C_2H_5)_3NHCl \qquad n = 3,4$$

$$(3)\quad RNH_2\cdot BX_3 \xrightarrow[\text{Lsg.}]{-HX} RNHBX_2 \xrightarrow[T]{-HX} \tfrac{1}{n}\,\underset{\text{Oligomer}}{[RNBX]_n} \not\longrightarrow \tfrac{1}{3}\,\underset{\text{Ring}}{[RNBX]_3}$$

R =
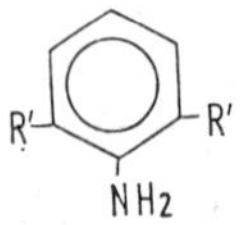

Theoretisch sind zwar für die solcherart gebildeten tetrameren Iminoborane (Borazyne) eine ganze Anzahl von Strukturen möglich. Wegen der gefundenen chemischen und physikalischen Eigenschaften sind jedoch alle linearen oder cyclisch-seitenkettigen Strukturen abzulehnen [4]. Nur rein cyclische Strukturen entsprechen den Untersuchungsergebnissen, während auf die Kettenbildung nur ein geringer Verlust an Ringen hinweist [4].

Die Anlagerungsverbindung aus 2,6-disubstituierten Anilinen und BCl_3 spaltet unabhängig von ihrer Anfangskonzentration 1 Äquivalent HCl ab. Das dabei entstandene 2,6-Dialkyl-anilino-dichlorboran zersetzt sich in Lösung nur noch sehr langsam, in einer Schmelze aber schnell, wobei diese Zersetzung nach einem Zeitgesetz erster Ordnung verläuft. Wenn 1 Äquivalent HCl abgespalten ist, fällt die Geschwindigkeit der Reaktion scharf ab. Es kommt zur Bildung von BCl_3 und der Oligomeren I und II [7, 8].

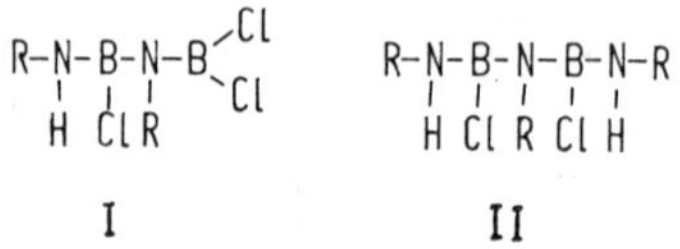

I II

Die Reaktion von Alkyl- bis(alkylthio)-boranen mit Alkandiaminen (z. B. 1,2-Äthandiamin) führt im Normalfall auch zur Ringbildung, wobei 2-Alkyl-1,3,2-diazaborolane entstehen [9]. Werden voluminösere Alkylgruppen eingesetzt, so läßt sich eine gewisse Polykondensation herbeiführen. Bis(butylthio)-(3-methylbutyl)-boran und 1,6-Hexandiamin reagieren zu harzigen, luftempfindlichen Substanzen von unterschiedlichem Molekulargewicht [10]. Dazu werden die Mischungen der Ausgangsstoffe leicht erwärmt (40 bis 45°C). In wenigen Minuten bilden sich klare Lösungen, aus denen am nächsten Tag das abgespaltene 1-Butanthiol und das nicht umgesetzte 1,6-Hexandiamin im Vakuum abdestelliert werden kann. Den erhaltenen Oligomeren ordnen die Autoren [10] die Molekülstrukturen III und IV zu. III soll bei einem molaren Ausgangsverhältnis von Boran:Amin wie

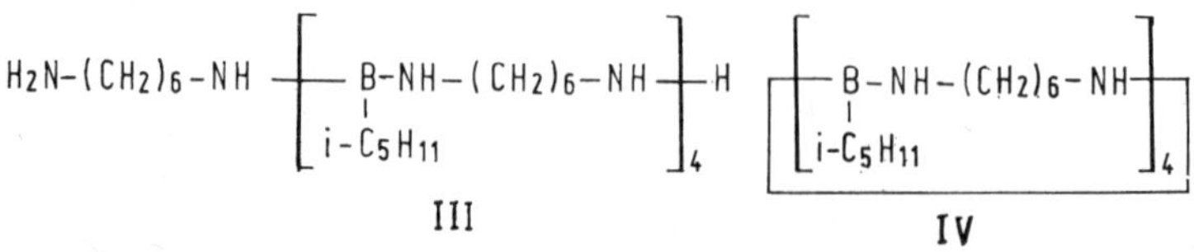

III IV

1:2 in 87%iger und IV bei äquimolekularen Verhältnissen in 95%iger Ausbeute entstehen. Die Strukturvorstellungen sind aus dem Molekulargewicht (904 bei III, 776 bei IV) und den Werten der Elementaranalyse abgeleitet.

3.5.2.1.2 Kettenbildung durch Pyrolyse

Chain Formation by Pyrolysis

Kocht man Bis(alkylamino)-phenylborane längere Zeit am Rückfluß, so tritt Pyrolyse ein [11]. Je nach der Art des Alkylrestes entstehen dabei Borazine oder Polymere oder ein Gemisch von beiden, s. Schema (4). Die Kondensate sind bis 350°C thermisch stabil, aber leicht hydrolysierbar. Viskositätsmessungen deuten auf Kettenlängen mit n = 20 bis 40.

(4)

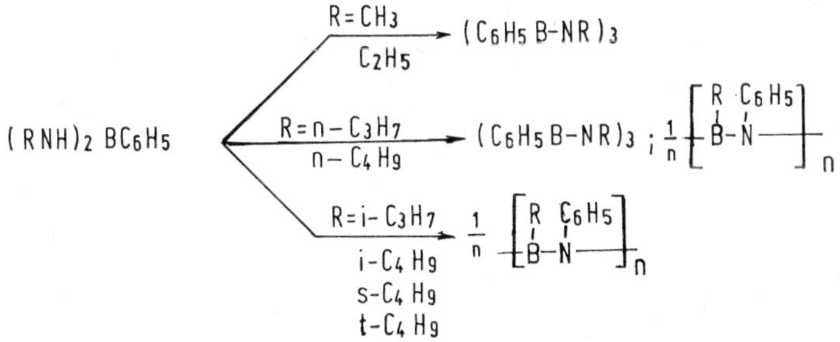

Zur Erklärung der Reaktion wurde von Gerrard u. a. [11] angenommen, daß die B-Phenylgruppen senkrecht zur Ebene des Borazinringes stehen. Bei N-Substituenten, die mehr Platz beanspruchen, soll dann die sterische Hinderung zwischen den B- und den N-Substituenten so groß sein, daß statt der Ring- nun die Kettenbildung begünstigt wird.

Die angenommenen linearen Strukturen dieser Poly(iminoborane) und der weiter unten beschriebenen sind bislang unbewiesen [2]. In allen Fällen können die Elementaranalyse und das Molekulargewicht ebensogut durch die Ausbildung und nachfolgende Aneinanderreihung von B-N-Ringen gedeutet werden. Gerrard u. a. [11] schlagen die lineare Struktur wegen der Ergebnisse ihrer IR-Messungen vor. Die Streck- und Knickschwingungen der Borazine liegen nämlich anders als bei den vermutlich linearen Spezies (vgl. 3.5.5, S. 266). Da aber bis heute kein Poly(iminoboran) nachgewiesen werden konnte, das sowohl als lineares Polymeres wie als Monomeres existiert, können solche Unterschiede in den IR-Spektren nur durch Vermutungen und Annahmen gedeutet werden.

Semlyen und Flory [12] versuchten die Arbeiten von Gerrard u. a. [11] zu wiederholen, konnten aber keine Anzeichen für eine Kettenbildung feststellen. Statt dessen fanden sie bei der Pyrolyse des i-Butylderivats, die unter langsamer Entwicklung von Isobutylamin verläuft, B-Triphenyl-N-triisobutyl-borazin. Die Entwicklung von Isobutylamin verlief langsamer als von Gerrard u. a. [11] beschrieben, mit Ausnahme eines Versuches. Bei diesem Versuch war allerdings ein Di-isobutylamin-phenylboran eingesetzt worden, das einen zu hohen Brechungsindex hatte. Bei der Pyrolyse entstanden 68% mehr Benzol als bei den übrigen Versuchen. Auch blieb ein braunes, hochviskoses, gummiartiges Harz zurück. Weil sich hier spektroskopische Hinweise auf eine polymere Struktur ergaben, sind Semlyen und Flory [12] der Meinung, daß kleine Mengen an Verunreinigungen die Eliminierung von Benzol beeinflussen. So könne dann eine radikalische Polymerisation katalytisch eingeleitet werden.

Spitsyn und Mitarbeiter [1] untersuchten die Thermolyse von Alkylamin-fluorboranen $R_2HN \cdot BF_3$. Als charakteristisch für diese Substanzen sahen sie das hohe Dipolmoment von 5 bis 6.5 Debye an. Infolge der großen Polarität der B-N-Bindung sollen das H-Atom und womöglich die organischen Radikale der Alkylamin-fluorborane leicht beweglich sein. Diese leichte Beweglichkeit wiederum wird für den Mechanismus und Verlauf der Thermolyse verantwortlich gemacht. Amin-fluorborane, die zwei Wasserstoffatome enthalten, lassen sich nämlich nicht zu Aminoboranen und anschließend zu Poly(aminoboranen) umsetzen, sondern bilden Borazine. Sind keine H-Atome in der Ausgangssubstanz enthalten, so können pyrolytisch Kettenpolymere gebildet werden. Die ihnen zugeschriebene Struktur entspricht aber nicht der eines reinen Poly(aminoborans) (vgl. 3.6.3.1, S. 320).

Currell und Mitarbeiter [7] berichteten von einer Gruppe linearer Oligomerer V, die sie durch die Pyrolyse von Tri-n-butylamin-trichlorboran $(C_4H_9)_3NBCl_3$ erhielten.

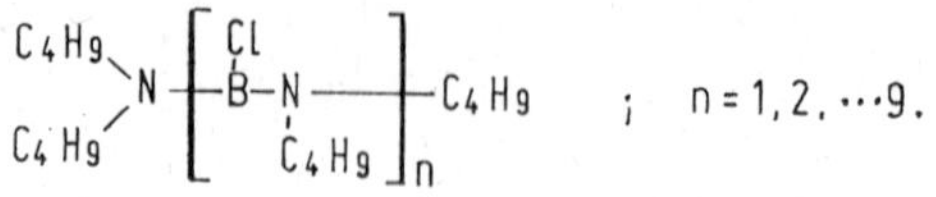

V

Als möglichen Mechanismus der Kettenbildung stellten sie Gleichung (5) zur Diskussion: Selbstkondensation des Aminoborans unter Abgabe von n-Butylchlorid und Kettenabbruch durch den Verlust von Bortrichlorid.

$$(5)\ (C_4H_9)_3NBCl_3 \xrightarrow{-C_4H_9Cl} (C_4H_9)_2NBCl_2 \xrightarrow[-C_4H_9Cl]{+(C_4H_9)_2NBCl_2} (C_4H_9)_2N{-}BCl{-}NC_4H_9{-}BCl_2$$

$$\xrightarrow[-C_4H_9Cl]{+(C_4H_9)_2NBCl_2} \text{usw.} \longrightarrow (C_4H_9)_2N{-}BCl{-}NC_4H_9{-}BCl \sim NC_4H_9{-}BCl_2 \xrightarrow[-BCl_3]{+(C_4H_9)_2NBCl_2}$$

$$(C_4H_9)_2N{-}BCl{-}NC_4H_9{-}BCl \sim NC_4H_9{-}BCl{-}N(C_4H_9)_2$$

3.5.2.1.3 Kettenbildung durch Öffnung eines Borazinringes

Chain Formation by Opening a Borazine Ring

Bei den Versuchen, lineare Polymere durch Ringöffnung der Borazine zu erhalten, erwies sich die Zuweisung einer linearen Struktur zu den Präparaten immer als sehr problematisch. Denn die Polymerisation kann auch durch Ringverknüpfung statt durch Ringöffnung erfolgen.

Die Bildung linearer B-N-Polymerer soll z. B. durch Erhitzen substituierter Borazine auf 350 bis 600°C unter Druck erreicht werden [13]. Als Katalysatoren für die Polymerisation (6) werden genannt: Grignard-Reagentien, $ZnCl_2$, CF_3COOH, primäre und sekundäre Amine und deren Hydrogenchloride, $NaNH_2$ und Kaliumoxid. So wurde durch 72stündiges Erhitzen von B-Triphenyl-N-trimethyl-borazin im geschlossenen Rohr auf 450 bis 485°C ein schwarzes, stark glänzendes Material erhalten. Es erwies sich als resistent gegenüber kaltem, konzentriertem H_2SO_4, gegen kaltes und heißes konzentriertes NaOH und gegen Temperaturen von ≦600°C. Aber für die vermutete Struktur konnte kein Beleg beigebracht werden. Nach einer späteren Arbeit [14] über die Pyrolyse des B-Trimethyl-N-triphenyl-borazins erscheint es wahrscheinlicher, daß dieses Polymere aus Ringen und nicht aus Ketten aufgebaut ist (vgl. Abschnitt 3.6.1.9.1, S. 299).

(6)

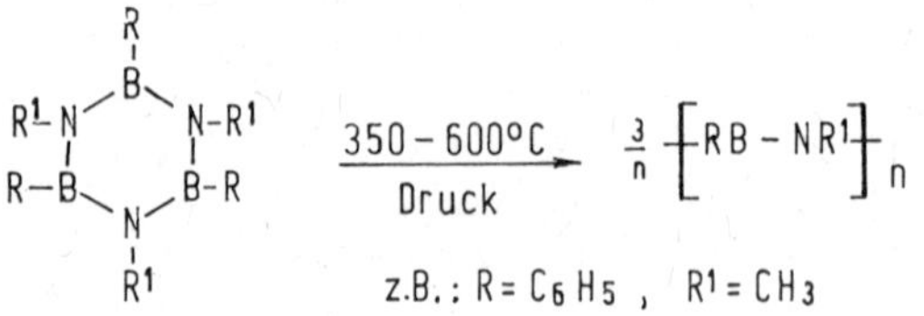

z.B.: $R = C_6H_5$, $R^1 = CH_3$

Gerrard u. a. [15, 16] berichteten, daß B-Trichlor-N-triaryl-borazine beim Erhitzen auf ≦500°C Chlorwasserstoff abspalten. Daraus schlossen sie auf die Ausbildung einer B–C-Bindung d. h. auf Polykondensation. Da außerdem Arylamin und Arylamino-dichlor-boran bei der Pyrolyse entstehen, folgerten die Autoren [15, 16], daß nach der Spaltung der Borazinringe die so gebildeten kurzen Ketten zu Polymeren kondensieren. Die Ergebnisse ihrer IR-Untersuchungen deuteten sie im gleichen Sinne (vgl. 3.5.2.3, S. 255) und schlugen als Reaktionsschema (7) vor.

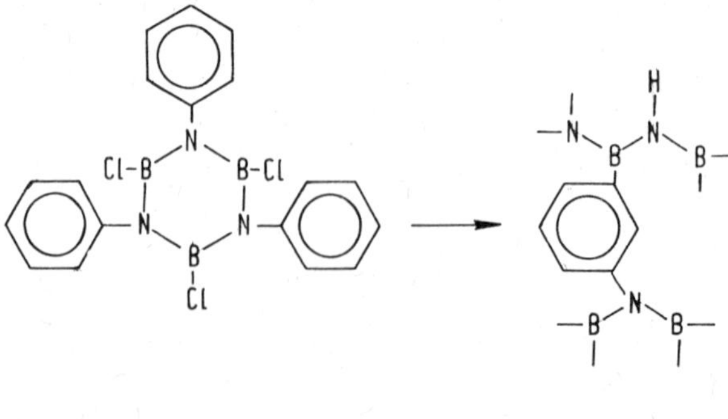

Die Eigenschaften dieser Polymere richten sich nach der Pyrolysetemperatur und -dauer und dem Arylrest am Ringstickstoff. Es können sowohl pechartige Substanzen wie schwarze, spröde Feststoffe erhalten werden, die in $CHCl_3$, CS_2 und CCl_4 löslich sind. Sie alle sind durch Spaltprodukte der Pyrolyse und durch Nebenreaktionen verunreinigt. Eine Reinigungsextraktion mit CH_2Cl_2 hinterläßt grau bis braunviolett gefärbte Pulver, die sich nur noch teilweise in den obigen Lösungsmitteln lösen. Erschwerend für die Charakterisierung der Pyrolyseprodukte wirkte sich die Verunreinigung der Monomeren aus (Benzol aus der Darstellung) [15].

Von allen Pyrolysereaktionen ist die der B-Triamino-N-triaryl-borazine am häufigsten untersucht. B-Triamino-N-tri-p-tolyl-borazin spaltet in 2 h bei 250°C kein Ammoniak, sondern p-Toluidin ab [15]. Daraus und aus dem IR-Spektrum wird auf eine Ringöffnung und anschließende Polymerisation geschlossen, die formal nach Gleichung (8) ablaufen soll.

(8)

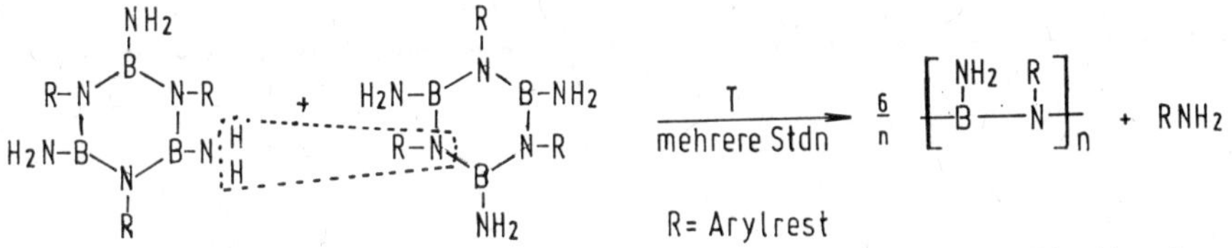

Das B-Tris(n-propylamino)-N-triphenyl-borazin ist thermisch beständiger. Die Abspaltung von n-Propylamin analog Gleichung (8) erfolgt erst nach 12 h bei 340 bis 350°C. Das dabei gebildete klebrige, transparente Polymer löst sich in vielen organischen Lösungsmitteln. Im Gegensatz zu dem braunen Pyrolyseprodukt aus B-Triamino-N-tri-p-tolyl-borazin ist es sehr hydrolyseempfindlich [15].

Toeniskoetter und Hall [17] führten die Pyrolyse dieser Borazine sowohl im geschlossenen Rohr unter eigenem Druck wie in offenen Gefäßen unter Vakuum durch. Dabei blieben im ersten Fall alle Reaktionsprodukte im Reaktionsgefäß. Im zweiten Fall dagegen wurden die flüchtigen Bestandteile in Kühlfallen abgefangen und untersucht. Im Vakuum lagen die Zersetzungspunkte viel niedriger als im abgeschmolzenen Rohr. B-Triamino-N-triphenyl-borazin spaltete unter eigenem Druck bei 400°C in 2 h nur die Hälfte der Anilinmenge ab, die sonst bei 300°C im Vakuum entstand. Dieselbe Probe entwickelte anschließend im Vakuum kein Anilin mehr. Eine nähere Untersuchung erfolgte nicht.

Zum Reaktionsmechanismus machten die Autoren folgenden Vorschlag: 1. Proton- oder H-Atom-verschiebung von einer Aminogruppe zum benachbarten Ringstickstoff, 2. Aufbrechen des Ringes, 3. Verschiebung eines weiteren Protons und Bildung von Anilin oder eines Anilinderivates (Gleichung (9)), 4. weiteres Anwachsen der Querverknüpfungen und Entstehen der Grenzstruktur aller B-N-Polymeren, des Bornitridgitters.

(9)

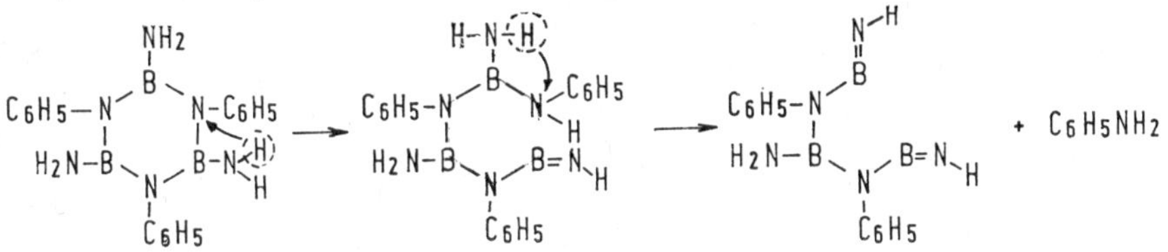

(10)

(11)

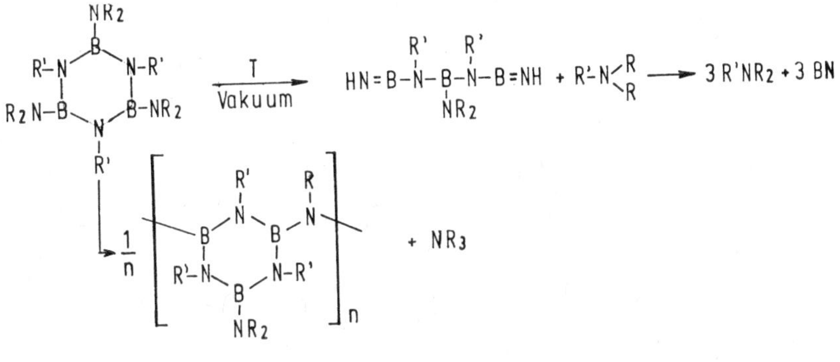

Im Gegensatz zu diesen Reaktionen der N-Aryl-borazine führt die Pyrolyse der B-Triamino-N-trimethyl-borazine (vgl. Tabelle 3/2) zu einer Entwicklung von Ammoniak und Methylamin im annähernden Molverhältnis von 1:2 [17, 18]. Die Entstehung von Methylamin (für R = H) deutet auf eine Ringspaltung, vgl. Gleichung (10), während die Ammoniakbildung (ebenfalls für R = H) auf die konkurrierende Polymerisationsreaktion (11) hinweist.

Literatur zu 3.5.2.1

[1] V. I. Spitsyn, I. D. Kolli, R. A. Rodionov, A. F. Grigor'ev, T. G. Sevast'yanova (Vestn. Mosk. Univ. Ser. II Khim. **21** [1966] 46/50). — [2] I. B. Atkinson, B. R. Currell (Inorg. Macromol. Rev. **1** [1970] 203/33). — [3] W. Gerrard (Soc. Chem. Ind. [London] Monograph Nr. 13 [1961] 328/42, 332). — [4] A. Finch, J. B. Leach, J. H. Morris (Organometal. Chem. Rev. A **4** [1969] 1/45). — [5] H. S. Turner, R. J. Warne (J. Chem. Soc. **1965** 6421/50).

[6] B. R. Currell, W. Gerrard, M. Khodabocus (J. Organometal. Chem. **8** [1967] 411/9). — [7] I. B. Atkinson, C. A. Beck, B. R. Currell, S. U. Sheik (Inorg. Symp. Inorg. Polymers, London 1969). — [8] R. K. Bartlett, H. S. Turner, R. J. Warne, M. A. Young, I. J. Lawrenson (J. Chem. Soc. A **1966** 479/500). — [9] B. M. Mikhailov, T. K. Kozminskaya, N. S. Fedotov, V. A. Dorokhov (Dokl. Akad. Nauk SSSR **127** [1959] 1023/6; Proc. Acad. Sci. USSR Chem. Sect. **127** [1959] 643/6). — [10] B. M. Mikhailov, T. K. Kozminskaya (Izv. Akad. Nauk. SSSR Ser. Khim. **1965** 439/42; Bull. Acad. Sci. USSR Div. Chem. Sci. **1965** 424/7).

[11] J. E. Burch, W. Gerrard, E. F. Mooney (J. Chem. Soc. **1962** 2200/3). — [12] J. A. Semlyen, P. J. Flory (J. Chem. Soc. A **1966** 191/4). — [13] U. S. Borax & Chemical Corp. (B.P. 877324 [1961]). — [14] V. V. Korshak, N. I. Bekasova (Vysokomolekul. Soedin. **8** [1966] 1383/5). — [15] W. Gerrard, E. F. Mooney, D. E. Pratt (J. Appl. Chem. [London] **13** [1963] 127/33).

[16] National Research Development Corp. (B.P. 1015601 [1965]). — [17] R. H. Toeniskoetter, F. R. Hall (Inorg. Chem. **2** [1963] 29/36). — [18] R. Clément, Y. Proux (Bull. Soc. Chim. France **1969** 558/63).

Special Properties. Numerical Data

3.5.2.2 Spezielle Eigenschaften, Kenngrößen

Die auf dem Gebiet der Poly(iminoborane) herrschende Unsicherheit wird auch dadurch deutlich, daß die Eigenschaften der hergestellten polymeren Substanzen nur sehr dürftig beschrieben werden. Von den bei der Pyrolyse der Bis(alkylamino)-phenylborane erhaltenen Produkten heißt es nur, daß sie viskos und sehr leicht hydrolysierbar seien [1]. Die Unvollständigkeit der angenommenen Bildungsreaktion $n\,C_6H_5B(NHR)_2 \rightarrow n\,RNH_2 + (C_6H_5BNR)_n$ ergibt sich aus der abgespaltenen Menge an Amin RNH_2. So wurden mit R = i-C_3H_7 0.65 mol, mit R = i-C_4H_9 2.40 mol, mit R = s-C_4H_9 0.89 mol und mit R = t-C_4H_9 0.12 mol Amin nachgewiesen (bezogen auf 1 mol Ausgangsboran). Die Pyrolyse von B-Trichloro-N-triphenyl-borazin wurde patentiert [2], weil das erhaltene Produkt thermoplastische Eigenschaften aufweist. Es erweicht erst bei ca. 300°C, verflüssigt sich bei ca. 400°C und bleibt bis 600°C unzersetzt. Vorgeschlagene Nutzung wegen der zusätzlichen Hydrolysebeständigkeit: wärmebeständige Filme und Überzüge in der Elektroisolation. Der Pyrolyserückstand von B-Triamino-N-trimethyl-borazin ist amorph und nicht flüchtig, der von B-Tris(methylamino)-N-trimethylborazin ein gelber, fester, amorpher Schaum [3]. Die angegebenen Pyrolysedaten sind in der nachstehenden Tabelle 3/2 zusammengestellt.

Tabelle 3/2

Pyrolyse der B-Triamino-N-tri(aryl/alkyl)-borazine.

Substituenten am B	am N	Pyrolyse im Hochvakuum Beginn der Zersetzung	vollständige Umwandlung	Pyrolyse unter Eigendruck
$-NH_2$	$-C_6H_5$	260°C	300°C, 18 h	2 h/400°C, 50% Ausbeute
$-NHCH_3$	$-C_6H_5$	170°C	> 350°C	
$-N(CH_3)_2$	$-C_6H_5$	350°C		
$-NH_2$	$-CH_3$	120°C		
$-NHCH_3$	$-CH_3$	150°C		
$-N(CH_3)_2$	$-CH_3$	400°C		

3.5.2.3 IR-Spektren

IR Spectra

Der bei der Pyrolyse von N-Triaryl-B-trichlor-borazinen entstehende polymere Rückstand zeigt keine B–Cl-Valenzschwingung bei 792 cm^{-1} mehr. Das Auftreten der Frequenz ν_{NH} bei 3415 cm^{-1} weist auf eine Zerstörung der Borazinringe hin und auf die Bildung einer B–N-Kette [4]. Zugleich steigt der Wert für die Bor–Stickstoff-Valenzschwingung, verglichen mit der des Borazins, während die Frequenz der B–N-Deformationsschwingung sich erniedrigt [1], vgl. Tabelle 3/3.

Tabelle 3/3

NH- und BN-Frequenzen (in cm^{-1}) im monomeren N-Triphenyl-B-trichlor-borazin (I) und im Polymeren (II).

	ν_{NH}	ν_{BN}	δ_{BN}
I	—	1376	724 bis 715
II	3415	1414	618 bis 601

Außerdem muß eine Umlagerung der aromatischen Reste stattgefunden haben, da das typische Muster für die 1,3-Disubstitution im Polymeren (II) erscheint: 887 und 794 cm^{-1} (γ(CH=CH)-wagging mode) und 684 cm^{-1}, eine Bande, die jedoch im Fall der meta-Substitution nicht immer erscheint. Diese Daten deuten auf die Struktur II hin (vgl. Reaktion (7) in 3.5.2.1.3, S. 252).

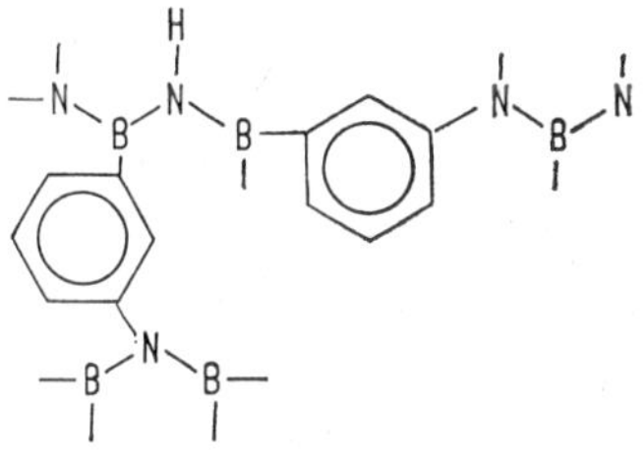

II

Literatur zu 3.5.2.2 und 3.5.2.3

[1] J. E. Burch, W. Gerrard, E. F. Mooney (J. Chem. Soc. **1962** 2200/3). — [2] National Research Development Corp. (B.P. 1015601 [1965]). — [3] R. H. Toeniskoetter, F. R. Hall (Inorg. Chem. **2** [1963] 29/36). — [4] W. Gerrard, E. F. Mooney, D. E. Pratt (J. Appl. Chem. **13** [1963] 127/33).

3.5.3 Poly(amin-borane) (= Polyborazene)

Poly(amine-boranes)

3.5.3.1 Darstellung, allgemeine Eigenschaften

Preparation. General Properties

Das polymere Amin-boran (I) wurde schon vor 40 Jahren von Stock und Mitarbeitern bei der Elektrolyse von Diboran in flüssigem Ammoniak erhalten.

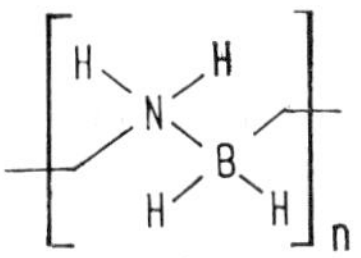

I

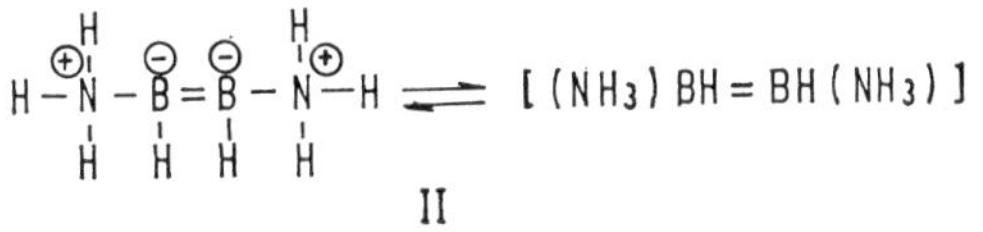

II

Zu Beginn der Elektrolyse wird kathodisch Wasserstoff entwickelt. Dann tritt N_2-Entwicklung und NH_3-Zersetzung an der Anode ein. Nach Beendigung der Elektrolyse und Entfernen des überschüssigen Ammoniaks bleibt ein fester, farbloser, nichtflüchtiger Stoff zurück, der in flüssigem Ammoniak löslich ist. Stock u. a. [1] schrieben diesem polymeren Rückstand die Formel II zu.

Bleibt das bei der Umsetzung von NH_3 mit überschüssigem B_2H_6 entstehende B_2H_7N länger als $1^1/_2$ Jahre verschlossen stehen, so tritt Zersetzung nach (1) ein [2]. Eine nähere Untersuchung unterblieb wegen der Vermutung, die Ausgangssubstanz sei unsauber gewesen.

$$(1)\quad 2\,B_2H_7N \longrightarrow B_2H_6 + \frac{2}{n}\,[BH_4N]_n$$

Werden äquimolekulare Mengen von NH_3 und B_2H_6 oberhalb von 100°C und bei Atmosphärendruck miteinander umgesetzt, so entsteht direkt das Poly(amin-boran) $[H_2N\text{-}BH_2]_n$ unter Wasserstoffentwicklung [3]. Als Übergangsstufe soll das Amin-boran H_3BNH_3 fungieren. Dem festen, weißen Polymeren wird eine Kettenstruktur zugeordnet. Thermisch läßt es sich nicht depolymerisieren, weil sich bei solchen Versuchen unter H_2-Abspaltung borazinähnliche Ringe bilden. Wird bei der Bildungsreaktion mit einem Überschuß an B_2H_6 gearbeitet, so entsteht das Addukt B_2H_7N, dessen Polymerisationsneigung [2] bestätigt wird.

In Analogie zur Darstellung von Lithiumtetrahydroborat gemäß $B_2H_6 + 2\,LiH \longrightarrow 2\,LiBH_4$ entstand ein weiteres Darstellungsverfahren (2):

$$(2)\quad B_2H_6 + LiNH_2 \xrightarrow[-60°C]{Aether} LiBH_4 + \frac{1}{n}\,[BH_2NH_2]_n$$

Dieses Verfahren von Schaeffer und Basile [4] bietet mehrere Vorteile: 1) Überschuß an B_2H_6 bewirkt eine schnelle und vollständige Reaktion; 2) überschüssiges Diboran läßt sich zurückgewinnen; 3) das in Äther unlösliche $LiNH_2$ wird in das lösliche $LiBH_4$ umgewandelt, und das ätherunlösliche Polymere bleibt zurück.

Das Lithiumamid reagiert nur in ätherischer Suspension und nicht direkt mit gasförmigem Diboran. In einer solchen Suspension erfolgt dann bereits bei −64°C eine ruhige Reaktion, zu der wegen der einfachen Stöchiometrie folgender Reaktionsweg (3) in Analogie zur Darstellung von Lithiumtetrahydroborat entwickelt wurde: 1) Eine BH_3-Gruppe wird ans freie Elektronenpaar des „Amid-Ions" angelagert; 2) die schwächere Säure Aminoboran wird durch die stärkere Säure Boran ersetzt.

$$(3)\quad {}^1/_2 B_2H_6 + LiNH_2 \longrightarrow LiH_3BNH_2 \qquad LiH_3BNH_2 + {}^1/_2\,B_2H_6 \longrightarrow LiBH_4 + BH_2NH_2$$

Setzt man eine Lösung des Diammoniak-diborans in flüssigem Ammoniak mit Alkalimetallen um, so erhält man das Metall(I)-hydroborat, polymeres $[BH_2NH_2]_n$ und Ammonolyseprodukte des Aminoborans [5]. Die Gesamtreaktion (4) soll in zwei Schritten ablaufen: 1) Reaktion des Metalls mit der ammoniakalischen Lösung des Diammoniak-diborans (die Formulierung $Me^IB_2H_8N$ hat nur stöchiometrische Bedeutung); 2) Entfernen des Lösungsmittels.

$$(4)\quad Me^I_{(gel)} + B_2H_6\cdot 2\,NH_{3(gel)} \longrightarrow Me^IB_2H_8N_{(gel)} + {}^1/_2\,H_2 + NH_3$$

$$Me^IB_2H_8N_{(gel)} \longrightarrow Me^IBH_{4(f)} + \frac{1}{n}\,[BH_2NH_2]_n$$

Mit einem geeigneten Äther kann das Metall(I)-hydroborat vom Polymeren getrennt werden.

Wird der überschüssige Ammoniak nicht vorsichtig genug bei möglichst tiefen Temperaturen entfernt, dann reagiert das Polymere unter Wasserstoffabgabe nach (5) weiter.

$$(5)\quad \frac{1}{n}\,[BH_2NH_2]_n + x\,NH_3 \longrightarrow BH_{2-x}(NH_2)_{1+x} + x\,H_2$$

Diese Reaktionen veranlaßten die Autoren [5], das Diammoniak-diboran als $H_4NBH_2NH_2BH_4$ zu formulieren. Seine Reaktion mit einem Alkalimetall soll dann Gleichung (6) entsprechen.

$$(6)\quad H_4NBH_2NH_2BH_{4(gel)} + Me^I_{(gel)} \longrightarrow {}^1/_2\,H_2 + BH_2NH_{2(gel)} + Me^+_{(gel)} + BH^-_{4(gel)} + NH_3$$

$$BH_2NH_{2(gel)} + Me^+_{(gel)} + BH^-_{4(gel)} \longrightarrow \frac{1}{n}\,[BH_2NH_2]_n + Me^IBH_{4(Ammoniakat)}$$

Als Weiterentwicklung dieser Darstellungsmethode kann die Umsetzung von Diammoniakdiboran mit Natriumacetylid in flüssigem Ammoniak (7) angesehen werden [6]. Die Reaktionsgleichung ist ein weiterer Hinweis für die in Gleichung (6) gegebene Formel des Diammoniakats.

(7) $$H_4N{-}BH_2{-}NH_2{-}BH_4 + NaC{\equiv}CH \xrightarrow{NH_3(fl)} \frac{1}{n}[BH_2NH_2]_n + NaBH_4 + NH_3 + HC{\equiv}CH$$

Bei der Umsetzung fallen zwei verschiedene kristalline, weiße Substanzen an. Die eine, in 15%iger Ausbeute entstehende Kristallart ist identisch mit dem Cyclo[amin(N,B)boran] (Perhydroborazin) $(BH_2NH_2)_3$, das sonst durch Hydrochlorierung und nachfolgende Reduktion mit Natriumtetrahydroborat aus Borazin hergestellt wird [7]. Das Hauptprodukt $[BH_2NH_2]_n$ war unzweifelhaft von größerem Molekulargewicht als das Cyclotriborazan, aber nicht notwendigerweise hochpolymer.

Dialkylaminodichlorboran R_2NBCl_2 entsteht in zwei Modifikationen, wenn Borchlorid mit Dimethylamin zusammen kondensiert und das Gemisch langsam auf Raumtemperatur erwärmt wird [8]. Eine Modifikation ist flüssig und vermutlich monomer. Die Kristallinität der zweiten Modifikation wird durch Di- bzw. Polymerisation erklärt.

Bei der Umsetzung von Trisilylamin mit Monobromdiboran entsteht Bis(silylamino)-boran und bei der Reaktion mit Bortrichlorid das entsprechende Chlorboran [9]. Dieses Bis(silylamino)-dichlorboran ist bei 20°C eine Flüssigkeit von 22 Torr Dampfdruck. Läßt man die Substanz längere Zeit stehen, so fällt der Dampfdruck wegen eintretender Polymerisation. Beim Erwärmen auf 60 bis 65°C beschleunigt sich dieser Vorgang. Es entsteht unter gleichzeitiger Bildung der flüchtigen Produkte H_2, SiH_4 und SiH_2Cl_2 ein gelblich-glasiger Rückstand.

Das bei −78°C kristalline Bis(silylamino)-boran schmilzt im Gebiet von −40 bis −35°C und bleibt danach selbst bei Temperaturen unterhalb von −78°C noch flüssig. Diese Flüssigkeit läßt sich in ein monomeres und ein dimeres Boran auftrennen. Beide, das Monomere wie das Dimere, polymerisieren beim Stehen bei Raumtemperatur in 72 h vollständig, wobei ein nichtflüchtiges, glasartiges Material entsteht. Beide Gläser werden als N,N-Disilylderivate von I angesehen.

Von den Verbindungen des Typs R_2NBH_2 mit $R = CH_3$, C_2H_5, $n\text{-}C_3H_7$, $i\text{-}C_3H_7$ läßt sich nur das Dimethylaminoboran durch Druckerhitzen (150°C, 3000 atm) polymerisieren [10]. Das amorphe Polymere III ist in den üblichen Lösungsmitteln unlöslich und wandelt sich beim Stehen an der Luft im Laufe mehrerer Monate in das Dimere um.

Die Umaminierung von Dimethylaminoboran mit Methylamin findet nur bei etwa 60°C in der Dampfphase statt [11]. Dabei schlägt sich ein dünner und anfangs transparenter Film auf der Glaswand des Reaktionsgefäßes nieder. Eine direkte Bestimmung des Polymerisationsgrades war wegen der Unlöslichkeit des Produktes nicht möglich, aber ein hoher Assoziationsgrad ist wahrscheinlich, der die Struktur IV bedingt.

Für diese Umaminierung wird folgender Reaktionsweg vorgeschlagen (8): 1 Bildung eines schwachen Methylaminadduktes V; 2 Protonenverschiebung und Ausbildung des Dimethylaminadduktes VI; 3 Dissoziation dieses Adduktes und Entstehung des monomeren Methylaminoborans.

(8) $$(CH_3)_2NBH_2 + CH_3NH_2 \rightleftharpoons \underset{\mathbf{V}}{(CH_3)_2NBH_2 \cdot CH_3NH_2} \qquad \underset{\mathbf{V}}{(CH_3)_2NBH_2 \cdot CH_3NH_2} \rightleftharpoons \underset{\mathbf{VI}}{(CH_3)_2NH \cdot BH_2NHCH_3}$$

$$\underset{\mathbf{VI}}{(CH_3)_2NH \cdot BH_2NHCH_3} \rightleftharpoons (CH_3)_2NH + CH_3NHBH_2$$

Dieser Reaktionsweg erscheint deswegen möglich, weil die Dimethylaminoborane ein Lewis–Säure–Base-System bilden, in dem die Aufnahme bzw. Abgabe von BH_3-Gruppen als Austauschreaktion gedeutet wird [12], wobei fünf verschiedene Addukte möglich sind.

Entweder reagiert V oder das Monomere einzeln oder gleichzeitig zum Polymeren weiter (9).

(9) $$n\,CH_3NHBH_2 \longrightarrow [NH(CH_3)BH_2]_n$$
$$n(CH_3)_2NH \cdot BH_2NHCH_3 \longrightarrow [NH(CH_3)BH_2]_n + n(CH_3)_2NH$$

Unabhängig von der Natur der reagierenden Spezies erscheint Struktur VII sehr wahrscheinlich, weil freies Amin während der gesamten Reaktion anwesend ist. Die Kettenbildung ist dann

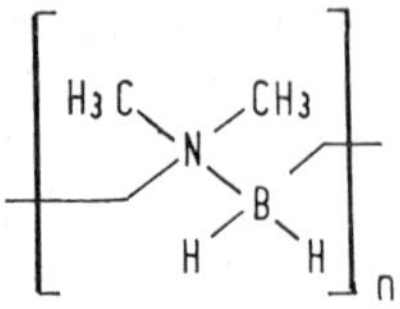

III

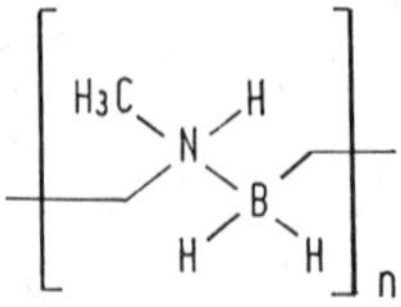

IV

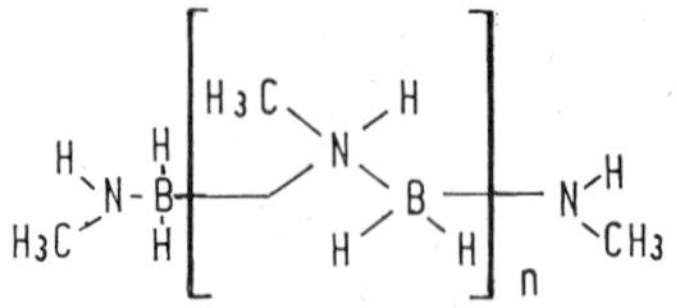

VII

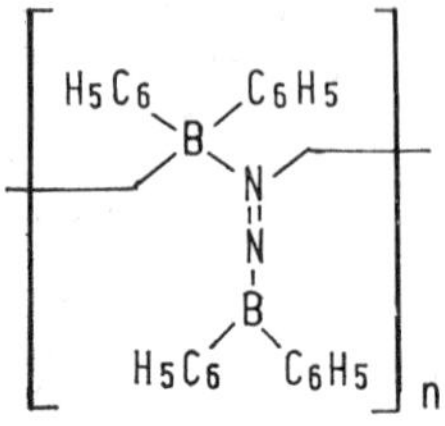

VIII

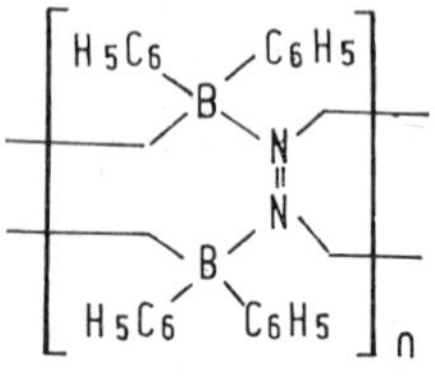

IX

wegen der koordinativen Sättigung oder Blockierung des endständigen Bor-Atoms durch eine Dimethylgruppe gegenüber der Ringbildung begünstigt. Eine ähnliche Stabilisierung ist bei den linearen Phosphinoboranen bekannt [13].

Im Vakuum ist das Polymere bis etwa 150°C beständig. Bei Anwesenheit von Dimethylaminspuren wandelt es sich dagegen bei 55 bis 75°C innerhalb von 12 h zu mehr als der Hälfte in das cyclische Trimere um. Bei dieser Umwandlung greift vermutlich die freie Base die Boratome nukleophil an. In bezug auf das cyclische Trimere erscheint das Polymere als thermodynamisch instabil.

$$(10)\quad (CH_3)_3Si{-}N{=}N{-}Si(CH_3)_3 + 2(C_6H_5)_2BCl \xrightarrow[-40^\circ C]{CH_2Cl_2} 2(CH_3)_3SiCl + (C_6H_5)_2B{-}N{=}N{-}B(C_6H_5)_2$$

Auch das Bis(diphenylboryl)-diimin, das bei der Umsetzung von Bis(trimethylsilyl)-diimin mit Diphenylchlorboran nach Gleichung (10) entsteht [14], soll ein Polymeres mit der Kettenstruktur VIII sein. Die ebenfalls mögliche Leiterstruktur (Doppelkette) IX gilt als unwahrscheinlich. Als Begründung führen die Autoren [14] die Zersetzung des gelbgefärbten Produktes in pyridinischer Lösung an. Das Polymere ist in den üblichen Lösungsmitteln unlöslich, gegen Säuren stabil und wird erst oberhalb von 400°C langsam unter Abgabe des gesamten Stickstoffs zersetzt.

Literatur zu 3.5.3.1

[1] A. Stock, E. Wiberg, H. Martini, A. Nicklas (Ber. Deut. Chem. Ges. **65** [1932] 1711/24). — [2] H. I. Schlesinger, D. M. Ritter, A. B. Burg (J. Am. Chem. Soc. **60** [1938] 2297/300). — [3] E. Wiberg, A. Bolz, P. Buchheit (Z. Anorg. Allgem. Chem. **256** [1948] 285/306). — [4] G. W. Schaeffer, L. J. Basile (J. Am. Chem. Soc. **77** [1955] 331/2). — [5] G. W. Schaeffer, M. D. Adams, F. J. Koenig (J. Am. Chem. Soc. **78** [1956] 725/8).

[6] S. G. Shore, C. W. Hickham (Inorg. Chem. **2** [1963] 638/40). — [7] G. H. Dahl, R. Schaeffer (J. Am. Chem. Soc. **83** [1961] 3032/4). — [8] E. Wiberg, K. Schuster (Z. Anorg. Allgem. Chem. **213** [1933] 77/88, 89/93). — [9] A. B. Burg, E. S. Kuljian (J. Am. Chem. Soc. **72** [1950] 3103/7). — [10] I. Dewing (Angew. Chem. **73** [1961] 681).

[11] M. P. Brown, R. W. Heseltine (J. Inorg. Nucl. Chem. **29** [1967] 1197/201). — [12] A. B. Burg, J. S. Sandhu (Inorg. Chem. **4** [1965] 1467/72). — [13] R. I. Wagner, F. F. Caserio (J. Inorg. Nucl. Chem. **11** [1959] 259). — [14] N. Wiberg, G. Schwenk (Angew. Chem. **81** [1969] 745).

Special Properties. Numerical Data

3.5.3.2 Spezielle Eigenschaften, Kenngrößen

Nur das Poly(dimethylamin-dichlorboran) [1] und das Poly(monomethylamin-boran) [2] sind in dieser Verbindungsgruppe näher untersucht worden. Alles, was über die anderen Poly(aminborane) bekannt ist, steht im Abschnitt 3.5.3.1.

Die direkt aus dem flüssigen Monomeren und die aus benzolischer Lösung ausfallenden Kristalle des Poly(dimethylamin-dichlorborans) weisen 6 Flächen auf, während beim Umkristallisieren aus Äther Kristalle mit 12 Flächen entstehen (Habitusänderung) [1]. Röntgenaufnahmen beider Kristallarten ergaben eine monokline Elementarzelle mit den Gitterkonstanten a = 6.47, b = 6.63, c = 6.47 Å und β = 82.5°. Da zwei Kantenlängen der Elementarzelle einander genau und der dritten nahezu gleich sind und weil β fast 90° ist, wird kubische Symmetrie vorgetäuscht. Nach den vorgefundenen systematischen Auslöschungen ergibt sich die Kristallklasse C^1_{2h}–P2/m, wobei die b-Achse Faserachse ist. Eine genaue Strukturberechnung unterblieb [1], so daß keine Aussagen über den Polymerisationsgrad möglich sind. Eine kryoskopische Bestimmung in Benzol ergab n = 2, wobei aber vermutet wurde, daß das Dimere bereits ein Zersetzungsprodukt sei. Die Kristalle selbst sind inert gegen Wasser, Säuren und Laugen. Selbst tagelange Einwirkung von HCl zeigt keinen Effekt, und konzentriertes HNO_3 löst es im Bombenrohr nur ganz unvollkommen. Die Elementaranalyse ließ sich deshalb nur durch katalytische Hydrierung (Cl zu HCl, N zu NH_3) bzw. katalytische Oxydation (C zu CO_2, H zu H_2O) durchführen.

Weil cyclische Aminborane im Vakuum flüchtig und in zahlreichen Lösungsmitteln löslich sind, das durch Umaminierung in der Gasphase hergestellte Monomethylaminoboran dagegen diese Eigenschaften nicht aufweist (es ist unlöslich in allen gebräuchlichen Lösungsmitteln, im Vakuum bei 160°C nicht flüchtig und zersetzt sich erst oberhalb 160°C), wurde ihm die polymere Kettenstruktur $-NHCH_3-BH_2-NHCH_3-BH_2-$ zugeordnet [2]. Der Polymerisationsgrad konnte wegen der Unlöslichkeit nicht bestimmt werden. Das IR-Spektrum kann als Strukturbeleg dienen (vgl. 3.7.4, S. 327)

Literatur zu 3.5.3.2

[1] E. Wiberg, K. Schuster (Z. Anorg. Allgem. Chem. **213** [1933] 89/93). — [2] M. P. Brown, R. W. Heseltine (J. Inorg. Nucl. Chem. **29** [1967] 1197/201).

3.5.4 B-N-Polymere mit variierter Kettensequenz

B-N Polymers with Various Chain Sequences

3.5.4.1 Ketten mit einer N-B-B-Sequenz

Chains with a N-B-B Sequence

Tetrakis(dimethylamino)-diboran ist bei −30°C in überschüssigem, flüssigem NH_3 löslich. Wird eine solche Lösung im verschlossenen Gefäß auf +50°C erwärmt, so entsteht ein Überdruck von rund 20 atm, der zur Polymerisation ausreicht [1]. Nach 135 h bleibt nach Entfernung von überschüssigem NH_3 und von entstandenem Dimethylamin in der Bombe ein festes, farbloses Polymeres zurück (1). Erhitzen auf 500°C — sowohl an der Luft wie im abgeschmolzenen Rohr — bewirkt bei diesem Polymeren keine merkliche Änderung im Aussehen. Erst oberhalb dieser Temperatur wird Dimethylamin abgespalten, was auf Vernetzung hindeutet. Die Verwendung als Schmelz- und Gußharz und als Schutzüberzug für Gewebe und Drähte wurde patentiert [1].

(1) 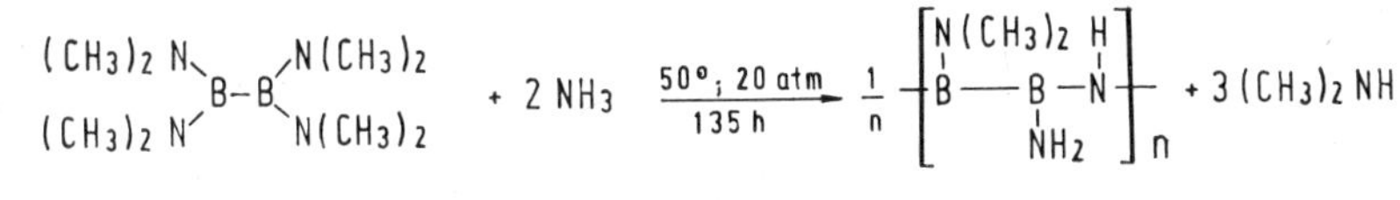

3.5.4.2 Ketten mit einer B-N-N-Sequenz

Chains with a B-N-N Sequence

Nach den Reaktionsgleichungen (2) und (3) lassen sich polymere Hydrazino-borane herstellen [2].

$$(2)\quad N_2H_5^+X^- + \tfrac{1}{2}\,B_2H_6 \xrightarrow[\text{7 Tage kochen}]{(C_4H_9)_2O} \tfrac{1}{n}\,[(N_2H_4BH_2)^+X^-]_n + H_2$$

$$(3)\quad N_2H_4\cdot 2\,BH_3 + N_2H_6^{2+}\,2\,X^- \xrightarrow[\text{mahlen}]{\text{mehrere Tage}} \tfrac{2}{n}\,[(N_2H_4BH_2)^+X^-]_n + 2\,H_2$$

Die Existenz der $BH_2N_2H_4^+$-Gruppe zeigt das IR-Spektrum an. Das weiße, kristalline Nitrat ist in vielen organischen Lösungsmitteln unlöslich. In Wasser hydrolysiert es sofort unter Bildung von $N_2H_6^{2+}$- und NO_3^--Ionen. Im Zusammenhang mit der Elementaranalyse ergibt sich so die Formelstruktur I mit vierfach koordinierten Bor- und Stickstoffatomen.

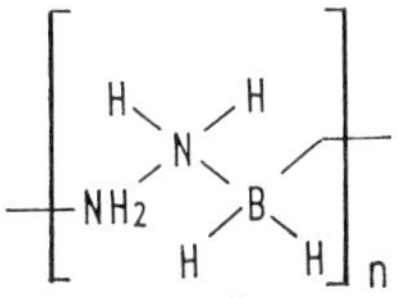

I

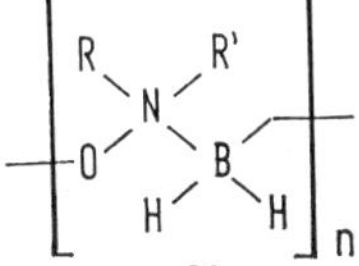

II

Chains with a B-N-O Sequence

3.5.4.3 Ketten mit einer B-N-O-Sequenz

Das bei Raumtemperatur flüssige N,N-Dimethyl-hydroxylamin-boran spaltet bei 55°C im geschlossenen Gefäß genau 1 Äquivalent Wasserstoff ab. Die Flüssigkeit wandelt sich dabei direkt und ohne Zwischenstadien von steigender Viskosität in einen weißen Festkörper um. Da für diese Substanz kein Lösungsmittel bekannt ist, unterblieben weitere Untersuchungen. Die Formelstruktur II wurde nur versuchsweise aus der Elementaranalyse entwickelt [3]. Beim Erwärmen auf 100°C spaltet dieses Polymere nochmals 1.25 Äquivalente H_2 ab und bildet dabei eine kleine Menge einer unbekannten, hochsiedenden Flüssigkeit.

Literatur zu 3.5.4.1 bis 3.5.4.3

[1] U.S. Borax & Chemical Corp. (B.P. 969299 [1964]; C.A. **61** [1964] 14804). — [2] Esso Research and Engineering Co., J. E. Coleman, F. C. Gunderloy (U.S.P. 3323877 [1967]; C.A. **67** [1967] Nr. 55765). — [3] D. H. Campbell, T. C. Bissot, R. W. Parry (J. Am. Chem. Soc. **80** [1958] 1549/52).

Chains with B–N–C Bonds

3.5.4.4 Ketten mit B–N–C-Bindungen

Poly[(N,B)-cyanide-borane-(4)ylenes]

3.5.4.4.1 Poly[(N,B)cyanid-boran(4)ylene] (=Poly(cyanborane))

Diboran reagiert mit Silylcyaniden formal nach $2\,R_3SiCN + B_2H_6 \rightarrow 2\,R_3SiCN \cdot BH_3$ (wobei R = H, CH_3) zu einem Addukt [1], das mit Chlorwasserstoff bei tiefen Temperaturen formal nach $R_3SiCN \cdot BH_3 + HCl \rightarrow R_3SiCNBH_2Cl + H_2$ weiterreagiert. Bei steigender Temperatur (von −78 auf −22.4°C) tritt irreversible thermische Zersetzung ein (4), wobei sich ein polymerer Festkörper in über 90%iger Ausbeute bildet.

$$(4)\quad R_3SiCNBH_2Cl \xrightarrow{T} R_3SiCl + \frac{1}{n}\,[BH_2CN]_n$$

Unter Ausnutzung der freien 3d-Orbitale des Siliciums soll die Ligandenübertragung vom B zum Si relativ leicht unter Bildung des Übergangskomplexes III vor sich gehen [1]. Eine Abspaltung des entsprechenden Silans ließe dann das Polymere IV entstehen. Wegen der energetisch nicht erreichbaren 2d-Orbitale im C-Atom wäre somit auch erklärt, warum bei der thermischen Zersetzung von $CH_3CN \cdot BH_3$ immer ein großer Teil von CH_3CN und B_2H_6 zurückgewonnen wird. Diese Arbeitshypothesen werden durch die Analogreaktion $(CH_3)_3N \cdot BH_3 + HCl \rightarrow (CH_3)_3NBH_2Cl + H_2$ gestützt, die näher untersucht ist [2].

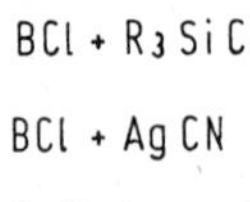

III

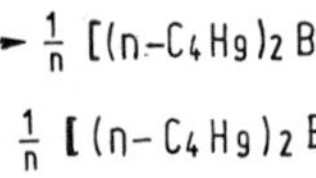

IV

Mit Dibutylchlorboran gelingen auch die direkten Umsetzungen (5) und (6), die eine farblose, hochviskose Flüssigkeit mit n ≧ 20 (kryoskopisch in Benzol) liefern [3].

$$(5)\quad (n\text{-}C_4H_9)_2BCl + R_3SiCN \longrightarrow \frac{1}{n}\,[(n\text{-}C_4H_9)_2BCN]_n + R_3SiCl$$

$$(6)\quad (n\text{-}C_4H_9)_2BCl + AgCN \longrightarrow \frac{1}{n}\,[(n\text{-}C_4H_9)_2BCN]_n + AgCl$$

Beide Polymere werden beim Aufheizen nicht unter Bildung flüchtiger Produkte depolymerisiert. Dafür wird aber entweder die Cyanidgruppe reduziert (IV; R = H), oder es wird Kohlenwasserstoff abgespalten (IV; R = n–C_4H_9). In flüssigem Ammoniak tritt Depolymerisation ein, und nach Entfernen des überschüssigen Lösungsmittels bleibt eine leichtbewegliche, nicht flüchtige Flüssigkeit. In ihr vermutet man die Monoammoniak-Verbindung des Monomeren.

Poly[(N,B)-diamino-boranes]

3.5.4.4.2 Poly[(N,B)-diaminoborane)]

Der erste Hinweis auf diese Polymeren stammt von Holliday und Jeffers [4], die die Donoreigenschaften von N-Atomen in Diaminen untersuchten. Sie fanden, daß die Additionsprodukte von

Boranderivaten und Diaminen unter Wasserstoffabspaltung zur Polymerisation neigen, was sie für die Untersuchung der Donoreigenschaften ungeeignet machte. Bei der Untersuchung der Umaminierung von Bis- oder Tris(amino)-boranen mit Polyaminen wurden Copolymere gefunden [5], deren Bildung sich durch Gleichung (7) summarisch beschreiben läßt.

$$(7)\quad RB(NHR^1)_2 + H_2N{-}R^2{-}NH_2 \longrightarrow \left[\underset{R}{B}{-}NH{-}R^2{-}NH\right]_n + 2\,R^1NH_2$$

Dabei entstehen Wachse und Harze von guter bis sehr guter thermischer Stabilität, die alle entweder thermoplastische oder thermodure Eigenschaften aufweisen. Patentiert [6, 7] wurden die Umaminierungen von Tris(isopropylamino)-boran mit Melamin (Harz, bis Dunkelrotglut stabil), von Tris(s-butylamino)-boran mit Melamin (gelbes, festes, sehr thermostabiles Harz), von Phenyl-bis(t-butylamino)-boran mit 1,6-Hexandiamin (wachsartiger Thermoplast), von Tris(1-butylamino)-boran mit p-Phenylendiamin (klares, sprödes Harz, $t_f = 300°C$). Die Umaminierung ist auch möglich, wenn die reaktionsfähigen Gruppen in einem Molekül vorhanden sind [7]. So entsteht beim Kochen von 2,7-Diaza-3-bora-2-methyl-3-phenyl-octan in Di-n-hexyläther ein Polymer von $\overline{M}_r > 15000$. Korshak u. a. [8] untersuchten die Reaktion von 1,2-Diphenyl-diboran(6) mit 1,6-Hexandiamin, mit p-Phenylendiamin und mit N,N'-Diisopropyl-1,6-hexandiamin. Als wahrscheinliche Umsetzungsgleichung nahmen sie (8) an, wobei sie die Bildung von Polyborazylen nach (9) theoretisch nicht ausschließen konnten. Im Fall des N,N'-disubstituierten Amins kann allerdings nur (8) gelten.

$$(8)\quad (C_6H_5BH_2)_2 + 2\,H_2N(CH_2)_6NH_2 \longrightarrow \frac{2}{n}\,H{-}\left[\overset{C_6H_5}{B}{-}NH{-}(CH_2)_6{-}NH\right]_n{-}H + H_2$$

(9)
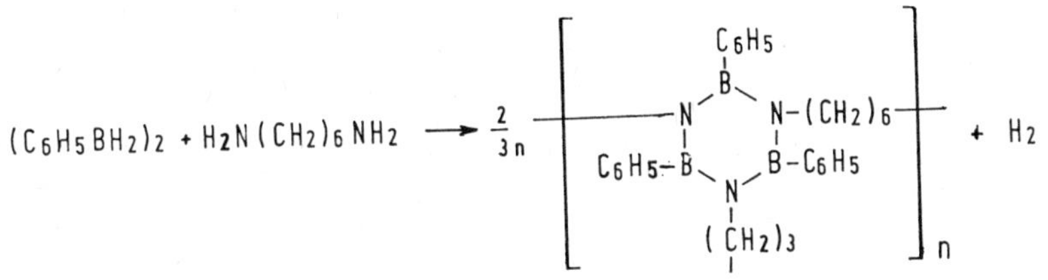

Zur Überprüfung dieser Vorstellungen wurde die Reaktion mit 1,6-Hexandiamin mit den verschiedensten Gewichtsverhältnissen durchgeführt. Immer aber bildeten sich Polymere, deren Eigenschaften auf lineare Ketten hinweisen, s. Schema (8), wobei nur die Endgruppen, bedingt durch den überschüssigen Reaktionspartner, variabel waren. Die N-H-Bindung dieser Kettenpolymere konnte außerdem durch eine IR-Bande bei etwa 3000 cm^{-1} belegt werden. Alle Polymere waren transparente, gummiartige Substanzen, löslich in 2-Hydroxy-toluol (Kresol) und in Benzol, die an der Luft langsam hydrolysierten (nach einer Woche 4%, nach 10 Tagen 7% Gewichtszunahme). Sie wiesen eine Molekülmasse von 1350, eine reduzierte Viskosität von 0.06 (in Kresol) und einen Polymerisationsgrad von $n = 14$ auf. Die Existenz der NH-Gruppen wurde auch analytisch nachgewiesen. Ist etwas 1-Butanthiol bei der Aminierungsreaktion anwesend, so ist das erhaltene Polymere benzolunlöslich ($\eta_{red} = 0.11$ in Kresol).

Die Polykondensation von 1,2-Diphenyl-diboran(6) mit p-Phenylendiamin liefert ein hellbraunes, sprödes Material ($\eta_{red} = 0.08$), das sich an der Luft langsam dunkel färbt. Nach einer Woche ist eine maximale Gewichtszunahme von 5.5% erreicht. Bei der Reaktion mit N,N'-Diisopropyl-1,6-hexandiamin entsteht dagegen nur ein Gemisch verschiedener Oligomerer, die aus zwei bis drei Monomereneinheiten bestehen. Zur Deutung dieser Tatsache wurde die sterische Hinderung der N-Substituenten bei der Kettenbildung herangezogen [8].

Korshak u. a. [8] bedienten sich folgender Arbeitsmethode: In 25 ml Benzol gelöstes Boran (z. B. 0.02 mol) wird zur äquivalenten Menge Diamin zugetropft, wobei sofort heftige Wasserstoffentwicklung einsetzt. Sobald die Gasentwicklung sich beruhigt hat, muß die Temperatur auf 150 bis 200°C erhöht werden, was weitergehende H_2-Bildung bewirkt. Ist diese vollständig beendet, wird schrittweise im Laufe von 4 h auf 250 bis 300°C erhitzt. Abschließend verbleibt die Substanz 2 h im Vakuum (3 Torr) bei der Endtemperatur. Im einzelnen richten sich die Temperaturen nach der Art des eingesetzten Diamins.

Bei den systematischen Untersuchungen der Aminierungsreaktionen von Di- und Trialkoxyboranen wurden ebenfalls Polymere gefunden [9]. Wird p,p'-Methylendianilin mit der doppelten Menge Trimethoxyboran erwärmt, so siedet zunächst das Trimethoxyboran am Rückfluß (67°C). Dann wird langsam Methanol abgespalten, und es bildet sich ein Methanol-Boran-Azeotrop (t_s = 53 bis 55°C), das im Laufe eines Tages abdestilliert (Kolonne mit etwa 30 theoretischen Böden). Zum Schluß geht noch etwas nicht umgesetztes Boran über. Im Destillationskolben verbleibt das Polymere. In Xylol verläuft die Reaktion ähnlich. Zuerst siedet hier das Xylol am Rückfluß, dann fällt die Temperatur bis zum Siedepunkt des abzuspaltenden Alkohols, der langsam abdestilliert. Dann folgen das Xylol und nicht umgesetztes Boran. Die Aminierung verläuft in beiden Fällen nach dem Schema (10). Die Kenngrößen der nach diesem Schema durchgeführten Polymerisationen sind in der nachstehenden

(10)
$$>B\text{-}O\text{-}R + RNH_2 \rightleftharpoons >B\text{-}N\begin{matrix}H\\R\end{matrix} + ROH$$

Tabelle 3/4 zusammengestellt. Das erste Polymere ist ein hartes, opakes Material, das erst in der Bunsenbrennerflamme erweicht. Beim Stehen an der Luft bildet sich oberflächlich p,p'-Methylendianilin. Alkalien beschleunigen die Hydrolyse. Das zweite Polymere ist hart, spröde, opak und riecht ein wenig nach Isobutylalkohol. In seinen weiteren Eigenschaften gleicht es dem ersten Polymeren. Bei der dritten Reaktion entsteht ein Stoff, der bei etwa 190°C flüssig wird (N_2-Atmosphäre, 760 Torr). Aus der erweichten Masse lassen sich Fäden ziehen, die bei Raumtemperatur flexibel sind, aber an der Luft binnen 1 h hydrolysieren. Die vierte Reaktion liefert ein Pech, das dem dritten Polymeren sehr ähnelt.

Tabelle 3/4

Reaktionsgrößen der Polymerisationen nach Schema (10).

Nr.	eingesetzte Mengen in mmol Amin	 Boran	Reaktions-temperatur in °C	gebildetes ROH in mmol	Reaktions-zeit in h	Ausbeute [3] in % d. Th.
1	$H_2N–C_6H_4–CH_2–C_6H_4–NH_2$ 21.8	$(RO)_3B$ $R = CH_3$ 53.9	67.2/53 [1]	23.8	22	22.5
2	48.2	$R = C_4H_9$ 46.0	140 bis 106 [2]	63.4	32	63
3	48.9	$C_6H_5B(OC_4H_9)_2$ 57.3	140 bis 106 [2]	97.5	27	88.5
4	$C_6H_5–NH–C_6H_4–NH–C_6H_5$ 50.7	51.0	140 bis 106 [2]	87.1	165	98

[1] kein Lösungsmittel. — [2] Xylol als Lösungsmittel. — [3] bezogen auf das eingesetzte Boran.

Polymere, denen eine Doppelkettenstruktur mit der Baueinheit V zugeschrieben wird, sind als Guß- und Schmelzharze patentiert [10].

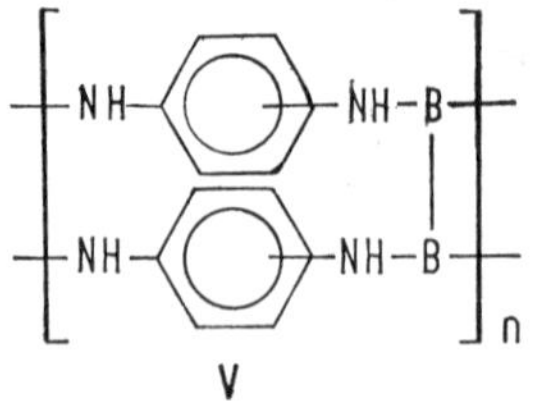

V

Sie entstehen bei der Reaktion von p- oder m-Phenylendiamin mit einem Tetrakis(dialkylamino)-diboran (Molverhältnis 2:1) in einem inerten Lösungsmittel. Kocht z. B. eine benzolische Lösung von Tetrakis(dimethylamino)-diboran und dem Diamin 48 h unter Rückfluß, während ein leichter

N_2-Strom durch die Apparatur streicht, so spaltet sich Dimethylamin ab (etwa 85% der Theorie), und es entsteht ein Kondensat. Nach dem Abfiltrieren der erkalteten Lösung bleibt im Büchner-Trichter ein Filterkuchen zurück, der im Vakuum bei 110°C zu einem braunen, festen Harz zusammensintert. Dieses Harz ist thermisch beständig bis oberhalb 500°C.

Substituierte Borane der allgemeinen Formel BXYZ (z. B. BCl_3, $C_6H_5BCl_2$) reagieren mit aromatischen Isocyanaten zu substituierten Amidoboranen, deren Struktur durch IR-Spektren, alkoholischen Abbau, Additionsreaktionen mit Pyridin und durch alternative Synthesen nachgewiesen wurde [11]. Beim Eintropfen von 4-Methyl-1,3-phenylen-diisocyanat in BCl_3 (beide in niedrigsiedendem Petroläther gelöst) fällt unter Schütteln in 30 min ein weißes, mikrokristallines Polymeres aus. In Analogie zu den mit Monoisocyanaten erhaltenen Amidoboranen ordnen die Autoren [11] diesem Polymeren ebenfalls eine Poly(diamido-boran)-Struktur mit der Baueinheit VI zu. Die Polymerenbildung findet also durch Addition und nicht durch Kondensation statt (vgl. 3.5.4.4.3).

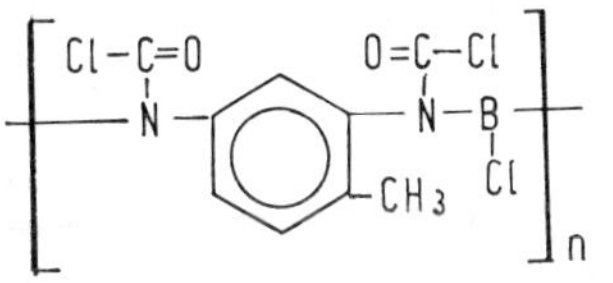

VI

Literatur zu 3.5.4.4.1 bis 3.5.4.4.2

[1] E. C. Evers, W. O. Freitag, J. N. Keith, W. A. Kriner, A. G. MacDiarmid, S. Sujishi (J. Am. Chem. Soc. **81** [1959] 4493/6). — [2] H. I. Schlesinger, N. W. Flodin, A. B. Burg (J. Am. Chem. Soc. **61** [1939] 1078/83). — [3] E. C. Evers, W. O. Freitag, W. A. Kriner, A. G. MacDiarmid (J. Am. Chem. Soc. **81** [1959] 5106/8). — [4] K. Holliday, W. Jeffers (16e Congr. Intern. Chim. Pure Appl., Paris 1957 [1958]; C.A. **1960** 8395). — [5] W. D. English, A. L. McCloskey, H. Steinberg (J. Am. Chem. Soc. **83** [1961] 2122/4).

[6] U.S. Borax & Chemical Corp. (B.P. 857176 [1960]; C.A. **1961** 13314). — [7] U.S. Borax & Chemical Corp., W. D. English, A. L. McCloskey, H. Steinberg (U.S.P. 3028368 [1962]; C.A. **57** [1962] 8616). — [8] V. V. Korshak, V. A. Zamyatina, N. I. Bekasova (Izv. Akad. Nauk SSSR Ser. Khim. **1963** 1648/51; Bull. Acad. Sci. USSR Div. Chem. Sci. **1963** 1503/5). — [9] E. J. Mezey, P. R. Girardot, W. E. Bissinger (Advan. Chem. Ser. **42** [1964] 192/200). — [10] U.S. Borax & Chemical Corp., R. J. Brotherton, L. L. Peterson (U.S.P. 3159590 [1964]; C.A. **62** [1965] 11932).

[11] M. F. Lappert, B. Prokai (J. Chem. Soc. **1963** 4223/9).

3.5.4.4.3 Poly(diureid-alt-borane) und Poly(imidazol-alt-borane)

Poly-(diureide-alt-boranes) and Poly-(imidazole-alt-boranes)

Kettenpolymere dieses Typs entstehen aus organischen Di- oder Triisocyanaten und Trialkyl- oder Triarylaminoboranen [1], wenn das Isocyanat im Verlauf von 1 h einer kochenden Lösung des Borans in einem inerten, wasserfreien Lösungsmittel (Benzol) unter Rühren zugesetzt wird. Zur Erhöhung der Ausbeute muß eine weitere Stunde gekocht werden, wobei das Polymere ausfällt. Patentiert sind die Reaktionen von Tris(isopropylamin)-boran mit Hexamethylen-1,6-diisocyanat bzw. mit 1-Methyl-hexamethylen-1,6-diisocyanat bzw. mit p,p′-Methylen-bis(phenylisocyanat) bzw. mit Tris(phenyl-4,4′,4″-isocyan)-methan und von Tris(tert-butylamin)-boran mit p,p′-Methylen-bis(phenylisocyanat) und von Trisanilin-boran mit 3,3′-Diisocyan-dianisidin [1]. Alle Polymere sind feste, pulverförmige Stoffe, die für Filme und Formteile verwendbar sein könnten.

Die Synthese substituierter Borazine aus primären Aminen und Alkyl- oder Aryldichlorboranen verläuft über die stabile Zwischenstufe der Bis(organoamino)-organoborane. Korshak und Mitarbeiter [2] unterbrachen die Borazinsynthese an dieser Stelle und isolierten Bis(methylamino)-butylboran, Bis(äthylamino)-butylboran, Bis(methylamino)-phenylboran, Bis(äthylamino)-phenylboran und das Bis(phenylamino)-phenylboran. Alle diese Verbindungen benutzten sie für die Copolymerisation mit Hexamethylen-1,6-diisocyanat und mit Toluylendiisocyanat. Ihrer Auffassung nach verläuft die Reaktion nach Schema (1) unter Bildung linearer Ketten vom Typ der Poly(diureid-alt-borane) I.

(1) 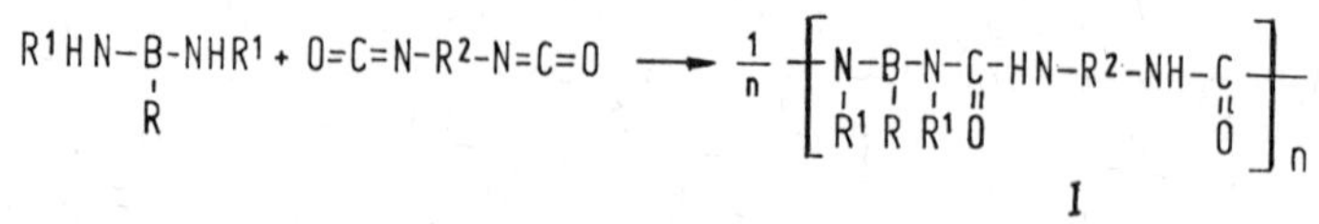

I

Die Copolymerisation der ersten vier Borane mit beiden Diisocyanaten erfolgt im Molverhältnis 1:1 in abgeschmolzenen, evakuierten Ampullen durch schrittweises Erhitzen (je 3 h bei 50, 100, 150, 200, 250 und 275°C für die Reaktion mit Hexamethylen-1,6-diisocyanat; Endtemperatur für die Reaktion mit Toluylendiisocyanat ist 300 statt 275°C). Nur beim Bis(methylamino)-butylboran endet der Versuch bereits bei 150°C. Nach dem Abkühlen und Öffnen der Ampulle erfolgt die Extraktion des Polymeren mit Benzol. Abweichend von diesem Verfahren wird das Bis(phenylamino)-phenylboran mit Hexamethylen-1,6-diisocyanat unter normalem Druck (N_2 als Deckgas) polymerisiert (je 3 h bei 100, 150 und 200°C). Der so erhaltene glasige und spröde Stoff ($\eta_{sp} = 0.05$, $t_f = 123$ bis 126°C) muß noch einmal 3 h bei 350°C behandelt werden, ehe er den anderen Polymeren entspricht. Alle Polymere sind feste, durchsichtige, spröde, gelbe bis rote Stoffe. Ihre Erweichungstemperatur hängt in erster Linie von der Natur der B- und N-Substituenten ab. Dagegen hat das Radikal des Diisocyanats einen geringeren Einfluß. Als Erweichungstemperatur benannten Korshak u. a. [2] die Temperatur, bei der das auf der Probe stehende Thermometer mit seinem eigenen Gewicht die in Paraffin erwärmte Probe deformiert. Dreitägiges Stehen an der Luft bedingt nur bei den Polymeren Nr. 7 und Nr. 10 eine Gewichtszunahme von 1.5%. Erhitzen bis über den Schmelzpunkt hinaus bewirkt bei keinem Polymeren eine Zersetzung. Die bei der Elementaranalyse gefundenen Differenzen, insbesondere bei den Sauerstoffwerten, sollen dadurch bedingt sein, daß in die Endgruppen durch Hydrolyse OH-Gruppen eingebaut wurden. Nachstehende Tabelle enthält die gemessenen Kenndaten aller 10 Polymere. In der **Fig. 3–1** ist die Deformation des Polymeren Nr. 5 in

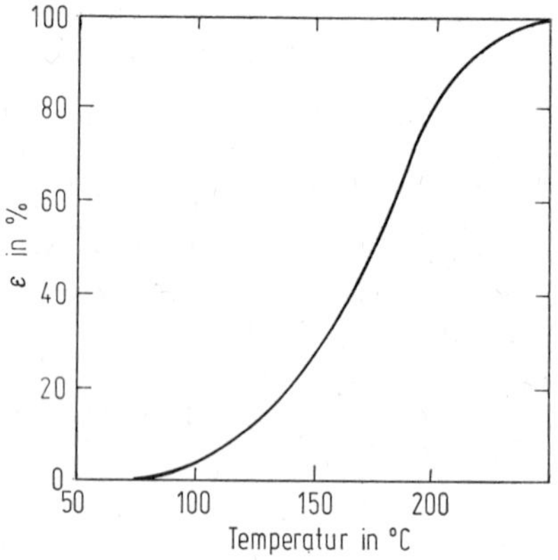

Fig. 3–1

Dehnungskurve des Copolymers Nr. 5 der Tabelle 3/5 (Näheres vgl. Text).

Abhängigkeit von der Temperatur aufgetragen. Da keine näheren Angaben in der Literatur [2] enthalten sind, mit ε in der Polymerliteratur aber allgemein die Dehnung bezeichnet wird, ist anzunehmen, daß mit konstanter Kraft bei steigender Temperatur gedehnt wurde.

Tabelle 3/5

Kenngrößen der Poly(diureid-alt-borane) aus Bis(organoamino)-organoboranen und Hexamethylen-1,6-diisocyanat bzw. Toluylendiisocyanat [2].

Nr.	R	R^1	R^2	η_{red} 1)	t_{erw} in °C 2)	Hydrolyse 3)
	entsprechend Gleichung (1)					in %
1	C_4H_9	CH_3	C_6H_{10}	0.28	60	28.3
2	C_4H_9	C_2H_5	C_6H_{10}	0.10	70	100
3	C_6H_5	CH_3	C_6H_{10}	—	160	31.0
4	C_6H_5	C_2H_5	C_6H_{10}	0.14	130	100
5	C_6H_5	C_6H_5	C_6H_{10}	0.24 4)	115 4)	100 4)

Nr.	R	R^1	R^2 entsprechend Gleichung (1)	η_{red} [1]	t_{erw} in °C [2]	Hydrolyse [3] in %
6	C_4H_9	CH_3	$C_6H_3CH_3$ [5]	0.10	60 bis 67	100
7	C_4H_9	C_2H_5	$C_6H_3CH_3$ [5]	0.08	50	100
8	C_6H_5	CH_3	$C_6H_3CH_3$ [5]	0.06	150	100
9	C_6H_5	C_2H_5	$C_6H_3CH_3$ [5]	0.10	140 bis 170	100
10	C_6H_5	C_6H_5	$C_6H_3CH_3$ [5]	0.10	140 bis 160	6.3

[1] Gemessen in 0.5%igen Lösungen in einem Isomerengemisch aller 3 Kresole bei 20°C. — [2] Vgl. Text. — [3] Gewichtsverlust einer Polymereneinwaage nach einstündigem Kochen in Wasser und Trocknen (falls möglich). — [4] Nach dem zweiten Erhitzen (vgl. Text). — [5] Die Isomerenbezeichnung fehlt in [2].

Statt der Bis-(alkylamino)- können auch Tris(alkylamino)-borane mit Di- oder Triisocyanaten zu Poly(diisoalkylureido-alkylaminoboranen) reagieren [3]. Ungeachtet der Molverhältnisse der Ausgangsmonomeren entstehen weiße Pulver, die sich in ihren Eigenschaften stark ähneln [4]. Die Übereinstimmung in der Elementaranalyse der beiden Produkte aus Tris(äthylamino)-boran und Hexamethylen-1,6-diisocyanat (Molverhältnisse 1:1 und 1:1.5), ihre Löslichkeit und ihr niedriger Schmelzpunkt führten zur Annahme linearer Kettenstrukturen II, die nur streckenweise über die dritte Alkylaminogruppe am Bor mit Hexamethylen-1,6-diisocyanat vernetzt sind.

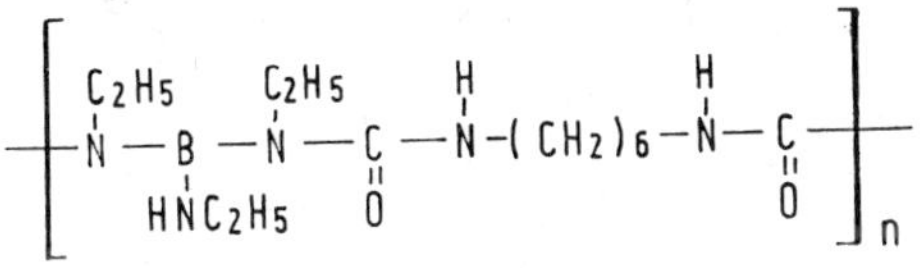

II

Die Messungen ergaben für die Viskosität und den Schmelzpunkt der beiden Polymere mit der Baueinheit II bei einem Molverhältnis von 1:1 der Ausgangsstoffe: $\eta_{sp} = 0.12$ und $t_f = 186$ bis 189°C; beim Molverhältnis 1:1.5 $\eta_{sp} = 0.14$ und $t_f = 180$ bis 190°C. Erhalten wurden beide in 70- bis 80%iger Ausbeute.

Beim längeren Rückflußkochen (etwa 4 Tage) äquimolekularer Mischungen von Boranen und Imidazolen in Xylol entstehen nach (2) die Poly(imidazol-alt-borane), auch Polypyrazabole genannt [5, 6].

(2) 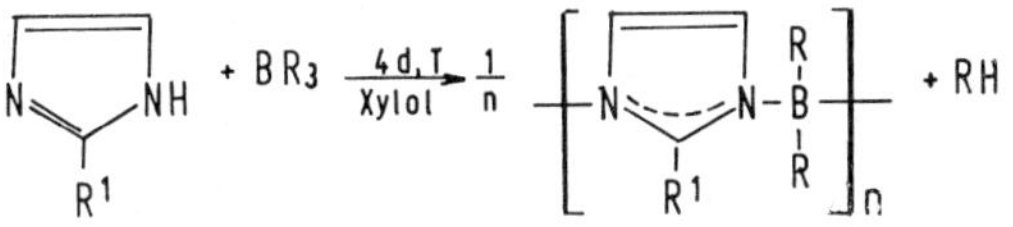

III

Gegen Luft und kochendes Wasser sind diese Polymere stabil, von kochenden Basen werden sie langsam, von kochender Salzsäure schnell hydrolysiert. Verwenden lassen sie sich vielleicht als Viskositätssteigerer von Ölen und als hitzebeständige Filme (Elastomere). Elementaranalyse und Kernresonanzspektrum bestätigen die Struktur III. Im folgenden sind die bekannten Eigenschaften dieser Polymere aufgeführt, wobei die Polymere mit R und R^1 nach (2) gekennzeichnet sind. Polymer mit $R = C_2H_5$ und $R^1 = H$: Dicker, klarer Sirup oder Elastomer, je nach dem bei der Darstellung benutzten Lösungsmittel; löslich in Xylol und $CHCl_3$; $\eta_{inh} = 0.31$ bis 0.76; $t_g = -12$°C; $\overline{M}_r = 6200$ bis 12200; $n = 40$ bis 80; 5% Gewichtsverlust bei 373°C; scharfer endothermer Peak bei 435°C (ungeklärt); Viskosität und relative Molekülmasse steigen nicht parallel an, was auf unterschiedliche Bindungsverhältnisse hinweist. Das Polymer mit $R = OH$ und $R^1 = CH_3$ ist ein farbloses, durchsichtiges Elastomer, das mit $R = C_2H_5$ und $R^1 = Br$ (4- und 5-Stellung am Imidazolring ebenfalls bromiert) ist ein viskoser, rötlicher Sirup. Das Elastomer mit $R = C_4H_9$ und $R^1 = H$ hat $\overline{M}_r = 7500$: $\eta_{inh} = 0.54$; $t_g = -3$°C und verliert bei 357°C 5% seines Gewichtes. Das Polymer mit $R = H$ und $R^1 = C_6H_5$ hat $t_f = 325$°C und $t_z \approx 460$°C; bei etwa 390°C tritt Gelbfärbung ein. Das Polymer mit $R = C_2H_5$ und $R^1 = C_6H_5$ schmilzt bei 310 bis 360°C unter Dunkelfärbung. Die Viskositäten aller Polymere wurden in 25%igen Lösungen in Chloroform bei 25°C bestimmt.

Literatur zu 3.5.4.4.3

[1] U.S. Borax & Chemical Corp. (B.P. 854270 [1960]; C.A. **1961** 12925). — [2] V. V. Korshak, N. I. Bekasova, V. A. Zamyatina, G. I. Aristarchova (Vysokomolekul. Soedin. **3** [1961] 521/4). — [3] U.S. Borax & Chemical Corp., W. D. English, A. L. McCloskey, H. Steinberg (U.S.P. 3028368 [1962]; C.A. **57** [1962] 8616). — [4] N. I. Bekasova, V. A. Zamyatina, V. V. Korshak (Izv. Akad. Nauk SSSR Ser. Khim. **1964** 172/4; Bull. Acad. Sci. USSR Div. Chem. Sci. **1964** 154/6). — [5] S. Trofimenko (J. Am. Chem. Soc. **89** [1967] 3903/4).

[6] E. I. Du Pont de Nemours and Co., S. Trofimenko (U.S.P. 3418260 [1966/68]; C.A. **70** [1969] Nr. 38289).

Spectra and Molecular Structure

3.5.5 Spektren und Molekülstruktur

Die Valenzschwingungsfrequenz ν(BN) in einer Kette der Sequenz -B–N–C–, vgl. II in 3.5.4.4.3, S. 265, hängt vermutlich stark von dem Substituenten am C-Atom ab. Da für diese Substanz selbst kein Infrarotspektrum angegeben ist, sollen die von Goubeau und Gräbner [1] durch Polymerisation von Dimethylborisocyanat erzeugten Polymere (I) als Modell angesehen werden. Die vermutete Struktur ist nachstehend wiedergegeben.

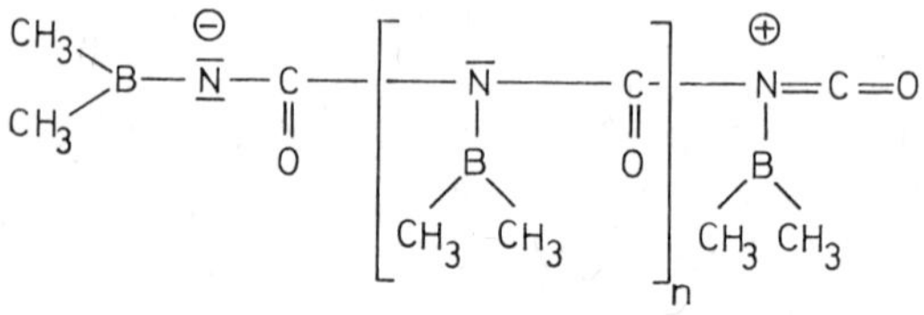

I

Beim Abbruch der Polymerisation wird ein Polymeres (II) gefunden, das sich im chemischen und spektroskopischen Verhalten von I unterscheidet. Zur Diskussion der Spektren wird ein Vergleich der beiden Polymeren mit dem monomeren, gasförmigen Dimethylborisocyanat (III) herangezogen, vgl. Tabelle 3/6 [1]:

Tabelle 3/6
Vergleich der Spektren von Dimethylborisocyanat (III) mit den Polymeren I und II [1].

I	II	III	Zuordnung
2880 m	2930 s	2982 m	$\nu_{as}(CH_3)$
2800 w sh	2860 m sh	2938 m sh	$\nu_s(CH_3)$
	2265 m	2285 vs	$\nu_{as}(NCO)$
1765 s br	1765 m sh		ν(C=O)
1710 vs br	1700 s br		ν(C=O)
	1630 s		ν(C=O), konjugiert
		1505 s	$\nu_s(NCO)$
1435 s br	1435 vs br	1410 w br	$\delta_{as}(CH_3)$
1310 m	1310 s	1307 s	$\delta_s(CH_3)$
?	?	1175 w sh	$\nu_{as}(^{10}BC_2)$
?	?	1140 m sh	$\nu_{as}(^{11}BC_2)$
?	?	1130 m sh	$\nu(^{10}BN)$
1062 s sh	1095 s	1111 s	$\nu(^{11}BN)$

Die Abkürzungen bedeuten: s = stark, vs = sehr stark, m = mittel, w = schwach, br = breit, sh = Schulter.

Die beiden Valenzschwingungen bei 2285 und 1505 cm^{-1} sprechen für die Isocyanatstruktur im Monomeren und im Polymeren II. Die hohe Frequenz für die symmetrische Schwingung (vgl. Methylisocyanat mit 1337 cm^{-1} [2]) läßt einen gewissen Doppelbindungsanteil $\gt B{=}N{=}C{=}O$ vermuten, jedoch einen kleineren als in Borazinen, da die ν_{BN}-Frequenz mit rund 1110 cm^{-1} tief liegt.

In den Polymeren I und II tauchen neue Banden bei 1710 und 1765 cm^{-1} auf, die der C=O-Gruppe angehören. Im Spektrum der Substanz II erscheint außerdem eine Bande bei 1630 cm^{-1}, die einer C=O-Gruppe in Konjugation zu einem resonanzfähigen System zuzuordnen ist. Im Spektrum des flüssigen Dimethylborisocyanats tritt diese Bande ebenfalls auf [1], so daß man ein Dimeres der Struktur IV annehmen kann, das im flüssigen und unvollständig polymerisierten Dimethylborisocyanat (II) vorhanden ist.

Im vollständig polymerisierten Produkt I geht diese Bande verloren, die C=O-Banden jedoch bleiben. Die $\nu(CH_3)$-Frequenzen verschieben sich ins Langwellige. Daher sind Ketten mit dem Strukturelement V plausibel.

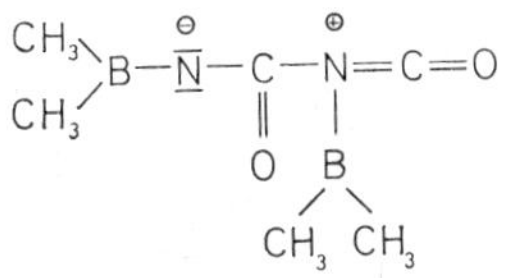

IV

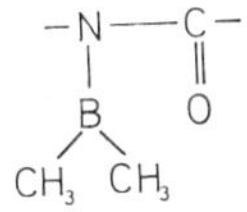

V

Literatur zu 3.5.5

[1] J. Goubeau, H. Gräbner (Chem. Ber. **93** [1960] 1379/87). — [2] C. N. R. Rau (in: Chemical Applications of Infrared Spectroscopy, New York 1963, S. 271).

3.6 Kettenpolymere mit intraannularen B–N-Bindungen

Chain Polymers with Intraannular B–N Bonds

3.6.1 Ketten mit Borazinringen

Chains with Borazine Rings

3.6.1.1 Direkt verknüpfte Borazinringe: Polyborazylene

Directly Linked Borazine Rings. Polyborazylenes

Hierher gehören alle Polymere, die über >B–B< -oder >B–N< -Bindungen verknüpfte Borazinringe enthalten. Polymere, bei denen die N-Atome verschiedener Borazinringe direkt aneinander gebunden sind, sind bis heute unbekannt.

3.6.1.1.1 Darstellung, Molekülstruktur

Preparation. Molecular Structure

Laubengayer und Mitarbeiter [1] untersuchten die Pyrolyse des Borazins, um die Grundbausteine für die Polymerenbildung zu bestimmen. Einen detaillierten Pyrolysemechanismus konnten sie nicht aufstellen. Da die Reaktion aber nach einem Zeitgesetz 1. Ordnung in bezug auf das Borazin verläuft, nahmen sie einen radikalischen Mechanismus an. Die isolierten und charakterisierten stabilen Zwischenstufen I und II beweisen, daß zuerst unter H_2-Abspaltung bicyclische Verbindungen gebildet werden. Unter weiterer Wasserstoffabspaltung kann aus diesen Verbindungen ein dem Bornitrid verwandtes ausgedehntes B-N-Netzwerk aufgebaut werden. Auch ein teilweises Zerbrechen der Ringe muß angenommen werden (vgl. Abschnitt 3.5.2.1.3, S. 252), weil Pyrolyseprodukte wie $B_3N_5H_8$ (2,4-Diamino-borazin?) gefunden wurden.

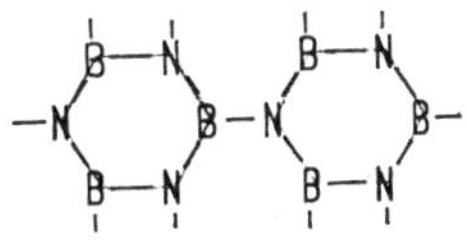

I $B_6N_6H_{10}$

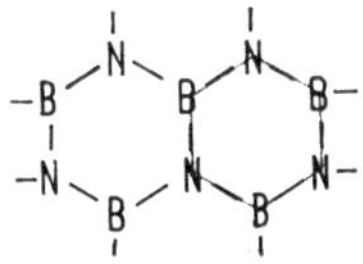

II $B_5N_5H_8$

(1) bis (6) verdeutlichen schematisch die zur Darstellung von Polyborazylenen benutzten Methoden.

(1) 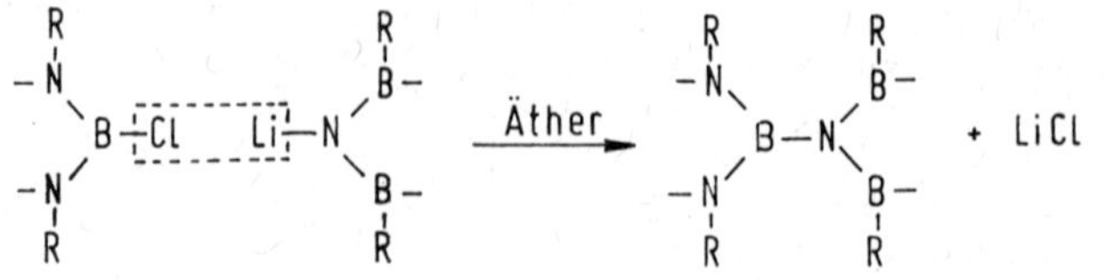 [2],[3]

R = CH_3

(2) 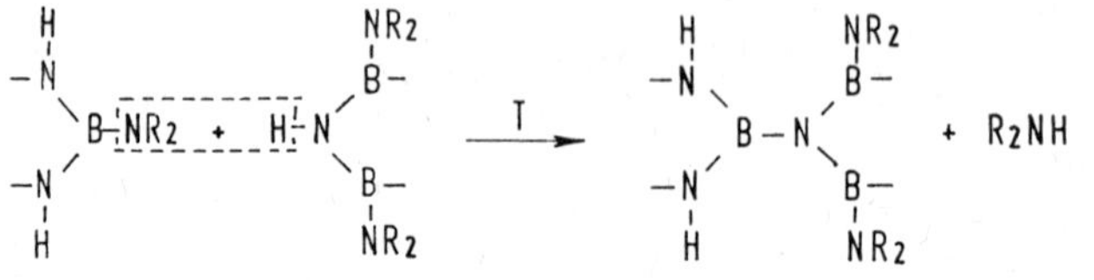 [4],[5]

(3) 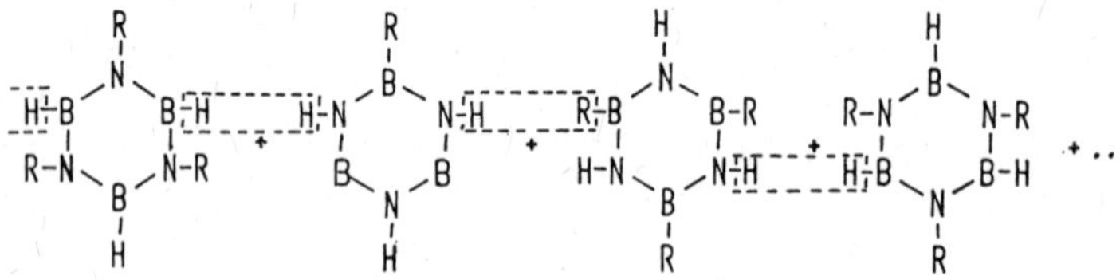 [6]

R = C_6H_5

(4) 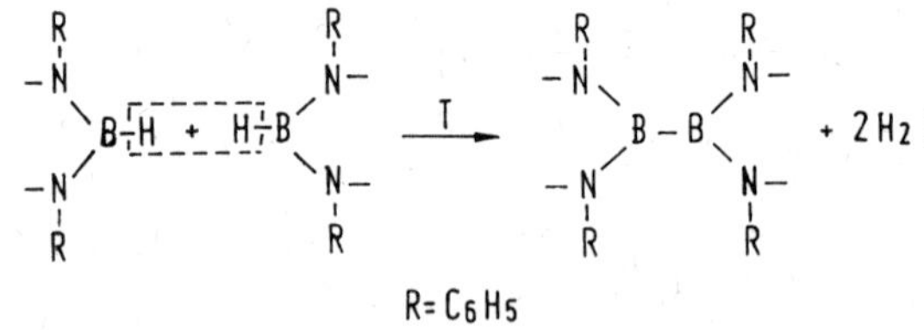 [7]

R = C_6H_5

(5) 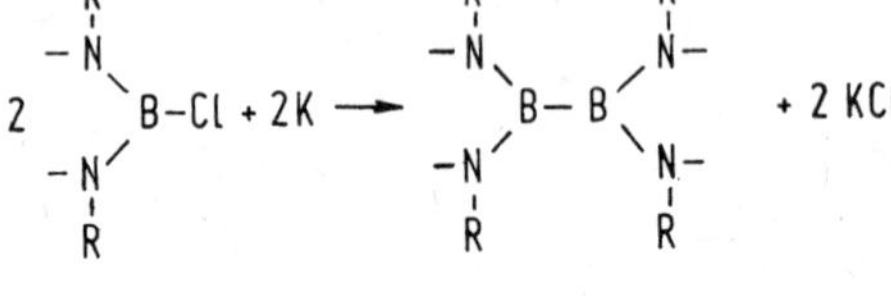 [9]

(6) 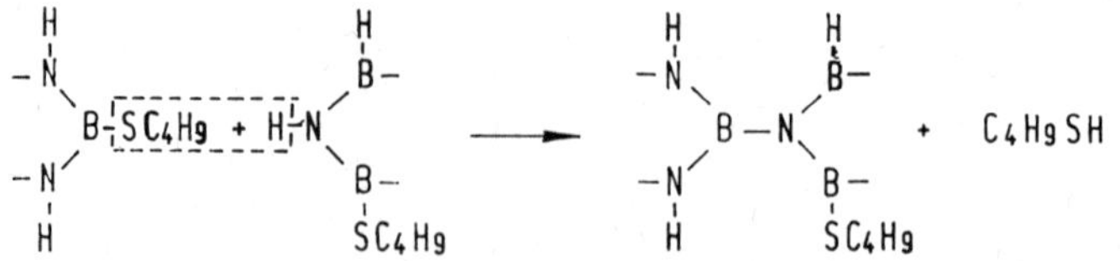 [10]

Bei der Umsetzung von N,N'-Dilithium-tetramethylborazin mit B-Dichlor-tetramethylborazin in Äther (1) entsteht in 96%iger Ausbeute ein Harz [2, 3]. Vom anhaftenden LiCl wird das Produkt III durch Lösen in Petroläther und anschließendes Entfernen des Lösungsmittels im Hochvakuum bei 150°C befreit.

$$(7)\quad 6\,R_2NH + (ClB\text{-}NH)_3 \xrightarrow{\text{Benzol}} \underset{\text{IV}}{(R_2NB\text{-}NH)_3} + 3\,R_2NH_2Cl\downarrow$$

Entsprechend Gleichung (7) können B-Tris(dialkylamino)-borazine IV aus B-Trichlor-borazinen und geeigneten Aminen in benzolischer Lösung hergestellt werden. Da das Dialkylammoniumchlorid aus der Lösung nahezu quantitativ ausfällt, müßte das Gleichgewicht der Reaktion (7) ganz auf die rechte Seite verschoben sein. Die deswegen überraschend niedrigen Ausbeuten (< 60%) dieser Reaktion sind durch eine unvermeidbare Aminabspaltung bedingt, wodurch eine Polykondensation eingeleitet wird. Die Kondensationsneigung dieser Verbindungsklasse IV zeigen auch folgende Sachverhalte: Mit $R = C_2H_5$, n-C_3H_7, n-C_4H_9 entstehen hochviskose Flüssigkeiten, mit $R =$ i-C_4H_9 ein Wachs, mit $R = CH_3$, i-C_3H_7 dagegen Kristalle, die nur schwer aus der benzolischen Ausgangslösung ausfallen. Mit $R =$ s-C_4H_9 entsteht nur noch das braune Polymere. Weiterhin war das B-Triamino-borazin (IV; R = H) nur durch Behandeln einer benzolischen Lösung des Diäthylanalogons (IV; $R = C_2H_5$) mit Ammoniak erhältlich. Bei dem Versuch, es aus Trichlorborazin und Ammoniak herzustellen, entstand nur ein polymeres Material. Einmal hergestellt konnte B-Triamino-borazin (IV; R = H) 10 Monate unzersetzt aufbewahrt werden; beim Erwärmen auf 200 bis 250°C fand dann wieder Polykondensation unter NH_3-Abspaltung statt [2, 3].

Bei der Pyrolyse der B-Triamino-N-triaryl-borazine wurden primäre Amine abgespalten (vgl. Abschnitt 3.5.2.1.3, S. 252), bei der Pyrolyse der B-Tris(dialkylamino)-borazine IV entstehen dagegen sekundäre Amine. Die dadurch bedingte Polykondensation soll in definierten Schritten gemäß (2) verlaufen [4], wobei sich zuerst Dimere und dann aus diesen Ketten bilden, die bei weiter gesteigerten Temperaturen Querverknüpfungen ausbilden [5]. Dieser Reaktionstyp soll auch bei der versuchten Darstellung von IV ($R =$s-C_4H_9) für die statt dessen ablaufende direkte Polymerisation verantwortlich sein.

Beim Erhitzen einer äquimolekularen Mischung von B-Triphenyl- und N-Triphenyl-borazin auf 420°C in Argon entsteht in Substanz unter H_2- und C_6H_6-Abspaltung nach Schema (3) in über 90%iger Ausbeute [6] das Polymere V mit der Bruttoformel $[(C_6H_5)_{11}B_{12}N_{12}H_5]_n$.

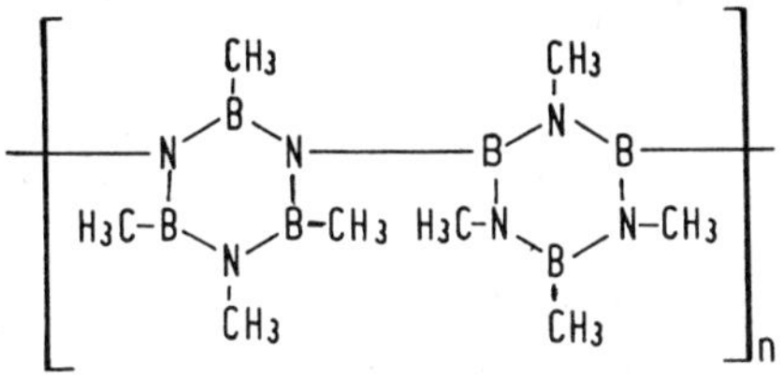

III

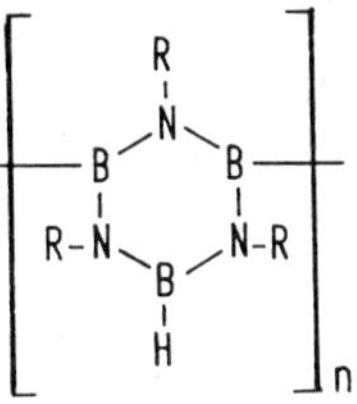

VI

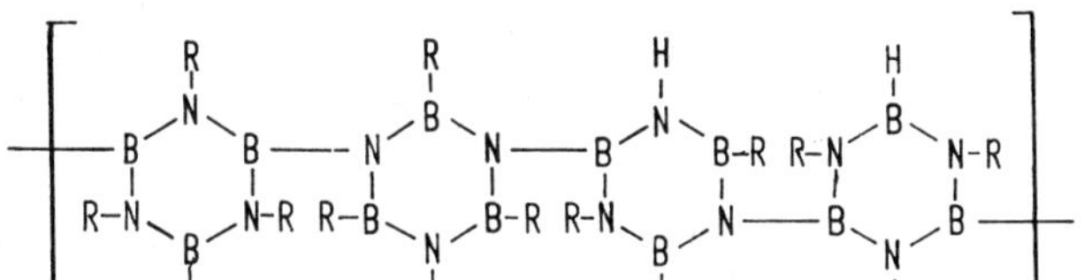

V

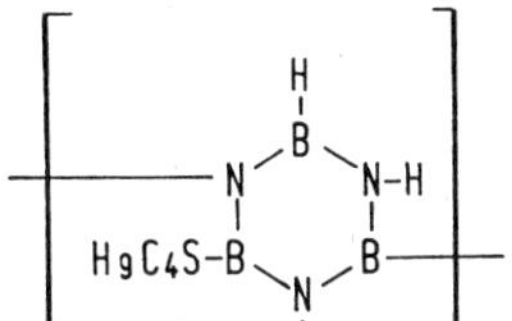

VII

Die Kondensation kann in offenen Gefäßen in einer Ar-Atmosphäre wie auch in abgeschmolzenen, evakuierten Rohren stattfinden. Bei einer gleichmäßigen Temperatursteigerung von 13 bis 15°C/h beginnt die Wasserstoffentwicklung bei 320°C, erreicht ihr Maximum bei 370 bis 380°C und endet bei 420°C. Die Strukturformel V wurde auf Grund der Elementaranalyse, der aufgefangenen Menge Wasserstoff und der chromatographischen Ergebnisse bezüglich abgespaltenen Benzols angenommen. Daß die Kondensation nicht nur über H_2-Abspaltungen zustande kommt, beweist das IR-Spektrum des Polymeren, in dem BH- (bei 2600 cm^{-1}) und NH-Absorptionen (bei 3400 cm^{-1}) auftreten. Daraus ist zu schließen, daß die Moleküle des B-Triphenyl- und des N-Triphenyl-borazins mit- und untereinander reagieren, wie in (3) angegeben. Das N-Triphenyl-borazin wandelt sich unter den oben angegebenen Bedingungen gemäß (4) in ein polycyclisches Polymer um, dem die Formelstruktur VI zugeschrieben wird [7]. Die ebenfalls mögliche Verknüpfung der Borazinringe über eine $\rangle B–C_6H_4–B\langle$-Gruppe ist auszuschließen, weil im IR-Spektrum nichts auf eine p-Phenylensubstitution hinweist. Das B-Triphenylderivat dagegen reagiert unter den obigen Bedingungen nicht. Erst bei etwa 475°C pyrolysiert es unter Bildung eines spröden, festen Stoffes, der nicht näher beschrieben wird [8]. Erst nach einer mäßigen Beimischung von N-Triphenyl-borazin (Molverhältnis 1:9) reagiert das B-Triphenylderivat bei 420°C zu einem Polymeren der Summenformel $[(C_6H_5)_5B_{12}N_{12}H_5]_n$ von nicht näher untersuchter Struktur [7]. Diese Polymerisation scheint im wesentlichen über eine direkte Verknüpfung der B-Derivate zustande zu kommen. Das N-Triphenyl-borazin müßte also die Polymerisationsaktivität des B-Homologen steigern.

Eine Reaktion nach (5) läuft ab, wenn in Benzol suspendiertes Kalium unter Kochen und kräftigem Rühren 24 h auf 2,4-Dichlor-6-n-butyl-1,3,5-trimethyl-borazin einwirkt [9]. In 70%iger Ausbeute entsteht ein Polymer, das bei 10^{-3} Torr und 330°C alle Lösungsmittelreste abgibt.

Das B-Bis(n-butylthio)-borazin ist so instabil, daß es beim Destillieren im Vakuum gemäß (6) unter Abspaltung von n-Butylthiol zu VII polymerisiert [10].

Properties. Reactions. Numerical Data

3.6.1.1.2 Eigenschaften, Verhalten, Kenngrößen

Reaktion (1) liefert ein klares, gelbes Harz mit t_f = 140 bis 160°C und M_r = 1356 (mikroebullioskopisch in Benzol [10]). Erhitzen im Hochvakuum läßt etwas viskose Flüssigkeit entweichen. Der Rückstand hat dann M_r = 1382, was n = 5 oder einer Kette aus 10 Ringen entspricht [2, 3]. Dieses Polymer III erweicht dann bei 155°C, schmilzt bei 163 bis 168°C und enthält noch 0.76% Cl. Die Umsetzung von N-Trimethyl-B-tribrom-borazin nach dieser Methode im Molverhältnis 1:1 liefert ein hartes, unschmelzbares Produkt [3].

Wird B-Tris(diäthylamino)-borazin (IV; $R = C_2H_5$) 12 h bei 160 bis 200°C und dann 10 h bei 250 bis 280°C und 0.01 Torr erhitzt, so entsteht unter Abspaltung von Diäthylamin ein brauner, polymerer Rückstand A mit $t_f \approx 200$°C. Eine nähere Untersuchung von A fehlt. Bei der Pyrolyse von A entsteht in 15 min bei 400°C ein unschmelzbares Polymer B, das bei 400°C und 0.1 Torr in 13 h ein braunes, sprödes Polymer C ergibt. Die anderen B-Tris(dialkylamino)-borazine IV ergeben analoge Pyrolyseprodukte, die ebenfalls nicht näher untersucht sind [4, 5].

Das Copolymer V schmilzt bei 500°C nicht. An der Luft ist es stabil, von Wasser wird es dagegen hydrolysiert (kaltes H_2O: 12% in 24 h, kochendes H_2O: 63% in 1 h). Wird V in einer Ar-Atmosphäre binnen 1 h auf 900°C aufgeheizt, so verliert es 24% seines Gewichts [6], wobei die Zersetzung bei etwa 100°C beginnt. Das hellgelbe Polymer ist in Benzol und Petroläther unlöslich, in Kresol und Dimethylsulfoxid löslich und besitzt die spezifische Viskosität $\eta_{sp} = 0.06$ in Kresol. Bei 200 kg/cm² und 300°C läßt es sich gut zu Tabletten pressen. Das Polymer VI ist ein klarer Feststoff, der leicht zerbröckelt und von Wasser teilweise hydrolysiert wird. Sein Schmelzpunkt liegt oberhalb 500°C. Aus seiner Molmasse $\overline{M}_r = 7000$ (isobar in Dimethylformamid), der bei der Pyrolyse entwickelten Wasserstoffmenge und der Elementaranalyse ergibt sich die Zusammensetzung $[(C_6H_5)_3N_3B_3H]_n$ mit n = 23 [7].

Nach (5) entsteht ein gelbliches Harz, das in Benzol löslich ist, in kochendem H_2O langsam hydrolysiert, aber bis etwa 400°C thermostabil ist. Es erweicht bei 110 bis 120°C, hat $\overline{M}_r = 1100$ (ebullioskopisch in Benzol) und n = 7. N-Trimethyl-B-trichlor-borazin ergibt mit Kalium in Benzol ein unschmelzbares Polymer, das sich oberhalb von 400°C unter Dunkelfärbung zersetzt [9].

Das durch Extraktion mit Äther gereinigte Glas VII mit $t_z > 400$°C ist in den üblichen organischen Lösungsmitteln unlöslich. Es ist luftunbeständig und zersetzt sich in Alkohol oder Wasser unter H_2-Entwicklung [10].

Bemerkenswert ist, daß alle Polyborazylene von Wasser mehr oder minder hydrolysiert werden.

Literatur zu 3.6.1.1

[1] A. W. Laubengayer, P. C. Moews, R. F. Porter (J. Am. Chem. Soc. **83** [1961] 1337/42). — [2] R. I. Wagner, J. L. Bradford (Inorg. Chem. **1** [1962] 99/106). — [3] American Potash & Chemical Corp., R. I. Wagner (U.S.P. 3288726 [1966]; C.A. **66** [1967] Nr. 38349). — [4] W. Gerrard, H. R. Hudson, E. F. Mooney (J. Chem. Soc. **1962** 113/9). — [5] National Research Development Corp., W. Gerrard, E. F. Mooney (B.P. 1018031 [1966]; C.A. **64** [1966] 14367).

[6] N. I. Bekasova, V. V. Korshak, L. G. Komarova (Vysokomolekul. Soedin. B **10** [1968] 101/3). — [7] V. V. Korshak, V. A. Zamyatina, N. I. Bekasova, L. G. Komarova (Izv. Akad. Nauk SSSR Ser. Khim. **1964** 2223/4; Bull. Acad. Sci. USSR Div. Chem. Sci. **1964** 2123/4). — [8] R. C. Newson,

W. D. English, A. L. McCloskey, W. G. Woods (J. Am. Chem. Soc. **83** [1961] 4134/8). — [9] V. Gutmann, A. Meller, R. Schlegel (Monatsh. Chem. **95** [1964] 314/8). — [10] B. M. Mikhailov, A. F. Galkin (Izv. Akad. Nauk SSSR Ser. Khim. **1969** 604/7; Bull. Acad. Sci. USSR Div. Chem. Sci. **1969** 539/41).

[11] M. Dimbat, F. H. Stross (Anal. Chem. **29** [1957] 1517/20).

3.6.1.2 Über Sauerstoff verknüpfte Borazine: Poly [(O,B)-borazylen-oxide]

Borazines Linked by Oxygen: Poly [(O,B)-borazylene-oxides]

3.6.1.2.1 Darstellung, Molekülstruktur

Preparation. Molecular Structure

Die Hydrolyse von B-Dichlor-tetramethylborazin mit einem Wasser-Triäthylamin-Gemisch verläuft in ätherischer Lösung bei Raumtemperatur und einem Molverhältnis von 1:1:1 nach Gleichung (1). Nach dem Abfiltrieren des Ammoniumchlorids kann das Poly(tetramethylborazylenoxid) I durch Erwärmen auf 150°C im Vakuum erhalten werden [1]. Die homologen Produkte II sind durch eine gemeinsame Hydrolyse von B-Monochlor- und B-Dichlor-methylborazin (Molverhältnis 2:1) nach dieser Methode herstellbar. Die Vakuumsublimation des Rohproduktes liefert drei Fraktionen: Bei 100°C das Decamethyl-B,B′-diborazyloxid und bei 140°C Verbindung II mit n = 1; der Rückstand ist II mit n = 3. Als Zwischenstufe bei der Bildung von I bzw. II wird ein B-Hydroxy-borazin angenommen [1]. Bei der Darstellung einiger B-Trihydroxy-borazine aus B-Trichlor-borazinen durch Hydrolyse entstehen ebenfalls Poly(borazylenoxide). Auch die aus den Lösungen der B-Trihydroxy-borazine in wenigen Tagen bei Raumtemperatur ausfallenden Niederschläge sollen Poly(borazylenoxide) sein [2].

Die sauer katalysierte Pyrolyse von B-Tris(t-butoxy)-N-trialkylborazinen (2) setzt beim Rückflußkochen des Borazins in Gegenwart von H_3BO_3 ein. Dabei entsteht zunächst das Dimere. Flüchtige Produkte werden im N_2-Strom entfernt. Weiteres Erhitzen führt über die Bildung anscheinend linearer Produkte zu Poly(borazylenoxiden) von vermutlich vernetzter Struktur [3, 4]. Die Art der Polymerenbildung soll dabei von der Natur der RO-Gruppe am Ausgangsborazin abhängen [4].

Werden B-Diamino-borazine mit N,N-Dimethylformamid und Aminhydrogenchloriden 3 bis 4 Tage bei 25°C gerührt, so tritt nach (3) Kondensation zu den Poly(borazylenoxiden) IV ein [5]. Die gleichen Polymere sollen entstehen, wenn das B-Diamino-borazin und das Aminhydrogenchlorid in situ durch eine Reaktion von B-Dichlor-borazinen mit Dimethylamin in Dimethylformamid hergestellt werden (4).

(1)

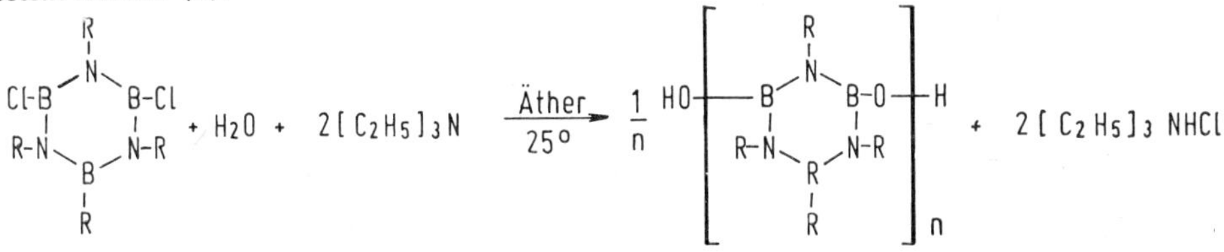

R=CH3 I

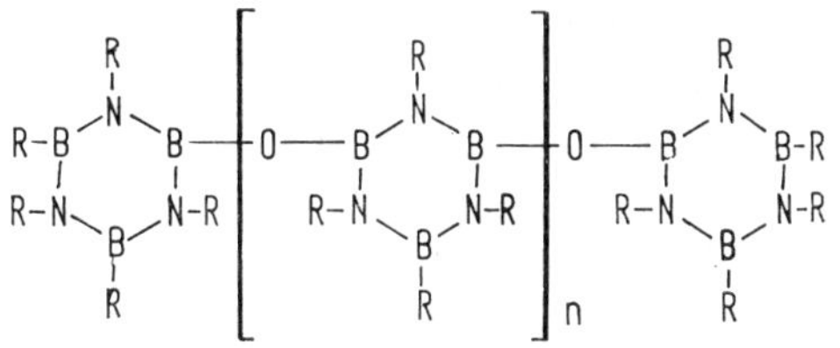

II R = CH3

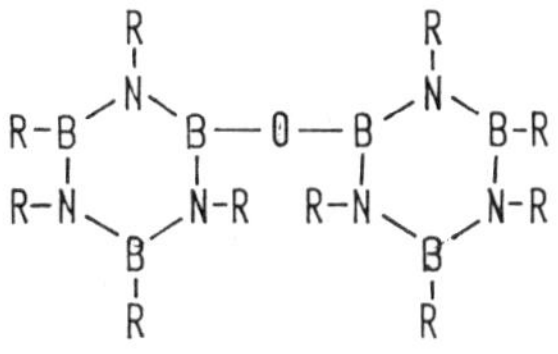

IIa R = CH3

(2)

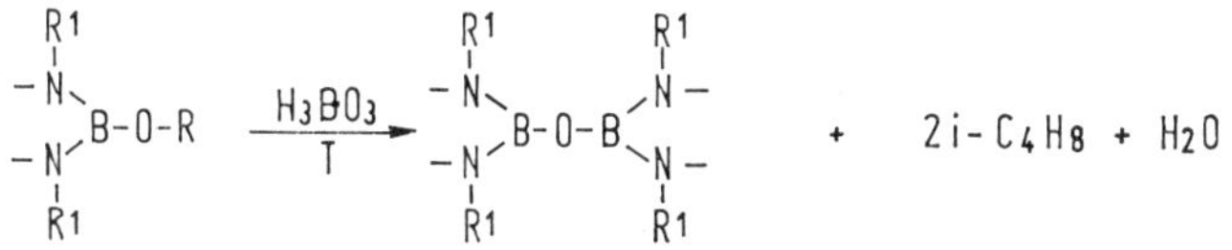

R = t-C4H9 III

R1 = CH3, C2H5, n-C3H7

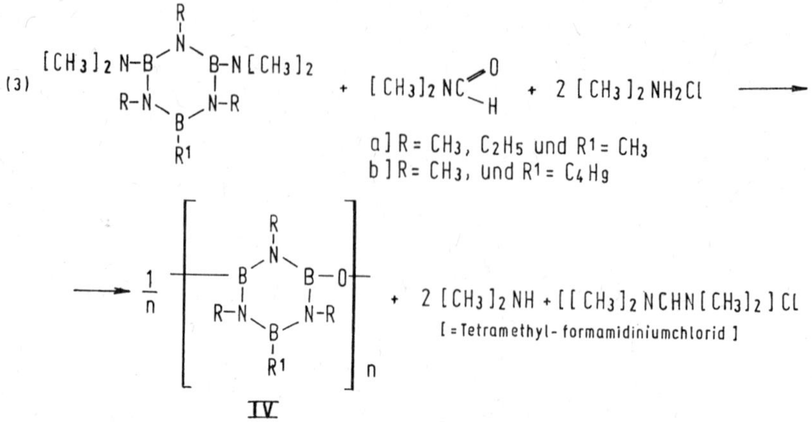

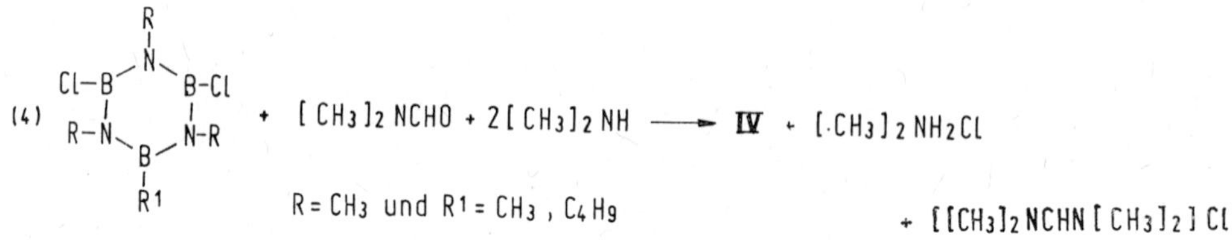

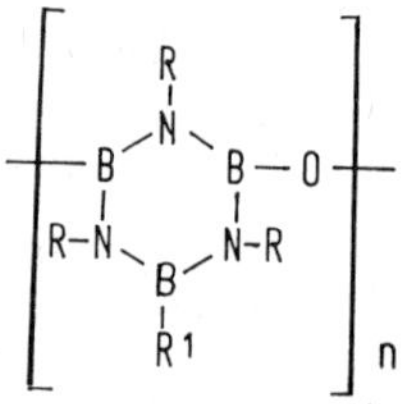

V R = C_6H_5, o-$CH_3C_6H_4$, o-ClC_6H_4
$R^1 = CH_3$

Nach den Untersuchungsergebnissen haben die Autoren [5] folgende Vorstellung über den Reaktionsablauf: Eine Protonenübertragung nach $(CH_3)_2NH_2^+ + (CH_3)_2NC(O)H \rightleftharpoons (CH_3)_2NH + [(CH_3)_2NCH(OH)]^+$ von den substituierten Ammonium-Ionen auf Lösungsmittelmoleküle ist sicher möglich. Die ^{14}N-NMR- und ^{1}H-NMR-Ergebnisse favorisieren allgemein die Protonierung am O stärker als die am N in Amid-Säure-Gemischen [6, 7]. Nimmt man deswegen die O-Protonierung an und läßt dann die Einwirkung der protonierten Lösungsmittelmoleküle auf die Aminbor-Gruppe folgen, so muß die Kondensation der Zwischenstufen zur Borazyloxid-Struktur die Reaktion beenden. Formulierbar ist diese Vorstellung in zwei Arten; entweder

$$>B-N(CH_3)_2 + [(CH_3)_2NCH(OH)]^+ \rightleftharpoons [>BOCHN(CH_3)_2]^+ + (CH_3)_2NH$$

$$>B-N(CH_3)_2 + [>BOCHN(CH_3)_2]^+ \longrightarrow >B-O-B< + [(CH_3)_2NCHN(CH_3)_2]^+$$

oder aber

$$>B-N(CH_3)_2 + [(CH_3)_2NCH(OH)]^+ \rightleftharpoons >BOH + [(CH_3)_2NCHN(CH_3)_2]^+$$

$$>B-N(CH_3)_2 + >BOH \longrightarrow >B-O-B< + (CH_3)_2NH$$

Diese als möglich betrachteten Reaktionen stehen auch mit den bisherigen experimentellen Ergebnissen in Übereinstimmung.

Beim Rückflußkochen eines B-Dichlor-borazins mit einem Überschuß an Dimethylformamid tritt eine ungewöhnliche Polykondensation unter Bildung eines Poly(borazylenoxids) V ein, wobei sich

2 mol CO je mol Borazin entwickeln. Außerdem entstehen Dimethylammoniumchlorid und Hydrogenchloride höherer Basen, die offensichtlich Kondensationsprodukte des Dimethylformamids darstellen [8]. Ebenso ergibt die direkte Reaktion von Dimethylsulfoxid mit den N-Dihydroxy- und N-Trihydroxy-Derivaten des B-Tris(2,6-xylyl)-borazins ein Gel, dessen Bildung vermutlich auf die Entstehung eines >B–O–B<-Netzwerkes zurückgeht [9].

3.6.1.2.2 Eigenschaften, Verhalten, Kenngrößen

Properties. Reactions. Numerical Data

Das Polyoxid I ist ein hellbraunes Glas mit der relativen Molmasse $M_r = 3512$ (mikroebullioskopisch in Benzol [10]) und n = 23. Es schmilzt bei 180 bis 200°C. Bei der Vakuumsublimation von II wird bei 140°C ein farbloser, klebriger Feststoff erhalten, der zwischen 133 und 155°C schmilzt. Wegen $M_r = 479$ wurde er versuchsweise im Vergleich zu IIa als „Dioxid" mit n = 1 bezeichnet (M_r = 466 bis 470). Als Sublimationsrückstand verbleibt ein dunkelgelbes, brüchiges Glas, dem wegen $M_r = 735$ näherungsweise n = 3 (M_r = 766 bis 771) und somit der Charakter eines „Tetroxids" zugeordnet wurde [1]. Nur die einfachste Verbindung dieser Reihe, das Decamethyl-B,B'-diborazyloxid, IIa, konnte definitiv charakterisiert werden. Zwar zeigte jedes der höheren Homologen die charakteristische B–O–B-Absorption im IR bei 950 cm^{-1}, aber die komplexen Materialien, die z. B. durch die idealisierte Formel II wiedergegeben werden, können aus Mischungen aller drei möglichen Verbindungen bestehen [1]. Die Verwendbarkeit als Weichmacher, Öladditive, Neutronenabsorber, Flammschutzmittel, Füllstoffe, Schmelzharze, Hochtemperaturisolatoren usw. wurde patentiert [11].

Bei den oligomeren Zwischenprodukten, die bei der Reaktion (2), S. 271, auftreten, liegt wegen ihrer Löslichkeit die Annahme von Kettenstrukturen nahe. Ein typisches Produkt hatte $M_r = 1595$ und n = 5. Die Endprodukte der Pyrolyse sind hellbraun, hart, spröde, in vielen Lösungsmitteln unlöslich, augenscheinlich von vernetzter Struktur und hoher Molmasse [3].

Das Poly(B-methyl-N-trimethyl-borazylenoxid) (IV; $R = R^1 = CH_3$) ist ein weißes Pulver, das bei 155 bis 170°C zu einer opaken Flüssigkeit schmilzt, die bis 300°C viskos und stabil bleibt. $\overline{M}_r = 3200$ (kryoskopisch in Benzol) mit n = 21. Ein anderer Versuch ergab ein Polymer der gleichen Struktur, aber mit $\overline{M}_r = 8500$ und n = 56, das bis 300°C nicht schmolz. Das Polyborazylenoxid IV mit $R = C_2H_5$ und $R^1 = CH_3$ schmilzt bereits bei 112°C. Mit $R = CH_3$ und $R^1 = n{-}C_4H_9$ entsteht quantitativ Verbindung IV; $\overline{M}_r = 2630$, n = 14, t_f = 75 bis 80°C [5].

Mit $R = CH_3$, C_6H_5 scheinen die Polymeren V ziemlich hohe Molmassen zu erreichen. Sie sind in verschiedenen organischen Lösungsmitteln (Chloroform, Toluol) löslich, hydrolysieren aber schnell. Die hydrolytische Stabilität steigt bedeutend an, wenn R eine ortho-substituierte Arylgruppe ist. Die Halbwertszeit von V($R = C_6H_5$, $R^1 = CH_3$) in 90%igem wäßrigem Tetrahydrofuran beträgt 30 min bei 25°C. Die Werte der entsprechenden Verbindungen mit $R = o{-}CH_3C_6H_4$ bzw. $R = o{-}ClC_6H_4$ sind $T_{1/2} = 70.0$ h bzw. $T_{1/2} = 73.8$ h. Außer der Hydrolyse ist jetzt aber auch die Polymerisierbarkeit sterisch so stark behindert, daß nur Oligomere mit n = 3 bis 4 entstehen. Mit zweifach ortho-substituierten Arylgruppen als R unterbleibt die Polymerisation völlig. Die Borazine selbst sind dann aber hydrolytisch sehr stabil.

Literatur zu 3.6.1.2

[1] R. I. Wagner, J. L. Bradford (Inorg. Chem. **1** [1962] 99/106). — [2] R. K. Bartlett, H. S. Turner, R. J. Warne, M. A. Young (Chem. Ind. [London] **1964** 1026/7). — [3] B. E. Larcombe, H. S. Turner (Chem. Ind. [London] **1963** 410/1). — [4] H. S. Turner, B. E. Larcombe (B.P. 973000 [1964]; C.A. **62** [1965] 3936). — [5] R. H. Toeniskoetter, K. A. Killip (J. Am. Chem. Soc. **86** [1964] 690/4).

[6] D. Herbison-Evans, R. E. Richards (Trans. Faraday Soc. **58** [1962] 845/8). — [7] G. Fraenkel, C. Franconi (J. Am. Chem. Soc. **82** [1960] 4478/83). — [8] I. B. Atkinson (Chem. Ind. [London] **1969** 398/9). — [9] R. K. Bartlett, H. S. Turner, R. J. Warne, M. A. Young, I. J. Lawrenson (J. Chem. Soc. A **1966** 479/500). — [10] M. Dimbat, F. H. Stross (Anal. Chem. **29** [1957] 1517/20).

[11] American Potash & Chemical Corp., J. L. Bradford, R. I. Wagner (U.S.P. 3341474 [1967]; C.A. **67** [1967] Nr. 109171).

3.6.1.3 Über Schwefel verknüpfte Borazine: Poly[(S,B)-borazylen-sulfide]

Borazines Linked by Sulfur: Poly-[(S,B)-borazylene-sulfides]

Die Kondensation von B-Halogen-borazinen mit Na_2S_x erfolgt in wasserfreiem 1,2-Dimethoxyäthan durch längeres Kochen unter Rückfluß in sauerstofffreier N_2-Atmosphäre (1).

Das Rohprodukt bleibt nach dem Abdestillieren des Lösungsmittels zurück. Zur Reinigung wird es mit einem geeigneten Lösungsmittel durch Extraktion vom anhaftenden NaCl getrennt und aus der Lösung durch Abdestillieren und Trocknen im Vakuum bei 45°C erhalten [1]. Die physikalischen

(1) 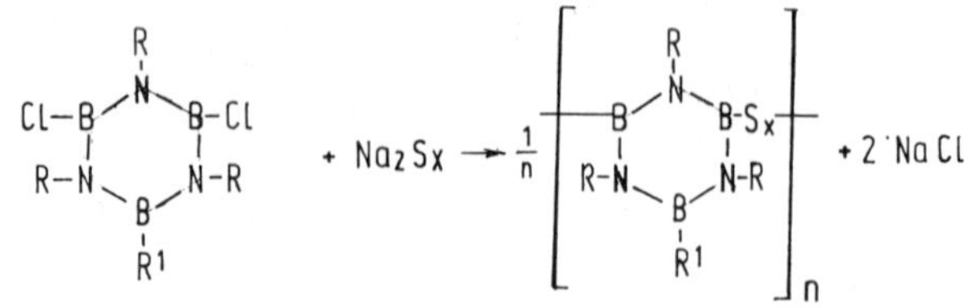

Eigenschaften aller so hergestellten Copolymere hängen von der Reaktionsdauer (24 bis 120 h) ab. Die gebildeten gelb bis orange gefärbten Harze und Wachse sind in vielen organischen Lösungsmitteln löslich (z. B. Benzol, Chloroform, Aceton), in protischen Lösungsmitteln zersetzen sie sich allmählich, widerstehen aber dem Angriff von reinem O_2 bis $t \leqq 200°C$. Sie sind entweder amorph oder nur schwach kristallin (Röntgenbeugung). Die thermische Zersetzung tritt bei 250 bis 300°C ein. Nachstehende Tabelle 3/7 enthält Kenngrößen aller hergestellten Poly(borazylensulfide).

Tabelle 3/7

Kenngrößen der Poly[(S, B)-borazylen-sulfide] [1].

Lfd. Nr.	Substituenten des Borazins am B (R^1)	am N (R)	Ausgangs-sulfid	Ausbeute in % d. Th.	t_f in °C	$\overline{M}_r$
1	3 Cl	3 CH_3	Na_2S	—	90 bis 95	600
2	3 Cl	3 CH_3	Na_2S_2	70	105 bis 125	6500
3*)	3 Cl	3 CH_3	Na_2S_4	65	110 bis 115	900
4	3 Cl	3 C_6H_5	Na_2S_2	72	75 bis 110	3500
5	3 Cl	3 C_6H_5	Na_2S_4	85	75 bis 110	4000
6	2 Cl, 1 CH_3	3 CH_3	Na_2S	56	120 bis 125	1860
7	2 Cl, 1 CH_3	3 CH_3	Na_2S_2	75	160 bis 200	7920
8	2 Cl, 1 CH_3	3 CH_3	Na_2S_4	88	160 bis 200	52600
9	2 Cl, 1 CH_3	3 C_6H_5	Na_2S	78	75 bis 85	3850
10	2 Cl, 1 CH_3	3 C_6H_5	Na_2S_2	88	85 bis 110	4900
11	2 Cl, 1 CH_3	3 C_6H_5	Na_2S_4	88	85 bis 110	6300

*) Darstellung mit Tetrahydrofuran als Lösungsmittel.

Durch Aminierung der endständigen Chloratome in den Disulfidpolymeren mit Dimethylamin entstehen elastische, wasserlösliche Substanzen [1].

Literatur zu 3.6.1.3

[1] Union Carbide Corp., R. H. Toeniskoetter, R. Didchenko (U.S.P. 3236819 [1966]; C.A. **64** [1966] 14313).

Borazines Linked by $\underset{R}{-N-}$: Poly[(N,B)-borazylene-amines]

3.6.1.4 Über $\underset{R}{-N-}$ verknüpfte Borazine: Poly[(N,B)-borazylen-amine]

Preparation. Molecular Structure

3.6.1.4.1 Darstellung, Molekülstruktur

Bei der Einwirkung von Ammoniak auf B-Trichlor-borazin entsteht nicht das B-Triamino-borazin. Statt dessen tritt formal nach (1) eine Polykondensation zum Poly(borazylenamin) I ein [1]. Aus Tris(alkylamino)-boranen II entstehen nach (2) in 3.5 h bei 200°C B-Tris(alkylamino)-N-trialkylborazine III, die bei weiterem Erhitzen auf 300°C in 14 h soviel Alkylamin abspalten, wie einer Kondensation zu IV entspricht. Nach weiteren 5 h bei 320°C ist die abgespaltene Menge Alkylamin einem Oligomeren V aus 10 Borazinringen äquivalent. Bei einer nochmaligen Temperatursteigerung auf 600°C bildet sich in 9 h ein vermutlich hochvernetztes Polymer VI [1 bis 3]. Alle B-Tris(alkylamino)-N-trialkyl-borazine III reagieren in dieser Weise. Eine Ausnahme macht nur das t-Butylderivat, bei dem vermutlich die sterisch gehinderte Abspaltung von t-Butylamin der Kondensation entgegensteht [3].

Die Pyrolyse von B-Triamino-N-aryl- und B-Triamino-N-alkyl-borazinen verläuft wahrscheinlich unter Ringöffnung (vgl. Abschnitt 3.5.2.1.3, S. 252). Bei der Pyrolyse von B-Triamino-N-trimethylborazin wird im Temperaturbereich von 120 bis 180°C neben dem Methylamin aus der Ringspaltung auch Ammoniak aufgefangen, was auf eine normale Ringverknüpfung und Bildung von VII hinweist [4]. Bei der Reinigungsdestillation von B-Diamino-borazinen entstehen hochsiedende Flüssigkeiten,

(1)

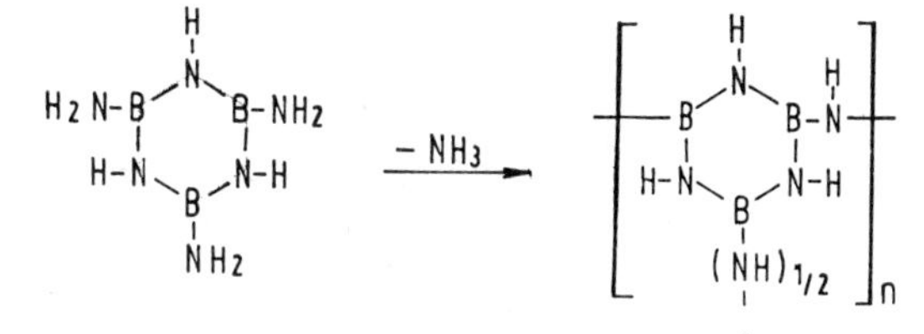

I [1]

(2)

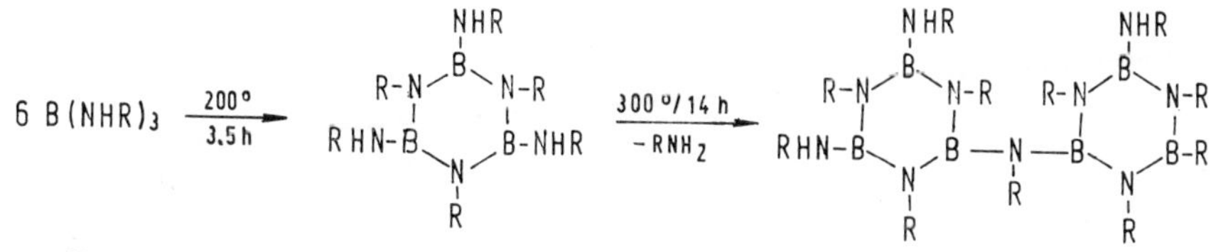

II III IV

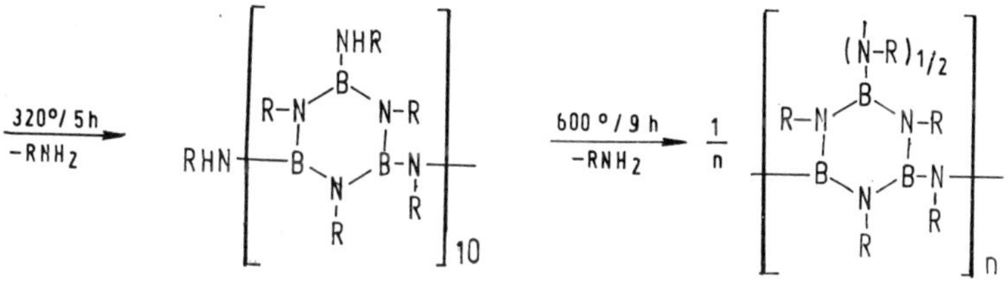

V VI [1] [2] [3]

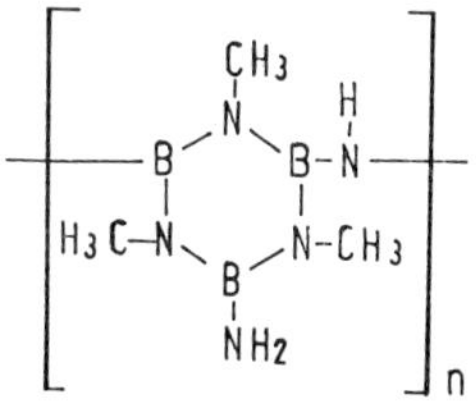

VII [4]

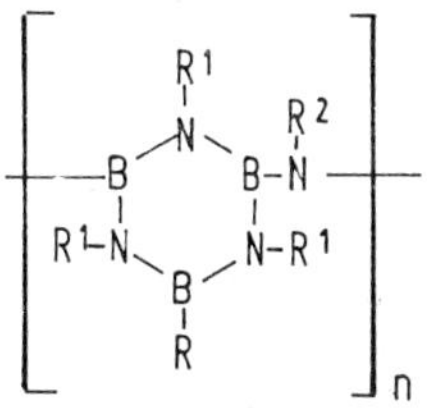

VIII [5] [6]

a) $R = C_4H_9$; $R^1 = CH_3$
$R^2 = H, C_2H_5, C_6H_5$

b) R und R^2 = Alkyl oder Aryl
R^1 = H, Alkyl, Aryl

die beim Versuch einer Hochvakuumdestillation in die Poly(borazylenamine) VIIIa übergehen. In höheren Ausbeuten fallen sie beim Erhitzen der reinen B-Diamino-borazine unter N_2 und anschließender Hochvakuumdestillation an [5]. Das Erhitzen (t > 300°C) dauert mehrere Tage [6]. Die hier beschriebene thermische Kondensation scheint nur bei den B-Alkylamino-borazinen, nicht aber (wie von [5] behauptet) bei den B-Arylaminoborazinen abzulaufen. Im Gaschromatogramm von B-Dianilino-tetramethylborazin weist nämlich bis t = 350°C nichts auf eine Kondensation hin. Statt dessen findet sich das B-Monoanilino-pentamethylborazin, was auf eine Umlagerung in das Mono- und Trianilino-derivat hindeutet [7].

3.6.1.4.2 Eigenschaften, Verhalten, Kenngrößen

Properties. Reactions. Numerical Data

Das Poly(borazylenamin) I ist ein weißes, amorphes Pulver, das bis t = 300°C nicht schmilzt und in den üblichen organischen Lösungsmitteln unlöslich ist [1]. Beim Borazin III handelt es sich um eine farblose, viskose Flüssigkeit, die während der Pyrolyse langsam dunkelt und zäher wird.

Beim Abkühlen entsteht ein hellbrauner, gummiartiger Stoff V. Das Endprodukt der Pyrolyse ist ein dunkelbraunes, sprödes, nicht thermoplastisches Harz VI, das in inerten organischen Lösungsmitteln unlöslich ist. Kaltes Wasser greift VI nur sehr langsam an, kochendes hydrolysiert es dagegen völlig zu $B(OH)_3$ und Alkylamin. Bei der Reinigungsdestillation von II hinterbleibt ein nicht näher untersuchtes Elastomer, das in organischen Lösungsmitteln unlöslich und gegen siedendes H_2O beständig ist. Erst von konzentrierter Salzsäure wird es angegriffen [3]. Das B-Tri(n-butylamin)-borazin liefert bei der Polykondensation einen gelblichen, spröden Feststoff, der vermutlich bis t = 400°C stabil ist, von H_2O aber hydrolysiert wird und bereits an feuchter Luft nach Ammoniak und Amin riecht [1].

Von dem Polymer, das durch die Pyrolyse des B-Triamino-N-trimethylborazins gebildet wird, ist nur bekannt, daß es unlöslich und röntgenamorph ist [4].

Durch die thermische Kondensation von B-Diamino-borazinen entstehen Kettenpolymere, die zwar thermisch sehr stabil sind, aber durch heißes H_2O zersetzt werden. VIIIa mit R = H ist ein farbloses, mit $R = C_2H_5$ ein gelbliches Harz mit einem Erweichungspunkt $t_{erw} = 60°C$. Mit $R = C_6H_5$ ist VIIIa gelb gefärbt und erweicht bei $t_{erw} = 120°C$ [5]. Mit $R = R^1 = R^2 = C_4H_9$ entsteht VIIIb als hartes, sprödes, braunes Harz. VIIIb mit $R = C_6H_5$, $R^1 = R^2 = C_2H_5$ ist ein dunkelbraunes Thermoplast mit $t_{erw} \approx 180°C$, das in CCl_4 und $(CH_3)_2CO$ löslich ist [6].

Literatur zu 3.6.1.4

[1] W. Gerrard (Soc. Chem. Ind. [London] Monograph Nr. 13 [1961] 328/42). — [2] M. F. Lappert (Proc. Chem. Soc. **1959** 59). — [3] D. W. Aubrey, M. F. Lappert (J. Chem. Soc. **1959** 2927/31). — [4] R. H. Toeniskoetter, F. R. Hall (Inorg. Chem. **2** [1963] 29/36). — [5] V. Gutmann, A. Meller, R. Schlegel (Monatsh. Chem. **94** [1963] 1071/89).

[6] Napier & Son Ltd., C. A. Pearce, P. G. Chantrell (B.P. 975451 [1964]; C.A. **62** [1965] 2888). — [7] R. Clément, Y. Proux (Bull. Soc. Chim. France **1969** 558/63).

Borazines Linked by $-\overset{R^1}{N}-R-\overset{R^1}{N}-$: Poly[(N,B)-borazylene-diamines]

3.6.1.5 Über $-\overset{R^1}{N}-R-\overset{R^1}{N}-$ verknüpfte Borazine: Poly[(N,B)-borazylen-diamine]

Preparation. Molecular Structure

3.6.1.5.1 Darstellung, Molekülstruktur

Zur Darstellung dieser Copolymeren sind fünf verschiedene Kondensationsreaktionen beschrieben worden, die in (1) bis (5), S. 277, schematisch wiedergegeben sind.

Die Polykondensation (6a) von B-Dichlor-borazinen mit Alkandiaminen nach (1) erfolgt durch Lösen des Borazins in einem siedenden Lösungsmittel (Tetrachlormethan, Benzol, Toluol, Xylol, Tetrahydrofuran) und langsame Zugabe des im gleichen Lösungsmittel gelösten Amins. Zur Vervollständigung der Reaktion muß längere Zeit unter Rückfluß gekocht werden. Alle Operationen erfolgen unter N_2 als Deckgas. Mit wachsendem x steigt die Ausbeute an linearen Polymeren, was auf eine sterische Hinderung bei den kurzkettigen Aminen zurückgeführt wird [1, 2]. Die Nützlichkeit von $(C_2H_5)_3N$ bei dieser Reaktion als HCl-Fänger ist fraglich. Zwar kann so der entstehende Chlorwasserstoff als Triäthylammoniumchlorid abgefangen werden. Gleichzeitig treten aber unlösliche Beiprodukte in erheblichen Mengen auf, die wahrscheinlich aus verzweigten, mit kationischen Aminogruppen und H-Brücken durchsetzten Polymeren und den Hydrogenchloriden der Brückenamine bestehen. Wegen ihrer Unlöslichkeit konnte keine Charakterisierung vorgenommen werden. Auch begünstigt $(C_2H_5)_3N$ und ein hochsiedendes Lösungsmittel die Ausbeute an Dimeren gemäß (7) zum Nachteil der Polykondensation [1]. Mit cyclischen Aminen verläuft (6b) in Tetrahydrofuran in allen Ergebnissen analog. Zusätzliches Ergebnis: Auch die Dauer der Rückflußzeit hat Einfluß auf Kettenverzweigung und Aminhydrogenchloridbildung. Sind nach 3 h Rückflußzeit etwa 90% lineares Polymer und 10% unlöslicher Rückstand gebildet, so liegen nach 7 h fast die umgekehrten Verhältnisse vor [2]. Nicht störend, sondern offensichtlich fördernd wirkt Triäthylamin bei der Benutzung von 4,4'-Diaminooctafluoryl-biphenyl als Brückenamin in (6c). Hier werden $(C_2H_5)_3N$ und Diamin in Toluol gelöst, auf 80°C erwärmt und dann die toluolische Lösung des Borazins in 0.5 h zu der stark gerührten Aminlösung zugetropft. Nach weiteren 30 min Kochen und dem Erkalten hat sich ein Niederschlag gebildet, der fast nur aus Triäthylammoniumchlorid besteht. Das Polymere fällt nach dem Einengen der klaren Lösung im Vakuum und Hochvakuum aus [3].

Eine Umaminierung nach (2) ist dann möglich, wenn das entstehende Amin aus dem Reaktionsraum entfernbar ist, z. B. durch Destillation, weil es niedriger siedet als das eingesetzte Diamin. Das trifft zu, wenn die Ausgangskomponenten Borazin und Diamin unter N_2 zusammengeschmolzen werden und das entweichende Amin in Salzsäure aufgefangen wird (Reaktionskontrolle) (8a).

Das eingesetzte B-Bis(diäthylamino)-N-tris(2,6-dimethylphenyl)-borazin befolgte die von Lappert u.a. [4 bis 6] aufgestellten Regeln der Umaminierung. Auch zeigt sich hier wieder der Einfluß der bereits in [1] diskutierten sterischen Hinderung. Die langkettigsten Oligomere entstehen mit dem flexibelsten Diamin $H_2N(CH_2)_6NH_2$, das auch gleichzeitig in bezug auf das Substrat die geringste sterische Hinderung aufweist. Andere Diamine (m- und p-Phenylendiamin; 4,4'-Diamino-diphenylmethan, Piperazin) ergeben nur einfache Borazinderivate mit n = 1 [7]. Diese Ergebnisse Turners [7] werden von Clément und Proux [8] nicht bestätigt, die allerdings die Polykondensation nicht in der Substanz, sondern in Benzol als Lösungsmittel durchführten. Dabei wird das Amin vorgelegt, eine benzolische Lösung von B-Bis(dimethylamino)-tetramethylborazin zugetropft, 3 h am Rückfluß gekocht, das Benzol vertrieben und 3 h bei 200°C gehalten (8b). Alle Operationen erfolgen unter N_2 in einem Handschuhkasten.

(1) 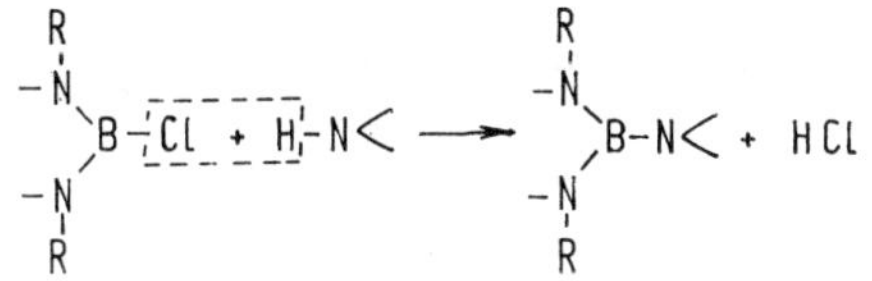

(2) 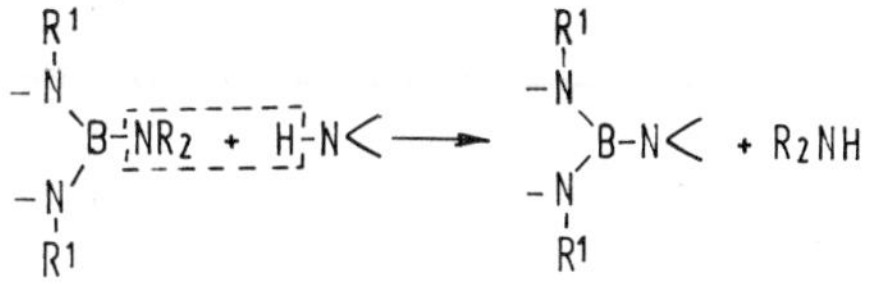

(3) 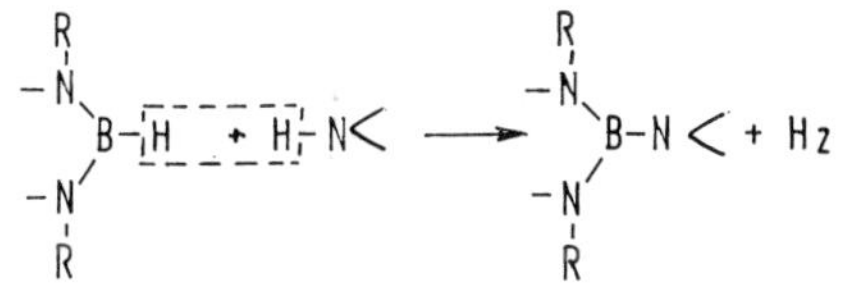

(4) 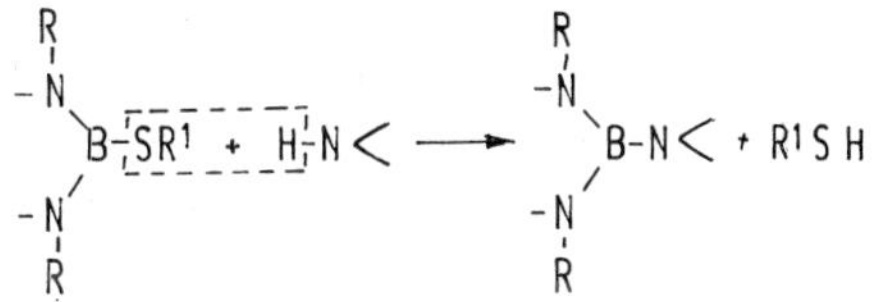

(5) 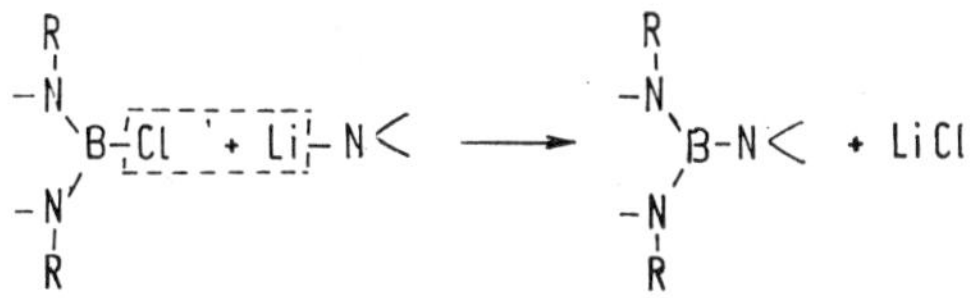

(6) 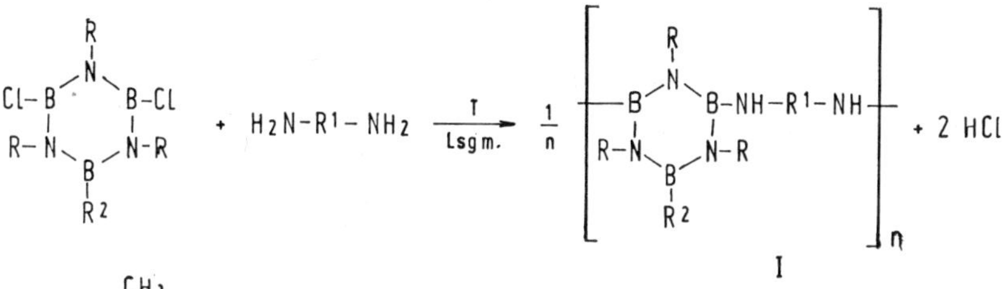

a)
b) 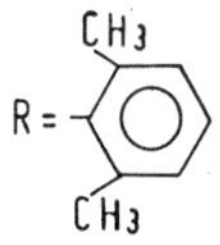

a) $R^1 = (CH_2)_x$ mit x = 2,3,4,6. ; $R^2 = H$
b) R^1 = Ringe mit extra- od. intraannularem N; $R^2 = H$
c) $R^1 = C_6F_4 - C_6F_4$; $R^2 = C_4H_9$; $R = CH_3$

(7) 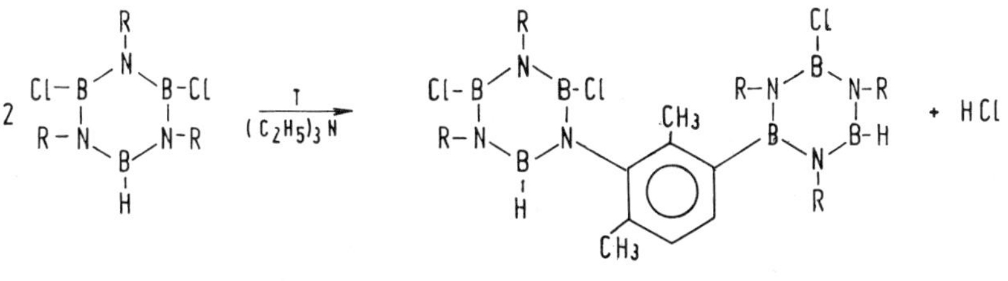

(8)

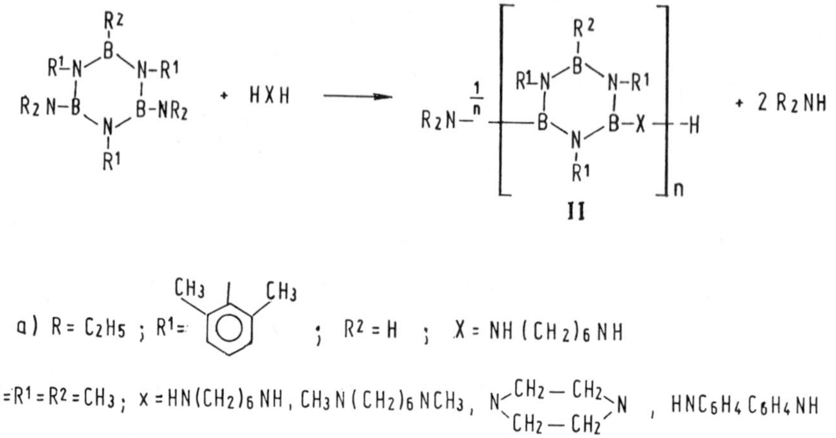

Die Polykondensation des 2,2'-Iminodiäthanolesters der Propan-1,3-diboronsäure (= Propan-1,3-bis(dihydroxyboran)) mit B-Hydrogen-borazinen (3) ergibt Polymere mit Ketten- oder Netzstruktur. Untersucht wurden die Reaktionen von N-Triphenyl- und von B-Monomethyl-N-triphenylborazin, wobei äquivalente Mengen des Esters und des Borazins 5 h auf ≦150°C und 4 h auf ≦ 200°C unter N_2 erhitzt wurden. Von der Stöchiometrie der Reaktion und den Stoffeigenschaften her sollen die Gleichungen (9) und (10) bzw. die Molekülstrukturen III und IV gelten [9]. Ebenfalls untersucht ist die Polykondensation von B-Methyl-N-triphenyl-borazin mit 1,6-Hexandiamin, p-Phenylendiamin und N,N'-Diisopropyl-1,6-hexandiamin [10]. Dabei werden äquivalente Borazin-Diamin-Gemische unter N_2 in 10 bis 12 h auf 360°C aufgeheizt, dann bei einem Druck von 2 Torr je 3 h bei 200, 260 und 300°C gehalten. Die H_2-Entwicklung beginnt bei 140°C. Die Reaktionskontrolle erfolgt durch Messung der reduzierten Viskosität von genommenen Proben, wobei sich zeigt, daß die Viskosität mit der Reaktionstemperatur bis auf einen Maximalwert steigt. Weitere Temperaturerhöhung läßt die Viskosität wieder fallen. Die vorgeschlagene Reaktionsgleichung ist (11). Mit N,N'-Diisopropyl-1,6-hexandiamin erfolgt keine Reaktion, was mit der sterischen Hinderung durch die großen i-C_3H_7-Gruppen erklärt wird [10].

B-Alkylthio-borazine kondensieren mit Diaminen gemäß (4) zu formelreinen Poly(borazylendiaminen) mit regulär wiederholten Baueinheiten, weil die Kondensation im Gegensatz zu der der Chlor- und Amino-borazine unter recht milden Bedingungen abläuft [11]. Mit B-Tris(butylthio)-N-trialkyl-borazinen entstehen vernetzte Polymere V, mit B-Butyl-B',B"-bis-(butylthio)-N-trialkylborazinen entsprechend Kettenpolymere nach (12). Zur Umsetzung werden bifunktionelle Borazine in Benzol, trifunktionelle in Xylol mit dem Diamin im entsprechenden Molverhältnis gemischt. Die Mischung erwärmt sich. Die dabei entstehenden klaren, dicken Gele werden mit dem entsprechenden Lösungsmittel verdünnt und 1 h auf 80 bzw. 125°C erwärmt. Nachdem Butanthiol und das Lösungsmittel im Vakuum abdestilliert sind, verbleibt eine schwach gelbliche, gelartige Masse. Zur Reinigung wird mit Benzol bzw. Äther extrahiert, mit Isopentan gewaschen und im Vakuum getrocknet. Die geringste Ausbeute ergibt das bifunktionelle Borazin ($R = C_2H_5$) mit 98% der Theorie [11]. Grundsätzlich werden bei der Einwirkung primärer oder sekundärer aliphatischer Amine auf Triäthylthioboran die Alkylmercapto-Gruppen stufenweise durch die entsprechenden Alkylamino-Gruppen konzentrationsabhängig ersetzt [12]. So reagiert Äthandiamin mit Tris(äthylthio)-boran (Molverhältnis 1:1) in Dioxan als Lösungsmittel schon bei 0°C zu einem Polymeren, das aus der Lösung ausfällt. Dioxan und entstandenes Äthanthiol lassen sich im Wasserstrahlvakuum entfernen. Das Polymer enthält etwa 20% Bor, aber keine C_2H_5S-Gruppen. Augenscheinlich sind alle N-Protonen durch Bor und alle B-Mercapto-Gruppen durch Aminogruppen ersetzt, was die Molekülstruktur VI vermuten läßt [12].

Bei der Reaktion von N,N'-Dilithiumpiperazin mit B-Dichlor-tetramethyl-borazin soll ebenfalls ein N,N'-Kondensat entstehen, das aber noch nicht gereinigt und deswegen auch nicht weiter untersucht werden konnte [13].

(9)

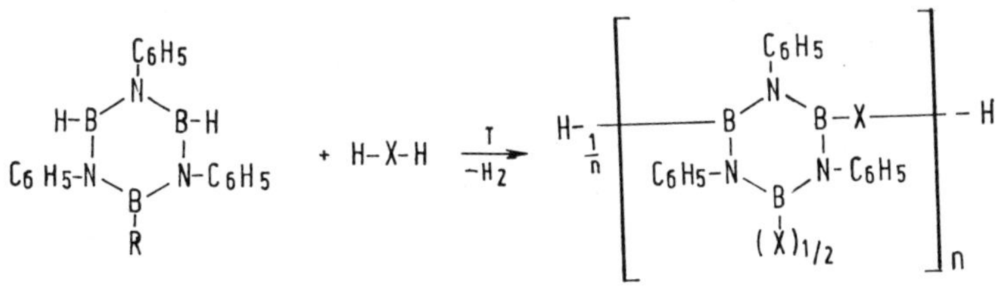

III

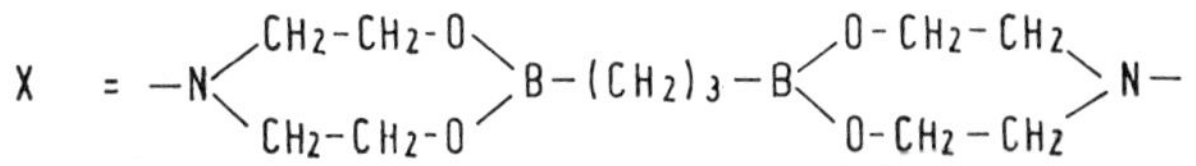

(10)

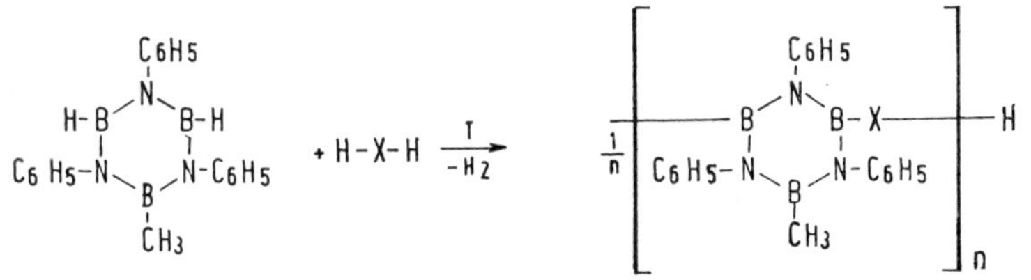

IV

(11)

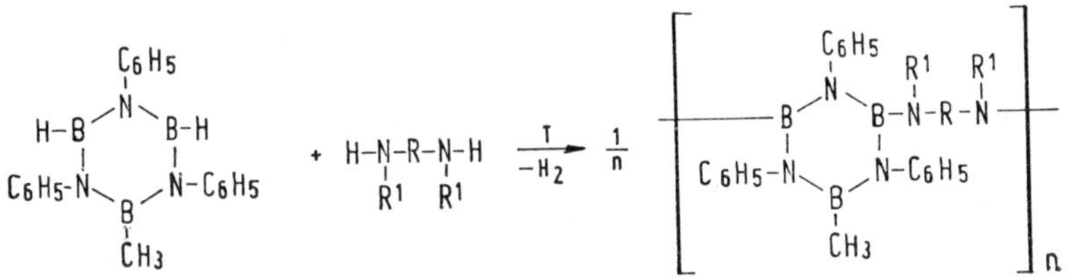

$R = (CH_2)_6$; C_6H_4

$R^1 = H$; $i\text{-}C_3H_7$

(12)

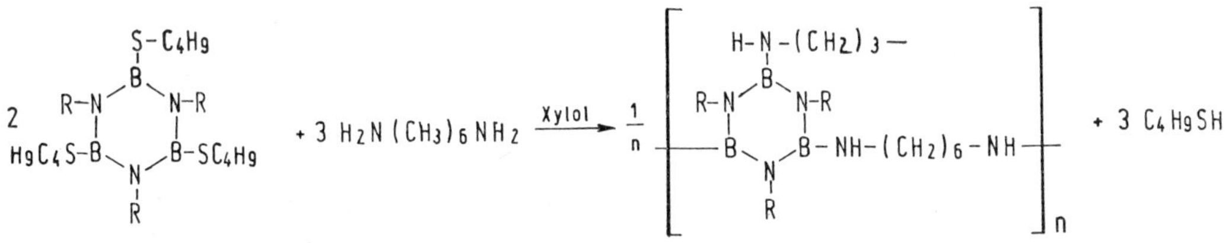

$R = CH_3$; C_2H_5

V

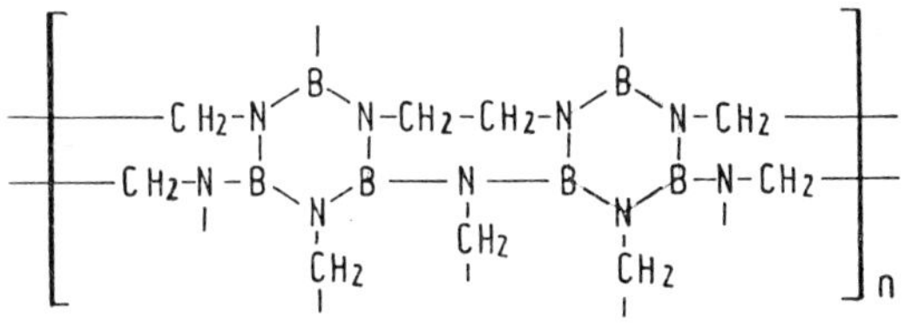

VI

Properties. Reactions. Numerical Data

3.6.1.5.2 Eigenschaften, Verhalten, Kenngrößen

Die Strukturen der linearen Oligomeren I, S. 277, entsprechen nicht genau der angegebenen Formel. Nach der relativen Molmasse (s. Tabellen 3/8 und 3/9, S. 281 und 282) und den IR-Spektren (vgl. 3.6.1.12, S. 307) liegen Polymeren- und Dimerengemische vor. Auch wechseln bei ein und demselben Präparat bei den einzelnen Ketten die endständigen Gruppen. Die Substanzen I_4, I_5 und I_7 z. B. enthalten sowohl endständige Cl-Atome wie Amingruppen. I_1 und I_2 werden vor dem Schmelzen nicht richtig plastisch. Der Einbau einer weiteren Methylengruppe in die Brücke hat zur Folge, daß das Material bei niedrigeren Temperaturen erweicht und etwas Fließvermögen bekommt [1]. Begründung: Die Kettenlänge gestattet erst ab $x = 3$ eine freie Drehbarkeit der Borazinringe. Bei den Oligomeren mit gleicher Brücke steigt die Erweichungstemperatur mit dem Polymerisationsgrad (vgl. I_6, I_7, I_8). Als Erklärung bietet sich eine sicherlich untereinander vorhandene Verflechtung der längeren Ketten an. Beim Erwärmen muß zunächst Energie zur Entflechtung aufgebracht werden, ehe das Material erweichen kann. Alle Polykondensate werden von siedendem H_2O hydrolysiert, wobei Mischungen verschiedener Borazine, Brückenamine und Polymerenreste entstehen. Die B–C-Bindung nach (7) bleibt immer erhalten. Die hydrolytische Stabilität insgesamt entspricht den Erwartungen (sterische Überlegungen, Polymerisationsgrad), wobei sich die Reihenfolge aufstellen läßt: $I_2 > I_1 > I_3 \approx I_4 > I_8 \gg I_5 \approx I_6 \approx I_7$. Der erste Schritt der Hydrolyse ist vermutlich das Lösen der exocyclischen B–N-Bindung. Bis 210°C sind alle Oligomere thermostabil. Oberhalb dieser Temperatur setzt in Luft und in N_2 ein Gewichtsverlust ein, der so verläuft, daß der Abbau wahrscheinlich mit den CH_3-Gruppen am 2,6-Dimethyl-phenyl beginnt. Diese relativ niedrige thermische Stabilität wird auf die Phenylgruppen zurückgeführt, von denen bekannt ist, daß sie die Elektronendichte der Bindung zum Borazinring verringern [11, 14]. Die Beständigkeit an der Luft ergibt sich nach dem Schema: Kurze Brücke + hoher Polymerisationsgrad = luftstabile Polymere; lange Brücke + niedriger Polymerisationsgrad = luftinstabile Polymere [1].

Die an den Copolymeren mit aliphatischen Diaminen als Brücken gemachten Erfahrungen über den Zusammenhang zwischen Erweichungspunkt bzw. -bereich und der Brückenlänge bzw. freien Drehbarkeit in der Kette werden bei dem Einbau von cyclischen Diaminen als Brücken (Ib in (6), S. 277) voll bestätigt [2]. Das gilt auch für die thermische Zersetzung, die Hydrolyse, die Strukturen und Endgruppen. Außerdem deutet das Verhalten (Löslichkeit, IR-Spektren) noch auf eine gewisse Kettenverzweigung und Teilvernetzung hin. Der Polymerisationsgrad ist etwas höher als bei Ia in (6). Alle Polymeren I_9 bis I_{13} ergeben diffuse Debyeogramme mit hoher Untergrundschwärzung, die zwei breite Lichthöfe aufweisen, was für Gläser typisch ist. Das Pulverdiagramm von I_{14} ähnelt sehr dem des B-Dichlor-N-tris(2-methylphenyl)-borazins, das vielleicht im Material enthalten ist [2]. Vom Polymer Ic in (6) ist nur bekannt, daß es ein farbloser Feststoff ist, der ein Erweichungsintervall von 288 bis 330°C aufweist und durch Wasser in der Kälte langsam, in der Hitze rasch hydrolysiert wird [3].

Das Oligomer IIa, S. 278, zeigt je nach den Herstellungsbedingungen verschiedene Eigenschaften. Bei einer Reaktionstemperatur von 160 bis 170°C und einer Dauer von 5 h ergaben sich Molmassen von 1504 bis 1526 (M_r(ber.) = 1587) und $n = 3$. Dauert die Darstellung 13 h bei 160 bis 180°C, so ergibt sich M_r = 1881 bis 1902 (M_r(ber.) = 1839) und $n = 3$ bis 4 [7]. Wird N,N'-Dimethyl-1,6-hexandiamin als Brückenamin eingesetzt, so entsteht bei der Reaktion (8b), S. 278, ein weißes, benzollösliches Öl. Die anderen Polymere IIb, S. 278, sind weiße, in organischen Lösungsmitteln unlösliche Feststoffe [8]. Alle Verbindungen IIb sind hydrolytisch nicht beständig und luftempfindlich, weswegen isopiestisch keine Molmassen bestimmbar sind. Die schnelle Kryoskopie in Benzol lieferte Molmassen zwischen 700 und 940 und Polymerisationsgrade zwischen 3 und 7, was keineswegs der Menge an freigesetztem Amin entspricht. Auch die Elementaranalyse bringt große Schwierigkeiten (Bildung von Borcarbid und -nitrid?), denen nur durch die Anwendung eines speziellen Oxydationskatalysators und vor allem durch genau festgelegtes Aufheizen zu begegnen ist. Das Copolymer IIb mit 1,6-Hexan-diamin erweicht bei 190°C und zersetzt sich ohne zu schmelzen bei 250°C, mit Piperazin als Brücke schmilzt es bei 200 bis 205°C und mit Benzidin schmilzt es bei 155 bis 160°C unter Zersetzung. Unlöslichkeit und Wasserempfindlichkeit verhinderten weitere Untersuchungen [8].

Die in der Literatur [9, 10] angegebenen Kenngrößen der nach den Gleichungen (9), (10) und (11), S. 279, dargestellten Polymere sind in der Tabelle 3/10 zusammengestellt.

Tabelle 3/8

Kenngrößen der Poly[(N, B)borazylen-diamine] I; R, R^1, R^2 nach (6a), s. S. 277.

	I_1	I_2	I_3	I_4	I_5	I_6	I_7	I_8
x	2	2	3	3	4	6	6	6
Aussehen	gelb, fest	gelb, fest	braun, plastisch	gelb, plastisch	gelb, plastisch	gelb, plastisch (Harz)	gelb, plastisch	gelb, zäh
Debyeogramm[1] und d-Wert	Glas, 7.44 Å	Glas/Kristall, 7.44 Å	Kristall, 7.23 Å	Glas, 7.24 Å	Kristall, 7.19 Å	Kristall, 6.52 Å	Kristall, 6.52 Å	Glas, Lichthöfe, bei 8.55 und 4.13 Å
M_r (gef.)	1525	1707	1539	1495	949	1500	1076	2827
M_r (ber.)	1382	1830	1484	1386	938	1470	968	2811
n	3	4	3	3	2	3	2	5 bis 6
Thermostabilität[2] in °C:								
an Luft		270	220	188	228[3), 6)]	240[4), 6)]	252[5), 6)]	240
unter N_2		252	210	300	246	222	252[6)]	240
Plastizitätsbereich in °C	235 bis 303	265 bis 286	130 bis 226	130 bis 205	100 bis 155	95 bis 145	85 bis 130	210 bis > 360
t_f in °C	298 bis 303	282 bis 286	226	205	140 bis 155	145	130	> 360
Hydrolyse[7)]	14.3% in 7 h	13.9% in 8 h	18.5% in 5 h	15.3% in 5 h	20.5% in 1 h	15.6% in 1 h	22.8% in 1 h	32.3% in 4 h
t_f in °C der Hydrolysate	285 bis 291	285 bis 291	250 bis 254, 285 bis 290	276 bis 280, 286 bis 291	276 bis 277	276 bis 280	285 bis 287	270 bis 278
	> 360		> 360			> 360	> 360	> 360

[1)] Aggregat-Zustand, auf den das Debyeogramm schließen läßt, und Lage des stärksten Reflexes. — [2)] Zersetzungsbeginn thermogravimetrisch festgestellt; Aufheizgeschwindigkeit 400°C/h. — [3)] Luftinstabiles Oligomer; nach 26 d an der Luft 6.1% Verlust; das ursprünglich gelbglänzende Harz ist dann matt und fahlorange. — [4)] Vgl. [3)]; nach 26 d an der Luft 12.1% Verlust. — [5)] Vgl. [3)]; nach 26 d an der Luft 9.3% Gewichtsverlust. — [6)] Die erste Stufe der Zersetzungskurve entspricht dem Verlust der Methylgruppen. — [7)] Die Werte geben den Gewichtsverlust beim Kochen in H_2O und die Dauer des Siedens an.

Tabelle 3/9

Kenngrößen der Poly[(N, B)borazylen-diamine] I; R, R^2 nach (6b), s. S. 277.

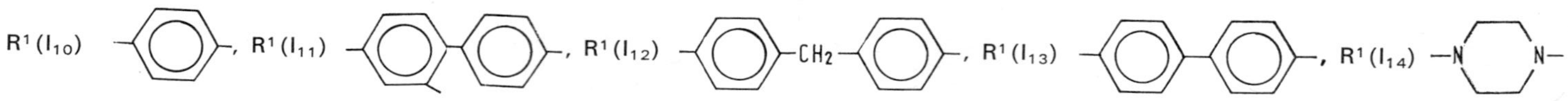

	I_9	I_{10}	I_{11}	I_{12}	I_{13}	I_{14}
M_r (gef.)	1353	2244	1866; 1957[2]	2624	3089	2341
M_r (ber.)	1527	2521	2024	2969	2899	2409
n	3	5	4	5	5	5
Debyeogramm[1] und d-Wert des stärksten Reflexes	Glas, 2 diffuse Lichthöfe, d = 8.92 Å		einige Linien, 2 diffuse Lichthöfe, d = 7.89 Å d = 8.05 Å	einige Linien, 2 diffuse Lichthöfe, d = 4.26 Å	einige Linien, 2 diffuse Lichthöfe, d = 6.01 Å	Kristall, scharfe Linien, d = 7.17 Å
Thermostabilität[1] in °C:						
an Luft	240	230[3]	250	230	210	140
unter N_2	220	190[3]	230	200	230	160
Plastizitätsbereich in °C	190 bis 250	190 bis 260	190 bis 260	155 bis 260	175 bis 220	85 bis 215
Zersetzungsprodukt in °C	250	260	260	260	220	215[4]
Hydrolyse[1]	22.4% in 8 h	18.6% in 8 h, 15.3% in 8 h[3]	14.8% in 8 h	30.1% in 3 bis 4 h	41.3% in 3 bis 4 h	25.4% in 3 bis 4 h

[1] Siehe Erläuterungen der vorhergehenden Tabelle. — [2] Parallelexperiment mit 30 min längerem Rückflußkochen ergab geringere Ausbeute, aber höheres M_r. — [3] Parallelexperiment mit doppelt so langem Rückflußkochen ergab geringere Ausbeute, aber erhöhte Stabilität. — [4] Einziger Fließpunkt.

Tabelle 3/10

Kenngrößen der Poly(borazylen-diamine) nach den Gleichungen (9), (10) und (11), S. 279.

	III	IV	Polymer nach (11) mit $H_2N(CH_2)_6NH_2$	Polymer nach (11) mit $H_2NC_6H_4NH_2$
Aussehen	spröde, gelb, glasig	wachsähnlich, gelb	spröde, farblos durchscheinend	spröde, farblos durchscheinend
η_{red} in Kresol	0.05	0.07	0.19	0.11
M_r(gef.)	4250	4500	[2]	[2]
M_r(ber.)	4250	4391	[2]	[2]
n	3	7	[2]	[2]
Hydrolyse[1]	59.6% in 1 h	50.4% in 1 h	100% in 1 h	73% in 24 h in der Kälte
Beständigkeit an der Luft	8.5% Gewichtszunahme in 7 d	6% Gewichtszunahme in 7 d	langsamer Angriff	langsame Dunkelfärbung
t_{erw} in °C	[2]	[2]	[2]	120

[1] Gewichtsverlust der Substanz beim Kochen in H_2O. — [2] Keine Angaben in der Literatur.

Das mit einem trifunktionellem Borazin hergestellte Polymer V ist mit $R = CH_3$ ein farbloses Pulver, unlöslich in den üblichen Lösungsmitteln, nimmt an der Luft in 66 h um 26.4% an Gewicht zu und zersetzt sich im abgeschmolzenen Rohr in N_2 oberhalb von 390°C. Mit $R = C_2H_5$ entsteht ein gelbliches Pulver, das in den üblichen Lösungsmitteln unlöslich ist, darin aber quillt. Von kaltem H_2O wird es langsam, von heißem schnell zersetzt. Mit Alkohol tritt eine ähnliche Reaktion ein. An der Luft nimmt das Gewicht in 66 h um 21.1% zu. Im abgeschmolzenen Rohr in N_2 bleibt die Substanz bis 300°C unverändert, färbt sich dann dunkel und zersetzt sich ab 370°C. Beide mit bifunktionellem Borazin hergestellten Polymere V ($R = CH_3$, C_2H_5) sind spröde Substanzen, die durch die Reinigungsextraktion mit Äther pulverisiert werden. In den üblichen organischen Lösungsmitteln sind sie unlöslich, zeigen in 66 h an der Luft eine Gewichtszunahme von 15.85%, zersetzen sich mit kochendem Wasser oder Alkohol. Thermisch stabil sind sie bis oberhalb 400°C [11].

Das Polymer VI ist weiß, fest, unlöslich in Äther, Benzol, Hexan, aber leicht löslich in Methanol. An der Luft zerfließt es, und von kaltem Wasser wird es hydrolysiert. Der Schmelzpunkt liegt über 250°C, wobei bei 180°C eine Umwandlung eintritt [12].

Literatur zu 3.6.1.5

[1] J. M. Turner (J. Chem. Soc. A **1966** 401/10). — [2] J. M. Turner (J. Chem. Soc. A **1966** 410/5). — [3] A. Meller, M. Wechsberg, V. Gutmann (Monatsh. Chem. **97** [1966] 619/32). — [4] D. W. Aubrey, M. F. Lappert (Proc. Chem. Soc. **1960** 148/9). — [5] M. F. Lappert, M. K. Majumdar (Proc. Chem. Soc. **1961** 425).

[6] D. W. Aubrey, M. F. Lappert, M. K. Majumdar (J. Chem. Soc. **1962** 4088/94). — [7] J. M. Turner (J. Chem. Soc. A **1966** 415/7). — [8] R. Clément, Y. Proux (Bull. Soc. Chim. France **1969** 558/63). — [9] V. V. Korshak, R. M. Oganesyan, V. A. Zamyatina (Izv. Akad. Nauk SSSR Ser. Khim. **1964** 362/3; Bull. Acad. Sci. USSR Div. Chem. Sci. **1964** 332/3). — [10] V. V. Korshak, N. I. Bekasova, L. G. Komarova (Izv. Akad. Nauk SSSR Ser. Khim. **1965** 1462/4; Bull. Acad. Sci. USSR Div. Chem. Sci. **1965** 1419/21).

[11] B. M. Mikhailov, A. F. Galkin (Izv. Akad. Nauk SSSR Ser. Khim. **1963** 641/5; Bull. Acad. Sci. USSR Div. Chem. Sci. **1963** 575/8). — [12] T. A. Shchegoleva, E. M. Shashkova, B. M. Mikhailov (Izv. Akad. Nauk SSSR Otd. Khim. Nauk **1961** 918/9; Bull. Acad. Sci. USSR Div. Chem. Sci. **1961** 848/50). — [13] I. B. Atkinson, B. R. Currell (Inorg. Macromol. Rev. **1** [1971] 203/33). — [14] H. C. Newsom, W. D. English, A. L. McCloskey, W. G. Woods (J. Am. Chem. Soc. **83** [1961] 4134/8).

Borazines Linked by Urea Derivatives: Poly-(borazylene-ureides) and Poly-(borazylene-diamides)

3.6.1.6 Über Harnstoffderivate verknüpfte Borazine: Poly(borazylen-ureide) und Poly(borazylen-diamide)

Preparation. Molecular Structure

3.6.1.6.1 Darstellung, Molekülstruktur

Die ersten Polymere dieser Art stellten Korshak u. a. [1] durch Migrations-Copolymerisation von B-trisubstituierten Borazinen mit 1,6-Hexan-diisocyanat her und gaben (1), s. S. 285, als Reaktionsgleichung an. Zur Darstellung wurden 2 g eines Gemisches der Ausgangskomponenten in Glasampullen gefüllt, die Luft durch N_2 verdrängt und die evakuierten und abgeschmolzenen Ampullen im Metallblock stufenweise erhitzt (je 3 h bei 100, 150, 200 und 250°C). Wegen der hohen Erweichungstemperatur der entstehenden Polymere verläuft die Reaktion gegen Ende sehr langsam (Festkörperreaktion), was wohl auch die relativ kurzen Ketten bedingt. Die Anwendung des hochsiedenden Lösungsmittels Dinyl (26.67 Gewichts-% Diphenyl, 73.33% Diphenyloxid, $t_s = 250°C$) bietet keinen Ausweg, weil das Polymer nur in 60 bis 65% der Theorie anfällt und auch nur $^1/_3$ bis $^1/_4$ des berechneten B-Gehaltes aufweist. Wahrscheinlich ist in der Lösung die Eigenpolymerisation des Isocyanats gegenüber der Copolymerisation mit dem Borazin bevorzugt. Der Niederschlag besteht demnach aus einer Polyisocyanursäure mit einigen eingebauten Borazinringen [1]. Ähnlich läßt sich das B-Methyl-N-triphenyl-borazin in Substanz mit 1,6-Hexan-, p-Toluylen- und mit 4,4'-Diphenylendiisocyanat in 10 h durch langsames Erhitzen (maximal 180°C) polymerisieren [2]. Die Formelstrukturen sollen I entsprechen. Die N-trisubstituierten Borazine ($R = CH_3$, C_6H_5) reagieren analog [3, 4]. Ist dagegen in (1) $R = (CH_3)_2N$, so kann die Polymerisation in einem Lösungsmittel erfolgen: Das Borazin in Toluol lösen, rühren, das Diisocyanat als toluolische Lösung zutropfen, 6 h unter Rückfluß kochen, den Niederschlag abfiltrieren, mehrmals mit Toluol waschen, trocknen [5]. Vielleicht katalysiert die $(CH_3)_2N$-Gruppe die Reaktion, so daß relativ niedrige Temperaturen ausreichen. Auch bilden sich fast nur Kettenpolymere mit wenig Vernetzungsstellen, gleichgültig wie die Molverhältnisse der Komponenten gewählt werden. Mit B-Tris(äthylamino)-N-triäthyl-borazin bildet sich in Benzol durch analoge Reaktion ein Polymer, dem die Formelstruktur III zugeschrieben wird.

Boone und Wilcokson [6] bestritten das Reaktionsschema (1). Bei der Einwirkung von Phenylisocyanat auf B-Trimethyl-borazin beobachteten sie eine Ringspaltung und die Bildung eines 1,3,5-Triaza-2-bora-cyclohexanringes nach (2). Weitere Untersuchungen [7, 8] deuteten darauf hin, daß beide Reaktionswege möglich sind, manchmal sogar gleichzeitig. Clément und Proux [9] sind der Meinung, daß der Reaktionsweg erstens von der Natur des Isocyanats und zweitens vom aromatischen Charakter des Borazins abhängt. Sie ließen B-Dianilino- bzw. B-Bis(butylamino)-tetramethylborazin und 4,4'-Diisocyanato-diphenylmethan unter verschiedenen Bedingungen miteinander reagieren. In der Kälte ergibt in Benzol gelöstes B-Dianilino-tetramethyl-borazin beim Rühren mit dem Diisocyanat unter N_2 in 120 h einen Feststoff, in dem kein Borazin, sondern nur 1,3,5-Triaza-2-bora-cyclohexane IV nachweisbar waren. Bei 80°C und Borazinüberschuß entsteht ein Polykondensat V, das keine freie Isocyanatgruppe mehr enthält (IR). Borazinringe sollen nur die Funktion von Endgruppen besitzen. Das B-Bis(butylamino)-tetramethyl-borazin ergibt in 24 h bei Raumtemperatur ein Polykondensat, dem die Struktur VI zugeordnet wird. Alle Schlußfolgerungen sind schon deswegen hypothetisch, weil keine exakten Analysen vorliegen [9].

Properties. Reactions. Numerical Data

3.6.1.6.2 Eigenschaften, Verhalten, Kenngrößen

Die in der Tabelle 3/11, s. S. 286, zusammengestellten Ergebnisse der Reaktion (1) zeigen, daß bei einem Molverhältnis Borazin : Diisocyanat = 2 : 3 nur unlösliche, aber quellbare Polymere entstehen. Diese Eigenschaften deuten auf vernetzte Molekülstrukturen. Bei einem Molverhältnis von 1 : 1 scheinen sich die löslichen Kettenpolymere leichter zu bilden. Die Blockpolymere sind auch im Gegensatz zu den Copolymeren an der Luft beständig, von siedendem H_2O werden beide angegriffen. Die thermomechanischen Eigenschaften, s. **Fig. 3–2**, S. 287, hängen hauptsächlich vom B-Substituenten und vom Molverhältnis ab: B-Phenyl-borazin ergibt in beiden Mischungsverhältnissen ein hochschmelzendes Polymer; B-Alkyl-borazine ergeben nur im Verhältnis 2 : 3 hochschmelzende Polymere, Kettenverlängerung im B-Substituenten macht sich hier negativ bemerkbar. Das Poly(B-trimethyl-borazin-g-1,6-hexan-diisocyanat) hat bei Raumtemperatur einen spezifischen Widerstand von $2.5 \times 10^{11}\ \Omega \cdot cm$. Der Tangens des dielektrischen Verlustwinkels, tan δ, ist 0.0072 bei 10^3 Hz. Beide Größen sind temperaturabhängig. Bei 150°C ergab sich tan $\delta = 8 \times 10^{11}\ \Omega \cdot cm$ und $\rho = 1.1$ bei 10^3 Hz [1]. Die in [2] beschriebenen Polymere sind gelb, fest ($\overline{M}_r = 4000$ bis 6000, $\eta_{red} = 0.05$ bis 0.16), unlöslich in Benzol, löslich in Dimethylformamid und in Kresol. Gegen Luft sind sie

(1) 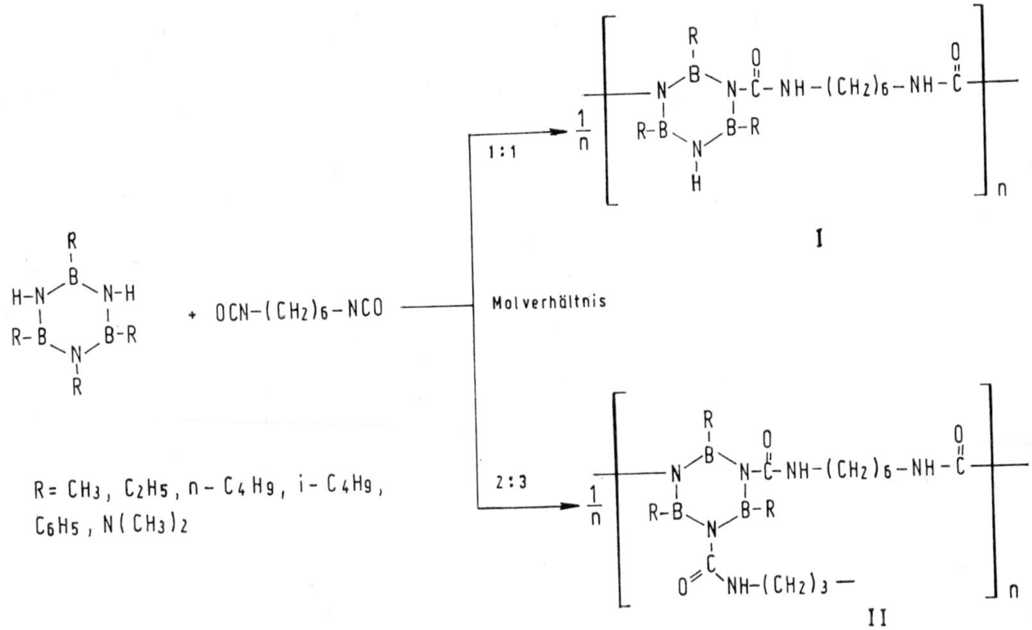

R = CH_3, C_2H_5, n-C_4H_9, i-C_4H_9, C_6H_5, $N(CH_3)_2$

I

II

(2) 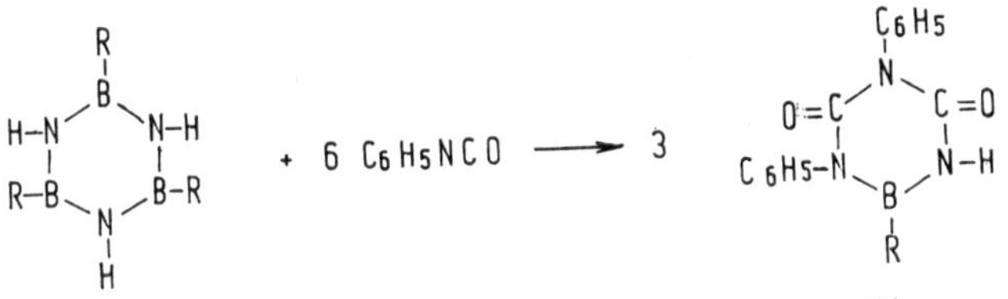

IV

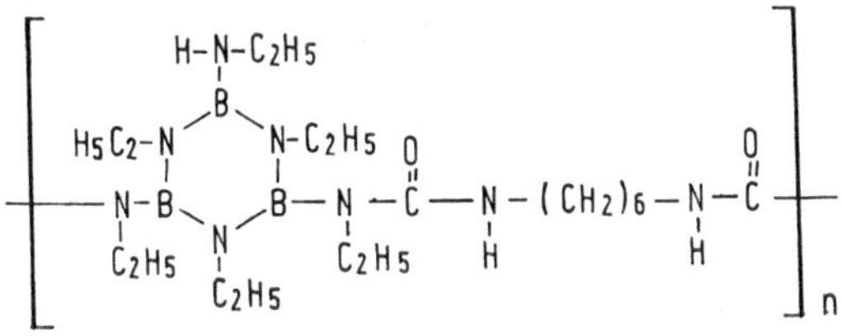

III

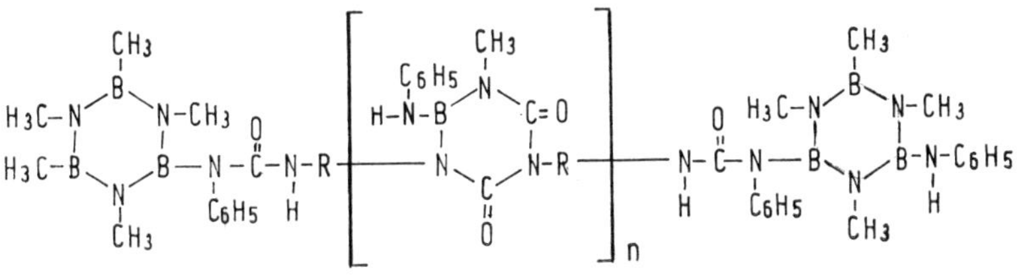

V

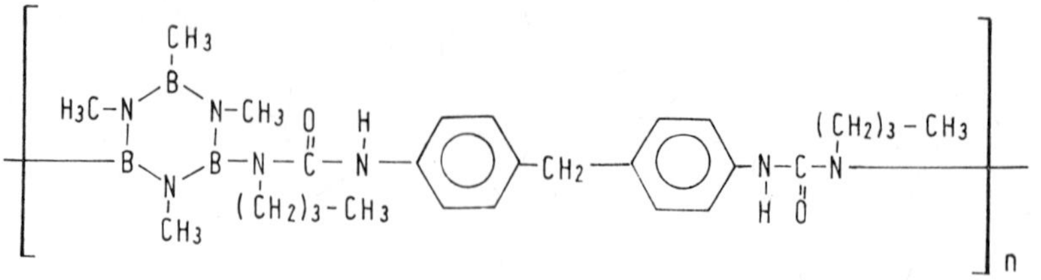
VI

beständig, nicht aber gegen siedendes Wasser. Im Gegensatz zu den Blockpolymeren II erweichen sie bereits bei 100 bis 110°C unter Zersetzung.

Tabelle 3/11

Kenngrößen der Poly(borazylen-ureide) I und II [1].

R	Mol-verhältnis	η_{red} [1)] in Kresol	in H_2SO_4	Hydrolyse[2)]	Aussehen	Kurve in Fig. 3-2
CH_3	1:1	0.36	—	26.4	gelatinös, an Luft festwerdend	1
CH_3	2:3	unlöslich, quillt		8.3	durchsichtig, fest	5
C_2H_5	1:1	0.34	0.14	—	durchsichtig, fest	—
C_2H_5	2:3	unlöslich, quillt		39.0	durchsichtig, fest	4
n-C_4H_9	1:1	unlöslich	0.10	—	durchsichtig, gummiartig	—
n-C_4H_9	2:3	quillt auf	0.22	35.2	durchsichtig, gummiartig	2
i-C_4H_9	1:1	0.24	0.06	—	durchsichtig, fest	—
i-C_4H_9	2:3	unlöslich, quillt		—	durchsichtig, fest	3
C_6H_5	1:1	unlöslich, quillt		3.3	durchsichtig, fest	6
C_6H_5	2:3	unlöslich, quillt		41.2	durchsichtig, fest	7

1) Gemessen in 0.5%iger Lösung in Trikresol (Isomerengemisch) oder in konzentriertem H_2SO_4 bei 20°C. — 2) Prozentualer Gewichtsverlust nach einstündigem Kochen in H_2O.

Das aus N-Triphenyl-borazin gebildete Polymer [3, 4] ist gelb, glasartig mit $\eta_{red} = 0.13$ (in Kresol) und $t_g = 145$°C. Hydrolyseverlust in kochendem H_2O 36.5 Gewichts-% in 1 h. In 8 d an der Luft 3.2% Gewichtszunahme. Der Hydrolyserückstand ist borhaltig und weist $\eta_{red} = 0.10$ auf. Das entsprechende N-Trimethyl-borazin-Polymer ist ebenfalls gelb, glasig mit $\eta_{red} = 0.536$ (in Kresol) und einem Hydrolyseverlust von 34.6%. Der borhaltige Hydrolyserückstand hat die Viskosität $\eta_{red} = 0.106$. Nach 8 d an der Luft ist das Polymer um 4.9% schwerer [4]. Die thermomechanischen Eigenschaften beider Polymere sind aus **Fig. 3–3** ersichtlich.

Die Kenngrößen der Poly(borazylen-ureide) I und II mit $R = N(CH_3)_2$ und des Poly(borazylen-diamids) III sind in der Tabelle 3/12 zusammengestellt [5]:

Tabelle 3/12

Kenngrößen der Poly(borazylen-ureide) I und II und des Poly(borazylen-diamids) III [5].

Polymer	Mol-ver-hältnis	η_{sp} in Kresol	t_f in °C	Ausbeute in % d. Th.	Aus-sehen	Gewichtsverlust durch Hydrolyse
I; $R=N(CH_3)_2$	1:1	0.22	150 bis 170		weißes Pulver	100% nach 24 h in kaltem H_2O (an der Luft langsame Gewichtszunahme)
II; $R=N(CH_3)_2$	2:3	0.14	170 bis 180	81		
III	1:1	0.15	185 bis 200	47	weiß, pulverförmig	100% nach 1 h in siedendem H_2O, in kaltem langsamer (Lufteinfluß wie oben)
	2:3	0.14	200 bis 220	50		

Die Polymere V und VI sind beide weiße, in organischen Lösungsmitteln unlösliche Pulver. V schmilzt bei 240°C unter Zersetzung, VI erweicht bei 238 bis 242°C unter Zersetzung [9].

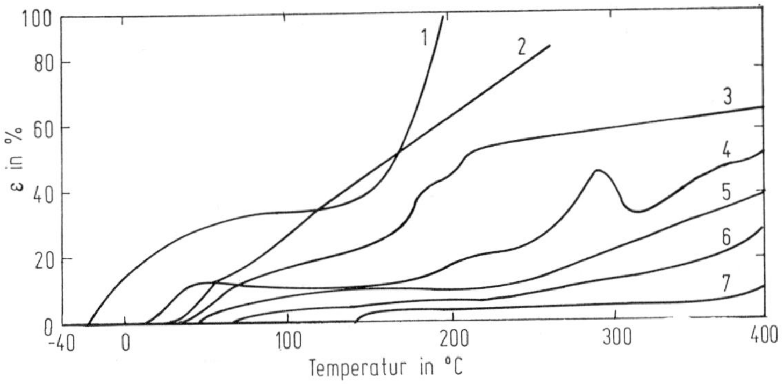

Fig. 3–2

Kurvenbezeichnung vgl. Tabelle 3/11

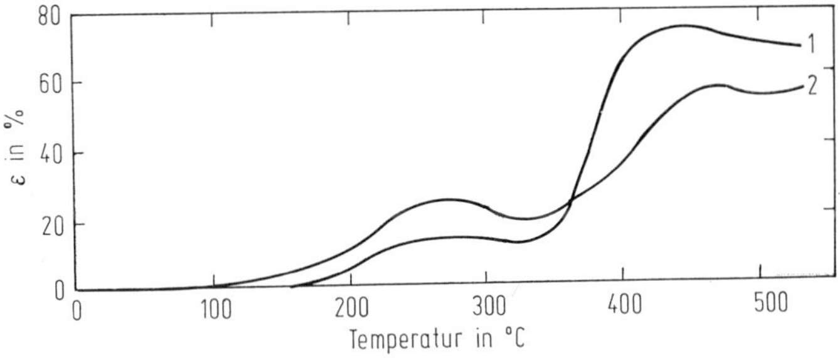

Fig. 3–3

Kurve 1: N-Trimethylborazin-Polymer
Kurve 2: N-Triphenylborazin-Polymer

Thermomechanische Kurven einiger Poly(borazylen-ureide). Erläuterungen vgl. Fig. 3–1, S. 264.

Literatur zu 3.6.1.6

[1] V. V. Korshak, V. A. Zamyatina, N. I. Bekasova, Ma Zhui-Zhan (Vysokomolekul. Soedin. **3** [1961] 525/9). — [2] V. V. Korshak, N. I. Bekasova, L. G. Komarova (Izv. Akad. Nauk SSSR Ser. Khim. **1965** 1462/4; Bull. Acad. Sci. USSR Div. Chem. Sci. **1965** 1419/21). — [3] V. V. Korshak, V. A. Zamyatina, R. M. Oganesyan (Vysokomolekul. Soedin. **4** [1962] 615/6). — [4] V. V. Korshak, V. A. Zamyatina, R. M. Oganesyan (Izv. Akad. Nauk SSSR Otd. Khim. **1962** 1669/70; Bull. Acad. Sci. USSR Div. Chem. Sci. **1962** 1580/81). — [5] N. I. Bekasova, V. A. Zamyatina, V. V. Korshak (Izv. Akad. Nauk SSSR Ser. Khim. **1964** 172/4; Bull. Acad. Sci. USSR Div. Chem. Sci. **1964** 154/6).

[6] J. L. Boone, G. W. Wilcokson (Abstr. Papers 142nd Meeting Am. Chem. Soc., Atlantic City, N.J., 1962, S. 6 N). — [7] H. Beyer, K. Niedenzu, J. W. Dawson (Southeastern Regional Meeting Am. Chem. Soc., Gatlinburg, Tenn., 1962). — [8] Y. Proux, R. Clément (Compt. Rend. C **264** [1967] 2123/5). — [9] R. Clément, Y. Proux (Bull. Soc. Chim. France **1969** 558/63).

3.6.1.7 Über O–R–O verknüpfte Borazine: Poly(borazylen-alkyldioxide) und Poly(borazylen-aryldioxide)

Borazines Linked by O–R–O: Poly-(borazylene-alkyl-dioxides) and Poly-(borazylene-aryl-dioxides)

3.6.1.7.1 Darstellung, Molekülstruktur

Preparation. Molecular Structure

Die Pyrolyse des Borazin-Methanol-1:3-Adduktes ergibt neben B-Tris(methoxy)-borazin und H_2 einen polymeren, weißen Feststoff, der intermolekular aus dem Addukt (H_2-Abspaltung, Bildung geringer Mengen CH_3OH) entstanden sein soll. Die Formel dürfte zwischen $[CH_3OB\text{-}NH]_n$ und $[BN]_n$ zu suchen sein. Längeres Erhitzen bei 400°C läßt das Produkt dem Bornitrid (s. S. 1) ähnlich werden [1].

Die Kondensation von N-substituierten Borazinen mit Diolen wurde zuerst am N-Phenyl-borazin und Eicosandiol untersucht [2]. Allgemein erfolgt die Polykondensation von N-Triphenyl-borazinen mit Di- oder Triolen durch langsames Aufheizen des Monomerengemisches in reiner N_2-Atmosphäre, wobei die Reaktion bei ≈100°C einsetzt [3]. H_2 wird frei, das Polymer sowie eine geringe Menge einer viskosen Flüssigkeit unbekannter Zusammensetzung entstehen. Das Molverhältnis der Monomeren soll für die Bildung von Co- oder Blockpolymeren verantwortlich sein; vgl. (1). Beweise dafür sind nicht vorhanden. Die Formeln I und II stimmen nicht mit der Elementaranalyse überein, die einen zu hohen O- und einen zu niedrigen C-Gehalt ergibt. Die Autoren [3] vermuten: 1) Der B-Wasserstoff des Borazins reagiert nicht immer mit dem Diol, sondern wird streckenweise durch OH substituiert, was den O-Gehalt erhöhen würde. Das soll während der Darstellung durch eine Wechselwirkung der Schmelze mit O_2-Spuren der N_2-Atmosphäre geschehen. 2) Ein pyrolytischer Verlust von Dihydroxy-alkan-Gruppen senkt den C-Gehalt. Das stünde in Übereinstimmung mit der Veränderung des $[CH_3OB\text{-}NH]_n$ zum $[BN]_n$ [1].

Bei der Reaktion von B-Trichlor-borazin mit dem Dimethylester der Adipinsäure (vgl. Abschnitt 3.6.1.8.1, S. 290) verläuft wahrscheinlich parallel zur Polykondensation ein thermischer Abbau. Im Endprodukt überwiegen darum die anorganischen Anteile [4].

(1)

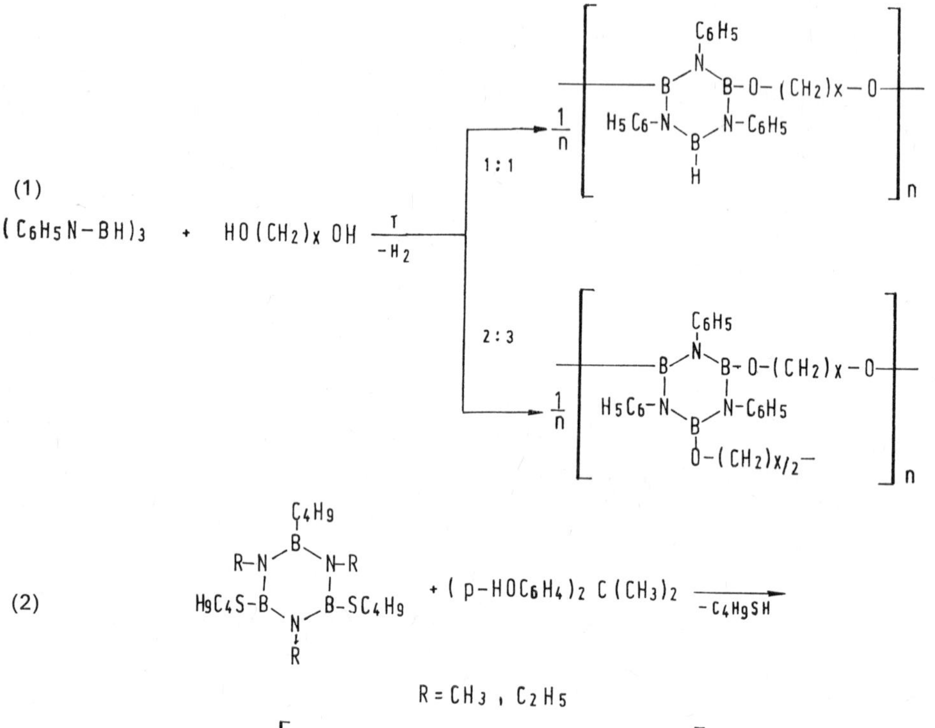

I

II

(2)

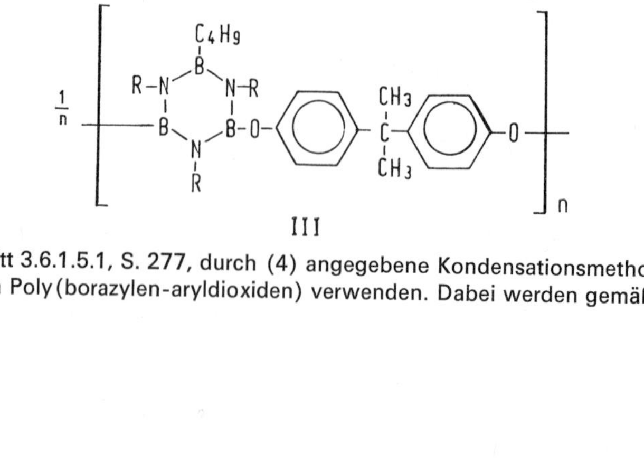

III

Die im Abschnitt 3.6.1.5.1, S. 277, durch (4) angegebene Kondensationsmethode läßt sich auch zur Darstellung von Poly(borazylen-aryldioxiden) verwenden. Dabei werden gemäß (2) die Komponenten in Äther gelöst, zusammengegeben und gerührt. Unter Wärmeentwicklung entsteht ein Gel. Nach dem Verdünnen mit Äther wird 1 h unter Rückfluß gekocht, mit Benzol extrahiert und im Vakuum getrocknet [5].

3.6.1.7.2 Eigenschaften, Verhalten, Kenngrößen

Properties. Reactions. Numerical Data

Alle Polymere I und II sind farblose bis gelbe Feststoffe, die nur in Kresol löslich sind. Die Glastemperatur ist niedrig und fällt mit steigender Anzahl der Methylengruppen der Diole. An feuchter Luft tritt eine Aufspaltung in die Monomeren und Anilin ein (Spaltung der B–O- und der B–N-Bindung). Da Anilin und das Diol verdampfen, kann die Probe nach 7d an der Luft je nach Hydrolyseverlauf eine Gewichtszunahme oder -abnahme aufweisen. Kochen in H_2O bewirkt völlige hydrolytische Spaltung. Die Blockpolymere II besitzen elastische Eigenschaften. Kenngrößen vgl. Tabelle 3/13, thermomechanische Eigenschaften s. **Fig. 3–4** [3].

Fig. 3–4

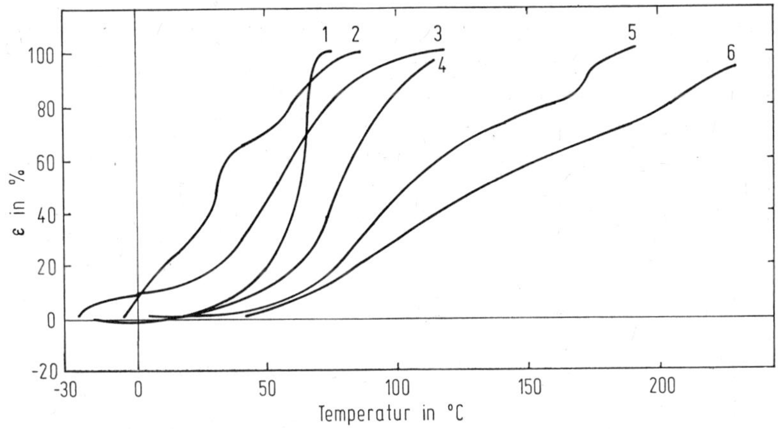

Thermomechanische Eigenschaften einiger Poly(borazylen-alkyldioxide), vgl. Tabelle 3/13.

Tabelle 3/13
Kenngrößen einiger Poly(borazylen-alkyldioxide) nach [3].

Polyol	Reaktionsbedingungen End-temperatur in °C	Versuchs-dauer in h	Eigenschaften der Polymere η_{red}	t_g in °C	Gewichtsänderung nach 7d an der Luft in %	Nr. in Fig. 3–4
		Molverhältnis 2:3				
1,2-Äthandiol	250	20	0.14	60	+24.8	
1,4-Butandiol	250	15	0.14	45	−11.4	
1,6-Hexandiol	315	14	0.10	35	−6.9	6
1,10-Decandiol	250	12	0.09	−5	−6.0	4
1,20-Eicosandiol	300	14	0.09	−20	−3.7	3
Diäthanolamin	210	9	0.08	30	+10.1	
Diisopropanolamin	210	12	0.09	35	+13.6	
Trimethylolamin	280	12	0.08	40	+11.7	
1,2,5-Hexantriol	320	13	0.08	60	−12.8	
		Molverhältnis 1:1				
1,4-Butandiol	350	12	0.09	40	−18.0	
1,6-Hexandiol	300	12	0.11	35	−20.0	
1,10-Decandiol	350	12	0.10	7	−14.8	2
1,20-Eicosandiol	300	12	0.12	5	−12.2	1
4,4'-Dihydroxy-2,2-diphenyl-propan	200	12	0.12	20	−13.6	5
Diisopropanolamin	200	12	0.10	40	+1.8	

Vom in [4] beschriebenen Polymer sind $\eta_{red} = 0.2$ und $t_f > 300°C$ bekannt. Beide Polymere II sind amorph, farblos und in siedendem Dimethylformamid löslich. Wasser und Alkohol hydrolysieren sie beim Sieden. An der Luft weisen sie nach 66 h eine Gewichtszunahme von 6.2% auf. In einer abgeschmolzenen Kapillare schmilzt II mit R = CH_3 bei $t_f \approx 220°C$ und erweicht II mit R = C_2H_5 bei 195°C [5].

Literatur zu 3.6.1.7

[1] D. T. Haworth, L. F. Hohnstedt (J. Am. Chem. Soc. **81** [1959] 842/4). — [2] V. V. Korshak, V. A. Zamyatina, R. M. Oganesyan (Vysokomolekul. Soedin. **4** [1962] 615/6). — [3] V. V. Korshak, V. A. Zamyatina, R. M. Oganesyan (Izv. Akad. Nauk SSSR Otd. Khim. Nauk **1962** 1850/2; Bull. Acad. Sci. USSR Div. Chem. Sci. **1962** 1754/6). — [4] V. V. Korshak, V. A. Zamyatina, L. M. Chursina, N. I. Bekasova (Vysokomolekul. Soedin. **5** [1963] 1127/9). — [5] B. M. Mikhailov, A. F. Galkin (Izv. Akad. Nauk SSSR Ser. Khim. **1963** 641/5; Bull. Acad. Sci. USSR Div. Chem. Sci. **1963** 575/8).

Borazines Linked by B–O–Y (Y = P, Si): Poly-(borazylene-anhydrides) Poly[(O, B)-borazylene-phosphates] Preparation. Molecular Structure

3.6.1.8 Über B–O–Y verknüpfte Borazine (Y = P, Si): Poly(borazylen-anhydride)

3.6.1.8.1 Poly[(O, B)-borazylen-phosphate]

3.6.1.8.1.1 Darstellung, Molekülstruktur

B-Trichlor-borazin kann mit Trialkylphosphaten 1:3- und 1:1-H-Brückenkomplexe bilden. Der 1:3-Komplex geht beim Erwärmen unter Alkylchloridabspaltung in das B-Tris(dialkoxyphosphoryl)-borazin I über. Bei ≈200°C und 0.5 Torr tritt die Kondensation (1) unter Abspaltung von Trialkylphosphat zum Poly[(O, B)-borazylen-mono-alkoxyphosphat(V)] II mit $R^1 = H$ ein [1 bis 3]. Eine zweite Pyrolyse bei 450 bis 800°C läßt NH_3 und Olefine (Ausnahme beim Methylderivat: CH_4-Abspaltung) freiwerden. Ein Blockpolymer der Zusammensetzung N : P : B ≈ 1 : 1 : 2 bleibt zurück, das eine Gerüsteinheit wie III oder IV haben soll. Auch eine Koordination zwischen B und dem Phosphoryl-O ist nicht auszuschließen [2]; vgl. Tabelle 3/14, S. 292.

(1)

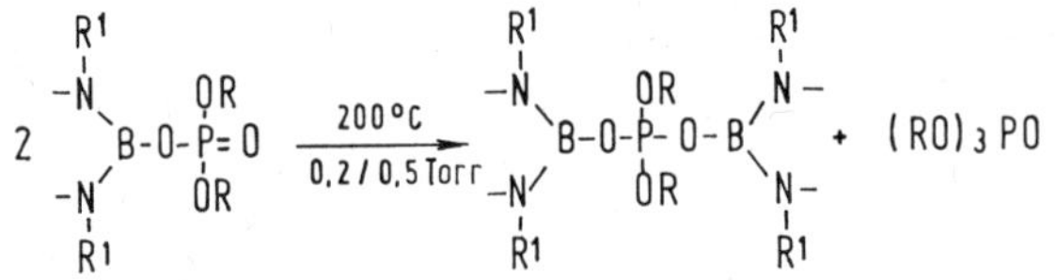

I II

R = CH_3, C_2H_5, n-C_3H_7, n-C_4H_9, i-C_4H_9

R^1 = H, CH_3, C_6H_5

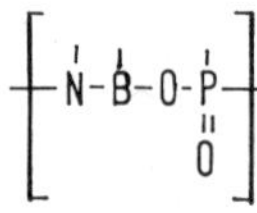

III

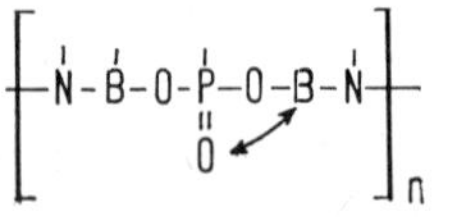

IV

Die 1:1-Komplexe sind homogene Flüssigkeiten, die bei gleicher Behandlung zunächst Polymere ergeben (V in Tabelle 3/15, S. 292), denen –O–P(O)-O-Brücken zugeordnet werden. Bei der 2. Pyrolyse entwickelt sich nur etwas NH_3 [2].

Eine 1:3-molare Mischung aus B-Trichlor-N-trimethyl-borazin und Trialkylphosphat reagiert bei 100°C ohne vorhergehende Komplexbildung (kein H zur Brückenbildung vorhanden) zum B-Tris(dialkoxyphosphoryl)-N-trimethyl-borazin. Auch hier führt eine zweimalige Pyrolyse über II mit $R^1 = CH_3$ zu polymeren Endprodukten (vgl. Tabelle 3/16, S. 294). Eine Mischung von B-Trichlor-N-triphenyl-borazin mit Triäthyl- bzw. Tri-n-butylphosphat in $CHCl_3$ bzw. C_6H_6 reagiert ähnlich (vgl. Tabelle 3/16, S. 294 und Abschnitt 3.6.1.10, S. 301) [2].

Die Mischung aus 1 mol B-Trichlor-N(4-äthylphenyl)-borazin und 3 mol Bis(2-chloräthyl)-vinylphosphonat bildet bei 100°C/15 Torr innerhalb mehrerer Stunden eine viskose Flüssigkeit, die bei 190°C/0.01 Torr das Ausgangsphosphonat abspaltet und ein Glas zurückläßt. Gleichung (2) wurde zur Erklärung dieses Vorganges formuliert, der eine Polymerisation in Substanz sein soll [4, 5]. Mit $R = 2\text{-}C_6H_4\text{-}C_2H_5$ entsteht ein ähnliches Material. Beide Gläser weisen die Zusammensetzung B : N : P = 1.6 : 1.7 : 1.0 auf. Ihre genauen Formeln sind unbekannt. Es werden jedoch Ringverbindungen mit –P–O–B- und –P–O–B–N-Brücken und Bindungen vermutet [4, 5]. Mit B-Trichlor-N-triphenyl-borazin reagiert das gleiche Phosphonat (Molverhältnis 1:3) in siedendem Toluol zu einer klebrigen

Masse, aus der mit Äther-Petroläther-Gemisch ein weißes Pulver isoliert werden kann. Dieses Pulver geht ohne zu schmelzen bei 230°C/15 Torr in ein Polymer VI über. Die Entwicklung von 1,2-Dichloräthan erfolgt demnach gemäß (2), wobei V unter den angegebenen Bedingungen in VI übergeht. Werden das Borazin und das Phosphonat im Molverhältnis 2:3 in Toluol 17 h gekocht, so deuten die Ergebnisse darauf hin, daß alle Alkoxygruppen mit allen B-Chlor reagieren [5].

Wird B-Trichlor-borazin mit der vierfachen Molmenge Dibutyl-methylphosphonat versetzt und unter N_2 etwa 10 h auf 100°C erhitzt, so bildet sich Butylchlorid, das abgetrennt wird. Nach dem Abdestillieren des überschüssigen Phosphonats erfolgt die Kondensation in 2 h bei 240°C/2 Torr. Die Polymerenbildung soll anfangs nach (2) verlaufen und die Doppelketten VII ergeben [6].

(2)

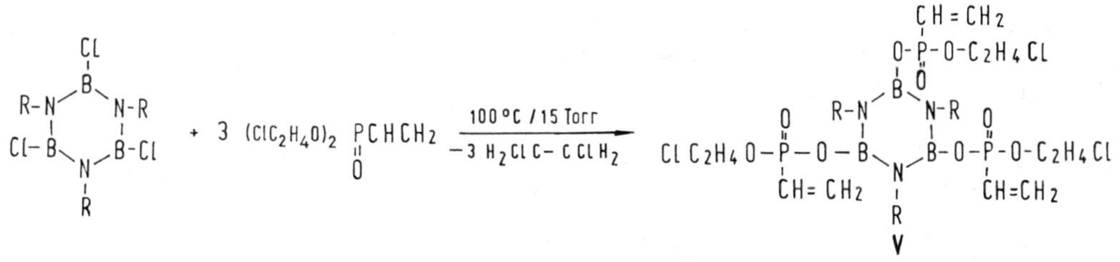

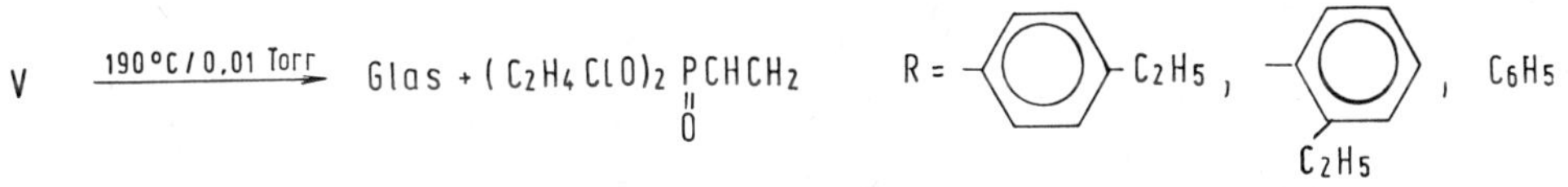

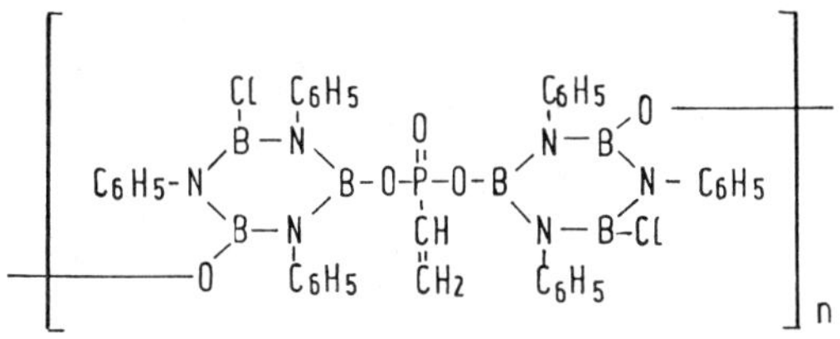

VI

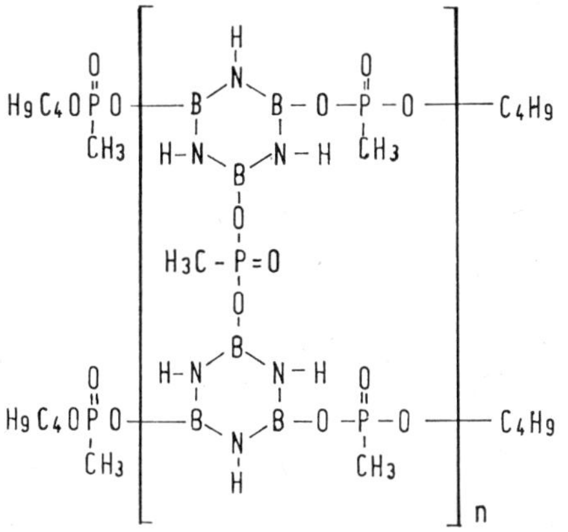

VII

Auch andere Phosphonate $(RO)_2P(R_1)O$ mit R = C_2H_5, n-C_4H_9 und R^1 = H, CCl_3, C_2H_3 lassen sich in Substanz mit Trichlorborazinen $(ClB\text{-}NR^2)_3$ mit R^2 = H, CH_3, C_6H_5 kondensieren, wobei ebenfalls Polyanhydridstrukturen gemäß II entstehen sollen [7]. Die Kondensation von difunktionellen Chlorborazinen mit difunktionellen Phosphoroxyverbindungen zu Kettenpolymeren verläuft am besten, wenn metallierte Phosphor(V)-amide eingesetzt werden [8].

3.6.1.8.1.2 Kenngrößen

Numerical Data

Das in der Literatur veröffentlichte Zahlenmaterial über die Poly(borazylen-phosphate) ist in den Tabellen 3/14, 3/15, S. 292 und 3/16, S. 294, zusammengestellt.

Properties. Reactions

3.6.1.8.1.3 Eigenschaften, Verhalten

Das Polymer II, s. (1), S. 290, ist in den üblichen organischen Lösungsmitteln unlöslich. Durch die zweite Pyrolyse entstehen unlösliche, dunkel gefärbte, harte, aber spröde Stoffe III oder IV, s. (1), S. 290, die um so hydrolysebeständiger sind, je höher die Pyrolysetemperatur war; vgl. Tabelle 3/14, 2. Teil.

Tabelle 3/14

Das B-Trichlor-borazin–Alkylphosphat(1:3)-System [1, 2] (Sollverhältnis B:N:P = 2:2:1).

1) Bildung von Poly[(O,B)-monoalkoxyphosphoryl-borazylen]:

R in $(RO)_3PO$	abgespaltenes $(RO)_3PO$ in mol nach [1]	nach [2]	Pyrolysetemperatur in °C nach [1]	nach [2]	Molverhältnis im Polymer II, s. (1), S. 290	Hydrolyse (45 min in heißem H_2O) in %
					B : N : P	
CH_3	0.80	0.80	200		1.7:1.4:1.0	26.9
C_2H_5	0.88	0.90	210	180	1.8:1.7:1.0	39.5
n-C_3H_7	0.91	0.90	215	bis	1.7:1.7:1.0	38.0
n-C_4H_9	0.86	0.93	170	200	1.9:1.8:1.0	43.3
i-C_4H_9	0.88	0.88	220		1.9:1.7:1.0	33.7

2) Pyrolyse der Poly[(O,B)-monoalkoxyphosphoryl-borazylene]:

R in $(RO)_3PO$	abgespaltenes Olefin	Pyrolysetemperatur in °C	Molverhältnis im Polymer III bzw. IV, s. (1), S. 290	Hydrolyse (45 min in heißem H_2O) in %
			B : N : P	
CH_3	(Methan)	600	1.7:0.9:1.0	≦1
C_2H_5	Äthen	450	1.9:1.2:1.0	14.9
n-C_3H_7	Propen	600	1.9:1.0:1.0	≦1
n-C_4H_9	But-1-en	450	1.9:1.3:1.0	24.1
i-C_4H_9	i-Buten	800	keine befriedigenden Analysen-ergebnisse	≦1

Tabelle 3/15

Das B-Trichlor-borazin–Alkylphosphat(1:1)-System [2, 3].

1) Pyrolyse der Addukte:

R in $(RO)_3PO$	Pyrolyse Temperatur in °C	Zeit in h	abgespaltenes RCl in mol	Molverhältnis im Polymer V, s. (2), S. 291	Hydrolyse (45 min in heißem H_2O) in %
				B : N : P	
CH_3	360	4	2.8	2.86 : 2.76 : 1.0	57.4
C_2H_5	350	4.5	2.75	2.88 : 2.77 : 1.0	59.5
n-C_3H_7	100 bei 20 Torr	4	2.29	2.72 : 2.74 : 1.0	50.0
n-C_3H_7	275 bei 19 Torr	1	0.26	2.47 : 2.47 : 1.0	
n-C_3H_7	360[1])	5		2.60 : 2.54 : 1.0	55.5
n-C_4H_9	360 bei 19 Torr	[2])	2.75	2.52 : 2.34 : 1.0	58.0
i-C_4H_9	360 bei 19 Torr	[2])	2.50	2.44 : 2.22 : 1.0	54.0

[1]) Substanz zuvor auf 275°C/19 Torr erhitzt; [2]) keine Angaben.

2) Pyrolyse der Polymeren V, s. (2), S. 291:

R in $(RO)_3PO$	Pyrolyse Temp. in °C	Dauer in h	Gewichtsverlust in %	neues Molverhältnis B : N : P	Hydrolyse (45 min in heißem H_2O) in %
CH_3	500	3.5	7.7	2.72 : 2.12 : 1.0	36.5
C_2H_5	500	5.25	8.0	2.75 : 2.10 : 1.0	45.0
n-C_3H_7	500	5	25.4	2.65 : 1.84 : 1.0	39.1
n-C_4H_9	600	5.25	10.0	2.36 : 1.69 : 1.0	25.0
i-C_4H_9	500	5.5	10.4	2.48 : 1.62 : 1.0	37.5

Die aus 1:1-Mischungen von B-Trichlor-borazin und Trialkylphosphat entstandenen Polymere zeigen prinzipiell das gleiche Verhalten (vgl. Tabelle 3/15) [2]. Die Polymere, die aus B-Trichlor-borazin bzw. aus B-Trichlor-N-trimethyl-borazin erhalten werden, ergeben charakteristische thermogravimetrische Kurven, von denen je eine typische in **Fig. 3–5** dargestellt ist. Die Kurve 2 weist zwei aus-

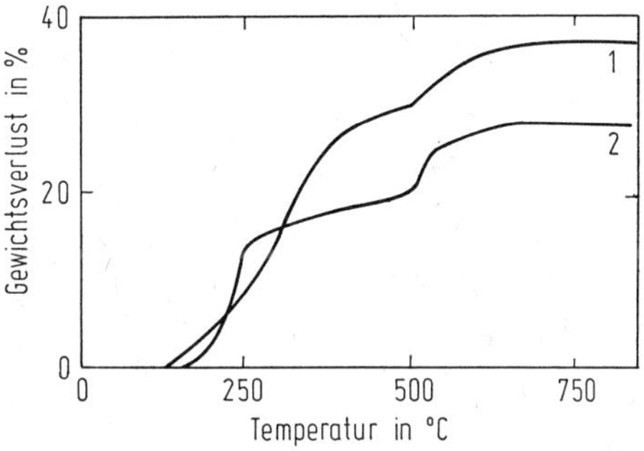

Fig. 3–5

Thermogravimetrische Analyse der Poly(borazylen-phosphate) aus:
1 $(CH_3N{-}BCl)_3/(C_2H_5O)_3PO$
2 $(HN{-}BCl)_3/(n\text{-}C_3H_7O)_3PO$
Gewichtsverlust alle 5 min gemessen, 8-h-Programm mit einem Temperaturanstieg von 125°C/h.

geprägte Knicke (Chlorborazin-polymere) bei 270 und 520°C auf, während sich die Polymeren aus N-Methyl-borazin gleichförmig bis etwa 500°C zersetzen, s. Kurve 1). Dort werden Olefine abgespalten, die Kurve knickt. Nach der Thermogravimetrie bleiben weiße Pulver zurück [2].

Die nach (2), S. 291, erhaltenen braunen, unlöslichen Gläser sind bis 450°C unschmelzbar. Bei 800°C entsteht aus ihnen ein „halsstarriger" Feststoff, der wegen seiner chemischen Inertheit nicht näher untersucht wurde [4]. Das Polymer VI, S. 291, ist ein gelbes, bröckliges Produkt, das in organischen Lösungsmitteln unlöslich ist und in Natronlauge schnell hydrolysiert. Die vollvernetzte Spezies ist eine viskose, leicht hydrolysierbare Paste, die in C_6H_6 und CS_2 unlöslich, in Aceton aber löslich ist [5].

Das Oligomer VII, S. 291, ist ein in den üblichen organischen Lösungsmitteln unlösliches, gelbes Pulver, das bis 300°C nicht schmilzt, die Viskosität $\eta_{red} = 0.19$ in Kresol aufweist und n = 7 hat. In kaltem H_2O hydrolysiert es langsam. An der Luft nimmt das Gewicht in 3 d um 10% zu [6].

Die in [7] beschriebenen Polymere sind unschmelzbare und in organischen Lösungsmitteln unlösliche Feststoffe, die in wäßrigen Alkalien schnell hydrolysieren. Ebenso sind die in [8] beschriebenen gelben Harze zwar thermisch sehr stabil, aber hydrolyseempfindlich.

Literatur zu 3.6.1.8.1

[1] W. Gerrard (Soc. Chem. Ind. [London] Monograph Nr. 13 [1961] 328/42). — [2] W. Gerrard, E. F. Mooney, R. A. Rothenbury (J. Appl. Chem. [London] **12** [1962] 373/81). — [3] Minister of Aviation, W. Gerrard, E. F. Mooney (B.P. 1015782 [1966]; C.A. **64** [1966] 9595). — [4] G. C. Brown, B. E. Deuters, W. Gerrard (J. Appl. Chem. [London] **15** [1965] 372/8). — [5] W. Gerrard (Soc. Chem. Ind. [London] Monograph Nr. 20 [1966] 341/57).

[6] V. V. Korshak, V. A. Zamyatina, L. M. Chursina, N. I. Bekasova (Vysokomolekul. Soedin. **5** [1963] 1127/9). — [7] G. Chainani, W. Gerrard, J. K. Patel, R. Twaits (J. Appl. Chem. [London] **13** [1963] 365/8). — [8] V. Gutmann, A. Meller, R. Schlegel (Monatsh. Chem. **94** [1963] 733/5).

Tabelle 3/16

R in $(RO)_3PO$		Pyrolyse des B-Trichlor-N-trimethyl-borazin–Alkylphosphat(1:3)-Systems: CH_3	C_2H_5	n-C_3H_7	i-C_3H_7	Pyrolyse des B-Trichlor-N-triphenyl-borazin–Trialkylphosphat(1:1)-Systems: C_2H_5 $(CHCl_3)$	n-C_4H_9 (C_6H_6)
		1) Pyrolyse bei 100°C:				1) Pyrolyse bei 100°C:	
Dauer in h		4.5	9.5	9.5 (bei 9 Torr)	4.5	5.5	2.9
abgespaltenes RCl in mol		2.66	2.9	2.7	2.7	2.62	4 (bei 12 Torr)
Analyse in %	B	6.3	5.2	4.4	4.2	3.7	3.3
	N	8.2	7.1	5.8	6.2	4.6	4.2
	P	18.8	17.0	13.7	13.5	10.8	9.4
berechnete Werte in %	B	6.6	5.6	4.9	keine Angaben	keine Angaben	
	N[1]	8.5	7.3	6.3			
	P	18.8	16.1	14.0			
		2) Pyrolyse bei ≈215°C und 0.1 bis 0.5 Torr:				2) Pyrolyse bei 200 bis 210°C und 0.2 bis 0.5 Torr:	
flüchtige Produkte		$(RO)_3PO$ 0.6 mol	$(RO)_3PO$ 0.88 mol	$(RO)_3PO$ 0.80 mol	$(RO)_3PO$ 0.64 mol	Triäthylphosphat, N-Äthylanilin, N,N-Diäthylanilin	n-Butylchlorid, Tri-n-butylphosphat, N-n-Butylanilin, N,N-Di-n-Butylanilin
Analyse in %	B	9.0	9.5	9.1	8.4	6.7	5.9
	N	11.4	12.8	11.7	11.5	6.9	6.3
	P	18.2	16.1	15.9	17.5	13.4	11.6
Hydrolyse[2] in %		14.4	31.9	31.9	21.2	10.3	<1
		3) Pyrolyse bei 600°C:				3) Pyrolyse bei 600°C:	
Dauer in h		4	6	5.5	4.25	6.75	6.5
flüchtige Produkte		CH_4, NH_3	C_2H_4, NH_3	C_3H_6, NH_3	C_3H_6, NH_3	Anilin, C_2H_4	But-1-en, trans-But-2-en, Anilin
Analyse in %	B	11.7	13.6	13.6	11.5	9.6	9.8
	N	4.7	8.9	8.9	5.1	4.7	3.9
	P	24.1	21.9	22.4	24.0	20.9	20.7

[1]) Berechnet für $[CH_3N\text{-}BOPO(OR)_2]_3$; [2]) 45 min in heißem H_2O.

3.6.1.8.2 Poly[(O, B)-borazylen-silicate]

Poly[(O, B)-borazylene-silicates]

3.6.1.8.2.1 Darstellung, Molekülstruktur

Preparation. Molecular Structure

B-Trichlor-borazin läßt sich in Substanz mit Tetramethyl-di-n-butoxy-disiloxan polykondensieren. Mit einem achtfachen Überschuß an Siloxan verläuft die Reaktion analog zur Bildung des Poly(borazylen-phosphats) VII, S. 291. Dem hier gebildeten Polymer wird die Formelstruktur I zugeordnet [1].

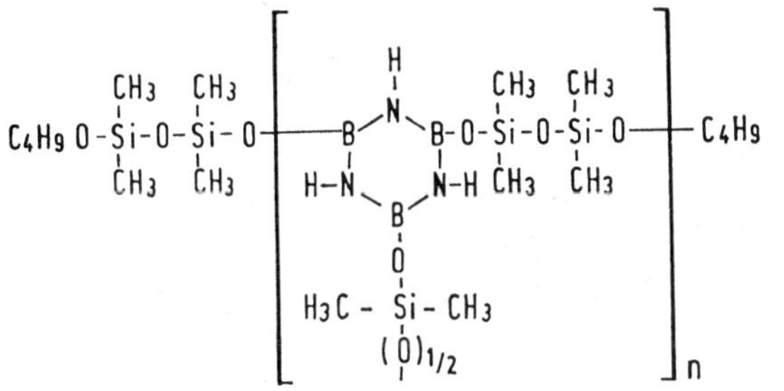

I

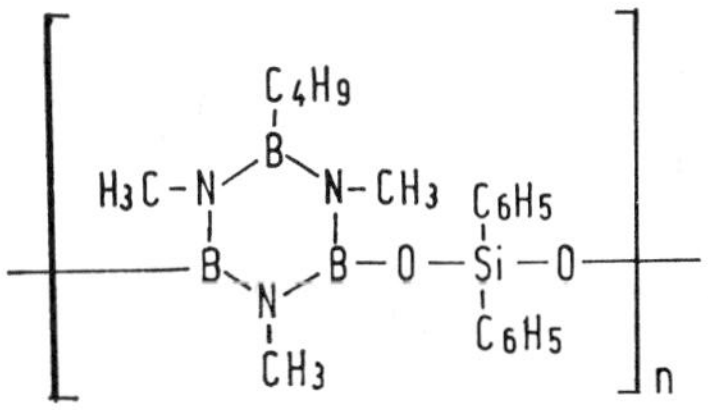

II

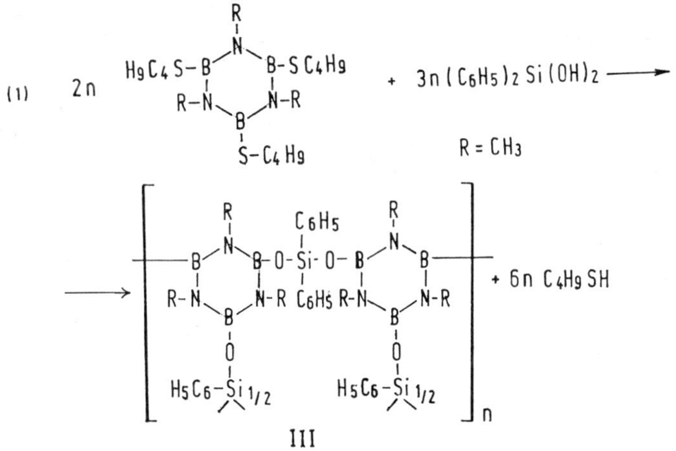

III

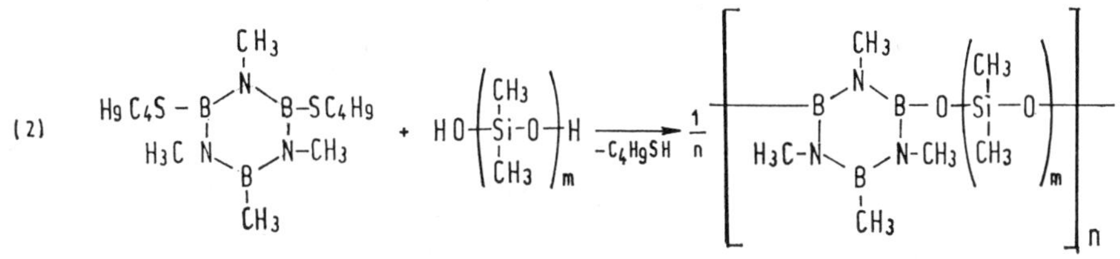

IV

In ätherischer Lösung lassen sich B-Alkylthio-borazine mit Diphenylsilandiol gemäß Schema (1) durch 30 bis 60 min Rückflußkochen kondensieren. Bei der Verwendung von B-Tris-(butylthio)-N-trimethyl-borazin fällt das Polymer II als Niederschlag aus. Die Reinigung erfolgt durch Waschen und Extrahieren mit Äther zur Entfernung von 1-Butanthiol und Trocknen im Vakuum [2]. B-Butyl-B′,B″-bis(butylthio)-N-trimethyl-borazin bildet keinen Niederschlag. Nach dem Abdestillieren des Äthers und des 1-Butanthiols verbleibt eine reichlich viskose Flüssigkeit, die bei 230°C/0.1 Torr zu III polymerisiert. Mit Decamethyl-1,9-dihydroxy-pentasiloxan bildet sich ebenfalls eine zähe Flüssigkeit (vermutlich das Dimere), die bei 200°C/0.03 Torr gemäß (2) zu IV polymerisiert [2]. Die Verwendung verschiedener α, ω-Dihydroxy-poly(dimethylsiloxane) ergab bis jetzt die polymeren Produkte IVa (m = 2, n > 2), IVb (m = 5, n = 2), IVc (m = 9, n > 3) und IVd (m = 13, n > 3) [3].

Properties. Reactions. Numerical Data

3.6.1.8.2.2 Eigenschaften, Verhalten, Kenngrößen

Das Polymer I ist ein spröder, dunkelbrauner, luftbeständiger Feststoff mit $\eta_{red} = 0.16$ in Kresol und n ≈ 3. In den üblichen Lösungsmitteln ist I unlöslich [1].

Das Polymer II ist ein farbloses, luftbeständiges Pulver. Es ist unlöslich in Benzol und Äther, löslich in Tetrahydrofuran und Dioxan bei Raumtemperatur und in siedendem Dimethylformamid. Von siedendem Wasser oder Alkohol wird es zersetzt. In einer abgeschmolzenen Kapillare unter N_2 liegt t_f bei 340 bis 360°C [2].

Das Polymer III ist in Äther und Benzol unlöslich, in siedendem Tetrahydrofuran, Dimethylformamid oder Dioxan ist es löslich. Nach 66 h an der Luft tritt eine Gewichtszunahme von 5.2% ein. Von siedendem Wasser oder Alkohol wird es zersetzt [2].

Alle Elastomeren IV sind mäßig löslich in siedendem Benzol, Dimethylformamid, Tetrahydrofuran und Dioxan. In heißem Wasser oder Alkohol zersetzen sie sich. Tabelle 3/13, S. 289, enthält weitere Kenngrößen [3].

Tabelle 3/17

Darstellung und Kenngrößen der Poly[(O, B)-borazylen-silicate] IV.

Polymer	Einwaage in g Borazin	Einwaage in g Siloxan	Auswaage in g	Ausbeute in % der Theorie	m	t_{zers} in °C	Gewichtszunahme*) in %
IVa	10.1	5.4	9.8	98	2		10.7
IVb	4.0	5.0	3.0	45	5	145 bis 150	5.6
IVc	3.5	7.8	6.3	70	9	≈150	0.6
IVd	1.6	5.0	5.4	95	13	≈150	0.7

*) Nach 10 d an der Luft.

Thermal Stability of Linear Poly-(borazylene-silicates)

3.6.1.8.2.3 Thermische Stabilität der linearen Poly(borazylen-silicate)

Durch den Einbau von Bor in die Hauptkette elastomerer Polysiloxane im Molverhältnis BO:SiO ≦ 1:25 wird deren thermische Stabilität erhöht [4 bis 6]. Die thermische Zersetzungskurve des gereinigten, technischen Polydimethylsiloxans SKT mit $\overline{M}_r = 5 \times 10^5$ weist den gleichen kinetischen Charakter auf wie die des Poly(borazylen-silicats) IVc (**Fig.** 3–**6**). **Fig.** 3–**7** zeigt den kine-

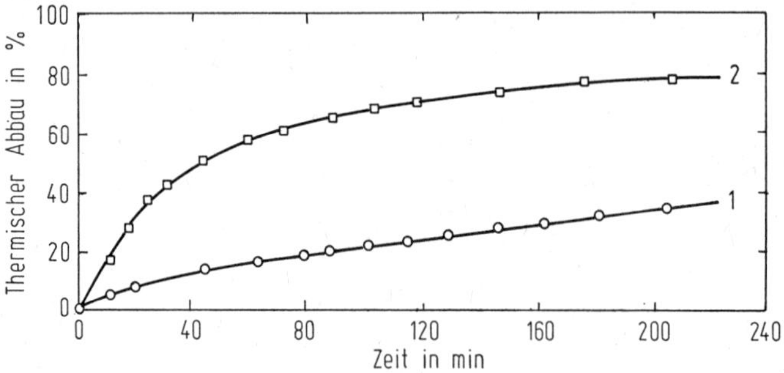

Fig. 3–6

Thermische Zersetzungskurven
1 SKT bei 370°C, 10^{-3} Torr
2 IVc bei 280°C, 10^{-3} Torr
isotherme Bedingungen.

tischen Charakter der thermischen Zersetzung des modifizierten Polysiloxans IVa bei verschiedenen Temperaturen. Ganz offensichtlich ist der Unterschied in den Zersetzungsgeschwindigkeiten des reinen Polysiloxans SKT und der Borverbindungen IV (**Fig.** 3–**8**). Die Polymere IV sind bei 300°C in 30 min zu 50% zersetzt, während das SKT dann noch nahezu unangegriffen ist. Diese geringe thermische Stabilität wird auch bei der Pyrolyse der Elastomeren sichtbar (**Fig.** 3–**9**). Die Stabilitätsgrenze der Polymere IV (die Temperatur, bei der 10% Gewichtsverlust eingetreten sind) liegt bei 100

Fig. 3–7

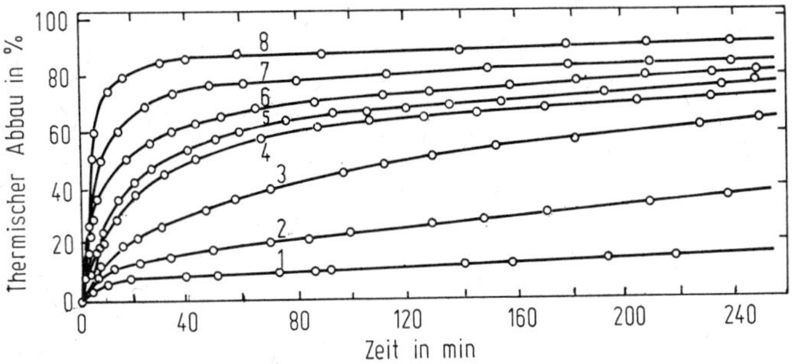

Thermogravimetrische Zersetzung des Polymers IVa bei verschiedenen Temperaturen 1) 150°C, 2) 200°C, 3) 250°C, 4) 300°C, 5) 350°C, 6) 400°C, 7) 450°C, 8) 500°C.

Fig. 3–8

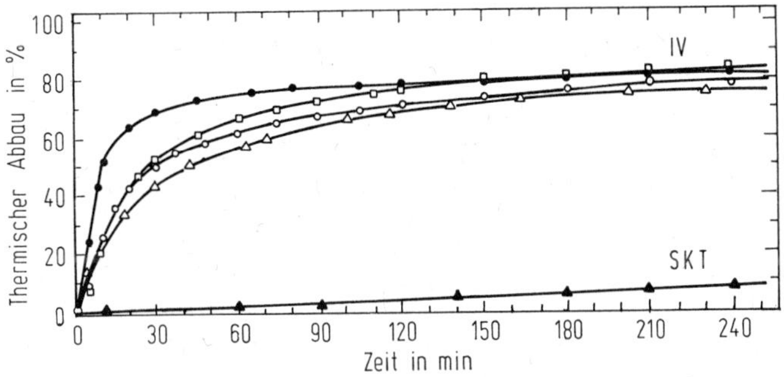

Thermogravimetrische Zersetzung der Polymeren IV und SKT bei 300°C ± 0.5°C und 10^{-3} Torr.

Fig. 3–9

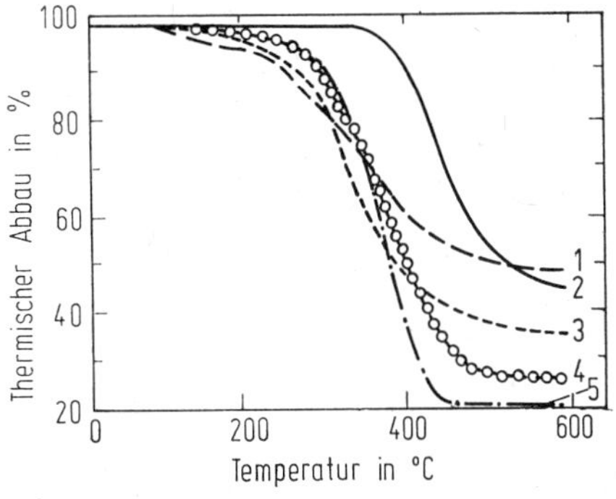

Thermogravimetrische Zersetzung der Polymeren IVa (Kurve 1), SKT (Kurve 2), IVb (Kurve 3), IVc (Kurve 4) und IVd (Kurve 5). Konstante Aufheizgeschwindigkeit 6 grd/min, trockene He-Atmosphäre.

Fig. 3–10

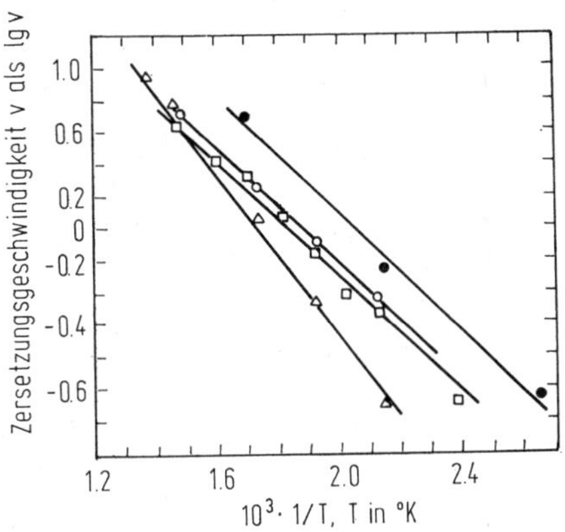

Abhängigkeit des Logarithmus der Zersetzungsgeschwindigkeit von der reziproken, absoluten Temperatur. Zersetzungsgrad 30%. △ IVa, □ IVc, ○ IVd, ● IVb.

bis 150°C. Das SKT ist dagegen bis 380°C stabil. Nur die totale Aktivierungsenergie der thermischen Zersetzung ist bei allen Elastomeren von der gleichen Größenordnung, s. Tabelle 3/18 und **Fig. 3–10**, und die flüchtigen Pyrolyseprodukte sind gleich, s. Tabelle 3/19 [3].

Tabelle 3/18

Gesamtaktivierungsenergie der thermischen Zersetzung E_A in kcal/mol bei einem Zersetzungsgrad von 30% [3].

Polymer	isotherme Bedingungen¹)	konstante Temperatursteigerung von 6 grd/min²)
IVa	15.3 bis 19.8	12.2 bis 12.7
IVb	13.5	18.5 bis 19.7
IVc	15.9 bis 21.2	8.5 bis 6.1
IVd	7.9 bis 9.8	26.8
SKT	20.2	25.6

¹) E_A aus der Summe der flüchtigen Produkte berechnet. — ²) E_A berechnet aus dem Gewichtsverhältnis Zersetzungsprodukte: unzerstörtes Polymer.

Tabelle 3/19

Flüchtige Pyrolyseprodukte der Polymere IV und SKT [3].

Polymer	Pyrolysebedingungen Verhältnis H_2:$CH_4$¹) 300°C, 6 h	400°C, 5 h	Verhältnis HMCTS:OMCTS²) 300°C, 6 h	400°C, 5 h
IVa		1:1.1	2.3:1	
IVb			5.6:1	
IVc	1:2.2		5.8:1	
IVd	1:1.2		5.3:1	
SKT		1:9		19.8:1

¹) Massenspektrometrisch aus dem Intensitätsverhältnis der Ionenströme. — ²) Chromatographisch aus dem Flächenverhältnis der Peaks von Hexamethylcyclotrisiloxan HMCTS und Octamethylcyclotrisiloxan OMCTS.

(3)

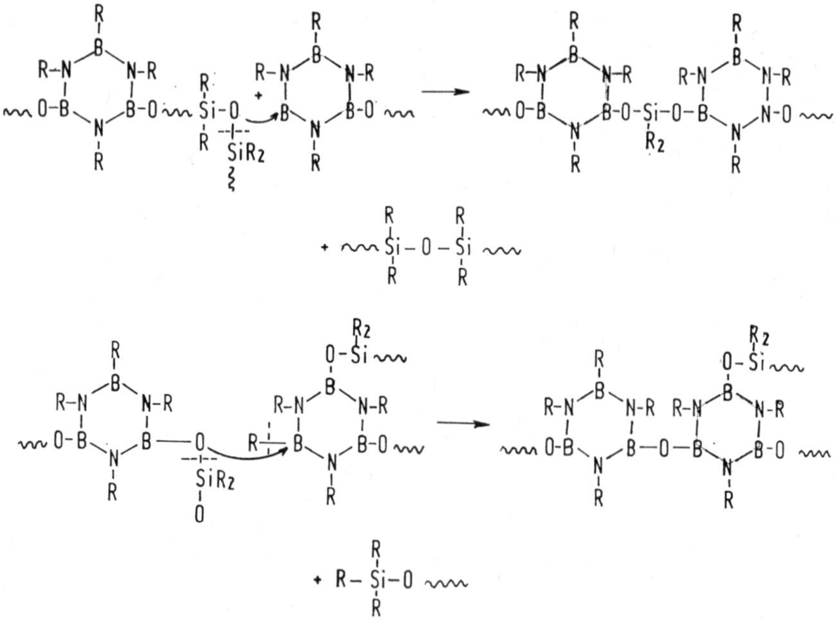

Der hier beobachtete starke Abfall der thermischen Stabilität von Polydimethylsiloxanen beim Einbau von Borazinringen ist der geringen thermischen Stabilität der B-Siloxy-borazine [7] vergleichbar. Offensichtlich ist hier das große Komplexbildungsvermögen des Bors von Bedeutung. Die Ausbildung einer intermolekularen Donor–Akzeptor–O–B-Bindung, der Übergang von der trigonalen zur tetraedrischen Konfiguration des Bors und die damit verbundene Schwächung der vom Bor ausgehenden Bindungen sind für den schließlichen Bindungsbruch und das Entstehen der Zersetzungsprodukte verantwortlich zu machen. Vorgefunden werden: 1) Flüchtige, borazinhaltige Stoffe, die wahrscheinlich niedrige Oligomere des Elastomers sind; 2) hochmolekulare, nicht flüchtige Zersetzungsprodukte der Borazinringe; 3) Siloxane, z.B. cyclisches Tetrasiloxan bei IVa. Schematisch kann der Pyrolyseverlauf durch (3) wiedergegeben werden [3]. Dem Zersetzungsverlauf selbst soll ein Kettenmechanismus zugrunde liegen, der für Poly(dimethylsiloxane) typisch ist [6] und hier über die leicht zu bildenden Donor-Akzeptor-Komplexe rasch fortschreitet. Damit ist auch der geringe E_A-Wert von etwa 20 kcal/mol erklärbar. Außerdem steigt bei einer großen Anzahl von Boroxin-Gruppen im Polymer die Wahrscheinlichkeit für die Erzeugung aktiver Zersetzungszentren [3].

Literatur zu 3.6.1.8.2

[1] V. V. Korshak, V. A. Zamyatina, L. M. Chursina, N. I. Bekasova (Vysokomolekul. Soedin. **5** [1963] 1127/9). — [2] B. M. Mikhailov, A. F. Galkin (Izv. Akad. Nauk SSSR Ser. Khim. **1963** 641/5; Bull. Acad. Sci. USSR Div. Chem. Sci. **1963** 575/8). — [3] N. A. Vasilenko, A. F. Galkin, L. V. Simonova, B. M. Mikhailov, A. N. Pravednikov (Izv. Akad. Nauk SSSR Ser. Khim. **1968** 2737/44; Bull. Acad. Sci. USSR Div. Chem. Soc. **1968** 2593/8). — [4] V. N. Gruber, A. L. Klebanskii, T. G. Degteva, A. S. Kuzminskii, T. A. Mikhailova, E. V. Kuzmina (Vysokomolekul. Soedin. **7** [1965] 462/7). — [5] M. A. Verkhotin, K. A. Andrianov, M. N. Ermakova, S. R. Rafikov, V. V. Rodé (Vysokomolekul. Soedin. **8** [1966] 2139/42).

[6] V. O. Reikhsfeld, D. A. Khankhodzhaeva (Vysokomolekul. Soedin. **9** [1967] 638/44). — [7] N. A. Vasilenko, A. F. Galkin, B. M. Mikhailov, A. N. Pravednikov (Izv. Akad. Nauk SSSR Ser. Khim. **1968** 2519/25).

3.6.1.9 Über $(CR_2)_x$ verknüpfte Borazine: Poly(borazylen-alkylene) und Poly(borazylen-arylene)

Borazines Linked by $(CR_2)_x$: Poly-(borazylene-alkylenes) and Poly-(borazylene-arylenes)

3.6.1.9.1 Darstellung, Molekülstruktur

Preparation. Molecular Structure

Eine Polymerisation in Substanz nach (1) von N-Triphenyl-borazin mit Divinylbenzol liefert das Polymer I [1].

Das Copolymer II entsteht in 10 bis 100 h durch die Reaktion von 1,6-Hexan-bis(magnesiumbromid) mit B-Dichlor-tetramethylborazin in einem inerten Lösungsmittel bei 30 bis 100°C. Das 1,6-Hexan-bis(magnesiumbromid) wird aus 1,6-Dibromhexan hergestellt und nicht isoliert, sondern gleich mit einer Lösung des Borazins binnen 1 h versetzt und dann unter Rückfluß gekocht (66 h in ätherischer Lösung) [2].

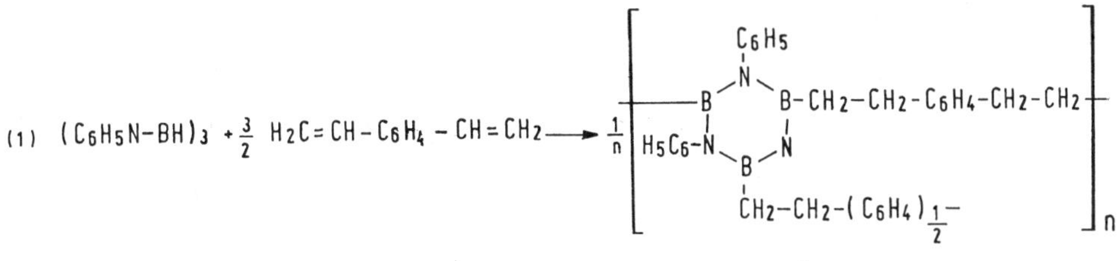

I

Eine bekannte Polykondensationsmethode geht von Monomeren oder linearen Oligomeren aus, die aromatische Ringe enthalten. In Gegenwart geringer Mengen $SnCl_4$ wird entweder zusammen mit einem Aralkylhalogenid [3] oder einem Aralkyläther [4] oder einem Arylcarbonsäurechlorid [5] erhitzt oder warm gepreßt. Die zugesetzten Komponenten müssen mindestens zwei aktive Gruppen haben. Schematisch verlaufen die Reaktionen nach (2) und (3). Als Ausgangsmonomere können auch Hexaphenyl-, N-Triphenyl- und B-Phenyl-N-trimethyl-borazin dienen [4, 5].

(2)

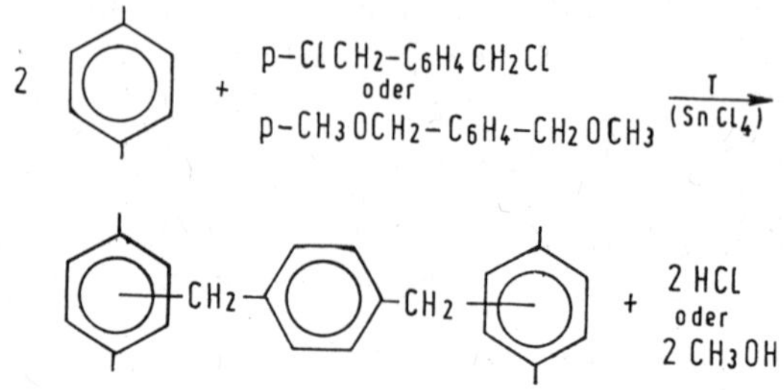

(3)

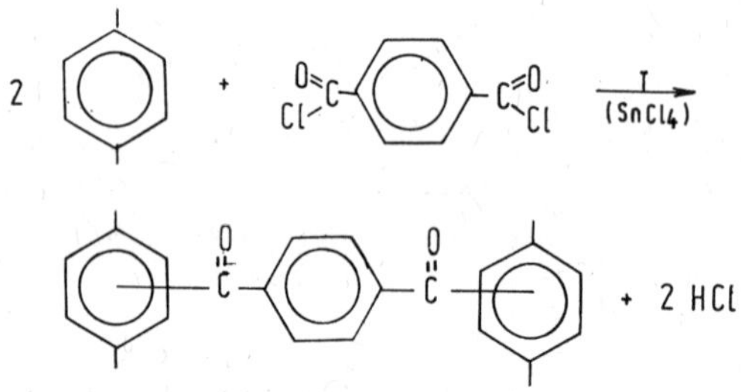

Wird B-Trimethyl-N-triphenyl-borazin in einer abgeschmolzenen Ampulle (N_2-Atmosphäre) 25 h auf 450 bis 480°C erhitzt, so entsteht ein Blockpolymer, dem die Struktur III zugeordnet wird. Offensichtlich kommt es durch die Wechselwirkung der B-Methylgruppen mit dem Wasserstoff der N-Phenylgruppen zur Reaktion. Abgespaltenes CH_4 wurde nachgewiesen [6]. Ähnliche Polymere sollen durch Erhitzen im evakuierten, abgeschmolzenen Rohr bei 350 bis 600°C in 24 bis 48 h aus zwei verschieden substituierten Borazinen entstehen [7]. Beide Rohprodukte lassen sich nach dem Abkühlen durch Absublimieren des überschüssigen Borazins von diesem befreien [6, 7].

Properties. Reactions. Numerical Data

3.6.1.9.2 Eigenschaften, Verhalten, Kenngrößen

Das Polymer I (Glastemperatur $t_g = 105°C$) ist in Kresol unlöslich und bis 350°C hochelastisch [1]. II ist hellbraun, klebrig, hochviskos ($\overline{M}_r = 3000$, n = 14.4). Seine benzolische Lösung kann vermutlich zur Imprägnierung von Textilien dienen, um Nachglühen zu verhindern [2].

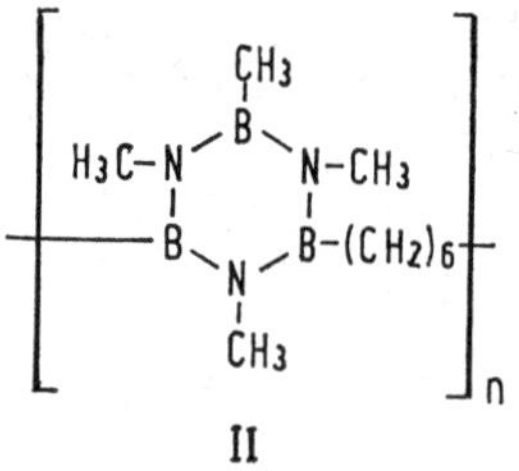

II

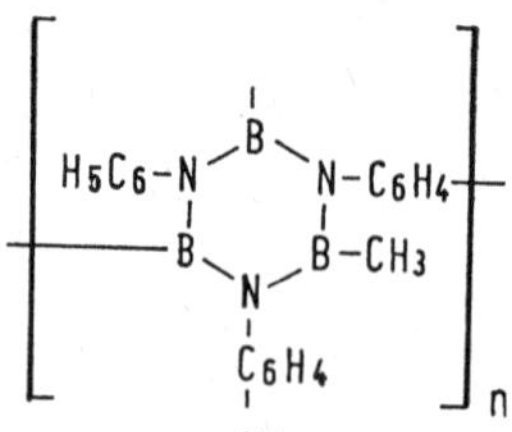

III

Die in [4] und [5] beschriebenen Polymere sind chemisch inert, physikalisch stabil, weisen gute Faserhaftung auf und greifen Metalle nicht an. Der endgültige Vernetzungsprozeß ist gut steuerbar, weil er erst bei der Formgebung eintritt. Deshalb können diese Polymere mit Fibermaterial armiert oder zum Füllen und Einbetten geformter Metallgegenstände benutzt werden.

Das Polymer III ist unlöslich in Alkoholen, Äthern sowie aliphatischen und aromatischen Kohlenwasserstoffen. Bei 500°C treten keine Zersetzungserscheinungen auf [6]. Das in [7] beschriebene Polymer aus B-Triphenyl- und Hexamethylborazin ist ein klares, hartes, gelbes Harz mit der Glastemperatur t_g = 190 bis 210°C. In Wasser ist es unlöslich, in den meisten organischen Lösungsmitteln jedoch löslich. Ein nochmaliges Erhitzen im abgeschmolzenen Rohr läßt die Schmelze bei 250°C wolkig werden, bei 280°C entsteht ein weißes, festes Harz. Letzteres weist bis 570°C keine sichtbaren Veränderungen mehr auf. Die aus B-Triphenyl- bzw. aus Hexamethyl- und B-Triphenyl-N-trimethylborazin gebildeten Polymere verhalten sich sehr ähnlich. Alle drei sollen als Schmelzharze und hochtemperaturfeste Überzüge nutzbar sein [7].

Literatur zu 3.6.1.9

[1] V. V. Korshak, V. A. Zamyatina, R. M. Oganesyan (Vysokomolekul. Soedin. **4** [1962] 615/6). — [2] Olin Mathieson Chemical Corp., J. P. Faust, A. J. Klanica (U.S.P. 3375274 [1968]; C.A. **68** [1968] Nr. 105677). — [3] Minister of Aviation, L. N. Phillips (B.P. 1024222 [1966]; C.A. **64** [1966] 19904). — [4] National Research Development Corp., L. N. Phillips, B. Nixon (B.P. 1094181 [1967]; C.A. **68** [1968] Nr. 30635). — [5] Minister of Technology, L. N. Phillips, G. Wood (B.P. 1104691 [1968]; C.A. **68** [1968] Nr. 79095).

[6] V. V. Korshak, N. I. Bekasova (Vysokomolekul. Soedin. **8** [1966] 1383/5). — [7] U.S. Borax & Chemical Corp., W. D. English, H. Goldsmith (U.S.P. 3166520 [1965]; C.A. **62** [1965] 10616).

3.6.1.10 Poly[(B, B)-borazylen-triborophan] und andere phosphorhaltige Polymere auf Borazinbasis (Triborophan = Triphospha-tribora-cyclohexan)

Poly[(B,B)-borazylene-triborophane] and Other P-Containing Polymers Based on Borazine

Poly[(B, B)-borazylen-triborophane] lassen sich durch Copolymerisation in Substanz nach dem Schema

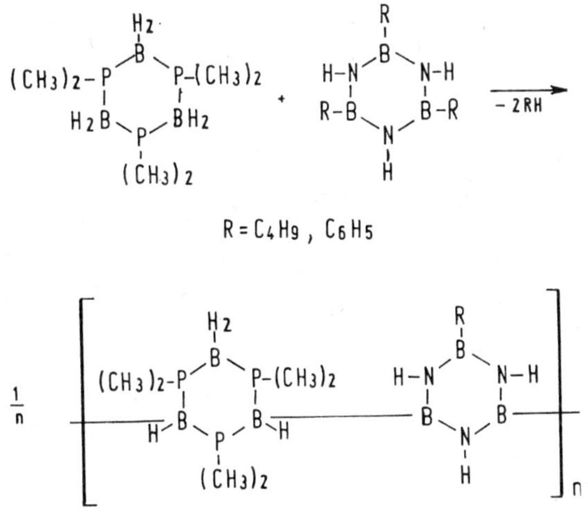

I

herstellen [1]. Während der Darstellung wird die Temperatur gleichmäßig erhöht (für R = C_4H_9 von 250 auf 350°C in 6 h, für R = C_6H_5 von 160 auf 350°C in 14 h) und die Endtemperatur von 350°C 3 h eingehalten. I mit R = C_4H_9 ist ein glasiges, brüchiges Material, das an der Luft in 10 d um 14% schwerer wird. I mit R = C_6H_5 entsteht zu 71% der Theorie als hellgelber Feststoff mit η_{red} = 0.06 (in Kresol) und $\overline{M}_r$ = 5000 (isopiestisch in Dimethylformamid). Mit n = 12 und 2 Borazinringen als Kettenabschluß berechnet sich $\overline{M}_r$ zu 4800. Die Differenz läßt sich durch eine Pyrolyse des Triborophans erklären, auf die auch der geringe H-Gehalt des Oligomeren hindeutet (analytisch wurden nur

2/3 des berechneten Wertes gefunden). An der Luft findet in 10 d eine Zunahme des Gewichtes um 8.4% statt. Die Luftzersetzung beider Oligomere beruht vermutlich auf einem hydrolytischen Angriff (Oxydation) auf die interannulare B–B-Bindung, dem eine Hydrolyse des Ringes folgt. Die Polymere sind unschmelzbar, zersetzen sich aber bei ≧350°C ($R = C_4H_9$) bzw. ≧450°C ($R = C_6H_5$) unter Abspaltung gasförmiger Produkte (vgl. **Fig. 3–11**) [1].

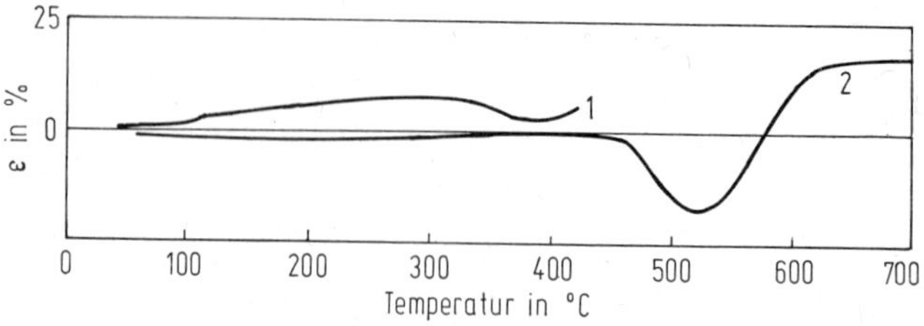

Fig. 3–11

Thermomechanische Eigenschaften der Polymere I.
1) $R = C_4H_9$, 2) $R = C_6H_5$.

Die Darstellung von Polymeren, bei denen Triborophan- und Borazinringe über Kohlenwasserstoffe miteinander verbunden sind, ist bis jetzt nicht gelungen [2]. Zwar bilden sich Borankomplexe mit Amin- wie mit Phosphingruppen, wenn γ-Aminopropyl-phenyl-phosphin zusammen mit Triäthylamin-boran (Molverhältnis 1:2) in 10 h von 20 auf 100°C erwärmt wird. Bei 60°C setzt H_2-Entwicklung ein (2 mol): ein Hinweis auf die Umwandlung der Aminborankomplexe in Verbindung mit dreifach koordiniertem Bor. Gleichzeitig muß aber bereits eine partielle Pyrolyse der Phosphinborane unter Bildung linearer B–P-Ketten stattfinden. Weiteres Erhitzen (100°C→230°C in 13 h) spaltet nochmals nahezu 1 mol H_2 ab. Folgender Reaktionsverlauf wird angenommen:

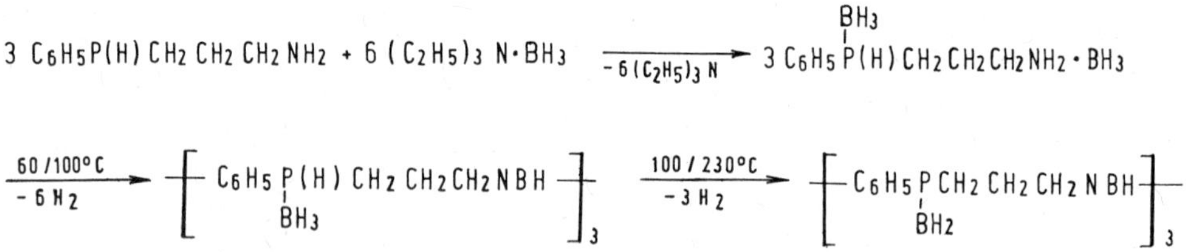

Das Polymer II sollte dann aus Borazinringen bestehen, die über kurzkettige Phosphinboraneinheiten miteinander verknüpft sind; die Ausbildung von Triborophanringen unterbleibt vermutlich aus sterischen Gründen [2]. Wird β-Cyanäthyl-phenyl-phosphin in diese Reaktion eingesetzt, so findet die Wechselwirkung der Cyangruppen mit dem Triäthylamin-boran erst bei ≧130°C statt. Dann ist die pyrolytische Umsetzung der Phosphinborane zu B–P-Ketten bereits weit fortgeschritten.

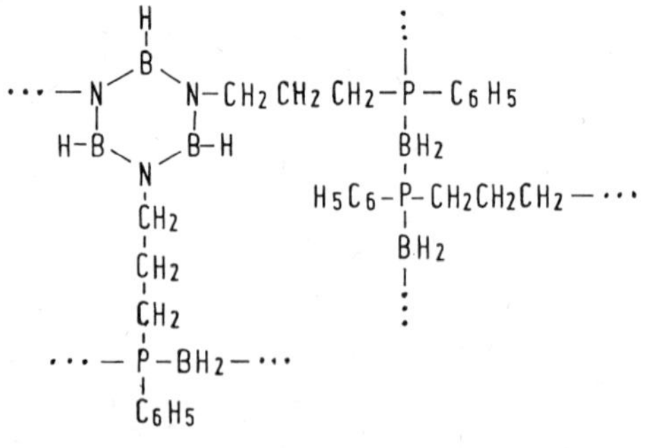

II

Folgender Reaktionsverlauf wird angenommen:

$$N{\equiv}C{-}CH_2{-}CH_2{-}C_6H_5{-}PH + n\,(C_2H_5)_3N \cdot BH_3 \xrightarrow[-n\,(C_2H_5)_3N]{} nN{\equiv}C\,CH_2CH_2C_6H_5PH \cdot BH_3$$

$$\xrightarrow[-nH_2]{} [N{\equiv}CCH_2CH_2C_6H_5P.BH_2]_n \xrightarrow{+n\,(C_2H_5)_3N \cdot BH_3} [HBNCH_2CH_2CH_2C_6H_5PBH_2]_n$$

III

In der äußeren Erscheinung, der elementaren Zusammensetzung und dem thermischen Verhalten (vgl. **Fig.** 3–**12**) sind beide Polymere einander recht ähnlich. Somit dürften auch die Strukturunterschiede nicht sehr groß sein, selbst wenn in III noch keine Borazinringe nachgewiesen wurden [2].

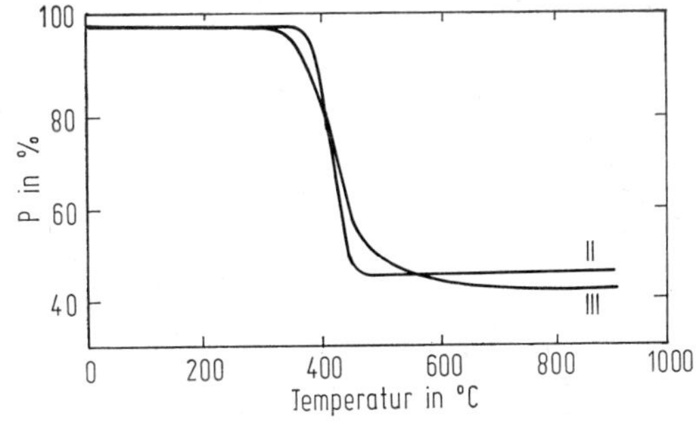

Fig. 3–12

Thermische Stabilität der Polymere II und III (P ist vermutlich das jeweilige Gesamtgewicht der Probe, bezogen auf das Ausgangsgewicht).

Im Abschnitt 3.6.1.8.1.1, S. 290, war die Reaktion von B-Trichlor-borazin mit Trialkylphosphaten beschrieben worden [3, 4]. Die Reaktion von B-Trichlor-N-triphenyl-borazin mit Triäthyl- oder Tri-n-butyl-phosphat verläuft anfangs analog (Abspaltung von Alkylchlorid). Im nächsten Schritt wird dann aber nicht nur Trialkylphosphat, sondern auch N-Alkyl-anilin abgespalten, was durch einen teilweise eintretenden Ringbruch gedeutet werden kann (vgl. Tabelle 3/16, S. 294). Die gebildeten Polymere spalten bei 600 bis 800°C Olefine ab, werden pechschwarz mit einem charakteristischen Metallglanz und erinnern an Amalgame. Sie sind so stabil, daß keine weitere Untersuchung erfolgte [3, 4]. Aus Dialkylhydrogenphosphat(V) und B-Trichlor-borazin (Molverhältnis 1:1) entsteht bei Raumtemperatur ein Feststoff, der als B-Phosphato(III)-borazin angesehen wird. Beim Erhitzen auf 360°C spaltet sich zunächst nur Alkylchlorid und später auch HCl ab, was wiederum auf einen teilweise vorhandenen Ringbruch hindeutet, s. Tabelle 3/20 [4]. Beim Molverhältnis 3:1 wird bei 100°C Alkylchlorid und bei ≈ 300°C Hydrogenphosphat abgespalten, s. Tabelle 3/21 [4].

Tabelle 3/20

Reaktion von Dialkylhydrogenphosphat(V) mit B-Trichlor-borazin im Molverhältnis 1 : 1 [4].

		R in $(RO)_2PHO$			
		CH_3	C_2H_5	i-C_3H_7	n-C_4H_9
Dauer der 1. Pyrolyse[1]) in h		2.5	5.5	6.75	2.0
Flüchtige Produkte in mol	RCl	2.0	2.0	2.0	1.7
	NH_4Cl	0.59	0.41	0.37	0.37
	HCl	0.12	0.26	0.47	0.76
Analyse in %	B	19.4	20.0	20.5	20.4
	N	23.0	23.5	24.0	23.1
	P	16.0	18.7	19.1	19.3
Hydrolyse in %[2])		65.0	57.6	61.5	61.0
2. Pyrolyse[3])	Dauer in h	5.5	5.75	6.5	6.25
	Gewichtsverlust in %	1.4	5.5	6.3	7.3

Tabelle 3/20 [Fortsetzung]

		R in $(RO)_2PHO$			
		CH_3	C_2H_5	$i\text{-}C_3H_7$	$n\text{-}C_4H_9$
Analyse in %	B	19.2	20.8	21.5	20.8
	N	20.5	22.1	18.9	22.6
	P	16.1	19.8	20.7	19.2
Hydrolyse in %²)		61.5	55.0	62.0	53.5

¹) Bei 360°C/16 Torr. — ²) 45 min in heißem H_2O. — ³) Bei 500°C.

Tabelle 3/21

Reaktion von Dialkylhydrogenphosphat(V) mit B-Trichlor-borazin im Molverhältnis 3:1 [4].

		R in $(RO)_2PHO$		
		C_2H_5	$i\text{-}C_3H_7$	$n\text{-}C_4H_9$
Heizdauer bei 100°C in h		5	2.25	3 (20 Torr)
RCl in mol		2.87	2.38	2.42
Analyse in %	B		6.5	5.9
	N		8.9	19.9
	P		8.5	18.2
1. Pyrolyse 8 h	Temperatur in °C	300	315	310
	Druck in Torr	1.0	0.3	3.0
abgespaltenes $(RO)_2PHO$ in mol		0.58	0.78	0.72
Analyse in %	B	10.7	13.2	12.3
	N	12.2	15.0	13.9
	P	24.9	27.0	24.6
Hydrolyse in %¹)		12.1	14.1	23.5
2. Pyrolyse bei 500°C	Dauer in h	4.25	5.5	4.5
	Gewichtsverlust in %	12.7	12.4	11.9
Analyse in %	B	12.3	13.8	14.1
	N	9.4	10.2	10.5
	P	26.1	27.8	25.3
Hydrolyse in %¹)		<1	<1	<1

¹) 45 min in heißem H_2O.

Literatur zu 3.6.1.10

[1] V. V. Korshak, A. I. Solomatina, N. I. Bekasova, V. A. Zamyatina (Izv. Akad. Nauk SSSR Ser. Khim. **1963** 1856/7; Bull. Acad. Sci. USSR Div. Chem. Sci. **1963** 1705/6). — [2] V. A. Zamyatina, A. I. Solomatina, V. V. Korshak, B. V. Lokshin (Izv. Akad. Nauk SSSR Neorgan. Materialy **3** [1967] 524/9; Inorg. Materials [USSR] **3** [1967] 467/71). — [3] W. Gerrard (Soc. Chem. Ind. [London] Monograph Nr. 13 [1961] 328/42). — [4] W. Gerrard, E. F. Mooney, R. A. Rothenbury (J. Appl. Chem. [London] **12** [1962] 373/81).

Non-systemizable Polymers Based on Borazine

3.6.1.11 Nicht systematisierbare Polymere auf Borazinbasis

Es ist naheliegend, für die Erweiterung des Borazinsystems ($RNH_2 + BX_3$) Diamine einzusetzen. Die 1:1-Addukte von m- und p-Phenylendiamin mit Phenyldichlorboran dehydrohalogenieren beim Erhitzen auf 400°C und ergeben polymere Feststoffe [1]. Ähnlich verhalten sich die 2:1-Addukte von Borhalogeniden XBY_2 (X = Y = Cl oder Br; X = C_6H_5 und Y = Cl) mit Diaminen (o-, m-, p-Phenylendiamin; p-N-Dimethyl- oder Diäthyl-aminoanilin; 1,6-Hexandiamin; p-Benzidin). Beim Sieden in einem geeigneten Lösungsmittel (Benzol, Toluol, Chlorbenzol) geben diese 2:1-Addukte

1.1 bis 4.5 Äquivalente HCl ab und polymerisieren. Da die hellbraunen bis schwarzen, festen Polymerisate bis zu 1.4 Äquivalente Lösungsmittel enthalten und es auch in 6 h bei 320°C/2 Torr nicht abgeben, ist eine Untersuchung nicht durchführbar. Wird der 2:1-Komplex als Tetrachloroborat formuliert, so ergeben sich für das Polykondensat einige Formulierungsmöglichkeiten [2], wie etwa die folgende:

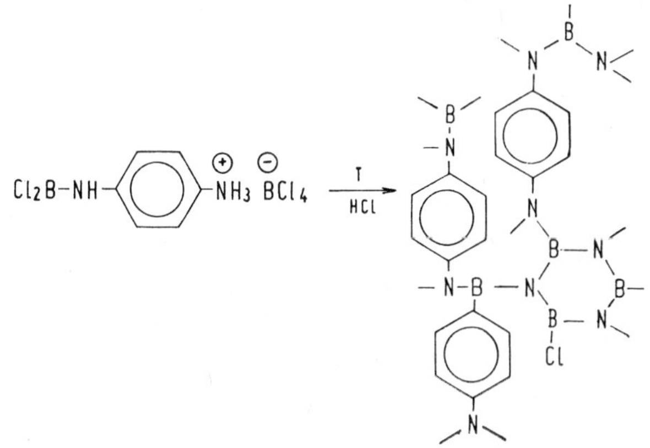

Korshak u. a. [3] untersuchten die Einwirkung einer Elektronenstrahlung von 800 kV/0.01 bis 0.2 $\mu A \cdot cm^{-2}$ und einer Röntgenstrahlung von 8 kV/200 mA auf gasfreie, substituierte Borazine, die in dünnwandigen Glasampullen unter einem N_2-Restdruck von 10^{-5} bis 10^{-6} Torr eingeschmolzen waren. Äußerlich weisen die Proben nach der Bestrahlung keine Veränderung auf. Im Fall des B-Trimethyl-borazins wurde zunächst bei 64°C/80 Torr nicht umgesetztes Borazin abdestilliert, dann bei 180 bis 200°C/2 Torr eine kleine Menge (5 bis 10 Gew.-% des Monomeren) einer farblosen Flüssigkeit. Der zähe Rückstand erhärtete beim Abkühlen und ergab ein durchsichtiges, in Benzol leicht lösliches Harz ($t_f = 62°C$, $\overline{M}_r = 1100$, $n = 9$), das an der Luft langsam, in kaltem H_2O in 24 h vollständig zu H_3BO_3, NH_3 und CH_3OH hydrolysiert. Chromatographisch konnten H_2, CH_4 und sehr wenig C_2H_6 als gasförmige Radiolyseprodukte nachgewiesen werden. Aus dem bestrahlten B-Triphenyl-N-trimethyl- und B-Triphenyl-borazin lassen sich durch Behandeln mit Benzol braune Pulver separieren, die in Benzol unlöslich, in Kresol aber löslich sind und bis 300°C nicht schmelzen. Nähere Angaben zur Strahlungspolymerisation finden sich in Tabelle 3/22, S. 306. Aus den Strahlungsausbeuten und -produkten, der IR- und Elementaranalyse und dem Vergleich mit den Ergebnissen entsprechender Versuche am Toluol [4] ergibt sich das Reaktionsschema [3]:

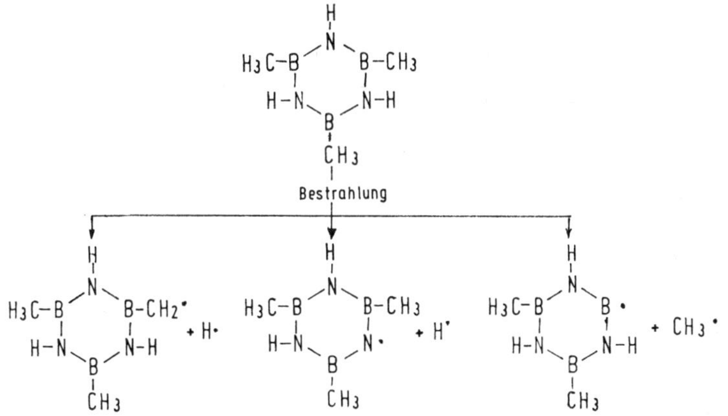

Diese Borazinradikale können mit weiteren Borazinmolekülen unter Abspaltung von H_2 oder CH_4 zu Polyradikalen reagieren, z. B.:

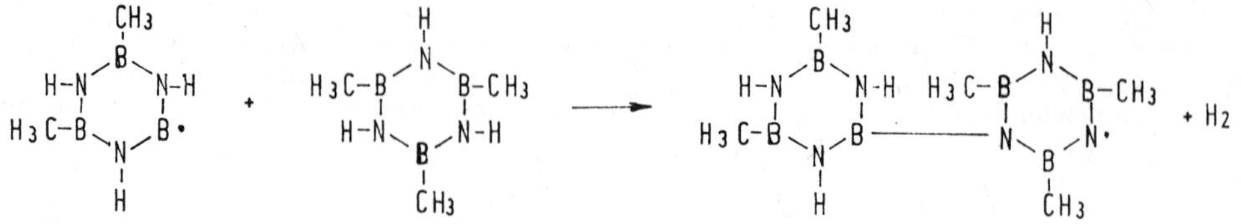

Als Nebenreaktion ist eine Ringspaltung mit anschließender Bildung von linearen Einzelgliedern nicht auszuschließen:

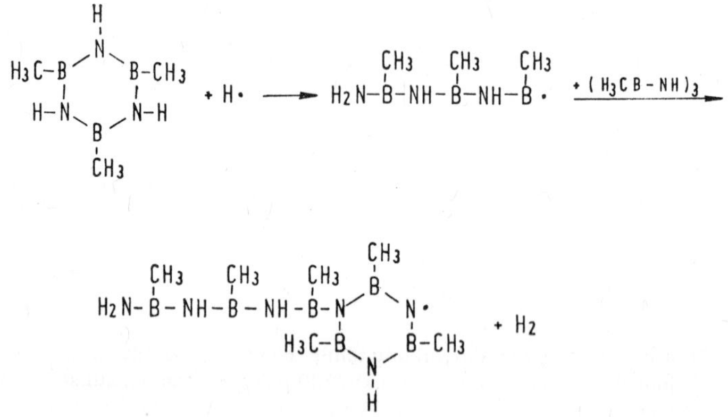

Tabelle 3/22

Strahlungspolymerisation substituierter Borazine [3]

Substituent	Bestrahlungsbedingungen R[1)] $eV \cdot ml^{-1} \cdot s^{-1}$	E[2)] $eV \cdot ml^{-1}$	Dauer in h	Temp. in °C	Umwandlungsgrad in Gew.-%	Strahlungsausbeute in Moleküle·$(eV)^{-1} \cdot 10^{-2}$
B-Trimethyl-	1.8×10^{18}	5.8×10^{22}	9	50 bis 60	12.5	0.8
B-Trimethyl-	2.2×10^{18}	7.1×10^{22}	9	50 bis 60	12	0.7
B-Trimethyl-	1.5×10^{17}	5.4×10^{21}	10	50 bis 60	2.3	1.8
B-Trimethyl-	4.5×10^{16}	9×10^{21}	50	30	1.45	0.7
B-Triphenyl-	5×10^{16}	1.5×10^{22}	83	180	8	1.6
B-Triphenyl-N-trimethyl	3.8×10^{18}	9.5×10^{22}	7	50 bis 60	8	0.2

1) R = Dosisleistung, ausgedrückt als Energie, die je ml und Sekunde absorbiert wird. — 2) $E = \int R \cdot dt$; t = Bestrahlungsdauer.

Zum Kettenabbruch führt dann die Reaktion des wachsenden Polyradikals mit einem Monomerenradikal (H·, CH_3· usw.). Auch die Rekombination zum Dimeren verhindert eine höhere Ausbeute [3].

Die Polyaddition von Verbindungen mit SiH-Gruppen an B-Divinyl-borazine gelingt durch Erhitzen äquimolekularer Gemische in Gegenwart katalytischer Mengen von H_2PtCl_6 nach dem vermuteten Schema:

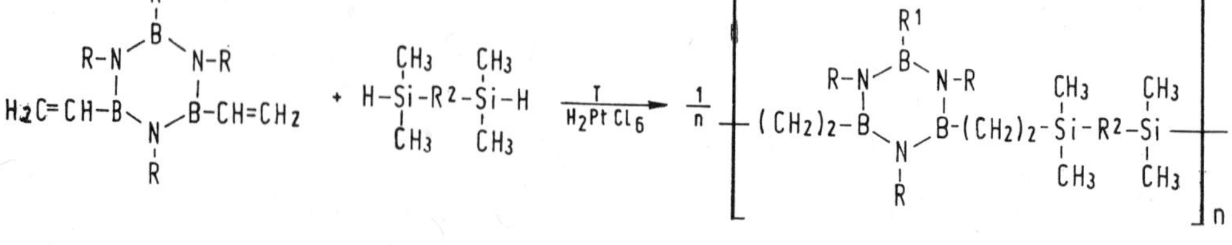

a) $R = R^1 = CH_3$ b) $R = C_6H_5$; $R^1 = CH_3$, C_2H_5

R^2 = 1,4-$CH_2-C_6H_4-CH_2$; 4,4'-$C_6H_4-O-C_6H_4$

Nur das Produkt mit R = R^1 = CH_3 und R^2 = 1,4-$CH_2C_6H_4CH_2$ schmilzt nicht bis t = 310°C und scheint hochmolekular zu sein. Die übrigen Substanzen hatten einen sehr kleinen Polymerisationsgrad (n ≈ 3 bis 4) und niedrige Erweichungspunkte (t_{erw} < 200°C), so daß Ringstrukturen angenommen werden [5].

N-Trimethyl-borazin reagiert mit 3-Nitropropen-1 zu einem 1:3-Addukt, das sich beim Kochen in Benzol (1 g auf 60 ml) löst. Beim Abkühlen bildet sich ein Gel, das das Lösungsmittel im Vakuum abgibt. Es entsteht eine spröde, glasige Substanz, die nicht mehr in Benzol löslich ist. In Kresol hat dieses Polymer die reduzierte Viskosität 0.20, an der Luft steigt sein Gewicht in 10d um 1.1%, und von siedendem Wasser wird es in 1 h zu 63.9% hydrolysiert [6].

Literatur zu 3.6.1.11

[1] L. J. Schupp, C. A. Brown (Abstr. Papers 128th Meeting Am. Chem. Soc., Minneapolis, Minn., 1955, S. 48R). — [2] W. Gerrard, M. Goldstein, C. H. Marsh, E. F. Mooney (J. Appl. Chem. [London] **13** [1963] 239/49). — [3] V. V. Korshak, N. I. Bekasova, Yu. G. Chikishev, V. A. Zamyatina, B. L. Tsetlin, S. R. Rafikov (Vysokomolekul. Soedin. **5** [1963] 1447/50). — [4] S. Gordon, A. R. van Dyken, T. F. Doumani (J. Phys. Chem. **62** [1958] 20/4). — [5] I. B. Atkinson (Chem. Ind. [London] **1969** 398/9).

[6] V. A. Zamyatina, R. M. Oganesyan, V. V. Sevast'yanova, T. A. Sidorova (Izv. Akad. Nauk SSSR Ser. Khim. **1964** 1881/2; Bull. Acad. Sci. USSR Div. Chem. Sci. **1964** 1782/3).

3.6.1.12 IR-Spektren und Molekülstruktur

IR Spectra and Molecular Structure

Wagner und Bradford [1] synthetisierten durch Kondensation von N-Lithium-pentamethyl-borazin mit Pentamethyl-B-chlor-borazin eine Reihe von oligomeren Borazinen:

I

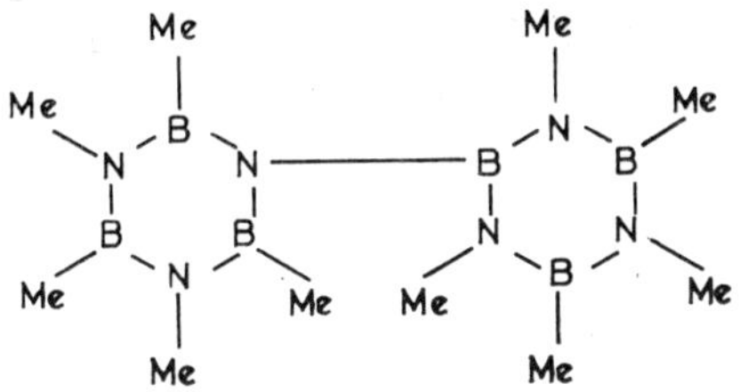

IIa

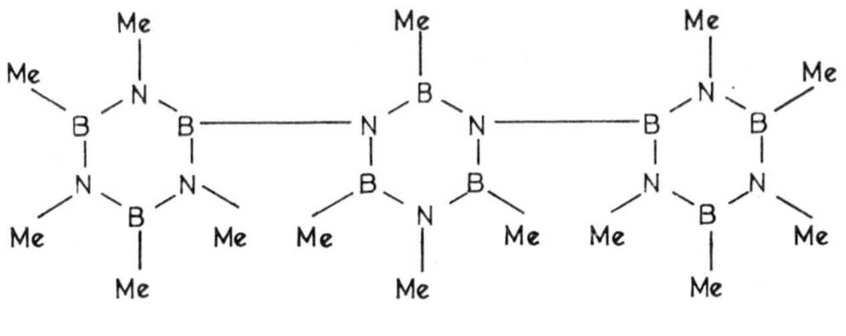

IIb

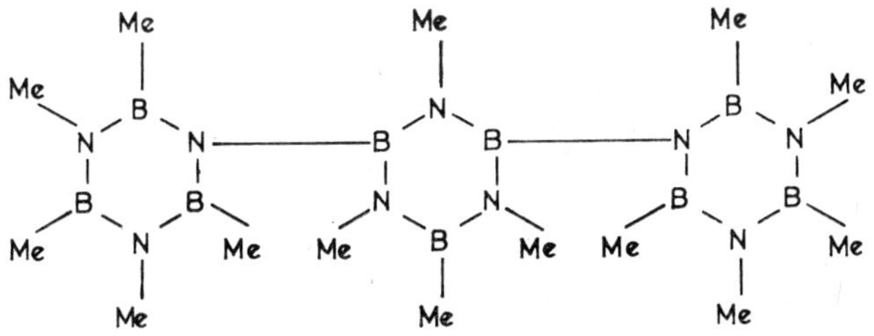

IIIa

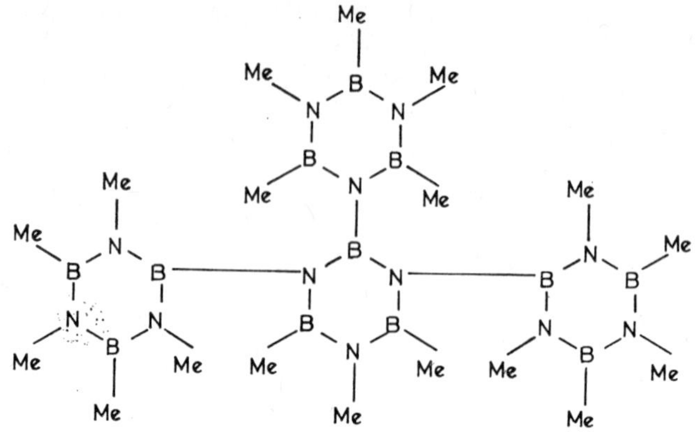

IIIb

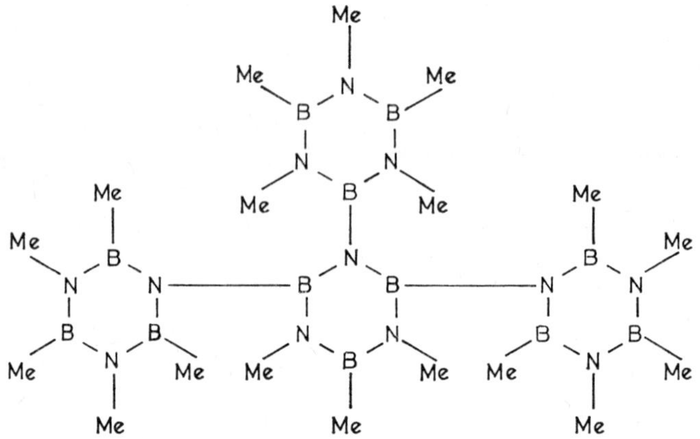

IV

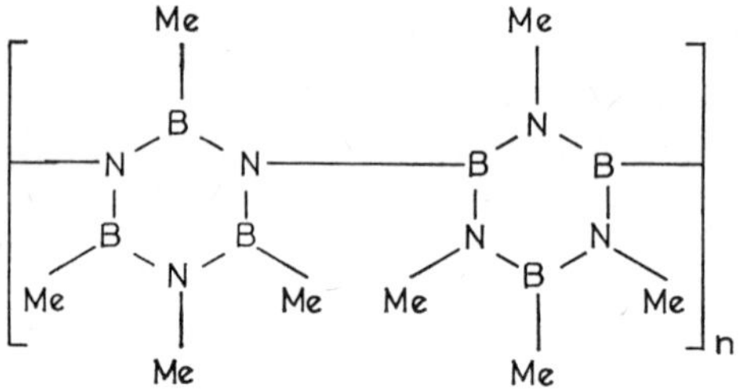

In allen Verbindungen I bis IV liegen die Werte für die Schwingungen $\nu_{as}(CH_3)$ im Bereich um $2938 \pm 3\ cm^{-1}$ und für $\nu_s(CH_3)$ bei $2833 \pm 8\ cm^{-1}$.

Nach [2] sollte die B–N-Valenzschwingung bei ungefähr $1380\ cm^{-1}$ liegen, da in den Verbindungen der Art von I bis IV keine besonderen induktiven oder mesomeren Effekte zu erwarten sind.

Das IR-Spektrum zeigt bei etwa 1387 bis $1376\ cm^{-1}$ eine starke Bande. Eine Aufspaltung in die einzelnen Bor-Isotopen-Schwingungen ist bei der Vielzahl von B–N-Bindungen im Molekül nicht zu beobachten. In dem in [1] angegebenen IR-Spektrum lassen sich die Werte für die intraannularen B–N-Schwingungen nicht von den extraannularen unterscheiden.

Die C–N-Valenzschwingung erscheint um $1260\ cm^{-1}$. Eine sehr starke Bande im Spektrum der Polymeren ist die asymmetrische Deformationsschwingung der Methylgruppe am Stickstoff mit $\delta_{as}(NCH_3) = 1445\ cm^{-1}$. Die Schwingungen $\delta_{as}(BCH_3)$ und $\delta_s(BCH_3)$ liegen vermutlich bei $1470 \pm 5\ cm^{-1}$ bzw. $1312\ cm^{-1}$.

Als Hinweis auf die cyclische Natur der Kettenglieder gelten die Ring-Deformationsschwingungen δ_{BN} um 700 und 680 cm^{-1}.

Gerrard und Mitarbeiter [3] kondensierten 2,4,6-Tris(di-s-butylamino)-borazin unter Abspaltung von Amin nach Schema (1) und erhielten ein B–N-verknüpftes Polymeres unter Erhaltung der Borazinringe, die sich durch das Dublett δ_{BN} im IR-Spektrum bei 698 und 688 cm^{-1} bemerkbar machen.

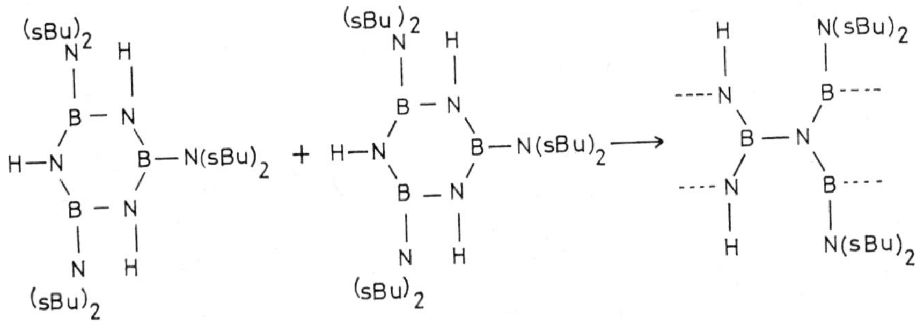

Bei weiterer Eliminierung von Amin tritt wahrscheinlich Vernetzung ein, da die Ring-Deformationsschwingung verloren geht. Die angegebene B–N-Valenzschwingung ist mit 1460 cm^{-1} etwas zu hoch und dürfte wohl die $\delta_{as}(CH_3)$-Schwingung der sekundären Butylgruppen sein.

N-Lithium-aminoborazine lassen sich mit B-Chlorborazinen zu dimeren, über Stickstoff gebundenen Borazinen kondensieren. Gutmann und Mitarbeiter erhielten so Bis(tri-N-methyl-B-dibutyl-borazyl-B)-amin (V), Bis(tri-N-methyl-B-dibutylborazyl-B)-äthylamin (VI) und Bis(tri-N-methyl-B-dibutyl-borazyl-B)-phenylamin (VII) [4].

Die zur Unterscheidung wichtigsten IR-Banden sind in Tabelle 3/23 angegeben.

Tabelle 3/23
Einige IR-Banden (in cm^{-1}) der Verbindungen V, VI und VII.

V	VI	VII	Zuordnung
3400 w	—	—	ν_{NH}
—	—	3065 w	ν_{CH}(aromatisch)
—	—	3030 w	ν_{CH}(aromatisch)
2966 s	2958 vs	2960 s	ν_{as}(CH_3, aliphatisch)
2935 vs	2925 vs	2930 s	ν_{as}(CH_2, aliphatisch)
2860 m	2870 s	2875 m	ν_s(CH_3, aliphatisch)
—	2858 s	2857 m	ν_s(CH_2, aliphatisch)
—	—	1600 m	$\nu_{C=C}$ Ring
1465 vs	1455 s	1465 s	$\delta_{as}(NCH_3)$
1390 vs	1398 vs	1390 vs	ν_{BN}
—	—	756 m	δ(out of plane)
707 m	706 m	705 s	$\nu_{BN} + \delta_{CH}$

Durch thermische Kondensation von B-Diamino-borazinen entstehen Kettenpolymere, die jedoch hydrolytisch instabil sind. Gutmann u. a. [4] erhielten Polymere mit der allgemeinen Struktur:

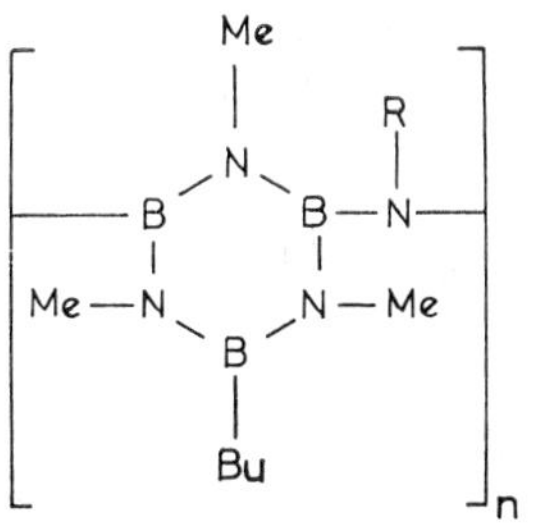

R = H, C_2H_5, C_6H_5.

Die Frequenz ν_{NH} ist mit 3545 cm^{-1} recht hoch und weist wie in V auf einen Bindungsgrad >1 der Gruppierung

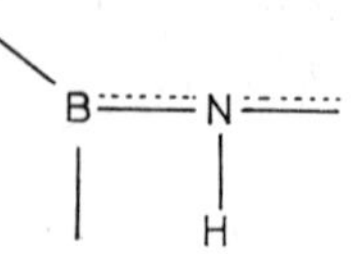

hin. Die Schwingung δ_{NH} ist mit 1604 cm^{-1} ebenfalls etwas erhöht. Die Valenzschwingung ν_{BN} erreicht ihren höchsten Wert im Polymeren mit $R = C_2H_5$ (1410 cm^{-1}) und liegt in den beiden anderen ($R = H$, $R = C_6H_5$) um 1388 cm^{-1}. Diese Banden sind in den Polymeren relativ breit.

Turner [5] kondensierte difunktionelle Borazine mit Diaminen und erhielt kettenförmige Polymere nach Schema (2):

(2)

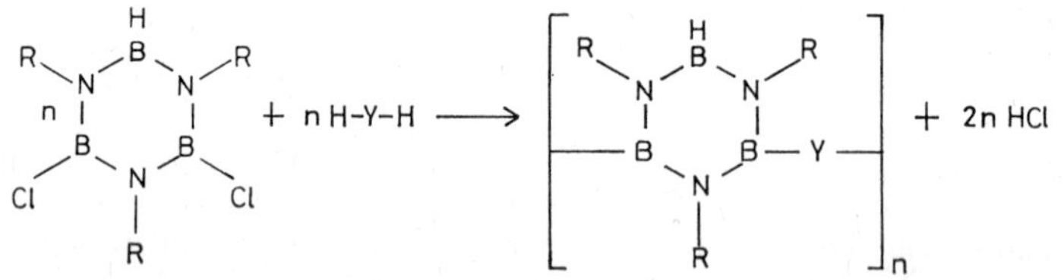

mit R = Dimethylphenyl und H–Y–H = Diamin.

Im Trimeren mit m-Phenylendiamin erscheinen die Valenzschwingungen der NH-Gruppe bei 3450 und 3330 cm^{-1}, die der Endgruppen NH_2 bei 3140 cm^{-1}. Für die B–N-Frequenz gibt der Autor [5] einen weiten Bereich von 1455 bis 1375 cm^{-1} an. Im Bereich um 1450 cm^{-1} ist allerdings mit einer Skelettschwingung des Aromaten zu rechnen. Die B–H-Schwingung im trimeren Produkt fehlt im angegebenen Spektrum völlig. Die out-of-plane-Schwingungen der aromatischen Protonen, die auf ein H-Atom und 3 benachbarte aromatische Protonen deuten sollen mit Maxima bei 900 bis 860 cm^{-1} bzw. 810 bis 750 cm^{-1}, geben im Spektrum außer der Bande bei 805 cm^{-1} nicht das erwartete Muster.

In Oligomeren mit dem Polymerisationsgrad n = 5 und p-Phenylendiamin als Kopplungsglied zwischen den Borazinringen tritt die BH-Valenzschwingung bei 2490 cm^{-1} auf. Die Absorption bei 805 cm^{-1} kann als out-of-plane-Deformation zweier benachbarter Wasserstoffatome im aromatischen Amin gelten. Jedoch fehlt die B–Cl-Schwingung der Endgruppe bei ca. 975 cm^{-1} [6]. Aus den Infrarotspektren läßt sich keineswegs die von Turner [5] angegebene Struktur ableiten.

Werden aliphatische Diamine wie 1,2-Diamino-äthan als Verbindungsreagenz eingesetzt, so erhält man lösliche plastische Oligomere [7], wie beispielsweise VIII, mit der vermuteten Struktur (R = 2,6-Dimethylphenyl):

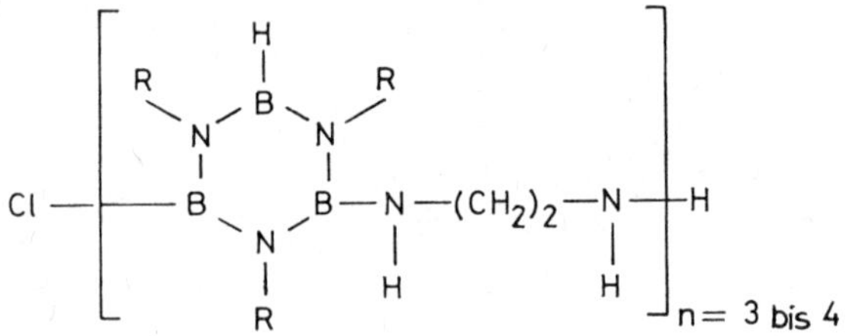

VIII

In den IR-Spektren lassen sich die Valenzschwingungen der NH- und NH_2-Gruppen erkennen. Die aromatischen Reste sind aus dem Spektrum nicht sicher zu entnehmen: Eine Bande bei 2990 cm^{-1} könnte ν_{CH} (aromatisch) zugeordnet werden, doch fehlt die C=C-Ringschwingung bei 1600 cm^{-1}. Die CH-wagging-Schwingung für 3 benachbarte Protonen im Bereich von 750 bis 810 cm^{-1} läßt sich zuordnen. Bei dieser Zuordnung fehlen die Valenzschwingungen $\nu_{as}(CH_2)$ und $\nu_s(CH_2)$ der Diaminkette. Die Schwingungen $\delta_{as}(CH_2)$ und $\delta I(CH_3)$ in den Resten R fallen in den Bereich von 1430 bis 1385 cm^{-1}, der jedoch wegen der intensiven ν_{BN} Bande nicht näher aufgeschlüsselt werden kann.

Turner verwendet für die Charakterisierung der Kernsubstitution den unsicheren Bereich von 1225 bis 950 cm^{-1}, der aber wegen der variablen und schwachen Banden nicht zu empfehlen ist [8].

In diesen Bereich fällt auch die B–Cl-Valenzschwingung. Da die Substanzen in Nujol vermessen wurden, sind die CH-Valenzschwingungen in den Oligomeren mit 1,3-Diamino-propan, 1,4-Diamino-butan und 1,6-Diaminohexan verdeckt.

Korshak und Mitarbeiter [10] erhalten bei der Copolymerisation von N-substituierten Borazinen mit Hexamethylendiisocyanat Polymere (IX) nach (3):

(3)

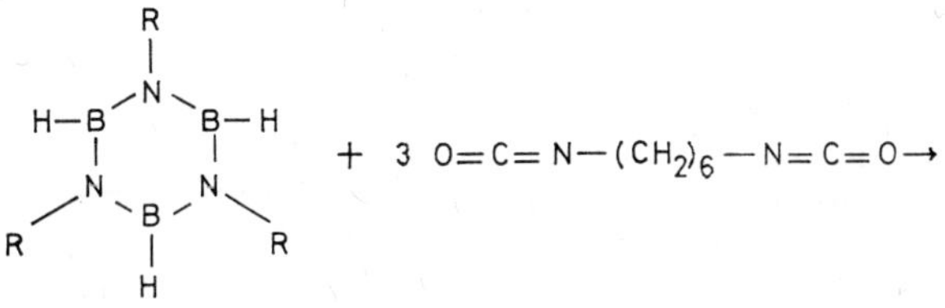

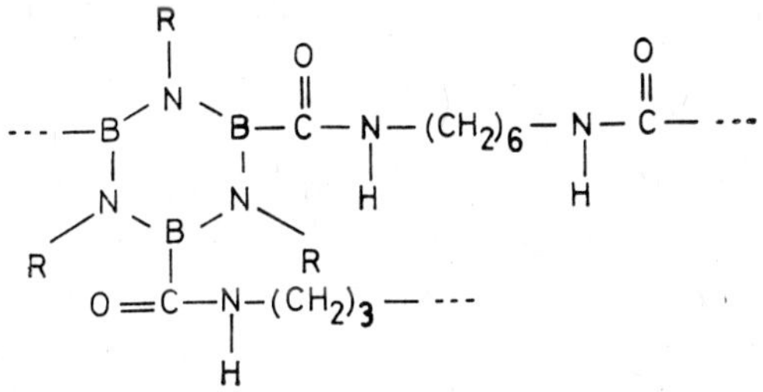

IX

Das Auftreten der intensiven ν_{BN}-Schwingung um 1400 bis 1450 cm^{-1} läßt auf Erhaltung des Borazinrings schließen.

Bei der Copolymerisation von Tetraazadiborinan mit Dihydraziden werden Polymere (X), s. unten, erhalten, die an der Luft in einer Woche nur zu einigen Prozent hydrolysieren [11].

X

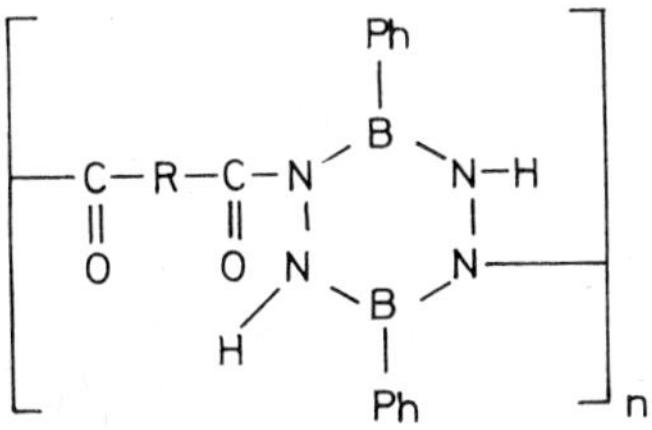

Die zur Identifizierung angegebenen IR-Banden sind in Tabelle 3/24 aufgeführt.

Tabelle 3/24
Einige Infrarotbanden der Polymere X und XI.

Banden in cm^{-1} . .	1440	(1655) 1670 bis 1680	(1410) um 1500	(3330) 3320
Zuordnung	$\nu(B–C_6H_5)$	$\nu_{C=O}$	ν_{BN}	ν_{NH}

In Klammern befinden sich die entsprechenden Werte für das Polymere XI nach Proux, Clement [12].

Durch kontrollierte Hydrolyse von B-Monochlor-borazinen kommen Larcombe und Turner [13] zu B–O–B-verknüpften polymeren Borazinen. In diesen Polymeren (XII) mit R = Me, Et und n-Propyl verhalten sich die Intensitäten der ν_{BO}-Frequenz (1362 bis 1367 cm^{-1}) und der ν_{C-O}-Frequenz (1147 bis 1160 cm^{-1}) gegensinnig zur Größe des Polymerisationsgrades. Während die Intensität der BO-Schwingung mit steigender Kettenlänge wächst, fällt die der C–O-Schwingung. Dies erklärt sich erstens aus der Zunahme der absoluten Zahl von B–O-Bindungen bei sich vergrößerndem Polyme-

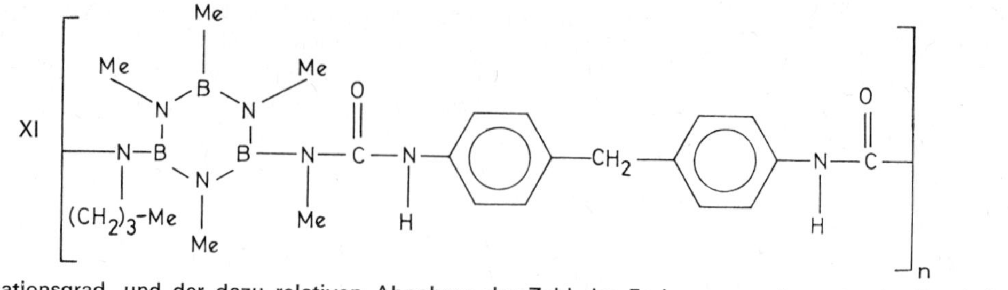

risationsgrad, und der dazu relativen Abnahme der Zahl der Endgruppen, deren zwei t-Butyl-O-Bindungen hauptsächlich zur Intensität der C–O-Schwingung beitragen.

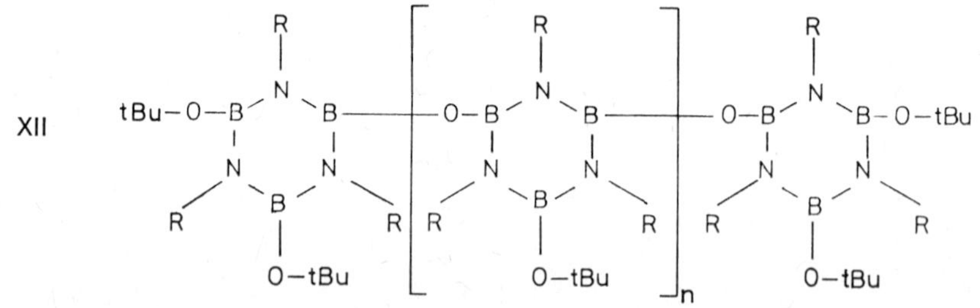

Die Anzahl der B–O-Bindungen wächst mit dem Polymerisationsgrad n entsprechend n + 6, während die der C–O-Bindungen nur n + 4 beträgt.

Ein ausführlicheres IR-Spektrum von polymerem 1,3,5-Trimethyl-4-methylborazin-2,4-oxid wird von Toeniskoetter, Killip [9] mit folgenden Banden angegeben: 2960 m, 2930 m (ν_{asCH}), 2850 m (ν_{sCH}), 1450 s (δ_{as}(CH)), 1410 s (ν_{BN}), 1383 vs (ν_{BO}), 1332 m (δ_s(CH)), 1282 m(?), 1250 m (ν_{CN}), 1121 m $\nu_{(CO)}$, 882 m (ν_{BC}), 697 w, 674 m (δ_{BN}, Ring).

Literatur zu 3.6.1.12

[1] R. I. Wagner, J. L. Bradford (Inorg. Chem. **1** [1962] 99/106). — [2] G. A. Anderson, J. J. Lagowski (Spectrochim. Acta A **26** [1970] 2013/20). — [3] W. Gerrard, H. R. Hudson, E. F. Mooney (J. Chem. Soc. **1962** 113/9). — [4] V. Gutmann, A. Meller, R. Schlegel (Monatsh. Chem. **94** [1963] 1071/89). — [5] J. M. Turner (J. Chem. Soc. A **1966** 410/5).

[6] H. Watanabe, M. Narasida, T. Nakagawa, M. Kubo (Spectrochim. Acta **16** [1960] 78/86). — [7] J. M. Turner (J. Chem. Soc. A **1966** 401/10). — [8] H. A. Szymanski (in: Theory and Practice of Infrared Spectroscopy, New York 1964, S. 275/76). — [9] R. H. Toeniskoetter, K. A. Killip (J. Am. Chem. Soc. **86** [1964] 690/4). — [10] V. V. Korshak, V. A. Zamyarina, R. M. Oganesyan (Bull. Acad. Sci. USSR Div. Chem. Sci. **1962** 1580/1).

[11] V. V. Korshak, N. I. Bekasova, M. P. Prigozhina (Vysokomolekul. Soedin. B **9** [1967] 903/6). — [12] Y. Proux, R. Clement (Compt. Rend. C **264** [1967] 2123/5. — [13] B. E. Larcombe, H. S. Turner (Chem. Ind. [London] **9** [1963] 410/1).

Chains with Cyclic Trivalent BN Systems

3.6.2 Ketten mit cyclischen trivalenten BN-Systemen (außer Borazin)

Chains Built on 1,3,2-Benzodiazaborolane: Poly(boraimidazoles) and Related Structures

3.6.2.1 Auf dem 1,3,2-Benzodiazaborolan aufgebaute Ketten: Poly(boraimidazole) und verwandte Strukturen

Preparation. Molecular Structure

3.6.2.1.1 Darstellung, Molekülstruktur

Polymere mit Purinringen als Baueinheiten in der Hauptkette sind thermisch sehr stabil [1], weswegen die ähnlichen Verbindungen der 1,3,2-Benzodiazaborolane untersucht wurden.

Bei der Kondensation von 3,3′,4,4′-Tetraamino-biphenyl mit Bis(dihydroxy)-boranen (= Boronsäuren) soll das Polymer I entstehen [2]. Ebenfalls mit dem 3,3′,4,4′-Tetraamino-biphenyl können die Bis(di-n-butoxy)-boryl-phenylene II und das 1,1′-Bis(di-n-butoxy)-boryl-ferrocen III sowohl in Substanz als auch in einem Lösungsmittel polykondensieren [3]. Bei den Bisboranen II zeigt sich der Beginn der Schmelzpolymerisation dadurch, daß die Purpurfarbe des Amins verschwindet, n-Butanol abdestilliert und ein weißer Feststoff zurückbleibt, der einer zweimaligen Temperaturbehandlung unterworfen wird, s. Tabelle 3/25. Vor der zweiten Temperaturbehandlung wird der Stoff fein gemörsert. Bei der Polymerisation von III hellt sich die dunkelbraune Schmelze auf, wenn der Niederschlag entsteht und das Butanol abdestilliert. Durch die Wärmebehandlungen (vgl. Tabelle 3/25) schlägt sich >25% der eingesetzten Menge Ferrocen an der Kühlerwandung nieder.

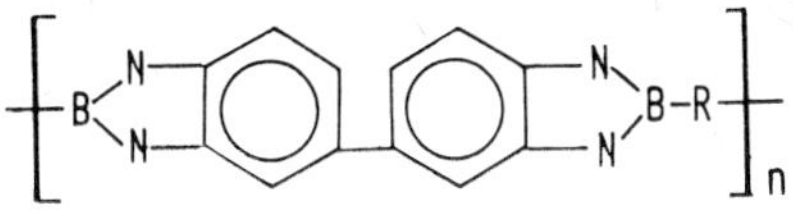

I a) R = p-C_6H_4 ; b) R = $(CH_2)_4$
IV R = p-C_6H_4
V R = m-C_6H_4
VI R = 1,1'-

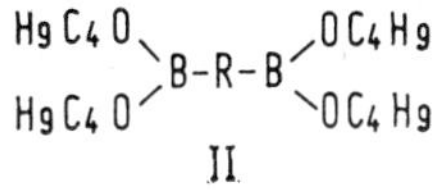

II a) R = p-C_6H_4 b) R = m-C_6H_4

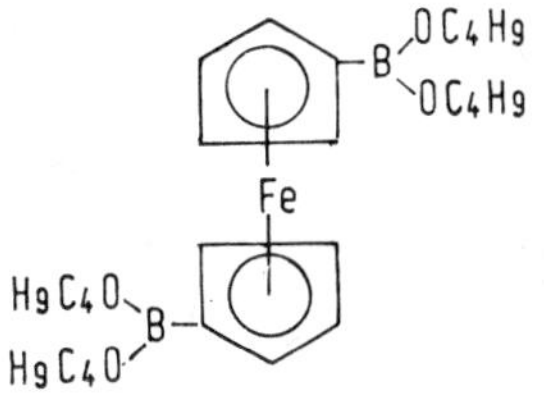

III

(1)

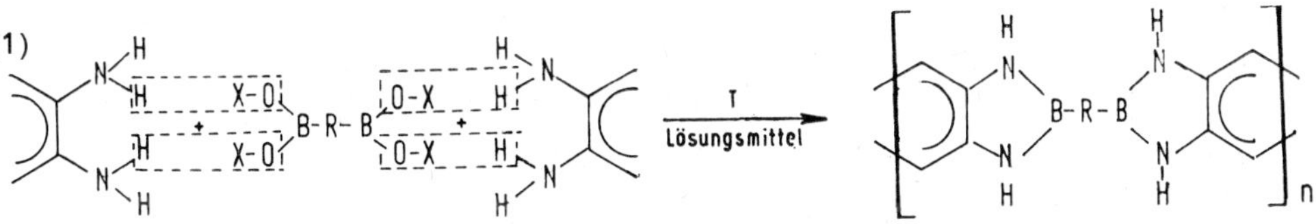

R = Alkyl, Aryl
X = H, Alkyl bzw. XO = Cl, NH_2

+ 4 XOH

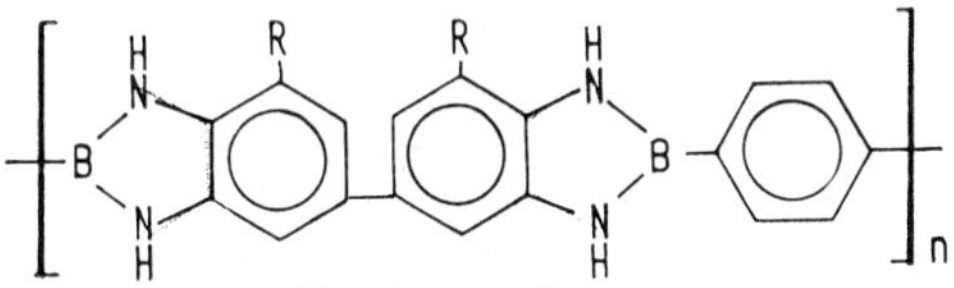

VII a) R = H b) R = CH_3

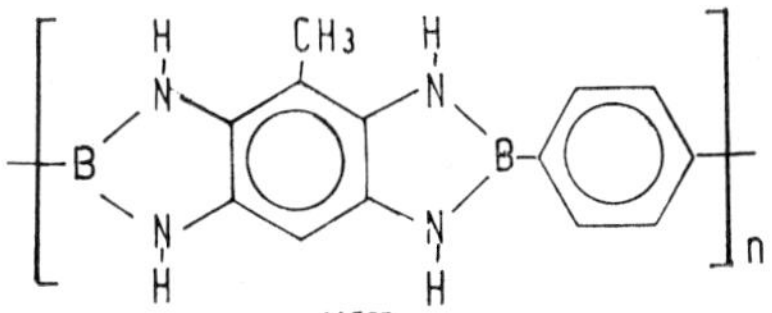

VIII

Alle Operationen müssen unter gereinigtem N_2 erfolgen. Den gebildeten Copolymeren werden die Strukturen IV, V und VI zugeordnet. IV kann sich demnach von Ia nur durch den Polymerisationsgrad n unterscheiden. In Lösung beginnt die Bildung von IV und V bereits nach kurzem Kochen. Besser als ein Rückflußkühler ist hier eine Vigreux-Kolonne. Das Lösungsmittel und n-Butanol destillieren dann langsam ab, wodurch das Reaktionsgleichgewicht verschoben wird. Bei der Kondensation des Ferrocens in Lösung wird zunächst das gebildete Wasser extrahiert. Nach dem Abdestillieren des Toluols und dem Trocknen bei etwa 100°C im Vakuum über Nacht liegt dann VI vor.

Tabelle 3/25
Darstellung und Kenngrößen der Poly(boraimidazole) IV, V und VI [3].

Darstellungsbedingungen und Eigenschaften		Poly(boraimidazol) IV	V	VI
			Schmelzpolymerisation	
Temperaturbereich der Butanolbildung in °C		150 bis 210	150 bis 210	210 bis 230
1. Heizperiode	Dauer in h	0.75	0.5	1
	Temperatur in °C	250 bis 260	210	230
	Druck in Torr	0.1	0.01	0.05

Tabelle 3/25

Darstellung und Kenngrößen der Poly(boraimidazole) IV, V und VI [3] [Fortsetzung]

Darstellungsbedingungen und Eigenschaften	Poly(boraimidazol) IV	V	VI
Schmelzpolymerisation			
2. Heizperiode: Dauer in h	1.5	3.5	1
2. Heizperiode: Temperatur in °C	250 bis 260	250→290	230→285
2. Heizperiode: Druck in Torr	0.1	Vakuum	0.05
Viskosität: [η]	0.35	0.15	0.13
Viskosität: Lösungsmittel[1])	DMSO	DMSO	DMAC
Viskosität: Konzentration der Meßlösung	0.048 g/100 ml	0.63 g/100 ml	0.20 g/100 ml
Viskosität: zugehörige Temperatur in °C	25	30	30
t_f in °C	> 610	> 550	350 bis 550 (Zersetzung)
Lösungsmittel[1]) für das Polymer	DMSO	DMSO, MP, HMPA, DMAC, DMF, H_2SO_4	DMSO(warm), DMAC, MP(Schwarzfärbung), H_2SO_4
Polymerisation in Lösung			
Lösungsmittel[1])	DMAC	DMAC	Toluol
Temperatur zu Versuchsbeginn in °C	220 bis 225	220 bis 225	Kochen unter Rückfluß
Dauer des Siedens	10 min	10 min	48 h
Dauer des Destillierens in h	3.5	4	
Druckänderung in Torr bei der Destillation	in 0.5 h von 760 auf 30, dann in 0.75 h von 30 auf 0.1 (Badtemperatur auf 200 bis 210°C senken)		
Viskosität: [η]	0.05	0.16[2])	0.09
Viskosität: Lösungsmittel[1])	DMSO (heiß)	DMAC	DMAC
Viskosität: Konzentration der Meßlösung	[3])	0.20 g/100 ml	0.20 g/100 ml
Viskosität: zugehörige Temperatur in °C		30	30
Lösungsmittel für das Polymer	DMSO (nur in der Hitze teilweise)	MP, DMSO, DMAC, H_2SO_4	DMSO, MP, DMAC

[1]) DMSO = Dimethylsulfoxid, MP = N-Methyl-pyrrolidon, HMPA = Hexamethylphosphortriamid, DMAC = Dimethylacetamid, DMF = Dimethylformamid. — [2]) Nach 8 bis 10 Wochen war das anfangs fast weiße Polymer braun und der Staudinger-Index auf 0.10 gefallen. — [3]) Unbestimmt, da beim Abkühlen etwa 50% der Einwaage ausfallen.

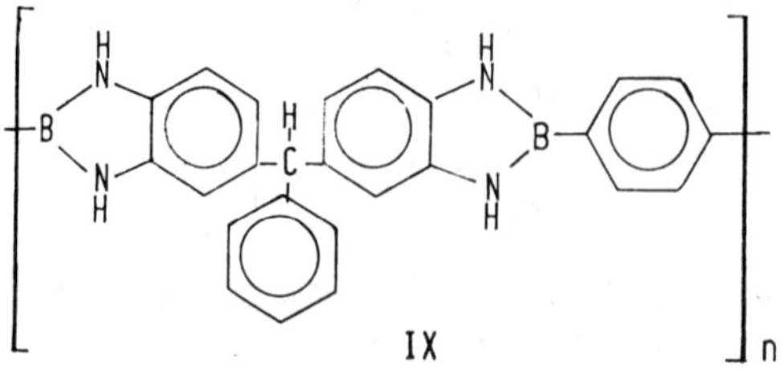

IX

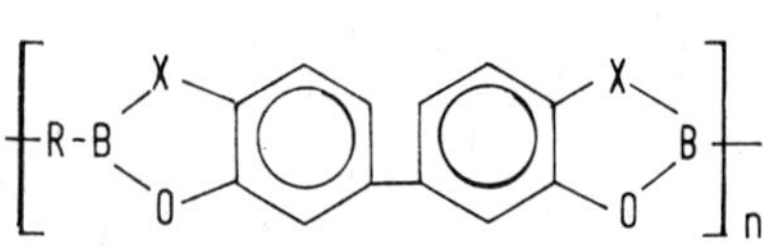

R = m- oder p-C_6H_4

X = NH, O

X

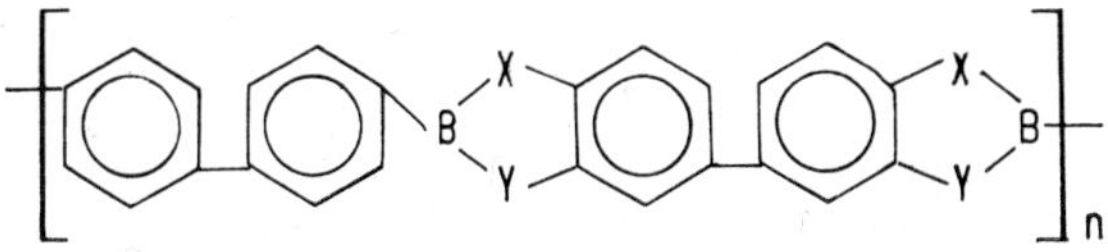

XI a) X = Y = NH
b) X = Y = O
c) X = O; Y = NH

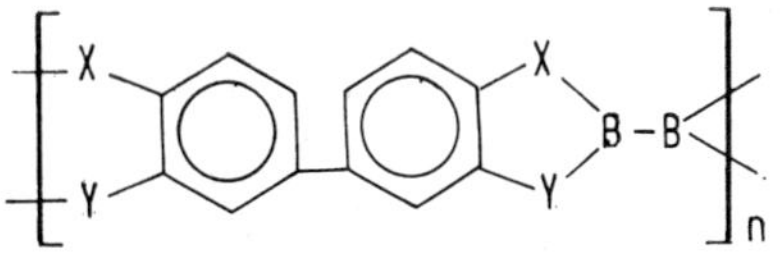

a) X = Y = NH
b) X = O; Y = NH

XII

(2)

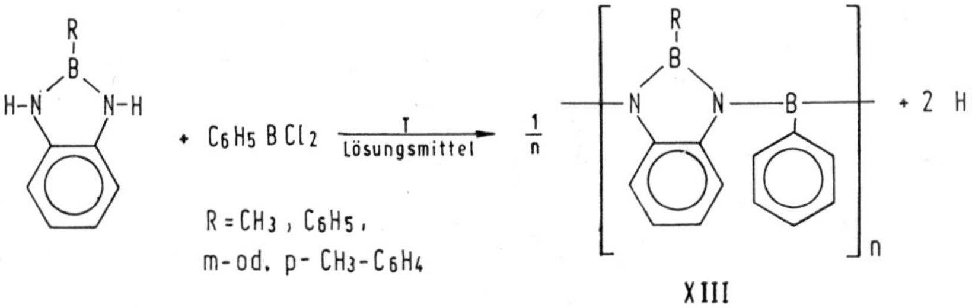

XIII

Dem allgemeinen Reaktionsschema (1) folgt auch die Kondensation von aromatischen Tetraaminen mit Bis(hydroxyboryl)-arenen und -arenderivaten (Amide, Chloride, Alkoxide). Allgemein wird solange in einem inerten Lösungsmittel unter N_2 am Rückfluß gekocht, bis eine maximale Umsetzung erzielt ist. Nach dem Abdestillieren oder Abfiltrieren erfolgt die Trocknung der Polymere VII bis XI in etwa 2 h bei 100 bis 150°C im Vakuum [4 bis 6]. So bildet z. B. 3,3',4,4'-Tetraaminobiphenyl mit 1,4-Bis(dihydroxyboryl)-benzol (= 1,4-Phenylendiboronsäure) in 72 h in siedendem Toluol das Polymere VII [4] und mit 4,4'-Bis(diäthoxyboryl)-biphenyl in 9 h in Xylol das Polymere XI [6].

An Stelle der Bis(hydroxyboryl)-arene können in (1) auch Aminodiborane eingesetzt werden. XII a entsteht aus $B_2[N(CH_3)_2]_4$ in 30 h in Xylol, wenn das abgespaltene $(CH_3)_2NH$ durch einen N_2-Strom laufend aus dem Reaktionsraum entfernt wird. 3,3'-Diamino-4,4'-dihydroxy-biphenyl bildet analog mit $B_2(NR_2)_4$ das Polymer XII b, wobei R = C_2H_5 oder C_3H_7 ist [7].

Die Kondensation eines 2-substituierten Benzo-1,3,2-diazaborolans mit Phenylbordichlorid zu XIII verläuft in einem inerten Lösungsmittel nach (2): Das Borolan in wasserfreiem 2,6-Dimethylpyridin unter N_2 lösen (0.15 mol auf 75 ml), auf 0°C abkühlen, das $C_6H_5BCl_2$ zufügen, mischen, erwärmen, 1 d unter Rückfluß kochen, die überschüssigen Komponenten abdestillieren, das Polymer mit Benzol aus dem Amin-hydrogenchlorid extrahieren und 2 h bei 450°C trocknen, um das Benzol restlos zu entfernen [8].

3.6.2.1.2 Eigenschaften. Verhalten. Kenngrößen

Properties. Reactions. Numerical Data

Mit R = p-C_6H_4 ist die dunkelbraune Verbindung I unlöslich und unschmelzbar. Mit R = $(CH_2)_4$ schmilzt I bei 350 bis 370°C [2]. Die Polymere IV und V haben nach der 1. Wärmebehandlung eine hellgelbe und nach der 2. eine weißliche Färbung. IV wird innerhalb von 0.5 h bei 590 bis 610°C und 0.1 Torr etwas dunkler. Es ist dann in Dimethylsulfat unlöslich, löst sich aber langsam in warmem H_2SO_4. V zeigt nach einigen Tagen im geschlossenen Gefäß eine Farbvertiefung. Wird eine Lösung des orangeroten Feststoffes VI in Dimethylacetamid unter N_2 1 h unter Rückfluß gekocht, abgekühlt vom orangefarbenen Rückstand abfiltriert und das Filtrat in überschüssiges Methanol eingegossen, so fällt ein dunkelgelbes Pulver aus mit $[\eta] = 0.09$ (0.2 g/100 ml Dimethylacetamid bei 30°C). Obwohl sie die Viskositäten in verschiedenen Lösungsmitteln bei unterschiedlichen Temperaturen und Konzentrationen bestimmten, halten Mulvaney u. a. [3] von den sechs Polymeren unter IV, V und VI das Schmelzpolymer IV für dasjenige mit der höchsten Molmasse. Thermisch sind IV und V bis

500 bis 600°C stabil, VI zersetzt sich dagegen bereits bei 300 bis 400°C, s. **Fig. 3–13**. Weitere Kenngrößen enthält Tabelle 3/25, S. 313.

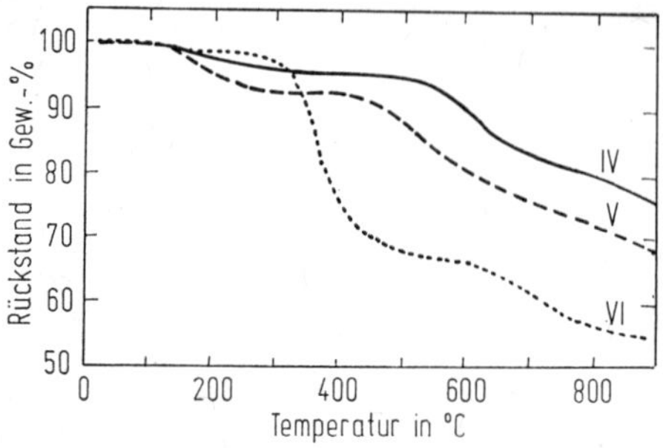

Fig. 3–13

Thermogravimetrische Analyse der Polymeren IV, V und VI. Aufheizgeschwindigkeit 150 grd/h unter N_2.

Die Copolymere VII bis XII sind nur in H_2SO_4 löslich und zersetzen sich erst oberhalb von 500°C. Möglicherweise sind sie als Fasern, Filme, Preßmassen, Schutzüberzüge, Füllstoffe oder als Halbleiter verwendbar [4 bis 7]. XIII ist in Pyridin löslich. Thermogravimetrisch (Aufheizgeschwindigkeit 150°C/h bei 10^{-4} Torr) wurden 2% Gewichtsverlust bei 500°C und 13% bei 700°C festgestellt. Dieses Polymer soll für die Herstellung von Überzügen, Harzpreßmassen und Neutronenabsorbern geeignet sein [8].

IR Spectra

3.6.2.1.3 IR-Spektren

Mulvaney und Mitarbeiter erhielten aus o-Phenylendiamin und Boranen des Typs RBX_2 (R = Alkyl, Aryl; X = Cl, OH) Benzodiazaborolane [3]. Durch thermische Kondensation ergeben sich Polymere mit BN_2C_2-Fünfringen. Die Modellverbindungen Ia bis IIIa zeigen gegenüber den Polymeren I bis III, vgl. nachstehend, sehr viel besser aufgelöste IR-Spektren.

Ia

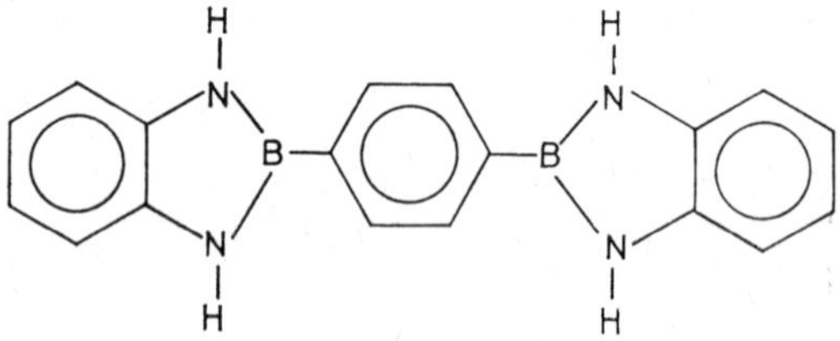

I

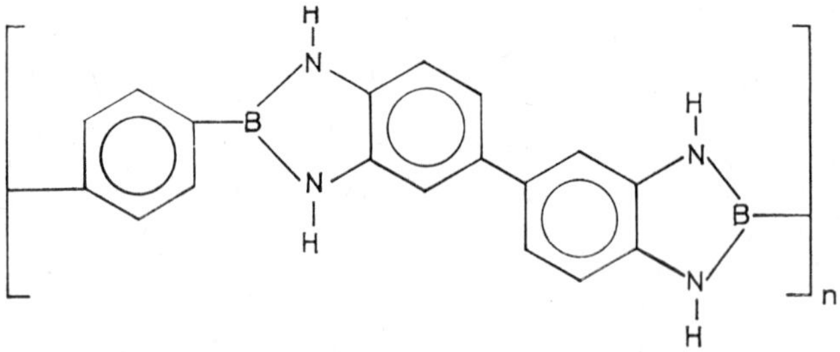

In der Modellverbindung Ia stehen die Banden der out-of-plane Deformation der aromatischen Wasserstoffatome im Einklang mit der Substitution: 750 cm^{-1} für 4 benachbarte Wasserstoffatome, 835 cm^{-1} für 2 benachbarte Wasserstoffatome. Die ν_{BN}-Frequenz ist in den Verbindungen I, Ia, II und IIa mit 1435 cm^{-1} relativ konstant und zeigt in den Modellverbindungen die Isotopenaufspaltung. Die hohe Frequenz ist durch den −M-Effekt der aromatischen Substituenten zu erklären, der bei der

IIa

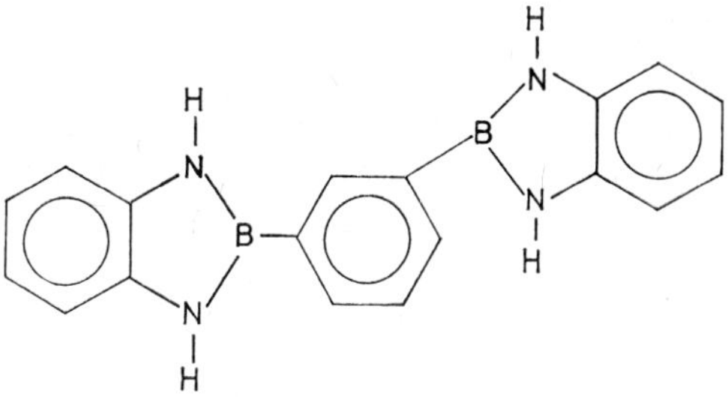

II

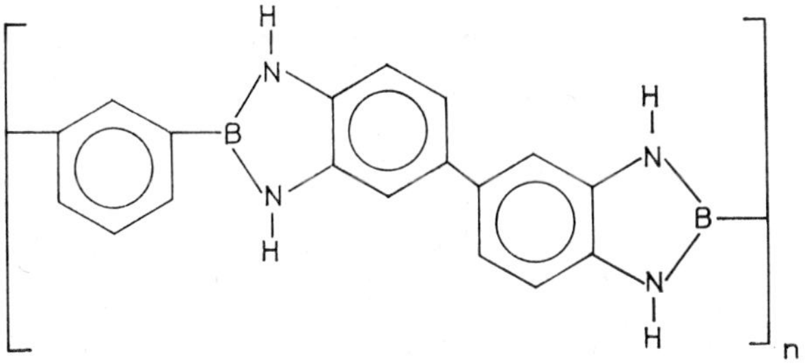

IIIa

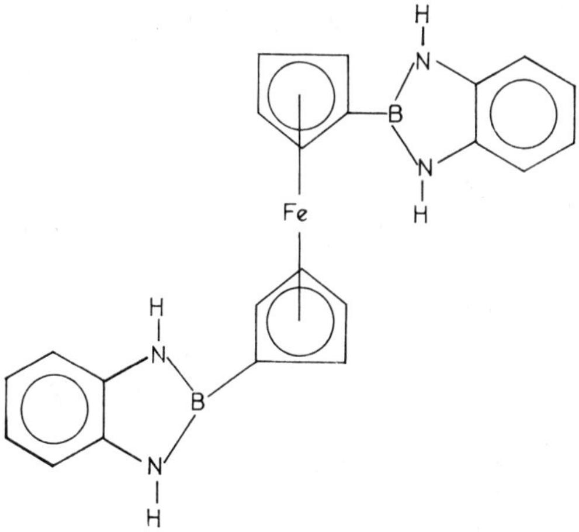

III

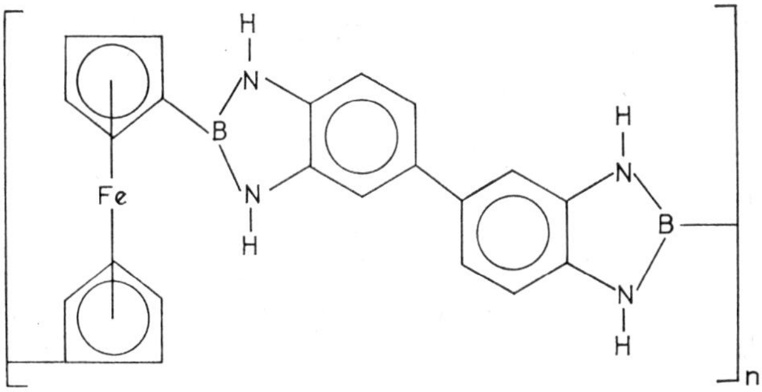

Pentadienyleisenverbindungen III und IIIa noch größer wird und damit die Valenzschwingungsfrequenz ν_{BN} auf etwa 1480 cm^{-1} erhöht. Die Frequenz ν_{NH} erzeugt in den Modellverbindungen eine scharfe Bande bei 3500 cm^{-1}, deren Breite in den Polymeren zunimmt.

Literatur zu 3.6.2.1

[1] H. Vogel, C. S. Marvel (J. Polymer Sci. **50** [1961] 511/39, A **1** [1963] 1531/41). — [2] W. R. Bamford, S. Fordham (Soc. Chem. Ind. [London] Monograph Nr. 13 [1961] 320/7). — [3] J. E. Mulvaney, J. J. Bloomfield, C. S. Marvel (J. Polymer Sci. **62** [1962] 59/72). — [4] American Potash Chemical Corp., R. M. Washburn, R. A. Baldwin, F. A. Billig (U.S.P. 3213136 [1965]; C.A. **64** [1966] 3595). — [5] U.S. Borax & Chemical Corp. (B.P. 966823 [1964]; C.A. **61** [1964] 14804).

[6] U.S. Borax & Chemical Corp., K. Kitasaki, G. W. Willcockson (U.S.P. 3203908 [1965]; C.A. **63** [1965] 18150). — [7] U.S. Borax & Chemical Corp., R. J. Brotherton (U.S.P. 3203907 [1965]; C.A. **63** [1965] 17973). — [8] U.S. Borax & Chemical Corp. (B.P. 977659 [1964]; C.A. **62** [1965] 7890).

Chains Built on the 1,2,4,5-Tetraaza-3,6-diborine Ring

3.6.2.2 Auf dem 1,2,4,5-Tetraaza-3,6-diborin-Ring aufgebaute Ketten

Bis(dimethylamino)-phenylboran reagiert leicht in Dimethylformamid mit Dihydraziden von Dicarbonsäuren [1]:

(1)

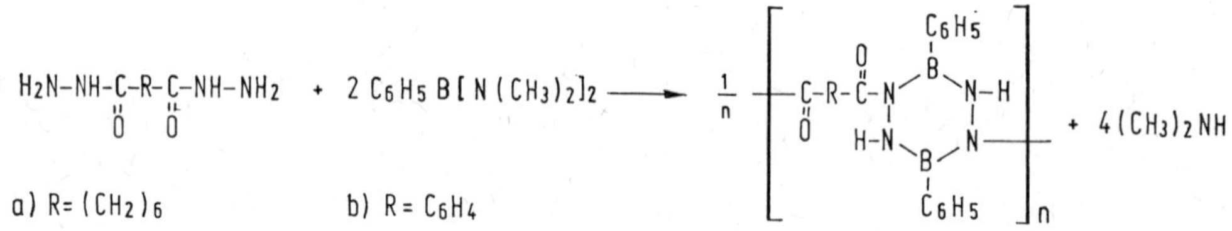

I

Schon bei Raumtemperatur bilden sich in 20 h bis zu 60% der theoretisch berechneten Aminmenge (als Hydrogenchlorid abfangen). Zur Steigerung der Ausbeute kann die Temperatur erhöht werden. Dabei ist zu beachten, daß das Dimethylformamid nur bei relativ niedrigen Temperaturen ein inertes Lösungsmittel für die Polymeren ist. Bei höheren Temperaturen tritt es als Abbaureagens auf, was sich durch einen niedrigeren Wert für $\overline{M}_r$ ausweist (vgl. Tabelle 3/26).

Tabelle 3/26

Darstellung und Kenngrößen polymerer 1,2,4,5-Tetraaza-3,6-diborine [1].

Dihydrazid der:	Reaktionsbedingungen t in °C	Dauer in h	Eigenschaften der Polymere Farbe	t_{erw} in °C	$\overline{M}_r$	Gewichtszunahme in 7 d an der Luft in %
Terephthalsäure	50	30	hellgelb	279/83	?	2.9
	153	6	dunkelgelb	340 (Zersetzung)	760	4.3
Adipinsäure	50	18	weiß	121/33	7000	4.4
	153	5	weiß	121/33	570	8.2

Im Reaktionsverlauf färbt sich die Mischung des Terephthalsäuredihydrazids mit dem Boran dunkelgelb, die des Adipinsäuredihydrazids wird durchsichtig. Nach Reaktionsende wird vom nicht umgesetzten Dihydrazid abfiltriert, das Lösungsmittel bei 50°C und 2 bis 3 Torr abdestilliert, der Niederschlag durch Waschen mit Benzol vom restlichen Boran und Dimethylformamid befreit und dann im N_2-Strom getrocknet. Eine trockne N_2-Atmosphäre und absolutes Dimethylformamid sind Reaktionsvoraussetzungen. Die erhaltenen polymeren Pulver lösen sich gut in Dimethylformamid, Dimethylsulfoxid und Kresol. In Äther und in aliphatischen und aromatischen Kohlenwasserstoffen sind sie unlöslich. An der Luft hydrolysieren sie langsam. Die relative Molmasse kann so hoch liegen, daß die kryoskopische Bestimmung versagt, weil selbst bei 1.5 g Polymereinwaage kein Unterschied zwischen den Erstarrungspunkten der Lösung und des reinen Dimethylsulfoxids besteht [1]. Dihydrazine kondensieren in Substanz (oder in Benzol) analog zu Gleichung (1). Eine Temperatursteigerung bei der Darstellung beeinflußt die Viskosität und den Erweichungspunkt der so gebildeten Polymere bis zu einer gewissen Grenze positiv. Oberhalb von 200 bis 250 °C sinken die Werte beider Kenngrößen, vermutlich, weil ein thermischer Abbau der Ketten eintritt [2].

Ein Poly(phenylen-diboratetrazin) entsteht nach Schema (2) bei der Kondensation in Substanz von Bis(dihydroxyboryl)-phenylen mit Hydrazin [3].

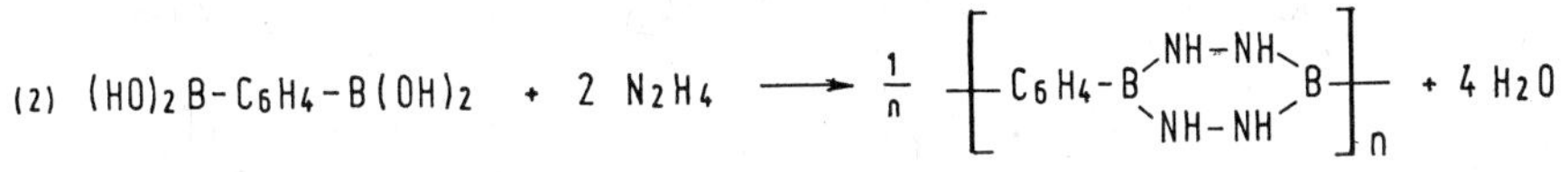

II

Durch die analoge Reaktion von Oxy-bis(diacetoxy-boran) („Pyrobortetraacetat") mit Hydrazin entsteht nach (3) ein Polymer III, dessen Diboratetrazinringe über O-Atome verbunden sind:

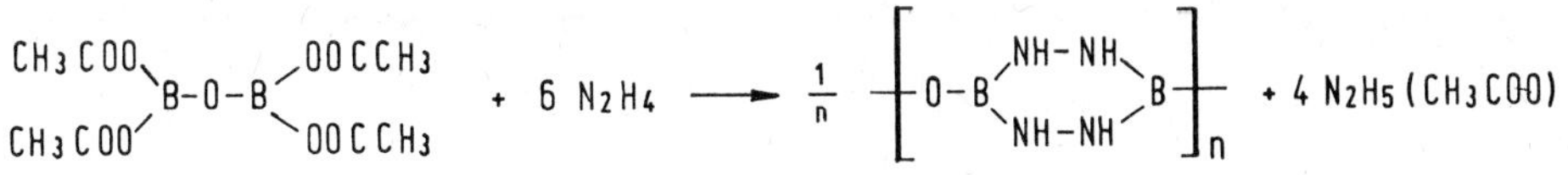

III

II und III sind in organischen Lösungsmitteln unlöslich. III hydrolysiert sehr leicht unter Bildung von H_3BO_3 und N_2H_4. Bei der Thermogravimetrie an der Luft verlor II bis 460 °C 49.7% seines Gewichtes. Das entspricht der pyrolytischen Abspaltung zweier H-Atome und eines Benzolkernes. Letzterer ließ sich auch im Zwischenprodukt nicht nachweisen. In 5 h bei 1100 °C spaltet diese Zwischenverbindung pro Struktureinheit nochmals 2 N-Atome ab. Die thermische Zersetzung läßt sich somit formulieren:

$$\text{II} \xrightarrow[-CO_2,\ -H_2O]{200\ \text{bis}\ 460\,°C} (B_2N_4H_2)_x \xrightarrow[-N_2]{460\ \text{bis}\ 1100\,°C} (BNH)_x$$

Die Gewichtsverluste von III beim Erhitzen unter N_2 bis 447 °C und zwischen 447 und 523 °C entsprechen der Abspaltung von 2 bzw. 0.5 NH-Gruppen pro Struktureinheit [2].

$$\text{III} \xrightarrow[-N_2,\ -H_2]{202\ \text{bis}\ 447\,°C} (B_2N_2H_2O)_x \xrightarrow[-0.25\,N_2;\,0.25\,H_2]{447\ \text{bis}\ 523\,°C} (B_2N_{1.5}H_{1.5}O)_x$$

Literatur zu 3.6.2.2

[1] V. V. Korshak, N. I. Bekasova, M. P. Prigozhina (Vysokomolekul. Soedin. B **9** [1967] 903/6). — [2] N. I. Bekasova, V. V. Korshak, M. P. Prigozhina (Vysokomolekul. Soedin. B **11** [1969] 366/8). — [3] C. Ungurenasu, St. Cihodaru, I. Popescu (Tetrahedron Letters **1969** 1435/8).

3.6.2.3 Nicht systematisierbare Einzelfälle

Non-systemizable Special Cases

3,3'-Dicarboxy-benzidin reagiert unter N_2 in benzolischer Lösung sehr leicht mit Oxy-bis(diacetoxy-boran) („Pyrobortetraacetat") nach

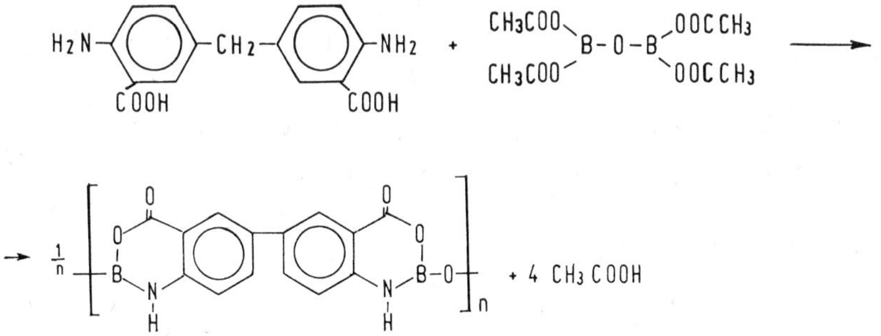

Beim Abdestillieren des Benzol/Essigsäure-Azeotrops fällt ein hellgrauer Niederschlag aus, der mit Benzol und Petroläther gewaschen und im Vakuum getrocknet wird. Dieses Copolymer ist hydrolytisch empfindlich und zersetzt sich bei 429°C [1].

Das N-Butyl-B-chlor-Derivat des 1,3,5,7-Tetraaza-2,4,6,8-tetrabora-cyclooctans kann mit 1,6-Hexandiamin durch Rückflußkochen in einem inerten Lösungsmittel (Toluol, p-Xylol, Tetralin) unter einer Ar-Atmosphäre polykondensiert werden:

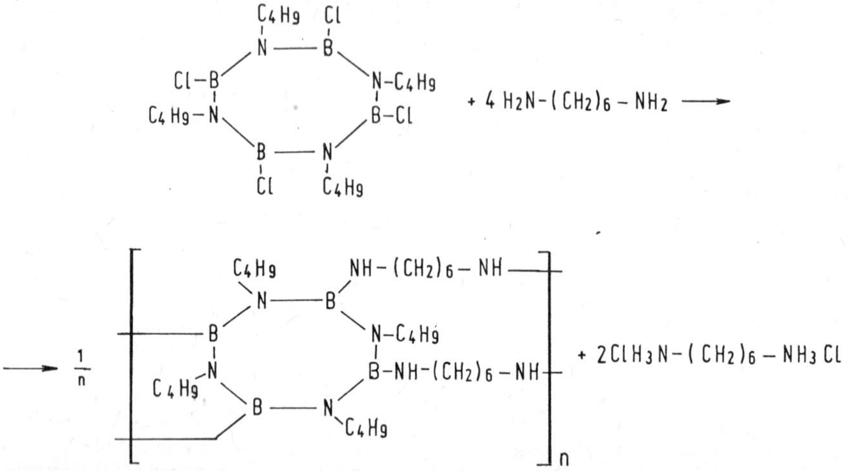

Die Ausbeute an polymerem Produkt liegt zwischen 17 und 64% der Theorie. Sie steigt mit der Reaktionsdauer und -temperatur. Die abfiltrierten Niederschläge werden mit Benzol gewaschen, im Ar-Strom getrocknet und bei 200°C und 1 bis 2 Torr in 16 bis 18 h vom anhaftenden Aminhydrogenchlorid befreit. Dabei entstehen weiße Pulver, die an der Luft sehr schnell hydrolysieren, in Trikresol und Dimethylsulfoxid löslich sind, bei 250 bis 300°C unter Zersetzung schmelzen und in Kresol die Viskosität η_{red} = 0.19 bis 0.23 aufweisen. $\overline{M}_r$ ist kryoskopisch nicht bestimmbar, weil selbst bei einer Einwaage von 0.8 g Polymer je 20 ml Lösungsmittel keine Differenz der Erstarrungspunkte zwischen Lösung und Lösungsmittel auftritt [2].

Literatur zu 3.6.2.3

[1] S. Cihodaru, C. Ungurenasu (Tetrahedron Letters **1968** 3361/2). — [2] V. V. Korshak, N. I. Bekasova, L. G. Komarova (Vysokomolekul. Soedin. B **10** [1968] 95/7).

Chains with Cyclic Tetravalent B–N Systems

3.6.3 Ketten mit cyclischen B–N-Systemen (tetravalentes B)

Chains with Pure B-N Rings

3.6.3.1 Ketten mit reinen B-N-Ringen

Preparation and Properties

3.6.3.1.1 Darstellung und Eigenschaften

Pyrazabole [1] lassen sich direkt über die B-Atome oder indirekt über organische Gruppen miteinander verknüpfen [2]. Die erste Verknüpfungsart bildet sich bei der Kondensation von Pyrazabolen mit Aminen, Alkoholen oder Phenolen unter H_2-Abspaltung. So ergibt Bispyrazolo[1,2-a:1',2'-d]-[1,2,4,5]-tetraaza-3,6-diboran bei der Behandlung mit Bis(p-aminophenyl)-methan, Hydrochinon oder Pentaerythrit zähe Polymere der Strukturen:

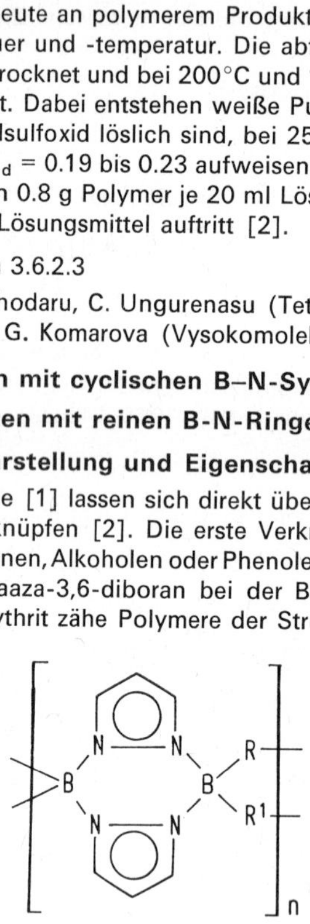

I

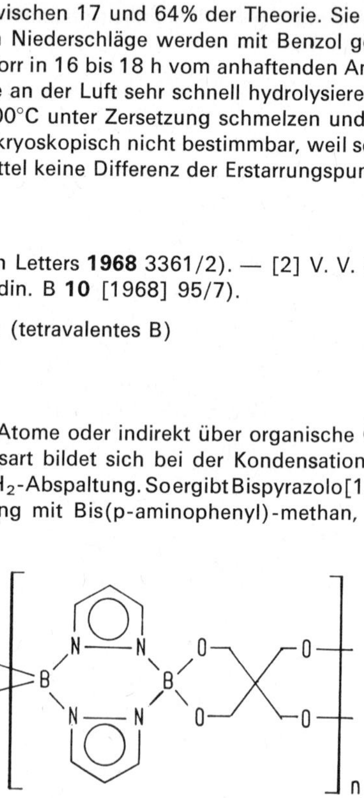

II

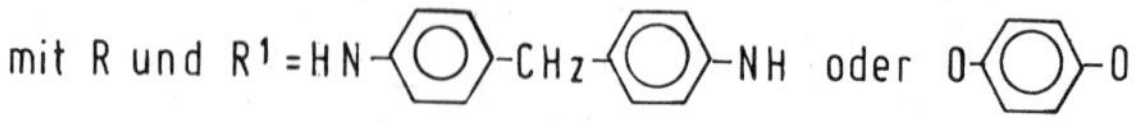

Die zweite Verknüpfungsart tritt auf bei der Polymerisation eines Dipyrazols mit Triäthylboran oder Trimethylamin-boran durch Erhitzen (etwa 12 h) in Toluol unter Rückfluß. Das so aus 3,5,3',5'-Tetramethyl-4,4'-xylylen-dipyrazol = (3,5,3',5'-Tetramethyl-4,4'-[p-phenylen-bis-methylen]-dipyrazol) und Triäthylboran gebildete Polymer III erweicht erst oberhalb von 360°C und kann durch Auswalzen oder Pressen bei 220°C in einen transparenten, zähen und oberflächenharten Film überführt werden. Ähnliche Polymere lassen sich aus 4,4'-Methylen-dipyrazol, 3,5,3',5'-Tetraphenyl-4,4'-hexamethylen-dipyrazol oder 3,5,3',5'-Tetraphenyl-4,4'-decamethylen-dipyrazol herstellen. Dabei werden die CH_3- und C_2H_5-Gruppen in III durch H- oder C_6H_5- und die Brückengruppe CH_2-C_6H_4-CH_2 durch CH_2-, $(CH_2)_6$- oder $(CH_2)_{10}$-Gruppen ersetzt [2].

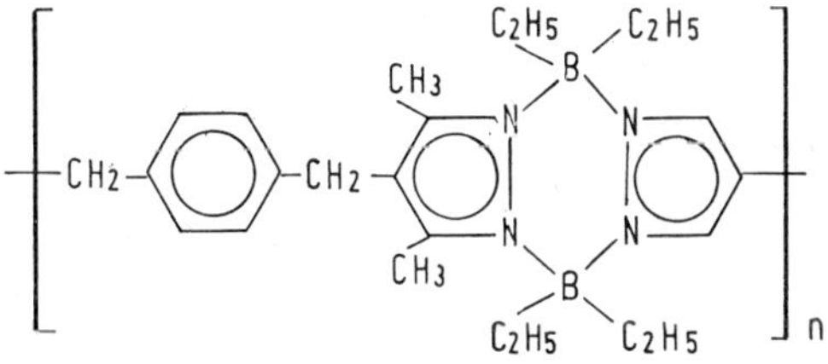

III

Bei der Pyrolyse von Hydrazin-boranen entstehen je nach den Reaktionsbedingungen unterschiedliche Produkte [3, 4]. Bei einer konstanten Temperatur von 200°C spalten sich im Vakuum anfangs sehr schnell, später langsamer in 10 h insgesamt 2 Äquivalente H_2 ab. Die zähviskose Flüssigkeit schäumt dabei im Zersetzungsgefäß auf, und es hinterbleiben weiße, feste Krusten. Flüchtige Borverbindungen entstehen nicht. Nebenprodukte der Pyrolyse lassen sich mit H_2O extrahieren. Der im Polymer vorhandene Stickstoff läßt sich fast völlig als Hydrazinstickstoff bestimmen. Die idealisierte Reaktionsgleichung ist somit: $2\,BH_3 \cdot N_2H_4 \xrightarrow{200°C} N_2H_4 + 2\,H_2 + \frac{1}{n}\,[H_2B\text{-}NH\text{-}NH\text{-}BH_2]_n$ [3]. Das Polymer ist in allen untersuchten Lösungsmitteln unlöslich, thermisch recht stabil und wird nur von heißer, konzentrierter Alkalilauge angegriffen. Außerdem zeigt die Substanz ein sehr hohes Absorptionsvermögen. Nach der Extraktion des Rohproduktes mit Dioxan oder Dimethylformamid werden nämlich die letzten Reste dieser Lösungsmittel selbst im Hochvakuum bei erhöhten Temperaturen nicht abgegeben. Da die Substanz selbst bei etwas unterschiedlicher Zusammensetzung immer scharfe Debyeogramme liefert, ist eine unregelmäßige Kombination verschiedener Verknüpfungsarten der Monomeren auszuschließen. Kettenartiger Aufbau gilt wegen der fehlenden Elastizität als unwahrscheinlich, und gegen eine Verknüpfung spannungsreicher Vierringe spricht die thermische Beständigkeit. Da auch das IR-Spektrum recht einfach ist, schlagen Goubeau, Ricker [3] die Struktur IV aus kondensierten Sechserringen vor. Erhitzen im Vakuum bei 200°C verwandelt IV innerhalb von 7 d in einen amorphen Stoff, wobei nochmals 0.7 bis 0.8 Äquivalente H_2 abgespalten werden.

Die amorphen Pulver haben näherungsweise die analytische Zusammensetzung $(HBN)_x$ und sind hydrolytisch empfindlich, was auf die Trivalenz von B und N zurückzuführen ist (H_2-Abspaltung!). Die N–N-Bindung ist aber immer noch nachweisbar [3].

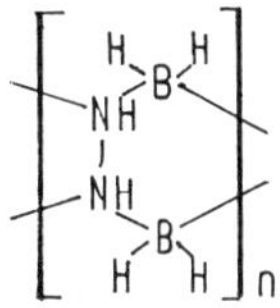

IV

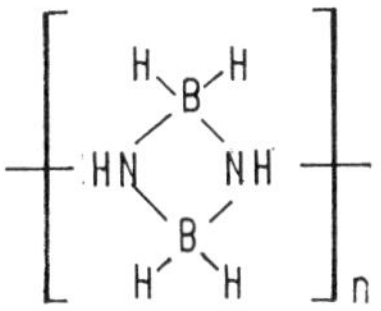

V

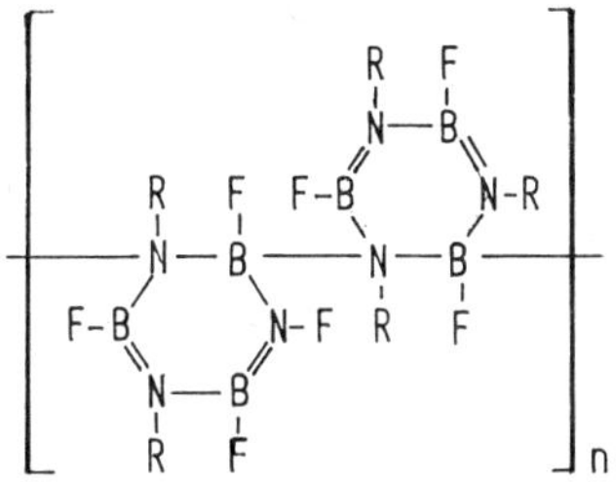

VI

a) $R = CH_3$
b) $R = C_2H_5$

Beim schnellen Erhitzen von $BH_3 \cdot N_2H_4$ entsteht ebenfalls ein stabiles Polymer, dem die Formelstruktur V zugeschrieben wird. Der Polymerisationsgrad soll von der Pyrolysetemperatur abhängen (n = 11 bei 60°C und n = 55 bei 180°C). Diese Polymere sollen sich gut als Raketentreibstoffe eignen [4].

Die bei der Pyrolyse von Amino-difluorboranen gemäß $2F_2BNR_2 \rightarrow F_3B \cdot NR_3 + \frac{1}{n}[FBNR]_n$ entstehenden Polymere sollen aus tetravalent verknüpften Borazinketten VI bestehen. Die lineare Struktur wird durch die leichte Löslichkeit in Kresol und Nitrobenzol beim Erwärmen gekennzeichnet. Die Thermoreaktivität läßt ein gewisses Maß an Vernetzung vermuten. Das IR-Spektrum ähnelt sowohl dem der Aminoborane als auch dem der Borazine [5, 6]. Beide Polymere — insbesondere VIa — haften gut an Glas. Sie sind luftstabil und verändern unter Wasser über lange Zeit hinweg ihr Aussehen nicht. Alkalilaugen und H_2SO_4 zerstören VI in der Kälte langsam und schneller in der Wärme [5].

Tabelle 3/27

Darstellung und Kenngrößen der Polyborazine VI [5].

R	t_f in °C	t_z in °C	η¹)	$\overline{M}_r$²)	n	Ausbeute in % d. Th.	Farbe
CH_3	205/10	270/5	0.12	8000 bis 8500	135 bis 145	26	fahlgelb
C_2H_5	180/5	250/5	0.16	10000 bis 12000	135 bis 165	20	fahlbraun

¹) Bestimmt in 0.5%iger kresolischer Lösung. Keine weiteren Angaben. — ²) Isopiestisch und kryoskopisch.

IR Spectra

3.6.3.1.2 IR-Spektren

In den von Spitsyn u. a. [5] durch Erhitzen von N-Alkyl-B-fluor-aminoboranen erhaltenen polymeren Borazinen (s. oben) finden sich zwei verschiedene Werte für die Valenzschwingung ν_{BN}: 940 cm^{-1}, vgl. auch [6], und 1362 cm^{-1}. Die hohe Frequenz entspricht der in cyclischen Borazinen gefundenen, der Wert 940 cm^{-1} weist auf eine B–N-Einfachbindung wie in Aminboranen hin [7, 8]. Die B–N-Deformationsschwingung des Rings erscheint bei 707 cm^{-1}. Aus diesen Gründen muß man zwei verschiedene Bor–Stickstoff-Bindungen im Polymeren annehmen, dessen Struktur durch die folgende Figur wiedergegeben werden kann.

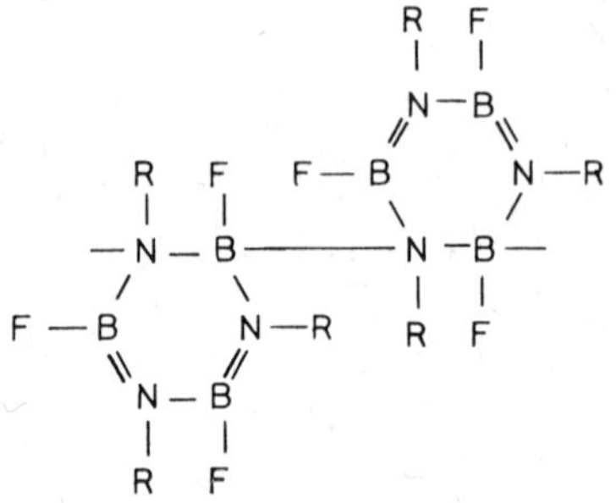

Korshak und Mitarbeiter kommen zu hydrolysebeständigen Polymeren durch Kondensation eines tetrameren B-Chlor-borazins mit Hexamethylendiamin [9]. Das Produkt hat wahrscheinlich die nachstehend angedeutete Struktur [9].

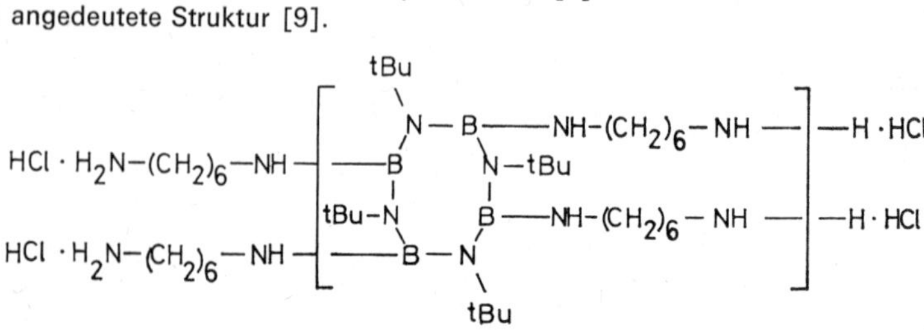

Im Polymerenspektrum verschwindet die Frequenz ν_{BCl} = 1030 cm^{-1}. Die extraannulare B–N-Einfachbindung ergibt eine Absorption bei 940 cm^{-1}, wie sie für Aminoborane typisch ist, vgl. auch [4]. Leider ist die intraannulare B–N-Frequenz nicht zu trennen von der starken $\delta_s(CH_3)$ der Butylgruppen bei etwa 1360 cm^{-1}.

Literatur zu 3.6.3.1

[1] S. Trofimenko (J. Am. Chem. Soc. **88** [1966] 1842/4, **89** [1967] 3165/70, 3170/7, 3903/4, 3904/5), J. P. Jesson, S. Trofimenko, D. R. Eaton (J. Am. Chem. Soc. **89** [1967] 3148/58, 3158/64). — [2] E. I. du Pont de Nemours & Co. (B.P. 1061120 [1967]; C.A. **67** [1967] Nr. 3332). — [3] J. Goubeau, E. Ricker (Z. Anorg. Allgem. Chem. **310** [1961] 123/42). — [4] Esso Research and Engineering Co., F. C. Gunderloy (U.S.P. 3159451 [1964]; C.A. **62** [1965] 4948). — [5] V. I. Spitsyn, I. D. Kolli, R. A. Rodionov, A. I. Grigor'ev, T. G. Sevast'yanova (Vestn. Mosk. Univ. Ser. II Khim. **21** [1966] 46/50).

[6] V. I. Spitsyn, I. D. Kolli, R. A. Rodionov, A. I. Grigor'ev, T. G. Sevast'yanova, V. M. Perfil'ev (Zh. Neorgan. Khim. **12** [1967] 1158/64; Russ. J. Inorg. Chem. **12** [1967] 613/6). — [7] R. C. Taylor, C. L. Cuff (Nature **182** [1958] 390/1). — [8] J. Goubeau, H. J. Becher (Z. Anorg. Allgem. Chem. **268** [1952] 1/12). — [9] V. V. Korshak, N. I. Bekasova, L. G. Komarova (Vysokomolekul. Soedin. B **10** [1968] 95/7).

3.6.3.2 Ketten mit B-N-X-Ringen

Chains with B-N-X Rings

Organische Diisocyanide ergeben bei der Behandlung mit B_2H_6 oder mit Triorganoboranen Polymere, die die isomeren Cyclo{bis[methinamino- und Cyclo{bis[methylamino(N-B, C-B)borane]} I und II in der Hauptkette enthalten [1]. Die Umsetzung erfolgt schon durch Mischen des Borans mit einer Lösung des Diisocyanids in Benzol bei 0°C und längerem Aufbewahren. Je nach der Temperatur und Reaktionsdauer reagieren dieselben Ausgangskomponenten zu verschiedenen Polymeren (vgl. nachstehende Tabelle). Die amorphen Feststoffe sind in organischen Lösungsmitteln wie Benzol, Chloroform und Tetrahydrofuran löslich und gegen Luft und Feuchtigkeit stabil. Der zu ihrer Bildung führende Cyclisierungsmechanismus wurde diskutiert [1].

Tabelle 3/28

Darstellung und Kenngrößen der Polymere I und II [1]. Das jeweilige Diisocyanid ist durch x in $CN(CH_2)_xCN$ gekennzeichnet. t_R = Reaktionstemperatur in °C, Dauer in h.

Ausgangsstoffe		Reaktion			Polymere		Ausbeute in %
x	Boran	t_R	Dauer	t_f in °C		$\overline{M}_r$	d. Th.
2	$(C_2H_5)_3B$	−22	36	87 bis 94	(Zers.)	392	16.1
2	$(C_2H_5)_3B$	40	4	60 bis 61	(Zers.)	425	70.3
2	$(C_2H_5)_3B$	0	24	67	(Zers.)	565	41.1
6	$(C_2H_5)_3B$	20	24	95 bis 96		1890	61.5
6	$(CH_3)_3B$	−35	24	>165	(Zers.)	2200	61.1
6	$(C_2H_5)_3B$	20	36	93 bis 94		940	97.3
6	$(C_2H_5)_3B$	20	24	110 bis 112		2600	19.2
6	$(C_2H_5)_3B$	0	48	130 bis 131	(Zers.)	8290	63.5
6	$(C_2H_5)_3B$	20	24	152 bis 155		10200	27.4
6	$(C_2H_5)_3B$	0	37	180		15500	32.8
6	$(C_4H_9)_3B$	0	24	130	(Zers.)	1300	38.1
6	$(C_4H_9)_3B$	0	24	147 bis 148		3500	47.6
6	$(C_6H_5)_3B$	−78	48	135 bis 137		850	19.3
6	$(C_6H_5)_3B$	−78	48	>195	(Zers.)	—	61.0
6	B_2H_6	−68		>300	(Zers.)	—	9.4

Das Polymere aus p-$C_6H_4(NC)_2$ und $(C_4H_9)_3B$ (t_R = −15°C; Versuchsdauer 48 h) hat $\overline{M}_r$ = 3500 und t_f = 310°C (Zers.); Ausbeute 39.5% d. Th.

Die Polyester III entstehen bei der Kondensation von Poly[tetrakis(hydroxyalkyl)-methylendiaminen] mit Bis(dihydroxy)-diboranen; III mit R = CH_3, m = 2 und X = p-C_6H_4 färbt sich nur leicht braun, wenn es 5 h auf 300°C erhitzt wird. Vierstündiges Kochen in H_2O bewirkt keine Hydrolyse [2]. Bis(trialkanolamino)-diborane lassen sich mit Diisocyanaten oder mit Dimethyl-terephthalat ebenfalls zu Polymeren der Formelstruktur III umsetzen. Die Diisocyanat-Derivate schmelzen alle erst oberhalb von 200°C, die Terephthalat-Derivate dagegen sind verfärbt und niedrig schmelzend [2].

Den sehr ähnlichen Polyester IV liefert die Polymerisation in Substanz von Borsäure mit Triäthanolamin im Molverhältnis 1:1. Bei von 100 auf 250°C ansteigender Temperatur entsteht in 10 h ein Polymer, das die Viskosität η_{red} = 0.09 und einen Erweichungspunkt von 130°C besitzt [3].

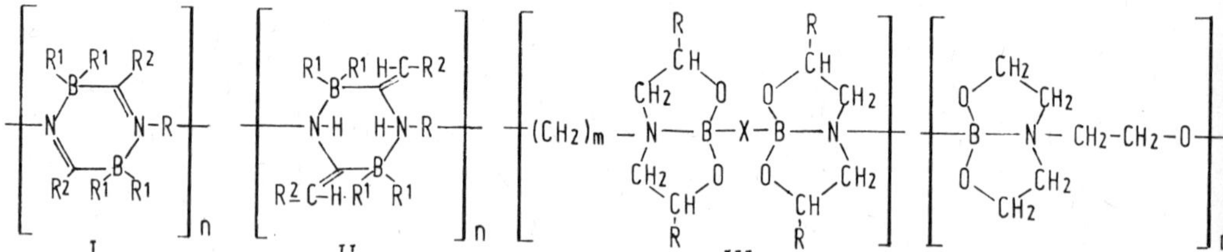

I II III IV

Literatur zu 3.6.3.2

[1] S. Bresadola, F. Rossetto, G. Puosi (Gazz. Chim. Ital. **96** [1966] 1397/409). — [2] W. R. Bamford, S. Fordham (Soc. Chem. Ind. [London] Monograph Nr. 13 [1961] 320/7). — [3] V. V. Korshak, V. A. Zamyatina, N. I. Bekasova, R. M. Oganesyan, A. I. Solomatina (Izv. Akad. Nauk SSSR Ser. Khim. **1963** 1496/502; Bull. Acad. Sci. USSR Div. Chem. Sci. **1963** 1359/64).

B-N Polymers Containing Borane

3.7 Boranhaltige B-N-Polymere

Polymers with Structural Elements Containing Diborane

3.7.1 Polymere mit diboranhaltigen Strukturelementen

Das Poly[piperazino-bis(diboran)] entsteht bei der Reaktion

$$C_4H_8(NH)_2 + 2\,(CH_3)_2NB_2H_5 \xrightarrow[2\,h]{200\,°C} \frac{1}{n}\,[H_2BNC_4H_8NBH_2]_n + 2\,H_2 + 2\,(CH_3)_2NBH_2$$

im abgeschmolzenen und evakuierten Rohr [1]. Wegen seiner Formelstruktur

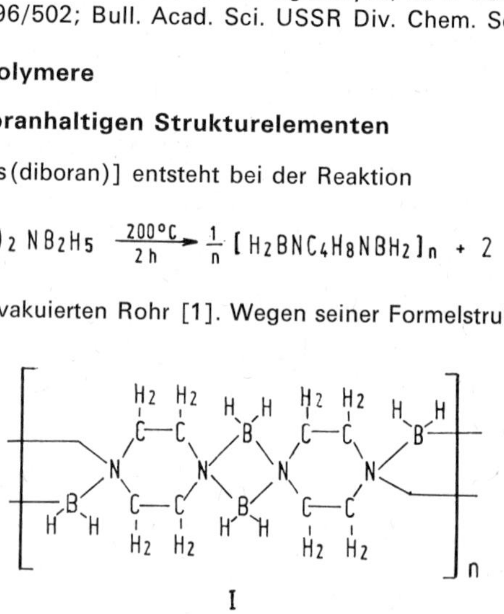

I

kann dieses Polymer I auch zu den aus tetravalenten B–N-Ringen (Koordinationszahl 4 an B und N) aufgebauten Polymeren (vgl. Abschnitt 3.6.3, S. 320) gerechnet werden. Im Hochvakuum verdampft der weiße Feststoff bei 240 bis 250°C, augenscheinlich wegen der Dissoziation der B_2N_2-Ringe. Die Rekombination ist langsam genug, um den Dampf auch bei 25°C einige Zeit handhaben zu können.

Bei der Dissoziation des Piperazino-bis(diborans) $C_4H_8N_2(B_2H_5)_2$ in Lösung oder im Dampf entsteht in mäßiger Ausbeute ein weißes Produkt, das in organischen Lösungsmitteln unlöslich und gegen 12 M HCl beständig ist. Beim Erhitzen im Hochvakuum entsteht ein Sublimat, das ebenfalls der Formel $[H_2BNC_4H_8NBH_2]_n$ entspricht. Es schmilzt zunächst bei 140 bis 145°C, härtet aber bei weiterem Erhitzen aus. Schließlich verbleibt ein luftbeständiges Glas [1].

Durch etwas okkludiertes Piperazin verunreinigtes $C_4H_8(NH)_2BH_3$ ergibt bei der Pyrolyse Polymere, die in Aceton, Acetonitril, Triäthylamin, Methylchlorid und Dichlormethan unlöslich und in Dimethylsulfoxid und Dimethylformamid mäßig löslich sind. Sie sind gegen starke Säuren beständig, bleiben bis 300°C fest und sublimieren nicht im Hochvakuum [1].

Zu ebenfalls komplizierter gebauten und wärmebeständigeren Polymeren als I führen die Reaktionen

$$C_4H_8(NH)_2 + (CH_3)_2NB_2H_5 \xrightarrow{25°} HNC_4H_8NH \cdot (CH_3)_2NB_2H_5 \text{ und}$$

$$C_4H_8(NB_2H_5)_2 + 2\,(CH_3)_3N \xrightarrow[16\,h]{150°} 2\,(CH_3)_3NBH_3 + [H_2BNC_4H_8NBH_2]_n.$$

Das bei der ersten Reaktion gebildete Addukt spaltet bei 100°C in 1 h 0.43 Äquivalente $(CH_3)_2NH$ und 0.63 Äquivalente H_2 ab. Ein weißer Feststoff bleibt zurück, der bei 250°C im Vakuum weder schmilzt noch verdampft.

Der 2. Prozeß verläuft im abgeschmolzenen Rohr in Gegenwart von Toluol, ist aber nicht quantitativ. Zwar wird die berechnete Menge an Trimethylamin umgesetzt, aber es entstehen nur 84% an Trimethylamin-boran und 79% sublimierbares Polymeres [1].

Literatur zu 3.7.1

[1] A. B. Burg, B. Iachia (Inorg. Chem. **7** [1968] 1670/2).

3.7.2 Polymere mit polyedrischen Boranen in der Struktureinheit

Polymers with Polyhedral Boranes in the Structural Unit

Die schon relativ lange bekannte bifunktionelle Reaktionsweise des Deka- und Dodekaborans [1, 2] kann zur Polymerenbildung benutzt werden, wenn die angebotenen Partner ebenfalls bifunktionell reagieren. Entsprechende Lewis-Basen reagieren nach dem Schema:

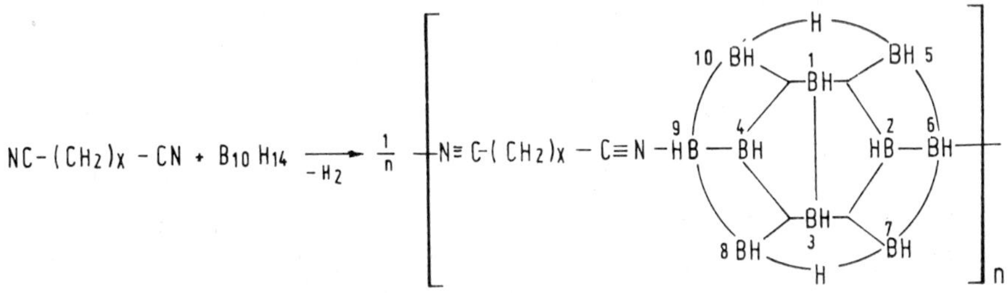

In der homologen Reihe $NC(CH_2)_xCN$ mit $x = 0, 1, 2, 3, 4, 8$ sind die Glieder mit $x = 0$ und 1 sehr schlechte Reaktionspartner, während mit den übrigen meßbare Reaktionsgeschwindigkeiten erzielt werden. Dies Verhalten soll sterisch begründet sein [3]. Mit $x = 4$ (äquimolekulare Mengen) entsteht ein hochschmelzendes Harz mit $n \geqq 10$. Höhere $\overline{M}_r$-Werte lassen sich durch einen Überschuß an Dekaboran erzielen. Diese Feststoffe sind mit Nitrilen zu Ölen und gummiartigen Stoffen (konzentrationsabhängig) plastifizierbar. Der Thermoplast mit $x = 8$ erweicht dann bei 80 bis 100°C.

Diamide bilden bei Raumtemperatur 2:1-Amin-Decaboran-Addukte. Oberhalb von 60°C entstehen dagegen Polymere, wobei die Kettenbildung vermutlich über die Carbonylgruppe zu B–O–C-Bindungen führt [3]:

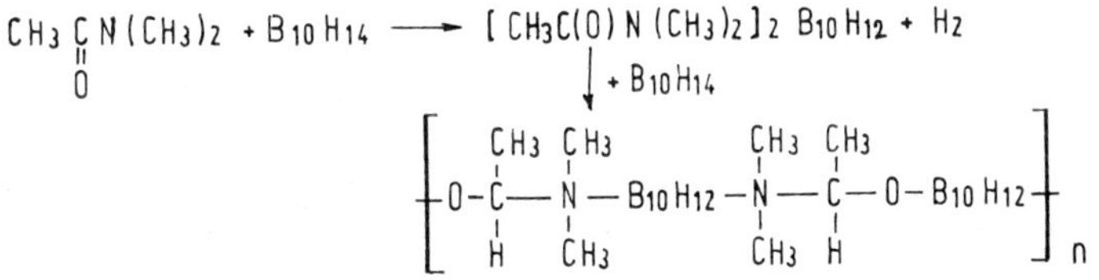

Dabei werden äquimolekulare Mischungen von N-Methyl-acetamid und Äthyldecaboran erwärmt, während Argon durch die Mischung perlt. Die Lösung wird dunkler und langsam viskoser, bleibt aber homogen. Über einen klebrigen Sirup entsteht ein festes, thermoplastisches Harz. Die Konsistenz (Sirup→Gummi→Thermoplast) hängt von der eingesetzten Menge an Äthyldecaboran ab.

Auch die Reaktionsprodukte von Mono- und Diisocyanaten mit Decaboran scheinen polymer zu sein. Die Monoisocyanate bilden Feststoffe, die bei $t < 200°C$ erweichen und schmelzen. Einige der Diisocyanatprodukte zersetzen sich oberhalb von 200°C, andere dagegen sind bei 300°C noch fest und unzersetzt [3].

Mit stickstoffhaltigen B_{10}- und B_{12}-Käfigverbindungen copolymerisieren bifunktionelle Verbindungen wie N,N,N',N'-Tetraäthyl-terephthalamid, N,N,N',N'-Tetramethyl-1,3-benzoldisulfonamid u. s. w. [4].

Auch die salzartigen Borane wie $(NH_4)_2B_{10}H_{10}$ oder $Cs_2B_{10}H_8(SC_6H_5)_2$ scheinen ebenso wie die reinen Borane auf ähnliche Art polymerisierbar zu sein. Die entstehenden Verbindungen sind teilweise schmelz- oder spinnbar mit $\overline{M}_r > 10000$. Gieß- und walzbare Polymere dieser Art haben Molmassen zwischen 3000 und 10000. Als Anwendungsmöglichkeiten wurden unter anderem patentiert [4]: Schutzüberzüge für Glas und Metall, Fenster für Raumfahrzeuge (strahlungshemmend, lichtdurchlässig), Zusatz für hochenergetische Treibstoffe, Spinnfasern, Additive zur Verbesserung der Haft- und Färbbarkeit anderer Polymere (z. B. der Poly(äthylen-terephthalate)).

Boranhaltige Poly(carboxamide) mit $\overline{M}_r \approx 10000$ entstehen bei der Reaktion von Polyborandiisocyanaten mit reaktiven Verbindungen, die 2 funktionelle Gruppen wie NH_2, OH, SH oder COOH enthalten [5]. Schematisch:

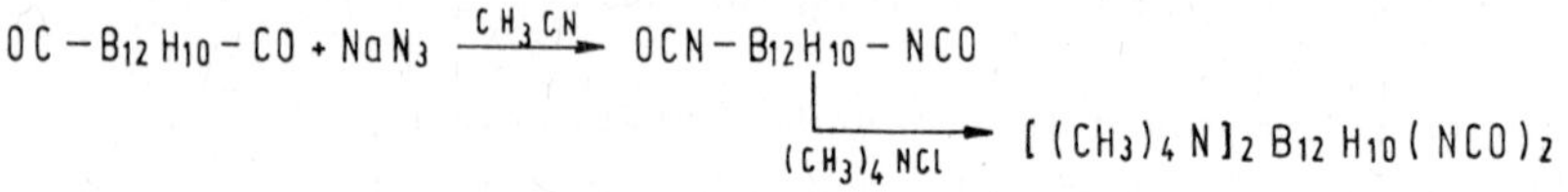

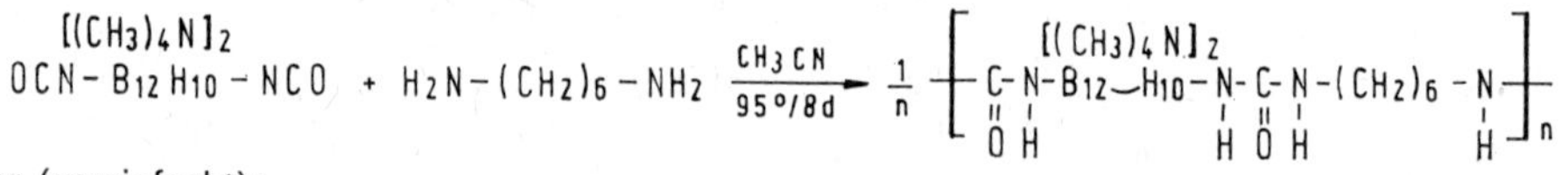

oder (vereinfacht):

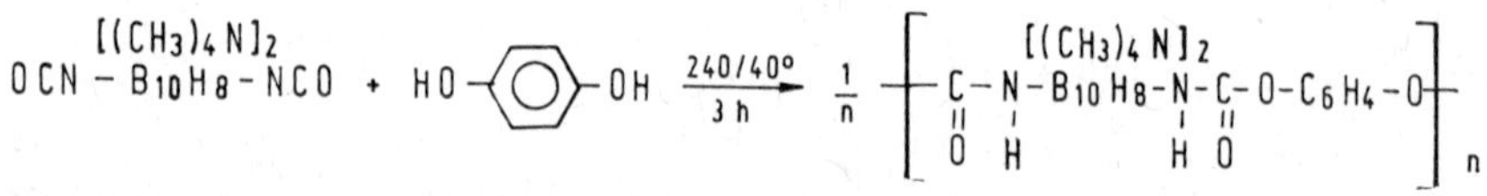

Typische Reaktion: 1 g $B_{10}H_8 \cdot 2CO$ in 20 ml CH_3CN lösen, unter Rühren zu einer Suspension von 0.9 g NaN_3 in 10 ml CH_3CN zutropfen, nach 1 h diese Reaktionsmischung in eine wäßrige Lösung von $(CH_3)_4NCl$ einfiltrieren, Bildung von 0.7 g $[(CH_3)_4N]_2B_{10}H_8(NCO)_2$; 2.5 g von diesem Boran mit 0.8329 g $H_2N(CH_2)_6NH_2$ und 40 ml wasserfreiem CH_3CN unter N_2 in ein Glasrohr geben, bei Normaldruck abschmelzen, 8 d bei 95°C halten, abkühlen, viskoses Produkt abtrennen, bei 100°C und 0.1 Torr trocknen. Es entsteht ein festes, nicht klebendes Harz. Ähnliche Polymere lassen sich auch aus $[(CH_3)_4N]_2B_{12}HCl_9(NCO)_2$ und aus $[(CH_3)_4N]_2B_{12}H_{10}(NCO)_2$ herstellen [5].

Bei der Pyrolyse von $(NH_4)_2B_{10}H_{10}$ und $(NH_4)_2B_{12}H_{12}$ entstehen unter H_2-Abspaltung in 8 h bei 265°C und in weiteren 4 h bei 300°C die Polymeren

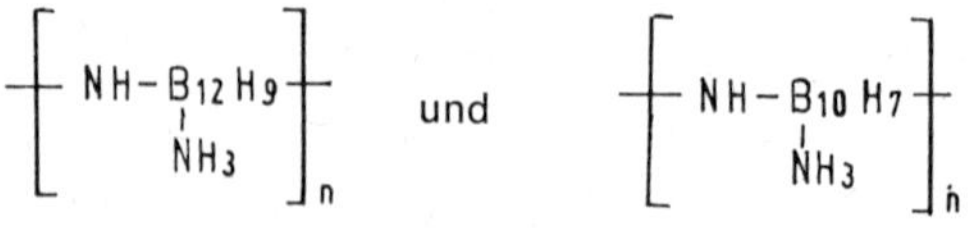

mit $n = 10$ bis 40 [6]

Beide Polymere sind überwiegend linear aufgebaut und amorph. Sie besitzen ein hohes Reduktionspotential (eventuell als Redox-Ionenaustauscher geeignet), und sind teilweise in Dimethylsulfoxid und Wasser löslich. Beim Kochen in Wasser (0.75 h) wird NH_3 frei und dafür ein Produkt mit 2 Molekülen H_2O je Boranpolyeder gebildet.

Literatur zu 3.7.**2**

[1] R. Schaeffer (J. Am. Chem. Soc. **79** [1957] 1006/7). — [2] M. F. Hawthorne, A. Pitochelli (J. Am. Chem, Soc. **80** [1958] 6685). — [3] J. Green, M. M. Fein, N. Mayes, G. Donovan, M. Israel, M. S. Cohen (J. Polymer Sci. B **2** [1964] 987/9). — [4] E. I. du Pont de Nemours & Co., W. C. Drinkard (U.S.P. 3334108 [1967]; C.A. **67** [1967] Nr. 109172). — [5] E. I. du Pont de Nemours & Co., J. C. Sauer (U.S.P. 3383357 [1968]; C.A. **69** [1968] Nr. 19819).

[6] E. I. du Pont de Nemours & Co., S. Yolles (U.S.P. 3441389 [1969]; C.A. **71** [1969] Nr. 71224).

3.7.3 Carboranhaltige Polymere

Polymers Containing Carborane

B-Methyl-N-triphenyl-borazin soll in der Schmelze mit Bis(hydroxymethyl)-dicarba-dodecaboran zu I, mit Bis(chlormethyl)-dicarba-dodecaboran zu II, mit Bis(aminomethyl)-dicarba-dodecaboran zu III und N-Triphenyl-borazin soll mit Bis(hydroxymethyl)-dicarba-dodecaboran zu IV copolymerisieren [1].

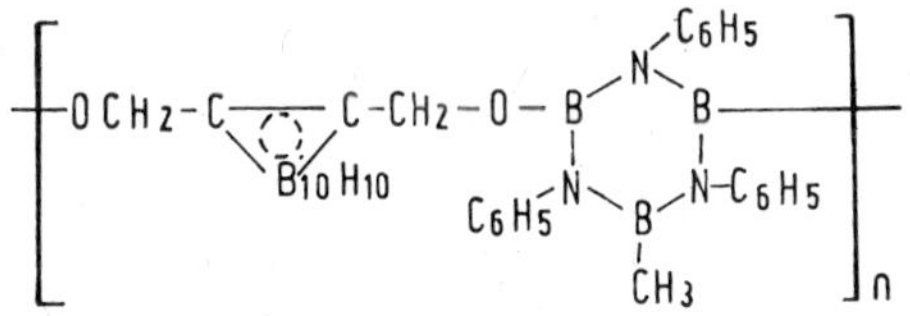

I ; t_{erw} = 150 / 60 °C

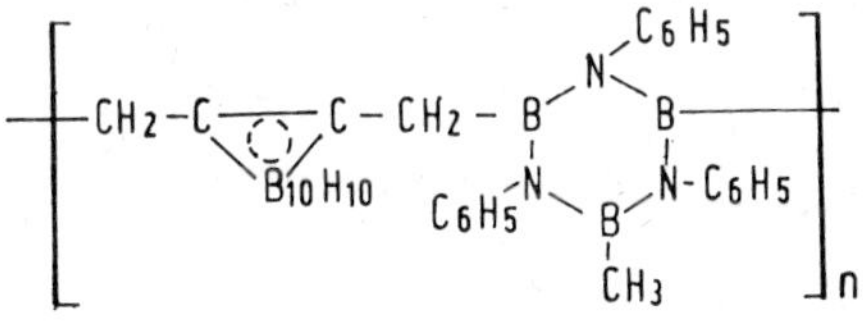

II ; t_{erw} = 30 °C

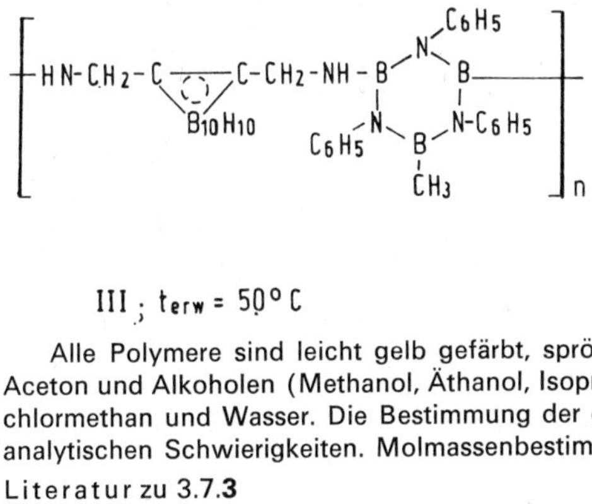

III ; t_{erw} = 50 °C

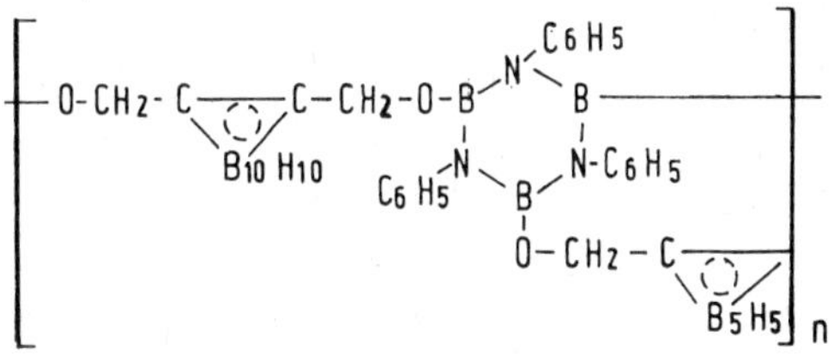

IV ; t_{erw} = 150 / 60 °C

Alle Polymere sind leicht gelb gefärbt, spröde und durchscheinend. Sie lösen sich in Dioxan, Aceton und Alkoholen (Methanol, Äthanol, Isopropanol), Unlöslich sind sie in Benzol, Toluol, Tetrachlormethan und Wasser. Die Bestimmung der elementaren Zusammensetzung mißlang wegen der analytischen Schwierigkeiten. Molmassenbestimmungen ergaben $\overline{M}_r \approx 1500$ [1].

Literatur zu 3.7.**3**

[1] B. A. Akimov, N. I. Bekasova, A. F. Zhigach, V. A. Zamyatina, V. V. Korshak, I. G. Sarishvili, M. V. Sobolevskii (Plasticheskie Massy **1965** 16/8; Soviet Plastics **1966** 22/3).

3.7.4 Spektren und Molekülstruktur

Spectra and Molecular Structure

Aus N-Trimethylamino-B-(4-vinylpyridin)boran (I) lassen sich polymere Ionen („Polyboronium-Ionen", II) nach (1) bilden [1].

(1)

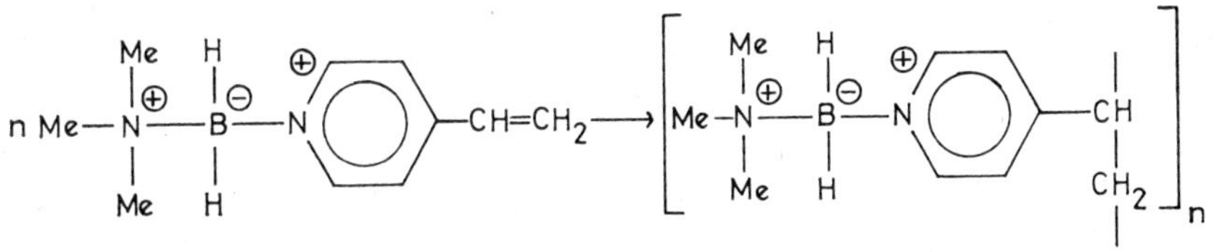

I II

Die Polymerisation läßt sich mit Hilfe der ^1H-Kernresonanz verfolgen, vgl. Tabelle 3/29.

Tabelle 3/29

^1H-NMR-Signale der Ionen I und II in verschiedenen Salzen, Tetramethylsilan als Standard.

Salz und Lösungsmittel	Chemische Verschiebung in ppm	relative Intensität	Zuordnung
$C_7H_7N(CH_3)_3BH_2^+PF_6^-$ in $(CD_3)_2SO$	3.0	9.0	Singulett $(CH_3)_3N$
	6.2 bis 7.4	3.0	ABC-Muster $-CH{=}CH_2$
	8.4 9.1	2.0 2.0	$(AB)_2$ 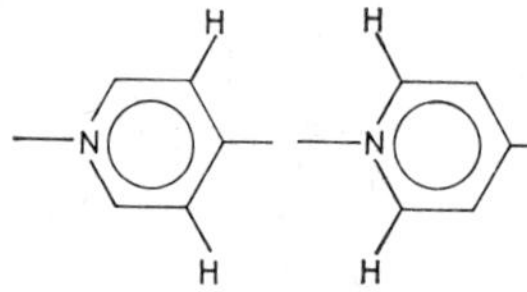
$C_7H_7N(CH_3)_3NBH_2^+B(C_6H_5)_4^-$ in CD_3CN	2.6	1.2	Singulett $(CH_3)_3N$
	6.7 bis 7.6	3.0	Multiplett C_5H_4N, C_6H_5, $-CH=CH_2$
$[C_7H_7N(CH_3)_3NBH_2^+ B(C_6H_5)_4^-]_n$ in CD_3CN	2.5	11.8	unsymmetrisches Multiplett $(CH_3)_3N$, $CH{-}CH_2$-
	6.7 bis 7.6	20.0	Multiplett, C_6H_5
	7.8 8.5	2.0 2.0	$(AB)_2$ 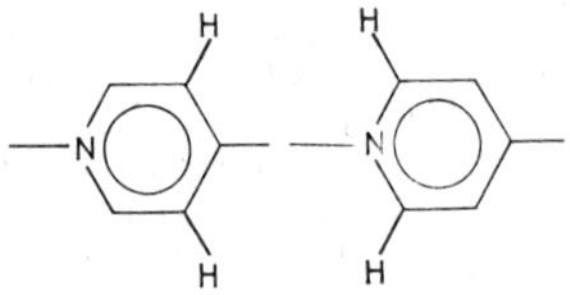

Die Polymerisation beeinflußt die Lage der Aminomethylgruppe nicht, vgl. Tabelle 3/29 (2.6 ppm für I und 2.5 ppm für II). Hingegen ist es klar, daß bei der Aufrichtung der Doppelbindung die entstehende aliphatische Kette ein kompliziertes Muster erzeugt, dessen Schwerpunkt im Bereich von Methylen- und Methin-Protonen liegt.

Das Muster des Pyridylrestes bleibt $(AB)_2$, allerdings entfällt bei der Polymerisation der konjugierten Vinylgruppe in I ihr Elektronenzug, so daß in II die Resonanz der aromatischen Pyridylprotonen bei höherem Feld auftritt.

Bei der Pyrolyse einer 2:1-Mischung von $(CH_3)_2NB_2H_5$ und $C_4H_8(NH)_2$ (Piperazin) erhält man ein hydrolyse- und hitzebeständiges Polymeres mit der Struktur III [2].

III

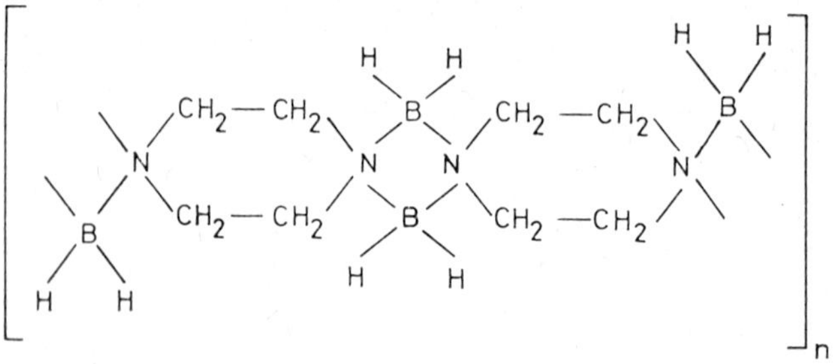

Als Vergleichssubstanz im IR-Spektrum verwenden die Autoren [2] Piperazinbisdiboran $C_4H_8(NB_2H_5)_2$, dessen wichtigste Banden in Tabelle 3/30 wiedergegeben sind.

Tabelle 3/30

Infrarotspektrum von $C_4H_8(NB_2H_5)_2$.

Bande in cm^{-1}	Zuordnung	Bande in cm^{-1}	Zuordnung
3031/3001/2941/2883	ν_{CH}	1044	ν_{BN}
2545/2540/2475/2379/2345	ν_{BH} terminal	1002	ρ_{CH_2}
1909/1876/1638	ν_{B-H-B} Brücke	958	ν_{CN}
1459	$\delta_{as\ CH_2}$	690	ρ_{BH_2}
1374	$\delta_{s\ CH_2}$	879/794	ν_{B-B}
1195/1154/1118	β_{BH_2} bending		

Im Polymeren III fehlen die B–H–B-Valenzschwingungen, die die Wasserstoffbrückenbindung anzeigen. Die Valenzschwingungen ν_{BH} finden sich bei 2433, 2408 und 2350 cm^{-1}, die B–N-Valenzschwingung bei 1218/1184 cm^{-1}. Im übrigen gleicht das IR-Spektrum des Polymeren dem von Piperazin, jedoch ohne die Bereiche von 700 bis 850 und von 2700 bis 2840 cm^{-1}, deren Intensität im Polymeren wahrscheinlich durch die hohe Polarität der N–BH_2-Gruppen herabgesetzt ist.

Das ^{11}B–NMR-Spektrum der Vergleichssubstanz $C_4H_8(NB_2H_5)_2$ zeigt ein doppeltes Triplett, dessen Schwerpunkt, relativ zu $B(OCH_3)_3$, bei +36.8 ppm liegt.

Die Aufspaltung zum Triplett wird durch die beiden am Bor gebundenen Protonen bewirkt und beträgt 130 Hz, während die durch das eine Brückenwasserstoffatom verursachte Aufspaltung zu einem Dublett nur 31 Hz beträgt, vgl. **Fig. 3–14**.

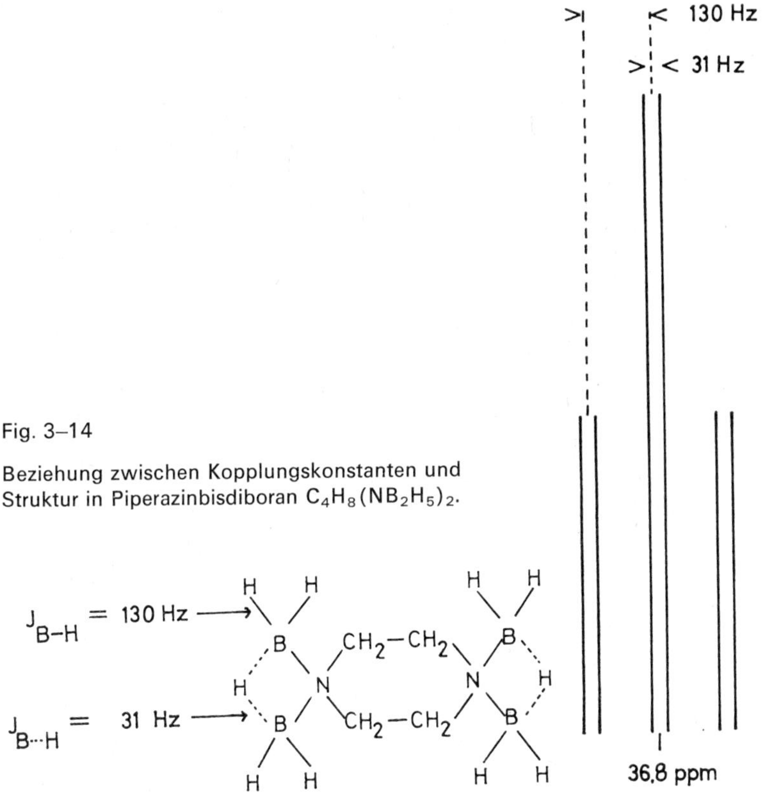

Fig. 3–14

Beziehung zwischen Kopplungskonstanten und Struktur in Piperazinbisdiboran $C_4H_8(NB_2H_5)_2$.

Das ^{11}B-NMR-Spektrum von Piperazinbisdiboran unterscheidet sich von dem des Dimethylaminodiborans nur durch die um 0.9 ppm höhere Resonanzfeldstärke [3, 4].

Bei dem Versuch der Synthese eines cyclischen trimeren Methylaminoborans

IV

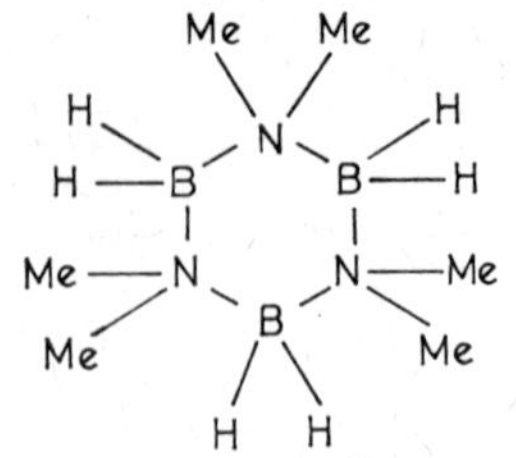

stießen Brown u. a. [5] auf ein offensichtlich polymeres Produkt (IV) mit geringem Dampfdruck und sehr schlechter Löslichkeit. Daraus läßt sich auf die Anwesenheit linearer Strukturbestandteile und einen relativ hohen Polymerisationsgrad schließen.

Das IR-Spektrum des Polymeren IV zeigt eine einfache N–H-Valenzschwingung bei 3276 cm^{-1} und eine breite Bande im Gebiet von 2300 bis 2400 cm^{-1}, die die Frequenz ν_{BH_2} darstellt. Um 1236 cm^{-1} erscheint die Valenzschwingung ν_{CN}, bei 1100 bis 1200 cm^{-1} finden sich die Deformationsschwingungen der BH_2-Gruppen. Im Bereich von 900 bis 1110 cm^{-1} liegt vermutlich die B–N-Valenzschwingung. Das Spektrum des Polymeren IV hat also starke Ähnlichkeit mit dem des cyclischen sym-trimeren $(H_3CNHBH_2)_3$ [6], so daß die folgende Struktur naheliegt:

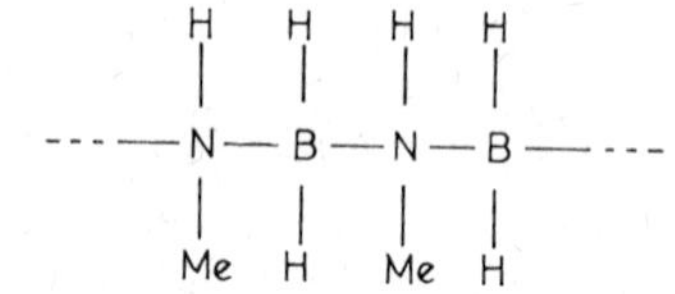

Literatur zu 3.7.4

[1] G. L. Smith, L. R. Johnson, H. C. Kelly (Chem. Commun. **1970** 922/3). — [2] A. B. Burg, B. Iachia (Inorg. Chem. **7** [1968] 1670/2). — [3] W. D. Philips, H. C. Miller, E. L. Muetterties (J. Am. Chem. Soc. **81** [1959] 4496/500). — [4] D. F. Gaines, R. Schaeffer (J. Am. Chem. Soc. **86** [1964] 1505/7). — [5] M. P. Brown, R. W. Heseltine (J. Inorg. Nucl. Chem. **29** [1967] 1197/201).

[6] L. J. Bellamy, W. Gerrard, M. F. Lappert, R. L. Williams (J. Chem. Soc. **1958** 2412/5).

Special Cases

3.8 Sonderfälle

Bis(thioalkyl)-borane reagieren bei Raumtemperatur leicht exotherm mit Hydrazin [1]. Nach 1 d können aus der Mischung das überschüssige Hydrazin und entstandenes Butanthiol im Vakuum abdestilliert werden. Es verbleibt ein farbloses Harz. Das Trocknen erfolgt im Vakuum (1 Torr) bis zur Gewichtskonstanz. Die elementare Zusammensetzung des Harzes weist mehr auf eine 3:2- als auf eine 1:1-molare Reaktion hin. An jedem Hydrazinmolekül sind somit 3 H-Atome ersetzt. Die Struktureinheit des Polymers muß dann zwei =N-NH- und drei NB-Gruppen enthalten, was die Formelstruktur I wahrscheinlich macht. I hydrolysiert schnell an der Luft, ist aber thermisch bis 250°C stabil. Oberhalb dieser Temperatur wird Butan abgespalten, dem wenig ungesättigte Kohlenwasserstoffe beigemengt sind. NH_3 entsteht nicht. Bei 400°C beträgt der Gewichtsverlust 25%. Der Rückstand ist fest und spröde. Kryoskopisch (in Benzol) ergibt sich $\overline{M}_r \approx 2500$ und somit n = 10 [1].

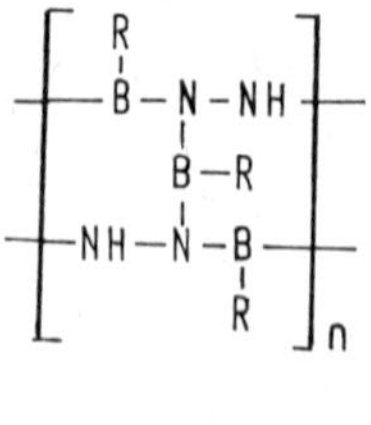

I ; R = n-C_4H_9

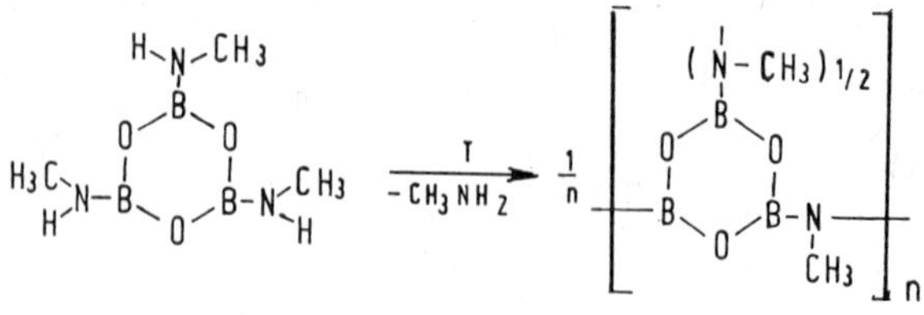

II

Tris(monomethylamino)-boroxin verliert beim Erwärmen Methylamin und bildet einen Feststoff, der als hochvernetztes Polymer angesehen wird. Es soll den Polyborazylenen ähnlich sein, aber das rein anorganische Grundgerüst II besitzen. Es ist zwar thermisch aber nicht hydrolytisch stabil [2].

Bei der Pyrolyse des Hydrazin-t-butylborans entsteht gemäß

$$t\text{-}C_4H_9BH_2 \cdot NH_2NH_2 \xrightarrow[3\,h]{140\,°C} C_4H_{11}BN_2 + 2\,H_2$$

ein weißer Feststoff, der nach zweimaligem Umkristallisieren (1. Äther, 2. Petroläther) bei 161 bis 163°C schmilzt [3]. Die Molmassebestimmung mittels thermischer Tensimetrie ergibt das Vierfache der empirischen Formel $C_4H_{11}BN_2$, Bei der Hydrolyse entsteht t-Butyl-dihydroxy-boran und Hydrazin. Daraus folgt, daß durch die pyrolytische Darstellung keine B–C- oder N–N-Bindung angegriffen wird. Zusammen mit den spektroskopischen Ergebnissen führt das zu einer polyedrischen Käfig-Struktur, die als Übergangsglied zwischen den B–N-Polymeren und den

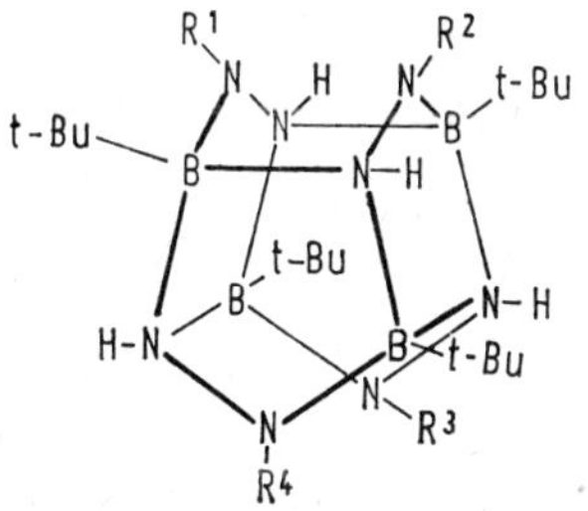

Bornitridmodifikationen angesehen werden kann. Aufgebaut ist der Käfig aus 2 sechsgliedrigen Tetraazadiborinan-Ringen. Diese Ringe sind über 4 kovalente Bindungen zwischen tetravalenten B- und N-Atomen so verknüpft, daß 4 fünfgliedrige Ringe entstehen. Die Bindungslängen und -winkel sind normal. Alle B-Atome sind tetravalent, die N-Atome sind entweder tetra- oder trivalent. Somit können Reaktionen nur über R^1, R^2, R^3 und R^4 erfolgen, wenn das Grundgerüst nicht angegriffen werden soll [3].

Literatur zu 3.8

[1] B. M. Mikhailov, T. K. Kozminskaya (Izv. Akad. Nauk SSSR Ser. Khim. **1965** 439/42; Bull. Acad. Sci. USSR Div. Chem. Sci. **1965** 424/7). — [2] D. W. Aubrey, M. F. Lappert (Proc. Chem. Soc. **1960** 148/9). — [3] J. J. Miller, F. A. Johnson (Inorg. Chem. **9** [1970] 69/74).